U0219469

中国恐龙足迹化石图谱

ATLAS OF DINOSAUR TRACKS FROM CHINA

李日辉　李建军　邢立达
·著·

青岛出版社
QINGDAO PUBLISHING HOUSE

序言

恐龙足迹化石是指恐龙在松软地表行走或奔跑过程中留下的远古的历史记录，是古生物学研究的珍贵材料，它对于探索和研究造迹恐龙的种类、生活方式、行为习性、生活环境等均具有重要的科学意义。

世界范围的恐龙足迹研究始于 19 世纪。中国的第 1 块恐龙足迹化石由我国古脊椎动物学以及恐龙研究的奠基人杨钟健先生发现于陕西神木。尽管我国的恐龙足迹研究起步较晚，但足迹发现和研究工作突飞猛进，成果喜人。目前，我国已在 24 个省（自治区、直辖市）发现了 120 多个化石点，是目前世界上发现恐龙足迹化石最多的国家；而且这些化石的时代跨度长，从晚三叠世至晚白垩世，历时约 1.5 亿年。特别是，这些化石中还包括许多由中国古生物学家发现并命名的新足迹类型。可见我国拥有极为丰富的恐龙足迹资源，而这样丰硕的国际性研究成果完全应该被系统整理，并以图文并茂的形式展现出来，一方面便于相关领域的科研人员作为参考，另一方面能更好地服务公众与社会，为提升国民科学素质，发展地质旅游文化事业做出应有的贡献。

《中国恐龙足迹化石图谱》的三位作者是当今中国最重要的恐龙足迹化石专家。李日辉研究员系遗迹化石和海洋地质研究专家，对山东等地的恐龙足迹有深入研究，特别是在恐爪龙足迹和最早对趾鸟足迹的研究方面取得了突破性成果。李建军研究员多年从事内蒙古、陕西、四川等地的恐龙足迹研究，出版有专著《中生代爬行类和鸟类足迹》，其为“中国古脊椎动物志”系列学术专著中的一部，对中国的恐龙足迹研究具有重要的指导作用，他还是中科院老科学家科普演讲团成员。邢立达副教授是我国恐龙足迹研究领域的后起之秀，中学时代便创立了“中国恐龙网”，因热心科普而成为网红，他还是中国科普作家协会会员。

《中国恐龙足迹化石图谱》以科学的研究成果为基础，是 90 年来我国恐龙足迹研究成果的全面总结。它既有严谨、权威的研究结果，又充满了许多科学的未知，同时给读者留下了大量的想象空间，从而极具人文与科普的属性，充分体现了恐龙足迹研究的独特魅力。例如，本书重点对化石产地、层位和区域分布、系统分类进行了归纳，开展了造迹恐龙行为习性、生态特点、古地理分布等的研究，也探索了恐龙足迹的文化属性（如其对当地神话传说以及宗教文化形成的影响）；还明确指出了恐龙足迹是一种珍稀的地质遗迹和不可再生的自然资源，应该成为地质遗迹保护及地质公园建设的重要对象。

目前，我国发现的恐龙化石属种已位居世界第一，相信《中国恐龙足迹化石图谱》的出版将提升我国恐龙研究的整体水平，并推动相关学科的发展；同时，其出版对于促进恐龙遗迹地质公园的规划建设，以及珍稀地质遗迹的保护与开发等均具有重要意义。我更加希望公众与青少年朋友能够由此产生对科学的兴趣，成为未来的化石研究与保护工作的新生力量。

正是因为这些原因，我很乐意为《中国恐龙足迹化石图谱》作序。

中国科学院院士

2019.12.17

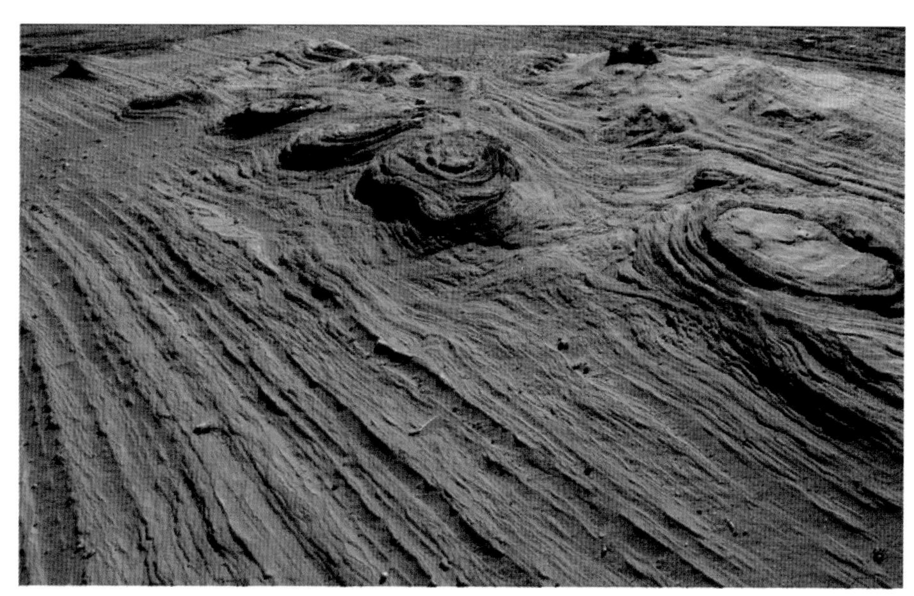

前言

我国有科学记载的恐龙足迹化石最早被发现于1929年，其正式研究始于20世纪40年代。尽管恐龙足迹的科学性在中国被认知较晚，但研究进展迅速，特别是自20世纪80年代以来，恐龙足迹在中国的发现层出不穷。截至2019年，我国24个省（自治区、直辖市）的88个县（区）发现了恐龙足迹化石，中国一跃成为世界上发现恐龙足迹最多的国家。与众多的发现相同步，我国的足迹研究也取得丰硕成果，其中有很多成果是世界上的首次发现，同时有很多中国独有、特色显著的足迹类型。

但是，中国的恐龙足迹发现及研究成果多发表于专业学术刊物上，资料比较散乱，缺乏系统性。此外，早期及近10多年的成果则大部分以英文形式在国内期刊上发表或于外国期刊上发表，不要说普通民众，即便是非古生物专业的地质学专家，阅读这类文章也十分吃力。虽然近几年网络传媒发达，偶尔有恐龙足迹的发现与报道，但信息往往比较局限，知识点单一，系统性差，难免有管中窥豹之虞。最近几年，为实施科技强国战略，国家对公民的科学素质建设提出了更为紧迫的要求。因此，编写一部以图文并茂形式全面反映我国恐龙足迹研究成果的专著，便是一项十分必要且极为迫切的工作。

在“十三五”国家重点图书出版规划和2019年度国家出版基金的重点扶持和资助下，我们编写了这部《中国恐龙足迹化石图谱》。主要编写目的有以下方面：第一，以图文并茂的形式，全面系统地展示90年来我国恐龙足迹研究的成果。第二，将科研成果推向大众，满足民众对恐龙足迹知识的渴望。本书的读者群既包括专业人士，更涵盖地质遗迹管理部门的各级领导、足迹化石爱好者和普通民众，以弥补长期以来的研究成果主要面向专业人士之不足。第三，为地质遗迹的保护与科学开发做出贡献。众所周知，恐龙足迹化石是珍稀的地质遗迹，是不可再生的宝贵自然资源。本书介绍了内蒙古鄂托克旗查布地区恐龙足迹野外博物馆的建设历程，可为近些年来如火如荼般开展的地质遗迹保护和地质公园创建提供范例，并可望为促进科普、旅游一体化发展提供新思路。

全书共分两篇。上篇为恐龙足迹学基础，下篇为足迹图谱。上篇系统介绍了足迹化石的基础知识，包括以下五个方面的内容：①恐龙足迹化石及其研究意义。从恐龙类型以及行为习性再造，恢复古环境、古气候、古地理，地层划分对比，特定文化的解读，科普与地质公园建设等方面，阐述了恐龙足迹的重要性。②我国恐龙足迹研究的历史。简述了90年来我国足迹化石研究的历程，并重点介绍了最近30多年的研究成果和研究团队。③足迹术语、鉴定及野外追踪。介绍了国际通用的足迹研究的名词术语和方法，着重介绍了野外发现足迹化石的方法和途径。④中国恐龙足迹分类。对已正式发现、描述的足迹分类单元进行了系统归类，结果表明，我国目前已发现 15 个足迹科、64 个足迹属（其中恐龙足迹科共 9 个，恐龙足迹属共 49 个）。⑤中国足迹发现之最。概括归纳了我国足迹研究的 22 项重要发现。下篇足迹图谱则分别介绍了我国 24 个已发现足迹化石的省（自治区、直辖市），和其中的 88 个县（区），分别系统总结了 120 多个化石点中以恐龙为主的各类足迹化石。这 24 个省（自治区、直辖市）分别为陕西、辽宁、四川、新疆、山东、吉林、河北、河南、云南、江苏、内蒙古、湖南、重庆、贵州、安徽、甘肃、黑龙江、西藏、广东、浙江、北京、宁夏、山西和江西。

需要指出，本书尽管是以恐龙足迹为主，但同一足迹点往往有多种足迹类型产出。因此，为了反映足迹化石的全貌和进行深入的对比研究，也收录了其他四足动物（鸟类、翼龙类、龟鳖类、假鳄类等）的足迹化石。此外，还收录了某些特殊足迹点的非四足动物足迹，如云南西双版纳景洪节肢动物鲎的足迹化石，它们之前被认为是小型蜥蜴类的足迹，考虑到其发现历史较早，且在国内外有一定的影响，故也收录在册。

本书是多个国家自然科学基金项目（40172008，40572011，40872005，40972005，41741008，41772008，41790455）和山东省自然科学基金项目的多年资助成果，感谢国家自然科学基金委员会对这一研究方向的连续资助；感谢国家出版基金为本书的出版提供资助（项目编号：2019Q-020）。本书在编写过程中得到国内许多专家、学者的大力支持，特别是自贡恐龙博物馆彭光照研究馆员、甘肃农业大学古脊椎动物研究所所长李大庆教授、宁夏博物馆宗立一高级工程师和杨卿工程师分别提供了四川、甘肃和宁夏等地的部分恐龙足迹照片资料。此外，本书的部分插图由青岛海洋地质研究所李霞女士清绘。在此，表示衷心的感谢！最后，特别感谢中国科学院古脊椎动物与古人类研究所周忠和院士和徐星研究员的指导，周忠和院士还在百忙中为本书撰写序言；特别感谢南京大学沈树忠院士和中国地质科学院地质研究所季强研究员在该图书项目立项等方面给予的鼎力支持。

中国的恐龙足迹分布地区广泛，化石点众多，由于篇幅的原因，一些小的足迹点资料未能全部收录。此外，我国足迹研究的早期资料较为分散，收集难度较大；还有一些图片清晰度不高，加之化石保存不佳等原因，不同研究者对某些属种的归属划分观点不尽一致，足迹分类难免出现争议。特别是时间较紧，加之作者水平有限，本书错误、不足之处在所难免，敬请广大读者批评指正。

作者

2019 年 11 月

目录

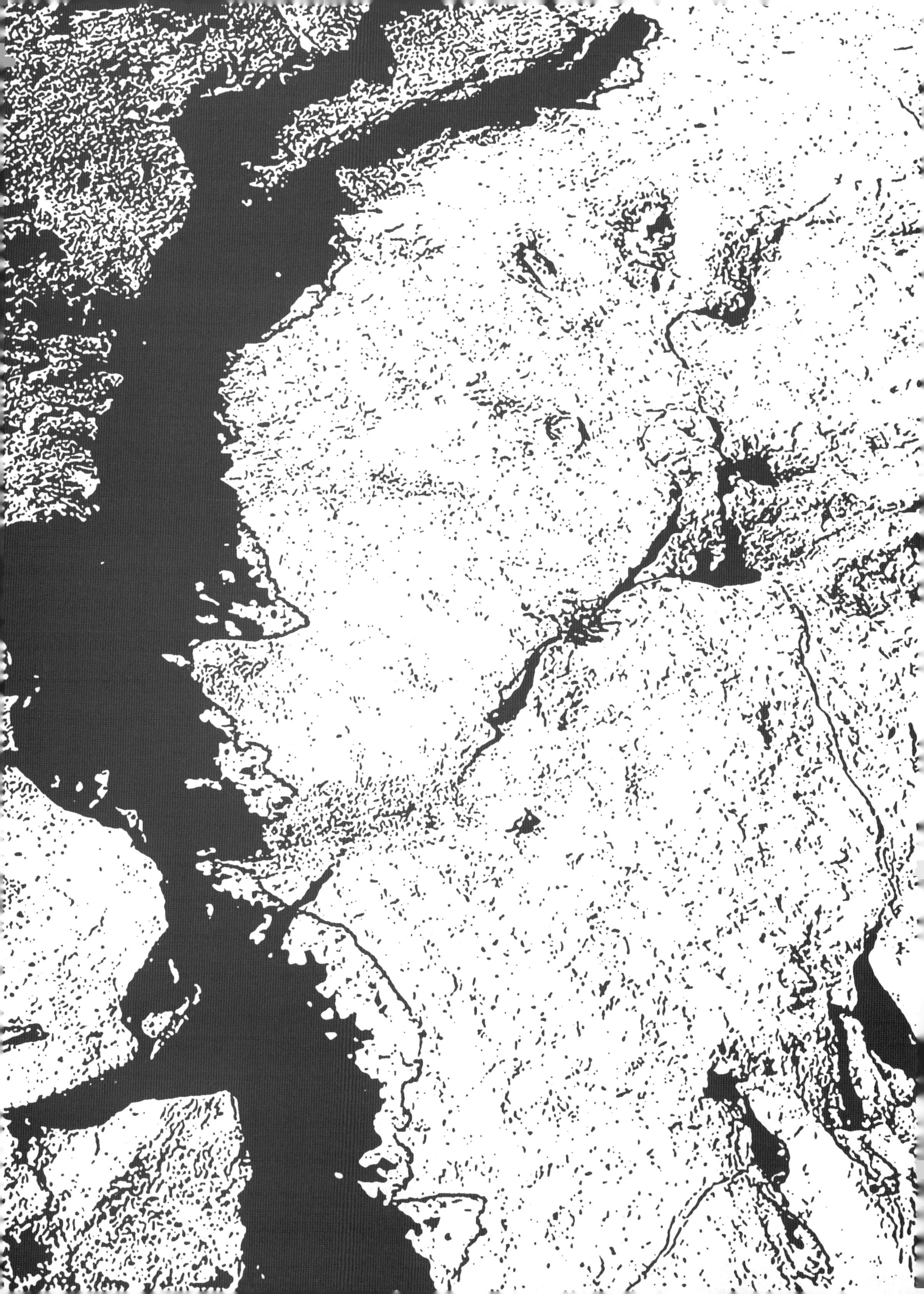

上篇

恐龙足迹学基础

1.1 恐龙足迹化石及其研究意义

恐龙足迹化石是恐龙运动行走过程中在沉积物表面或内部的足迹遗存的化石记录，它是古足迹学（palaeoichnology）的研究对象之一。而古足迹学是古生物学、古生态学的重要分支，狭义上特指与恐龙足迹化石研究有关的一门学科。

足迹化石是动物在具有理想湿度、黏度、颗粒度的沉积物表面停留或行走时遗留下的足迹所形成的化石，这种地表条件往往出现在湖滨、海滨与河滨滩地等环境中。恐龙等四足动物留下足迹后，在阳光的照射下，保存足迹的沉积物表面逐渐硬化；当遇到洪水泛滥时，洪水携带的泥沙发生快速沉积，足迹被掩埋进泥沙而得到保护。之后，随着地壳下降，沉积层不断增厚，足迹被深入埋藏。经过百万年，甚至上亿年的漫长的成岩作用，足迹被保存为足迹化石。此后，随着地壳造山运动，含化石的地层被抬升。在断层、差异风化的共同作用下，足迹化石暴露出来，被人们发现（图1-1）。

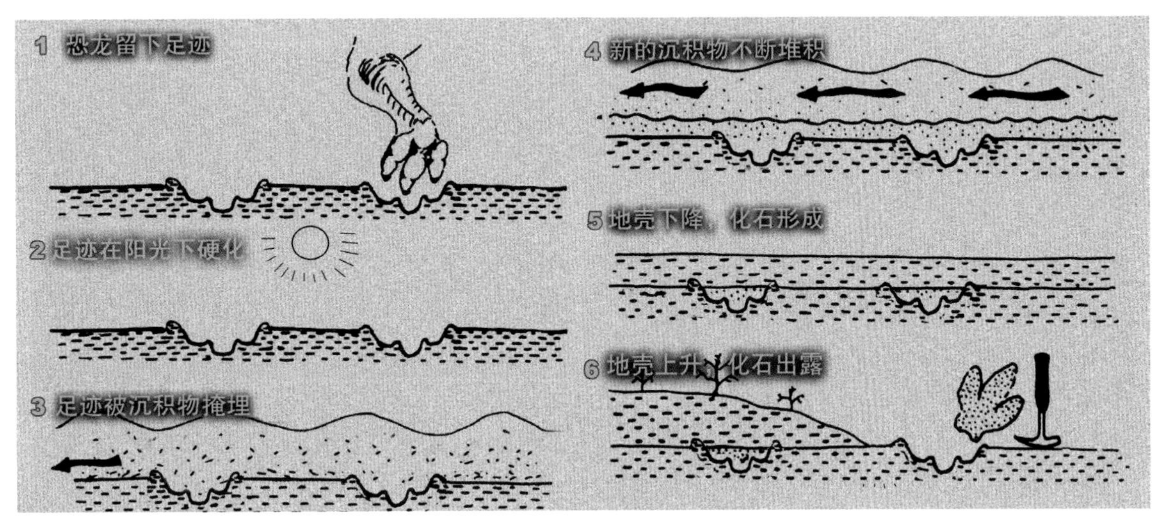

图1-1　足迹化石的形成过程（引自 Lockley et Hunt，1995；李建军，2015）

由于沉积物的湿度等性质不同，以及恐龙运动方式的差异，同一个体的恐龙留下足迹的形态也会有所差别。如在特别稀湿的泥泞环境，恐龙的脚抬离地面以后，周围的稀泥会回填到留下足迹的地方，使足迹不同程度遭到破坏，甚至荡然无存；相反，如果是在十分坚硬的地面上，则不会留下足迹。只有走在湿度、黏度、颗粒度适中的沉积物表面，恐龙才有可能留下完美的足迹。因此，恐龙足迹的形态除了受到恐龙足部的生物学特征的控制之外，还受到地表性质、运动方式等的影响。

足迹化石常保存为下凹和上凸两种形态。下凹的足迹是动物的脚印本身所保存在岩层上面而形成的印迹；上凸的足迹是后来的沉积物将下凹的足迹充填后所形成的“铸模”（natural cast），常保存在上覆岩层的底面。在许多情况下，后来的沉积物与保存足迹的沉积物的岩性差异很小，即使其中保存着恐龙足迹，也不容易显现出来。在自然界中，以凹、凸两种形式保存的足迹化石都很常见。在偶尔的情况下，还可同时发现同一足迹以上凸和下凹两种形式保存的足迹化石（李建军，2015）。

恐龙足迹化石有许多不同于骨骼化石的特点，由于前者是恐龙在其生活过程中遗留下来的，因此它可以提供许多关于恐龙的生活状态、行为和习性，以及当时的古地理和古环境方面的特殊信息，这样的信息有时是很难从骨骼化石中获取的（Lockley，1998a）。

1.1.1 恐龙类型以及行为习性再造

（1）填补骨骼化石空白

提起恐龙研究，人们往往首先想到的是恐龙骨骼化石。的确，长期以来，恐龙骨骼一直是进行恐龙研究最主要的化石材料。但在很多恐龙骨骼缺乏的地区或地层，往往恐龙足迹很丰富，它们便成为恐龙研究的唯一材料。如山东是我国的恐龙之乡，上白垩统恐龙骨骼化石异常丰富，盛产著名的棘鼻青岛龙、巨型山东龙等，但下白垩统莱阳群、青山群骨骼化石却很稀缺。幸运的是，下白垩统中广泛分布着恐龙足迹化石，经过多年深入研究，目前已经确定其造迹恐龙有蜥脚类、鸟脚类、兽脚类等（李日辉等，2005a；Lockley et al.，2015），说明山东早白垩世生活着种类丰富的恐龙动物群。类似的情形出现在内蒙古鄂托克地区，那里恐龙骨骼化石也十分稀少，但是恐龙足迹却非常丰富（李建军等，2011）。恐龙

足迹化石的研究使我们了解到，在早白垩世，鄂托克地区的恐龙种类也很丰富。

（2）判断恐龙群居情况

在恐龙足迹的研究中，根据足迹的层面分布规律，可以判断造迹恐龙的数量、类型、大小等造迹恐龙的信息。特别是，利用行迹的空间关系，可以探究同类型的不同个体和不同类型恐龙之间的关系。在研究的早期，人们认为恐龙可能与现生的爬行动物类似，大多数是单居生物。但现在的恐龙足迹研究表明，蜥脚类的雷龙、鸟脚类的鸭嘴龙和角龙等都是群居性生活，它们成群结队地活动和觅食。有些蜥脚类恐龙与大象群体的组成结构类似，成年和未成年个体都有。比如，研究者在内蒙古鄂托克地区下白垩统泾川组，发现了成串的蜥脚类恐龙行迹平行排列，而且这些足迹具有中间小、两侧大的趋势。由此推断这是一群蜥脚类恐龙在迁徙过程中留下的足迹，个体小的幼年恐龙在中间受到成年个体的保护（Lockley et al.，2002b）。研究人员在另外一个同层位化石点中，发现许多分布零散、没有统一方向的鸟类足迹化石，在这些鸟类足迹中穿插了很多平行的小型兽脚类行迹，而个体较大的兽脚类足迹的运动方向则与这些平行的行迹没有任何联系。这个现象表明，小型个体的兽脚类恐龙在攻击猎物或迁徙时，可能是集体行动（图1–2）。

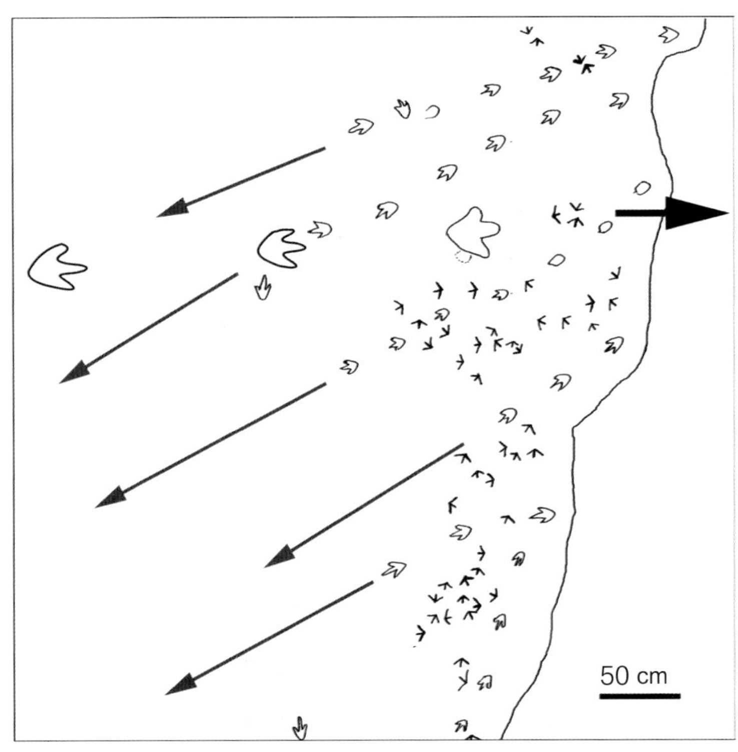

图1–2　小型恐龙足迹和鸟类足迹平面分布轮廓图（引自李建军，2011）

小型兽脚类恐龙的运动方向（红色箭头）基本平行，表明它们在统一行动。

大型兽脚类恐龙的运动方向（黑色箭头）相反，表明它们可能单独行动。鸟类足迹则杂乱无序。

内蒙古鄂托克旗查布地区15号点，下白垩统泾川组

（3）推断恐龙行走的速度

通过足迹之间的相对位置关系，可以测量恐龙行走时复步和单步的长度和足迹长度等数据。有些科学家通过对现代动物的研究，曾经给出一些计算恐龙行走速度的经验公式，其中比较有名的是Alexander（1976）提出的计算公式：

$$V = 0.25 \cdot g^{1/2} \cdot \lambda^{1.67} \cdot h^{-1.17}$$

在这个公式中，g为重力加速度（一般取值为9.8），λ为复步长，h为臀高（一般等于足迹长的4倍）。

此外，还可利用相对复步长（复步长与臀高的比值：λ/h）来判断恐龙的运动状态。当这个值小于等于2时，表明恐龙在行走；当这个值在2和2.9之间时，表明恐龙在小跑；当这个值大于2.9时，表明恐龙在快速奔跑。李建军等（2011）在内蒙古鄂托克地区曾发现一串恐龙行迹，其足迹长（FL＝h/4）为0.28 m，复步长（λ）为5.6 m，相对复步长（λ/h）达到5 m，这说明该恐龙在快速奔跑。经过计算，这条恐龙的奔跑速度居然为43.85 km/h，这是目前世界上发现的跑得最快的恐龙（李建军，2015）。此前，根据同样的计算方法，美国得克萨斯州白垩纪地层中发现的一条中型兽脚类恐龙行迹的奔跑速度为40 km/h。

（4）判断古动物的行走姿态

首先，研究者根据足迹可以直接看出恐龙是四足行走还是两足行走，根据足迹的排列关系还可以推断出恐龙行走时是左脚和右脚交错迈出，而不是像袋鼠那样双脚并拢跳跃的（李建军，2015）。其次，根据足迹可以进一步判断恐龙行走时落地脚趾的数目（即功能趾的数目），以及行走姿态是趾行式、蹠行式，还是半蹠行式。行走姿势可以反映造迹恐龙的行为习性特点，以及行走时沉积物的一些物理特性。例如，恐龙在奔跑时，多采用趾行式甚至半趾行式；当恐龙在湿滑、松软的地面行走时，为了增大足底的摩擦力，就要增加接触面积，其相应的行走姿势就是蹠行式或趾行式。

此外，人们猜想，恐龙等史前大型动物由于体形庞大，其行走时的样子应该是四肢叉开，拖着长长的尾巴，看起来十分笨拙。但大量的恐龙行迹研究发现，它们行走时并不是拖着尾巴，行迹的跨度也非常窄。这表明恐龙行走时腿很直，并不像鳄鱼那样拖着尾巴、趴着前行。

（5）判断恐龙是陆地行走还是水中生活

根据恐龙骨骼化石可以判断出，有些恐龙，特别是蜥脚类恐龙的体形十分庞大，如梁龙类和泰坦龙类，有的身躯长几十米，有的体重达几十吨，甚至上百吨，比10头大象还重。如此巨大的恐龙是如何生活的呢？研究早期，特别是20世纪40年代以前，很多人不相信它们的四肢足够强壮，可以撑起庞大的身躯。有些科学家认为它们需要依靠水的浮力才能够生存，长长的尾巴能帮助它们在水中游走，因此，水中才是它们真正的家。所以有很多复原图是把大型蜥脚类恐龙放在水中的（图1–3）。直到20世纪40年代，Bird（1944）首次在陆地沉积环境中发现了被保存下来的蜥脚类恐龙足迹。此后，大量的蜥脚类恐龙足迹在世界各地被发现，这些发现证明了庞大的蜥脚类恐龙是可以在陆地上行走的（李建军，2015）。

图1–3　蜥脚类恐龙生活状态的早期想象图

（6）推断恐龙能否游泳

Bird（1944）曾经报道，在美国得克萨斯州白垩纪地层中发现蜥脚类行迹。这些行迹大都为恐龙前足的足迹，只是在拐弯的地方出现了1个后足印迹（图1-4），很难想象庞大的蜥脚类恐龙能够抬起后肢，仅靠前肢行走。科学家对此的解释是，这是恐龙在游泳时形成的游泳迹。借助于水的浮力，恐龙在水中后肢浮起，仅靠前肢踩在水底，带动身体在水中行进，只是在拐弯的时候后脚蹬地，因而留下1个后足足迹。当然，科学界对此行迹的解释存在争议，如Lockley和Hunt（1995a）认为这不是游泳迹，而是恐龙行走的足迹。对此的解释是，造迹恐龙处于行走状态，只不过其身体的重心靠近前肢，使得前足对地面的压力增大，因而在下一层中形成幻迹（undertrack）。据此，在得克萨斯州白垩纪地层中含蜥脚类行迹的层面并不是恐龙当时行走的层面，而是其下一层的层面。当然，这种观点目前也并未被学界普遍接受。

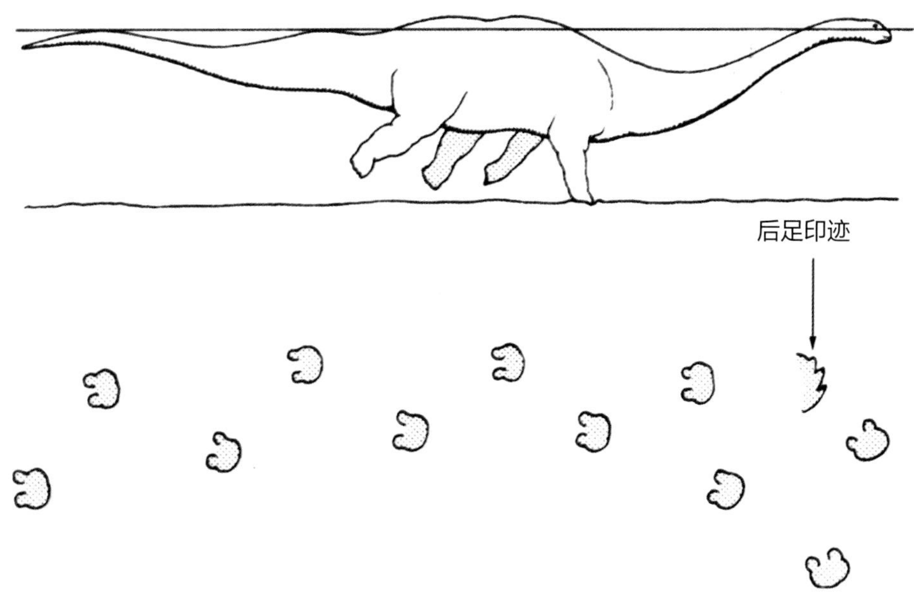

图1-4　保存有1个后足足迹的蜥脚类恐龙行迹及其成因解释

目前，根据足迹化石可以推断，至少应该有几种会游泳的蜥脚类恐龙。例如，只保存有前足足迹的蜥脚类恐龙行迹被解释为后肢浮起，前足划水、蹬地所形成（图1-5）。在我国四川昭觉下白垩统飞天山组，刑立达等发现了兽脚类恐龙的游泳遗迹（Xing et al., 2013j）。但Lockley 等（2014b）也认为，只保存有前足足迹的蜥脚类行迹并不能作为蜥脚类

图 1–5　蜥脚类恐龙游泳行迹成因再造图（左笑然绘制）

恐龙游泳痕迹的确凿证据。其中有些也可能是行走而形成的，它是下部层面上保存的幻迹类。甘肃永靖刘家峡地质公园2号点的蜥脚类恐龙前足行迹，也被解释为幻迹成因（Xing et al., 2016b）。因此，对恐龙游泳行迹的鉴别和认定应该特别谨慎。

（7）再现恐龙的生活情景

研究者在全球许多地方曾发现肉食性兽脚类恐龙足迹和植食性蜥脚类恐龙足迹被混杂在一起保存的现象。例如，在美国德州的Paluxy Creek河边，研究者发现了一串蜥脚类足迹，旁边还有一串兽脚类足迹（Bird，1944），这些遗迹可能记录了亿万年前的一场兽脚类恐龙对蜥脚类恐龙的追逐。但需要指出的是，在得出类似结论前必须慎重，因为即使有兽脚类恐龙行迹伴随蜥脚类行迹的现象，也要判断两种行迹是否同时形成，如果是异时形成的，那这种可能性便大大降低了。

1.1.2 古环境、古气候、古地理恢复

(1)古环境

恐龙足迹化石的特点之一，是造迹恐龙在生活过程中于原地形成，并被埋藏保存，其记录了形成“那一瞬间”沉积环境的丰富信息。因此恐龙足迹化石是重建沉积环境的有效证据。图1-6就是根据恐龙足迹恢复古环境的一个实例。图中A1-A4是同一个蜥脚类恐龙足迹的侧面观，从中可以看出，足迹由右向左越来越浅，其表明恐龙从泥泞的地方走上岸。因此可以认为，该足迹形成于湖滨地带，恐龙足迹行走的相反方向是湖泊的位置。

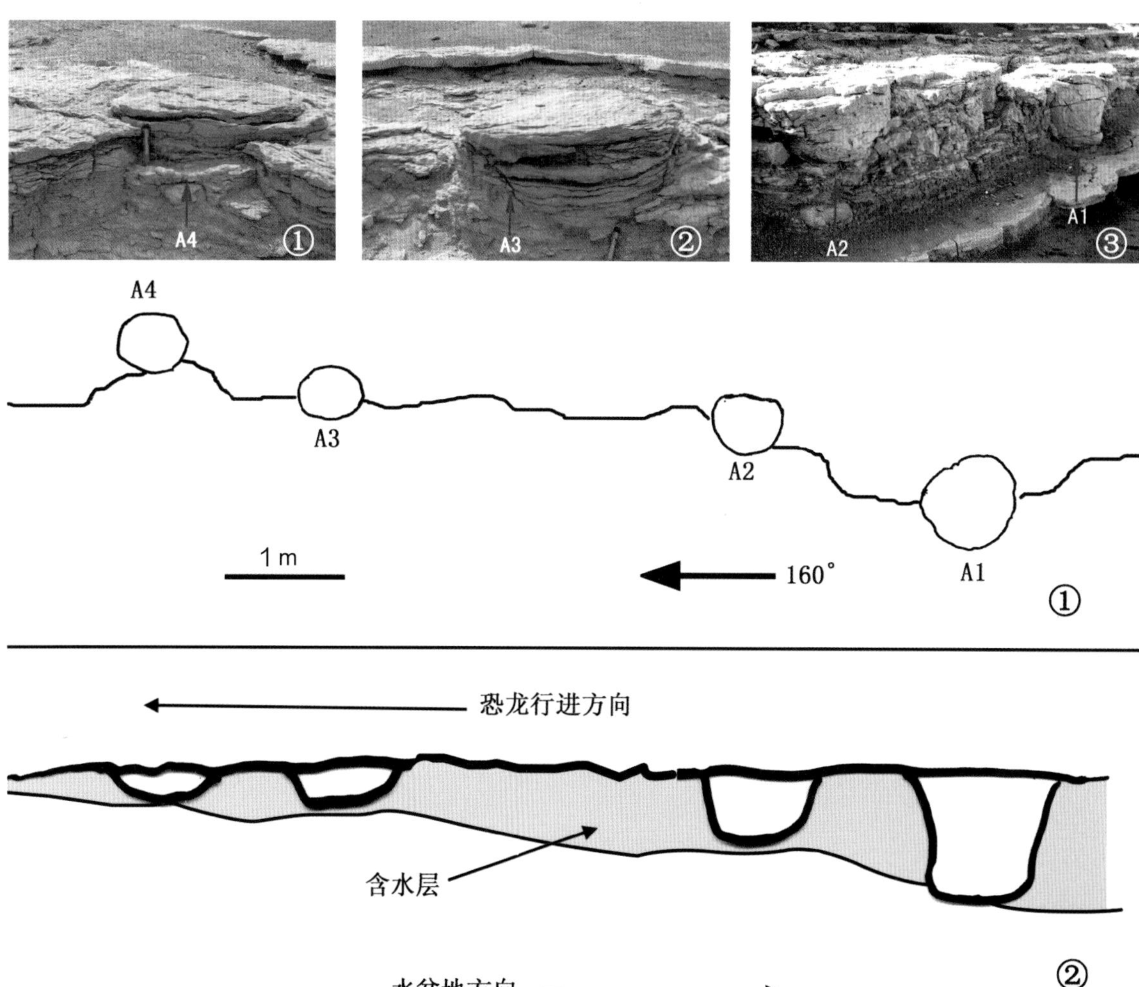

图1-6 内蒙古鄂托克旗查布地区下白垩统立体保存的蜥脚类足迹（引自李建军等，2011）

①、②为立体保存的蜥脚类足迹，显示足迹侧面；③为足迹平面分布图；④为环境复原图；A1、A2、A3和A4分别代表同一条行迹中的4个足迹

（2）古气候

科学家们在长期对恐龙足迹的研究中发现一个规律，蜥脚类恐龙足迹很少与鸟脚类足迹保存在一起。蜥脚类恐龙足迹常出现在蒸发量大于降水量的干旱地区的湖边滩地环境，在这种环境的足迹组合中，鸟脚类足迹就比较少。而在那些含煤层的、潮湿气候的沉积环境中，则很少见到蜥脚类足迹组合（Lockley et al.，1994b；李建军，2015）。比如，美国西部上侏罗统的Morrison组中发现了很多蜥脚类足迹和兽脚类足迹（Dodson et al.，1980；Lockley et al.，1998），其代表的是一种干旱性气候。有的科学家还由此提出了足迹相的概念，比如把大量出现于欧洲晚侏罗世碳酸盐岩台地环境的蜥脚类足迹，称为雷龙足迹（*Brontopodus*）足迹相（Lockley et al.，1994b）。另外，在我国云南楚雄上白垩统红层中发现的许多蜥脚类足迹，也是形成于干旱气候环境之下。实际上，在所有中生代以红色沉积为主的陆相盆地中，几乎都是以蜥臀类足迹化石组合为主（Lockley et al.，2002b），这说明蜥脚类恐龙比较适应干旱地区的生活。我国北方白垩系是典型的干旱–半干旱陆相盆地，属于红色砂岩、粉砂岩夹页岩为主的沉积，在小型湖泊边缘或河漫滩环境发育了大量蜥脚类或兽脚类为主的足迹化石点，如山东、辽宁、内蒙古等地。

但这种情况也有例外。如山东莒南下白垩统大盛群田家楼组，属红色沉积的滨湖三角洲沉积环境，其则是以兽脚类与鸟脚类恐龙足迹为主的著名化石点，迄今未发现蜥脚类恐龙足迹。

（3）古地理

在研究某一区域的脊椎动物足迹化石的时候，我们可以对区域性行迹（trackway）的方向进行统计。如果在某个较大区域的同一层位，或者在较短的地质时期内的地层中恐龙足迹大量出现，且行迹方向集中于某个方向，则说明这个地区曾经是恐龙长期活动的场所，有的地区甚至是恐龙长距离迁徙的通道。通常这种通道指示盆地的岸线或者大的河流的沿岸地区。例如，美国科罗拉多州有个著名的恐龙岭（Dinosaur Ridge），由下白垩统Dakota组的砂岩组成，其中发育大量鸟脚类（主要是禽龙类）和兽脚类恐龙足迹；且鸟脚类行迹特别多，有的大小相似、运动方向相同、彼此平行，这些平行的行迹通常被科学家作为恐龙群体活动的证据。Dakota砂岩的分布范围十分广阔，从科罗拉多北部的Boulder向南和西南方向延伸至俄克拉荷马州的Panhandle，以及新墨西哥州东部，面积约为78 000 km^2。科学家将恐龙岭地区这种具有同一层位或相当层位，有大量恐龙足迹化石产出的巨大区域称为“巨型恐龙足迹点”（megatracksites）或者“恐龙通道”（dinosaur trackways）。恐龙足迹研究表明，在白垩纪时期，科罗拉多曾有1条“西部内陆海道”，而恐龙岭地区就位于海道的边缘，是广阔的海岸带或滨岸平原环境，水草丰盛。因此，在这种有利的环境下，恐龙足迹得以大量形成及完美保存。

1.1.3 地层划分对比

李建军（2015）列举了一些科学家利用足迹化石进行地层对比的例子（Carrano et al.，2001；Lockley et al.，2008；李建军等，2010），研究界甚至出现了名词Palichnostratigraphy，即古足迹地层学，这也许会成为一个新的分支学科。在古足迹地层研究中，一般利用恐龙足迹组合进行地层的对比。如甄朔南等（Zhen et al.，1994）在四川峨眉地区发现的一批个体比较小的恐龙足迹，包括川主小龙足迹（*Minisauripus chuanzhuensis*）、峨眉跷脚龙足迹（*Grallator emeiensis*）和四川快盗龙足迹（*Velociraptorichnus sichuanensis*）等。2004年，在韩国南海郡下白垩统Haman组内也发现了川主小龙足迹（*Minisauripus chuanzhuensis*）、韩国鸟足迹（*Koreanaornis*），以及快盗龙足迹（*Velociraptorichnus*）和跷脚龙足迹（*Grallator*）（Lockley et al.，2005；2008）。2005年，科学家们在山东莒南下白垩统发现小龙足迹1个新足迹种——甄朔南小龙足迹（*Minisauripus zhenshuonani*）以及跷脚龙足迹（*Grallator*）和快盗龙足迹（*Velociraptorichnus*）组合（李日辉等，2008；Lockley et al.，2008；Li et al.，2008）。经过对比，上述3个产地的足迹化石组合十分相似，韩国和山东的含足迹层位和其他化石均证明其属于Barremian-Albian期。因此可以认为，四川峨眉地区含上述足迹组合的夹关组的地质时代应属于早白垩世Barremian-Albian期（Lockley et al.，2008）。

1.1.4 特定文化的解读

恐龙足迹有时是古代先民、边远地区村民或特定人群等膜拜的对象。长期的膜拜历史

能够形成一套相应的文化体系。因而，恐龙足迹的研究在一定程度上有助于解读其族群文化的形成背景和过程。

受知识水平与经验认知所限，古人往往习惯于美化乃至神化无法辨识的未知事物，并将它们以个体认知加以判断和定名，将超出认知范畴的事物归入虚化的、大的概念体系并加以泛称（丁山，1961；田兆元，1998），如将不认识的骨骼统称为“龙骨”，将无法解释的大型地面足迹统称为神迹或神人（兽）遗留等。恐龙足迹也不乏这方面的例子。一个著名的例子是美国印第安原住民霍皮族（Hopi）在其霍皮蛇舞（Hopi Snake Dance，该族传统的祭祀性舞蹈）仪式中，祭司要穿戴饰有恐龙足迹图案的特制围裙（Look，1981）。又如非洲莱索托布须曼人（Bushmen）创造了独特的岩画艺术，这些南部非洲大沙漠中最古老的原住民根据其生存环境中的恐龙足迹等信息，在其洞穴壁画中复原出从未见过的恐龙的模样（Ellenberger，2005）；另一支美国土著部落弗里蒙特印第安人（Fremont Indians）也根据犹他州东南部红崖荒原上的化石点的恐龙足迹，描绘出了三趾型兽脚类恐龙足迹（Lockley et al，2006d）。

邢立达等对重庆綦江区莲花堡寨下白垩统夹关组产出的大量恐龙足迹化石进行了多年研究（邢立达等，2007，2011；Xing et al.，2012c，2015b，2015f）。结果表明，恐龙足迹在堡寨区内分布广泛，以莲花卡利尔足迹（*Caririchnium lotus*）为主，其形态和保存方式多样，这种多样性远远超过了国内其他恐龙足迹点（邢立达等，2011）。以鸟脚类鸭嘴龙的莲花卡利尔足迹（*Caririchnium lotus*）为例，其保存方式包括5种：①下凹型足迹，占全部足迹的大多数；②下凹型幻迹；③上凸型足迹，高度约5 cm，通常位于两层砂岩之间的突出部分，为填充的泥岩剥落后所露出，足迹形态多样；④多层踩踏的凸型足迹，高度为4.5~24 cm，并表现出强烈的层叠现象；⑤三维保存的立体足迹，深度达42.5 cm，保存了造迹者脚部横向、纵向的变化。

邢立达等（2011）在对堡寨历史和恐龙足迹进行研究后认为，这座大约建于南宋宝祐年间（1253—1258 年），距今有700多年历史的古寨（图1-7、图1-8）与各式恐龙足迹（多足迹品种，多保存方式）共存的现象，在中国乃至世界都极其罕见，体现了道法自然的和谐新理念，并由此引申出恐龙足迹参与了中国部分古地名、民间传说的形成。当原住民在现实中发现某种超出他们认知范畴和生活经验的遗迹时，往往会本能地将遗迹归入本族群的神话和信仰体系，将之视为神迹，并坚信它们就是证据，用来证实本族群信仰架构的真实性

图 1-7　莲花堡寨——中国古人与恐龙足迹共存 700 多年的直接证据（引自邢立达等，2011）

照片为重庆綦江区三角镇红岩村陈家湾永里老瀛山莲花堡寨的外观，红色箭头标示莲花堡寨走向

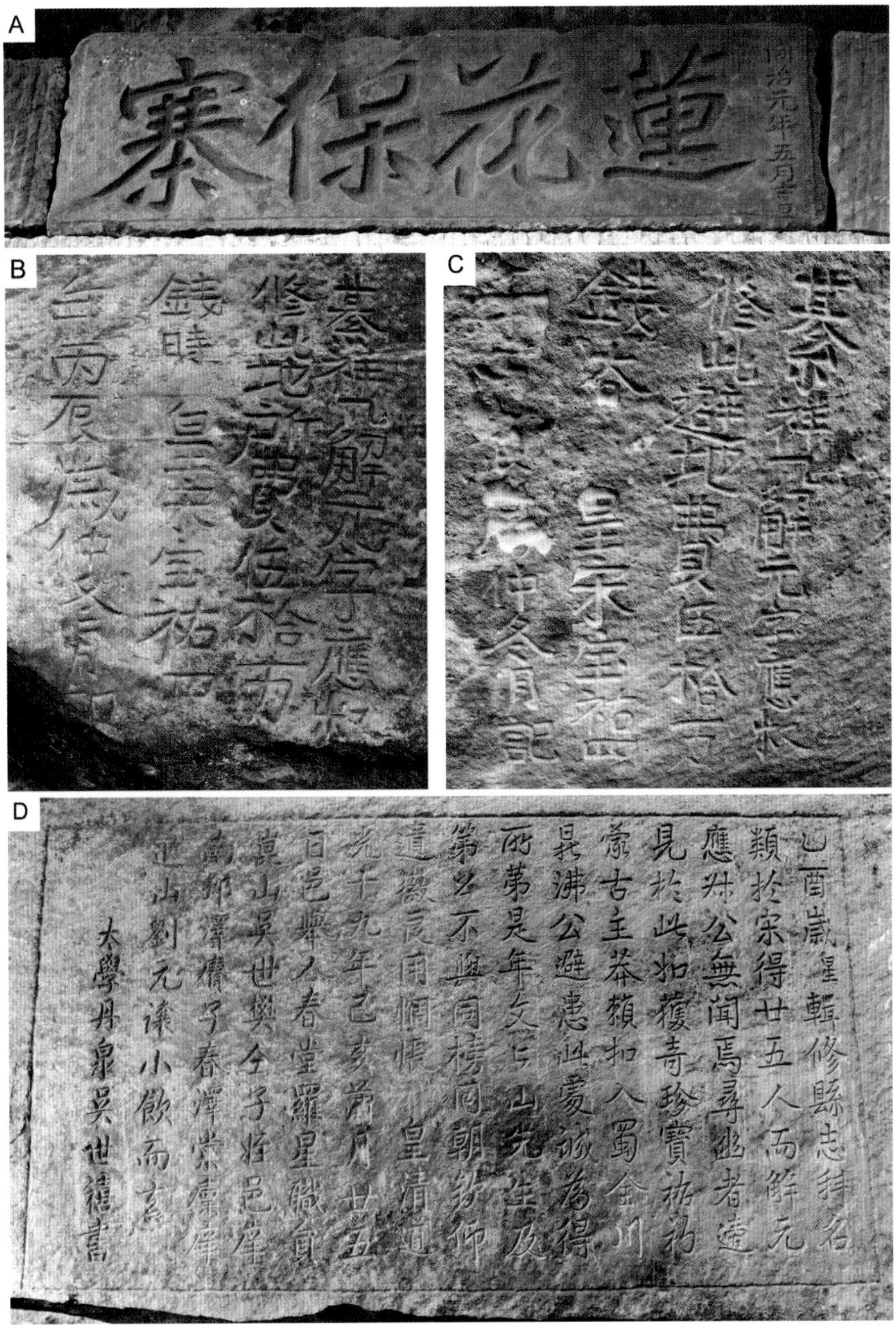

图1-8　莲花堡寨代表性石刻照片（引自邢立达等，2011）

寨内有确切纪年可考的最早石块题记出自南宋（1127—1279年）（图B和C）。清代同治元年，此地被命名为莲花堡寨，意为“有莲花存在的或为莲花所护佑的山堡寨垒”。

照片A和D即题刻寨名和年月的门楣石刻

图 1-9　莲花堡寨内随处可见形态多样的莲花状鸭嘴龙足迹（引自 Xing et al.，2015f）

除 B 为蜥脚类恐龙足迹外，其他均为鸭嘴龙足迹。

除 H 为下凹足迹外，其他均为上凸足迹，其中 A、B、E、J 等为明显的下层面上凸保存

和权威性，从而加以虔信和膜拜。因而，恐龙足迹对莲花堡寨居民的信仰的形成和特定文化的形成具有重要影响。他们还认为，莲花堡寨的得名与历代古迹遗存并无直接关系，而是源于居民对寨内恐龙足迹等的观察和想象，依据总结如下。

（1）波痕：引申为水流。波痕是由风、水流或波浪等介质的运动在沉积物表面所形成的一种波状起伏的层面构造，通常表现为一系列分岔的波峰或波谷。莲花堡寨内的波痕分布在白垩系夹关组下部的砂岩和泥岩层中。

（2）泥裂：引申为莲叶的脉络。泥裂是指沉积物出露水面后因曝晒干涸所发生的收缩裂缝。莲花堡寨内的泥裂主要分布在莲花堡寨入口的左侧崖壁上。在层面上，泥裂呈网格状龟裂纹，并将岩层切割成多角形，直径为20~30 cm，被裂隙包围的表面轻微下凹。

（3）鸭嘴龙类足迹：引申为莲花。鸭嘴龙类足迹是莲花堡寨内数量最多、保存最完整的足迹，其三趾和跖趾垫印痕大小相近，酷似盛放的莲花花瓣（图1-9），恰与“地涌金莲”的神话传说不谋而合。

（4）洞内顶壁多处保留完好的波痕、雨点、虫迹等相互交叠绵延，给予古人“莲叶何田田”的想象空间，也拓展并加深了古人对“莲花”这一意象的认定。

（5）巴蜀地区自古就是中国与缅甸、越南乃至西域和中亚一带贸易往来的交通枢纽，佛教文化极为兴盛，对佛法象征的莲花这一意象的认知深入民间。在地理要冲、物产富庶、兵燹频仍等多重因素作用下，民间对心灵信仰的追求和安定生活的期冀也更为强烈，这也是堡寨以莲花为名的原因之一。

以上5点，从水流、莲叶、莲花等意象到佛法护佑，构成了古代居民完整的想象链条，从而使莲花堡寨的传说在当地流传至今。

1.1.5 科普与地质公园建设

地质公园（Geopark）是以具有特殊地质科学意义，稀有的自然属性和较高的美学观赏价值，具有一定规模和分布范围的地质遗迹景观为主体，并融合其他自然景观与人文景观而构成的一个独特的自然区域。建立地质公园有三方面的重要意义，即保护地质遗迹，普及地学知识，开展旅游以促进地方经济发展。地质遗迹是在漫长的地质历史过程中形成的重要地质景观和物证，具有独特的观赏和游览价值。地质公园可以使宝贵的地质遗迹资源得到良好的保护。地质公园也是科学家进行科学探索的重要野外场所，是科学家对学生和民众普及地学知识，进行启智教育的课堂，是重要的科普基地。地质公园可以改变传统的生产方式和资源利用方式，为旅游经济的发展提供新的机遇，发展旅游产业，促进地方经济发展。

中国的地质公园的建设是响应联合国教科文组织建立“世界地质公园网络体系”的倡议，贯彻国务院关于保护地质遗迹的任务，由原国土资源部主持，于2000年开始实施的一项工作。截至2019年9月，我国已正式命名的国家地质公园共计214处，我国授予国家地质公园资格56处，批准建立省级地质公园300余处，进而形成了地质遗迹类型齐全，遍及31个省、自治区、直辖市和香港地区的地质公园建设发展体系。据统计，我国地质公园年接待游客超过5亿人次，已成为我国重要的自然教育基地。214处国家地质公园中，与恐龙足迹化石有关，或部分含有恐龙足迹化石的国家地质公园主要有12处，分别是安徽齐云山国家地质公园、甘肃刘家峡恐龙国家地质公园、黑龙江嘉荫恐龙国家地质公园、云南禄丰恐龙国家地质公园、新疆奇台硅化木-恐龙国家地质公园、山东沂蒙山国家地质公园、山东诸城恐龙国家地质公园、山东莱阳白垩纪国家地质公园、重庆綦江木化石-恐龙国家地质公园、内蒙古鄂尔多斯国家地质公园、内蒙古巴彦淖尔国家地质公园和北京延庆国家地质公园。应该说，与全国各地广泛分布的恐龙足迹点相比，恐龙足迹类的地质公园占比例太少，而且这12处含恐龙足迹的国家地质公园所冠的名称也没有一个是恐龙足迹地质公园或恐龙遗迹地质公园。其原因可能是恐龙足迹研究程度不够，或者是未引起当地政府和有关部门的重视，亦或二者兼而有之。因此，以恐龙足迹（或遗迹）为主题的国家地质公园的申报和建设工作应该是摆在我们面前的共同任务。通过有关部门的组织和科学家的共同努力，在不久的将来，业界人士一定会看到这一成果的落实。

令人高兴的是，在内蒙古鄂尔多斯国家地质公园中有一个以恐龙足迹为主体的国家级自然保护区——内蒙古鄂托克旗恐龙地质遗迹自然保护区。该保护区位于鄂尔多斯市鄂托克旗境内，总面积为456 km^2，核心区面积为77 km^2。该保护区以大量早白垩世的恐龙足迹化石为主体，可靠的足迹点有16个；足迹总量超过2 000个，可以分为兽脚类恐龙足迹（含鸟类足迹）和蜥脚类足迹两大类。

野外地质遗迹博物馆是鄂托克旗恐龙地质遗迹自然保护区内的核心部分，是在8号和6号足迹点位置上原地建造的恐龙足迹的野外展馆。除了展馆，当地政府和相关管理部门还根据实际地质条件，对1号、10号等足迹点分别实施了相应的足迹保护工程，使恐龙足迹化石等地质遗迹得到有效的保护。因此，鄂托克旗野外地质遗迹博物馆堪称是恐龙遗迹保护的一个成功范例（图1-10~26）。鄂托克旗野外地质遗迹博物馆于2005年开始规划设计，2006年动工建设，2007年竣工。在其建馆过程中，除资金短缺外，还曾遇到诸多技术难题，如河水侵入、返硝等问题，但最终都被逐一攻克。该博物馆的建设是中国最大规模的恐龙足迹野外现场保护工程，这项工程对以恐龙足迹为主题的地质公园的建设将具有重要的借鉴意义。

以下照片主要展示6号足迹点展厅艰难曲折的建设过程，以及当地国土资源部门为保护地质遗迹而表现出的不屈不挠、迎难而上的奋斗和敬业精神。

图1-10　内蒙古鄂托克旗恐龙地质遗迹自然保护区一景

图 1-11　内蒙古鄂托克旗野外地质遗迹博物馆（在查布 8 号恐龙足迹点基础上建成）

图 1-12　内蒙古鄂托克旗野外地质遗迹博物馆（内景一）

馆内展示现场保存的大量早白垩世的蜥脚类和兽脚类恐龙足迹

图 1-13　内蒙古鄂托克旗野外地质遗迹博物馆（内景二）
身穿民族服装的蒙古族小学生们正在测量恐龙足迹的尺寸

图 1-14　内蒙古鄂托克旗野外地质遗迹博物馆内壮观的蜥脚类恐龙足迹

6号足迹化石点位于都斯图河岸边，处于河流转弯处的凹岸一侧，不断遭受河流的侵蚀，含化石岩层的一部分已经沉入水中。都斯图河是查布地区的主要河流，常年有水。为防止河水对足迹化石产地的侵蚀，鄂托克旗国土资源局组织人力在足迹产地靠河流一侧修建防水坝，以阻断河水对足迹化石的侵蚀（图1-15）。

图1-15　修建防水坝以防止河水对足迹的侵蚀（谭林提供）

然而防水坝建成后，足迹化石仍然不断遭受水侵蚀。防水坝并未起到保护作用。经现场勘查发现，在足迹产地周围含足迹化石的砂岩层面上直接覆盖着厚约1 m的沙层。由于砂岩是良好的隔水层，而含足迹化石的砂岩地层又倾向都斯图河，于是渗入沙层的雨水就顺着砂岩层面流向保留足迹的区域。加之防水坝的阻拦，雨水就聚集在含足迹区域，浸泡足迹化石。这样，防水坝虽然拦住了直接侵蚀足迹的河水，但又把本来应该排入河流的雨水拦住，继续侵蚀足迹化石（图1–16）。

图1–16　沙丘下雨水对恐龙足迹的侵蚀

发现问题后，工作人员又在足迹化石远离河流的一侧岸上开挖出一条排水沟，使顺砂岩层面流向足迹区域的雨水提前流入排水沟，不至于再浸泡足迹化石。同时，利用河流一侧的防水坝为外墙，在足迹区域上方建设起1个160 m^2的保护性建筑，将所有足迹化石保护在其中（图1–17）。这样，既没有来自河水的侵蚀，又没有沙层下渗透过来的雨水浸泡，再加上兴建起带顶棚的建筑，对足迹的保护应该万无一失。

图 1-17　开挖排水沟，防止沙丘下雨水侵蚀足迹化石

可是，新的问题又出现了。内蒙古鄂托克地区属于干旱地区，年平均降水量小于蒸发量。被蒸发的地下水经常溶解地下的石膏、硝和盐等干旱地区的矿物，并把它们带到地表，水分蒸发后，其中溶解的矿物质就被析出，沉积在地表。为了使保护足迹的建筑物内有充足的光线照明，工作人员在其顶棚上增加了一些能够透光的塑料板（因为野外没有电，所以无法安装电灯）。正是这些塑料板，使保护足迹的建筑成了“暖房”。夏季室内的蒸腾作用十分强烈。房间下面的地下水被大量蒸发，地下水中溶解的石膏、硝和盐等矿物就沉积在含足迹化石的岩层表面，对足迹化石又产生了严重的侵蚀。当地人把这种现象叫“返硝”。返硝作用使足迹化石表面总有一层白霜（图1-18），长此以往，这些矿物质就会对足迹化石进行化学风化，足迹化石仍然面临着被破坏的危险。

图1-18　恐龙足迹上的返硝现象

水虽然在内蒙古西部地区是很珍贵的资源，可是在查布地区6号足迹化石点，它却从上述三方面侵蚀着珍贵的足迹化石。于是工作人员决定在足迹化石层下面进行防水处理。

但是工作人员经过勘察发现，保存足迹的岩层为厚50 ~70 cm的砂岩，而所发现的足迹总面积达180 m^2。如果要进行防水处理，需要把约100 m^3、300 t的砂岩层翻起，做好防水处理后再将其复原。经过反复斟酌，鄂托克旗国土资源局决定排除一切困难，为这珍贵的自然遗产做好防水。防水处理的步骤如下。

第1步，拆掉房屋，使需要保护的足迹暴露出来。

第2步，使用切割机将含有足迹的砂岩层切割下来（图1-19）。为了减少切口对足迹化石的损坏，工作人员使用了最薄的锯片，并把砂岩切成面积为1 m^2的方块。这样既便于搬运，也有利于最后阶段的岩层拼接。

图1-19 现场切割含足迹化石的岩层

第3步，在原始岩层的上面增加盖层，将含足迹化石的表层整体抬升2.8 m。然后，按照顺序把切割下来的砂岩块在新位置摆好。由于砂岩块很重，工作人员在搬运过程中使用了类似工厂龙门吊的装置，以便在铁轨上平稳地搬运砂岩块。

图1-20 将含足迹的砂岩抬高2.8 m

第4步，在足迹化石的原始位置上进行防水处理。首先，用周围的沙土将取出足迹的凹坑填平并夯实；然后，铺上一层小碎石块，并在小碎石块上面浇灌一层水泥；再刷上防水层，在防水层上再加上一层小碎石块。

图1-21　足迹层下面的防水处理

第5步，将切割下来的含足迹的砂岩块摆放至与原始位置垂直的正上方，并按照原始位置拼接好。这时，含足迹砂岩层虽然在原始位置上向上提升了2.8 m，但仍保持着野外原始的产状。

图1-22　足迹的拼接与复原

图1-23　在拼接后的足迹岩块缝隙中灌注水泥

第6步，对切割岩层时形成的裂缝和切口进行修复，并在岩石缝隙中（包括左右缝隙和下面的缝隙）灌注水泥，防止含足迹的岩块错动。

第7步，建设野外足迹保护建筑。鄂托克旗将足迹保护建筑开辟为鄂托克野外地质遗迹博物馆的一个展厅（图1-24）。至此，这项足迹保护工程的创举终于完成。足迹至今保存完好，再未遭受任何水侵蚀和风化。

这是中国最大规模的一次恐龙足迹野外现场保护工程，也是恐龙足迹保护的典范。

图 1–24　复原后的恐龙足迹化石

椭圆状者为蜥脚类恐龙的伯德雷龙足迹（*Brontopodus birdi*），三趾型者为兽脚类恐龙的粗壮亚洲足迹（*Asianopodus robustus*）

图 1-25　展厅内的蜥脚类伯德雷龙足迹（*Brontopodus birdi*）（内景一角）

保护后的 6 号足迹点目前为内蒙古鄂托克旗野外地质遗迹博物馆的一个展厅

图 1-26　查布 6 号点新修复的展厅外景

1.2 我国恐龙足迹研究的历史

足迹化石研究是古生物学和地质学的古老分支之一。最早有记载的足迹化石是1802年被发现的，当时一名叫Pliny Moody的美国农场的小孩在马萨诸塞州三叠系红色砂岩中发现了1件三趾型足迹化石（Thulborn，1990）（图1-27）。这件化石后来被鉴定为*Ornithoidichnites fulicoides*，它是远古时代与美洲瓣蹼鹬鸟类似的一种涉禽的足迹化石（Hitchcock，1841），现在被科学界认为是恐龙的足迹化石。

我国的恐龙足迹化石研究起步较晚。杨钟健先生（C. C. Young，1897—1979）是中国古脊椎动物和恐龙足迹研究的奠基人。1929年，他在陕西省神木县（现神木市）发现了中国第1件脊椎动物足迹化石（Teilhard de Chardin & Young，1929）。这件化石是1枚三趾型足迹，经研究属于禽龙类恐龙足迹。1958年，德国科学家O. Kuhn将其命名为杨氏中国足迹（*Sinoichnites youngi*），以纪念杨钟健的贡献。1943年，杨钟健研究并命名了四川广元足迹（Young，1943）。1960年，杨钟健总结了中国当时发现的所有恐龙足迹（Young，1960），其研究成果是中国恐龙足迹研究的重要参考文献。杨钟健先生一生研究了大量足迹化石，并命名了7个新足迹属和9个新足迹种。

1940年，日本古生物学家矢部（Yabe H.）等人在辽宁朝阳羊山地区发现了4 000多枚恐龙足迹，并将它们命名为斯氏热河足迹（*Jeholosauripus s-satoi*），羊山也成为我国目前足迹数量最多的足迹化石点。

20世纪60～70年代，恐龙足迹的发现和研究几乎处于停顿状态，仅有零星的报道和研究论文发表。

从1982年开始，北京自然博物馆甄朔南领导的研究团队，自从在四川岳池发现岳池嘉陵足迹以来，一直从事以恐龙足迹为主的调查研究工作。他们先后研究了四川岳池、云南

图1-27　最早发现的恐龙足迹化石（引自李建军，2015，李振宇摄）

该足迹化石于1802年在美国马萨诸塞州South Hadley的三叠系红色砂岩中被发现

晋宁、四川峨眉等地区的恐龙足迹和鸟类足迹（甄朔南等，1983，1986，1994），还研究了南极地区的鸟类足迹化石（李建军和甄朔南，1994），并于1996年出版了恐龙足迹专著《中国恐龙足迹研究》（甄朔南等，1996）。这部著作除介绍恐龙足迹的研究方法以外，还概括了当时在中国公开发表的所有中生代恐龙、古鸟类等足迹化石。目前，这本书已成为研究中国古脊椎动物足迹的必备工具书。

进入21世纪以来，中国恐龙足迹的研究掀起高潮。这期间，李建军率领的北京自然博物馆恐龙足迹研究团队，与日本、英国和美国等国的科学家组成联合考察队，对全国各地有记载的恐龙足迹点进行现场考察，收集了大量第一手资料，保护、抢救了一批珍贵的足迹标本，并重点对内蒙古鄂托克旗查布地区和乌拉特中旗的恐龙足迹进行了系统研究，拉开了这些地区恐龙足迹研究的序幕。目前，该研究团队已发表多篇关于这些地区恐龙与古鸟类足迹的研究论文和专著（Lockley et al.，2002；Li et al.，2006；Azuma，2006；李建军等，2010，2011；王宝鹏等，2017）。另外，他们还对陕西甲龙类足迹和神木的恐龙足迹开展深入研究（Li et al.，2012；Wang et al.，2016）。2015年，李建军系统总结了我国自1929年以来，关于恐龙等脊椎动物的调查研究成果，在国家科技部基础性工作专项的资助下，由科学出版社出版了专著《中国中生代爬行类和鸟龙足迹》（李建军，2015），该书是我国脊椎动物足迹研究领域里程碑式的成果，对我国今后的足迹学研究具有重大的指导作用。

1987年，重庆自然博物馆的杨兴隆与杨代环出版了《四川盆地恐龙足迹化石》一书，重点研究了重庆及四川资中和彭州等地的恐龙足迹，共描述了8个新足迹属、10个新种，其中报道了中国目前地质时代最早的恐龙足迹——晚三叠世磁峰彭县足迹（*Pengxinapus cifengensis*）。2000年，重庆自然博物馆的陈伟发表"中国恐龙足迹类群"一文，根据产地和层位将中国的恐龙足迹划分出6大类群，其分别是晚三叠世类群、早侏罗世类群、中侏罗世类群、晚侏罗世类群、早白垩世类群和晚白垩世类群。重庆自然博物馆团队的研究，是我国恐龙足迹研究的重要成果之一。

2000年，甘肃省地质矿产勘查开发局古生物中心在甘肃省永靖县盐锅峡一带下白垩统河口群内发现10多个恐龙足迹化石点（李大庆等，2000，2001）。李大庆等人对这些足迹化石进行深入研究，发现其中包括大量的蜥脚类、兽脚类、鸟脚类恐龙足迹，以及古鸟类足迹、翼龙类足迹和龟鳖类足迹等（李大庆等，2001；Li et al.，2002；彭冰霞等，2004；Li et al.，2006，2015；Zhang et al.，2006；Xing et al.，2013，2014，2016）。这些足迹种类丰富，引起各国研究者的关注。

近年来，该团队把研究区域又向外拓展到甘肃省白银地区和临洮地区，并在白银市平川区发现世界上首例四足行走的兽脚类恐龙足迹（Li et al.，2019）。

中国地质调查局青岛海洋地质研究所李日辉研究团队，主要从事山东省恐龙足迹化石的调查和研究。该团队最早发现并研究了山东的恐龙足迹化石（李日辉等，2000，2001）和山东最早的恐龙足迹（中侏罗世）（李日辉等，2002）；发现世界上保存最好的大型恐爪龙类的足迹——驰龙足迹（*Dromaeopodus*），建立驰龙足迹科Dromaeopodidae，并推测该类恐龙具有群体捕猎的行为特点（李日辉等，2005a；Li et al.，2005，2008）。此外，该团队还发现早白垩世已知最早的对趾鸟类的足迹——山东鸟足迹（*Shandongornipes*），并建立山东鸟足迹科Shandongornipodidae（李日辉等，2005b；Lockley et al.，2007）。其发现的莒南县后左山足迹点和诸城黄龙沟足迹点均为世界著名的早白垩世足迹化石产地（Li et al.，2008，2011，2015；Lockley et al.，2008，2015）。

从2007年开始，中国地质大学（北京）邢立达调查并研究了众多在中国境内发现的足迹化石点，从西南地区的重庆、四川、贵州、云南到西北地区的陕西、新疆，以及安徽、广东、辽宁等省及自治区（邢立达等，2007，邢立达，2010；Xing et al.，2009a，2009b，2009c，2009d，2010a，2010b，2011a，2011b，2011c，2011d，2013，2014，2015，2016，2017，2018，2019），取得众多研究成果。如在四川昭觉下白垩统发现了可能是兽脚类的恐龙游泳足迹（Xing et al.，2013j），在江西赣县发现晚白垩世可能的亚洲首例暴龙类足迹（Xing et al.，2019i），在四川古蔺发现东亚最长的实雷龙足迹类（cf.*Eubrontes*）的行迹（长达69 m）（Xing et al.，2015j），等等。与此同时，邢立达还充分利用报刊、互联网、电视等媒介，广泛宣传恐龙足迹研究的新发现和新成果，向社会大众普及恐龙足迹知识。

自2011年以来，陕西子洲的侏罗纪恐龙足迹化石逐渐进入科研人员的视线。高俊民和赵绥琴在子洲县电市镇调查民俗风情时发现，在该村镇的围墙、磨盘、井盖、铺路石上，甚至镢铲支架的岩石上保存有众多清晰的恐龙足迹化石（详见1.3.3）。这些发现逐渐引起了科学界的重视。先后有西北大学李永项研究团队、中国地质大学邢立达研究团队和北京自然博物馆李建军研究团队等来到子洲考察，对所发现的足迹化石进行详细研究，共识别出7属6种恐龙足迹，其中包括两个新属和5个新种。（Xing et al.，2015a，b；Wang et al.，2016；Li et Zhang，2017）

我国是世界上脊椎动物足迹保存最多、种类最丰富的国家之一。我国丰富的恐龙足迹化石资源吸引许多国外科学家来中国进行合作研究，他们为中国的恐龙足迹研究做出了贡献。其中，比较著名的有美国Colorado大学Denver校区的恐龙足迹博物馆馆长Martin G. Lockley教授，日本学艺大学的松川正树教授（Masaki Matsukawa），日本福井县恐龙博物馆的东洋一教授（Yoichi Azuma）等。其中，Lockley教授对我国内蒙古、辽宁、四川、山东、贵州、陕西、安徽、重庆等地恐龙足迹的研究，特别是对中国恐龙等四足动物足迹成果的系统梳理做出了重要贡献（Lockley et al.，2002，2006，2007，2008，2010；2017；Lockely & Matsukawa，2009）。松川正树教授主要对陕西、吉林、浙江、辽宁、内蒙古、山东、四川等地足迹的资料收集、调查研究有所贡献（Matsukawa et al.，1995，2009，2014）。东洋一（Yoichi Azuma）教授团队则主要对内蒙古、甘肃、浙江等地的足迹开展过合作研究，并取得了一些重要成果（Azuma et al.，2006，Azuma et al.，2013）。

最近十几年，国外恐龙足迹化石的发现也越来越多，大型化石点数目不断增加，化石点的规模及不同化石点之间的比较等问题也成为饶有兴趣的议题。关于足迹化石点的规模和重要性的区分标准和依据并不统一，主要有以下几方面：①足迹类型（包括模式标本）的数量；②足迹的赋存状况和保存质量；③足迹化石点的可接近性；④足迹化石点的教育和科学价值；⑤足迹总数量和行迹数量；等等。

Lockely（1989）将单个足迹化石超过1 000个、行迹超过100条的恐龙足迹点定为大型恐龙足迹化石产地，但要求是对足迹数量进行过统计，并绘制有相关图件。全球排在前10位的恐龙足迹化石产地有9个是1980年后发现的（表1-1）。从表1-1中可以看出，世界十大恐龙足迹化石产地中有4个在中国。其中，辽宁朝阳羊山地区的恐龙足迹名列世界第2；山东诸城黄龙沟名列第3，内蒙古查布名列第6；甘肃永靖名列第8。事实上，如果从新足迹类型的数量及重要性等方面考量，山东莒南后左山足迹点也应该进入世界前十。可见，我国的恐龙足迹的数量和规模已经在世界上具有了举足轻重的地位。

据不完全统计，截至2019年，我国已有24个省、市、自治区的88个县（区）发现了恐龙等四足动物足迹化石（图1-28、表1-2），至少包括64个足迹属，其中恐龙足迹属共49个。这些四足动物足迹的地质时代分布从三叠纪晚期一直到古近纪。

表 1-1　世界最大的 10 个恐龙足迹化石产地

序号	年代	产地位置	足迹（个）	行迹（条）	文献来源
1	晚白垩世	澳大利亚 Lark Quarry	>4000	>500	Thurlborn and Wade，1983
2	晚侏罗世	中国辽宁朝阳羊山	≈ 4000	–	Yabe et al.，1940; Young，1960; Zhen et al.，1989
3	早白垩世	中国山东诸城黄龙沟	≈ 3000		Li et al.，2011：Lockley et al.，2015
4	晚侏罗世	土库曼斯坦库吉唐套山（Kugitang-Tau）	≈ 2700	–	Romashko，1986
5	早白垩世	韩国晋州 Gajin	>2500		Kim et al.，2012
6	早白垩世	中国内蒙古鄂托克旗查布	>2000	–	Lockley et al.，2002; 李建军等，2011
7	中晚侏罗世	美国犹他州	≈ 2000		Lockley & Hunt，1995a
8	早白垩世	中国甘肃永靖盐锅峡	>1600		Li. et al.，2006; Zhang et al.，2006
9	早白垩世	韩国镇东	–	≈ 250	Lim et al.，1989
10	晚侏罗世	美国科罗拉多州 Purgatoire	≈ 1300	≈ 100	Lockley et al.，1986

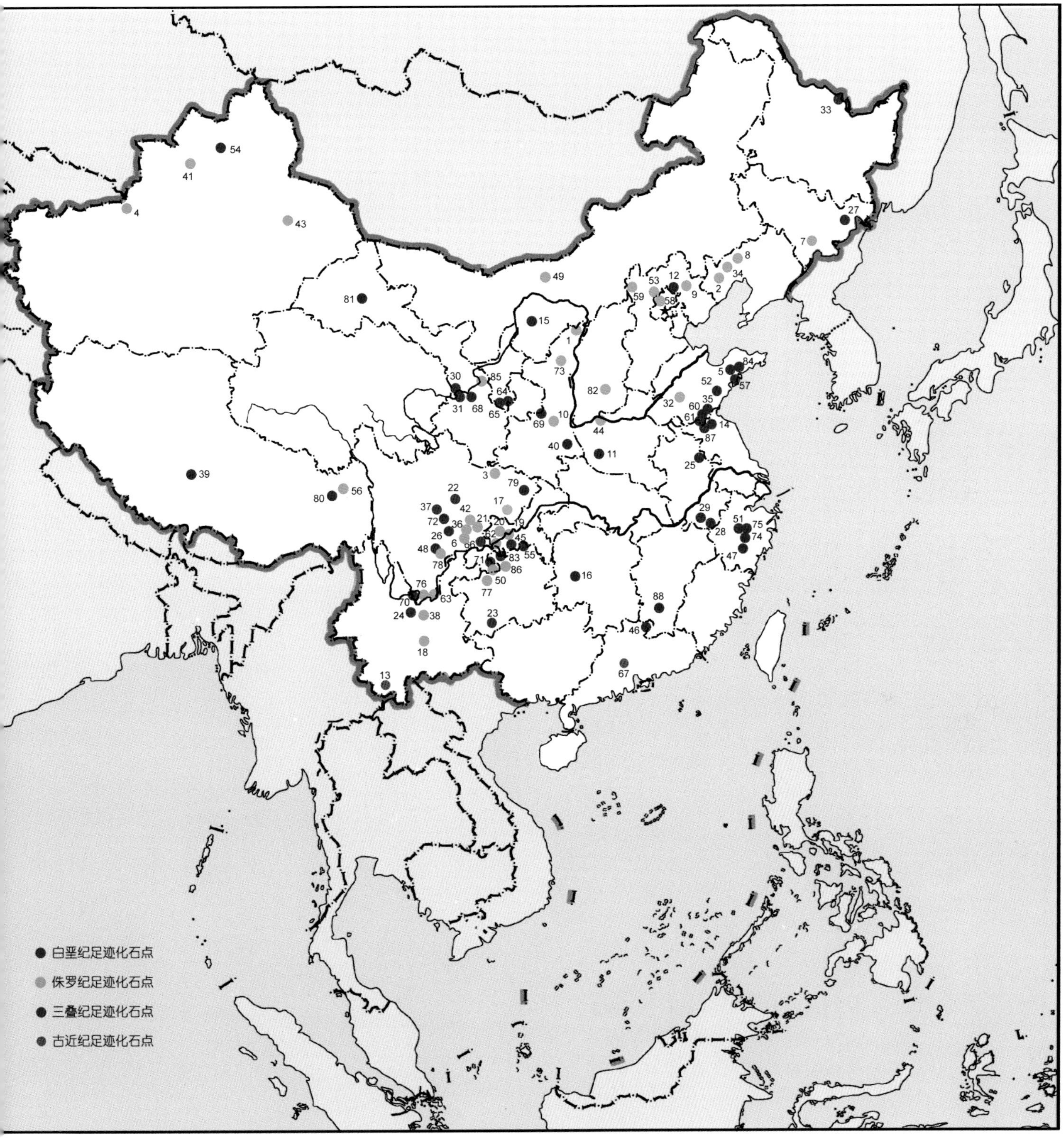

● 白垩纪足迹化石点
● 侏罗纪足迹化石点
● 三叠纪足迹化石点
● 古近纪足迹化石点

图 1-28　中国主要恐龙足迹化石点分布示意图（祝玉华绘图）

表 1-2　中国主要恐龙足迹化石点

序号	化石点	序号	化石点	序号	化石点
1	陕西神木	31	甘肃永靖	61	山东郯城
2	辽宁朝阳	32	山东新泰	62	重庆永川
3	四川广元	33	黑龙江嘉荫	63	四川会东
4	新疆温宿	34	辽宁北票	64	宁夏泾源
5	山东莱阳	35	山东莒南	65	宁夏隆德
6	四川宜宾（叙州区）	36	四川自贡（贡井区）	66	四川富顺
7	吉林辉南	37	四川天全	67	广东佛山（南海区）
8	辽宁阜新	38	云南禄丰	68	甘肃临洮
9	河北承德	39	西藏日喀则	69	陕西旬邑
10	陕西铜川	40	陕西商洛	70	四川攀枝花（仁和区）
11	河南内乡	41	新疆乌苏（塔城区）	71	四川叙永
12	河北滦平	42	四川威远	72	四川喜德
13	云南景洪	43	新疆鄯善	73	陕西子洲
14	江苏东海	44	河南义马	74	浙江义乌
15	内蒙古鄂托克旗	45	重庆綦江	75	浙江建德
16	湖南辰溪	46	广东南雄	76	四川会理
17	四川岳池	47	浙江丽水（莲都区）	77	贵州大方
18	云南晋宁	48	四川昭觉	78	四川美姑
19	重庆南岸	49	内蒙古乌拉特中旗	79	四川宣汉
20	重庆大足	50	四川古蔺	80	西藏丁青
21	四川资中	51	浙江东阳	81	甘肃玉门
22	四川彭州	52	山东诸城	82	山西古县
23	贵州贞丰	53	河北赤城	83	贵州习水
24	云南楚雄	54	新疆克拉玛依（乌尔禾区）	84	山东海阳
25	安徽明光	55	贵州赤水	85	甘肃白银（平川区）
26	四川峨眉	56	西藏昌都（卡若区）	86	贵州仁怀
27	吉林延吉	57	山东青岛（即墨区）	87	江苏新沂
28	安徽徽州	58	北京延庆	88	江西赣州（赣县区）
29	安徽休宁	59	河北尚义		
30	甘肃兰州（红古区）	60	山东临沭		

1.3 足迹术语、鉴定及野外追踪

和其他学科一样，足迹化石的研究也有自己的特殊性和定义，有专门的术语来描述相关的化石足迹。足迹学的基本术语是准确描述足迹特征的基础工具，也是研究者进行交流的桥梁，故在此扼要地介绍一些重要的常见术语。

1.3.1 基本术语

化石足迹（fossil track）：指地质时期恐龙等脊椎动物的足在沉积物上留下的痕迹被保留下的化石记录。化石足迹根据其保存方式的不同可分为下凹的足迹和上凸的足迹。

造迹动物（trackmaker）：指留下足迹、痕迹的古动物。对恐龙足迹而言，其造迹动物即为恐龙。

恐龙扰动（dinoturbation）：这个词由Lockley与Conrad（1989）首创，词源来自生物扰动（bioturbation）。恐龙扰动多用于足迹研究中，其主要指示恐龙对地面的践踏面积，而生物扰动则指示生物对地层中三维空间的影响。恐龙扰动表示为地面被恐龙扰动的面积比。

足迹化石组合（ichnoassemblage）：一般指保存在一个地点、同一层面的足迹化石的总和。

足迹化石群落（ichnocoenosis）：一般指保存在同一地点的连续层位的足迹化石组合。

足迹化石相（ichnofacies）：常指不同地区的相同地质时代的足迹化石群落的组合及演替关系。

足迹化石动物群（ichnofauna）：通过对化石足迹的研究，所确定出来的造迹动物组成的动物群称为足迹化石动物群。这是一个比较模糊的概念，可以是足迹化石组合、足迹化石群落，也可以是足迹化石相；其范围可以局限在一个地区，也可延展至大范围的区域。足迹化石动物群往往作为一个特殊的地理区域或特殊的岩石地层单位中的足迹化石的总称。

挤压脊（displacement rim）：指足迹周围被挤压起来的沉积物（图1–29），挤压脊和沉积物表面的黏度相关，常常伴随着足迹内与地面垂直的沉积物隆起，以及足迹周围沉积物表面的放射状裂缝。挤压脊明显的足迹往往保存在足迹形成的原始层面上。

足迹长（footprint length，FL）：足迹的最前一点和最后一点之间的距离。

足迹宽（footprint width，FW）：足迹两侧最远端之间的距离，与足迹长垂直（图1–30、图1–31）。

趾（指）迹（digit print）：脊椎动物的趾（指）的印迹。

趾长（length of digit）：从指端（包括爪、甲）的印迹到该趾的最后一个垫的后边缘的连线长度。有时趾发生弯曲时这条线也应发生弯曲（图1–32）。

趾宽（width of digit）：趾迹的宽度。

图1–29　陕西神木足迹（*Shenmuichnus*）边缘保存的挤压脊

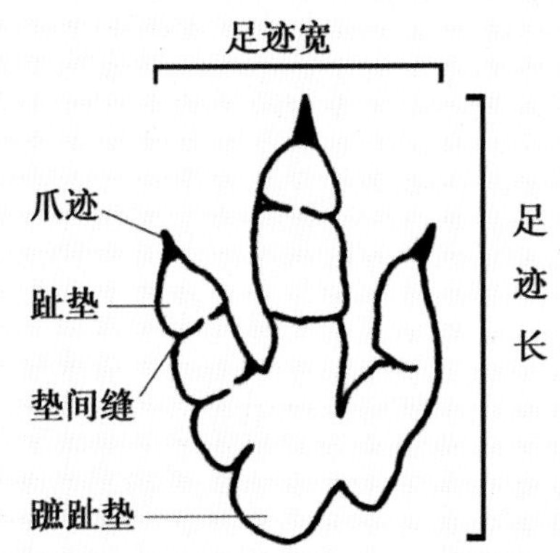

图1-30　足迹的长与宽（引自李建军，2015）

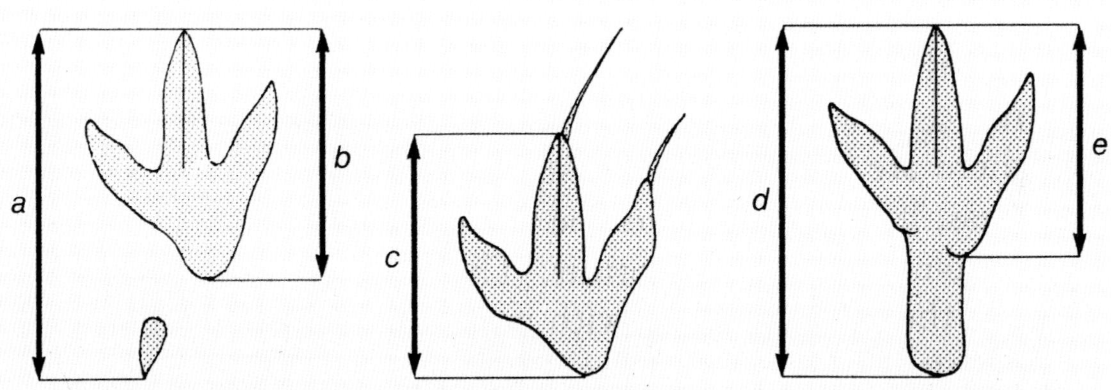

图1-31　不同类型足迹长度的测量（引自Thulborn，1990）

a. 足迹全长，包括拇趾印迹；b. 不包括拇趾印迹的足迹长；c. 不包括爪子划痕的足迹长；d. 包括蹠骨的足迹长；e. 不包括蹠骨的足迹长

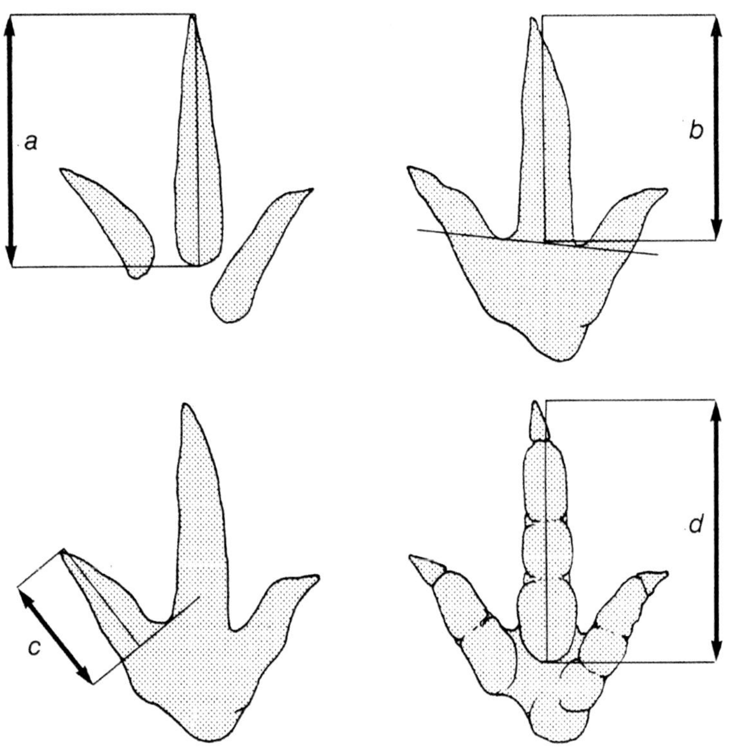

图1-32 恐龙足迹趾长的测量（引自 Thulborn，1990）

a. 各趾独立时直接测量；b. 各趾不独立时，测量两个趾间顶端连线的中点至趾尖的距离；c. 内侧趾或外侧趾趾长的测量；d. 趾垫清晰的足迹中，趾长为最后一个趾垫的后缘（近端）至趾尖的距离

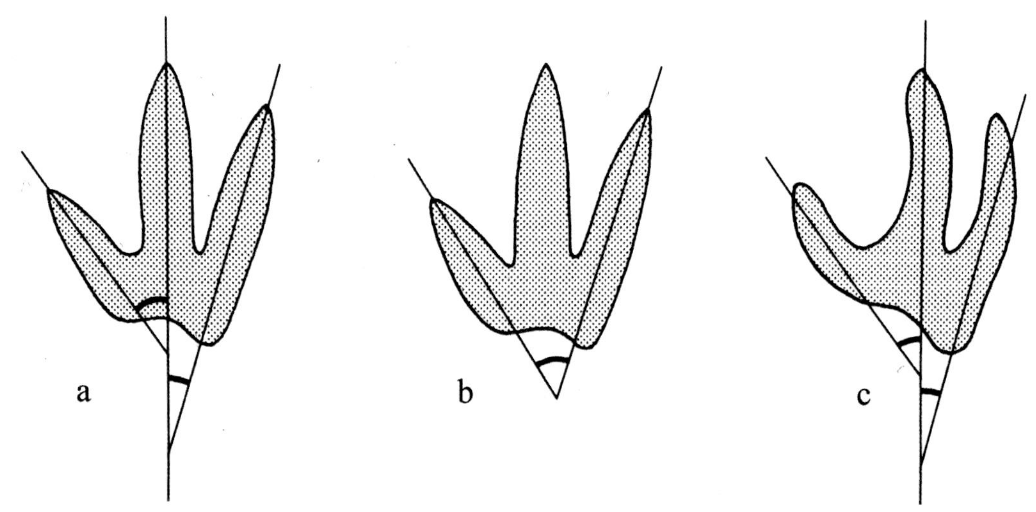

图1-33 恐龙足迹趾间角的测量（引自 Thulborn，1990）

a. 各趾的中线夹角；b. 三趾足迹中外侧趾间的夹角；c. 弯曲脚趾趾间角的测量

趾间角(divarication of digit)：两趾中线间的夹角（图1–33）。在表示趾间角时使用趾角式。在三趾型足迹中，一般表示为Ⅱ角度Ⅲ角度Ⅳ（比如Ⅱ 22° Ⅲ 35° Ⅳ）。在五趾型足迹中，表示为Ⅰ角度Ⅱ角度Ⅲ角度Ⅳ角度Ⅴ。

趾尖三角形（anterior triangle）：在三趾型恐龙足迹中，Ⅱ、Ⅲ、Ⅳ趾趾尖（并非爪尖）连线组成的三角形。趾尖三角形的形状代表中趾（Ⅲ趾）凸出于两侧趾的程度。

趾数（dactyl）：足上趾的数目。

功能趾数（functionl dactyl）：在足迹上印出印迹的趾的数目，也就是恐龙行走时着地的脚趾数目。

垫（pad）：足下部各趾（指）关节处的肉质增生部分。其又细分为趾（指）垫、掌指垫、蹠趾垫等。

行迹（trackway）：由1个运动的动物所留下的一串连续的足迹（图1–34、图1–35）。从技术角度看，一般6个以上（两足行走的动物则需要3个以上）连续的足迹所形成的行迹才较有学术价值，可测量所需数据。在特殊情况下，根据两个连续的足迹恢复出来的行迹也有一定参考价值。行迹术语主要有以下几种。

（1）行迹宽（trackway width，跨距）：分为行迹内宽（通常的行迹宽）和行迹外宽。前者指行迹宽度，即动物行走时左、右足迹中轴线所在的两条平行线之间的距离。后者指在1条行迹中，左后足足迹和右后足足迹外侧边缘间的距离，一般测量左、右足足迹外侧边缘切线间的距离（图1–34、图1–35）。行迹内宽可以反映造迹动物身体的宽度和行走能力，它是蜥脚类足迹的重要特征。一般来说，侏罗纪的蜥脚类恐龙其行迹内宽较小，接近零；而白垩纪蜥脚类恐龙的行迹较宽，内宽一般为20~50 cm（Lockley and Hunt, 1995a）。

（2）行迹中线(mid-line of trackway)：为1条想象的曲线或直线，是造迹动物的身体中轴面与地平面的交线。假设动物在行走时，这条线在地面上所留下的痕迹到两侧足迹的距离相等，那么若动物不改变运动方向，这条行迹中线就是直线；若动物改变运动方向，这条线就表现为曲线。在实际应用中，行迹中线就是左、右足迹内侧之间形成区域的中线（图1–36）。

（3）复步（stride)：在同一条行迹中，两相邻同侧足迹上相应点间的距离，也就是同一只脚运动1次后的距离（图1–34）。在测量这个数据时，要测量两个足迹上相应点间的距离，而不是足迹边缘间的最小距离。复步与行迹中线往往是平行的。复步的长度是随动物运动速度的变化和行进姿态的变化而变化的。

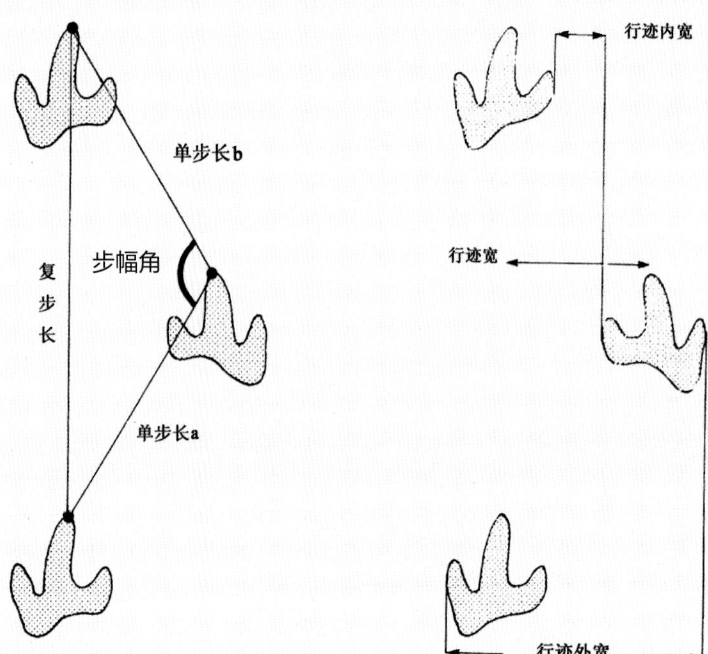

图 1-34　兽脚类行迹示意图（引自 Thulborn，1990）

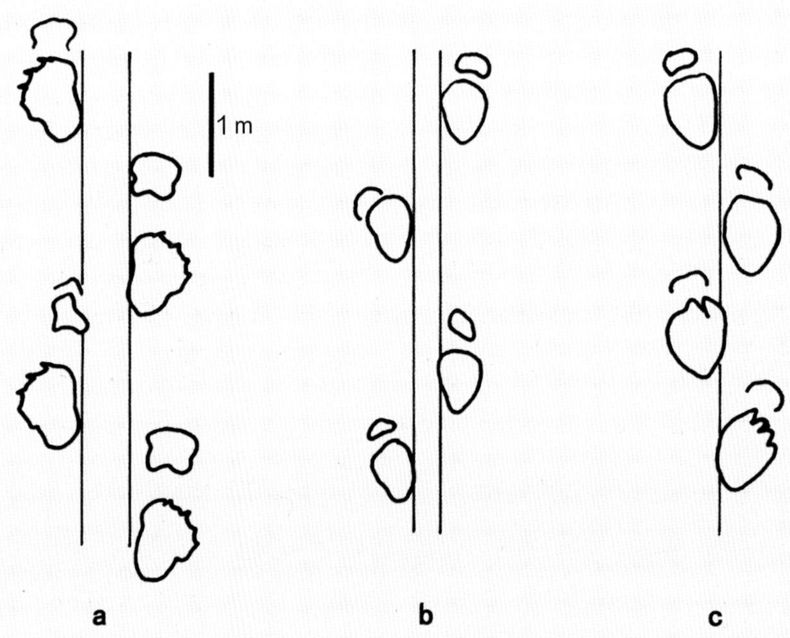

图 1-35　蜥脚类恐龙行迹示意图，显示不同的行迹内宽（引自 Lockley and Hunt, 1995a）

a. 较宽的行迹内宽；b. 中等的行迹内宽；c. 较窄的行迹内宽

（4）单步(pace)：指在同一行迹中，两个相邻的左、右足迹上相应点间的距离（图1-34）。单步长度的测量应与中轴线相交。单步长度在中轴线上的投影即为复步长度的1/2。

（5）相对复步长（relative stride length）：复步长（SL）与臀高（h=4FL）的比值（臀高一般是足长的4倍）。从这个比值可大致看出恐龙的运动速度。一般当SL/h≤2时，表示恐龙在正常行走；当2<SL/h<2.9时，表明恐龙在小跑；当SL/h>2.9时，表明恐龙在奔跑（Alexander，1976）。

（6）步幅角（pace angulation）：在3个连续的后足（或前足）足迹中，其相应点间的连线所形成的夹角（即两条相邻单步所形成的夹角）。3个连续的足迹是左-右-左，或是右-左-右，相应的点一般选在Ⅲ趾的蹠趾垫的中点（图1-34）。在同一条行迹中，这个数值常与其他数据相关。行迹宽，复步短，步幅角就小；行迹窄，复步长，这个角度就大。一些两足行走的兽脚类恐龙在奔跑时，步幅角可达180°。

（7）足迹长轴（longitudinal axis of the footprint）：与足上第Ⅲ趾（指）的纵向轴一致（图1-36）。一般情况下，找出足迹长轴比较容易，但有时情况比较复杂。确定足迹长轴的方法有3种：Ⅲ趾（指）有时只有1个圆形垫（或爪迹），且与根部的垫分离。这时长轴是Ⅲ趾趾垫的中心与跟部垫的中心的连线；如果Ⅲ趾无印迹或极不清晰，这时可将整个足迹的纵向对称轴作为足迹的长轴；如果只有Ⅲ趾趾垫印迹而无跟部印迹，则长轴是过Ⅲ趾趾垫中心，并与足迹纵向对称轴平行的直线。

（8）足偏角（divarication of foot from midline）：足迹长轴与行迹中线相夹的锐角（图1-36）。这个角的角顶所指的方向常常与行迹方向相反，有时则与行迹方向相同，这是因为有的足迹是向外偏，有的足迹则向内侧偏。足偏角的值有时为正数，有时为负数，有时为零。一般将向外侧所形成的偏角视为正角，向内侧所形成的偏角视为负角。测量足偏角的值时，必须弄清整个足迹的长轴方向与各趾所指的方向间的区别。

尾迹（tail trace）：动物尾巴在地表的拖曳迹。在恐龙足迹中很少发现尾迹。缺少尾迹的现象说明恐龙行走时尾巴并不着地。以两足行走的恐龙行走时躯干与地面平行，其尾部抬起，与地面平行或上翘。

足姿（foot posture）：动物在行走时其脚部不同部位着地的程度。足姿反映于足迹上即形成不同姿态的印迹。广而言之，脊椎动物可形成以下4种足姿。

（1）蹠行式（plantigrade）：在行走时，脊椎动物的腕（跗）掌（蹠）关节、掌（蹠）骨及各趾（指）全部着地。在这种情况下，足迹中显示全部脚掌及趾的印迹，并且在趾（指）迹的后面留有较长的印迹。比如人类的足迹、世界上广泛分布的手兽足迹*Chirotherium*均属于蹠行式，内蒙古乌拉特中旗的异样龙足迹（*Anomoepus*）也是蹠行式（图1-37a）。

（2）趾（指）行式（digitigrade）：动物以趾（指）的全长着地。在这种情况下，足迹中只有趾迹，而没有蹠趾垫的印迹。快速行走的兽脚类恐龙可留下趾行式印迹（图1-37b）。

（3）半趾行式（subdigitigrade）：动物只以趾的前部着地。飞速奔跑的恐龙可留下半趾行式印迹（图1-37c）。

（4）蹄行式（unguligrade）：动物以趾（指）的最远端趾节着地行走，而最远端的趾（指）节上长有甲或蹄。现生奇蹄类和偶蹄类哺乳动物常留下蹄行式足迹。

一般情况下，两足行走和三趾型的恐龙的行走方式为半蹠行式或趾行式。这种运动方式为恐龙奔跑提供了良好的条件，因为蹠骨都加入到腿的总长度之中，只有远端的趾关节可着地（图1-38、图1-39），从而增加了腿的长度，使动物的重心升高，就如运动员在短跑时或跳跃时都将脚掌抬起，只用脚趾着地。四足行走的恐龙由于身体较重，它们的身体结构向着承重稳定的方面发展，而不是向着快速奔跑的方面发展。因此它们的四肢像柱子般直立在身体之下，基本呈上下垂直的柱状。它们的行走方式也是半蹠行式或趾行式的，蹠（掌）骨向上提升、并拢，只有蹠（掌）骨远端及趾（指）骨着地。

趾（指）式（phalangeal formula）：表示脚上各趾（指）节数的一种方法。将每个趾（指）的趾（指）节数按照Ⅰ－Ⅴ趾的顺序写出数字，数字之间用半字线（或顿号）隔开。比如，陆生爬行动物后足的基本趾数为2-3-4-5-4，表示Ⅰ趾2个趾节，Ⅱ趾3个趾节，Ⅲ趾4个趾节，Ⅳ趾5个趾节，Ⅴ趾4个趾节。

（1）内侧（medial）：指动物的脚靠近中线的一侧，即Ⅰ趾（指）所在的一侧（或三趾型足迹中Ⅱ趾所在的一侧）。

（2）外侧（lateral）：指远离中线的一侧，即Ⅴ趾外侧（或三趾型足迹中Ⅳ趾的外侧）。

（3）中间趾（指）（median）：三趾（指）型足迹中的Ⅲ趾（指），五趾（指）型足迹中的Ⅱ、Ⅲ、Ⅳ趾（指）。

（4）边缘趾（指）（outer）：三趾（指）型足迹中的Ⅱ、Ⅳ趾（指），五趾（指）型足迹中的Ⅰ、Ⅴ趾（指）。

行走方式（locomotion）：动物行走时着地足的数目，包括以下3种。

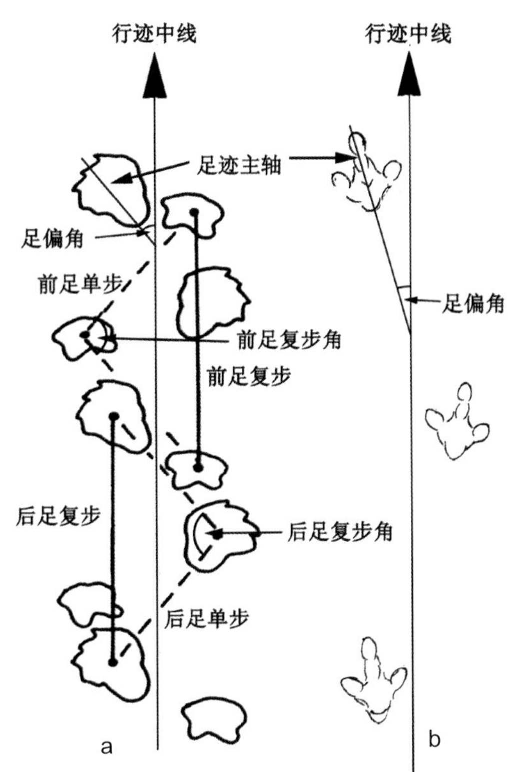

图1-36　行迹中线及足偏角示意图

a. 蜥脚类恐龙行迹；b. 兽脚类恐龙行迹

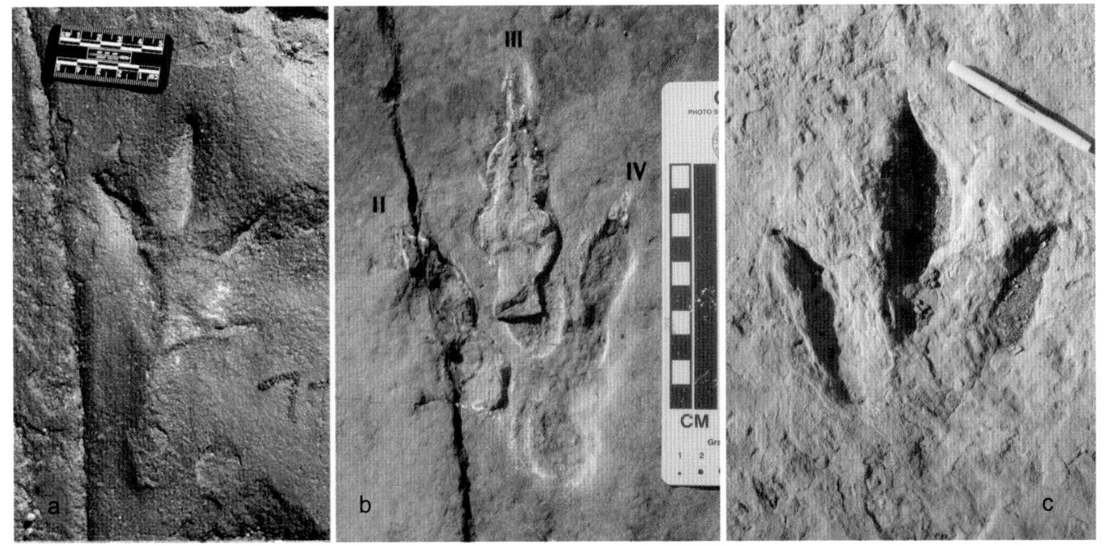

图1-37　不同足位形成的足迹

a. 蹠行式：中型异样龙足迹（*Anomoepus intermedius*），蹠骨着地（引自李建军等，2011）；

b. 趾行式：杨氏跷脚龙足迹（*Grallator yangi*），足迹完整，后部可见蹠趾垫；

c. 半趾行式：亚洲足迹未定种（*Asianopodus* isp.），只保留前部趾迹

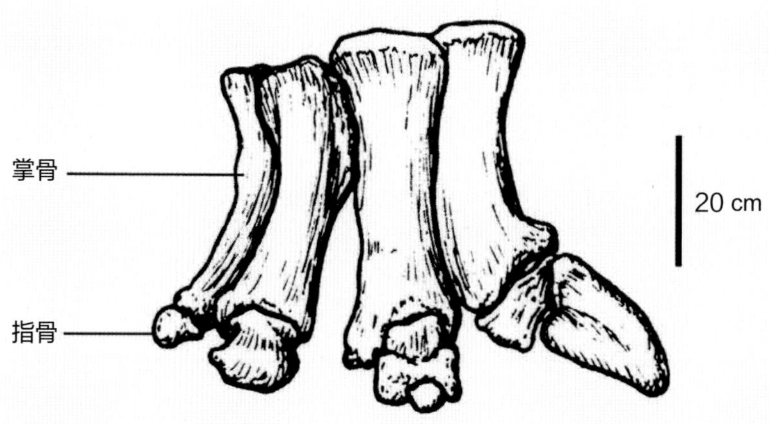

图 1–38　蜥脚类恐龙的前足结构

托尼龙（*Tornieria*）右前足素描（引自 Thulborn, 1990）

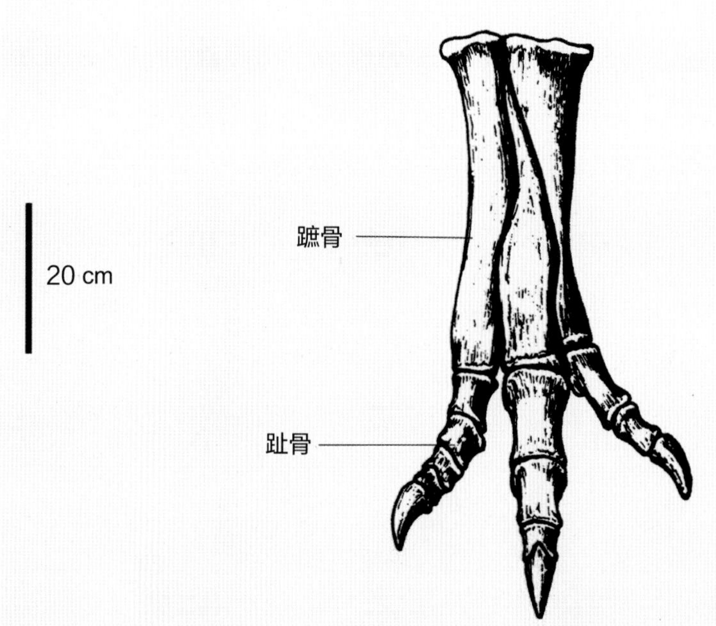

图 1–39　兽脚类异特龙（*Allosaurus*）的后足结构（引自 Thulborn, 1990）

（1）四足行走（quadrupedal）：动物的四足完全着地，足迹在行迹中线两侧，表现为交错排列的前足、后足足迹。若单步很长，可看到每组足迹之间间隔一定的距离。

（2）两足行走（bipedal）：动物用两后足行走。从足迹排列看，左、右足足迹前后交错排列。

（3）半两足行走（semi-bipedal）：动物平时用两足行走，偶尔用前足着地。当动物运动速度较慢时，在拐弯处和停下处均可有前足印迹。

反映恐龙足迹的形态术语如下。

（1）下凹足迹（concave imprint）：即动物踩下的足迹。下凹足迹化石保存在岩层正面。

（2）上凸足迹（convex imprints）：在下凹的足迹中形成的铸模。当保存下凹足迹的岩层比较容易风化，而其上覆岩层比较坚硬而不容易风化的时候，在差异风化的作用下，保存下凹足迹的岩层首先被风化，就在上覆岩层的底面暴露出上凸的足迹。因此，上凸的足迹保存在岩层的底面。

需要说明的是，有些中文文献（甄朔南等，1996；邢立达等，2007）将英文术语positive imprint和negative imprints分别翻译成“正型足迹”和“负型足迹”，分别代表上凸足迹和下凹足迹。但是，正型足迹容易与名词“正型标本”“正模标本”等相混淆；另外，正型足迹又会给人造成原始下凹足迹的印象，而将下凹足迹认为是正型足迹，将上凸足迹认为是负型足迹（杨兴隆和杨代环，1987；曾祥渊，1982），从而与这两个术语的基本含义完全相悖。李建军（2015）建议在今后的描述中不使用正型足迹和负型足迹作为术语，而使用不易混淆的上凸足迹和下凹足迹。应该指出，上凸足迹一般保存在岩层的下层面；而下凹足迹则保存在上层面。

（3）重叠迹（overlaped imprint）：恐龙等动物在行进时后足踩在前足刚留下的足迹上面而形成重叠迹（图1–40）。在平缓的运动中，动物的身体总是靠3只腿支撑，总是有1条腿轮流迈起。

（4）幻迹（undertrack）：在许多情况下，动物的脚踩在地表层，常常也会对下面一层乃至下面几层产生挤压，而使下面的岩层也形成足迹的痕迹，成岩后可以被一层层地分开。这种在动物脚直接接触的岩层之下一层或几层上形成的足迹印痕，称为幻迹（图1–41）。这些幻迹越向下越不清晰，幻迹周围一般不形成挤压脊。

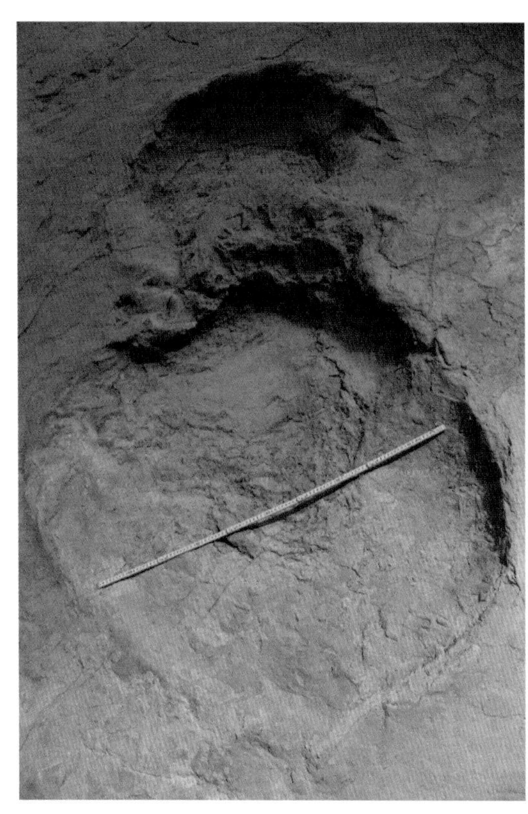

图 1-40　蜥脚类恐龙的重叠迹

甘肃刘家峡恐龙国家地质公园保存的伯德雷龙足迹，右后足踩在前足上而形成重叠迹

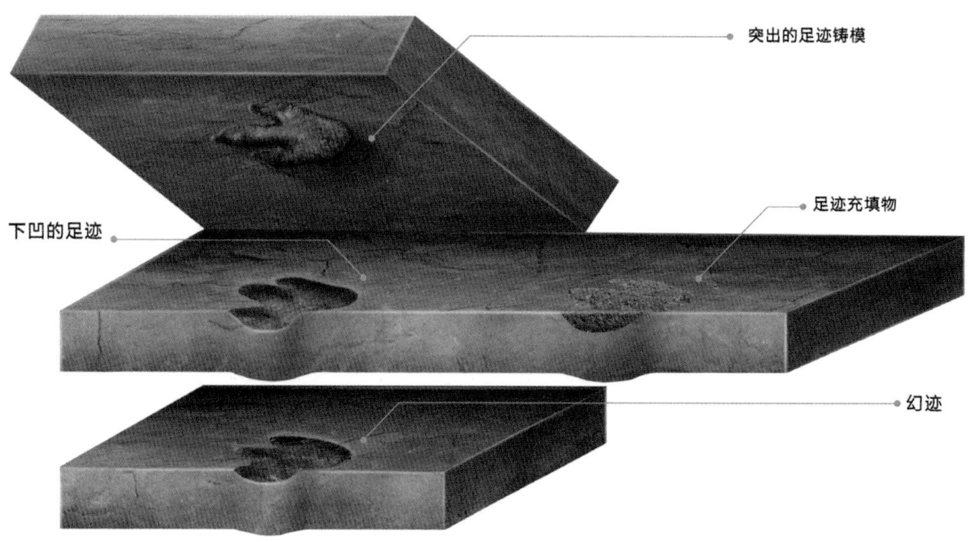

图 1-41　上凸足迹、下凹足迹及幻迹的形成示意图（左笑然绘制）

1.3.2 足迹鉴定特征

(1)基本特征

众所周知，足迹化石的形状除了受造迹动物的种类和身体特征控制，还在很大程度上受足迹形成时底质沉积物性质的影响。绝大部分的足迹能够反映造迹动物足的形态，但足迹化石的性质特点决定了相同类型的个体在不同地表条件下会形成不同形状的足迹，而同一个体则可形成不同形态的足迹。这就是说，足迹化石包含许多特征，其中有些特征能够反映造迹动物的种类和足的形状，有些特征则明显受到其形成时地表环境乃至沉积过程的影响，而与生物体无关。因此，我们在描述足迹化石时，要尽可能区分足迹特征形成的原因。一般将与造迹动物有关的足迹化石特征进行详细描述，作为区分足迹化石种类的重要特征。Lull（1904）给出了鉴别脊椎动物足迹属种的一些重要特征。

①两足行走还是四足行走：这个特征主要反映动物的种类和身体姿态，其主要分4种类型。第1种，动物完全用两足行走，前肢从不着地，比如大部分的兽脚类恐龙足迹和鸟类足迹。第2种，动物基本用两足行走，只是在休息的时候以前足着地，可留下印迹，比如鸟脚类的禽龙足迹和某些鸭嘴龙足迹。第3种，基本用四足行走，但是身体的重心放在后腿上，比如鸟脚类的异样龙足迹（*Anomoepus*）、卡利尔足迹（*Caririchnium*）。第4种，动物完全用四足行走，而且体重平均分配到4只脚上，比如大型蜥脚类恐龙足迹。

②尾迹的有无：该特征能够反映生物的特性，但主要取决于动物的运动姿态。动物在快速奔跑时尾巴一般不落地，在慢速行走时，尾巴有时落地而有时不落地。所以在描述尾迹的时候，还要考虑到造迹动物的运动速度。有些动物的尾巴永远不着地，比如兽脚类的跷脚龙足迹（*Grallator*）和安琪龙足迹（*Anchisauripus*）等均见不到尾迹。

③前、后足足迹的相对大小和形状：这些特征很重要，它们能够反映造迹动物的基本体形乃至类型，但它们也常常受到地表因素（底质沉积物物理性质）的干扰。因此，在应用时一定要综合考虑，排除干扰。此外，脊椎动物后足的形状和大小还可以反映出造迹动物的进化阶段，因此后足足迹特征更加重要。

④落地趾（指）的数量：这也是反映造迹动物类型的重要特征。动物的进化，特别是行走速度的进化能够被清晰地记录到足迹中。一般地，动物奔跑得越快，其落地脚趾的数目就越少。

⑤趾（指）的长度：包括绝对长度和相对长度。绝对长度可以反映造迹动物的个体大小，相对长度有时更为重要。相对长度中使用最多的是后足中趾相对于侧趾突出来的长度，这个特征可以用“中趾凸度”进行描述。

⑥趾（指）间角：除了受造迹生物种类特征的控制外，趾（指）间角很大程度上受足迹形成时地表性质的影响。一般通过测量各趾（指）中轴线间的夹角来确定。

⑦蹠（掌）骨的印迹：该特征能够反映造迹动物的走路姿态和在半跑方面的进化程度。一般地，奔跑速度较快的种类其蹠（掌）骨都提升，加入到腿的长度中去。有时大型蜥脚类恐龙的蹠（掌）骨也并拢提升，使四肢呈柱状，从而有力地支撑起庞大的身躯。

⑧爪迹的有无：这是判断兽脚类恐龙和鸟脚类恐龙的一个重要特征。兽脚类恐龙的足迹往往出现尖锐的爪迹，而鸟脚类的足迹上一般无爪迹，但或可见圆形的钝爪或者蹄、甲的印迹。

此外，利用足迹判断左、右脚也是足迹研究的内容之一。在足迹研究中，如果发现完整的行迹，就比较容易判断左、右脚。但是对于单个足迹，或者在无法识别完整行迹的情况下，确定左、右脚有时是很困难的。一般情况下，足迹中的趾（指）通过趾（指）垫印迹反映出来，越向外，趾（指）节数越多，一般Ⅰ趾（指）2节，Ⅱ趾（指）3节，Ⅲ趾（指）4节，Ⅳ趾（指）5节。在四趾类型的后足足迹中，拇趾往往和其他3个趾的方向不一致，多数拇趾指向后方。在五趾（指）类型的足迹中，指向后方的是Ⅴ趾（指）。在三趾型的后足足迹中，Ⅱ趾和Ⅳ趾的爪子指向足迹中轴线的两侧；而Ⅲ趾的爪子往往指向行迹中线，知道行迹中线的位置，左、右脚也就容易判断了。

（2）蜥脚类足迹

蜥脚类恐龙用四足行走，因此它们留下的足迹包括前足足迹和后足足迹。蜥脚类恐龙的足迹识别较为简单，因为它们通常个体较大，其足迹轮廓呈圆形或椭圆形，无爪迹，足迹较深，周边常有凸起的挤压脊，等等。一般而言，凡长度大约为1 m的足迹均可归为蜥脚类。蜥脚类前足足迹的宽一般大于长，其形态多呈半圆形或新月形。

（3）兽脚类足迹

兽脚类恐龙的足迹识别也较为容易。通常它们用两足行走，足迹一般较小（小于30 cm），为三趾型足迹，但也有个别四趾型的足迹属，如*Saurexallopus*（Harris et al.，1996），无尾迹。足迹长大于足迹宽，趾迹呈锥形，趾尖常发育尖而易弯曲的爪迹，趾间角小。Ⅲ趾强壮，轮廓尖长，复步较大，Ⅱ趾和Ⅳ趾不等长（外侧的Ⅳ趾总是长于内侧的Ⅱ趾）（Platt and Meyer，1991）。兽脚类恐龙的行迹很窄，往往形成一条线，这是区别于其他恐龙足迹的一个显著特征。此外，经验表明，小型兽脚类足迹往往数量多，在层面上常密集分布。

对于虚骨龙类足迹，其鉴定特征主要有以下两方面，一是复步长与步长之比值一般为1/7~1/8；二是Ⅱ－Ⅳ趾的趾间角为45°~50°（Thulborn，1990)。跷脚龙类足迹（grallatorid tracks）的主要特点则是其中趾趾迹（Ⅲ趾）远较两侧趾（Ⅱ趾、Ⅳ趾）发育（Baird，1957；Gierlinski，1991)。

需要指出，Moratalla等（1988）对西班牙早白垩世恐龙足迹进行研究后认为，兽脚类恐龙足迹鉴定最重要的形态参数是趾的宽度及足迹整体尺寸，因为趾间角等参数变化很大，故其对足迹的鉴定意义相对较小。

（4）鸟脚类足迹

鸟脚亚目恐龙也是两足行走为主的三趾型恐龙，所以，鸟脚类恐龙足迹在野外容易与兽脚类恐龙足迹相混淆。Thulborn（1990）给出一些区别兽脚类足迹和鸟脚类足迹的标准，得到多数化石足迹学者的认可。

①足迹的形状：兽脚类恐龙足迹一般都是长大于宽；鸟脚类恐龙足迹的长与宽基本相等，甚至宽大于长。

②脚趾的形状：兽脚类恐龙足迹的脚趾纤细，多为锥形，远端尖锐；鸟脚类恐龙足迹的脚趾较粗，趾迹两边通常平行，呈U形。

③趾远端形状：兽脚类恐龙足迹多有窄而尖锐的爪迹；鸟脚类恐龙足迹远端多圆钝、呈蹄状、爪迹不甚清晰，个别小型的鸟脚类恐龙出现爪迹，但爪迹也显得粗钝、不尖锐。

④中趾（Ⅲ趾）的长度：兽脚类恐龙足迹的中趾往往明显突出于两侧趾的长度，但据足迹大小而有些变化；鸟脚类恐龙足迹的中趾突出于两侧趾的长度不明显。

⑤脚趾的弯曲：兽脚类恐龙足迹的趾迹常发生弯曲；鸟脚类恐龙足迹的趾迹较粗，不容易发生弯曲。

⑥两个外侧趾（Ⅱ趾和Ⅳ趾）的夹角：兽脚类恐龙足迹的外侧趾间角较小；鸟脚类恐龙足迹的外侧趾间角较大，一般大于60°。

⑦足迹的后边缘形状：兽脚类恐龙足迹的后边缘常为V字形，鸟脚类恐龙足迹的后边缘常为U字形。这个特征与这两类足迹的外侧趾间角大小有关。

Thulborn（1990）还认为，白垩纪鸟脚类恐龙的前足足迹很类似，其长度一般不超过后肢的1/3。Lockley（1987）指出，兽脚类恐龙足迹在行迹中多向外偏转，而大型鸟脚类恐龙（如禽龙、鸭嘴龙类）足迹（Ⅲ趾）有略向内偏转的趋势。另外，鸟脚类足迹总体不对称，趾垫（pad impression）也不甚发育。另外，趾也相对短（Platt and Meyer，1991）。鸟脚类恐龙足迹在中国被发现的数量较少，包括禽龙类足迹（*Iguanodonopus*，*Sinoichnites*）、鸭嘴龙类足迹（*Hadrosauropodus*，*Jiayinosauropus*，*Yunnanpus*，*Caririchnium*等）、棱齿龙类足迹（*Anomoepus*）等。另外，河北滦平（You and Azuma，1995）、山东莒南（李日辉等，2005a；Li et al.，2015）、四川昭觉（Xing et al.，2014）等地也有鸟脚类恐龙足迹的发现和研究报道。

（5）非鸟脚类鸟臀目恐龙足迹

非鸟脚类鸟臀目恐龙主要包括覆盾甲亚目（Thyreophora）之剑龙类和甲龙类等原始的鸟臀类恐龙（Weishampel et al.，1990），以及角足亚目的角龙类等，它们均为植食性恐龙。必须指出，这类恐龙的足迹在世界范围内发现很少，鉴定特征也不完善。

从骨骼结构上看，角龙类、肿头龙类、甲龙类和剑龙类前足的形状和排列方式较为类似，均具5指，特别是剑龙、角龙和甲龙，其爪短而钝，指也变短（Galton and Upchurch, 2004；You and Dodson, 2004；Dodson et al.，2004）。相反，后足趾的形态变化较大，角龙类（角龙亚目的基干类型和角龙科的类型）具5趾（包括4个功能趾I–IV）（You and Dodson, 2004），剑龙具3趾（Galton and Upchurch，2004），但其中的*Tuojiangosaurus*（沱江龙）后足具4趾。

剑龙类：背上有板状的骨骼，尾巴尖端有长刺，四足行走，是最知名的恐龙之一。巨大的剑龙生活在侏罗纪晚期和白垩纪早期。从足迹上看，其前足足迹小，后足足迹大；前足有4个功能趾，呈扇状排列；后足呈三趾形，具Ⅱ、Ⅲ、Ⅳ 3个趾，Ⅲ趾最长；后足足迹呈轴对称图形，趾式为0–2–2–2–0，后足趾端具有较大的蹄迹。确切的剑龙足迹的发

现和研究报道极少。目前，剑龙类足迹主要有*Deltapodus*、*Stegopodus*、*Apulosauripus*、*Shenmuichnus*等足迹属，这4个足迹属其后足3趾的相对长度变化很大。

甲龙类：是一类全身披着“铠甲”的植食恐龙，它们前肢短、后肢长，身体笨重，其地质时代分布于侏罗纪–白垩纪。尽管甲龙也是四足行走，但是和剑龙不同，甲龙的前足略小于后足。大多数的甲龙类（包括无尾锤的结节龙类）其前足为5指，指较短，呈半圆形分布，各指端均具有较大的、扁平的爪（指甲）；后足大多具有4个功能趾（即Ⅰ、Ⅱ、Ⅲ、Ⅳ趾，Ⅰ趾最短）。但也有例外，伏头甲龙*Euoplocephalus*后足仅有3个功能趾。前足足迹的宽度大于长度，与前足的趾相比，后足的趾较长，呈辐射状排列，趾端具扁铲状爪（趾甲）；前、后足足迹均向外侧偏转。行迹较宽，一般是足迹宽的2.5倍，无尾迹。目前，已经发现的恐龙足迹被确切归入甲龙类足迹的也很少。甲龙类中个体较大者为*Tetrapodosaurus Sternberg*（1932），其足迹可与早白垩世*Sauropelta*（蜥结龙）相对比（Thulborn，1990）。McCrea等（2001a）补充认为，甲龙的前足迹正对着后足迹；前足迹中间的第Ⅱ、第Ⅲ趾向前凸出，并平行于副矢状切面（parasgittalplane），第Ⅰ、第Ⅴ外侧指向后凸出；后足迹不对称。

角龙类：角龙的最大特点是除了原始的种类外，头上都有数目不等的角。此外，还有从头骨后端向后长出的1个宽大的骨质颈盾，覆盖了角龙的颈部，有的甚至达到其肩部。角和颈盾具有防御外敌和保护躯体的作用。角龙头大，颈部有皱褶状突起，吻部细，具尖喙；外形有些像现代的犀牛，体形粗壮，前肢短于后肢，群居生活；著名的类型有鹦鹉嘴龙（*Psittacosaurus*）、三角龙（*Triceratops*）、原角龙（*Protoceratops*）等。早期原始的角龙如鹦鹉嘴龙理论上是两足行走（You and Dodson, 2004；Senter, 2007），但后期的进化类型个体较大，多为四足行走。角龙类是个比较特殊的类群，主要生活在白垩纪。四足行走的角龙类其前足具5指、后足具4个功能趾，但前足由于Ⅳ指和Ⅴ指退化，前足迹也可形成四指型（Lockley and Hunt，1995a），故其足迹常与甲龙类混淆。甲龙类的蹠骨较趾骨短，而角龙类则蹠骨较长。角龙中的*Centrosaurus*（尖角龙）其前足Ⅰ–Ⅲ指较长，Ⅳ指和Ⅴ指退化；相对于甲龙*Suropelta*（结节龙类），其前指均长而纤细，后足Ⅰ趾相对于II–IV趾则不像*Suropelta*退化严重（McCrea et al., 2001）。此外，前足与后足大小的比例也是区分角龙和甲龙的依据：角龙类前、后足尺寸相近，前足略小于后足；甲龙类的前足大小是后足的2/3（Thulborn,1990）。二者骨骼的这些特征在足迹形态上均有一定的反映。比较有名的一个角龙足迹属是*Ceratopsipes*（角龙足迹），被发现于美国科罗拉多晚白垩世马斯特里赫特期地层，为大型四足行走足迹，前、后足迹均为四趾型；后足迹宽52 cm，长40 cm；行迹宽1.25 m，步幅角为110°（Lockley and Hunt，1995a）。

（6）鸟足迹

中生代的鸟类足迹常与恐龙足迹共生，尽管其主要从白垩纪开始出现，且个体通常较小，但有时也很难与小个体的恐龙足迹相区分。通过总结前人的研究（Lockley et al.，1992；Yang et al., 1995，李日辉等，2005b；Kim et al., 2006；Lockley et al., 2012; Buckley et al., 2018），可得出白垩纪鸟足迹至少具有以下7方面特征。

①足迹形态与现代鸟类足迹相似。

②足迹较小，最常见的鸟类足迹长一般不超过6 cm。

③鸟趾迹纤细，恐龙趾迹则比较粗壮。

④Ⅱ－Ⅳ趾趾间角较大，多数鸟类足迹Ⅱ－Ⅳ趾趾间角为110°~120°，或者更大；恐龙的趾间角较小，一般小于90°，以30°~60°最为常见。

⑤具有伸向后方的拇趾（Ⅰ趾）印迹（有拇趾的情形）；兽脚类恐龙足迹多数为三趾型，四趾的拇趾往往在3个功能趾的侧方，并指向前侧方。

⑥鸟类的爪迹比较纤细，由于爪子较长，其行走时爪子在地表常形成弯曲的拖曳痕迹。

⑦有些类型的鸟足迹具全蹼状构造（如*Uhangrichnus*和*Hwangsanipes*）或部分蹼状构造（如*Goseongornipes*）。

很显然，以上这些形态特征反映的主要是类滨鸟（shorebirds）足迹的特征。水边的滨岸环境显然易于鸟足迹的保存，故这类鸟足迹有时特别丰富（如韩国下白垩统镇东组保存有大量的鸟足迹化石）。但对于非滨鸟类，部分特征又有所不同。如雀形目类的足迹趾间角就较小（Lockley et al.，2006b）；对趾鸟的山东鸟足迹（*Shandongornipes*）个体较大（足迹长8.7 cm，足迹宽5.8 cm），且不是三趾对称型（李日辉等，2005b，Lockley et al.，2007）。

此外，有些小型恐龙足迹如鸟脚类异样龙足迹（*Anomoepus*），其在足迹轮廓、趾迹纤细度、趾间角大小等方面与鸟足迹类似，但往往尺寸较大，趾迹也更粗壮（Lockley and Gierliński，2006b），且若有拇趾印迹，一般位于前内侧。

应当指出，鸟类足迹的地质年代集中在白垩纪时期，到目前为止还没有可靠的早于白

垩纪的鸟类足迹的报道。在我国陕西铜川和河南义马的中侏罗世地层中发现有类似鸟类的足迹，但其归属仍存在争议（杨钟健，1966；李建军，2015；Xing et al.，2017a）。

1.3.3 恐龙足迹的追踪

（1）我们身边的恐龙足迹

提到恐龙足迹化石，人们往往会蒙生一种无缘相见的神秘感。其实这些化石可能就存在于日常生活场景中，只不过我们并没有意识到而已。以下这些于陕西子洲县电市镇王庄村村民井盖、畜圈、院墙等处石板上发现的多处恐龙足迹（图1-42~51）就是典型例证。这些化石均产自中侏罗统下部延安组。

图1-42　陕西子洲县游乐公园内的实雷龙足迹（*Eubrontes*）

该足迹为三趾型，是大型兽脚类恐龙的足迹

图 1-43　在村民井盖石板上保存的兽脚类卡岩塔足迹（*Kayentapus*）

陕西子洲县电市镇王庄村

图1-44　在村民的院墙的石板上保存的卡岩塔足迹（*Kayentapus*）
陕西子洲县电市镇王庄村

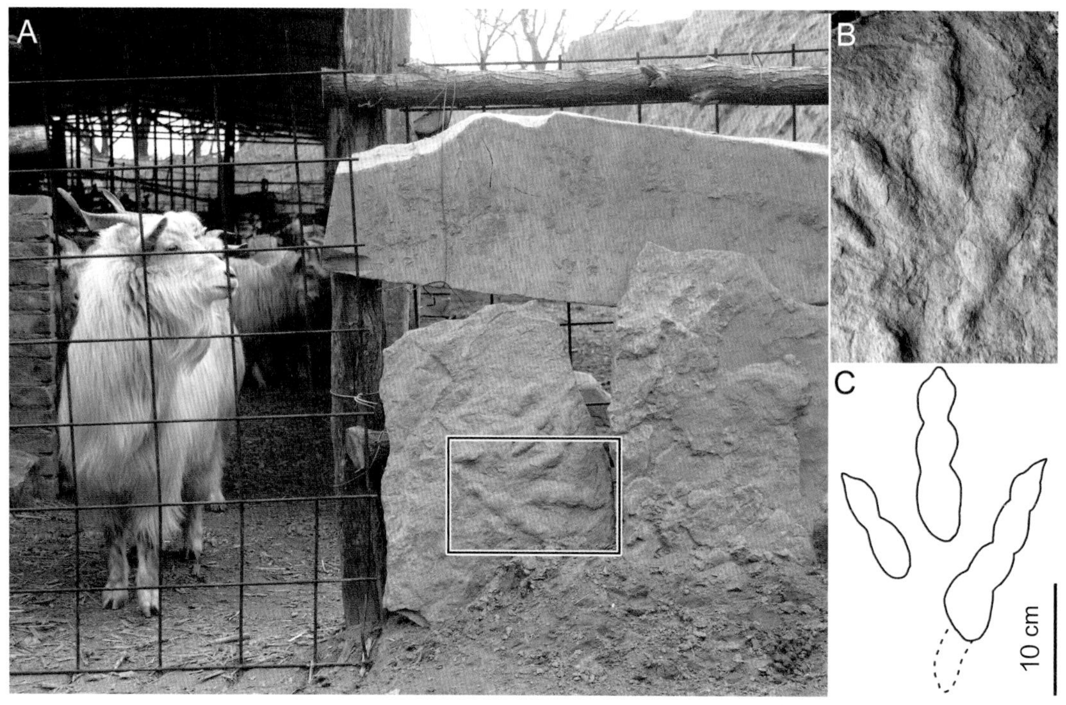

图1–45　羊圈石板上的卡岩塔足迹（*Kayentapus*）（引自 Xing et al.，2015P）
陕西子洲县电市镇王庄村

图1–46　在喂羊的石盆上保存的木化石（引自 Xing et al.，2015P）
该地区的恐龙足迹常常与木化石共生。
陕西子洲县电市镇王庄村

图 1-47　在地窖盖石板上保存的卡岩塔足迹（*Kayentapus*）（引自 Xing et al.，2015P）

陕西子洲县电市镇王庄村

图 1-48　在马厩外石板上保存的卡岩塔足迹（*Kayentapus*）

陕西子洲县电市镇王庄村

图 1-49　在地窖盖石板上保存的上凸的陕北足迹（*Shanbeipus*）

陕西子洲县电市镇王庄村

图1-50　保存在辘轳石板上的兽脚类实雷龙足迹（*Eubrontes*）

照片 A 由高俊民拍摄；B 为石板的放大照片，罗马数字为足迹的趾编号。

陕西子洲县电市镇王庄村

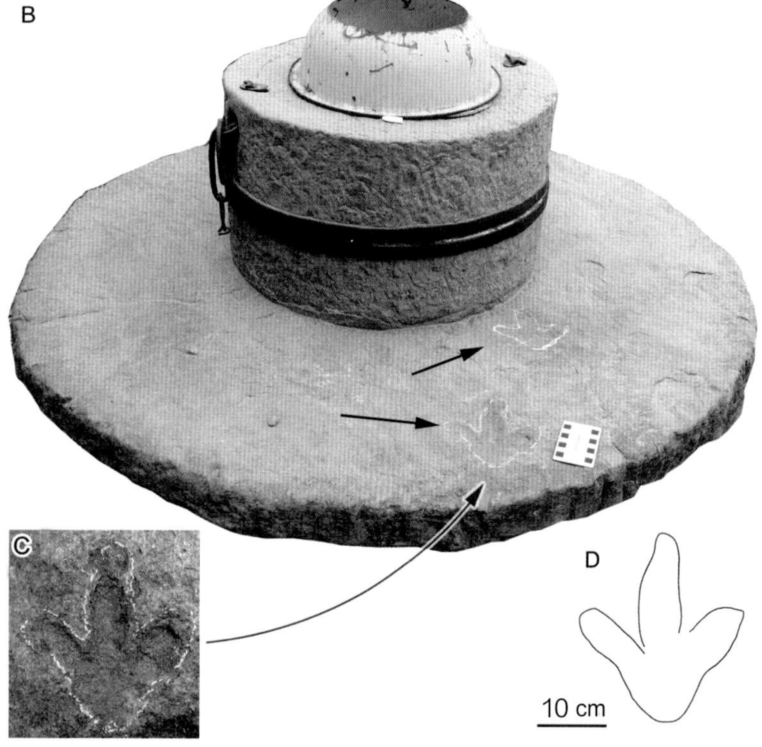

图 1-51　在村民院落中和磨盘石上保存的鸟脚类异样龙足迹（*Anomoepus*）（引自 Xing et al.，2015P）

陕西子洲县电市镇王庄村

此外，在著名的承德避暑山庄及其周围的寺庙景区，发现散落的恐龙足迹化石250多枚（图1-52~54）。据调查，这些带有恐龙足迹的石板产于避暑山庄正东30 km处的六沟乡和东南20 km处的孟家院乡等地，石材的地层层位为上侏罗统土城子组。这批石材是1987年至1990年，在景区进行施工和修缮时被陆续铺设于景区之内。目前，对这批恐龙足迹的深入研究正在进行中。

图1-52　保存在承德避暑山庄景区路面上的恐龙足迹

河北承德县，上侏罗统土城子组

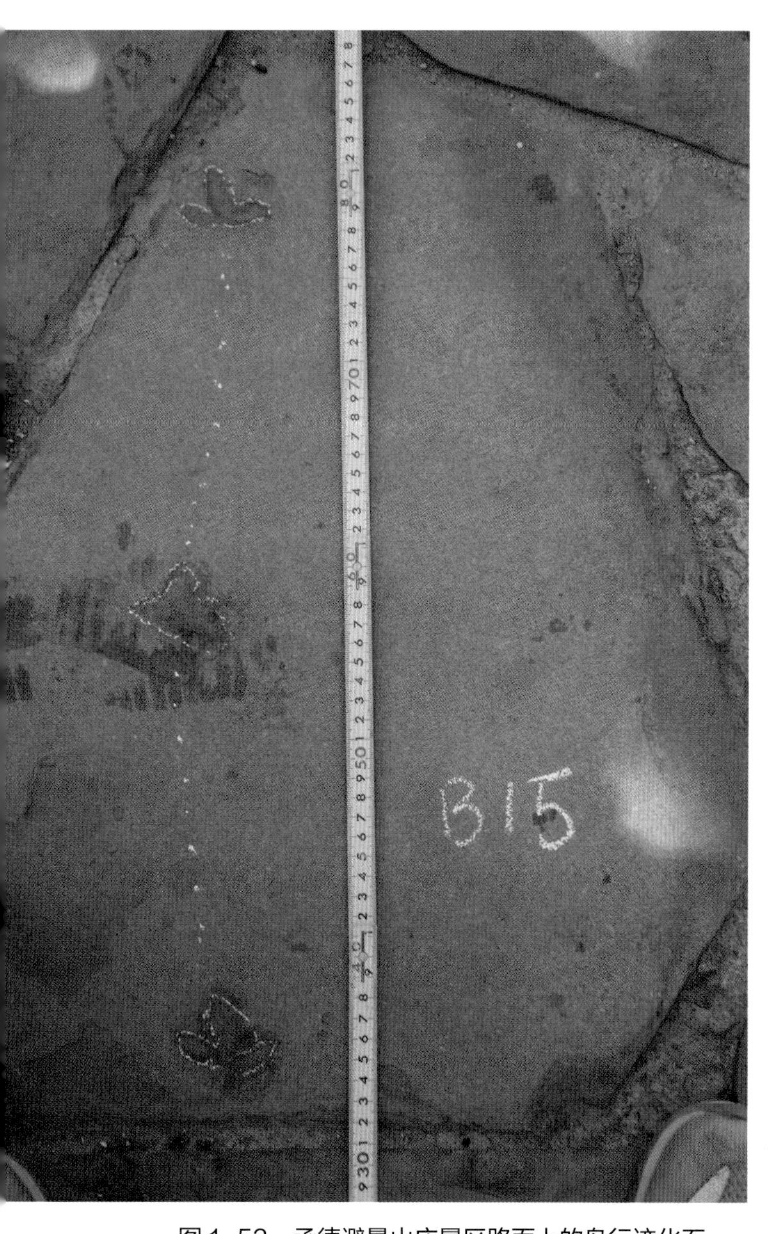

图 1-53　承德避暑山庄景区路面上的鸟行迹化石

河北承德县，上侏罗统土城子组

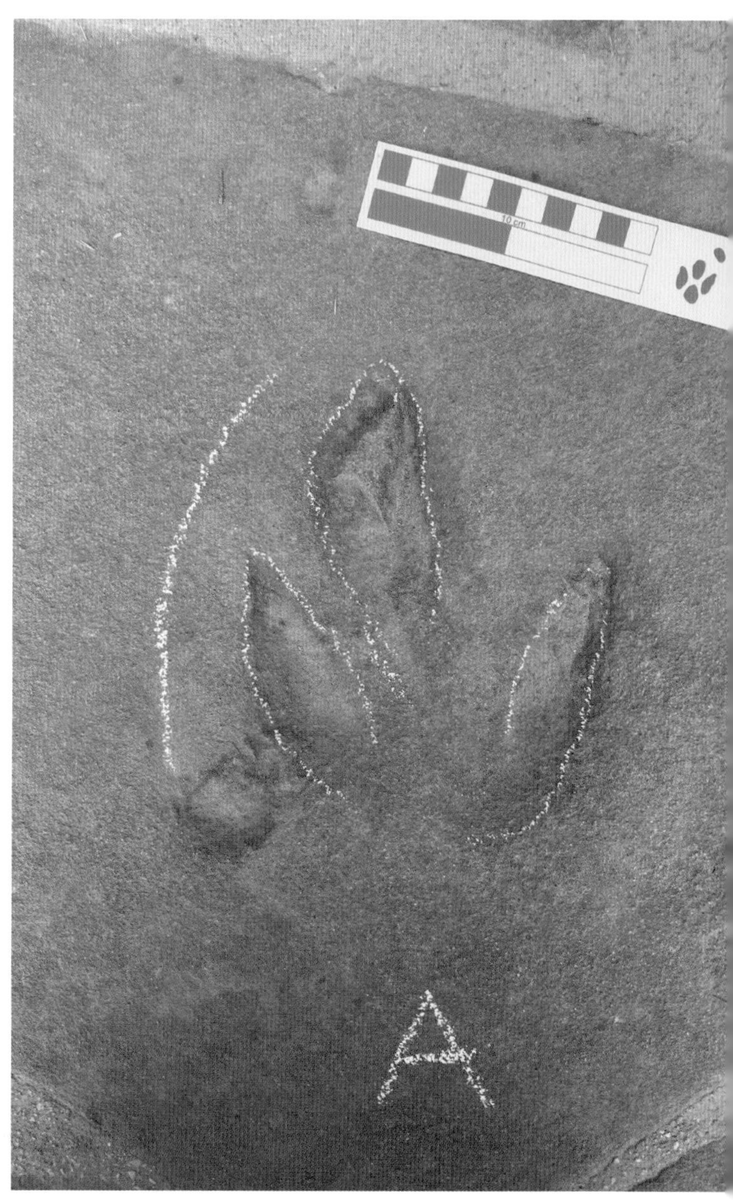

图 1-54　承德避暑山庄景区路面石板上的兽脚类恐龙足迹

河北承德县，上侏罗统土城子组

（2）野外追踪

尽管有时恐龙足迹就存在于我们的生活场景中，但在大多数情况下，要寻找到它们却并非易事，需要具有充足的专业知识储备，进行艰辛的野外追踪。

①足迹化石的追踪与观察识别

足迹化石的寻找与观察识别是足迹化石研究的第一步，主要从以下两方面入手。

a.了解目标区的区域地质情况，掌握地层分布规律

恐龙生活在距今2.5亿～0.65亿年前的中生代，因此寻找恐龙足迹的目标地层就是中生代的三叠系、侏罗系和白垩系。由于恐龙主要生活在陆相河湖的滨岸浅水区和海滨环境，因而产出脚印的地层层位主要是河流相、滨浅湖相以及滨海相环境的砂岩、粉砂岩和含砾砂岩层。要了解哪个地区出产中生代地层，在区域地质志、地质图等地质资料上均有详细论述和标注，在各地的地质矿产部门均可购买或查阅到这些资料。此外，要查询具体全面的资料，也可以搜索查阅地层古生物学论文和综合类地质期刊论文。

b.广泛收集并综合分析有关恐龙足迹产地的各类信息

●前人的研究，特别是早期外国专家的研究

我国的恐龙足迹化石研究起步相对较晚，然而有些外国专家在新中国成立前就曾在我国开展过恐龙足迹的调查和研究。如20世纪40年代，日本学者矢部等在我国辽宁省朝阳羊山发现大量恐龙足迹，并率先开展研究（Yabe et al.，1940）。对这些外国专家所发现和研究的化石点重新进行调查研究，特别是对化石点周围或外围地区的相同层位进行拓展调查，极有可能获得新的发现。

●化石专家的研究

地质古生物调查研究机构和专家在某一地区开展地质调查时发现过恐龙足迹，或进行过恐龙足迹的专项调查，这种信息更应引起高度重视。应在收集前人资料（位置、化石种类和数量、足迹产出地层层位和岩石类型等）的基础上，赴现场开展深入、广泛的调查，以期获得更多的化石资料和新的化石地点、层位等信息。

●化石猎人等化石爱好者的信息

随着新媒体的繁荣和广泛普及，以及地质科普工作的大力开展，恐龙足迹化石猎人和爱好者大军在不断壮大。他们多结成小型团队，将发现化石与探险相结合，不畏艰辛，且

不同团队间联系密切，信息交流频繁。近些年来，有很多新的足迹化石点是他们所发现的。与这些团队和个人保持密切、长期的联系，是专业恐龙足迹研究者获取相关信息的重要渠道。

●地方报纸等媒体的信息

地方报纸和网站等往往是报道新的恐龙足迹点发现的首发信息平台。借助这个平台，密切关注恐龙足迹的发现信息，一旦有新的发现报道，应及时与有关人员联系，并赴现场开展实地调查，这有助于第一时间充分掌握新的恐龙足迹资料。否则，经媒体宣传报道后，因为缺乏良好的保护措施，化石极有可能被破坏或被不法分子盗采。

●从民间传说和历史文献中获取恐龙足迹信息

山区村民特别是边远地区的山民，由于长期与外界沟通少，信息不畅通，加之受当地神灵文化等的长期熏陶，大多把恐龙脚印当成是神灵遗留的“圣物”，坚信其能护佑当地民众，对其特别敬畏，顶礼膜拜，恐龙足迹往往因此得到良好的保护。那些与大脚印有关的传说往往深入人心，并世代流传。通常大部分村民（特别是老人）并不知道“恐龙脚印”，但如果询问周围山上或河沟、河床石头上有没有“金鸡爪印”或“凤爪印”“龙爪印”“虎爪印”这类信息，往往会有意想不到的收获。2002年，笔者在山东诸城大山社区进行恐龙足迹调查时，就是用这种方法询问正在开采石料的村民，从而发现了黄龙沟大型恐龙足迹点。当然，当时恐龙足迹的出露范围有限，位于现在恐龙足迹馆下部的河沟层面上，足迹有120多个（Li et al.，2011）。后来，当地旅游部门沿此化石层位，将上部的第四纪黄土大规模剥离，进而发现各类足迹化石3 000多个。在江苏新沂与山东接壤的马陵山一带世代相传的山中石头上的“虎爪印”，最近被证明也是恐龙足迹（Xing et al.，2019e）。

此外，历史文献也能提供一些恐龙足迹产地的线索，尽管在我国的历史文献中尚无恐龙足迹这一概念。例如，落凤坡是个响当当的地名，即《三国演义》中庞统（号凤雏）战死沙场之地，位于四川省德阳市罗江区白马关镇的庞统祠旁约2 km处，祠中有后人为纪念庞统而建的庞统墓。长期以来，四川落凤坡之名似乎有凤凰陨落之意。河北赤城县也有一个落凤坡，它位于赤城县城东7.5 km、112国道西侧300 m处的一座小山洼。2001年，此地发现大量以兽脚类为主的恐龙足迹，时代为侏罗纪晚期–白垩纪早期。从恐龙研究的角度出发可以大胆联想，《三国演义》中的落凤坡是否也是一个恐龙足迹产地？这进而引申出一个问题，到底是先有三国庞统之死，才有落凤坡之名，还是先有“凤爪印”，因而才有落凤坡之名……类似问题有待系统而深入的调查研究来证实和澄清。

②野外观察技巧

恐龙足迹化石的寻找和发现需要有专业技巧的支撑，主要包括以下几方面。

a.选择好的露头位置

首先，足迹化石主要分布在沉积岩的层面上，因此要寻找有大面积沉积岩层面出露的地点，或在植被覆盖区寻找有地层出露的山沟河谷地段，在这些露头位置发现恐龙足迹的概率相对更高。

其次，采石场也是发现恐龙足迹化石的重要场所。大型采石场往往能形成大面积的岩层露头，并堆积大量的大块石板。在植被广泛覆盖的南方地区，采石场可能是观察地层层面的唯一场所。山东正式报道的第1个恐龙足迹——杨氏跷脚龙足迹*Grallator gangi*（小型兽脚类足迹）即被发现于莱阳龙旺庄镇北曲格庄村的一个采石场中。

b.重点关注波痕等层面构造

与人类一样，恐龙的生存也离不开水，因而其生命活动主要集中在古代河流的岸边、湖泊的滨岸或浅水区。这些环境形成的地层中往往流水构造十分发育。国内外众多研究成果表明，在流水波痕发育的层位（图1-55），以及泥裂、雨痕等其他暴露构造的层位（图1-56、图1-57），极有可能发现恐龙类足迹化石。另外，恐龙足迹化石也常常和虫孔、爬迹等无脊椎动物形成的遗迹化石共生（图1-57），因为造迹恐龙很有可能觅食这些层面上广泛分布的无脊椎动物。

图1-55　小型波痕与大型兽脚类恐龙足迹共同产出的岩层层面

内蒙古鄂托克旗查布5号点，下白垩统泾川组

图 1–56　兽脚类亚洲足迹（*Asianopodus*）与暴露构造（泥裂）共生

足迹踩在泥裂之上，表明足迹形成的时间略晚于泥裂。

山东莒南县后左山，下白垩统大盛群田家楼组底部

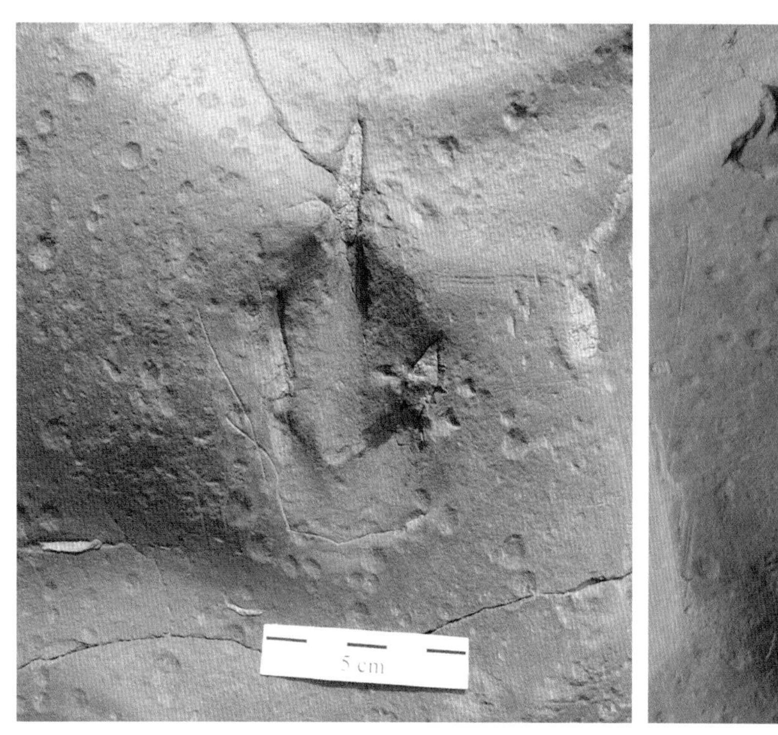

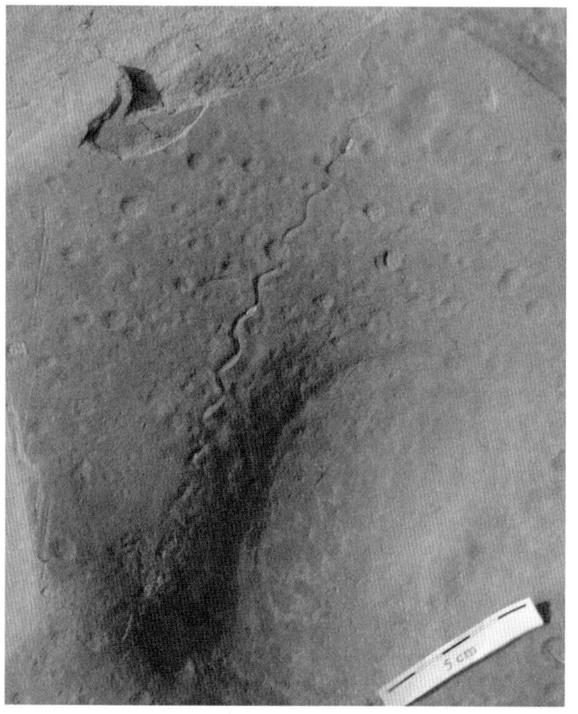

图1–57　恐龙足迹与雨痕及无脊椎动物的遗迹化石（*Cochlichnus*）共生

图中圆点或椭圆点为雨痕，左图中的恐龙足迹为 *Grallator* 类，右图中波浪状的遗迹化石为螺丝迹（*Cochlichnus*）。

山东莒南县后左山，下白垩统大盛群田家楼组中部

c.留意沉积层的底面

恐龙足迹是恐龙在地面上行走而留下的凹坑，被后来的沉积物覆盖并历经千百万年压实成岩而保存。地壳运动使足迹层位抬升，形成足迹的层位被风化剥蚀，但其上覆的层位却在下层面保存了上凸的足迹铸模。因此，在一些相对陡峭、位置较高的砂岩和粉砂岩层位，观察这些岩层的下层面，有时会发现恐龙足迹化石的天然铸模（natural cast）。由于这些化石经历了较长时间的风化剥蚀，有的化石其细微形态反而保存得更为完美（图1–58、图1–59）。我国西北地区，特别是西藏和内蒙古等构造活动、风沙活动强烈的地区，这类化石发现较多，应引起重视。

d.重视重要的时间段

野外露头观察也有技巧可循。首先，光线的角度是个重要因素。比较浅的足迹，特别是风化严重的足迹，在阳光直射时很可能被忽略掉。阴天时，光线散落，无定向性光源，不是寻找足迹化石的好时机。只有在太阳升起后不久，或下午太阳将近落山前的一段时间，最容易发现恐龙足迹。因为这时太阳的影子最能衬托出下凹或上凸足迹，使其显而易见（甄朔南等，1996）。

③化石的野外测量与记录

在发现恐龙足迹露头后，首要工作是详细观察足迹的数量、空间分布、类型和保存状态等，对足迹点的情况做到心中有数（图1–60）。其次，将岩石表面尽量打扫干净，将足迹充分暴露，然后进行系统测量和记录，并对足迹进行编号，以免彼此混淆。如果足迹出露面积大，最好在层面上用粉笔绘制方格。测量记录的内容包括：足迹的尺寸大小、形状、趾长、趾间角、足迹的左右（如果条件允许），以及行迹的内外宽、步长、步幅角、行迹方向等参数。野外测量这项工作不需要特别专业的技术，用一般方法和简单的设备、工具即可完成。主要设备工具包括：野外记录本、绘图纸、地质罗盘、量角器、手持GPS定位仪、锤子和凿子、硬毛刷子、直尺、长皮尺和钢卷尺、粉笔等（图1–61）。

在观察的同时，还要拍摄大量照片，包括露头位置、化石层位位置、足迹层面分布、特征足迹（行迹）图等。在拍摄足迹特写照片时，应尽量使主光源来自照片的左上方。因为这种光源方向使人很容易看出足迹的凹凸。但是在野外，光源方向是无法改变的。当光源来自其他方向时，照片很容易使人造成视觉误差，把上凸的足迹看成下凹的，把下凹的足

图1-58　直立砂岩层面上的张北足迹（*Changpeipus*）

新疆鄯善县，中侏罗统三间房组

图1-59　近直立砂岩层面上的张北足迹（*Changpeipus*）

新疆鄯善县，中侏罗统三间房组

图1-60　足迹化石的野外现场识别

图为李建军研究员与 Martin Lockley 教授在内蒙古鄂托克旗查布足迹点现场识别恐龙足迹

图1-61　用皮尺、钢卷尺等现场测量并记录足迹分布及走向方位

李建军研究员在陕西子洲县足迹现场测量

迹看成上凸的。在这种情况下，拍摄者就要在照片上标出光源方向，以便读者正确判断足迹的凹凸。

记录内容除了足迹的形状和尺寸大小等各种参数外，还包括足迹的产出状态，即上凸还是下凹、挤压脊的有无、足迹踩踏深度等，同时还应标注照片拍摄时光线的位置。

除此之外，还应测制化石点的地层剖面，并追踪化石层位的横向变化情况。重点观察和记录恐龙足迹产出围岩的各种特点，如岩层厚度、产状、岩性、沉积构造，特别应关注层理、波痕、泥裂、雨痕、冰裂痕等沉积构造，因为它们对于研究沉积岩形成的沉积环境，进而分析造迹恐龙生活的古环境具有重要指示意义。

④制图

包括制作露头足迹平面分布图和描摹图。

a.露头足迹平面分布图

即展示露头范围内（一般是1个大的层面）所有足迹化石位置的平面图。测量工具为长的皮尺、钢卷尺和折尺等，并同时准备大的绘图坐标纸。一般是先在含足迹层面上绘制

0.5 m×0.5 m的方格，把所有的足迹都框进格子中，再测量足迹在格子中的位置和方向，并投到坐标纸上（图1–62~63）。

b.足迹描摹图

在足迹露头面积较大的情形下，一般用打方格的方法制作足迹平面分布图。但对于小型的足迹点，或大面积足迹点中特定的区域，一般用描摹图的方法代替，材料通常是透明的塑料薄膜等。方法简单，与用透明纸描图类似。先将透明薄膜覆盖在整个足迹区（或选定的足迹）上，再用石头等将其固定住，以免位置错动。然后用油性笔等将事先观察好的足迹全部真实、客观地描摹（tracing）在透明材料上（图1–64~65）。这种方法的好处是快速和便捷，但事后需要将描摹图翻拍或复印，转化为图片格式图，最后再转化为平面分布图。

需要指出，无论是制作足迹平面分布图还是足迹描摹图，在绘制前均需要仔细观察，对露头点的所有足迹形态特点了然于心，在绘制过程中做到全面、真实、客观。否则，必然造成足迹的遗漏（如行迹中个别足迹的遗漏，或鸟脚类足迹的前足迹未能识别）和误读（如鸟脚类和兽脚类足迹的误认），从而给下一阶段的深入研究造成不可挽回的影响。

⑤制作标本模型

对于有些足迹，仅在现场观察其特征难以获取全面的信息，而且新的属种还需要留存凭证材料。因此，如果条件允许，均需要在野外制作模型（图1–66）。模型的制作材料主要包括石膏和橡胶液。这两种材料的特点是制作过程简单，制成模型标本后可以长期存放，且对足迹没有损害。关于制作过程、方法、注意事项等，在甄朔南等（1996）所著《中国恐龙足迹研究》一书中有专门论述，本书不再赘述。

⑥采集化石标本及地质测年标本

通常，恐龙足迹分布在沉积岩的层面上，由于岩石坚硬，很难采集。另外，2011年实施的国务院《古生物化石保护条例》（第一章第七条）规定，国家重点保护的古生物化石包括“大型的或者集中分布的高等植物化石、无脊椎动物化石和古脊椎动物的足迹等遗迹化石”，恐龙足迹化石亦在重点保护之列，这意味着足迹化石不得采集。而从足迹化石研究和科普教育基地、旅游基地的开发方面着眼，集中分布、规模较大的恐龙足迹化石也应得到妥善保护。对于在采石过程中开采出来的或零星出现的足迹化石，抑或是面临毁坏的足迹化石，都应尽可能采集回来，存放到正规博物馆或科研部门，造册登记并妥善保存。

此外，为了确定恐龙足迹的形成年龄，进行地层对比和造迹恐龙形成演化分析，若条件允许，建议采集一定数量的地质测年标本。目前，通用且可靠性较高的测年方法是锆石的SHRIMP（高灵敏度高分辨率离子微探针）测试，或者LA-ICP-MS（激光等离子体质谱）测试，所需样品为火成岩或凝灰岩。在采集这类样品时，应该找寻与足迹层位最近的火成岩或凝灰岩，且注意排除后期侵入的脉岩。但在无法采集理想火成岩样品的情况下，退而求其次，可以采集砂岩、粉砂岩标本，分析其中的碎屑锆石年龄。目前，这种方法在国内外的应用很广泛，测年精度也比较高。

图1-62　用皮尺、钢卷尺测量绘制足迹分布平面图

李建军研究员在足迹现场进行测量。

陕西神木县栏杆堡乡邱井沟下侏罗统富县组，杨德氏神木足迹

图1-63　研究人员在野外制作方格并绘制足迹分布平面图

内蒙古乌拉特中旗海流图恐龙足迹点

图1-64　用透明薄膜现场描摹足迹轮廓

李建军研究员在足迹现场。

陕西神木县栏杆堡乡邱井沟，下侏罗统富县组足迹

图1-65 描摹完成的足迹轮廓：鸟脚类异样龙足迹（*Anomoepus*）

陕西子洲县，中侏罗统下部延安组

图1-66 兽脚类窄足龙足迹（*Therangospodus*）及制作完成的硅胶模型

河北赤城县落凤坡

1.4 中国足迹分类

目前，多数研究者采用Richard Swann Lull（1904）的分类系统，将足迹属（ichnogenus）和足迹种（ichnospecies）归入不同的足迹科（ichnofamily），并将足迹科及其中的足迹属和足迹种归入林奈生物分类系统的亚目或者目当中。而没有确定足迹科的足迹属种，则直接归入林奈生物分类系统的亚目或者目以下（李建军，2015）。因此，本书也采用该足迹分类系统，即恐龙足迹的基础分类单元包括足迹科、足迹属和足迹种。按照此分类方案，中国的恐龙足迹化石分类见表1–3。此外，我国也发现了很多类型的非恐龙类四足动物足迹化石，包括传统意义上的鸟类，以及翼龙、龟鳖类、鳄类、原始哺乳类等的足迹。为了便于对比研究，也将它们按照足迹学的分类原则进行了分类，其分类见表1–4。

从表1–3可以看出，目前，我国已发现9个恐龙足迹科、49个恐龙足迹属。其中，在我国发现并命名的足迹科共1个，足迹属共25个。另外，还有恐龙的游泳迹、抓迹、尾迹等一些非常少见的遗迹类型。表1–4则表明，我国恐龙之外的四足动物的足迹类型也很丰富，已发现鸟类、翼龙类、槽齿类、鳄类、原始初龙类、龟鳖类、哺乳类等7大类足迹化石，可归入6个足迹科和15个足迹属。其中，在我国发现并命名的足迹科有1个，足迹属共8个。

最后，对足迹属和足迹种的使用稍作说明。众所周知，古生物化石分为骨骼化石（实体化石）和遗迹化石两大类，研究遗迹化石的学科称为遗迹学（Ichnology）。为了与实体化石属（genus）种（species）相区分，遗迹学中的属种分别是遗迹属（ichnogenus）和遗迹种（ichnospecies）。足迹（tracks）是遗迹学研究的对象之一，一般指脊椎动物的脚印（杨式溥，1990）。从严格意义上来说，足迹的属种也应分别称为遗迹属和遗迹种。但是，为了与无脊椎动物的遗迹属种相区分，突出脚印的属性，通常将其称为足迹属和足迹种。因此，本书基本沿袭足迹属和足迹种的习惯用法，但它们本质上应为遗迹属和遗迹种。

表1-3　中国主要恐龙足迹化石分类表

目	亚目	足迹科	足迹属
蜥臀目	蜥脚形亚目	足迹科未定	雷龙足迹属 *Brontopodus*
			副雷龙足迹属 *Parabrontopodus*
			刘建足迹属 *Liujianpus*
			始蜥脚足迹属*Eosauropus*
	兽脚亚目	跷脚龙足迹科 Grallatoridae	跷脚龙足迹 *Grallator*
			船城足迹属 *Chuanchengpus*
			卡岩塔足迹属 *Kayentapus*
			卡梅尔足迹属 *Carmelopodus*
			小龙足迹属 *Minisauripus*
		似鸟龙足迹科 Ornithomimipodidae	巨鸟足迹属 *Megnoavipes*
		安琪龙足迹科 Anchisauripodidae	安琪龙足迹属 *Anchisauripus*
			嘉陵足迹属 *Jialingpus*
			重庆足迹属 *Chongqingpus*
			窄足龙足迹属 *Therangospodus*
			扬子足迹属 *Yangtzepus*
		驰龙足迹科 Dromaeopodidae	驰龙足迹属 *Dromaeopodus*
			奔驰龙足迹属 *Dromaeosauripus*
			快盗龙足迹属 *Velociraptorichnus*
			猛龙足迹属 *Menglongpus*
			萨米恩托足迹 *Sarmientichnus*
		实雷龙足迹科 Eubrontidae	实雷龙足迹属 *Eubrontes*
			查布足迹属 *Chapus*
			禄丰足迹属 *Lufengopus*
			亚洲足迹属 *Asianopodus*
			张北足迹属 *Changpeipus*
			湖南足迹属 *Hunanpus*
			巨齿龙足迹属 *Megalosauripus*
			子洲足迹属 *Zizhoupus*
			鄂尔多斯奇异龙足迹属 *Ordexallopus*
		极大龙足迹科 Gilandipodidae	极大龙足迹属 *Gigandipus*
		足迹科未定	卡岩塔足迹属 *Kayentapus*
			陕西足迹属 *Shensipus*
			彭县足迹属 *Pengxianpus*
			湘西足迹属 *Xiangxipus*
			肥壮足迹属 *Corpulentapus*
			宁夏足迹属 *Ningxiapus*
			暹罗足迹属 *Siamopodus*
			副肥壮足迹 *Paracorpulentapus*
			和平河足迹 *Irenesauripus*

（续表）

<table>
<tr><td rowspan="7">鸟臀目</td><td rowspan="5">鸟脚亚目</td><td>禽龙足迹科
Iguanodontipodidae</td><td>中国足迹属 Sinoichnites
卡利尔足迹属 Caririchnium
鸟脚龙足迹属 Ornithopodichnus</td></tr>
<tr><td>异样龙足迹科
Anomoepodidae</td><td>异样龙足迹属 Anomoepus
神木足迹属 Shenmuichnus</td></tr>
<tr><td>足迹科未定</td><td>鸭嘴龙足迹属 Hadrosauropodus
嘉荫龙足迹属 Jiayinosauropus
云南足迹属 Yunnanpus</td></tr>
<tr><td rowspan="2">覆盾甲亚目</td><td>四足龙足迹科</td><td>四足龙足迹属 Terapodosaurus</td></tr>
<tr><td>足迹科未定</td><td>三角足迹属 Deltapodus</td></tr>
<tr><td colspan="2">其他恐龙遗迹</td><td></td><td>游泳迹，抓迹，尾迹等</td></tr>
</table>

注：表中红色字者为在中国发现并命名的足迹科与足迹属

表 1-4　中国非恐龙类四足动物足迹化石分类表

类别	足迹科	足迹属
鸟纲	山东鸟足迹科 Shandongornipodidae	山东鸟足迹属 *Shandongornipes*
	韩国鸟足迹科 Koreanornipodidae	韩国鸟足迹 *Koreanaornis* 鸡鸟足迹属 *Pullornipes*
	镇东鸟足迹科 Koreanornipodidae	镇东鸟足迹 *Jindongornipes*
	具蹼鸟足迹科 Ignotornidae	固城鸟足迹属 *Goseongornipes* 东阳鸟足迹属 *Dongyangornipes*
	泥鸟足迹科 Limiavipedidae	舞足迹属 *Wupus*
	足迹科未定	水生鸟足迹属 *Aquatilavipes*
		鞑靼鸟足迹属 *Tatarornipes*
		魔鬼鸟足迹属 *Moguiornipes*
翼龙类	翼龙足迹科 Pteraichnidea	翼龙足迹属 *Pteraichnus*
槽齿类	足迹科未定	手兽足迹属 *Chirotherium*
鳄类	足迹科未定	广元足迹属 *Kuangyuanpus*
原始初龙类	足迹科未定	足迹属未定
龟鳖类	足迹科未定	莱阳足迹属 *Laiyangpus*
哺乳类	足迹科未定	巴西足迹 *Brasilichnium*

注：表中红色字者为在中国发现并命名的足迹科与足迹属

1.5 中国足迹发现之最

中国以恐龙为主的四足动物足迹化石的研究硕果累累，因研究成果中不乏中国乃至世界的首次重要发现和极具中国“特色”的成果，故将其概括整理如下：

中国第1块有科学记载的恐龙足迹化石为杨氏中国足迹（*Sinoichnites youngi*），其是一种禽龙类足迹，于1929年由杨钟健发现于陕西神木县，地层为上侏罗统神木砂岩。

中国最早被命名的恐龙足迹是1940年在辽宁朝阳发现的佐藤跷脚龙足迹（*Grallator ssatoi*），该足迹最初被命名为*Jeholosauripus s-satoi*，由矢部（Yabe, H.）与Shikama等研究并命名。足迹产出层位为下白垩统土城子组。

中国最早被报道的蜥脚类恐龙足迹是1993年发现于云南楚雄的苍岭雷龙足迹（*Brontopodus changlingensis*），其由陈述云和黄晓钟（1993）研究并命名，最初的名称为苍岭楚雄足迹（*Chuxiongpus changlingensis*）。足迹产出层位为上白垩统江底河组。

中国第1例四足行走的鸟脚类恐龙足迹为卡利尔足迹（*Caririchnium*），由尤海鲁和东洋一（You and Azuma，1995）发现于河北滦平上白垩统西瓜园组。

中国首例剑龙类足迹为神木足迹（*Shenmuichnus*），其造迹者是一种大型四足行走的鸟臀类恐龙，由李建军等（2012）发现并命名，产出层位为陕西神木下侏罗统富县组。

在中国发现的最古老的恐龙足迹为彭县足迹（*Pengxianpus*），其产于四川彭州磁峰乡蟠龙桥的上三叠统须家河组地层（距今约两亿年）。该足迹是一种兽脚类恐龙足迹，由杨兴隆和杨代环（1993）研究并命名。

中国最大的恐龙足迹是在甘肃永靖盐锅峡I号点发现的蜥脚类足迹，其最大的1对前、后足迹的长和宽分别为69 cm、112 cm和150 cm、142 cm（李大庆等，2001）。

中国最小的恐龙足迹为早白垩世的小龙足迹（*Minisauripus*），足长2.5 ~3 cm。该足迹为一

种兽脚恐龙足迹，最早由甄朔南等（Zhen et al.，1994）发现并命名，产出层位为四川峨眉下白垩统夹关组。

中国最大的兽脚类恐龙足迹为查布足迹（*Chapus*），足长58.2 cm，足宽42.6 cm（足迹编号为CHABU-8-42）。该足迹由李建军等（2006）发现并命名，产出层位为内蒙古鄂托克旗下白垩统泾川组。此外，邢立达等（Xing et al.，2019）在江西赣县发现的霸王龙足迹长58 cm，仅次于查布足迹。

世界首例大型恐爪龙类群体生活的足迹证据，由李日辉等（Li et al., 2008）发现于山东莒南下白垩统田家楼组。6条两趾型行迹（山东驰龙足迹*Dromaeopodus shandongensis*）平行排列，行进方向相同，间距近等。

世界首例四足行走的兽脚类恐龙行迹由李大庆等（Li et al.，2019）发现于甘肃白银宝积镇的中侏罗统王家山组，行迹包含4对连续的前、后足足迹。该足迹被命名为新足迹种——平川跷脚龙足迹（*Grallator pingchuanensis*）。应该指出，兽脚类恐龙通常以两足行走，四足行走的情形极为罕见。

世界上速度最快的恐龙足迹被发现于内蒙古鄂托克旗下白垩统泾川组。由李建军等（2011）发现的大型兽脚类恐龙亚洲足迹（*Asianopodus*）长28 cm，相对复步长为5，奔跑速度为12.18 m/s（时速约43.85 km），是目前世界上奔跑最快的恐龙留下的足迹。

中国最长的恐龙行迹长69 m，由81个连续的足迹构成，为似实雷龙足迹（cf.*Eubrontes*）。足迹发现于四川古蔺汉溪村下白垩统夹关组，由邢立达等（Xing et al., 2015j）报道研究。

中国首例兽脚类恐龙的游泳遗迹由邢立达等（Xing et al.，2013i）发现于四川昭觉下白垩统飞天山组。

世界最早的对趾鸟类的足迹化石为沐霞山东鸟足迹（*Shandongornipes muxiai*），其是中生代对生趾鸟类的唯一记录，也是我国发现的第1个白垩纪鸟新足迹属。足迹产于山东莒南下白垩统田家楼组（形成年代距今1.2亿～1.1亿年），由李日辉等（2005）、Lockley等（2007）发现、命名并研究。

世界最古老的鸟类足迹化石为金鸡鸟足迹（*Pullornipes aureus*），产于距今1.459亿年的白垩纪最早期。此外，由45个金鸡鸟足迹构成的1条行迹是目前世界上最长的中生代鸟类行迹。金鸡鸟足迹（*Pullornipes aureus*）由Lockley等（2006）研究并命名。

中国最早发现的鸟类足迹化石是安徽韩国鸟足迹（*Koreanornis anhuiensis*），由金福全和颜怀学（1994）发现于安徽古沛盆地下白垩统地层。

中国首例具有脚蹼构造的白垩纪鸟足迹化石是中国东阳鸟足迹（*Dongyangornipes sinensis*），由东洋一等（Azuma et al., 2013）研究并命名。化石发现于浙江东阳县上白垩统下部金华组。

中国首例翼龙足迹化石是盐锅峡翼龙足迹（*Pteraichnus yanguoxiaensis*），产于甘肃永靖早白垩世的河口群，由彭冰霞等（2003）研究并命名。

中国首例龟鳖类足迹化石是莱阳足迹（*Laiyangpus*），发现于山东莱阳下白垩统莱阳群。该足迹由杨钟健（Young，1960）研究并命名，但最初被解释为虚骨龙类的足迹。

中国首例鳄类足迹化石是广元足迹（*Kuangyuanpus*），由杨钟健（Young，1943）描述并命名，最初被认为是虚骨龙所遗留。该足迹是中国侏罗纪地层中最早被命名的四足动物足迹。

中国首例手兽足迹（*Chirotherium*）由王雪华和马骥（1989）发现于贵州贞丰县牛场，足迹产于中三叠统关岭组白云岩层面上，一般认为它们是假鳄类。

下篇

足迹图谱

从1929年杨仲健在陕西神木发现中国第1块恐龙足迹化石以来，至今已过去整整90年。据不完全统计，目前中国大陆发现恐龙等脊椎动物足迹的省（自治区、直辖市）达24个，县（区）有88个，较大的化石点共120多个。24个省（自治区、直辖市）分别为陕西、辽宁、四川、新疆、山东、吉林、河北、河南、云南、江苏、内蒙古、湖南、重庆、贵州、安徽、甘肃、黑龙江、西藏、广东、浙江、北京、宁夏、山西和江西。这些足迹点以恐龙足迹为主，还有古鸟类、翼龙类、鳄类、龟鳖类等遗迹化石。为表示对前人研究工作的尊重，本篇以足迹化石发现的时间先后为论述顺序，按省份进行分述。

2.1 陕西

陕西省在我国恐龙足迹研究中具有重要地位，1929年，我国第1例被描述的恐龙足迹——杨氏中国足迹（*Sinoichnites youngi*）就出自陕北榆林地区的神木县。陕西的足迹化石点较多，分布在神木、铜川、商洛、旬邑、子洲等地，化石层位为下侏罗统-上白垩统。足迹类型也很丰富，既有普通的兽脚类恐龙足迹，也有非常少见的鸟脚类甲龙足迹和剑龙足迹。除了杨氏中国足迹外，陕西还发现多个新的足迹类型，包括4个新足迹属和8个新足迹种：

杨钟健（1966）命名了小型兽脚类恐龙的陕西足迹（*Shensipus*），足迹产于铜川中侏罗统直罗群下部。

中国首例剑龙类足迹——神木足迹（*Shenmuichnus*）由李建军等命名，其发现于陕西神木下侏罗统富县组（Li et al.，2012），造迹者为一种大型四足行走的鸟臀类恐龙。

巴西足迹（*Brasilichnium*）分别由康永忠（2018）和邢立达等（Xing et al.，2018j）发现于神木中鸡地区下白垩统洛河组，为四足行走的小型哺乳形类动物的足迹，这是亚洲首次发现该足迹属。

王宝鹏等建立兽脚类恐龙新足迹属陕北足迹（*Shanbeipus*）和新足迹种榆林彭县足迹（*Pengxianpus yulinensis*）（Wang et al.，2016），足迹产于子洲县电气镇王庄中侏罗统延安组。

李永项和张云翔建立了兽脚类新足迹属子洲足迹（*Zizhoupus*）以及两个新足迹种——龙尾峁张北足迹（*Changpeipus logweimaoensis*）和小理河陕西足迹（*Shensipus xiaoliheensis*）（Li et Zhang，2017），足迹产于子洲县电气镇龙尾峁足迹点。

Matsukawa等（2014）命名了兽脚类恐龙巨鸟足迹（*Magnoavipes*）的1个新种——亚洲巨鸟足迹（*Megnoavipes asiaticus*）。

2.1.1 神木

神木是我国最早发现恐龙足迹的县，足迹发现于乌兰木伦河谷地区。但由于当时记载不详细，加之年代久远，尽管曾进行过多次调查，但其确切位置现在仍不得而知。此外，近年来在栏杆堡乡的邱井沟村和李家南畛村，以及中鸡镇宝刀石梨村等地都发现大量保存完好的恐龙足迹化石。

(1)乌兰木伦河谷

1929年，杨钟健和法国人德日进(Teilhard de Chardin)在陕西神木乌兰木伦河河谷悬崖的粗砂岩(神木砂岩)中发现中国第1块恐龙足迹化石。为纪念杨钟健之贡献，Kuhn(1958)将其命名为杨氏中国足迹(*Sinoichnites youngi*)，并给出化石的鉴定特征：足迹为趾行式、三趾型、两足行走，个体大，趾迹宽阔，趾端圆钝，无爪迹；足迹全长30 cm，宽33 cm，造迹者属于以植物为食的鸟臀类恐龙。另外，Kuhn(1963)、Haubold(1971，1984)、甄朔南(Zhen et al.，1989，1996)和李建军(2015)在分类位置中，均将中国足迹(*Sinoichnites*)归入以骨骼为基础建立的禽龙科(Iguanodontidae)。

但因各种原因，原始足迹标本已丢失。由于该足迹是孤单的足迹，没有发现行迹，而足迹本身又是基本对称的三趾型足迹，因此很难判断它是左足还是右足所留。但根据滑迹通常向外侧滑动的特点判断，该足迹应该为左足所留(李建军，2015)。

神木砂岩直接覆盖在下侏罗统煤系地层之上，岩性与神木地区上侏罗统砂岩也有某些差别。Kuhn(1958)认为其地质年代应为白垩纪，而杨钟健(Young，1960)认为虽然在神木地区还没有确切的晚侏罗世的地层，但根据足迹大小和特征所代表的恐龙种类推断，其时代不应早于侏罗纪早期或中期，因此认为产足迹地层应属于上侏罗统。

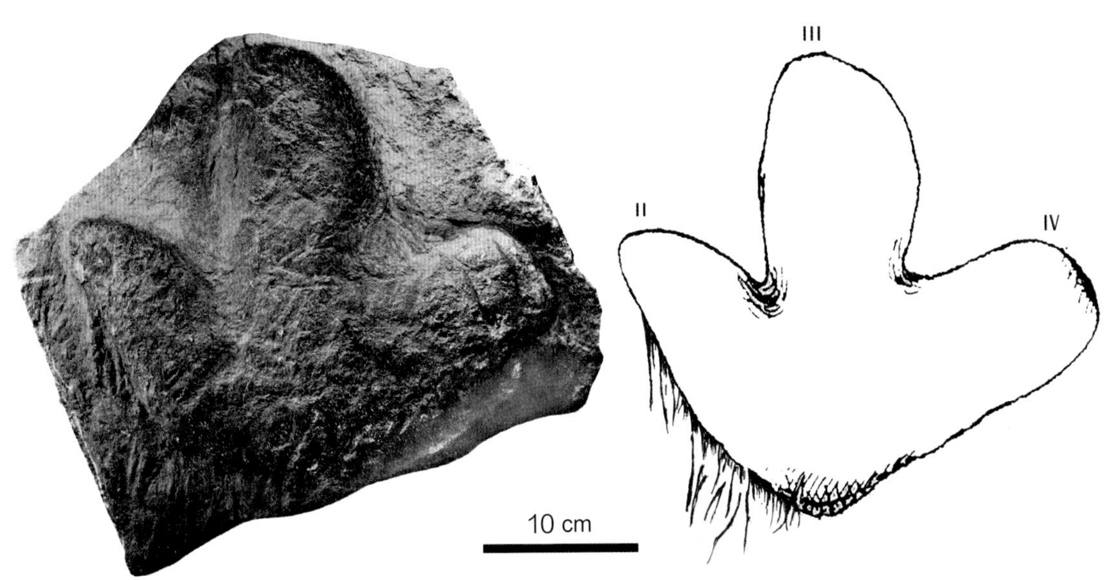

中国发现的第 1 块恐龙足迹化石——杨氏中国足迹（*Sinoichnites youngi*）正模标本照片及轮廓图
（照片引自 Teilhard et Young，1929；轮廓图引自李建军，2015）

（2）栏杆堡乡

2012年，李建军等报道研究了神木县栏杆堡乡的两个大型恐龙足迹点，分别是邱井沟足迹点和距邱井沟3 km的李家南呱足迹点（Li et al., 2012）。

在邱井沟足迹点下侏罗统富县组黄色细粒砂岩层面上发现9条行迹，共212个恐龙足迹，除两个兽脚类足迹外，其他均为新类型的恐龙足迹。李建军等据此建立新足迹属种——杨德氏神木足迹（*Shenmuichnus youngteilhardorum*），认为造迹者是1种大型四足行走的鸟臀类恐龙，可能为剑龙类。经研究认定，这些足迹是同一种恐龙在不同时间、相同地点留下的。由于时间不同，地面干燥程度也不同，因而足迹表现出不同的形态。最泥泞的地表状况保存了比较深的足迹（行迹A），足迹周围保存了挤压脊，而形成三角足迹（*Deltapodus*）类型的形态。足迹具有比较清晰的后足趾迹和半圆形前足足迹，前足趾迹不清晰，而且前足足迹经常受到后足足迹的扰动，使前、后两个足迹连在一起，形成人脚形状。地面干燥适中的状况保存了较浅的足迹（行迹C），显示出莫彦龙足迹（*Moyenosauripus*）的形态。前足为五趾，后足为三趾，而且趾迹十分清晰，前、后足足迹没有相互干扰。另外，还有过渡类型的行迹以及比行迹C还要干燥的行迹（行迹G）（Li et al., 2012）。因此，神木足迹显示了相同的恐龙在不同地表条件下形成的不同形态的足迹，对于恐龙足迹的分类研究具有重要意义。

在李家南畖足迹点，发现大量小型三趾型恐龙足迹，有鸟脚类异样龙足迹（*Anomoepus*）、兽脚类的跷脚龙足迹（*Grallator*）、剑龙类三角足迹（*Deltapodus*）和神木足迹（*Shenmuichnus*），还有很多植物化石（Li et al.，2012；Xing et al.，2015g）。该足迹点的化石层位为中侏罗统延安组。

邱井沟恐龙足迹露头全景照片

陕西神木县栏杆堡乡邱井沟，下侏罗统富县组

邱井沟恐龙足迹露头近景照片

该足迹点最醒目的 1 条行迹为行迹 A，足迹最大且下陷最深，由 15 对前、后足迹组成。

箭头标示恐龙运动方向。

陕西神木县栏杆堡乡邱井沟，下侏罗统富县组

杨德氏神木足迹（*Shenmuichnus youngteilhardorum*）行迹 A 近景照片

足迹周边的挤压脊十分发育，行迹方向由右下至左上。地质锤长 28 cm。

陕西神木县栏杆堡乡邱井沟，下侏罗统富县组

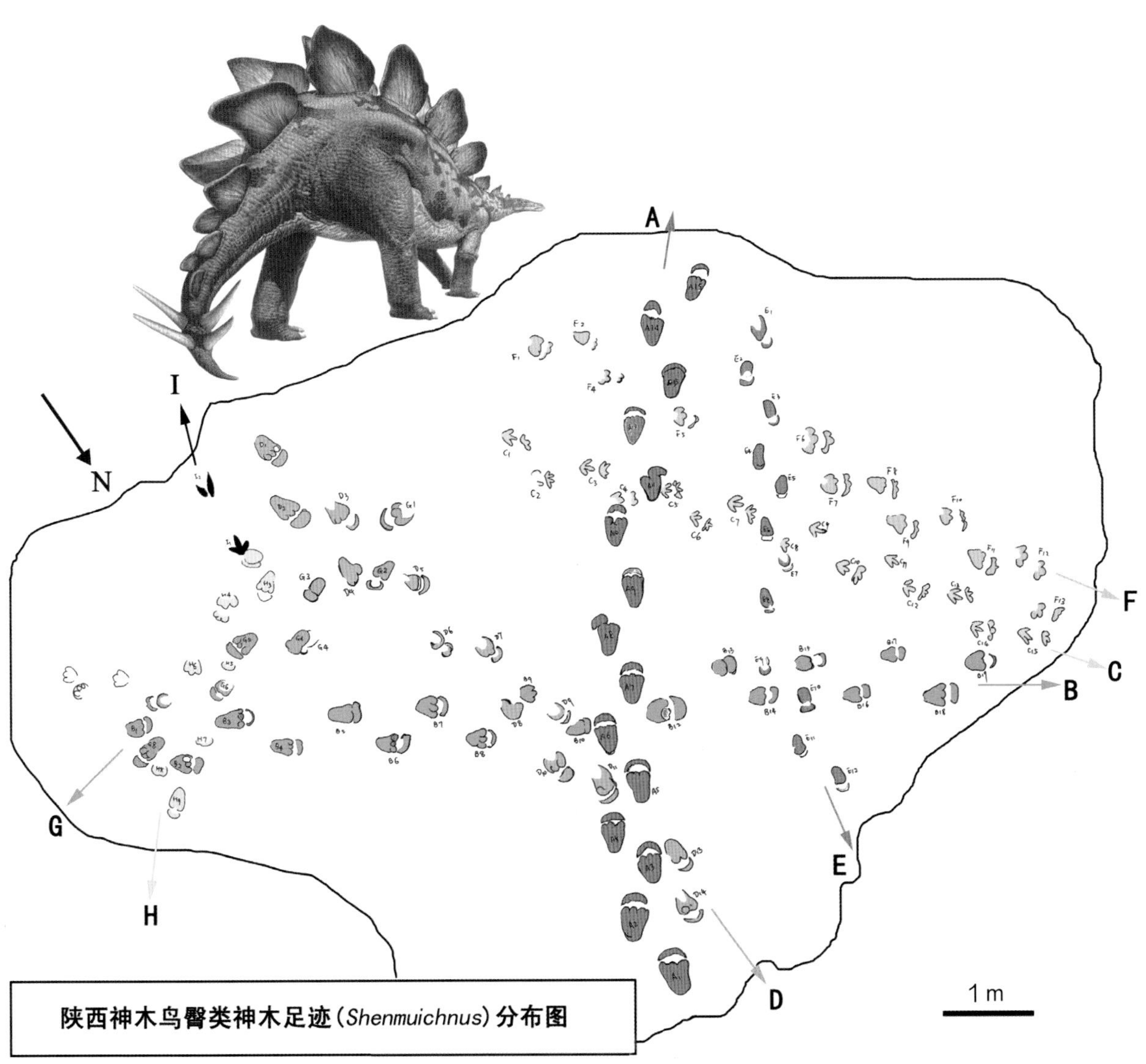

邱井沟足迹点恐龙足迹平面分布图（引自 Li et al.，2012）

层面上共分布 9 条行迹（A–I），其中行迹 I 由两个兽脚类足迹组成，其他均为杨德氏神木足迹（*Shenmuichnus youngteilhardorum*）行迹。C 为正模行迹，足迹 C6 和 C7 为正模，足迹 C1–5 和 C8–15 为副模；其他 7 条行迹为地模，显示出同一类型的恐龙在不同地表条件下形成的不同形态的足迹。

陕西神木县栏杆堡乡邱井沟村，下侏罗统富县组

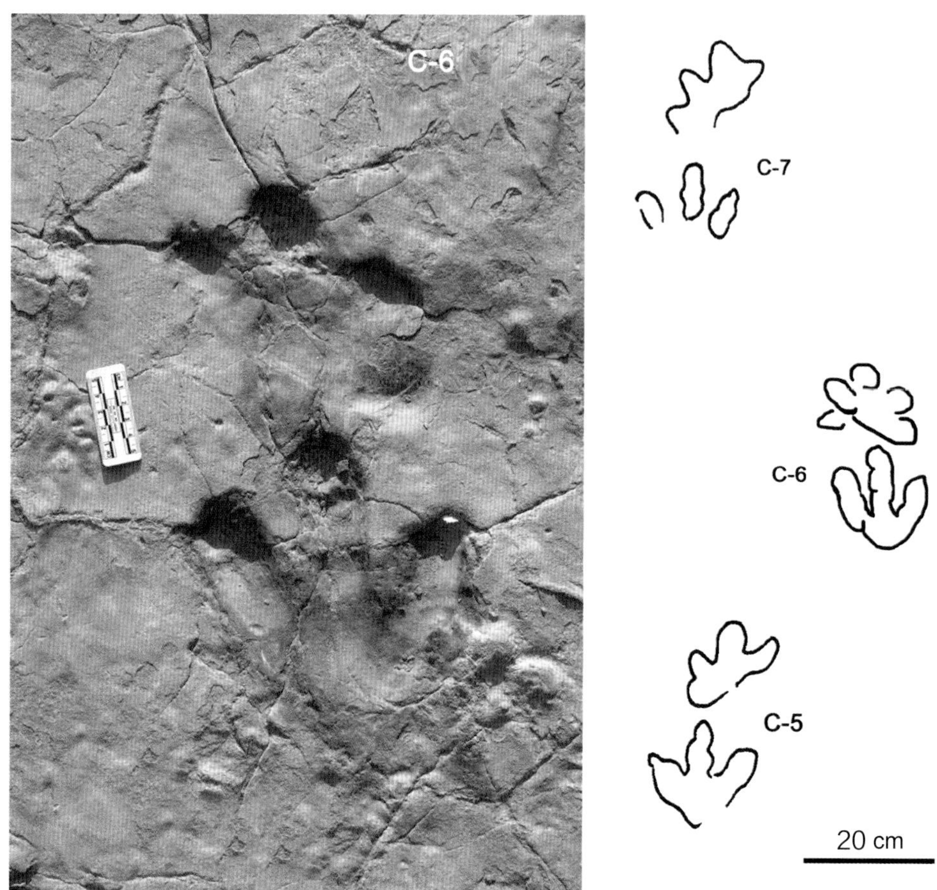

杨德氏神木足迹（*Shenmuichnus youngteilhardorum*）正模足迹照片及轮廓图（引自 Li et al.，2012）

正模足迹（编号为 C-6 和 C-7）为行迹 C 中 15 对前、后足迹中的两对，副模为该行迹中的其他 13 对足迹。

神木足迹的鉴别特征为：四足行走，后足为三趾型，具钝爪；前足印迹较大，宽大于长（长 11~14 cm，宽 16~17 cm），具 5 指，显示莫彦龙足迹（*Moyensosauripus*）形态。但神木足迹以前足较大、后足长和宽近等、无拇指印迹、前后足爪迹圆钝、无尾迹等特征区别于莫彦龙足迹（前足小于后足，具 5 指；后足为四趾，趾迹清晰）。

照片中比例尺为 5 cm。

陕西神木县栏杆堡乡邱井沟村，下侏罗统富县组

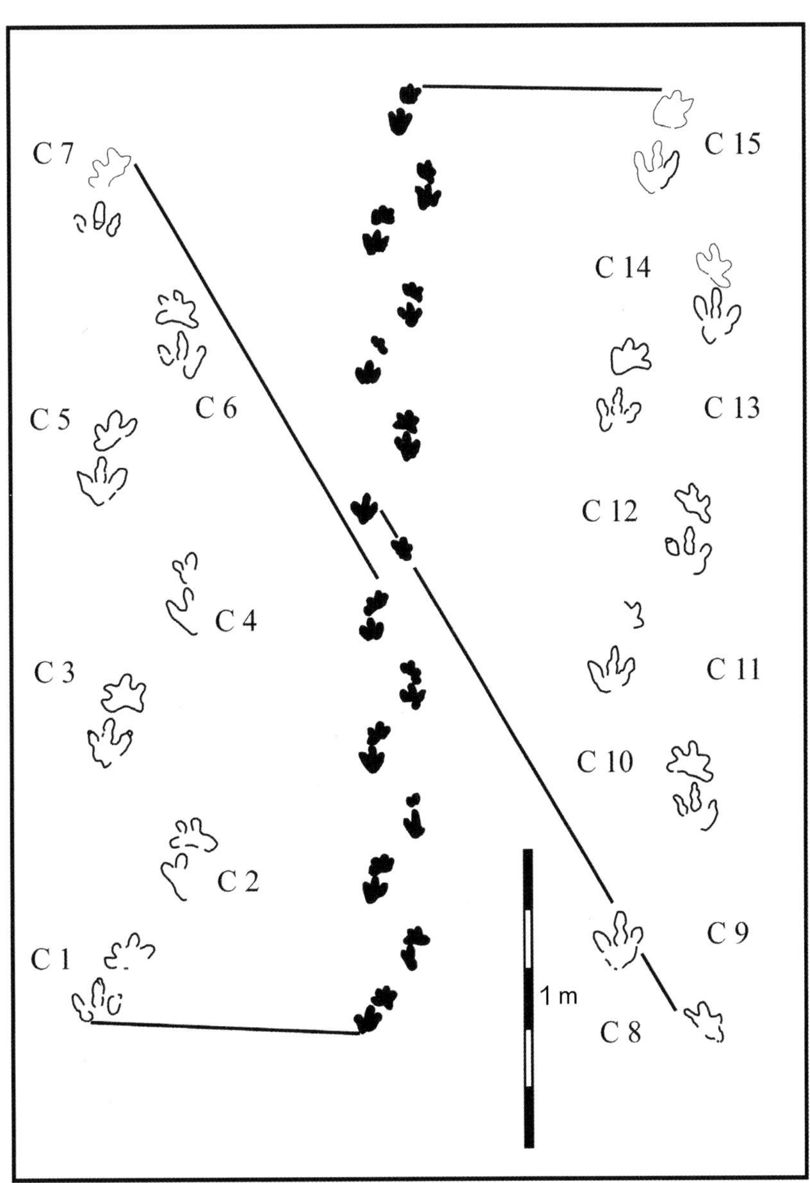

杨德氏神木足迹（*Shenmuichnus youngteilhardorum*）行迹 C 轮廓图（引自 Li et al.，2012）

行迹 C 由 15 对前、后足迹组成，其中两对足迹（C6 和 C7）为正模足迹。

陕西神木县栏杆堡乡邱井沟村，下侏罗统富县组

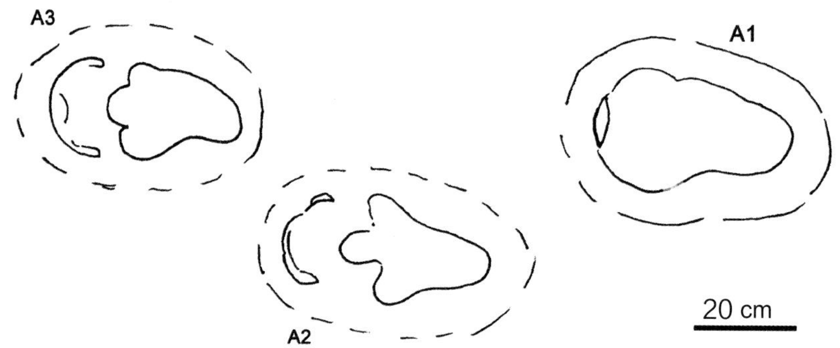

杨德氏神木足迹（*S. youngteilhardorum*）行迹（片段）照片及轮廓图（引自 Li et al.，2012）

此为行迹 A 中的 3 对前、后足迹。后足迹发育，为三趾型；前足迹由于后足的叠覆而仅呈新月形。行迹运动方向由右向左，地质锤长 28 cm。

陕西神木县栏杆堡乡邱井沟村，下侏罗统富县组

杨德氏神木足迹（*Shenmuichnus youngteilhardorum*）行迹 A 的片段照片（引自 Li et al.，2012）

行迹 A 中足迹较深，足迹周围有明显的挤压脊，代表足迹形成于泥泞的地表状况下，形态类似于三角足迹（*Deltapodus*）。照片为行迹 A 中 3 对前、后足迹（A7、A8、A9）。地质锤长 28 cm。

陕西神木县邱栏杆堡乡邱井沟村，下侏罗统富县组

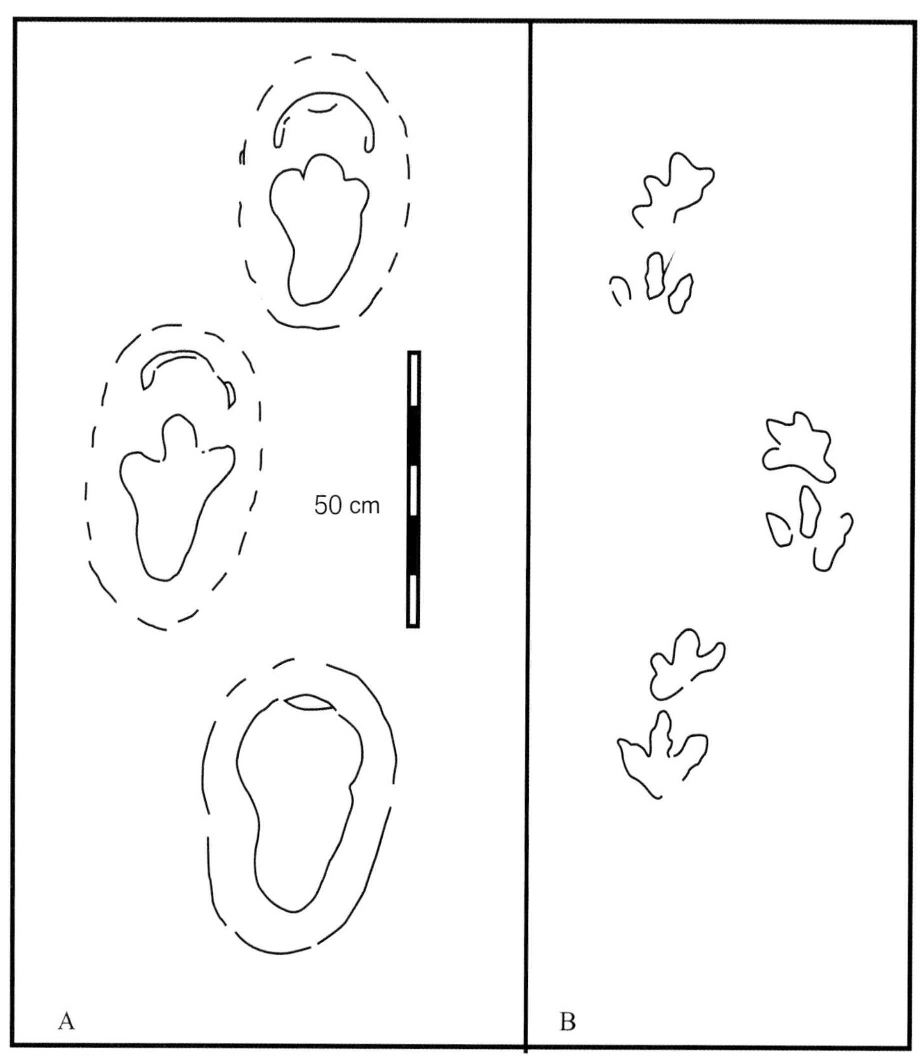

不同地表状态下相同恐龙其足迹形态的差别对比（引自 Li et al.，2012）

A 为行迹 A 片段（A1–A3），形成于泥泞环境下，足迹具有挤压脊，显示三角足迹（*Deltapodus*）的形态；B 为神木足迹（*Shenmichnus*）正模行迹 C 片段（C5–C7）的保存状态。

陕西神木县邱栏杆堡乡邱井沟村，下侏罗统富县组

杨德氏神木足迹（*Shenmuichnus youngteilhardorum*）（行迹 F 片段）照片（引自 Li et al.，2012）

行迹 F 与行迹 A 形成于不同的时间，因地表已变得较为干硬，所以行迹 F 形成的恐龙足迹（编号为 F10、F11、F12）不是很清晰。地质锤长 28 cm。

陕西神木县邱栏杆堡乡邱井沟村，下侏罗统富县组

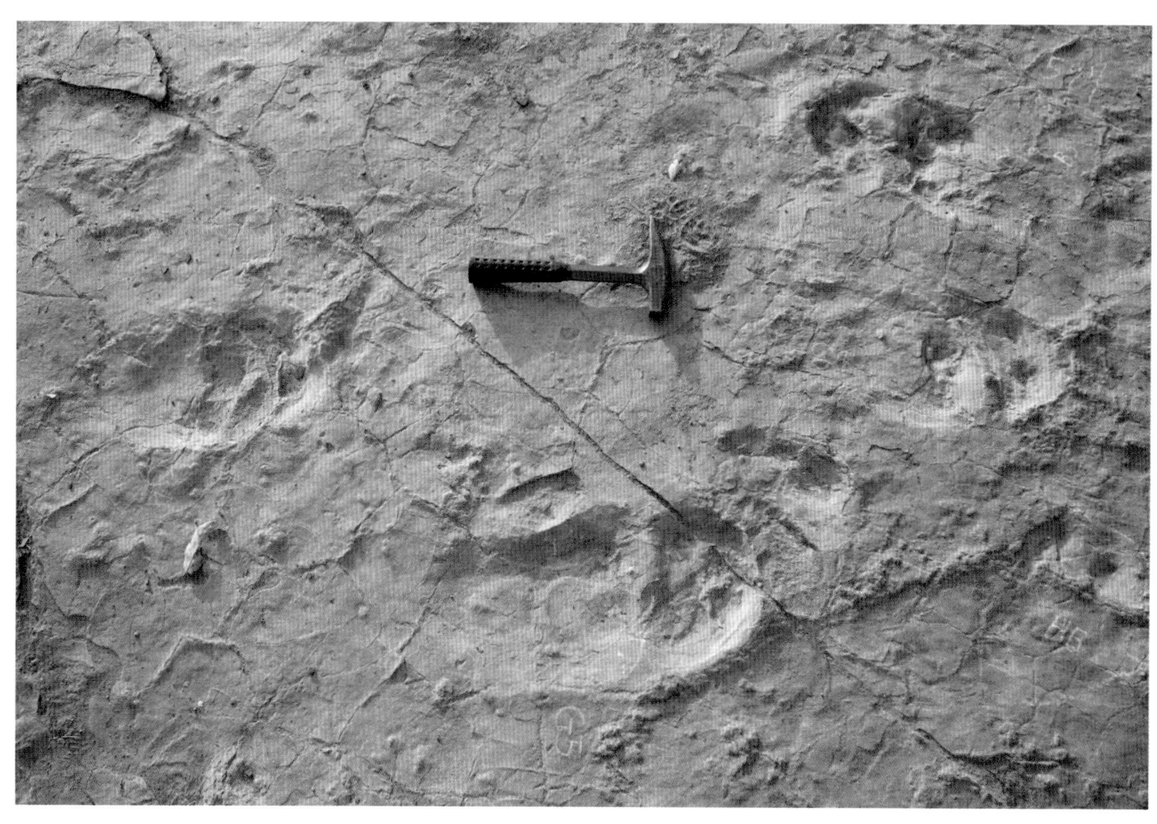

杨德氏神木足迹（*Shenmuichnus youngteilhardi*）行迹 G（片段）照片

图片左下角为行迹 G 中的两对前、后足迹（G4 和 G5）。行迹 G 中的足迹普遍保存状态不佳，足迹边缘不太清晰，推测形成时地面较为干硬。

恐龙运动方向为从左向右。地质锤长 28 cm。

陕西神木县邱栏杆堡乡邱井沟村，下侏罗统富县组

李家南畖产出大量小型恐龙足迹化石的巨石照片

足迹均为三趾型，个体较小，为异样龙足迹（*Anomoepus*）和跷脚龙足迹（*Grallator*），还产出早侏罗世的古植物化石。

陕西神木县栏杆堡乡李家南畖村，中侏罗统延安组

李家南畖产出大量小型恐龙足迹化石的巨石近景照片

恐龙足迹产于巨石（系滚石，非原始状态）底面，呈下凹型。层面上波痕十分发育。

陕西神木县栏杆堡乡李家南畖村，中侏罗统延安组

李家南畖巨石上保存的异样龙足迹（*Anomoepus*）照片

恐龙足迹保存为下凹型，趾迹纤细，个体较小，一般长约 5 cm。

很薄的两层层面上均分布这种小型足迹，下面一层的层面上波痕十分发育。

陕西神木县栏杆堡乡李家南畖村，中侏罗统延安组

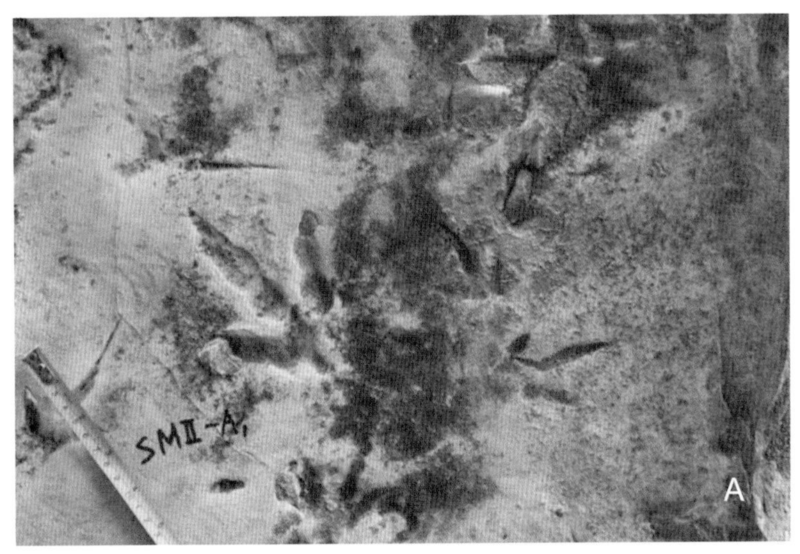

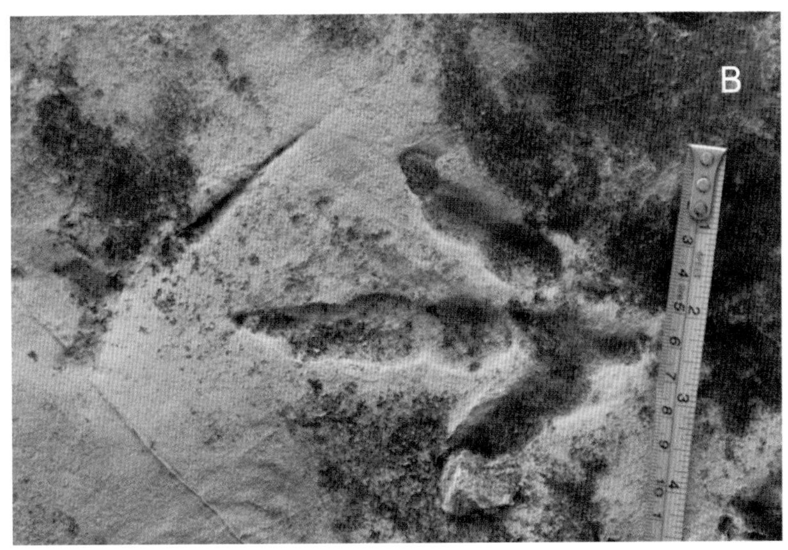

李家南畖巨石上保存的异样龙足迹（*Anomoepus*）照片

下图为足迹 SMⅡ-A_1 的放大，足迹长约 12.3 cm，宽约 10.3 cm。

陕西神木县栏杆堡乡李家南畖，中侏罗统延安组

异样龙足迹（*Anomoepus*）标本照片

足迹为三趾型，长约 4.6 cm，宽约 3.3 cm，长宽比值为 1.39。

陕西神木栏杆堡乡李家南畖，中侏罗统延安组

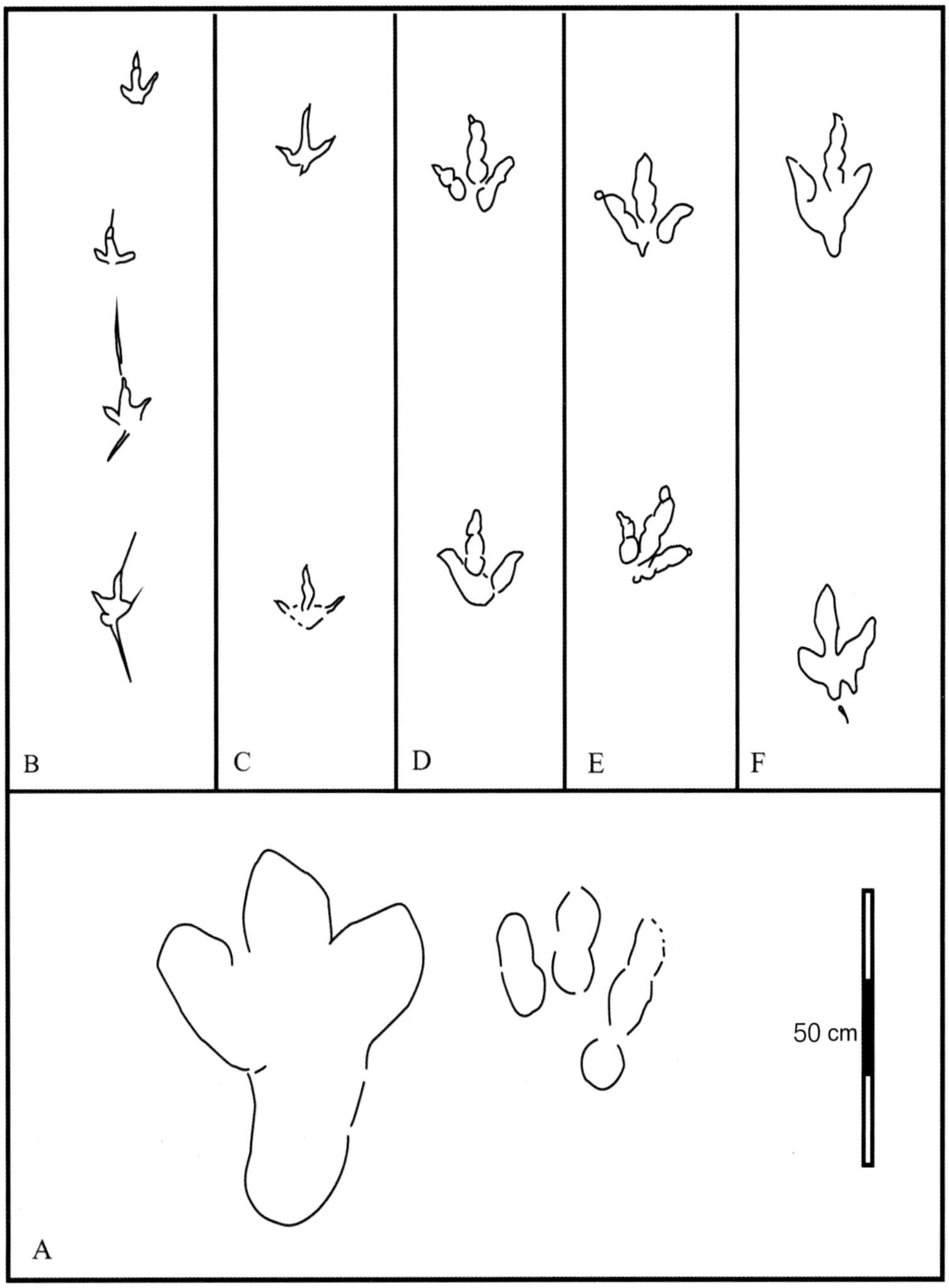

B C D E F

A

50 cm

邱井沟和李家南畖不同类型恐龙足迹轮廓图（引自 Li et al，2012）

A 为神木足迹（*Shenmuichnus*），属邱井沟村富县组下伏层位；B–F 为小型两足恐龙行迹（片段），除 F 外均为异样龙足迹（*Anomoepus*），但足迹个体大小差异很大。陕西神木县栏杆堡乡李家南畖，下－中侏罗统延安组

（3）中鸡

唐永忠等（2018）报道了中鸡镇以恐龙足迹为主的四足动物足迹化石。这些足迹分布在宝刀石梨村公格沟水库东岸边的红色丹霞景观地区，化石产在下白垩统洛河组上部紫红色薄层中细粒石英砂岩层面上。目前，在30 km^2红色丹霞景观范围内已发现恐龙和哺乳动物足迹化石40多枚。目前在1号足迹点发现两枚足迹，足迹产于洛河组上部薄层泥质粉砂岩层面上，层面上泥裂发育。2–5号足迹点分布在洛河组上部滨岸相紫红色薄层中细粒石英砂岩层面上。其中在2号足迹点发现21枚三趾型足迹，层面发育雹痕、雨痕。3号、5号足迹点为小型四足类所留。目前在4号足迹点发现16枚二趾型脚印，层面上发育流水波痕、雹痕、雨痕、虫迹。

同年，邢立达等对这些足迹化石进行进一步研究，发现这些足迹可分为3类：三趾型者为兽脚类恐龙足迹，归入实雷龙足迹（*Eubrontes*）；二趾型者为恐爪龙类的足迹，归入萨米恩托足迹（*Sarmientichnus*），原本只发现于阿根廷的萨米恩托足迹的造迹者为恐爪龙类；小型四足动物足迹为哺乳形类动物足迹，应归为巴西足迹（*Brasilichnium*），这是在亚洲首次发现该足迹属。巴西足迹最初发现于巴西上侏罗统下白垩统博图卡图组，其造迹者被归于哺乳形类动物（Xing et al.，2018j）。

中鸡地区三趾型兽脚类实雷龙足迹、两趾型恐爪龙类足迹和小型哺乳形类–兽孔类足迹的组合，在中国尚属首次发现，其对古气候、古环境、古地理和地层对比都具有重要意义。

宝刀石梨 3–5 号足迹点野外照片（引自 Xing et al.，2018j）

3号和5号点多个层位产出哺乳形类巴西足迹（*Brasilichnium*），4号点产出二趾型的恐爪龙萨米恩托足迹（*Sarmientichnus*）。

陕西神木县中鸡镇宝刀石梨村公格沟水库东岸边，下白垩统洛河组

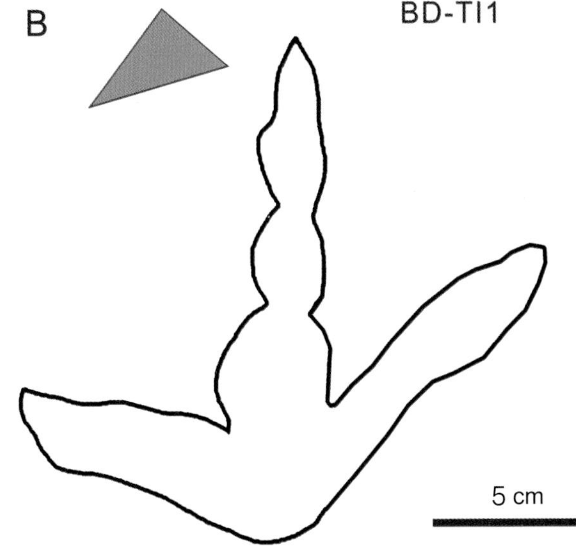

1号点疑似巨鸟龙足迹（*Magnoavipes*）照片及轮廓图（引自 Xing et al.，2018j ）

BD–TI1 为孤单的足迹，为三趾型，趾迹纤细，足迹长 14.5 cm，宽 15.8 cm；趾间角较大，约 110°；灰色指尖三角形表明该足迹中趾凸度较小。

陕西神木县中鸡镇宝刀石梨村公格沟水库东岸边，下白垩统洛河组

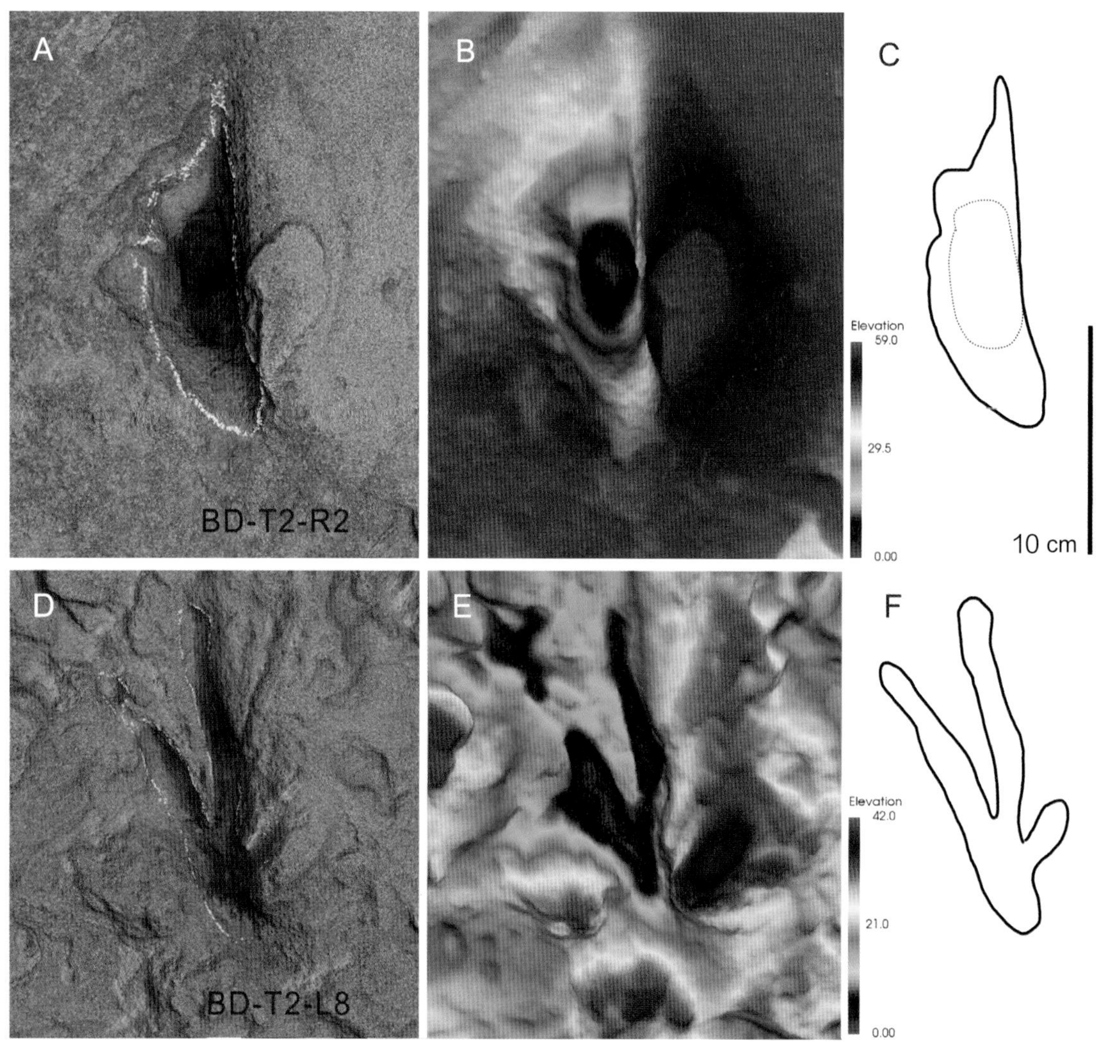

4 号点恐龙行迹 BD-T2 中两个两趾型恐龙足迹照片、3D 图像及轮廓图（引自 Xing et al.，2018j）

图 A–C 和 D–F 分别为足迹 BD–T2–R2 和 BD–T2–L8 的照片、3D 图像及轮廓图；3D 图中暖色表示高度高，冷色表示高度低。

BD–T2–R2 为两趾型右足迹，长 15 cm，宽 4.3 cm（长宽比值为 3.5），步长为 52.5 cm，复步长为 105 cm，步幅角为 180°；BD–T2–L8 为两趾型左足迹，长 14.5 cm，宽 5 cm（长宽比值为 2.9），Ⅱ – Ⅳ趾趾间角为 20°，步长为 57.2 cm。

该化石点的两趾型足迹被归入恐爪龙萨米恩托足迹未定种（*Sarmientichnus* isp.）。

陕西神木县中鸡镇宝刀石梨村公格沟水库东岸边，下白垩统洛河组

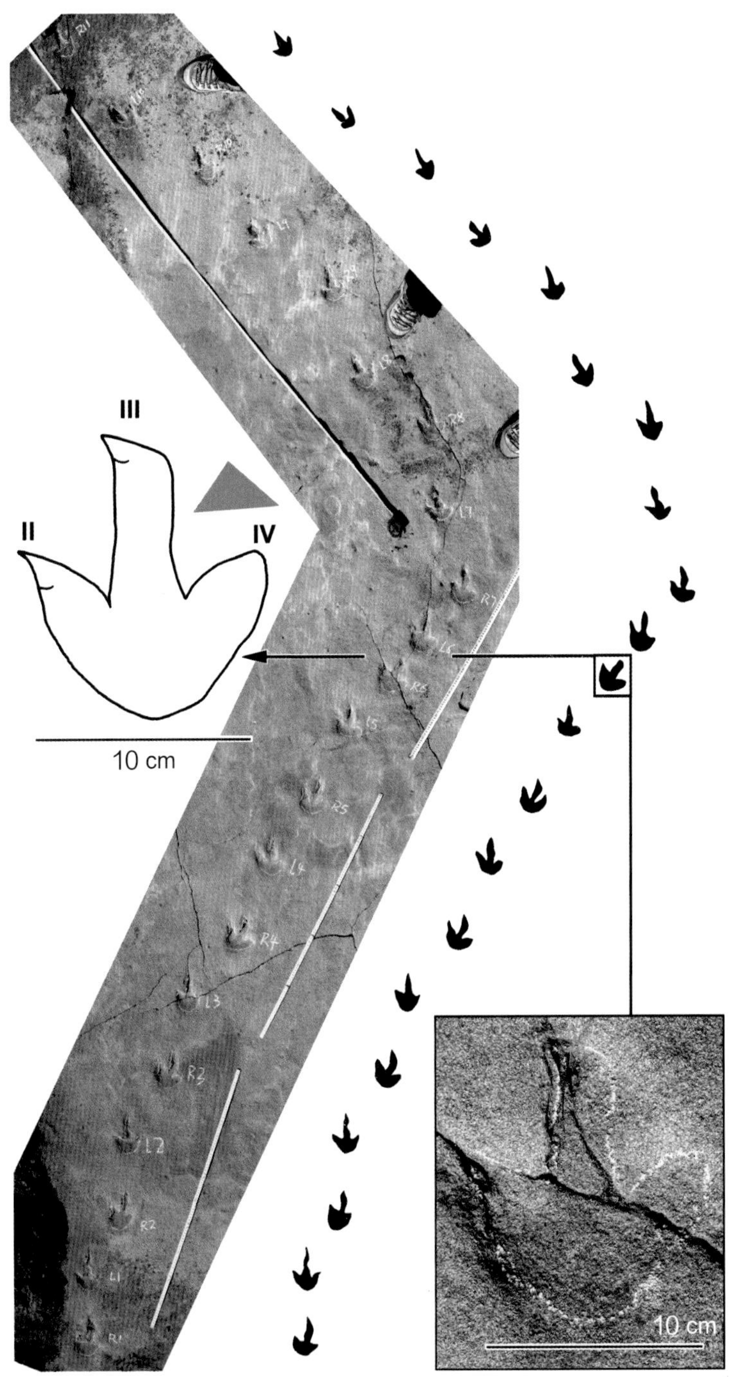

2 号点恐龙行迹（BD-T1）及其中的 BD-T1-R6 足迹照片及轮廓图（引自 Xing et al.，2018j）

该行迹为 1 条拐弯行迹，由 21 个连续的足迹组成。足迹平均长和宽分别为 13.3 cm 和 9.5 cm，长宽比值为 1.4；Ⅱ－Ⅳ趾趾间角为 72°；步长为 29.7 cm，复步长为 57.3 cm，步幅角为 154°。灰色指尖三角形表明该足迹中趾凸度较小。该足迹被暂时归入实雷龙足迹属（*Eubrontes*）。由于足迹长度小于 15 cm，归入跷脚龙足迹（*Grallator*）似乎更合适，但通常 *Grallator* 趾间角较之小得多。

陕西神木县中鸡镇宝刀石梨村公格沟水库东岸边，下白垩统洛河组

2 号点实雷龙行迹（BD-T1）中上部放大照片

陕西神木县中鸡镇宝刀石梨村公格沟水库东岸边，下白垩统洛河组

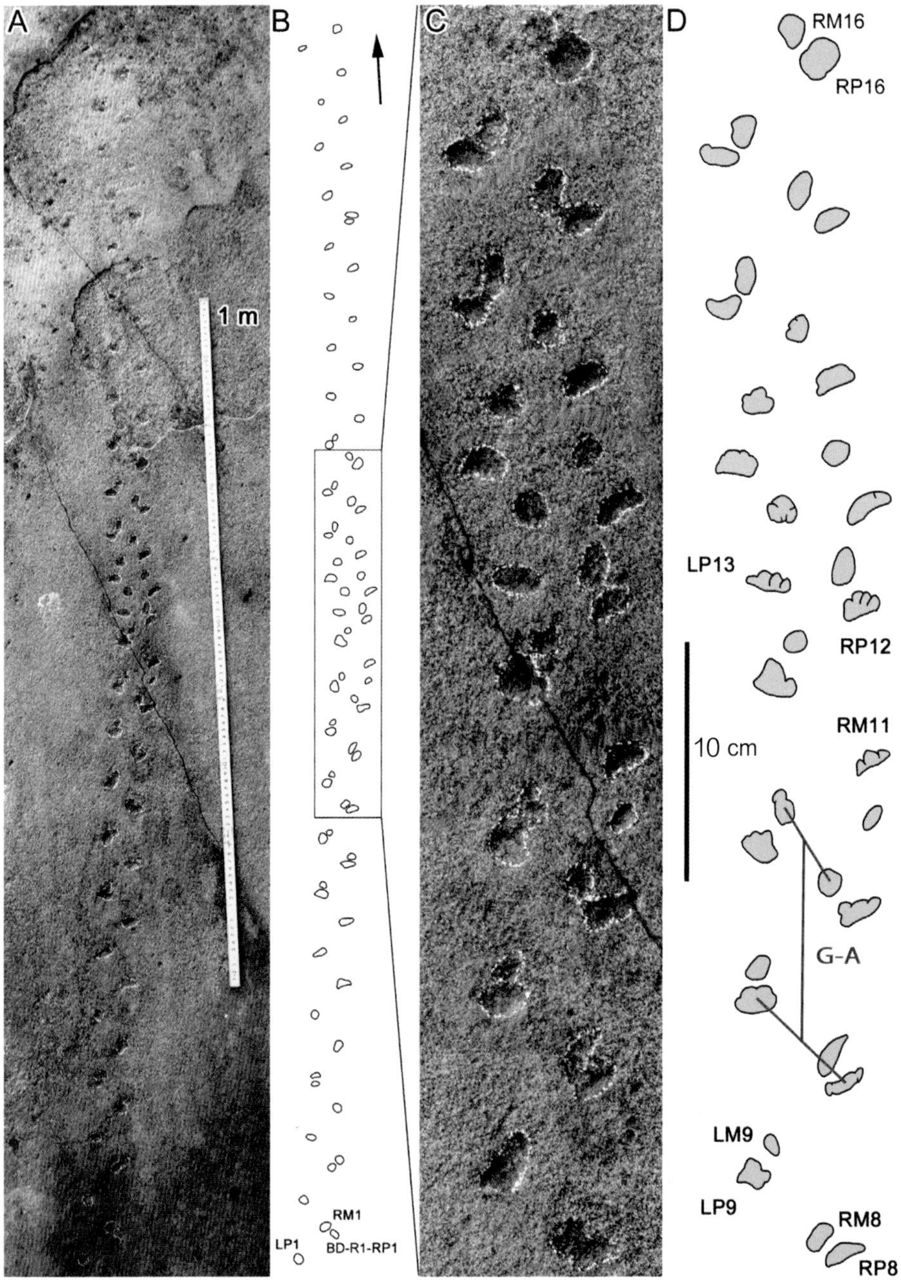

3 号点哺乳形动物行迹（BD–R1）照片及解释轮廓图（引自 Xing et al.，2018j）

A 和 D 为行迹照片，B 和 D 为行迹轮廓图。RP8–RP16 为行迹中保存较好的足迹。图 D 中 G–A 为估算的造迹动物的上身长度。该行迹由 50 个（对）连续的足迹组成，左右各包含 25 个（对）前、后足迹。足迹很小，后足迹长和宽分别为 1.1 cm 和 1.3 cm，长宽比值为 0.81；前、后足迹步幅角分别为 69° 和 90°；后足步长和复步长很短，分别为 5.4 cm 和 6.2 cm；前足步长和复步长分别为 4.2 cm 和 6.2 cm。该足迹被归入巴西足迹属（*Brasilichnium*）。

陕西神木县中鸡镇宝刀石梨村公格沟水库东岸边，下白垩统洛河组

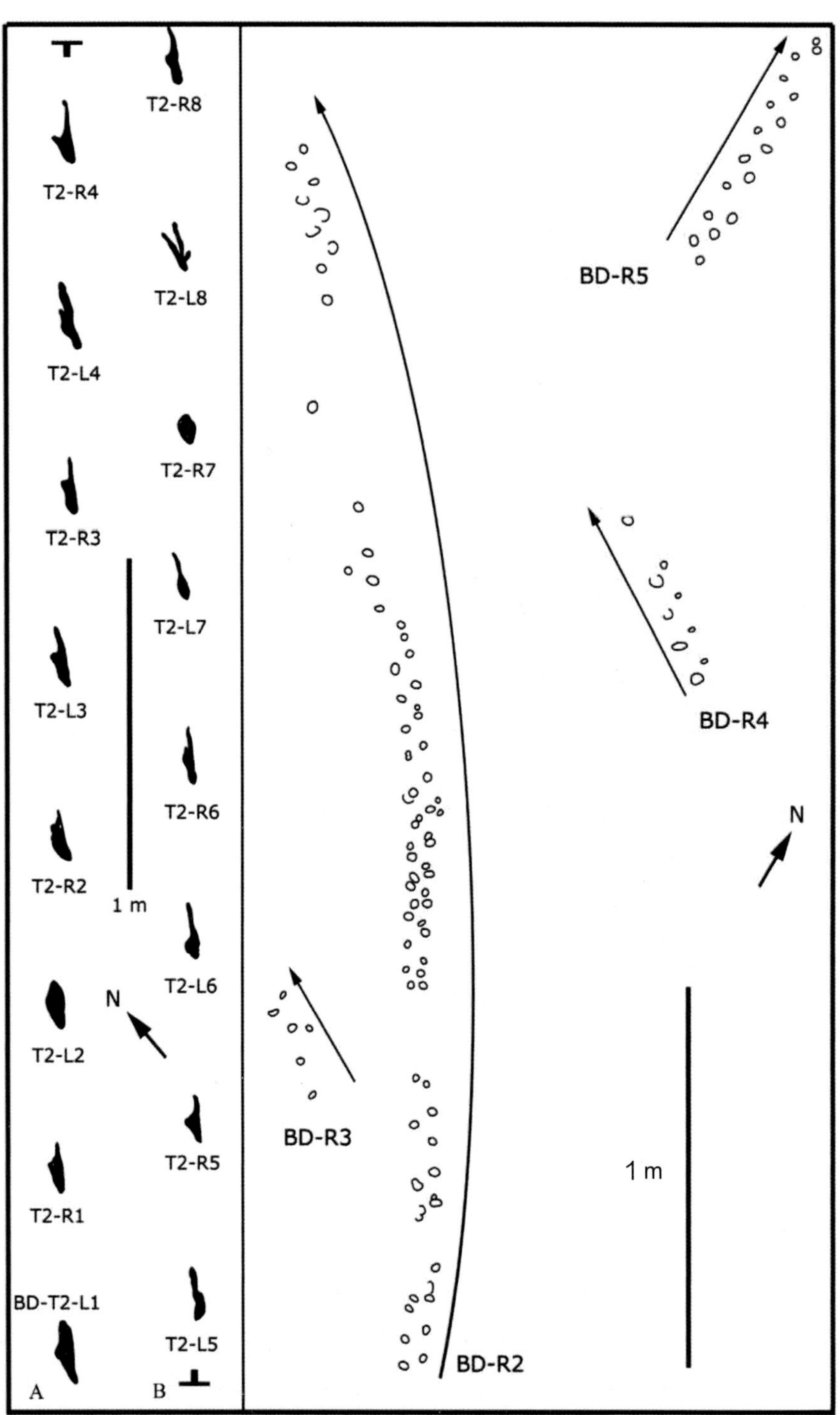

4 号点行迹 BD-T2（A）以及 5 号点行迹 BD-R2-R5（B）解释轮廓图（引自 Xing et al.，2018j）

BD-T2 为恐爪龙行迹，被归入萨米恩托足迹未定种（*Sarmientichnus* isp.）；

BD-R2-R5 为哺乳形动物行迹，被归入巴西足迹属（*Brasilichnium*）。

陕西神木县中鸡镇宝刀石梨村公格沟水库东岸边，下白垩统洛河组

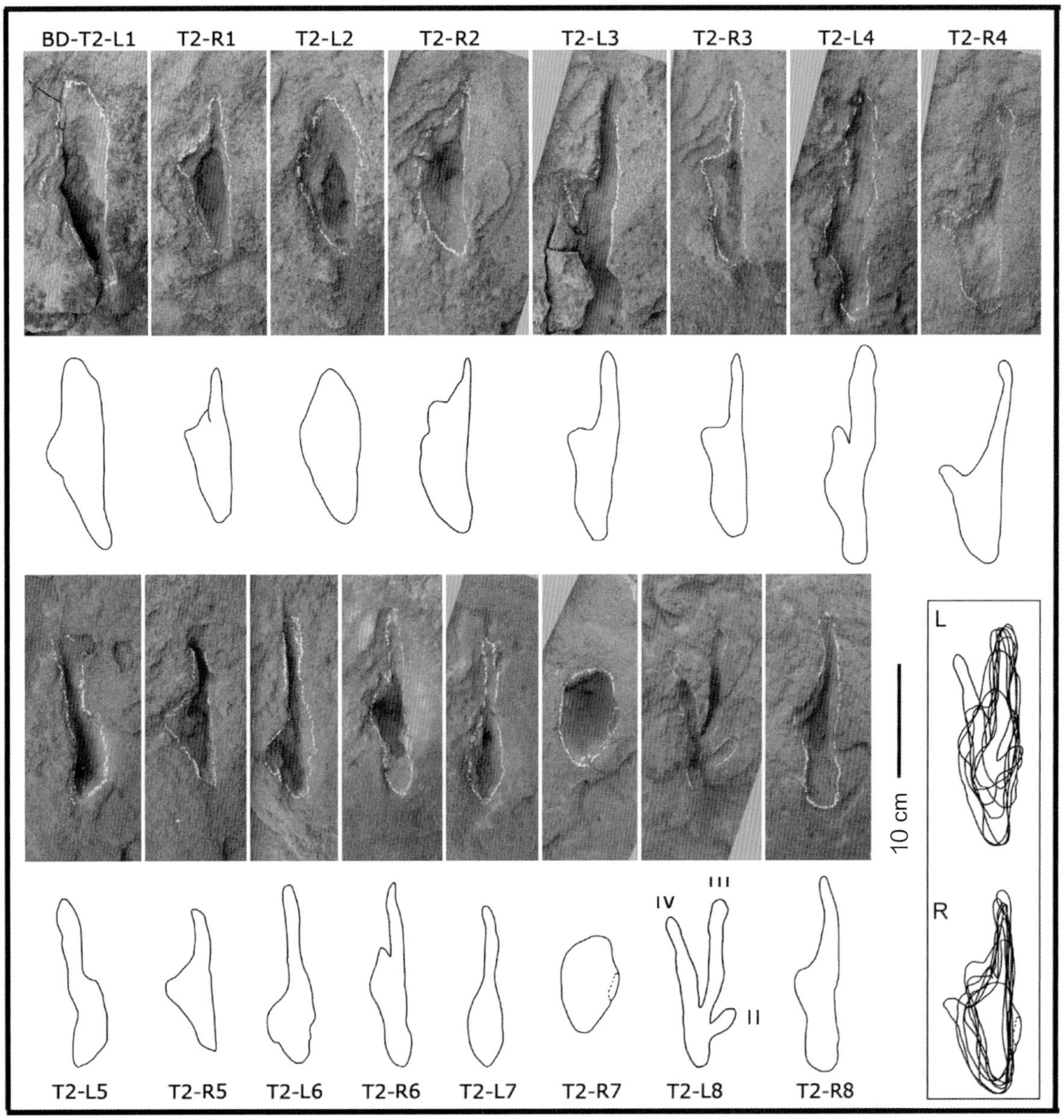

4 号点两趾型恐爪龙行迹（BD–T2）足迹照片及轮廓图（引自 Xing et al.，2018j）

BD–T2 为恐爪龙行迹，被归入萨米恩托足迹未定种（*Sarmientichnus* isp.）；

右下方框内为左（L）、右（R）足迹叠加轮廓图。

陕西神木县中鸡镇宝刀石梨村公格沟水库东岸边，下白垩统洛河组

2.1.2 铜川

铜川是继神木之后陕西省第2个恐龙足迹的发现地。

1966年，杨钟健为描述陕西铜川市焦坪煤矿发现的两枚足迹化石而建立了新足迹属种——铜川陕西足迹（*Shensipus tungchuanensis*）。足迹发现于中侏罗统直罗群下部的绿色细砂岩层面上，为下凹保存。其鉴别特征为：足迹个体较小（小于10 cm），平均长9.5 cm，平均宽9.4 cm，且趾迹纤细，两侧趾间角较大，爪迹呈枪弹状。杨钟健认为它们是虚骨龙类或小型兽脚类恐龙的足迹。另外，陕西足迹的中趾（Ⅲ趾）中轴线具有向行迹中线偏斜的特性，因此李建军（2015）将*Shensipus tungchuanensis*归入鸟类足迹，但同时也指出由于其时代为中侏罗世，而目前世界上还没有白垩纪鸟类足迹的确切记录，其产出的时代大大质疑了其归属鸟类足迹的可能性。Lockley等（2012）认为*Shensipus tungchuanensis*为兽脚类恐龙足迹，但其亲缘关系尚无法确定。邢立达等将*Shensipus tungchuanensis*保留种名后合并到鸟脚类恐龙的异样龙足迹*Anomoepus*中，成为铜川异样龙足迹（*Anomoepus tunchuanensis*）（Xing et al., 2015g）。本书仍采用杨钟健的研究成果，保留铜川陕西足迹（*Shensipus tungchuanensis*）名称。

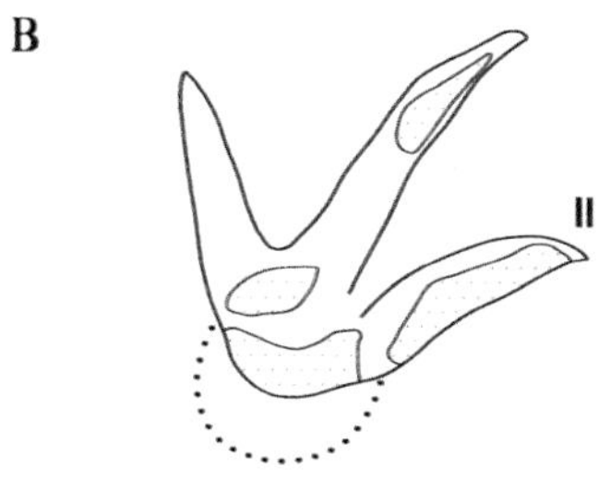

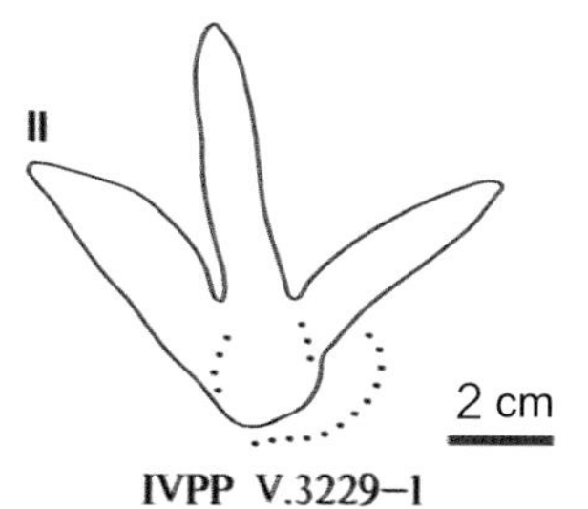

铜川陕西足迹（*Shensipus tunchuanensis*）照片及足迹轮廓图

（照片引自Young，1966；轮廓图引自Xing et al., 2015g）

陕西铜川市焦坪煤矿，中侏罗统直罗群下部

2.1.3 商州

商洛市商州区的恐龙足迹化石点主要位于商州区陈塬办事处邵涧村附近。

1984年12月，工人在商洛市陈塬办事处邵涧村的一处工地发现了大型的恐龙足迹，当地居民认为这是传说中的“金鸡”脚印，经中国科学院古脊椎动物及古人类研究所专家鉴定，其为侏罗纪–白垩纪的恐龙足迹。此后，商洛市二龙山水库管理处将邵涧的大型恐龙足迹挖出，陈列于水库管理处。1999年至2001年，中国–日本–美国科考队在考察东亚恐龙足迹时调查了邵涧化石点，指出在1个大的层面上同时保存了两种恐龙足迹，为纤细趾与大型粗壮的兽脚类恐龙足迹。

胡松梅等（2011）对商州区邵涧足迹点层面上的两枚大型（足迹长为57.5 cm）兽脚类恐龙足迹进行研究，将其归入巨齿龙足迹未定种（*Megalosauripus* isp.），同时认为化石地层为下白垩统东河群。由于东河群的时代与热河生物群同期，邵涧发现的*Megalosauripus*可与热河生物群的大型兽脚类恐龙之足部形态进行简单对比。此外，根据足迹长度等参数估算，邵涧*Megalosauripus*造迹恐龙的体长约为7.4 m，这意味着早白垩世的陕西中南部亦生活着大型的兽脚类恐龙。

Matsukawa 等（2014）则研究了邵涧化石点层面上发现的31枚中型三趾型足迹，并命名了巨鸟足迹（*Magnoavipes*）的1个新种——亚洲巨鸟足迹（*Magnoavipes asiaticus*）。该足迹种与属内其他种的区别为：Ⅱ趾后端有1个非常小的足跟印迹，Ⅲ趾较尖，Ⅱ–Ⅲ趾间角大于Ⅲ–Ⅳ趾间角（Matsukawa et al., 2014）。研究者认为造迹恐龙可能为小型兽脚类恐龙中的似鸟龙类（ornithomimid dinosaurs），这是*Maganoavipes*足迹在中国的首次发现。亚洲巨鸟足迹（*Magnoavipes asiaticus*）长14~20 cm，宽12~19 cm，长宽比值为0.9~1.5，并与巨齿龙足迹（*Megalosauripus*）共生。巨鸟足迹（*Maganoavipes*）首先发现于美国得克萨斯州上白垩统（Lee，1997），Lockley 等（2001）对*Magnoavipes*（Lee，1997）进行修订，指出其鉴定特征为：足迹为双足行走、窄三趾型，足迹宽（长宽比值为1~0.8），略不对称，趾间角有变化（平均值为85°）。陕西商洛足迹趾间角值与之相近（范围为79°~86°，平均为81.7°），但足迹略长（足长宽比值为1~1.1）（Matsukawan et al.，2014）。

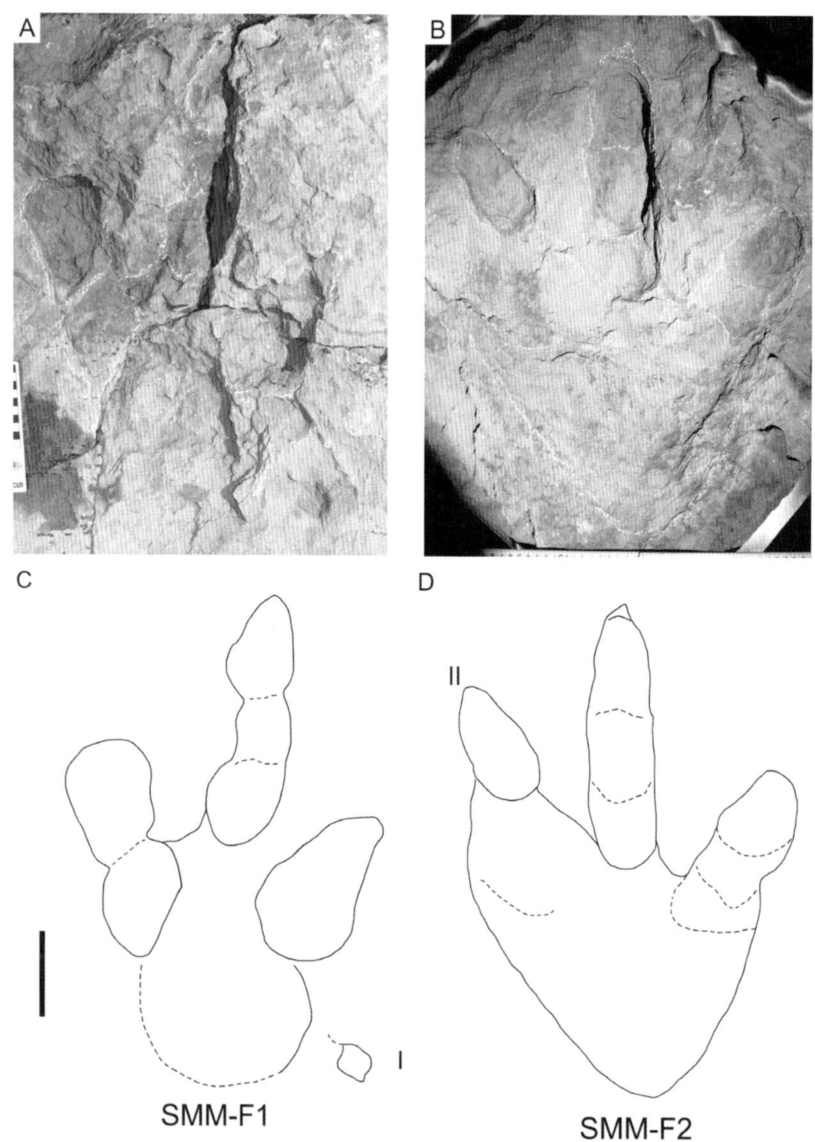

邵涧足迹点兽脚类巨齿龙足迹（*Megalosauripus*）照片及轮廓图（引自胡松梅等，2011）

足迹共两枚（编号为 SMM-F1 和 SMM-F2），产于东河群中部泥质粉砂岩层面上，保存为下凹足迹。

足迹 SMM-F1 长 57.5 cm，宽 36.5 cm，长宽比值为 1.58，Ⅱ－Ⅳ趾趾间角为 45.5°；

足迹 SMM-F1 长 57.5 cm，宽 41 cm，长宽比值为 1.58，Ⅱ－Ⅳ趾趾间角为 51°。

图中比例尺为 10 cm，罗马数字为趾编号。

陕西商洛市商州区陈塬办事处邵涧村，下白垩统东河群

亚洲巨鸟足迹（*Magnoavipes asiaticus*）野外照片（引自 Matsukawa et al.,2014）

A 为连续的两枚足迹，右侧为白色胶模制作的足迹模型；B 为 A 中下端足迹的放大照片。

照片中笔的长度为 14.5 cm。

陕西商洛市商州区陈塬办事处邵涧村，下白垩统东河群

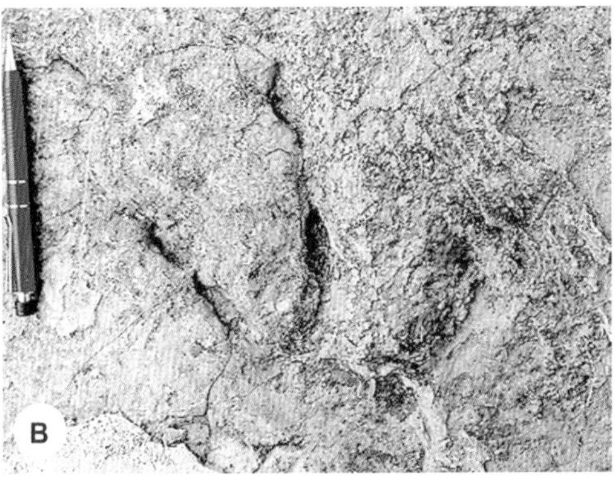

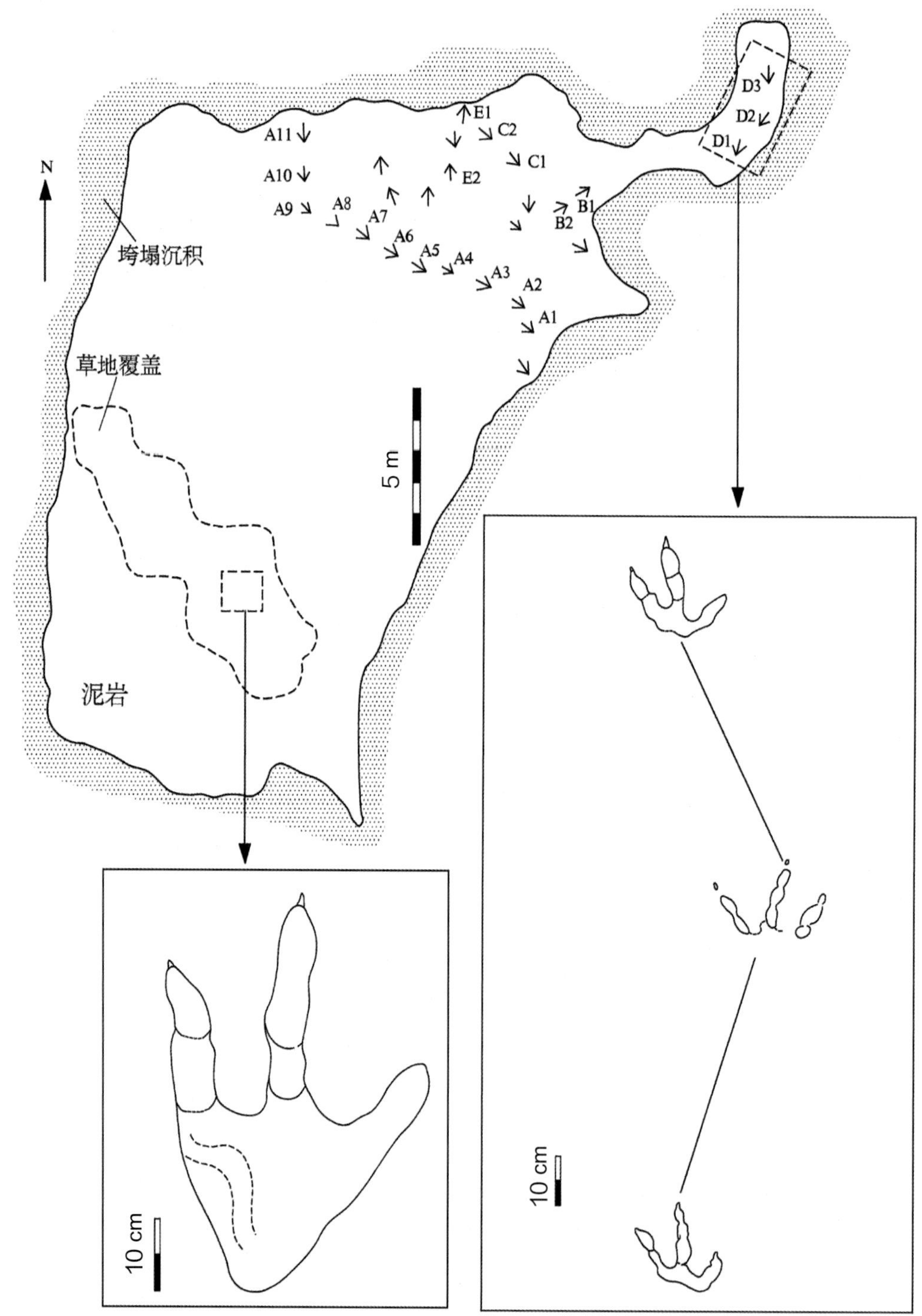

亚洲巨鸟足迹（*Magnoavipes asiaticus*）及共生恐龙足迹轮廓图（引自 Matsukawa et al.，2014）

上图为足迹层面分布，左下图为巨齿龙足迹未定种（*Megalosauripus* isp.），右图为亚洲巨鸟足迹行迹。陕西商洛市商州区陈塬办事处邵涧村，下白垩统东河群

2.1.4 旬邑

在旬邑县发现的恐龙足迹化石数量不多，主要分布在马栏镇地家坪村和八王庄附近（八王庄村以西28 km处）。实际上，早在1935年，当地村民就在八王庄附近采集过3枚恐龙足迹化石。1999年，又有村民在地家坪采集到9枚足迹，这些标本目前均被妥善保存于旬邑县博物馆。邢立达等对马栏镇足迹点进行野外考察，又发现部分足迹化石（Xing et al., 2014h）。研究结果表明，这批标本均为小型三趾型兽脚类恐龙足迹，归入嘉陵足迹属（*Jialingpus*），地层为早白垩世的洛河组。

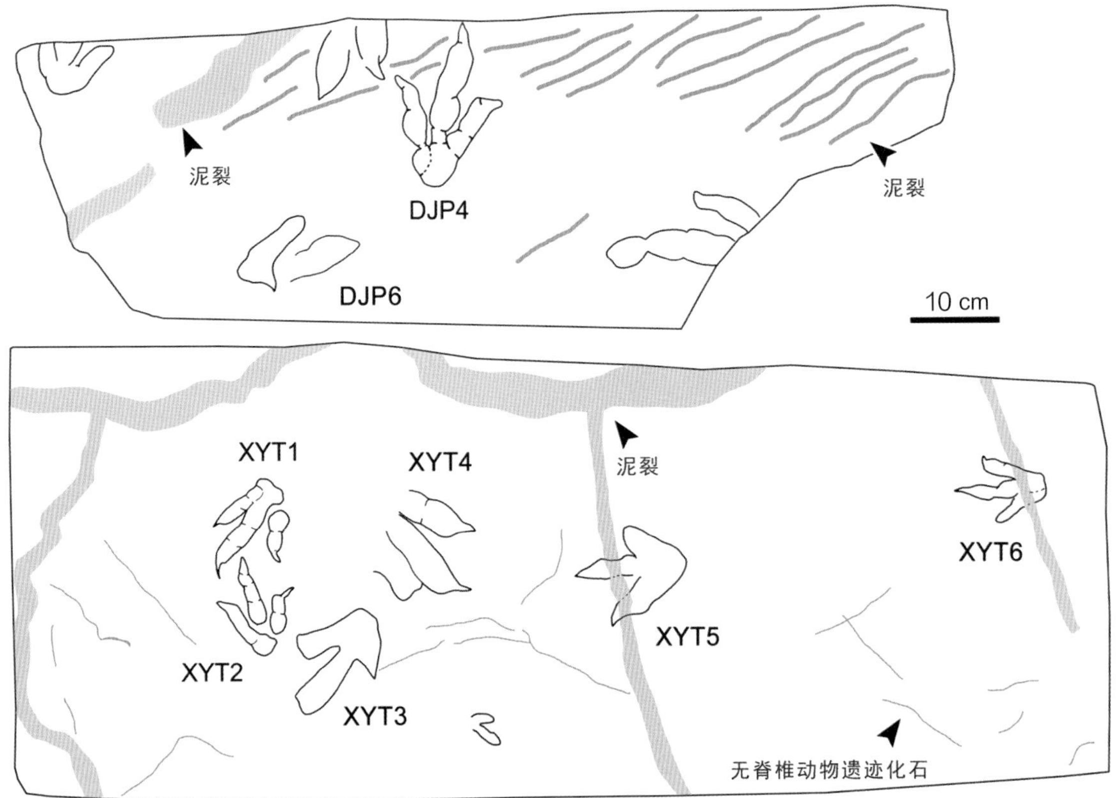

地家坪足迹点的部分兽脚类足迹轮廓图（引自 Xing et al.，2014h）

上图 DJP4 和 DJP6 为未采集的足迹，下图为 6 枚采集的恐龙足迹（编号为 XYT1–6）。

下图中足迹 XYT4 最大，但不完整，仅保留足迹的前半部，足长大于 13.9 cm，宽 11.5 cm；足迹 XYT6 最小，长 10.7 cm，宽 7.5 cm，长宽比值为 1.4。

陕西旬邑县马栏镇地家坪村，下白垩统洛河组

地家坪足迹点部分兽脚类足迹照片（引自 Xing et al.，2014h）

3 枚足迹（DJP1–3）均为孤单状，平均长 11.1 cm，平均宽 8.35 cm，长宽比值为 1.3。

陕西旬邑县马栏镇地家坪村，下白垩统洛河组

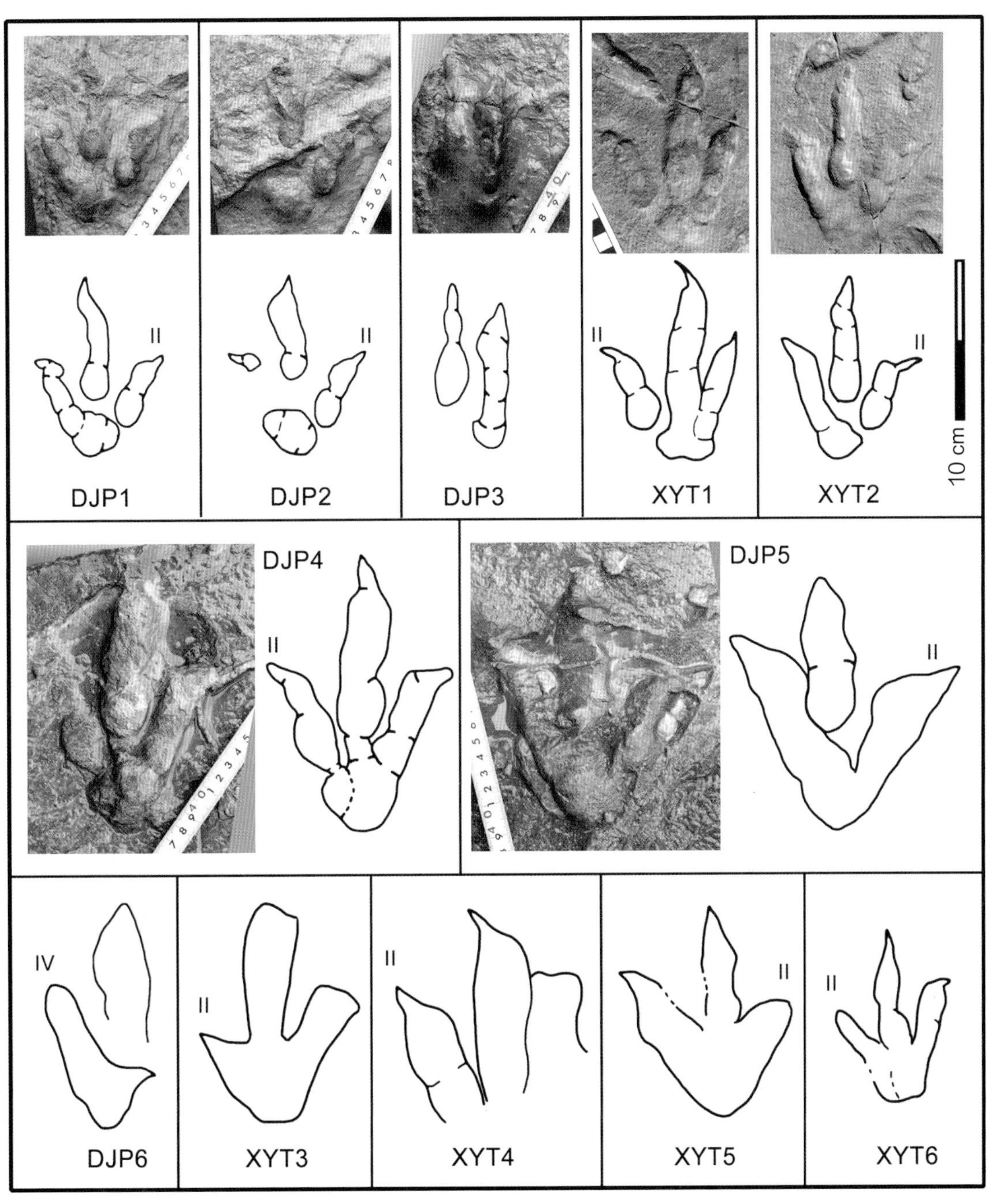

地家坪和八王庄足迹点恐龙足迹照片及轮廓图（引自 Xing et al.，2014h）

足迹 XYT4–6 产自八王庄足迹点，其余足迹均产自地家坪足迹点。

陕西旬邑县马栏镇，下白垩统洛河组

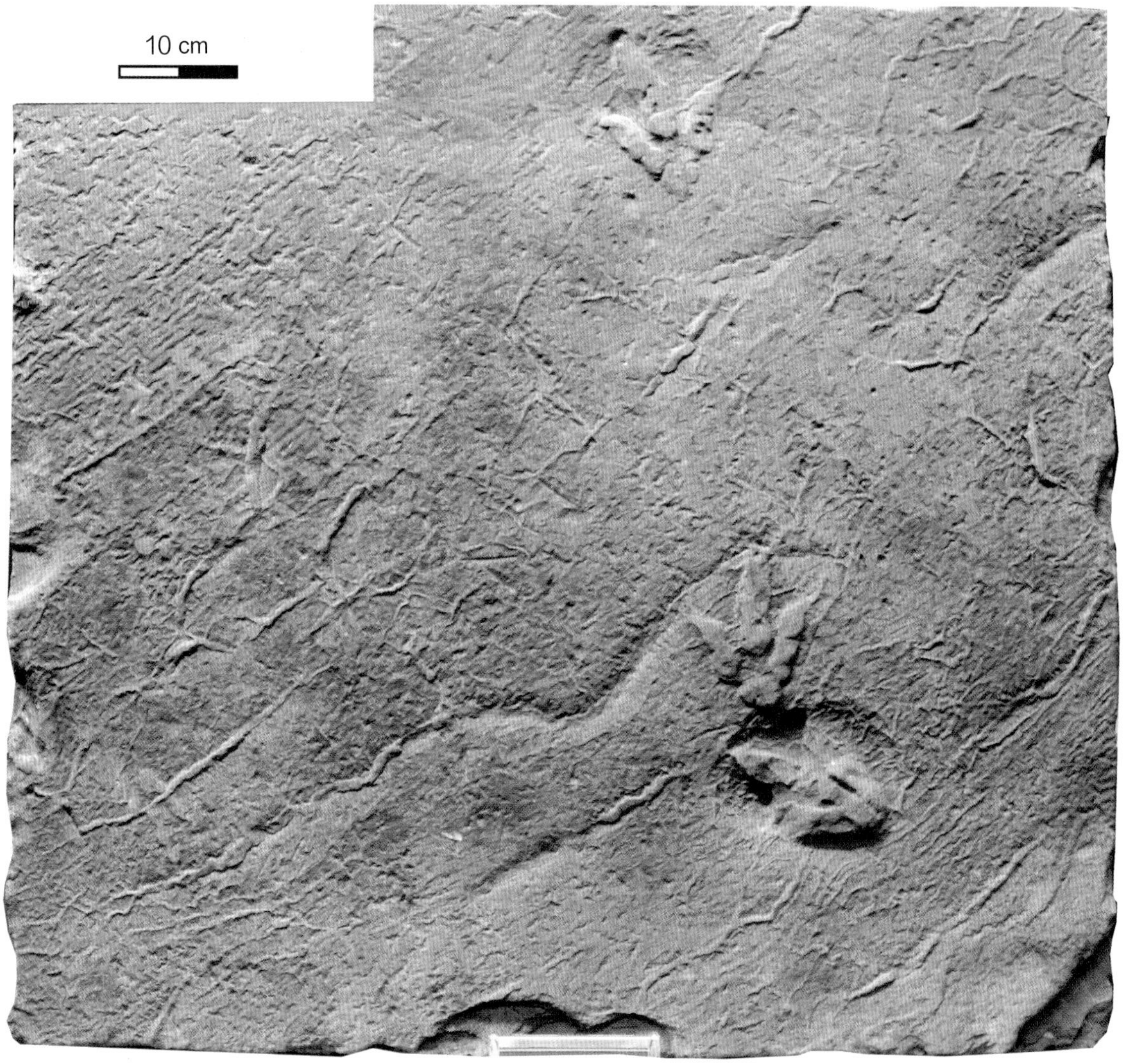

10 cm

八王庄足迹点 3 个兽脚类恐龙足迹标本照片（引自 Xing et al.，2014h）

层面上的无脊椎动物遗迹化石很丰富。

陕西旬邑县马栏镇八王庄，下白垩统洛河组

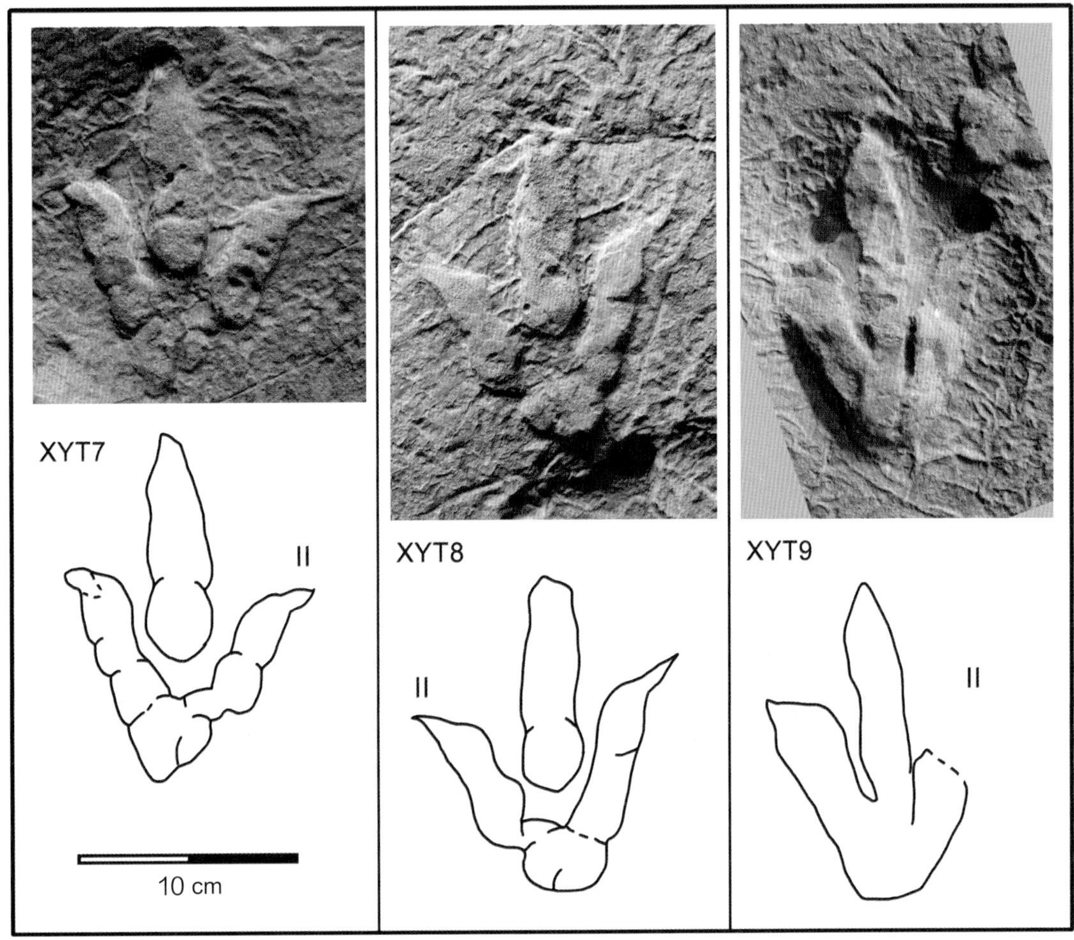

八王庄足迹点 3 个兽脚类恐龙足迹照片及轮廓图（引自 Xing et al.，2014h）

XYT7–9 中 3 枚足迹的长为 14.1~15.4 cm，宽为 11.3~12.4 cm，长宽比值平均为 1.25。罗马数字为趾的编号。

陕西旬邑县马栏镇八王庄，下白垩统洛河组

2.1.5 子洲

2015年，邢立达等研究了子洲县电气镇王庄附近的几个足迹点，其中包括王庄足迹点、霍足迹点以及碾盘足迹点等；同时描述了中大型兽脚类恐龙卡岩塔足迹（*Kayentapus*）和实雷龙足迹（*Eubrontes*），以及小型鸟脚类恐龙异样龙足迹（*Anomoepus*）和可能的剑龙类三角足迹（*Deltapodus*）。化石产出层位为中侏罗世早期的延安组（Xing et al., 2015g；2015p）。他们指出恐龙足迹存在于村民生活的多种场合（地窖石板盖、固定辘轳的石板、磨盘和碾盘、铺路石板、院墙石板等），还探讨了被村民称为“金鸡爪”的恐龙足迹对当地文化与民间传说形成的深远影响。另外，在我国广大地区分布的金鸡（学名红腹锦鸡）可能被误认为是恐龙足迹的造迹者。

2016年，王宝鹏等研究了子洲县电气镇王庄附近的恐龙足迹化石，建立了新遗迹属种——陕北拖尾足迹（*Shanbeipus caudatus*），以及新足迹种榆林彭县足迹（*Pengxianpus yulinensis*），描述了中、大型兽脚类卡岩塔足迹（*Kayentapus*）和实雷龙足迹（*Eubrontes*）。化石产出层位为下侏罗统富县组。陕北足迹属（*Shanbeipus*）为两足行走的小型三趾型足迹，足迹长10~12 cm，宽8~9 cm，长大于宽；趾垫印迹清晰，Ⅳ趾的蹠趾垫大于Ⅲ趾的蹠趾垫，Ⅱ趾蹠趾垫不清晰；Ⅱ–Ⅲ趾间角和Ⅲ–Ⅳ趾间角分别为26.4°和31.7°；尾迹直而清晰（Wang et al.，2016）。

2017年，李永项和张云翔研究了子洲县电气镇龙尾峁足迹点的兽脚类恐龙足迹化石，建立新遗迹属种——王氏子洲足迹（*Zizhoupus wangi*），以及两个新遗迹种——龙尾峁张北足迹（*Changpeipus logweimaoensis*）和小理河陕西足迹（*Shensipus xiaoliheensis*）（Li et Zhang，2017）。其中，王氏子洲足迹（*Zizhoupus wangi*）为三趾型大型兽脚类恐龙足迹，足迹平均长43.7 cm，平均宽36.9 cm，长宽比值约为1.18；Ⅱ–Ⅲ趾和Ⅲ–Ⅳ趾趾间角分别为21°和46°，Ⅱ–Ⅳ趾趾间角为68°。该足迹属与其他大型三趾型兽脚类恐龙足迹的主要区别是尺寸大，Ⅱ–Ⅳ趾趾间角大，Ⅲ–Ⅳ趾趾间角是Ⅱ–Ⅲ趾趾间角的两倍。

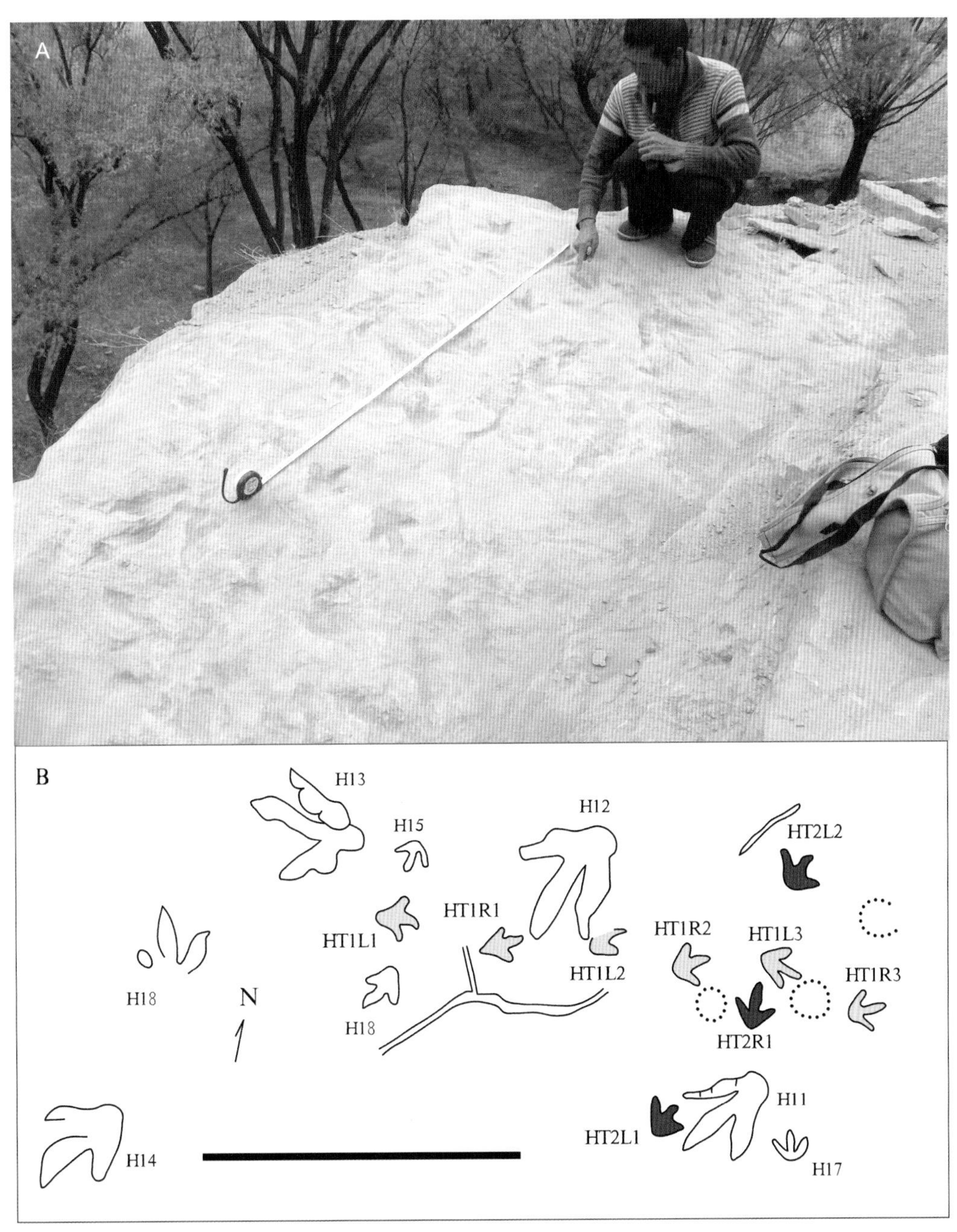

霍足迹点露头照片（A）及足迹分布轮廓图（B）（引自 Xing et al.，2015g）

HI1–4 和 HI8 为 5 枚下凹保存的大型足迹，足迹长 34~41 cm，为三趾型，均孤单保存，未能组成行迹；HT1 系列足迹（灰色足迹）和 HT2 系列足迹（黑色足迹）是两条小型（足迹长 12~14.5 cm）鸟脚类恐龙行迹，HI5–7 是孤单的鸟脚类足迹。虚线圆圈为不清晰的恐龙足迹。该足迹点的中大型兽脚类足迹与卡岩塔足迹（*Kayentapus*）和实雷龙足迹（*Eubrontes*）都有相似之处，鸟脚类足迹可归入异样龙足迹（*Anomoepus*）。

陕西子洲县电市镇王庄，中侏罗统延安组

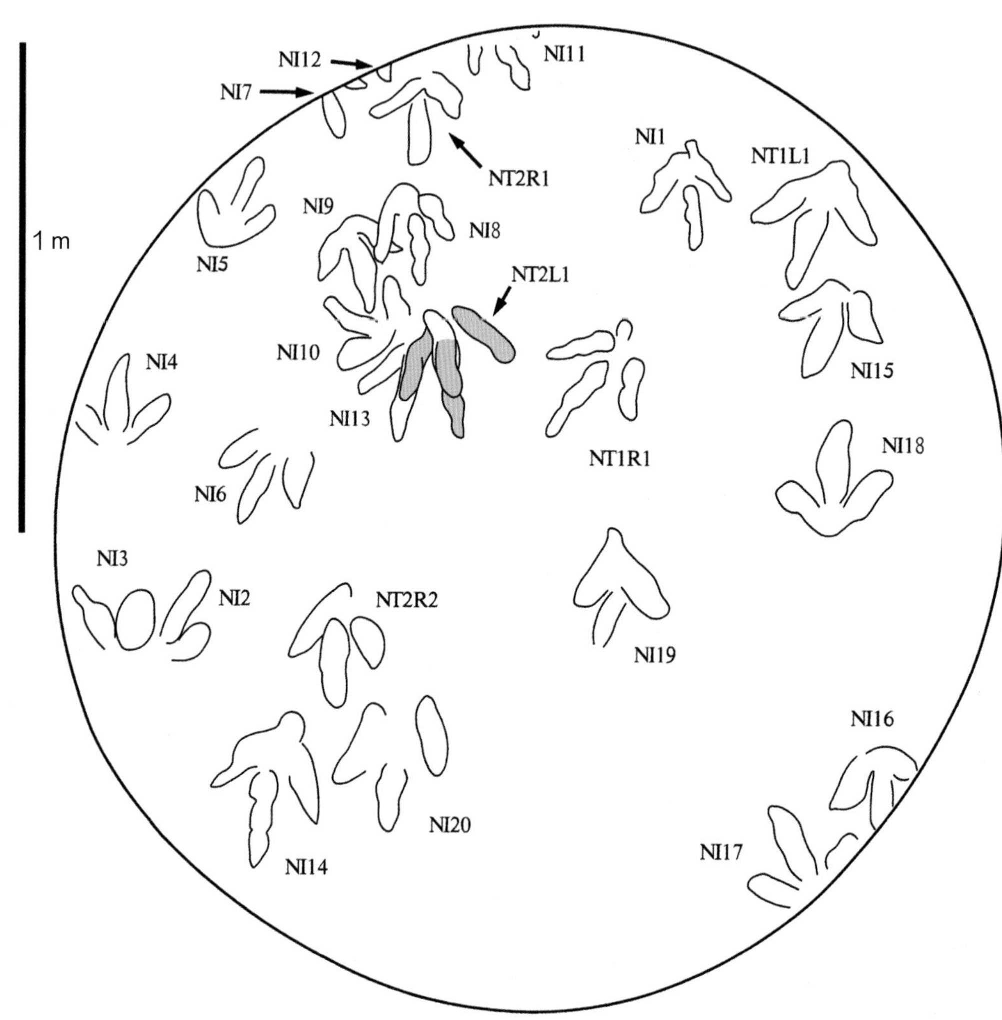

碾盘石板上保存的 25 枚恐龙足迹轮廓图（引自 Xing et al.，2015g）

足迹为下凹保存、三趾型，中等大小，长 18~29.5 cm；NT1L1–R1 和 NT2R1–R2 是连续的足迹；阴影部分的两个足迹为叠覆迹。这批足迹可以归入卡岩塔足迹（*Kayentapus*）或实雷龙足迹（*Eubrontes*）。陕西子洲县电市镇王庄，中侏罗统延安组

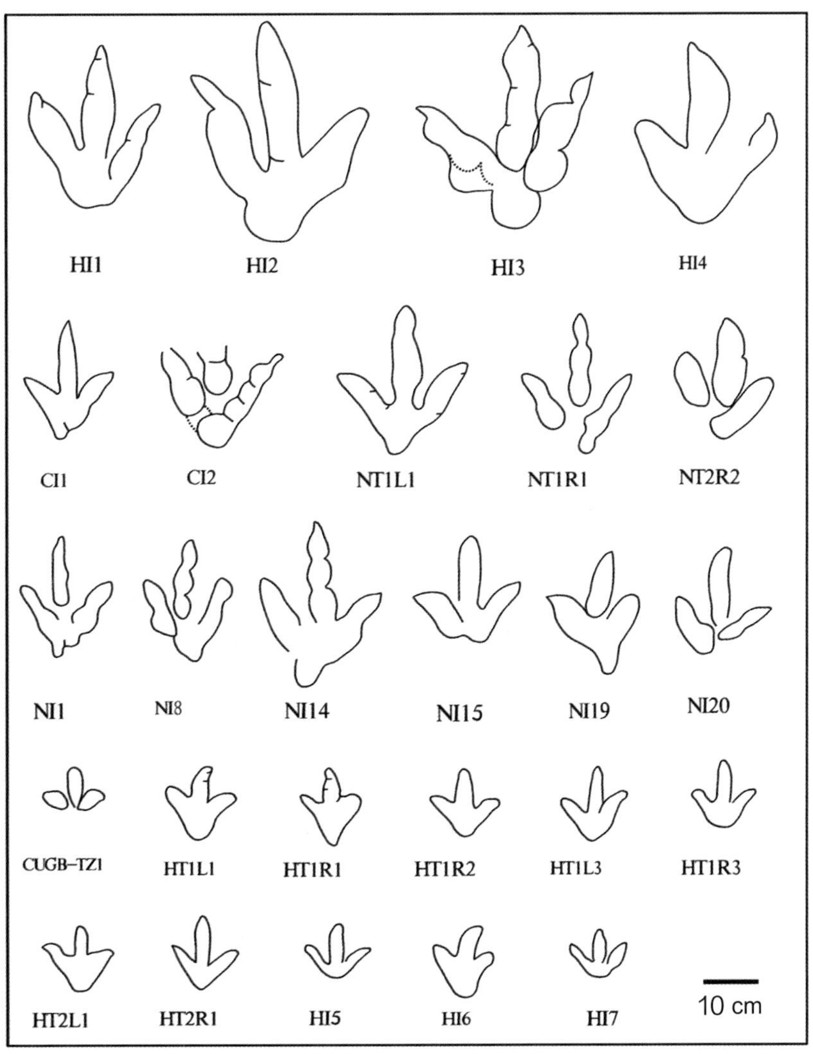

王村地区兽脚类和鸟脚类恐龙足迹轮廓图（引自 Xing et al.，2015g）

HT1 系列足迹、HT2 系列足迹和 CUGB 系列足迹为鸟脚类足迹，其余为兽脚类足迹。

编号前缀为 H 者产自霍足迹点，编号前缀为 N 者产自碾盘足迹点，编号为 CI 者产自王村足迹点。

陕西子洲县电市镇王庄，中侏罗统延安组

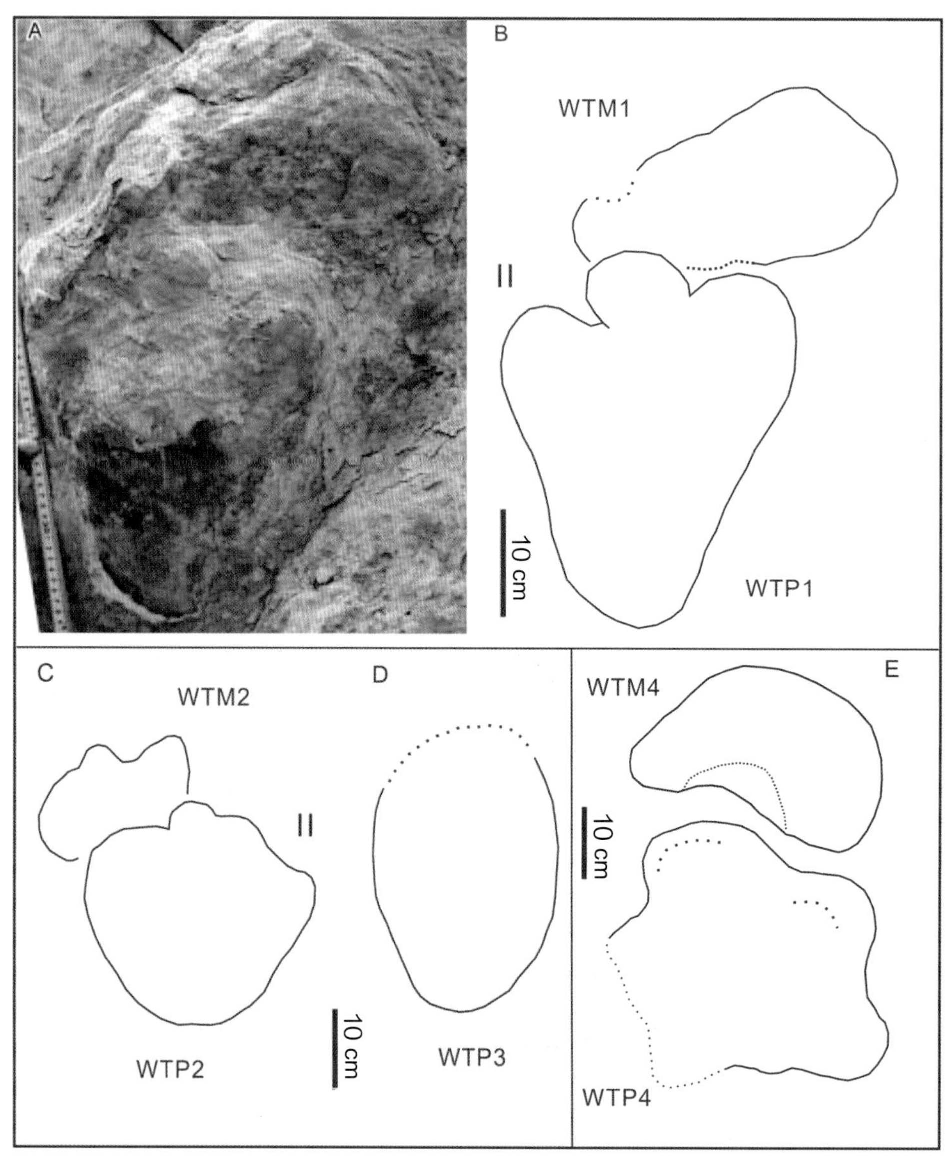

三角足迹未定种（*Deltapodus* isp.）照片及轮廓图（引自 Xing et al.，2015g）

图为 3 对前、后足迹（WTM1 和 WTP1、WTM2 和 WTP2、WTM4 和 WTP4）和 1 枚后足迹（WTP3），M 和 P 分别代表前、后足迹。前、后足迹平均长分别为 32.3 cm 和 26.3 cm，长宽比值分别为 1.3 和 0.6。足迹 WTM2 和 WTP2 的单步长为 71 cm；足迹 WTP4 变形严重，但足迹 WTM4 则显示和蜥脚类恐龙相同的半月形前足迹。罗马数字为趾的编号。

三角足迹（*Deltapodus*）的可能造迹恐龙为剑龙类。

陕西子洲县电市镇王庄，中侏罗统延安组

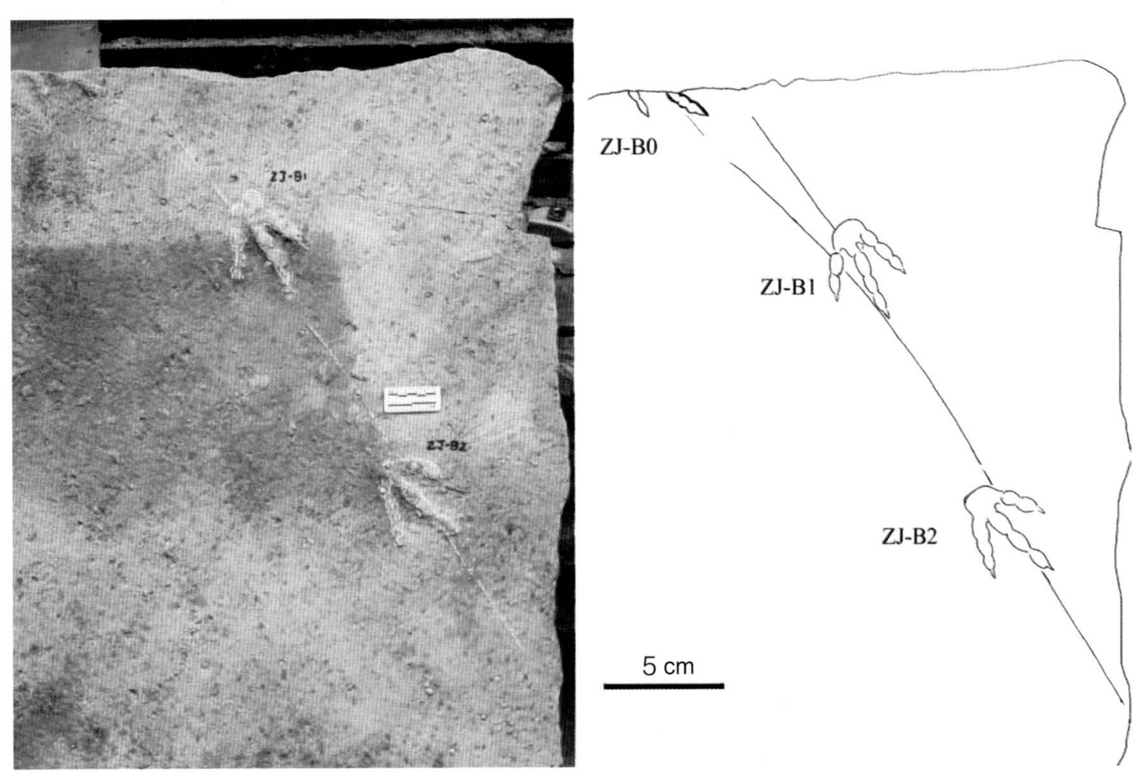

拖尾陕北足迹（*Shanbeipus caudatus*）正模足迹照片（引自 Wang et al.，2016）

该足迹保存于村民地窖石板盖的反面（B 面）。足迹为小型足迹、两足行走、三趾型；足迹长 10~12 cm，宽 8~9 cm，足迹长大于宽；趾垫清晰，蹠趾垫Ⅳ大于蹠趾垫Ⅲ，蹠趾垫Ⅱ不清晰；趾间角约为Ⅱ 26.4° Ⅲ 31.7° Ⅳ，无拇趾印迹，尾迹直且清晰；复步长为 56.4 cm。根据相关速度公式计算，造迹恐龙的运动时速为 8.84 km。

该石板正面（A 面）保存有榆林彭县足迹（*Pengxianpus yulinensis*）。

陕西子洲县电市镇王庄，下侏罗统富县组

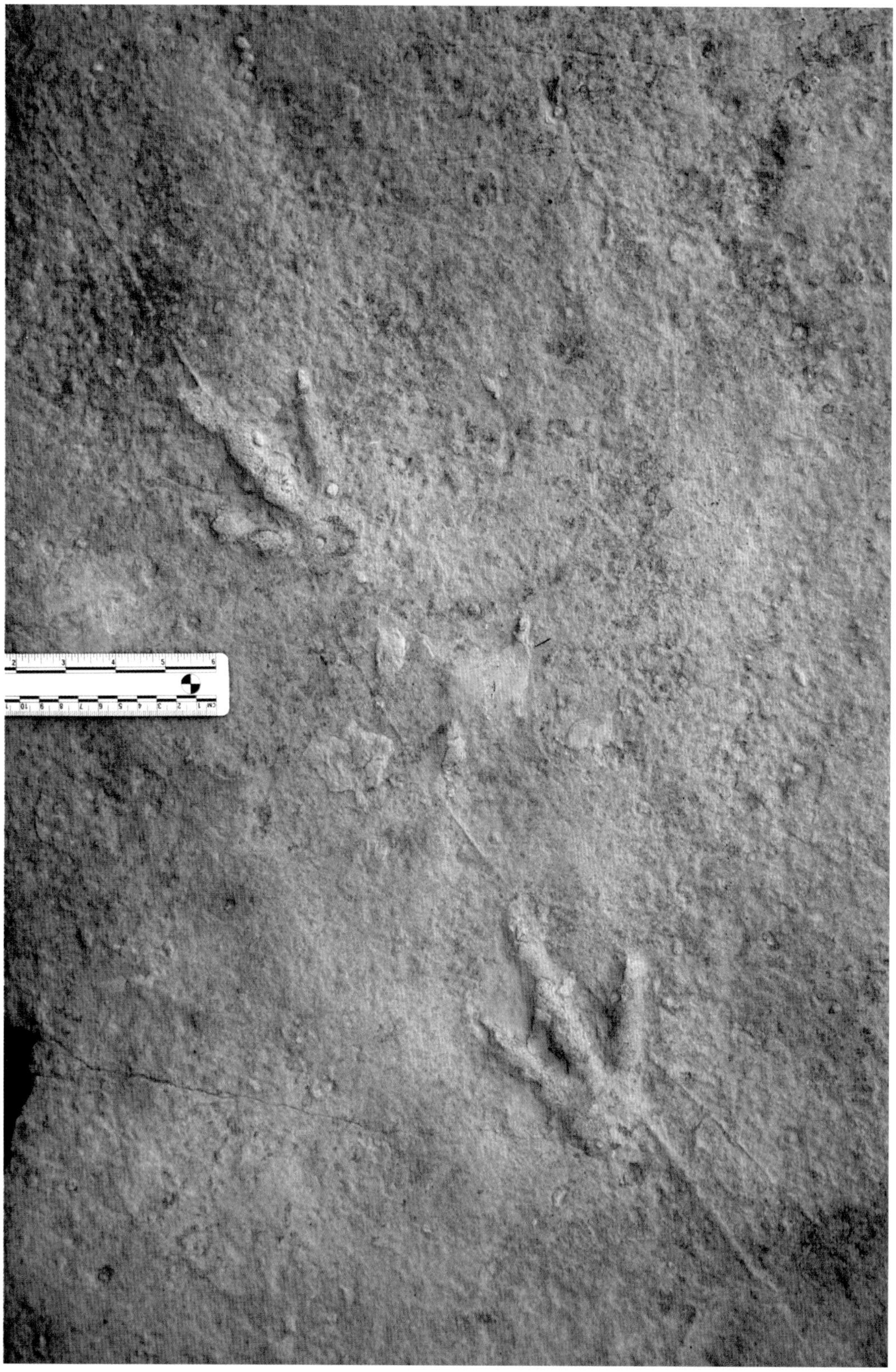

拖尾陕北足迹（*Shanbeipus caudatus*）的正模足迹 ZJ–B1（下）和 ZJ–B2（上）放大照片

陕西子洲县电市镇王庄，下侏罗统富县组

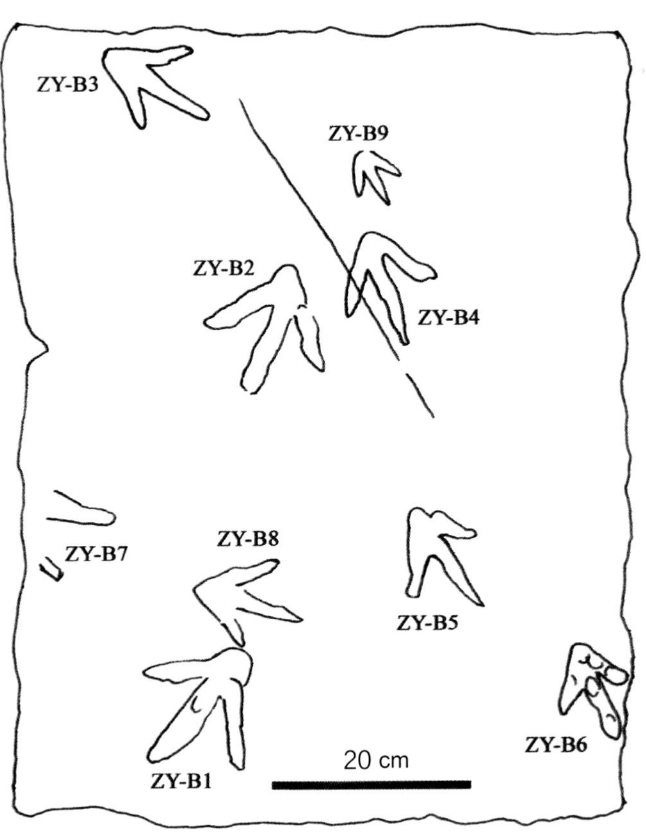

羊圈门石板上保存的拖尾陕北足迹（*Shanbeipus caudatus*）（引自 Wang et al.，2016）

6 枚足迹（编号为 ZY–B3–6、B8–9）为拖尾陕北足迹的副模，成上凸保存。足迹平均长 10.5 cm，平均宽 43.5 cm；行迹（ZY–B3、B4、B5、B6）平均步长为 27.7 cm，平均复步长为 50.5 cm，尾迹直而清晰。

图中另外两个足迹 ZY–B1 和 ZY–B2 被归入卡岩塔足迹属（*Kayentapus*），足迹长分别为 15 cm 和 16 cm，宽分别为 14.5 cm 和 13 cm。

陕西子洲县电市镇王庄，下侏罗统富县组

ZL-B2

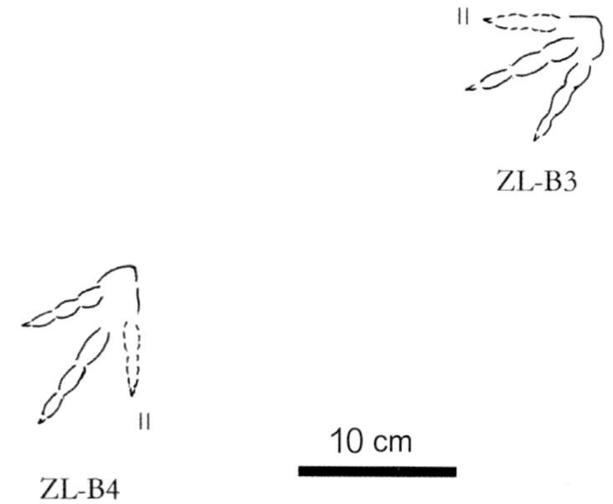

在辘轳支架石板上保存的陕北拖尾足迹（*Shanbeipus caudatus*）（引自 Wang et al.，2016）

3 个副模足迹（编号为 ZL–B2–4）平均长 11 cm，平均宽 9.7 cm，步长 34.5 cm，复步长 69 cm；根据相关公式推算出的恐龙运动时速为 12.4 km。

陕西子洲县电市镇王庄，下侏罗统富县组

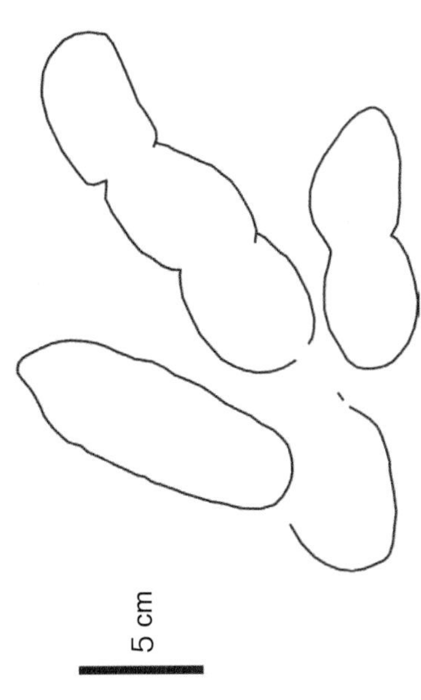

榆林彭县足迹（*Pengxianpus yulinensis*）照片及轮廓图（引自 Wang et al.，2016）

该足迹保存在村民地窖石板盖的正面（A 面），为中型足迹、两足行走、三趾型。足迹长约 25 cm，宽 19 cm，长大于宽，趾垫清晰，蹠趾垫Ⅳ清晰，爪迹不明显；趾迹较宽，趾迹宽与长的比值为 0.27~0.4，无拇趾印迹，无尾迹。

这枚下凹的恐龙足迹与拖尾陕北足迹（*Shanbeipus caudatus*）保存在同一块石板的两面，后者保存在反面（B 面）。

陕西子洲县电市镇王庄，下侏罗统富县组。

在辘轳支架石板上保存的实雷龙足迹未定种（*Eubrontes* isp.）（引自 Wang et al.，2016）

图为上凸保存的大型三趾型足迹（ZL–B1），长 33 cm，宽 20 cm，趾间角为Ⅱ 17.8° Ⅲ 22.1° Ⅳ，Ⅱ – Ⅳ趾趾间角为 39.7° ；Ⅱ趾有两个明显的趾垫印迹；Ⅲ趾的Ⅱ、Ⅲ趾垫印迹清晰；第Ⅰ趾垫有破损，不能确定是否完整；Ⅳ趾的Ⅰ、Ⅱ趾垫保存在一起，圆形的蹠趾垫印迹比较明显，且中趾印迹和蹠趾垫没有连接，其间有长约 5 cm 的空隙。

被实雷龙足迹部分覆盖的纤细型足迹为拖尾陕北足迹（*Shanbeipus caudatus*），这表明足迹形成时应该是拖尾陕北足迹踩在实雷龙足迹之上。

陕西子洲县电市镇王庄，下侏罗统富县组

保存陕北拖尾足迹和实雷龙足迹的辘轳支架砂岩板全貌照片

陕西子洲县电市镇王庄，下侏罗统富县组

实雷龙足迹未定种（*Eubrontes* isp.）野外照片

图中为大型三趾型足迹，长约 35 cm，两侧趾趾间角较大，约为 70°。

陕西子洲县槐树岔乡二滴哨村，下侏罗统富县组

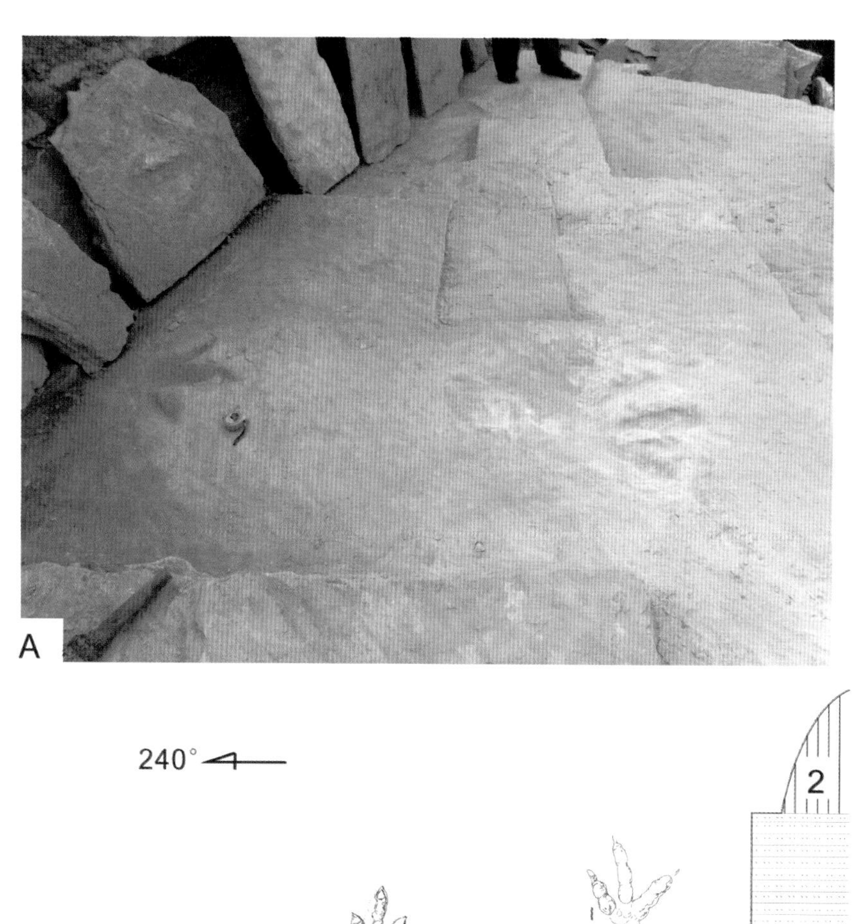

龙尾峁足迹点照片（A）及足迹地层分布示意图（B）（引自 Li et Zhang，2017）

A 为不同层位足迹标本照片；B–1 为早中侏罗世的延安组灰色中细粒砂岩，B–2 为第四纪黄土覆盖层。该足迹点露头面积约 10 m^2，厚 1.7 m 的地层可分为 5 层，层面上均有恐龙足迹化石产出，共识别出 51 个足迹，分为 4 种类型，主要为三趾型。a 层为小型三趾型足迹，被归入铜川陕西足迹（*Shensipus tunchuanensis*）；b 层为小型三趾型或四趾型足迹，被命名为小理河陕西足迹（*Shensipus xiaoliheensis*）；c 和 d 层为中型三趾型足迹，被命名为龙尾峁张北足迹（*Changpeipus longweimaoensis*）；e 层为大型三趾型足迹，被命名为王氏子洲足迹（*Zizhoupus wangi*）。

陕西子洲县电气镇龙尾峁村，中侏罗统延安组

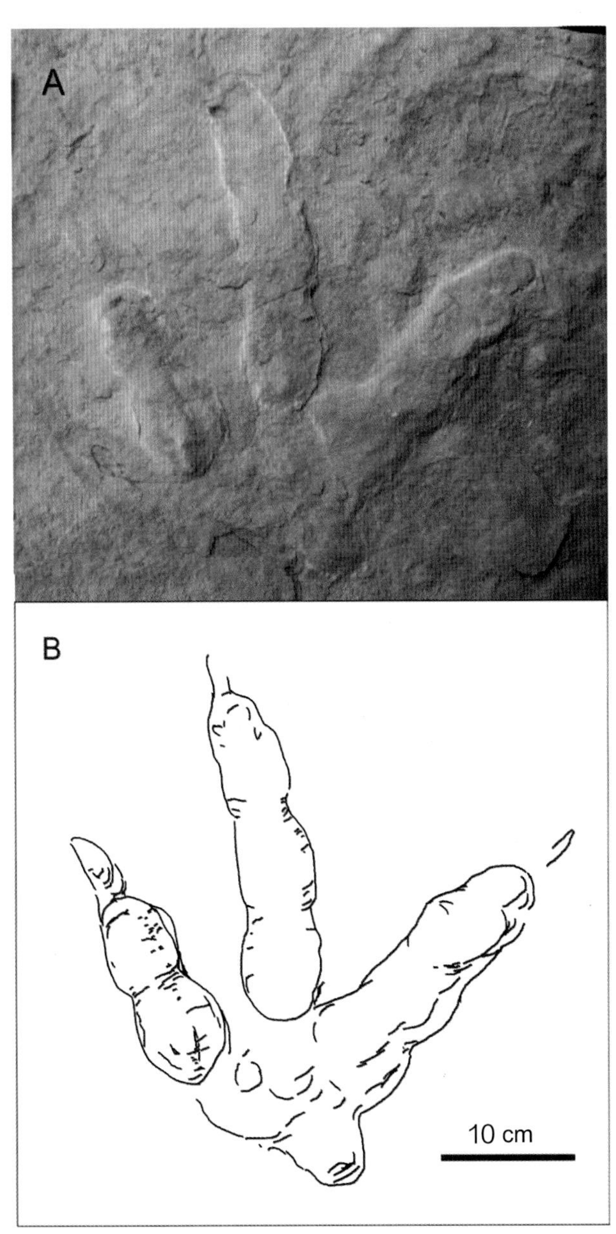

王氏子洲足迹（*Zizhoupus wangi*）正模照片（NWUV1404）及轮廓图（引自 Li et Zhang，2017）

王氏子洲足迹（*Zizhoupus wangi*）为李永项和张云翔建立的兽脚类恐龙的新足迹属种。

足迹为上凸保存、三趾型，长 40 cm，宽 36.8 cm，长宽比值为 1.09；Ⅱ－Ⅲ趾、Ⅲ－Ⅳ趾趾间角分别为 21° 和 46°，Ⅱ－Ⅳ趾趾间角为 67°。该足迹属与其他大型三趾型兽脚类恐龙足迹（如 *Chapus*, *Changpeipus*, *Eubrontes*, *Gigandipus*, *Kayentapus* 等）的主要区别是该足迹尺寸大，Ⅱ－Ⅳ趾趾间角大，且Ⅲ－Ⅳ趾间角为Ⅱ－Ⅲ趾间角的两倍。

陕西子洲县电气镇龙尾峁村，中侏罗统延安组

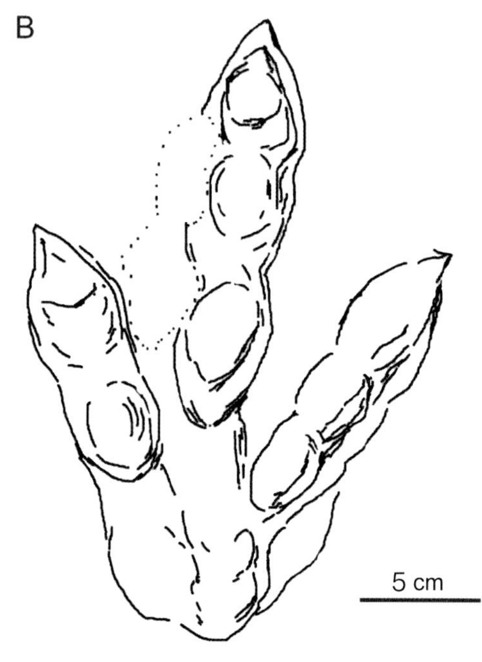

龙尾峁张北足迹（*Changpeipus longweimaoensis*）正模照片及轮廓图（引自 Li et Zhang，2017）

该足迹为李永项和张云翔建立的兽脚类恐龙的新足迹种，其正模足迹编号为 NWUV1407。

共发现 3 个足迹，分布在 c–d 层，为双足行走、不对称的三趾型足迹；趾垫发育，爪迹清晰；足迹平均长 28.1 cm（范围为 23.4~32.4 cm），平均宽 23.2 cm（范围为 17.5~27.9 cm），平均长宽比值为 1.21，Ⅱ – Ⅳ趾趾间角平均为 59°（范围为 55°~64°）。

正模足迹长 25.4 cm，宽 18.8 cm，长宽比值为 1.41，Ⅱ – Ⅳ趾趾间角为 61°（范围为 55° ~64° ）。

陕西子洲县电气镇龙尾峁村，中侏罗统延安组

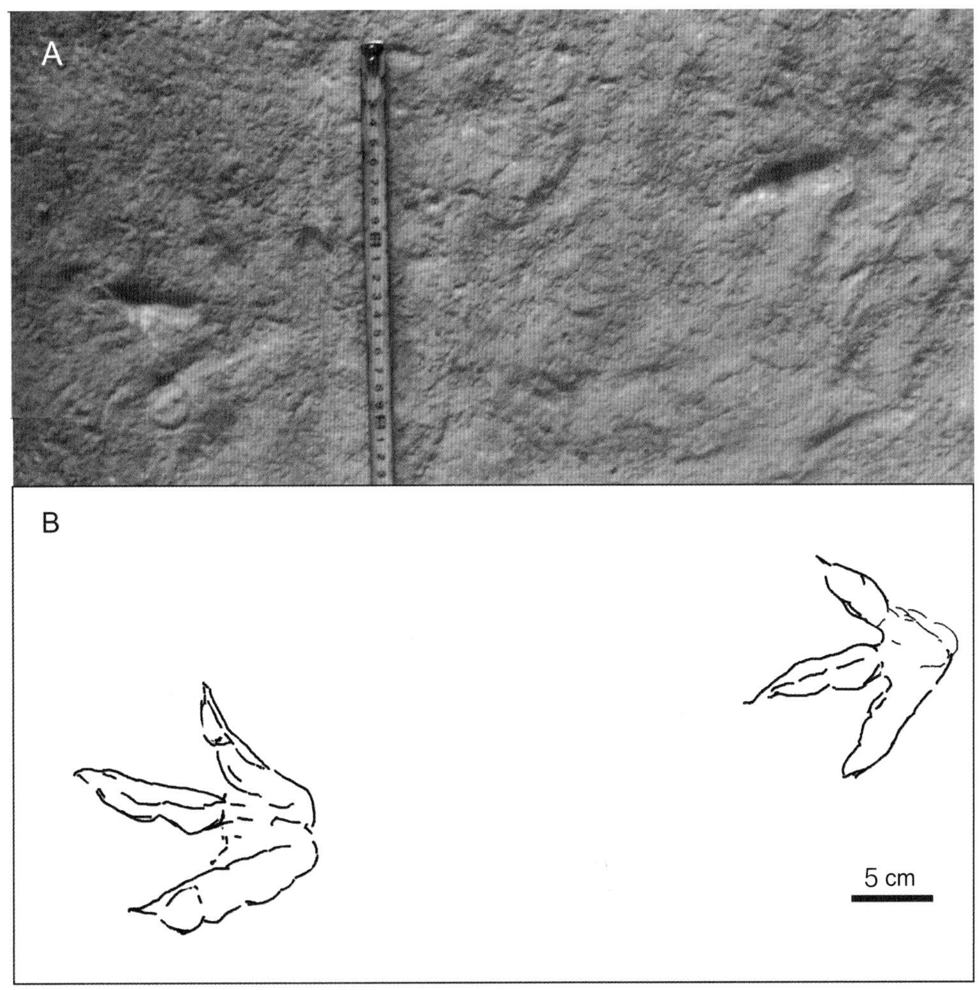

小理河陕西足迹（*Shensipus xiaoliheensis*）正模照片及轮廓图（引自 Li et Zhang，2017）

该足迹是李永项和张云翔建立的兽脚类恐龙的新足迹种，正模标本编号为 NWUV1409，由两个足迹组成。

共发现 24 个足迹，均出现在 b 层中，为双足行走的三趾型足迹（但副模具 4 趾，可能包括小的拇趾印迹，与Ⅳ趾的夹角仅为 180°），趾垫较发育；足迹平均长 13.8 cm（范围为 9.6~21.3 cm），平均宽 13.8 cm（范围为 8.1~20 cm），长宽比值为 1；Ⅱ－Ⅲ趾间角比Ⅲ－Ⅳ趾间角略小，Ⅱ－Ⅳ趾趾间角平均为 74°（范围为 48°~113°）。

正模足迹长 12 cm，宽 12 cm，长宽比值为 1，Ⅱ－Ⅳ趾趾间角为 78°（范围为 68°~88°）。

陕西子洲县电气镇龙尾峁村，中侏罗统延安组

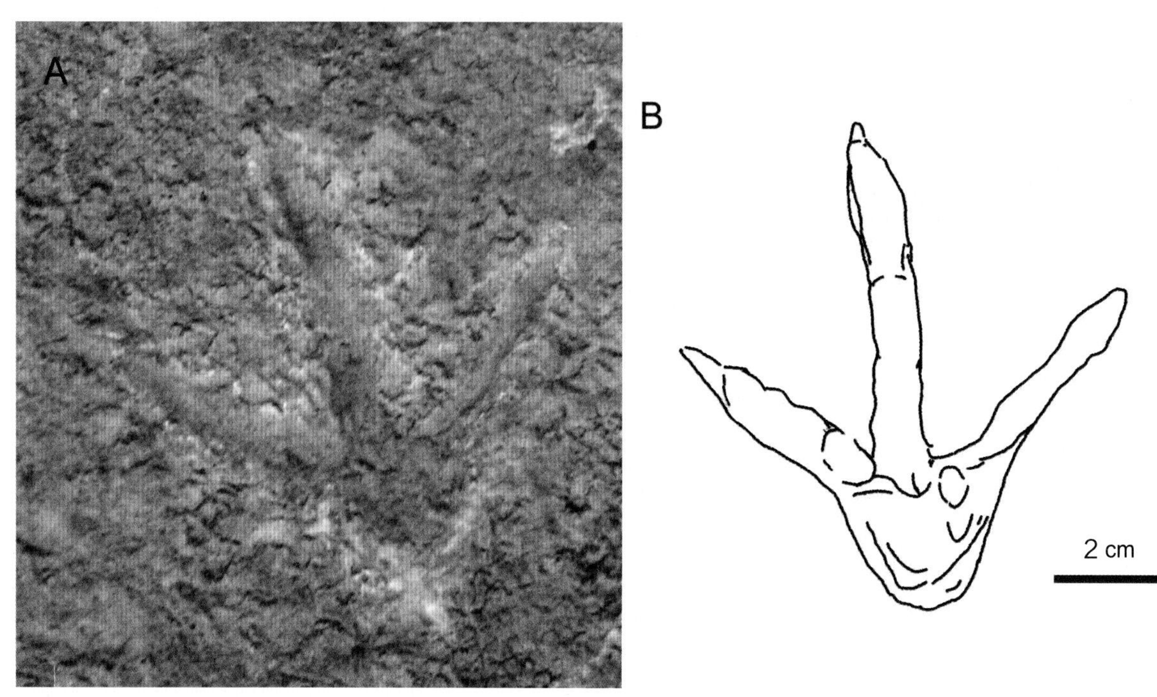

铜川陕西足迹（*Shensipus tunchuanensis*）照片（编号为 NWUV 1416）及轮廓图（引自 Li et Zhang, 2017）

共发现 12 枚铜川陕西足迹，产出于最底层的 a 层中。足迹为小型三趾型，趾垫较发育；足迹平均长 7.8 cm（范围为 5~10 cm），平均宽 9.4 cm（范围为 7.9 ~ 13.4 cm），长宽比值为 0.83；Ⅱ – Ⅲ趾间角比Ⅲ – Ⅳ趾间角略小，Ⅱ – Ⅳ趾趾间角平均为 102°（范围为 76°~132°）。

陕西子洲县电气镇龙尾峁村，中侏罗统延安组

2.2 辽宁

辽宁是我国恐龙足迹发现和研究最早的省份之一，足迹化石很丰富，主要分布在朝阳县羊山、阜新、北票等地。羊山是我国最大的足迹点，产出恐龙足迹 4 000多枚（Lockley and Gillette，1989；Zhen et al.，1983，1989），足迹类型以小型兽脚类佐藤跷脚龙足迹（*Grallator ssatoi*）为主。阜新的海州煤矿下白垩统海州组则产出少量大型兽脚类恐龙足迹——石炭张北足迹（*Changpeipus carbonicus*）。北票地区土城子组产出中国目前最古老的鸟类足迹化石——金鸡鸟足迹（*Pullornipes aureus*），此外还产出较丰富的跷脚龙足迹（*Grallator*）；下白垩统义县组也产少量跷脚龙足迹。

2.2.1 朝阳

辽宁羊山足迹点位于朝阳县的羊山镇附近，是迄今中国最大、世界第二大规模的恐龙足迹点，产出以跷脚龙足迹（*Grallator*）为主的小型兽脚类恐龙足迹。羊山的恐龙足迹最早由日本地质学家佐藤（S. Sato）于1939年春天在中国辽宁羊山地区的四家子村附近发现，其是中国境内发现的第二批恐龙足迹化石。日本学者Yabe（1940）首先对其进行报道，后又由Shikama（1942）进行详细研究。1954年，中国科学院古脊椎动物与古人类研究所考察队赴模式产地考察并采集39件标本，其中包含67枚足迹化石。根据Matsukawa等（2006）的研究，羊山四家子地区的恐龙足迹点主要有4个，其中1号点和2号点经现场测量、统计出的足迹数量为1 170多枚。

羊山是佐藤跷脚龙足迹（*Grallator ssatoi*）的命名地，但其命名过程十分曲折，前后历经近50年。Yabe（1940）和Shikama（1942）在研究初始曾将这批足迹与产于北美三叠系的足迹进行过详细对比。对比之后他们认为，辽宁的这批足迹与北美产出的Anchisauripodidae、Otouphepodidae、Gigandopodidae、Eubrontidae、Grallatoridae、Selenchnidae和Anomoepodidae各科足迹均有区别。其主要区别在于：辽宁羊山的足迹化石个体很小，另外，Anchisauripodidae和Gigantipodidae为四趾型；Otouphepodidae和Eubrontidae则要比羊山足迹宽。从大小上看，这批足迹与安琪龙足迹科Anchisauripodidae的足迹尺寸相当。所以Haubold（1971）认为羊山的足迹应归入Anchisauripodidae科。Baird（1957）甚至认为辽宁这批足迹就是*Anchisauripus*的同物异名。然而杨钟健（1960）详细研究了70多个羊山的足迹，并没有发现拇趾印迹。而拇趾印迹在*Anchisauripus*中是一个普遍特征。但Baird（1957）曾指出，拇趾印迹的缺失并不是将羊山足迹排斥在*Archisauripus*属之外的有力证据。杨钟健（1960）认为，虽然个别和少量足迹的缺失并不能证明这个种无拇趾印迹，但是在大量的标本中都未发现拇趾印迹，这就成为不容忽视的重要特征。所以杨钟健认为羊山的足迹与跷脚龙足迹（*Grallator*）更近似。Shikama当时提出羊山的足迹与*Grallator*的唯一区别是Ⅲ、Ⅳ趾的夹角小于14°（但是文章中给出的轮廓图与描述有很大区别），而*Grallator*属内当时发现的各种足迹趾间角都大于14°，于是将羊山足迹定为斯氏热河足迹*Jeholosauripus s-satoi*。然而Lull（1904，1953）所描述的*Grallator*足迹有的种趾间角只有12°。因此，*Jeholosauripus*与*Grallator*之间的区别应忽略不计。

甄朔南等（Zhen et al., 1989）认为*Jeholosauripus*的特征应属于*Grallator*的特征范围，*Jeholosauripus*是*Grallator*的同物异名。经详细对比，辽宁羊山的足迹以其个体较小而区别于*Grallator*属内各种，于是原种本名保留。特别需要指出，Yabe 等（1940）在命名新足迹属种时，将种本名写成“*s-satoi*”，但是根据《国际动物命名法规》，在动物名称中不能使用标点符号，种本名*s-satoi*应属于无效名称。甄朔南等（1989）在新组合该足迹种时，将种本名中的“-”删除，使种本名改为“*ssatoi*”，而使其成为有效名称。另外，Shikama（1942，Fig.1）文章中模式标本轮廓图有明显偏差，其测量数据表格给出的足迹趾间角为Ⅱ 20° Ⅲ 10° Ⅳ，两外侧趾间角为30°，而在轮廓上测出的趾间角为Ⅱ 29° Ⅲ 20° Ⅳ，明显大于描述中的数据（李建军，2015）。

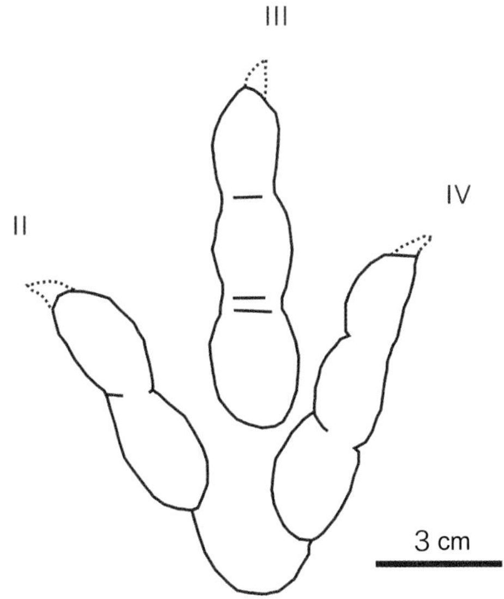

佐藤跷脚龙足迹种（*Grallator ssatoi*）
正模轮廓图（引自 Shikama，1942）
辽宁朝阳县羊山镇四家子村，上侏罗统土城子组

羊山足迹点以佐藤跷脚龙足迹（*Grallator ssatoi*）为主的化石产地照片（局部）
层面上小型的三趾型兽脚类恐龙足迹遍布，方格间距为 50 cm × 50 cm。
辽宁朝阳县羊山镇四家子村，上侏罗统土城子组

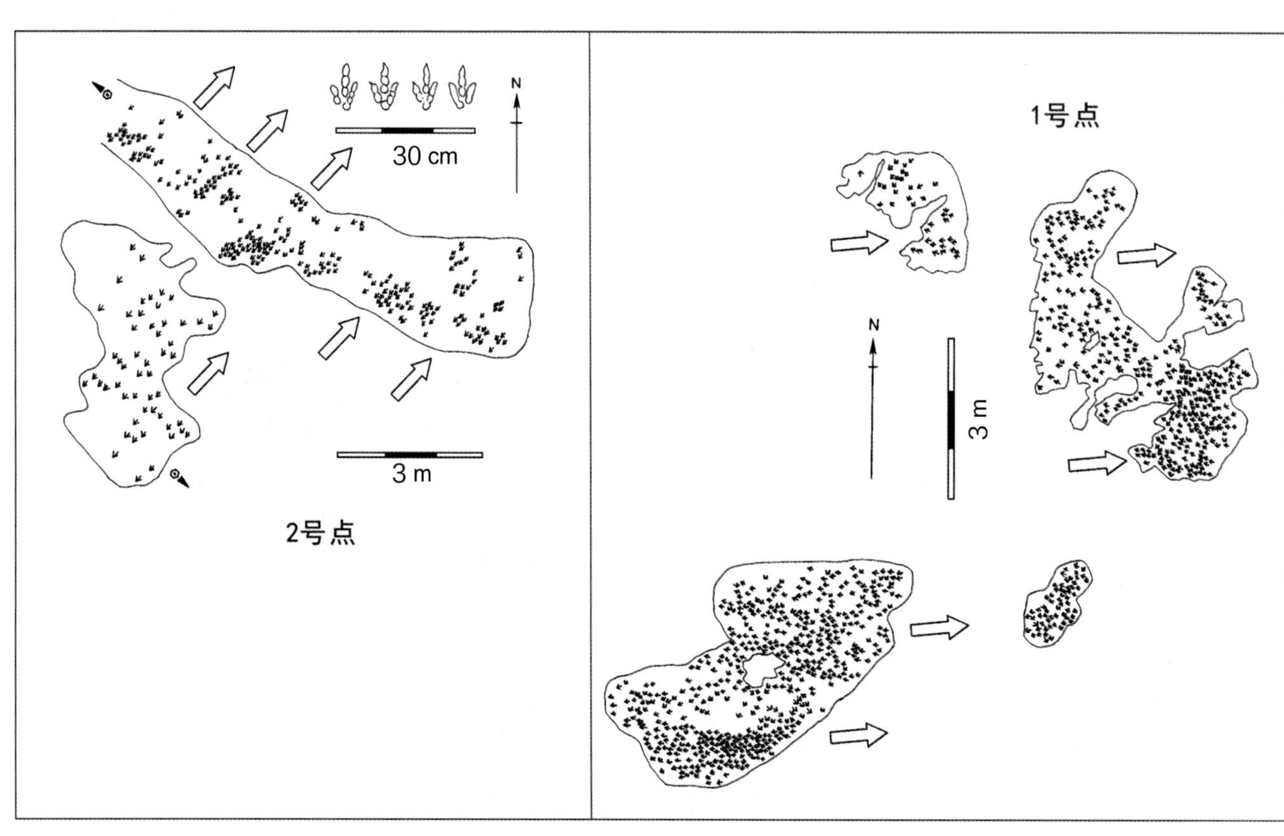

羊山足迹点跷脚龙足迹（*Grallator*）平面分布图（引自 Matsukawa et al.，2006）

辽宁朝阳县羊山镇四家子村，上侏罗统土城子组

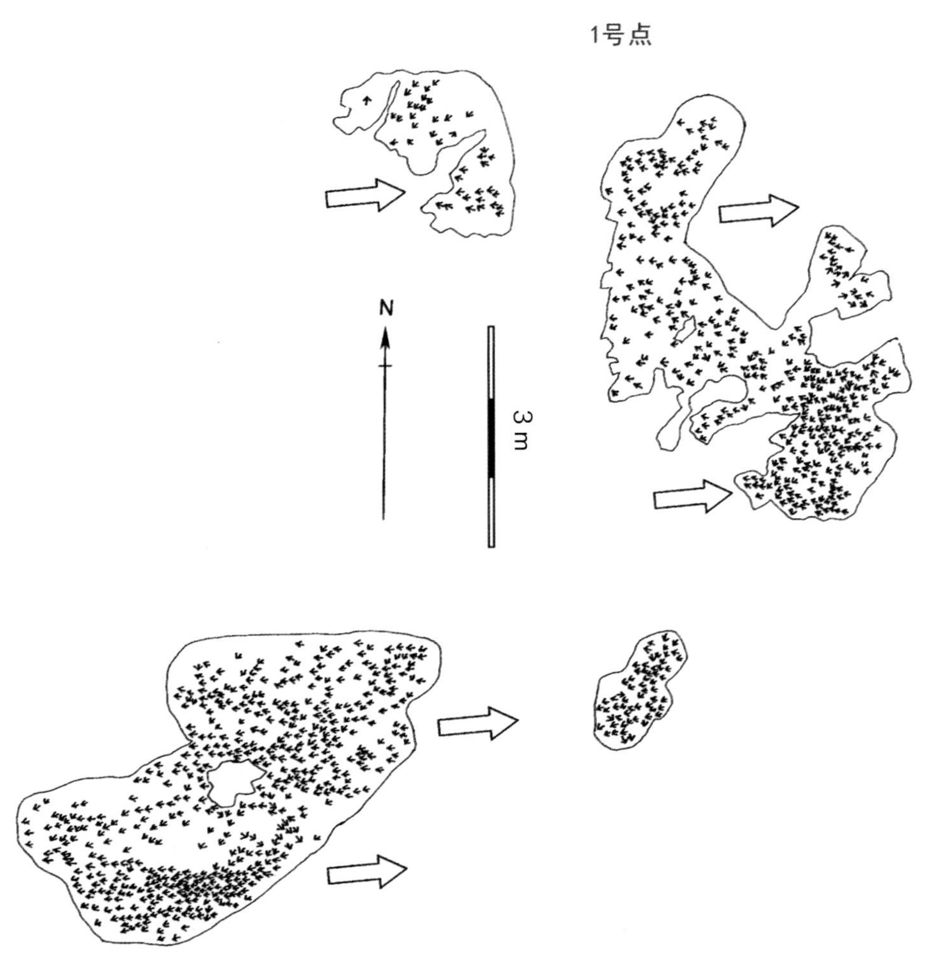

羊山足迹点1号点跷脚龙足迹（*Grallator*）平面分布图（引自 Matsukawa et al.，2006）

箭头标示恐龙运动的方向。

辽宁朝阳县羊山镇四家子村，上侏罗统土城子组

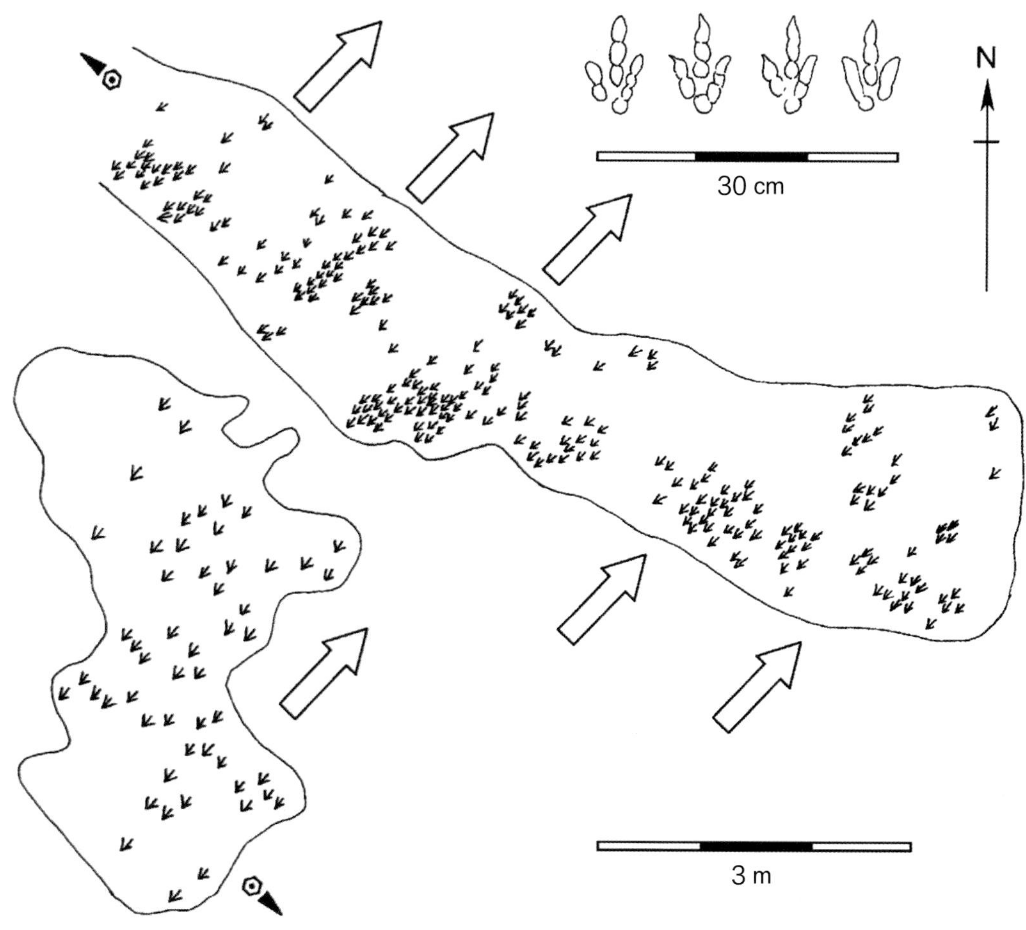

羊山足迹点 2 号点跷脚龙足迹（*Grallator*）平面分布图（引自 Matsukawa et al.，2006）

箭头标示恐龙运动的方向。

辽宁朝阳县羊山镇四家子村，上侏罗统土城子组

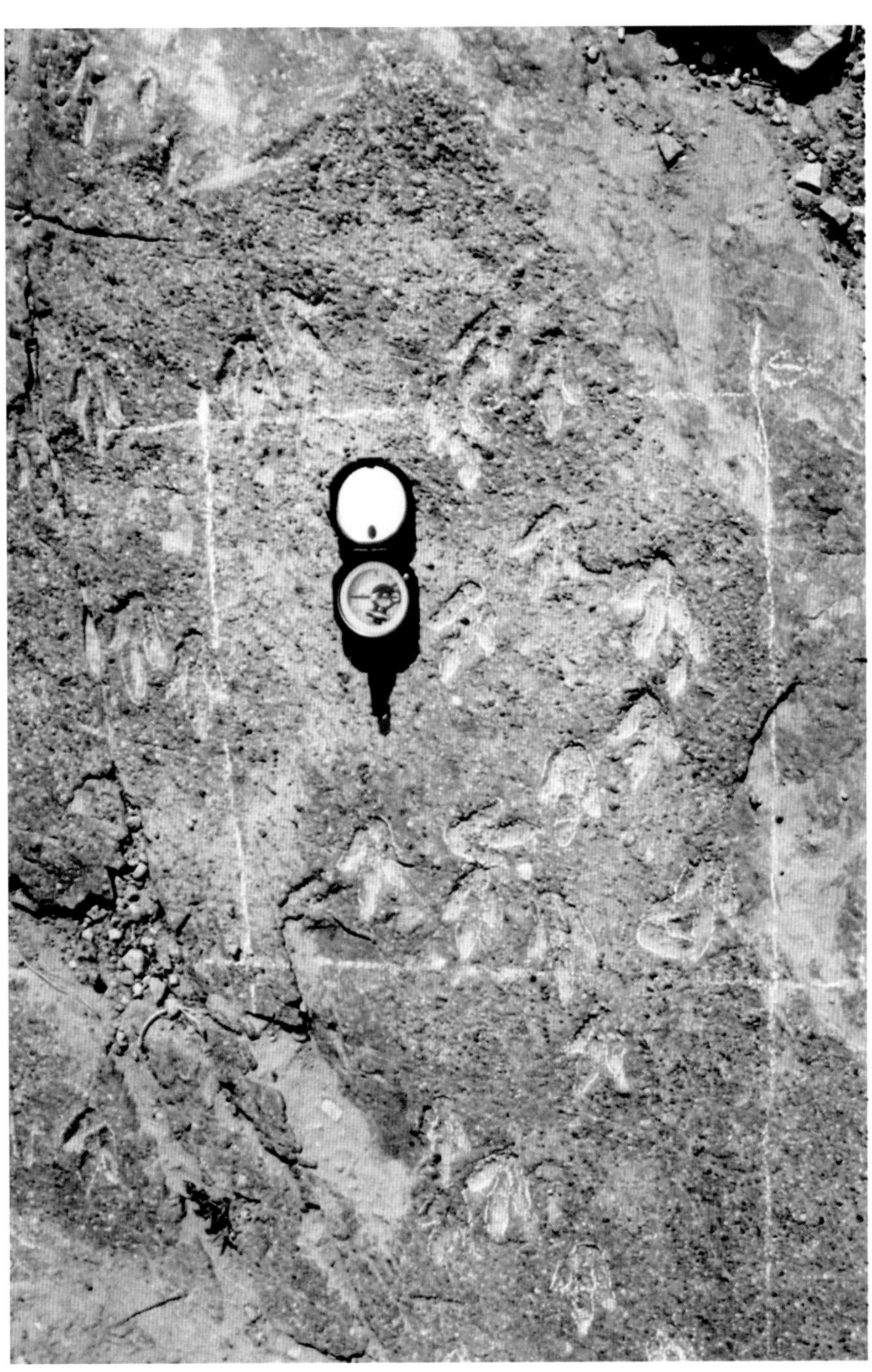

模式产地佐藤跷脚龙足迹（*Grallator ssatoi*）野外露头照片（引自李建军，2015）

足迹密度大，方格（50 cm × 50 cm）内至少有 13 个足迹。罗盘宽约 7 cm。

辽宁朝阳县羊山镇四家子村，上侏罗统土城子组

佐藤跷脚龙足迹（*Grallator ssatoi*）标本照片及轮廓图（引自李建军，2015）

标本编号为 BMNH−Ph000369。图中左上角为根据红圈内足迹绘制的轮廓图。

辽宁朝阳县羊山镇四家子村，上侏罗统土城子组

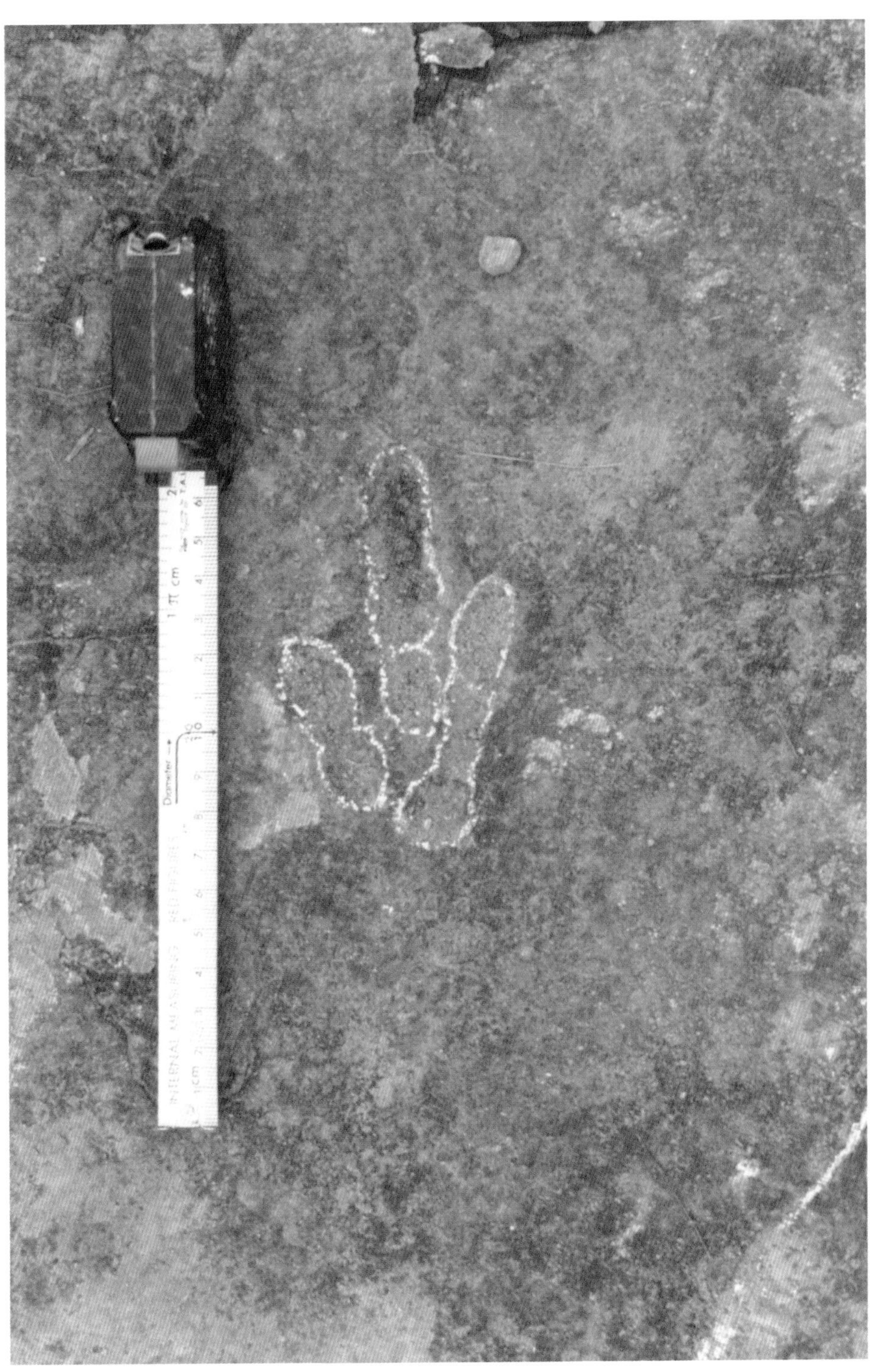

羊山足迹点兽脚类恐龙足迹野外照片

足迹下凹保存，为三趾型，长约 10 cm，宽约 5.2 cm，长宽比值为 1.92；趾垫发育，Ⅱ－Ⅳ趾趾间角为 37°，应归入跷脚龙足迹属（*Grallator*）。

辽宁朝阳县羊山镇四家子村，上侏罗统土城子组

羊山足迹点兽脚类恐龙足迹野外照片

足迹的上层面下凹保存，为三趾型，足迹长约 20 cm，宽约 9.5 cm，长宽比值为 2.1；爪迹尖锐，Ⅱ－Ⅳ趾趾间角为 45°，应归入跷脚龙足迹属（*Grallator*）。

辽宁朝阳县羊山镇四家子村，上侏罗统土城子组

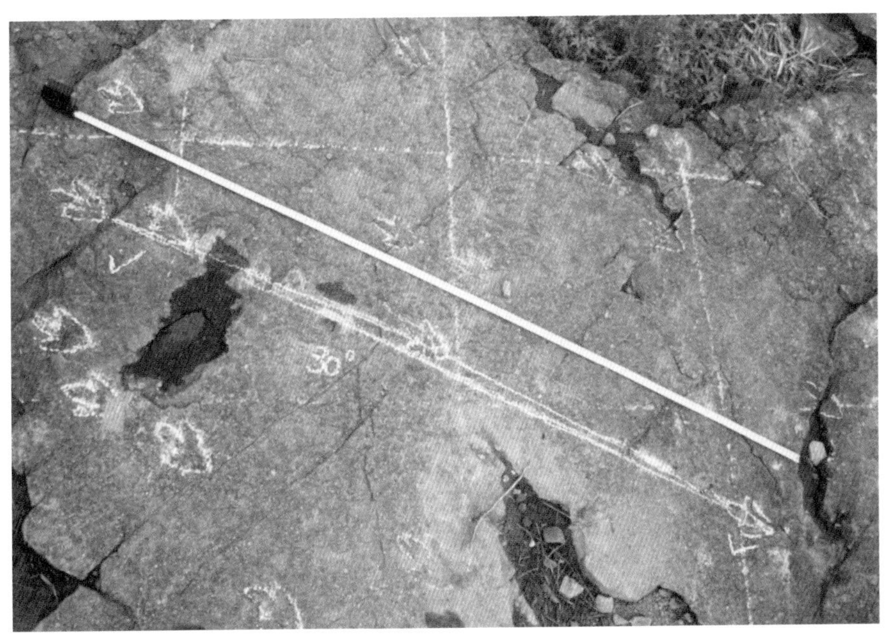

跷脚龙足迹（*Grallator*）行迹照片

图中行迹由 3 个小型足迹构成，行迹方向由右上而左下；足迹长约 10 cm，宽约 6.5 cm；单步长约 67 cm，复步长约 134 cm，行迹近似 1 条直线。

图中卷尺长度为 140 cm。

辽宁朝阳县羊山镇四家子村，上侏罗统土城子组

根据层面上跷脚龙足迹（*Grallator*）制作的足迹胶模

注意层面上的足迹是下凹的，而制成的足迹胶模则是上凸的，而且左、右足的方向正好相反。胶模制作过程简单，易于携带，保存时间长且不易变形，对层面上的足迹也没有任何破坏。

辽宁朝阳县羊山镇四家子村，上侏罗统土城子组

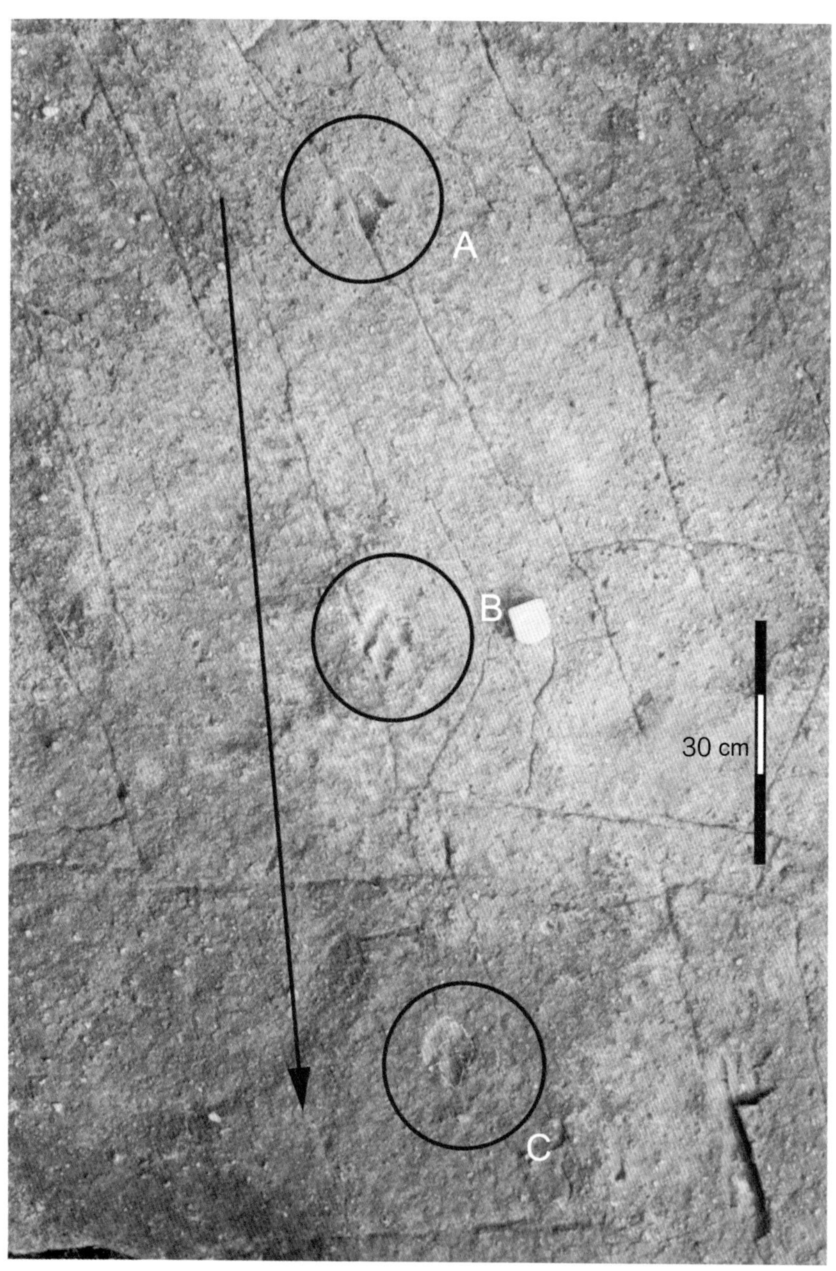

跷脚龙足迹（*Grallator*）行迹照片

图中行迹由 A、B、C 共 3 个小型足迹构成，行迹方向由上而下；足迹长 8.5 cm，宽 5.8 cm；单步长约 47 cm，复步长约 95 cm，行迹近似 1 条直线。

辽宁朝阳县羊山镇四家子村，上侏罗统土城子组

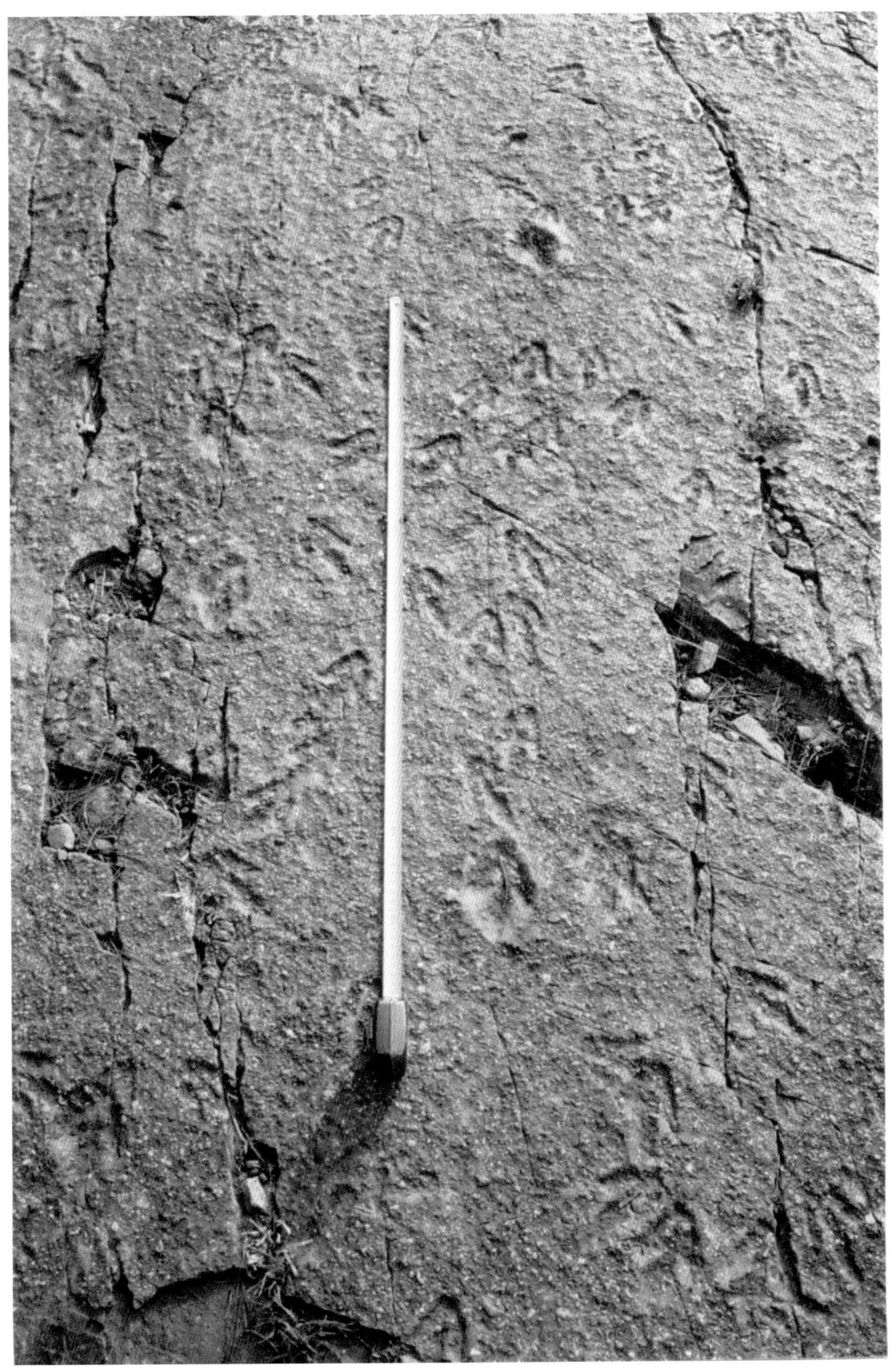

羊山足迹点层面上密集分布的小型兽脚类恐龙足迹照片

足迹长 8~12 cm，为小型的跷脚龙足迹（*Grallator*）。图中钢卷尺长 1 m。

辽宁朝阳县羊山镇四家子村，上侏罗统土城子组

2.2.2 阜新

1960年，杨钟健根据在河北承德和辽宁阜新发现的三趾型恐龙足迹，建立石炭张北足迹（*Changpeipus carbonicus* Young，1960），其副模标本（IVPP-V2470）即产自阜新市海州煤矿，含足迹地层为中下侏罗统（现为下白垩统）海州组。

1986年，阜新矿业学院研究所的商平报道了新足迹的发现，在海州露天煤矿东北侧海州组太平段采集的一块大石板上保存有3个足迹。足迹为三趾型，长29 cm，宽28 cm，Ⅲ趾长27 cm，Ⅱ、Ⅳ趾长近等，约为22 cm。他认定其为两足行走的恐龙足迹。笔者根据形态分析，也认为其是中大型兽脚类恐龙足迹。

石炭张北足迹（*Changpeipus carbonicus*）副模标本照片（引自李建军，2015）

副模标本编号为IVPP-V2470。足迹为三趾型，保存为上凸型，长29.2 cm，宽21 cm；Ⅱ－Ⅲ趾、Ⅲ－Ⅳ趾和Ⅱ－Ⅳ趾趾间角分别为29°、48°和92°。

辽宁阜新海州露天煤矿，下白垩统海州组

2.2.3 北票

(1)南八家子

张永忠等(2004)报道了辽西北票的中–上侏罗统土城子组的恐龙足迹化石。足迹产于北票市南八家子乡东四家板村村西朝阳沟大片层面上，共发现足迹近百枚。经过研究，识别出蜥脚类、鸟脚类、兽脚类3大类恐龙足迹，其中蜥脚类共两枚，鸟脚类共1枚。应当指出，报道中并未提供蜥脚类、鸟脚类足迹照片，是否属实有待进一步调查。

朝阳沟的兽脚类足迹数量最多，大小不一，最大足迹长29.5 cm，宽19 cm；最小足迹长4 cm，宽3 cm。按照形态和大小，北票地区土城子组的兽脚类足迹可分为3种类型：第1类为大型足迹，足长>25 cm，为近对称的三趾型，爪迹明显；第2类为中等足迹，足长为12~24 cm，足迹多为近对称三趾型，它们形成多条行迹，趾迹外偏(外撇)，多呈奔跑状；第3类为小型足迹，足印很小(足长< 10 cm)，可能代表幼年个体(张永忠等，2004)。

恐龙足迹化石保存在土城子组含砾砂岩和细砾岩层面上，广泛发育泥裂构造，可见明显波痕。波痕沿层面定向分布，不对称，代表湖岸上有河流注入。分析恐龙常到湖边饮水、觅食、嬉戏，其足迹常保存在河流入湖口附近的湖滨浅滩上，推测古湖泊岸带大致垂直于主要的行迹方向。

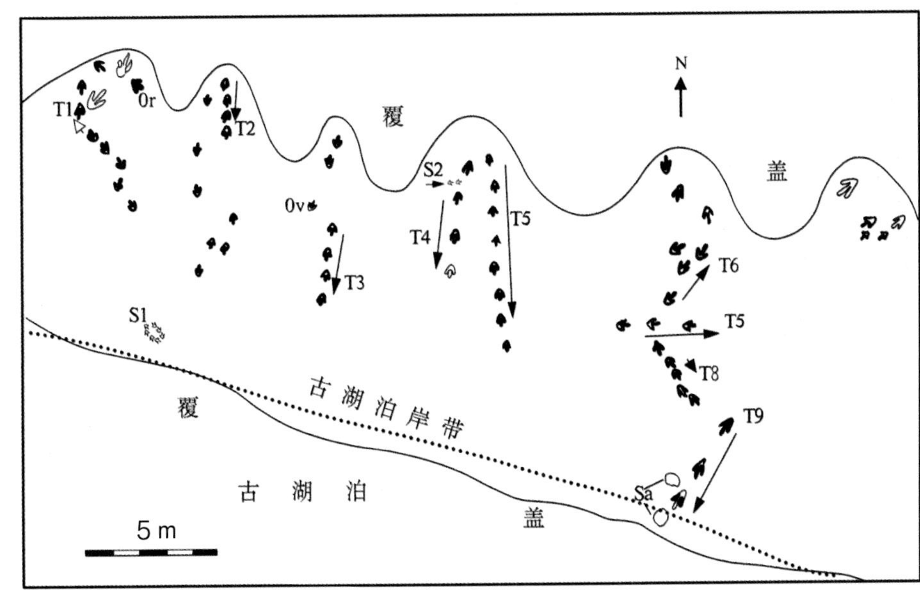

南八家子恐龙足迹化石露头分布示意图(引自张永忠等，2004)

图中T1–T9为行迹；S1和S2为小型足迹；Or为鸟脚类足迹；Sa为蜥脚类足迹；Ov为重叠足迹。

辽宁北票市南八家子乡，中上侏罗统土城子组

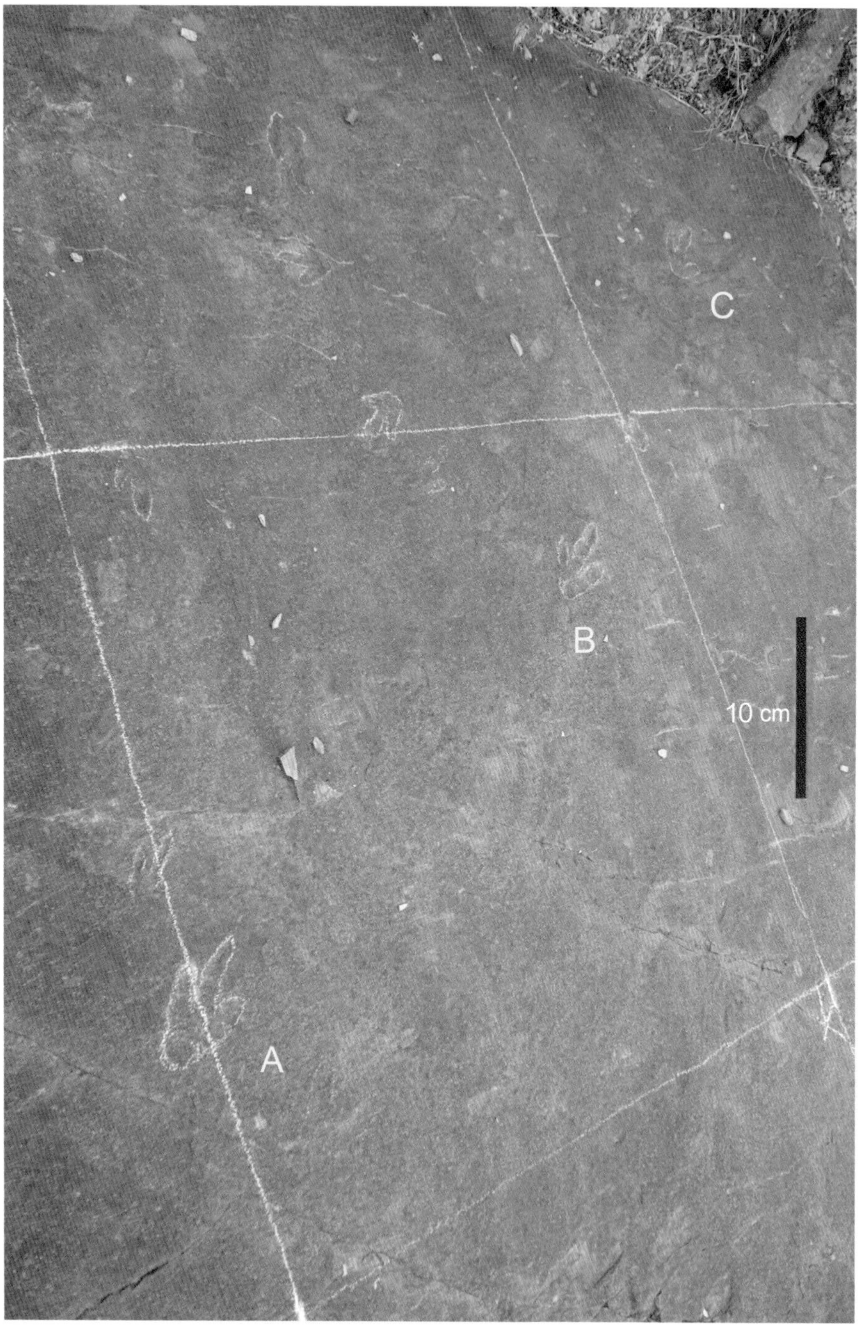

南八家子足迹点露头照片（局部）

层面上三趾型兽脚类恐龙足迹较丰富，其中A、B、C等3个足迹可能组成1条行迹，运动方向由A向C。图中粉笔方框尺寸为 50 cm × 50 cm。

辽宁北票市南八家子乡，中上侏罗统土城子组

研究人员在南八家子足迹点现场描摹恐龙足迹

从透明的塑料薄膜上描摹出的恐龙足迹数量来看，南八家子的足迹数量相当丰富。

辽宁北票市南八家子乡，中上侏罗统土城子组

南八家子足迹点露头照片（局部）

层面上三趾型兽脚类足迹较多，方向不一致，近处的足迹大致由左向右，远处的足迹则从右向左。足迹为中型，长约 20 cm。

辽宁北票市南八家子乡，中上侏罗统土城子组

南八家子足迹点露头照片（局部）

层面上为兽脚类足迹，足迹下凹保存，特征清晰，为三趾型，有的趾垫十分发育（如图中比例尺旁边的足迹），足迹大小不一。

图中比例尺长 10 cm，粉笔方框尺寸为 50 cm × 50 cm。

辽宁北票市南八家子乡，中上侏罗统土城子组

南八家子代表性兽脚类恐龙足迹照片

该足迹保存较好，为上凹保存、三趾型，趾迹纤细，趾末端均具明显的尖锐爪迹（III 趾爪迹过长）；足迹长 25.4 cm，宽 14 cm，长宽比值为 1.81；Ⅱ－Ⅳ趾趾间角为 35°。

足迹除了尺寸较大（足长 > 15 m）外，其他特征均与狭义的跷脚龙足迹（*Grallator*）较为符合。

此外，该大型足迹后端还有 1 个小的三趾型足迹，长约 10 cm，其方向与大型足迹相反，保存状态不佳。

辽宁北票市南八家子乡，中上侏罗统土城子组

南八家子兽脚类恐龙行迹照片

图为层面上下凹保存的两个三趾型足迹。足迹较粗壮，长约 17 cm，宽约 12.6 cm，长宽比值为 1.35，Ⅱ－Ⅳ趾趾间角为 33° 。这两个足迹构成 1 个单步，单步长约 60 cm。

层面上波痕较发育，恐龙行迹方向与水流方向约成 50° 夹角。

辽宁北票市南八家子乡，中上侏罗统土城子组

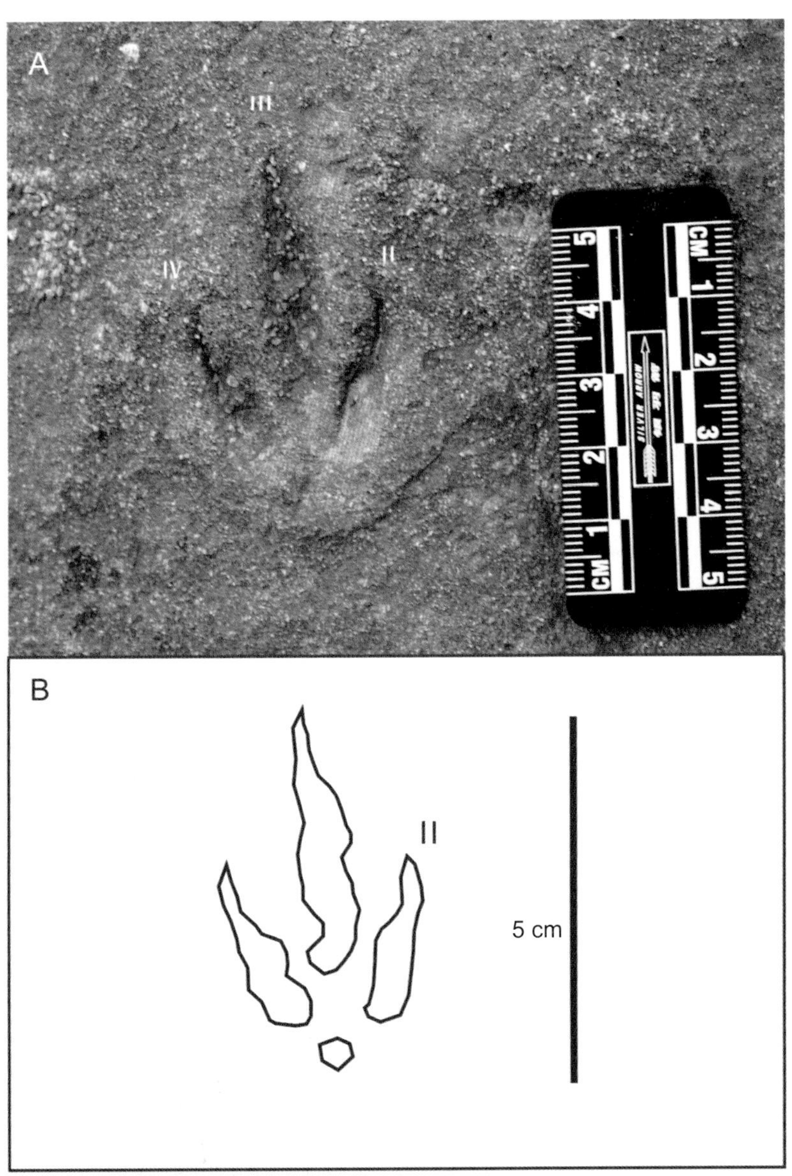

南八家子小型兽脚类恐龙照片（A）及轮廓图（B）

图为层面上下凹保存的三趾型足迹。足迹纤细，尺寸较小，长约 5 cm，宽约 2.5 cm，长宽比值为 2，Ⅱ－Ⅳ趾趾间角为 38°，应归入跷脚龙足迹属（*Grallator*）。

罗马数字为趾的编号。

辽宁北票市南八家子乡，中上侏罗统土城子组

（2）大板镇康家屯

Lockley 等（2006a）研究了北票大板镇康家屯附近土城子组上部的鸟类足迹化石。建立新足迹属——鸡鸟足迹（*Pullornipes*），种名为金鸡鸟足迹（*Pullornipes aureus*）。保存鸟类足迹的岩层为绿色细砂岩，层面上有波痕发育，露头面积约为40 m^2。

金鸡鸟足迹（*Pullornipes aureus*）的鉴定特征为：四趾型足迹，宽略大于长（宽4.4 cm，长4.1 cm）；平均趾间角为Ⅱ 53° Ⅲ 61° Ⅳ，拇趾短，趾迹与其余3趾分开，向后指向行迹中线，与Ⅳ趾夹角为180°；趾迹基本互不相连，但常见Ⅱ、Ⅲ趾趾迹相连；行迹窄，平均单步长为15.6 cm，复步长为31.2 cm，Ⅲ趾偏向行迹中线（内撇）。露头上金鸡鸟足迹（*Pullornipes aureus*）行迹共3条（编号为A、B、C），其中只有行迹A保存有拇趾印迹。

金鸡鸟足迹（*Pullornipes aureus*）是在辽西地区中生代地层中发现大量带羽毛恐龙及鸟类化石之后，首次发现的鸟类足迹化石，也是在我国发现并命名的第二个白垩纪鸟足迹属（第一个为山东鸟足迹*Shandongornipes*）。土城子组传统上被认为属于侏罗纪地层，但是由于鸟类足迹的发现，土城子组至少含鸟类足迹化石的层位（上部）应该属于下白垩统，因为在白垩纪以前的地层中还未有确切的鸟类足迹的报道。根据与西班牙和加拿大相似鸟类足迹的对比，辽宁北票康家屯土城子组含鸟类足迹的层位可能属于贝里阿斯（Barriasian）期。与含鸟足迹层共生的火山灰裂变径迹测年（1.459 亿年）也表明，含鸟足迹层位的地质时代为白垩纪最早期。因此，从产出时代上看，金鸡鸟足迹（*Pullornipes aureus*）也是目前世界上最古老的鸟类足迹化石。

在一般的鸟类足迹产地，鸟类足迹方向大多十分凌乱。而金鸡鸟足迹的1条行迹由45枚足迹构成，虽然由于风化，导致16号至26号11枚足迹缺失，但即便如此，辽宁北票康家屯发现的这条鸟类行迹仍是世界上最长的中生代鸟类行迹。

康家屯鸟类足迹的拇趾较短，指向后方，并向行迹中线偏斜，且与Ⅳ趾约呈180°夹角，这些特征与现生的鸻形目鹬科（Scolopacidae）的滨鸟类相似。因此推断，康家屯发现的金鸡鸟足迹（*Pullornipes aureus*）的造迹者和鹬科鸟类具有相同的生活环境（Lockley et al., 2006a）。

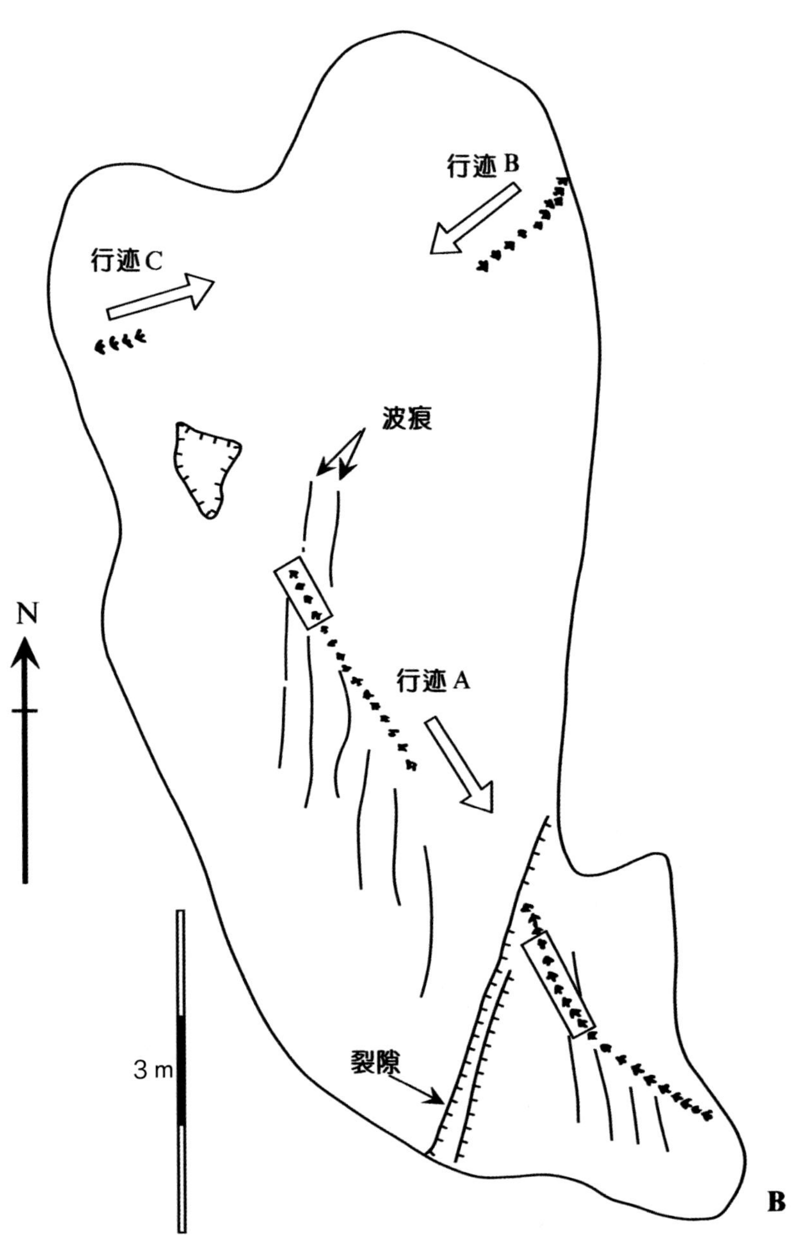

康家屯足迹点金鸡鸟足迹（*Pullornipes aureus*）层面分布示意图（引自 Lockley et al.，2006a）

层面上有 A、B、C 共 3 条金鸡鸟足迹行迹，其中 A 为正模标本。行迹 A 约由 45 枚足迹构成，被 1 条小的裂隙截为两段，第 1 段有 15 枚足迹，第 2 段有 19 枚足迹（27–45 号），之间缺失 11 枚足迹（16–26 号）。框内的足迹已制作胶模。

箭头标示行迹方向，层面上的波痕近于南北走向。

辽宁北票市大板镇康家屯，土城子组上部

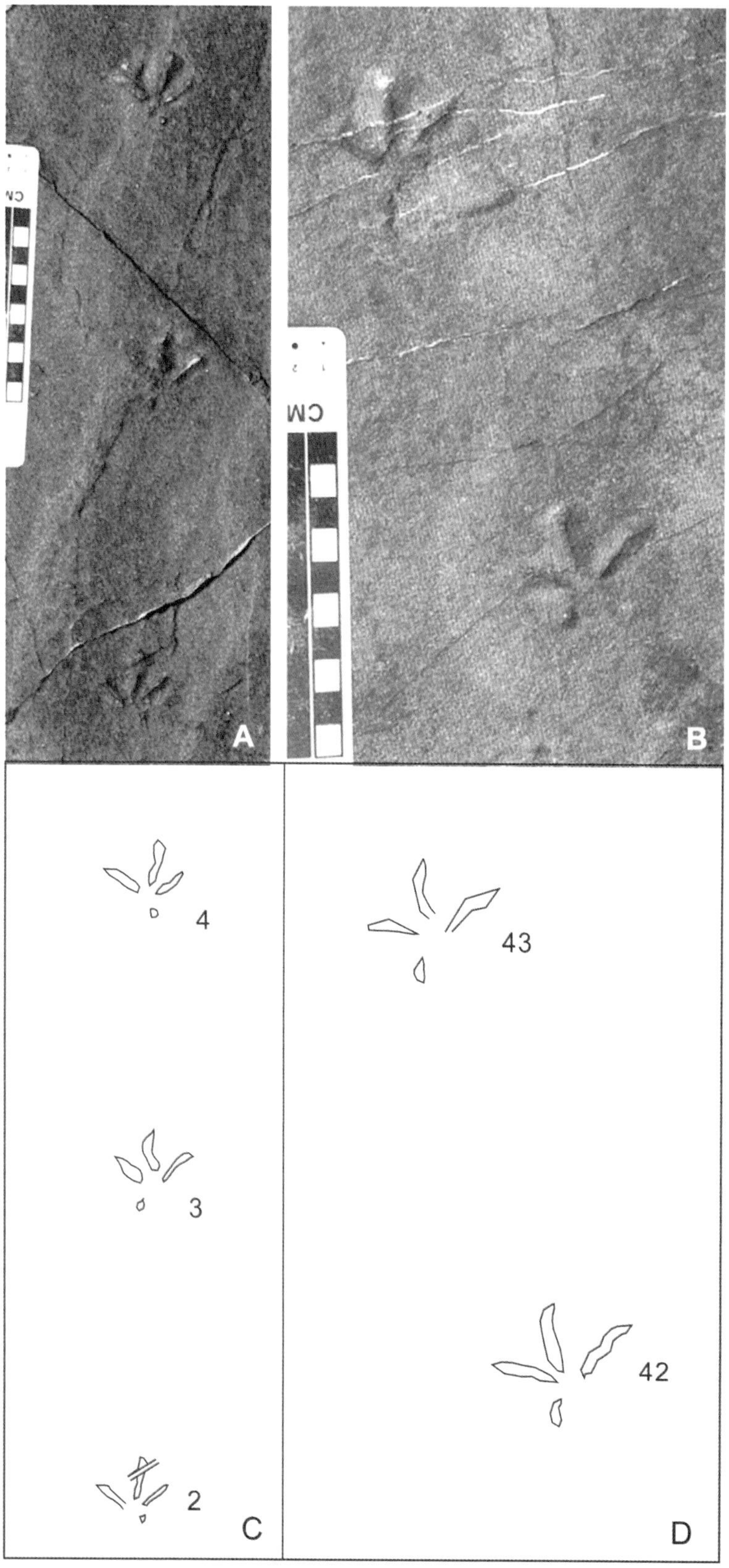

金鸡鸟足迹（*Pullornipes aureus*）正模足迹（片段）照片及轮廓图

（引自 Lockley et al.，2006a，C 中 4 号足迹和 D 中 43 号足迹为新增加足迹）

A 和 C 为行迹 A 中第 2–4 枚足迹的照片及轮廓图，B 和 D 为行迹 A 中第 42、第 43 枚足迹的照片及轮廓图。

辽宁北票市大板镇康家屯，土城子组上部

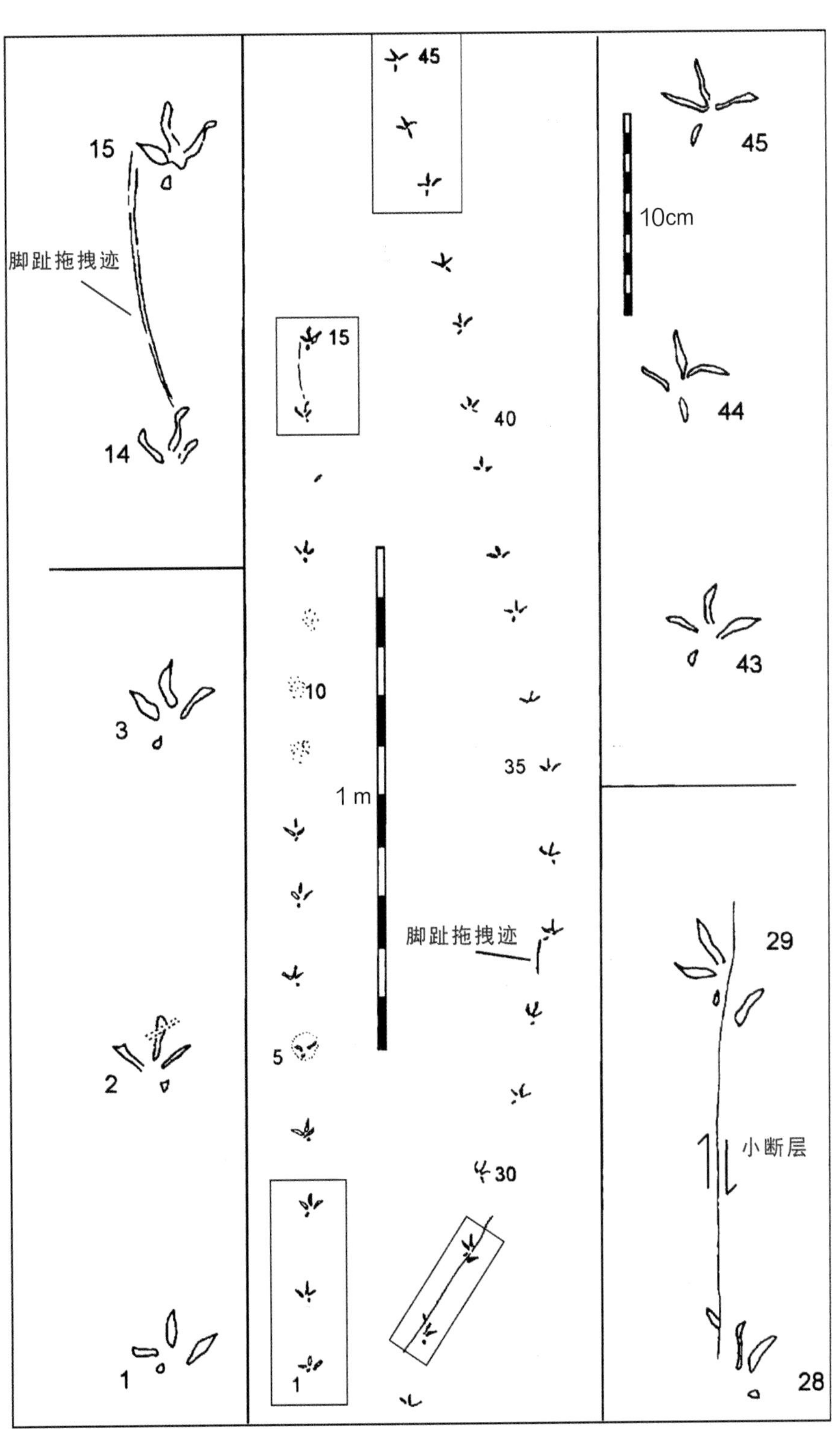

金鸡鸟足迹（*Pullornipes aureus*）行迹 A 及代表性足迹解释轮廓图（引自 Lockley et al.，2006a）

行迹 A 由两段组成（足迹 1–15、27–45），足迹 1–3、14–15、43–45 为代表性足迹。

注意行迹中鸟脚趾的拖拽痕迹以及后期小断层对足迹的破坏。

辽宁北票市大板镇康家屯，土城子组上部

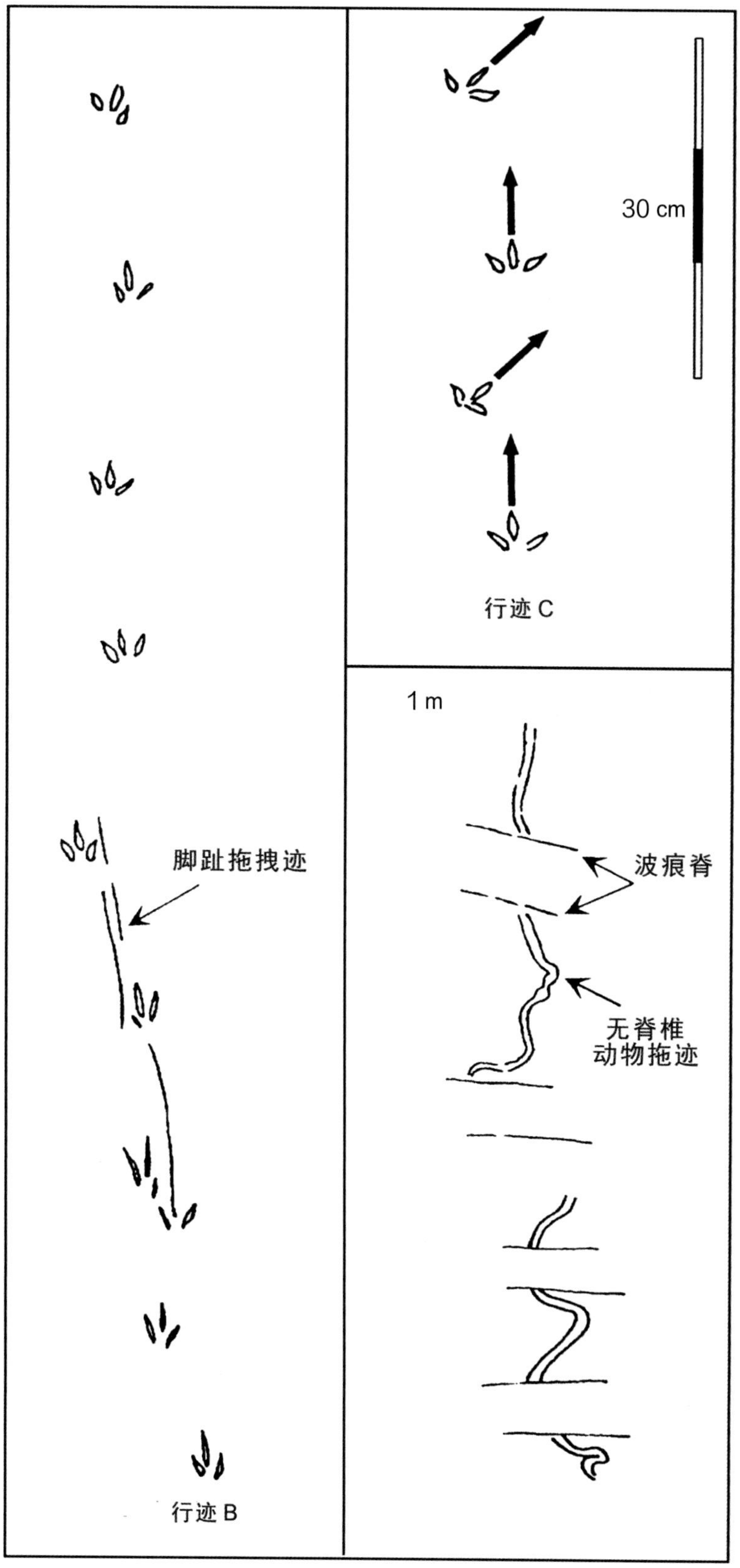

金鸡鸟足迹（*P. aureus*）行迹 B、C 及解释轮廓图（引自 Lockley et al.，2006a）

左图为行迹 B，第 3 至第 6 枚足迹之间有脚趾的拖迹；右上图为行迹 C，左足迹有很明显的内撇；

右下图为无脊椎动物的拖迹，连续的拖迹被波痕破坏。

辽宁北票市大板镇康家屯，土城子组上部

（3）四合屯

2009年，邢立达等描述了北票四合屯1块石板上保存的3枚半兽脚类足迹化石，化石产自下白垩统义县组。足迹被鉴定为跷脚龙（似鹬龙）足迹未定种（*Grallator* isp.），这是对义县组恐龙足迹化石的首次描述。他们还利用足迹进行造迹恐龙分析，推测其体长约为1.5 m，属于义县组兽脚类恐龙较为普遍的体长范围。足迹轮廓分析表明，这批足迹与尾羽龙（*Caudipteryx*）足的形态比较相似（Xing et al., 2009d）。

一块石板上保存的小型兽脚类跷脚龙足迹（*Grallator*）照片（引自 Xing et al., 2009d）

足迹保存为下凹型，其中3枚完整，1枚不完整。足迹平均长14.4 cm，平均宽8.4 cm，长宽比值为1.71。

辽宁北票市四合屯，下白垩统义县组

2.3 四川

四川省是我国足迹化石发现最早的省份之一，也是化石点最多的省份。据不完全统计，目前已在19个县（区）发现25个较大的足迹化石点。

杨钟健分别在1943年和1960年报道广元和宜宾两地的足迹，并命名了广元足迹（*Kuangyuanpus*）和扬子足迹（*Yangzepus*）两个新足迹属。自20世纪80年代开始至今，北京自然博物馆（甄朔南等，1983，1994）、重庆自然博物馆（杨兴隆和杨代环，1987）以及彭光照等（2005，Peng et al., 2012）和邢立达等分别对岳池和峨眉、资中和彭州、自贡、川西南凉山、攀枝花和泸州等地以恐龙为主的四足动物足迹化石进行广泛研究，取得许多重要成果。概括而言，四川的恐龙足迹具有以下特点：

四川广元足迹（*Kuangyuanpus szechuanensis* Young，1943）是中国侏罗纪地层中最早被命名的四足动物足迹。

宜宾扬子足迹（*Yangzepus yipingensis* Young, 1960）是在四川最早发现的恐龙足迹。

在上三叠统须家河组发现的多个足迹化石点产出了我国最古老的恐龙等四足动物足迹。这些足迹化石包括彭州上三叠统须家河组的兽脚足迹*Pengxianpus*（Yang and Yang，1987）和原始哺乳类足迹（杨兴隆和杨代环，1987; Lockley and Matsukawa，2009; Xing et al. 2013c），天全县须家河组的兽脚类恐龙足迹（王全伟等，2005），富顺县龙贯山上三叠统须家河组最顶部的原蜥脚类足迹cf. *Eosauropus*（Xing et al., 2014n），以及美姑县上三叠统须家河组原蜥脚类足迹cf. *Eosauropus*和兽脚类卡梅尔足迹*Carmelopodus*。特别是在攀枝花市上三叠统须家河组顶部手兽足迹*Chirotherium*的发现，结束了以往手兽足迹主要产于贵州贞丰的认知。

在昭觉下白垩统飞天山组发现了兽脚类恐龙的游泳遗迹——抓迹（*Characichnos*）（Xing et al., 2013i），该类足迹发现甚少。

2.3.1 广元利州区

杨钟健（Young，1943）描述了在四川广元中侏罗统沙溪庙组发现的足迹化石，化石位于当时的市区以北数千米处，现在的利州区境内。化石为四足行走、具有平行脚趾的足迹，被杨钟健命名为四川广元足迹（*Kuangyuanpus szechuanensis*）。这是中国侏罗纪地层中最早被命名的四足动物足迹。足迹共4枚，保存在1块长60 cm、宽42 cm的石板上。足迹显示的脚趾互相平行，后足比前足大1/3，每个足迹后面都有1个由于对沉积物的挤压而形成的枕状隆起，杨钟健认为这是动物奔跑时向后蹬地形成的。该足迹为与虚骨龙相似的蜥臀类恐龙所遗留。甄朔南等（Zhen et al., 1989）经过对比认为，*Kuangyuanpus*应属鳄形类动物所形成的足迹。Lockley等（2010）对广元足迹（*Kuangyuanpus szechuanensis*）模式标本进行仔细观察后认为其属于鳄类动物游泳的足迹 。

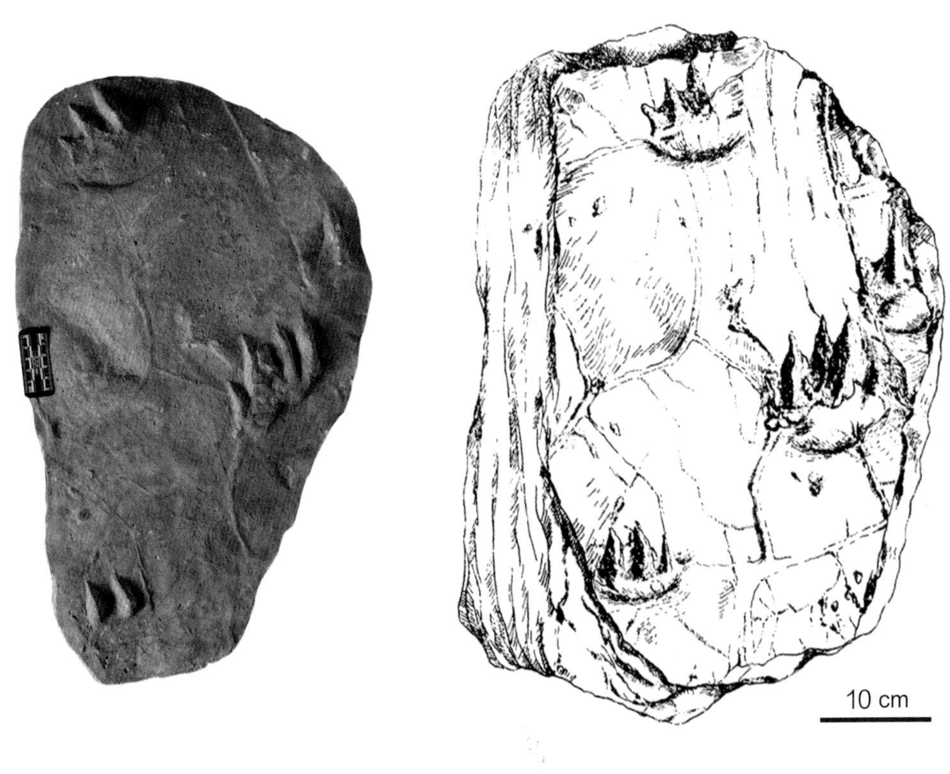

四川广元足迹（*Kuangyuanpus szechuanensis*）模式标本的上凸足迹照片及素描图

（照片及素描图分别引自李建军，2015 和 Young，1943）

四川广元利州区（位于市区以北、广元至成都的公路近旁），中侏罗统下沙溪庙组

2.3.2 宜宾

1960年，在宜宾县（现宜宾市叙州区）观音镇改进村发现3枚恐龙足迹化石，杨钟健将其命名为宜宾扬子足迹（*Yangzepus yipingensis*）。化石层位为下白垩统嘉定群。该足迹为上凸的右足足迹化石，蹠行式（蹠骨部分着地）、三趾型，3趾较粗且排列紧密。前足长14 cm，宽10.2 cm，前足两侧趾分得较开。后足长29 cm，宽15.5 cm，两外侧趾较长，长度相等，且近乎平行。中趾趾迹不与跟垫相连（Young，1960）。杨钟健认为*Yangzepus yipingensis*属于鸟脚类恐龙，这个观点得到Kuhn（1963）、Zhen等（1989）和甄朔南等（1996）的支持。但是，Xing等（2009c）和Lockley等（2013）认为，*Yangzepus yipingensis*之长大于宽，趾端具爪迹，趾间角较小等特点表明其属于兽脚类。Lockley等（2013）还指出，*Yangzepus yipingensis*脚趾较粗，显示肉质足底，与窄足龙足迹（*Therangospodus*）十分相似，应归入兽脚类恐龙足迹。

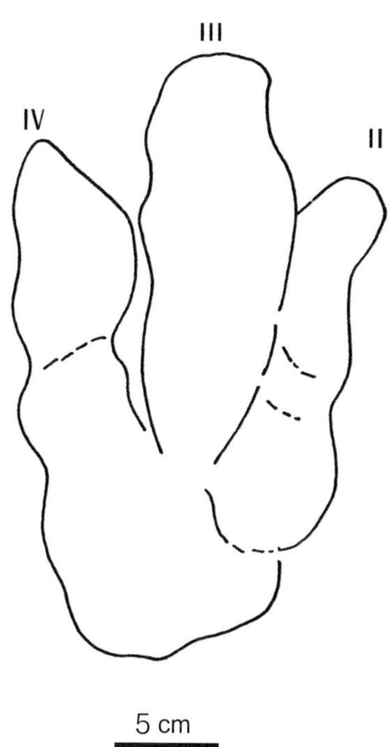

宜宾扬子足迹（*Yangzepus yipingensis*）右后足迹照片及轮廓图（轮廓图引自甄朔南等，1996）
四川宜宾市叙州区观音镇改进村，下白垩统嘉定群

2.3.3 岳池

1983年夏，在四川省岳池县黄龙乡上侏罗统蓬莱镇组地层中发现70余枚足迹化石（包括5个较为罕见的带蹼的足迹化石和1个尾迹化石），这批化石其后分别被北京自然博物馆和重庆自然博物馆采集。甄朔南等（1983）对其中由北京自然博物馆收藏的30余块足迹化石和1个尾迹化石进行研究，并将其命名为岳池嘉陵足迹（*Jialingpus yuechiensis*）（叶勇等，2012）。

岳池嘉陵足迹（*Jialingpus yuechiensis*）是一种四趾型足迹，是中国境内发现的最清晰的足迹化石之一。足迹化石保存在1块巨大的滚石上，均为下层面上凸保存。甄朔南等（1983）在首次描述*Jialingpus*时发现，尽管大多数情况下其显示为三趾型足迹，但在模式标本上发现了比较弱小的拇趾印迹，故其应为四趾型足迹。此外，他们还发现类似前足的印迹和蹠骨印迹，因而将嘉陵足迹与异样龙足迹（*Anoemoepus*）进行比较。由于这两种足迹的外形轮廓相似，故将其归属于鸟脚类恐龙的异样龙足迹科Anoemoepodidae中。Lockley等（2013）认为，*Jialingpus*属于兽脚类足迹，其保存精美的趾垫、拇趾和蹠骨印迹均明确展现了*Jialingous*具有*Grallator*类足迹的特征。

杨兴隆和杨代环（1987）描述了同样产自岳池县黄龙乡的上侏罗统蓬莱镇组的足迹化石。足迹为三趾型，趾端具锐爪，足迹长16 cm。他们认为此足迹具有蹼的印迹，因此建立了深沟黄龙足迹（*Huanglongpus shengouensis*）。但经详细观察，所谓的蹼实际上是由于标本保存不佳所致，而且其未保存趾垫印迹。Lockley等（2013）认为深沟黄龙足迹（*Huanglongpus shengouensis*）保存不佳，缺失趾垫特征等信息，故应属于可疑名称（*nomen dubium*）。另外，足迹表面保存了大量的雨痕，也使得一些足迹特征被掩盖。但是李建军（2015）认为，其轮廓、趾间角以及中趾凸度等特征属于*Jialingpus yuechiensis*的特征范筹，故其应归入岳池嘉陵足迹。

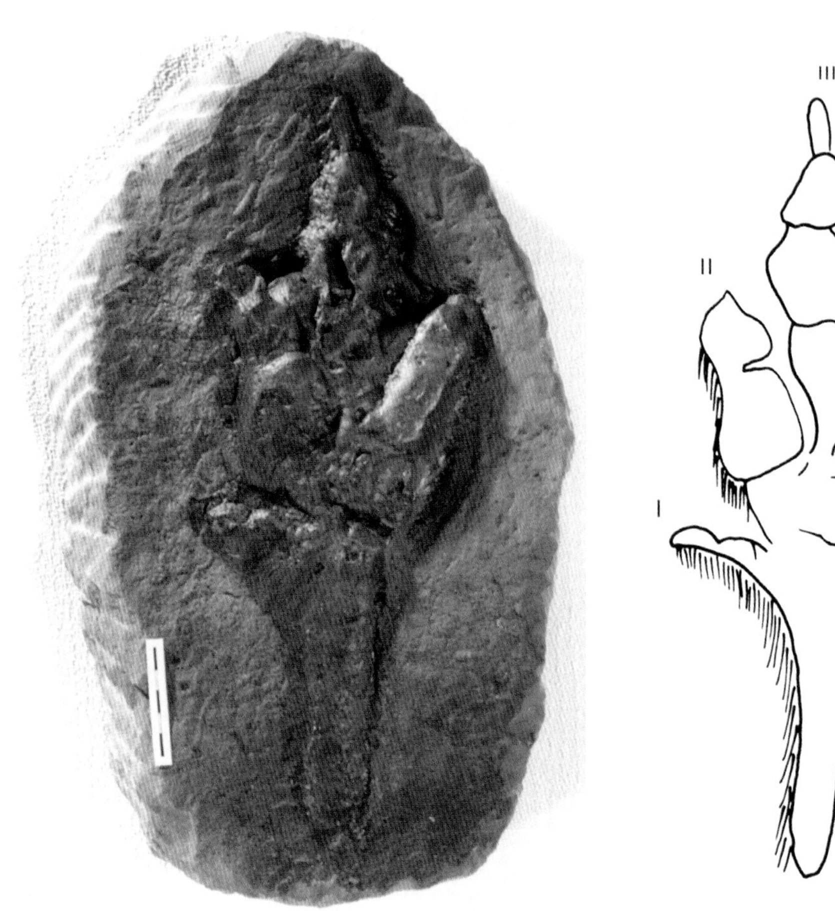

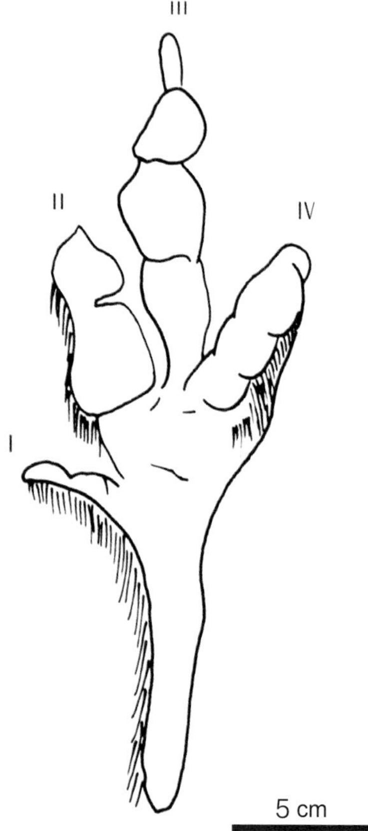

岳池嘉陵足迹（*Jialingpus yuechiensis*）模式标本及轮廓图

（照片引自李建军 2015，轮廓图引自甄朔南等，1983）

模式标本为左后脚印迹，保存为上凸型。足迹为四趾型，足长 20.7 cm，最大宽为 11.1 cm，长宽比值为 1.86。

蹠趾垫Ⅳ之后还有 13 cm 长的蹠骨印迹，I 趾为两个趾垫。

罗马数字为趾的编号，照片中比例尺为 5 cm。

四川岳池县黄龙乡，上侏罗统蓬莱镇组

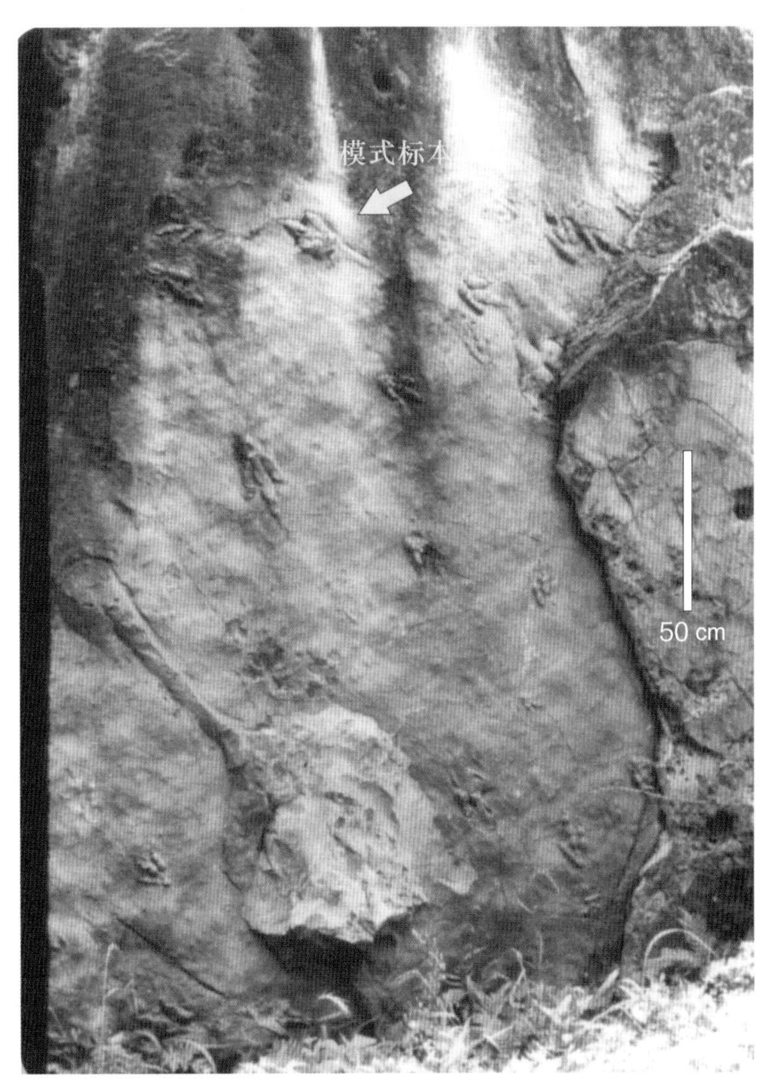

岳池嘉陵足迹（*Jialingpus yuechiensis*）化石产状

黄龙乡的这批岳池嘉陵足迹产于1块长5 m、高3 m的大滚石上，其岩性为浅褐色钙质长石石英砂岩。

足迹位于岩层之下层面，呈上凸产出，为天然铸模。

这批嘉陵足迹是中国保存最完美的恐龙足迹标本之一。

四川岳池县黄龙乡，上侏罗统蓬莱镇组

岳池嘉陵足迹（*Jialingpus yuechiensis*）前足迹照片

四川岳池县黄龙乡，上侏罗统蓬莱镇组

岳池嘉陵足迹（*Jialingpus yuechiensis*）照片

Ⅲ趾（中趾）长而直，Ⅱ趾（?）短，可能为保存原因所致。趾垫不发育，保存为下层面上凸足迹。四川岳池县黄龙乡，上侏罗统蓬莱镇组

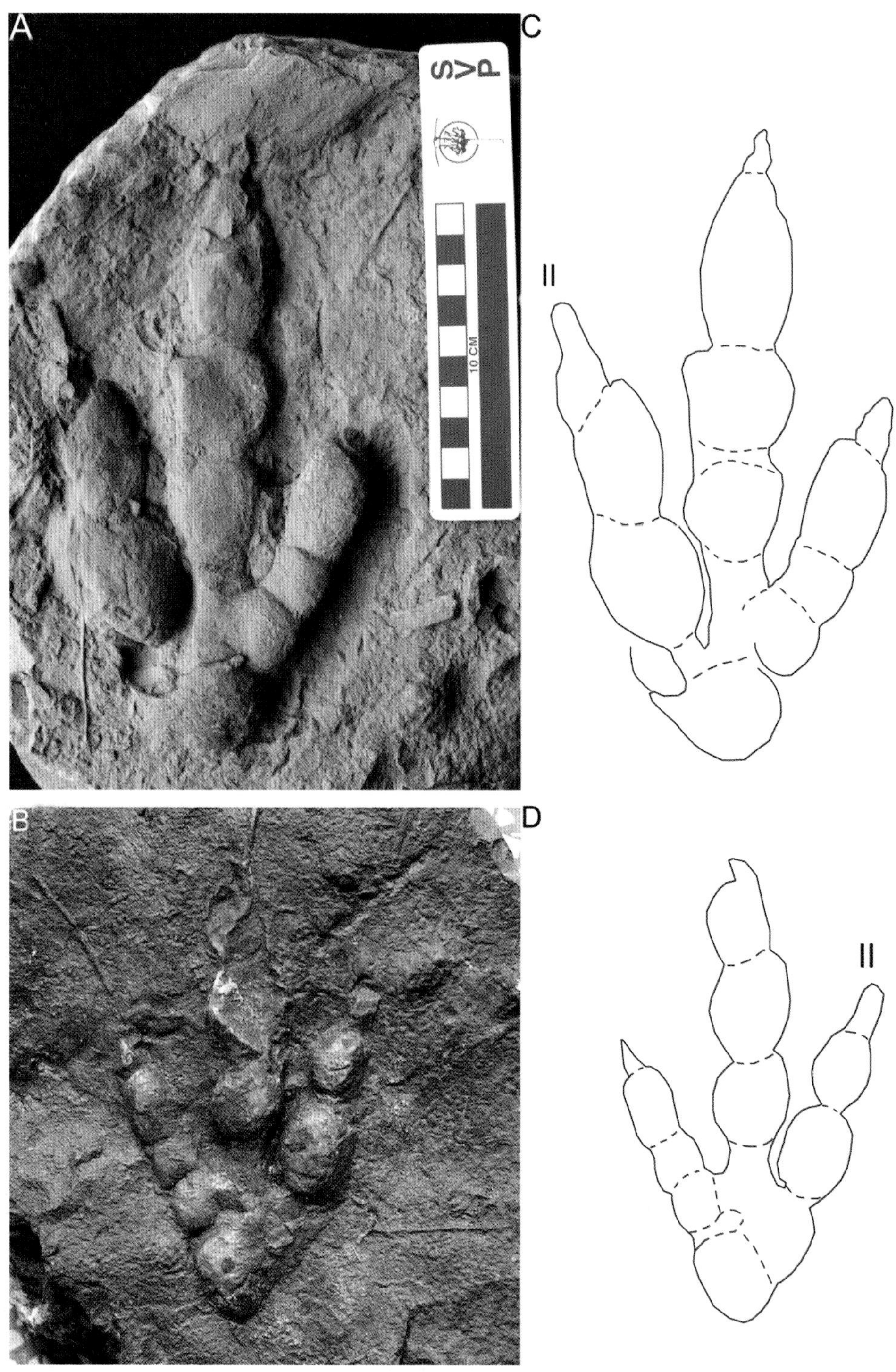

岳池嘉陵足迹（*Jialingpus yuechiensis*）典型照片及轮廓图（引自 Xing et al.，2011c）

IVPP 标本无编号。A 和 B 均可见趾垫十分发育，趾式为标准的 2–3–3 形式。B 中可见趾末端保存有长的爪迹，保存为下层面上凸足迹。

四川岳池县黄龙乡，上侏罗统蓬莱镇组

2.3.4 资中

1981年，在四川资中县金李井乡和五皇乡的中侏罗统新田沟组底部地层中共发现200多枚恐龙足迹化石。这批标本大部分被重庆自然博物馆采集，另有两枚足迹被自贡恐龙博物馆采集（叶勇等，2012）。

资中金李井乡的足迹产于碾盘山新华村十一村民组晒谷场，总共发现50多枚三趾型足迹，组成5条行迹。杨代环和杨兴隆（1987）根据其中3条行迹，建立了新足迹属种，即碾盘山金李井足迹（*Jinlijingpus nianpanshanensis*）。但后来的研究者认为，金李井足迹（*Jinlijingpus*）是实雷龙足迹（*Eubrontes*）的同物异名（Lockley et al.，2013；杨春燕等，2013），建议保留种名而归入实雷龙足迹中，即新的属种名称为碾盘山实雷龙足迹（*Eubrontes nianpanshanensis*）。此外，杨春燕等（2013）根据另外两条小型足迹（足长约7 cm）组成的行迹，建立了新足迹种——圣灵山船城足迹（*Chuanchengpus shenglingshanensis*）。李建军（2015）认为*Chuanchegnpus*属名有效，并将*Chuanchengpus shenglingshanensis*作为船城足迹属的模式种。

资中县五皇乡五马村有两个足迹点，一是五马村晒谷场，二是距离晒谷场约300 m的鸡爪石。杨代环和杨兴隆（1987）在晒谷场足迹点分别建立了五皇船城足迹（*Chuanchengpus wuhuangensis*）、水南沱江足迹（*Tuojiangpus shuinanensis*）和何氏重龙足迹（*Chonglongpus hei*）。但Lockley等（2013）认为属名*Chuangchengpus*无效，将其保留种名，归入跷脚龙足迹（*Grallator wuhuangensis*）；水南沱江足迹应为实雷龙足迹（*Eubrontes*）；重龙足迹（*Chonglongpus*）是极大龙足迹（*Gigandipus*）的同物异名，但种名仍然成立（即*Gigandipushei*）。鸡爪石化石点是1块面积约20 m^{2}的黄色砂岩滚石，其上有大小足迹30余枚。鸡爪石的大个体足迹共12枚，形成两条行迹；小个体足迹共18枚，形成4条行迹。足印印迹清楚，趾垫分节明显，爪迹尖锐。杨代环和杨兴隆（1987）将其中12枚大个头足迹命名为鸡爪石巨大足迹（*Megaichnites jizhuaoshiensis*），将18枚小个头足迹命名为小重庆足迹（*Chongqingpus microiscus*）。Lockley等（2003）认为*Megaichnites*是*Kayentapus*的同物异名，将其保留种名而归入卡岩塔足迹（*Kayentapus jizhuaoshiensis*）；小重庆足迹（*Chongqingpus microiscus*）应为跷脚龙足迹（*Grallator*）。本书采用李建军（2015）的观点，将*Chongqingpus microiscus*作为有效名称。

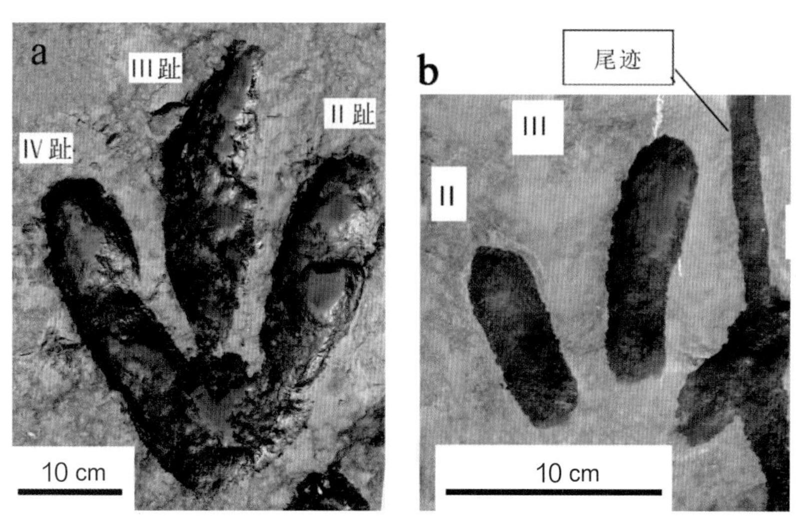

碾盘山实雷龙足迹（*Eubrontes nianpanshanensis*）照片

足迹为两足行走、三趾型，Ⅱ、Ⅲ趾尖向行迹中线弯曲，趾垫呈圆形，趾垫式为2–3–3。

足长46 cm，足宽34 cm；无前足足迹和尾迹，趾间角为Ⅱ 22° Ⅲ 25° Ⅳ（Lockley et al.，2013）。

四川资中县金李井乡碾盘山村，中侏罗统新田沟组底部

碾盘山实雷龙足迹（*Eubrontes nianpanshanensis*）行迹图（引自 Lockley et Matsukawa，2009）

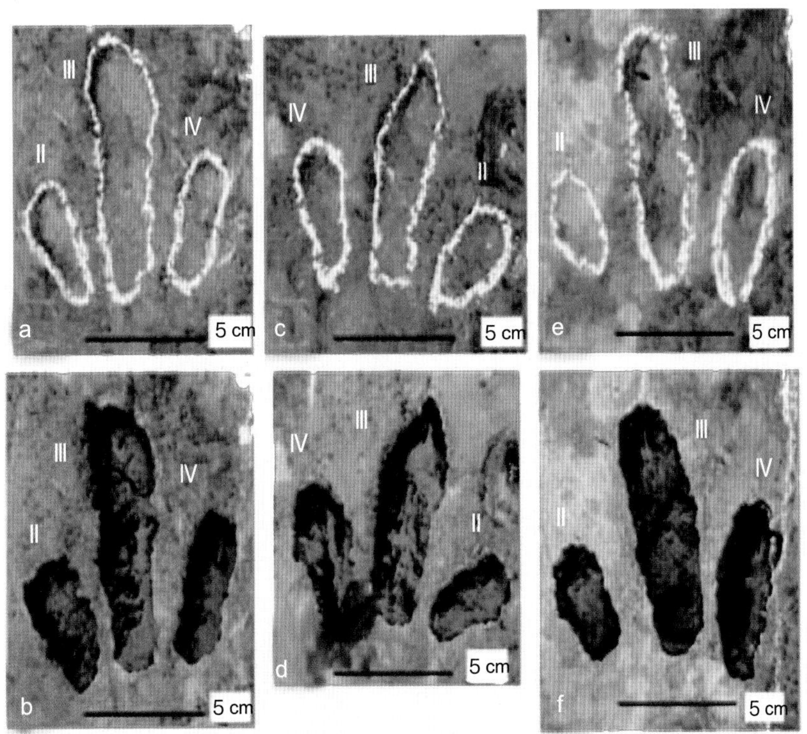

圣灵山船城足迹（*Chuanchengpus shenglingshanensis*）照片（引自杨春燕等，2012）

该足迹种由杨春燕等（2012）命名，李建军（2015）将其修订为船城足迹属的模式种。

足迹长 7.2 cm，宽 8.7 cm，宽大于长；足迹为三趾型、趾行式，Ⅱ、Ⅳ趾较短，呈椭圆形；Ⅲ趾粗长，呈长椭圆形。趾间角为Ⅱ 32° Ⅲ 32.1° Ⅳ，足长与复步长之比为 1∶6.6，复步角为 149°。图中比例尺均为 5 cm。

四川资中县金李井乡碾盘山村，中侏罗统新田沟组底部

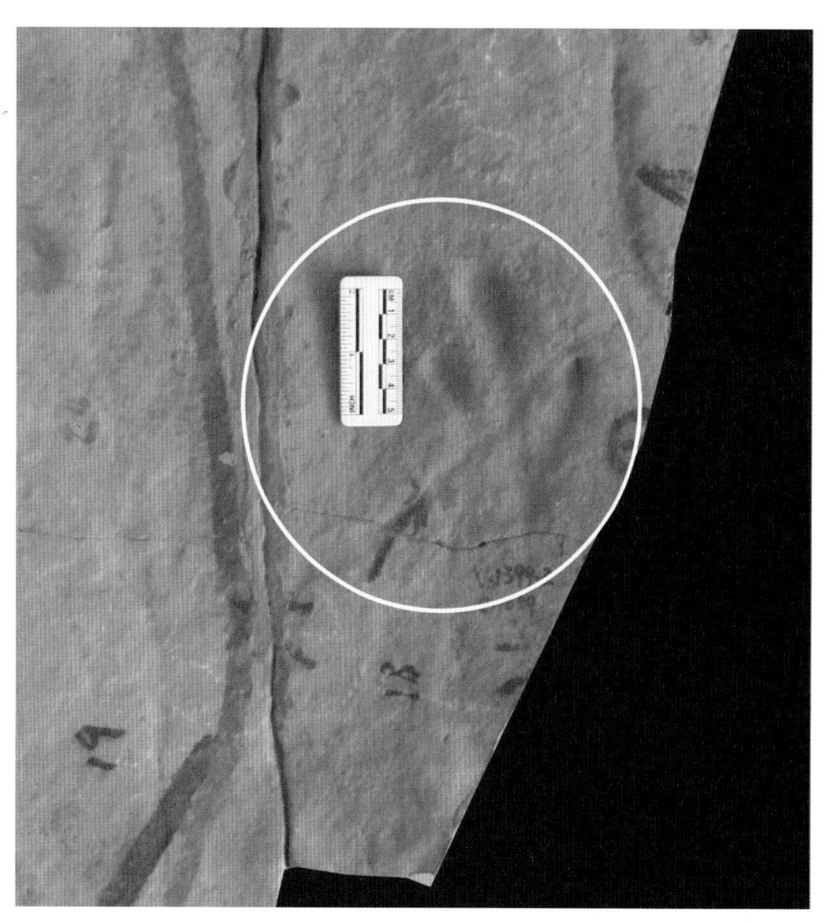

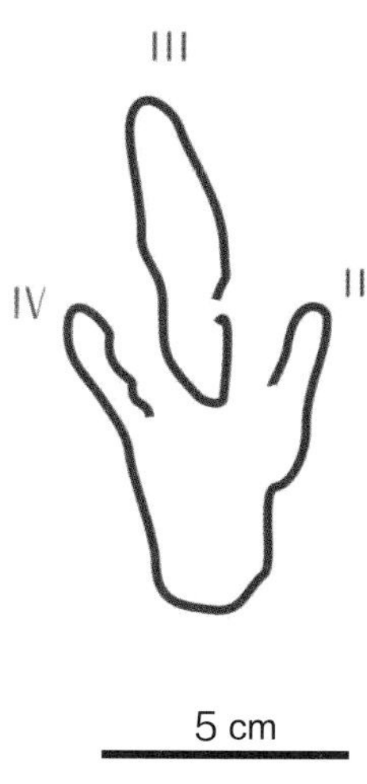

五皇跷脚龙足迹（*Grallator wuhuangensis*）模式标本及轮廓图

（其中轮廓图转绘自 Lockley et al.，2003）

足迹为两足行走、三趾型、趾行式，Ⅲ趾长于两侧趾，中趾印迹粗壮。

足迹长 7 cm，宽 5.5 cm。

趾间角为Ⅱ 16° Ⅲ 20° Ⅳ，单步长为 41 cm，行迹宽为 10 cm。

四川资中县五皇乡五马村晒谷场，中侏罗统新田沟组底部

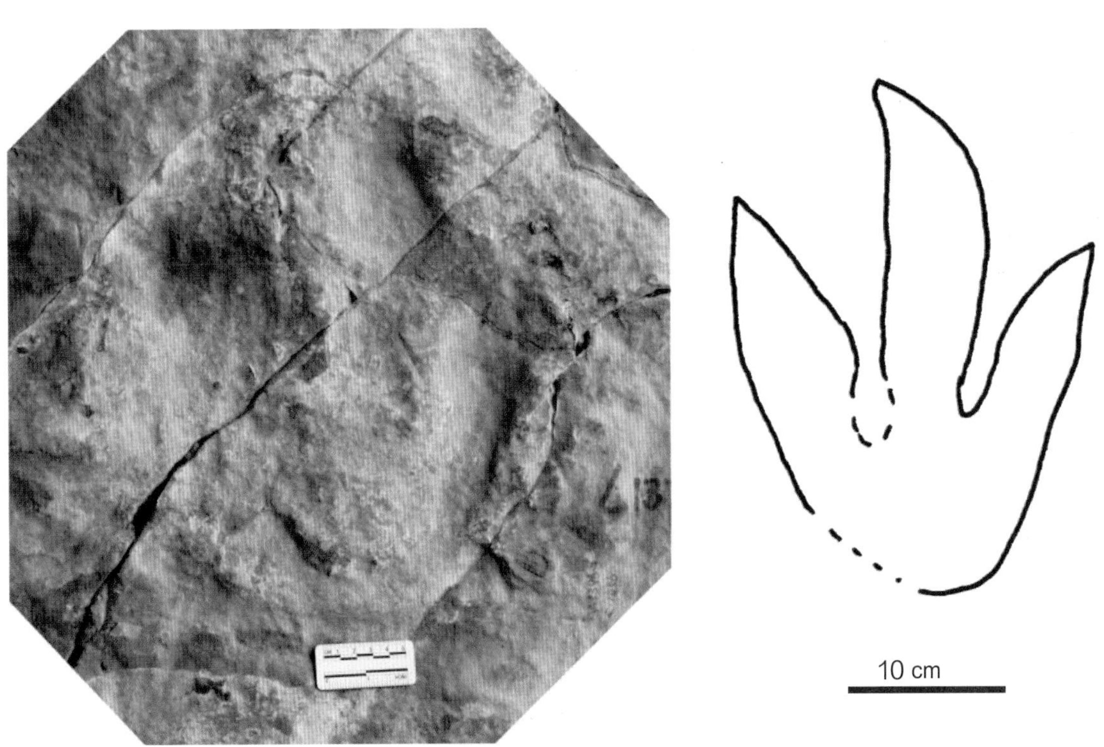

实雷龙足迹未定种（*Eubrontes* isp.）照片及轮廓图

A 为化石照片（胡柏林摄），B 为轮廓图（引自杨兴隆和杨代环，1987）。

足迹为两足行走、三趾型，足长 30 cm，足宽 22 cm。

Ⅲ趾大，Ⅱ趾强壮，Ⅳ趾细长；Ⅱ、Ⅲ趾向内弯曲，Ⅳ趾向外弯曲。Ⅱ－Ⅳ趾具爪，尖利而弯曲，无前足足迹。

趾间角为Ⅱ 20° Ⅲ 30° Ⅳ，单步长为 145 cm，行迹窄。

四川资中县五皇乡五马村晒谷场，中侏罗统新田沟组底部

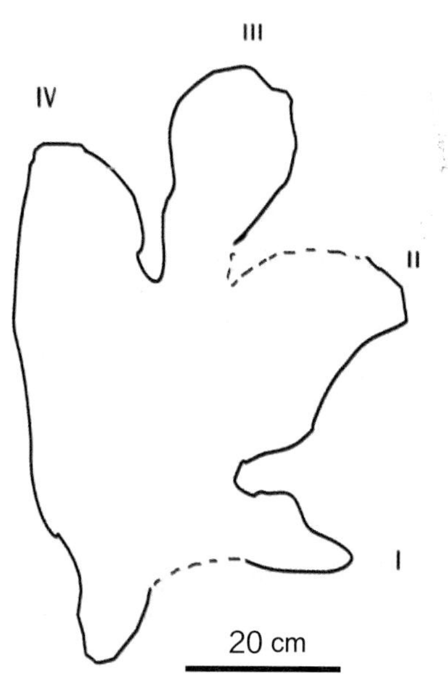

何氏极大龙足迹（*Gigandipus hei*）

该足迹原名为何氏重龙足迹（*Chonglongpus hei*）。足迹个体较大，为四趾型，拇指指向侧前方。拇指和Ⅱ趾趾间角为 65°，Ⅱ趾和Ⅲ趾趾间角为 17°，Ⅲ和Ⅳ趾趾间角为 22°，Ⅱ和Ⅳ趾趾间角为 37°。足长 49 cm，足宽 37 cm，单步长 120 cm，行迹宽 30 cm。

四川资中县五皇乡五马村晒谷场，中侏罗统新田沟组底部

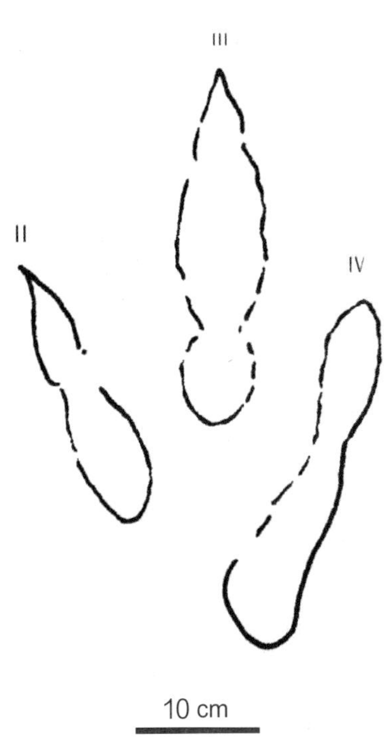

鸡爪石卡岩塔足迹（*Kayentapus jizhuaoshiensis*）标本照片及轮廓图

照片引自李建军（2015），轮廓图引自 Lockley 等（2003）

足迹为两足行走、三趾型、趾行式，趾垫式为 2–3–4，趾端具爪迹。

足长 38.5 cm，足宽 28 cm，趾间角为Ⅱ 25° Ⅲ 28° Ⅳ。

四川资中县五皇乡五马村鸡爪石，中侏罗统新田沟组底部

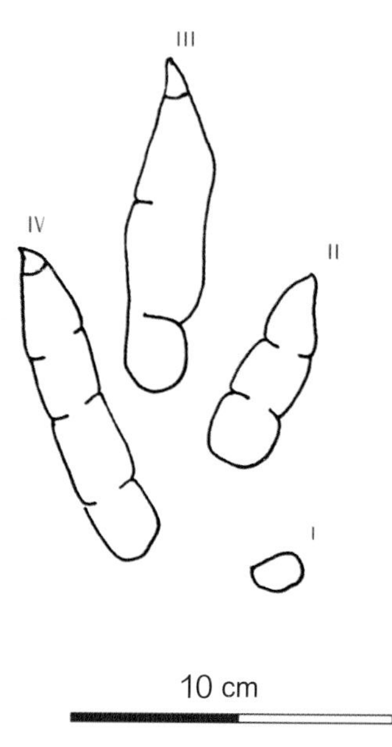

小重庆足迹（*Chongqingpus microiscus*）标本照片及轮廓图

轮廓图引自杨兴隆和杨代环（1987），略有修改。

鸡爪石上保存有 18 个较小的个体足迹，形成 4 条行迹。此标本为其中之代表性足迹。

足迹为两足行走、三趾型；Ⅱ－Ⅲ趾趾间角为 20°，Ⅲ－Ⅳ趾趾间角为 24°；足长 14.5 cm，宽 8.5 cm；无拇趾印迹，无尾迹，行迹窄。

四川资中县五皇乡五马村鸡爪石，中侏罗统新田沟组底部

2.3.5 彭州

1981年，在四川彭县磁峰乡蟠龙桥的上三叠统须家河组地层（距今约2亿年）中发现两枚恐龙足迹化石，其于1982年被重庆自然博物馆采集（叶勇等，2012）。

彭县（现彭州市）出产的这两枚恐龙足迹由杨兴隆和杨代环（1987）进行研究，建立了彭县足迹属（*Pengxianpus*）。彭县足迹是目前在中国境内发现的地质年代最早的恐龙足迹（李建军，2015），时代为晚三叠世。当首次描述时，研究者认为该足迹存在拇趾印迹，属于四趾型足迹，又考虑到其地质时代为三叠纪晚期，故将磁峰彭县足迹（*Pengxianpus cifengensis*）的造迹动物归入原蜥脚类恐龙。Matsukawa等（2006）、Lockley和Matsukawa（2009）、Lockley等（2013）对模式标本进行仔细观察，结果并未发现拇趾印迹，但在其上发现了皮肤印痕。因此，磁峰彭县足迹（*Pengxianpus cifengensis*）应该为三趾型足迹，属于兽脚类恐龙足迹。邢立达等（Xing et al.，2013c）认为*Pengxianpus*与*Kayentapus*十分相似。李建军（2015）认为*Pengxianpus*为有效足迹名称。

此外，邢立达等（Xing et al.，2013c）在*Pengxianpus*模式标本上又发现了1块皮肤印痕和疑似哺乳动物的足迹。皮肤印痕可直观显示恐龙脚底面的皮肤构造，哺乳动物足迹则对于探索哺乳动物起源和演化有重要意义。李建军（2015）指出，对于这两枚疑似哺乳动物足迹的印迹是前足还是后足的问题还有待进一步探究。不过由于这种印迹出现在四川晚三叠世地层中，至少可以说明在中国四川一带，在晚三叠世时期有类似哺乳动物存在的可能性。但是，要确认这两个印迹是否真正属于哺乳动物，还需要深入研究。

磁峰彭县足迹（*Pengxianpus cifengensis*）——中国最古老的兽脚类恐龙足迹

此为模式标本，足迹为两足行走、三趾型，长约 27 cm，宽约 23.8 cm。

足迹近似中轴对称，趾间角大，Ⅱ－Ⅳ趾趾间角可达 69°；趾长而纤细，趾垫呈圆形，Ⅲ趾最长，Ⅳ趾近端有圆形蹠趾垫，行迹窄。

箭头所指为两个疑似的哺乳类足迹。

四川彭州市磁峰蟠龙桥，上三叠统须家河组

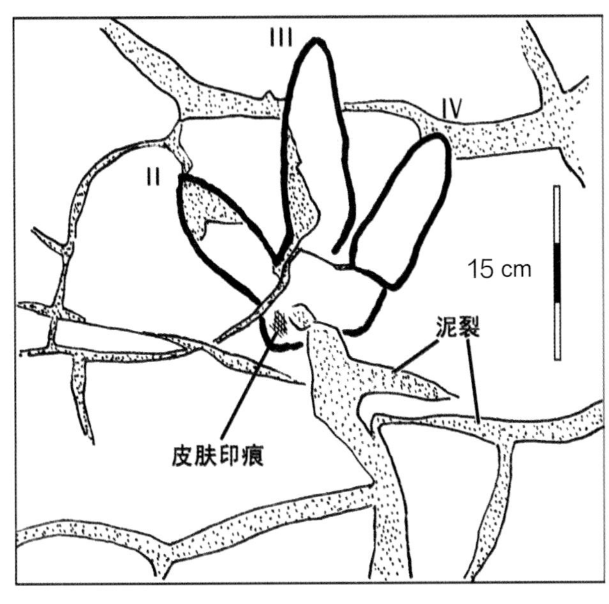

磁峰彭县足迹（*Pengxianpus cifengensis*）及其上的皮肤印痕轮廓图

（引自 Lockley and Matsukawa，2009）

对比模式标本，彭县足迹的形态明显受到泥裂的影响

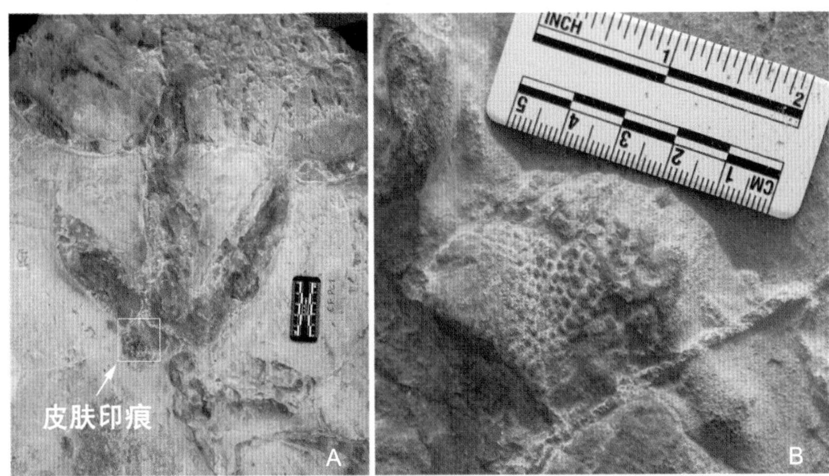

磁峰彭县足迹（*P. cifengensis*）标本上保存的皮肤印痕（A）及放大图（B）

（引自李建军，2015）

四川彭州市磁峰蟠龙桥，上三叠统须家河组

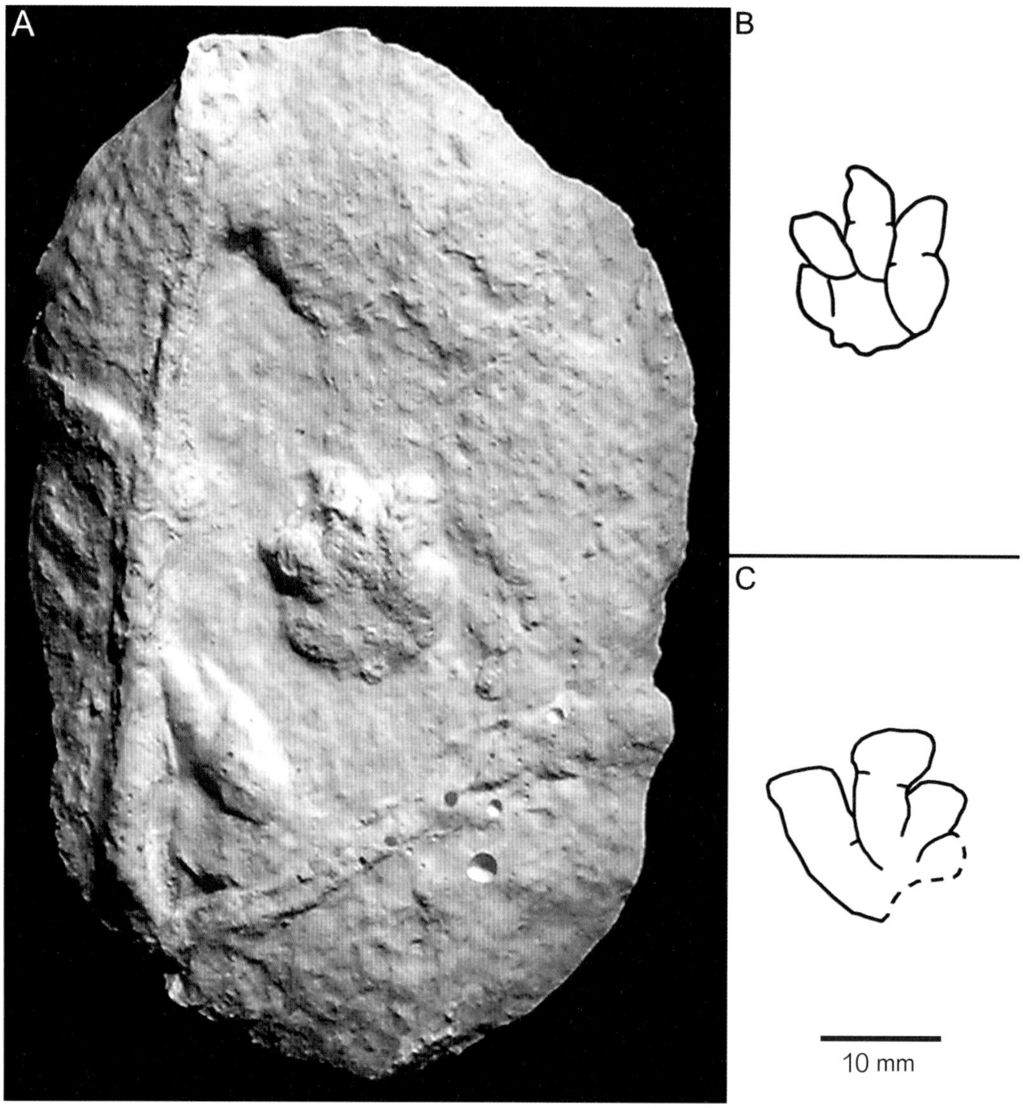

A B C

10 mm

疑似哺乳动物足迹的石膏模型及轮廓图（引自 Xing et al. 2013c）

彭县足迹模式标本上的两枚印迹长分别为 1.9 cm 和 2 cm，宽分别为 1.7 cm 和 2.2 cm。

印迹总体形状呈圆形，显示出五趾（指）或四趾（指）结构。趾（指）迹短而宽，具圆形趾（指）垫，末端圆钝，似乎有不清晰爪迹；Ⅲ趾（指）最长。

其中 1 枚印迹（CFPC4，图 C）上，显示出向内弯曲的趾（指）迹，各趾（指）的近端形成向后的半圆形凹缺，后面是脚（手）掌区域。

四川彭州市磁峰蟠龙桥，上三叠统须家河组

2.3.6 峨眉

1983年秋，在峨眉县川主乡幸福崖的下白垩统夹关组地层中发现30余枚恐龙足迹，足迹化石后被重庆自然博物馆采集。这批标本由甄朔南等（Zhen et al.，1994）整理研究，并建立两个恐龙足迹新属种——川主小龙足迹（*Minisauripus chuanzhuensis*）、四川快盗龙足迹（*Velociratorichnus sichuanensis*）以及1个新足迹种——峨眉跷脚龙足迹（*Grallator emeiensis*），还命名了1个鸟类足迹新种——中国水生鸟足迹（*Aquatilavipes sinensis*）（后被修订为中国韩国鸟足迹*Koreanaornis sinensis*）。峨眉幸福崖尽管产出足迹数量不多，但是足迹类型较为丰富，特别是小龙足迹（*Minisauripus*）和快盗龙足迹（*Velociratorichnus*）世界闻名。

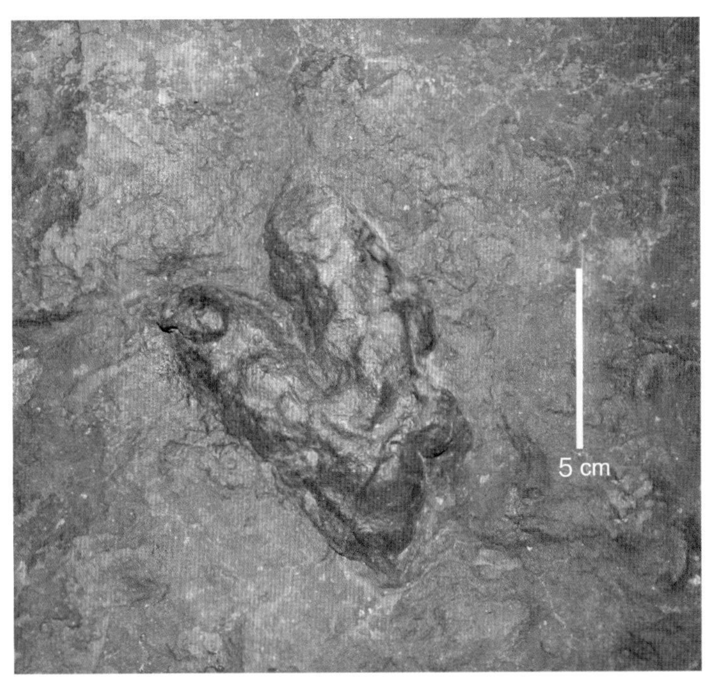

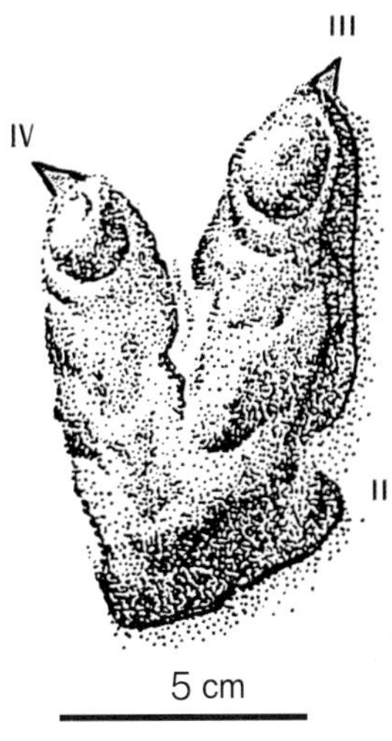

川主小龙足迹（*Minisauripus chuanzhuensis*）模式标本及轮廓图（素描图引自Zhen et al.，1994）

该足迹属种由甄朔南等（Zhen et al.，1994）建立，它是最早在中国发现并命名的二趾型足迹属，被认为是恐爪龙类恐龙所留。其为小型足迹，足迹为两足行走、三趾型。足迹长小于3 cm，长大于宽，长宽比值为1.3~1.5。脚趾较粗（趾迹宽度占趾迹长度的1/4~1/3），中趾凸度弱，单步长小于25 cm，爪迹清晰或不清晰。

最初认为该足迹的造迹恐龙为鸟脚类，但之后在山东莒南等地的小龙足迹（*Minisauripus*）标本上发现了清晰、尖锐的爪迹，而在四川峨眉的标本中也识别出爪迹，故研究者认定小龙足迹（*Minisauripus*）应该属于兽脚类恐龙。该足迹与跷脚龙足迹（*Grallator*）可能有演化关系。

四川峨眉县川主乡幸福崖，下白垩统夹关组

川主小龙足迹（*Minisauripus chuanzhuensis*）模型照片（引自李建军，2015）

该足迹的两侧脚趾之上均可见较为清晰而尖锐的爪迹。

四川峨眉县川主乡幸福崖，下白垩统夹关组

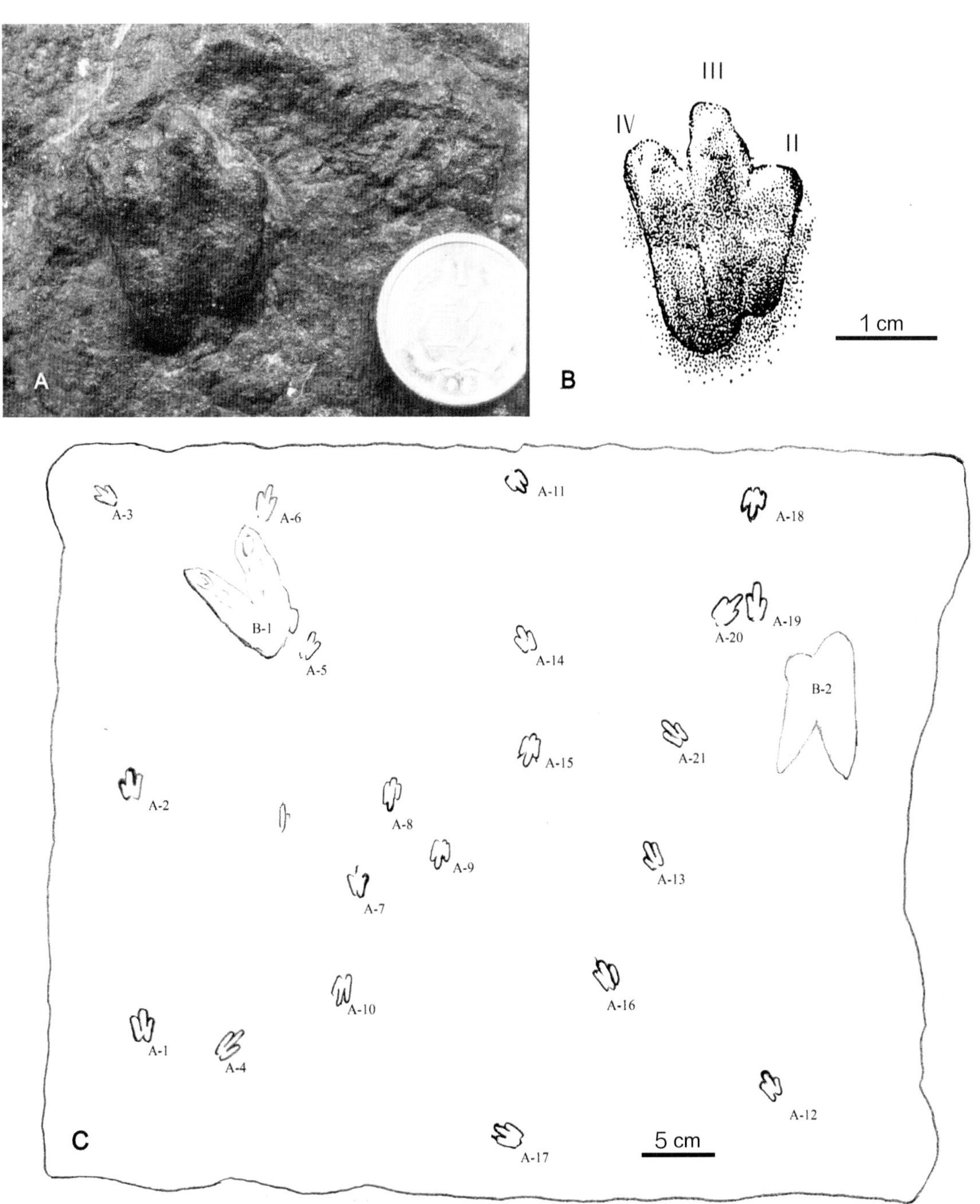

四川快盗龙足迹和川主小龙足迹照片及轮廓图（引自李建军，2015）

A 和 B 分别为正模足迹照片及轮廓图。

C 为石板足迹轮廓图，编号为 A 者是川主小龙足迹（*Minisauripus chuanzhuensis*），较清晰者共 21 枚；编号为 B 者是四川快盗龙足迹（*Velociraptorichnus sichuanensis*），仅有两枚。

四川峨眉县川主乡幸福崖，下白垩统夹关组

保存快盗龙足迹（*Velociratorichnus*）和小龙足迹（*Minisauripus*）的石板

白色箭头所指为四川快盗龙足迹（*V. sichuanensis*），黄色箭头所指为保存较好的川主小龙足迹（*M. chuanzhuensis*）。图中比例尺为 20 cm。

四川峨眉县川主乡幸福崖，下白垩统夹关组

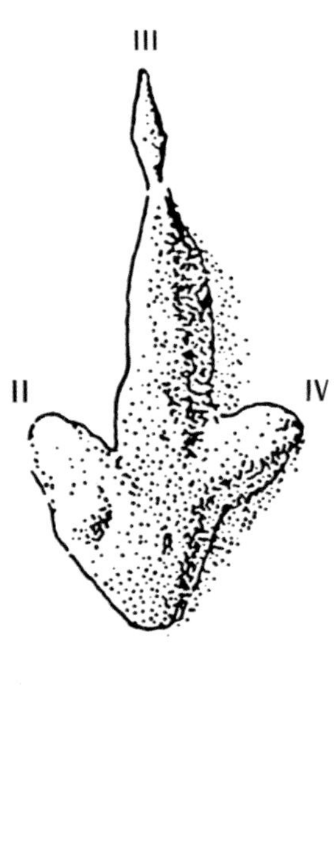

峨眉跷脚龙足迹（*Grallator emeiensis*）模式标本照片及轮廓图（引自 Zhen et al., 1994）

足迹为两足行走、三趾型。足迹个体很小，3 个趾的基部收拢，Ⅲ趾远端爪迹较长，爪迹尖锐。

足迹全长（包括爪迹）2.7 cm，其中爪迹长 0.5 cm。足迹最大宽为 1.6 cm，Ⅲ趾最长，中趾凸度小于 1。

单步长为 9.4 cm，复步长为 18.4 cm，复步角为 154°，足长与复步长之比为 1 : 6.8，行迹宽 2.1 cm。

足迹化石保存在红色砂岩层面上。

四川峨眉县川主乡幸福崖，下白垩统夹关组

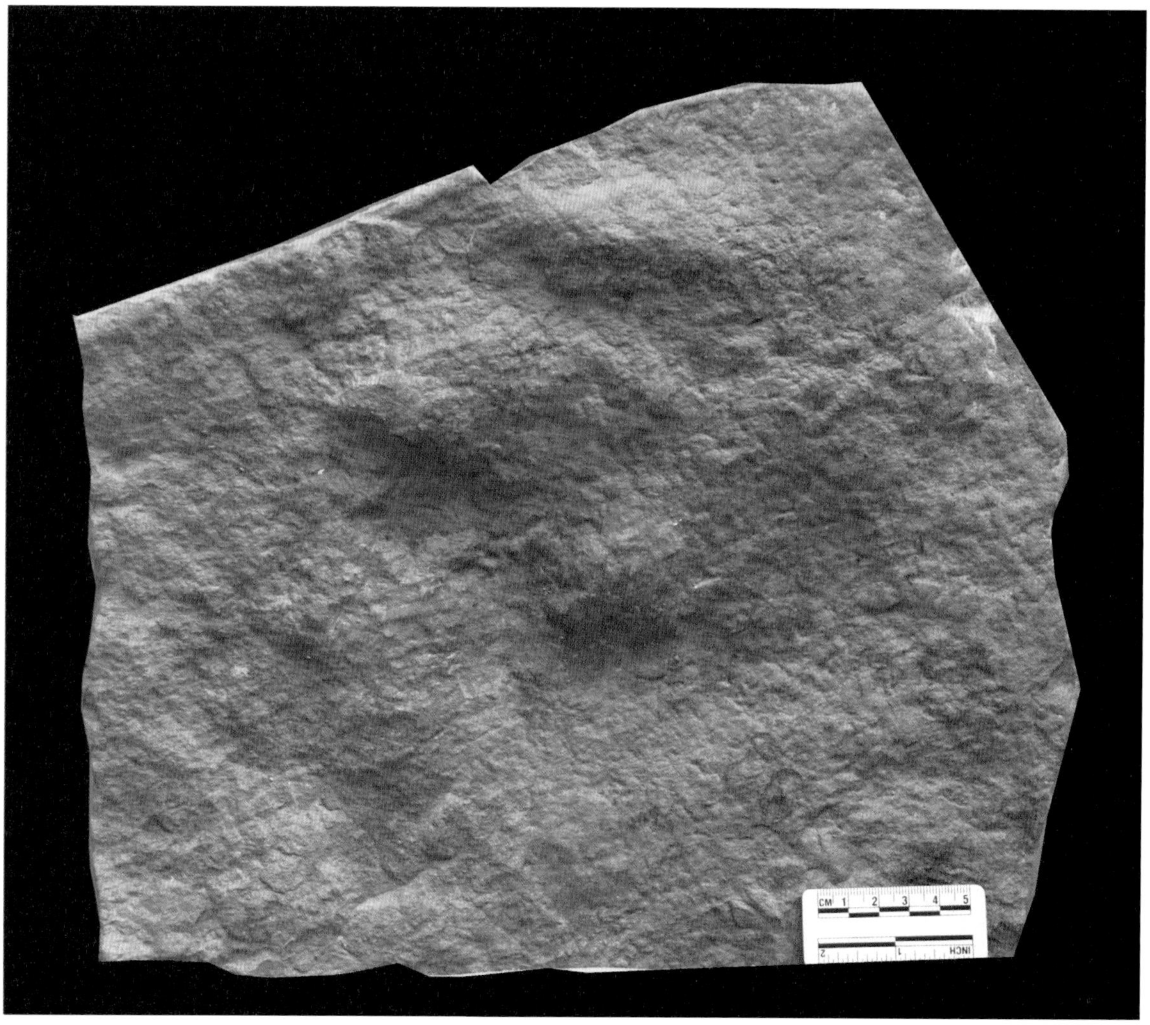

兽脚类足迹（未定属种）照片

足迹为上凸保存、三趾型，脚趾较粗，足迹长为 21.1 cm，最大宽度为 15.4 cm。Ⅱ趾长 14.7 cm，宽 3.7 cm；Ⅲ趾长 15 cm，宽 4.5 cm；Ⅳ趾长 16.5 cm，宽 3.7 cm；趾间角为Ⅱ 23° Ⅲ 31° Ⅳ。

Zhen 等（1994）曾将其命名为 *Iguanodon*，归入禽龙足迹，而后改名为幸福崖禽龙足迹（*Iguanodonopus xingfuensis*）。Lockley 等（2013）认为其为跷脚龙足迹（*Grallator*），应归入兽脚龙类。因其长度大于 15 cm，李建军（2015）则将其归入安琪龙足迹科，暂未定属种。

四川峨眉县川主乡幸福崖，下白垩统夹关组

中国韩国鸟足迹（*Koreanaornis sinensis*）照片及素描图（引自 Zhen et al.，1994）

其为小型二足行走足迹，足长为 3.1 cm，宽为 3.8 cm。3 个功能趾较为纤细，Ⅱ、Ⅳ趾趾间角大于 115°，Ⅳ趾长于Ⅱ趾，3 个趾中Ⅲ趾最长。每个趾末端具锐爪，无拇趾印迹，单步长为 8.8 cm。

Zhen 等（1994）认为峨眉地区下白垩统内的这两枚足迹为鸟类足迹，并建立新足迹属种中国水生鸟足迹（*Aquatilavipes sinensis*），但 Lockley 等（2008，2013）认为其与在韩国发现的咸宁韩国鸟足迹（*Koreanaornis hamanensis*）十分相似，故将二者合并为中国韩国鸟足迹（*Koreanaornis sinensis*）。

照片中比例尺为 2 cm。

四川峨眉县川主乡幸福崖，下白垩统夹关组

2.3.7 自贡贡井

自贡市贡井区的恐龙足迹发现于河街东岳庙后山。在约7 m^2的岩石层面上分布300多枚兽脚类恐龙足迹，地层层位为下侏罗统自流井组（彭光照，1997）。自贡博物馆对这批足迹进行采集，其中一块近似五边形的标本（此处称标本A）裂成5块；另一块长条形标本（此处称标本B）裂成两块。彭光照等对这批化石进行了初步研究，将其归入 *Grallator s-satoi*（彭光照等，2005；Peng et al.，2012）。2013年，该化石点经过清理，又发现蜥脚类恐龙足迹。2014年，邢立达等对这批化石做了进一步研究，也认为这些小型三趾型足迹应为跷脚龙足迹 *Grallator* 和嘉陵足迹 *Jialingpus*，而蜥脚类足迹可能为副雷龙足迹（*Parabrontopodus*）（Xing et al., 2014o）。

此外，在自贡市大安区大山铺镇中侏罗统下沙溪庙组发现与大型蜥脚类骨骼化石共生的四足动物潜穴化石，这是该类侏罗纪化石在中国的首次发现。足迹分为两段，可能是同一类生物的两个个体所形成，也可能是同一个体所形成。潜穴可能是在蜥脚类恐龙死亡后分解其遗骸的四足动物所形成（Xing et al.，2017j）。

河街标本 B 照片（彭光照提供）

蜥脚类恐龙足迹轮廓系根据 Xing et al.（2014o）改绘。

该标本保存了较多的小型三趾型足迹，足长范围为 4.8~14.6 cm，足宽范围为 4.2~9.7 cm，应为兽脚类恐龙之跷脚龙足迹（*Grallator*）。该标本还保存了 1 对较好的蜥脚类前足与后足的足迹（分别为 M 和 P）。所有足迹均呈下凹保存。蜥脚类恐龙前足迹较小，长为 19.8 cm，宽为 27.4 cm，长宽比值为 0.72，近圆形，蹠趾区后端凹进；后足迹呈卵圆形，宽 29 cm，距前足迹 7.6 cm，右侧突出的部位可能是趾迹。白色长箭头标示蜥脚类恐龙的运动方向。应该指出，标本中央部分的卵圆形印迹（黄色箭头所示）也可能是蜥脚类恐龙足迹，但不甚清晰，有待进一步研究

河街标本 A 的足迹化石照片（彭光照提供）

蜥脚类恐龙足迹轮廓系根据 Xing et al.（2014o）改绘。

该标本亦保存了较多的小型三趾型足迹和少量蜥脚类恐龙足迹，所有足迹均呈下凹保存。

小型三趾型足迹为兽脚类跷脚龙足迹（*Grallator*），点线圈内的足迹为疑似蜥脚类恐龙足迹（副雷龙足迹 *Parabrontopodus*）。考虑到该标本上的蜥脚类足迹很浅、无挤压脊，且不清晰，应为上部地层的蜥脚类足迹形成的幻迹。

四川自贡市贡井区河街，下侏罗统自流井组

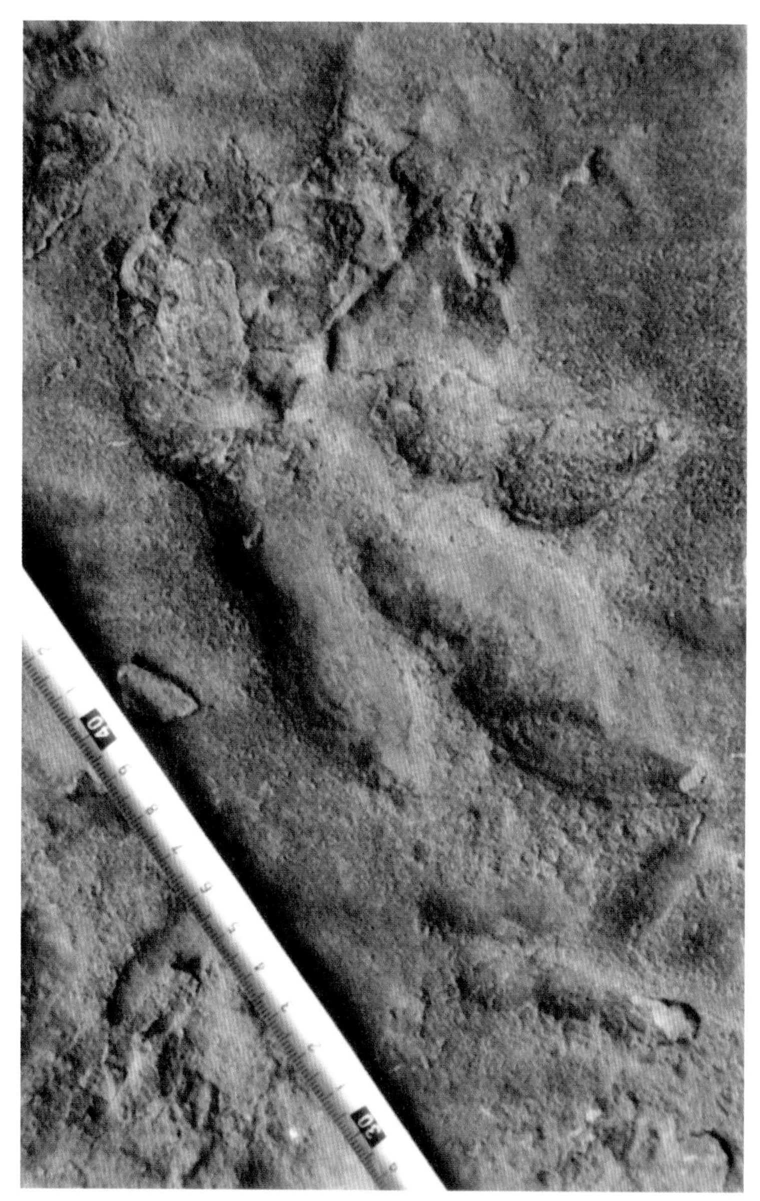

河街足迹点典型小型兽脚类足迹（*Grallator*）照片（彭光照提供）

该足迹长约 14.7 cm，几乎为河街发现的 A、B 两块标本中的最大兽脚类足迹，爪迹尖锐，趾垫清晰。

四川自贡市贡井区河街，下侏罗统自流井组

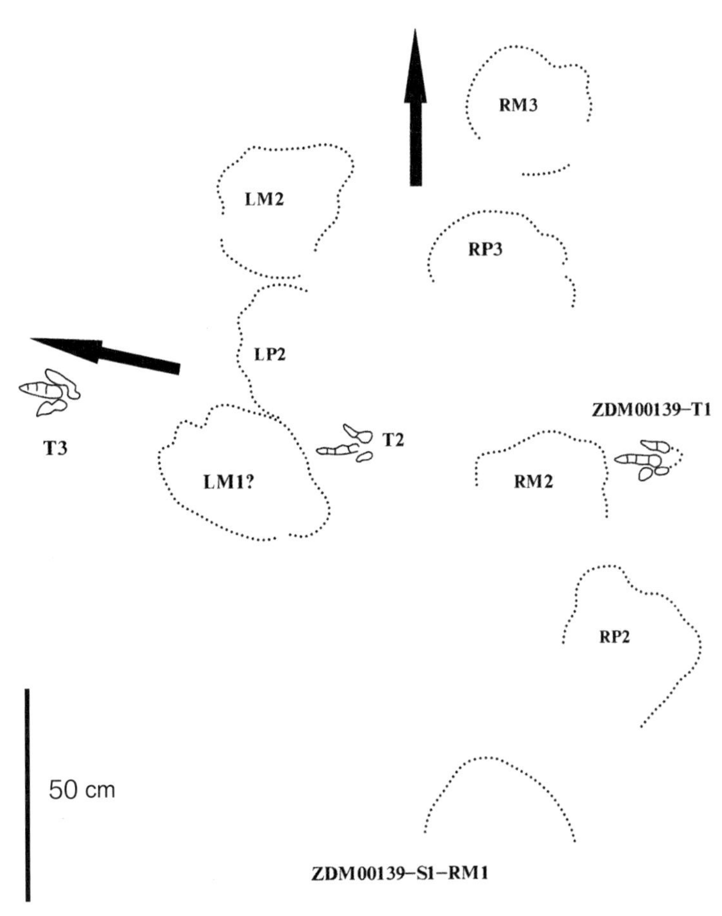

标本 A 上的蜥脚类足迹（cf. *Parabrontopodus*）轮廓图（引自 Xing et al，2014o）

图中至少有 1 条蜥脚类行迹和 1 条兽脚类行迹，编号分别为 ZDM00139–S1 和 ZDM00139–T1。

蜥脚类行迹的前、后足迹欠规则，且不太清晰，可能有未保存的足迹。其中，LM 为左前足迹，RM 为右前足迹，LP 为左后足迹，RP 为右后足迹。

兽脚类足迹由 T1、T2、T3 等 3 个足迹构成，足迹轮廓清晰，趾垫十分发育。

箭头标示行迹的方向。

四川自贡市贡井区河街，下侏罗统自流井组

2.3.8 天全

据王全伟等（2005）报道，在四川省天全县县城以北2 km的青衣江右岸发现恐龙足迹，地层为上三叠统须家河组。足迹共有两枚，上凸保存，为连续的三趾型足迹，形成1个单步。足迹为趾行式，趾端具爪，足迹长为11 cm，足迹宽为10 cm，单步长为30 cm。足迹中Ⅲ趾平直，Ⅱ、Ⅳ趾呈弯曲状，趾间角较大（Ⅱ 68° Ⅲ 66° Ⅳ），应归入卡岩塔足迹（*Kayentapus*）。其形态与*Kayentapus hailiutuensis*相似，但个体小，归入未定种（李建军，2015）。但Xing et al.（2013c）认为天全发现的这两枚三叠纪晚期的兽脚类足迹归入*Kayentapus*理由不充分，主要根据在于足迹趾垫不清晰，仅在Ⅲ趾上存在趾垫；另外，趾间角过大，且三叠纪地层中很少见*Kayentapus*，故应将其归入兽脚类足迹未定类型。本书暂将其归入卡岩塔足迹未定种。

实际上，1989年，成都理工大学博物馆曾在四川天全县的同一地点采集过一批足迹化石（王全伟等，2005），但未见报道。尽管足迹只有两枚，但也是我国迄今发现的最古老的兽脚类恐龙足迹之一。

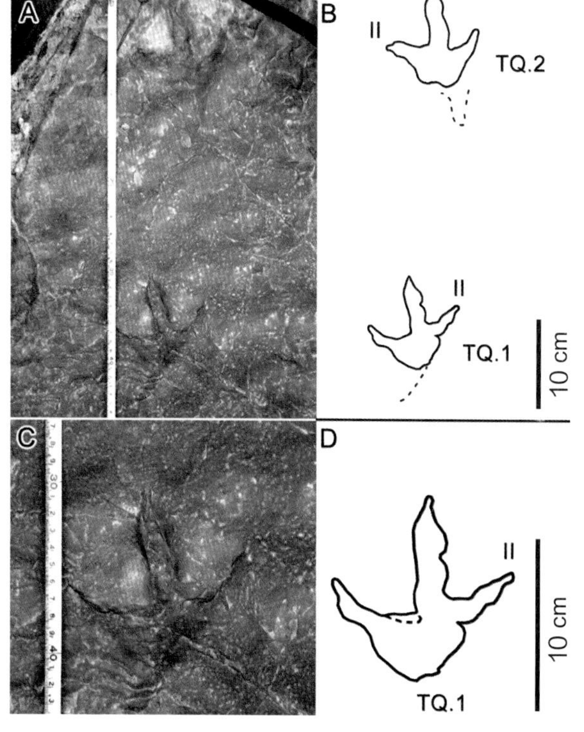

四川天全卡岩塔足迹未定种（*Kayetapus* isp.）足迹照片及轮廓图（引自 Xing et al.，2013c）

C和D分别为第1个足迹（TQ.1）的放大照片及轮廓图，罗马数字为趾编号。

四川天全县县城以北青衣江右岸，上三叠统须家河组

2.3.9 威远

1985年，自贡恐龙博物馆在威远县荣胜乡的下侏罗统珍珠冲组地层中采集了6枚兽脚类恐龙足迹，后来被高玉辉（2007）命名为自贡威远足迹（*Weiyuanpus zigongensis*）（叶勇等，2012）。

关于自贡威远足迹（*Weiyuanpus zigongensis*）的命名存在争议。甄朔南等（1996）认为其与在美国康涅狄克上三叠统内发现的巨型实雷龙足迹（*Eubrontes giganteus*）类似。Lockley 和 Matsukawa（2009）认为威远足迹属（*Weiyuanpus*）应归于实雷龙足迹属（*Eubrontes*）。Lockley 等（2013）将其保留种名，并入足迹属 *Eubrontes*。邢立达等（Xing et al., 2014p）对自贡威远足迹进行重新研究，发现组成行迹的6个足迹中有1个保存有指向中前方的拇趾印迹，认为其形态特征独特，与 *Eubrones* 其他种均不相同。另外，自贡实雷龙足迹（*Eubrontes zigongensis*）是实雷龙足迹中保存最好的足迹之一。

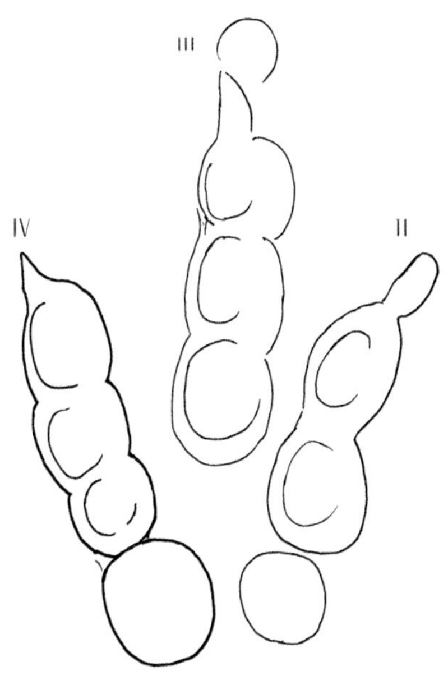

自贡实雷龙足迹（*Eubrontes zigongensis*）照片及轮廓图（轮廓图引自 Lockley et Matsukawa，2009）

足迹为两足行走、半蹠行式、三趾型。其个体较大，足迹长 41~43 cm，宽 31~33 cm；Ⅱ趾和Ⅳ趾之蹠趾垫清晰，爪迹明显，趾间角为Ⅱ 23° Ⅲ 26° Ⅳ；Ⅲ趾长于两侧趾。

四川威远县荣胜乡老鸭坡，下侏罗统珍珠冲组

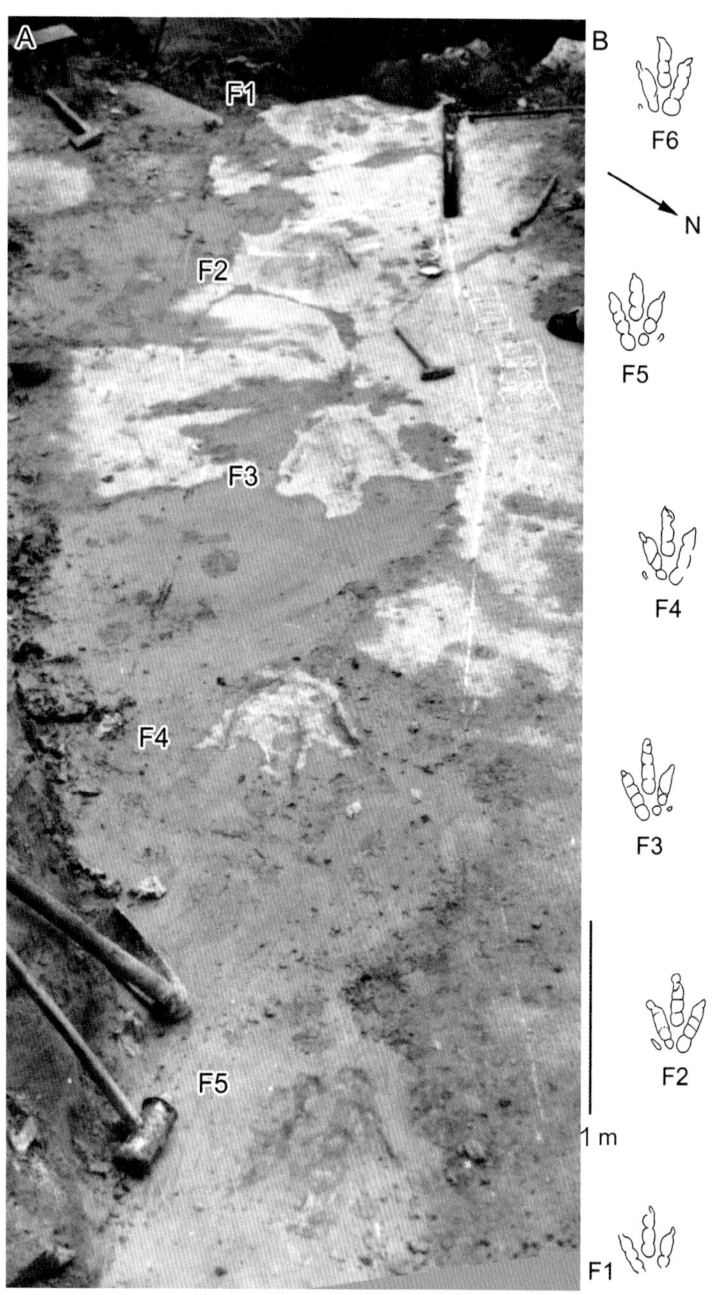

自贡实雷龙足迹（*Eubrontes zigongensis*）行迹照片及轮廓图（引自 Xing et al., 2014p）

行迹方向由远而近。

四川威远县荣胜乡老鸭坡，下侏罗统珍珠冲组

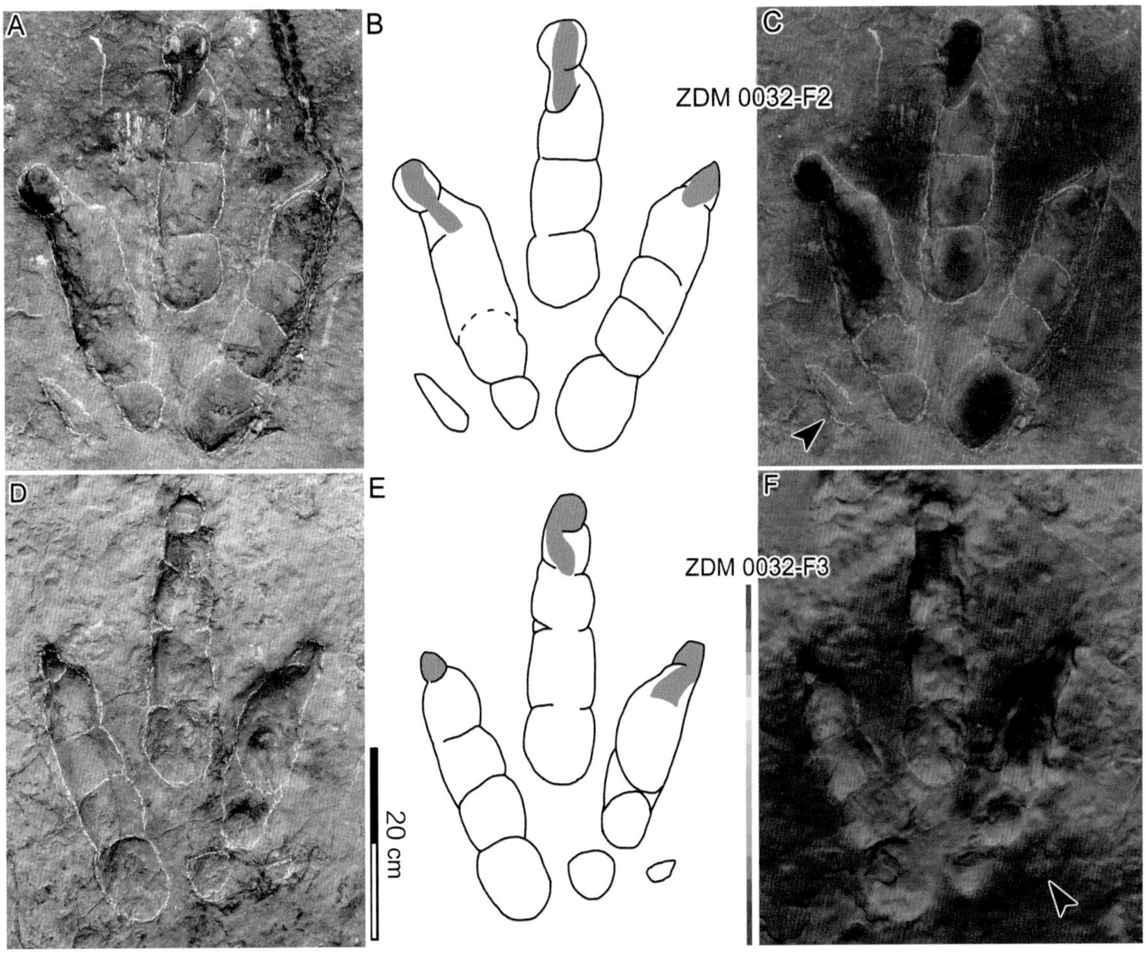

自贡实雷龙足迹（*E. zigongensis*）行迹 F2 与 F3 的照片、轮廓图及 3D 图像（引自 Xing et al., 2014p）

足迹保存有部分拇趾的印迹（如箭头所指），F2 的拇趾印迹较长，F3 的拇趾印迹较短。

足迹趾垫异常发育，十分清晰，轮廓图中指尖的灰色部分可能为爪迹。

四川威远县荣胜乡老鸭坡，下侏罗统珍珠冲组

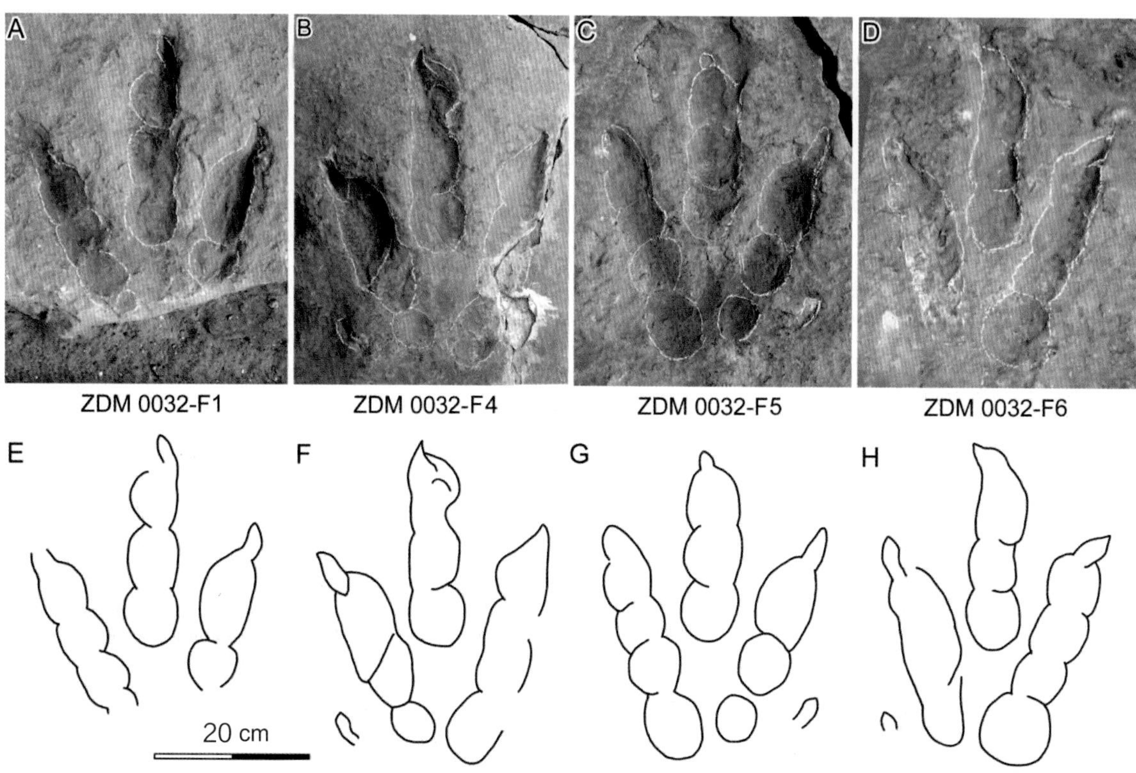

自贡实雷龙足迹（*E. zigongensis*）行迹中足迹 F1、F4–F6 照片及轮廓图（引自 Xing et al., 2014p）

四川威远县荣胜乡老鸭坡，下侏罗统珍珠冲组

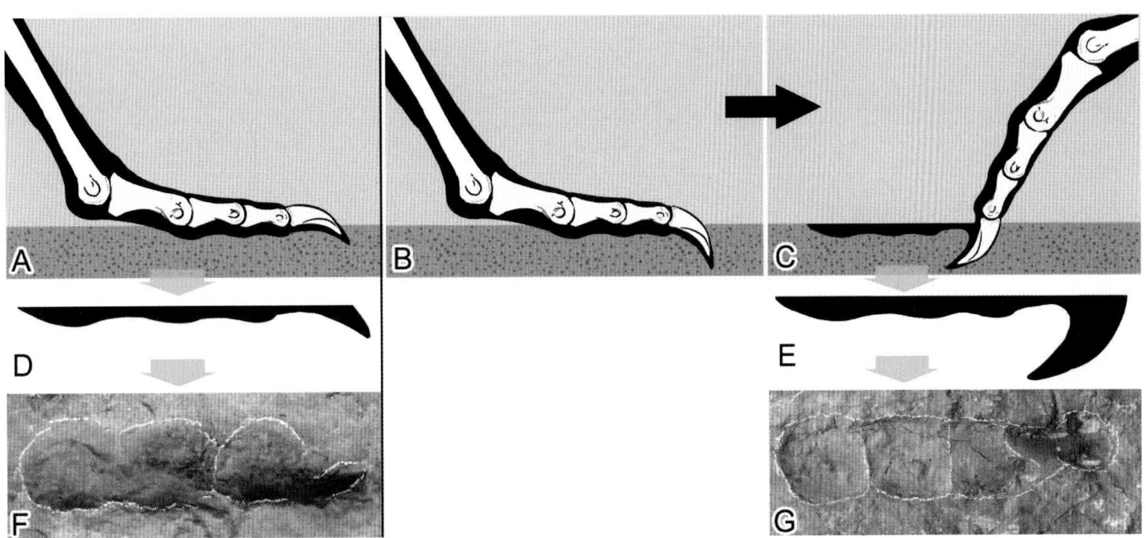

实雷龙足迹（*E. zigongensis*）爪的弯曲方式和爪迹的形成示意图（引自 Xing et al., 2014p）

A. 造迹恐龙形成的普通印迹；B. 爪插入沉积物较深；C. 爪从沉积物中拔出；D.A 中足迹的放大；E. 图 C 中足迹的放大；F. 威远行迹中 F1 的Ⅲ趾印迹，对应于 A 和 D 的印迹；G. 威远行迹中 F2 的印迹，对应 C 和 E 的印迹

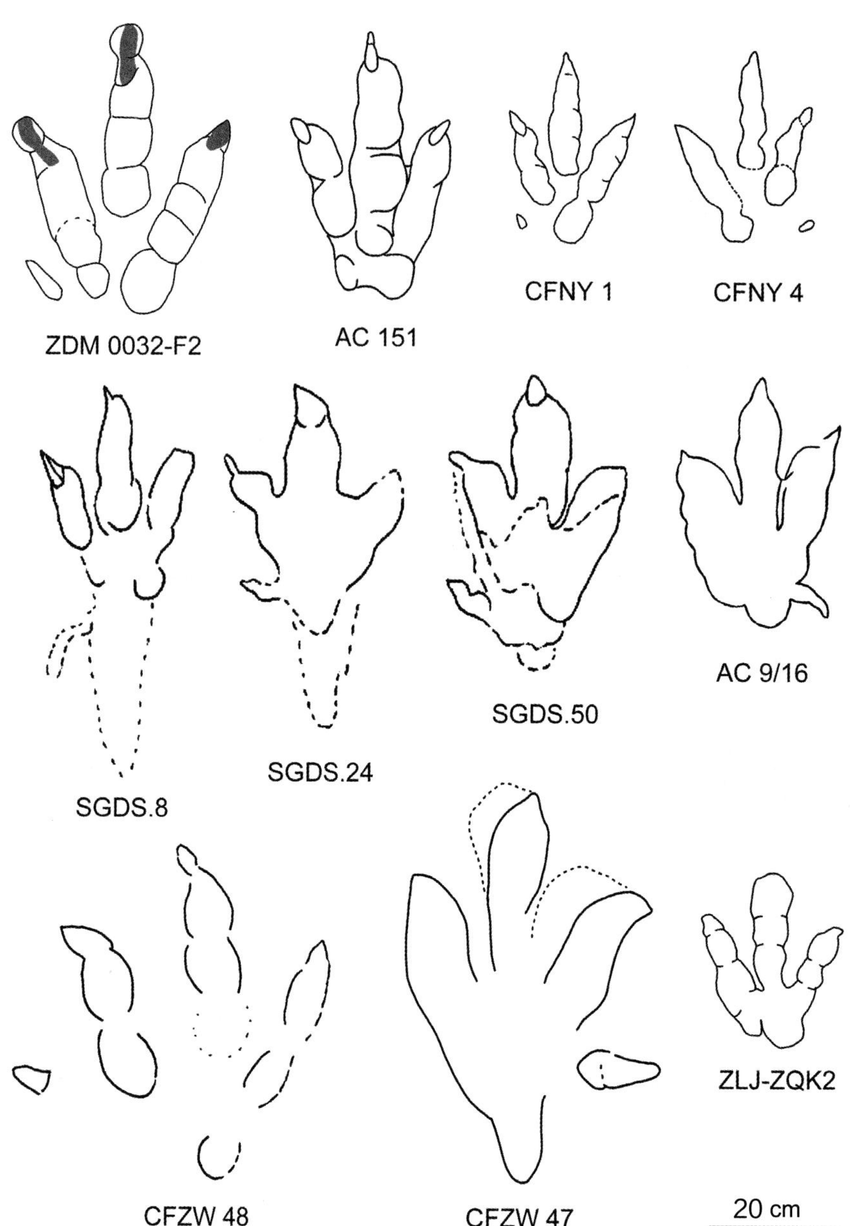

中国和北美下中侏罗统兽脚类恐龙足迹对比（引自 Xing et al., 2014p）

ZDM 0032–F2：*Eubrontes zigongensis*（中国四川威远下侏罗统）；

AC 151：*Eubrontes giganteus*（美国马萨诸塞州下侏罗统）；

CFNY1 和 CFNY4：*Chongqingpus nananensis*（中国重庆上侏罗统）；

SGDS.8、SGDS.24 和 SGDS.50：具有拇指印迹的 *Eubrontes*（美国犹他州下侏罗统）；

AC9/16：*Gigandipus caudatus*（美国康涅狄格州下侏罗统）；

CFZW48 和 CFZW47：*Gigandipus hei*（中国四川自贡中侏罗统）；

ZLJ–ZQK2：*Eubrontes pareschequier*（中国云南下侏罗统）

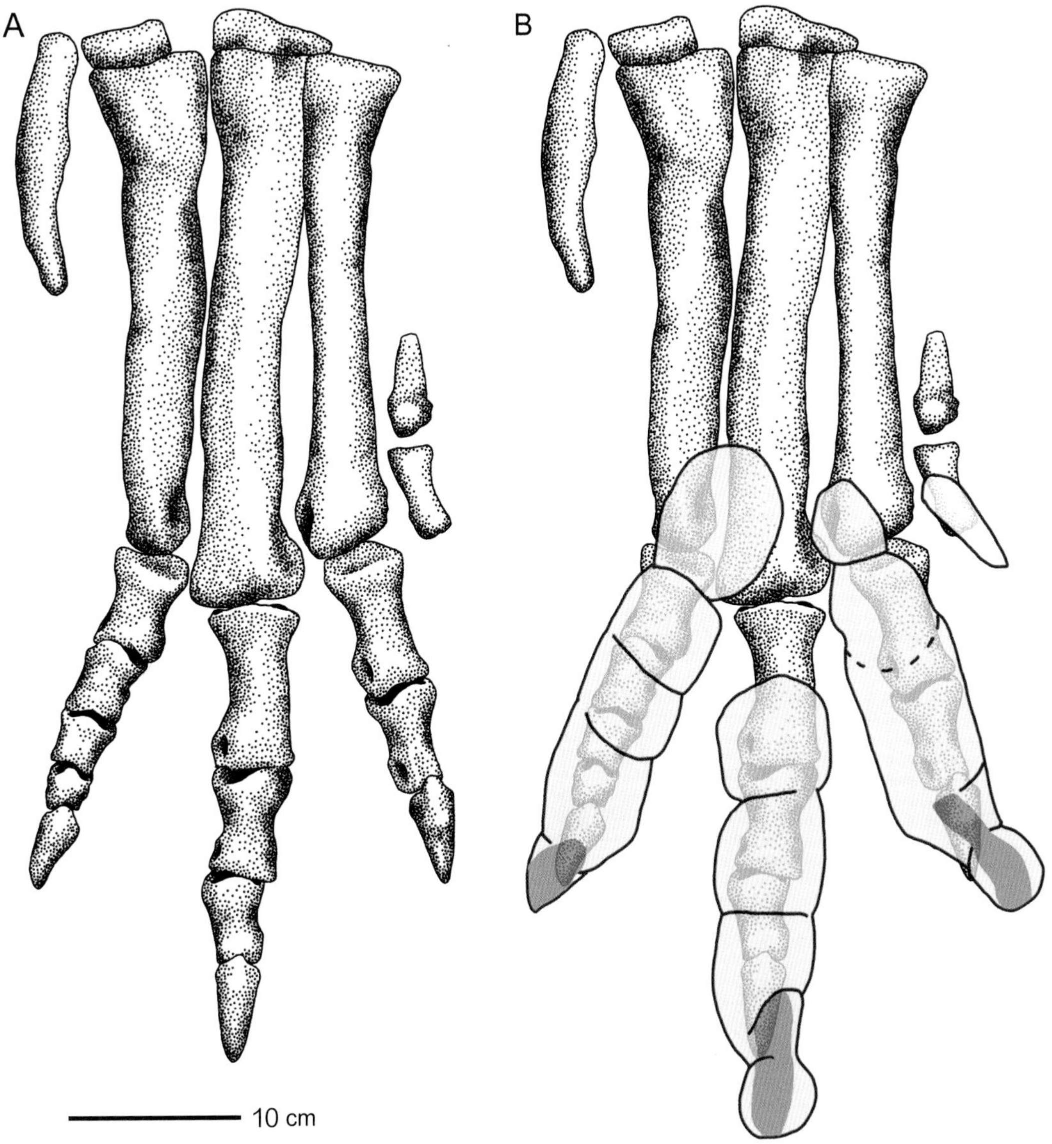

恐龙足部骨骼（A）与自贡实雷龙足迹（*E. zigongensis*）（B）的叠加图（引自 Xing et al., 2014p）

A. 用以叠加足部骨骼的恐龙为三叠中国龙（*Sinosaurus triassicus*）（LDM－L10）；

B. 自贡实雷龙足迹为行迹中的第 2 个足迹（ZDM 0032–F2）

2.3.10 昭觉

四川昭觉县的恐龙足迹十分丰富，化石点较多，主要分布于三叉河乡、央摩祖乡、解放乡、博洛乡等地（曹俊等，2016），化石层位为下白垩统飞天山组。刘建等（2009）最早报道了在三叉河乡三比罗嘎村下白垩统飞天山组紫红色粉砂岩层面上发现的上千个恐龙足迹，并识别出其中的翼龙足迹，认为其中的蜥脚类足迹与云南楚雄苍岭的蜥脚类苍岭雷龙足迹（*Brontopodus changlingensis*）相同。之后，邢立达等对昭觉的恐龙足迹进行系统研究（Xing et al., 2013i, 2014g, 2014i, 2015e, 2015r, 2016m），其主要研究成果包括：在三叉河乡的三比罗嘎发现中国第1例确凿的兽脚类恐龙游泳迹——抓迹（*Characichnos*），建立了兽脚类的1个新足迹种——徐氏暹罗足迹（*Siamopodus xui*），发现小型鸟脚类恐龙足迹——鸟脚龙足迹（*Ornithopodichnus*）的行迹等。

（1）三叉河乡

三叉河乡的足迹化石主要分布在三比罗嘎区，足迹点包括一号点、二号点及与其相邻的北二号点。1991年9月，在采矿过程中，昭觉县三岔河乡三比罗嘎区暴露出约1 500 m^2的含恐龙足迹层面，揭开了该地恐龙足迹发现的序幕。2006年2月，成都理工大学研究团队考察三叉河乡足迹点，并发表初步研究成果（刘建等，2009）。遗憾的是，2006—2009年，由于持续采矿活动导致的山体滑坡使足迹岩面发生严重坍塌，超过95%的足迹被毁坏，这对中国恐龙足迹研究是最惨重的损失（曹俊等，2016）。

三比罗嘎区一号点的恐龙足迹展示出较强的多样性，足迹类型包括蜥脚类、小型和中型兽脚类、翼龙类及可能的大型鸟脚类（Xing et al., 2015e）。其中，蜥脚类属于雷龙足迹（*Brontopodus*）类型，可能为中等体型的巨龙型类造迹者所留。兽脚类行迹由小型和中等体型的造迹者遗留，足迹形态与跷脚龙足迹（*Grallator*）和实雷龙足迹（*Eubrontes*）相似。带有钝趾的大型三趾型足迹暂时归入鸟脚类足迹中的卡利尔足迹（*Caririchnium*）类，翼龙类足迹归入翼龙足迹（*Pteraichnus*）。该足迹点证实了大型鸟脚类在内陆环境频繁出现，且与蜥脚类在内陆环境中共存的现象，从而进一步说明两者具有较高的生态学适应性。

二号和北二号足迹点的面积约1 000 m^2，恐龙足迹类型丰富。造迹者至少包括蜥脚类、鸟脚类和兽脚类，其中鸟脚类足迹数量最多，蜥脚类也较丰富。蜥脚类足迹被归入常见的

Brontopodus，造迹者可能属于巨龙型类。鸟脚类中的大中型鸟脚类足迹*Caririchnium*，其造迹者为四足或兼两足动物。鸟脚类中的小型鸟脚类足迹（长和宽分别为13 cm和15 cm）被归入*Ornithopodichnus*，且6个足迹组成1条行迹（Xing et al., 2014g）。兽脚类足迹*Grallator*，*Eubrontes/Irenesauripus*（和平河足迹）形态类型和徐氏暹罗足迹（*Siamopodus xui*）同时出现，表明当地兽脚类具有较强的多样性。在二号点还发现中国第1例确凿的兽脚类游泳迹——抓迹（*Characichnos*）。这些游泳迹有助于证明非鸟脚类可以进入一定深度的水中活动或觅食。在游泳迹的同一层面还保存有典型的蜥脚类行迹*Brontopodus*，该行迹与兽脚类游泳迹相当接近，可能暗示某种关联性（曹俊等，2016）。

三比罗嘎二号点（局部）足迹化石露头照片

兽脚类游泳迹（b）与蜥脚类行迹（a）相邻共生，层面上还发育有众多的其他类型恐龙足迹。

四川昭觉县三岔河乡，下白垩统飞天山组

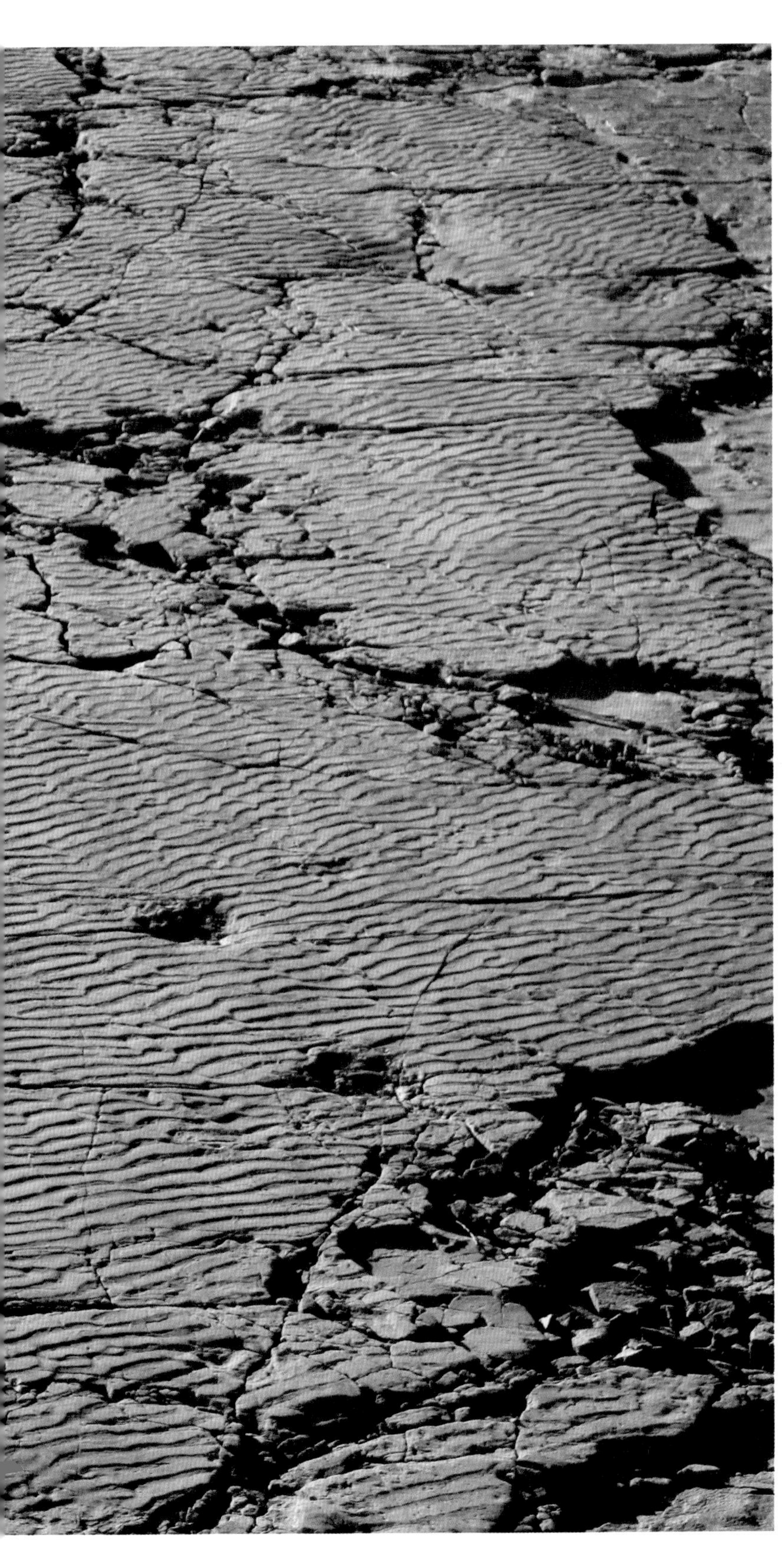

三比罗嘎二号点（局部）露头照片
层面上可见1条至少由10枚足迹构成的行迹。层面上流水波痕十分发育，水流方向自左上方至右下方。四川昭觉县三岔河乡，下白垩统飞天山组

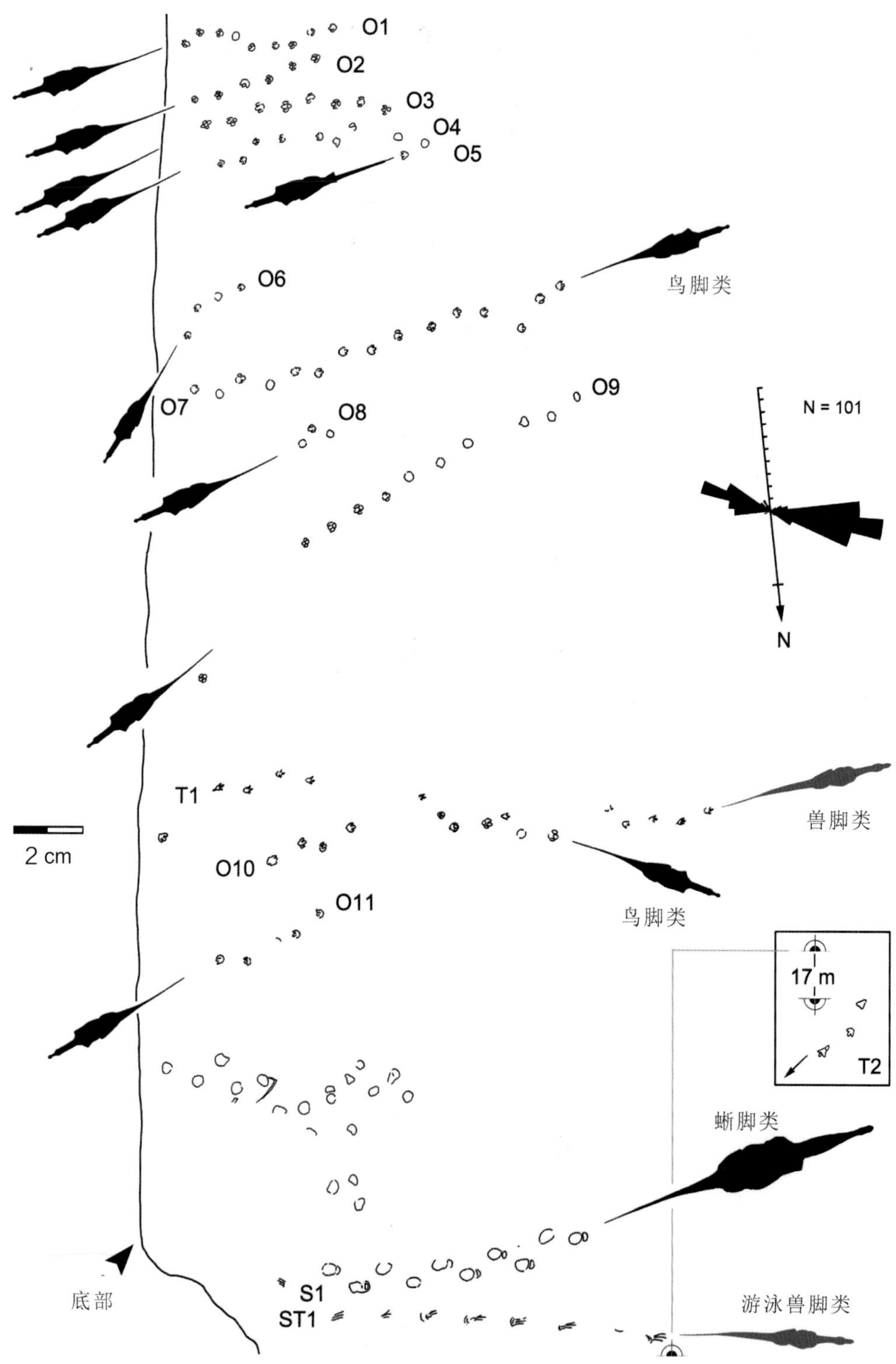

三比罗嘎二号点的蜥脚类、鸟脚类、兽脚类足迹及行迹分布（引自 Xing et al.，2014i）

O1–11 为鸟脚类行迹，S1 为蜥脚类行迹，ST1 为兽脚类游泳迹，T1 为兽脚类行迹。

四川昭觉县三岔河乡，下白垩统飞天山组

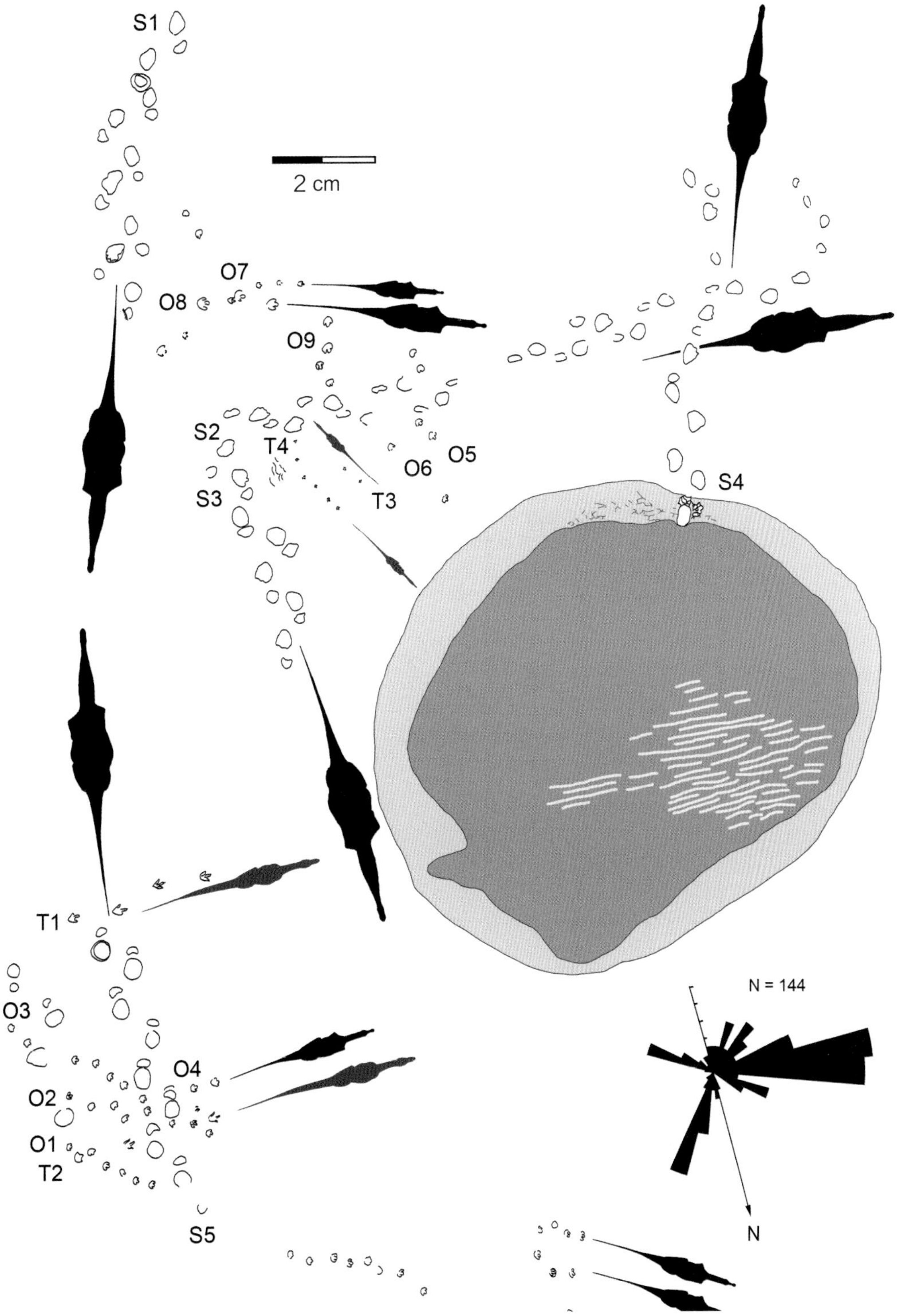

三比罗嘎北二号点的蜥脚类、鸟脚类及兽脚类恐龙足迹层面分布（引自 Xing et al.，2014i）

中央偏右的大圆圈区代表上部剥蚀层位的残留层。

四川昭觉县三岔河乡，下白垩统飞天山组

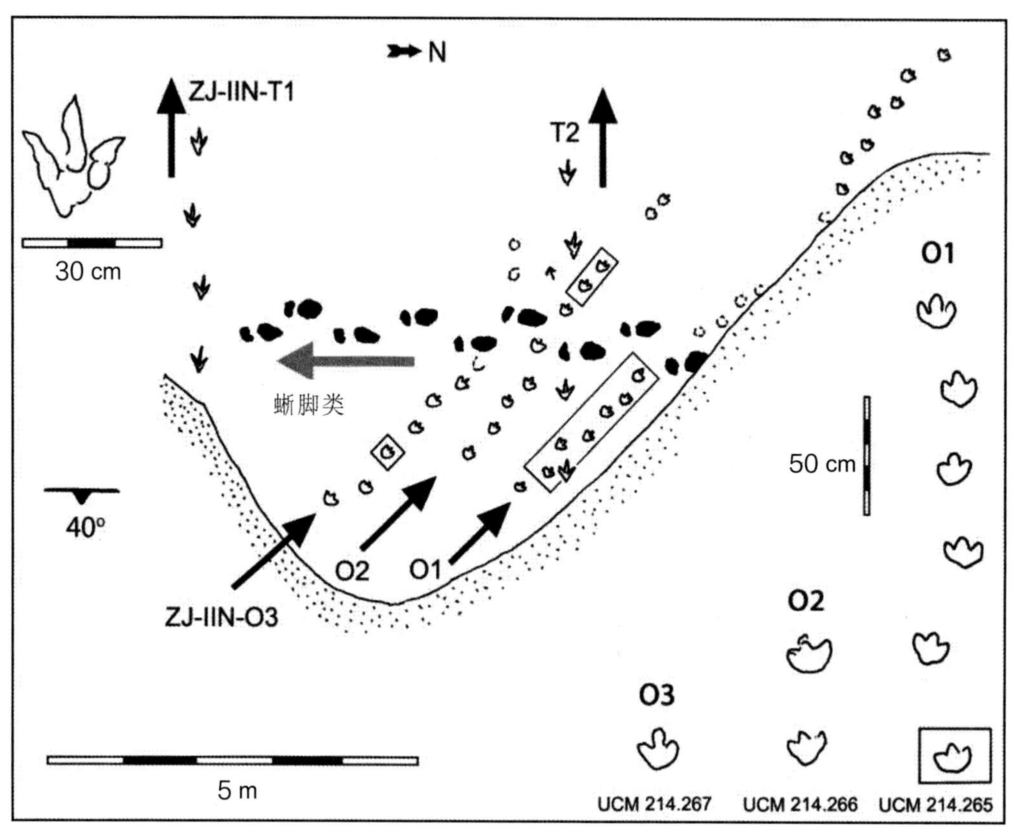

北二号点各类行迹的层面分布轮廓图（引自 Xing et al., 2014g）

层面上有兽脚类、蜥脚类、鸟脚类 3 类行迹，其中兽脚类行迹为 2 条（T1、T2），蜥脚类行迹为 1 条，鸟脚类行迹（*Ornithopodichnus*）为 3 条（编号分别为 O1、O2、O3）。右下方的 3 条鸟脚类足迹为图中央带方框足迹的放大图。

从蜥脚类足迹踩踏鸟脚类行迹 O3 判断，前者形成时间略晚于后者。

带方框的足迹均已制作模型。

四川昭觉县三岔河乡三比罗嘎，下白垩统飞天山组

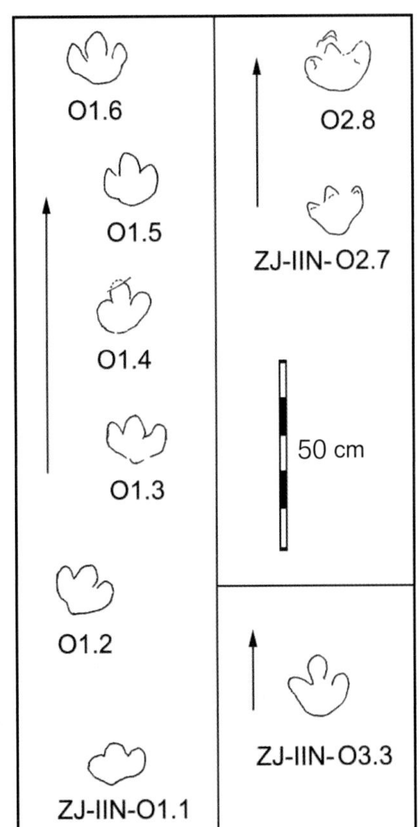

乌脚龙足迹未定种（*Ornithopodichnus* isp.）行迹轮廓图（引自 Xing et al.，2014g）

该足迹系小型鸟脚类恐龙的行迹，足迹长平均为 12.97 cm，宽平均为 15.3 cm，长宽比值为 0.83。

四川昭觉县三岔河乡三比罗嘎北二号点，下白垩统飞天山组

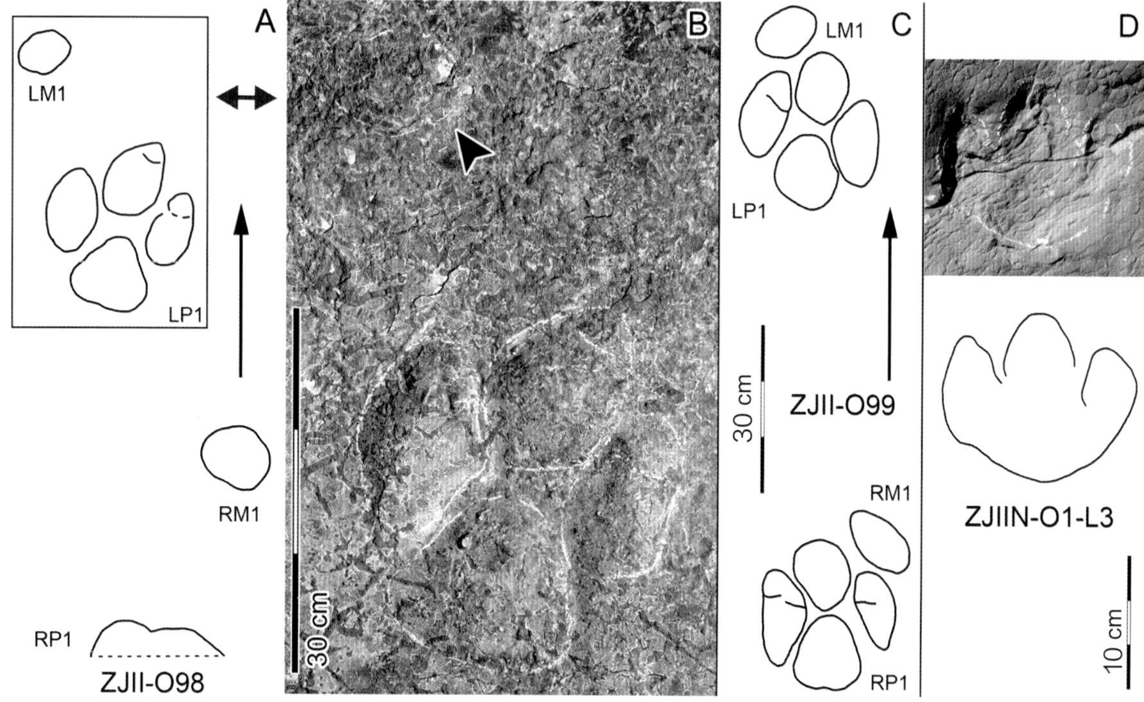

大型鸟脚类足迹（cf. *Caririchnium*）照片及轮廓图（引自 Xing et al.，2014i）

足迹较大，后足迹呈四分形（quadripartite），前足迹呈卵圆状，后足长 20~30 cm，长宽比值为 1.3。

A 和 B 为 1 对前、后足足迹，B 中箭头指向前足足迹，足迹产于三比罗嘎二号点。

D 为用以对比的小型鸟脚龙足迹（*Ornithopodichnus*），产于三比罗嘎北二号点。

ZJII 为昭觉二号点，ZJIIN 为昭觉北二号点。

四川昭觉县三岔河乡三比罗嘎二号点和北二号点，下白垩统飞天山组

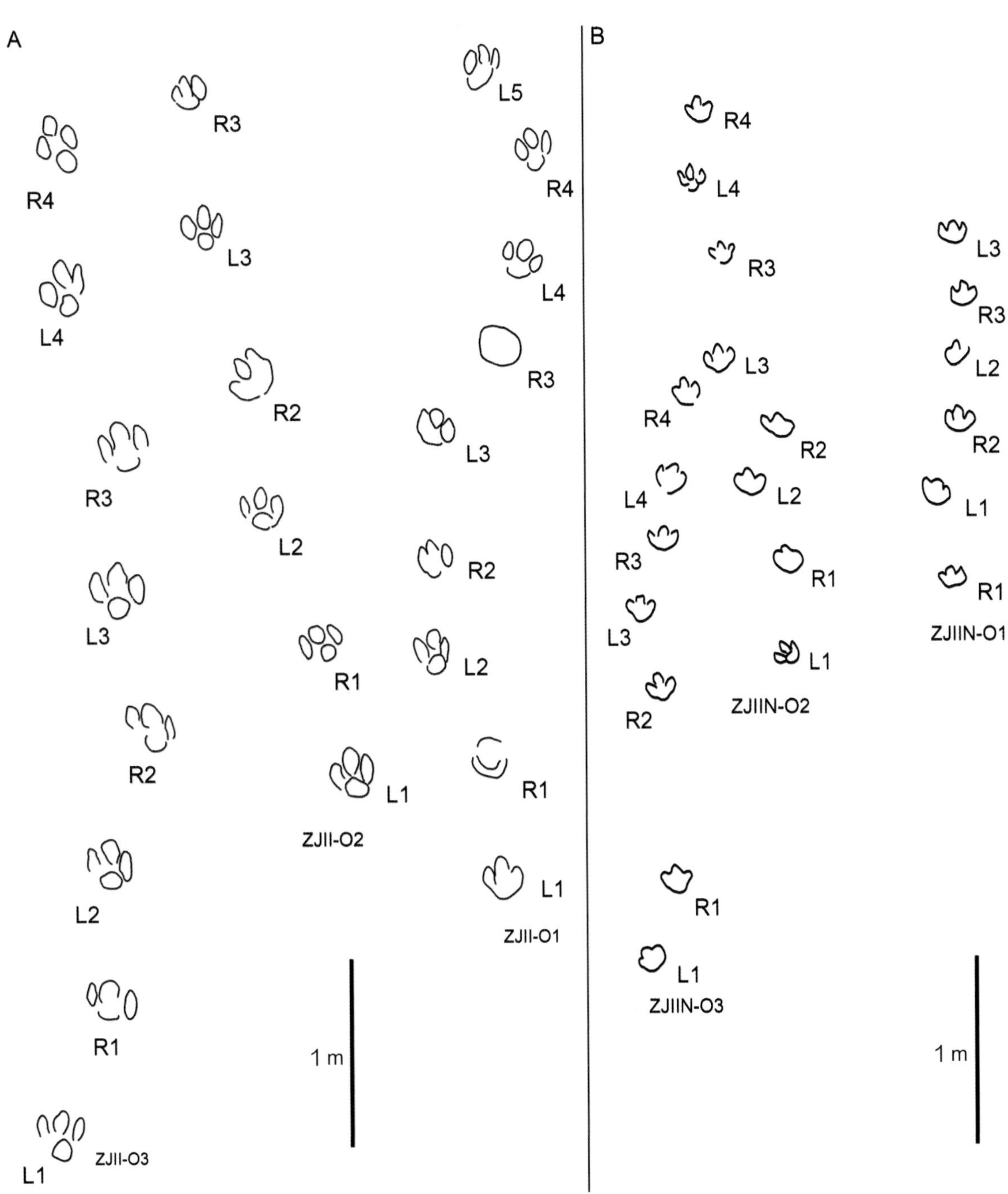

二号点和北二号点的鸟脚类行迹（A、B）轮廓图（引自 Xing et al.，2014i）

四川昭觉县三岔河乡三比罗嘎，下白垩统飞天山组

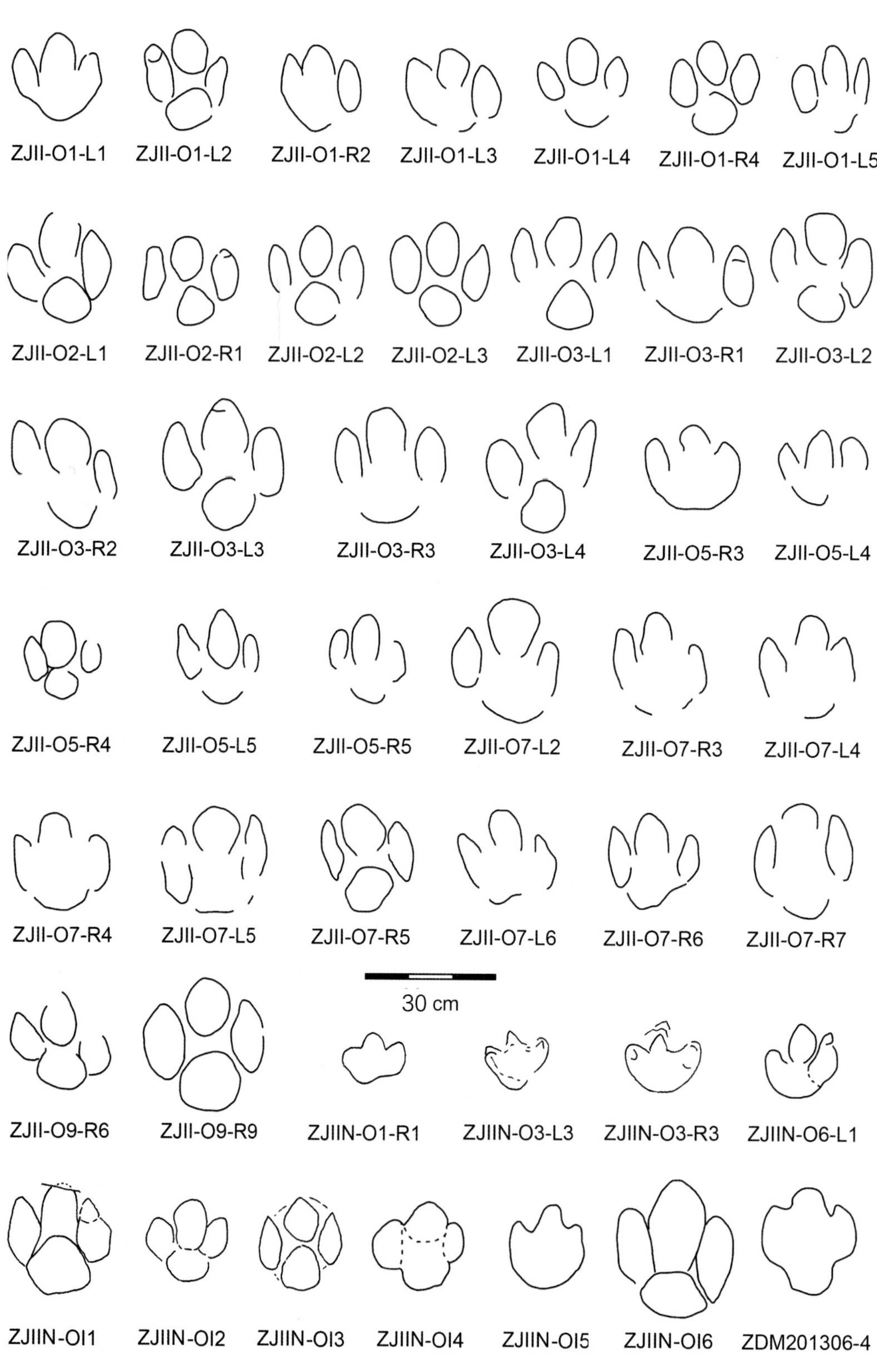

三比罗嘎二号点和北二号点的鸟脚类足迹轮廓图（引自 Xing et al.，2014i）

四川昭觉县三岔河乡，下白垩统飞天山组

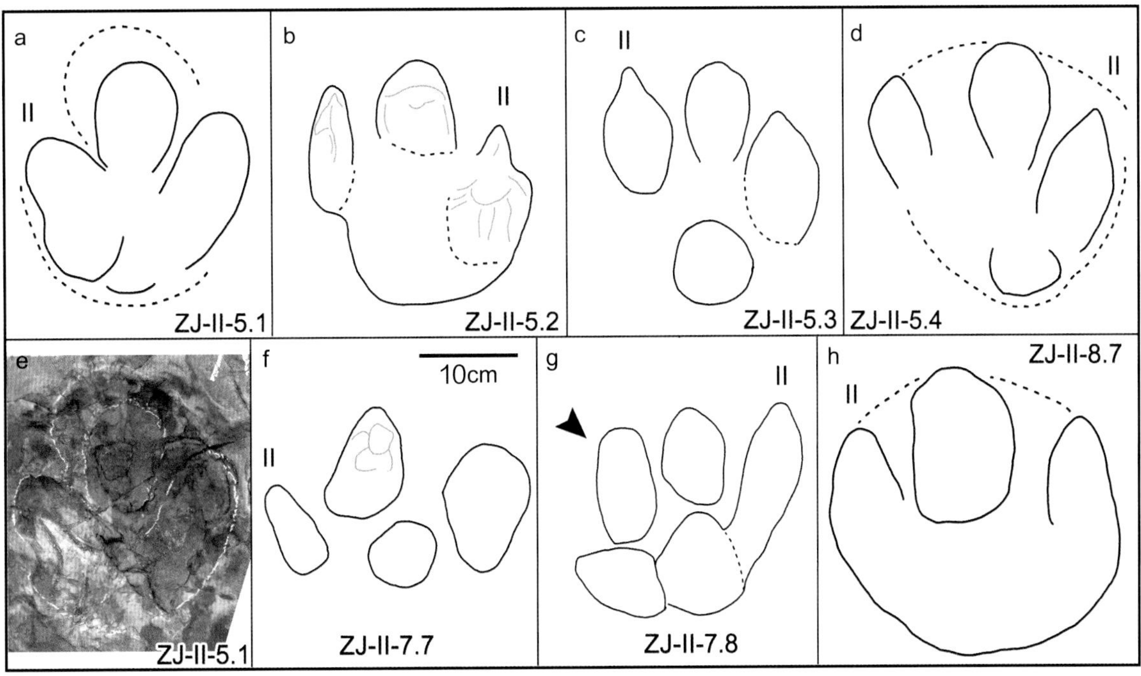

鸟脚类行迹（ZJ–II–5）各足迹照片及轮廓图（引自 Xing et al.，2013j）

该行迹由 4 个足迹构成，长宽比值为 1.32∶1，足迹长大于足迹宽，其中 ZJ–II–5.1（a 和 e）保存最好。ZJ–II–7.7、ZJ–II–7.8 和 ZJ–II–8.7 是同一地点产出的其他鸟脚类足迹，在此用以对比，可以看出它们严重变形。

ZJ–II–7.8 后足 III、IV 趾迹呈卵圆形或近似方形，可能是前足迹。

ZJ–II–8.7 则类似鸟脚类足迹，足迹很浅，恰巧踩在一个圆坑之上。

四川昭觉县三岔河乡三比罗嘎二号点，下白垩统飞天山组

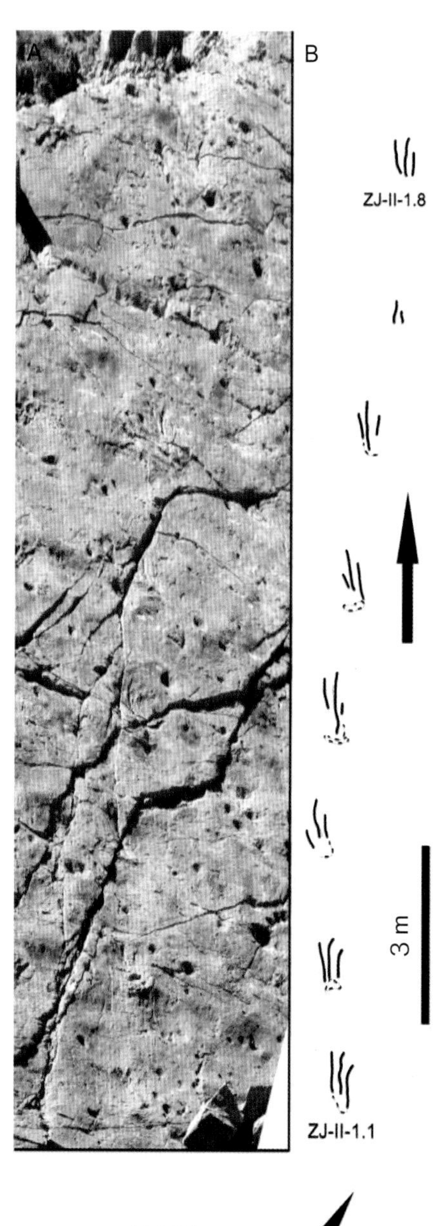

中国首例兽脚类恐龙游泳行迹（ZJ－Ⅱ－1.1）照片及轮廓图（引自 Xing et al., 2014i）

1 条兽脚类恐龙游泳迹由 8 枚三趾型爪迹组成，箭头标示为恐龙运动方向。

ZJ－Ⅱ－2.1 可能是另一条游泳迹中的 1 个足印。

注意：轮廓图仅表示足迹的总体分布状态，而非单个足迹间的真实距离。

四川昭觉县三岔河乡三比罗嘎二号点，下白垩统飞天山组

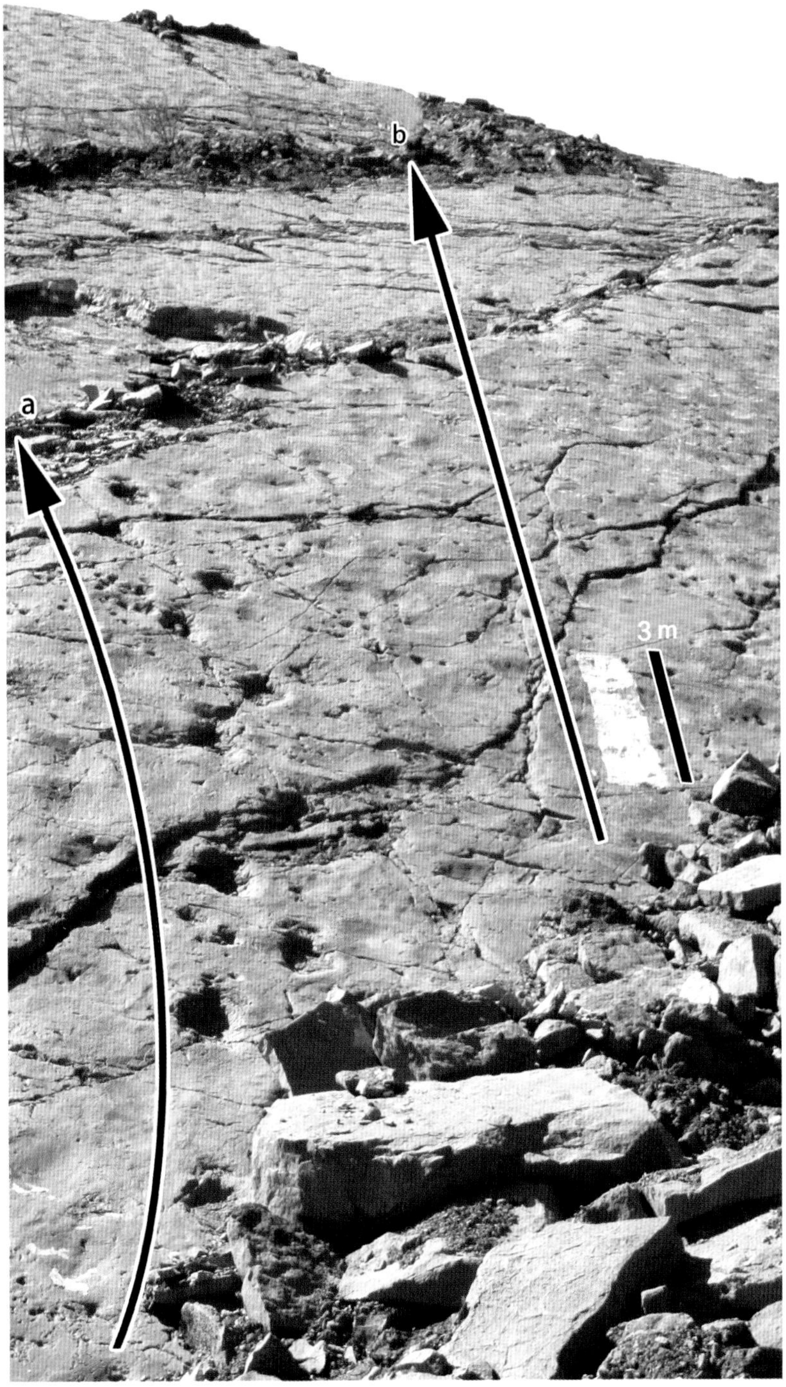

蜥脚类行迹（a）紧挨着兽脚类游泳迹（b）（引自 Xing et al., 2013i）

1 条蜥脚类雷龙足迹（*Brontopodus*）的行迹（a，编号为 ZJ-Ⅱ-4）与兽脚类游泳迹（b）相邻共生，它由 12 枚足迹组成。

四川昭觉县三岔河乡三比罗嘎二号点，下白垩统飞天山组

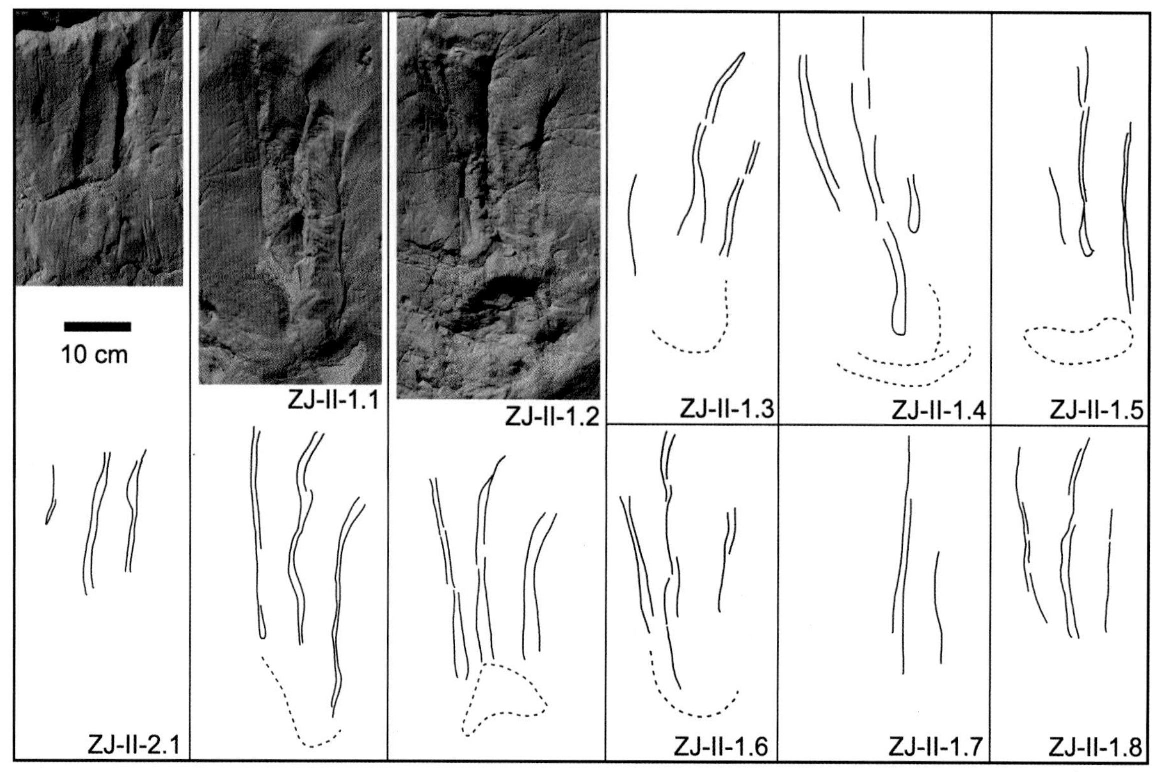

中国首例兽脚类恐龙游泳迹——抓迹（*Characichnos*）照片及轮廓图（引自 Xing et al., 2013i）

四川昭觉县三岔河乡三比罗嘎二号点，下白垩统飞天山组

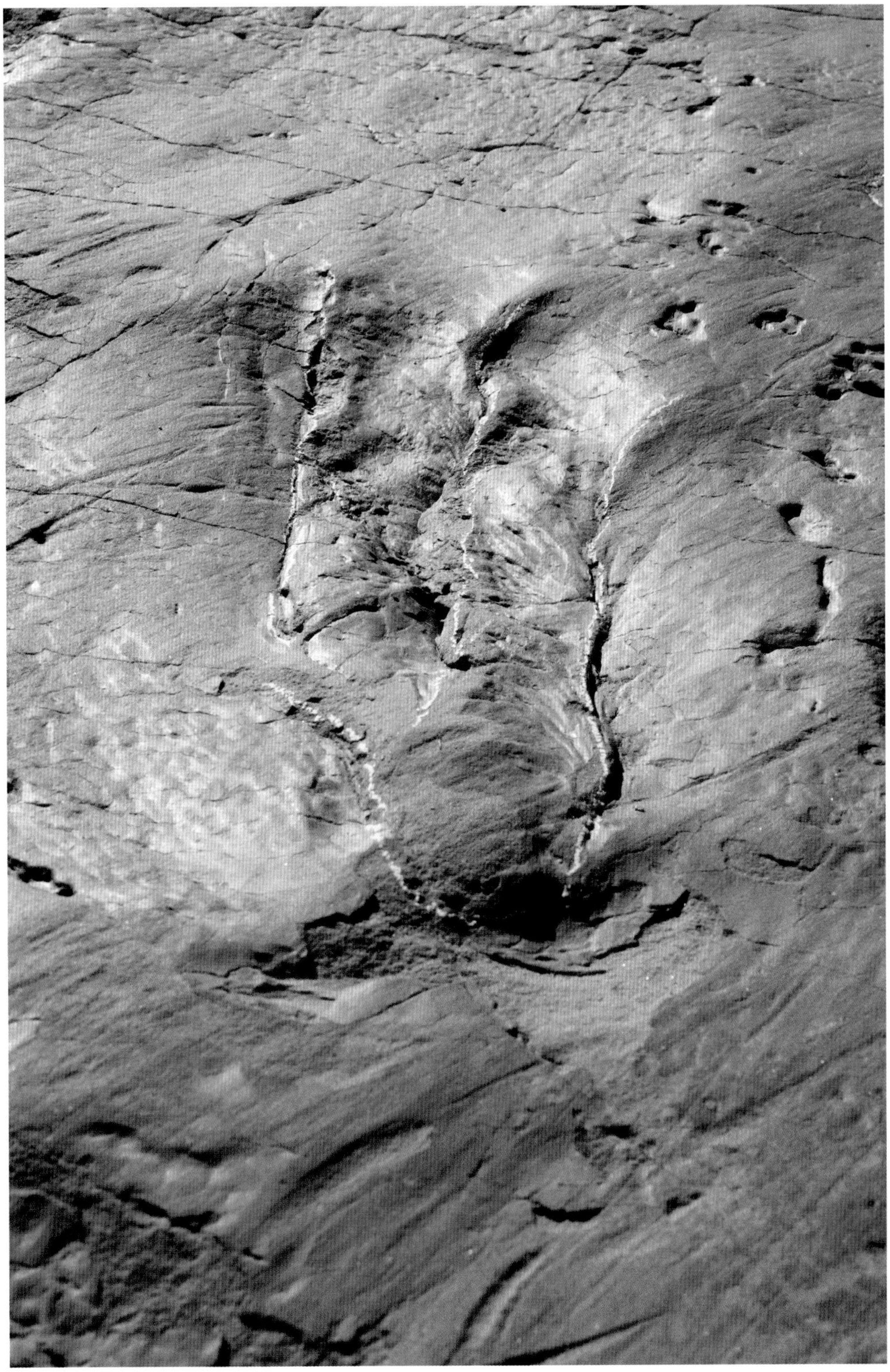

中国首例兽脚类恐龙游泳迹（ZJ−Ⅱ−1.1）放大照片

四川昭觉县三岔河乡三比罗嘎二号点，下白垩统飞天山组

兽脚类恐龙游泳迹形成过程复原图（张宗达绘制）

游泳迹——抓迹（Characichnos）是在水中的造迹恐龙后足划拽所形成

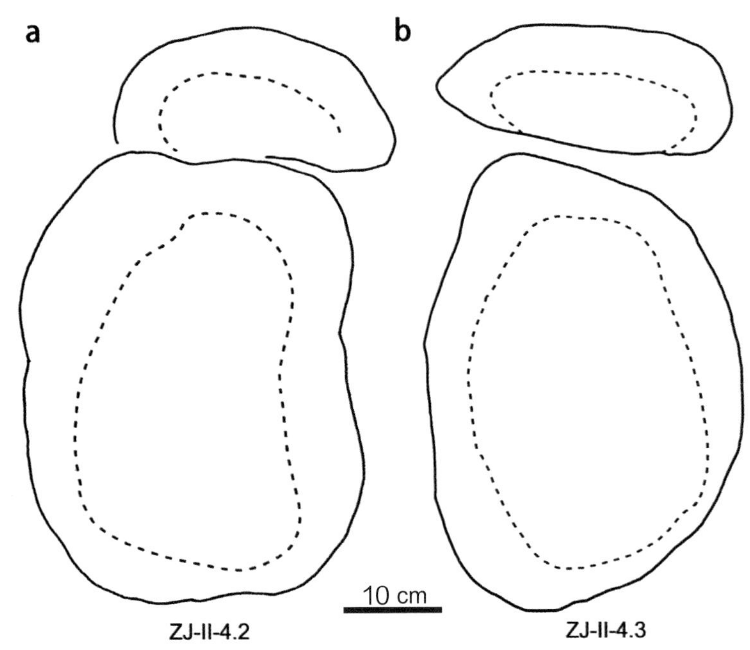

与兽脚类游泳迹共生的蜥脚类恐龙前、后足迹轮廓图（引自 Xing et al., 2013i）

与兽脚类游泳迹相邻共生的蜥脚类雷龙足迹（*Brontopodus*）行迹（编号为 ZJ–Ⅱ–4），由 12 枚足迹组成，其中第 2 和第 3 个前、后足迹保存较好，如图 a 和 b 所示。

四川昭觉县三岔河乡三比罗嘎二号点，下白垩统飞天山组

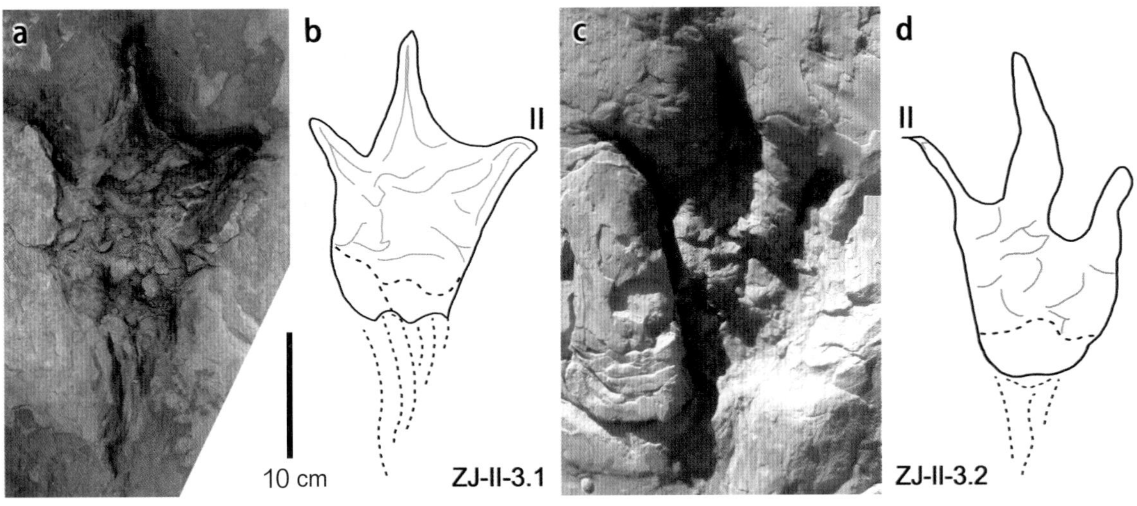

与兽脚类游泳迹同层面共生的兽脚类足迹照片及轮廓图（引自 Xing et al., 2013i）

四川昭觉县三岔河乡三比罗嘎二号点，下白垩统飞天山组

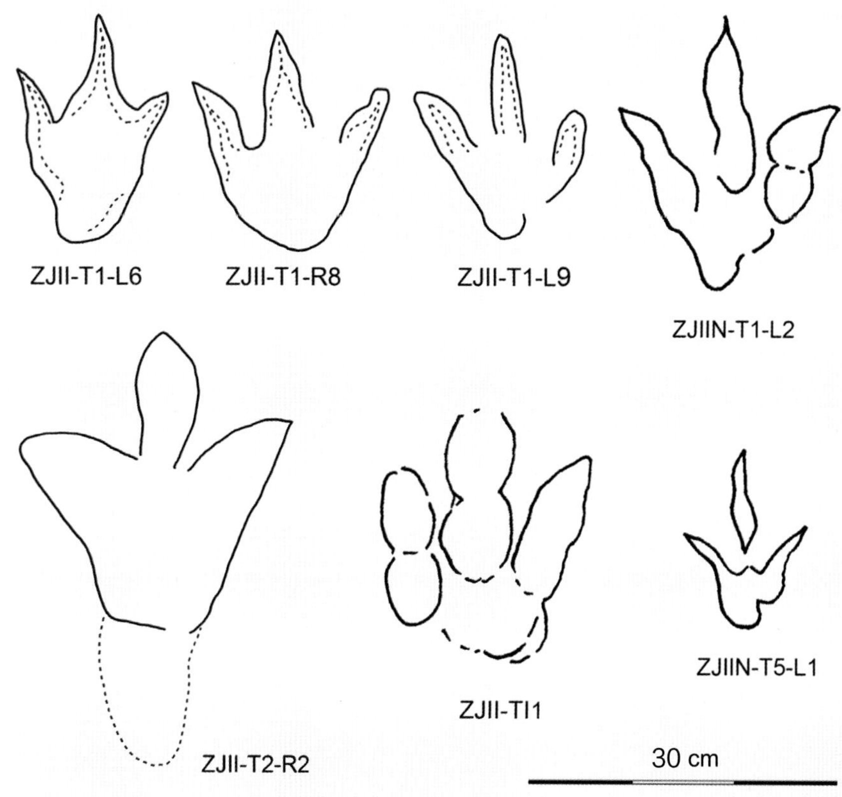

三比罗嘎二号点和北二号点保存完美的兽脚类足迹轮廓图（引自 Xing et al.，2014i）

L 代表左足足迹，R 代表右足足迹。由于沉积物松软，编号为 ZJII–T1–L6 的足迹后部跟垫印迹较大。多数足迹趾垫印迹不清晰，向足迹轴部收缩，趾迹显得更为纤细（虚线）。

ZJII 为昭觉二号点，ZJIIN 为昭觉北二号点。

四川昭觉县三岔河乡，下白垩统飞天山组

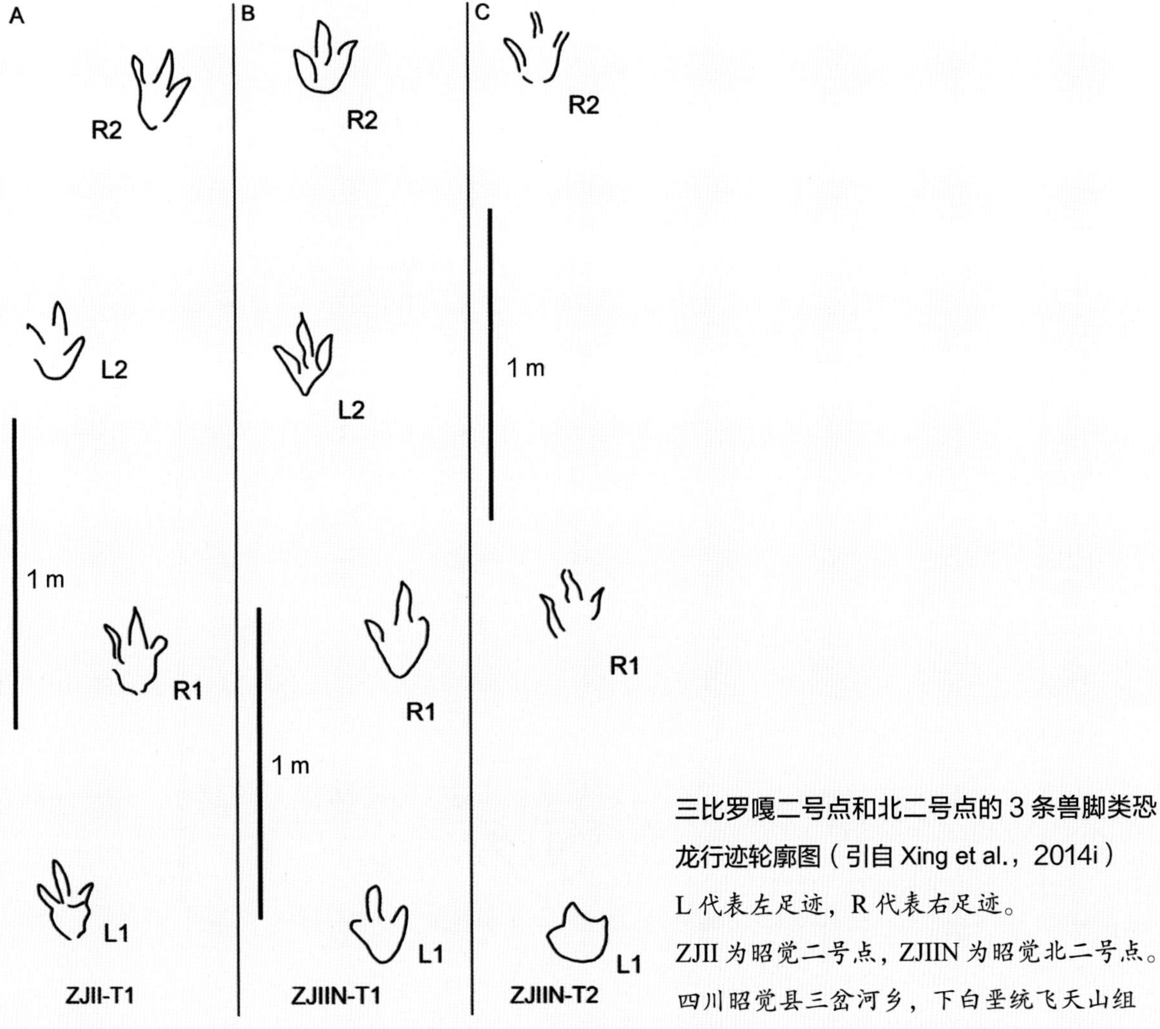

三比罗嘎二号点和北二号点的 3 条兽脚类恐龙行迹轮廓图（引自 Xing et al.，2014i）

L 代表左足迹，R 代表右足迹。

ZJII 为昭觉二号点，ZJIIN 为昭觉北二号点。

四川昭觉县三岔河乡，下白垩统飞天山组

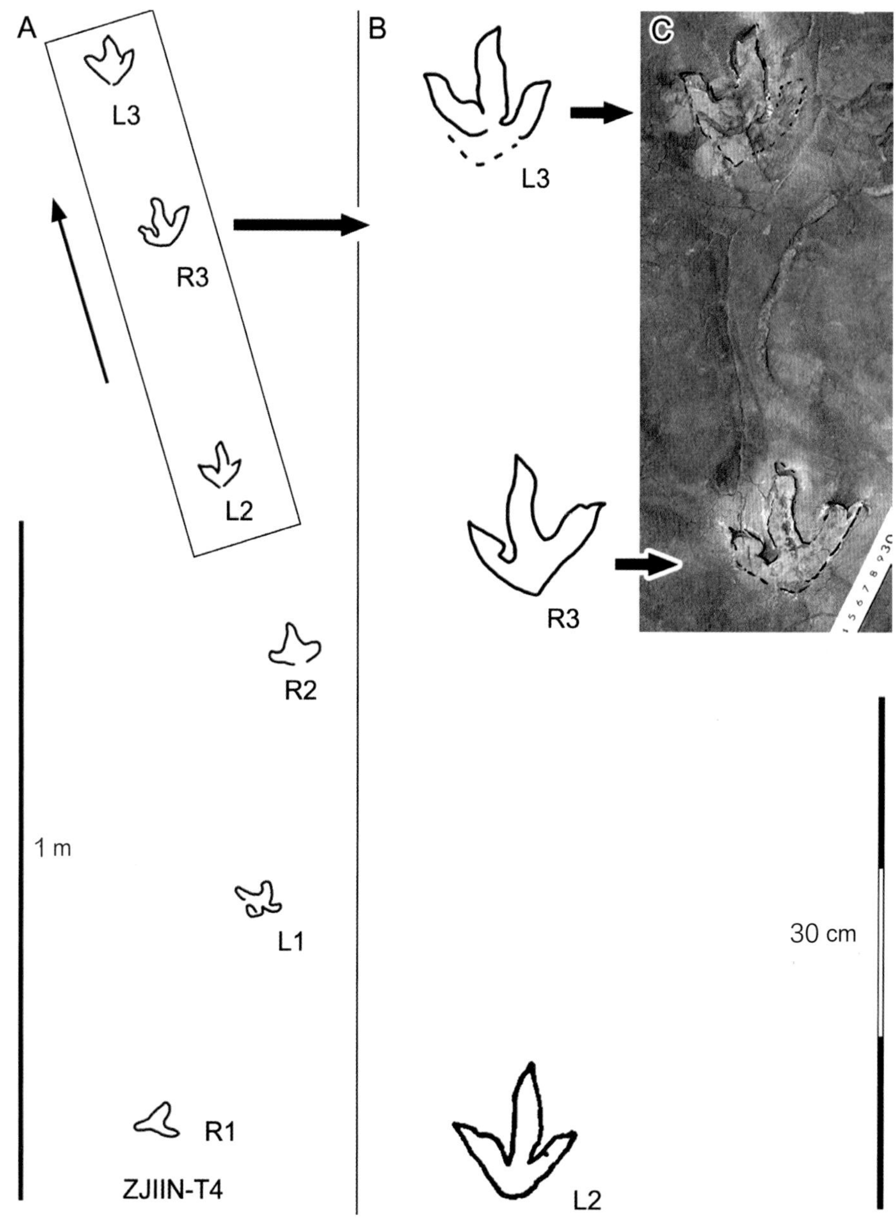

徐氏暹罗足迹（*Siamopodus xui*）照片及轮廓图（引自 Xing et al.，2014i）

徐氏暹罗足迹（*Siamopodus xui*）新足迹种由邢立达等于 2014 年建立。

该足迹种的主要特征是：小型三趾型，II、III 趾间的趾叉较 III、IV 趾间的趾叉位置靠后，IV 趾蹠趾垫位于足迹轴线上。

模式标本是由 6 个足迹构成的 1 条行迹（编号为 ZJIIN−T4−R1，L3）。后 3 个足迹（框中）已制作模型。图中 L、R 分别代表左、右足迹，右栏是行迹后 3 个足迹的放大图及对应照片。

四川昭觉县三岔河乡三比罗嘎北二号点，下白垩统飞天山组。

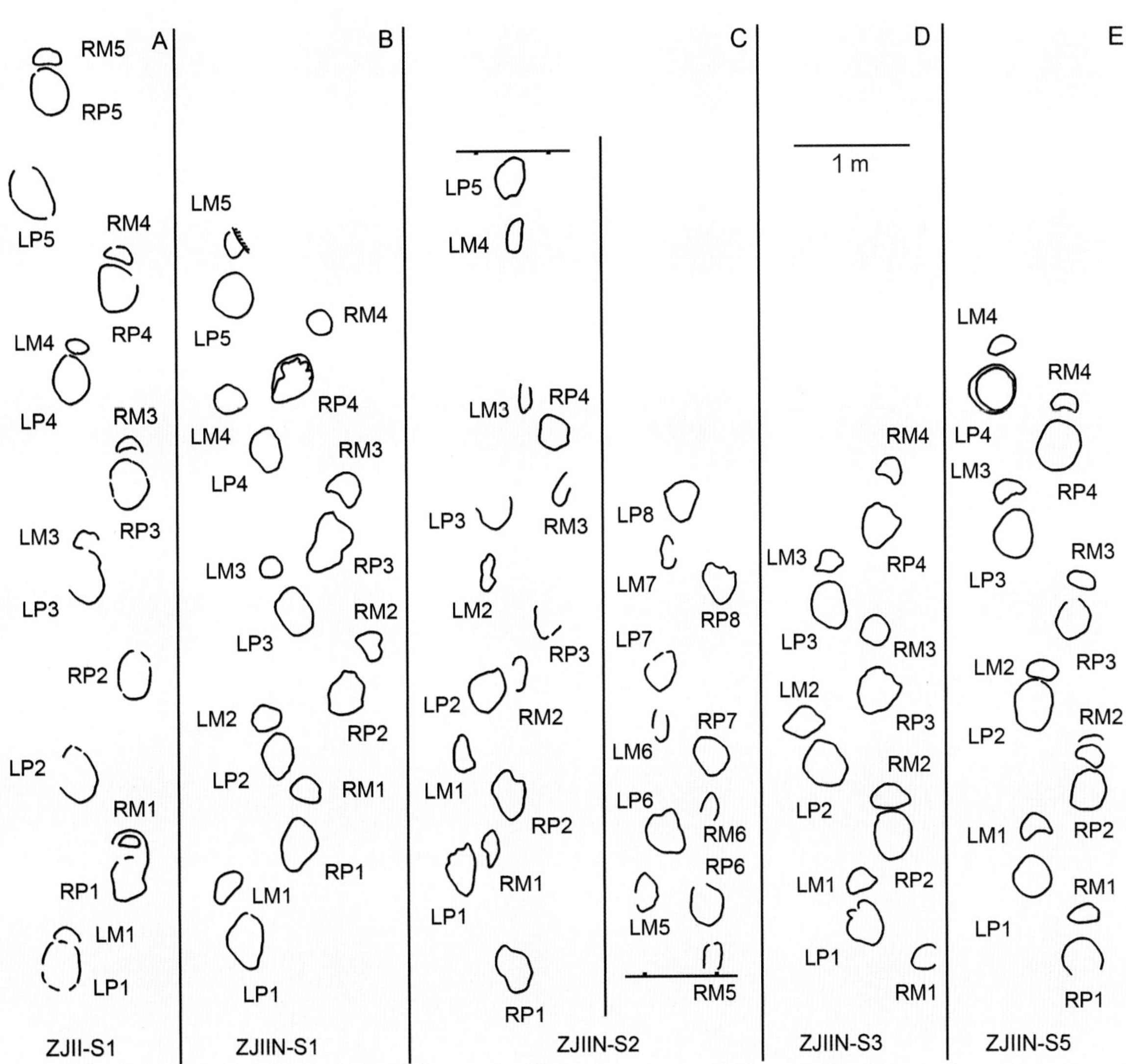

三比罗嘎二号点和北二号点的蜥脚类恐龙行迹轮廓图（引自 Xing et al.，2014i）

ZJII 为昭觉二号点，ZJIIN 为昭觉北二号点。

比例尺均为 1 m。

四川昭觉县三岔河乡三比罗嘎，下白垩统飞天山组

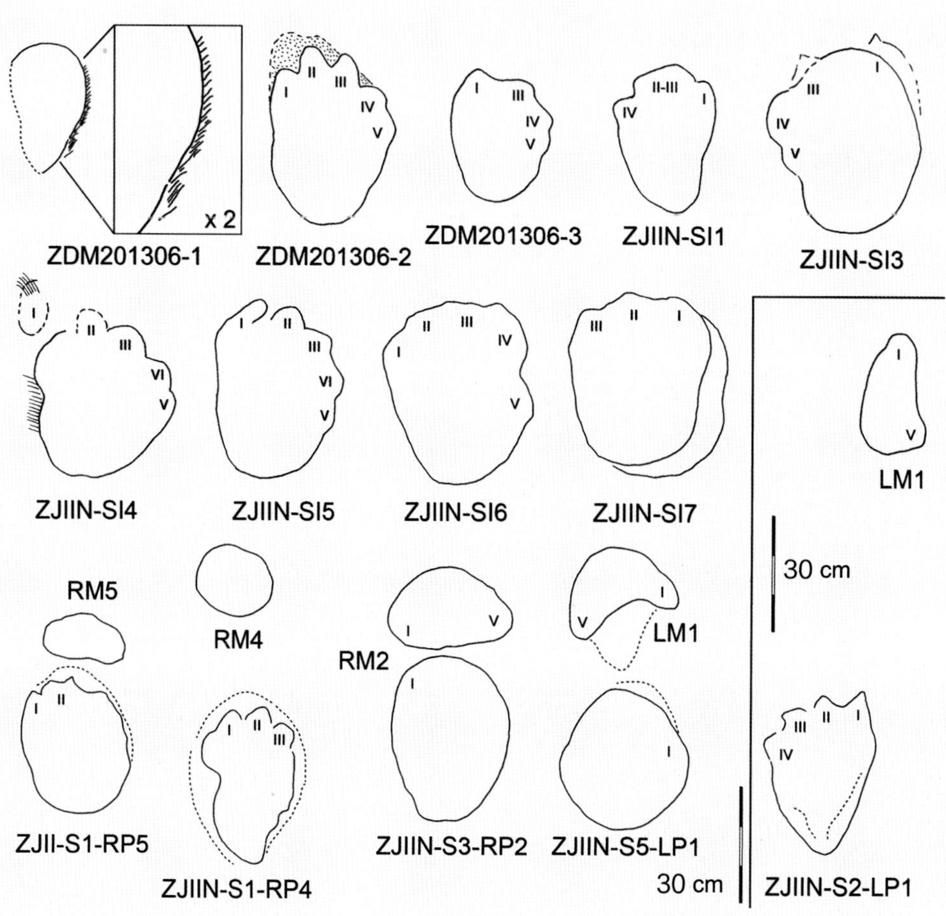

三比罗嘎二号点和北二号点保存完美的蜥脚类足迹轮廓图（引自 Xing et al.，2014i）

LP 为左后足迹，RP 为右后足迹；LM 为左前足迹，RM 为右前足迹。

ZJII 为昭觉二号点，ZJIIN 为昭觉北二号点。罗马数字为趾的编号。

四川昭觉县三岔河乡，下白垩统飞天山组

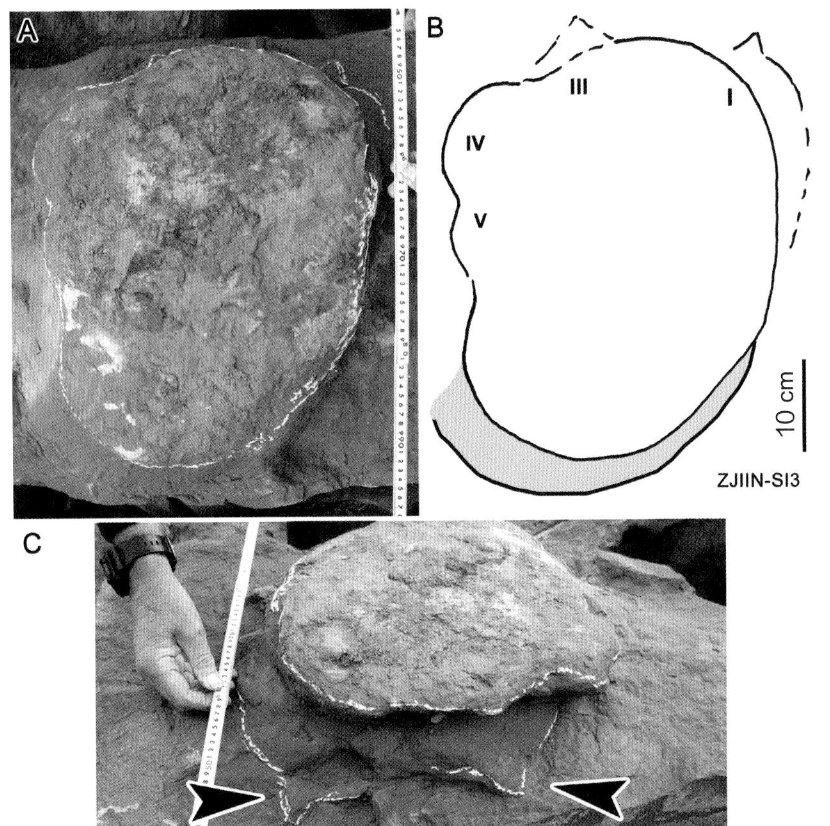

蜥脚类足迹的充填形成的铸模照片及轮廓图（引自 Xing et al., 2014i）

罗马数字为趾的编号。B 中Ⅰ和Ⅲ外侧虚线分别是Ⅰ趾和Ⅲ趾的印迹，C 中的黑色箭头指向Ⅰ趾和Ⅲ趾的印迹。四川昭觉三岔河乡北二号点，下白垩统飞天山组

三比罗嘎一号足迹点开采前的露头照片

四川昭觉县三岔河乡一号点，下白垩统飞天山组

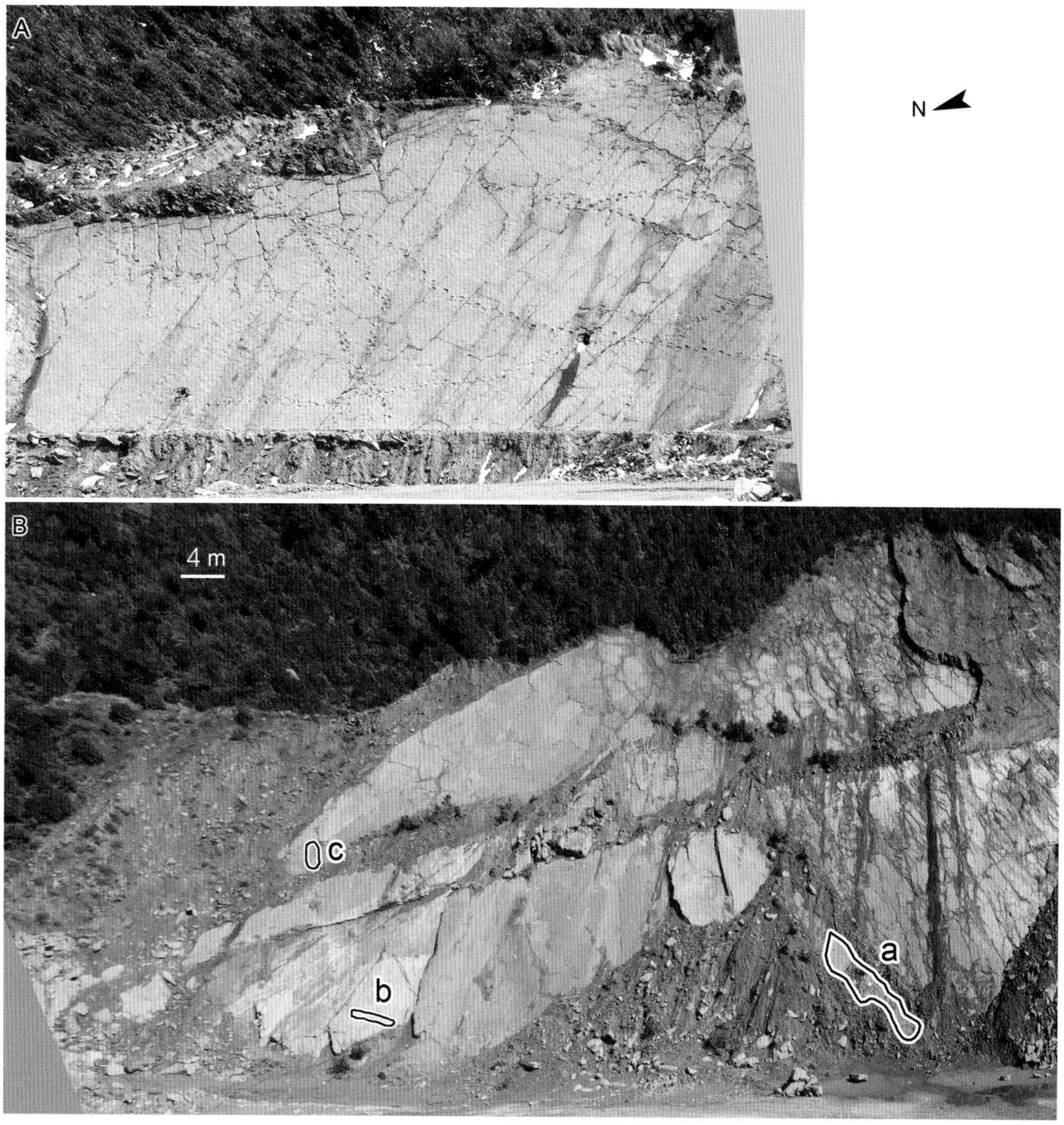

三比罗嘎一号点开采前（A）后（B）经校正的全景照片（引自 Xing et al.，2015e）

B 中 a 为残留的足迹区，b 和 c 为采矿后新暴露的下一层足迹区。

四川昭觉县三岔河乡，下白垩统飞天山组

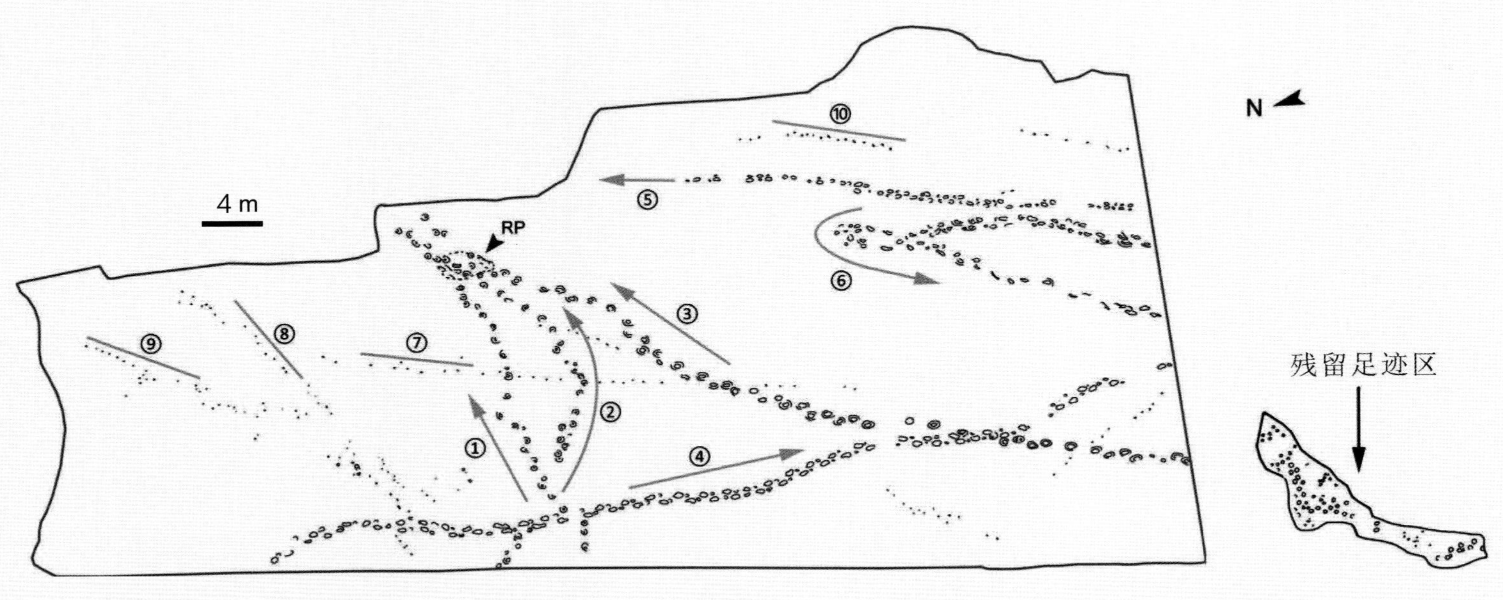

三比罗嘎一号点足迹分布示意图（引自 Xing et al.，2015e）

残留足迹区系上图中的 a 区；箭头标示行迹的方向；无箭头线表示小型双足行走的恐龙足迹，①～③为鸟脚类足迹，④～⑥为蜥脚类足迹，⑦～⑩为小型兽脚类足迹；RP 代表鸟脚类行迹的交汇处。

四川昭觉县三岔河乡一号点，下白垩统飞天山组

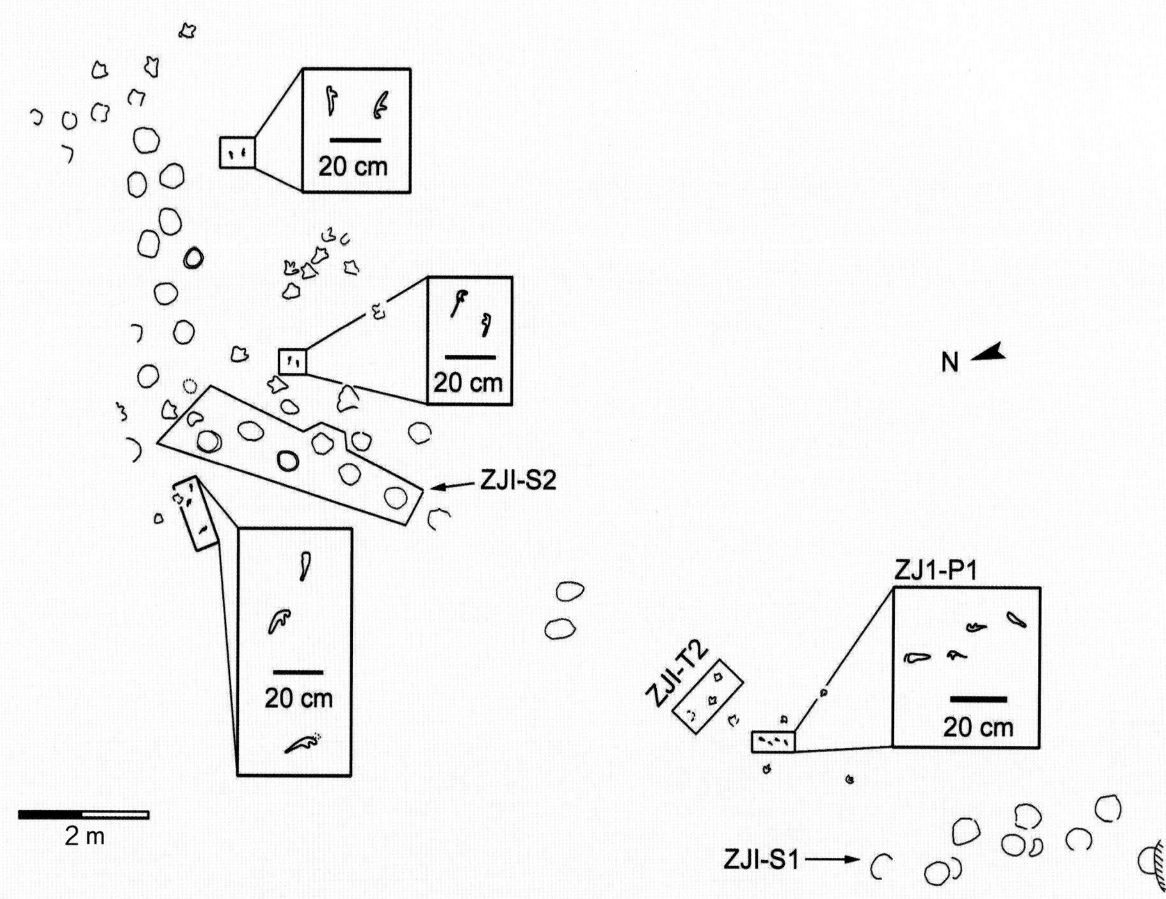

三比罗嘎一号点的残留足迹解释图（引自 Xing et al.，2015e）

ZJⅠ-S1 和 ZJⅠ-S2 为蜥脚类足迹，ZJⅠ-T2 为兽脚类足迹，ZJⅠ-P1 为翼龙类足迹。

b 和 c 为新暴露的下一层足迹区。

框中为翼龙类前足足迹。

四川昭觉县三岔河乡一号点，下白垩统飞天山组

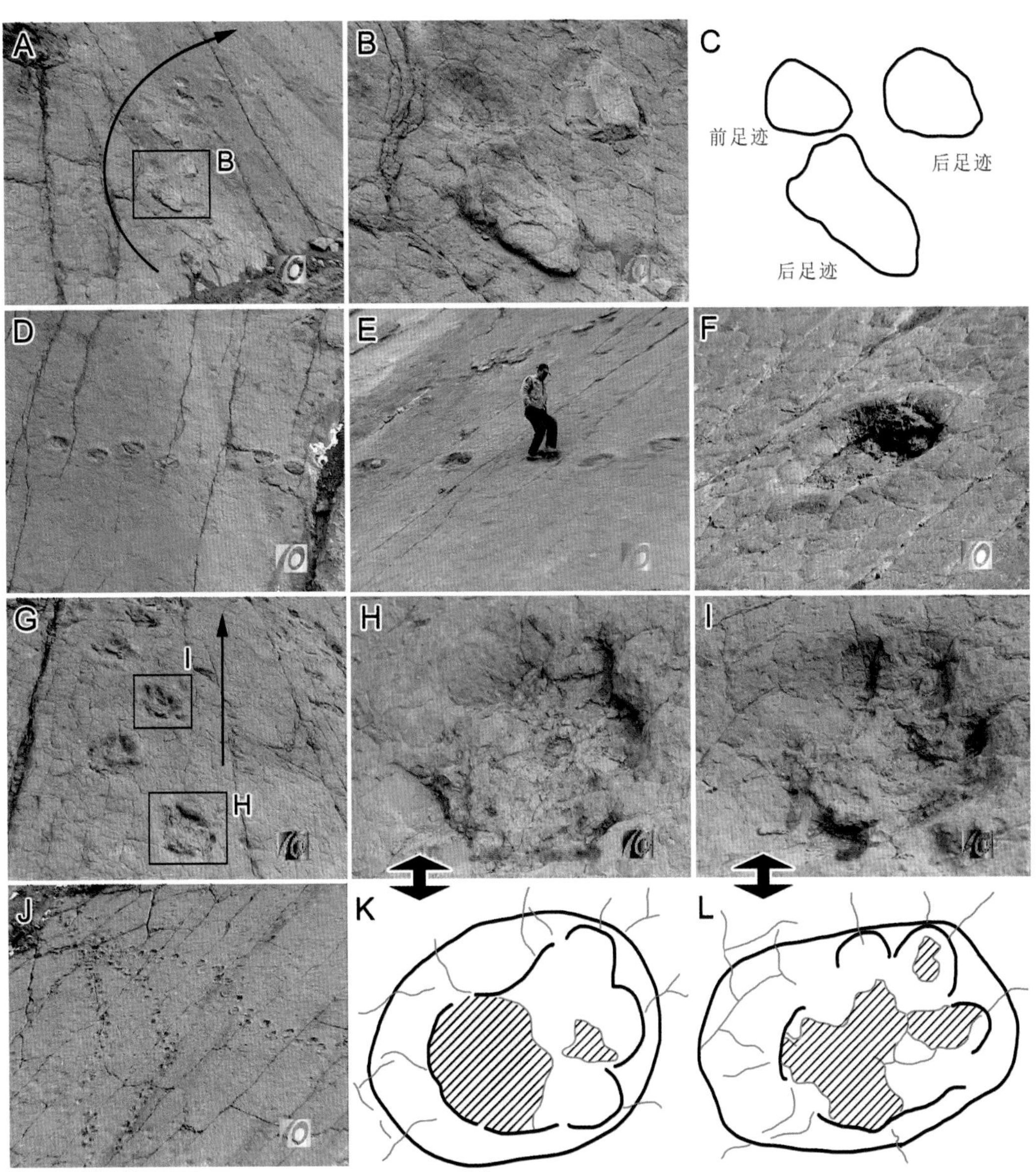

昭觉一号点的蜥脚类和鸟脚类恐龙足迹影像及轮廓图（引自 Xing et al.，2015e）

A 和 B 为蜥脚类行迹（编号 4）录像资料，C 为其轮廓图；D–F 为可能的两足行走的鸟脚类行迹（编号 3）影像；G 为可能的两足行走的鸟脚类行迹（编号 2）影像，显示足迹内偏转明显；H 和 I 为 G 中两个鸟脚类足迹（右足迹）的放大照，K 和 L 为其解释性轮廓图；J 为 3 条两足行走的鸟脚类行迹（编号 1–3），它们在图左上方处交汇。

四川昭觉县三岔河乡一号点，下白垩统飞天山组

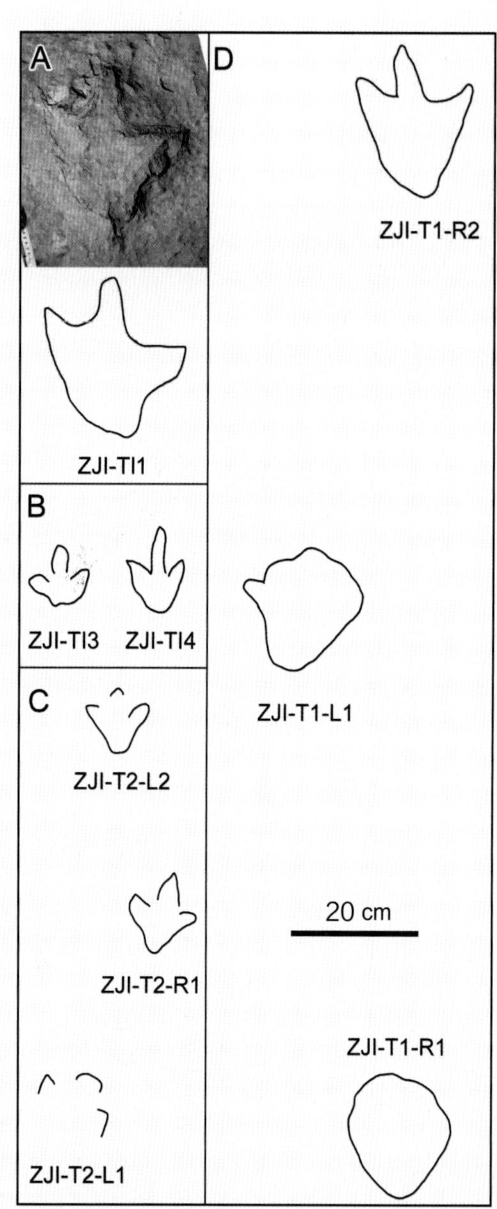

兽脚类足迹（属种未定）照片及轮廓图（引自 Xing et al.，2015e）

A 和 B 为孤单的足迹，C 和 D 为行迹。四川昭觉县三岔河乡三比罗嘎一号点，下白垩统飞天山组

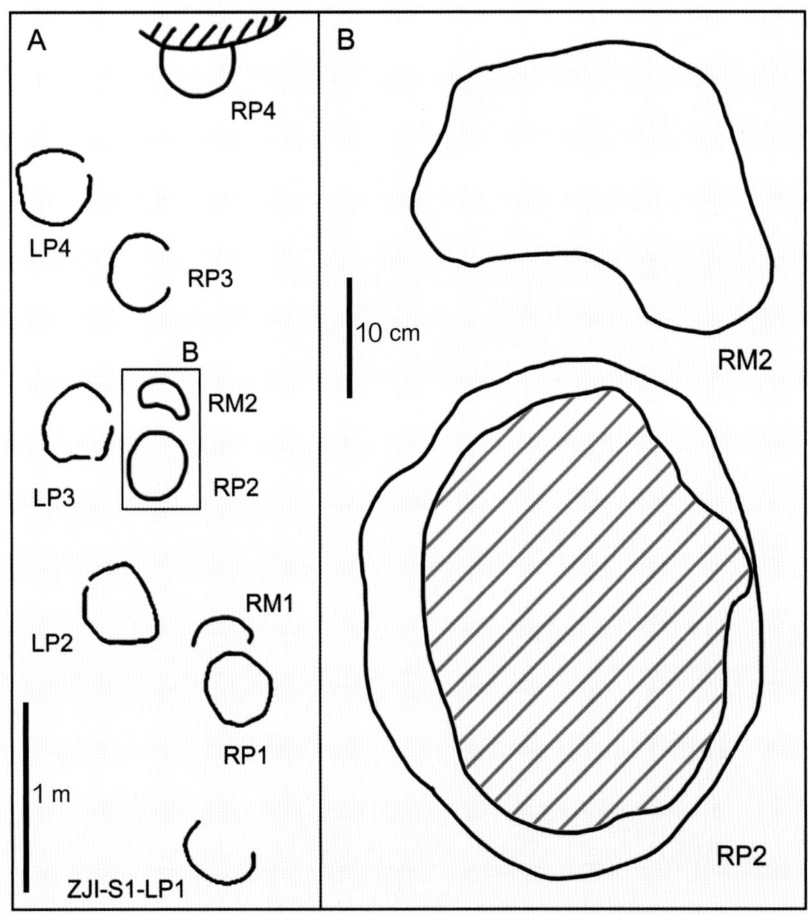

蜥脚类恐龙行迹（ZJⅠ-S1）轮廓图（引自 Xing et al.，2015e）

A 为行迹图，B 为 1 对右前、右后足迹（RM2 和 RP2，A 中方框内）的放大图（阴影区标示足迹内尚有填充物）。

四川昭觉县三岔河乡三比罗嘎一号点，下白垩统飞天山组

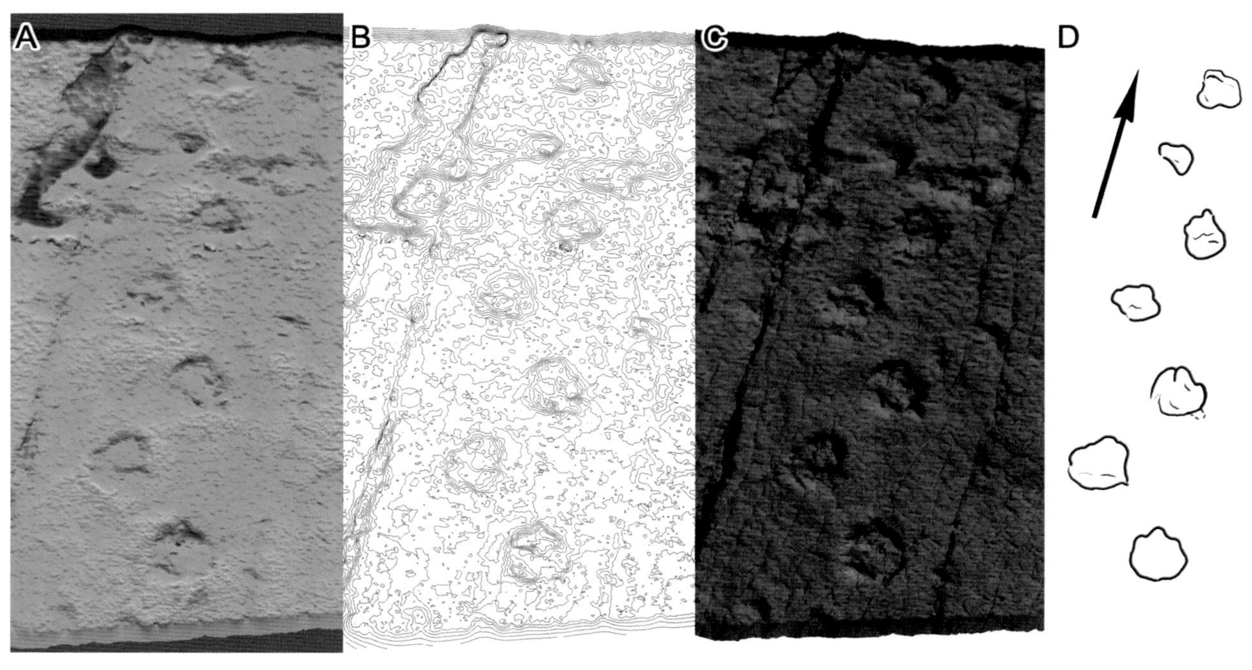

三比罗嘎一号点可能的两足鸟脚类行迹图（引自 Xing et al.，2015e）

A 为 3D 图像（暖色高度高，冷色低），B 为 3D 图像，C 为照片，D 为足迹轮廓图。箭头为恐龙运动方向。

四川昭觉县三岔河乡三比罗嘎一号点，下白垩统飞天关组

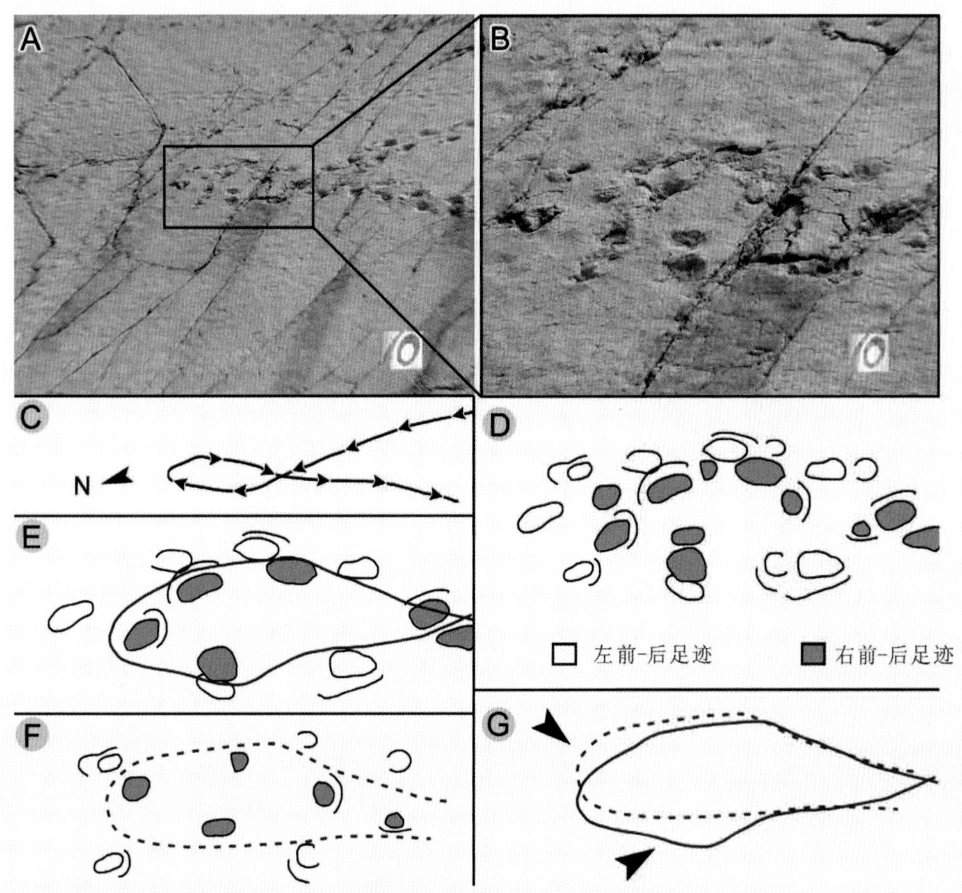

转弯的蜥脚类行迹影像及轮廓解释图（引自 Xing et al.，2015e）

A 和 B 为足迹点影像；C 为转弯的蜥脚类行迹草图；D 为根据 B 绘制的足迹轮廓图；E 为只表示了后足迹的轮廓图；F 为只表示了前足迹的轮廓图；G 为后足迹的行迹中线（实线）及前足迹的行迹中线（虚线），显示前足迹相对于后足迹的偏移现象。四川昭觉县三岔河乡三比罗嘎一号点，下白垩统飞天山组

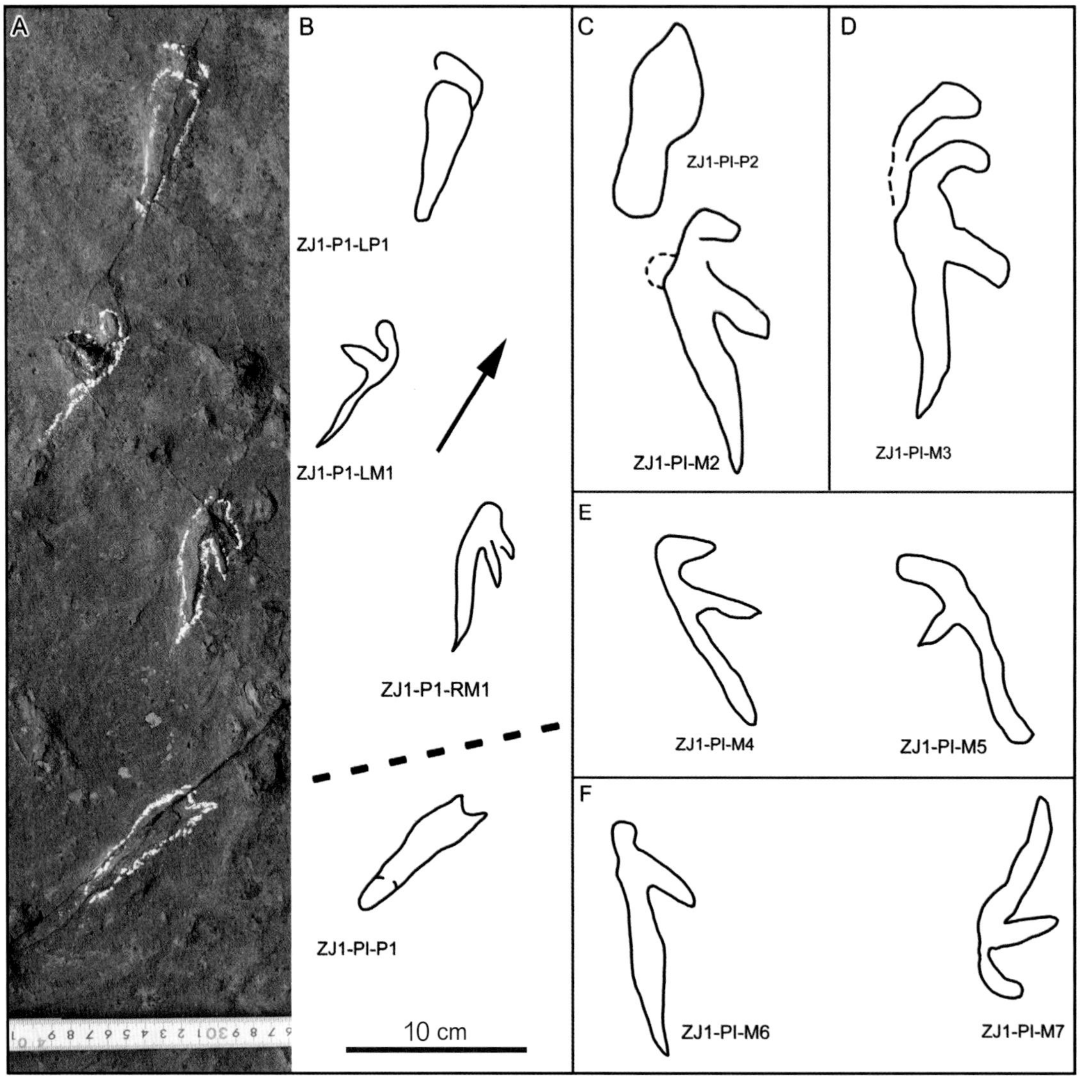

翼龙足迹照片和轮廓图（引自 Xing et al.，2015e）

A 和 B 为行迹 ZJ1–P1（由 2 个前足迹和 1 个后足迹构成）的照片和轮廓图，其中 RM 为右前足迹，LM 为左前足迹，LP 为左后足迹；C–F 为孤单的翼龙足迹轮廓图。B 中虚线表示 ZJI–PI–P1 也为孤单的后足迹，而非行迹中的足迹。

四川昭觉县三岔河乡三比罗嘎 1 号点，下白垩统飞天关组

（2）央摩祖乡

邢立达等（Xing et al., 2016m）研究了在昭觉县央摩祖乡发现的以兽脚类恐龙足迹为主的足迹点。该足迹点至少有65枚兽脚类足迹构成约20条行迹，其分别属于不同体型大小的造迹恐龙。其中3条行迹由10枚足迹（足迹长2.5~2.6 cm）组成，归入小龙足迹（*Minisauripus*）。其余的17条行迹归入中型兽脚类足迹（足迹长9.9~19.6 cm），这17条行迹中包含1条暂时归入似嘉陵足迹（cf. *Jialingpus*）的行迹。

迄今为止，已确认的小龙足迹（*Minisauripus*）只发现于中国与韩国，时代均为早白垩世，足长范围为1~6 cm。其中，中国的产地包括四川峨眉、山东莒南和四川昭觉的央摩祖。之前的研究者倾向于认为小龙足迹的造迹恐龙是一种小型的兽脚类恐龙，但也没有完全排除其为一类兽脚类恐龙的幼年个体的可能性。假设其为小型成年恐龙，其臀高应为5~28 cm，体长为12~72 cm。邢立达等对央摩祖足迹点*Minisauripus*的研究结果与此类似，认为造迹恐龙很可能是一种小型成年兽脚类，但大型兽脚类的幼年个体依然无法完全被排除（Xing et al.，2016m）。

到目前为止，个体最小的非鸟兽脚类恐龙是近鸟龙（*Anchiornis*），其躯体骨架长34~40 cm（Xu et al.，2009）。其他一些小型恐龙，如手盗龙类的耀龙（*Epidexipteryx*）和驰龙类的小盗龙（*Microraptor*）均体长约40 cm，伤齿龙类的寐龙（*Mei*）体长约为53 cm。从它们的体长进行分析，它们均有可能形成与小龙足迹（*Minisauripus*）相类似的足迹，然而要准确确定是哪种造迹恐龙却并非易事。目前，很多研究只是推测，如昭觉央摩祖的*Minisauripus*就被认为可能是美颌龙类恐龙的足迹（Xing et al.，2016m）。

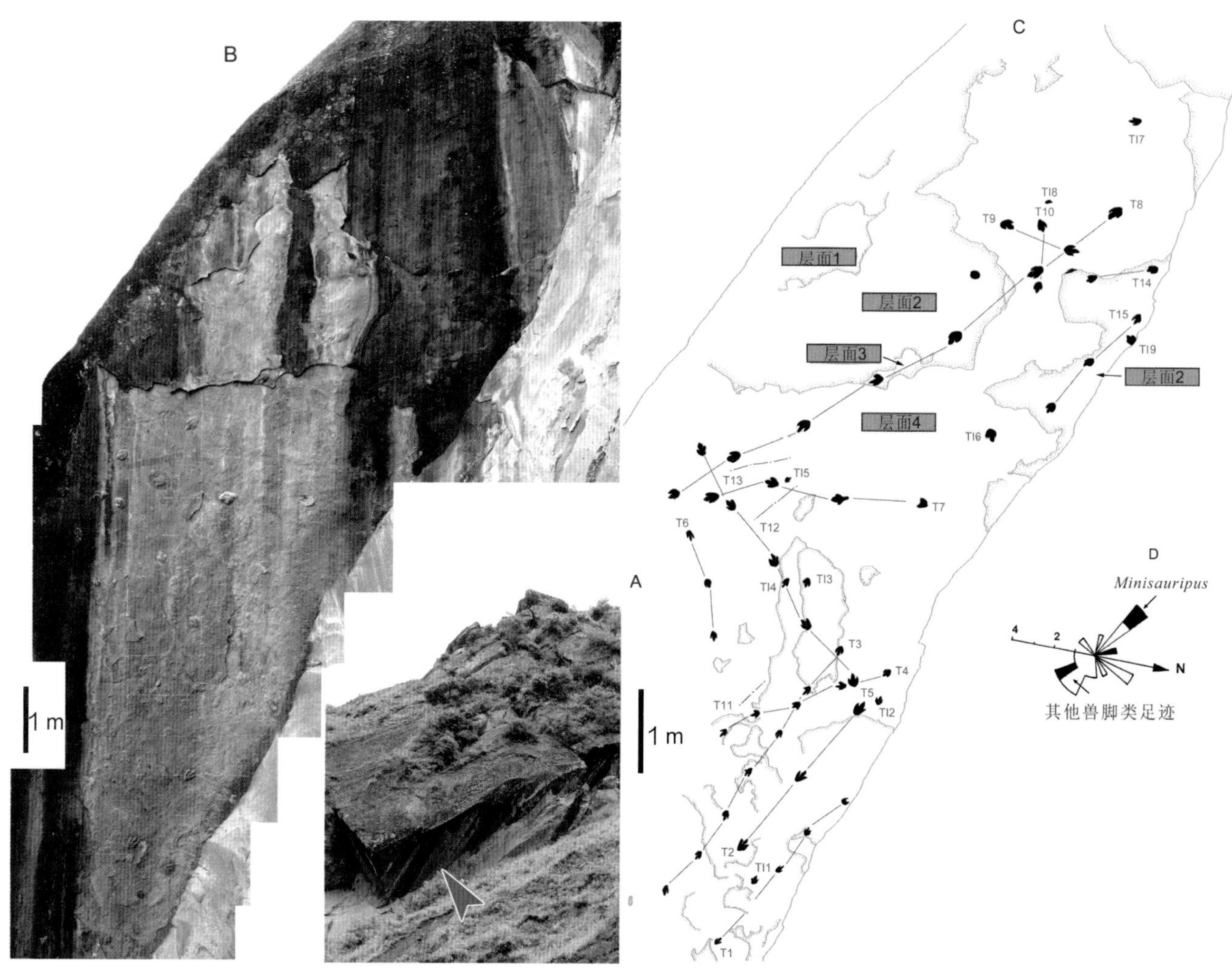

央摩祖乡恐龙足迹点露头位置照片及足迹层面分布解释图（引自 Xing et al.，2016m）

央摩祖乡足迹点是以小龙足迹（*Minisauripus*）为主的兽脚类恐龙足迹化石点。

A 为露头照片；B 为 A 中箭头所指层面的放大照片，指示下层面上凸保存的兽脚类足迹；C 为恐龙足迹层面分布轮廓图；D 为行迹走向玫瑰花图。

四川昭觉县央摩祖乡，下白垩统飞天关组

兽脚类足迹（属种未定）产出状态照片（彭光照提供）

兽脚类足迹所有足迹均为下层面上凸型。

四川昭觉县央摩祖乡，下白垩统飞天山组

兽脚类似嘉陵足迹（cf.*Jialingpus*）产出状态照片（彭光照提供）

黄色箭头所指为 *Jialingpus*，圆圈内的三趾型足迹均为兽脚类足迹（属种未定）。

所有足迹均为下层面上凸型。圈内黄色比例尺为 5 cm。

四川昭觉县央摩祖乡，下白垩统飞天山组

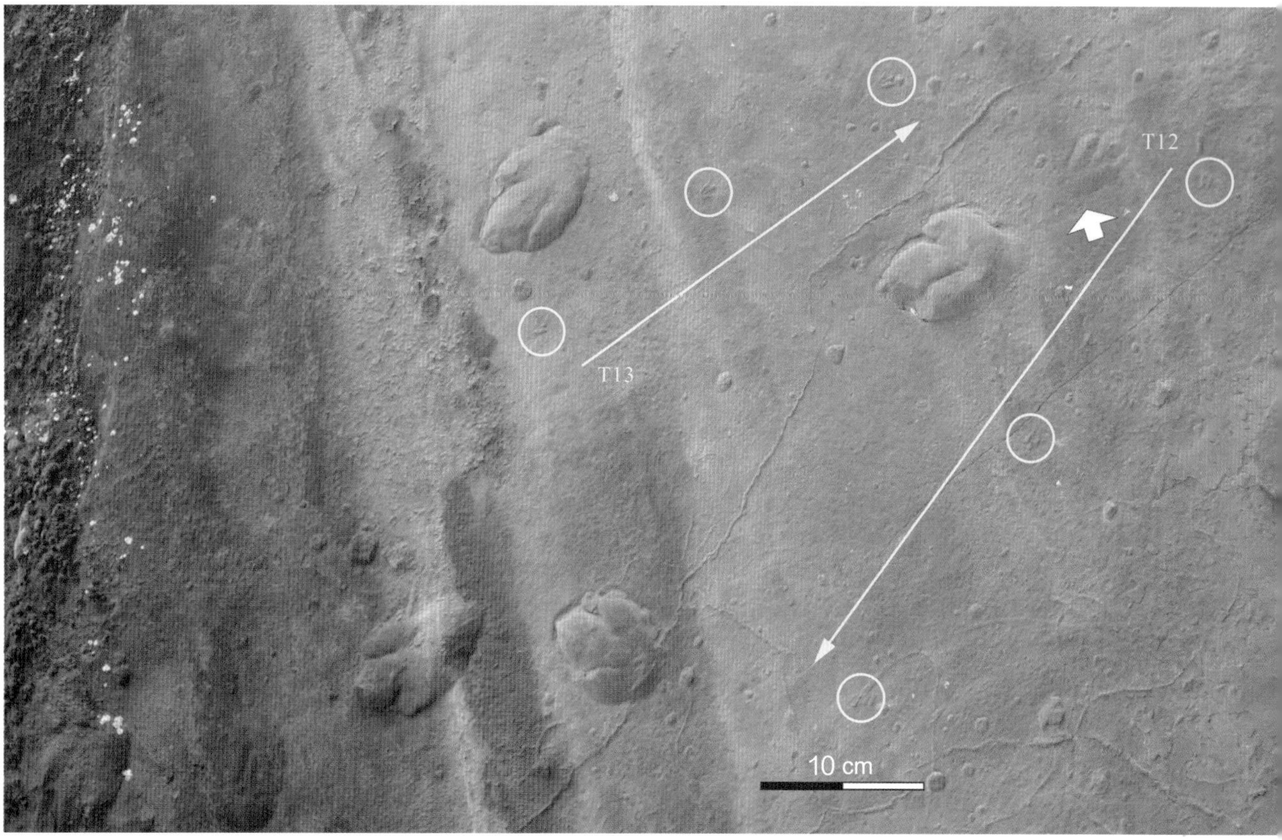

世界最小的恐龙足迹——小龙足迹（*Minisauripus*）行迹照片（彭光照提供）

T12 和 T13 为两条甄朔南小龙足迹（*Minisauripus zhenshuonani*）的行迹，行迹方向相反。

这是目前发现的世界上最小的恐龙足迹之一。足迹平均长为 2.5~2.6 cm，平均宽为 1.7~2.3 cm，平均长宽比值为 1.1~1.5，足尖三角形长宽比值为 0.4~0.53。步长与单步比值为 1:8~1:15，这与山东莒南后左山的甄朔南小龙足迹（*Minisauripus zhenshuonani*）的值（1:10）相似。

除了小龙足迹行迹外，图中较大的足迹有 6 个，长约 19.6 cm，宽约 11.3 cm；中等的足迹有 1 个（白色箭头所指）；足迹均为三趾型，趾间角较小，属种未定。

所有足迹均为下层面上凸型。

四川昭觉县央摩祖乡，下白垩统飞天山组

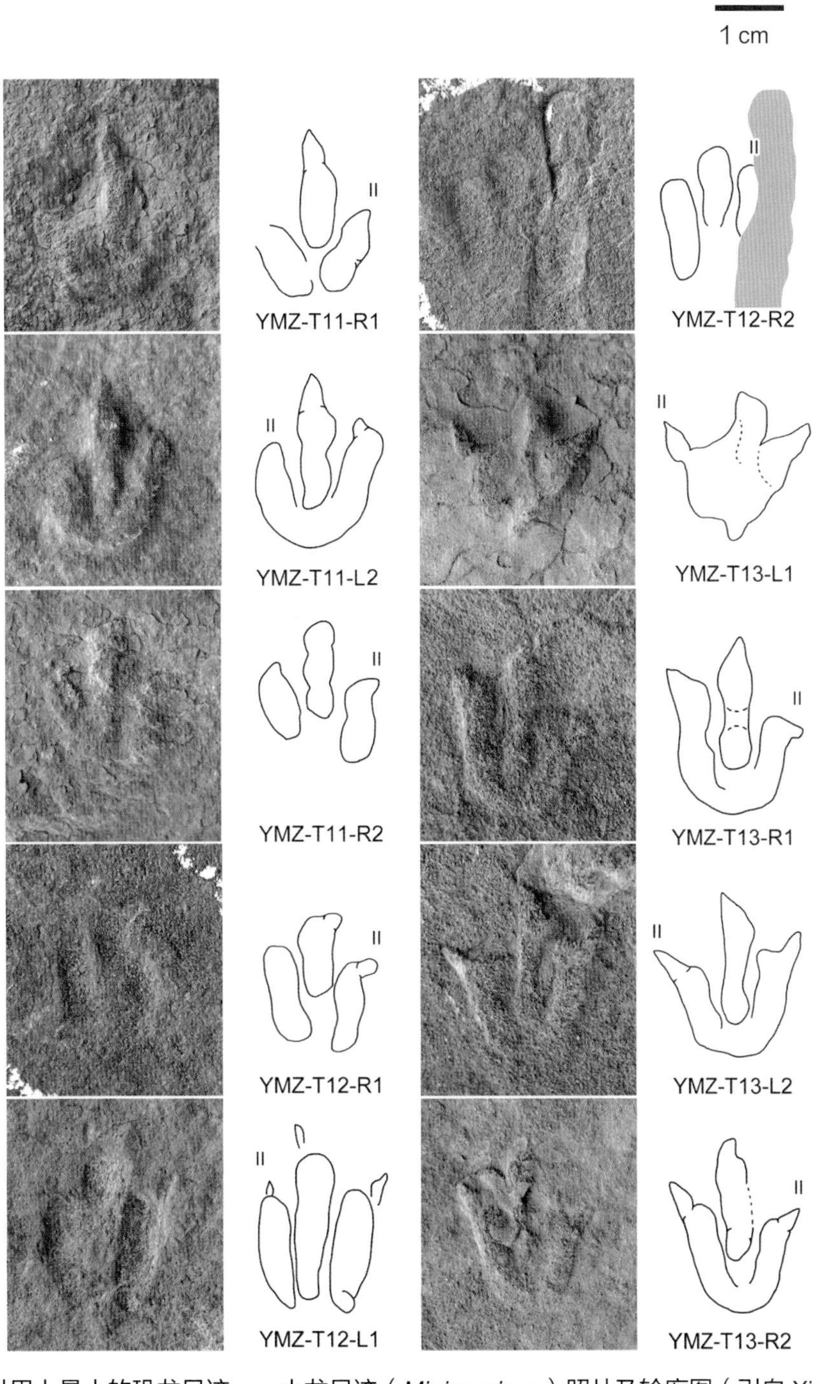

世界上最小的恐龙足迹——小龙足迹（*Minisauripus*）照片及轮廓图（引自 Xing et al.，2016m）

四川昭觉县央摩祖乡，下白垩统飞天关组

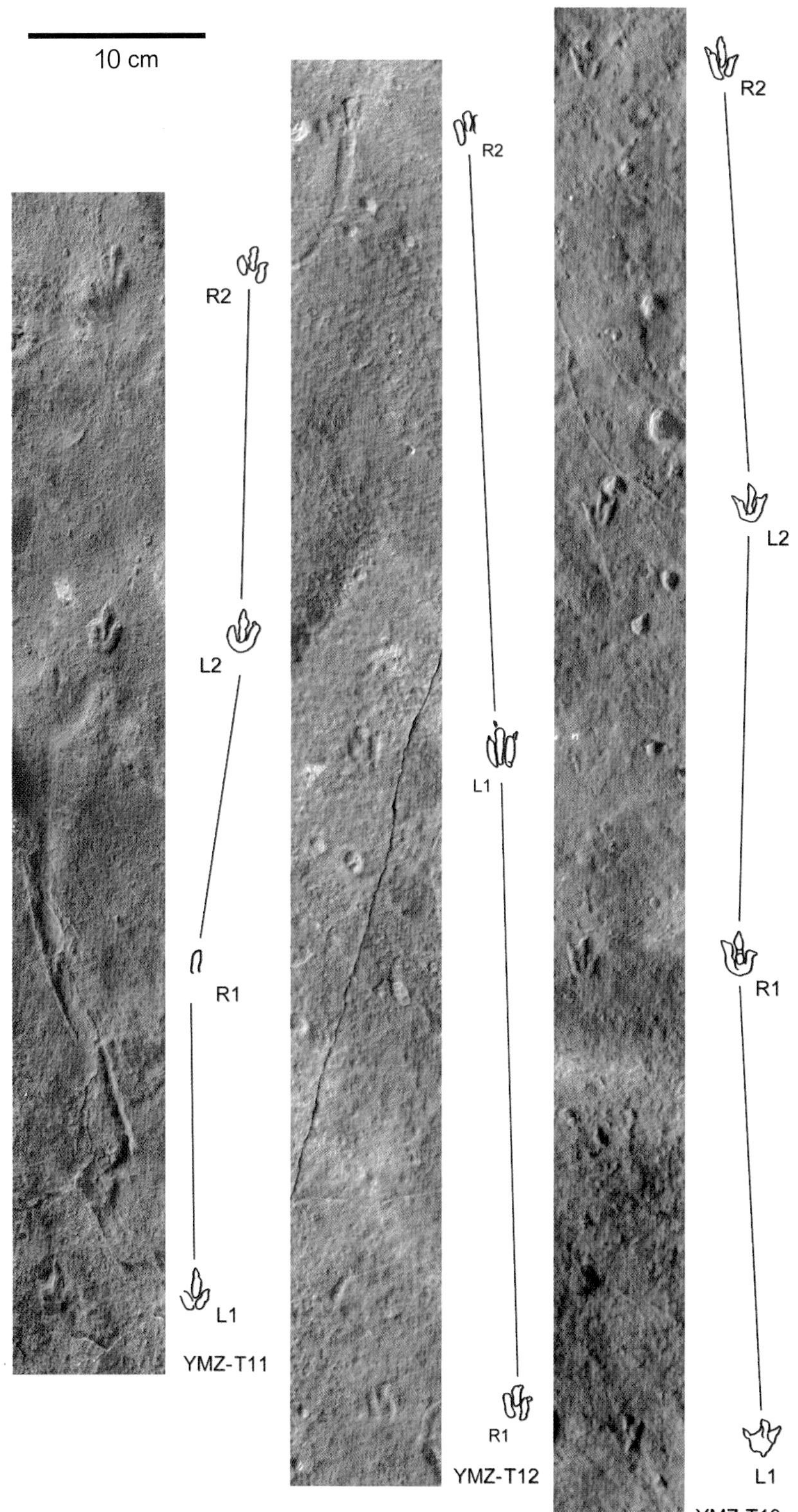

小龙足迹（*Minisauripus*）行迹照片及轮廓图（引自 Xing et al.，2016m）

四川昭觉县央摩祖乡，下白垩统飞天关组

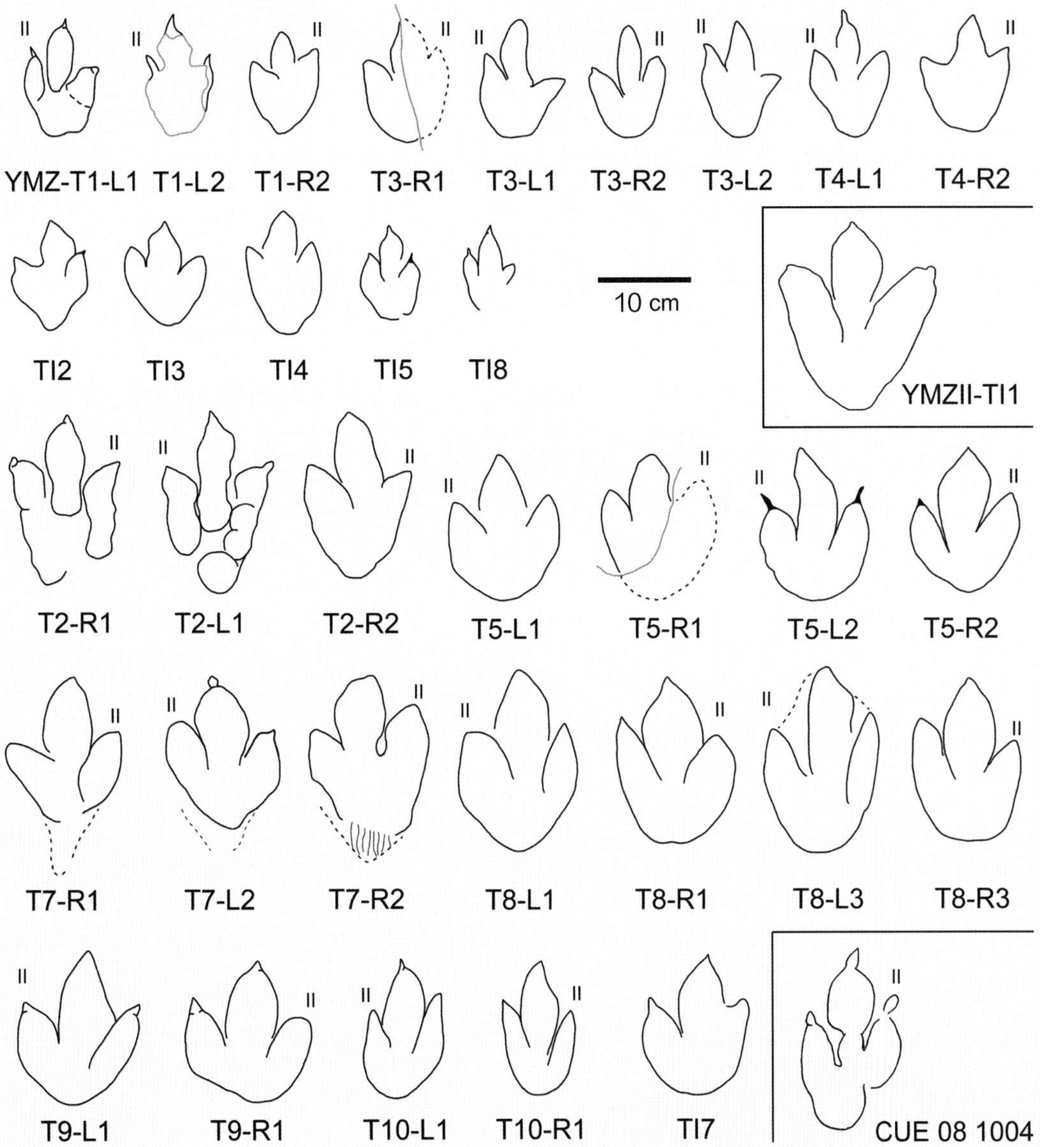

央摩祖乡兽脚类行迹轮廓图（引自 Xing et al.，2016m）

行迹 T2 系列为似嘉陵足迹（cf. *Jialingpus*），右下角框内所示为韩国早白垩世之似小龙足迹（cf. *Minisauripus*），其他为类型 B 足迹。

除编号为 YMZII–T I1 的足迹外，其余足迹均保存为下层面上凸型。

四川昭觉县央摩祖乡，下白垩统飞天关组

（3）解放乡

解放沟足迹点位于昭觉县解放乡尔结得村以西阿鲁牧举的解放沟。根据西昌幅地质调查报告（1∶200 000），解放沟足迹点属于飞天山组露头的一部分。在该足迹点发现一条蜥脚类行迹（cf. *Brontopodus*），展示出罕有的形态组合。其特征为行迹间距窄，但有时又出现宽跨距，且足迹异度（前、后足迹的差异度）比较低。显然，该发现扩大了 *Brontopodus* 类行迹及其造迹者在四川盆地白垩系的分布范围和形态学的多样性（曹俊等，2016）。

解放乡解放沟的恐龙足迹产于彝族居住区。支格阿鲁是一位创世英雄，是彝族人民最崇敬的祖先，是天地的创造者，骑一匹名叫斯木都典的由神鹰变成的天马。在彝语中，“鲁”是“龙”的意思，意即大鹰神龙。支格阿鲁的英雄事迹在几千年的流传过程中，被彝族人民完美地演义，他被塑造成一位英俊潇洒、心地善良、智勇双全、爱憎分明、神力无比、决胜一切的神话英雄。传说支格阿鲁为民除害，消灭妖魔鬼怪，征服毒蛇猛兽，驯服雷公闪电。他用神弓仙箭射落天上的5个太阳和6个月亮，只留下1个太阳和1个月亮，让人们过上了幸福美好的生活。

当地彝族人把这些足迹当成其英雄祖先支格阿鲁骑着天马坐骑途经此地而留下的脚印。作为崇高的圣物，这些足迹得到良好的保护，并从未被外人所知。因此，深入挖掘当地的神话传说，结合当地的考古发现，可能有助于发现更多的足迹化石点，解放乡解放沟的恐龙足迹的发现即为很好的例证（Xing et al.，2015r）。

四川邵觉县解放乡解放沟的恐龙足迹产地野外露头（引自 Xing et al.，2015r）

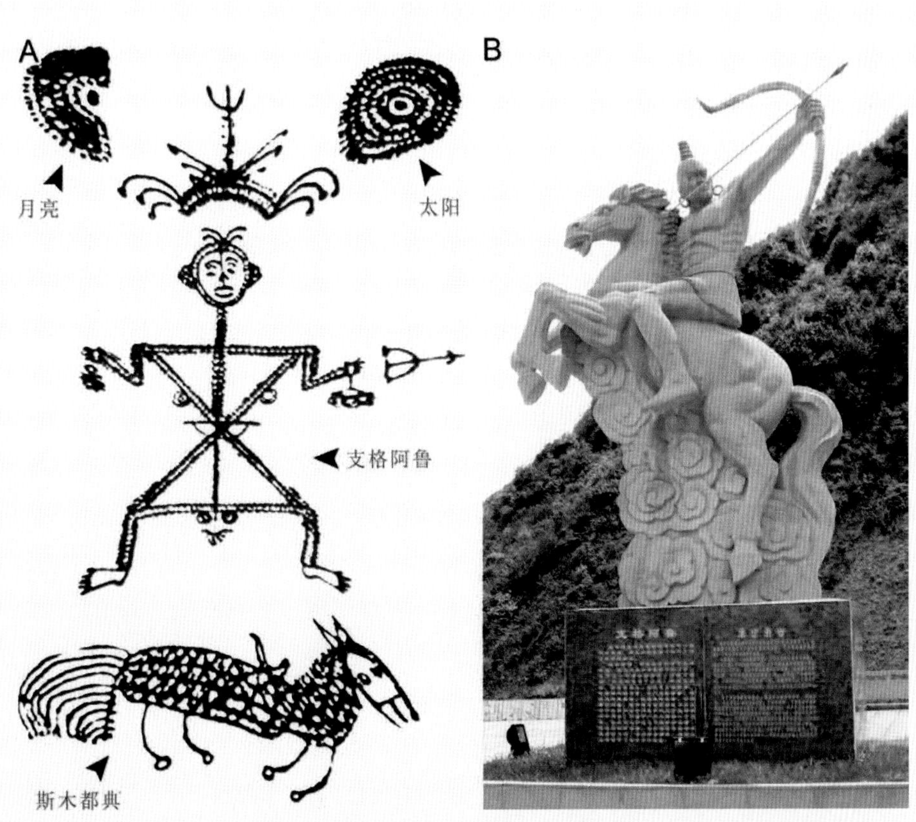

四川凉山彝族自治州螺髻山的支格阿鲁文化遗存（引自 Xing et al.，2015r）

A 为传说中的支格阿鲁形象及其坐骑斯木都典（Simudydian），B 为支格阿鲁骑天马弯弓射日的雕像

四川昭觉县解放乡解放沟蜥脚类恐龙足迹化石点之野外露头近景照片（彭光照提供）

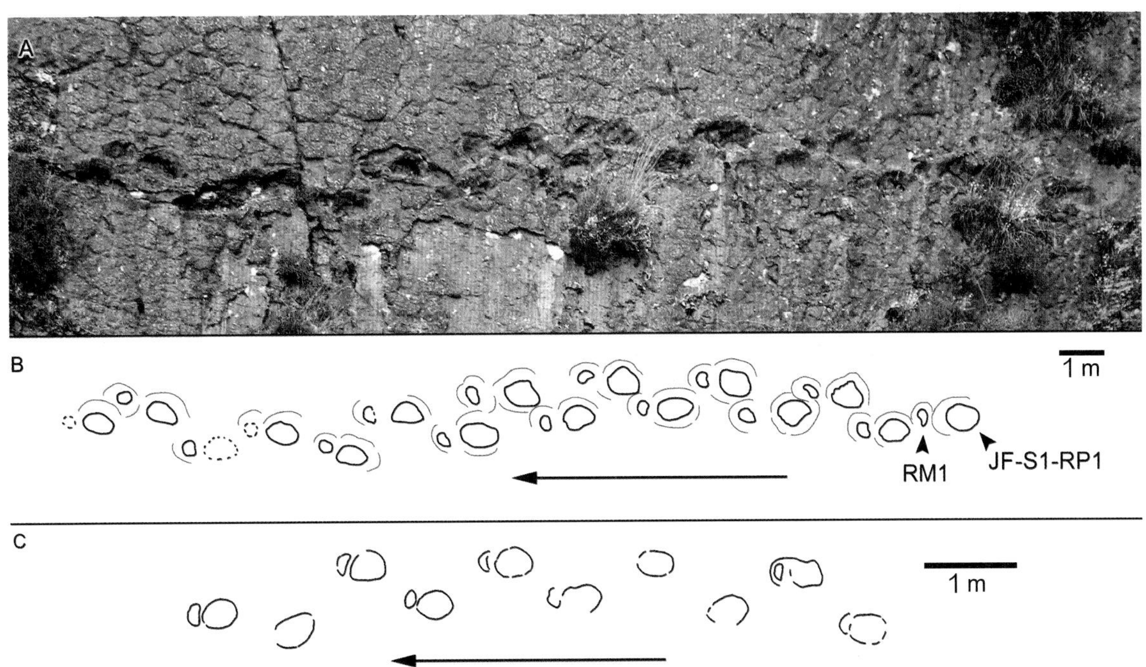

蜥脚类似雷龙足迹（cf. *Brontopodus*）行迹照片及轮廓图（引自 Xing et al.，2015r）

A 为解放沟蜥脚类行迹照片；B 为行迹轮廓图；C 为三岔河乡三比罗嘎二号点的蜥脚类行迹，注意对比其与 B 的差别。

该行迹由16对前、后足迹构成，除了具有窄跨距特征外，其与雷龙足迹（*Brontopodus*）的特征基本吻合，具体表现在前、后足面积比值相近（1∶3.1）等方面。

该足迹显示出昭觉解放乡的蜥脚类恐龙足迹的运动方式或体态特征的变化特性。其前足迹为U形，足长和足宽的平均值分别是23.5 cm和41.1 cm，足迹长宽比值为0.6，爪迹不明显，挤压脊发育（宽可达24 cm）。后足迹呈卵圆状，足迹长宽比值为1.2，足长72.8 cm，足宽52.9 cm，侧挤压脊也很发育（可达34 cm）。前、后足迹的步幅角分别为113°和122°。

四川昭觉县解放乡解放沟，下白垩统飞天山组

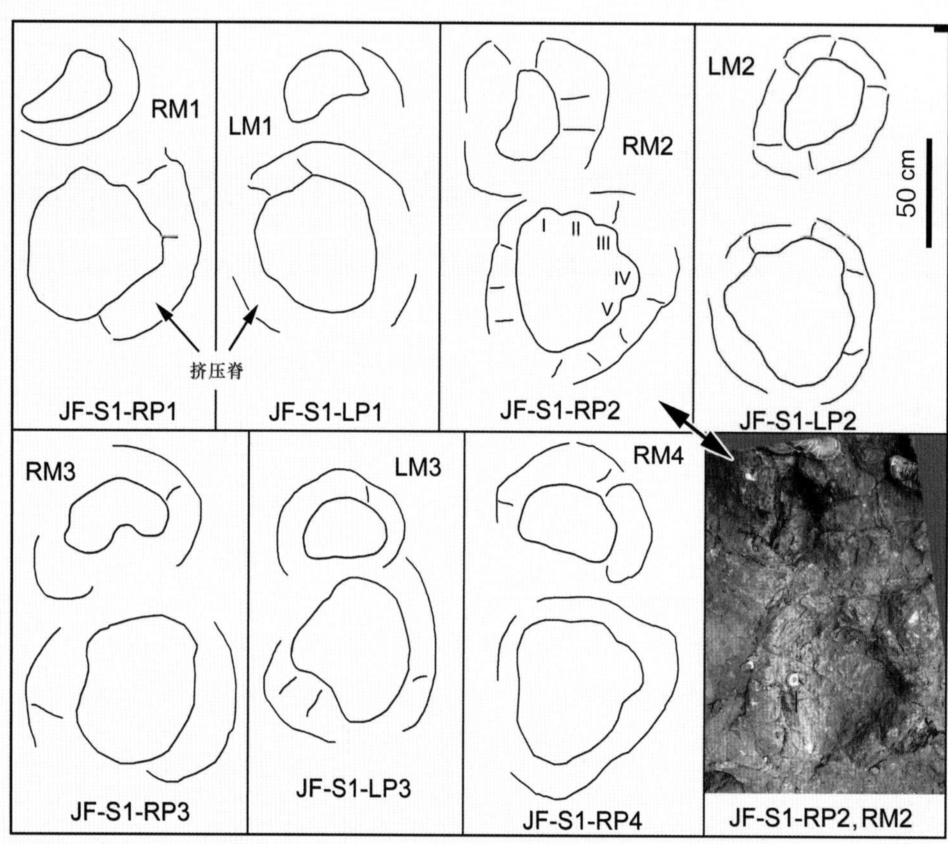

解放沟的蜥脚类足迹照片及轮廓图（引自 Xing et al.，2015r）

RP、LP 分别为右后、左后足迹，RM、LM 分别为右前、左前足迹，罗马数字为趾编号。

四川昭觉县解放乡，下白垩统飞天山组

2.3.11 古蔺

古蔺县的足迹化石主要分布于椒园乡和桂花乡，化石层位为下侏罗统自流井组。邢立达等对古蔺上述两个足迹化石点进行了深入研究（邢立达，2010；Xing et al.，2015j，2016p，2017g）。

（1）椒园乡

椒园足迹点位于古蔺县城东南部约30 km的偏远山谷中。邢立达等（Xing et al., 2016p）在此建立了原蜥脚类的新足迹属种——蜀南刘建足迹（*Liujianpus shunan*）。

四川古蔺县椒园足迹化石点露头照片

恐龙足迹产在陡倾的砖红色砂岩、粉砂岩层面上，呈下凹型产出，以蜥臀类（蜥脚类＋兽脚类）恐龙足迹为主。

照片显示，其左侧中部至少有6排近平行的大型足迹。

足迹产出层位为下侏罗统自流井组大安寨段

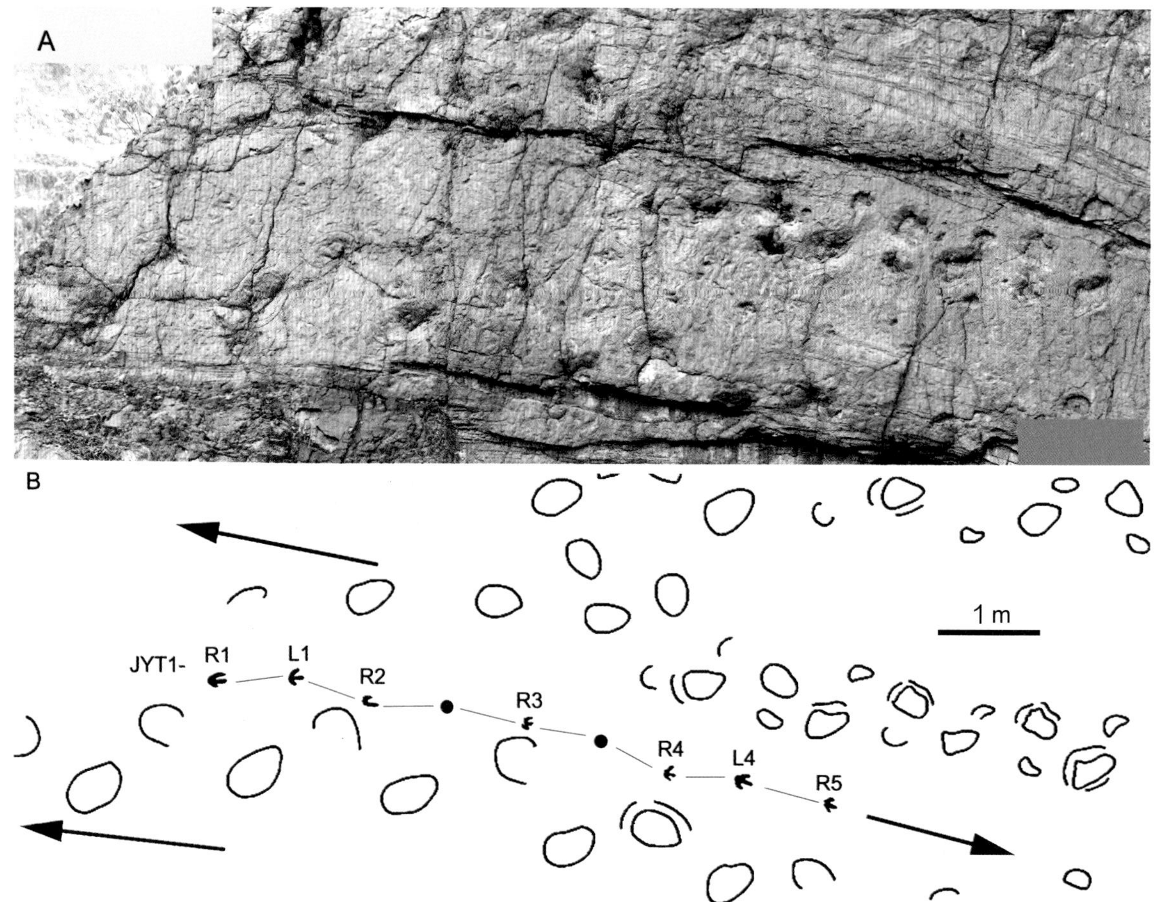

椒园足迹点局部露头照片及足迹轮廓解释图（引自 Xing et al., 2017g）

层面上以蜥脚类足迹为主，其至少构成两条较长的行迹，行迹方向如黑色箭头（无红色连线）所示；蜥脚类行迹中间可见 1 条至少由 9 个足迹组成的兽脚类行迹（红色连线的黑色箭头标示行迹方向）。四川古蔺县椒园乡，下侏罗统自流井组大安寨段

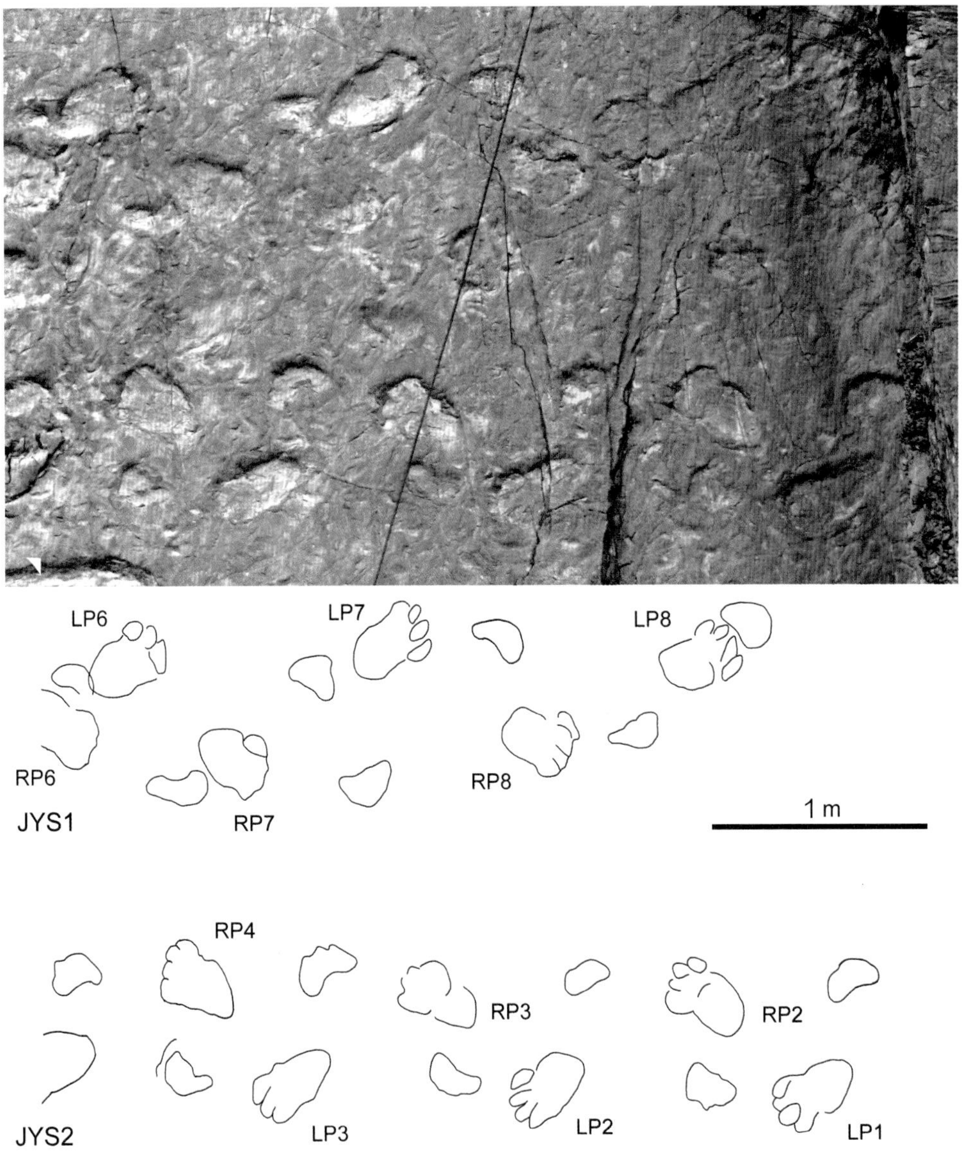

蜀南刘建足迹（*Liujianpus shunan*）模式标本照片及轮廓图（引自 Xing et al., 2016p）

足迹为四趾型，足长范围为 37~40 cm，足宽为 26~28 cm，平均长宽比值为 1.32~1.54。

后足迹外撇，四趾约等大、略弯、末端变尖，与足轴近乎平行；足爪迹较发育，为足长的 25%~30%。

前足迹为五趾型或半圆形，足宽大于足长，足长为 15~18 cm，足宽约为 25 cm（长宽比值为 0.6~0.74）。

其中，编号为 JYS1 者为正模标本，编号为 JYS3 者为副模标本。

四川古蔺县椒园乡，下侏罗统自流井组大安寨段

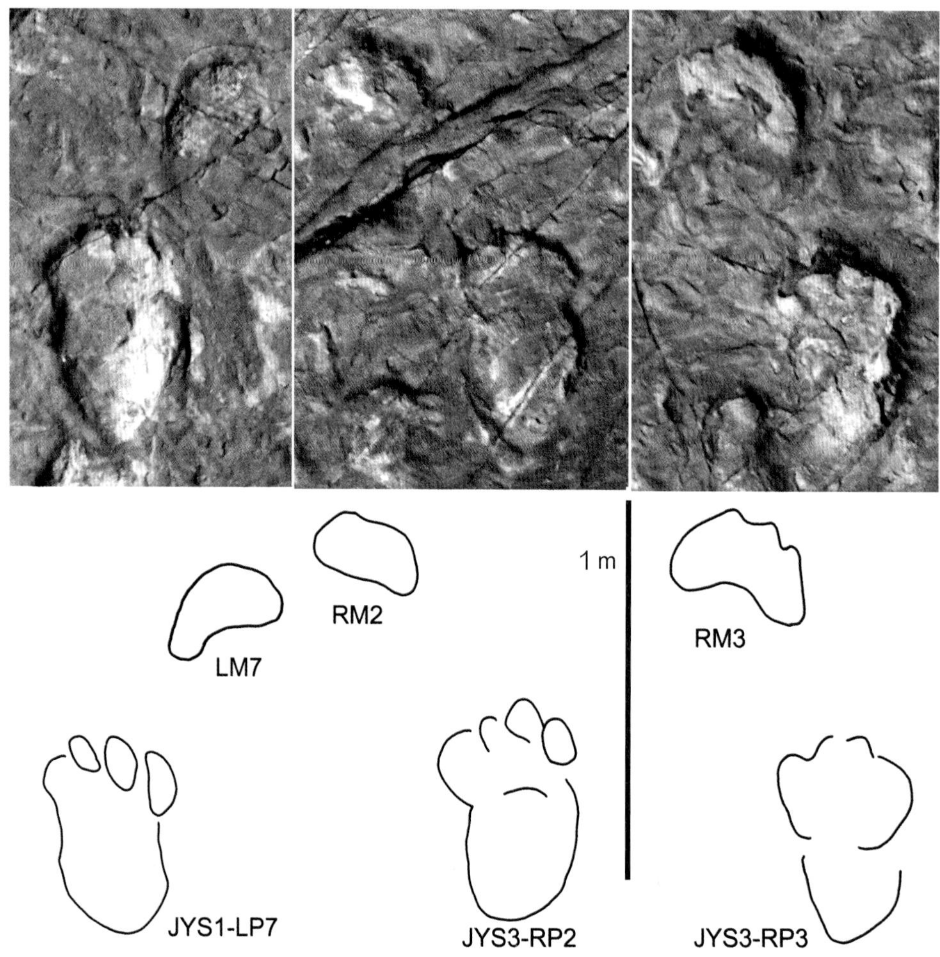

蜀南刘建足迹（L. *shunan*）模式标本之典型足迹照片及轮廓图（引自 Xing et al., 2016p）

标本为 3 对前、后足迹，其中编号为 JYS1 者为正模标本，编号为 JYS3 者为副模标本。

蜀南刘建足迹（*Liujianpus shunan*）行迹较窄，后足迹内跨距（内宽）为 6~12 cm，外跨距（外宽）为 75 cm；前足迹内宽大于后足迹内宽，但后足迹外宽略大于前足迹外宽。

前足外撇 38° ~40° ，后足外撇 52° ；前足步幅角为 105° ~118° ，后足步幅角为 112° ~117° ，后足步长及复步长分别为 70~86 cm 和 120~145 cm。

四川古蔺县椒园乡，下侏罗统自流井组大安寨段

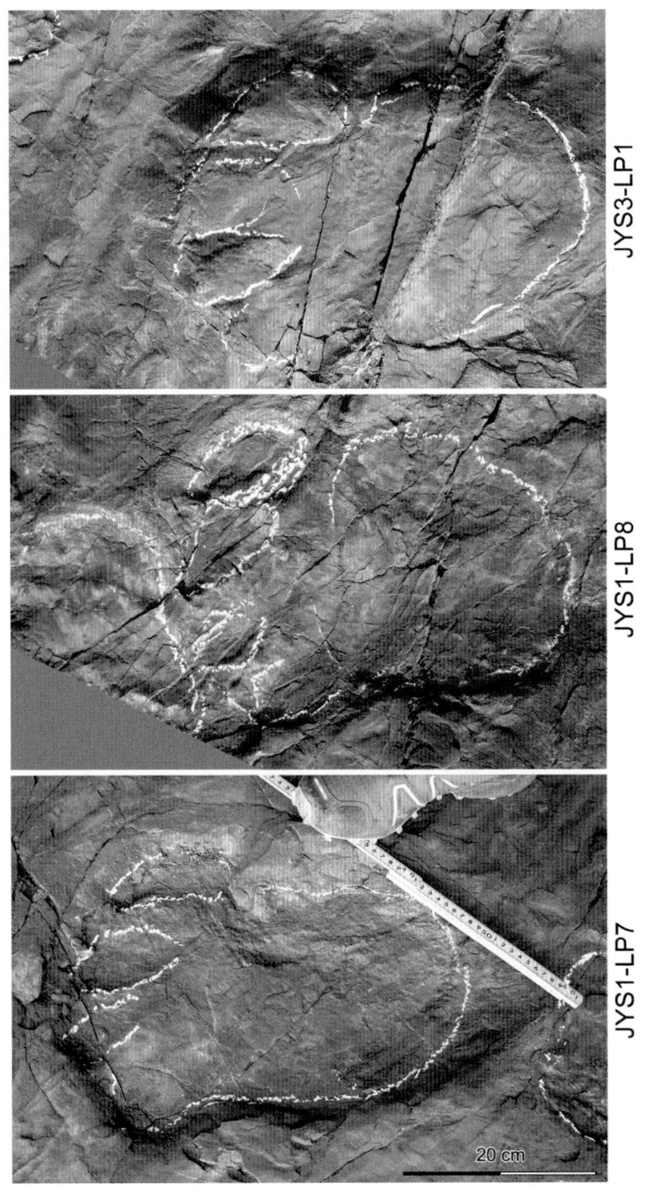

蜀南刘建足迹（*Liujianpus shunan*）后足迹照片（引自 Xing et al., 2016p）

四趾约等大、略弯，末端变尖。

四川古蔺县椒园乡，下侏罗统自流井组大安寨段

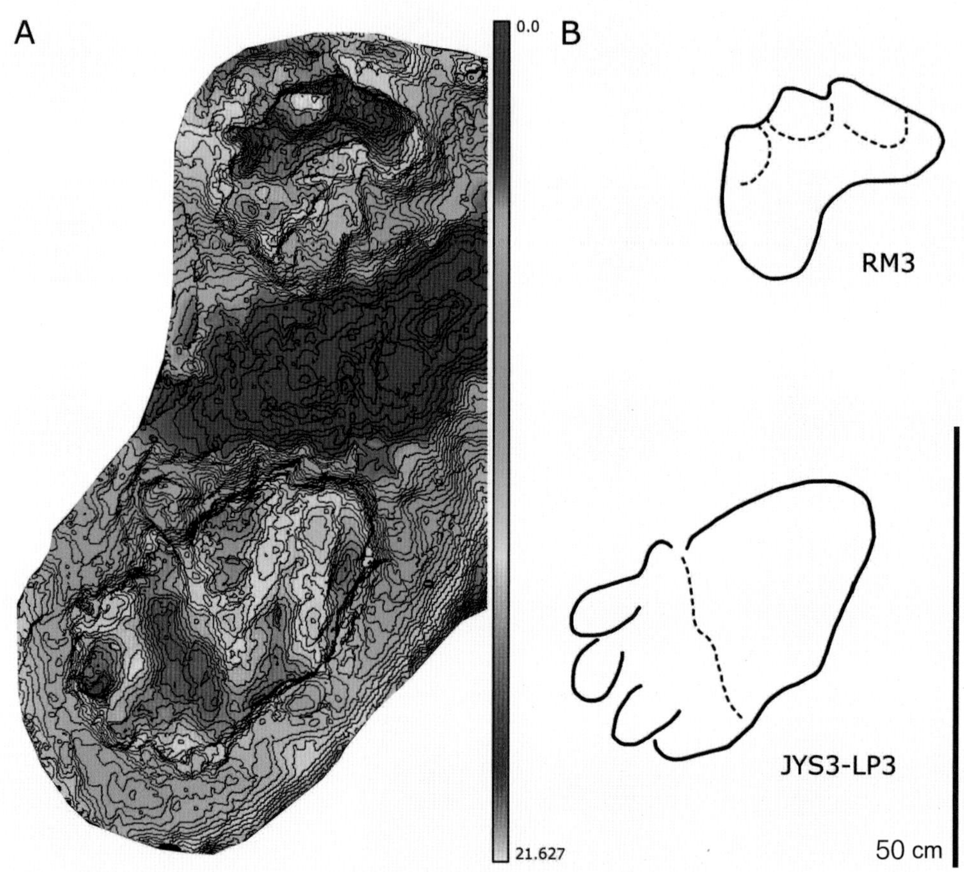

蜀南刘建足迹（*L. shunan*）3D 图像（A）及轮廓图（B）（引自 Xing et al., 2016p）

足迹位于行迹 JYS3 中，其分别为第 3 个右前足迹（RM3）和第 3 个左后足迹（LP3）。

四川古蔺县椒园乡，下侏罗统自流井组大安寨段

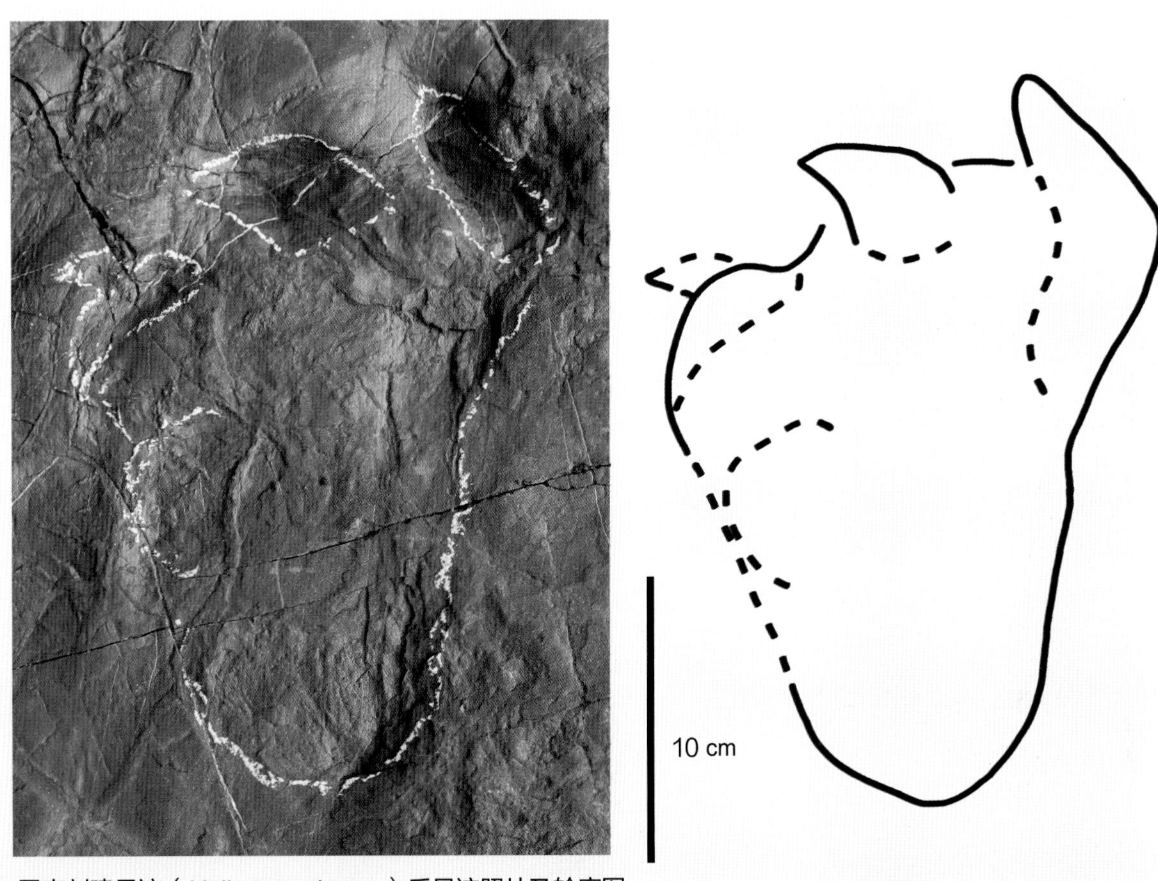

蜀南刘建足迹（*Liujianpus shunan*）后足迹照片及轮廓图

四川古蔺县椒园乡，下侏罗统自流井组大安寨段

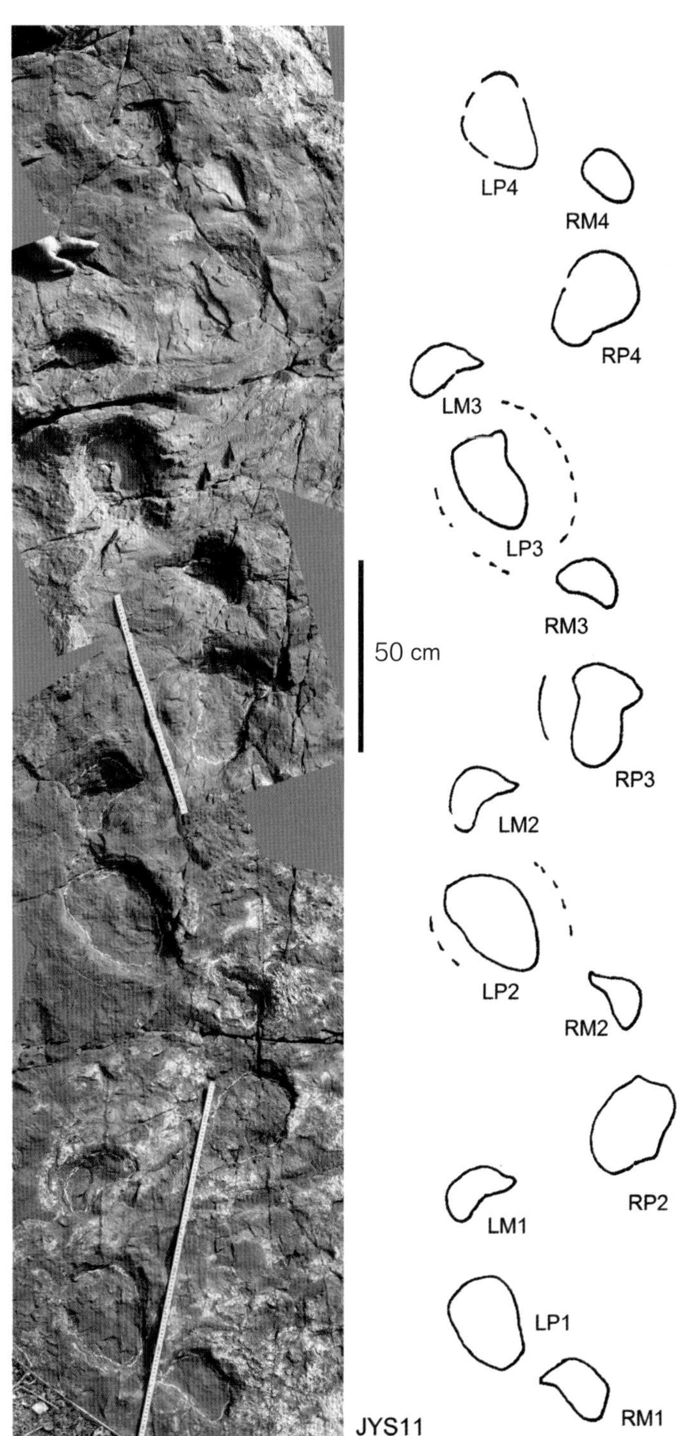

1条小型蜥脚类行迹（cf.*Brontopodus*）的照片及轮廓图（引自 Xing et al., 2016p）

该行迹特征与 *Brontopodus* 很相似，但跨距太窄，足迹较小。

前足长为 10.4 cm，宽为 18.3 cm；后足长为 26.4 cm，宽为 18.7 cm。前、后足迹均难以识别出趾的形态和个数。

四川古蔺县椒园乡，下侏罗统自流井组大安寨段

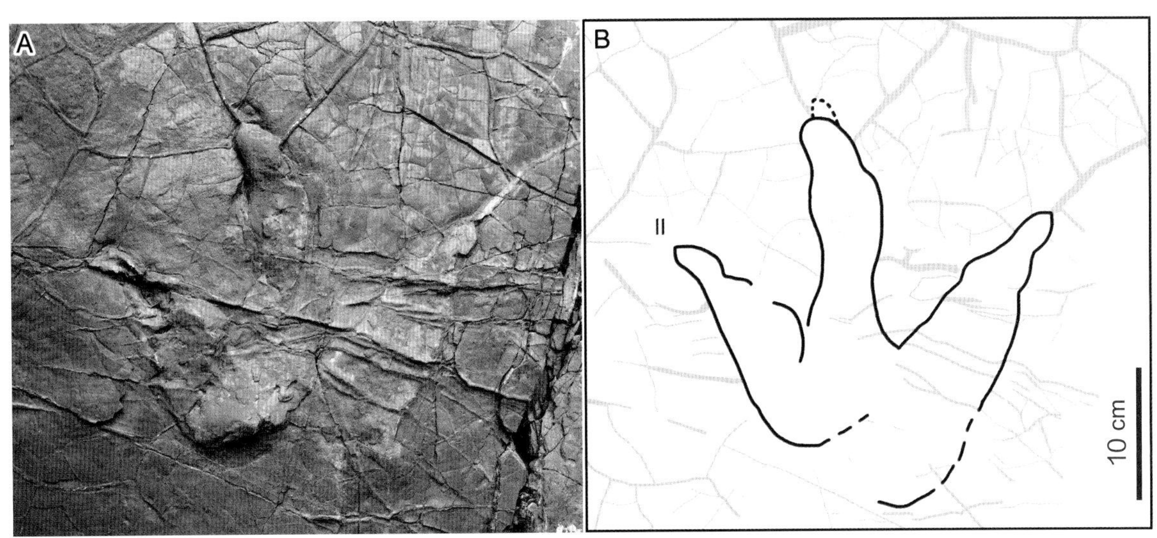

椒园足迹点兽脚类行迹（JYT1）的典型足迹（cf.*Eubrontes*）照片及轮廓图（引自 Xing et al.，2017g）

罗马数字为趾的编号。

四川古蔺椒园乡，下侏罗统自流井组大安寨段

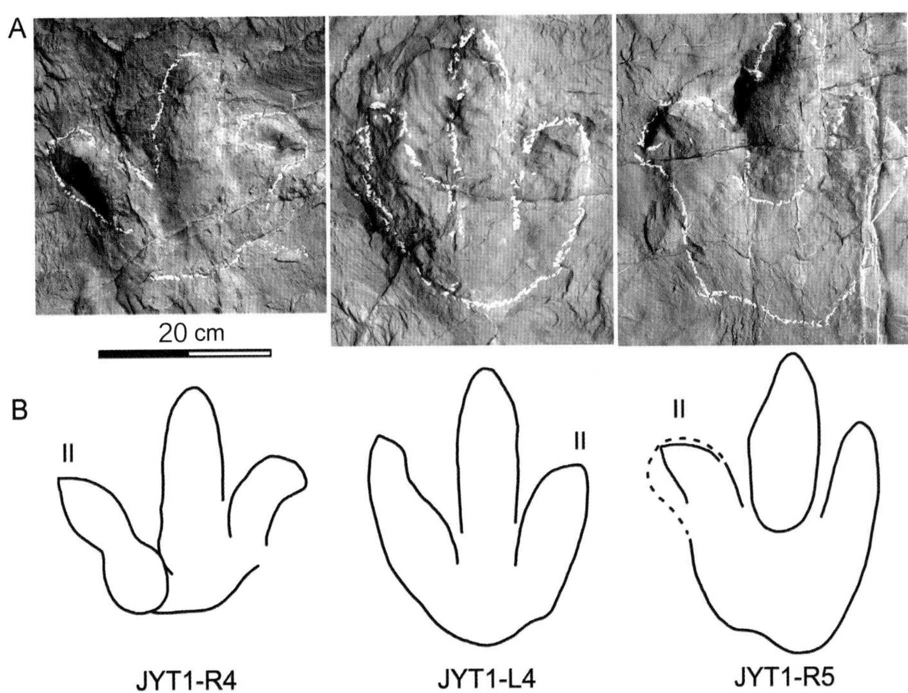

椒园足迹点兽脚类行迹（JYT1）的典型足迹（cf.*Eubrontes*）照片及轮廓图（引自 Xing et al.，2017g）

罗马数字为趾的编号。

四川古蔺县椒园乡，下侏罗统自流井组大安寨段

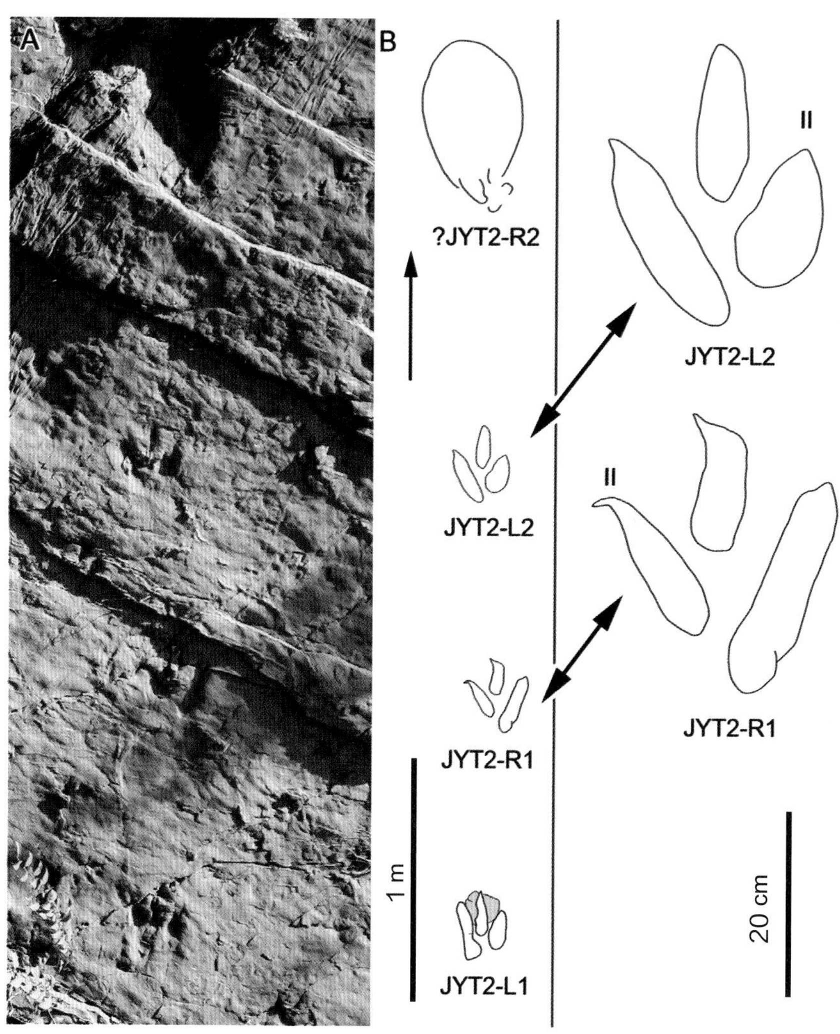

椒园足迹点兽脚类行迹（JYT2）的典型足迹（cf.*Eubrontes*）照片及轮廓图（引自 Xing et al.，2017g）

罗马数字为趾的编号。

四川古蔺县椒园乡，下侏罗统自流井组大安寨段

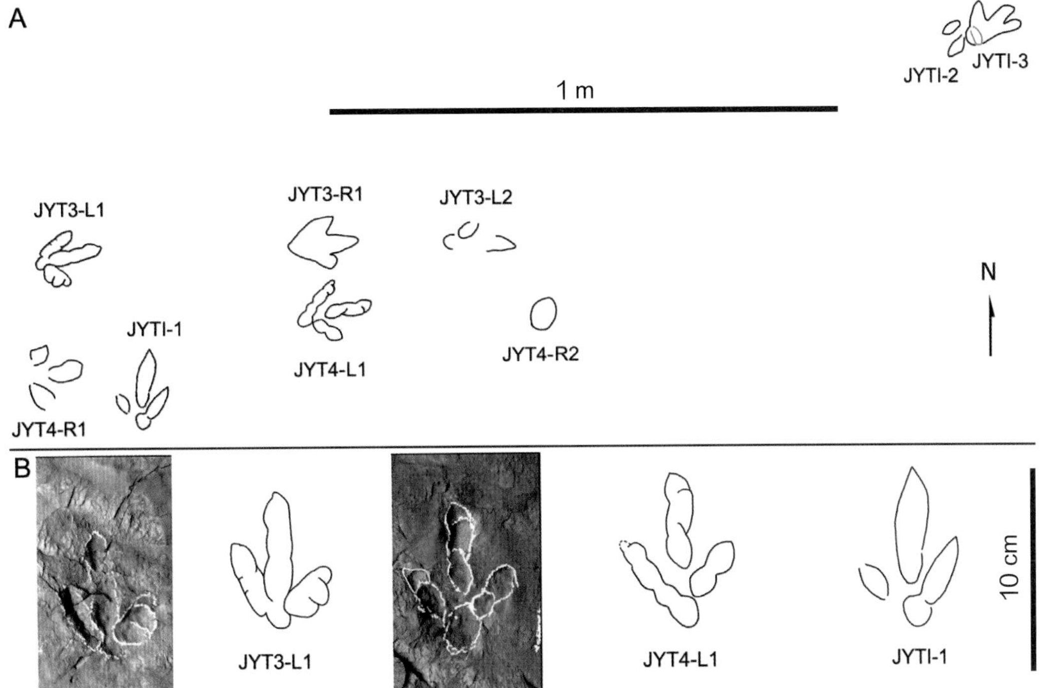

椒园足迹点兽脚类足迹照片及轮廓图（引自 Xing et al.，2017g）

JYT1 和 JYT4 为两条行迹，JYTI-1、JYTI-2、JYTI-3 为孤单的足迹。

四川古蔺椒园乡，下侏罗统自流井组大安寨段

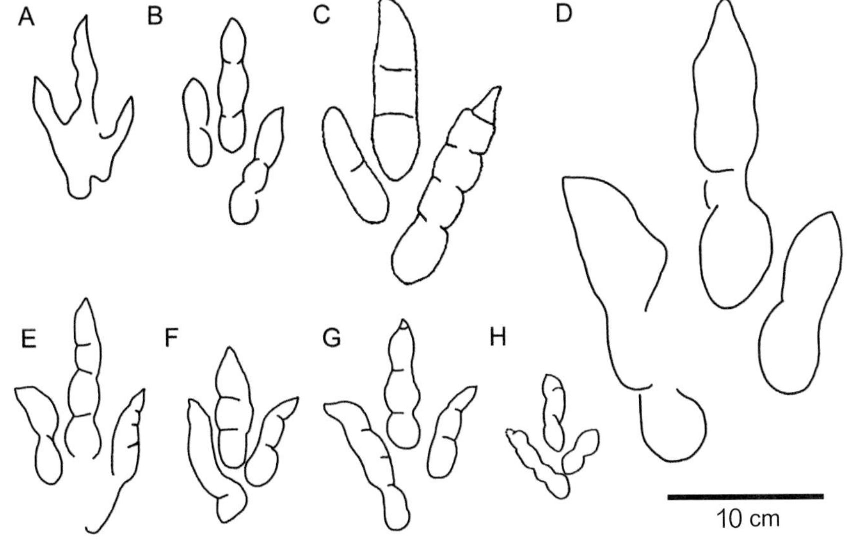

椒园足迹点跷脚龙足迹（*Grallator*）与各地跷脚龙足迹的对比（引自 Xing et al.，2017g）

A 为五皇跷脚龙足迹（*Grallator wuhuangensis*）；B 为小跷脚龙足迹（*Grallator microiscus*），即原来的小重庆足迹；C 为野苗溪跷脚龙足迹（*Grallator yemiaoxiensis*），即野苗溪重庆足迹；D 为泥泞跷脚龙足迹（*Grallator limnosus*）；E－G 为自贡河街的跷脚龙足迹（*Grallator*）；H 为椒园乡的跷脚龙足迹（*Grallator*）

（2）桂花镇

桂花镇的恐龙足迹化石产自汉溪村西南的石凤窝和石庙沟等地的下白垩统夹关组河流相砂岩层面上。

据邢立达等（Xing et al.，2015j）研究，汉溪化石点有250多枚足迹，构成至少18条行迹。其中，兽脚类行迹共有7条（编号为HXT1–T7），行迹HXT1、HXT4、HXT5由8枚足迹组成，行迹HXT2由11枚足迹组成，行迹HXT3由81枚足迹组成，行迹HXT6、HXT7由4枚足迹组成。鸟脚类足迹有3条（编号为HX–O1–O3），分别由5枚、6枚、20枚足迹构成；另有两枚孤单的足迹（编号为HX–OI–1–2）。蜥脚类足迹共有8条（编号为HX–S1–S8），行迹HX–S1由9枚足迹组成，行迹HX–S2由12枚足迹组成，行迹HX–S3由16枚足迹组成，行迹HX–S4由14枚足迹组成，行迹HX–S5由11枚足迹组成，行迹HX–S6由4枚足迹组成，行迹HX–S7由10枚足迹组成，行迹HX–S8由20枚足迹组成。其大部分前、后足均能识别，其中行迹HX–S2保存状态最好。

兽脚类中的1条行迹（编号为HXT3）由81枚连续的足迹构成，行迹长为69 m。该行迹类似于实雷龙足迹类（cf.*Eubrontes*），是目前中国最长的恐龙行迹，也是东亚最长的兽脚类行迹。其他的6条兽脚类行迹被归入跷脚龙足迹类（*Grallator*–like）；3条近平行的鸟脚类行迹被归入鸟脚龙足迹（*Ornithopodichnus*）；8条蜥脚类行迹与雷龙足迹类似（cf.*Brontopodus*）（Xing et al.，2015j）。

汉溪足迹点的足迹组合表明，四川盆地早白垩世的恐龙动物群具有丰富的多样性，且种类和大小不同，既有兽脚类和蜥脚类，也有鸟脚类。这些造迹恐龙在种类、大小和行为方式等方面均有一定差别。例如在小型*Grallator*类的行迹中，有些足迹蹠垫印迹发育，表明造迹的兽脚类恐龙在行走时有时是蹠行式，有时是半蹠行式，造成这种行走方式的原因之一可能是沉积物局部过于松软。造迹恐龙的运动速度也有一定差别，例如经过计算，最长的兽脚类行迹（编号为HXT3）的运动速度为4.25 km/h，其步长相当稳定，这表明该造迹恐龙的运动状态平稳而匀速。在3条鸟脚类恐龙行迹中，行迹HX–O1–O2的速度为7.96 ~ 8.35 km/h，而行迹HX–O3的速度只有2.41 km/h。8条蜥脚类行迹的速度为1.55 ~3.49 km/h。从这3种类型的恐龙的运动速度分析，鸟脚类速度最快，兽脚类较慢，蜥脚类最慢。一般情况下，兽脚类恐龙的运动速度应当最快，这反映了该兽脚类恐龙可能不是处于捕猎状态之中。

中国最长的1条兽脚类行迹（似实雷龙足迹 cf.*Eubrontes*）照片（彭光照提供）

该行迹由81枚连续的足迹构成，行迹长69 m，足迹方向由近而远。

四川古蔺县桂花镇汉溪村，下白垩统夹关组

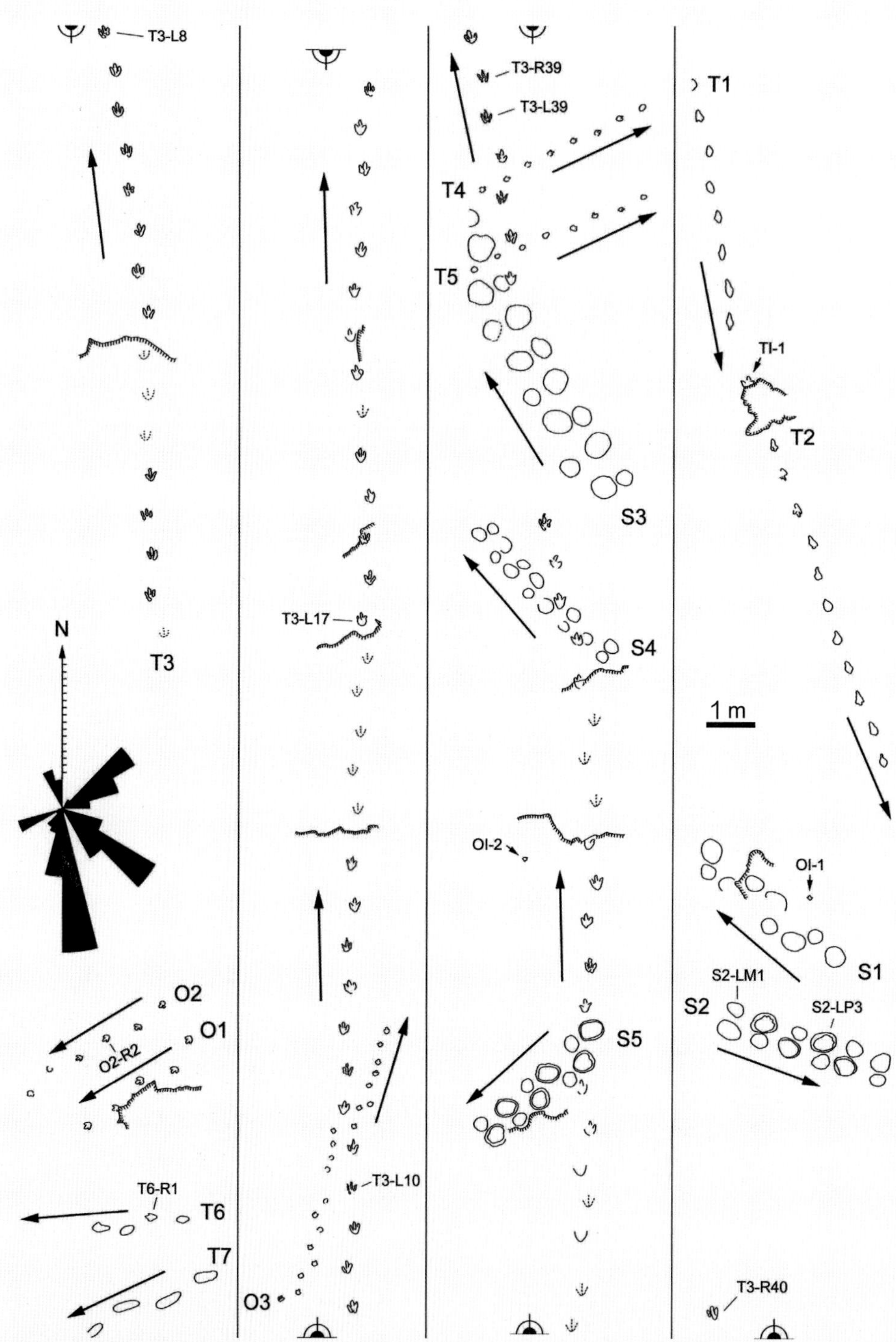

汉溪足迹点恐龙足迹平面分布轮廓图（引自 Xing et al.，2015j）

T、S、O 分别为兽脚类、蜥脚类、鸟脚类行迹，另有少量孤单的足迹。

其中，第 2 列的 T3 即为最长的似实雷龙行迹（cf.*Eubrontes*）。箭头标示行迹方向。

四川古蔺县桂花镇汉溪村，下白垩统夹关组

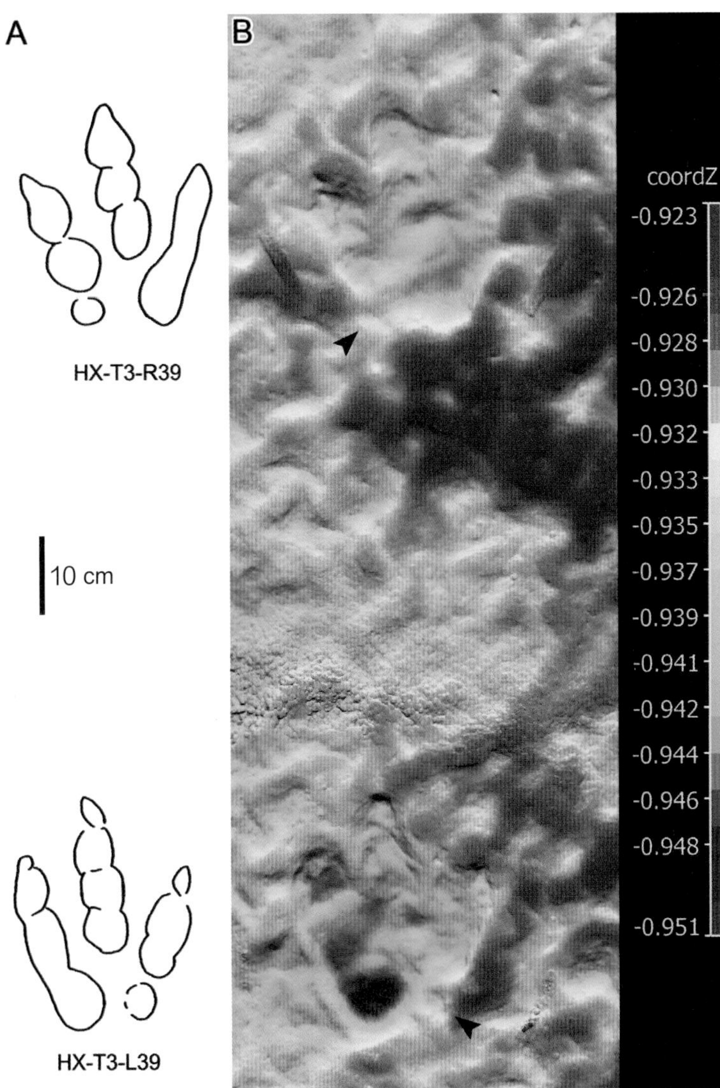

汉溪足迹点最长行迹（HX-T3）的典型足迹轮廓图及3D图像（引自Xing et al.，2015j）

HX-T3-L39和HX-T3-R39分别为行迹中的第39个左、右足迹。四川古蔺县桂花镇汉溪村，下白垩统夹关组

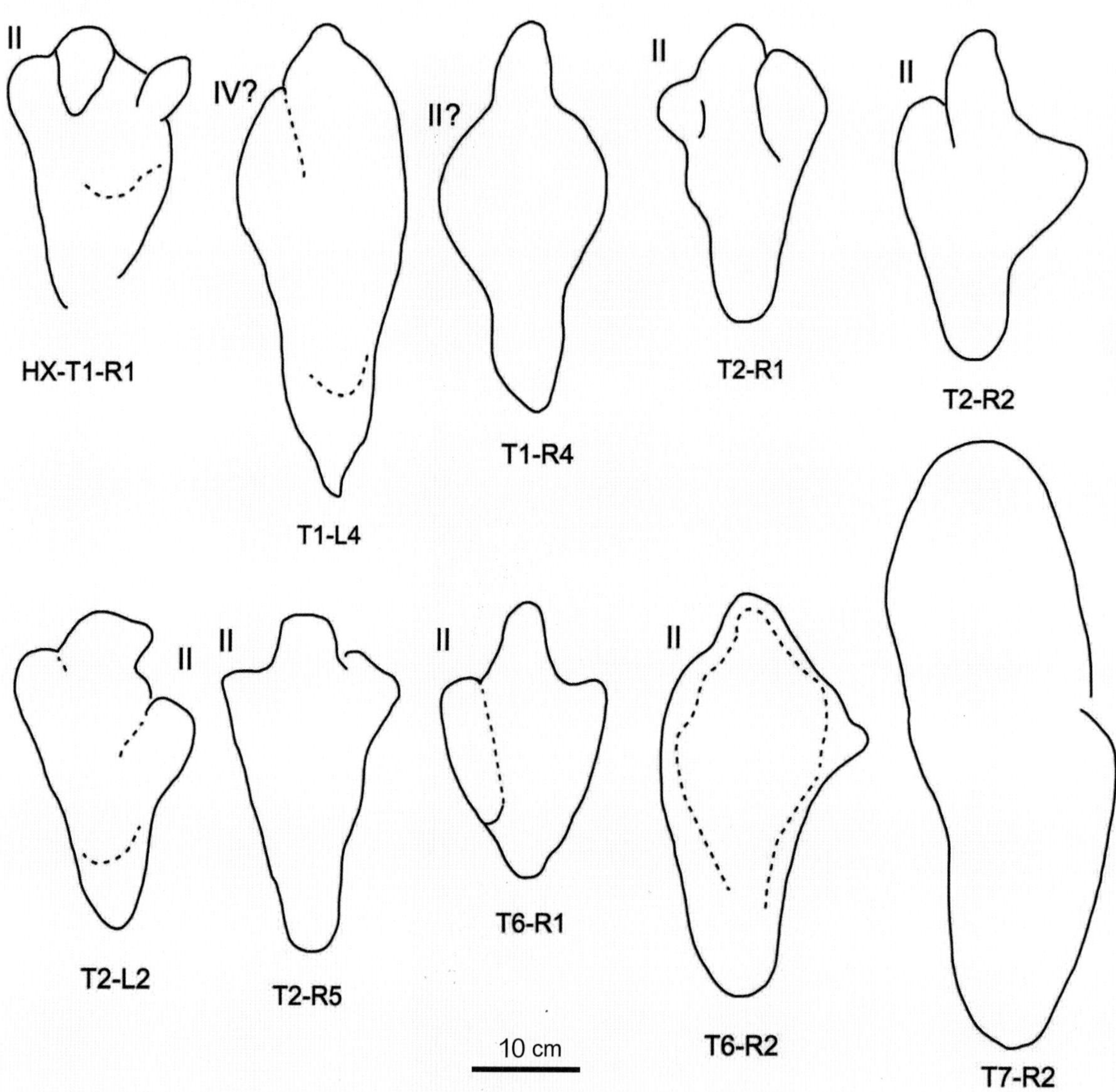

汉溪足迹点具有纵长蹠垫印迹的兽脚类足迹轮廓解释图（引自 Xing et al.，2015j）

L 和 R 分别为左、右足迹，罗马字母为趾的编号。

四川古蔺县桂花镇汉溪村，下白垩统夹关组

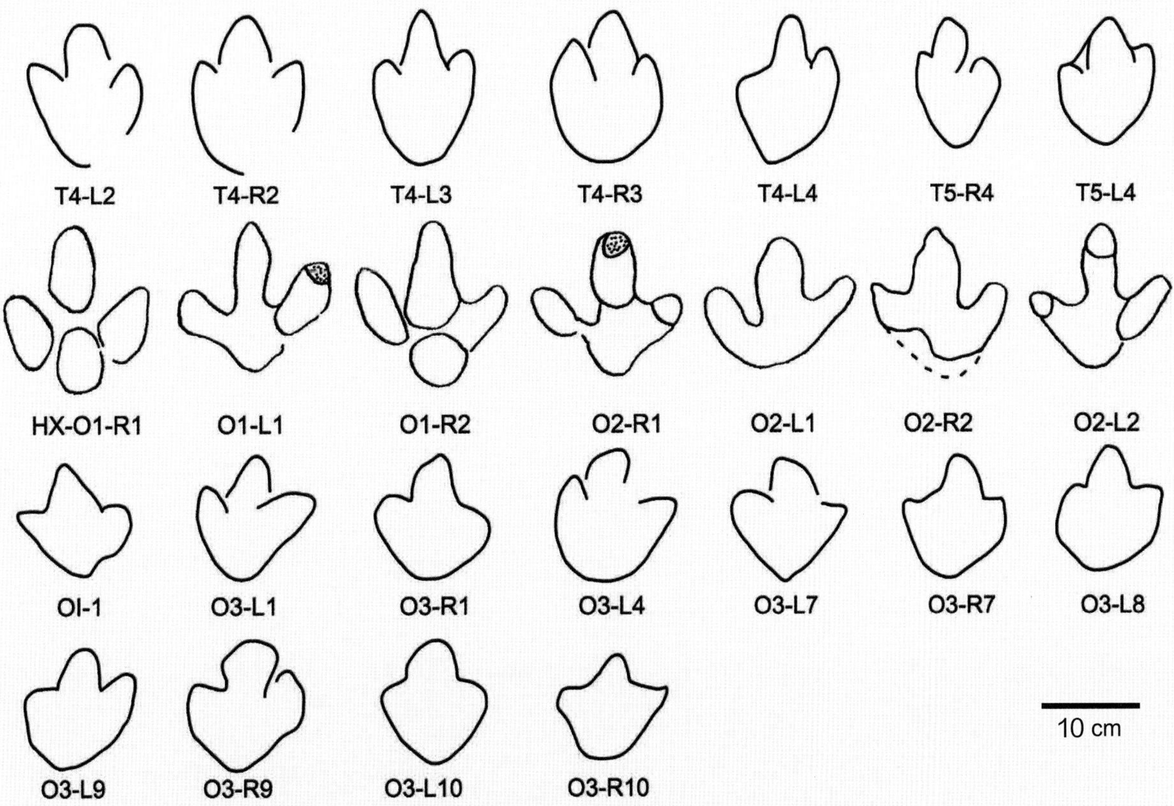

汉溪足迹点部分鸟脚类、兽脚类足迹轮廓解释图（引自 Xing et al.，2015j）

编号中 T 为兽脚类的跷脚龙足迹（*Grallator*）类，O 为鸟脚类的鸟脚龙足迹（*Ornithopodichnus*）；L 和 R 分别为左、右足迹。

四川古蔺县桂花镇汉溪村，下白垩统夹关组

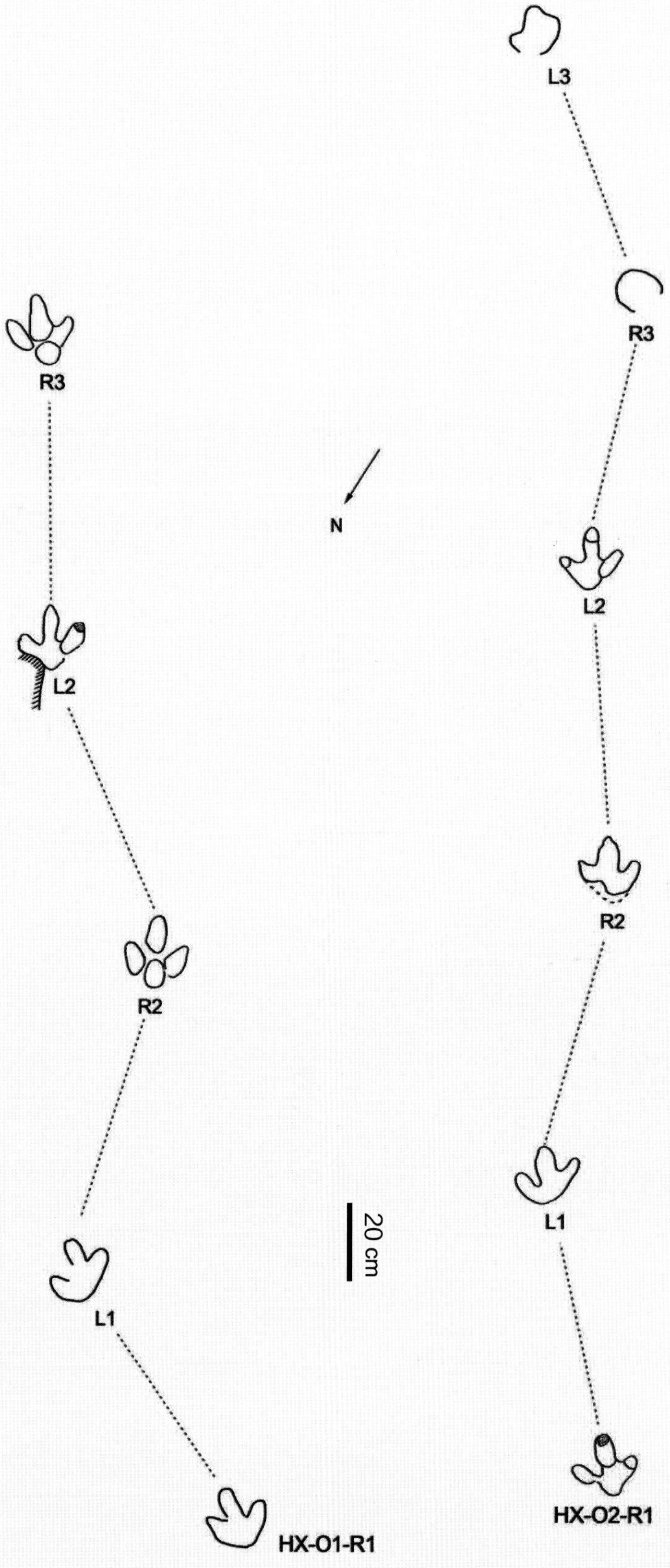

汉溪足迹点两条鸟脚类行迹（HX-O1，HX-O2）轮廓解释图（引自 Xing et al.，2015j）

行迹 HX-O1 和行迹 HX-O2 分别由 5 枚和 6 枚足迹构成。足迹为三趾型、蹠行式，足长 13~15 cm，长宽比值为 0.9~1 cm；Ⅲ趾最长，Ⅱ趾略短于Ⅳ趾，爪迹圆钝，未见趾垫；Ⅱ、Ⅳ趾趾间角为 85°，足迹内撇约 17°；步长约 70 cm，平均步幅角为 153°。L 和 R 分别为左、右足迹。

四川古蔺县桂花镇汉溪村，下白垩统夹关组

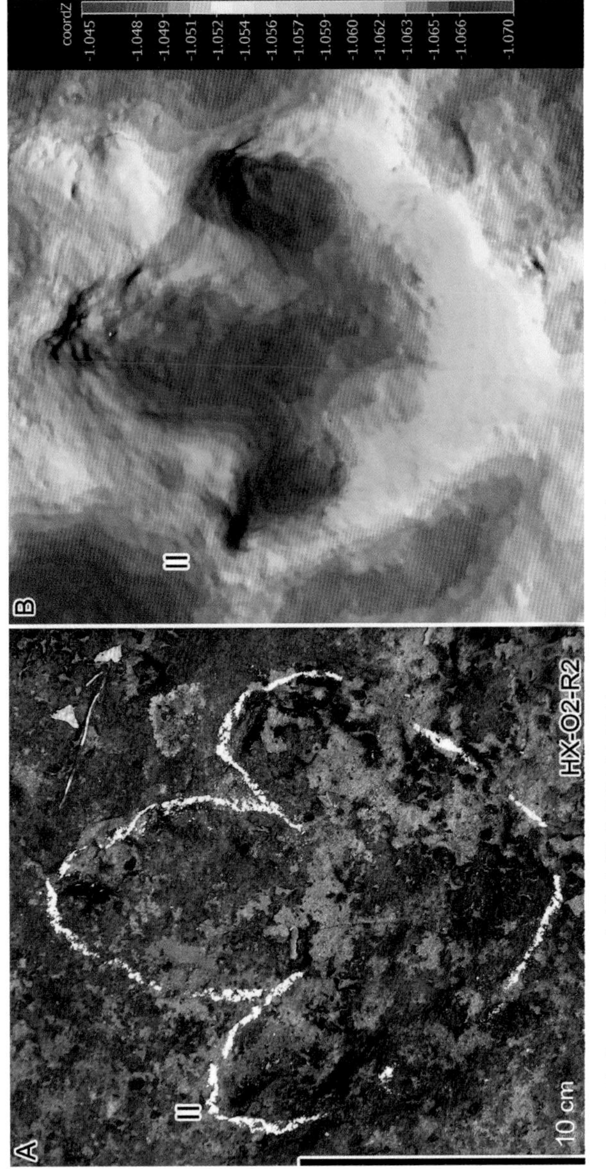

汉溪足迹点 HX-O2 行迹中的典型足迹照片及 3D 图像（引自 Xing et al.，2015j）

A 为足迹照片，B 为 3D 图像。

罗马字母为趾编号。

四川古蔺县桂花镇汉溪村，下白垩统夹关组

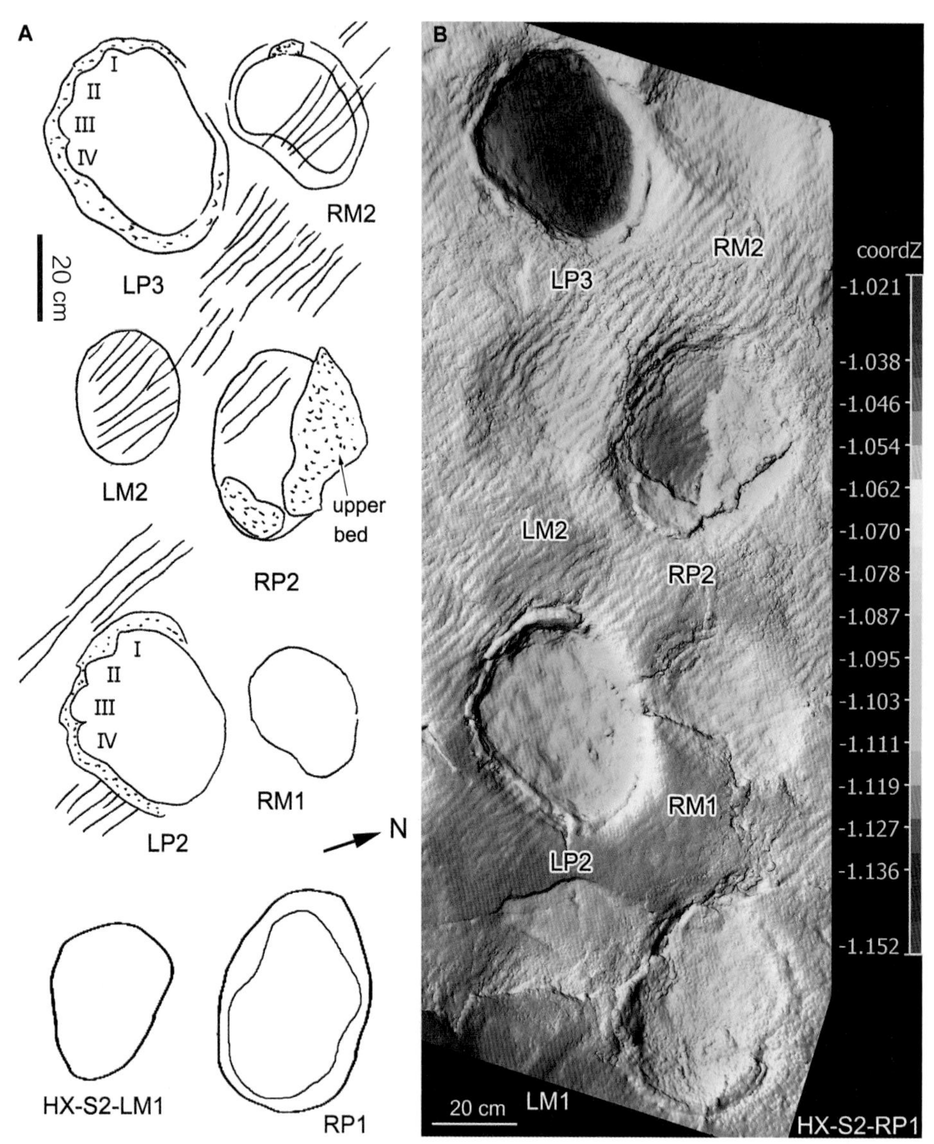

汉溪足迹点蜥脚类足迹（cf.*Brontopodus*）行迹照片及 3D 图像（引自 Xing et al.，2015j）

后足迹较大且外撇，足迹长 40~50 cm，足迹长大于足迹宽；前足为 U 形，前、后足迹易于区分，行迹跨距窄或中等。

足迹底层面波痕十分发育，踩踏较浅的足迹上仍残留有波痕。

3D 图像中蓝色表示高度最低，红色表示高度最高。

四川古蔺县桂花镇汉溪村，下白垩统夹关组

石庙沟恐龙足迹化石照片（彭光照提供）

A 为兽脚类（T）和鸟脚类足迹（O），下方比例尺为 10 cm；B 为蜥脚类足迹。

四川古蔺县桂花镇石庙沟，下白垩统夹关组

石庙沟的鸟脚类恐龙足迹化石照片（彭光照提供）

图中地质锤长为 28 cm。

四川古蔺县桂花镇石庙沟，下白垩统夹关组

2.3.12 会东

四川凉山彝族自治州会东县的恐龙足迹化石发现于会东镇杉松村。化石点共有40多枚三趾型恐龙足迹，其中12枚足迹组成3条行迹，其余4枚为孤单的足迹。这些恐龙足迹化石分布在一片倾角约为60° 的沉积岩层上，面积约为40 m^2。

邢立达等（Xing et al.，2013f）对这批足迹化石进行了研究，认为其与卡岩塔足迹相似（cf.*Kayentapus*）。足迹为三趾型兽脚类，足迹长27.3~28.8 cm，足迹的长宽比值为0.91~1；无前足印迹及尾迹，趾垫无或不清晰；Ⅱ、Ⅳ趾近端略呈U形；行迹SSA的足迹两侧趾间角为76° ~98° ；行迹窄，复步角为141° ，复步平均长156 cm。

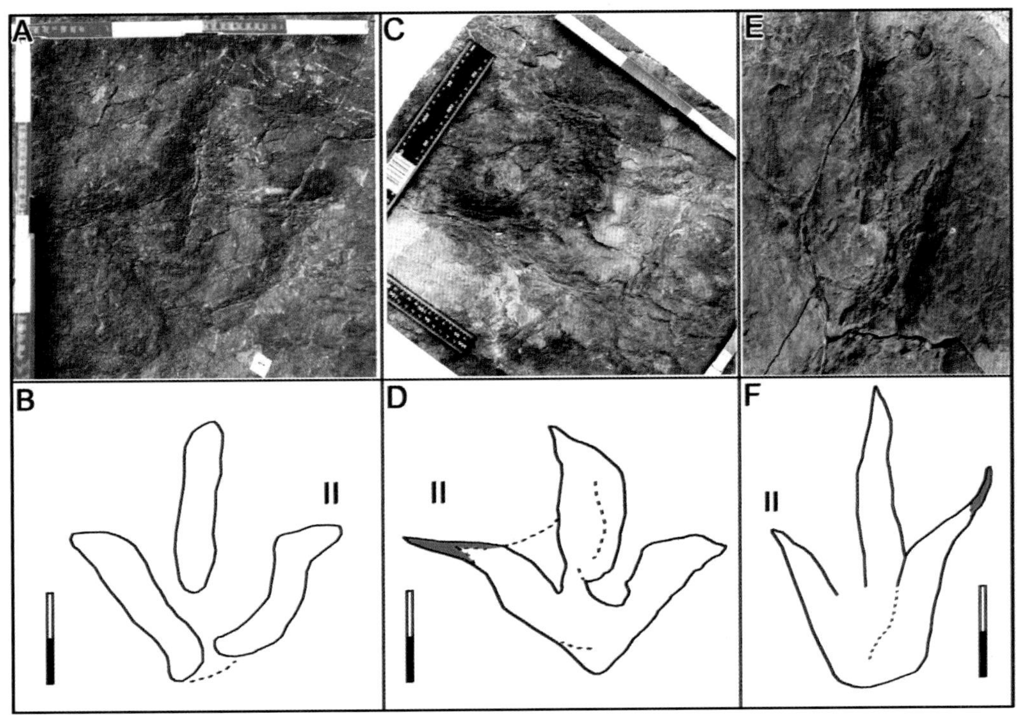

杉松村的似卡岩塔足迹（cf.*Kayentapus*）照片及轮廓图（引自 Xing et al.，2013f）

轮廓图（B、D 和 F）中比例尺均为 10 cm。罗马数字为趾编号。

四川会东县会东镇杉松村足迹化石点，中侏罗统新村组

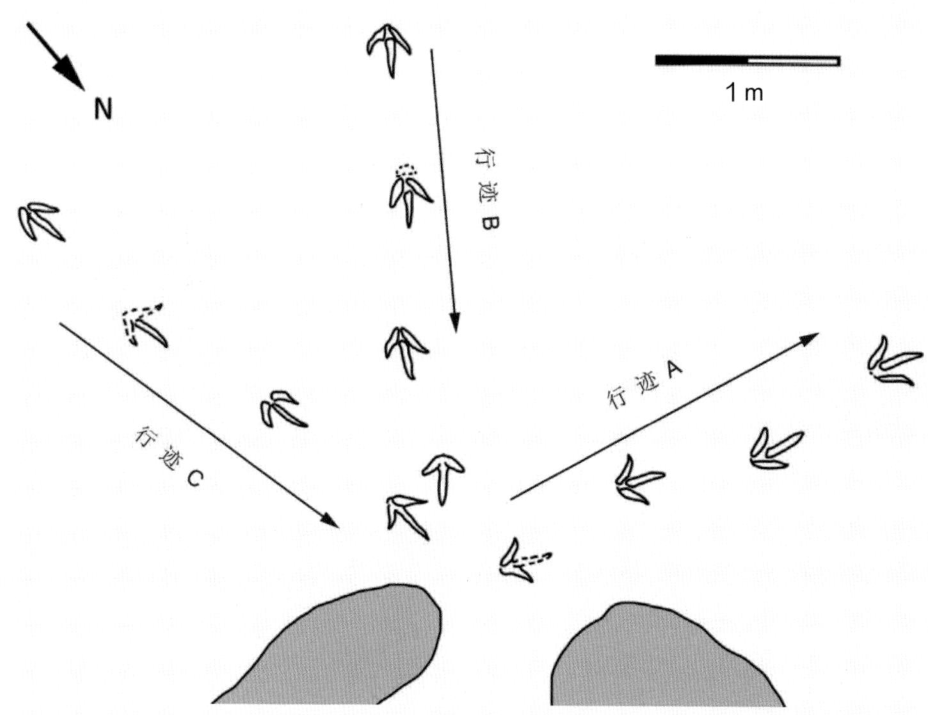

3 条似卡岩塔足迹（cf. *Kayentapus*）的行迹解释轮廓图（引自 Xing et al.，2013f）

箭头标示行迹方向。

四川会东县会东镇杉松村足迹化石点，中侏罗统新村组

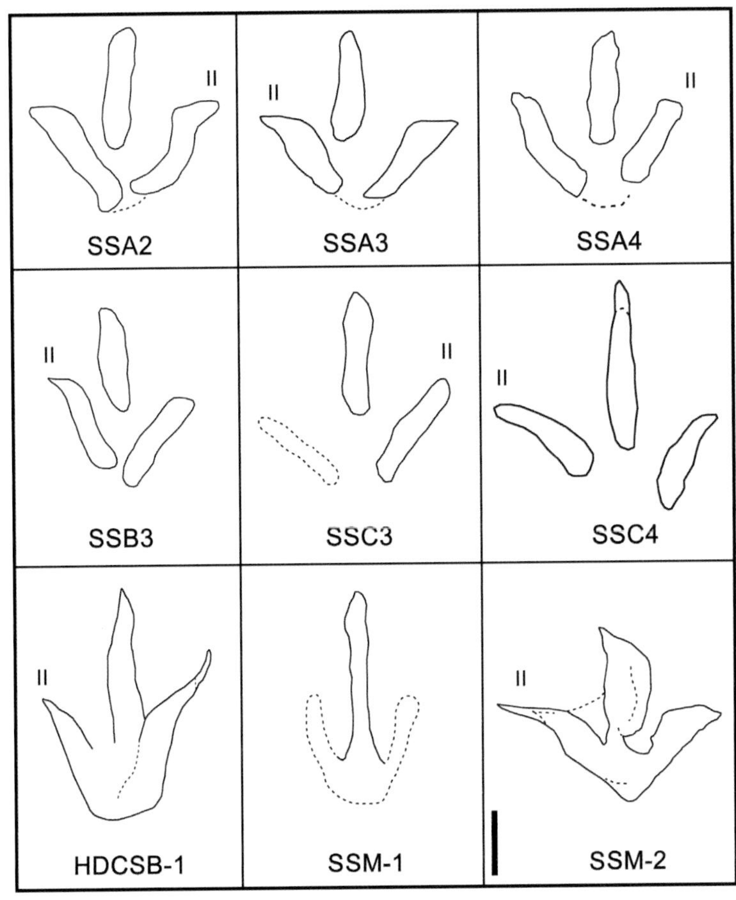

杉松村似卡岩塔足迹（cf. *Kayentapus*）轮廓图（引自 Xing et al.，2013f）

罗马数字为趾编号，图中比例尺均为 10 cm。

四川会东县会东镇杉松村足迹化石点，中侏罗统新村组

2.3.13 富顺

自贡市富顺县的龙贯山，有1条由19个大型足迹组成的行迹。足迹产出地层为上三叠统须家河组最顶部。这条行迹为当地人所知至少已有几百年，被称为“犀牛脚印”。这19个足迹平均长40 cm，宽20 cm；步长变化范围为55.8~85.9 cm（平均为69.5 cm），复步长变化范围为94.8~135.1 cm（平均为114.2 cm），步幅角范围为102°~144°（平均为123°）。

邢立达等研究认为，足迹均朝向行迹中线内偏，即通常所称之“内八字”（内撇），明显有别于北美和欧洲“外八字”状的始蜥脚类足迹。这批足迹与始蜥脚足迹相似（cf. *Eosauropus*），造迹者体长为7~8 m，造迹动物可能为原蜥脚类（Xing et al., 2014n）。

应当指出，由于龙贯山的这条行迹保存在上三叠统最顶部的厚层砂岩层面上，尽管足迹深达30 cm，但由于其中没有其他充填物，保存的足迹及其原始状态已被侵蚀或被改变，

因此损失了足迹形态的某些细节信息(如抓痕等)，这给造迹动物的恢复再造等增添了难度。尽管如此，由于它产出于上三叠统地层中，因此仍然是我国目前最古老的恐龙类四足动物遗迹之一，对于恐龙动物的早期演化、生物古地理、生物地层等研究均具重要意义。

原蜥脚类行迹(cf.*Eosauropus*)野外照片(彭光照提供)

19 个足迹平均长 40 cm，平均宽 20 cm，推测造迹恐龙体长 7~8 m。图中地质锤长 28 cm。

四川富顺县童寺镇龙贯山，上三叠统须家河组顶部

原蜥脚类行迹（cf.*Eosauropus*）野外照片（彭光照提供）

四川富顺县童寺镇龙贯山，上三叠统须家河组顶部

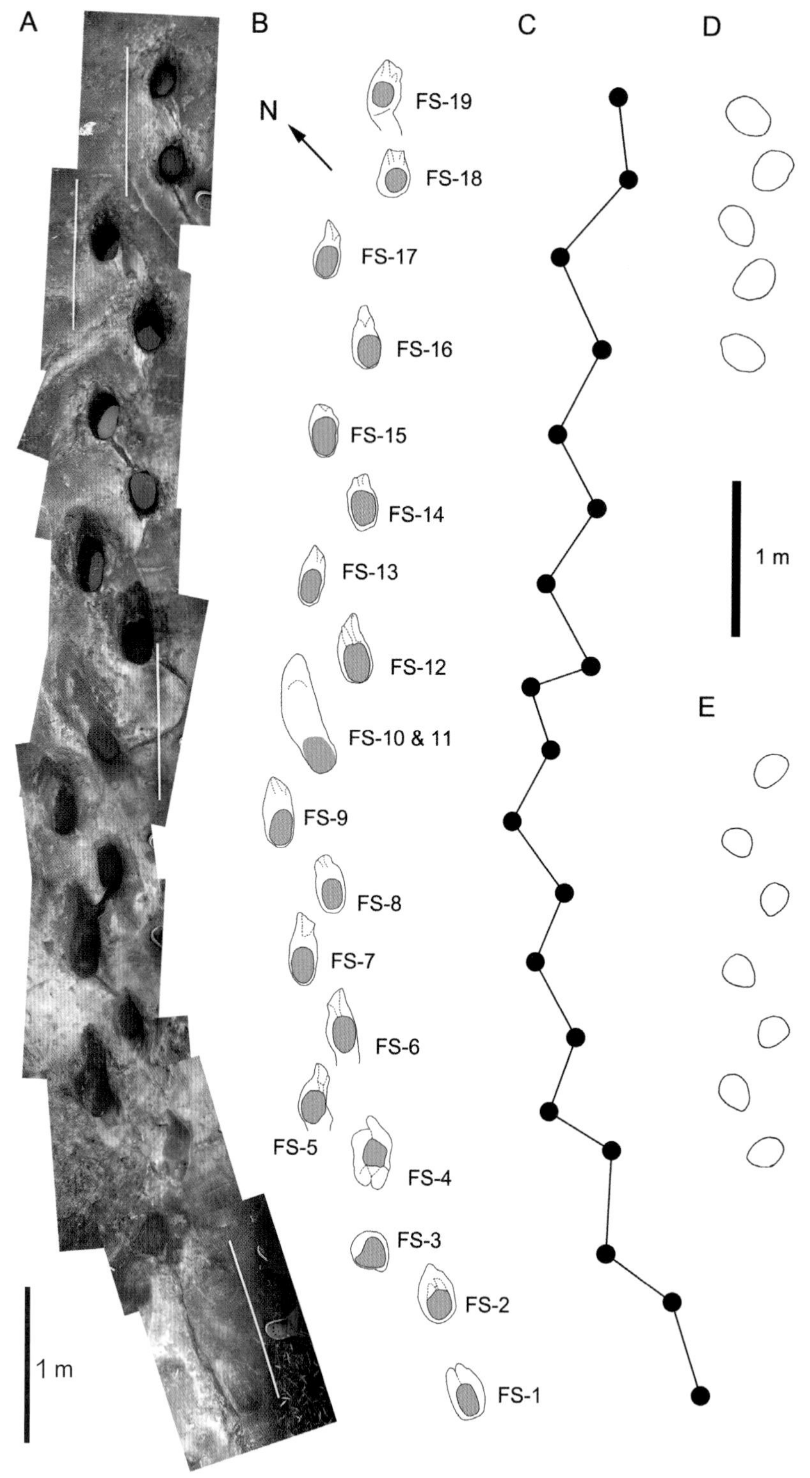

原蜥脚类行迹（cf.*Eosauropus*）全景照片及解释轮廓图（引自 Xing et al.，2014n）

19 个足迹平均长 40 cm，平均宽 20 cm，推测造迹恐龙体长 7~8 m。

四川富顺县童寺镇龙贯山，上三叠统须家河组顶部

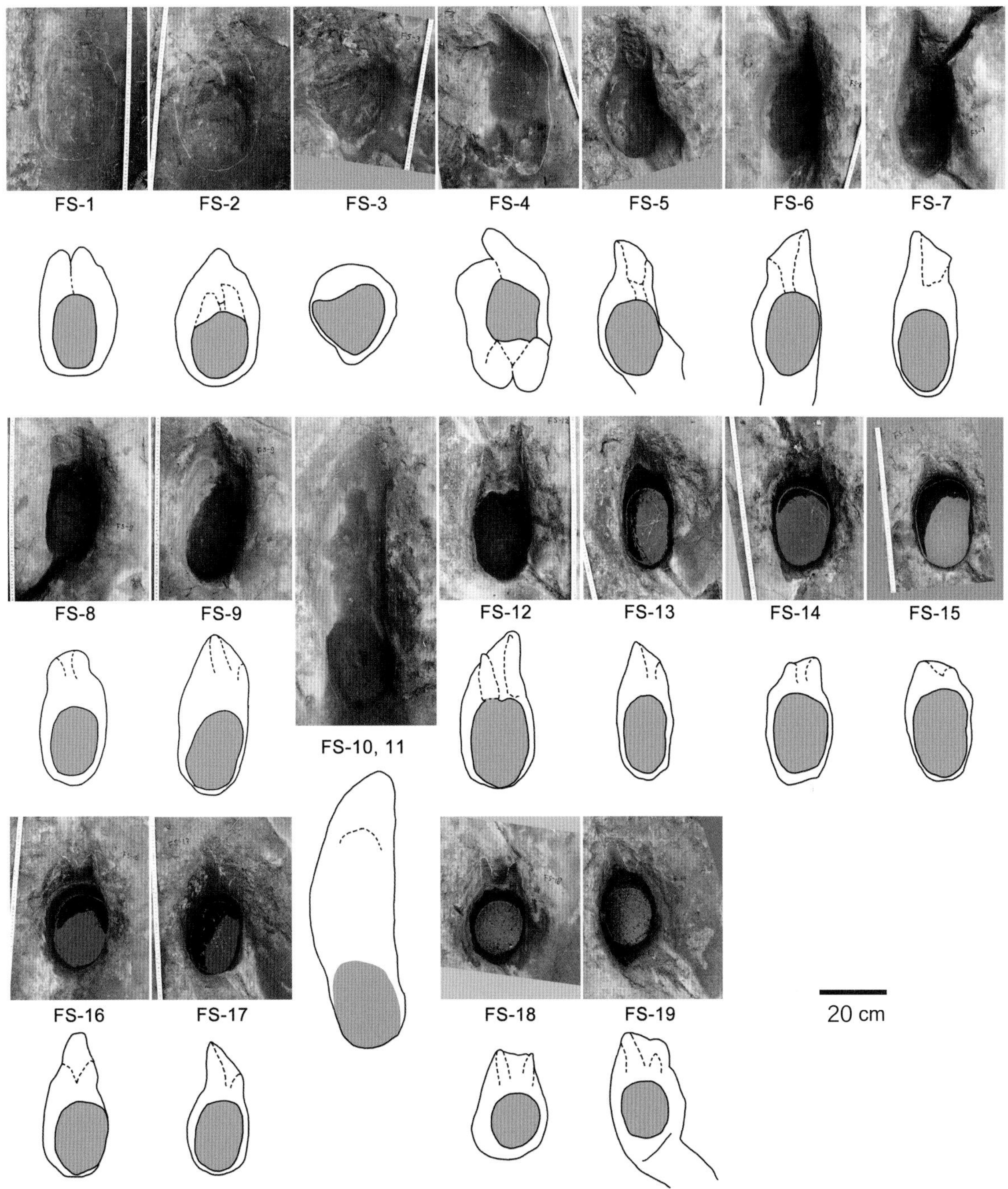

原蜥脚类行迹（cf.*Eosauropus*）照片及轮廓图（引自 Xing et al.，2014n）

所有足迹方向均与行迹方向一致。FS-10，11 连在一起，推断为 FS-10 后滑至前面的右足迹（FS11）之上。

四川富顺县童寺镇龙贯山，上三叠统须家河组顶部

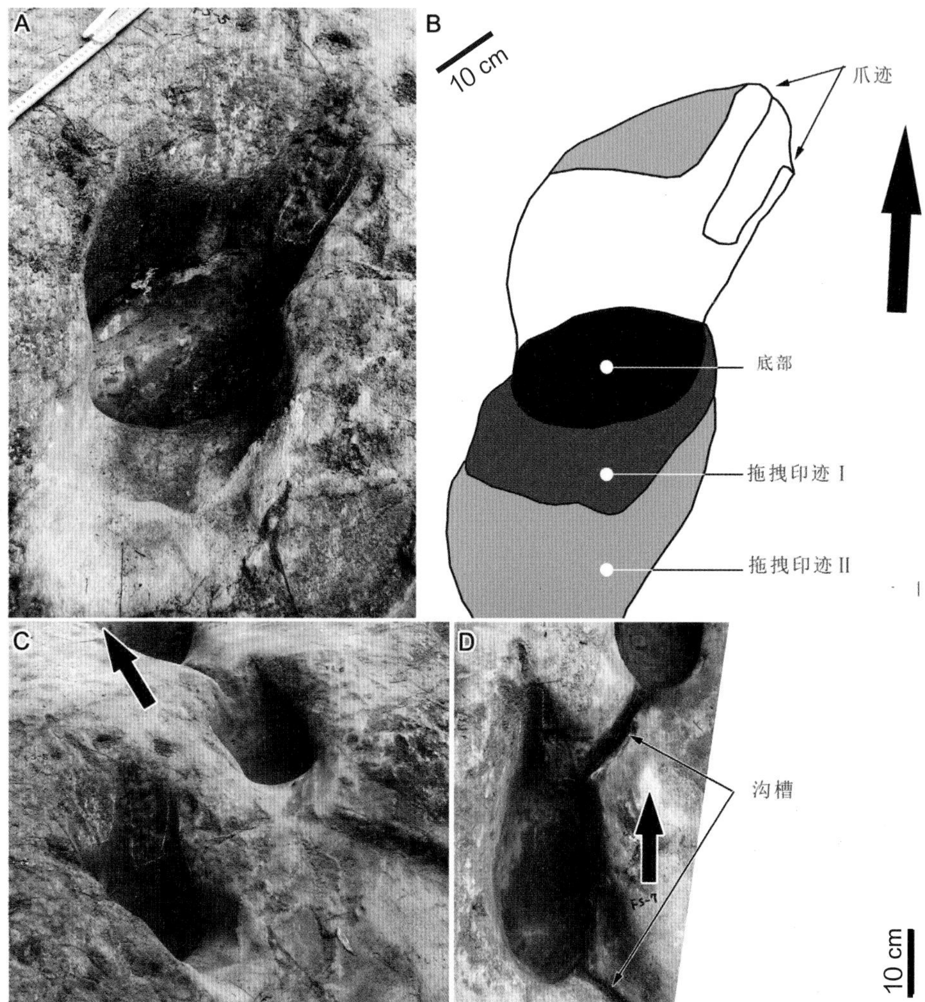

原蜥脚类行迹（cf.*Eosauropus*）典型足迹细部特征特写（引自 Xing et al.，2014n）

A 为足迹的内部形态特征，B 为足迹的形态成因解释，C 中沟槽可能为趾和爪的拖拽迹，D 中沟槽则可能是树根或流水等侵蚀所形成。箭头标示行迹方向。

四川富顺县童寺镇龙贯山，上三叠统须家河组顶部

2.3.14 攀枝花仁和

攀枝花仁和区的足迹化石点（简称为攀枝花足迹点）位于攀枝花市仁和区金沙镇豆地保安营村的路边，其以上三叠统宝鼎组顶部发现似手兽类足迹而闻名，也是中国上三叠统第4个四足动物足迹产地。据邢立达等（Xing et al.，2014c）研究，在一块面积约为8 m^2的层面上有13枚足迹，构成3段行迹（编号为PT1－T3）及4个孤单的足迹。另外，附近还发现一块略微风化的石板，其上保存有两枚连续的足迹（编号为PT0）。所有足迹均保存为层面上凹型。似手兽足迹（cf. *Chirotherium*）共有7枚，长度范围为25~43.5 cm，宽为32~41 cm。此外，与手兽足迹共生的还有1枚孤单的三趾型足迹，该足迹中趾近乎对称，有的趾上具尖锐的爪迹，应为大型跷脚龙足迹类（grallatorid-like）。

产出足迹的细粒石英砂岩具平行层理，层面上无脊椎动物足迹化石非常丰富，波痕等暴露构造也很发育。

手兽足迹（*Chirotherium*）于1833年首次被发现于德国三叠纪岩石中，其形状与人类的手掌有些相似，它由4个向前伸的趾和1个以大幅度夹角向外伸的拇趾组成。手兽足迹的造迹者目前尚无定论，曾被推测为巨猿、熊、有袋类、迷齿两栖类等（Thulborn，1990）。King等（2005）总结了在英国境内发现的手兽类足迹，认为其造迹动物应该是槽齿类动物中的劳氏鳄类（rauisuchians）和鸟鳄类（ornithosuchians）。

手兽足迹化石在世界各地都有发现，尤其在德国、英国、法国、西班牙等欧洲国家发现最多，在非洲、北美、南美的阿根廷和巴西也都有发现。在世界各地发现的手兽足迹主要被保存于三叠纪地层中，而且以中、上三叠统为主，发育于指示炎热干旱环境的泥裂构造的层面上。我国的手兽足迹以前主要被发现于贵州贞丰的中三叠统地层中，因此，四川攀枝花地区手兽足迹的发现拓展了其分布区域，对于我国手兽的研究具有重要意义。

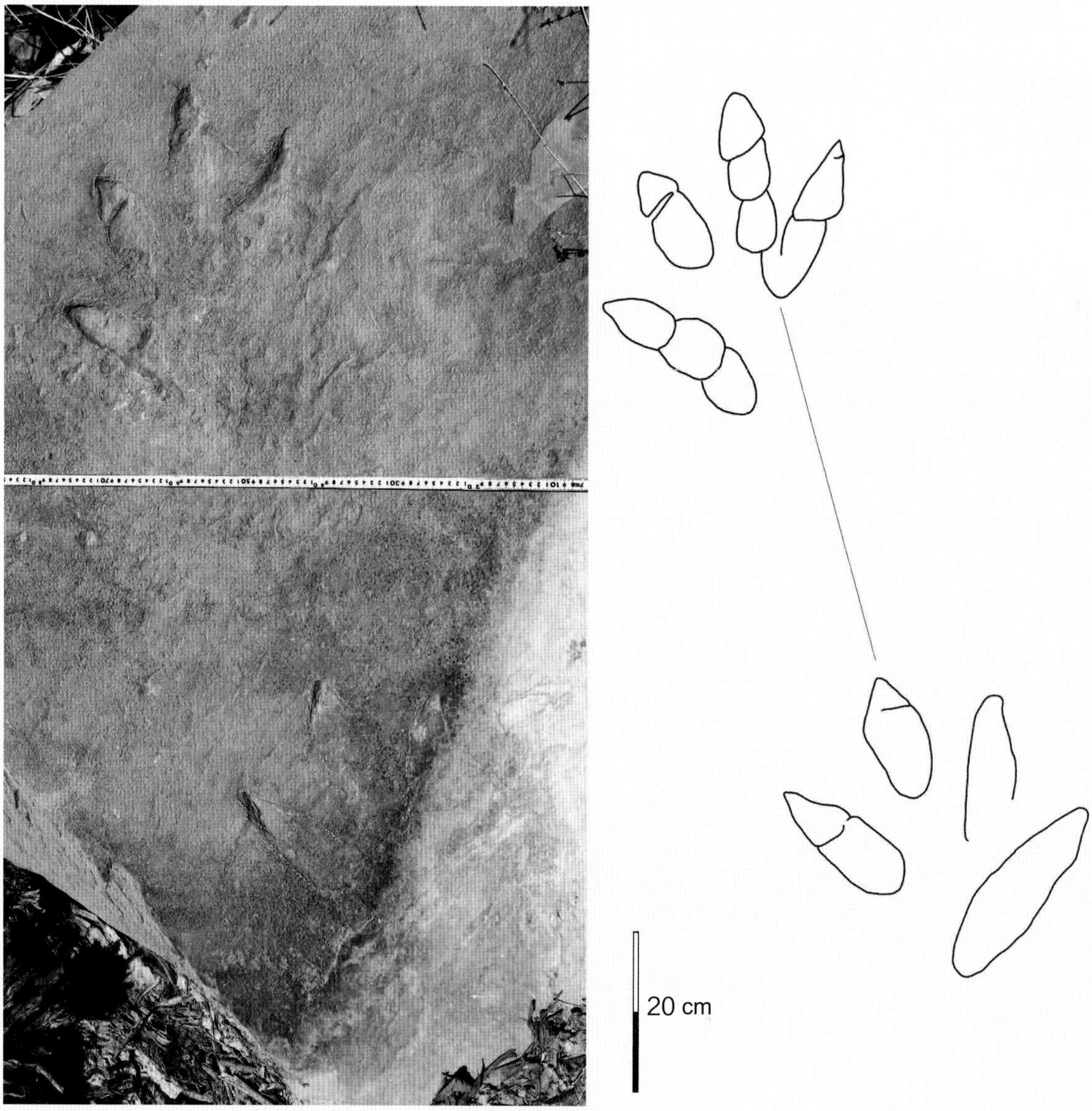

一块滚石（PT0）上两枚连续的似手兽足迹（cf. *Chirotherium*）照片及轮廓图（引自 Xing et al.，2014c）

足迹很浅，未见Ⅰ趾及前足迹的印迹。

四川攀枝花市仁和区金沙镇豆地保安营村，上三叠统宝鼎组

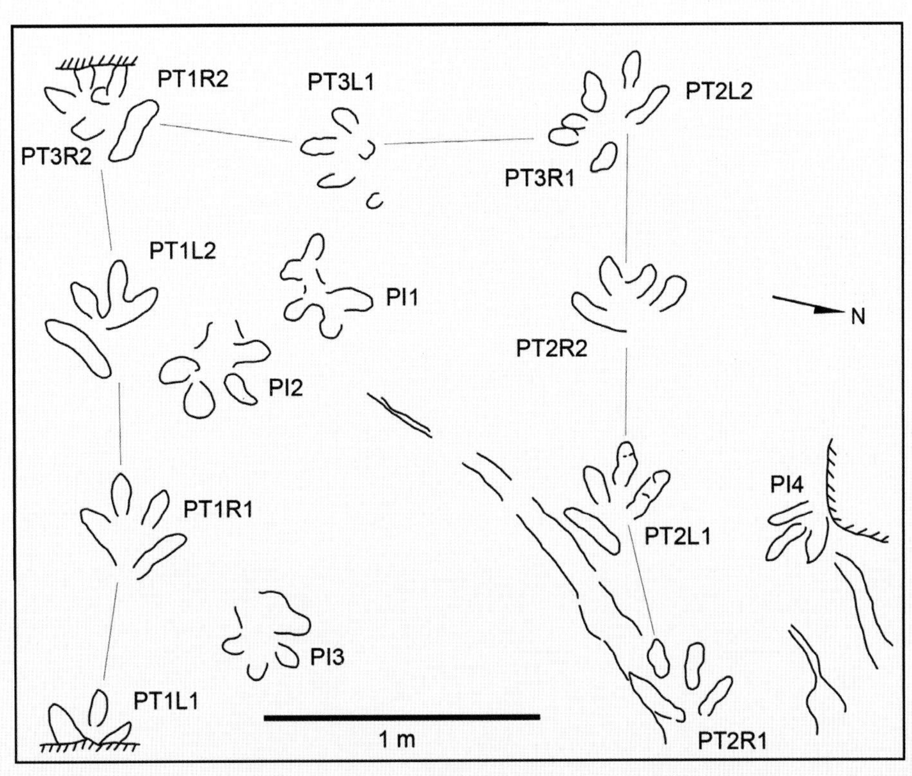

似手兽足迹（cf. *Chirotherium*）及大型跷脚龙足迹平面分布图（引自 Xing et al.，2014c）

大型跷脚龙足迹（PI4）长 27 cm，宽 22 cm，为Ⅲ趾型，中趾最长，近中趾对称，Ⅱ趾具尖锐的爪迹。

四川攀枝花市仁和区金沙镇豆地保安营村，上三叠统宝鼎组

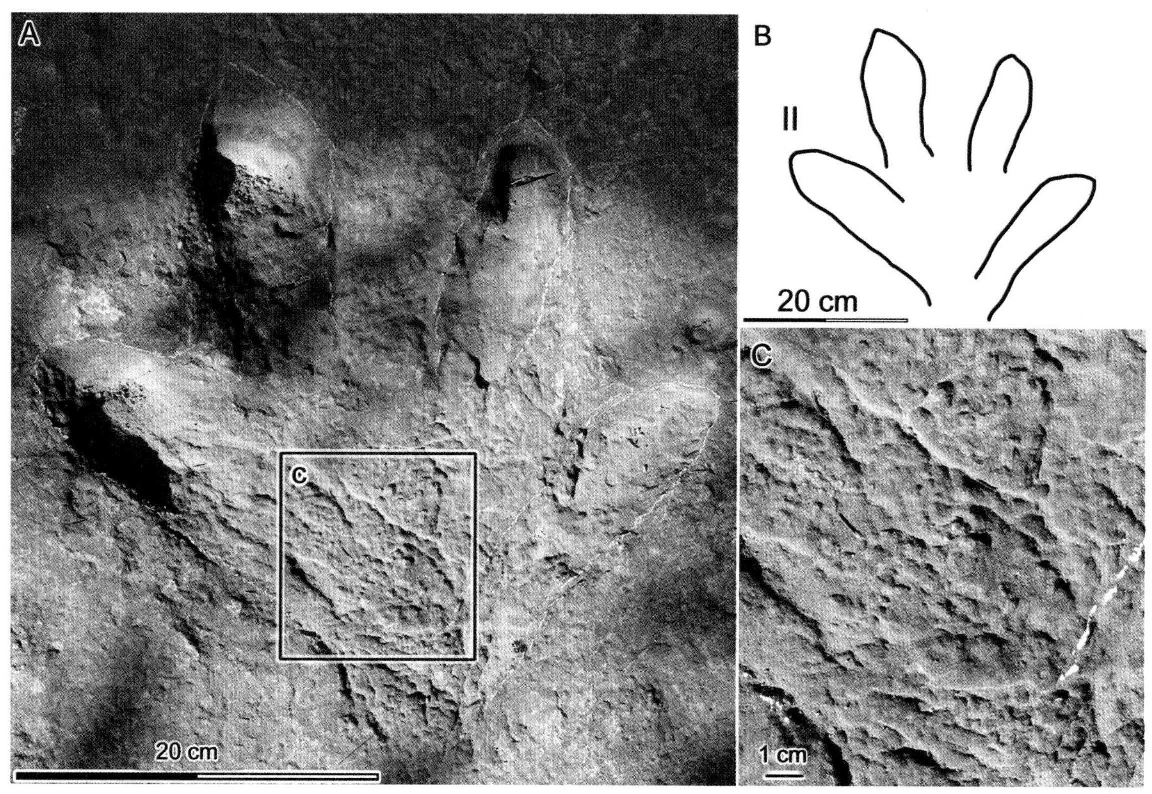

似手兽足迹（cf. *Chirotherium*）照片（A）及足迹轮廓图（B）（引自 Xing et al.，2014c）

C 为 A 中矩形部分的放大图，显示足迹上发育的微生物席结构。注意，足迹的足尖部分并无这种微生物席结构。

通常认为，维生物席结构对足迹的早期成岩及保存具有一定的有利影响。

四川攀枝花市仁和区金沙镇豆地保安营村，上三叠统宝鼎组

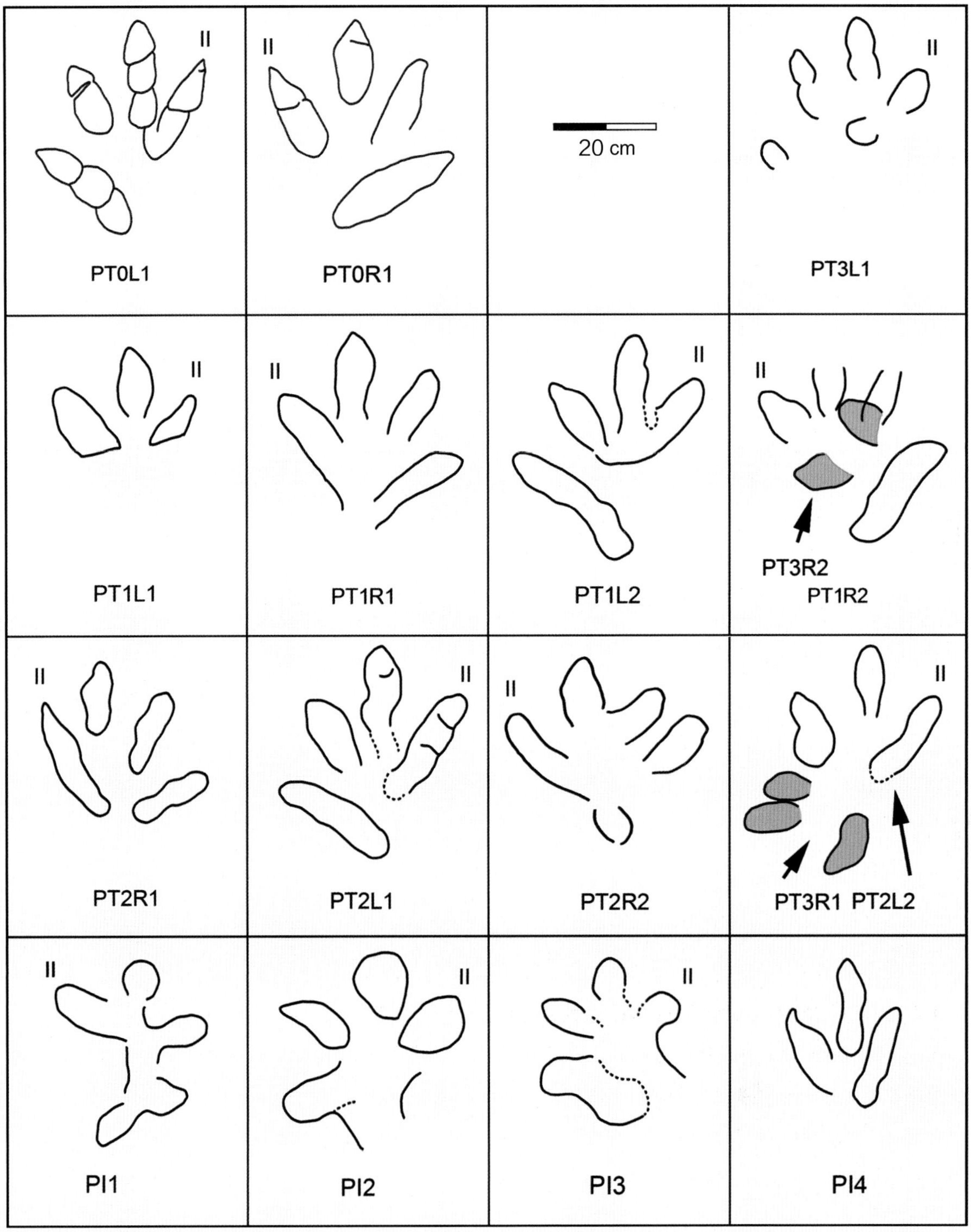

II PT0L1
II PT0R1
20 cm
II PT3L1
II PT1L1
II PT1R1
II PT1L2
II PT3R2 PT1R2
II PT2R1
II PT2L1
II PT2R2
II PT3R1 PT2L2
II PI1
II PI2
II PI3
PI4

似手兽足迹（cf. *Chirotherium*）及可能的兽脚类足迹（PI4）细节图（引自 Xing et al.，2014c）

四川攀枝花市仁和区金沙镇豆地保安营村，上三叠统宝鼎组

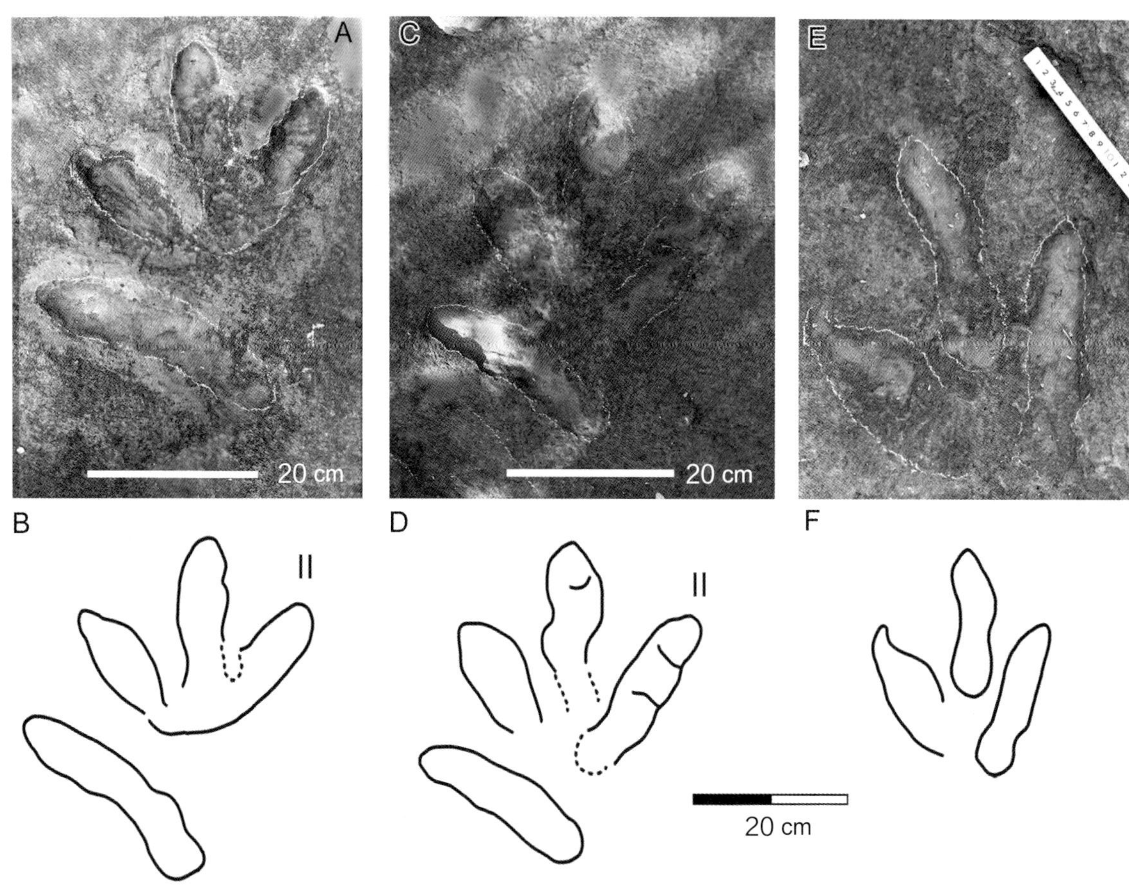

似手兽足迹（cf. *Chirotherium*）及可能的大型跷脚龙足迹类照片及轮廓图（引自 Xing et al.，2014c）

A 和 B 为手兽足迹（cf. *Chirotherium*）PT1L2；

C 和 D 为手兽足迹（cf. *Chirotherium*）PT2L1；

E 和 F 为可能的大型跷脚龙足迹类 PI4。

注意手兽足迹和大型跷脚龙足迹在中轴对称性及趾间角方面的差异。

四川攀枝花市仁和区金沙镇豆地保安营村，上三叠统宝鼎组

2.3.15 叙永

叙永县的恐龙足迹化石主要发现于大石乡的龙井村和新阳村。

（1）龙井村

据邢立达等（Xing et al.，20151）对龙井村的恐龙足迹进行的研究，该足迹点位于龙井村边的一条河道中，河水较浅，但水流湍急。为了进行足迹测量，研究者曾在河道上游临时筑坝，引水分流。该足迹点至少保存有4条行迹，其中3条大型四足动物行迹（编号为LJ–S1–S3）被归入蜥脚类的似雷龙足迹（cf.*Brontopodus*）；1条为鸟脚类行迹（编号为LJ–O1），与卡利尔足迹（*Caririchnium*）相似。此外，还有1条三趾型行迹，因水流侵蚀，足迹特征不清晰，无法深入研究。

行迹LJ–S1由20多个后足足迹构成，长度超过10 m。由于化石产于河道中，经年累月受水流冲刷、侵蚀，趾迹已模糊不清。足迹形状为光滑的圆形或卵圆形盘状，加之未见前足迹，推测可能是恐龙足迹的幻迹。行迹LJ–S2很短，只有3个足迹，前足迹位于后足迹前方，前、后足的长宽比值分别是1和1.4；前足迹（LM1）为圆形，后足迹为卵圆形，保存状态欠佳，趾迹均不清晰；后足迹外撇，步幅角小（约为100°）。龙井村的蜥脚类行迹特征与雷龙足迹（*Brontopodus*）相似，但前者行迹跨距较窄，这一特征与副雷龙足迹（*Parabrontopodus*）相似，因此暂定为似雷龙足迹（cf. *Brontopodus*）。

鸟脚类行迹（编号为LJ–O1）为双足行走，由11个足迹构成。足迹为功能三趾型、蹠行式，足迹平均长22.8 cm，长宽比值为1.4。足迹为四分形，Ⅱ趾最短，Ⅳ趾最长，未见爪迹或趾甲印迹。Ⅱ–Ⅳ趾趾间角为46°，行迹步幅角平均值为149°，足迹微内撇（9°~10°）。足迹特征与卡利尔足迹（*Caririchnium*）相似。

（2）新阳村

大石乡新阳村的恐龙足迹点位于茶马古道边桫椤沟的桫椤林中，当地村民称之为“鸭脚板印”。足迹位于砂岩层面上，较清晰者共7枚。足迹长约27 cm，宽约20 cm，为三趾型。爪迹深陷，足迹局部有充填，部分保存为上凸型。这些足迹至少形成1条行迹。根据形态初步分析，足迹与兽脚类恐龙之实雷龙足迹类似（cf. *Eubrontes*）。

龙井村恐龙足迹点露头照片（彭光照提供）

四川叙永县大石乡龙井村，下白垩统夹关组

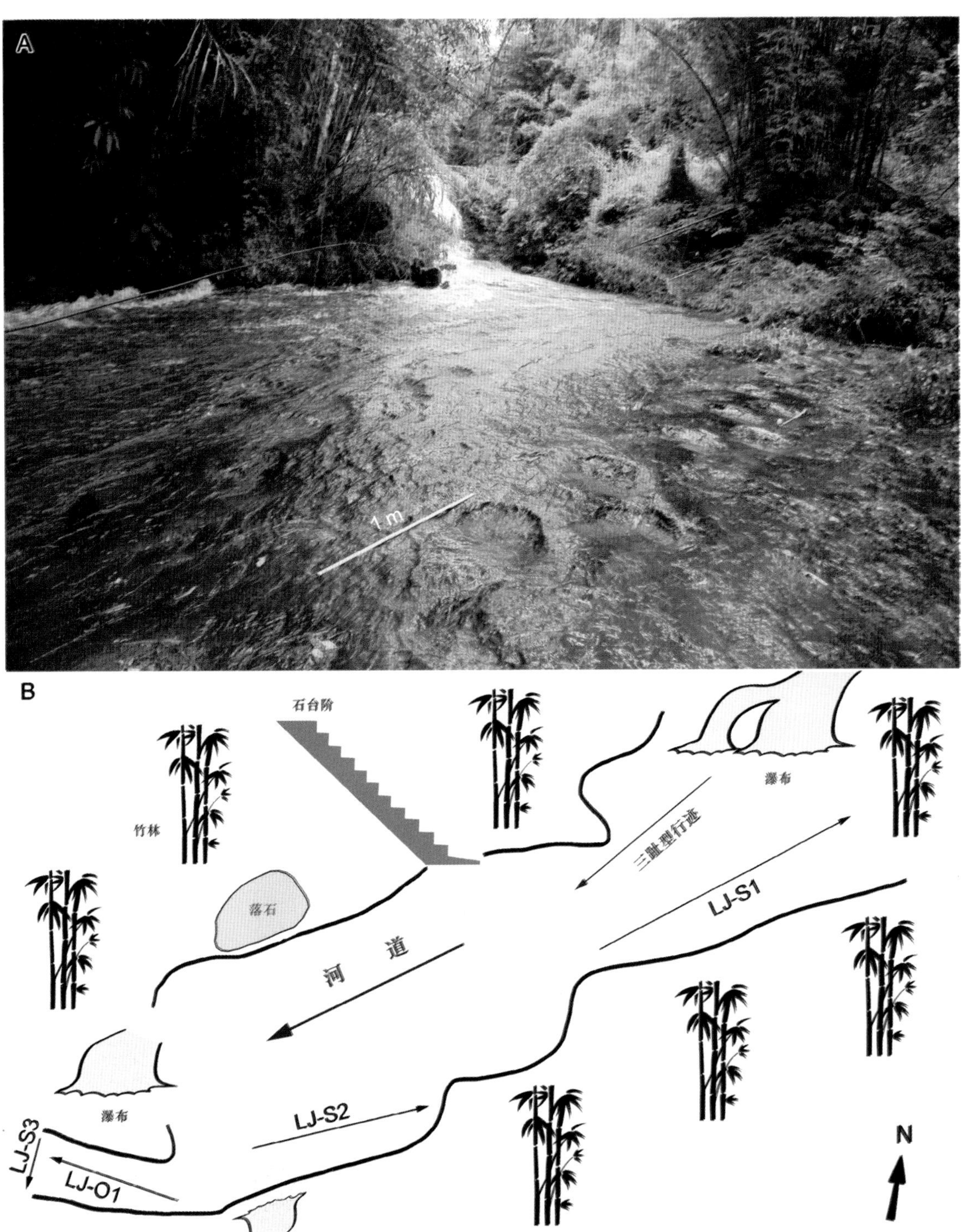

龙井村足迹点恐龙行迹分布照片及位置示意图（引自 Xing et al.，2015l）

LJ-S1-3 为蜥脚类行迹，SJ-O1 为鸟脚类行迹，三趾型足迹分类位置不明。

箭头标示行迹方向。

四川叙永县大石乡龙井村，下白垩统夹关组

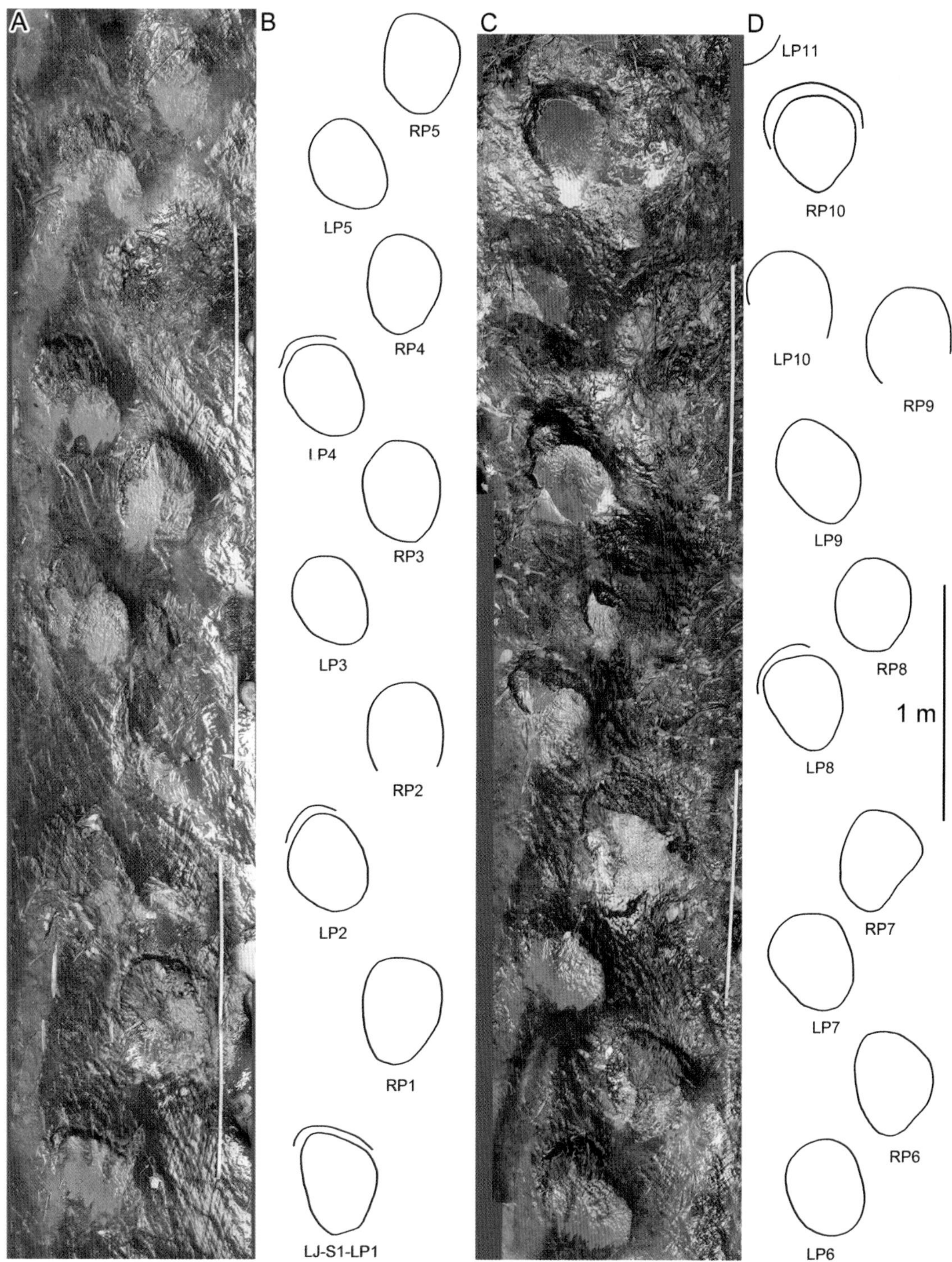

龙井村足迹点最长的蜥脚类行迹（LJ-S1）照片及轮廓图（引自 Xing et al.，2015l）

行迹很长（图示分为两段），由 20 多枚后足迹构成，未见前足迹，因此有可能是蜥脚类足迹的幻迹。前足迹由于较浅而被侵蚀，或未形成幻迹。箭头标示行迹方向。

四川叙永县大石乡龙井村，下白垩统夹关组

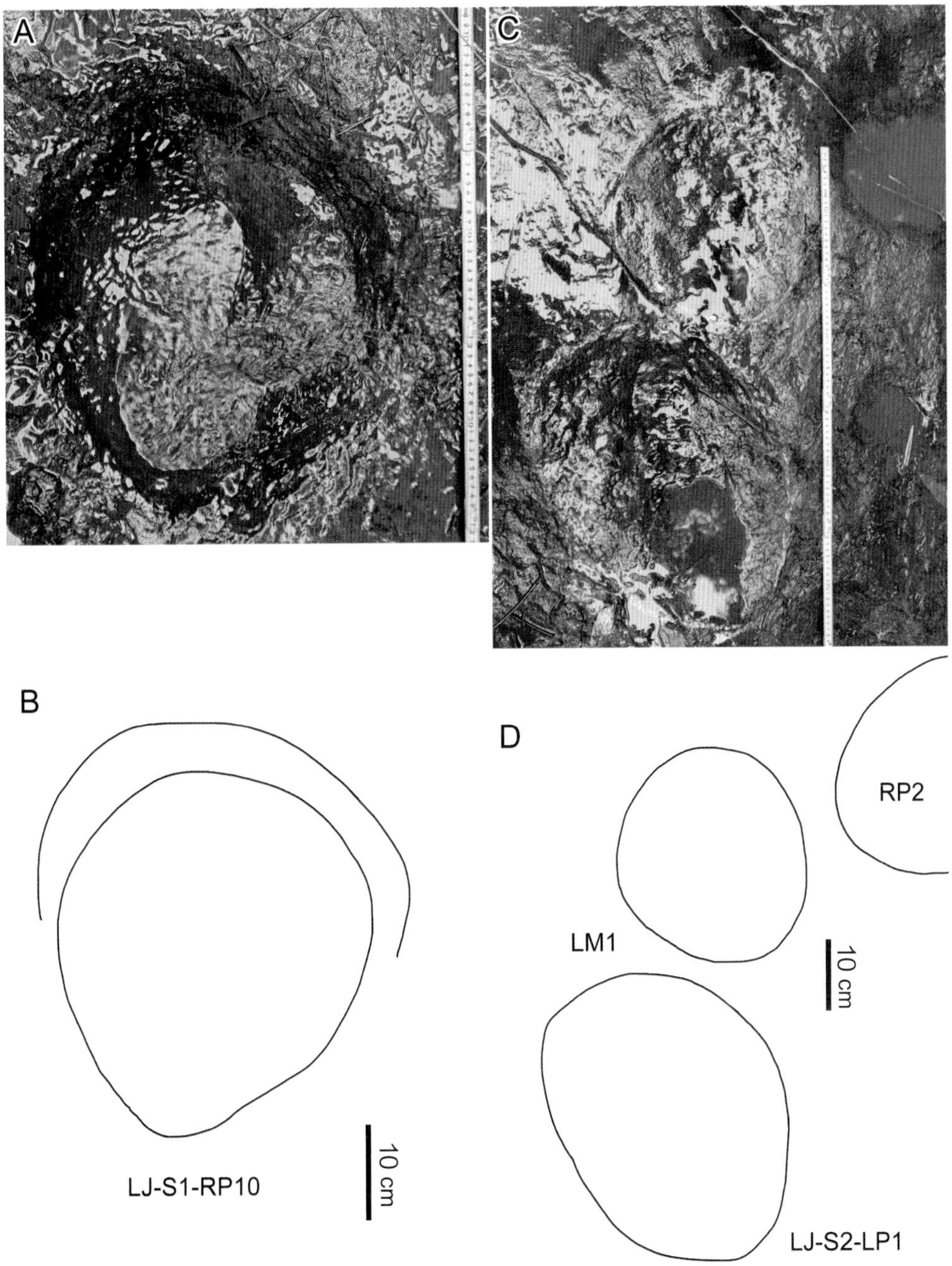

A C

B

LJ-S1-RP10

10 cm

D

RP2

LM1

10 cm

LJ-S2-LP1

蜥脚类的典型足迹照片及轮廓图（引自 Xing et al.，2015l）

行迹 LJ-S2 中前足迹（LM1）为圆形，后足迹为卵圆形，趾迹均不清晰。

四川叙永县大石乡龙井村，下白垩统夹关组

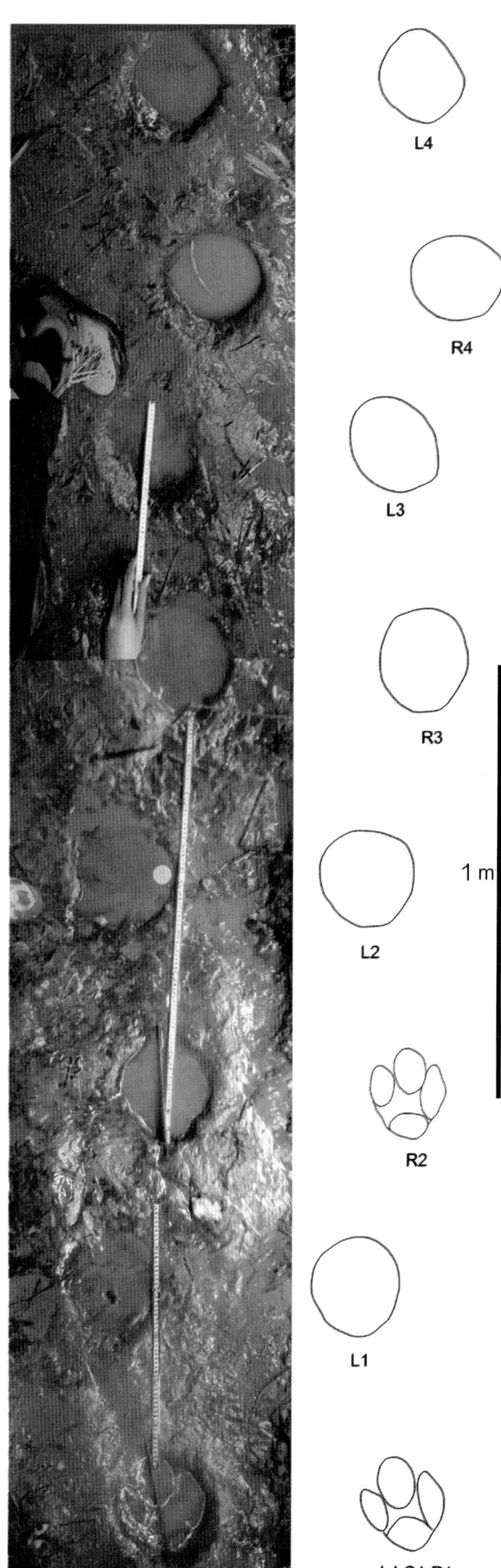

鸟脚类行迹（LJ–O1）照片及轮廓图（引自 Xing et al.，2015l）

足迹类型与小型鸟脚类卡利尔足迹类似（cf. *Caririchnium*）；从两个右足迹 R1 和 R2 看，其形态为四分形，总体轮廓为卵圆形或圆形；足迹长平均为 22.8 cm，足迹长宽比值为 1.4。

四川叙永县大石乡龙井村，下白垩统夹关组

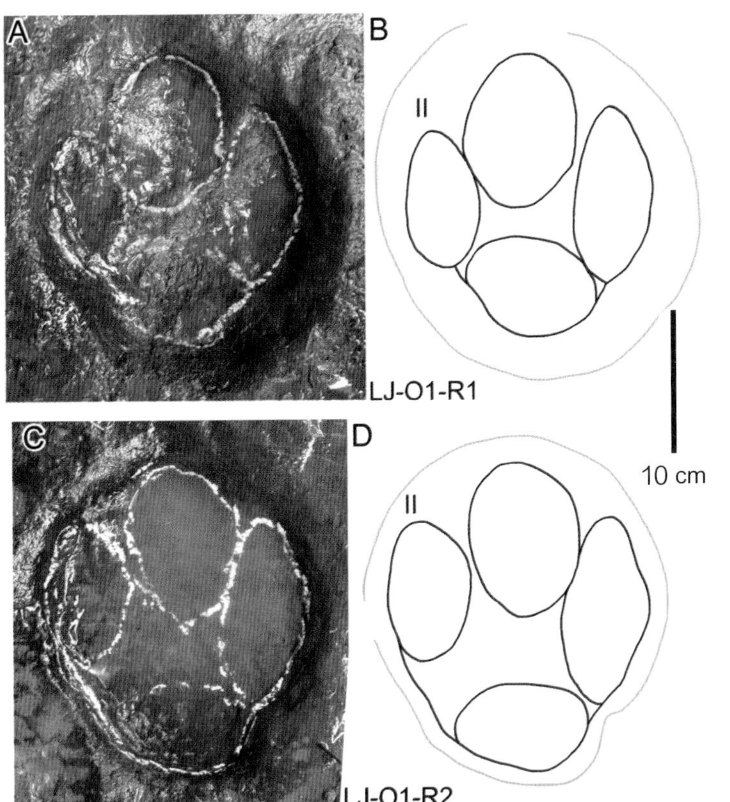

鸟脚类行迹（LJ–O1）的典型足迹照片及轮廓图（引自 Xing et al.，2015l）

鸟脚类行迹（LJ–O1）为似卡利尔足迹（cf.*Caririchnium*），其中两个右足迹 R1 和 R2 形态为比较标准的四分形，总体轮廓为卵圆形，R1 长 22 cm，R2 长 23.5 cm。

四川叙永县大石乡龙井村，下白垩统夹关组

新阳村足迹点的恐龙足迹照片（彭光照提供）

照片中显示，5 枚完整的三趾型足迹构成 1 条直线型行迹，推测可能是实雷龙类足迹（cf. *Eubrontes*）。据现场观察，足迹共 7 枚。

四川叙永县大石乡新阳村，下白垩统夹关组

2.3.16 喜德

凉山州喜德县的恐龙类足迹化石点较多，主要分布于乐武乡（Xing et al., 2015i）、巴久乡（曹俊等，2016；Xing et al., 2016n）、米市镇（童旭等，2018；Xing et al.，2019g）等地，足迹类型异常丰富。从目前发现的足迹类型看，有兽脚类、蜥脚类、鸟脚类足迹，还有可能的龟鳖类或鳄类游泳迹。此外，洛哈镇的足谷村、依子村、瓦地村也有蜥脚类足迹的零星分布（曹俊等，2016），伊洛乡的阿普如哈村则产蜥脚类似雷龙足迹（cf. *Brontopodus*）和小型两趾型兽脚类的快盗龙足迹（*Velociraptorichnus*）（Xing et al., 2019g）。

（1）乐武乡

凉山州喜德县乐武乡的足迹化石主要产于母脚吾村。经邢立达等研究，该足迹点是四川省下白垩统小坝组恐龙足迹化石的首次记录，其中包括兽脚类的快盗龙足迹（*Velociraptorichnus*）、实雷龙足迹（*Eubrontes*），以及蜥脚类的雷龙足迹（*Brontopodus*）类和鸟脚类的异样龙足迹类（cf. *Anomoepus*）（Xing et al., 2015i）。

邢立达等在母脚吾足迹点记录了两枚三趾型的恐爪龙类足迹，并将其命名为新足迹种——张氏速盗龙足迹（*Velociraptorichnus zhangi*）。同时，在该足迹点也发现了两趾型的恐爪龙类足迹，他把这两种足迹解释为同一足迹属的不同表现形式，认为是造迹恐龙足部的第Ⅱ趾在特殊的沉积物条件或爪子回缩较少情况下形成。他指出，这类三趾型恐爪龙类足迹从足迹化石证据看仅是一个特例，而非常态（Xing et al., 2015i）。

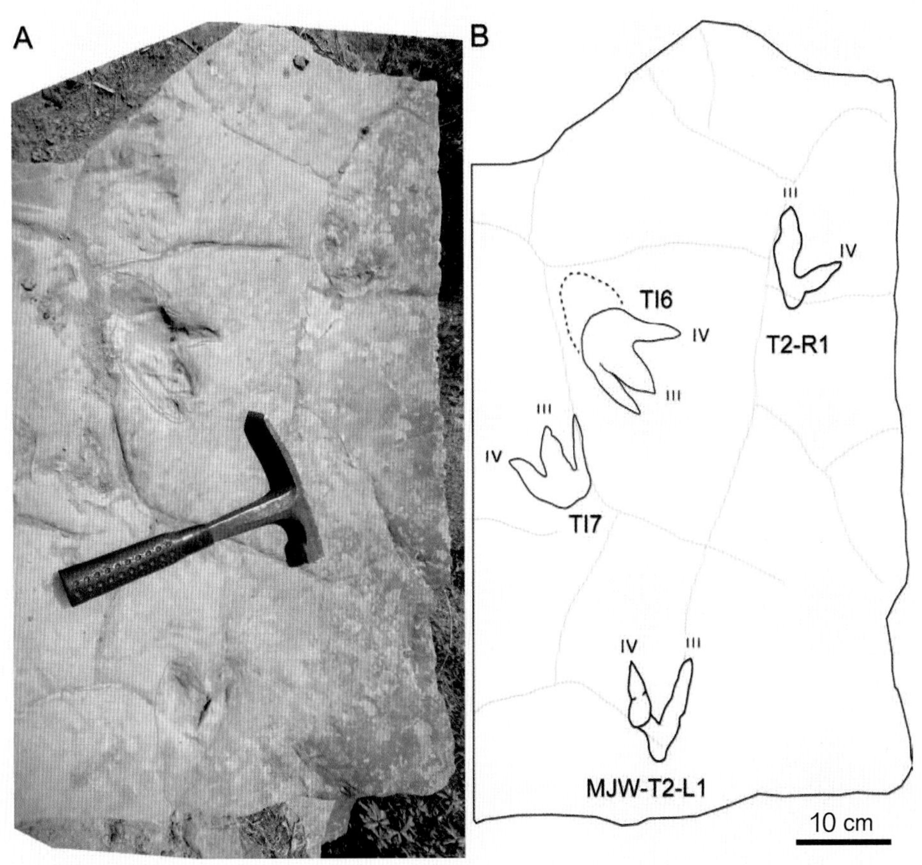

张氏快盗龙足迹（*Velociraptorichnus zhangi*）正、副模照片及轮廓图（引自 Xing et al., 2015i）

TI6 为正模足迹，TI7 为副模足迹，另外 2 枚两趾型足迹（MJW−T2−L1 和 T2−R1）为快盗龙足迹未定种（*Velociraptorichnus* isp.）。

罗马字母为趾的编号。

四川喜德县乐武乡母脚吾村，下白垩统小坝组

快盗龙足迹未定种（*Velociraptorichnus* isp.）化石照片及轮廓图（引自 Xing et al., 2015i）

四川喜德县乐武乡母脚吾村，下白垩统小坝组

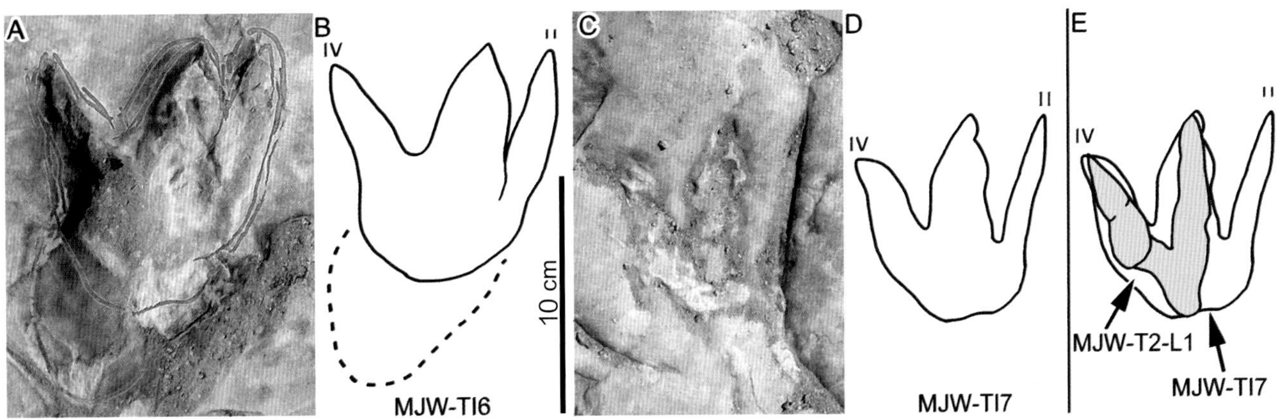

三趾型张氏快盗龙足迹（*V. zhangi*）照片及轮廓图（引自 Xing et al., 2015i）

A 和 B 为正模足迹，C 和 D 为副模足迹，E 为三趾型足迹及二趾型足迹的叠覆图。

四川喜德县乐武乡母脚吾村，下白垩统小坝组

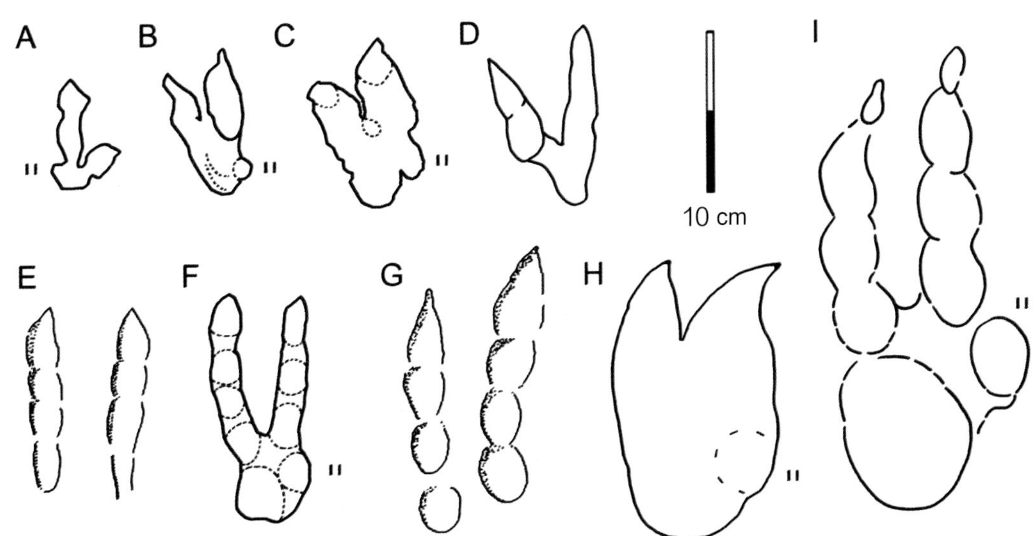

驰龙足迹科（两趾型足迹）属种形态、大小对比图（引自 Xing et al., 2015i，略有修改）

A 为猛龙足迹 *Menglongipus*（Xing et al.，2009b），B 为山东莒南的快盗龙足迹 *Velociraptorichnus*（Li et al.，2008），C 为四川的快盗龙足迹 *Velociraptorichnus*（Zhen et al.，1994），D 为四川喜德乐武的快盗龙足迹（Xing et al.，2015i），E 为韩国的奔驰龙足迹 *Dromaeosauripus*（Kim et al.，2012），F 为甘肃永靖的奔驰龙足迹 *Dromaeosauripus yongjensis*（Xing et al.，2013d），G 为韩国的奔驰龙足迹 *Dromaeosauripus*（Kim et al.，2008），H 为山东临沭的奔驰龙足迹 *Dromaeosauripus*（Xing et al.，2013i），I 为山东莒南的驰龙足迹 *Dromaeopodus*（Li et al.，2008）

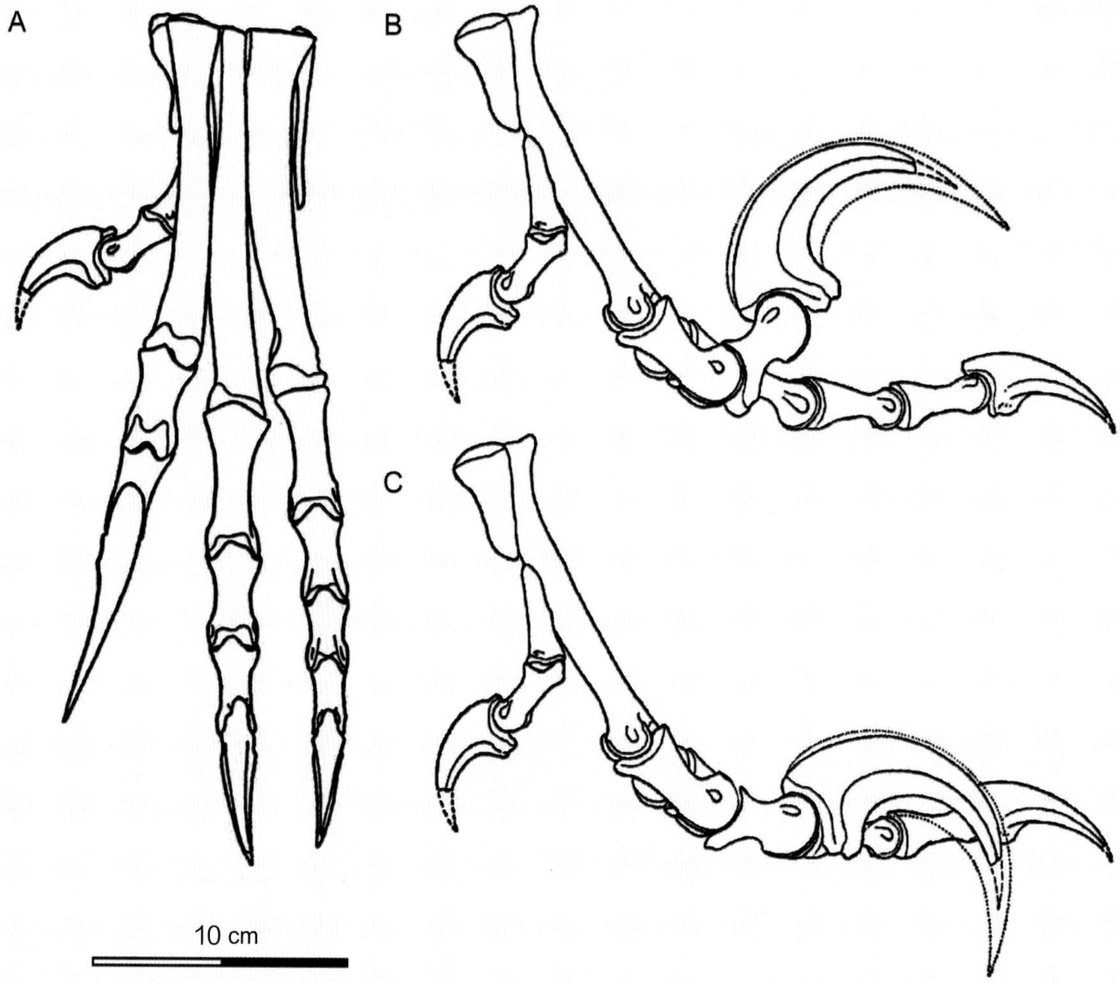

恐爪龙类恐龙脚部骨骼轮廓图（引自 Xing et al., 2015i）

A 为背视图，B 为侧视图，C 中Ⅱ趾可能部分触及地面

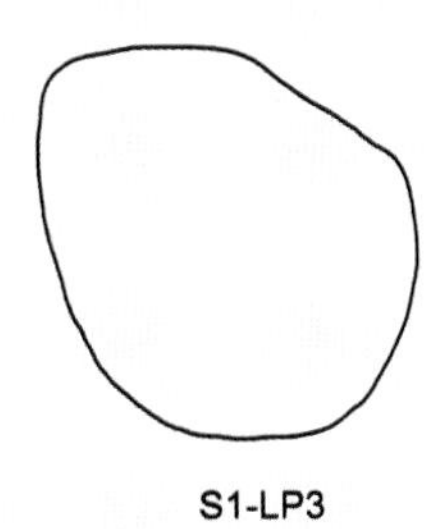

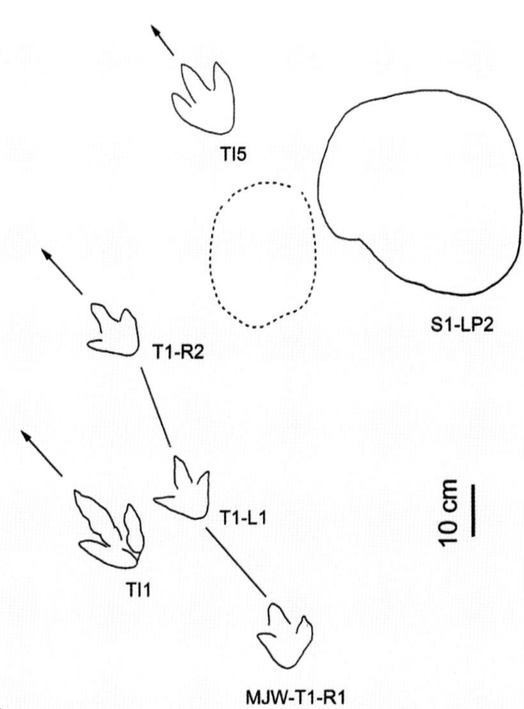

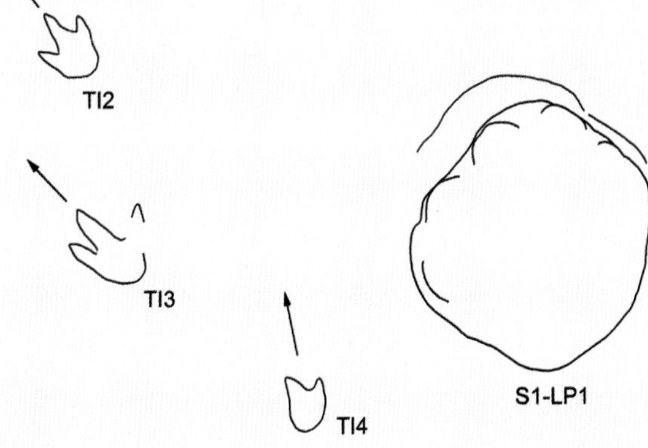

蜥脚类足迹（圆形）及兽脚类足迹层面分布轮廓图（引自 Xing et al., 2015i）

T1 为似异样龙足迹（cf.*Anomoepus* isp.），TI~5 为兽脚类足迹；箭头标示足迹运动方向。四川喜德县乐武乡母脚吾村，下白垩统小坝组

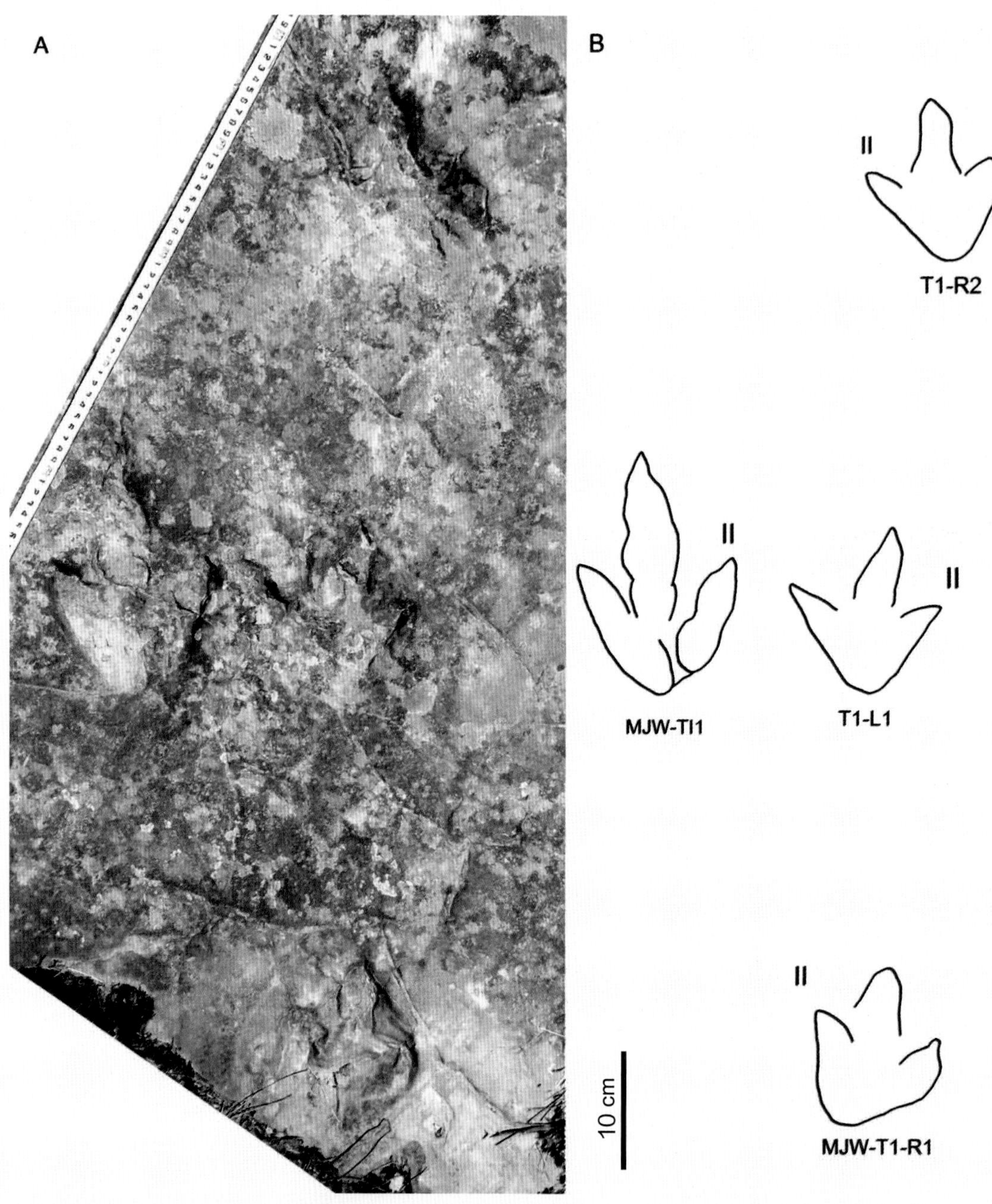

兽脚类行迹照片及轮廓图（引自 Xing et al., 2015i）

T1 为似异样龙足迹未定种（cf. *Anomoepus* isp.）行迹，L 为左足迹，R 为右足迹。

四川喜德县乐武乡母脚吾村，下白垩统小坝组

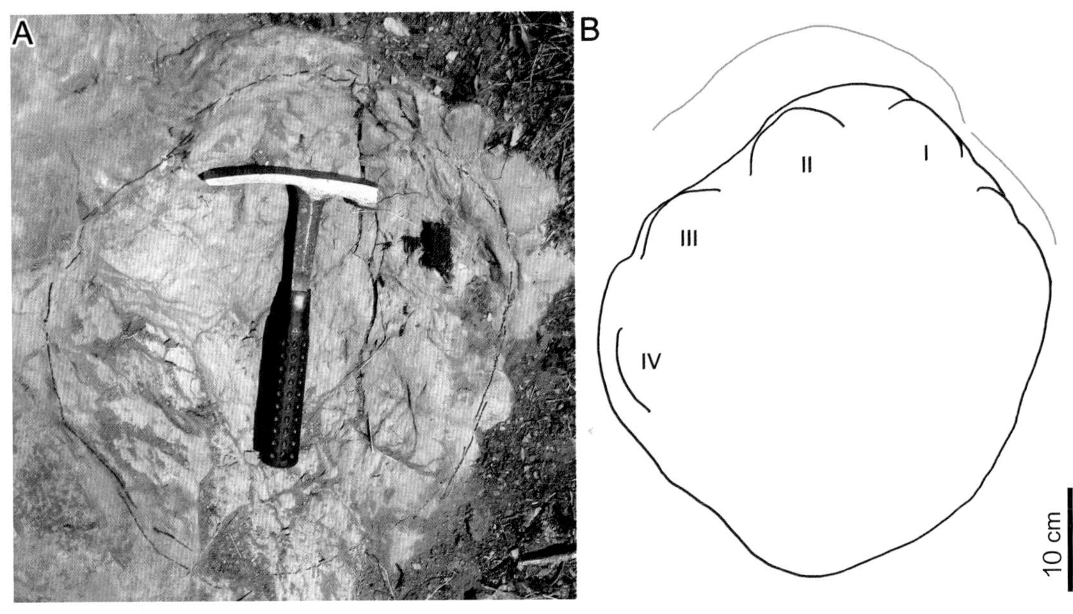

蜥脚类足迹照片及轮廓图（引自 Xing et al., 2015i）
四川喜德县乐武乡母脚吾村，下白垩统小坝组

（2）巴久乡

喜德县巴久乡的足迹点，位于飞天山组顶部，靠近飞天山组和小坝组界线，足迹面坡度约为15°，露头区约为80 m^2。据邢立达等研究，该足迹点以蜥脚类足迹为主，包括4条蜥脚类行迹和至少8条兽脚类行迹。其中，蜥脚类行迹可能为巨龙型类所留；兽脚类行迹包括两种类型，一种与实雷龙足迹（*Eubrontes*）相似，另一种归入似驰龙足迹（cf. *Dromaeopodus*），其为功能性两趾型恐爪龙类的代表。另外，1个游泳迹的造迹者很可能属于龟类或鳄类。这些恐爪龙类、龟类、鳄类足迹的发现大大丰富了飞天山组的足迹多样性（Xing et al., 2016n）。

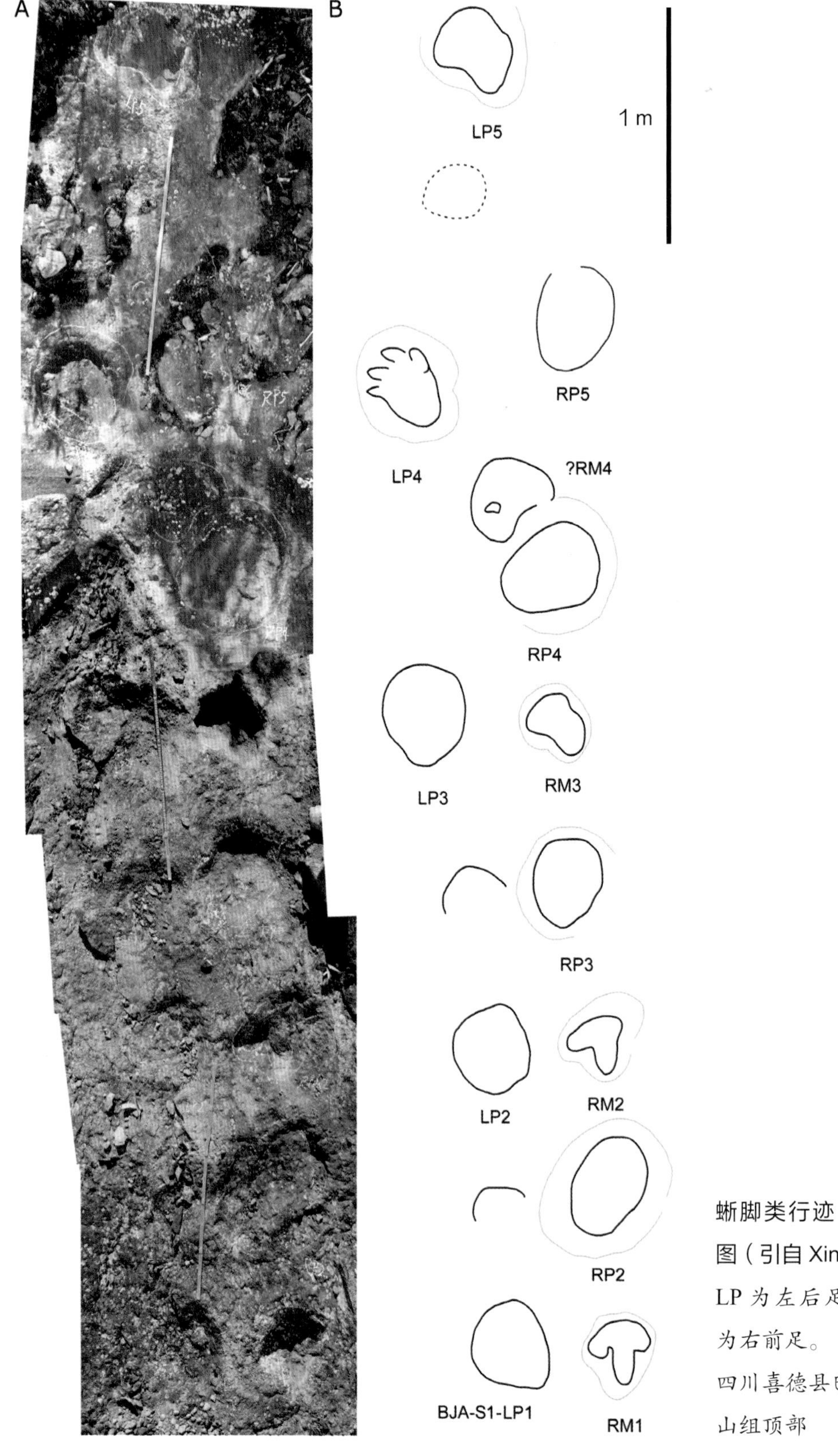

蜥脚类行迹（BJA–S1）照片及轮廓图（引自 Xing et al., 2016n）

LP 为左后足，RP 为右后足，RM 为右前足。

四川喜德县巴久乡，下白垩统飞天山组顶部

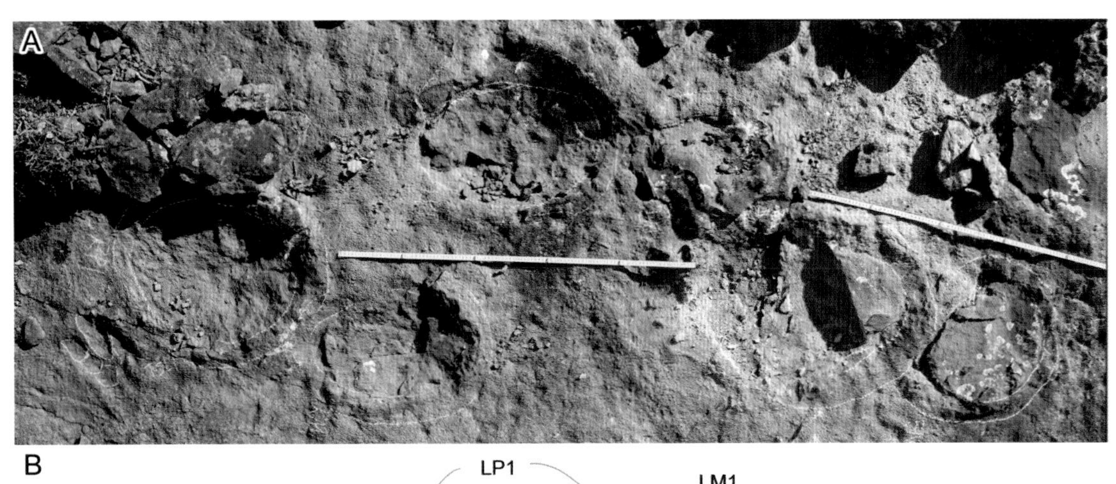

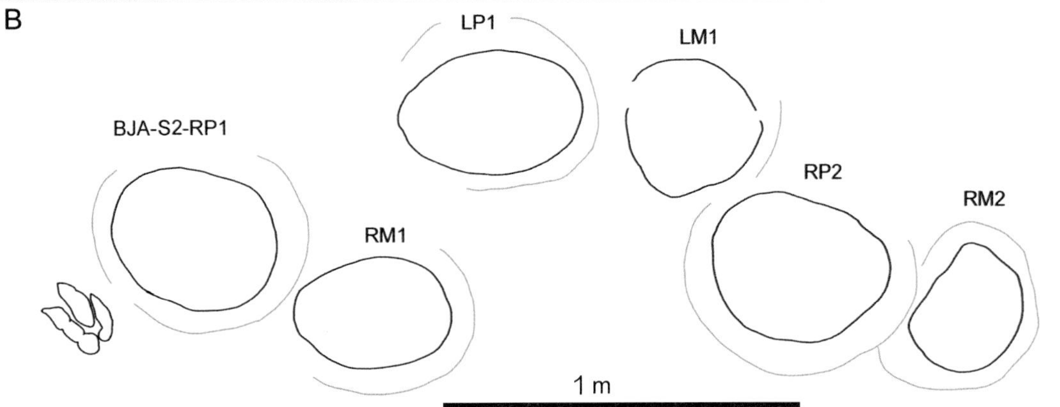

蜥脚类和兽脚类恐龙足迹照片及轮廓图（引自 Xing et al., 2016n）

蜥脚类足迹为卵圆形，行迹的运动方向从左向右；行迹左下方共生有 1 个三趾型的兽脚类足迹。

四川喜德县巴久乡，下白垩统飞天山组顶部

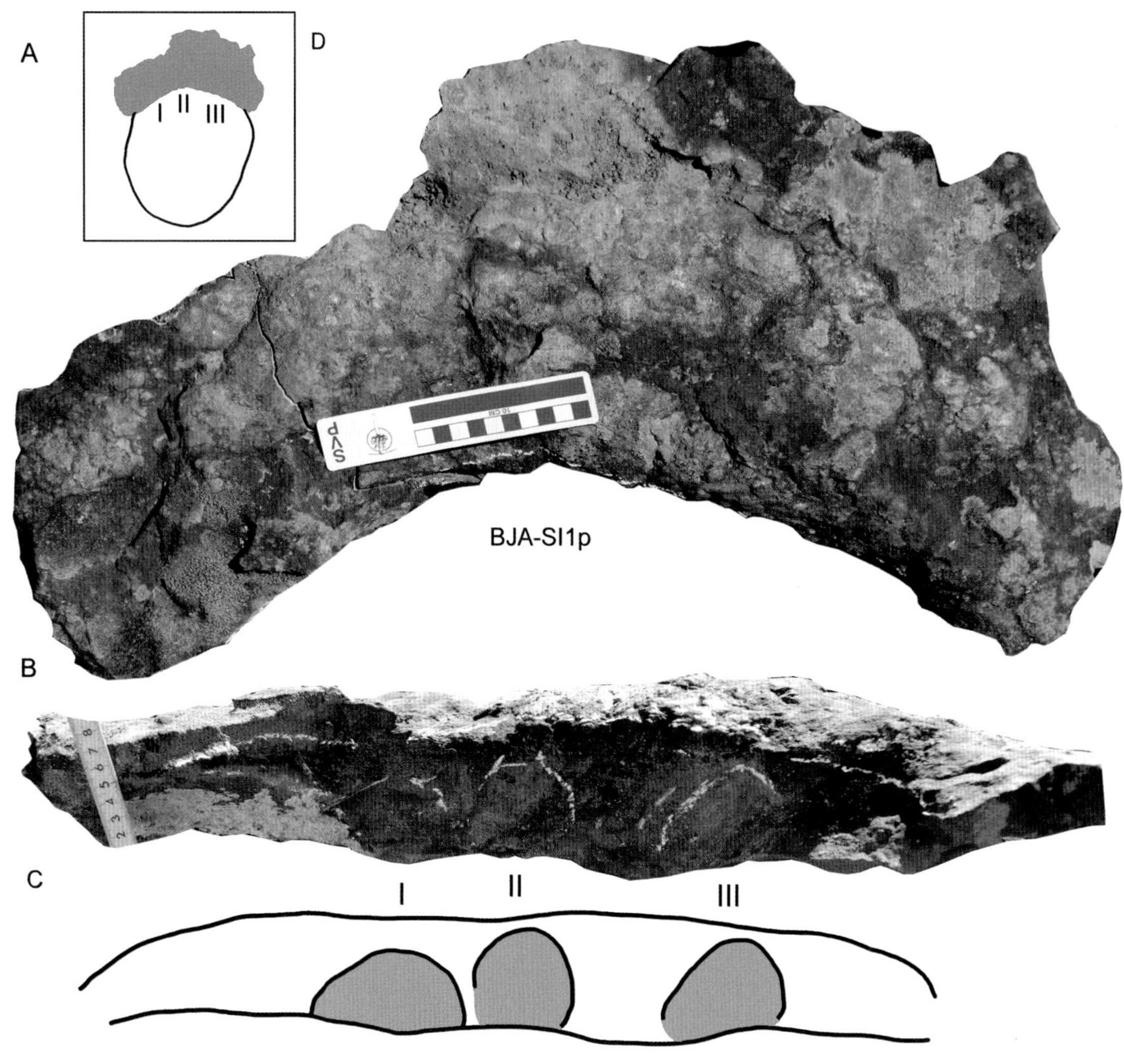

孤单的蜥脚类足迹照片及轮廓图（引自 Xing et al., 2016n）

A 为背视图（罗马数字为趾的编号），B 为横断面图，C 为根据 B 绘制的轮廓图，D 为足迹再造图。四川喜德县巴久乡，下白垩统飞天山组顶部

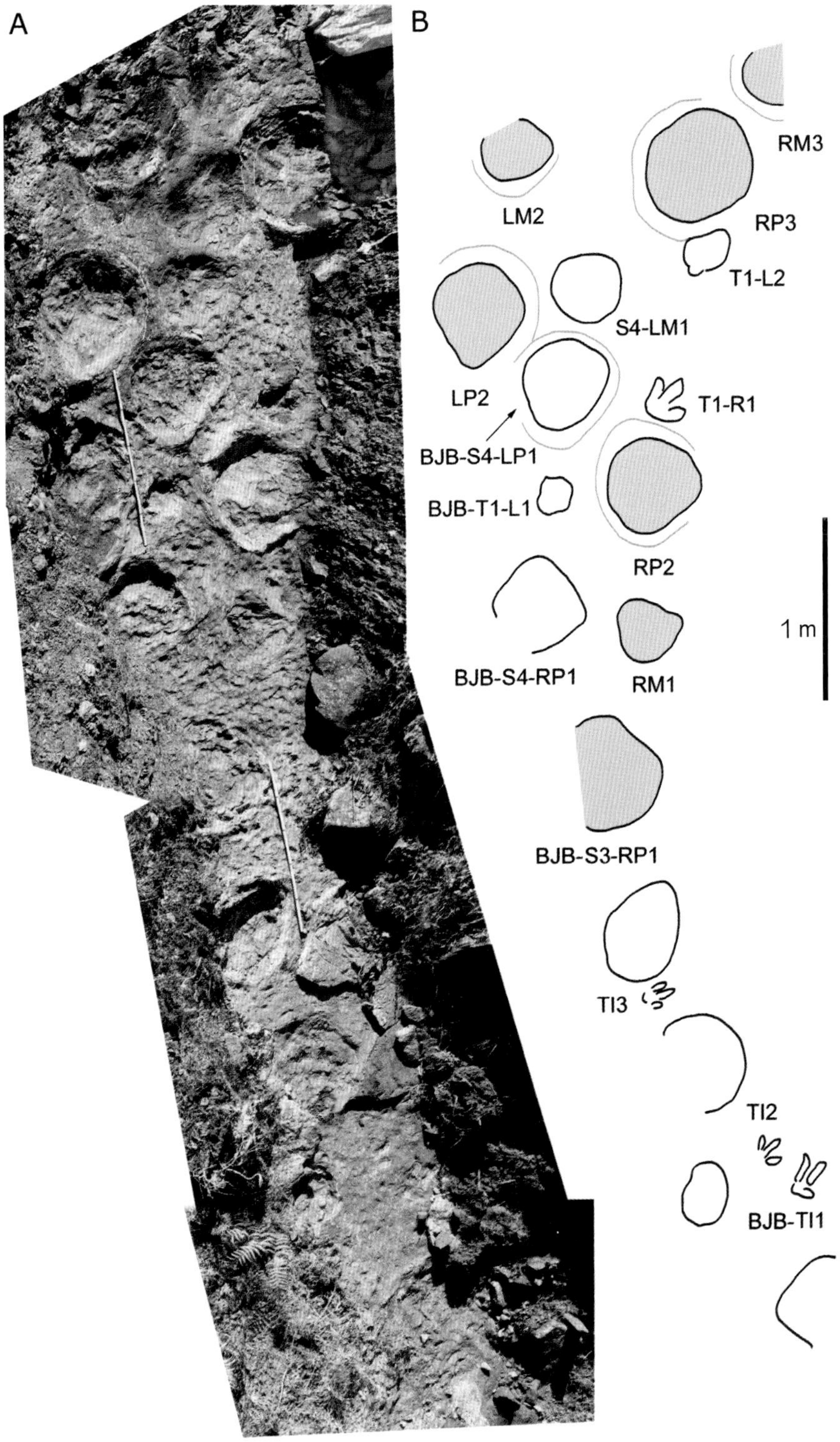

蜥脚类、兽脚类足迹照片及轮廓图（引自 Xing et al.，2016n）

灰色实线为挤压脊。

四川喜德县巴久乡，下白垩统飞天山组顶部

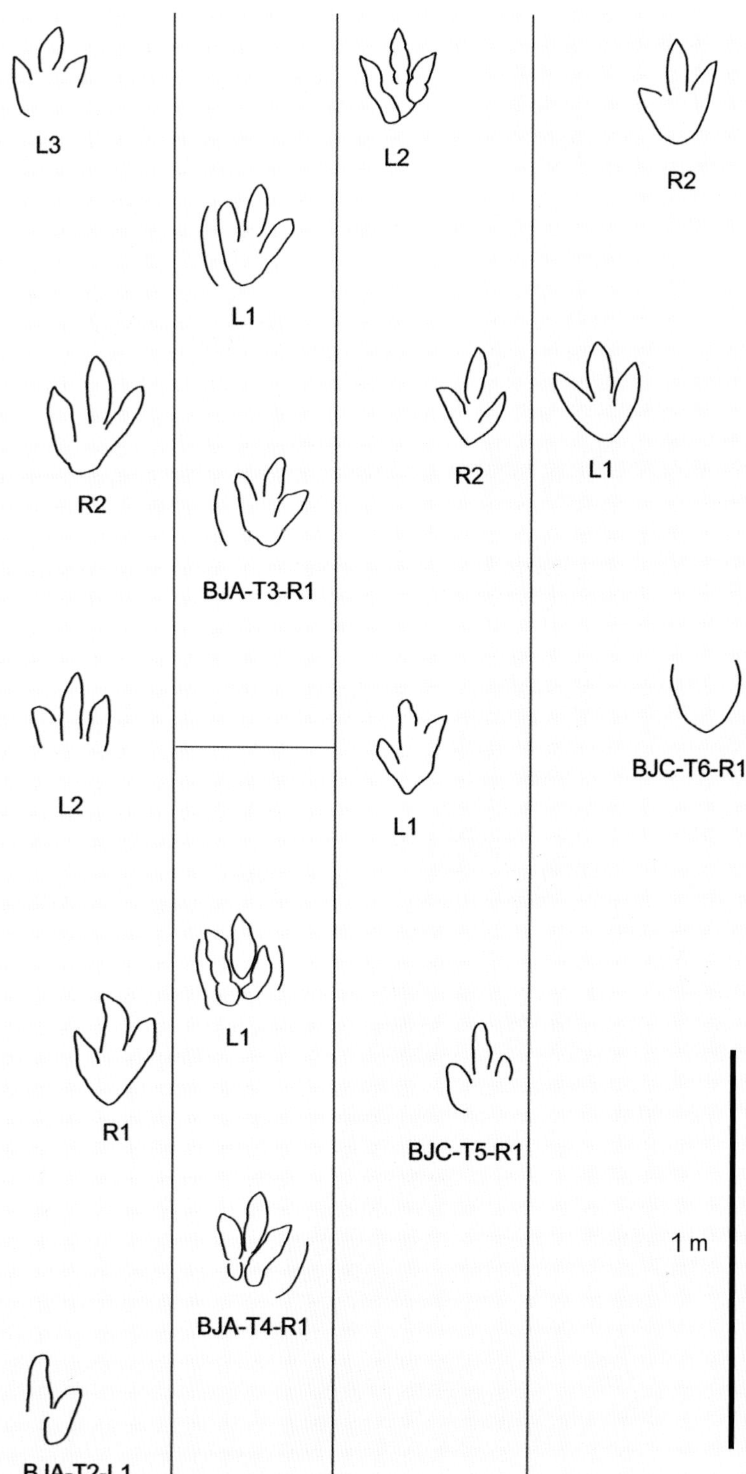

巴久足迹点 4 条兽脚类行迹轮廓图（引自 Xing et al.，2016n）

行迹中编号为 L 者代表左足迹，R 代表右足迹。

四川喜德县巴久乡，下白垩统飞天山组顶部

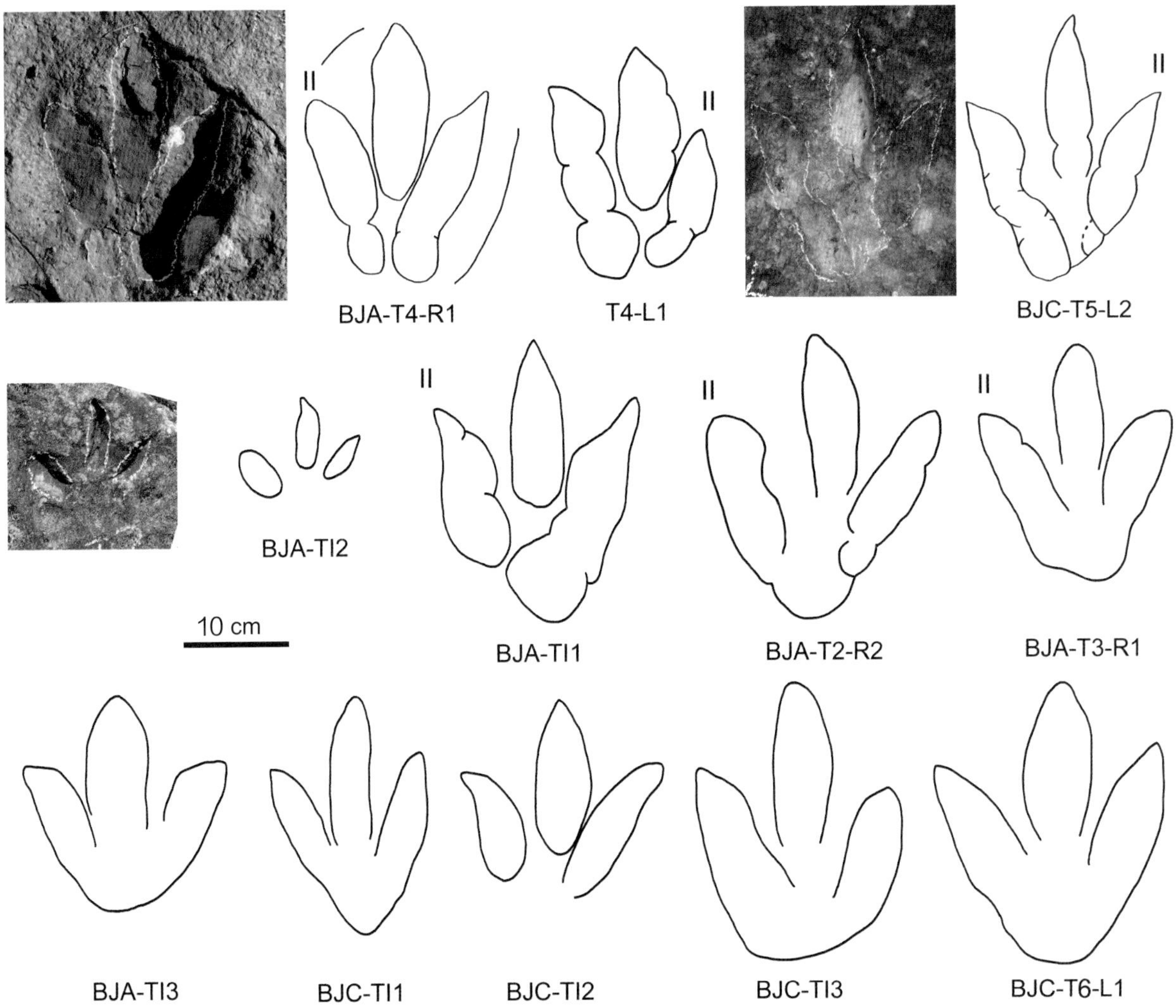

II　II　II
BJA-T4-R1　T4-L1　BJC-T5-L2
II　II　II
BJA-TI2　BJA-TI1　BJA-T2-R2　BJA-T3-R1
10 cm
BJA-TI3　BJC-TI1　BJC-TI2　BJC-TI3　BJC-T6-L1

巴久足迹点兽脚类足迹照片及解释轮廓图（引自 Xing et al.，2016n）

罗马数字为趾的编号。

四川喜德县巴久乡，下白垩统飞天山组顶部

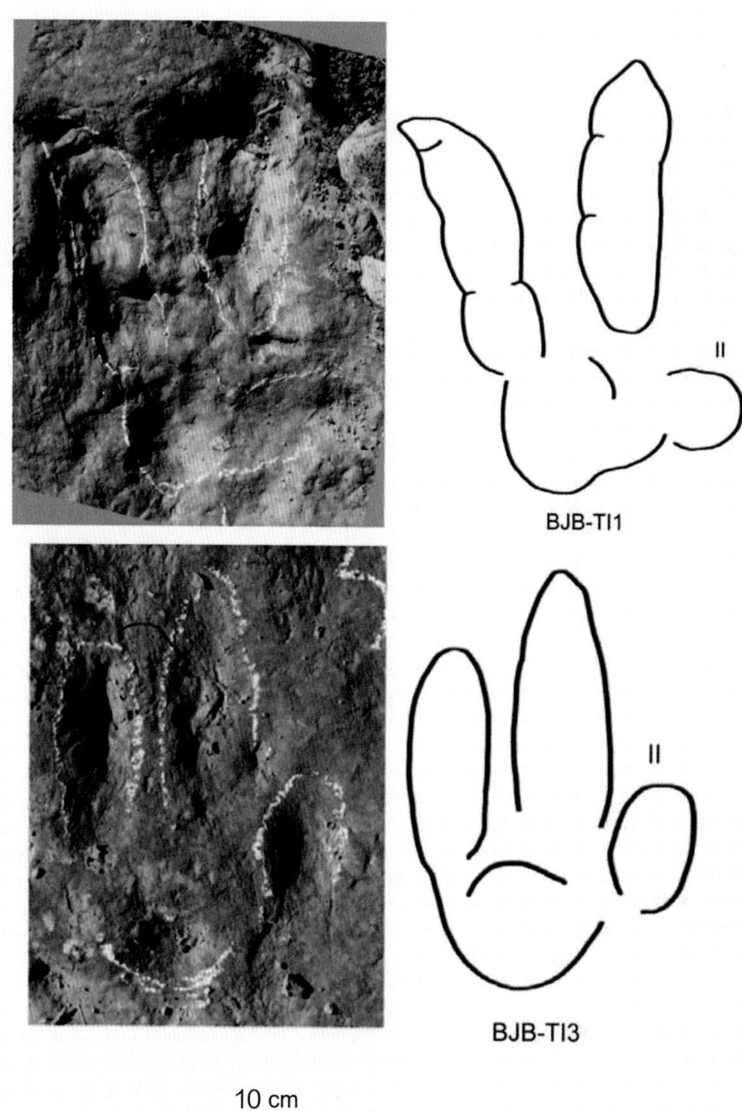

巴久足迹点恐爪龙类似驰龙足迹（cf. *Dromaeopodus*）照片及轮廓图（引自 Xing et al.，2016n）

四川喜德县巴久乡，下白垩统飞天山组顶部

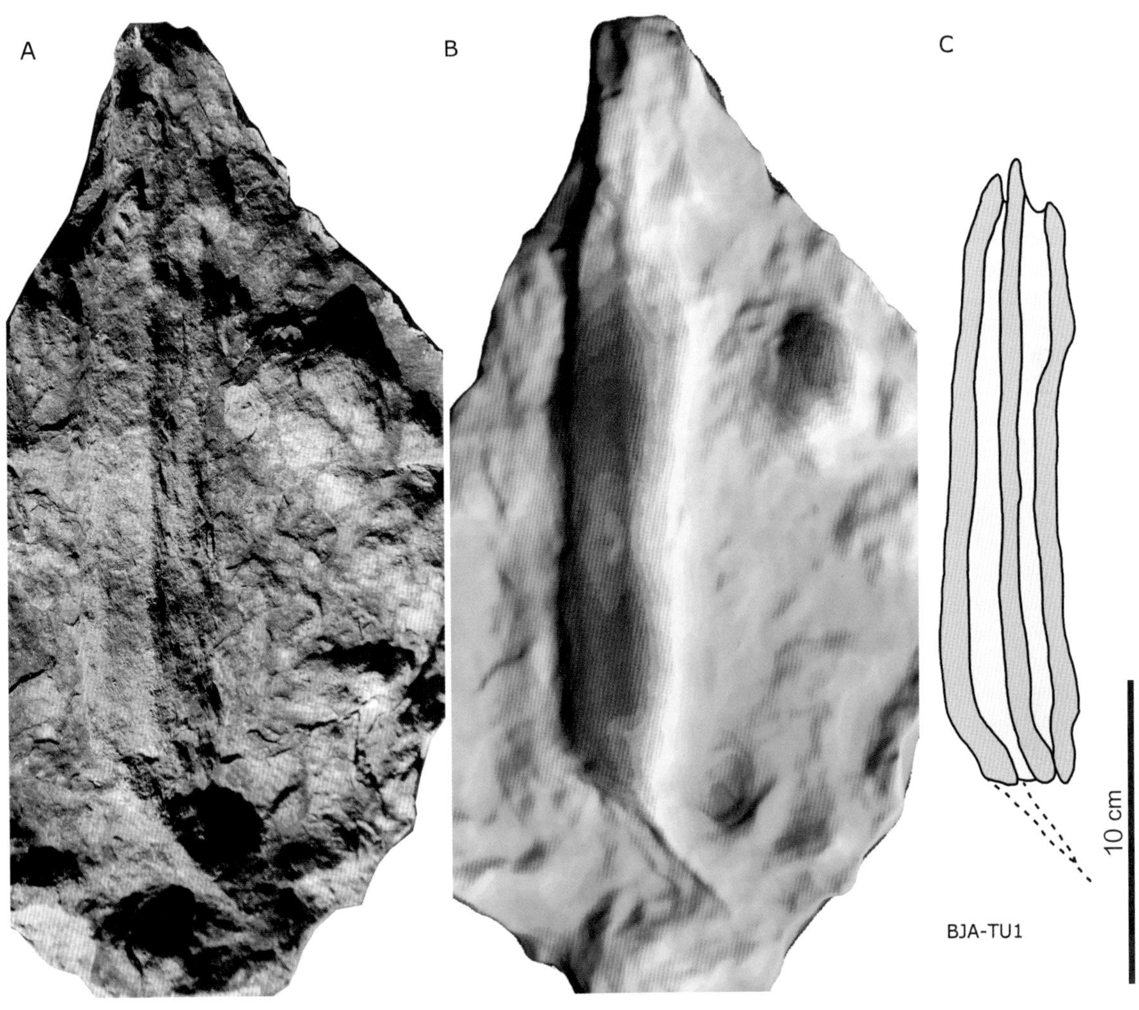

巴久足迹点可能的龟鳖类足迹照片、3D 图像及解释性轮廓图（引自 Xing et al.，2016n）

四川喜德县巴久乡，下白垩统飞天山组顶部

(3)米市镇

米市镇的恐龙足迹主要分布在洛甘村，化石层位为下白垩统小坝组。该化石点由童旭等(2008)发现并进行整理研究，之后，邢立达等又对其做了进一步研究(Xing et al., 2019g)。化石以兽脚类足迹为主，具有尺寸较小(8~13 cm)、中趾凸度中等(0.5~0.6)、趾间角较宽(70°~100°)等特征。这与传统的北美洲早侏罗世跷脚龙足迹(*Grallator*)(中趾凸度为1.22)有所不同，而与中国早白垩世*Grallator*形态类型，特别是与嘉陵足迹(*Jialingpus*)形态类型极相似(童旭等，2008)。Xing 等(2019g)也认为该足迹点的足迹群面貌以蜥臀类恐龙足迹为主，包括跷脚龙足迹(*Grallator*)类嘉陵龙足迹(*Jialingpus*)、实雷龙足迹(*Eubrontes*)类及少量蜥脚类足迹，与中国南方早白垩世的足迹群面貌相似。

洛甘恐龙足迹化石点露头照片(引自 Xing et al.，2019g)

足迹分布在上下共 3 个层面上。下部的层面 I 为主层面，可识别出 46 条行迹和 35 枚孤单的足迹；层面 II 有 5 枚孤单的足迹；层面 III 有 5 条行迹。尽管足迹化石很多，但总体上足迹保存欠佳。

四川喜德县米市镇洛甘村，下白垩统小坝组

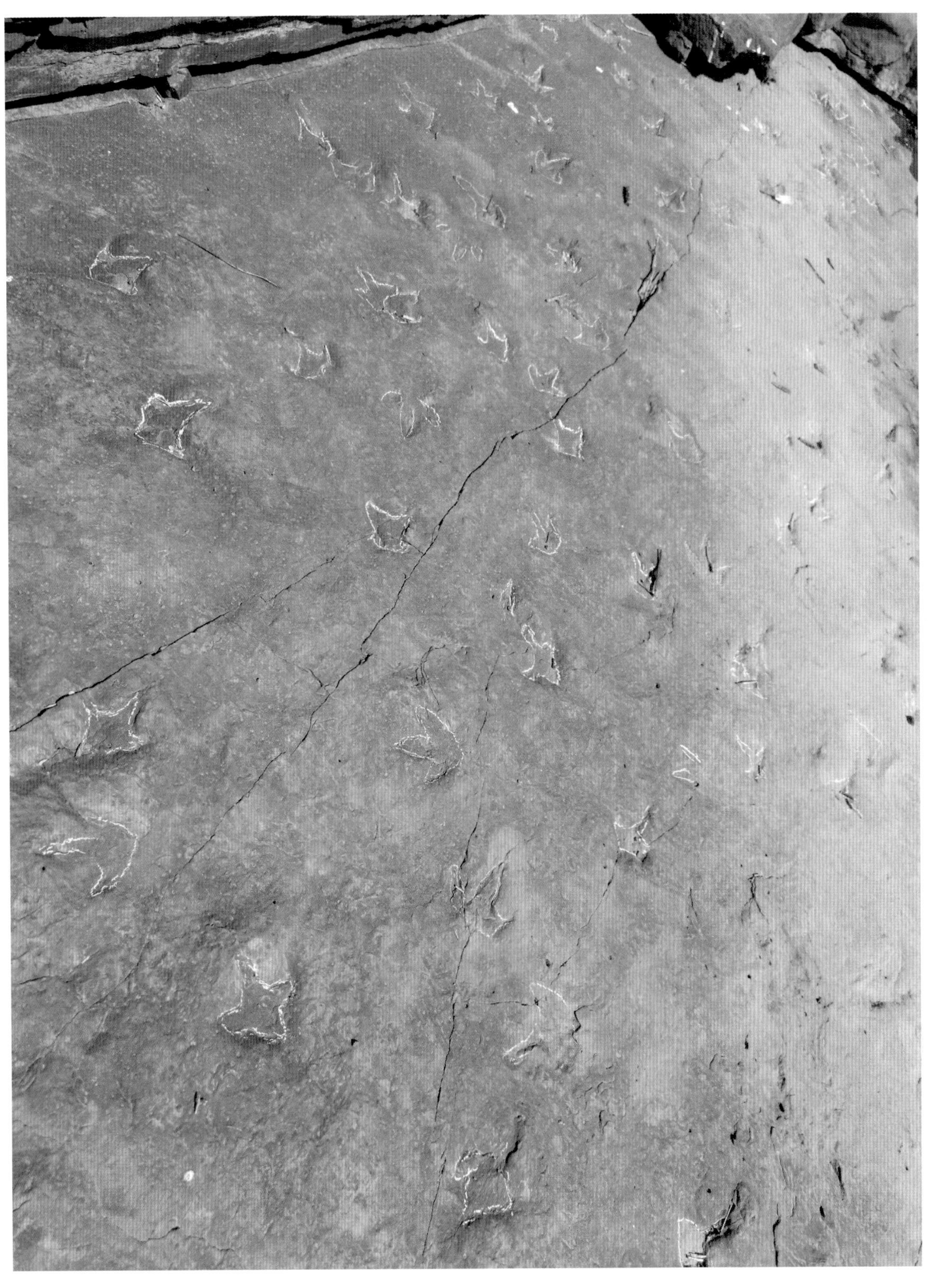

在岩石层面上保存的大量兽脚类恐龙足迹照片（彭光照提供）

四川喜德县米市镇洛甘村，下白垩统小坝组

洛甘足迹点兽脚类足迹和蜥脚类足迹轮廓图（引自 Xing et al.，2019g）

三趾型兽脚类足迹分布在第Ⅰ层（最下层），蜥脚类足迹分布在第Ⅱ层。

图中左上角的 LG-SI1p 和 SI1m 为孤单的蜥脚类足迹。

四川喜德县米市镇洛甘村，下白垩统小坝组

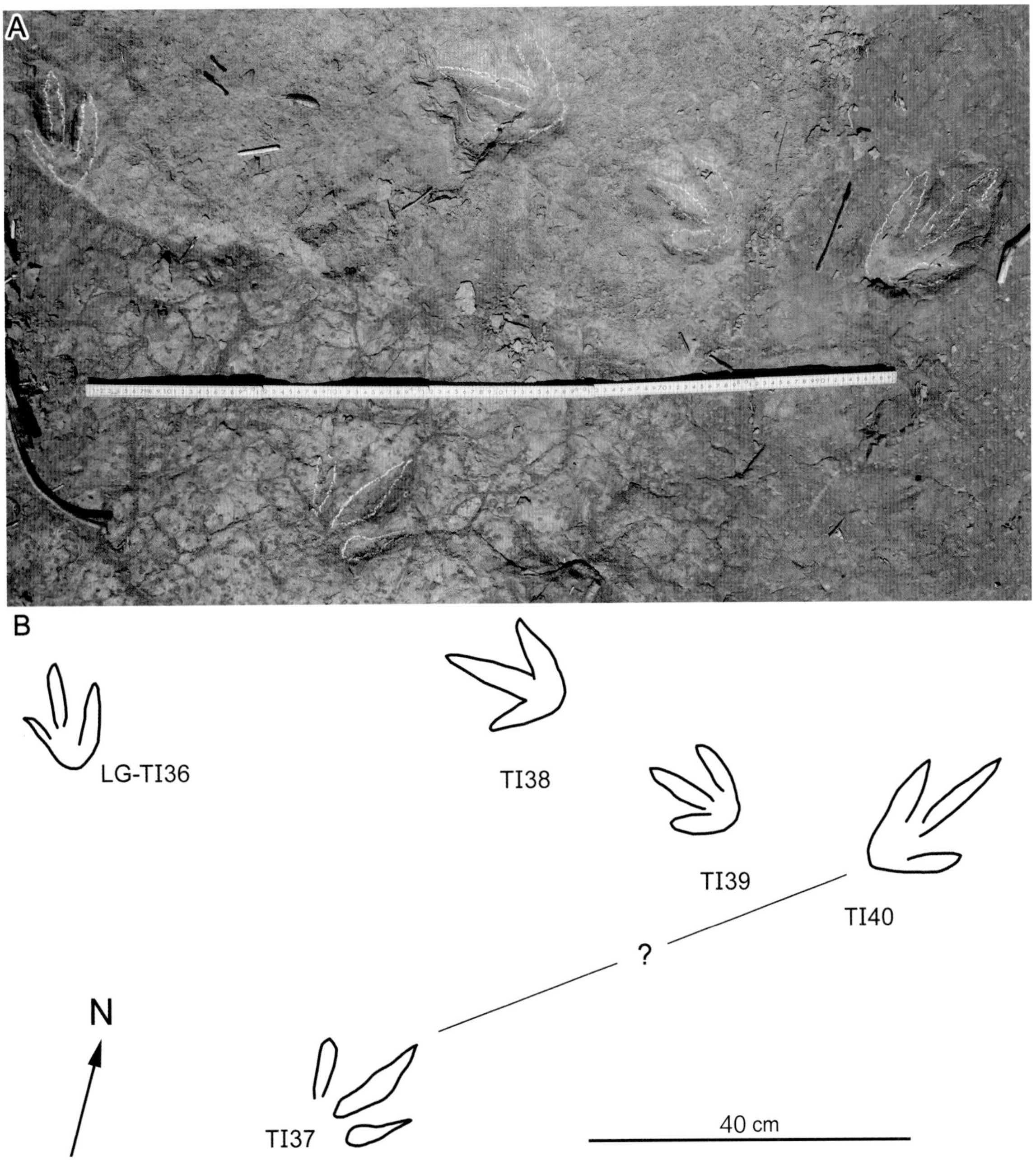

A

B

LG-TI36

TI38

TI39

TI40

?

N

TI37

40 cm

洛甘足迹点第 II 层 5 枚孤单的兽脚类足迹照片及轮廓图（引自 Xing et al.，2019g）

四川喜德县米市镇洛甘村，下白垩统小坝组

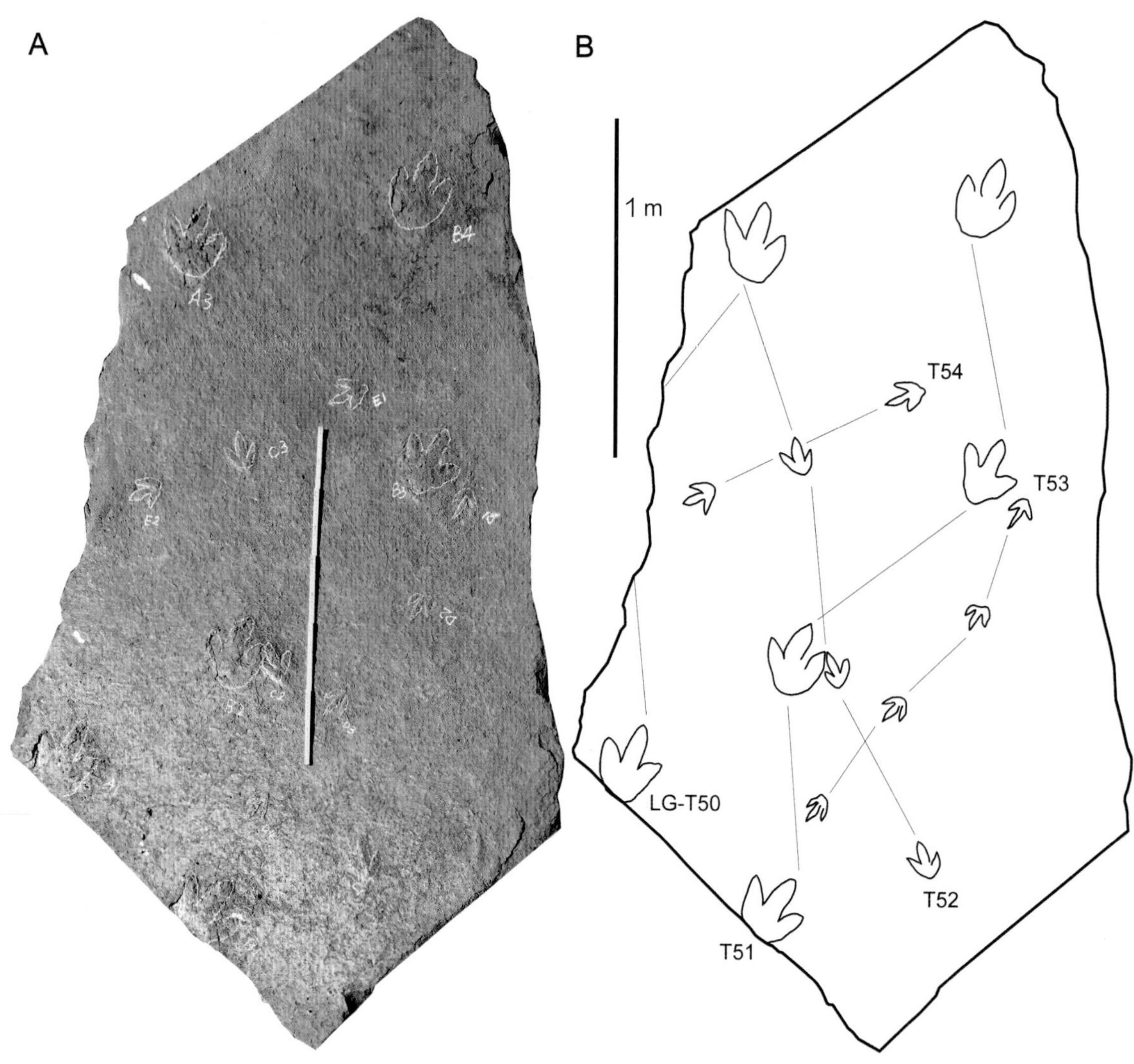

洛甘足迹点第 Ⅲ 层兽脚类足迹照片及轮廓图（引自 Xing et al.，2019g）

其中 T50 和 T51 为较大型足迹，足迹长大于 25 cm，应为实雷龙足迹类（cf. *Eubrontes*）；

T53 为 4 枚小型三趾型足迹构成的行迹，其与跷脚龙足迹类似（cf. *Grallator*）。

四川喜德县米市镇洛甘村，下白垩统小坝组

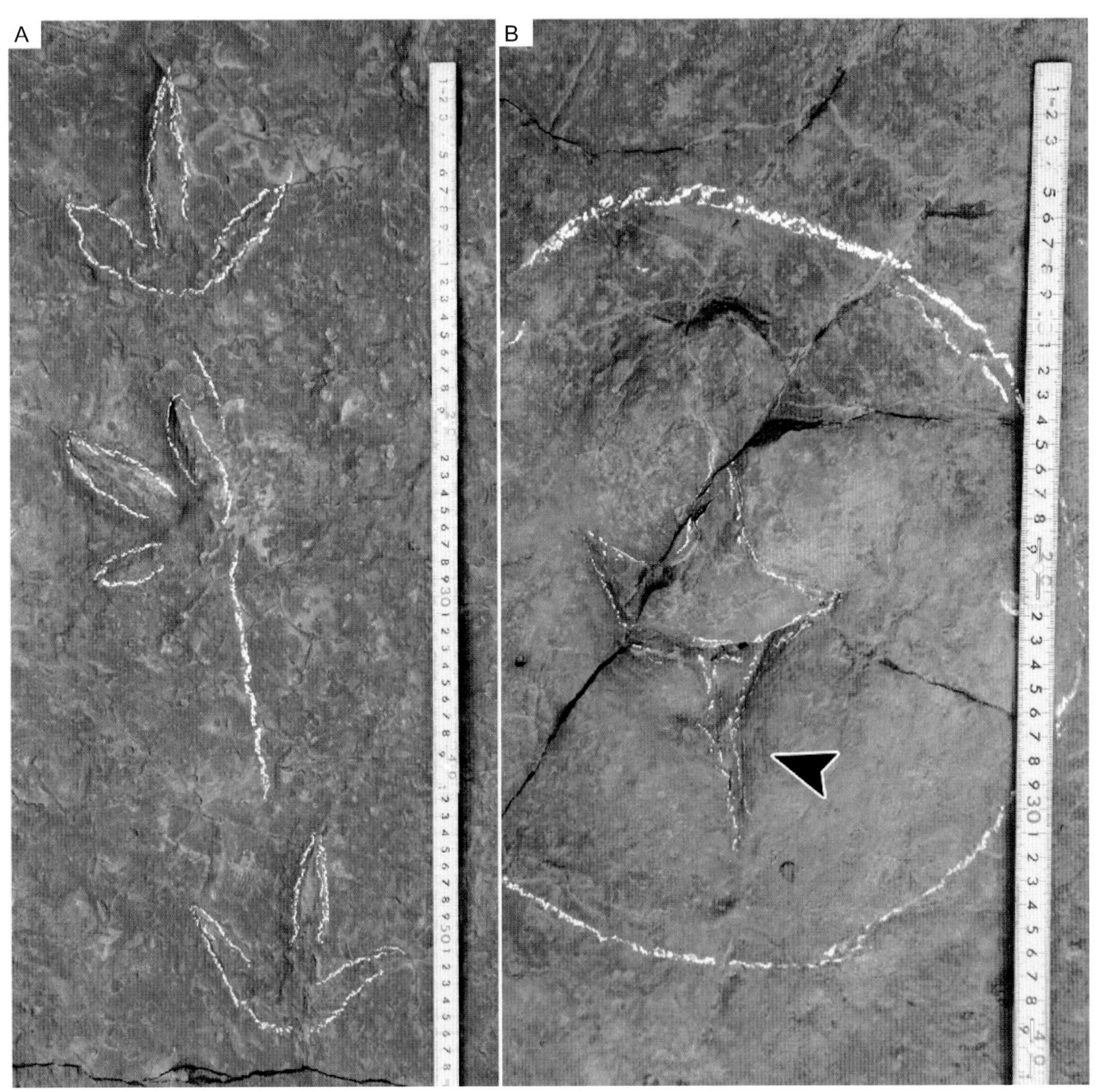

兽脚类恐龙足迹照片（引自童旭等，2018）

A 为似嘉陵足迹（cf. *Jialingpus*）行迹（LG-T8），上下两个足迹构成 1 个单步；

B 为似嘉陵足迹（cf. *Jialingpus*）（LG-T10-R1），箭头指示为保存较好的蹠骨垫印迹。

四川喜德县米市镇洛甘村，下白垩统小坝组

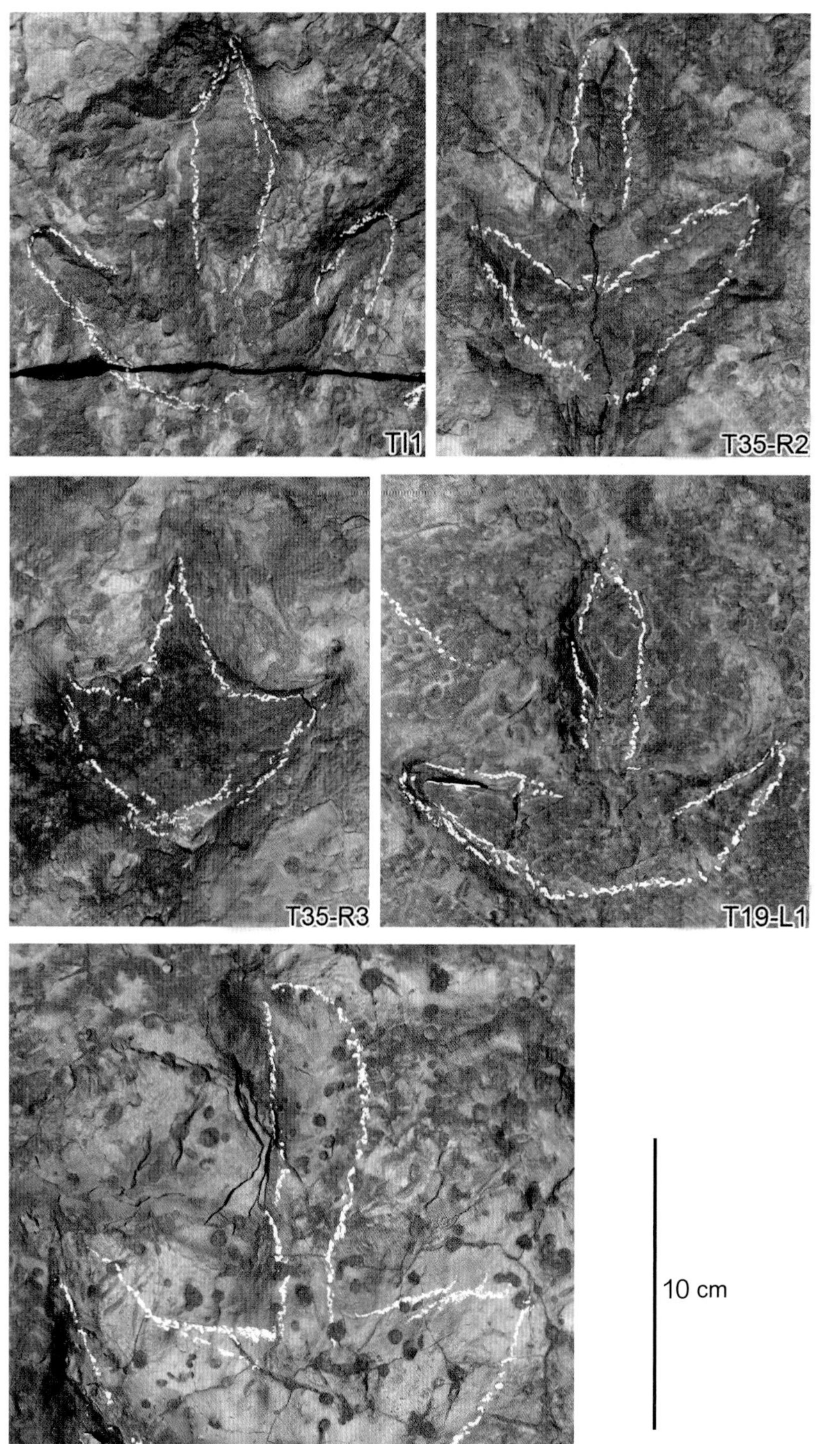

洛甘足迹点典型兽脚类恐龙足迹照片（引自 Xing et al., 2019g）

四川喜德县米市镇洛甘村，下白垩统小坝组

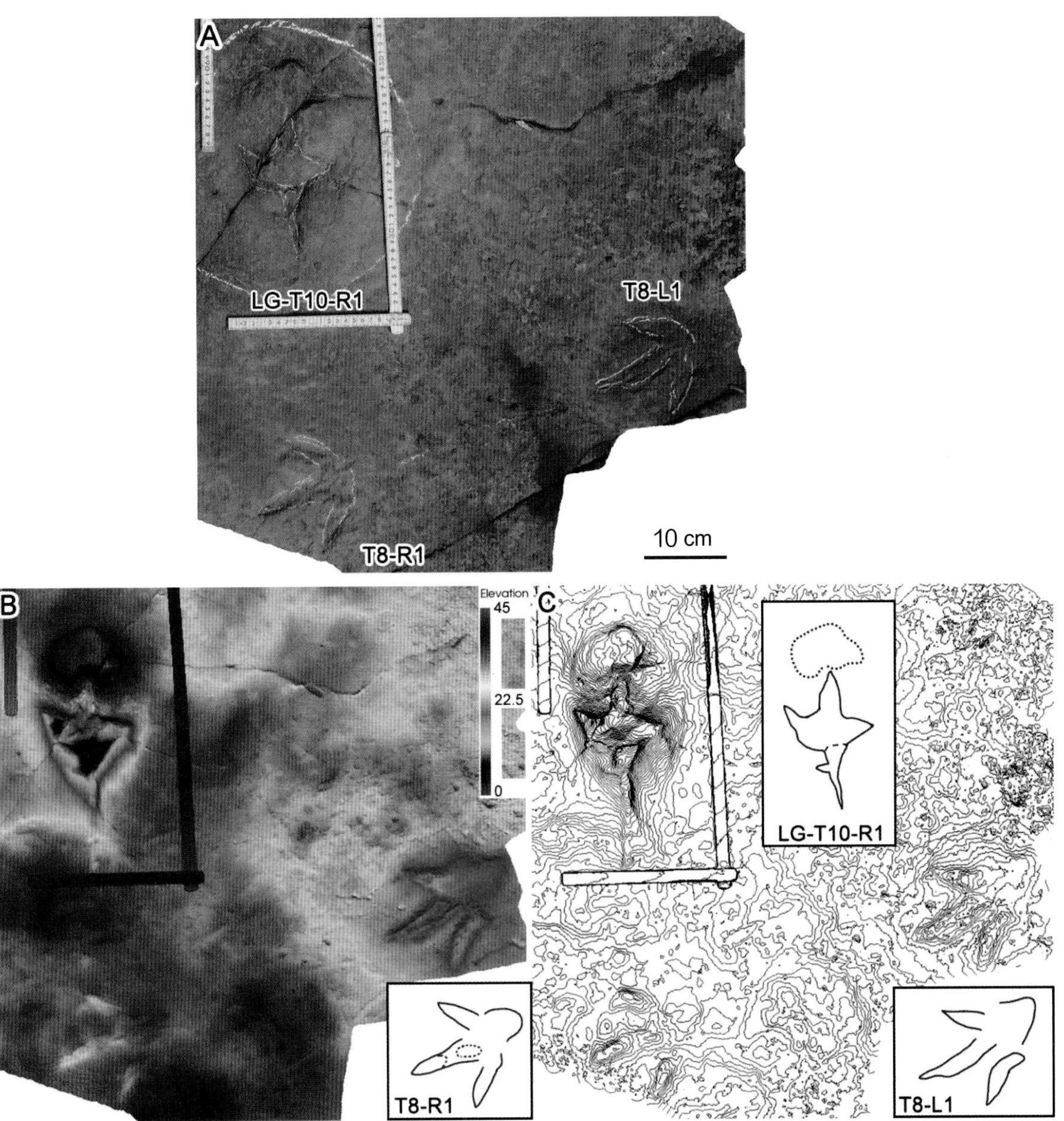

洛甘足迹点第Ⅰ层三趾型足迹（cf.*Jialingpus*）（引自 Xing et al., 2019g）

A 为足迹照片，B 为足迹 3D 图像（图中暖色表示高度高，冷色表示高度低），C 为足迹解释轮廓图。四川喜德县米市镇洛甘村，下白垩统小坝组

（4）伊洛乡

伊洛乡的足迹点位于阿普如哈村等地，含化石层位为下白垩统小坝组第一段。足迹露头为裸露的砂岩层面，出露1条蜥脚类行迹（由6枚后足迹和5枚前足迹组成）；另有两枚连续的两趾型驰龙类足迹构成1段行迹（Xing et al.，2019g）。蜥脚类足迹可归入雷龙足迹类（cf. *Brontopodus*），两趾型的足迹为快盗龙足迹类（cf. *Velociraptorichnus*）。

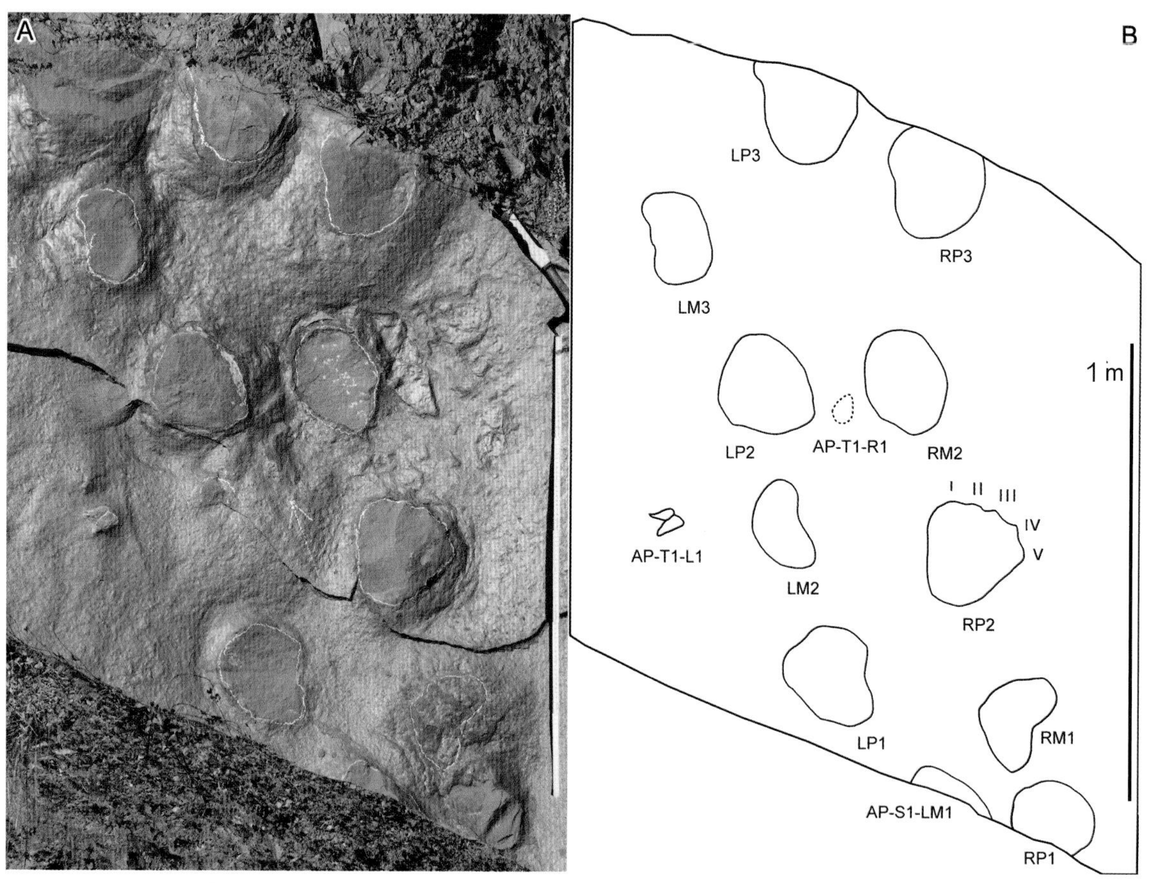

蜥脚类似雷龙足迹（cf. *Brontopodus*）（编号为 AP-S1）照片及轮廓图（引自 Xing et al.，2019g）

该行迹由至少 11 个前足迹和后足迹构成；其中 RP2 为第二个右后足迹，保存有 5 个趾迹（罗马数字为编号）。另有两个连续的二趾型足迹，与快盗龙足迹类似（cf. *Velociraptorichnus*）（编号为 AP-T1-L1 和 AP-T1-R1）。

四川喜德县伊洛乡阿普如哈村，下白垩统小坝组

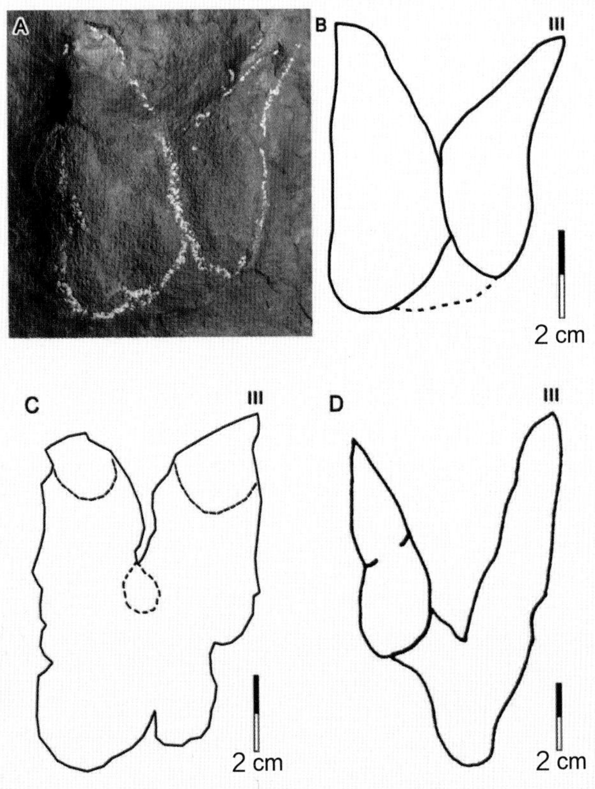

阿普如哈与四川其他地区快盗龙足迹（*Velociraptorichnus*）的对比（引自 Xing et al., 2019g）

A 和 B 为喜德伊洛乡阿普如哈的快盗龙足迹（cf.*Velociraptorichnus*），C 为峨眉川主乡的四川快盗龙足迹（*Velociraptorichnus sichuanensis*），D 为喜德乐武乡母脚吾的快盗龙足迹未定种（*Velociraptorichnus* isp.）。

阿普如哈的快盗龙足迹（cf.*Velociraptorichnus*）下陷较深，足迹特征较清晰，足长 6.6 cm，足宽 5.3 cm，长宽比值为 1.2；步长为 45.8 cm，爪迹清晰，未保存Ⅱ趾趾迹，Ⅳ趾趾迹长 6.8 cm，略长于Ⅲ趾（5.8 cm）；Ⅳ趾的蹠趾区弯曲平滑，与趾迹的界限明显。

四川喜德县伊洛乡阿普如哈村，下白垩统小坝组

2.3.17 会理

据邢立达等报道，会理县的恐龙足迹于2014年被发现于四川攀西地区会理县通安镇通保村附近。恐龙足迹点与真蜥脚类的何氏通安龙（*Tonganosaurus hei*）的产出位置极为接近，两者相距约7 m，前者层位比后者高约70 m。足迹产于下侏罗统益门组紫红色粉砂质泥岩层面上，为蜥脚类雷龙足迹（*Brontopodus*）（Xing et al.，2016o）。

足迹共4枚，但较为杂乱，均孤单产出，未形成行迹，但有1对前足、后足足迹保存相对较好。总体而言，这批足迹保存状况不佳，风化严重，有些上面甚至生长植物。前、后足迹的长分别为18 cm和37 cm，长宽比值范围分别为0.4 ~ 0.6和1.1~1.3。

邢立达等认为，通保的蜥脚类足迹其造迹者有可能是何氏通安龙（*Tonganosaurus hei*），但目前还需要更多的证据。通保的雷龙足迹是攀西地区侏罗纪蜥脚类足迹的首次发现，这也表明在早侏罗世，原始蜥脚类恐龙和基干蜥脚型类恐龙共存于中国西南地区（Xing et al.，2016o）。

通保蜥脚类恐龙足迹点野外露头照片（引自 Xing et al.，2016o）

标尺长 1 m。

四川会理县通安镇通保村，下侏罗统益门组

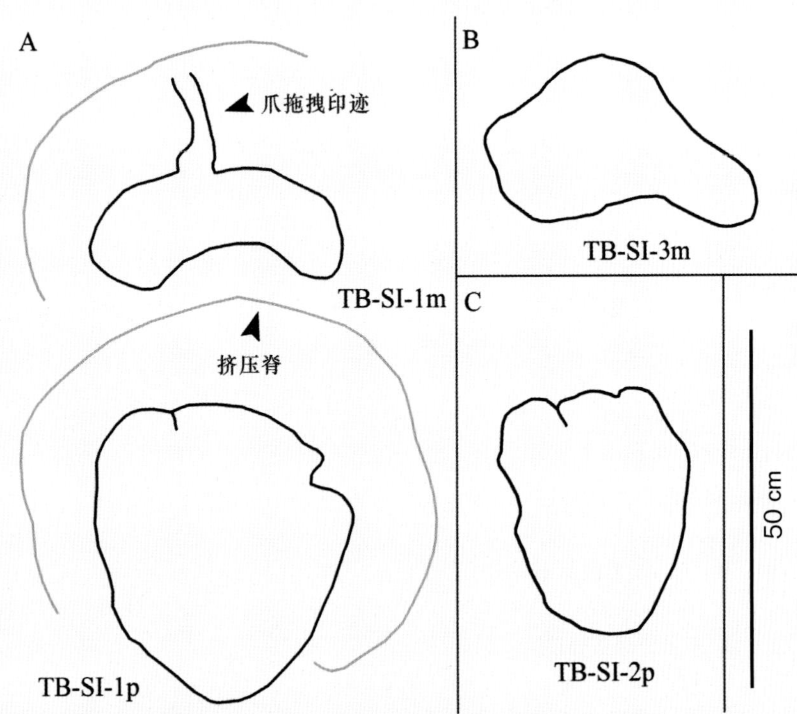

通保足迹点蜥脚类恐龙足迹轮廓解释图（引自 Xing et al.，2016o）

TB–SI–1p 和 TB–SI–1m 是 1 对前、后足迹，前足迹前端可能是爪的拖拽印迹，后足迹前端及左右两侧挤压脊（灰色线条）发育；TB–SI–2p 是 1 个孤单的后足迹，保存状态不佳，比 TB–SI–1p 略小，其前端具有 3 个边界不甚清晰的突出，可能对应于Ⅰ、Ⅱ趾和Ⅲ + Ⅳ趾的趾迹；TB–SI–3m 也保存不佳，可能是 1 个前足迹，比 TB–SI–1m 略大，具有较清晰的Ⅰ、Ⅴ趾趾迹。

四川会理县通安镇通保村，下侏罗统益门组

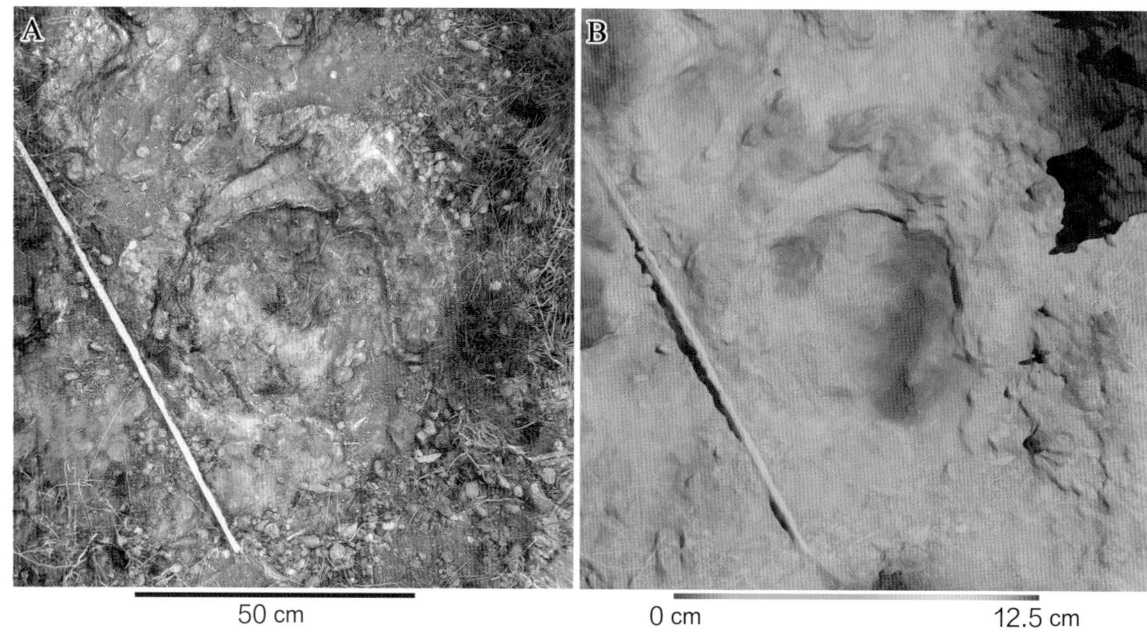

通保足迹点蜥脚类恐龙的前、后足迹照片（A）及 3D 图像（B）（引自 Xing et al.，2016o）

照片中央为后足迹（TB–SI–1p），左上角用白色粉笔圈画的轮廓为前足足迹（TB–SI–1m）。

前足迹长 14.5 cm，宽 36 cm，长宽比值为 0.4；后足迹长 41.5 cm，宽 37.8 cm，长宽比值为 1.1。

前足迹呈亚新月形，未见爪迹及蹠趾区，足迹末端Ⅲ趾所指处可能是 1 个爪迹；后足迹呈卵圆形，蹠趾区较前部区域窄，Ⅰ趾趾迹发育最好，Ⅱ、Ⅲ趾趾迹位于最前部，但之间界限不清晰，Ⅳ趾趾迹未见。前、后足迹的异足性较高（1∶2.8）。

据计算，该足迹的造迹恐龙臀高为 1.2~2.4 m，身长 4.5~9.1 m。而附近产出的何氏通安龙（*Tonganosaurus hei*）身长 12 m，因此推测何氏通安龙极有可能是该足迹的造迹者。

3D 图像（B）中暖色表示高度高，冷色表示高度低。

四川会理县通安镇通保村，下侏罗统益门组

2.3.18 美姑

鄢圣武等（2017）在四川美姑县炳途乡炳途沟中侏罗统沙溪庙组底部薄层粉砂岩之上发现3枚恐龙足迹化石。足迹较宽，趾末端具爪，蹠趾垫较模糊，其中两枚足迹构成一个完整的单步。保存较好的足迹长11.5 cm，宽7.5 cm，单步长22 cm，足长与步长之比约为1∶2；另一个标本为1枚孤单的足迹，足迹长12 cm，宽8 cm。他们认为这些足迹与跷脚龙足迹（*Grallator*）相似。

邢立达等对上述足迹做了进一步研究，认为其为卡梅尔足迹（*Carmelopodus*），并提出这是该足迹属在中国乃至亚洲的首次发现。研究表明，美姑的卡梅尔足迹（*Carmelopodus*）与北美中侏罗统的*Carmelopodus*形态类似，但化石显示Ⅳ趾印迹的近端部分位置较高，可能暗示造迹恐龙的Ⅳ趾趾骨较短。卡梅尔足迹（*Carmelopodus*）的发现，记录了中侏罗统沙溪庙组沉积时期美姑地区曾生活着小型兽脚类恐龙（体长1 m左右）（Xing et al.，2018b）。

此外，邢立达等还研究了美姑县依果觉乡上三叠统须家河组发现的原蜥脚类足迹（Xing et al.，2018b）。足迹至少有7枚，其中包括5枚后足迹和两枚前足迹，均保存为上凸型。前足迹、后足迹分别长15.4 cm和41.1 cm，长宽比值分别为0.7和1.4。前足迹呈半圆形，趾迹模糊不清，前足迹后端为后足迹所叠覆；后足迹呈卵圆形，Ⅰ－Ⅳ趾趾迹清晰，Ⅰ－Ⅲ趾爪迹明显，足迹后端的蹠趾区为光滑的圆形。前、后足迹的长宽比值为1∶3.4。研究者认为其与四川自贡富顺县的龙贯山上三叠统须家河组及北美、欧洲的始蜥脚足迹（*Eosauropus*）类似，同时其与四川古蔺县椒园发现的下侏罗统自流井组大安寨段的原蜥脚类足迹——蜀南刘建足迹（*Liujianpus shunan*）也有类似之处。美姑县依果觉乡的原蜥脚类足迹是在西昌地区的首次发现，美姑县也是中国上三叠统四足动物足迹的第5个发现地点（Xing et al.，2018b）。

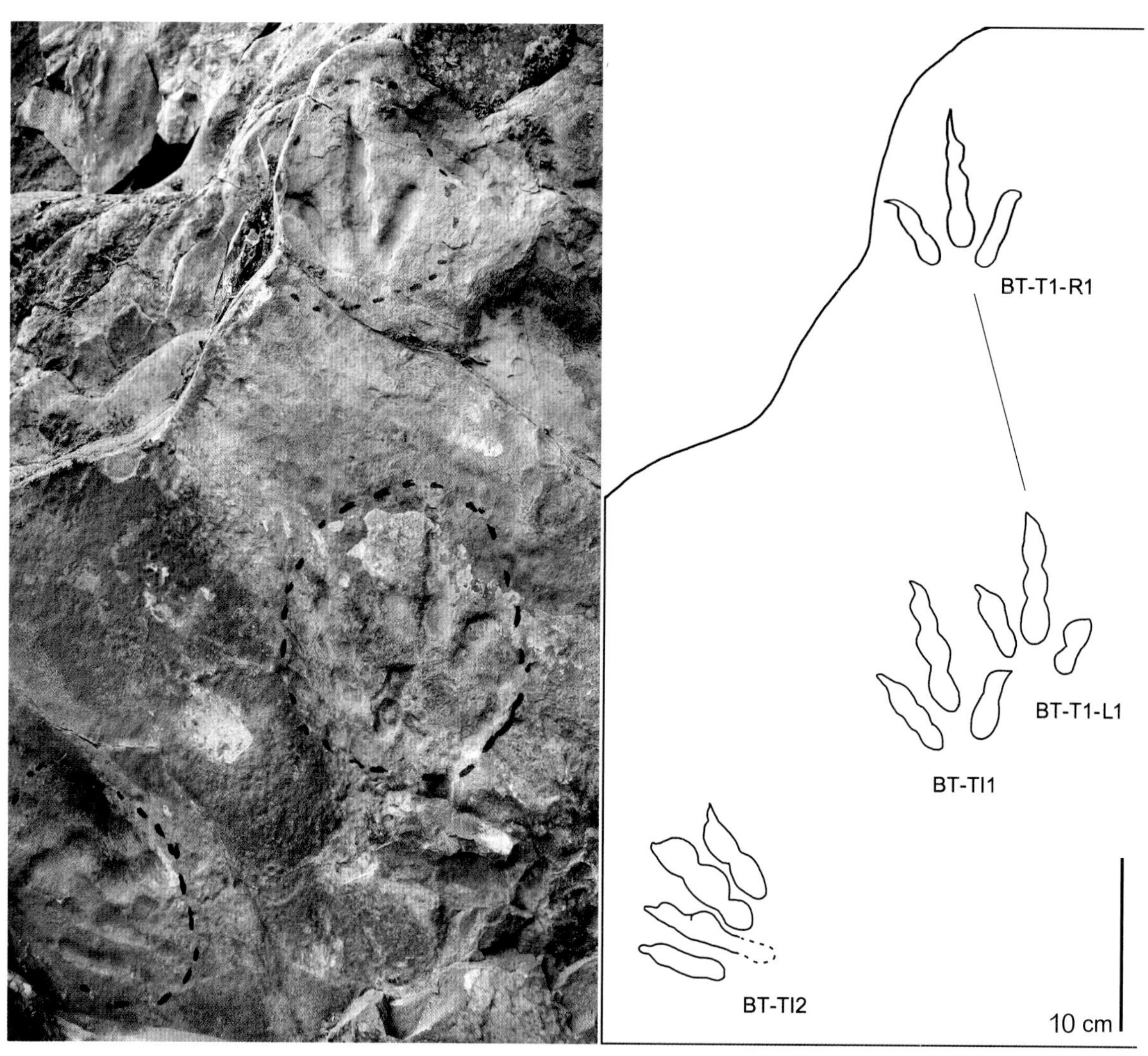

卡梅尔足迹（*Carmelopodus*）照片及足迹轮廓图（引自 Xing et al., 2018b）

四川美姑县炳途乡炳途沟，中侏罗统沙溪庙组

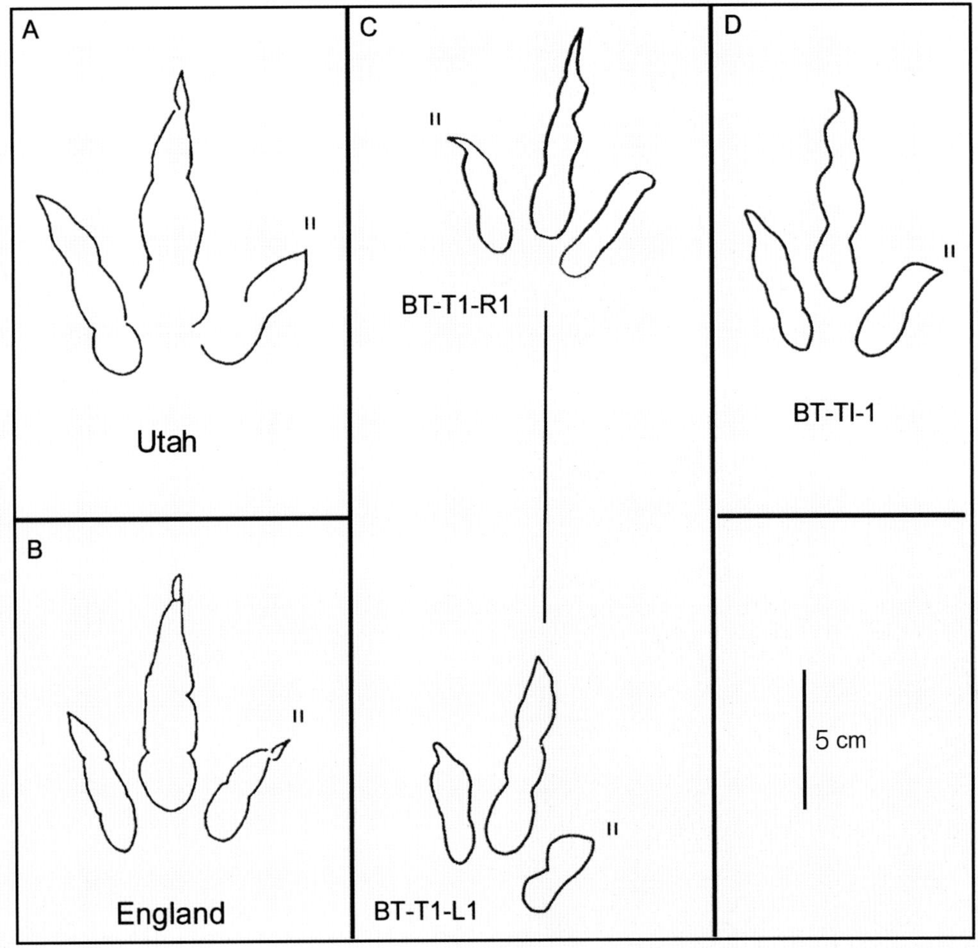

炳途沟足迹点卡梅尔足迹（*Carmelopodus*）与国外卡梅尔足迹的对比图（引自 Xing et al., 2018b）

A 为美国犹他州卡梅尔足迹，B 为英格兰中侏罗统卡梅尔足迹，C 和 D 为中国四川美姑县途炳沟中侏罗统的卡梅尔足迹

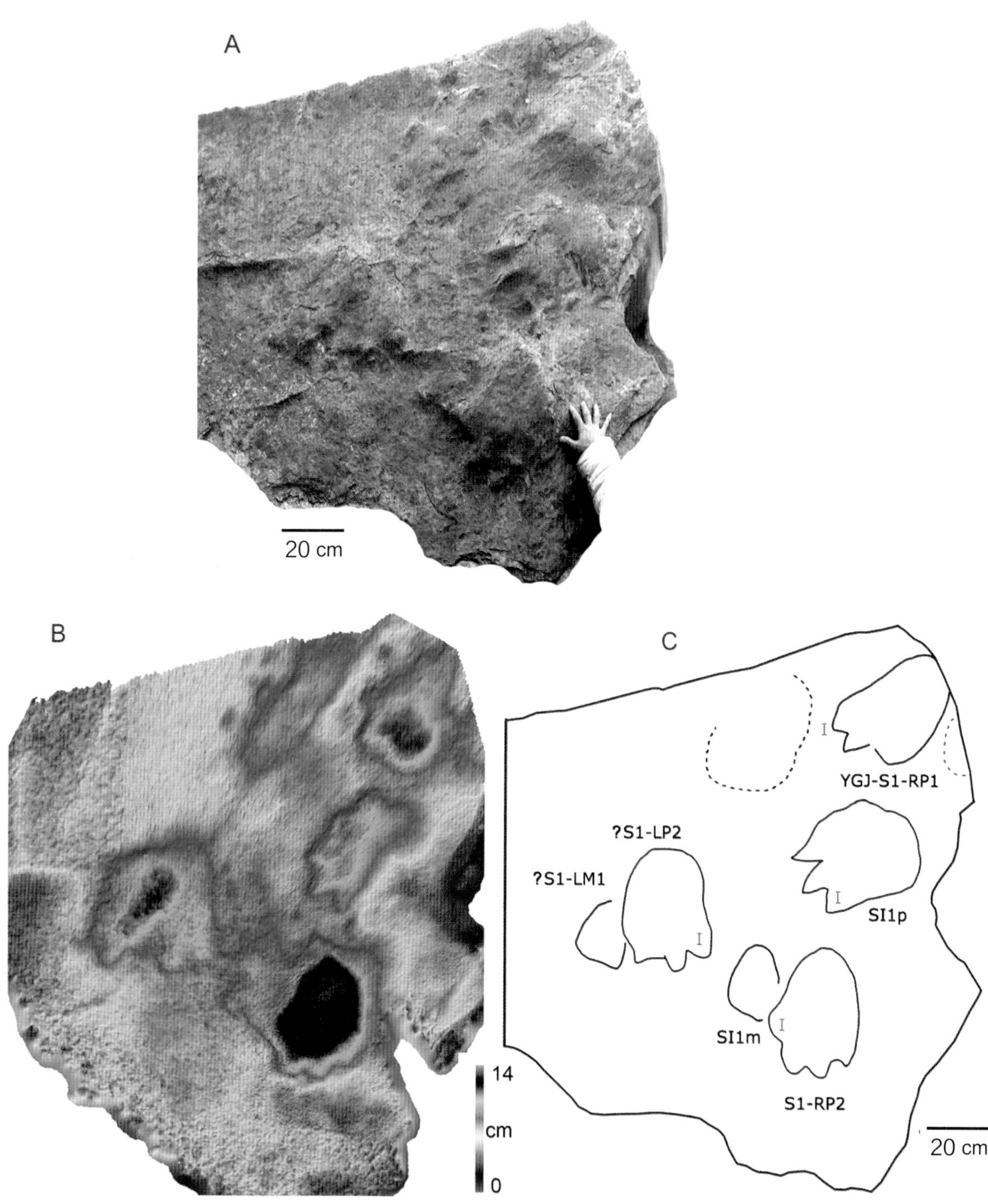

始蜥脚类足迹（cf. *Eosauropus*）照片、3D 图像及轮廓图（引自 Xing et al.，2018b）

A 为足迹照片，B 为 3D 图像，C 为轮廓图。

因为足迹太少，暂且推测 YGJ–S1 是由 4 枚足迹构成的 1 条行迹，SI1p 和 SI1m 为孤单的足迹。行迹 YGJ–S1 中的后足迹相对于行迹中线外撇（达 70°），前足迹则内撇（约 28°），步幅角为 92°。

四川美姑县依果觉乡，上三叠统须家河组

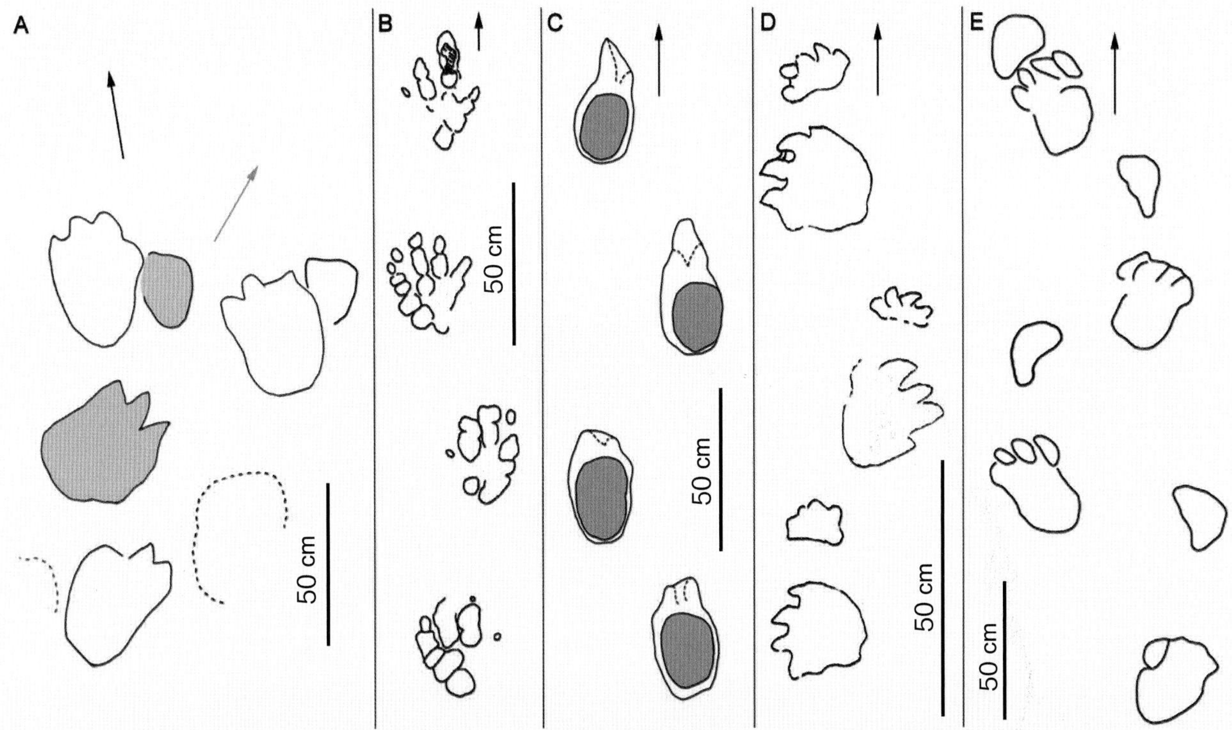

世界各地上三叠统至下侏罗统不同类型的蜥脚形类足迹对比图（引自 Xing et al.，2018b）

A 为中国四川美姑县依果觉乡上三叠统须家河组的始蜥脚足迹（cf.*Eosauropus*）；

B 为纳米比亚下侏罗统的 *Otozoum*；

C 为中国四川富顺县上三叠统须家河组的始蜥脚足迹（*Eosauropus*）；

D 为美国新墨西哥州 Ghinle 群上三叠统的始蜥脚足迹（*Eosauropus*）；

E 为中国四川古蔺县下侏罗统刘建足迹（*Liujianpus*）。

箭头指示行迹的运动方向

2.3.19 宣汉

邢立达等（2017）研究了四川宣汉县七里镇中侏罗统新田沟组发现的两个小型三趾型恐龙足迹化石。根据足迹形态、足迹长宽比值、步长较短和足迹内撇等特点，认为是似异样龙足迹（cf. *Anomoepus*）（Xing et al.，2017f）。异样龙足迹（*Anomoepus*）是中侏罗统较常见的足迹属，在我国内蒙古乌拉特中旗、河南义马、四川喜德乐武等地中侏罗统地层中均有发现。

似异样龙足迹（cf. *Anomoepus*）的产出露头（引自 Xing et al.，2017f）

地层近直立状，箭头指向处为波痕。

四川宣汉县七里镇，中侏罗统新田沟组

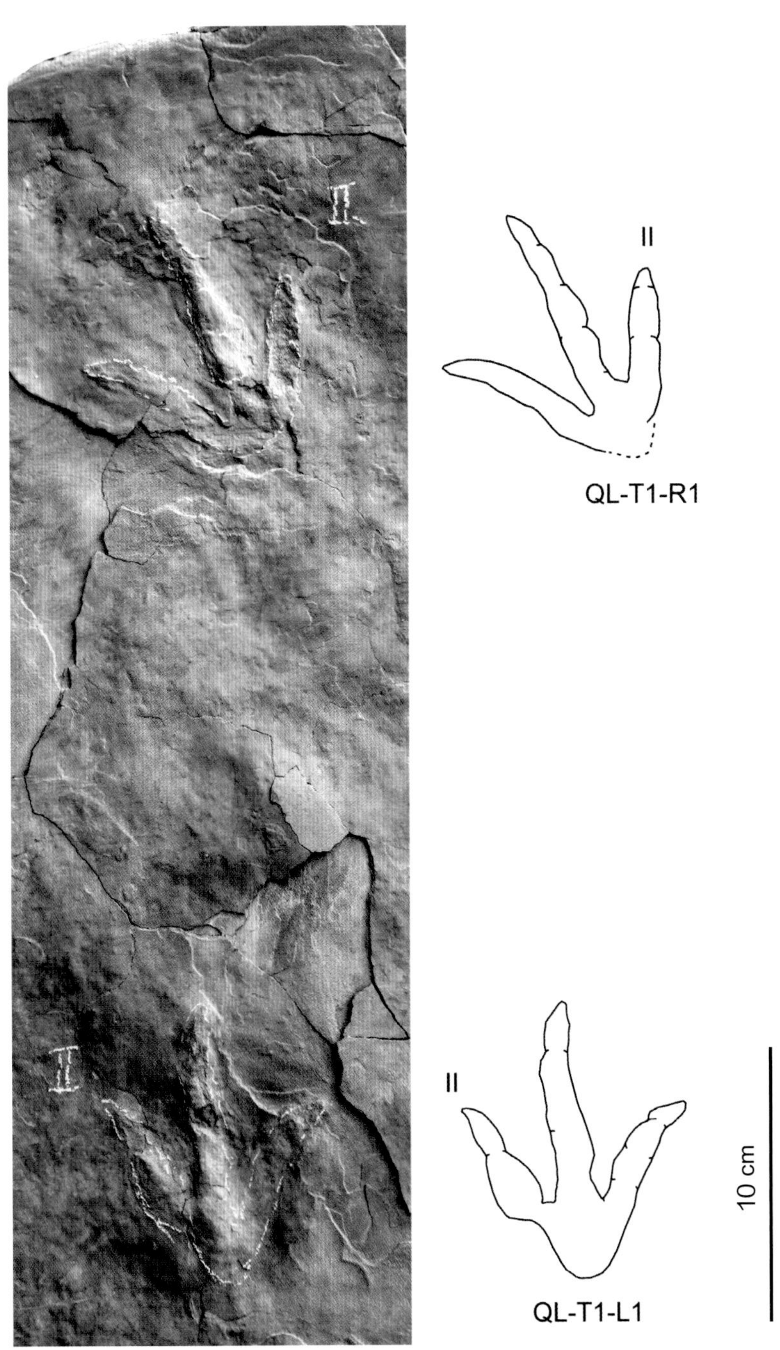

两枚连续的恐龙足迹（cf. *Anomoepus*）单步照片及轮廓图（引自 Xing et al.，2017f）

两个足迹（编号为 QL–T1–L1 和 QL–T1–R1）均为上凸型产出、三趾型。足迹长 9.5 cm，长宽比值为 1.2，趾间角平均为 67°，指尖三角形长宽比值平均为 0.39。

两枚足迹形成 1 个单步，长 28.5 cm。足迹 QL–T1–R1 向 L1 的轴线内撇（24°）。

罗马数字为趾编号。

四川宣汉县七里镇，中侏罗统新田沟组

2.4 新疆

新疆地域广阔，恐龙、翼龙等化石丰富，恐龙及古鸟类足迹也发现较多。新疆的恐龙足迹化石最早于1943年被发现于阿克苏地区的温宿县。新疆是中国最早有恐龙足迹发现的几个省区之一，除了温宿县，克拉玛依市乌尔禾的魔鬼城、黄羊泉、鄯善和塔城等地也是重要的恐龙和古鸟类足迹产地。

2.4.1 温宿

杨钟健在“Note on Some fossil footprints in China”一文（Young，1943）中记述了他在1943年的西北科学考察时，于上侏罗统的一块大石板上发现1枚上凹三趾型足迹。足迹中趾长30 cm，其根部宽6 cm，足迹宽25 cm；两侧趾叉开的角度很大，趾尖异常尖锐。杨钟健认为该足迹与陕北神木禽龙类的足迹相似。化石地点位于乌苏（阿克苏）北北东约80 km的塔克拉克（Taqlaq）西北几千米处。根据地图分析，推测该地区即现今的新疆温宿县塔克拉克村附近，这有待于野外调查的进一步证实。遗憾的是，该足迹的照片未留存。

2.4.2 塔城

据Matsukawa等（2006）报道，1993年，南京地质古生物研究所的王启飞曾在新疆乌苏市附近发现过两块孤立的兽脚类足迹化石，但并无详细的化石描述资料发表。2014年，邢立达等实地进行了足迹化石产出层位的调查，并对其中一块标本进行了研究。结果表明，足迹点位于乌苏市塔城区白杨沟镇附近，产出化石的地层为下侏罗统八道湾组。该化石为小型兽脚类足迹，可归入似张北足迹（cf. *Changbeipus*）。它是新疆下侏罗统发现的第一个恐龙足迹（Xing et al.，2014j），也是中国西北地区最古老的恐龙足迹之一。

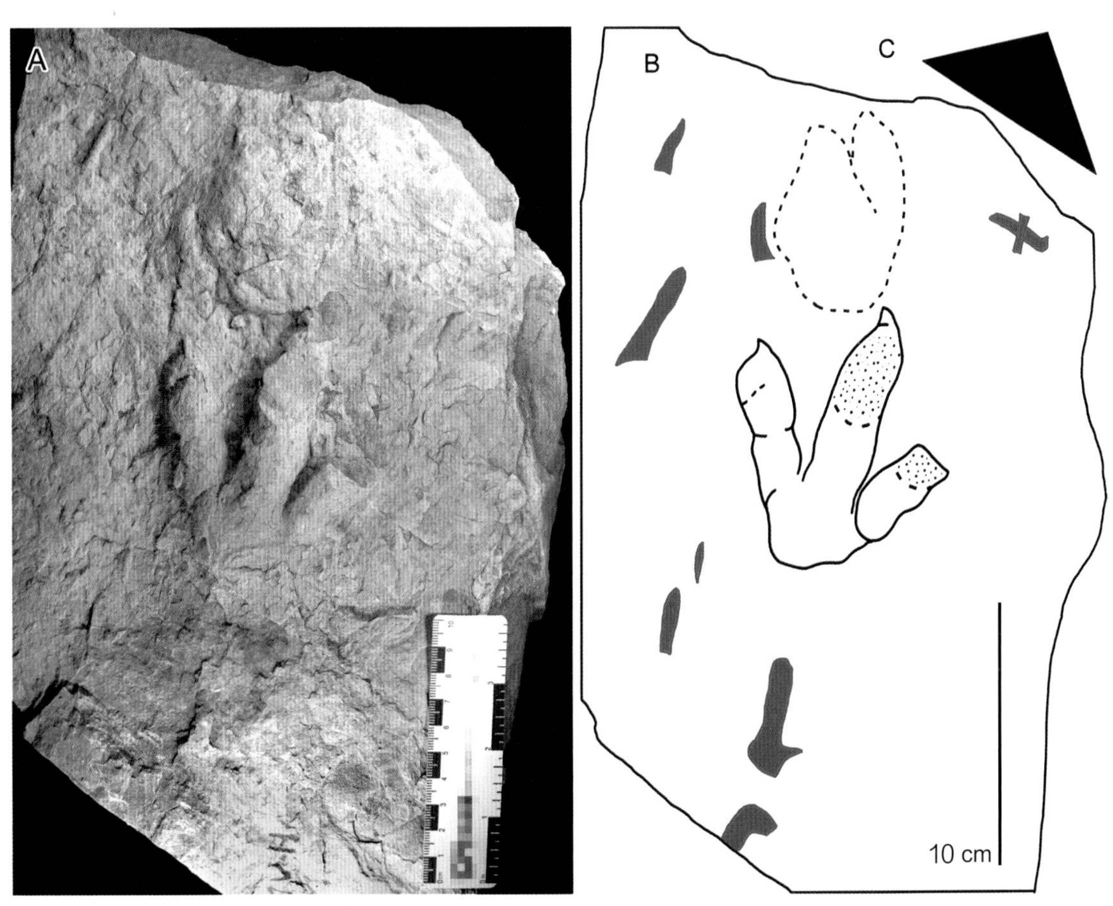

塔城足迹点兽脚类恐龙足迹化石照片及轮廓图（Xing et al，2014j）

A 为恐龙足迹照片；B 为恐龙足迹轮廓图；C 为恐龙足迹趾尖三角形，示中趾凸度。

该足迹化石（编号为 NIGP MV11）为上凸足迹、三趾型，为 1 个右足足迹。

足迹最大长度为 10.7 cm，最大宽度（Ⅱ、Ⅳ趾尖间的距离）为 9.1 cm（长宽比值为 1.2），前端趾迹三角形的长宽比值为 0.44。Ⅱ－Ⅳ趾趾迹长分别为 4.2 cm、7.5 cm 和 5.8 cm。

Ⅱ、Ⅲ趾末端部分损坏，但轮廓可辨。Ⅲ趾向前伸出且最长，其次是Ⅳ趾和 II 趾；Ⅲ－Ⅳ趾末端爪迹尖锐；Ⅱ－Ⅳ趾趾间角为 69°，Ⅱ－Ⅲ趾趾间角为 40°，Ⅲ－Ⅳ趾趾间角为 29°。

新疆乌苏市塔城区白杨沟镇，下侏罗统八道湾组

2.4.3 鄯善

鄯善县隶属新疆维吾尔自治区吐鲁番市，其恐龙足迹化石产于七克台镇附近，位于鄯善古生物化石保护区内。2007年，中德野外科考队对该足迹点恐龙足迹进行了考察研究，并发表了研究论文（Wings et al.，2007）。足迹产于中侏罗统三间房组陡倾的细粒砂岩下层面上，呈上凸型保存（图1–58、图1–59）。足迹有150多个，分布多孤单，方向散乱。有些足迹保存了较清晰的蹠垫和足跟的印迹，还有1个足迹有明显的抓痕痕迹。研究者鉴定出两种足迹形态类型，即大型的张北足迹（*Changpeipus*）、巨齿龙足迹（*Megalosauripus*），以及较小型的、趾迹相对纤细的跷脚龙–安琪龙–实雷龙足迹（*Grallator-Anchisauripus-Eubrontes*）。

邢立达等对鄯善的恐龙足迹进行补充研究，在Wings等描述的足迹点（I号点）北东100 m的上部层位又新发现了II号点和少量零散的足迹化石。研究表明，鄯善足迹点主要由张北足迹单型属，即石炭张北足迹（*Changpeipus carbonicus*）构成。足迹长为12.2~47 cm，由不同年龄段的、小型至中型的、同类或不同类的造迹恐龙所留。大量与足迹共生的无脊椎动物足迹化石的研究表明，该足迹点属于逐步扩大和深化的湖泊环境（Xing et al.，2014d）。

新疆鄯善恐龙足迹化石点野外露头照片

化石产于近直立砂岩下层面上。

新疆鄯善县七克台镇，中侏罗统三间房组

鄯善恐龙足迹化石点露头照片及足迹分布图

A 为 Ⅰ 号点全景图；B 为 Ⅰ 号点恐龙足迹分布及玫瑰花图，IB 中黄色部分现已风化塌落；C 为 Ⅱ 号足迹点，足迹分布在底部的石块上。

恐龙足迹分布在 Ⅰ 号点（A 和 B）及 Ⅱ 号点（C）。Ⅰ 号点较大，包括 IA、IB 和 IC 等 3 个点，其中 IB 点最大。

新疆鄯善县七克台镇，中侏罗统三间房组

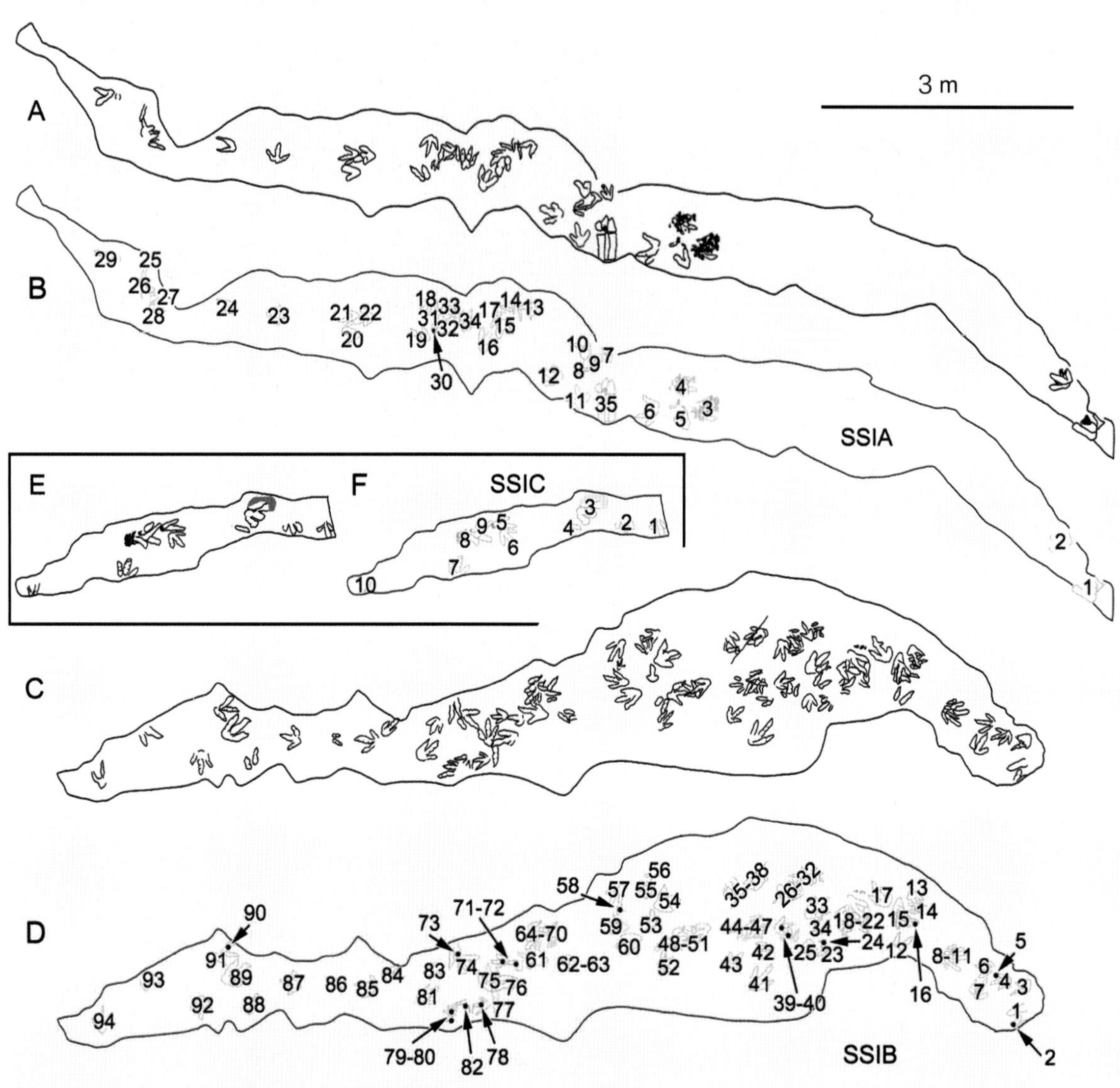

鄯善足迹点 IA–C 足迹分布平面图（引自 Xing et al.，2014d）

A 和 B 为足迹点 IA，C 和 D 为足迹点 IB，E 和 F 为足迹点 IC。

新疆鄯善县七克台镇，中侏罗统三间房组

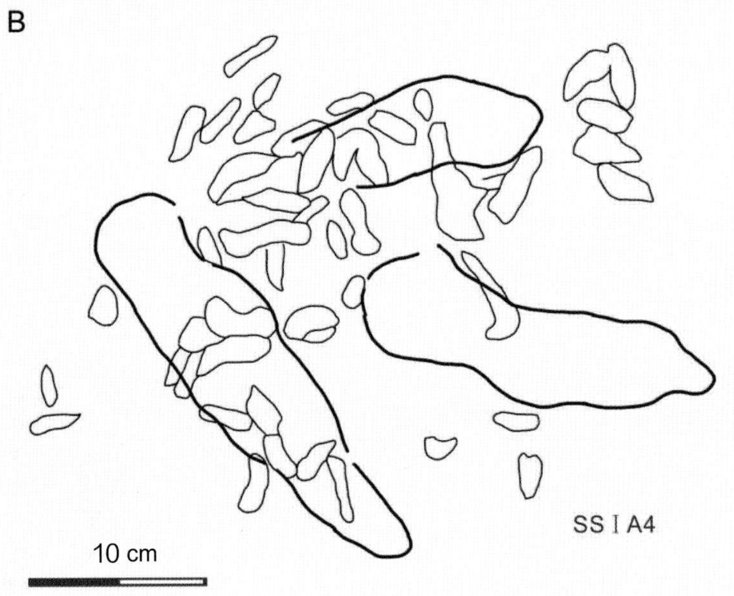

恐龙足迹与无脊椎动物福尔斯迹（*Fuersichnus*）共生（引自 Xing et al.，2014d）

恐龙足迹为兽脚类的石炭张北足迹（*Changpeipus carbonicus*）。

新疆鄯善县七克台镇I号足迹点，中侏罗统三间房组

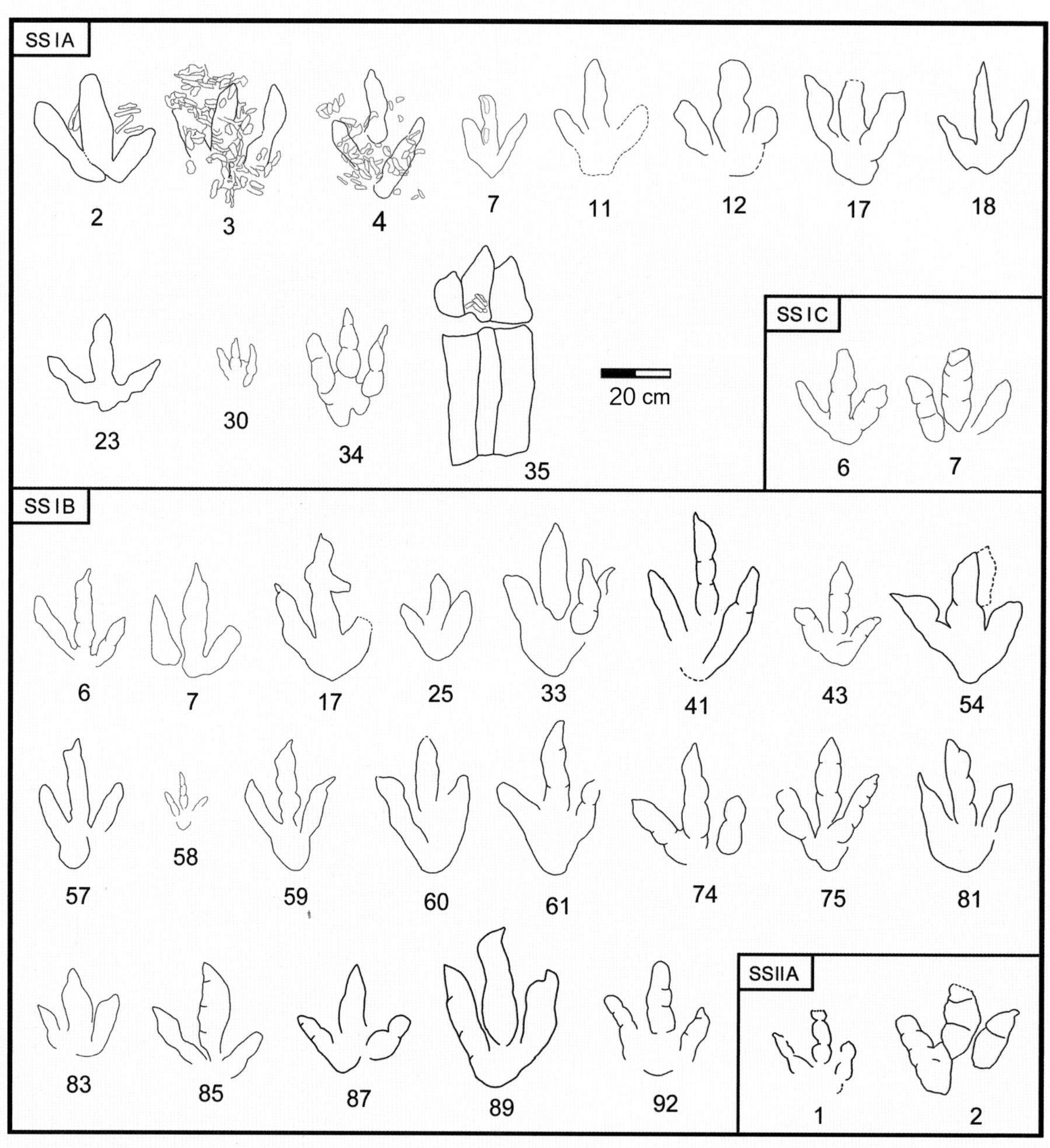

孤单的石炭张北足迹（*Changpeipus carbonicus*）轮廓示意图（引自 Xing et al.，2014d）

由于底质条件不同，足迹趾间角变化很大，IV 趾的蹠趾垫印迹或有或无。

新疆鄯善县七克台镇 I 号、II 号足迹点，中侏罗统三间房组

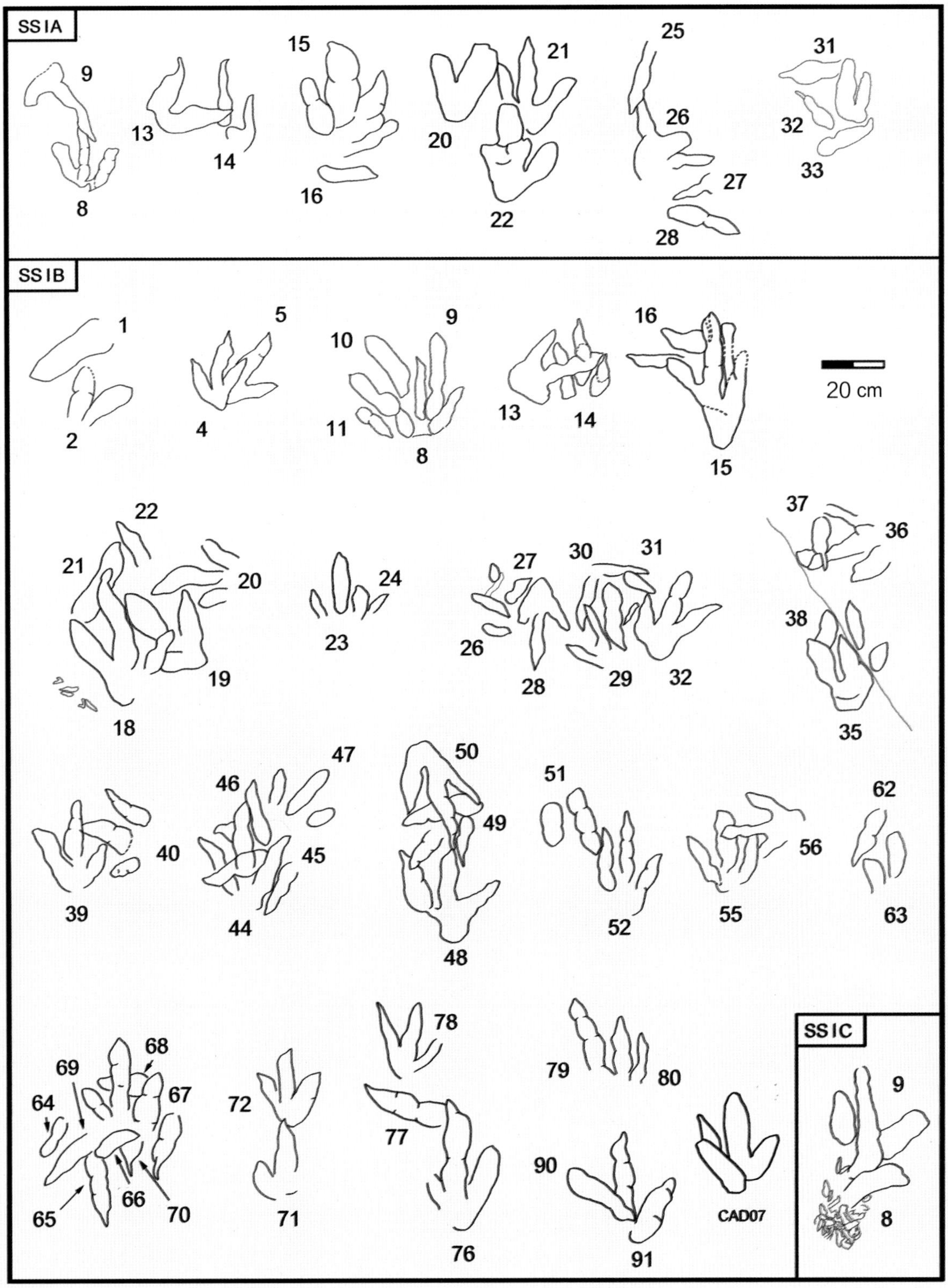

各种交叠形式的石炭张北足迹（*C. carbonicus*）轮廓图（引自 Xing et al.，2014d）

新疆鄯善县七克台镇Ⅰ号足迹点，中侏罗统三间房组

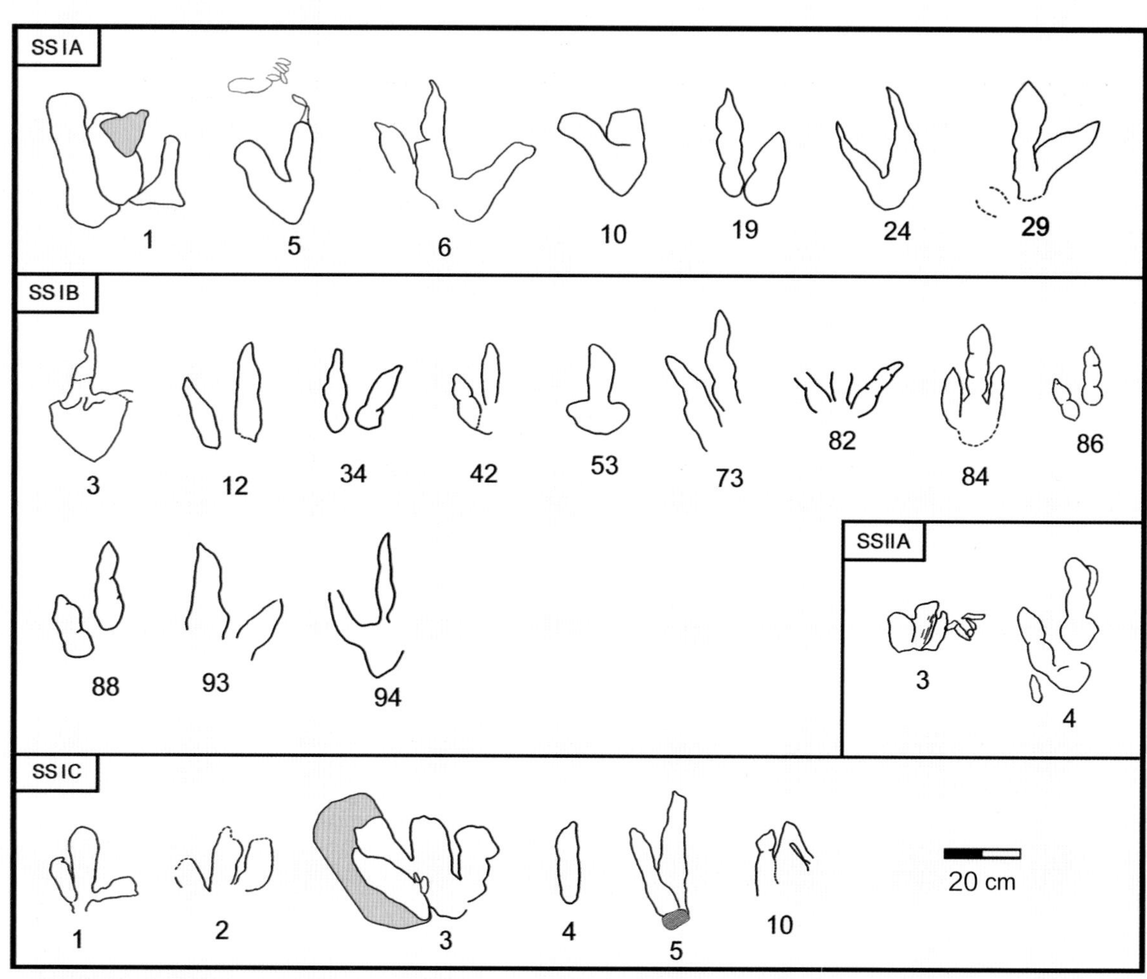

不完整的和孤单的石炭张北足迹（*Changpeipus carbonicus*）轮廓示意图（引自 Xing et al.，2014d）

如图所示，由于保存原因，部分三趾型足迹保存为二趾型甚至一趾型。

新疆鄯善县七克台镇 I 号、II 号足迹点，中侏罗统三间房组

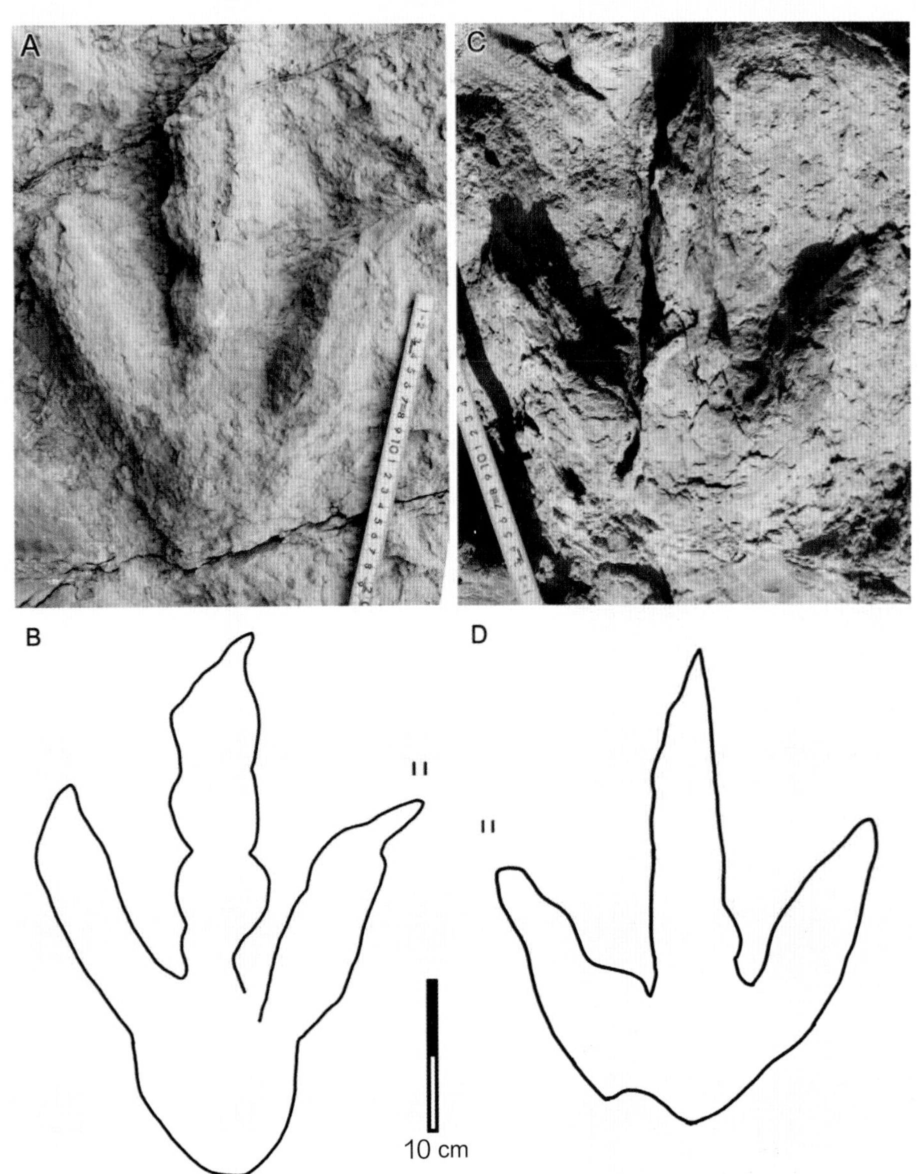

石炭张北足迹（*Changpeipus carbonicus*）典型照片及轮廓图（引自 Xing et al.，2014d）

A 和 B 足迹编号为 SSIB 59，C 和 D 足迹编号为 SSIA18。

新疆鄯善县七克台镇 I 号足迹点，中侏罗统三间房组

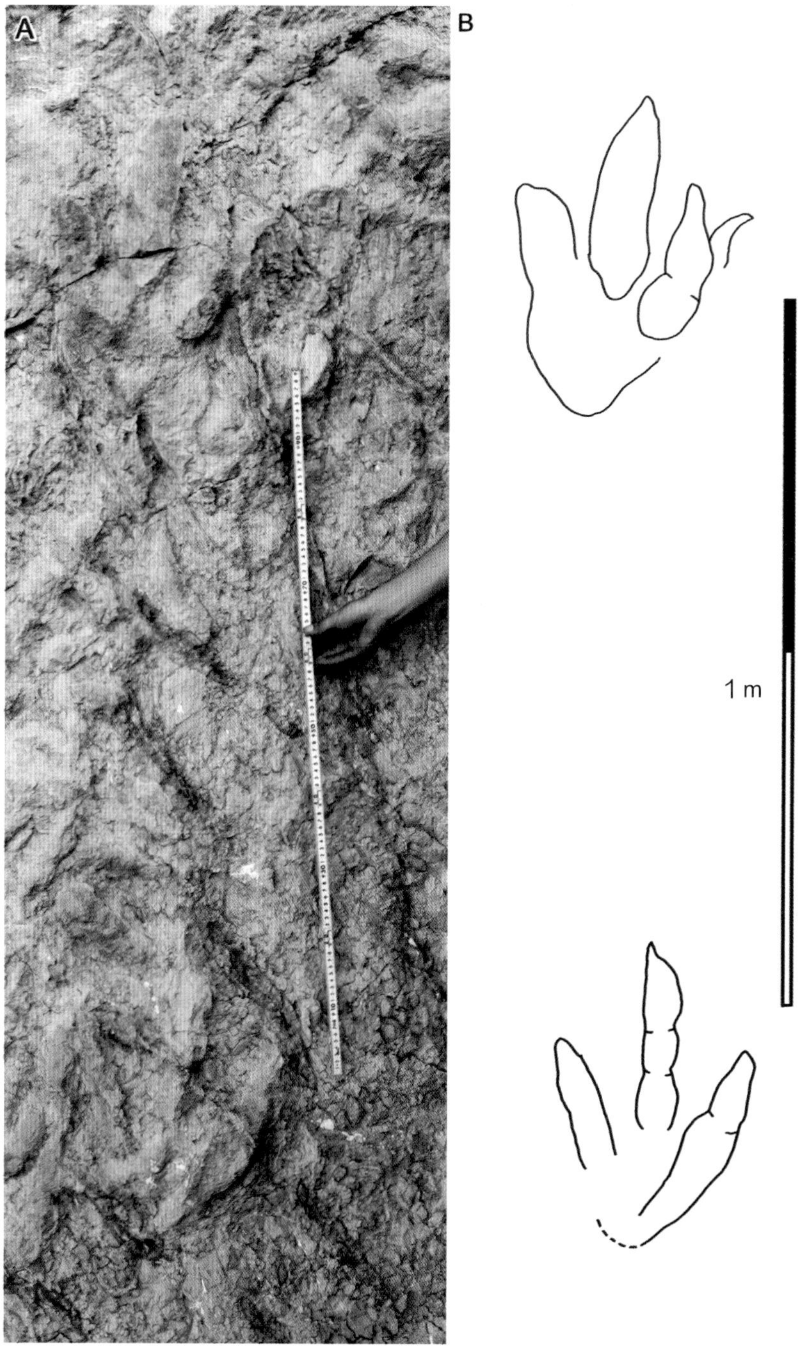

石炭张北足迹（*Changpeipus carbonicus*）行迹照片及轮廓图（引自 Xing et al.，2014d）

上方足迹（SSIB33）与下方足迹（SSIB41）组成 1 个连续的单步。

新疆鄯善县七克台镇 I 号足迹点，中侏罗统三间房组

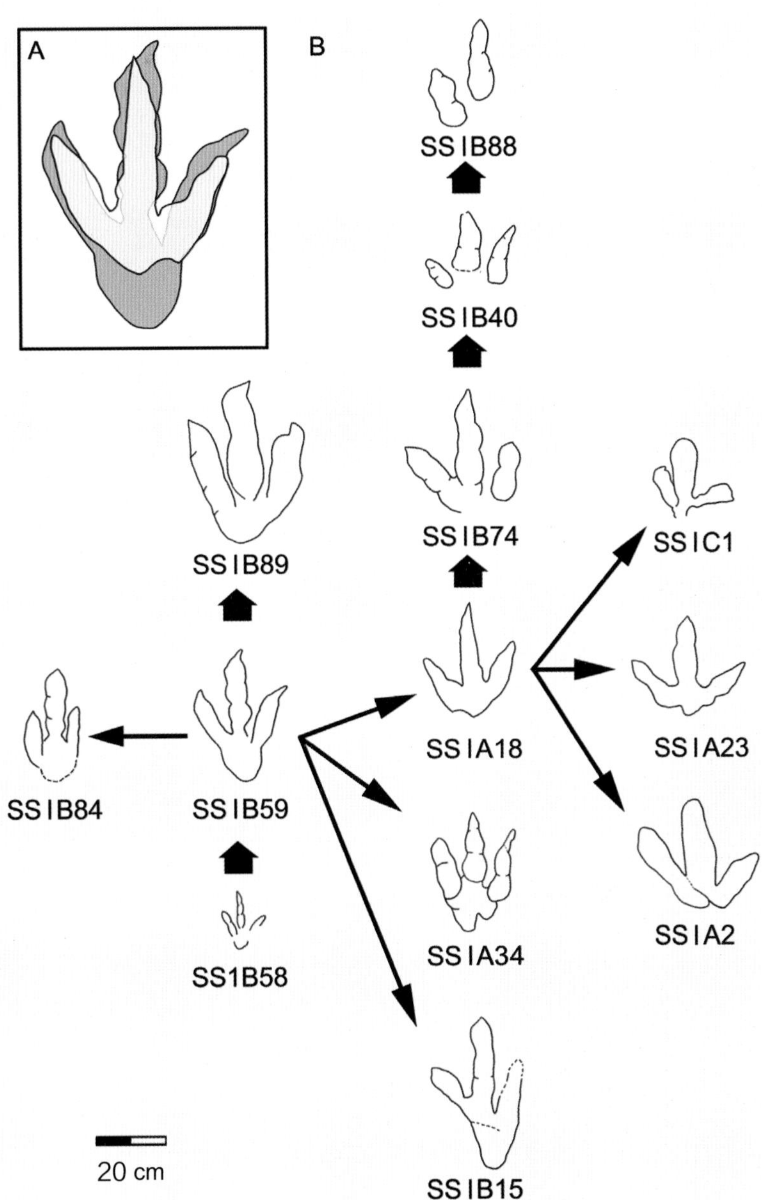

鄯善足迹点兽脚类恐龙足迹形态变化对比图（引自 Xing et al.，2014d）

A 为足迹 SSIB59、SSIA18 叠置图；B 为足迹的形态变化图，横轴表示宽度值向右增大（因趾间角变大），纵轴表示长度值（随足跟印迹完整性而变化）向上增大。

新疆鄯善县七克台镇 I 号足迹点，中侏罗统三间房组

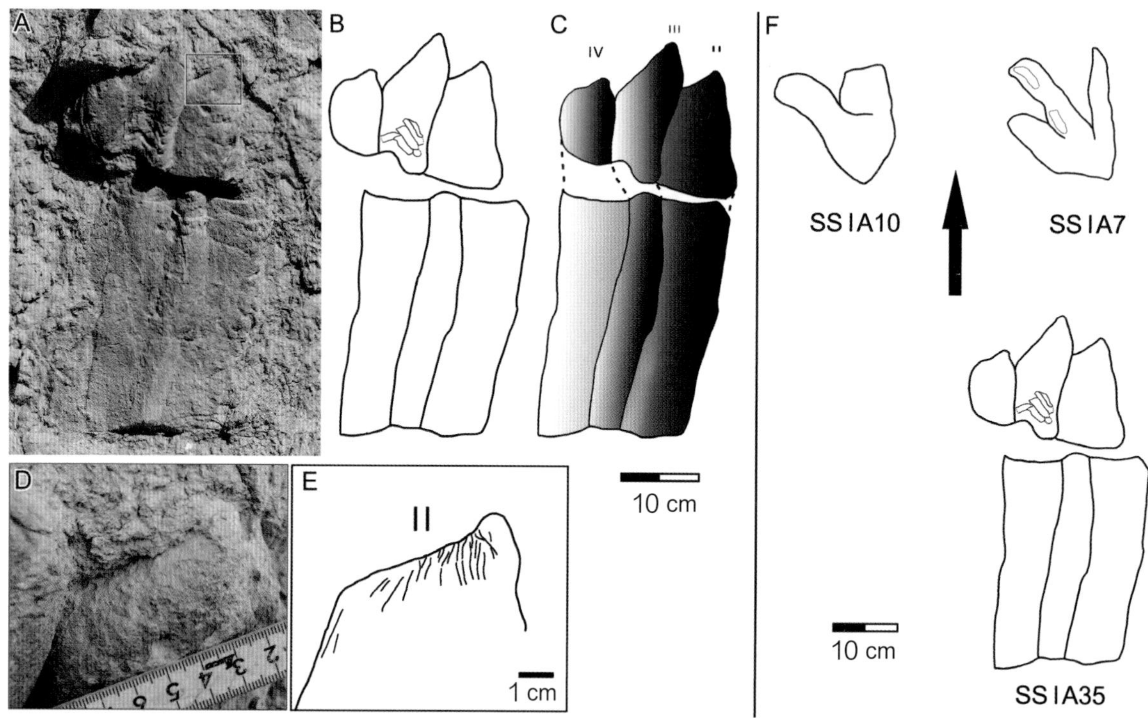

鄯善足迹点的恐龙滑迹照片及解释示意图（引自 Xing et al.，2014d）

A 为位移足迹照片；B 为位移足迹轮廓图；C 为消除位移后的足迹轮廓图，从白至黑的颜色梯度表示足迹从浅向深的深度变化；D 为 II 趾末端甲片的划痕印迹；E 为 D 的线条图；F 为可能的足迹 SSIA35、SSIA7 形成的 1 个单步，SSIA10 为孤单、不完整的足迹。

罗马数字表示趾的编号。

新疆鄯善县七克台镇 I 号足迹点，中侏罗统三间房组

2.4.4 克拉玛依乌尔禾

克拉玛依市乌尔禾地区是目前新疆最重要的恐龙足迹产地，足迹点较多，足迹种类丰富，保存较好。除恐龙足迹化石外，还有鸟类足迹和翼龙足迹。

邢立达等对乌尔禾地区的足迹化石进行了多年的考察研究（Xing et al., 2011c，2013e，2013g，2014a）。

2011年，他们研究了在乌尔禾黄羊泉水库附近下白垩统吐谷鲁群大量孤单的小型鸟类足迹化石，建立了新足迹属种——强壮魔鬼鸟足迹（*Moguiornipes robusta*）和韩国鸟足迹的一个新种——多德森韩国鸟足迹（*Koreanaornis dodsoni*），此外还发现了固城鸟足迹未定种（*Goseongornipes* isp.）和水生鸟足迹未定种（*Aquatilavipes* isp.）。这些足迹的造迹者均为滨鸟类（shorebirds）。与鸟类足迹共生的还有较丰富的兽脚类恐龙足迹，包括似嘉陵足迹（cf. *Jialingpus*）、亚洲足迹未定种（*Asianopodus* isp.）和卡岩塔足迹未定种（*Kayentapus* isp.）（Xing et al.，2011c）。需要指出，Lockley等（2013）建议将多德森韩国鸟足迹（*Koreanaornis dodsoni*）组合到*Aquatilavipes*中，成为多德森水生鸟足迹（*Aquatilavipes dodsoni*）。这样，黄羊泉地区的鸟类足迹类型就归为强壮魔鬼鸟足迹（*Moguiornipes robusta*）、多德森水生鸟足迹（*Aquatilavipes dodsoni*）和固城鸟足迹未定种（*Goseongornipes* isp.）3种。强壮魔鬼鸟足迹被认为是与现生的鹈鹕或瓣足鹬类似的瓣状足鸟类遗留的足迹，而固城鸟足迹（*Goseongornipes*）则是一类具有半蹼状足的鸟类足迹。蹼状足鸟类足迹在我国发现很少，因此新疆乌尔禾强壮魔鬼鸟足迹和固城鸟足迹的发现，丰富了我国白垩纪鸟足迹的类型，表明我国白垩纪时期鸟类的分异度也很高。

2013年，邢立达等又在黄羊泉水库附近的足迹点发现了覆盾甲目类恐龙的三角足迹（*Deltapodus*），并建立了新足迹种柯里三角足迹（*Deltapodus curriei*）。黄羊泉的三角足迹（*Deltapodus*）是确切的白垩纪覆盾甲龙类足迹在中国的首次发现（Xing et al.，2013g）。

2013年，邢立达等研究了乌尔禾沥青矿附近一个恐龙、鸟类和翼龙类的足迹化石点。该足迹点位于黄羊泉足迹点以东14 km处，足迹化石产自下白垩统的上吐谷鲁群。足迹数量不多，但常常叠置，且类型较多。兽脚类恐龙足迹共13个，与嘉陵足迹相似（cf.

Jialingpus）；鸟类足迹共10枚，为滨鸟类；1枚孤单的翼龙足迹被归入似翼龙足迹（cf. *Pteraichnus*），它是新疆地区首次发现的翼龙足迹（Xing et al., 2013e）。

2014年，邢立达等考察了在乌尔禾水库附近的龟鳖类足迹化石。该足迹保存在下白垩统吐谷鲁群下部浅灰色细粒砂岩的下层面，呈上凸型保存。化石产在15块石板上，完整的足迹有40多个。

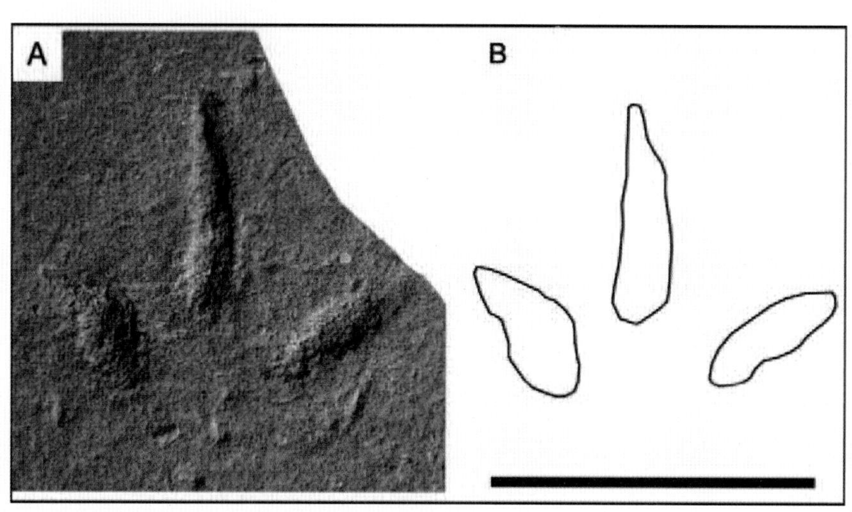

多德森水生鸟足迹（*Aquatilavipes dodsoni*）正模标本照片及轮廓图（引自 Xing et al.，2011c）

该足迹原名称为多德森韩国鸟足迹（*Koreanaornis dodsoni*）。

黄羊泉足迹点共发现多德森水生鸟足迹 116 枚，分布于 7 块标本上。

此正模标本（编号为 MGCM.H14）为 1 个下凹的小型三趾型足迹，未见拇趾印迹。

足迹宽（5.7 cm）大于足迹长（4.4 cm），长宽比值为 0.77；Ⅲ趾最长（3.7 cm），Ⅱ、Ⅳ趾长近似相等（分别为 2.3 cm 和 2.4 cm），三趾近端不聚拢；未见趾垫印迹，Ⅱ趾较其他两趾宽；Ⅱ－Ⅲ趾趾间角小于Ⅲ－Ⅳ趾趾间角，Ⅱ－Ⅳ趾趾间角为 91°。

唯一 1 条不甚清晰的行迹的步幅角为 160°，足迹相对于行迹中线有内撇趋势。

图中比例尺为 10 cm。

新疆克拉玛依市乌尔禾区黄羊泉，下白垩统吐谷鲁群

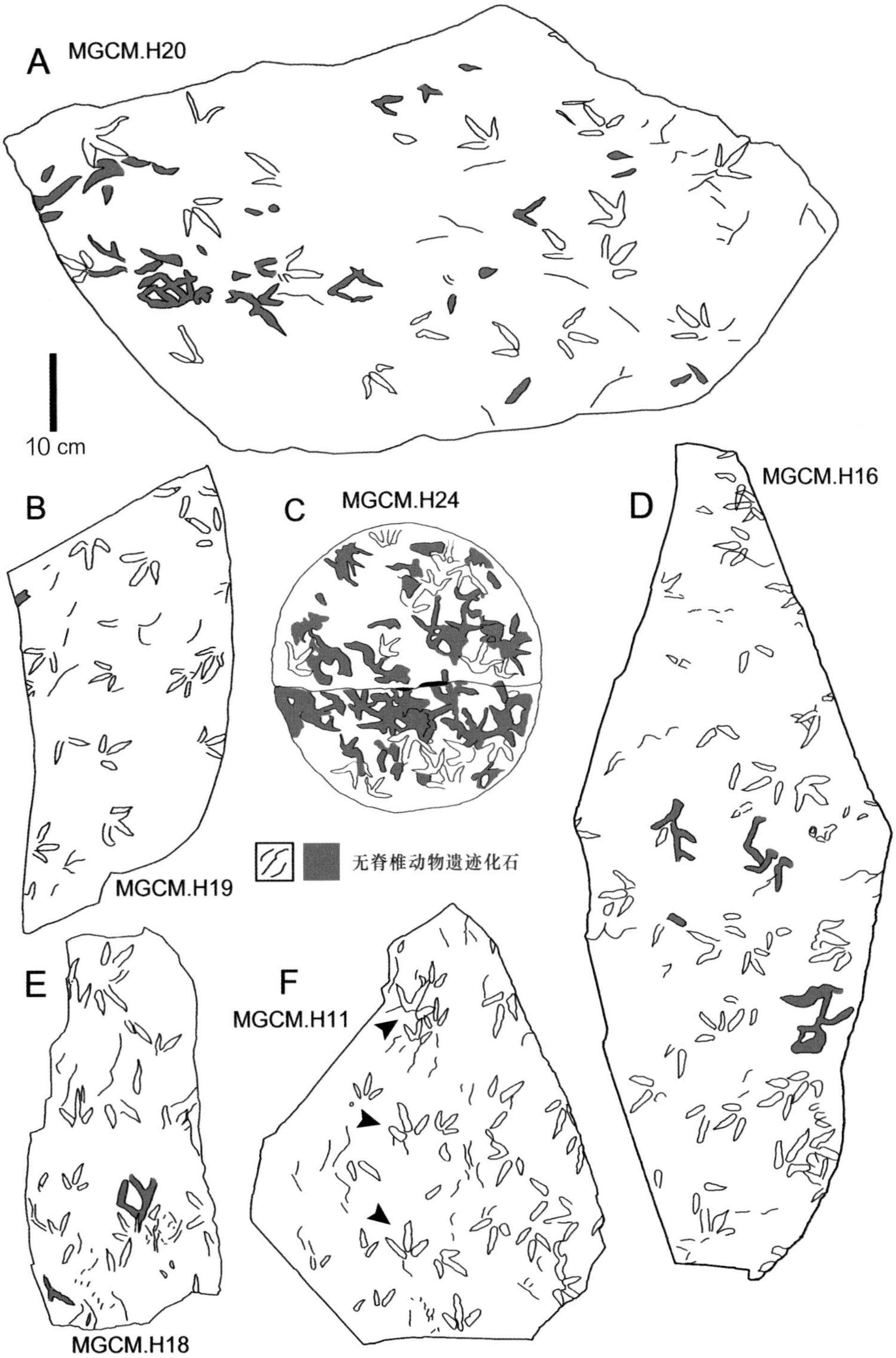

A MGCM.H20

10 cm

B

C MGCM.H24

D MGCM.H16

MGCM.H19

无脊椎动物遗迹化石

E

F

MGCM.H11

MGCM.H18

黄羊泉部分鸟足迹化石标本轮廓图（引自 Xing et al.，2011c）

A、B、D、E、F 中的鸟足迹为多德森水生鸟足迹（*Aquatilavipes dodsoni*）。

新疆克拉玛依市乌尔禾区黄羊泉，下白垩统吐谷鲁群

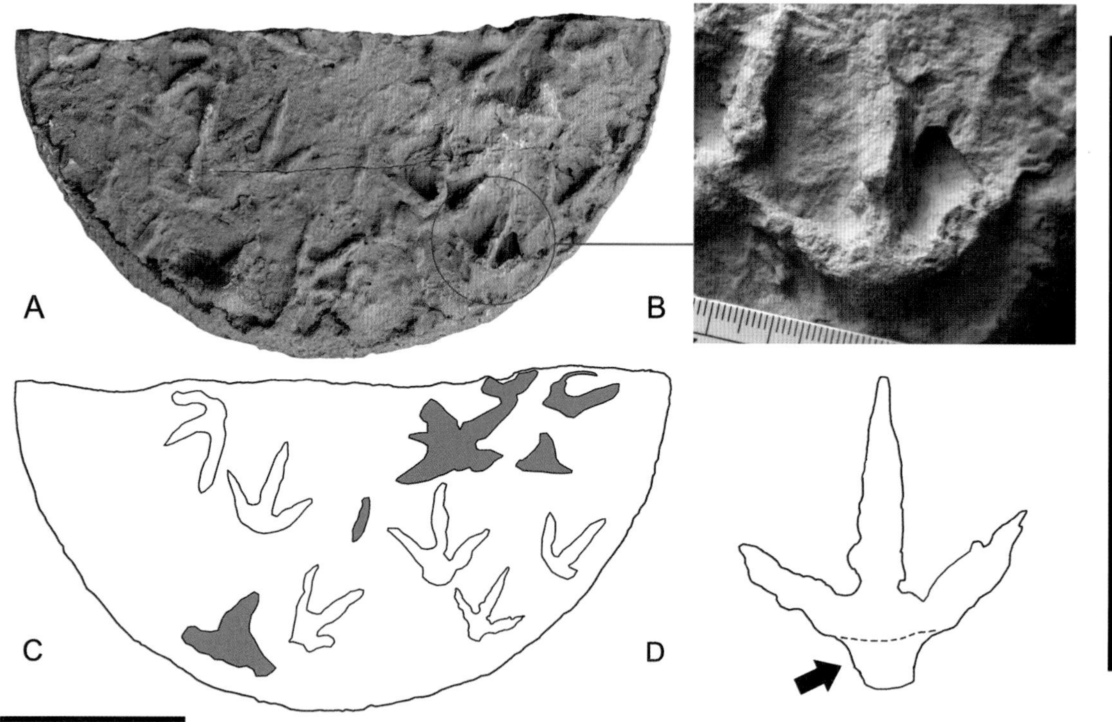

水生鸟足迹未定种（*Aquatilavipes* isp.）标本照片及轮廓图（引自 Xing et al.，2011c）

足迹产于黄羊泉水库附近，标本编号为 MGCM.H26。

A 为标本照片；B 为 A 的放大照片；C 为标本足迹轮廓图，深色部分为无脊椎动物的遗迹化石；D 为 B 中足迹的轮廓图，其中箭头所指为纵长的蹠趾垫区。

足迹为中型三趾型足迹，不见趾垫印迹，Ⅲ趾最长。足迹长宽比值平均为 0.9（比值范围为 0.76~0.96），足长最大值为 4 cm（足长范围为 2.8~4.5 cm），足宽最大值为 4.4 cm（足宽范围为 3.7~4.7 cm）。Ⅱ－Ⅳ趾趾间角平均为 104°（趾间角范围为 85°~120°）。足迹大多保存有完全的蹠趾垫区，固结较好的沉积物所保存的蹠趾垫印迹低而平。

图中比例尺为 10 cm。

新疆克拉玛依市乌尔禾区黄羊泉，下白垩统吐谷鲁群

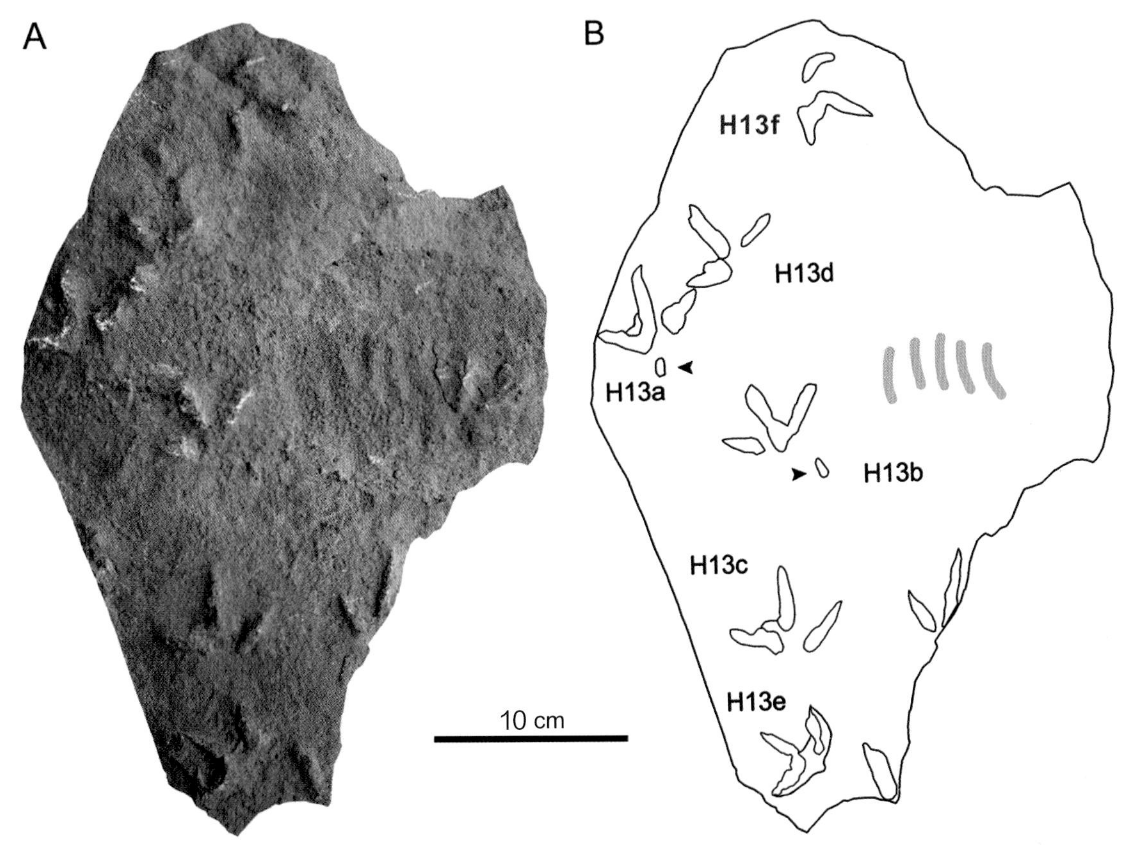

固城鸟足迹未定种（*Goseongornipes* isp.）照片及轮廓图（引自 Xing et al.，2011c）

一块石板上保存的 6 枚上凸足迹（H13a~f），标本编号为 MGCM.H13。

足迹为中、大型四趾鸟类足迹化石；拇趾印迹短小且欠清晰（足迹 H13a 和 H13b 中箭头所示），方向向后，与Ⅲ趾方向相反；Ⅲ趾最长，趾上未见趾垫印迹。

足迹宽大于长，平均长宽比值为 0.73（比值范围为 0.66~0.79）；足迹最大长度为 4 cm（足长范围为 3.8~4.4 cm），最大宽度为 5.5 cm（足宽范围为 4.8~6 cm）；Ⅱ－Ⅳ趾趾间角平均值为 120°（趾间角范围为 101°~152°）；行迹步幅角为 140°。足迹略微内撇，Ⅲ－Ⅳ趾间趾叉根部区域有半蹼状痕迹（H13a、e）。

新疆克拉玛依市乌尔禾区黄羊泉，下白垩统吐谷鲁群

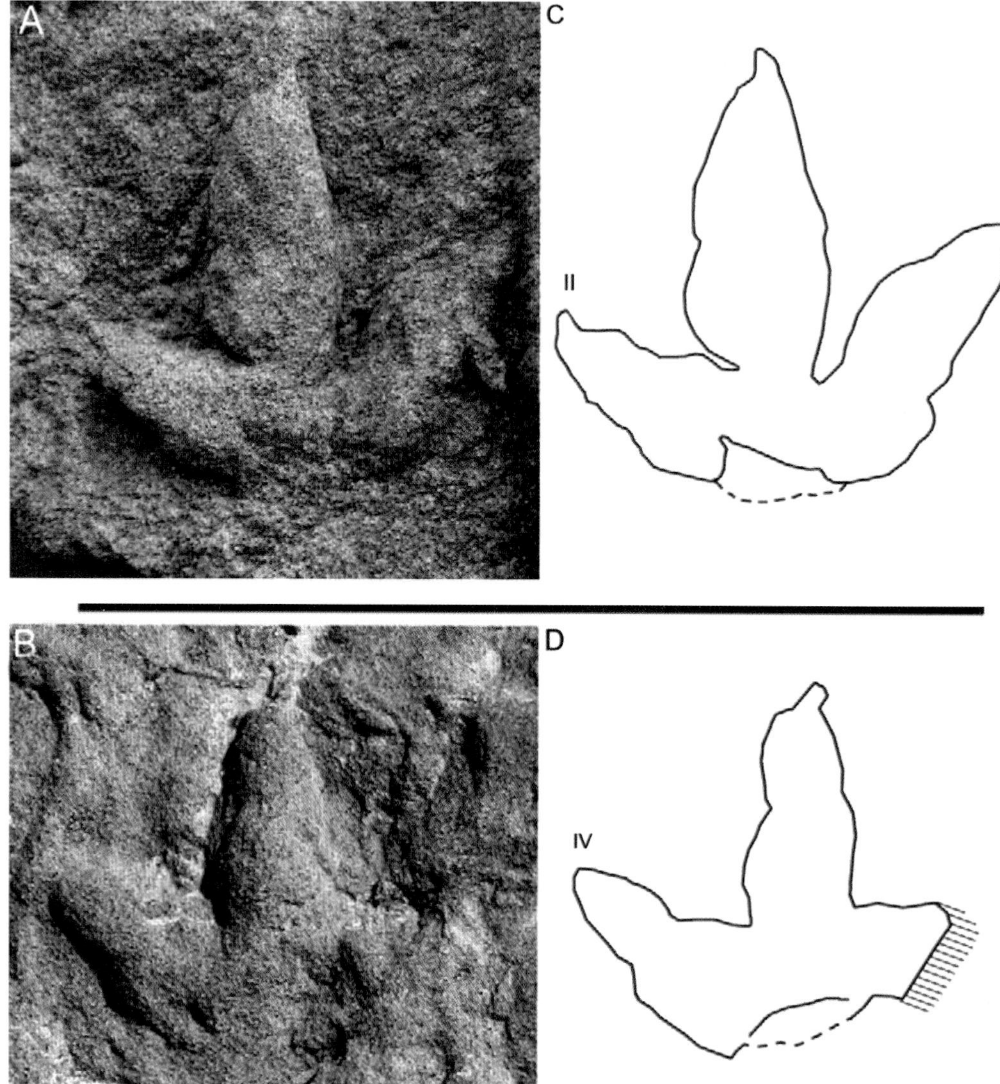

强壮魔鬼鸟足迹（*Moguiornipes robusta*）标本照片及轮廓图（引自 Xing et al.，2011c）

A 和 C 为足迹（编号为 MGCM.H 25a）正模标本照片及轮廓图；B 和 D 为标本 MGCM.H 27a 上的足迹照片及轮廓图；足迹产于黄羊泉水库附近。

足迹为中等大小的三趾型鸟足迹化石，足宽（5~6.3 cm）大于足长，趾粗壮，趾间角大（90° ~99°），无拇趾和脚蹼印迹。Ⅲ趾有两个短的趾垫印迹，其他标本的趾由近端向末端也发育至少两个不太清晰的趾垫印迹。强壮魔鬼鸟足迹（*Moguiornipes robusta*）被认为是与现生的鹧鸪或瓣足鹬类似的瓣状足鸟类遗留的足迹。

图中比例尺为 10 cm。

新疆克拉玛依市乌尔禾区黄羊泉，下白垩统吐谷鲁群

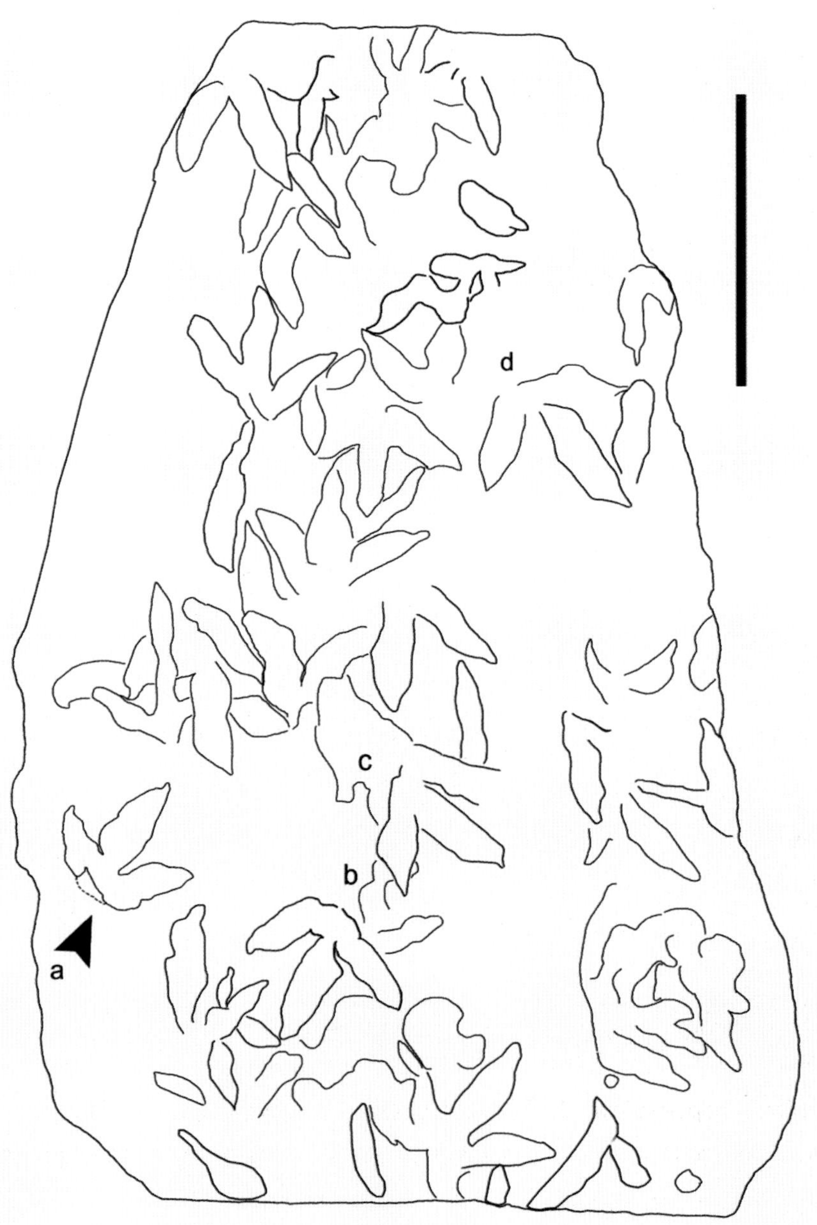

魔鬼鸟足迹（*Moguiornipes*）正模标本（MGCM.H25）的足迹轮廓图（引自 Xing et al.，2011c）

a 为正模足迹，图中比例尺为 10 cm。

新疆克拉玛依市乌尔禾区黄羊泉，下白垩统吐谷鲁群

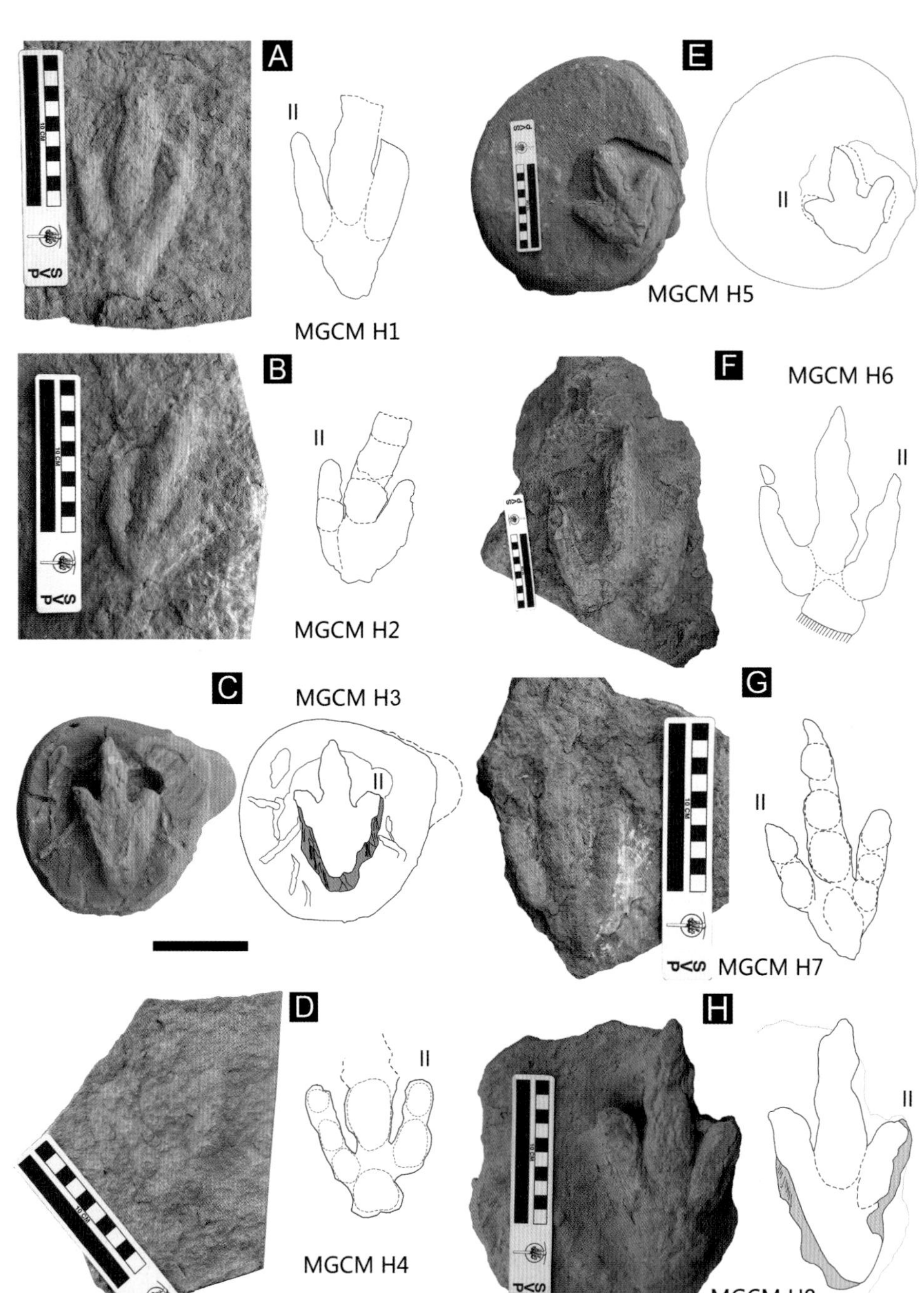

黄羊泉恐龙足迹照片及轮廓图（引自 Xing et al.，2011c）

A、B、C、D、G、H 为似嘉陵足迹（cf. *Jialingpus*），E 为卡岩塔足迹未定种（*Kayentapus* isp.），F 为亚洲足迹未定种（*Asianopodus* isp.）。注意 C 和 H 足迹中还保存有趾上甲片的抓痕（灰暗部分线条所示）。罗马数字为趾的编号，图中比例尺为 10 cm。

新疆克拉玛依市乌尔禾区黄羊泉，下白垩统吐谷鲁群

黄羊泉似嘉陵足迹（cf. *Jialingpus*）保存的甲片印迹照片（引自 Xing et al.，2011c）

上图为足迹化石侧视图，Ⅲ和Ⅳ分别是Ⅲ和Ⅳ趾趾迹编号；下方 3 个方图为上方图中 3 个黑色小方框的放大照片。

上述图片显示了似嘉陵足迹（cf. *Jialingpus*）造迹恐龙行走时趾上甲片形成的抓痕线（scale scratch lines），这些抓痕线宽 1.3 mm，6~7 条 /cm。类似的兽脚类恐龙的甲片抓痕遗迹在美国犹他州、蒙古国等白垩系中也有发现。

新疆克拉玛依市乌尔禾区黄羊泉，下白垩统吐谷鲁群

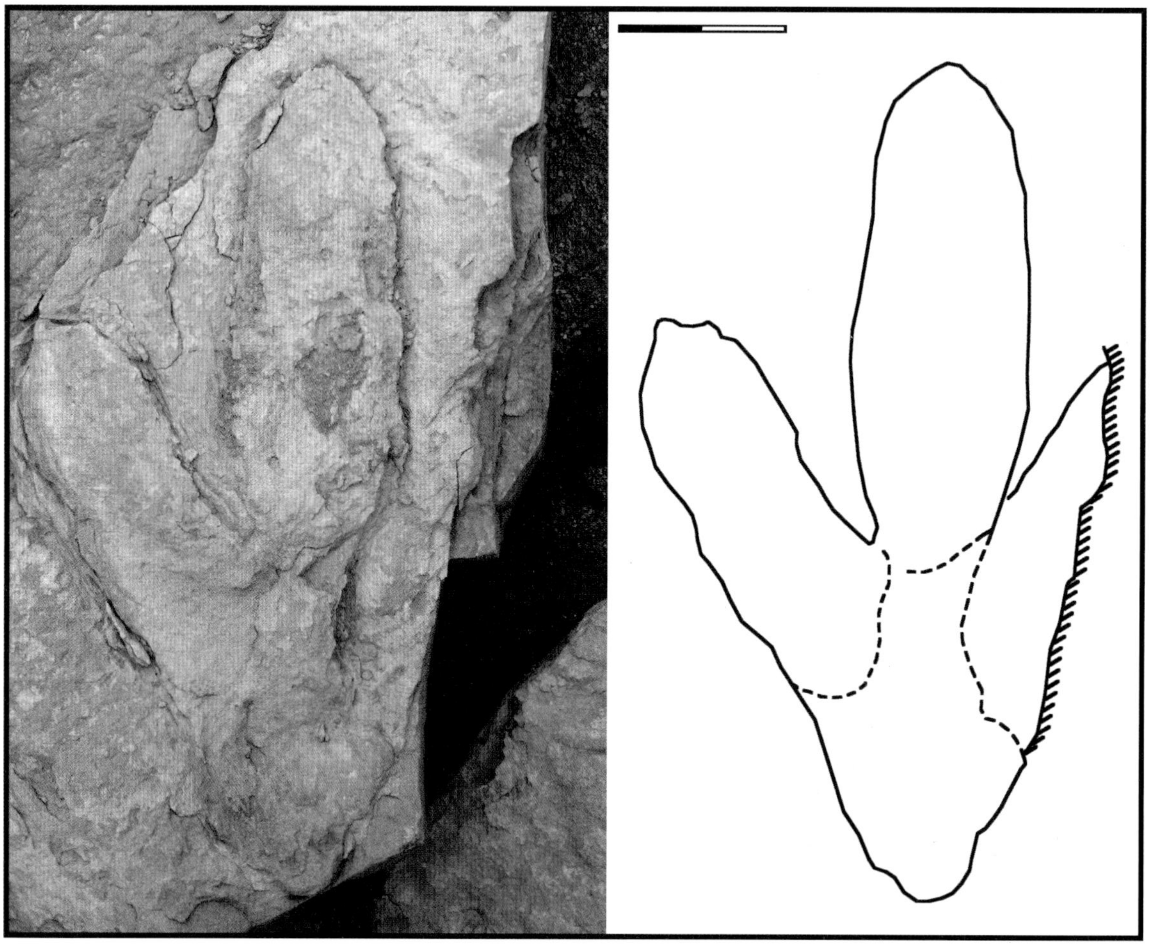

黄羊泉大型兽脚类足迹照片及轮廓图（引自 Xing et al.，2013g）

该足迹是黄羊泉地区迄今最大的兽脚类足迹（编号为 MGCM.H28），保存为上凸的天然铸模，可能为 1 个右足足迹。

Ⅱ趾保存不完整，长约 48 cm，足迹宽约 36 cm；两个完整的趾（Ⅲ、Ⅳ）趾间角小，趾末端略变尖。图中比例尺为 10 cm。

新疆克拉玛依市乌尔禾区黄羊泉，下白垩统吐谷鲁群

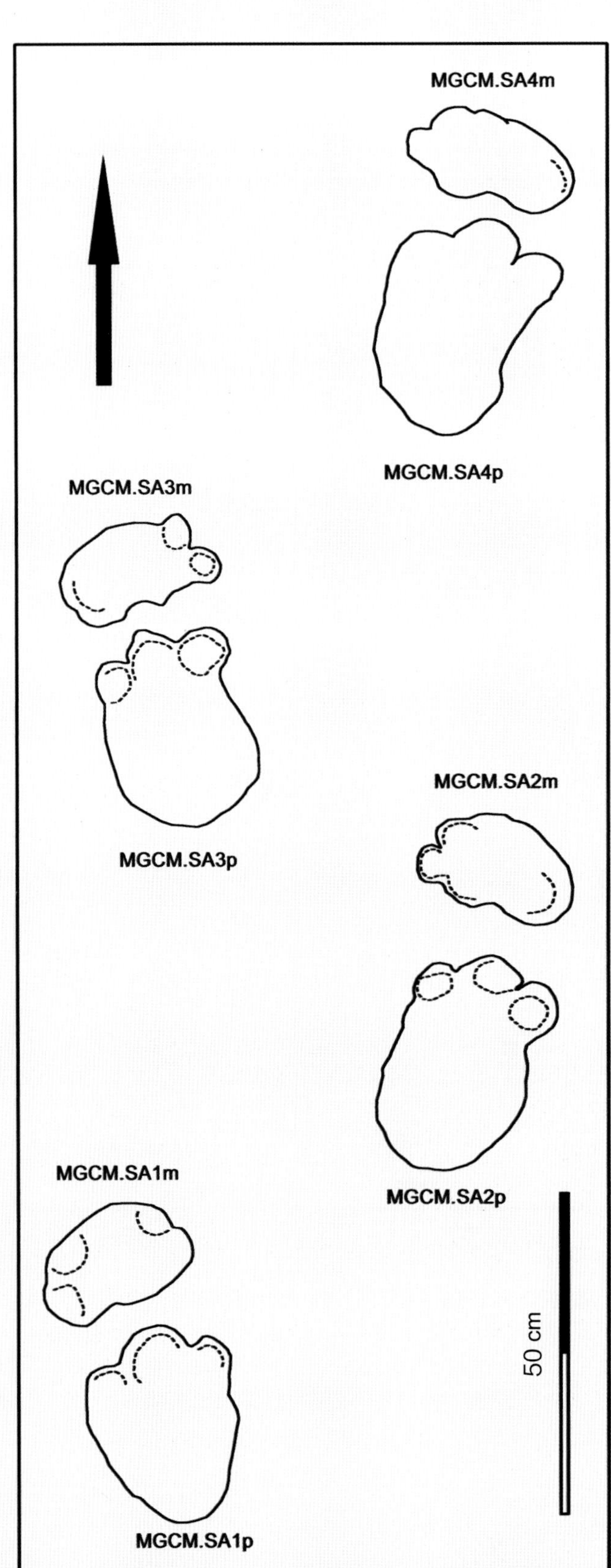

柯里三角足迹（*Deltapodus curriei*）行迹轮廓图（引自 Xing et al.，2013g）

该足迹是中国首次发现的早白垩世剑龙类的足迹化石，由邢立达等命名。

行迹 MGCM.SA 由 4 对前、后足迹构成，其中足迹 SA2p 和 SA2m 为正模足迹，其他 3 对为副模足迹。

前、后足迹相对于行迹中线略微外撇。

m 为前足迹，p 为后足迹，箭头标示恐龙行进方向。

新疆克拉玛依市乌尔禾区黄羊泉，下白垩统吐谷鲁群

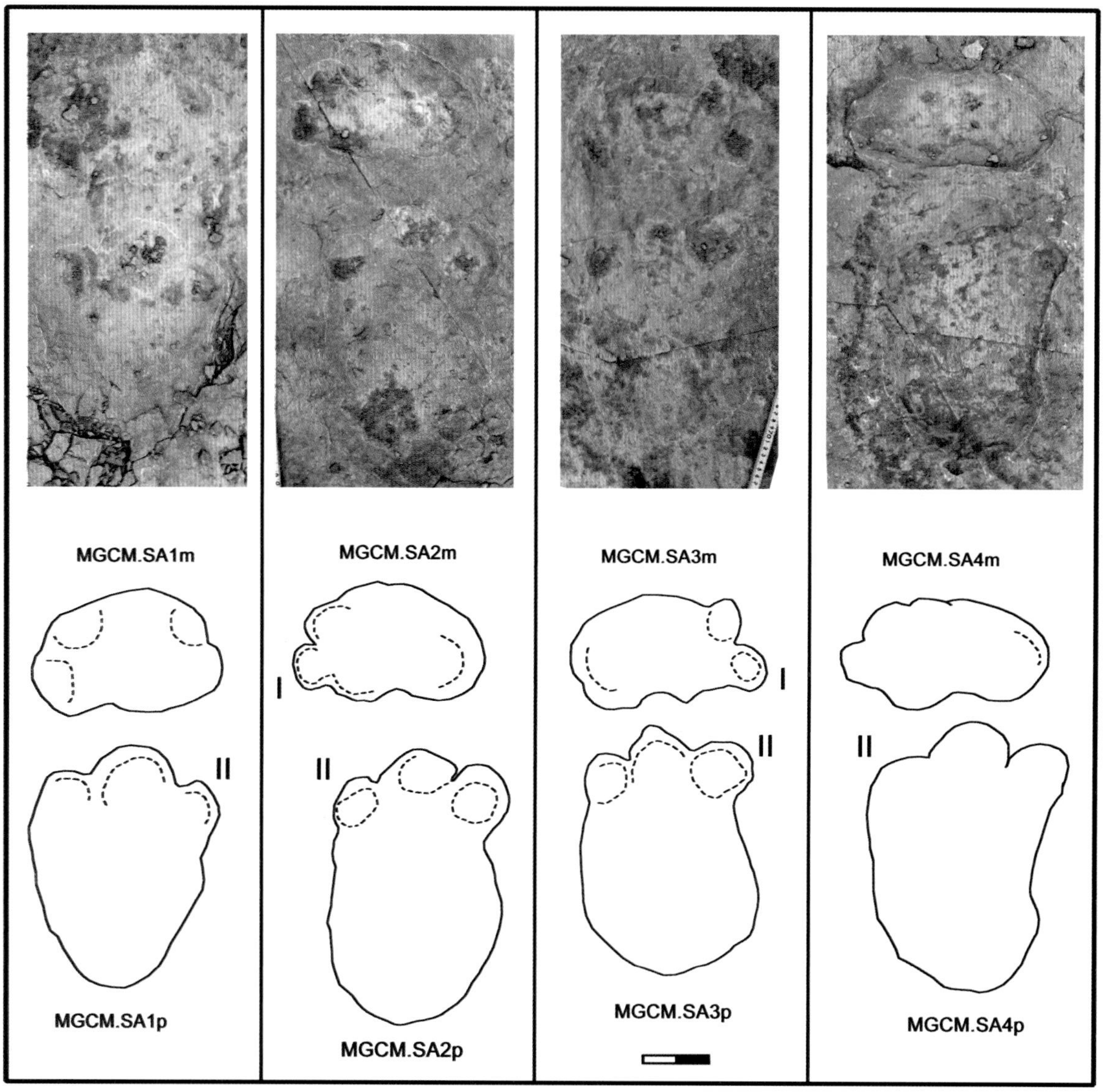

MGCM.SA1m MGCM.SA2m MGCM.SA3m MGCM.SA4m

MGCM.SA1p MGCM.SA2p MGCM.SA3p MGCM.SA4p

柯里三角足迹（*Deltapodus curriei*）行迹中各足迹照片及轮廓图（引自 Xing et al.，2013g）

行迹 MGCM.SA 中 4 对前、后足迹的平均长宽值分别为 0.55（比值范围为 0.5~0.6）和 1.55（比值范围为 1.4~1.8）。

正模足迹（SA2m 和 SA2p）中前足长 16.9 cm，宽 28.3 cm；后足长 40.1 cm，宽 22.9 cm。

前足迹为内侧轴型，呈卵圆形，宽约为长的 2 倍，I 趾粗壮但不清晰；后足迹的宽是长的 2/3，具 3 个功能趾（Ⅱ、Ⅲ、Ⅳ趾），趾迹短且钝圆。

足跟区纵长，边缘光滑而弯曲。m 为前足迹，p 为后足迹；罗马数字为趾的编号。图中比例尺为 10 cm。

新疆克拉玛依市乌尔禾区黄羊泉，下白垩统吐谷鲁群

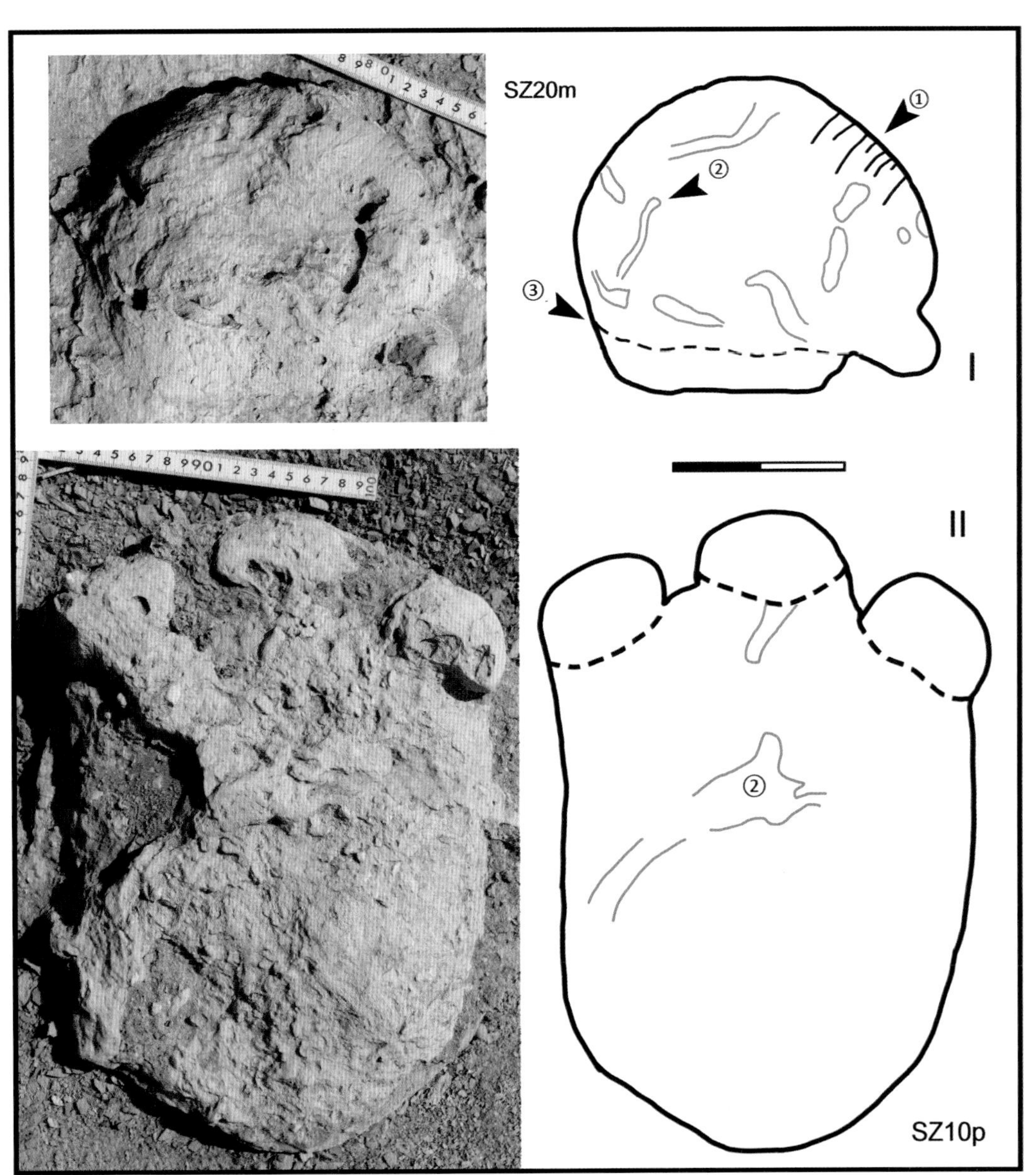

三角足迹（*Deltapodus*）细节照片及轮廓图（引自 Xing et al.，2013g）

SZ20m 为三角足迹的 1 个前足迹，①指示其上保留了至少 8 条划痕，②为无脊椎动物的遗迹化石，③为掌指区。

SZ10p 为三角足迹的 1 个后足迹，其上也发育无脊椎动物遗迹化石②。

罗马数字为趾的编号，图中比例尺为 10 cm。

新疆克拉玛依市乌尔禾区黄羊泉，下白垩统吐谷鲁群

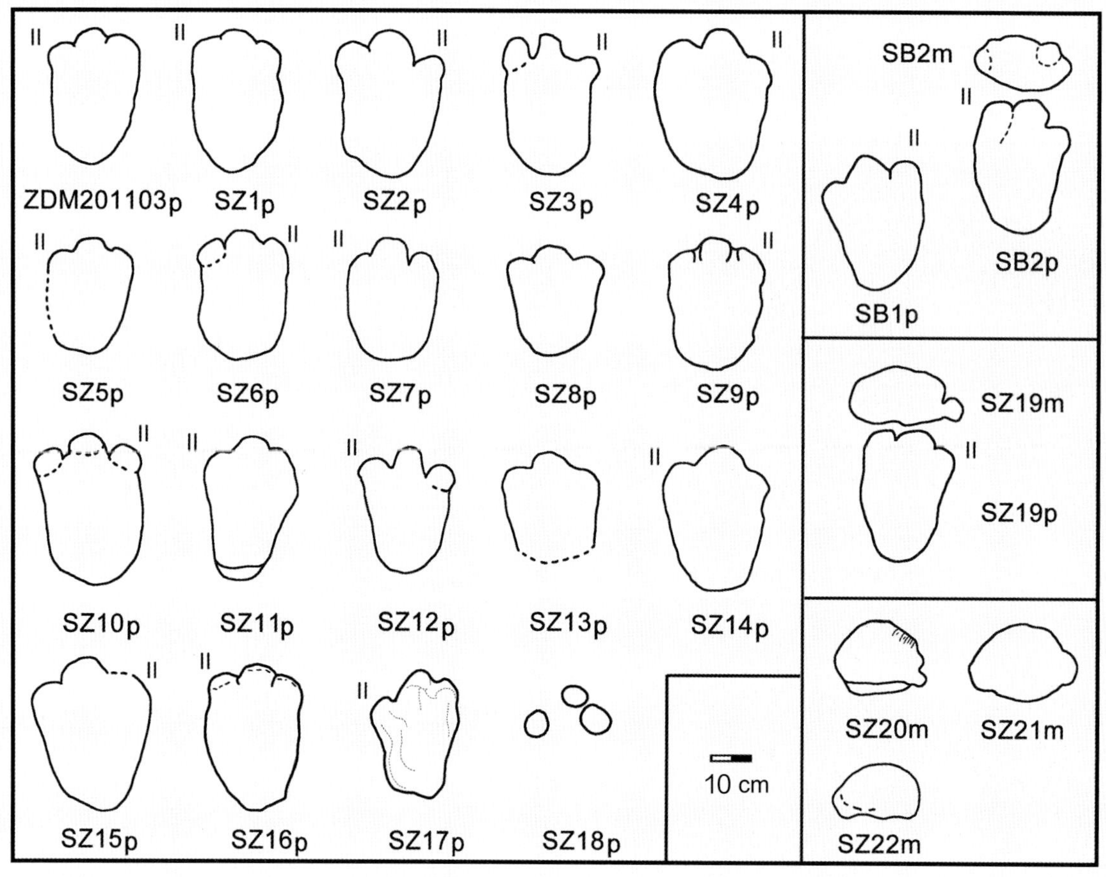

黄羊泉的三角足迹（*Deltapodus*）轮廓图（引自 Xing et al.，2013g）

m 为前足迹，p 为后足迹；罗马数字为趾的编号。

新疆克拉玛依市乌尔禾区黄羊泉，下白垩统吐谷鲁群

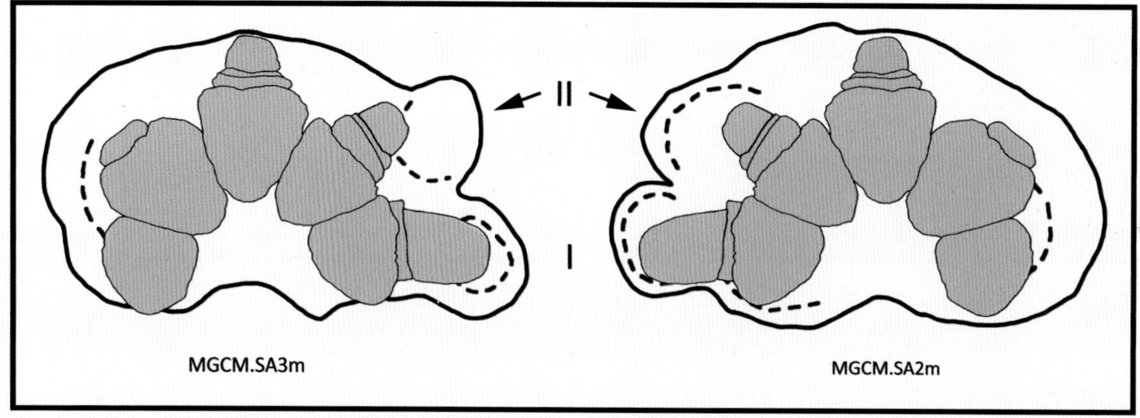

剑龙前足骨骼（近端图）与黄羊泉三角足迹（*Deltapodus*）的叠加图（引自 Xing et al.，2013g）

罗马数字为趾的编号。

沟纹剑龙（*Stegosaurus sulcatus*）骨骼（编号为 USNM 4937），据 Senter（2010）绘制

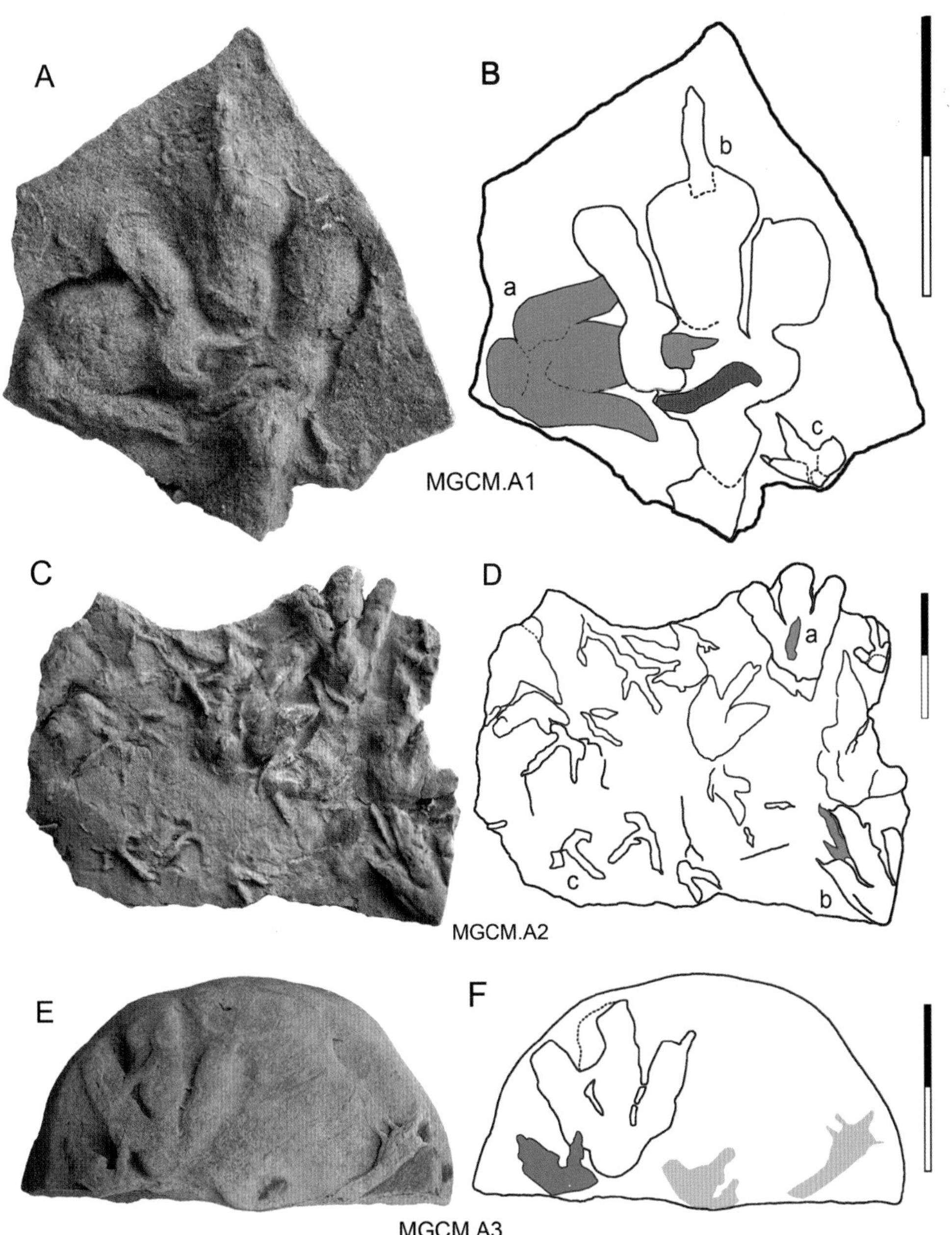

兽脚类恐龙足迹和鸟类足迹的照片及轮廓图（引自 Xing et al.，2013e）

A 和 B 中足迹 A1a、b 为恐龙足迹；b 保存较好，足长 14.4 cm，宽 7.9 cm，足迹长宽比值为 1.82。图中所示，a 叠覆在 b 之上；A1c 为鸟足迹化石。C 和 D 中 A2c 为鸟足迹；E 和 F 为恐龙足迹。图中比例尺均为 10 cm。

新疆克拉玛依市乌尔禾区沥青矿，下白垩统上吐谷鲁群

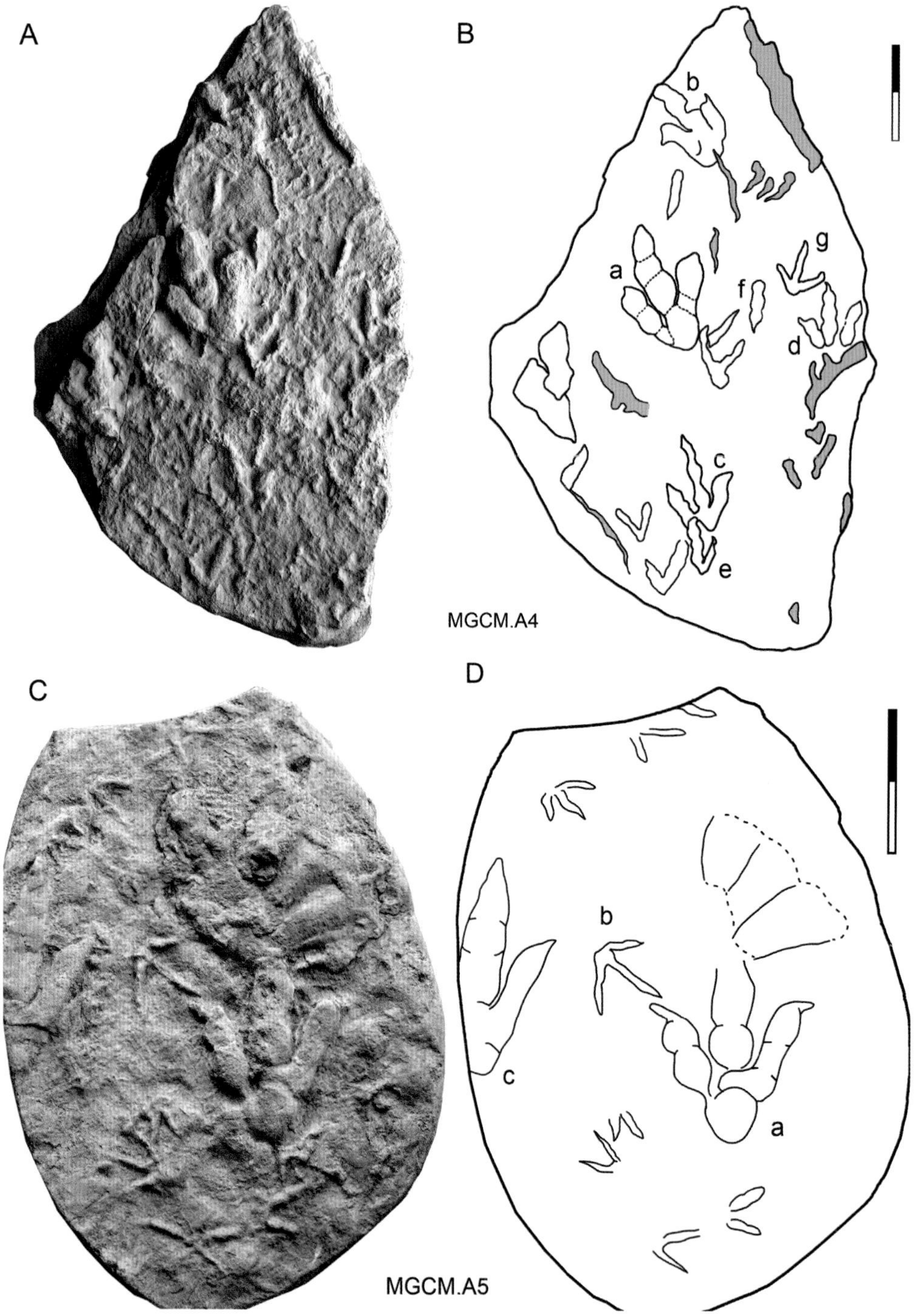

兽脚类恐龙足迹和鸟类足迹的照片及轮廓图（引自 Xing et al.，2013e）

A 和 B 为标本 MGCM.A4 的照片及轮廓图，其中 g 为鸟足迹，其他为恐龙足迹；C 和 D 为标本 MGCM.A5 的照片及轮廓图，其中 a 为兽脚类足迹（cf. *Jialingpus*），b 为鸟足迹。

图中比例尺为 10 cm。

新疆克拉玛依市乌尔禾区沥青矿，下白垩统上吐谷鲁群

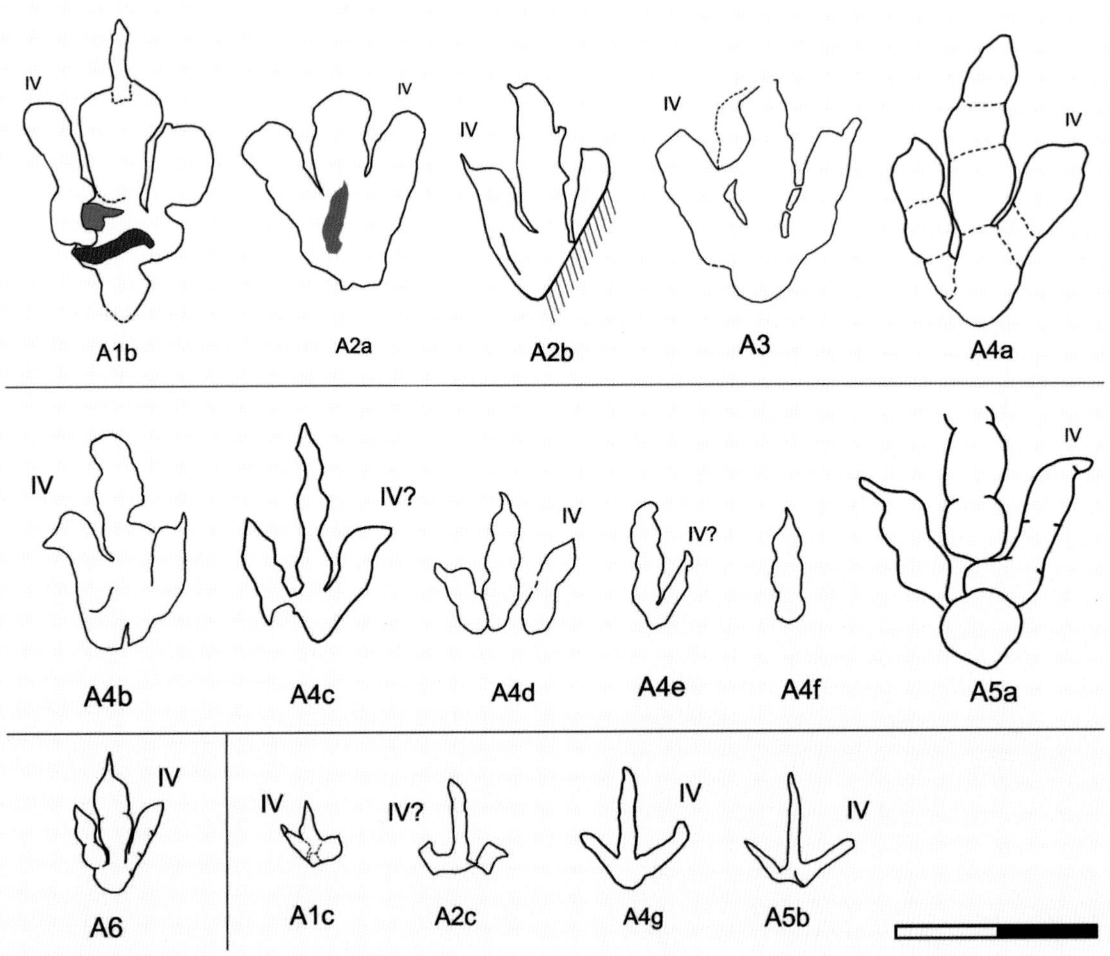

兽脚类恐龙足迹及鸟类足迹轮廓图（引自 Xing et al.，2013e）

A1b、A4a 和 A5a 是沥青矿区恐龙足迹保存最好者。

A4d 和 A6 为乌尔禾地区已知最小的恐龙足迹，可能是与 A4a 和 A5a 的造迹者、大个体恐龙同类的未成年个体的足迹。

A4e 和 A4f 分别为两趾和一趾，系保存不完整所致，其完整形态应与 A4d 相似。

A1c、A2c、A4g 和 A5b 为鸟类的足迹化石。

罗马数字Ⅳ对应的趾为Ⅳ趾，图中比例尺为 10 cm。

新疆克拉玛依市乌尔禾区沥青矿，下白垩统上吐谷鲁群

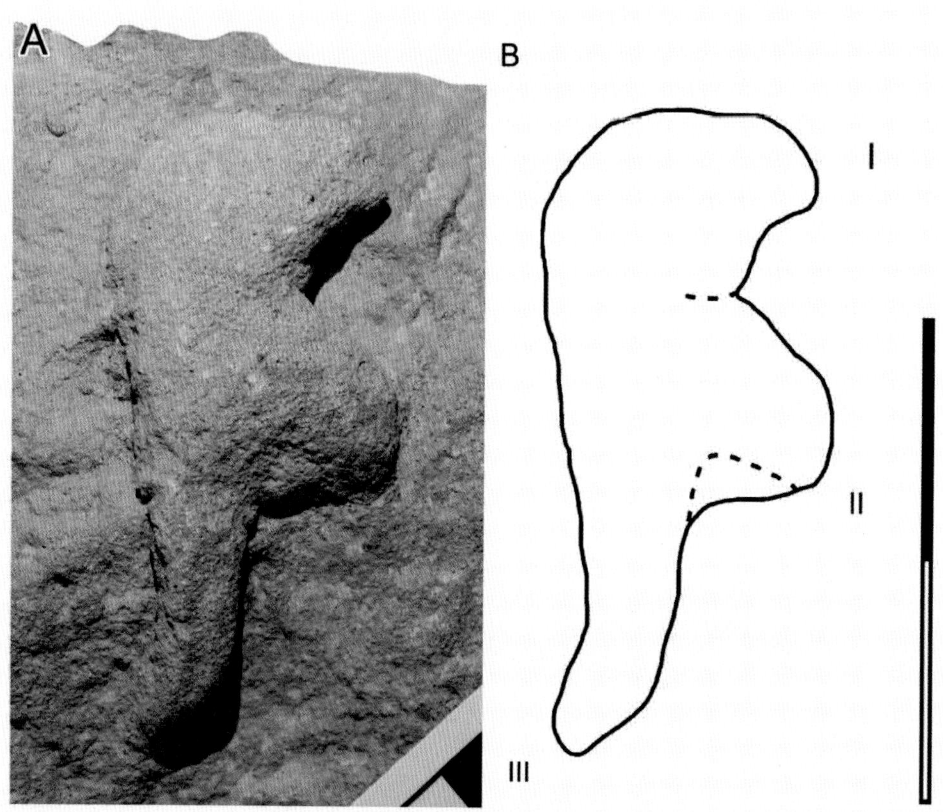

翼龙足迹（*Pteraichnus*）的前足印迹化石照片及轮廓图（引自 Xing et al.，2013e）

该足迹是新疆地区首次发现的翼龙足迹化石。20 世纪 60 年代，杨钟健曾命名了乌尔禾地区发现的一具完整的翼龙骨骼化石——魏氏准噶尔翼龙（*Dsungaripterus weii*）。该翼龙足迹化石标本（编号为 MGCM.A7）为一孤单的上凸型的前足迹，为三趾型。

图中Ⅰ、Ⅱ、Ⅲ分别代表Ⅰ指、Ⅱ指、Ⅲ指的指迹，比例尺为 5 cm。

新疆克拉玛依市乌尔禾区沥青矿，下白垩统上吐谷鲁群

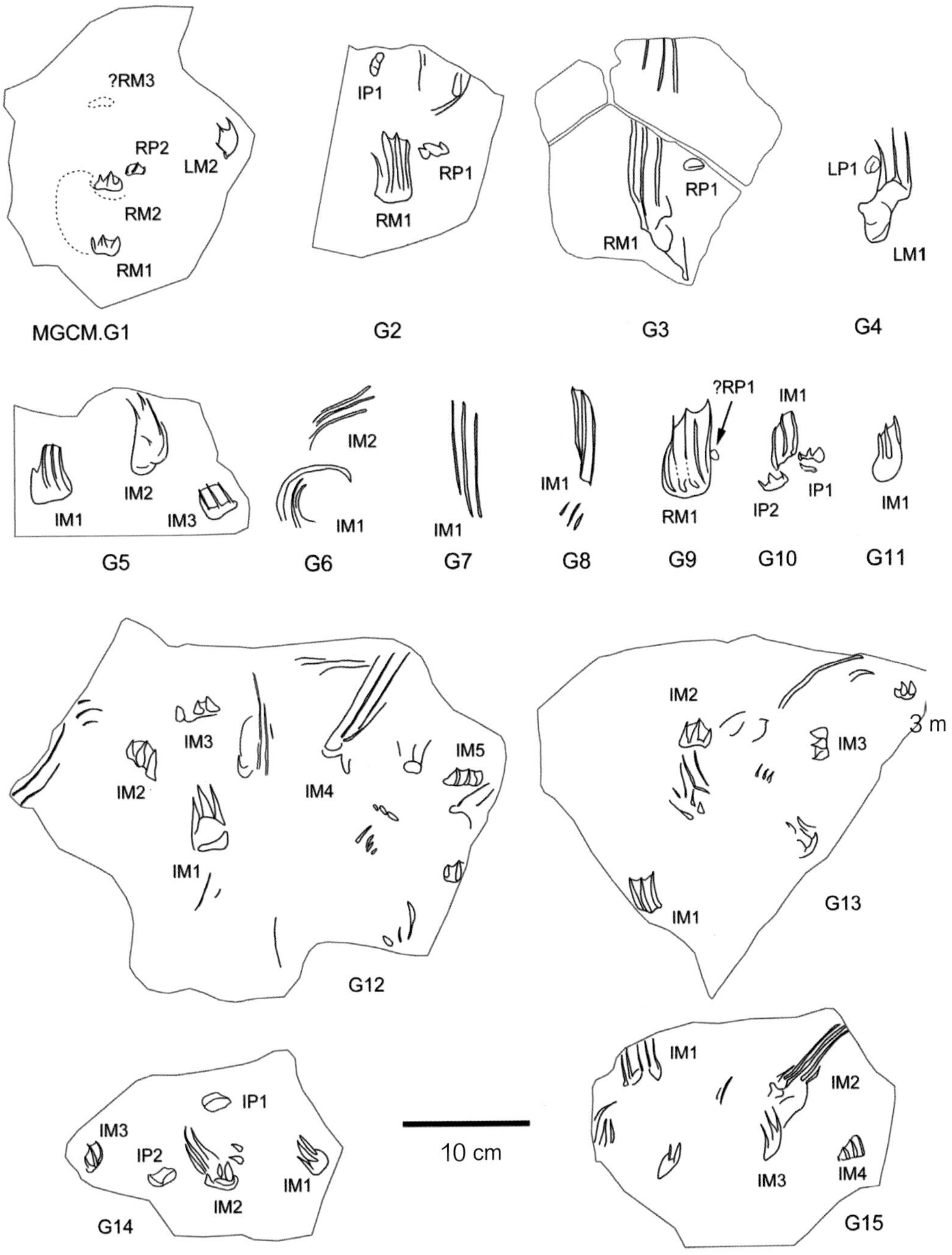

黄羊泉龟鳖类足迹轮廓图（引自 Xing et al.，2014a）

图中为四足行走动物的足迹，前、后足迹有的保存完整。足迹具 3~5 趾，趾尖向前，趾间角很小。趾迹大多为纵长的抓痕和沟槽，通常被认为是爪迹。G1 保存最好，有 1 对前、后足迹（RM2 和 RP2）。

新疆克拉玛依市乌尔禾区黄羊泉，下白垩统下吐谷鲁群下部

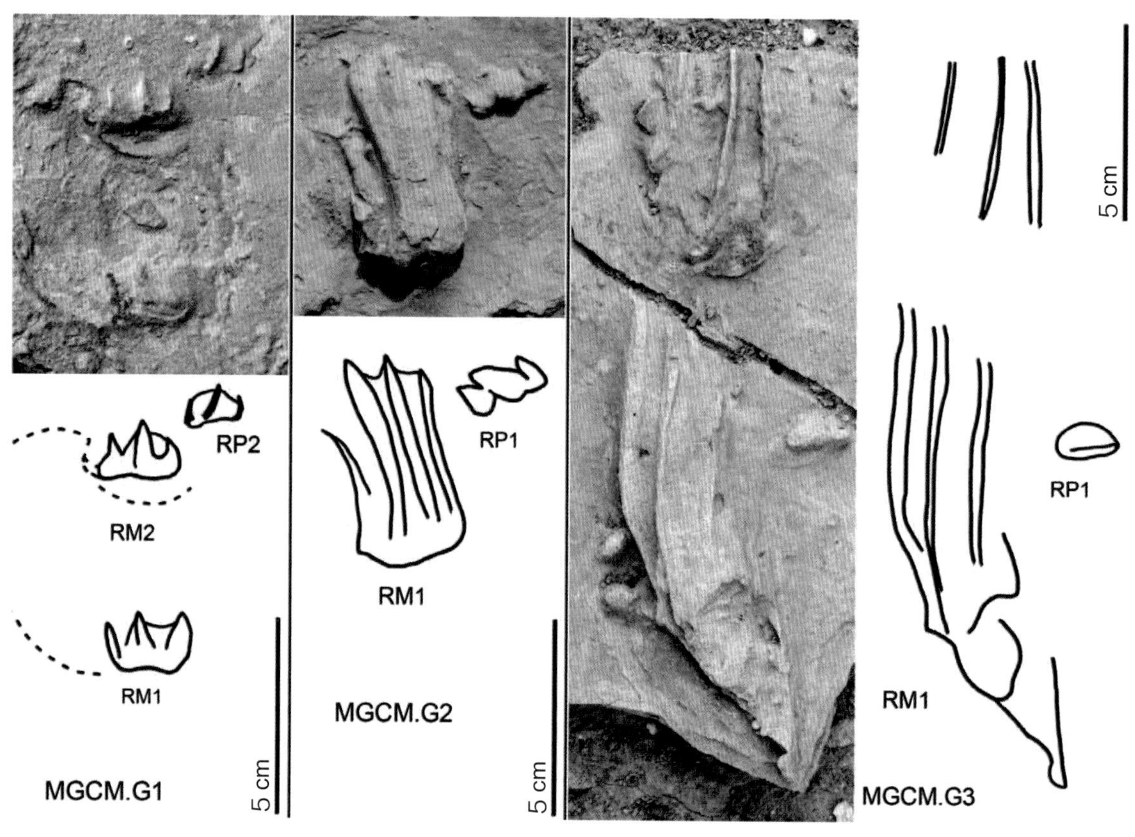

黄羊泉足迹点保存较好的龟鳖类足迹照片及轮廓图（引自 Xing et al.，2014a）

MGCM.G1、MGCM.G2 和 MGCM.G3 共 3 块标本保存最好，为下层面上凸足迹。

其中，标本 MGCM.G1 质量最佳，保存 1 对前、后足迹（RM2 和 RP2）及 3 个孤单的前足迹。

前足迹 RM2 为趾行式，具 3 个清晰的爪迹（可能为Ⅰ－Ⅲ趾），Ⅳ趾可能存在，但未清晰保存；前指迹近似平行，长分别为 1 cm、1.5 cm 和 1.1 cm；RP2 较 RM2 小，位于前内侧。

标本 MGCM.G2.RM1 有 4 条大致平行、指向前方的爪痕，中间的抓痕（Ⅱ趾和Ⅲ趾）长分别为 4.5 cm 和 4.8 cm，长于两侧趾（Ⅰ趾和Ⅳ趾长分别为 3.8 cm 和 3.3 cm）；后足迹（RP1）有 3 条短而较粗壮的爪迹，中间的 1 条最长（可能为Ⅲ趾趾迹），后足迹位于前足迹的前内侧。

标本 MGCM.G3 显示了 1 对右前、右后足迹，其中前足迹（RM1）中有 3 条细而长的爪迹，最长的 1 条为 14.8 cm，是足迹长的数倍；后足迹则很小。

新疆克拉玛依市乌尔禾区黄羊泉，下白垩统下吐谷鲁群下部

2.5 山东

山东的足迹化石研究开展比较早，始于1960年；山东发现的足迹点也比较多，目前已在8个县(市)发现了16个较大(或有名)的足迹点，其中莱阳共3个点，诸城共3个点，郯城共6个点，即墨、海阳、临沭、新泰各1个点。

1960年，杨钟健(C.C. Young)在对中国足迹化石进行阶段性总结时，就描述了在莱阳北泊子村一块石板上发现的足迹化石，当时认为是兽脚恐龙虚骨龙类的足迹，现在的研究表明它们是龟鳖类足迹(Lockley et al.，2019)。

2000年，李日辉和张光威命名了在莱阳下白垩统发现的小型兽脚类新足迹属种——杨氏拟跷脚龙足迹(*Paragrallator yangi*)(该足迹属种后来被修订为杨氏跷脚龙足迹*Grallator yangi*)，这是山东恐龙足迹的首次正式研究报道。同年，李日辉等又在诸城市皇华镇发现了著名的黄龙沟足迹化石点。2002年，在新泰市杨庄发现了山东时代最古老(中侏罗世)的恐龙足迹(李日辉等，2002)和著名的莒南县后左山恐龙足迹点(李日辉等，2005，2008；Li et al., 2015)。2019年，在海阳市凤城镇附近发现了新的下白垩统恐龙足迹化石(李日辉等，2019b)。

最近十年来，山东中部的沂沭断裂带地区下白垩统又有多个足迹点被发现和研究，这些足迹点化石以蜥脚类恐龙为主，如临沭岌山(陈军等，2013；Xing et al., 2013)、郯城(汪明伟等，2013；Xing et al., 2017c，2018f，2018i，2019；2019h；李日辉等，2019a)，以及诸城的张祝河湾(Xing et al.，2010b)和棠棣戈庄(王宝红等，2013；Xing et al.，2015k)等。

山东的足迹类型丰富，既有蜥脚类、兽脚类、鸟脚类恐龙足迹，也有鸟类、翼龙类和龟鳖类足迹。目前，在山东命名的新足迹科共两个(驰龙足迹科Dromaeopodidae、山东鸟足迹科Shandongornipodiae），新足迹属共3个（莱阳足迹*Laiyangpus*、山东鸟足迹*Shandongornipes*、肥壮足迹*Corpulentapus*），新足迹种共两个（杨氏跷脚龙足迹*Grallator yangi*、甄朔南小龙足迹*Minisauripus zhenshuonani*）。

2.5.1 莱阳

莱阳的足迹化石在山东发现最早，其主要分布在沐浴店镇的北泊子、黄崖底，以及龙旺庄镇的北曲格庄等地。

北泊子产有著名的刘氏莱阳足迹（*Laiyangpus liui* Young，1960），其最初被解释为虚骨龙类的足迹化石（C.C. Young，1960），后来被解释为鳄鱼类足迹（Lockley et al., 2010），现在则被认为是龟鳖类的足迹化石（Lockley et al., 2019）。Lockley等（2019）还认为，*Laiyangpus liui* 应保留种名归入*Chelinipus*，成为*Chelonipus liui* 。本书暂不采用这种划分，仍保留刘氏莱阳足迹*Laiyangpus liui* 的名称。

含刘氏莱阳足迹（*Laiyangpus liui*）的标本照片（引自李建军，2015）

山东莱阳市沐浴店镇北泊子，下白垩统莱阳群水南组

含刘氏莱阳足迹（*Laiyangpus liui*）的石板照片及轮廓图（引自 Lockley et al.，2010）

该石板上可识别出 85 枚足迹，其行进方向一致，均为小型足迹，四足行走；前足长 1.2~1.9 cm，宽 1.7~2.3 cm；后足长 1.8~2.2 cm，宽 2.1~2.6 cm。前足具 3 趾，后足具 4 趾，趾迹清晰。

后足的 Ⅰ 趾和前足的 Ⅰ、Ⅴ 指均未保存。各趾纤细，趾尖尖锐，各趾间近乎平行，有尾迹。

照片中比例尺为 4 cm。

山东莱阳市沐浴店镇北泊子，下白垩统莱阳群水南组

三趾型小型兽脚类恐龙足迹——杨氏跷脚龙足迹（*Grallator yangi*）的发现地照片

足迹产在刚开采的巨石（箭头所示）的下层面，呈上凸型。

该采石场目前已停采，积水现象严重。

山东莱阳市龙旺庄镇北曲格庄采石场，下白垩统莱阳群龙旺庄组

杨氏跷脚龙足迹（*Grallator yangi*）产出露头照片

巨石及左侧大石块上的小型三趾型足迹即为 *Grallator*，较清晰的足迹有 15 枚，保存为下层面上凸型足迹；正型标本即从此巨石右侧边缘处采集（如箭头所示）。

山东莱阳市龙旺庄镇北曲格庄采石场，下白垩统莱阳群龙旺庄组

大石块上产出的杨氏跷脚龙足迹（*Grallator yangi*）的放大照片

石块上较清晰的足迹有6枚，均为三趾型。足迹长平均为13.3 cm，宽平均为8.5 cm，长宽比值为1.6。右侧的两枚足迹其Ⅲ趾长而粗壮、略弯，趾尖爪迹尖锐、弯长，而且有重叠；但中间及左侧的4枚足迹其Ⅲ趾较直。

山东莱阳市龙旺庄镇北曲格庄采石场，下白垩统莱阳群龙旺庄组

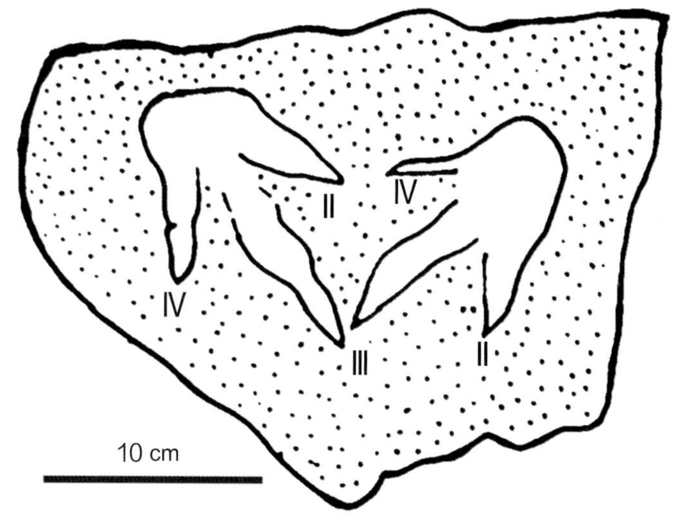

杨氏跷脚龙足迹（*Grallator yangi*）正模足迹照片及轮廓图（引自 Li et al., 2011）

李日辉和张光威（2000）根据在龙旺庄发现的三趾型足迹，建立了新足迹属种——杨氏跷脚龙足迹（*Paragrallator yangi*）。

正模足迹（LRH–LL1）为三趾型，足迹长 13.5 cm，宽 8 cm，长宽比值为 1.69，Ⅱ – Ⅳ趾趾间角较大（平均为 54°）。

杨氏拟跷脚龙足迹（*Paragrallator yangi*）与跷脚龙足迹（*Grallator*）的最大区别在于足迹较大（平均长 13.2 cm，平均宽 8.7 cm），Ⅱ – Ⅳ趾趾间角较大（平均为 54.2°），趾垫不甚发育等。

Lockley 等（2013）认为，拟跷脚龙足迹（*Paragrallator*）与跷脚龙足迹（*Grallator*）的特征相近，建议保留种名，更名为 *Grallator yangi*。

山东莱阳市龙旺庄镇北曲格庄采石场，下白垩统莱阳群龙旺庄组

杨氏跷脚龙足迹（*Grallator yangi*）副模标本（编号为 LRH-LL7）照片

与正模标本保存在同一块巨石上的跷脚龙足迹（*Grallator*），呈上凸型，足迹长 13 cm，宽 8.5 cm，长宽比值为 1.53。

山东莱阳市龙旺庄镇北曲格庄采石场，下白垩统莱阳群龙旺庄组

杨氏跷脚龙足迹（*Grallator yangi*）标本（编号为 LRH-LL16）照片

在正模标本附近发现的上凸型杨氏跷脚龙足迹，足迹长 12.5 cm，宽 7.1 cm，长宽比值为 1.76。

山东莱阳市龙旺庄镇彭格庄村附近，下白垩统莱阳群龙旺庄组

黄崖底足迹化石点露头照片

该化石点产杨氏跷脚龙足迹（*Grallator yangi*）和鞑靼鸟足迹未定种（*Tatarornipes* isp.），以及大量无脊椎动物遗迹化石，层面波痕发育，泥裂等暴露构造很普遍。

足迹化石产出在滨湖相沉积环境中，其层位比莱阳龙旺庄组层位略低。

山东莱阳市沐浴店镇黄崖底村南，下白垩统莱阳群水南组

杨氏跷脚龙足迹（*Grallator yangi*）与鞑靼鸟足迹未定种（*Tatarornipes* isp.）共生标本照片

一块标本上保存了三趾型的跷脚龙足迹（*Grallator*）（图 a，箭头所指）和鞑靼鸟足迹（*Tatarornipes*）（图 b，圆圈内）。

跷脚龙足迹长约 10.2 cm，宽约 6.2 cm，长宽比值为 1.65；鞑靼鸟足迹长 4.6 cm，宽 4.5 cm，长和宽近等。

山东莱阳市沐浴店镇黄崖底村南采石场，下白垩统莱阳群水南组

2.5.2 新泰

新泰市的恐龙足迹由李日辉等（2002）发现于汶南镇杨庄，由于化石点正好位于蒙阴县常路镇和新泰市汶南镇的交界处，故当时的发现地点误写为蒙阴常路。2015年，李日辉等曾在文中对此进行了纠正。杨庄的足迹化石层位为中侏罗统淄博群三台组，足迹产于紫红色细粒长石砂岩层面上，是目前山东最早的恐龙足迹记录。由于山东的恐龙骨骼化石均发现于白垩系，因此杨庄的恐龙足迹也是山东最早的恐龙活动证据，具有重要研究意义。

2002年发现的是一段由3个足迹组成的行迹T1（足迹编号分别为A、B、C），目前足迹化石仍然保存在野外。2004年在该化石点还采集到一个散落的自然铸模（编号为D）。2010年又发现并采集了1枚足迹（编号为LR XT10.1）。2018年，李日辉等在该点又发现7个兽脚类恐龙足迹，其中1条行迹（编号为YZ-TT-02）由4枚足迹组成。

目前，在杨庄足迹点已累计发现恐龙足迹12枚，其中11枚为小型三趾型兽脚类恐龙足迹（cf. *Grallator*），另一个可能是快盗龙足迹（cf. *Velociraptorichnus*）。由于该足迹点的地层时代为侏罗纪，因此，杨庄的快盗龙足迹也是我国最古老的两趾型足迹化石之一。

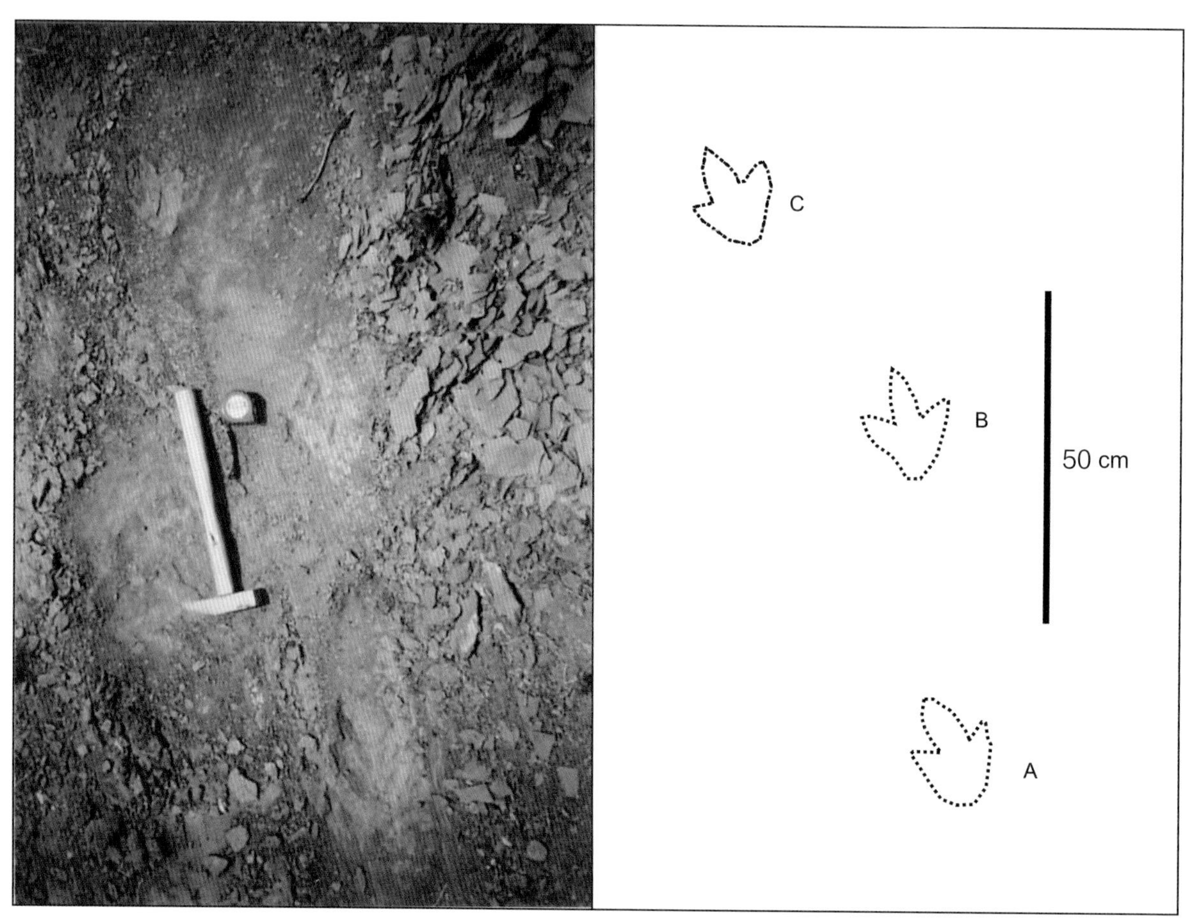

杨庄兽脚类似跷脚龙足迹（cf. *Grallator*）行迹照片及轮廓图（照片引自李日辉等，2002）

该行迹由 A、B、C 共 3 枚足迹组成，足迹平均长 16.8 cm，平均宽 11.8 cm，足迹长宽比值为 1.4；单步长 49 cm，复步长 81.5 cm，行迹走向呈 230°。

山东新泰市汶南镇杨庄，中侏罗统三台组

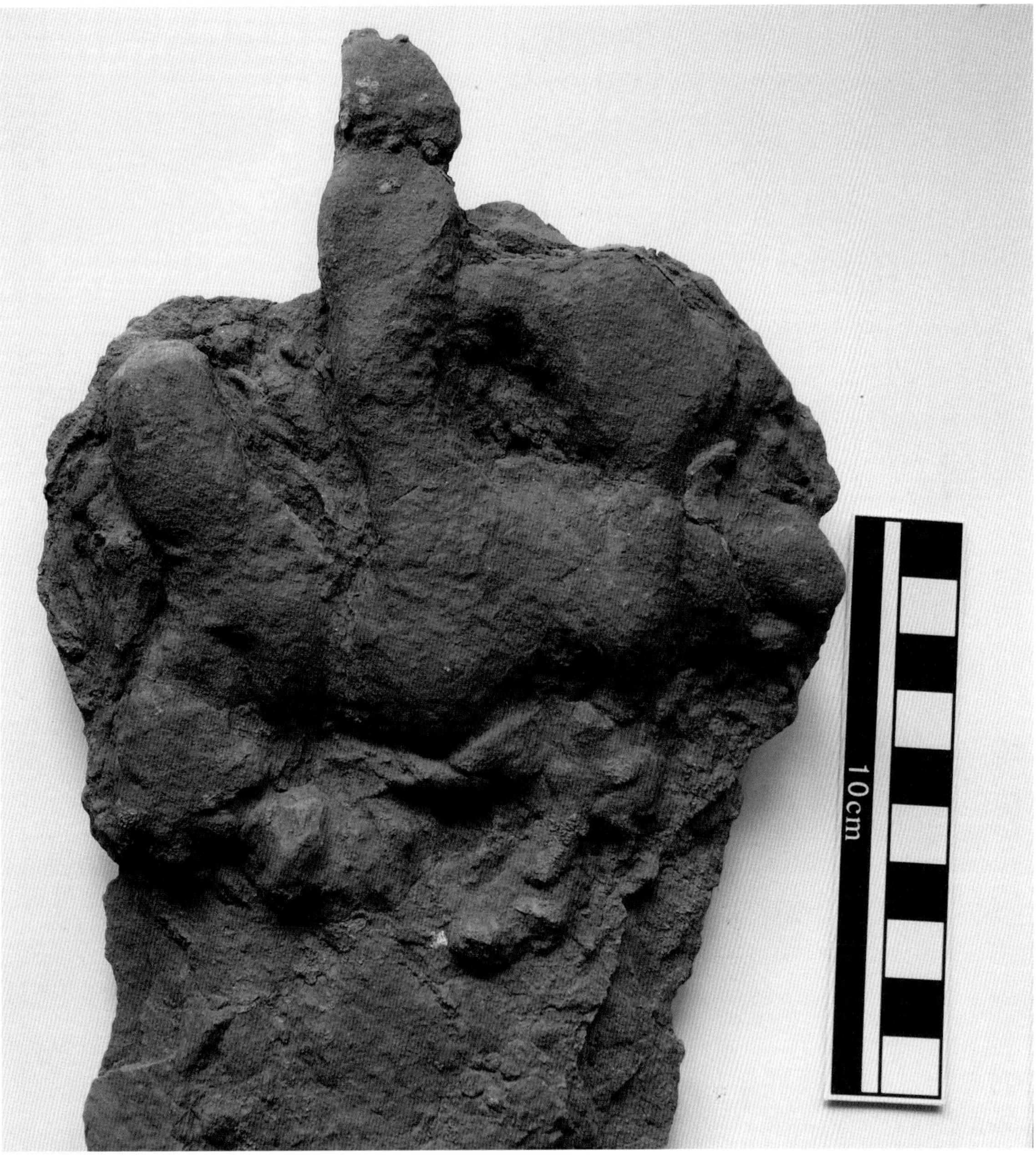

杨庄兽脚类似跷脚龙足迹（cf. *Grallator*）照片（引自李日辉等，2015）

足迹为上凸型，长 15.8 cm，宽 9.5 cm，长宽比值为 1.67，为三趾型、半蹠行式。足迹后部保存了部分蹠迹，趾垫比较发育；Ⅲ趾长 12.4 cm，Ⅱ趾长 6.6 cm，Ⅳ趾长 6.8 cm，Ⅱ－Ⅳ趾趾间角约为 30°。

山东新泰市汶南镇杨庄，中罗统三台组

杨庄兽脚类行迹（编号为 YZ-TT-02）野外照片

该行迹由 a、b、c、d 共 4 枚足迹组成，箭头标示行迹方向；足迹平均长 16.8 cm，平均宽 11.8 cm，长宽比值约为 1.4；单步长 49 cm，复步长 81.5 cm，行迹走向呈 230°，应为跷脚龙足迹类（cf. *Grallator*）。此外，左侧 A 和 B 两个足迹的大小、形态与行迹 YZ-TT-01 相似。值得指出的是，C 足迹为两趾型，足长 8.3 cm，宽 4.8 cm。

比例尺为 1 m。

山东新泰市汶南镇杨庄，中侏罗统三台组

杨庄兽脚类足迹（cf. *Grallator*）野外照片

照片所示为行迹（YZ-TT-02）中的第 4 个足迹（d），足迹长 14 cm，宽 11 cm，长宽比值为 1.27。足迹为三趾型，趾垫不甚发育。

山东新泰市汶南镇杨庄，中侏罗统三台组

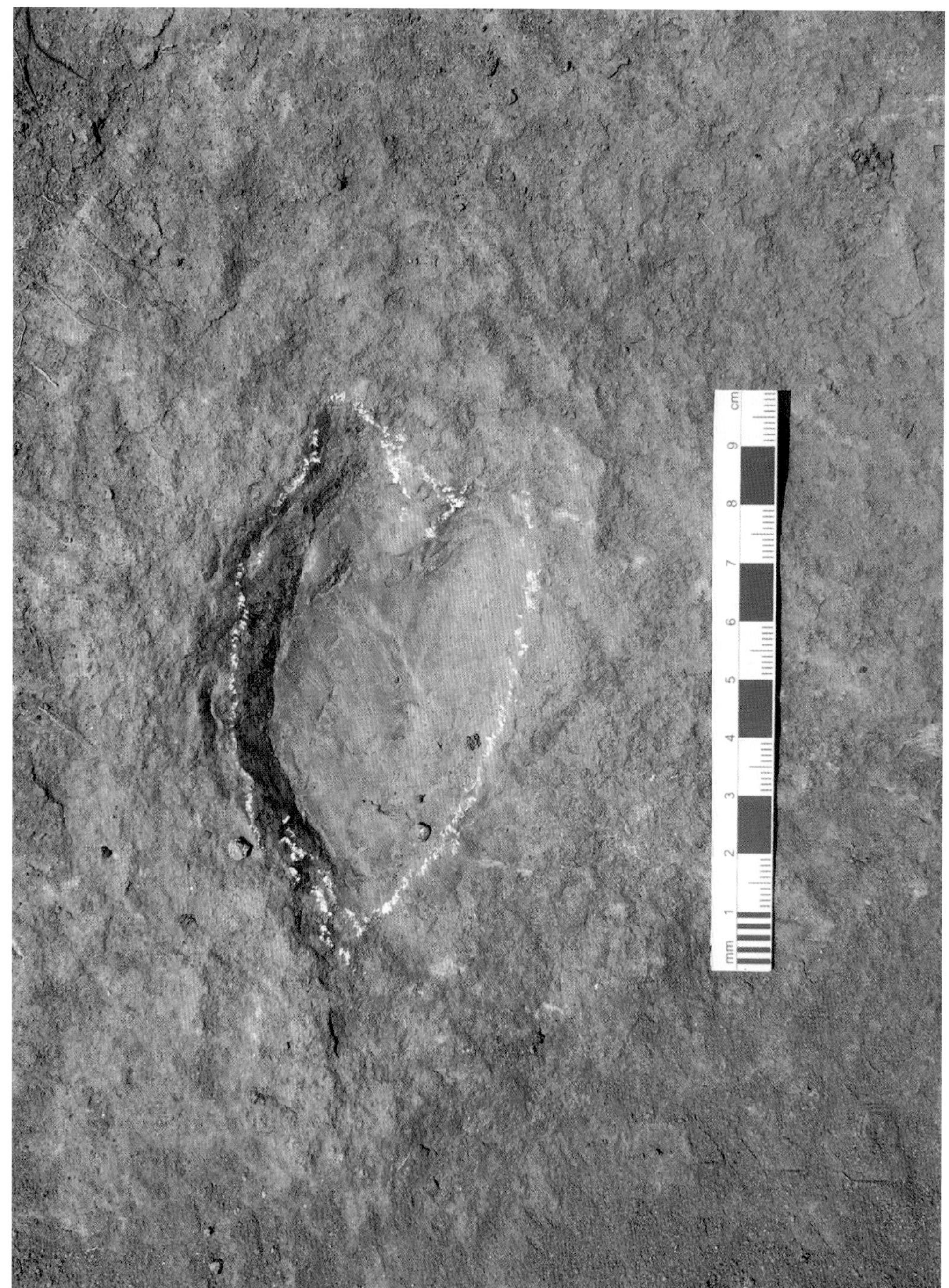

杨庄两趾型似快盗龙足迹（cf. *Velociraptorichnus*）照片

足迹长 8.3 cm，宽 4.8 cm，长宽比值约为 1.73。该足迹与山东莒南后左山下白垩统田家楼组的两趾型足迹（*Velociraptorichnus*）大小相似，后者长为 9.26 cm，宽为 4.25 cm，但杨庄标本可能由于保存的原因，其趾边缘不是很清晰。需要指出，这是侏罗纪两趾型恐爪龙类足迹在山东的首次发现。

山东新泰市汶南镇杨庄，中侏罗统三台组

2.5.3 莒南

莒南县的恐龙足迹化石点位于岭泉镇后左山村西，由李日辉和刘明渭于2002年发现。此后不久，他们将此信息报予莒南县所在的临沂市国土资源局，当地政府十分重视，对地质遗迹进行了保护。2004年，经山东省国土资源厅批准，该化石点成立省级地质公园，名称为“莒南恐龙遗迹地质公园”。莒南的恐龙足迹化石点是山东省继莱阳、诸城、新泰之后的第4个发现，是以兽脚类恐龙足迹为主（主要是较大型的亚洲足迹*Asianopodus*和小型的跷脚龙足迹*Grallator*类），包括鸟脚类、鸟类足迹的世界著名的中生代大型足迹化石点（李日辉等，2005a，2005b，Li et al., 2008,2015；Locley et al., 2008）。目前，该化石点共发现各类足迹360多枚，构成行迹共130多条；被发现和命名的新足迹属共两个（山东鸟足迹*Shandongornipes*和驰龙足迹*Dromaeopodus*），新足迹种1个（*Minisauripus zhenshuonani*），新足迹科共两个（驰龙足迹科Dromaeopodidae和 山东鸟足迹科Shandongornipodidae）。

（1）李日辉等（2005）在后左山发现并命名了一个新的鸟足迹属——山东鸟足迹*Shandongornipes*（种名为沐霞山东鸟足迹*Shandongornipes muxiai*）。山东鸟足迹是在我国发现并命名的第一个鸟足迹属。足迹为四趾型、小至中型，侧轴对称。5个连续的足迹平均长8.5 cm（含拇指印迹），宽5.3 cm。最初的研究结果认为其是滨鸟类的足迹。但经深入研究后，研究者认为山东鸟足迹是一种对趾鸟类的足迹，他们在该足迹属的基础上建立了新足迹科——山东鸟足迹科Shandongornipodidae（Lockley et al.，2007）。对比研究发现，山东鸟足迹与北美现生走鹃的足迹类似，这表明最古老的对趾鸟早在1.1亿年前的早白垩世就已经出现。

（2）李日辉等还在后左山发现并命名了大型恐爪龙类足迹，建立了新足迹属种——驰龙足迹（*Dromaeopodus*）、山东驰龙足迹（*Dromaeopodus shandondongensis*），并在此基础上建立新足迹科——驰龙足迹科Dromaeopodidae（Li et Lockley, 2005；Li et al., 2008）。后左山发现的山东驰龙足迹（*Dromaeopodus shandongensis*）是最清晰的大型两趾恐龙足迹，脚底的皮肤褶皱亦清晰可见。两趾型足迹的发现证明，恐爪龙类恐龙在行走和奔跑时，Ⅱ趾的爪子上举而并不落地。在莒南发现的两趾型山东驰龙足迹共28枚，组成至少6条平行的行迹，这也首次证明了恐爪龙类恐龙具有群体活动的行为特征（Li et al., 2008）。

（3）研究者在后左山还发现长约6 cm的小龙足迹（*Minisauripus*），并命名了新足迹种——甄朔南小龙足迹（*Minisauripus zhenshuonani*）（李日辉等，2008；Lockley et al., 2008）。该足迹的发现使莒南成为继四川峨眉和韩国庆尚南道海南郡之后的小龙足迹的第3个产地。

（4）后左山恐龙遗迹公园内还产出小型两趾的快盗龙足迹（*Velociraptorichnus*），这是中国该足迹属继四川峨眉之后的第2个发现点（Li et al., 2008）。

（5）后左山还发现了鸟脚类恐龙足迹（李日辉等，2005）。该类足迹后来被鉴定为鸟脚龙足迹未定种（*Ornithopodichnus* isp.）（Li et al.，2015），这是鸟脚龙足迹属（*Ornithopodichnus*）在中国最早的公开报道。

（6）鸟类足迹除了山东鸟足迹（*Shandongornipes*）外，还有小型的三趾型足迹、近中趾对称的韩国鸟足迹（*Koreanaornis*）。后左山是国内该足迹属的第2个发现点（Lockley et al., 2008；Li et al.，2015）。

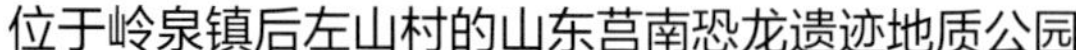
位于岭泉镇后左山村的山东莒南恐龙遗迹地质公园

山东莒南恐龙遗迹地质公园正门

后左山恐龙遗迹公园内足迹化石层位照片

照片所示为在该位置被发现并命名的大型两趾恐爪龙类恐龙足迹——山东驰龙足迹（*Dromaeopodus shandongensis*），以及世界最早的对趾鸟类的足迹——沐霞山东鸟足迹（*Shandongornipes muxiai*）。

山东莒南县岭泉镇后左山，下白垩统大盛群田家楼组

后左山恐龙遗迹公园内部分足迹化石层位照片

图片所示为新足迹种甄朔南小龙足迹的发现位置。

山东莒南县岭泉镇后左山，下白垩统大盛群田家楼组

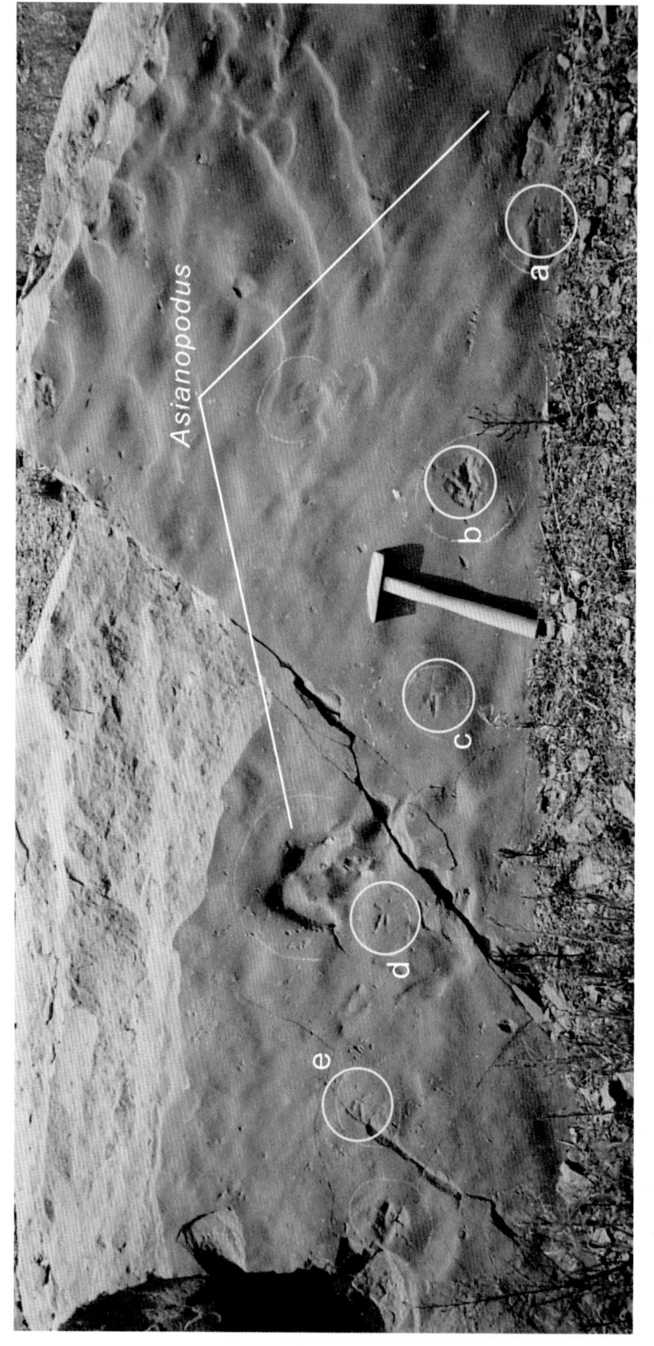

山东鸟足迹（*Shandongornipes*）产出位置野外照片

正模标本为1条由5枚足迹（编号a-e）组成的行迹，其中第2个足迹（b）在发现时已被人为毁坏；层面上还共生有大型三趾型兽脚恐龙亚洲足迹（*Asianopodus*）。

山东莒南县岭泉镇后左山，下白垩统大盛群田家楼组

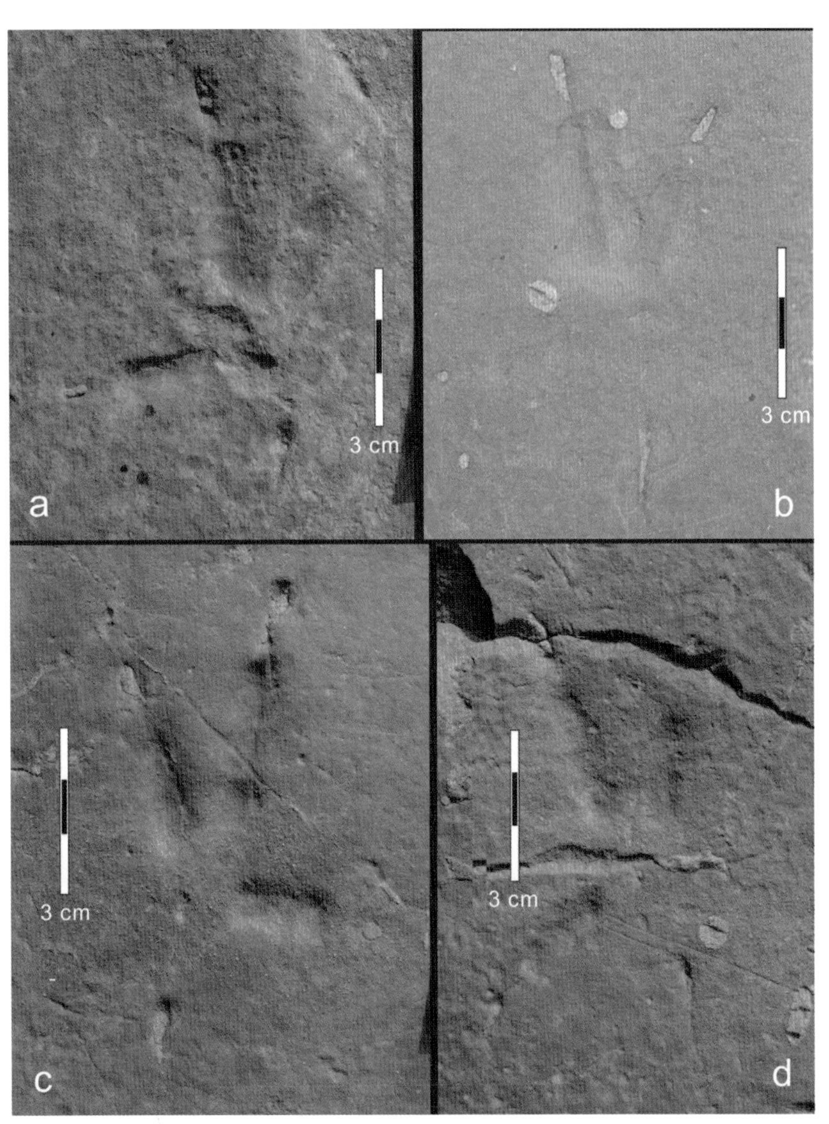

山东鸟足迹（*Shandongornipes*）正模标本照片（引自李日辉等，2005b，有修改）

山东鸟足迹是李日辉等（2015b）建立的鸟足迹属，种名为沐霞山东鸟足迹。该足迹属是我国发现并命名的白垩纪第 1 个鸟足迹属。

正模标本 5 枚足迹中的第 1、第 3、第 4、第 5 个足迹分别对应图 a、b、c、d。

沐霞山东鸟足迹（*Shandongornipes muxiai*）是世界上最古老的对趾鸟类的足迹化石，也是迄今为止中生代对趾鸟类生存的唯一记录。鉴定特征为：四趾型，各趾互不相连，蹠趾部抬离地面，各趾均具锐爪，足长平均为 8.5 cm（包括拇趾），宽平均为 5.3 cm，单步长是足长的 5 倍。

山东莒南县岭泉镇后左山，下白垩统大盛群田家楼组

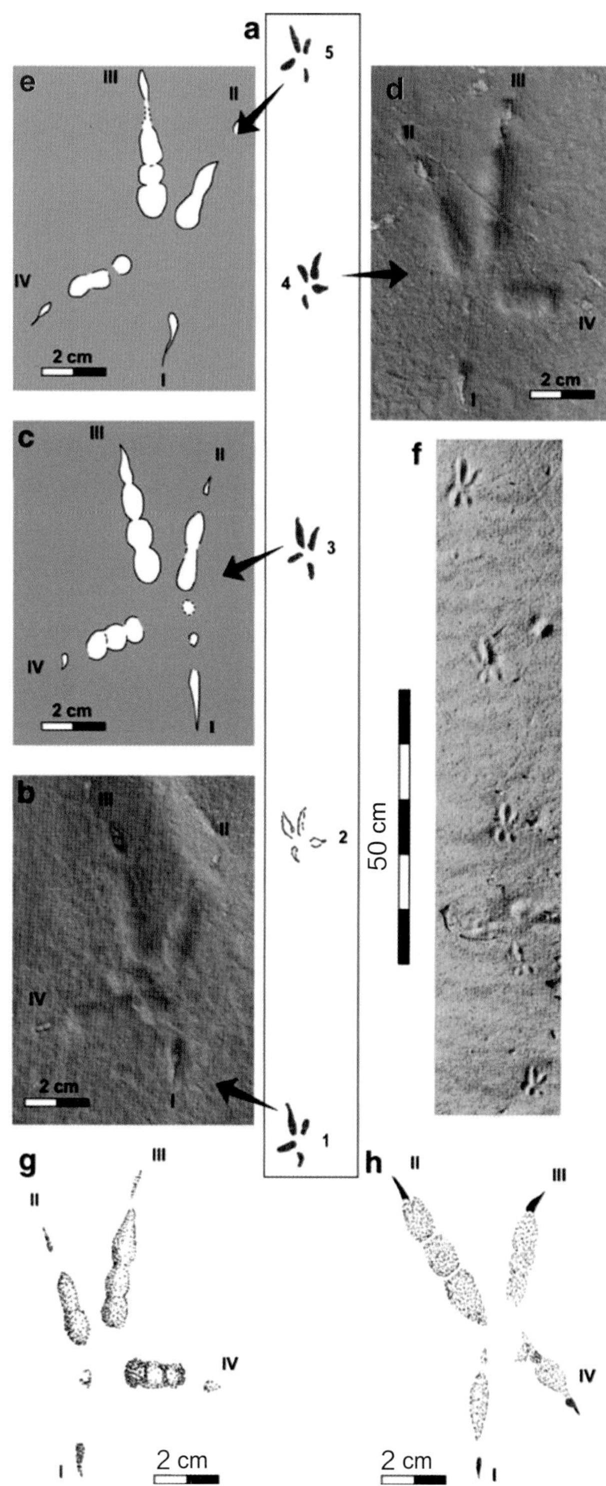

山东鸟足迹（*Shandongornipes*）正模标本照片、轮廓图及对比图（引自 Lockley et al.，2007）

a 为正模标本（由 5 枚足迹组成的 1 条行迹）。b－e 为正模行迹中的足迹照片及轮廓图（罗马数字为趾的编号），其中 b 为第 1 枚足迹（左足迹），c 为第 3 枚足迹（左足迹），d 为第 4 枚足迹（右足迹），e 为第 5 枚足迹（左足迹）。f 为美国犹他州现生走鹃类 *G.californianus* 行迹照片，其行迹中也包括左、右足迹；注意与 a 对比，比例尺相同。g 为第 4 个足迹。

f 为 *G.californianus* 右足迹，其拇趾转动的方向与 *Shandongornipes*（g）相同。

山东莒南县岭泉镇后左山，下白垩统大盛群田家楼组

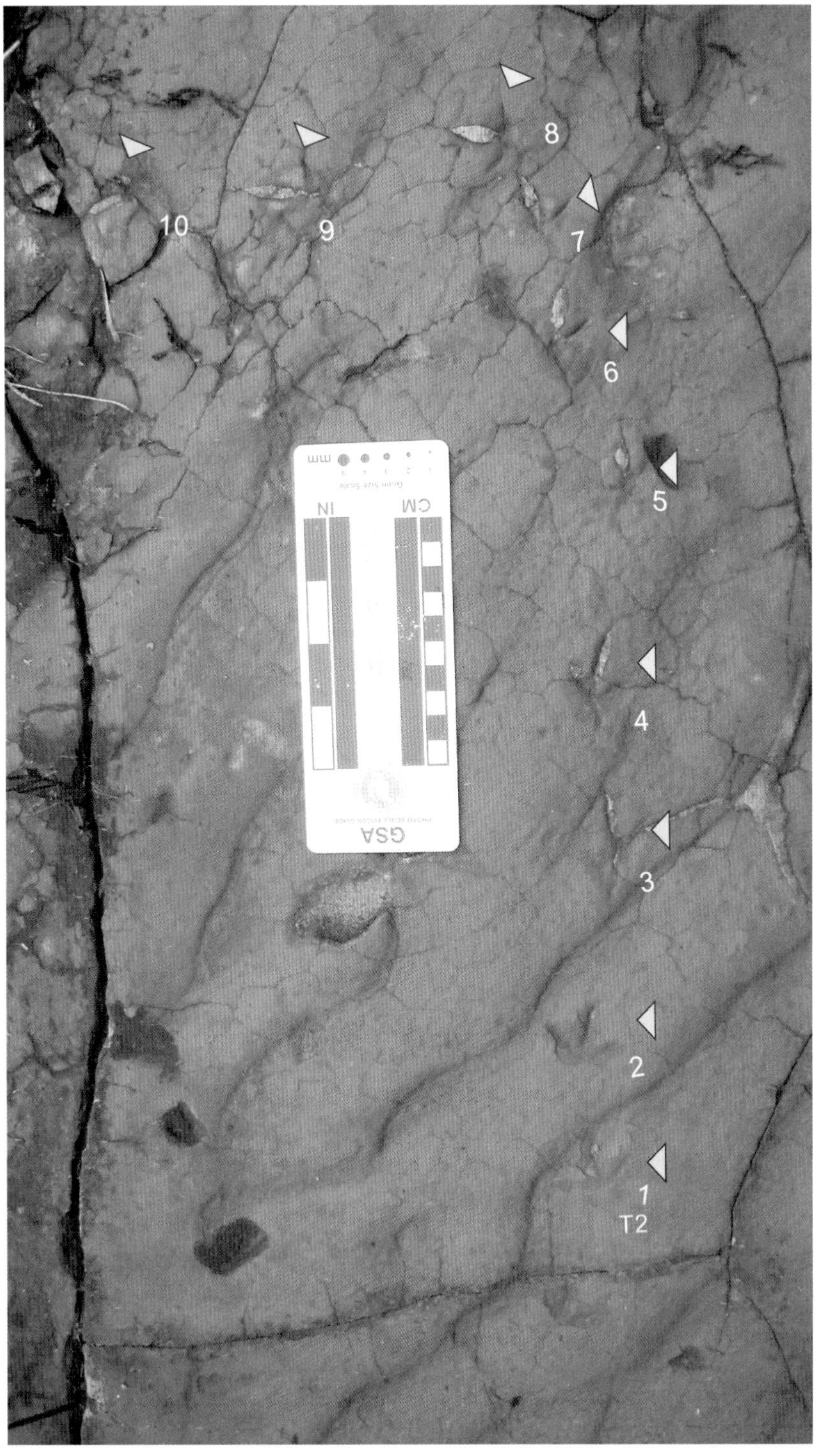

韩国鸟足迹未定种（*Koreanaornis* isp.）野外照片

图中可见 9 枚鸟足迹，足迹为三趾型，偶见拇趾印迹，但不清晰；足长约 2.5 cm，宽约 3.1 cm。注意行迹在右上角处开始转弯。

山东莒南县岭泉镇后左山，下白垩统田家楼组

山东驰龙足迹（*Dromaeopodus shandongensis*）正模标本野外照片（引自 Li et al.，2008）

山东驰龙足迹是李日辉等（Li et al.，2008）建立的大型恐爪龙类两趾型新足迹属种。

4 枚大型的两趾型足迹构成 1 条行迹，足迹长 28.5 cm，宽 12.5 cm；单步长 93 cm，复步长 186 cm，步幅角为 170°。

山东驰龙足迹是目前世界上保存最好的大型恐爪龙类的足迹。

图中比例尺为 1 m。

山东莒南县岭泉镇后左山，下白垩统大盛群田家楼组

山东驰龙足迹（*Dromaeopodus shandongensis*）副模及地模产出位置照片

大型三趾兽脚类足迹（足迹长 49 cm，宽 35.5 cm）与驰龙足迹共生。

层面上流水波痕十分发育。

山东莒南县岭泉镇后左山，下白垩统大盛群田家楼组

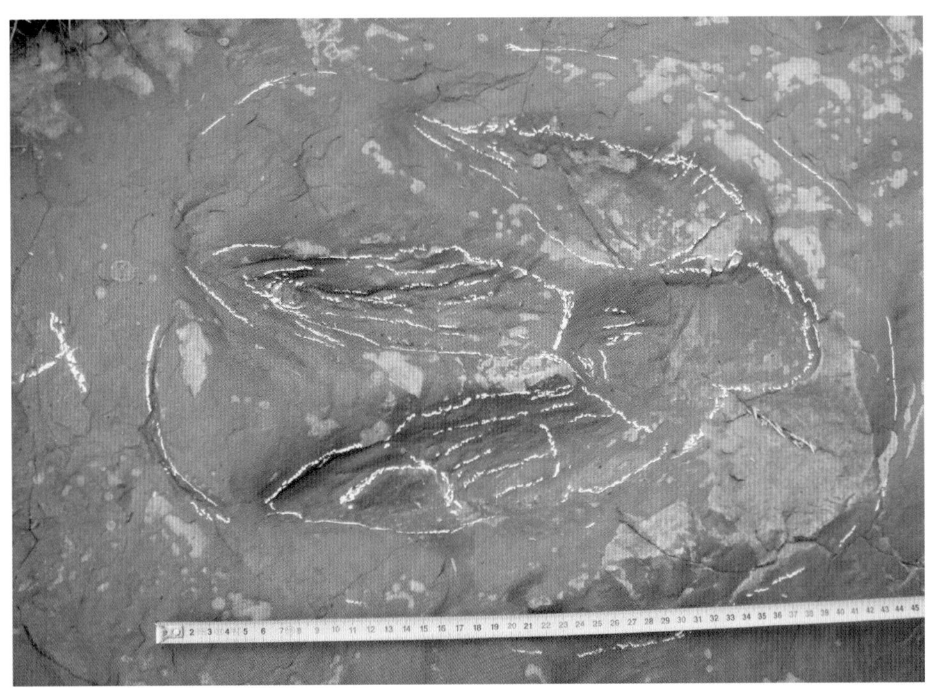

与山东驰龙足迹（*D.shandongensis*）共生的大型兽脚类足迹（上图大足迹）照片

足迹为三趾型，长 42 cm（含挤压脊），宽 32 cm，为目前山东发现的最大兽脚类足迹之一。

山东莒南县岭泉镇后左山，下白垩统大盛群田家楼组

两个大小相近、位置平行的山东驰龙足迹（*Dromaeopodus shandongensis*）照片

均为左足迹，右为副模，左为地模。

山东莒南县岭泉镇后左山，下白垩统大盛群田家楼组

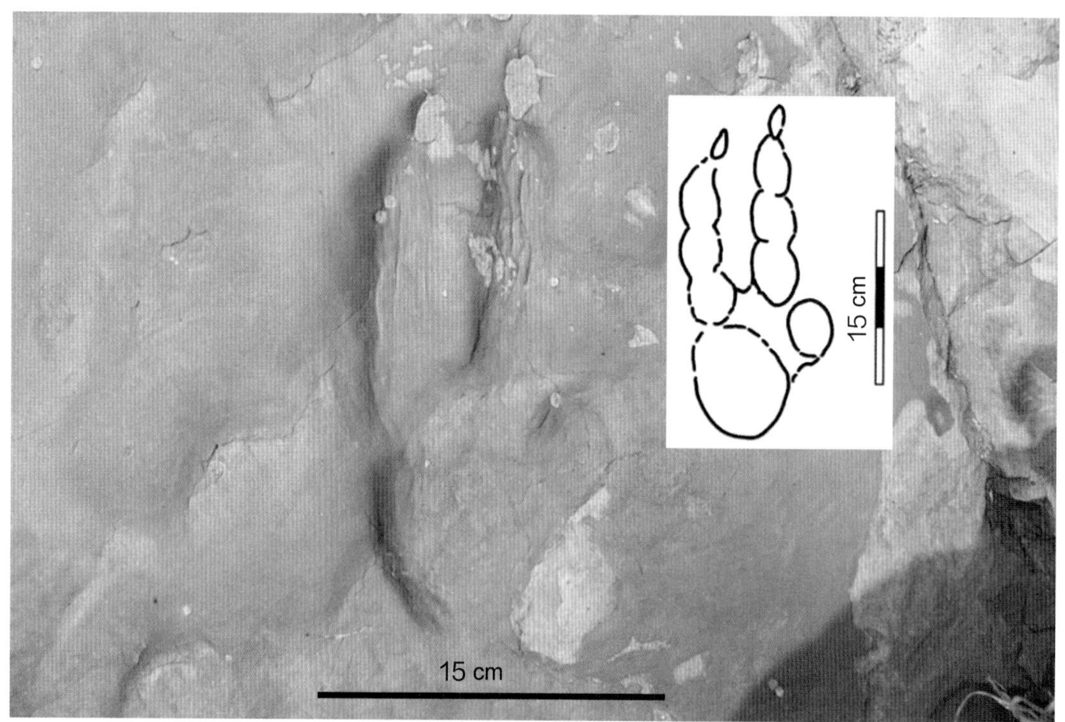

山东驰龙足迹（*Dromaeopodus shandongensis*）副模照片及轮廓图（引自 Li et al., 2008）

脚底皮肤褶皱清晰。

山东莒南县岭泉镇后左山，下白垩统大盛群田家楼组

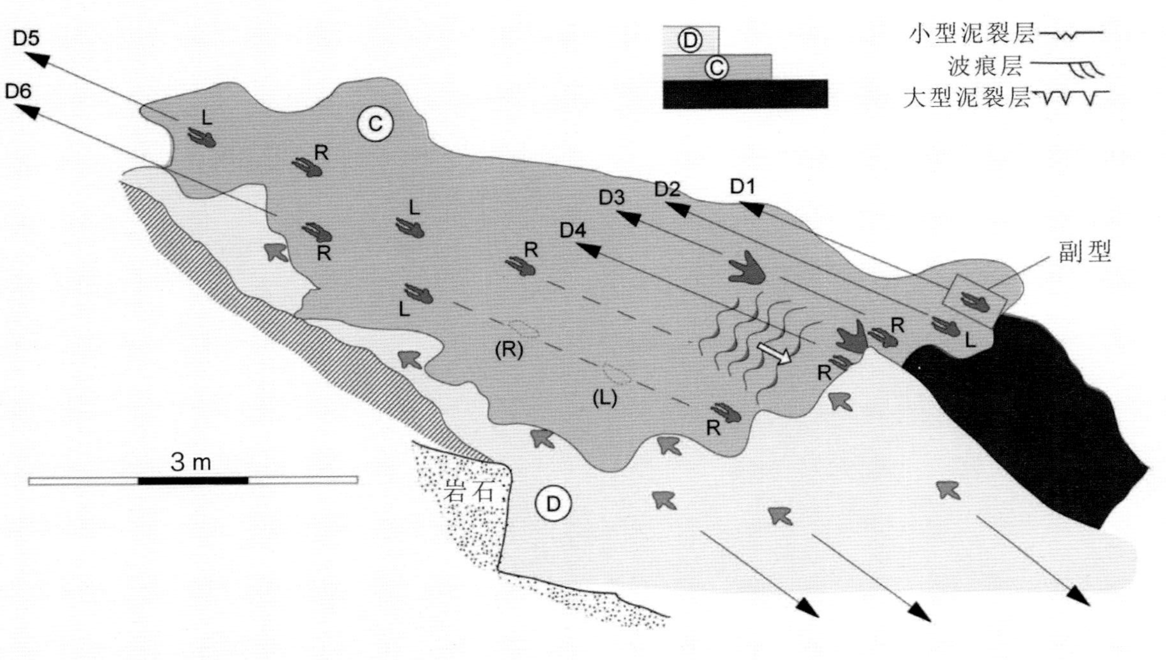

6 条平行的山东驰龙行迹（*Dromaeopodus shandongensis*）（引自 Li et al.，2008）

足迹大小相近，行迹方向相同，足间距大致相等；黑色箭头标示行迹方向，白色箭头标示水流方向；

L 和 R 分别为左足迹和右足迹，方框内为副模标本。

这 6 条大致平行、等间距的驰龙行迹表明，大型驰龙类恐龙具有群体活动的行为特征。

山东莒南县岭泉镇后左山，下白垩统大盛群田家楼组

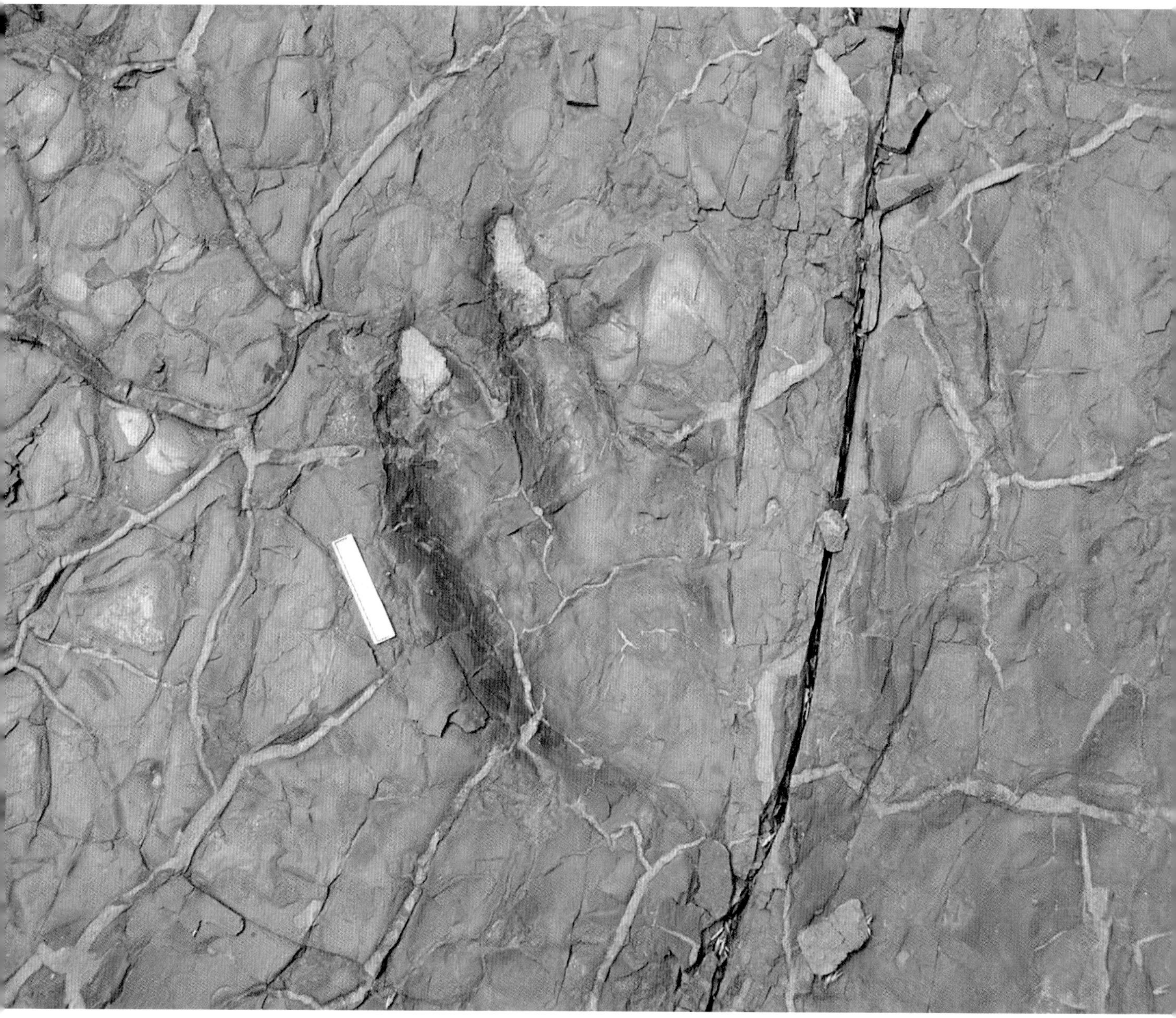

疑似山东驰龙足迹（cf.*Dromaeopodus shandongensis*）

足迹长 29.7 cm，宽 15 cm；标尺长为 5 cm。

山东莒南县岭泉镇后左山，下白垩统大盛群田家楼组

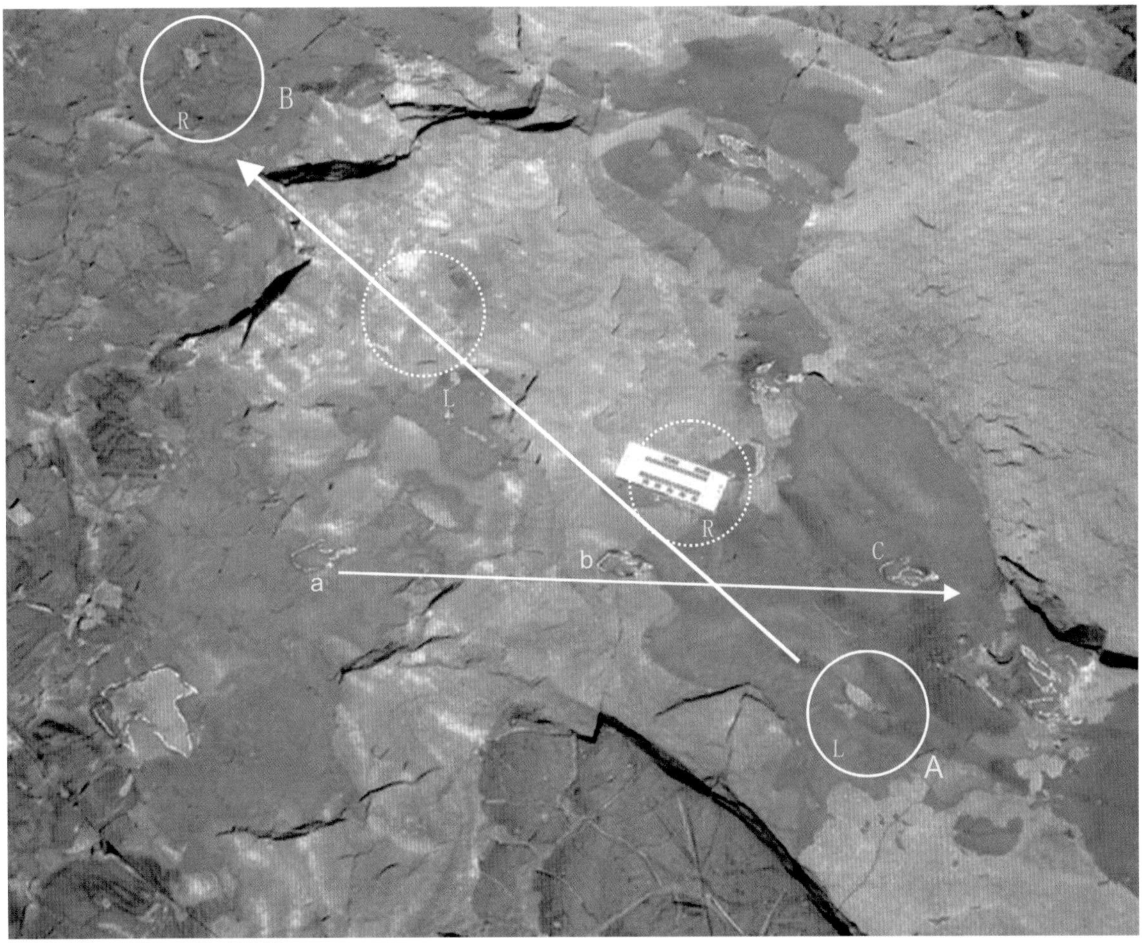

四川快盗龙足迹（*Velociraptorichnus sichuanensis*）产出位置图

A 和 B 分别为左、右足迹（L 为左，R 为右），中间虚线圆圈代表可能缺失的两个足迹。a、b、c 共 3 个小型跷脚龙足迹（*Grallator*）构成 1 条行迹；层面上还有一些孤单的三趾型足迹，层面上波痕、泥裂十分发育。

山东莒南县岭泉镇后左山，下白垩统大盛群田家楼组

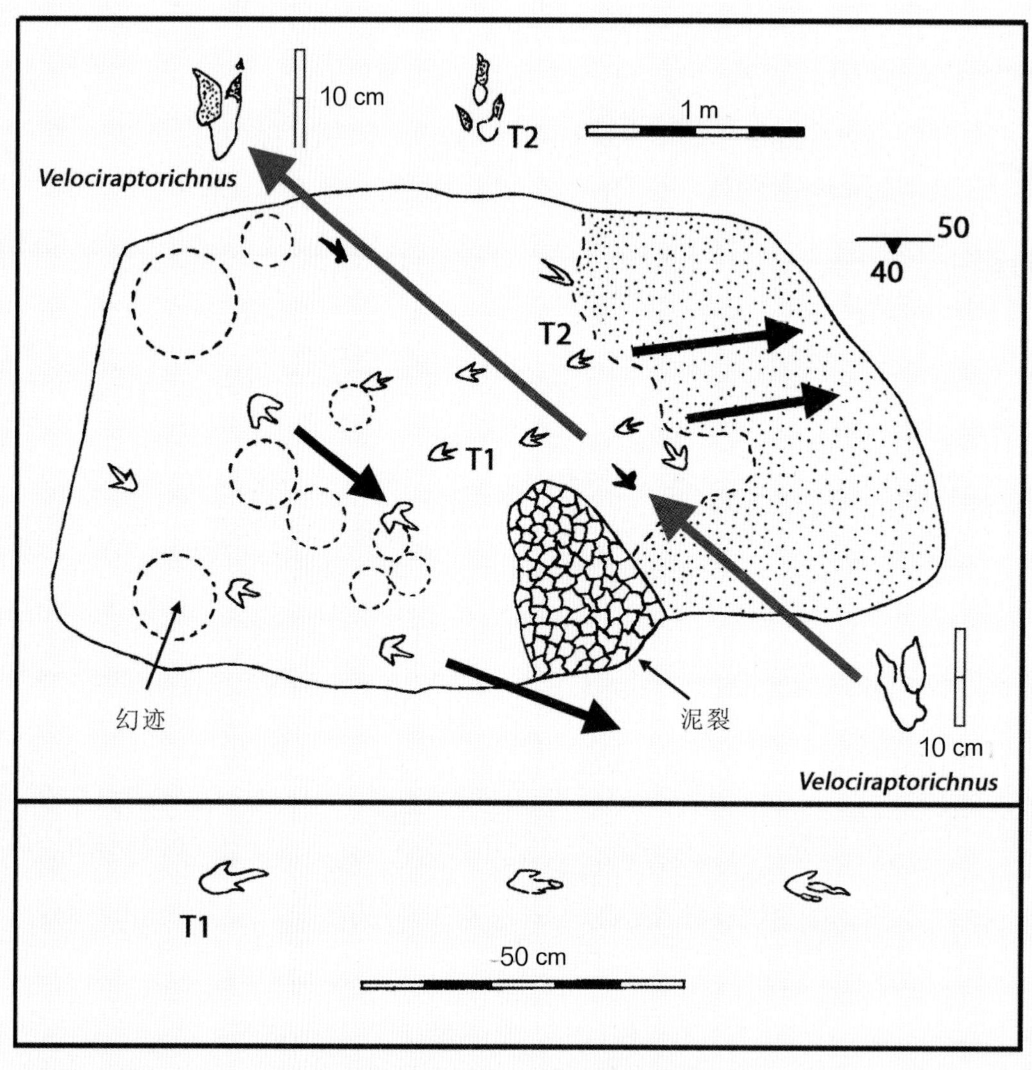

四川快盗龙足迹（*Velociraptorichnus sichuanensis*）解释轮廓图（引自 Li et al.，2015）

T1 和 T2 是两条小型跷脚龙足迹（*Grallator*）行迹。

山东莒南县岭泉镇后左山，下白垩统大盛群田家楼组

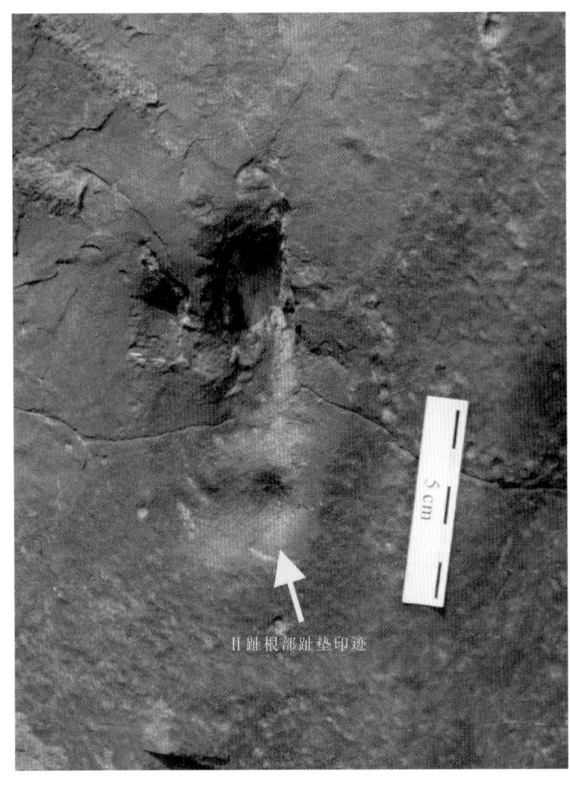

四川快盗龙足迹（*Velociraptorichnus sichuanensis*）放大照片

Ⅱ趾根部趾垫保存为圆形印迹。

山东莒南县岭泉镇后左山，下白垩统大盛群田家楼组

形成两趾型足迹的恐爪龙类的复原图（王奕文绘制）

注意，其脚上第 II 趾具镰刀形爪子。兽脚类的恐爪龙类多为小型恐龙，具功能性两趾，行走时 II 趾上举并不着地，只有 III、IV 趾与地面接触。但在地面较松软的条件下，II 趾的基部可留下圆形的印迹

甄朔南小龙足迹（*Minisauripus zhenshuonani*）层面照片（引自李日辉等，2008，略有修改）

A–B、D–C 各为 1 段行迹，A 和 B 为正模标本，C、D 和 E 为地模；左上角较大的三趾型足迹为亚洲足迹（*Asianopodus*）。

山东莒南县岭泉镇后左山，下白垩统大盛群田家楼组

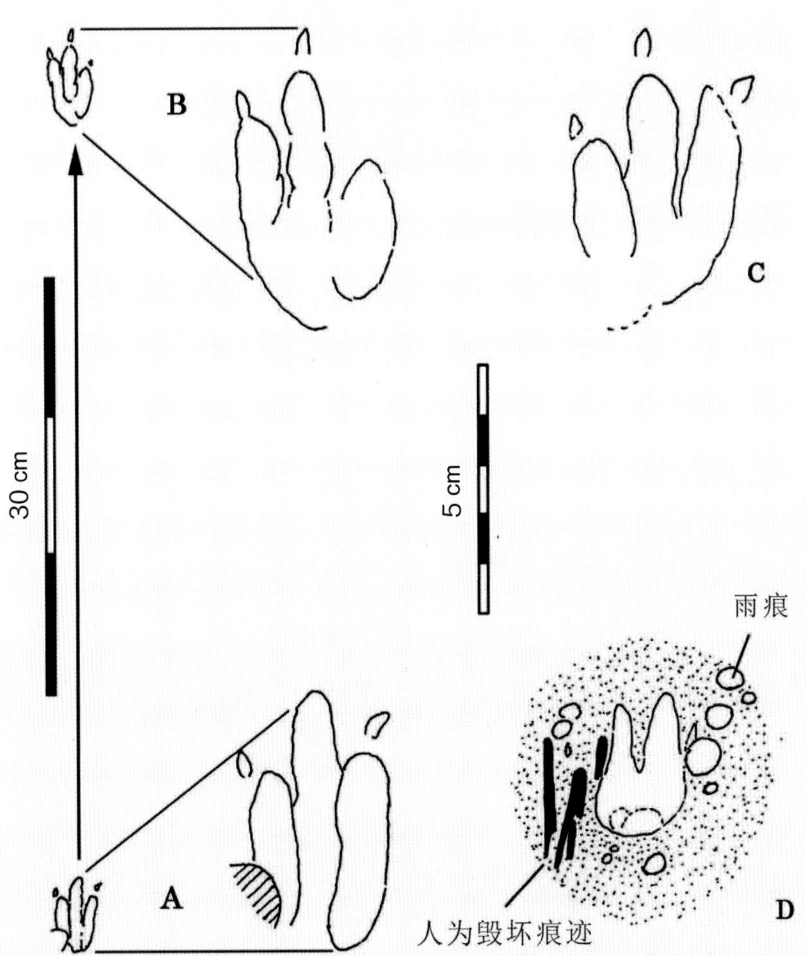

甄朔南小龙足迹（*Minisauripus zhenshuonani*）轮廓图（引自 Lockley et al.，2008）

A–B 为 1 段行迹，为正模标本；C 和 D 为地模，其中 D 为上一层位的足迹。

山东莒南县岭泉镇后左山，下白垩统大盛群田家楼组

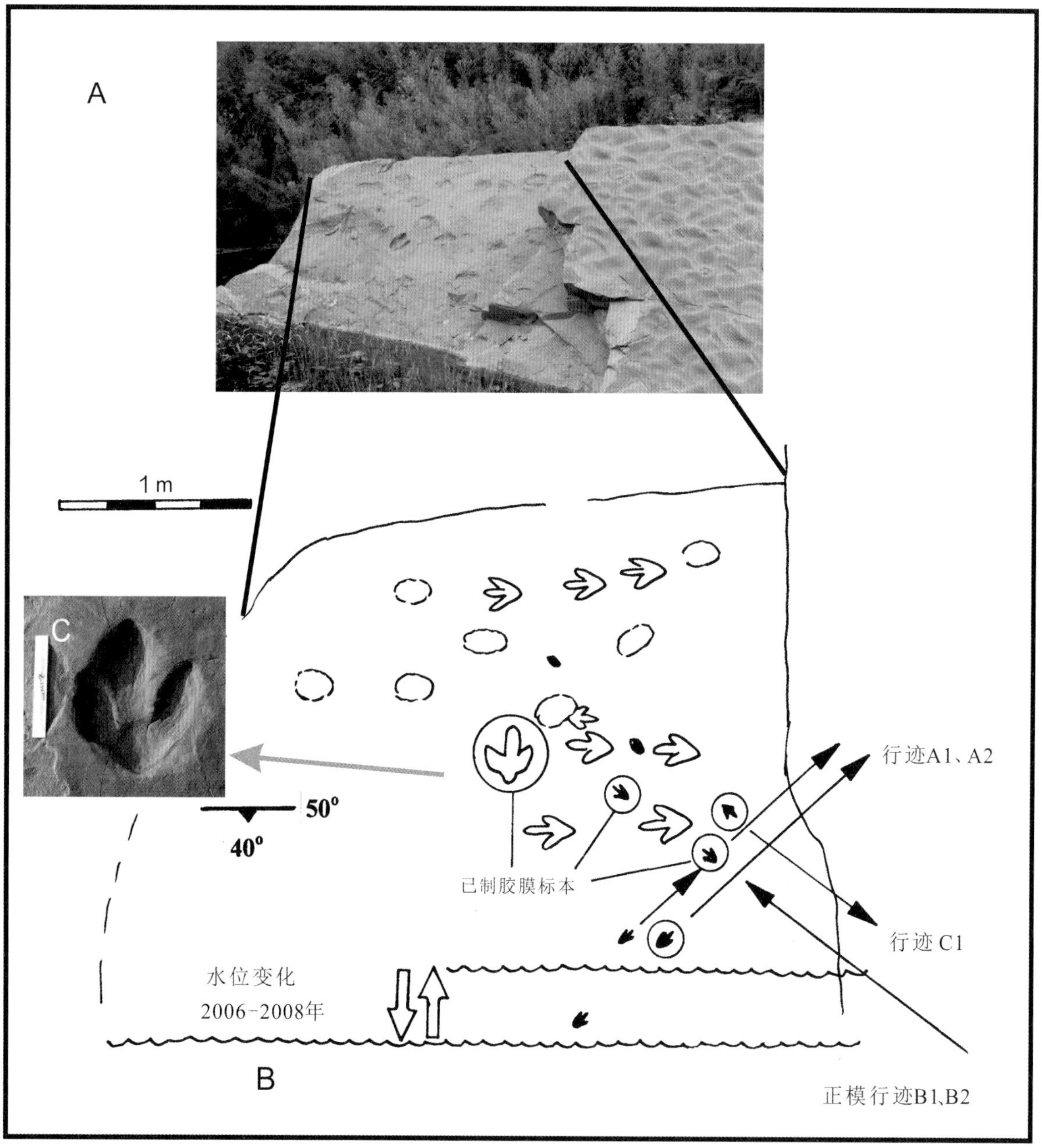

A

1 m

C

50°

40°

行迹A1、A2

已制胶膜标本

行迹 C1

水位变化
2006-2008年

B

正模行迹B1、B2

产出小龙足迹（*Minisauripus*）的层面照片（A）及足迹轮廓图（B）（引自 Li et al.，2015，有修改）

右下角箭头所示行迹（B1、B2）为甄朔南小龙足迹（*M. zhenshuonani*）正模，A1、A2、C1 等行迹为 *Grallator* 类三趾型足迹，C 为亚洲足迹（*Asianopodus*），底部两条波浪线标示 2006—2008 年考察期间池塘水面高度的变化。

山东莒南县岭泉镇后左山，下白垩统大盛群田家楼组

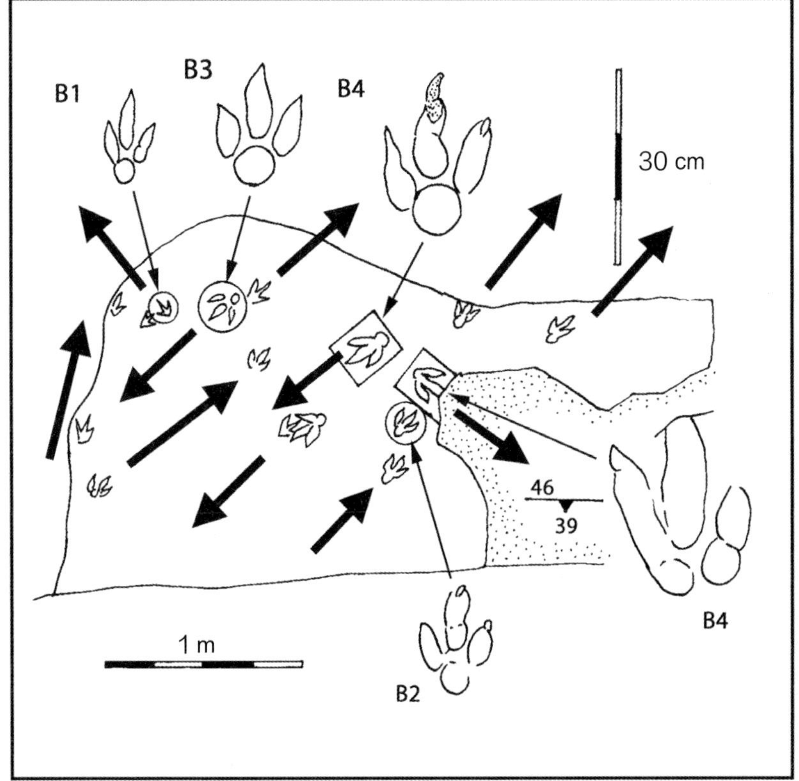

亚洲足迹未定种（*Asianopodus* isp.）野外照片及轮廓解释图（引自 Li et al.，2015，有修改）

亚洲足迹是后左山足迹点主要的恐龙足迹类型，在很多层面均有产出。

该化石点亚洲足迹长约 21.7 cm，宽约 15.6 cm。箭头标示恐龙运动方向，带框的足迹已制作胶模。

山东莒南县岭泉镇后左山，下白垩统大盛群田家楼组

亚洲足迹未定种（*Asianopodus* isp.）行迹照片

层面上 4 枚足迹（A、B、C、D）构成 1 条行迹，行迹方向为 A 至 D。

圆形凹坑应为上一层位足迹的幻迹。

山东莒南县岭泉镇后左山，下白垩统大盛群田家楼组

亚洲足迹未定种（*Asianopodus* isp.）野外照片

部分足迹已被风化剥蚀。

山东莒南县岭泉镇后左山，下白垩统大盛群田家楼组

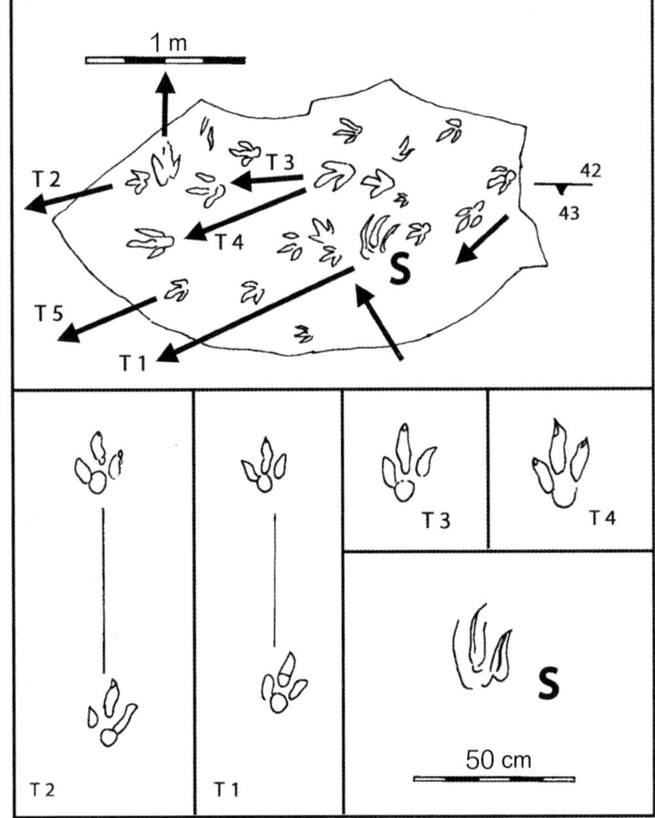

亚洲足迹未定种（*Asianopodus* isp.）照片及轮廓图（引自 Li et al.，2015）

该层至少有 22 枚小至中型的三趾型足迹，其中 S 可能是恐龙的滑迹或游泳迹。

山东莒南县岭泉镇后左山，下白垩统大盛群田家楼组

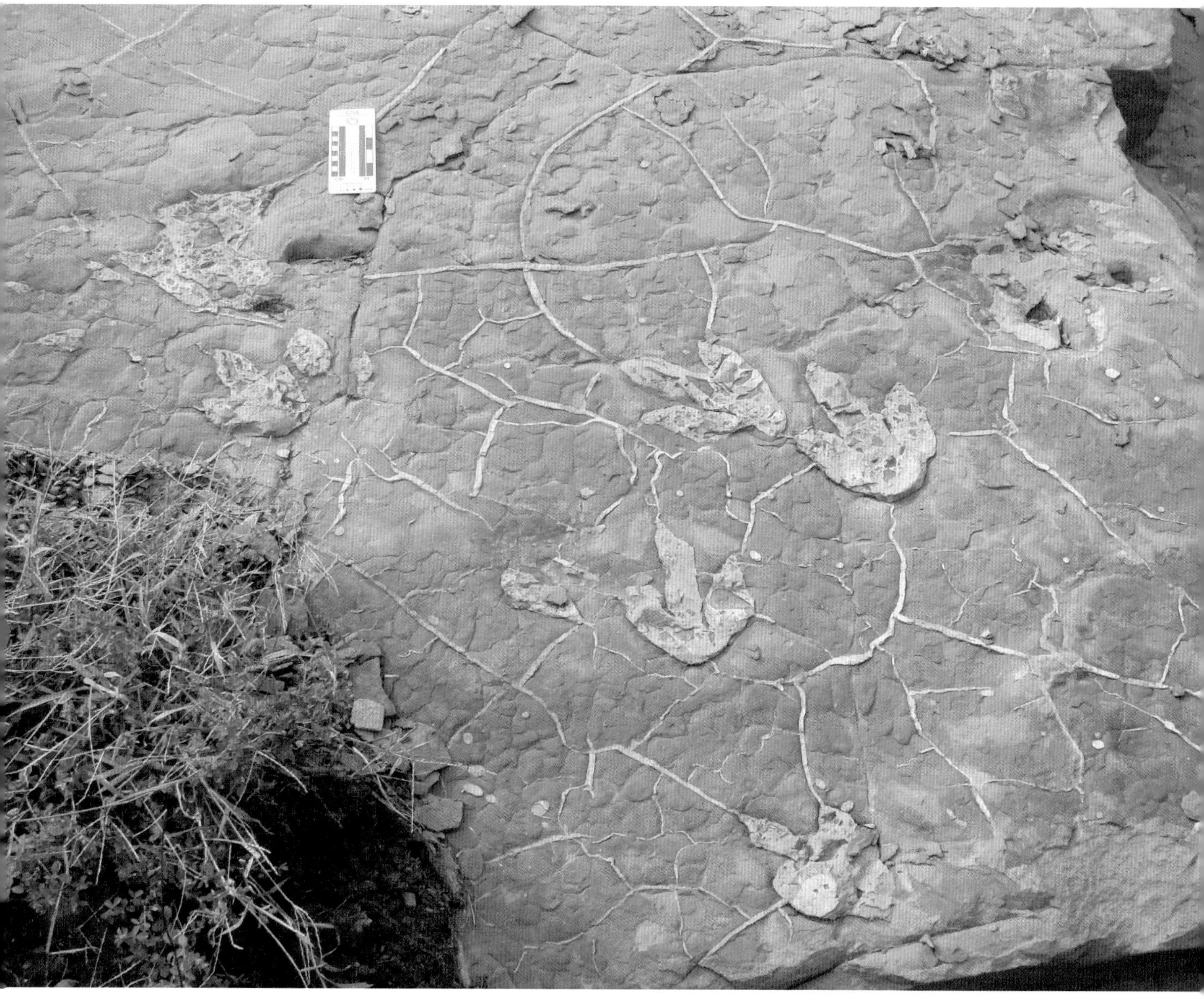

亚洲足迹未定种（*Asianopodus* isp.）野外照片（引自 Li et al.，2015，有修改）

大部分足迹保存为上层面上凸型。

山东莒南县岭泉镇后左山，下白垩统大盛群田家楼组

深度下陷的亚洲足迹未定种（*Asianopodus* isp.）野外照片

该足迹常与鸟脚龙足迹（*Ornithopodichnus*）及小龙足迹（*Minisauripus*）共生。

山东莒南县岭泉镇后左山，下白垩统大盛群田家楼组

小型三趾型兽脚类跷脚龙足迹未定种（*Grallator* isp.）野外照片

A 中足迹中趾（Ⅲ趾）很长，中趾凸度值很大；B 中足迹个体较小，中趾（Ⅲ趾）很长，两侧趾保存欠佳。兽脚类是后左山地质公园内恐龙足迹的主要类型之一，足迹长约 9.1 cm，宽约 4.8 cm，长宽比值为 1.91。山东莒南县岭泉镇后左山，下白垩统大盛群田家楼组

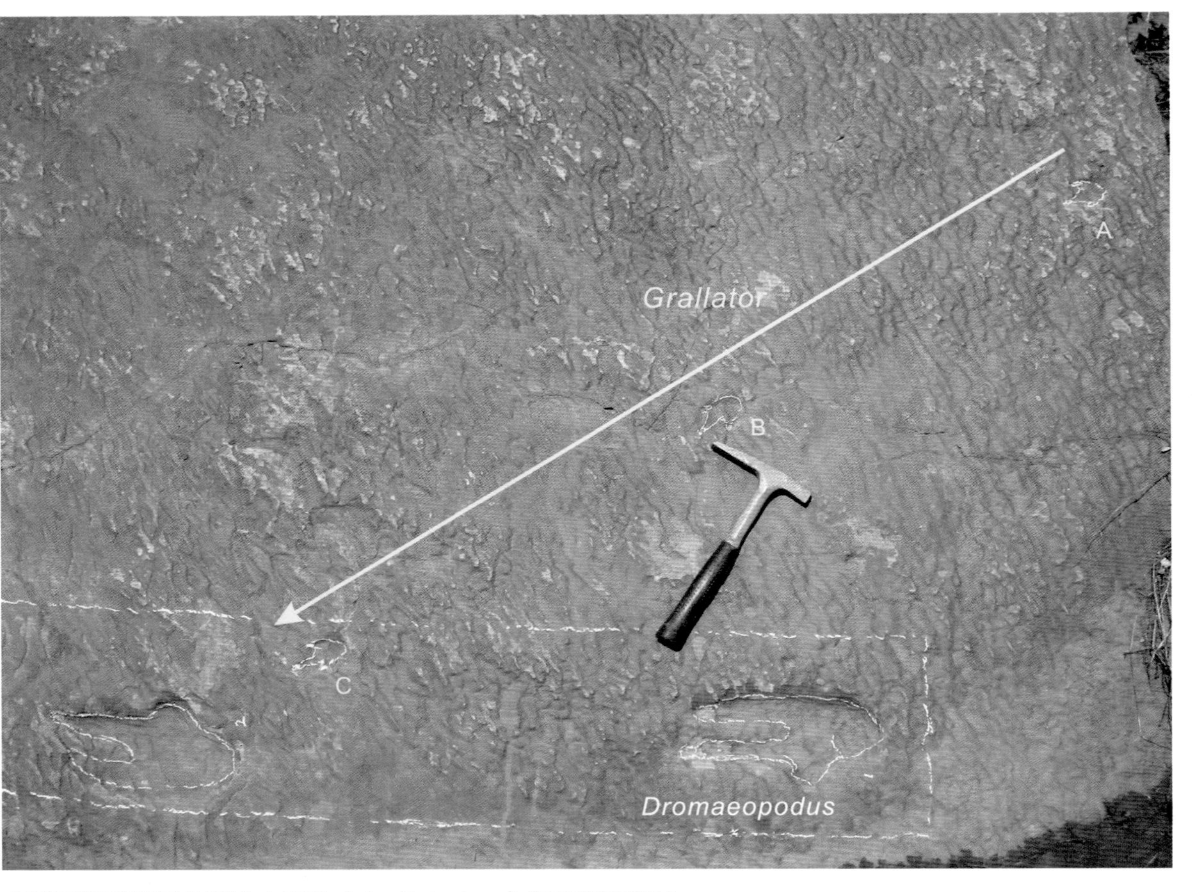

小型三趾型跷脚龙足迹未定种（*Grallator* isp.）行迹野外照片

行迹由 A、B、C 共 3 枚足迹构成，箭头标示行迹运动方向；兽脚类足迹 *Grallator* 与驰龙足迹 *Dromaeopodus* 共生于 1 个层面之上。从保存状态看，两种足迹的形成时间大致相同。层面上有小型流水波痕发育。

山东莒南县岭泉镇后左山，下白垩统大盛群田家楼组

鸟脚龙足迹未定种（*Ornithopodichnus* isp.）照片（引自李日辉等，2005，有修改）

此足迹为山东鸟脚类足迹最早的发现报道。足迹长 27 cm，宽 30 cm，为小中型鸟脚类恐龙足迹。

山东莒南县岭泉镇后左山，下白垩统大盛群田家楼组

鸟脚龙足迹未定种（*Ornithopodichnus* isp.）照片（引自李日辉等，2005，有修改）

此足迹同为山东最早发现报道的鸟脚类恐龙足迹。左侧的足迹只揭露出足尖部分；右侧的足迹很完整，后部保留了部分蹠骨的印迹。

山东莒南县岭泉镇后左山，下白垩统大盛群田家楼组

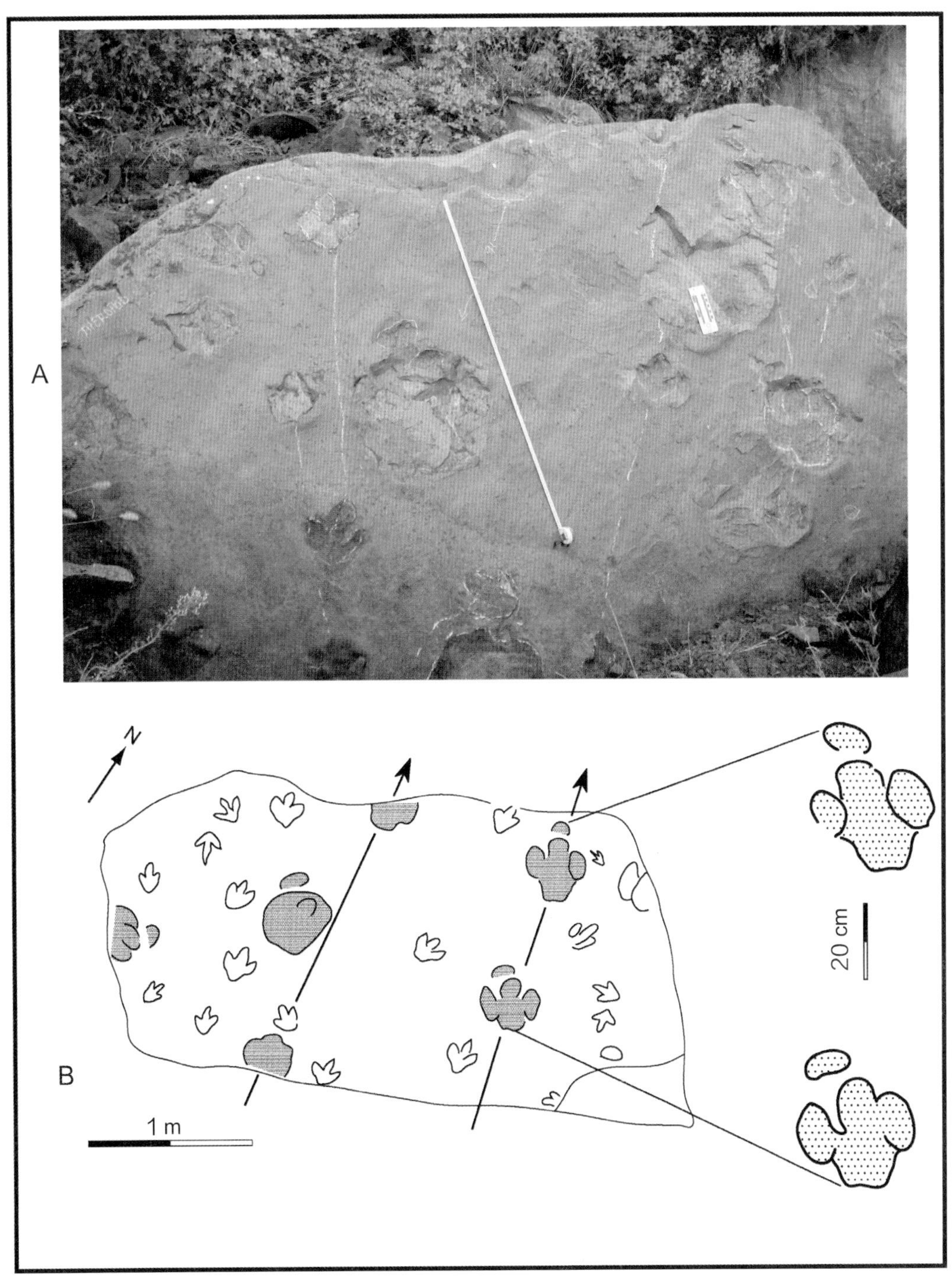

鸟脚龙足迹未定种（*Ornithopodichnus* isp.）行迹照片（引自 Li et al.，2015，有修改）

带阴影的足迹为鸟脚龙足迹（*Ornithopodichnus*），层面上保存有两条行迹和 1 枚孤单足迹（最左），可见椭圆形的前足迹。该层面还共生有很多小型三趾型跷脚龙足迹（*Grallator*）。

山东莒南县岭泉镇后左山，下白垩统大盛群田家楼组

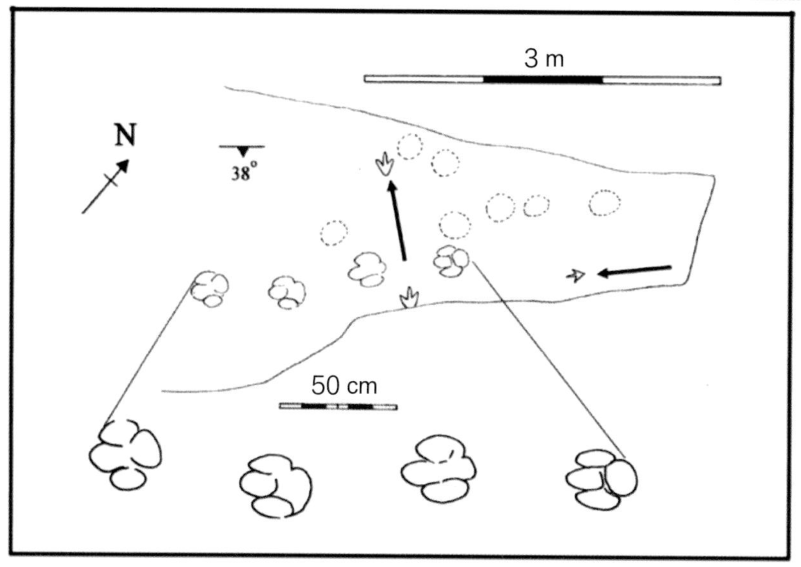

鸟脚龙足迹未定种（*Ornithopodichnus* isp.）行迹照片及解释图（引自 Li et al.，2015）

4 枚鸟脚龙足迹构成 1 条行迹。该化石点的鸟脚龙足迹较韩国的模式种小，足迹长 26~31 cm，宽 27~30 cm，长宽比值为 0.9~1.1。层面上鸟脚类与兽脚类足迹（小型三趾型足迹）共生。虚线圆圈为幻迹。山东莒南县岭泉镇后左山，下白垩统大盛群田家楼组

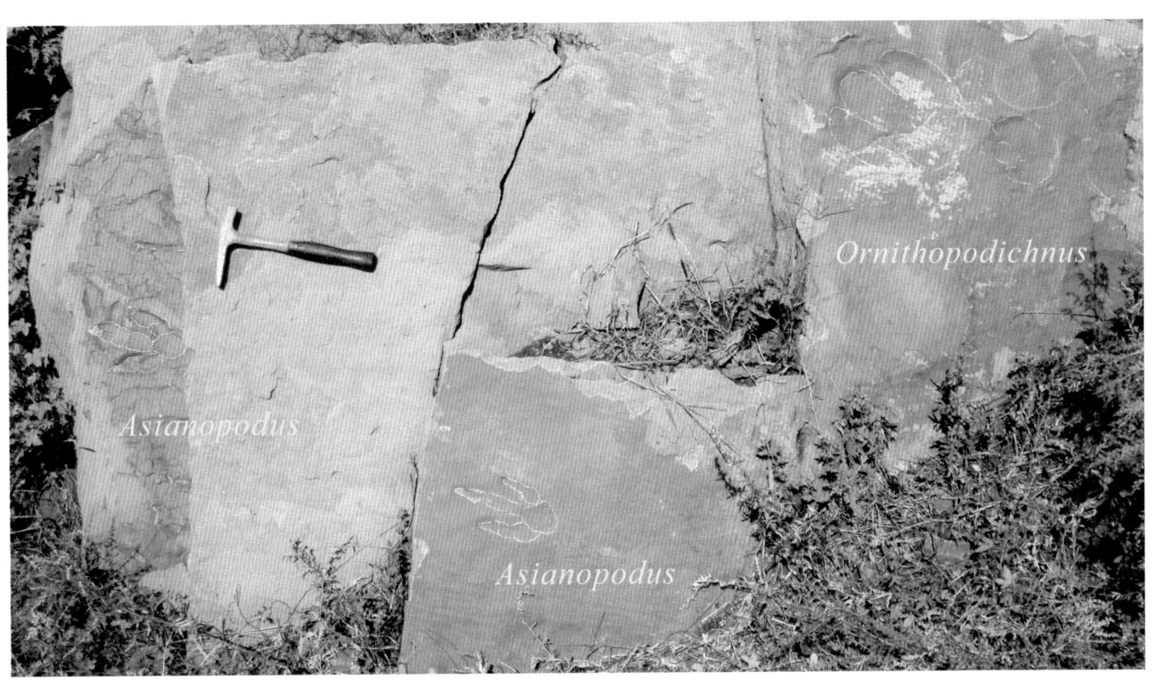

鸟脚龙足迹（*Ornithopodichnus*）与兽脚类亚洲足迹（*Asianopodus*）层面共生照片

中间的兽脚类足迹和右边的鸟脚类足迹在同一层面上共生，左边的兽脚类足迹层位略低。

山东莒南县岭泉镇后左山，下白垩统大盛群田家楼组

鸟脚龙足迹未定种（*Ornithopodichnus* isp.）行迹照片（引自 Li et al.，2015，有修改）

层面上均为鸟脚类足迹，其中 4 枚足迹（a–d）构成 1 条完整的行迹，行迹方向向上。

山东莒南县岭泉镇后左山，下白垩统大盛群田家楼组

2.5.4 诸城

诸城是中国的恐龙之乡，其规模宏大、保存精美的晚白垩世恐龙骨骼化石世界闻名。诸城的恐龙足迹在国内外也很有名，黄龙沟、张祝河湾和棠棣戈庄等地均为著名足迹点。

(1)黄龙沟

位于诸城市皇华镇的黄龙沟足迹化石点是目前世界上排名第3位的大型白垩纪足迹点，其约有3 000多枚足迹，包括兽脚类、蜥脚类恐龙和龟鳖类的足迹。Lockley等(2015)认为，从描绘和记录的足迹数量等方面考量，黄龙沟是目前山东乃至全中国最大的足迹化石点。

黄龙沟的足迹化石由李日辉发现于2000年，当时的考察得到大山村村民郭金宝的帮助。最初，化石露头很小，位于陡坡底部的一条小河的河床上。出露面积约100 m^2，足迹共145枚。李日辉等研究认为其主要为兽脚类恐龙足迹，按足迹大小和形态将其分为A、B、C等3种形态类型，并命名了新足迹属——肥壮足迹(*Corpulentapus*)，种名为东方百合肥壮足迹(*Corpulentapus lilasia*)(Li et al., 2011)。肥壮足迹与其他兽脚类足迹的区别在于其外观如同百合花，与鸟脚类足迹类似。中趾凸度不大(长宽比值为0.77)，但足迹长略大于足迹宽(长平均为11.8 cm，宽平均为10.8 cm，长宽比值为1.8)，且爪迹明显，步长很大(约5.6倍于足长)。

2010年，诸城市旅游局等部门组织专业人员对黄龙沟足迹点进行大规模挖掘，挖掘面积达1 900m^2。Lockley等(2015)研究认为其足迹数量超过2 200个，分布在5个连续的薄层中，主要位于第4层层面。尽管足迹数量增多，但兽脚类足迹类型的发现和挖掘前差别不大，却增加了蜥脚类足迹和龟鳖类足迹。其中龟鳖类足迹乃是国内的首次研究报道(Lockley et al., 2012b，2012c)。

黄龙沟的兽脚类足迹包括3种，大型足迹的数量比较少，前期仅发现3个(Li et al., 2011)，后期发现6条行迹；足迹平均长29.4 cm，平均宽20.5 cm，长宽比值为1.43，步长是足长的3.8倍(Lockley et al., 2015)，应归入实雷龙足迹(*Eubrontes*)。除了小型的肥壮足迹(*Corpulentapus*)，另一种大小与其相似的小型足迹(足长10~13 cm)是数量最多的足迹类型，可归入杨氏跷脚龙足迹(*Grallator yangi*，即原来的杨氏拟跷脚龙足迹*Paragrallator yangi*)(Lockley et al., 2015)。

黄龙沟的足迹化石产出层位为下白垩统莱阳群杨家庄组，已往的研究曾将其定为龙旺庄组。实际上，在诸城一带，杨家庄组相当于莱阳一带的龙旺庄组（河流相）及其下的水南组（湖泊相）。

黄龙沟足迹化石点挖掘前后的地貌对比图（引自 Lockley et al., 2015）

A 为挖掘前（摄于 2008 年）；B 为挖掘后剥露出的巨大层面，图中近于垂直拐弯的大型凹坑为蜥脚类恐龙行迹（摄于 2010 年）；C 为挖掘后搭建的简易棚架及宣传栏（摄于 2011 年）。

山东诸城市皇华镇大山村，下白垩统莱阳群杨家庄组

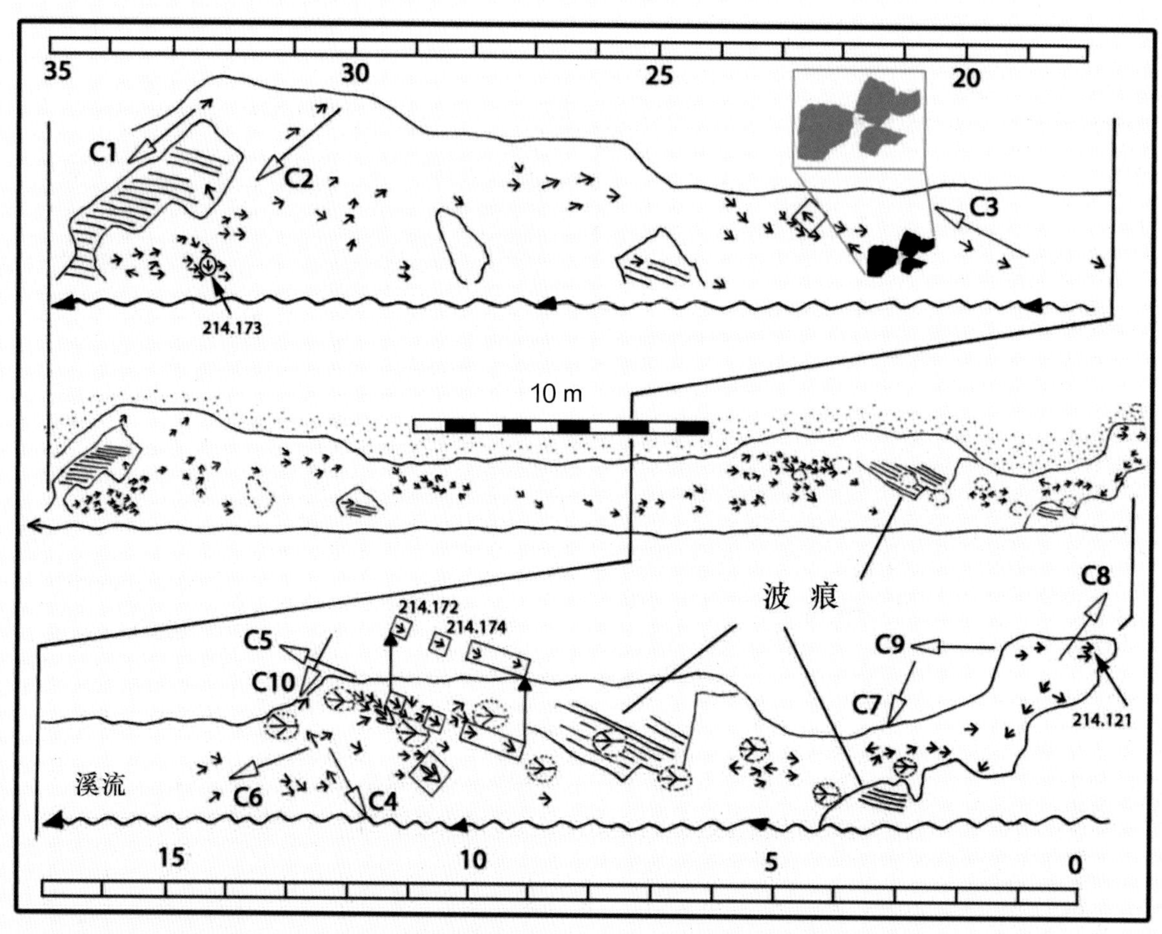

黄龙沟足迹点原露头及足迹分布轮廓图（未挖掘前，2006）（引自 Li et al.，2011）

中间部分为原来的露头全图，上图和下图是将全图左、右两分的放大图。

C1–C10 为东方百合肥壮足迹（*Corpulentapus lilasia*）的行迹。其中 C5 为正模标本，大量的小型三趾型足迹为杨氏跷脚龙足迹 *Grallator yangi*，空心箭头指示行迹方向，方框内的足迹已制作胶模，椭圆形虚线标示幻迹（undertrack）。上图中的灰色和黑色部分为已采集的标本。

山东诸城市皇华镇大山村，下白垩统莱阳群杨家庄组

挖掘后不久的黄龙沟足迹点现场照片（摄于 2010 年 9 月）

竖起的钢管支架用于架设简易顶棚；层面上涂抹了丙酮防护液，防止足迹被进一步风化剥蚀。不同层面上波痕均十分发育，但水流方向并不相同

挖掘后不久的黄龙沟足迹点现场照片（摄于 2010 年 9 月）

原足迹露头位于左下方坡底的河床上，坡面较陡

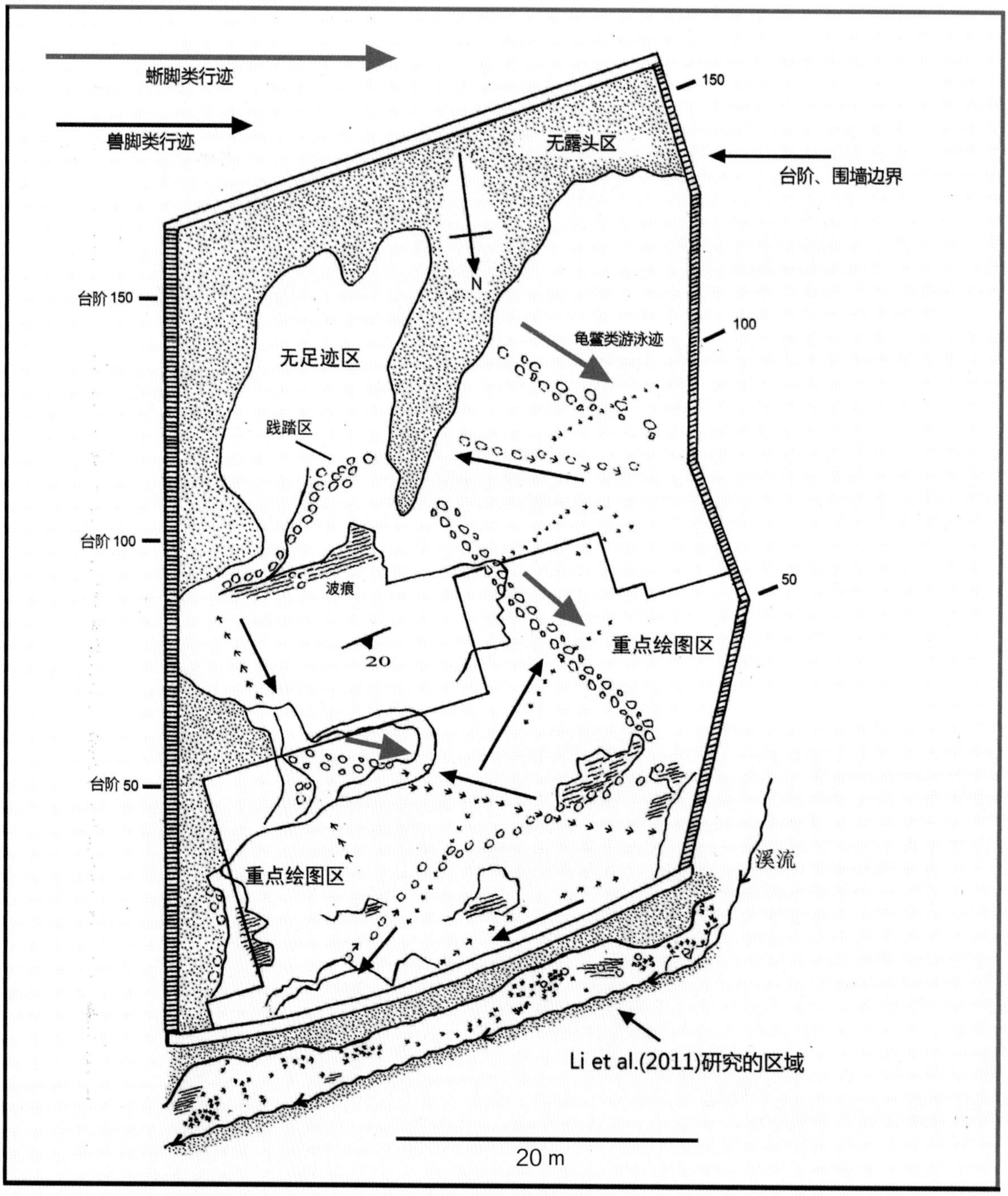

黄龙沟足迹点足迹分布全景图（引自 Lockley et al.，2015）

山东诸城市皇华镇大山村，下白垩统莱阳群杨家庄组

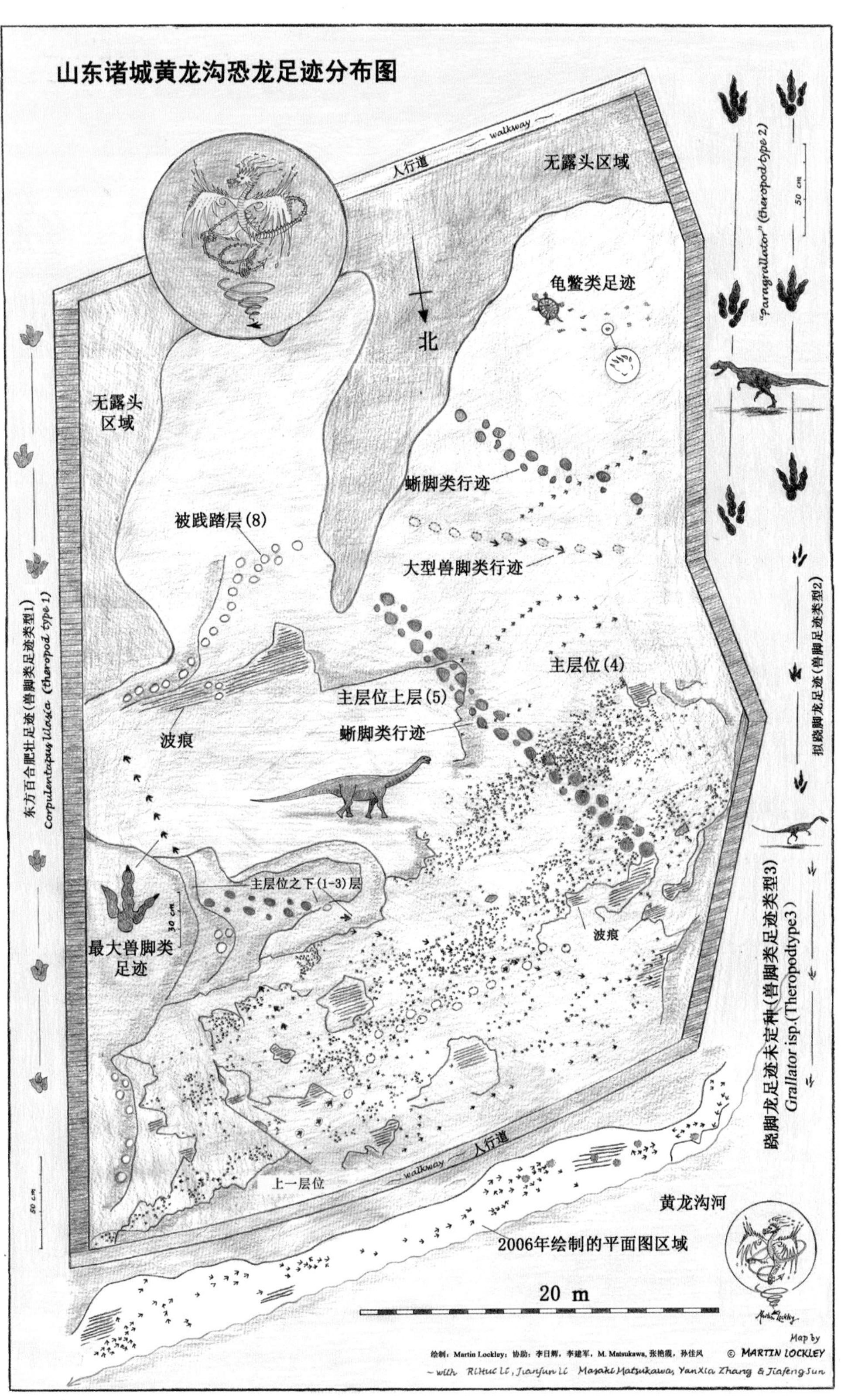

黄龙沟足迹点足迹分布及造迹恐龙综合图（引自 Lockley et al.，2011）

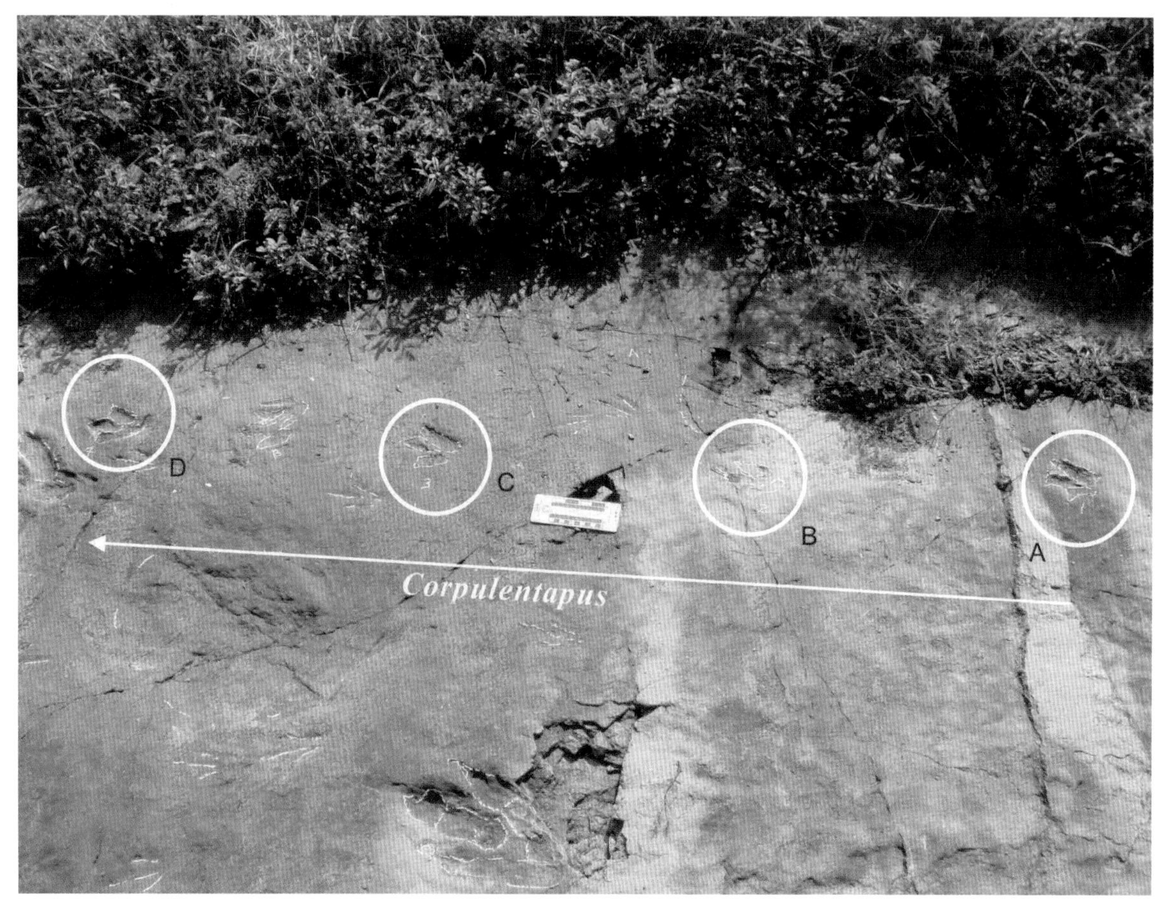

东方百合肥壮足迹（*Corpulentapus lilasia*）正模标本（引自 Li et al.，2011，有修改）

东方百合肥壮足迹是李日辉等（Li et al.，2011）建立的兽脚类恐龙的新足迹属种。

正模标本为 1 条行迹，由 4 个上凹的足迹（A、B、C、D）构成。箭头标示行迹运动方向。

足迹形态类似百合花，足迹长略大于足迹宽（平均长为 11.8 cm，平均宽为 10.8 cm，长宽比值为 1.09）；趾垫不甚清晰，中趾凸度弱，最大特征是爪迹较钝；步长很大（平均步长为 66.4 cm），约是足长的 5.6 倍。

根据黄龙沟 25 条肥壮足迹行迹推测，其造迹恐龙的运动速度为 1.7~3.2 m/s，时速为 6.2~11.2 km，与该点大型兽脚类实雷龙足迹（*Eubrontes*）造迹恐龙的速度（时速为 8~10 km）接近。

山东诸城市皇华镇大山村黄龙沟，下白垩统莱阳群杨家庄组

东方百合肥壮足迹（*Corpulentapus lilasia*）正模足迹照片（引自 Li et al.，2011，略有修改）

该足迹为正模行迹中的第 1 个足迹（右足迹）。

山东诸城市皇华镇大山村黄龙沟，下白垩统莱阳群杨家庄组

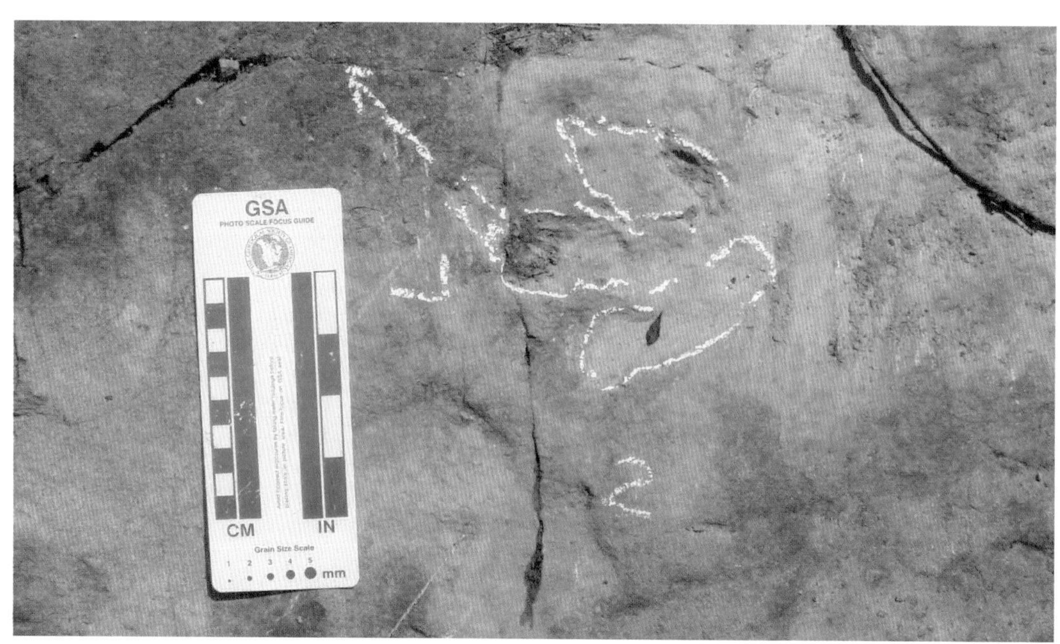

东方百合肥壮足迹（*Corpulentapus lilasia*）正模足迹照片

该足迹为正模行迹中的第 2 枚足迹（编号为 B，左足迹）。

山东诸城市皇华镇大山村黄龙沟，下白垩统莱阳群杨家庄组

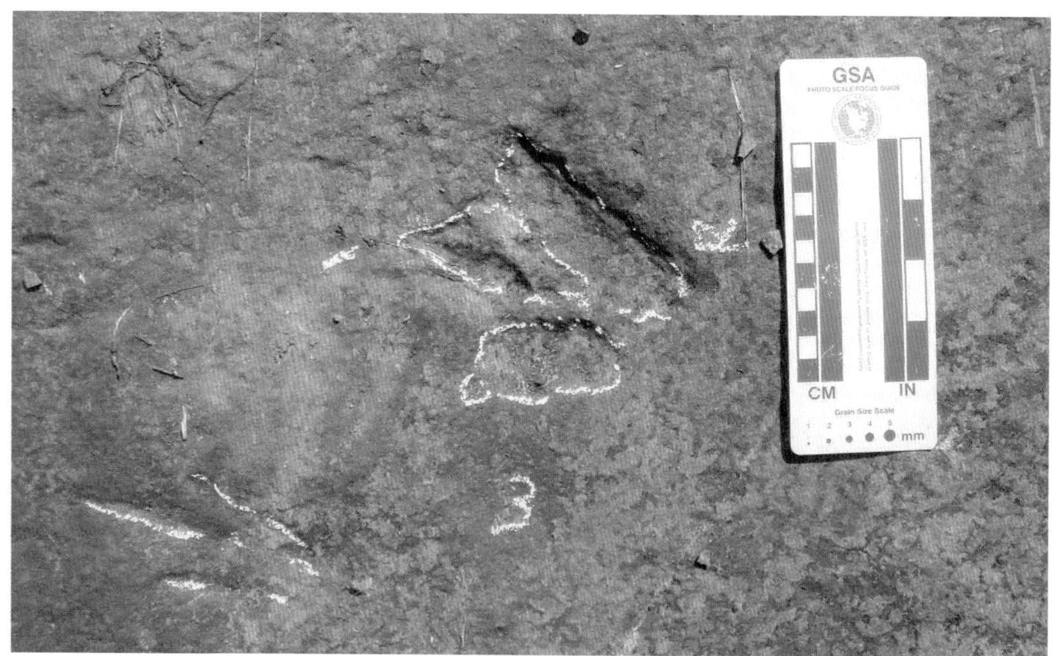

东方百合肥壮足迹（*Corpulentapus lilasia*）正模足迹照片

该足迹为正模行迹中的第 3 枚足迹（编号为 C，右足迹），其左下方为共生的三趾型兽脚类足迹 *Grallator*。

山东诸城市皇华镇大山村黄龙沟，下白垩统莱阳群杨家庄组

东方百合肥壮足迹（*Corpulentapus lilasia*）正模足迹照片

图中左侧足迹为正模行迹中的第 4 枚足迹（编号为 D，左足迹）。

山东诸城市皇华镇大山村黄龙沟，下白垩统莱阳群杨家庄组

东方百合肥壮足迹（*Corpulentapus lilasia*）行迹照片

该行迹由两枚足迹组成，右边（第 1 枚）为右足迹，左边（第 2 枚）为左足迹。

山东诸城市皇华镇大山村黄龙沟，下白垩统莱阳群杨家庄组

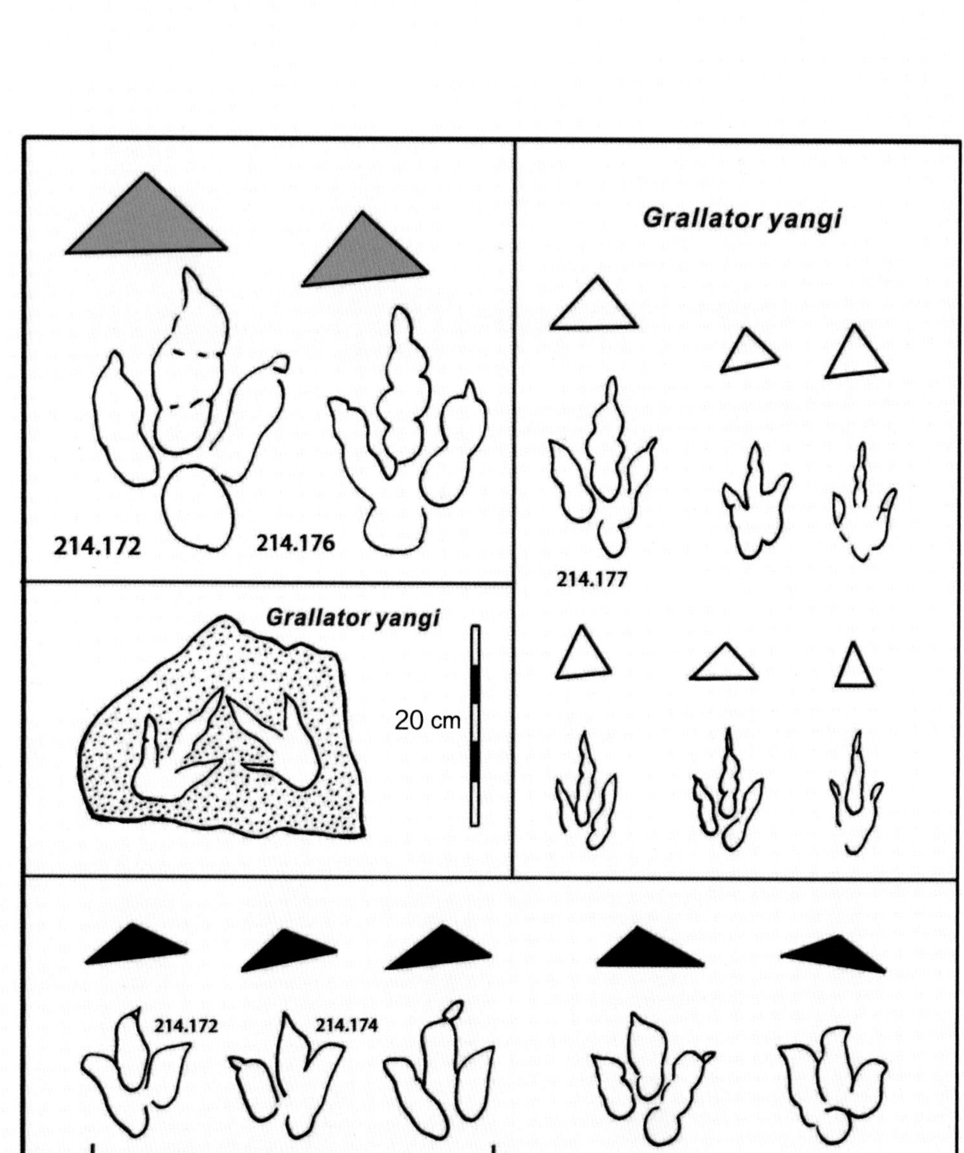

肥壮足迹（*Corpulentapus*）与黄龙沟其他兽脚类足迹指尖三角形比较（引自 Li et al.，2011）

左上栏为较大型的似实雷龙足迹（cf. *Eubrontes*）；左中栏和右栏为杨氏跷脚龙足迹（*Grallator yangi*），其中左中栏为杨氏跷脚龙足迹（*Grallator yangi*）的正模标本；下方一栏为东方百合肥壮足迹（*Corpulentapus lilasia*），如图所示，肥壮足迹的中趾凸度很弱

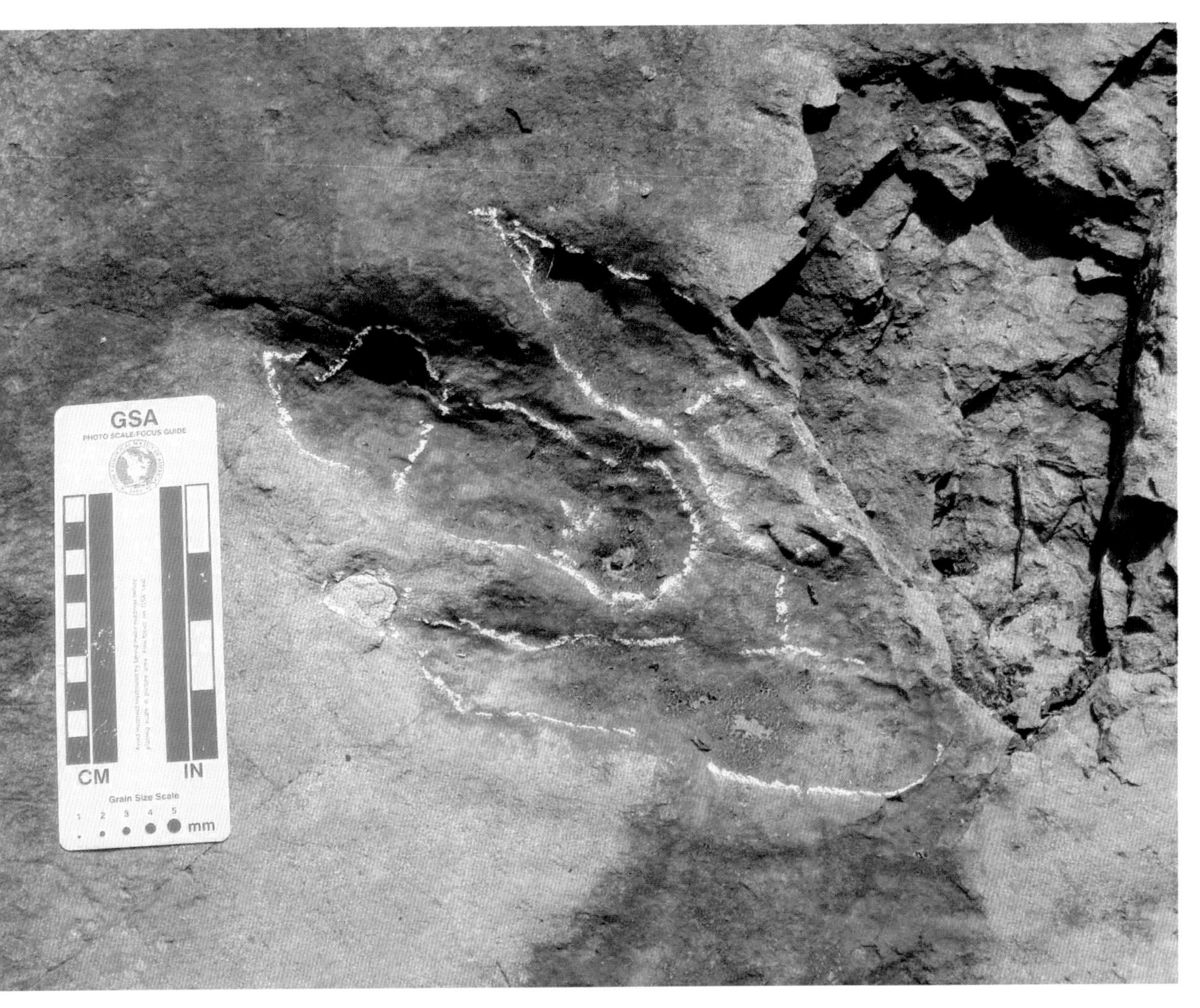

黄龙沟足迹点大型兽脚类足迹似实雷龙足迹（cf. *Eubrontes*）野外照片

化石原产层位在沟底，现已被新建筑掩埋。足迹长 30 cm，宽 15.6 cm，长宽比值为 1.92。

山东诸城市皇华镇大山村，下白垩统莱阳群杨家庄组

黄龙沟足迹点大型兽脚类足迹（cf. *Eubrontes*）野外照片

足迹位于新挖掘的足迹区内，层面上有涂抹丙酮的痕迹。

山东诸城市皇华镇大山村，下白垩统莱阳群杨家庄组

似实雷龙足迹（cf. *Eubrontes*）野外照片

a为1条似实雷龙行迹，其至少由5枚足迹构成；b为1条蜥脚类恐龙足迹的幻迹，行迹方向难以判断。

山东诸城市皇华镇大山村黄龙沟，下白垩统莱阳群杨家庄组

杨氏跷脚龙足迹（*Grallator yangi*）野外照片

图中杨氏跷脚龙足迹为小型三趾型足迹，左下方稍大的足迹为东方百合肥壮足迹（*Corpulentapus lilasia*）。杨氏跷脚龙足迹方向大多为由右向左，但也有少数方向为由下向上。

化石原产于沟底，现已被新建筑掩埋。

山东诸城市皇华镇大山村黄龙沟，下白垩统莱阳群杨家庄组

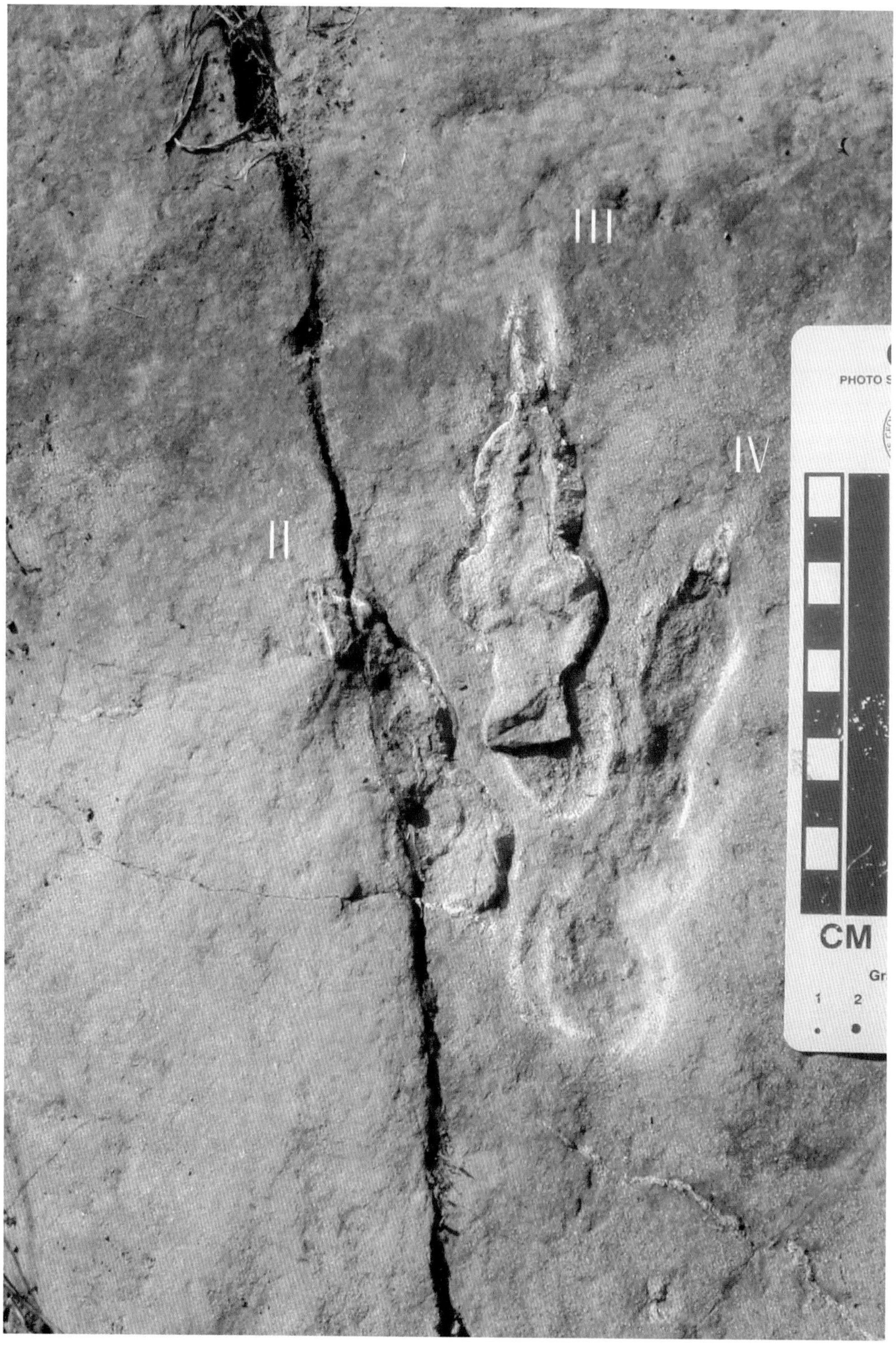

杨氏跷脚龙足迹（*Grallator yangi*）野外照片

足迹为三趾型，为典型的趾行式。罗马字母为趾编号。化石原产于沟底，现已被新建筑掩埋。

山东诸城市皇华镇大山村黄龙沟，下白垩统莱阳群杨家庄组

3 种类型的兽脚类足迹共生照片

层面上保存 3 种类型的兽脚类足迹。大型足迹为似实雷龙足迹（*cf. Eubrontes*），右上角的花状足迹为东方百合肥壮足迹（*Corpulentapus lilasia*），小型三趾者为杨氏跷脚龙足迹（*Grallator yangi*）。

山东诸城市皇华镇大山村黄龙沟，下白垩统莱阳群杨家庄组

层面上密集分布的杨氏跷脚龙足迹（*Grallator yangi*）照片

黄龙沟足迹点类似的层面大面积出露，跷脚龙足迹数量丰富。因此，在制图过程中仅对比较清晰的足迹进行了描摹和统计。但事实上，被风化剥蚀的足迹数量亦很多。

山东诸城市皇华镇大山村，下白垩统莱阳群杨家庄组

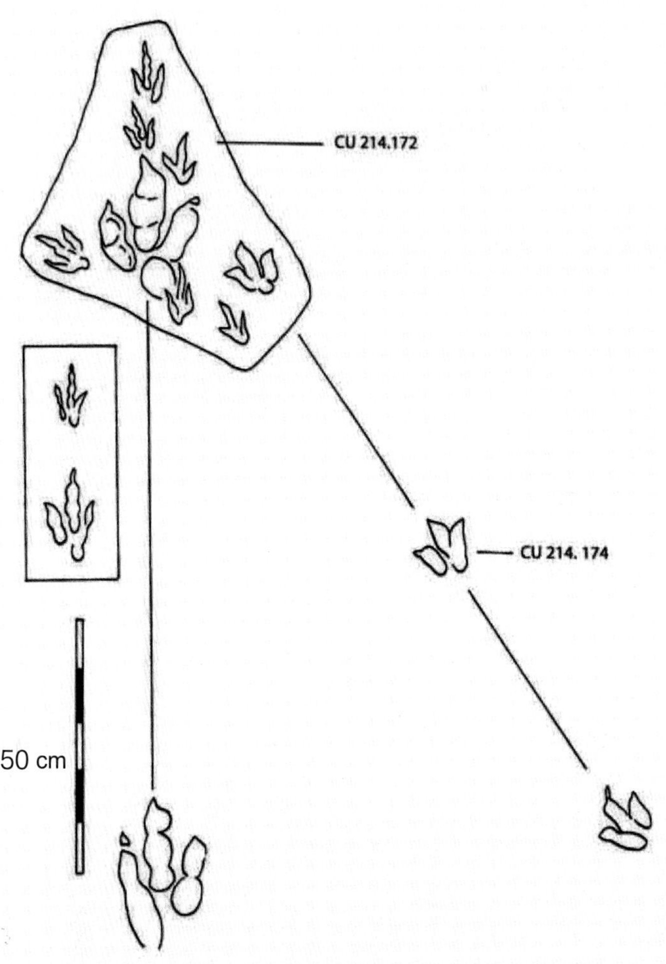

黄龙沟 3 种兽脚类足迹的形态对比图（引自 Li et al.，2011）

左侧最大的两枚足迹为似实雷龙足迹（cf.*Eubrontes*），小型三趾型者为杨氏跷脚龙足迹（*Grallator yangi*）；右侧为 1 条行迹，其中 3 个足迹为东方百合肥壮足迹（*Corpulentapus lilasia*）。

方框内的足迹已做胶模。

山东诸城市皇华镇大山村黄龙沟，下白垩统莱阳群杨家庄组

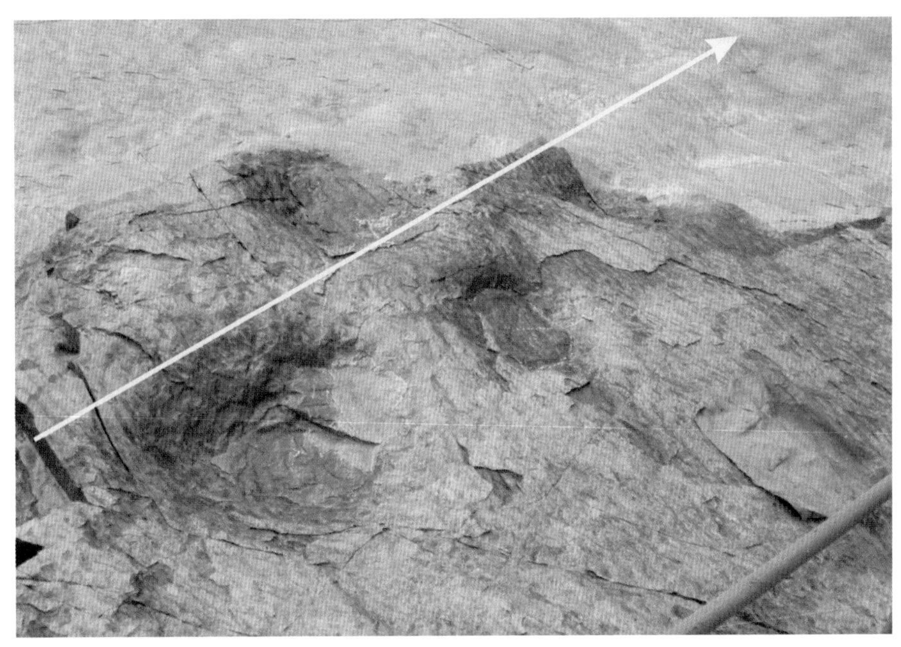

黄龙沟蜥脚类恐龙行迹野外照片

箭头标示恐龙行进方向。

山东诸城市皇华镇大山村，下白垩统莱阳群杨家庄组

黄龙沟蜥脚类足迹（属种未定）放大照片

该足迹为上图行迹中 1 个前足足迹的放大照片。

山东诸城市皇华镇大山村，下白垩统莱阳群杨家庄组

黄龙沟蜥脚类行迹（片段）照片

箭头标示行迹方向。

山东诸城市皇华镇大山村，下白垩统莱阳群杨家庄组

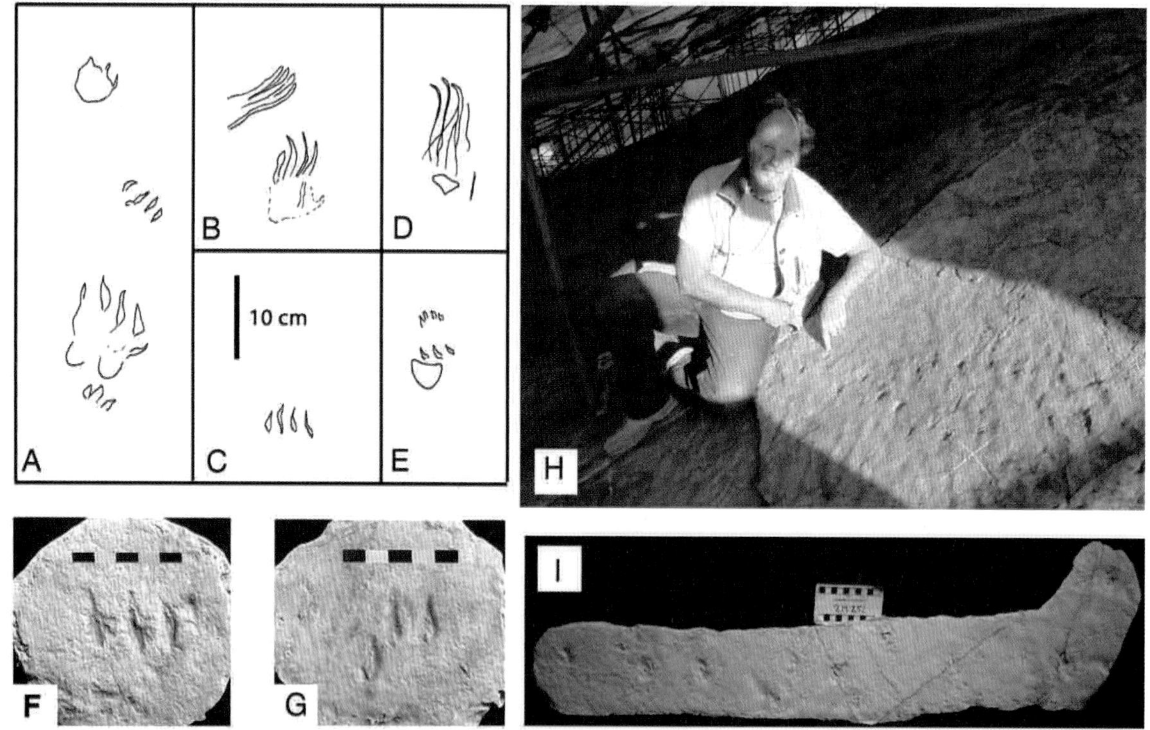

黄龙沟多种龟鳖类足迹照片及轮廓图（引自 Lockley et al.，2015）

A–E 为足迹模型线描图，F 为 C 的模型照片，G 为标本模型照片，H 为龟鳖类行迹野外照片，I 为 H 中行迹的模型。

山东诸城市皇华镇大山村，下白垩统莱阳群杨家庄组

黄龙沟龟鳖类足迹野外照片

照片中央为1条大型行迹，其两侧还有众多细小而成组的抓迹（白色圆圈内）；与龟鳖类足迹共生的还有杨氏跷脚龙足迹（*Grallator yangi*）（黄色箭头所示）、似实雷龙足迹（cf. *Eubrontes*）（白色箭头所示）等兽脚类足迹。图中标尺为10 cm。

山东诸城市皇华镇大山村，下白垩统莱阳群杨家庄组（龙旺庄组）

多种形态的龟鳖类足迹野外照片

山东诸城市皇华镇大山村，下白垩统莱阳群杨家庄组

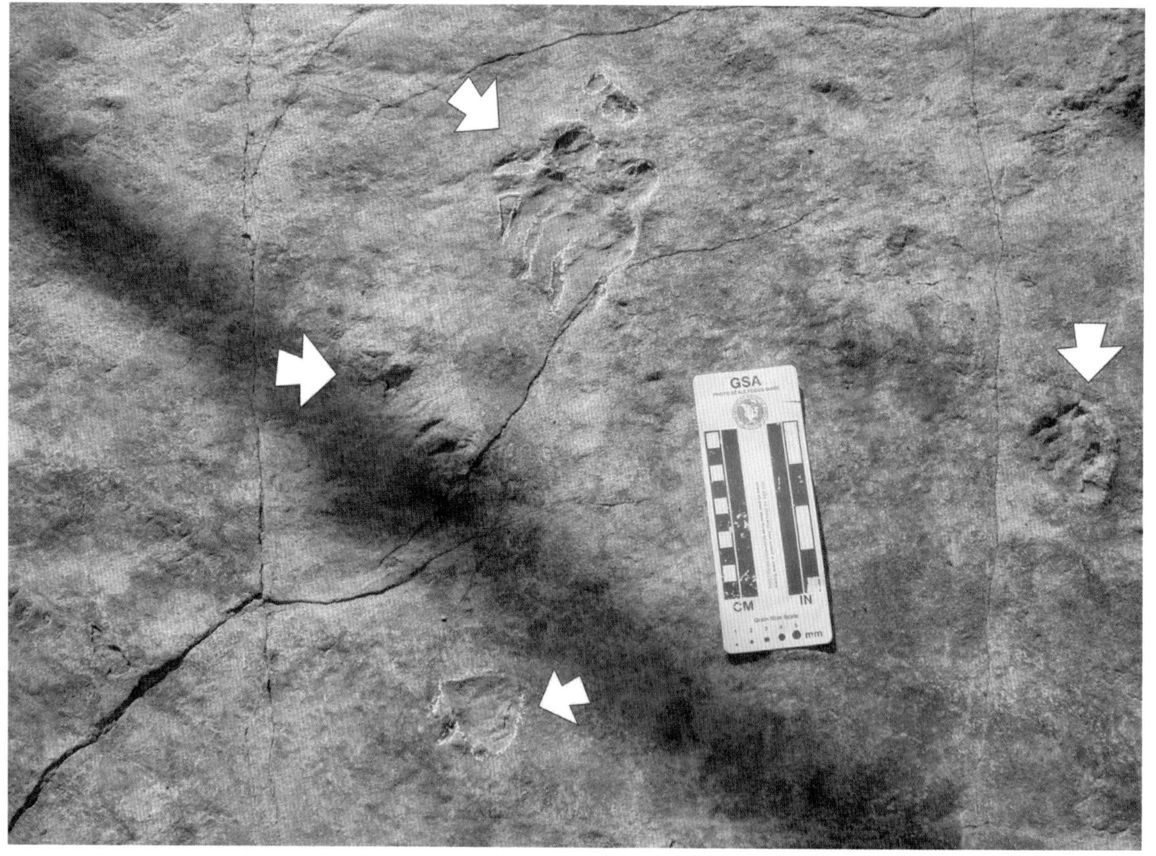

多种形态的龟鳖类足迹野外照片

如箭头所示，层面上龟鳖类抓迹丰富，足迹形态不尽相同，也并未组成连续的行迹。其原因可能是部分遗迹被流水破坏，未能保存。

山东诸城市皇华镇大山村，下白垩统莱阳群杨家庄组

(2)张祝河湾

张祝河湾的恐龙足迹点位于诸城市石桥子镇张祝河湾村附近，由邢立达等(Xing et al., 2010b)考察研究。该化石点规模很小，产出少量蜥脚类、鸟脚类和鸟类足迹化石。化石产于下白垩统莱阳群杨家庄组。该组岩石由韵律状粗砂岩、中-细砂岩、粉砂岩和页岩组成，足迹化石产于细砂岩层面。

张祝河湾足迹点露头(上图)及足迹层(下图)照片

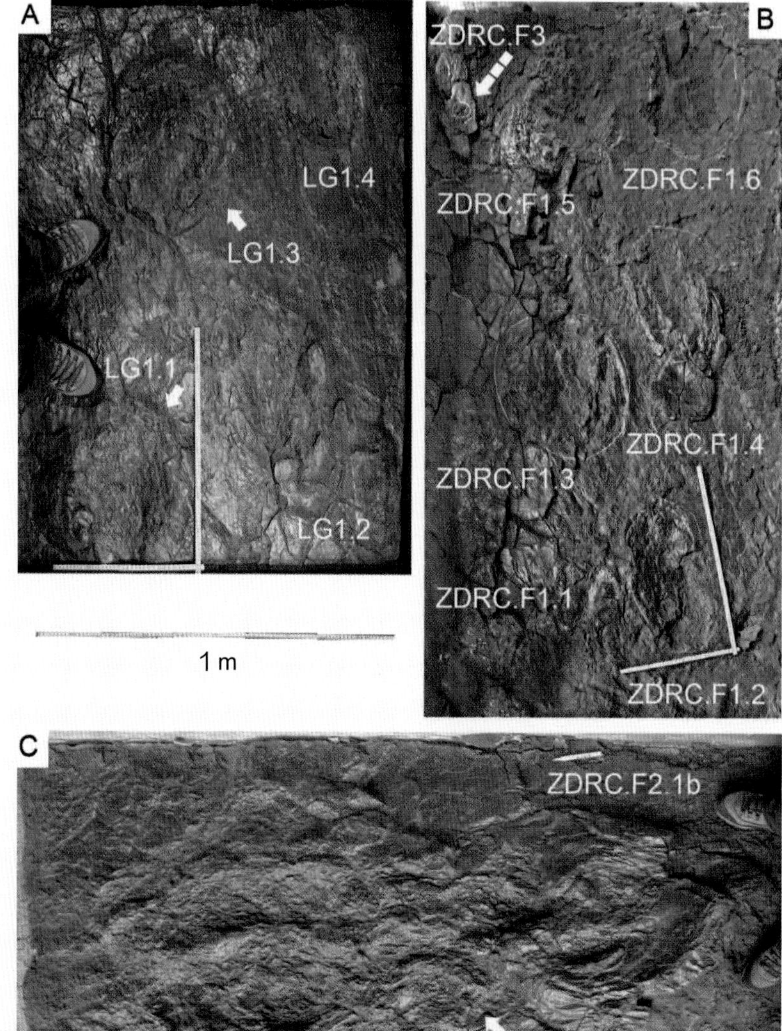

蜥脚类恐龙足迹照片（引自 Xing et al.，2010b）

4 枚足迹的足长范围为 37.4~44.5 cm，足宽范围为 25.2~31.8 cm。

山东诸城市石桥子镇张祝河湾村，下白垩统莱阳群杨家庄组

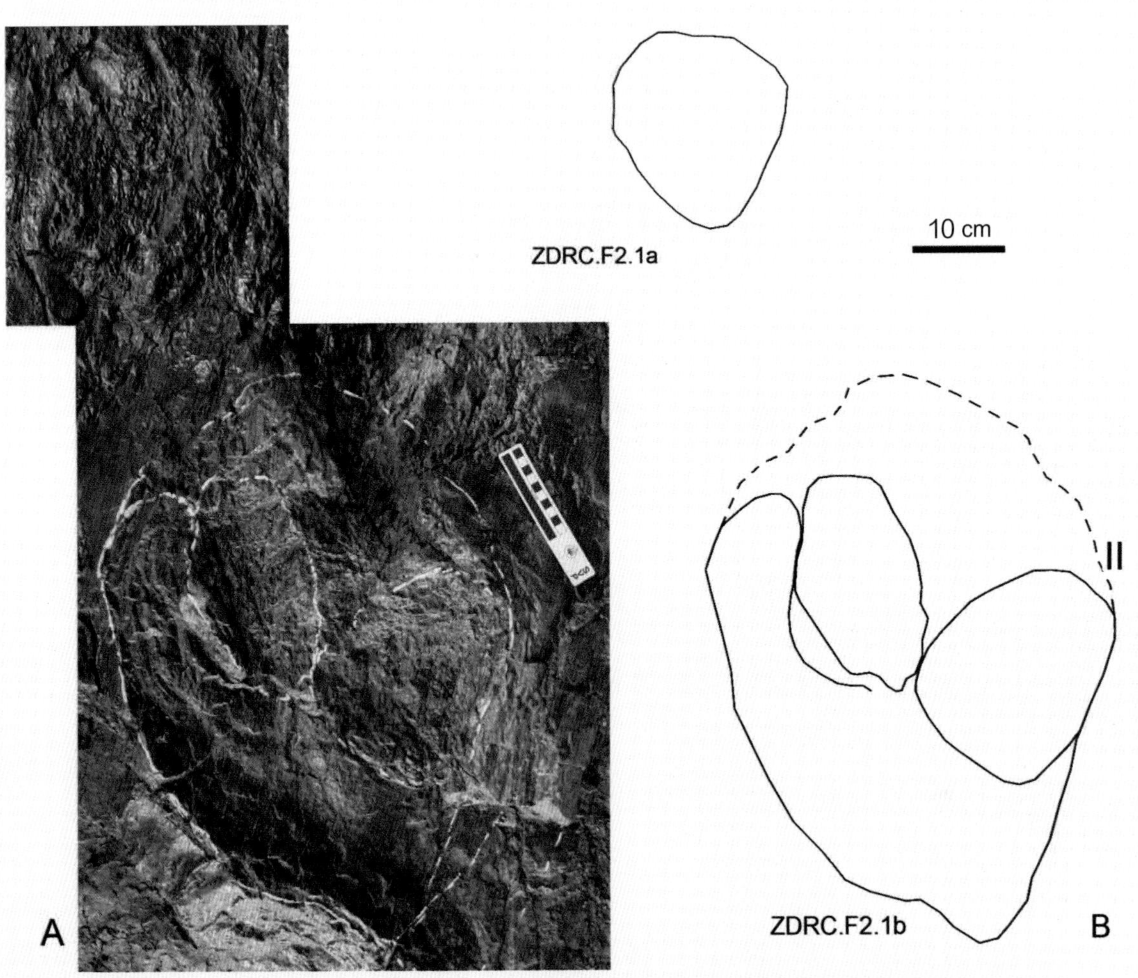

卡利尔足迹未定种（*Caririchnium* isp.）前、后足迹（引自 Xing et al.，2010b）

A 为足迹照片，B 为足迹轮廓图。

足迹为四足行走，前足长 20.3 cm，宽 18.5 cm，位于后足足迹之前，与后足第Ⅳ趾位于 1 条线上；后足长 49 cm，宽 33.5 cm，复步长 108 cm；Ⅲ、Ⅳ趾互相靠拢，而Ⅱ、Ⅲ趾趾叉较大，Ⅱ趾最短且最宽，Ⅲ趾最长且宽于Ⅳ趾；蹠趾区明显，足迹后部内凹。足迹可能为禽龙类足迹。

山东诸城市石桥子镇张祝河湾村，下白垩统莱阳群杨家庄组

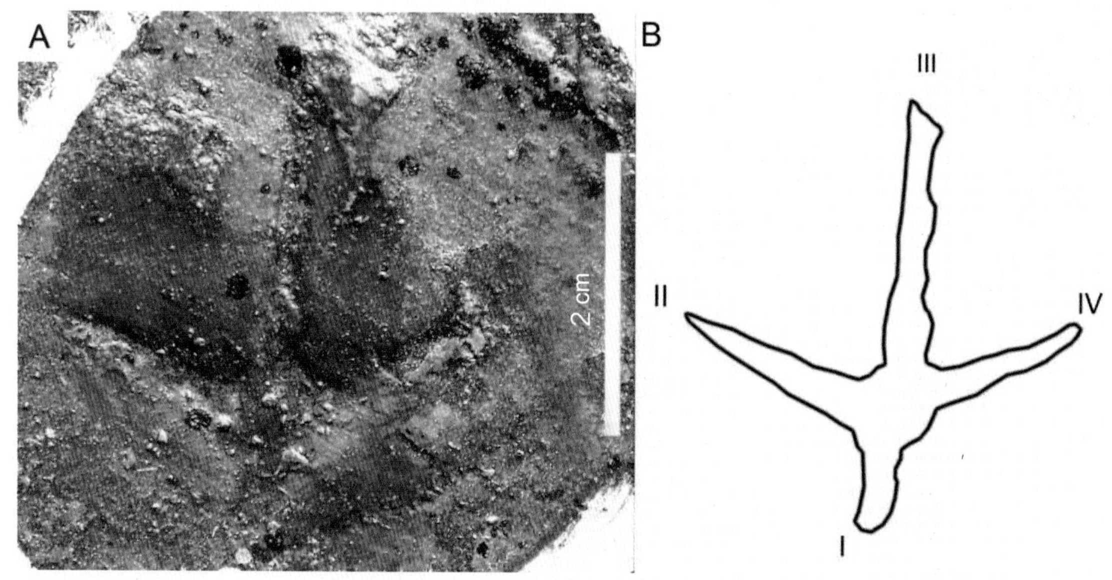

镇东鸟足迹属未定种（*Jindongornipes* isp.）照片及轮廓图（引自 Xing et al.，2010b）

该化石点仅发现 1 枚鸟类足迹化石。足迹为四趾型，趾迹纤细，足长略大于足宽（足长 3.1 cm，足宽 2.9 cm），Ⅱ、Ⅳ趾趾间角为 110° ~126° 。足迹被归入镇东鸟足迹属（*Jindongornipes*），该足迹属最早被发现于韩国下白垩统。

该足迹点的镇东鸟足迹是该足迹属在中国的首次发现。

山东诸城市石桥子镇张祝河湾村，下白垩统莱阳群杨家庄组。

（3）棠棣戈庄

棠棣戈庄化石点位于诸城市西北部的贾悦镇棠棣戈庄村附近。足迹化石点共两处（标记为A点和B点）。该化石点最早由王宝红等（2013）考察研究，足迹化石共有29枚，其中A点产出3枚足迹，B点产出26枚足迹，均为蜥脚类足迹。A点和B点的地层时代不同，前者层位低，时代稍早。A点的3个足迹化石风化严重，形态不规则，边界亦不清晰，尺寸较大（长径＞40 cm）；B点发现26枚卵圆形足迹，其中23枚足迹构成1条完整的拐弯的行迹。行迹南北方向最大直径为357 cm，行迹内外宽分别为24 cm和29 cm。足迹尺寸总体较小，为四足型，前足平均长30 cm，平均宽24 cm；后足平均长36 cm，平均宽24 cm。

邢立达等（Xing et al.，2015k）对棠棣戈庄化石点，特别是该点的拐弯恐龙足迹进行深入研究，认为其应是一种非常罕见的蜥脚类恐龙行迹类型。

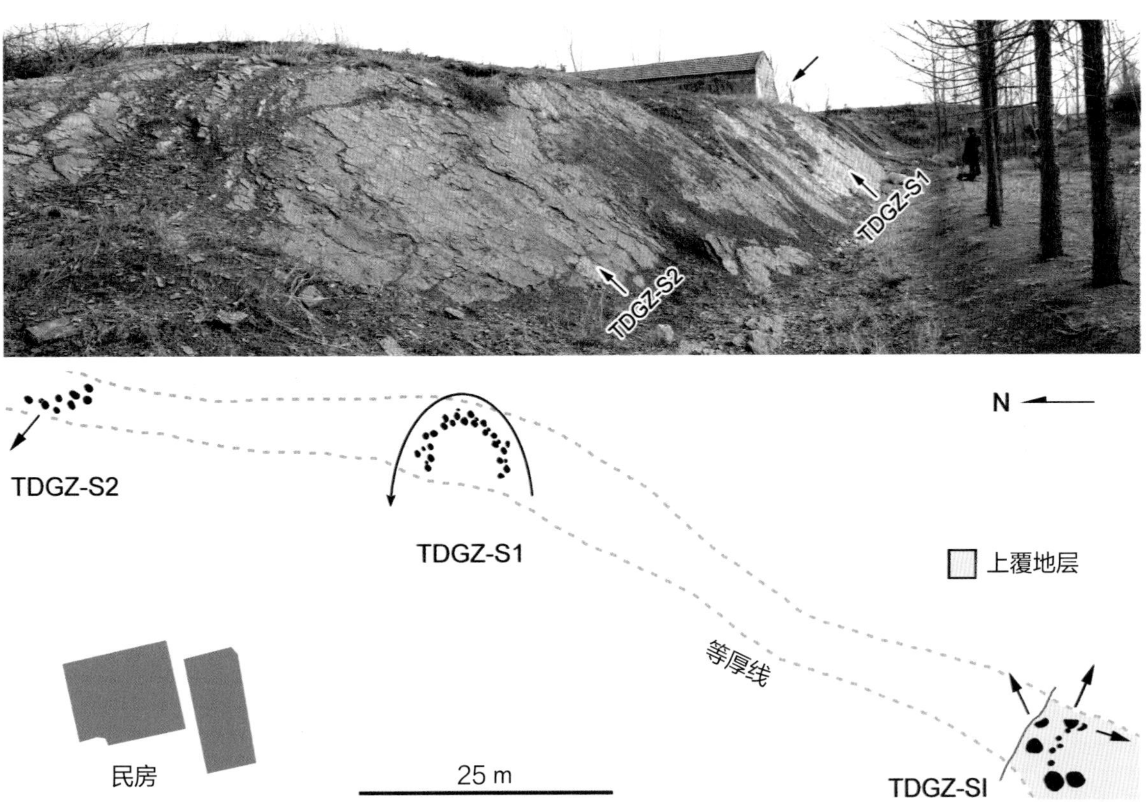

棠棣戈庄化石点露头照片及足迹分布示意图（引自 Xing et al.，2015k）

山东诸城市贾悦镇棠棣戈庄，下白垩统莱阳群杨家庄组

拐弯的蜥脚类行迹（编号为 TDGZ-S1）野外照片

图中地质锤长 28 cm。

山东诸城市贾悦镇棠棣戈庄，下白垩统莱阳群杨家庄组

拐弯的蜥脚类行迹（编号为 TDGZ-S1）照片及解释图（引自 Xing et al.，2015k）

这是 1 条罕见的半圆形、180° 拐弯的行迹，箭头标示足迹行进方向。LP 为左后足迹，RP 为右后足迹，LM 为左前足迹，RM 为右后足迹。该行迹由卵圆形小型足迹组成，后足长平均为 30.4 cm，宽平均为 24.6 cm；前足长平均为 11.3 cm，宽平均为 17 cm。

层面上裂隙十分发育，足迹有一定的风化剥蚀现象。

山东诸城市贾悦镇棠棣戈庄，下白垩统莱阳群杨家庄组

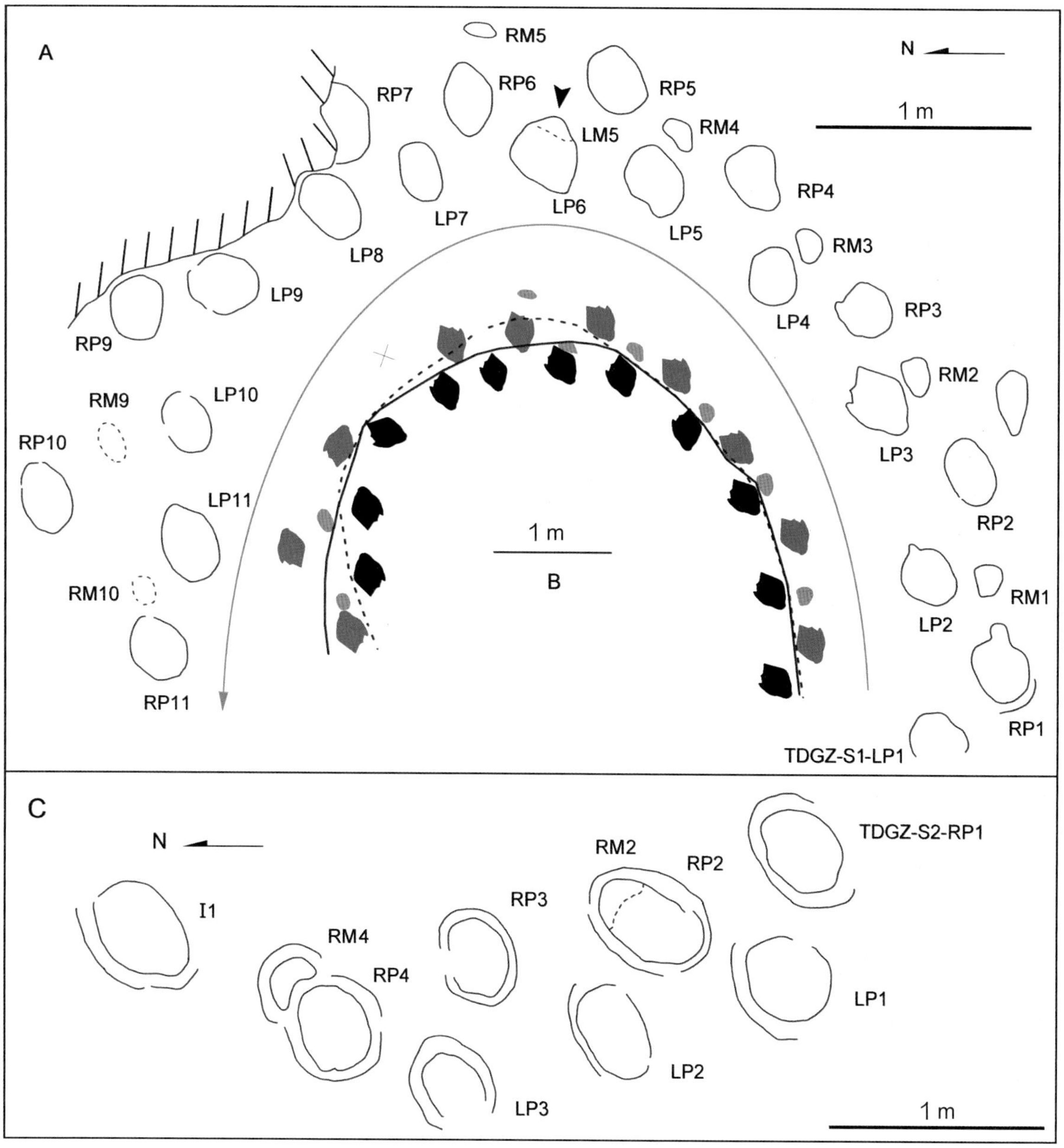

棠棣戈庄蜥脚类行迹轮廓解释图（引自 Xing et al.，2015k）

A 为转弯的行迹 TDGZ–S1；B 为根据 A 图描绘的理想化的足迹草图，蓝色部分为右后足迹，黑色部分为左后足迹，实线为后足迹中线，虚线为假想的前足迹中线。实线与虚线间的区域所示为前足偏离后足的偏离现象。研究认为，几乎所有前足迹为左后足迹所覆盖；C 中的行迹 TDGZ–S2 则是 1 条主要由小型恐龙后足迹组成的行迹，其左前足迹明显内撇。计算出的行迹 TDGZ–S1 的运动速度相当缓慢，为 1.26 km/h。

山东诸城市贾悦镇棠棣戈庄，下白垩统莱阳群杨家庄组

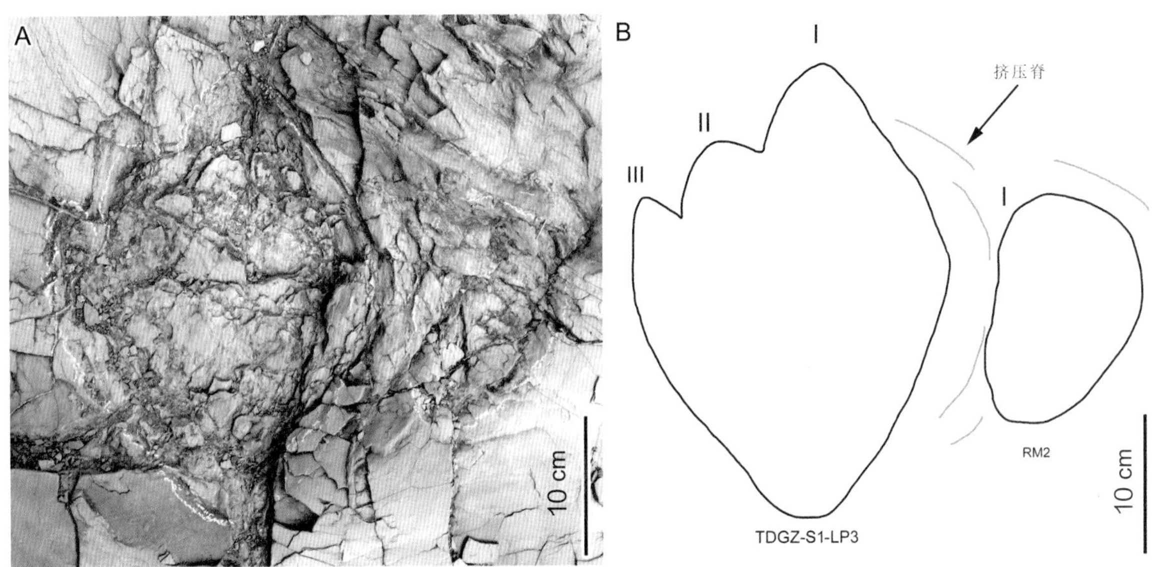

行迹 TDGZ-S1-LP3 照片及轮廓图（引自 Xing et al.，2015k）

该足迹为拐弯的蜥脚类行迹（编号为 TDGZS-1）中保存最好者。其为 1 枚左后足迹，呈纵长的卵圆形，具 3 个清晰的趾迹（Ⅰ、Ⅱ、Ⅲ趾），足长 35.5 cm，宽 26 cm。旁边为 1 枚右足迹（RM2）。如图所示，该足迹的挤压脊十分发育。

山东诸城市贾悦镇棠棣戈庄，下白垩统莱阳群杨家庄组

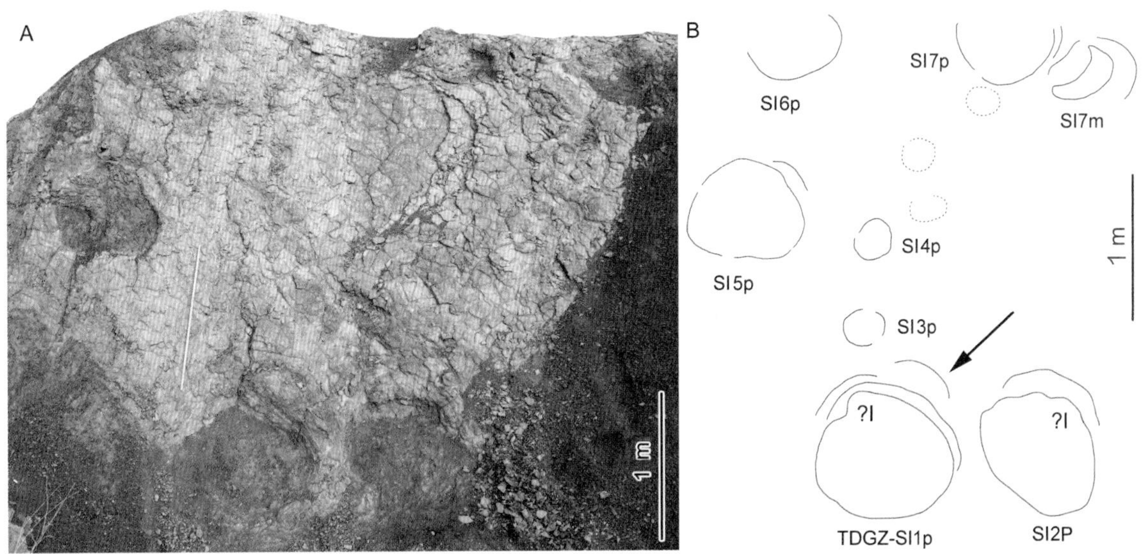

孤单的蜥脚类恐龙足迹照片及轮廓图（引自 Xing et al.，2015k）

TDGZ-SI1p-2p 和 TDGZ-SI5p-7p 为孤单的中至大型蜥脚类足迹，多为后足迹，保存状态差，风化严重。SI1p 是 1 个后足足迹，其尖部可能是Ⅰ趾的印迹。应当指出，SI7p 右边的 SI7m 可能是 1 个前足迹，但因保存状态不佳，故不能完全肯定。如图所示，足迹的挤压脊普遍很发育，说明恐龙行走时地面比较松软。

山东诸城市贾悦镇棠棣戈庄，下白垩统莱阳群杨家庄组

2.5.5 即墨

邢立达等（Xing et al.，2012b）研究了即墨市区（现为青岛市即墨区）闻馨苑小区发现的翼龙足迹，化石地层层位为下白垩统莱阳群曲格庄组。闻馨苑的翼龙足迹是山东翼龙足迹的首次发现。

这批足迹化石在闻馨苑小区建设工地上被发现，为5枚下凹的翼龙足迹，包括两枚前足足迹（编号为LUGP3-001.2m和LUGP3-001.3m），以及3枚后足足迹（编号为LUGP3-001.1p、LUGP3-001.2p和LUGP3-001.3p）。这5枚翼龙足迹分布于同1条行迹中。前足为趾行式，足迹长6.4~6.73 cm，宽1.31~1.51 cm，具3指且向外偏斜，3个指迹从一个中心点向外辐射分布；Ⅲ指印迹最深，Ⅰ指和Ⅱ指较短，具爪迹，并分别向前侧方和后侧方偏转；Ⅲ指爪迹清晰，Ⅰ指和Ⅲ指之间的夹角平均为115.8°，指垫不清晰。后足为蹠行式，足迹长6.28~7.32 cm，宽约2 cm，跟部呈U形。总的来说，前足足迹比后足足迹深，基本符合一般翼龙足迹的特征。根据即墨翼龙足迹的形态特征，将其归入翼龙足迹属（*Pteraichnus*）。同时，根据其后足趾迹不清晰并缺失爪迹，后足总体形态呈卵圆形，前足Ⅰ指印迹短粗等特征，该足迹又区别于*Pteraichnus*的所有已发现种。但是，目前还不能排除这些特征乃是由于当时翼龙行走时地表性质的影响。因此，将其归入翼龙足迹属未定种（*Pteraichnus* isp.）（Xing et al.，2012b）。

翼龙足迹未定种（*Pteraichnus* isp.）（引自 Xing et al.，2012b）

A 为足迹照片；B 为足迹线条图，B 中箭头标示足迹运动方向及行迹中线，m 和 P 分别代表前足（指）迹及后足迹。比例尺为 10 cm。

山东即墨市（现青岛市即墨区）闸馨苑小区，下白垩统莱阳群曲格庄组

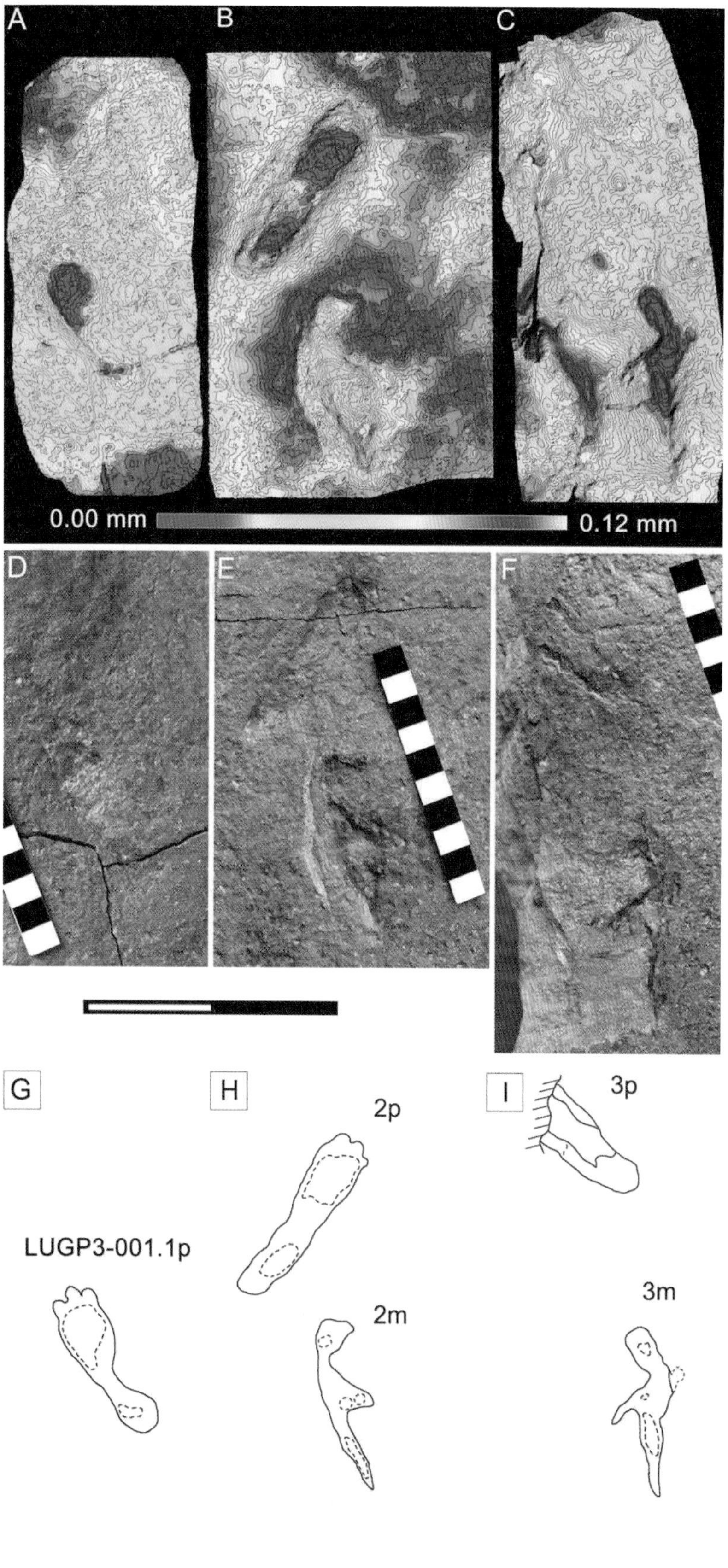

闻馨苑小区的翼龙足迹（引自 Xing et al.，2012b）

A–C 为足迹模型的 3D 图像；蓝色表示高度低，红色表示高度高。D–F 为足迹照片；m 和 P 分别代表前足迹及后足迹。比例尺为 10 cm。

山东即墨市闻馨苑小区，下白垩统莱阳群曲格庄组

2.5.6 临沭

临沭县的足迹化石主要分布在李庄镇的岌山地区，以蜥脚类恐龙足迹为主，化石产于下白垩统大盛群田家楼组（陈军等，2013；Xing et al.，2013）。2012年，临沭岌山恐龙足迹区已经被开辟为省级地质公园。经邢立达等研究，岌山的足迹点成片状分布，共包含8个足迹点。其中部分蜥脚类足迹可归入雷龙足迹未定种（*Brongtopodus* isp.），兽脚类足迹包括两趾型奔驰龙足迹（cf. *Dromaeosauripus*）以及一些未分类的类型。此外，化石区还产出四趾型疑似鹦鹉嘴龙的足迹。

山东临沭岌山地质公园正门（摄于2015年）

公园主要以恐龙遗迹为主，图为李建军研究员的考察留影

山东临沭岌山地质公园恐龙足迹化石一角（摄于2015年）

蜥脚类恐龙足迹化石。

山东临沭县岌山地质公园Ⅰ号点，下白垩统大盛群田家楼组

Ⅱ号点的恐龙足迹照片（摄于 2013 年）

图中的圆坑即为蜥脚类恐龙足迹化石。

山东临沭县岌山地质公园，下白垩统大盛群田家楼组

Ⅱ号点陡倾层面上密布的大型蜥脚类恐龙足迹野外照片（摄于 2015 年）

岌山地质公园位于沂沭断裂带核心区，此处断裂发育，足迹风化严重。

山东临沭县岌山地质公园，下白垩统大盛群田家楼组

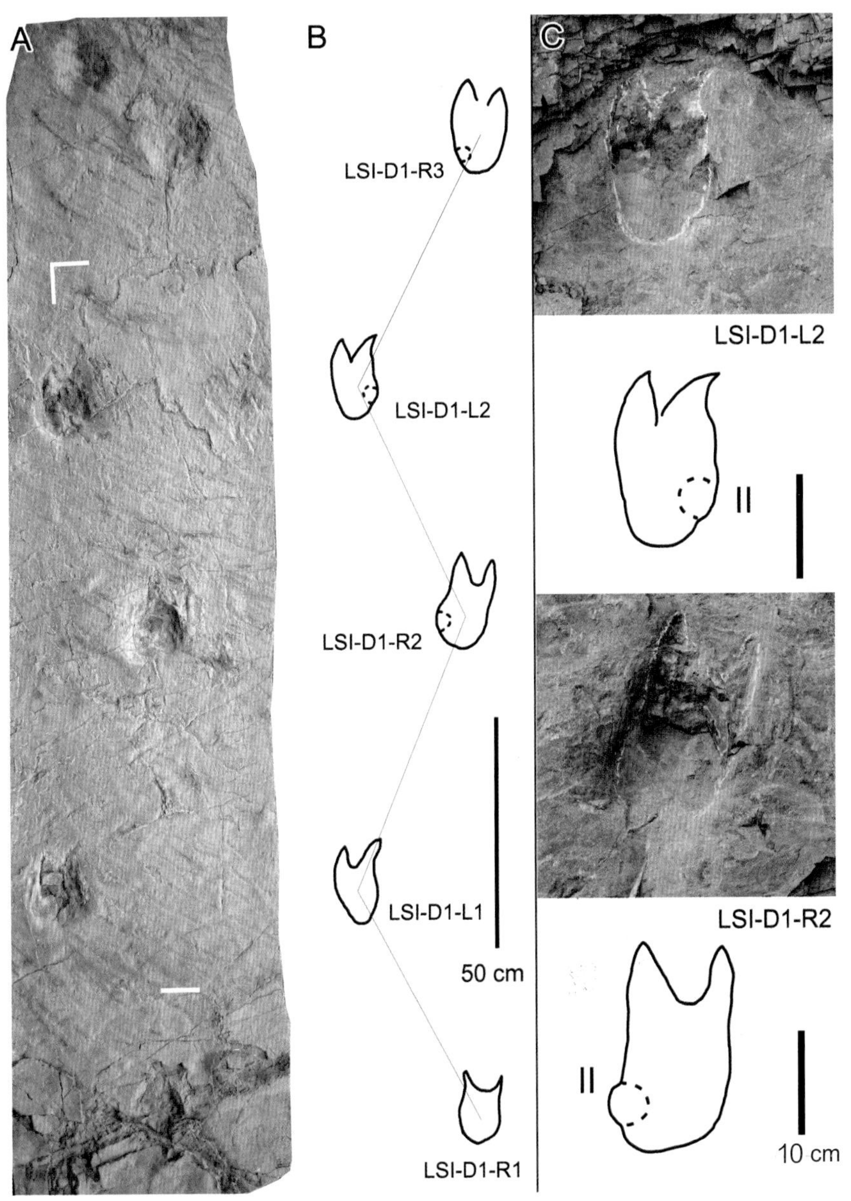

Ⅰ号点似奔驰龙足迹（cf. *Dromaeosauripus*）照片及轮廓图（引自 Xing et al.,2013i）

足迹平均长 19.5 cm，平均宽 10.5 cm。

山东临沭县岌山地质公园，下白垩统大盛群田家楼组

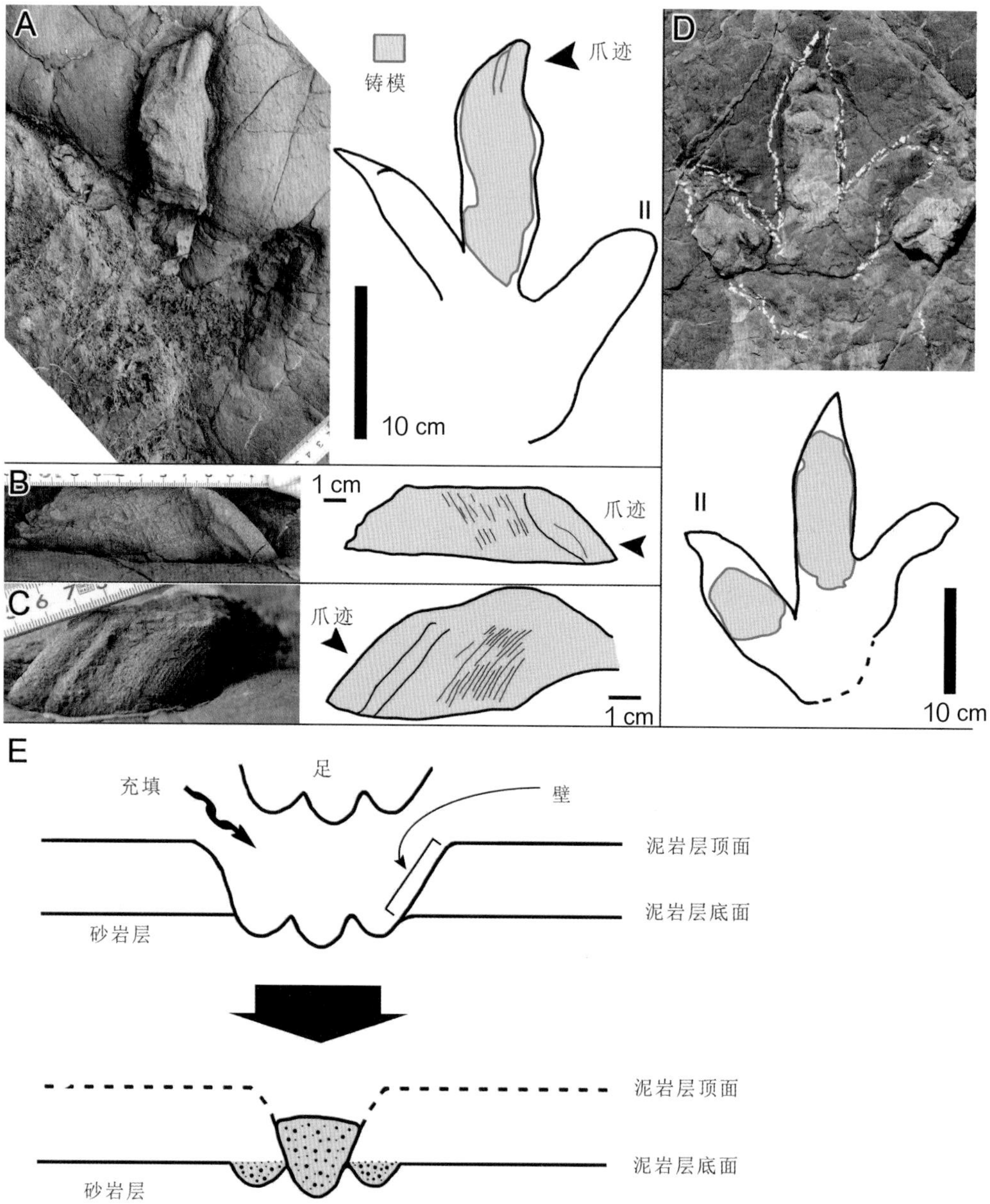

兽脚类足迹及其形成过程示意图（引自 Xing et al., 2013i）

A 为残留足迹（左足足迹）的照片及轮廓图，B 和 C 标示 A 中爪迹及侧向抓迹的细节，D 为孤单足迹的照片及轮廓图，E 标示足迹的形成、剥蚀和保存过程。

山东临沭县岌山地质公园 I 号、II 号点，下白垩统大盛群田家楼组

似亚洲足迹（cf.*Asianopodus*）行迹野外照片及解释图

行迹由至少 4 枚足迹（A、B、C、D）构成，L 和 R 分别代表左、右足迹。

山东临沭县岌山地质公园Ⅰ号点，下白垩统大盛群田家楼组

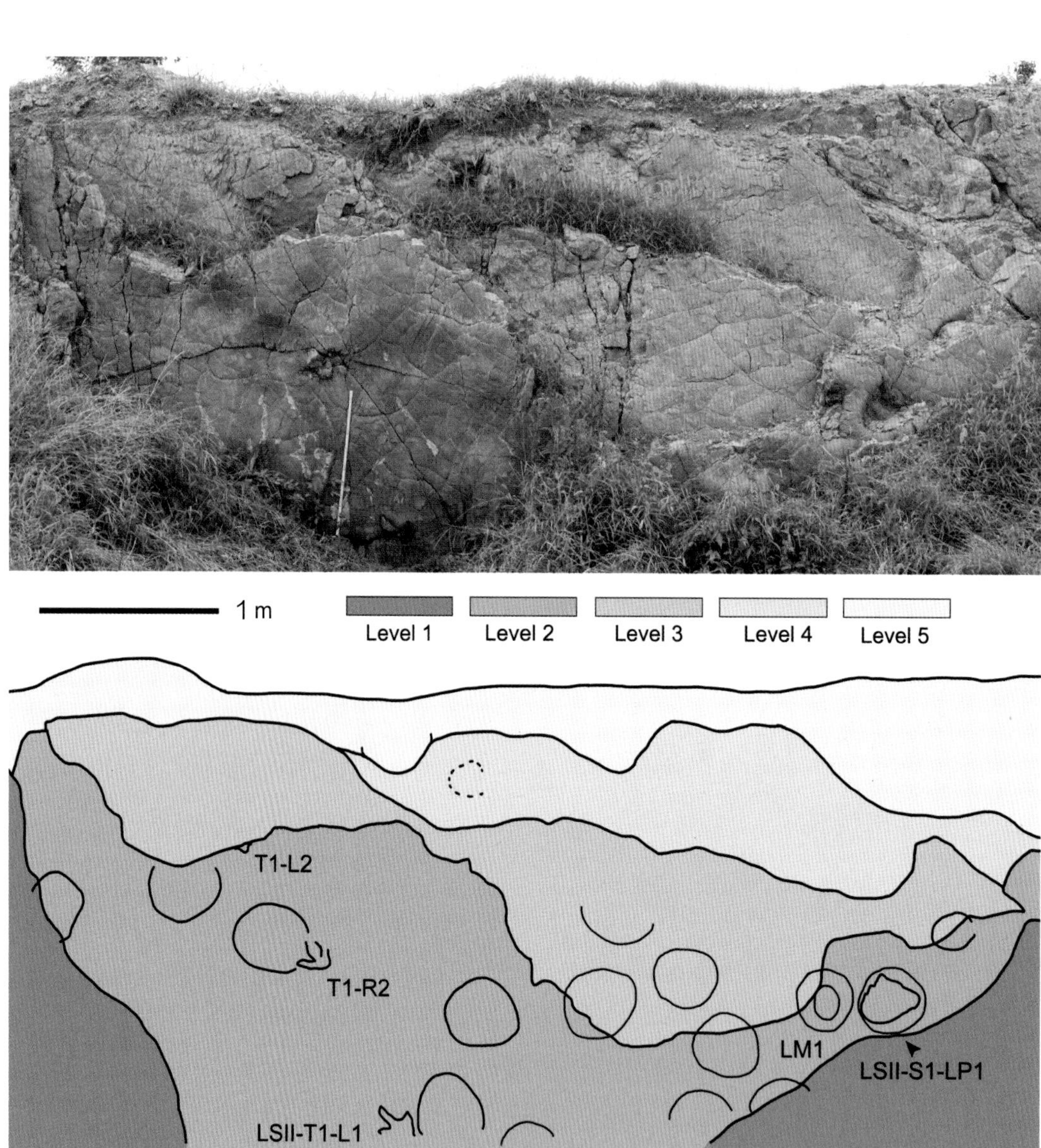

多层面保存的杂乱的蜥脚类足迹照片及轮廓图（引自 Xing et al., 2013i）

山东临沭县岌山地质公园Ⅱ号点，下白垩统大盛群田家楼组

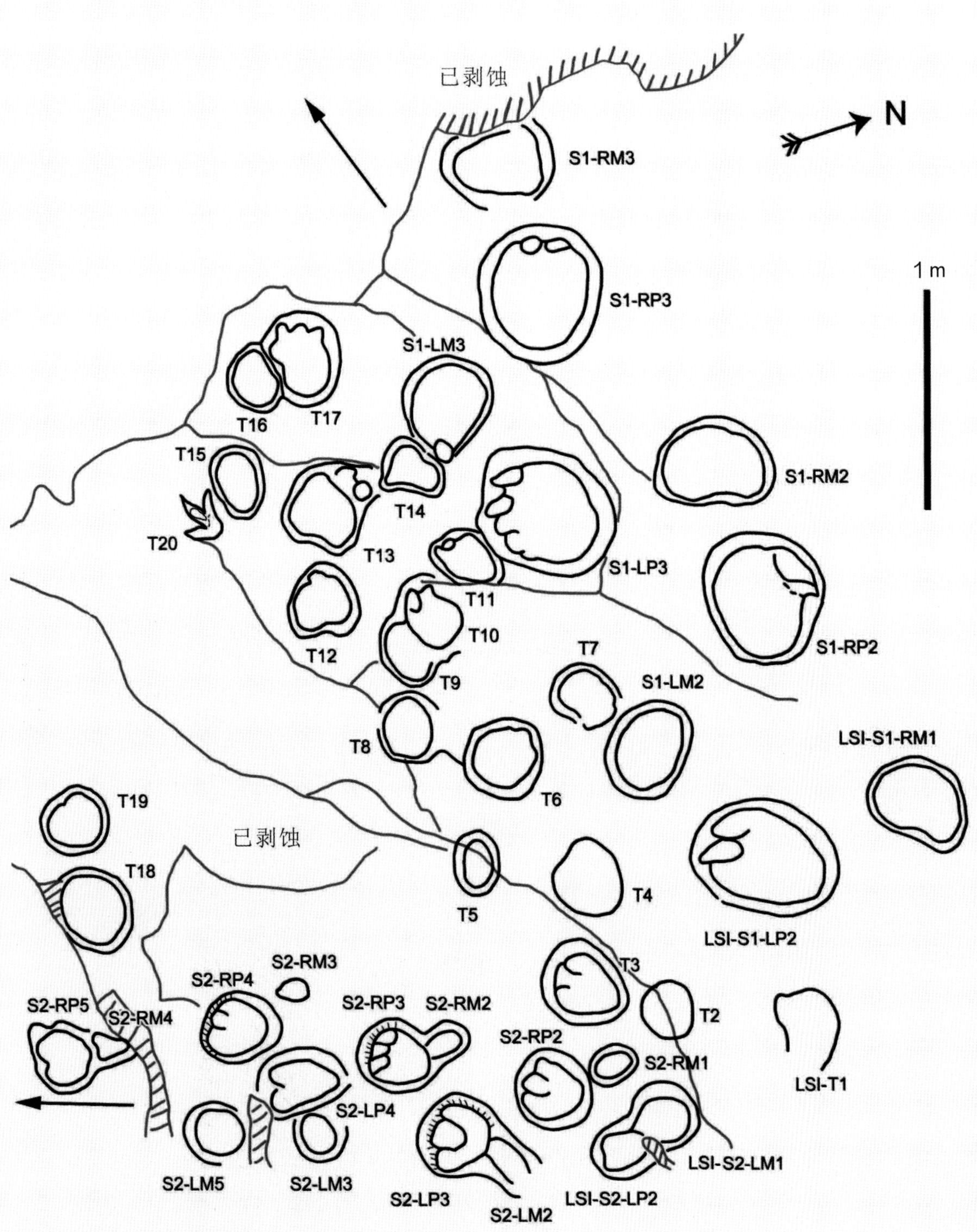

大中型蜥脚类及中型兽脚类（三趾型）足迹轮廓图（引自 Xing et al., 2013i）

山东临沭县岌山地质公园Ⅰ号点，下白垩统大盛群田家楼组

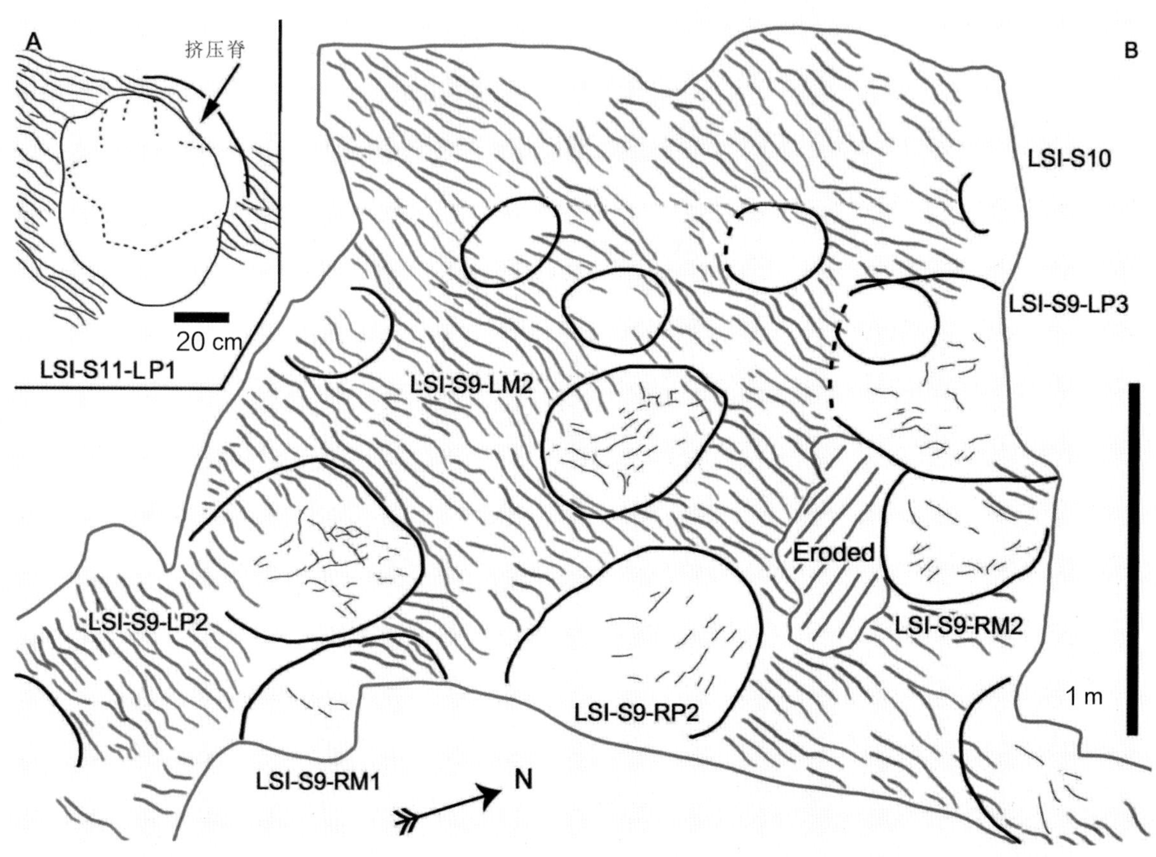

上部层面保存的蜥脚类足迹轮廓图（引自 Xing et al., 2013i）

山东临沭县岌山地质公园Ⅰ号点，下白垩统大盛群田家楼组

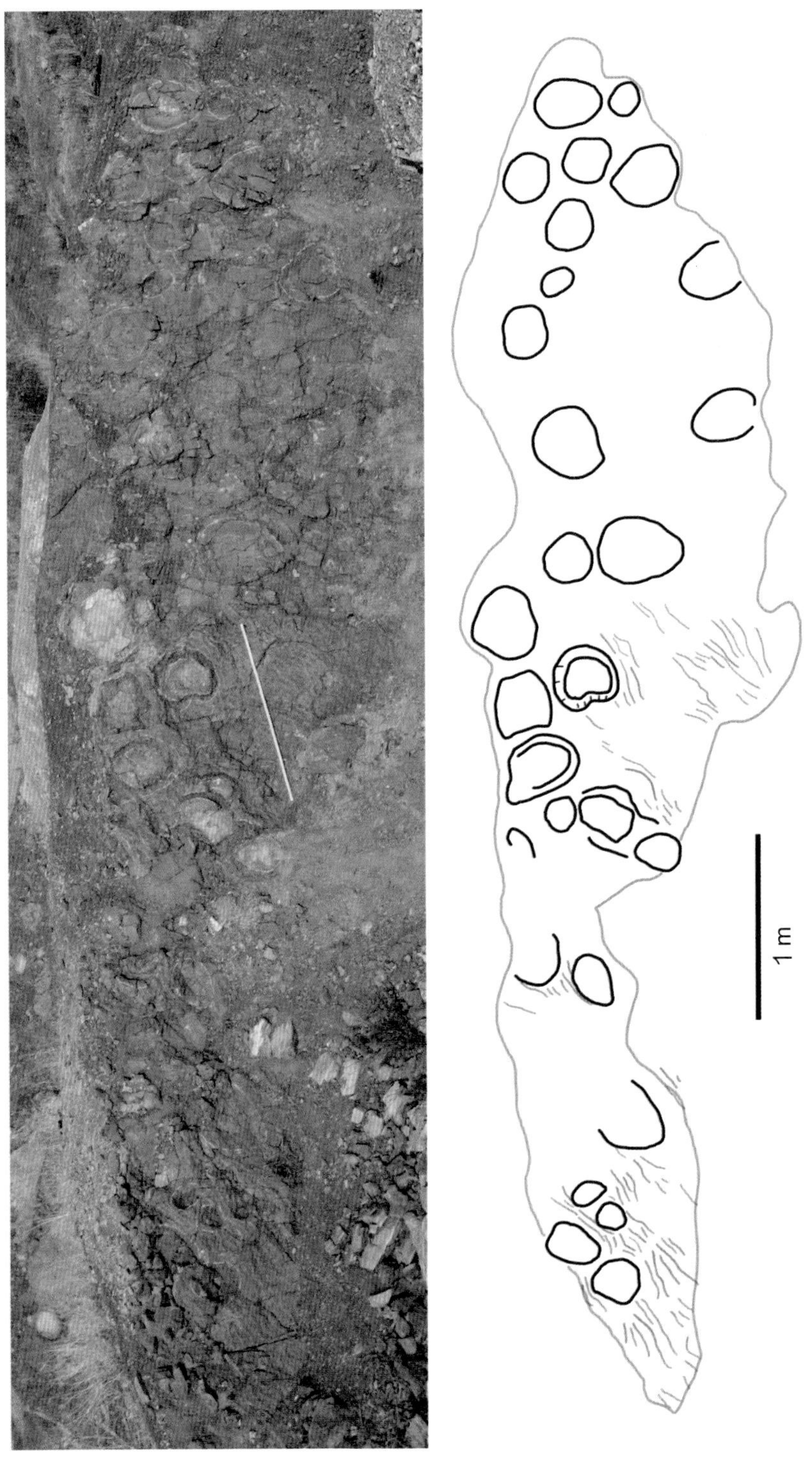

凌乱的蜥脚类足迹野外照片及轮廓图（引自 Xing et al., 2013i）

山东临沭县岌山地质公园Ⅲ号点，下白垩统大盛群田家楼组

3 条蜥脚类行迹野外照片（摄于 2013 年）

山东临沭县岌山地质公园Ⅷ号点，下白垩统大盛群田家楼组

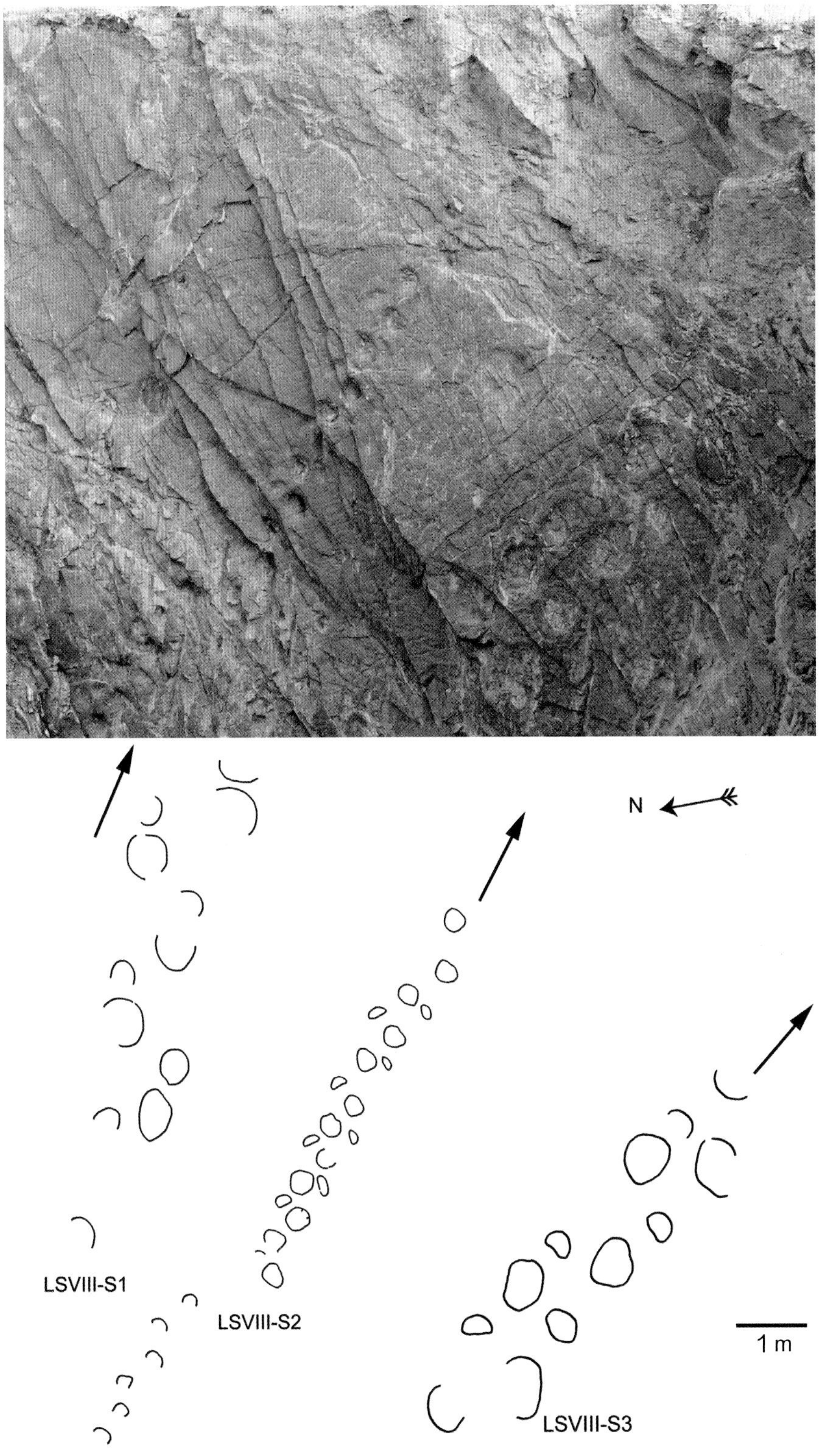

N

LSVIII-S1

LSVIII-S2

LSVIII-S3

1 m

3 条蜥脚类行迹照片及轮廓图（引自 Xing et al., 2013i）

山东临沭县岌山地质公园Ⅷ号点，下白垩统大盛群田家楼组

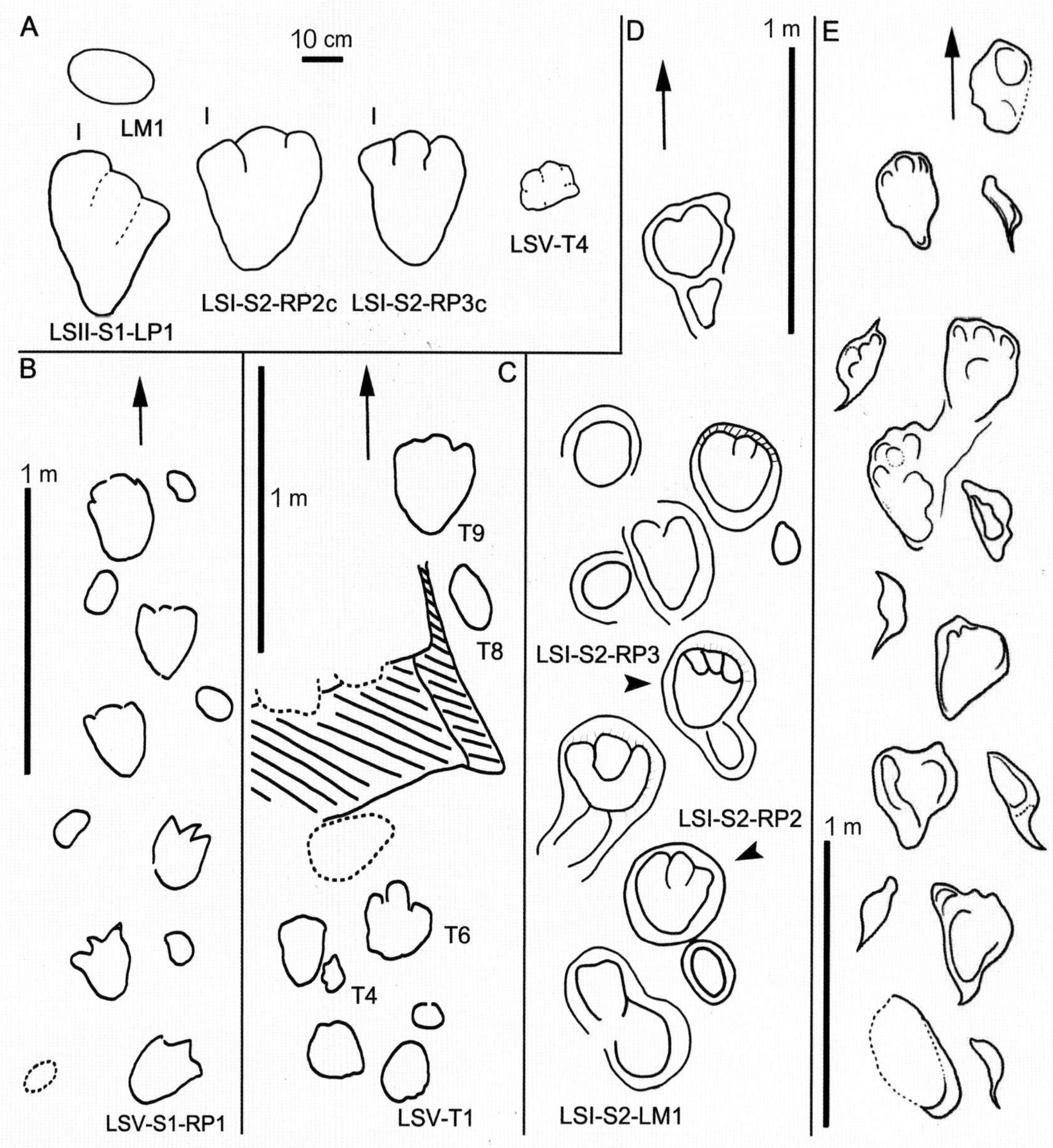

窄跨距的四足类（可能为蜥脚类）行迹野外照片及轮廓图（引自 Xing et al., 2013i）

A 中足迹产自Ⅰ、Ⅱ、Ⅴ号点，其中的1对前、后足迹保存完好；B 和 C 中足迹产自Ⅴ号点；D 产自Ⅰ号点；

B–E 为江苏东海南古寨蜥脚类足迹。

山东临沭县岌山地质公园，下白垩统大盛群田家楼组

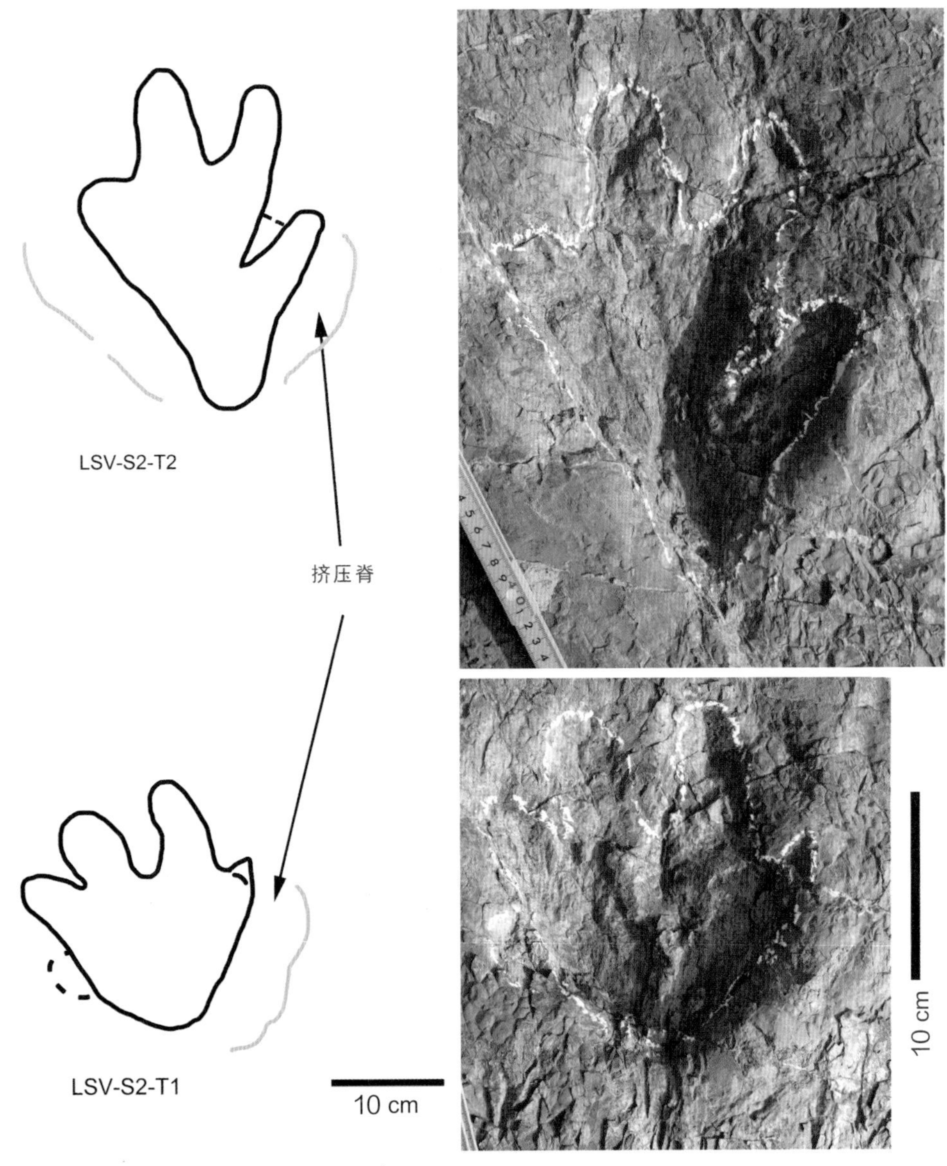

四趾型足迹（造迹者可能为鹦鹉嘴龙类）照片及轮廓图（引自 Xing et al., 2013i）

山东临沭县岌山地质公园V号点，下白垩统大盛群田家楼组

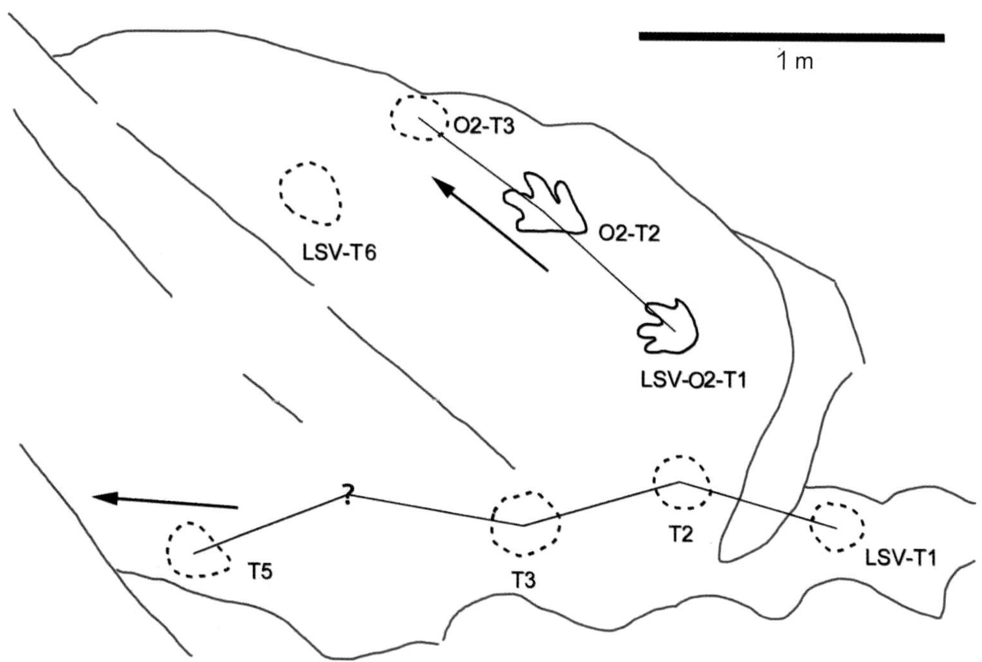

疑似鹦鹉嘴龙类行迹（具四趾）层面产出轮廓图（引自 Xing et al., 2013i）

下部的 LSV-T1 为 1 条不清晰的幻迹。

山东临沭县岌山地质公园V号点，下白垩统大盛群田家楼组

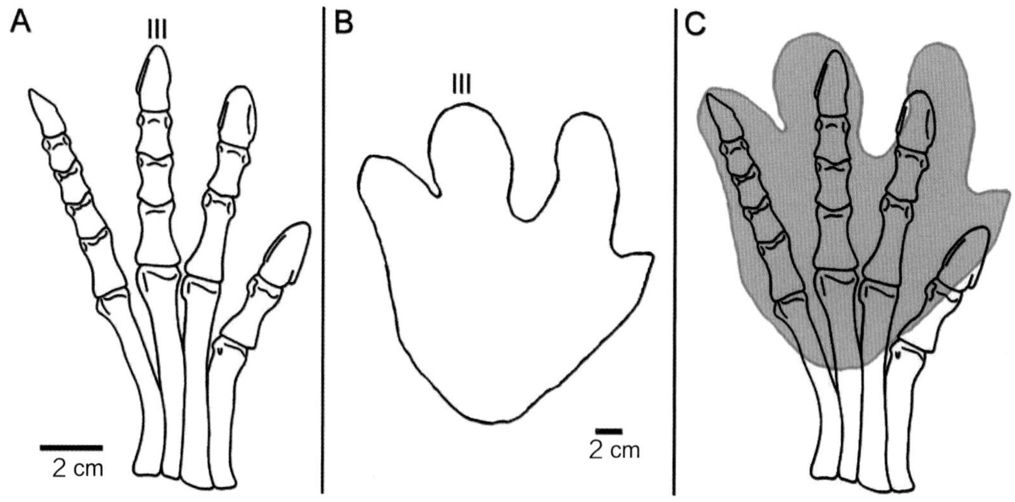

鹦鹉嘴龙足部骨骼（A）与临沭岌山四趾足迹（B）及其叠加图（C）（引自 Xing et al.，2013i）

2.5.7 郯城

山东郯城县境内的足迹化石点较多，主要分布在泉源乡南泉村、高峰头镇和李庄镇等地，较大的足迹点共7个。虽然由于发现较晚，化石保存欠佳，主要的研究工作近几年才开展，但仍获得了可喜的研究成果。总体而言，郯城的恐龙足迹以蜥脚类足迹为主。

（1）泉源

目前在泉源地区发现的较大的足迹点共4处，其中汪明伟等（2013）在清泉寺附近发现足迹点1处。邢立达等（Xing et al.,2017c）对该足迹点进行重新研究，将其命名为Ⅰ号点，同时增加了Ⅱ号点和Ⅲ号点（Xing et al, 2017c，2019h）；李日辉和刘明渭曾于2010年在清泉寺附近发现1个较大型的以蜥脚类足迹为主的化石点，并对其进行了研究（李日辉等，2019a）。为论述方便，此处分别将其称为泉源Ⅰ、Ⅱ、Ⅲ号点和Ⅳ号点。

研究发现，泉源地区以蜥脚类恐龙足迹为主，部分足迹可归入雷龙足迹（*Brontopodus*），有的兽脚类足迹可归入嘉陵足迹（*Jianglingpus*）。此外，还发现少量韩国鸟足迹（*Koreanaornipes*）和鸟脚类足迹（Xing et al.，2017c，2019h，李日辉等，2019a）。

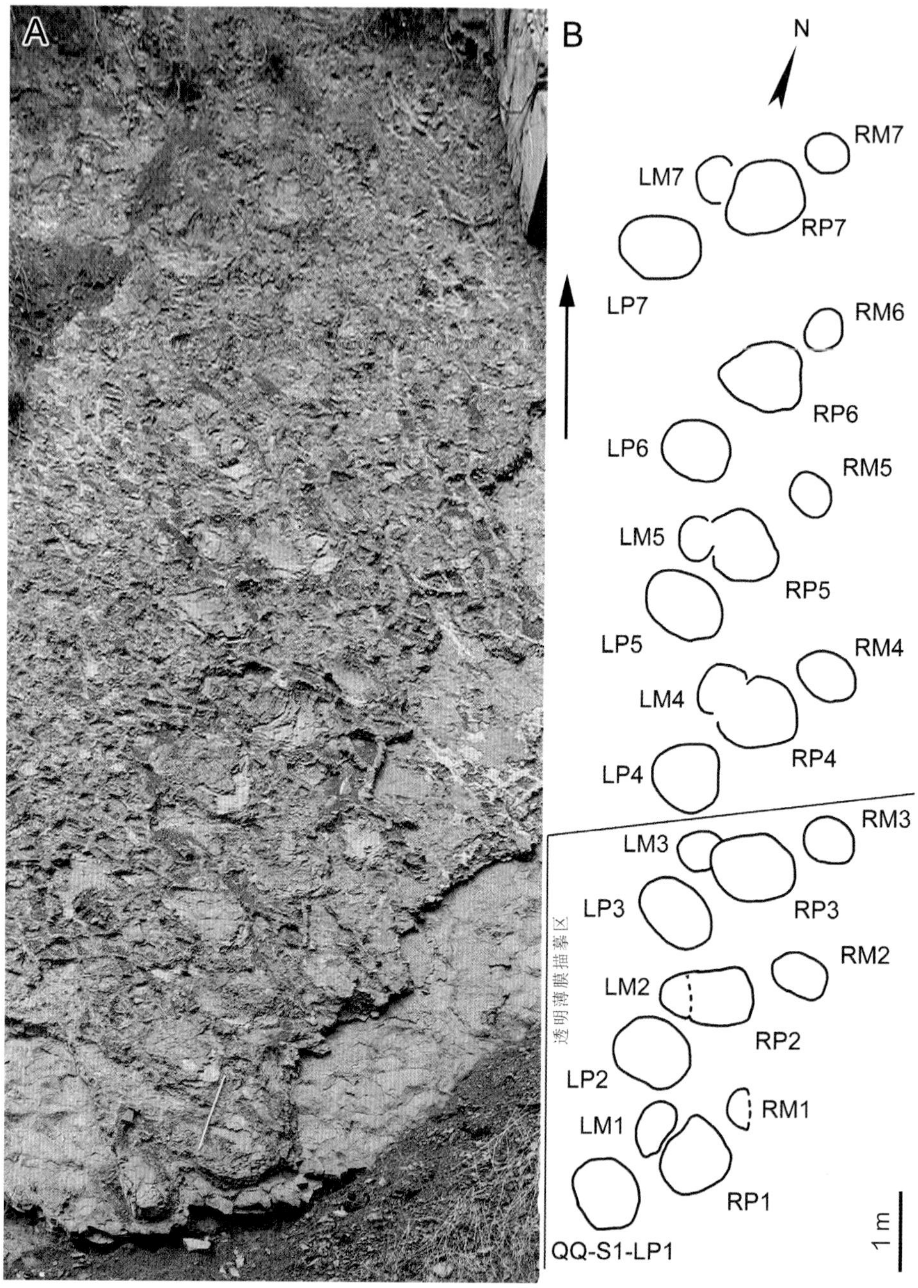

雷龙足迹未定种（*Brontopodus* isp.）野外照片及足迹轮廓图（引自 Xing et al.，2017c）

该点以蜥脚类足迹为主，足迹普遍较深，挤压脊发育，泥裂、雨痕等层面构造也很常见。

山东郯城县泉源Ⅰ号点，下白垩统大盛群田家楼组

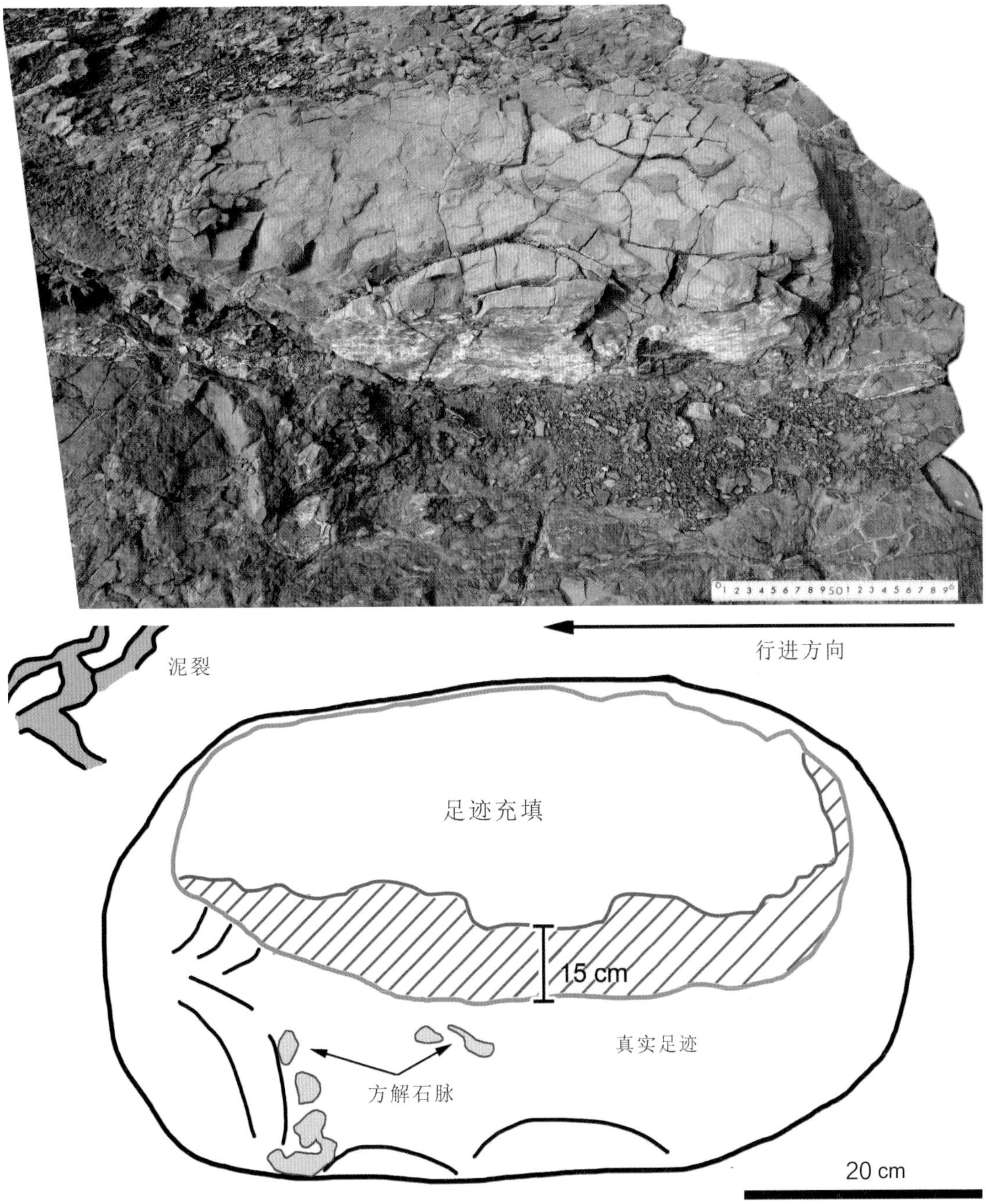

行进方向

泥裂

足迹充填

15 cm

真实足迹

方解石脉

20 cm

蜥脚类足迹野外照片及足迹轮廓图（引自 Xing et al.，2017c）

足迹为上层沉积物充填，剥蚀后仅部分残留，后期还充填有方解石脉。

山东郯城县泉源Ⅰ号点，下白垩统大盛群田家楼组

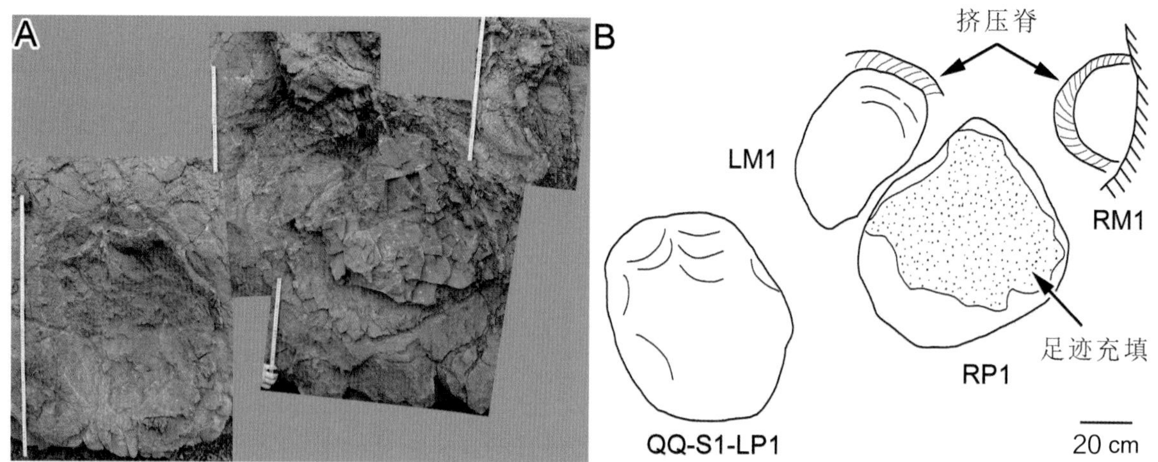

蜥脚类足迹野外照片及足迹轮廓图（引自 Xing et al.，2017c）

图片显示足迹边缘的挤压脊及足迹上所覆充填残留物。

图中 LM 为左前足迹，RP 为右后足迹。

山东郯城县泉源Ⅰ号点，下白垩统大盛群田家楼组

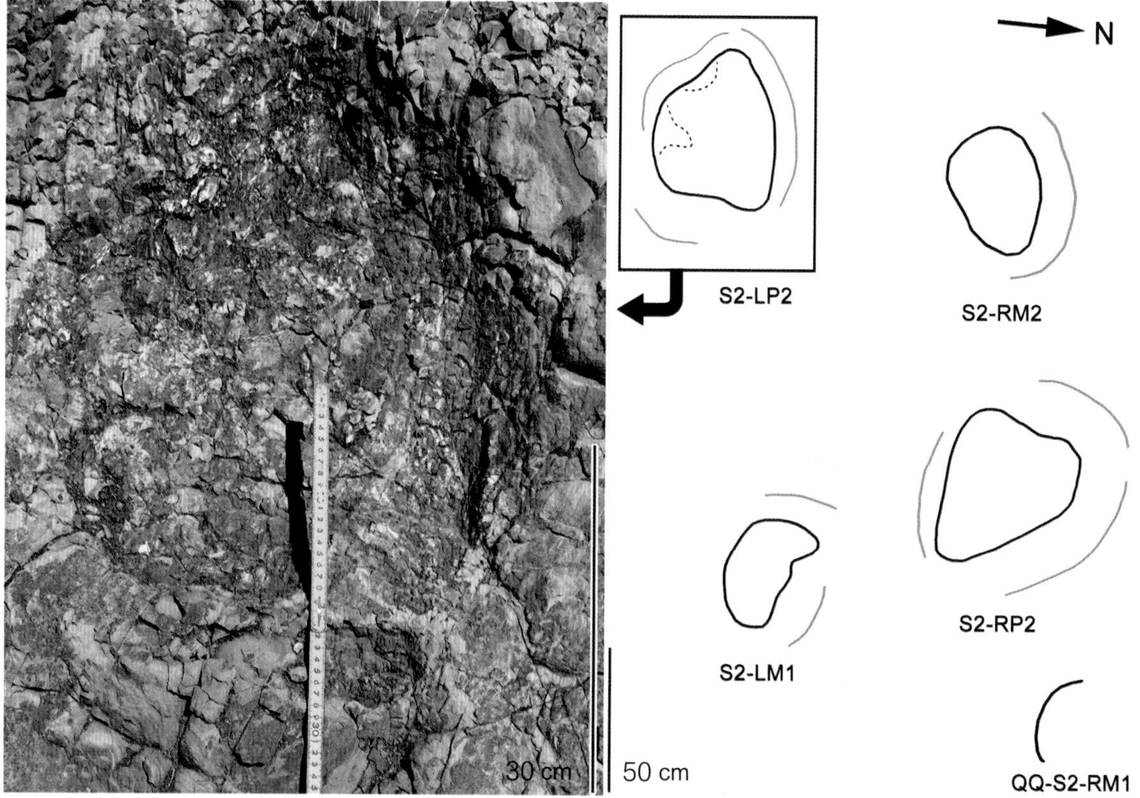

雷龙足迹未定种（*Brontopodus* isp.）照片及足迹轮廓图（引自 Xing et al.，2019h）

山东郯城县泉源Ⅱ号点，下白垩统大盛群田家楼组

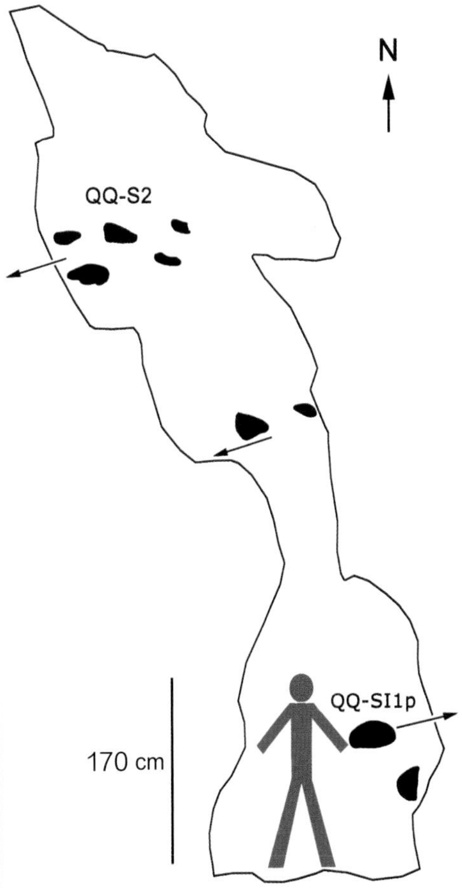

雷龙足迹未定种（*Brontopodus* isp.）野外照片及足迹轮廓图（引自 Xing et al.，2019h）

足迹风化严重，保存状态不佳，层面上仅有几个较清晰的足迹。后足迹平均长 46.8 cm，平均宽 24.5 cm；前足迹近似圆形或 U 形，不见爪迹。行迹跨距较宽，范围为 37.5~50.8 cm。

山东郯城县泉源Ⅱ号点，下白垩统大盛群田家楼组

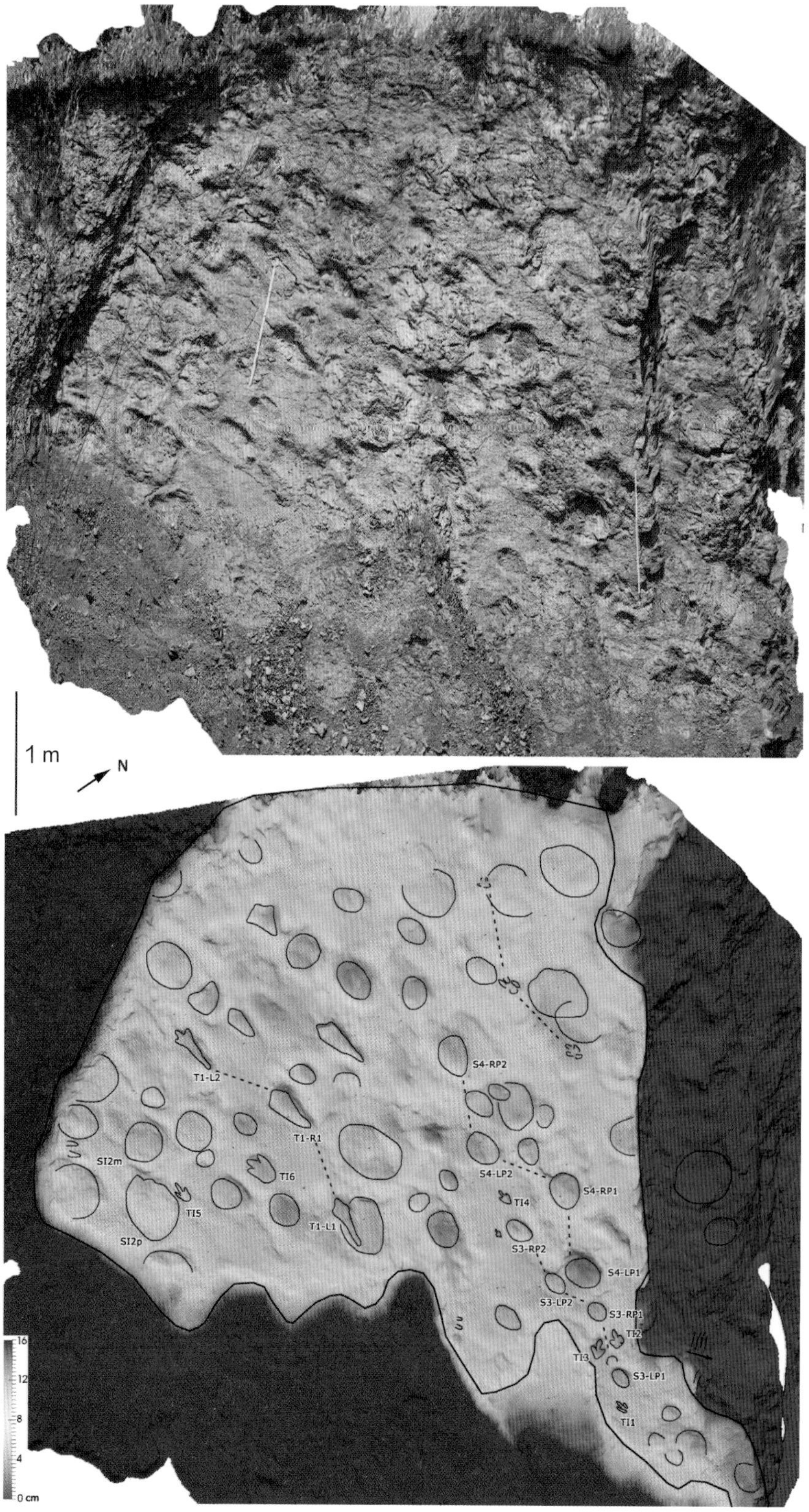

雷龙足迹未定种（*Brontopodus* isp.）照片及3D图像（引自Xing et al.，2019h）

除蜥脚类外，还产三趾型兽脚类足迹。虚线相连者为多条蜥脚类和兽脚类行迹。

山东郯城县泉源Ⅲ号点，下白垩统大盛群田家楼组

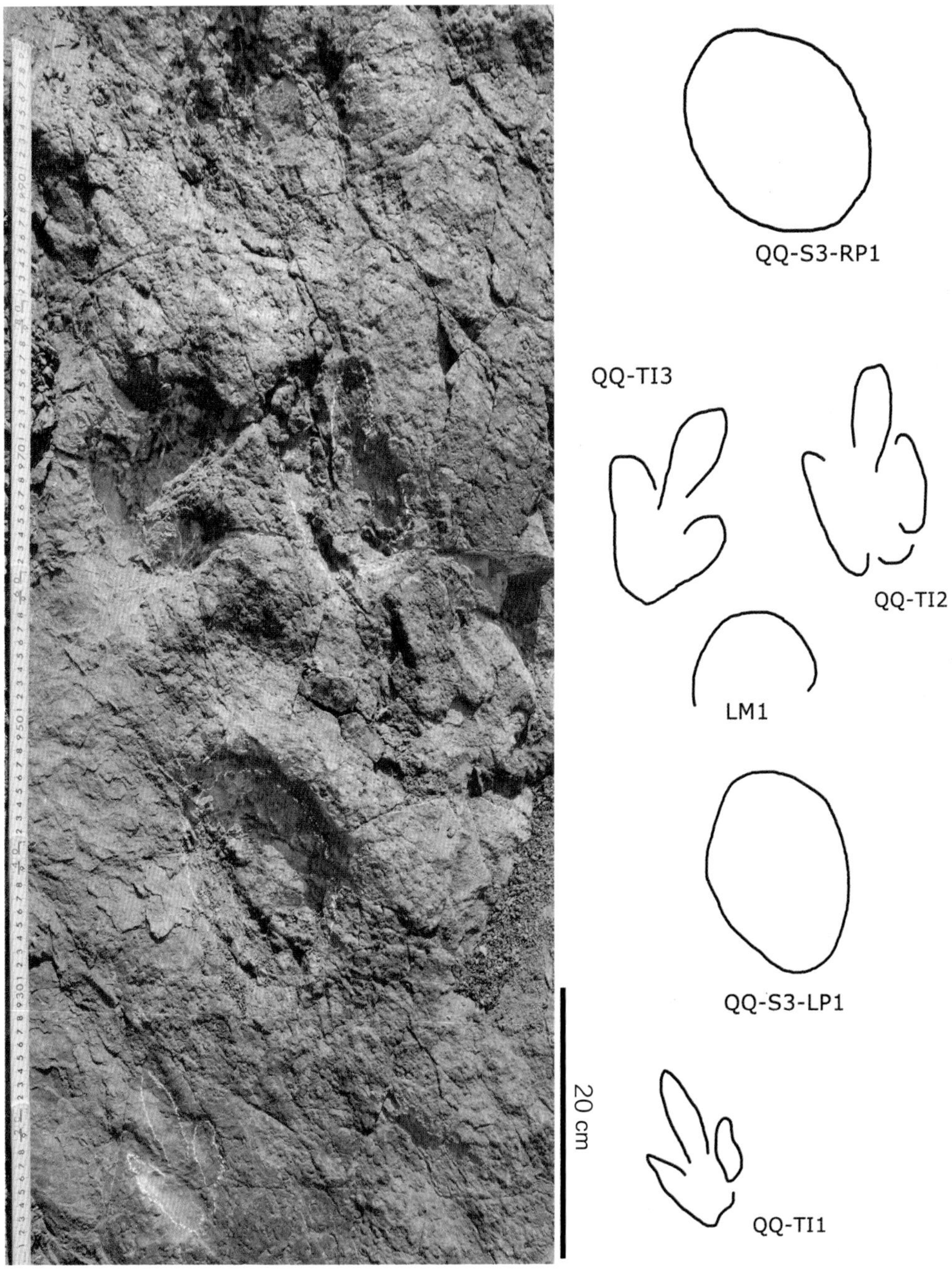

QQ-S3-RP1

QQ-TI3

QQ-TI2

LM1

QQ-S3-LP1

20 cm

QQ-TI1

蜥脚类行迹和孤单的兽脚类足迹照片及轮廓图（引自 Xing et al.，2019h）

编号为 QQ–S3 者为蜥脚类足迹构成的行迹，兽脚类足迹为三趾型。

山东郯城县泉源Ⅲ号点，下白垩统大盛群田家楼组

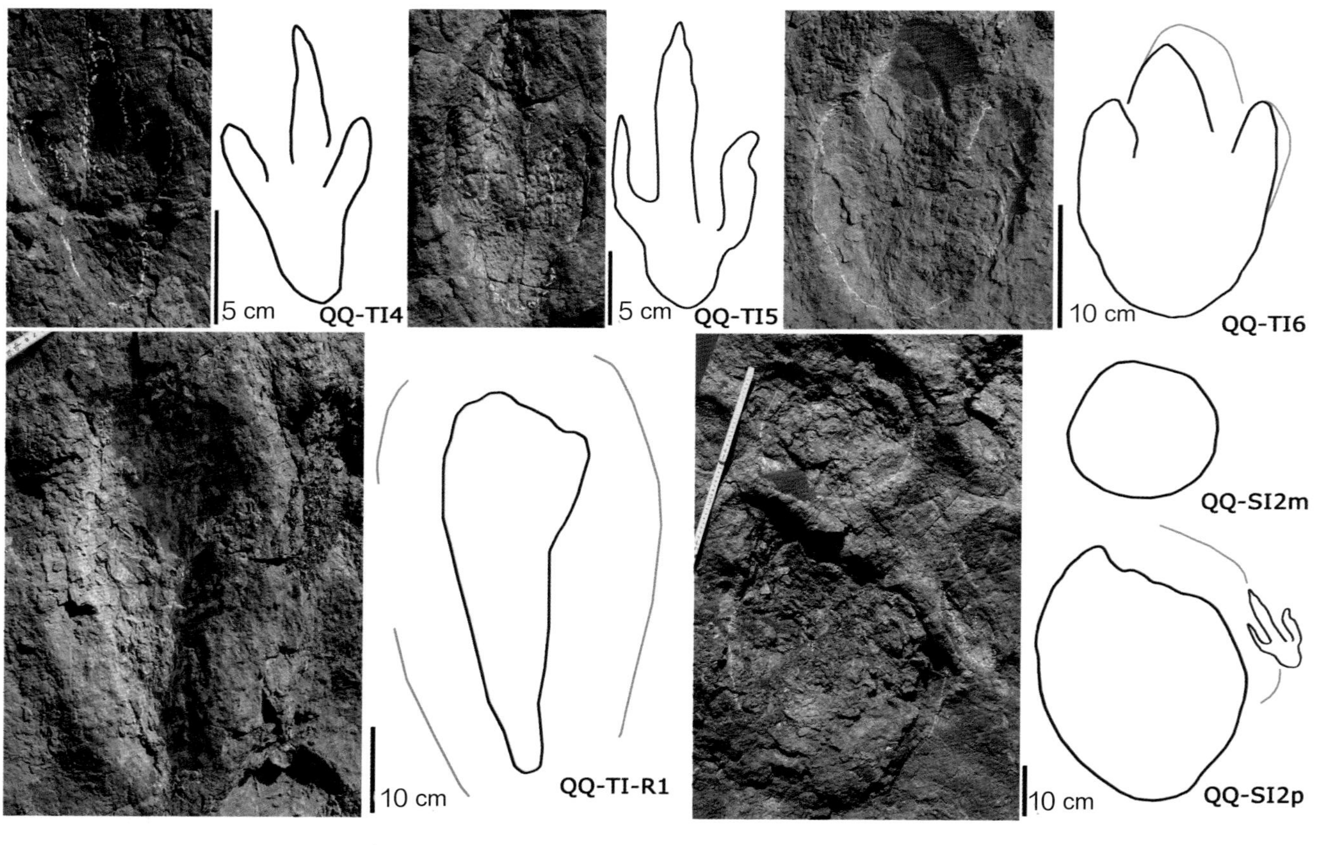

蜥脚类和兽脚类足迹照片及轮廓图（引自 Xing et al.，2019h）

圆形、椭圆形者为蜥脚类（编号为 QQ–S）足迹，三趾型者为兽脚类（编号为 QQ–T）。因为足迹形成时沉积物松软，所以大部分孤单的兽脚类足迹保存有蹠趾垫印迹，有时这些印迹呈双叶形，可能为Ⅱ、Ⅳ蹠趾垫的印迹。

山东郯城县泉源Ⅲ号点，下白垩统大盛群田家楼组

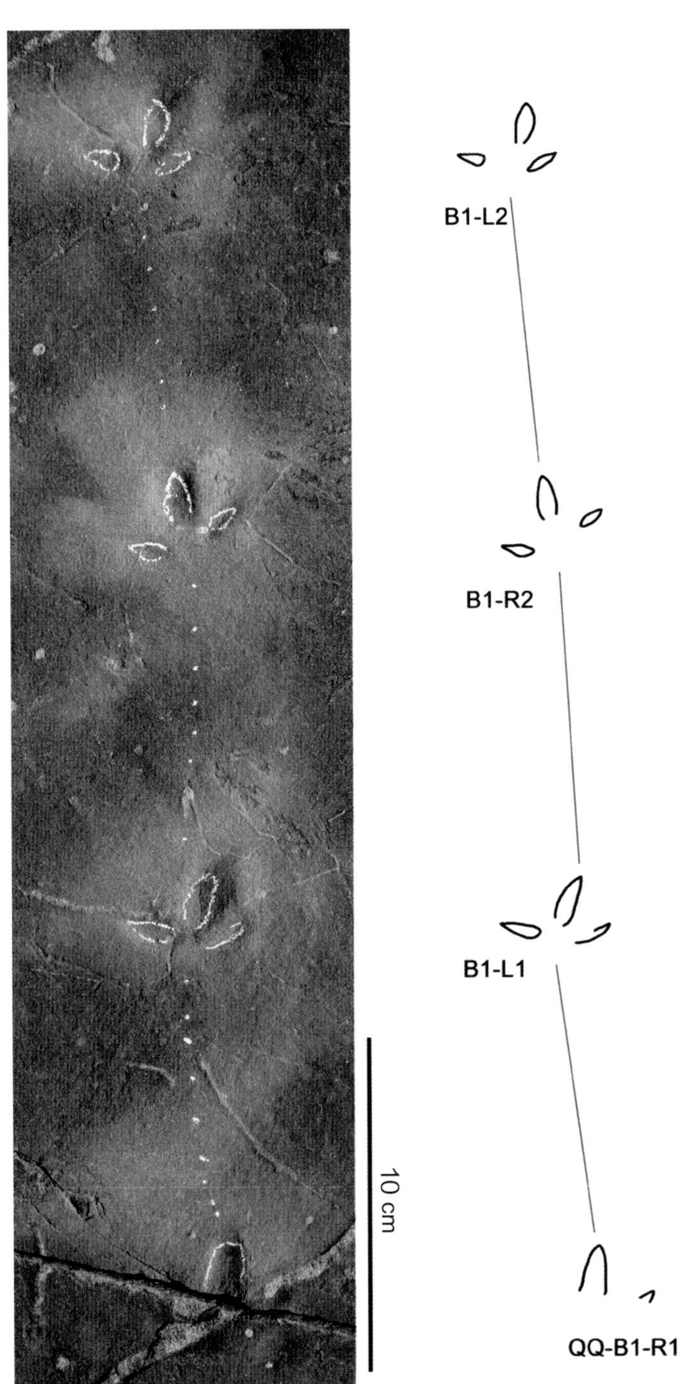

韩国鸟足迹未定种（*Koreanaornis* isp.）行迹照片及轮廓图（引自 Xing et al.，2019h）

层面上保存 4 枚足迹。足迹中等大小，为三趾型，趾末端略尖；足迹长约 4.2 cm，宽约 6.5 cm；Ⅱ、Ⅳ趾趾间角为 145°，单步长 22.8 cm，约为复步长（46.3 cm）的 1 半，步幅角为 180°。

山东郯城县泉源Ⅰ号点，下白垩统大盛群田家楼组

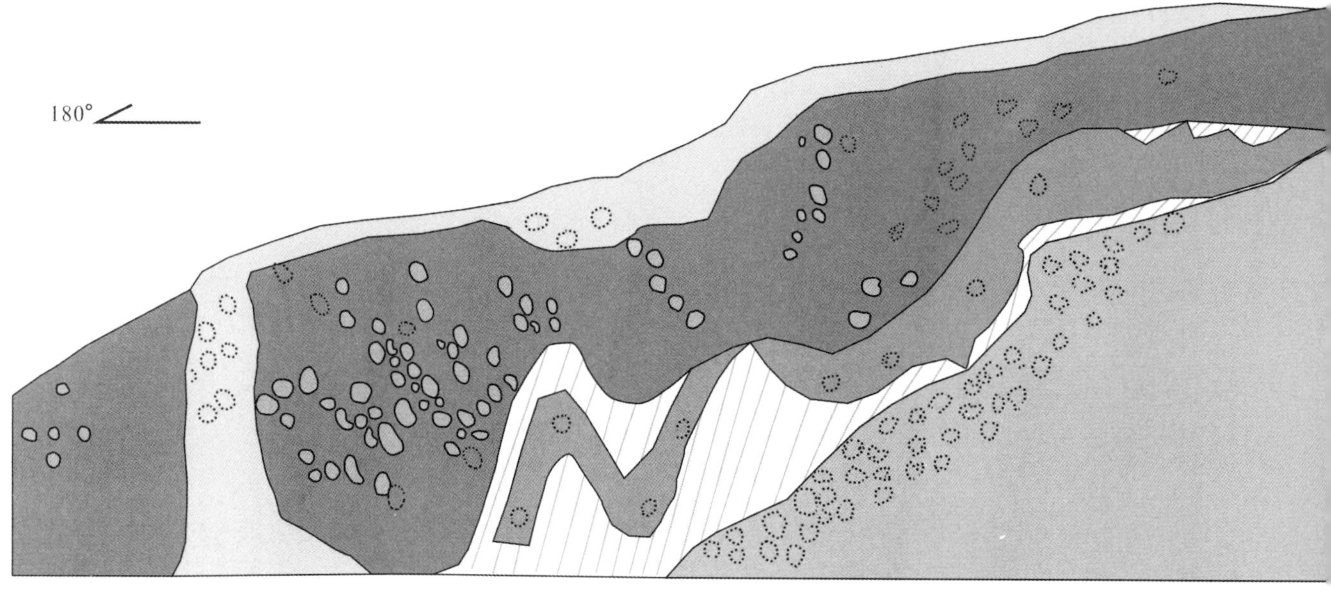

泉源Ⅳ号点露头照片及足迹层位分布示意图（引自李日辉等，2019a）

实圆圈和虚圆圈分别表示足迹保存状况较好和较差。

山东郯城县泉源Ⅳ号点，下白垩统大盛群田家楼组

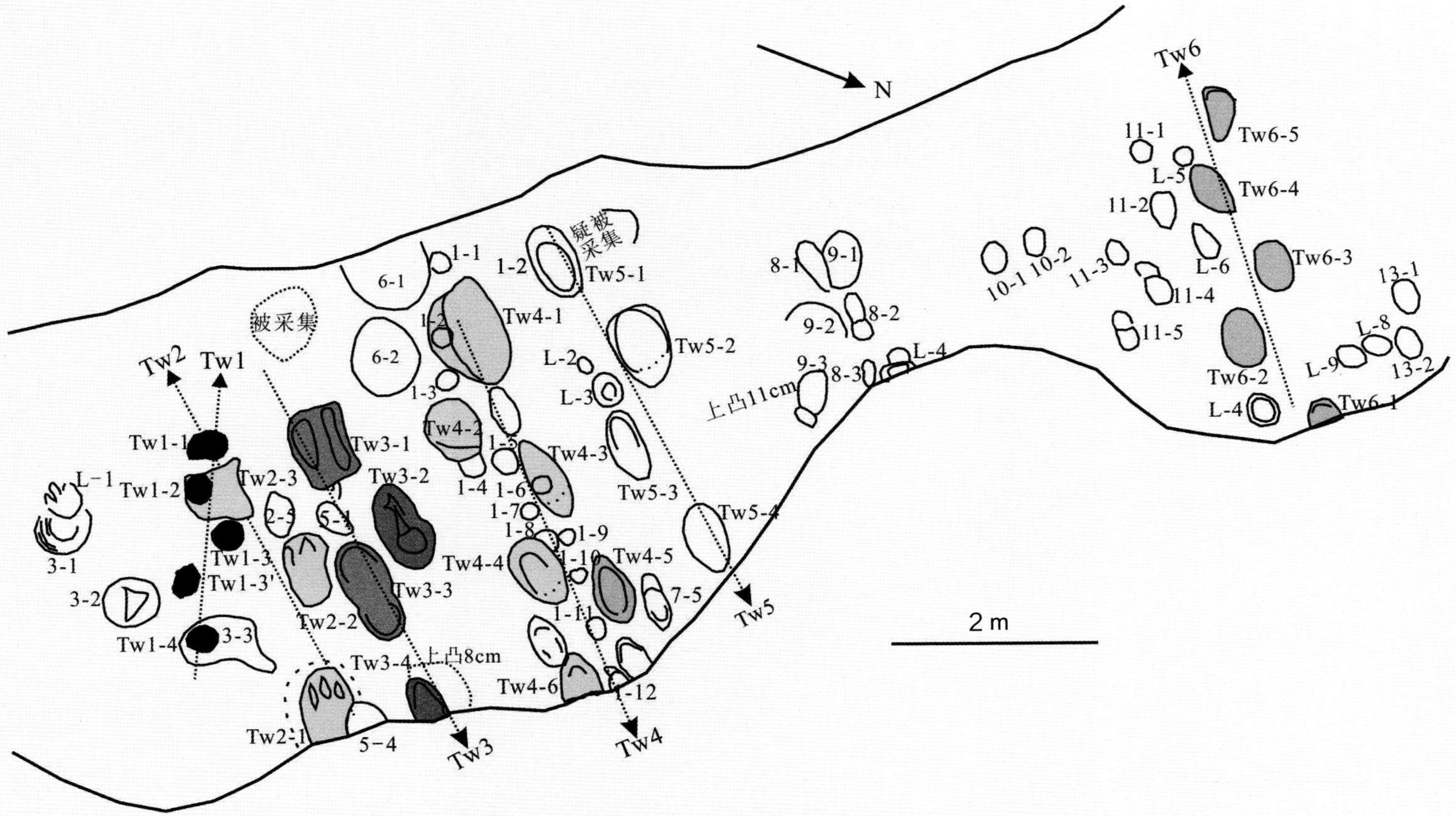

主层面（第 2 层）中部恐龙足迹及 6 条行迹分布示意图（引自李日辉等，2019a）

Tw1、Tw3、Tw4 、Tw5 和 Tw6 被解释为蜥脚类行迹，Tw2 可能为鸟脚类行迹。在行迹 Tw4 中夹杂分布着至少 12 个小型椭圆形足迹（编号为 1–1 至 1–12）；足迹长轴直径为 13~21 cm，方向较为凌乱，难以识别出完整的行迹，但推测其至少为两个跟随成年群体行进的幼年个体的行迹。从小足迹踩在大足迹之上可以明确判断，这些幼年个体在行进过程中并非是夹在成年个体之间，受成年个体保护，而是尾随在成年个体之后。

山东郯城县泉源Ⅳ号点，下白垩统大盛群田家楼组

大型蜥脚类足迹照片

图中编号为 55 的足迹长 72 cm，宽 47 cm；56 号足迹长 85 cm，宽 37 cm。行军铲长 68 cm。层面上波痕发育，沉积物松软泥泞，足迹下陷较深，挤压脊十分常见。还可见微小的椭圆形足迹（长径约 12 cm）踩在大足迹之上。

山东郯城县泉源Ⅳ号点，下白垩统大盛群田家楼组

（2）南泉

该足迹点位于郯城南泉村附近，是村民修建仓库时挖山而开辟出的露头。足迹化石产于陡立岩层的多个层面上，层位为下白垩统大盛群田家楼组。邢立达等对该足迹点进行研究，认为化石点以蜥脚类足迹为主，蜥脚类足迹可归入似雷龙足迹（cf. *Brontopodus*）和似副雷龙足迹（cf. *Parabrontopodus*）；大型兽脚类足迹为似跷脚龙足迹（cf. *Grallator*）；还有少量鸟脚类的似卡利尔足迹（cf. *Caririchnium*）。化石形成于河流湖泊相环境（Xing et al., 2018i）。

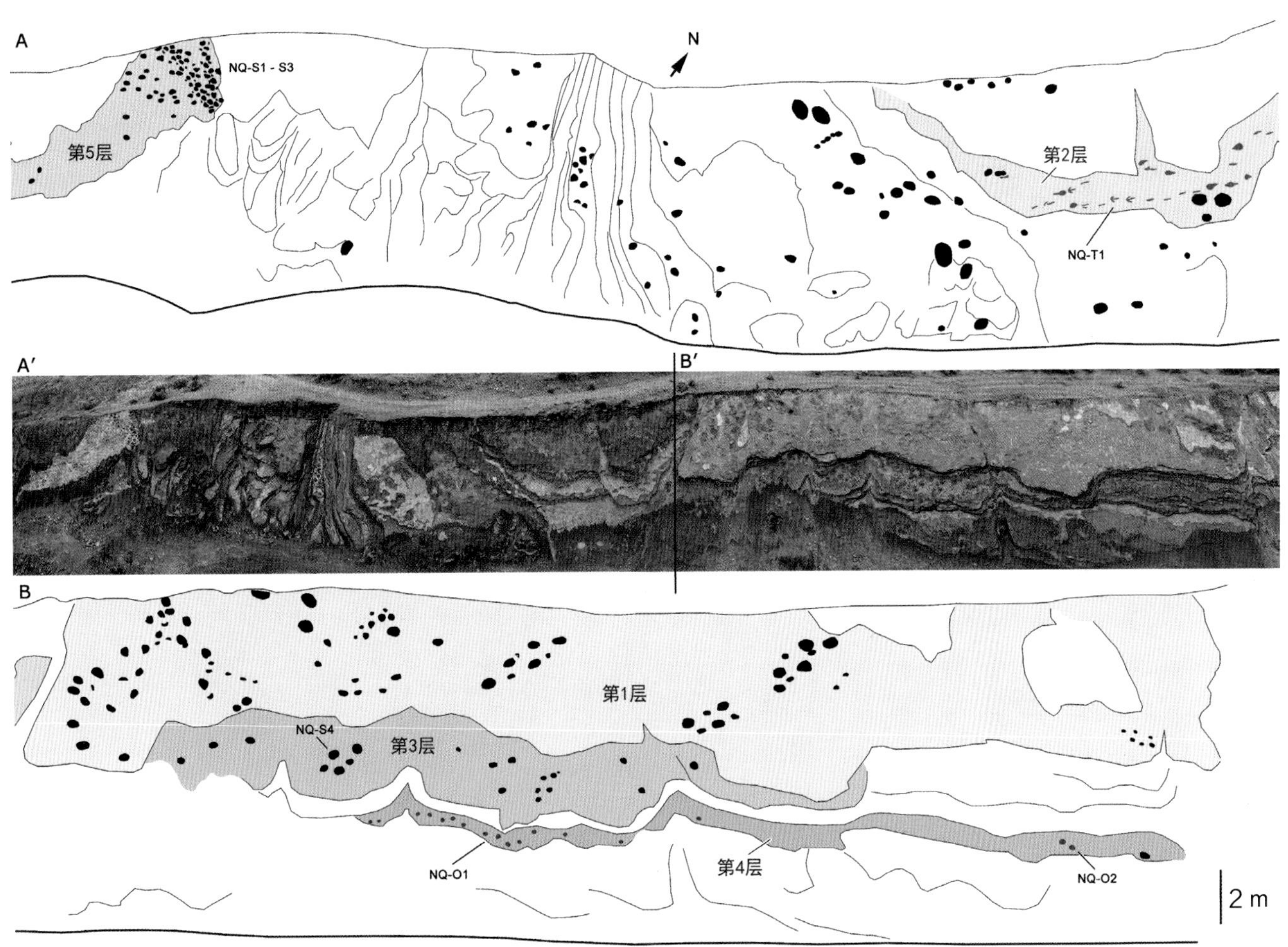

利用无人机拍摄照片所合成的恐龙足迹空间分布图（引自 Xing et al.，2018i）

图中黑色、蓝色卵圆形者以及红色三趾型者均为恐龙足迹化石。

山东郯城县南泉村，下白垩统大盛群田家楼组

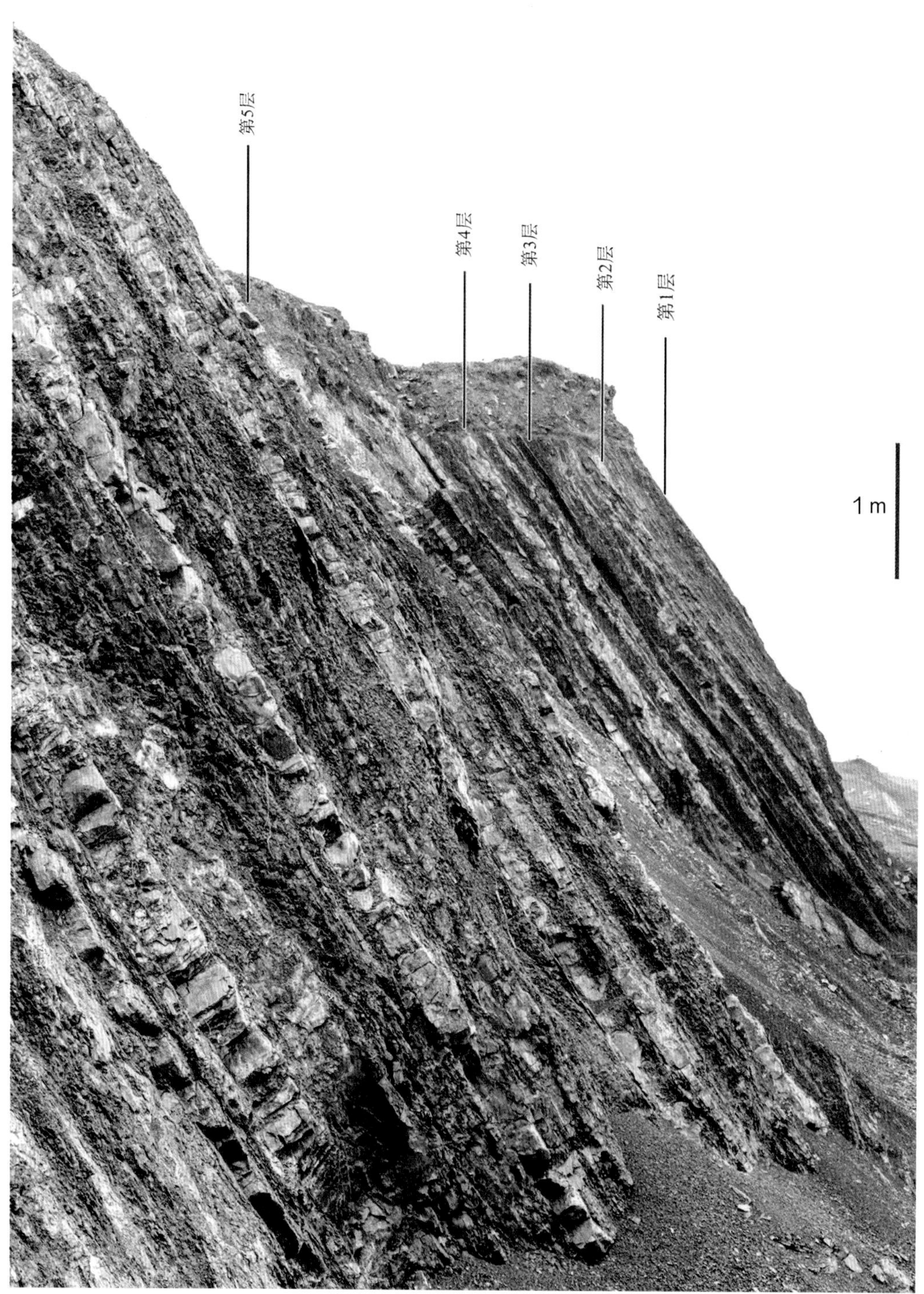

产出蜥脚类足迹的陡倾的岩层层面（引自 Xing et al.，2018i）

箭头指向为产出足迹的不同层位。

山东郯城县南泉村，下白垩统大盛群田家楼组

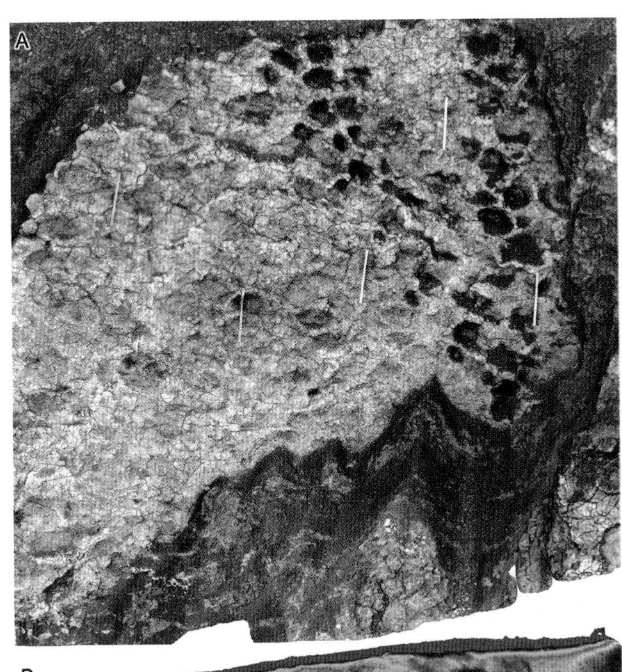

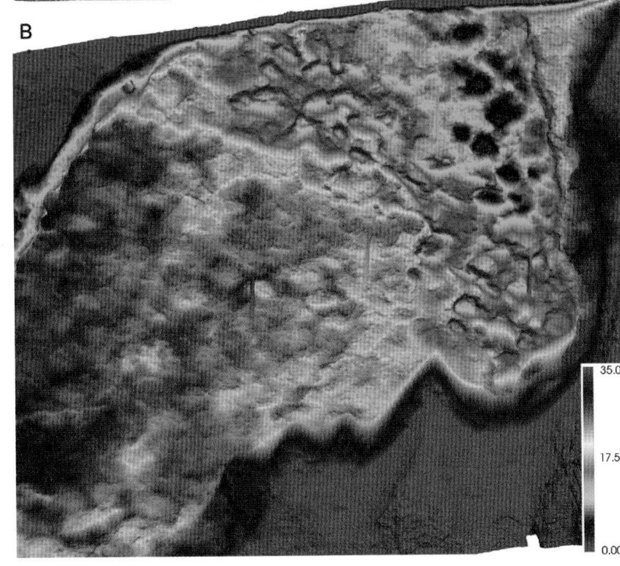

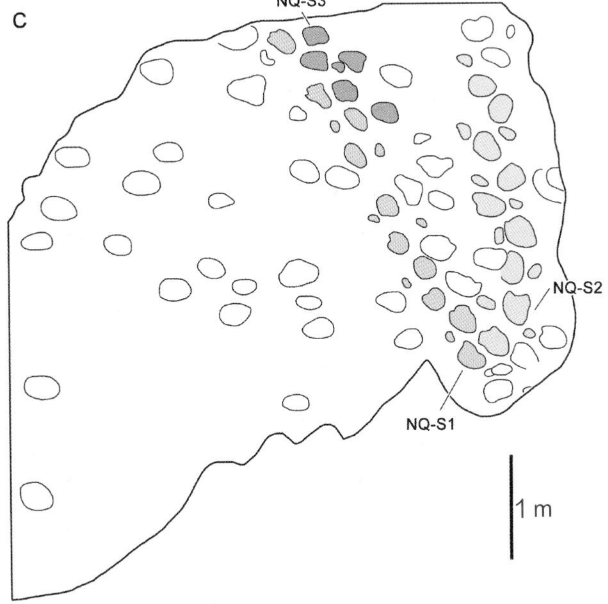

蜥脚类恐龙足迹层面分布图（引自 Xing et al., 2018i）

A 为野外照片，B 为 3D 图像，C 为足迹轮廓图，NQ–S1~S3 为 3 条蜥脚类行迹。

山东郯城县南泉村，下白垩统大盛群田家楼组

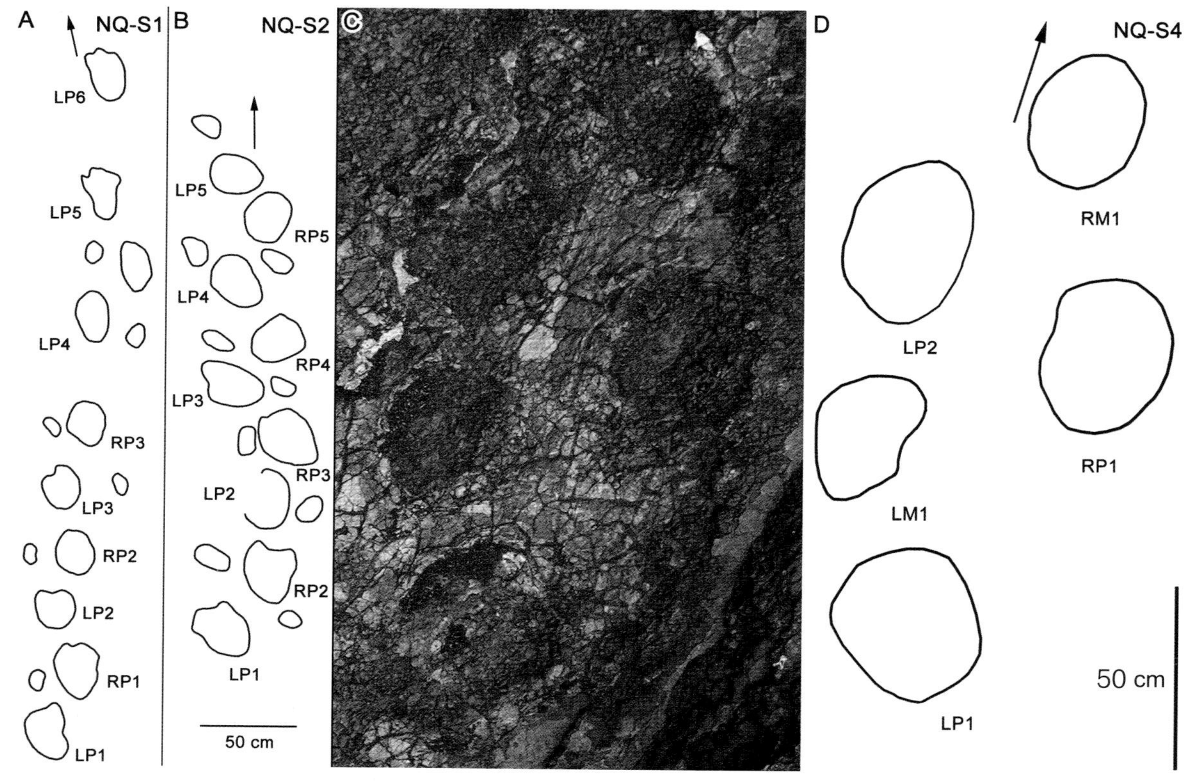

蜥脚类恐龙行迹照片及轮廓图（引自 Xing et al.，2018i）

A 和 B 为行迹 NQ−S1 和 NQ−S2 轮廓图；C 和 D 为行迹 NQ−S4 照片及轮廓图；行迹中 LP 为左后足，RP 为右后足；LM 为左前足，RM 为右前足。

山东郯城县南泉村，下白垩统大盛群田家楼组

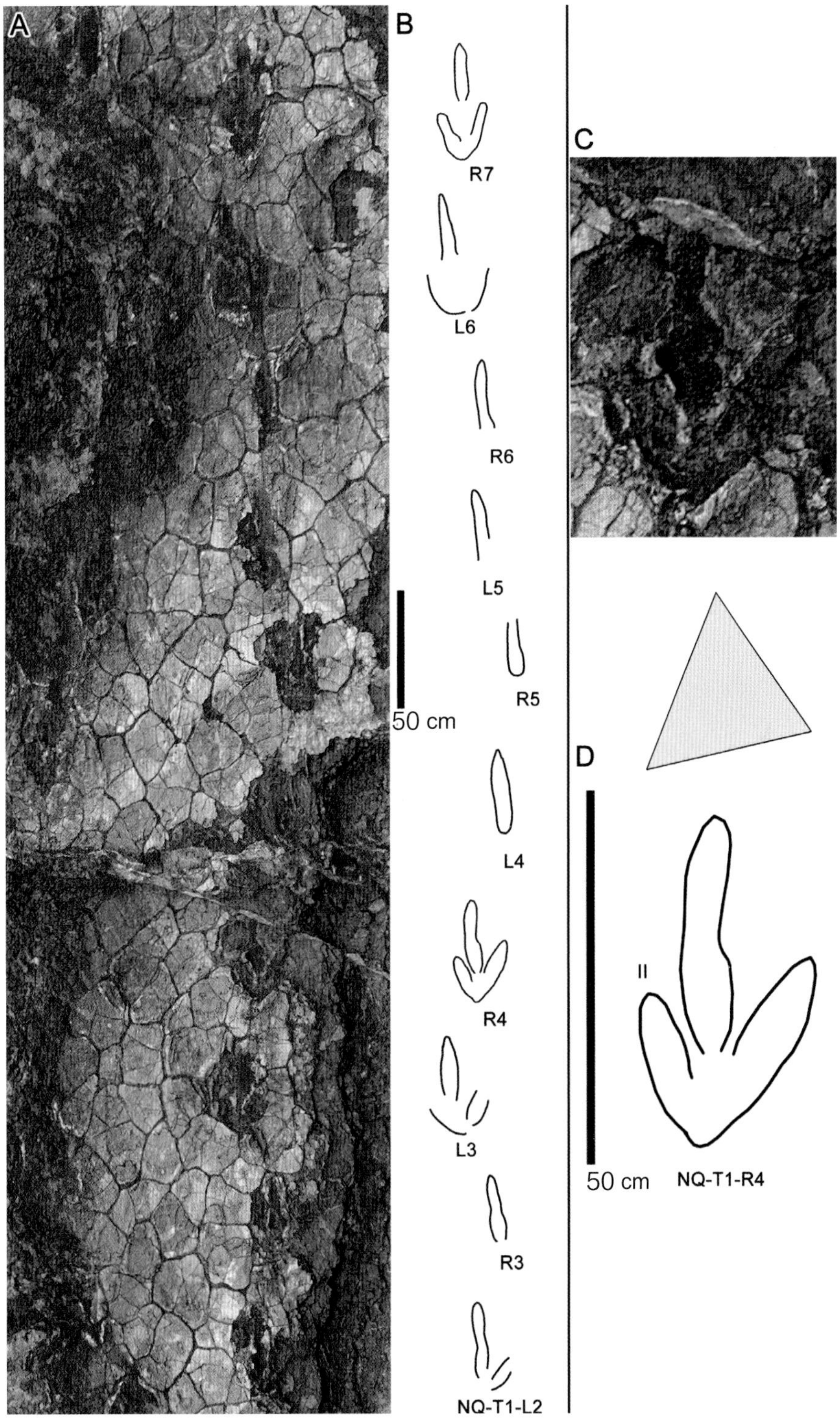

兽脚类行迹（NQ−T1）照片及轮廓图（引自 Xing et al.，2018i）

灰色斜三角形为行迹中 R4 足迹的趾尖三角形。

山东郯城县南泉村，下白垩统大盛群田家楼组

南泉砖厂以蜥脚类恐龙为主的足迹露头照片（摄于2010年）

图中地质锤长28 cm。

山东郯城县南泉村，下白垩统大盛群田家楼组

（3）李庄

郯城县李庄镇后莫疃是近年刚发现的较大的以恐龙为主的足迹化石点，位于后莫疃村西北池塘边，地层层位为下白垩统大盛群田家楼组。据邢立达等（Xing et al.，2018f）研究，该化石点以兽脚类足迹为主，足迹总数共约300枚。其中，兽脚类足迹类型很丰富，除小型两趾类足迹似猛龙足迹（cf. *Menglongpus*）外，还有A、B、C、D共4种兽脚类足迹形态类型。另外，还包括两种蜥脚类足迹、两种鸟脚类足迹、1种似鞑靼鸟足迹（cf.*Tatarornipes*）和龟鳖类的足迹。小型两趾型的足迹（cf. *Menglongpus*）组成4条行迹，显示出恐爪龙类恐龙的群居行为特征；在4种兽脚类足迹形态类型中，A为一种大型足迹，足迹长约30 cm，暂时归入实雷龙足迹（*Eubrontes*）；B足迹长约18 cm，类似于亚洲足迹（*Asianopodus*）；C为小中型足迹，类似于嘉陵足迹（*Jianglingpus*）；D为小型足迹，足迹长约5 cm，可能是与B相类似的小个体的足迹。

山东郯城县李庄镇后莫疃化石点露头照片

圆形、椭圆形的大型凹坑均为蜥脚类足迹，图中比例尺为1 m

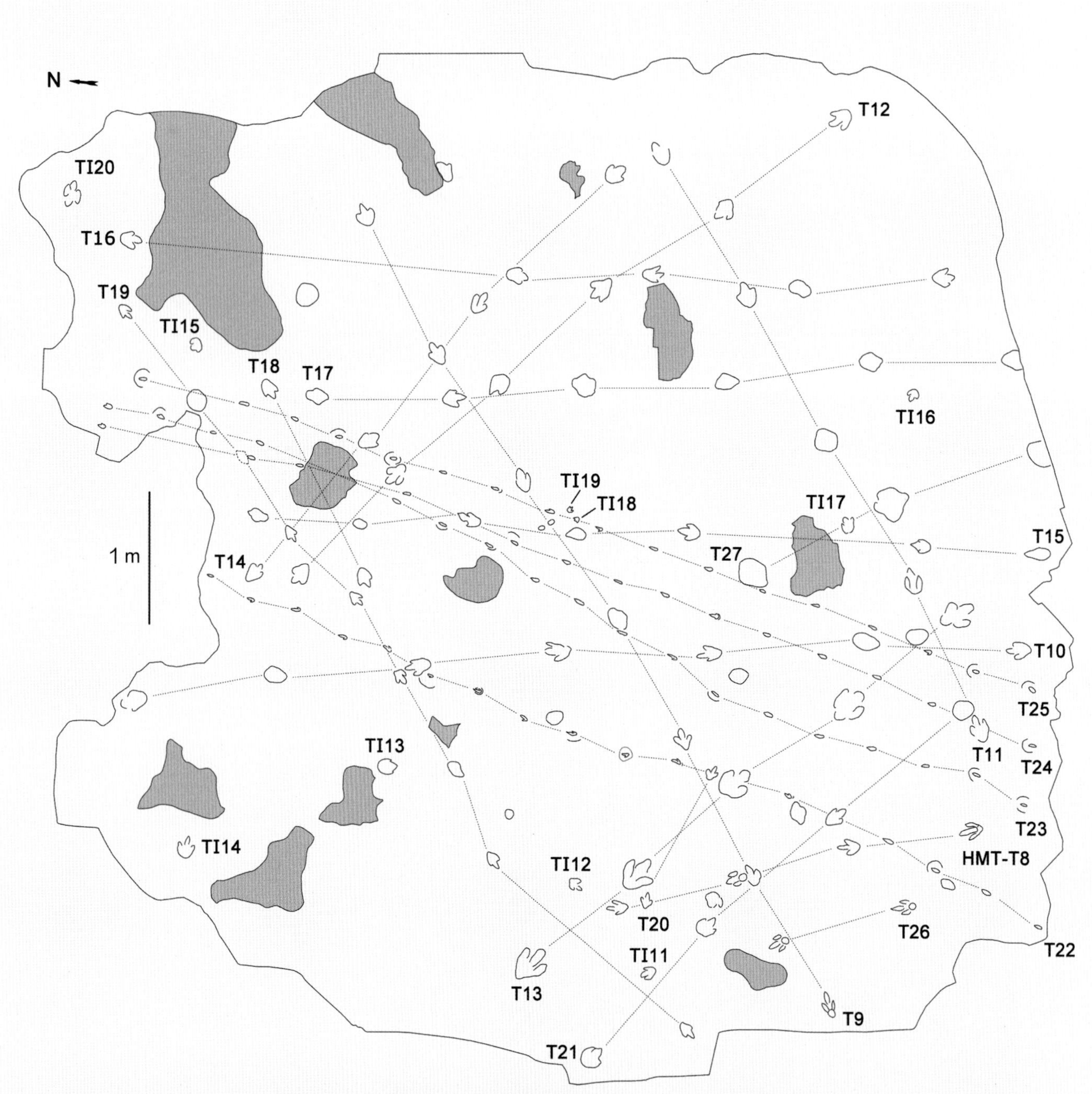

第 1 区兽脚类行迹层面分布图（引自 Xing et al.，2018f）

其中 T22–T25 为两趾型的似猛龙足迹（cf. *Menglongpus*）的行迹。

山东郯城县李庄镇后莫疃，下白垩统大盛群田家楼组

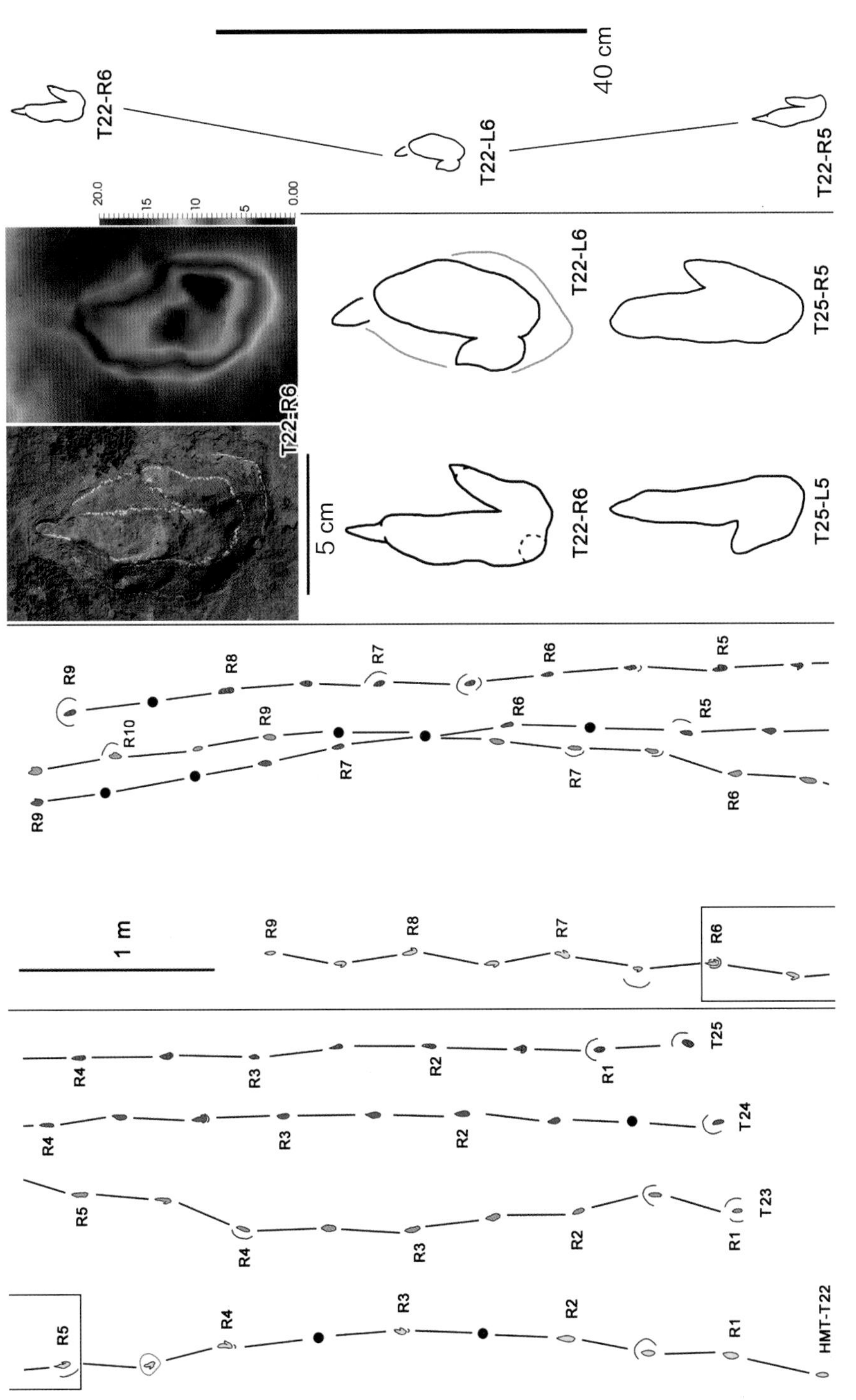

似猛龙足迹（cf. *Menglongpus*）照片、3D 图像及轮廓图（引自 Xing et al.，2018f）

山东郯城县李庄镇后莫疃，下白垩统大盛群田家楼组

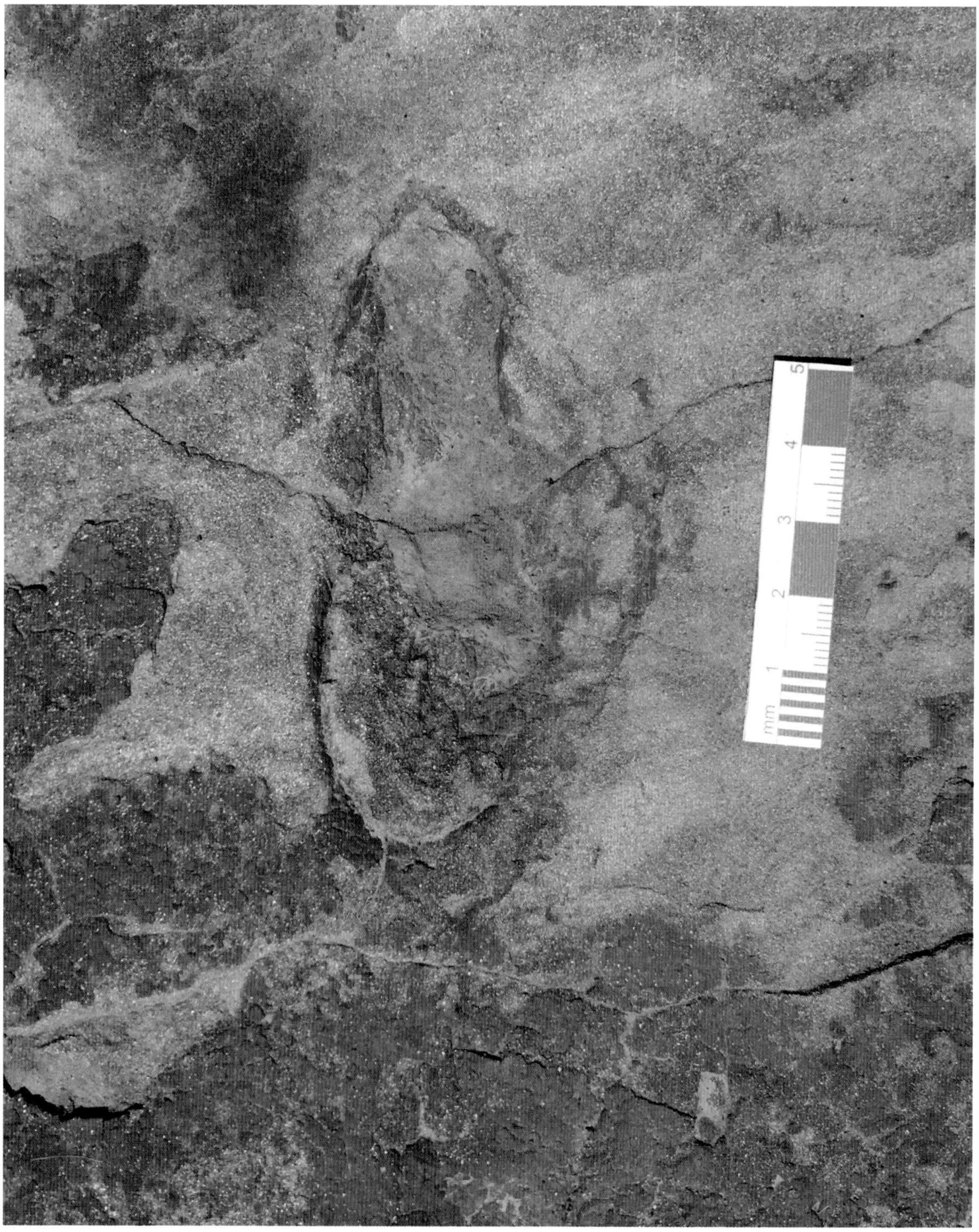

似猛龙足迹（cf. *Menglongpus*）野外放大照片

足迹为两趾型，长 8.8 cm，宽 43 cm。

山东郯城县李庄镇后莫疃，下白垩统大盛群田家楼组

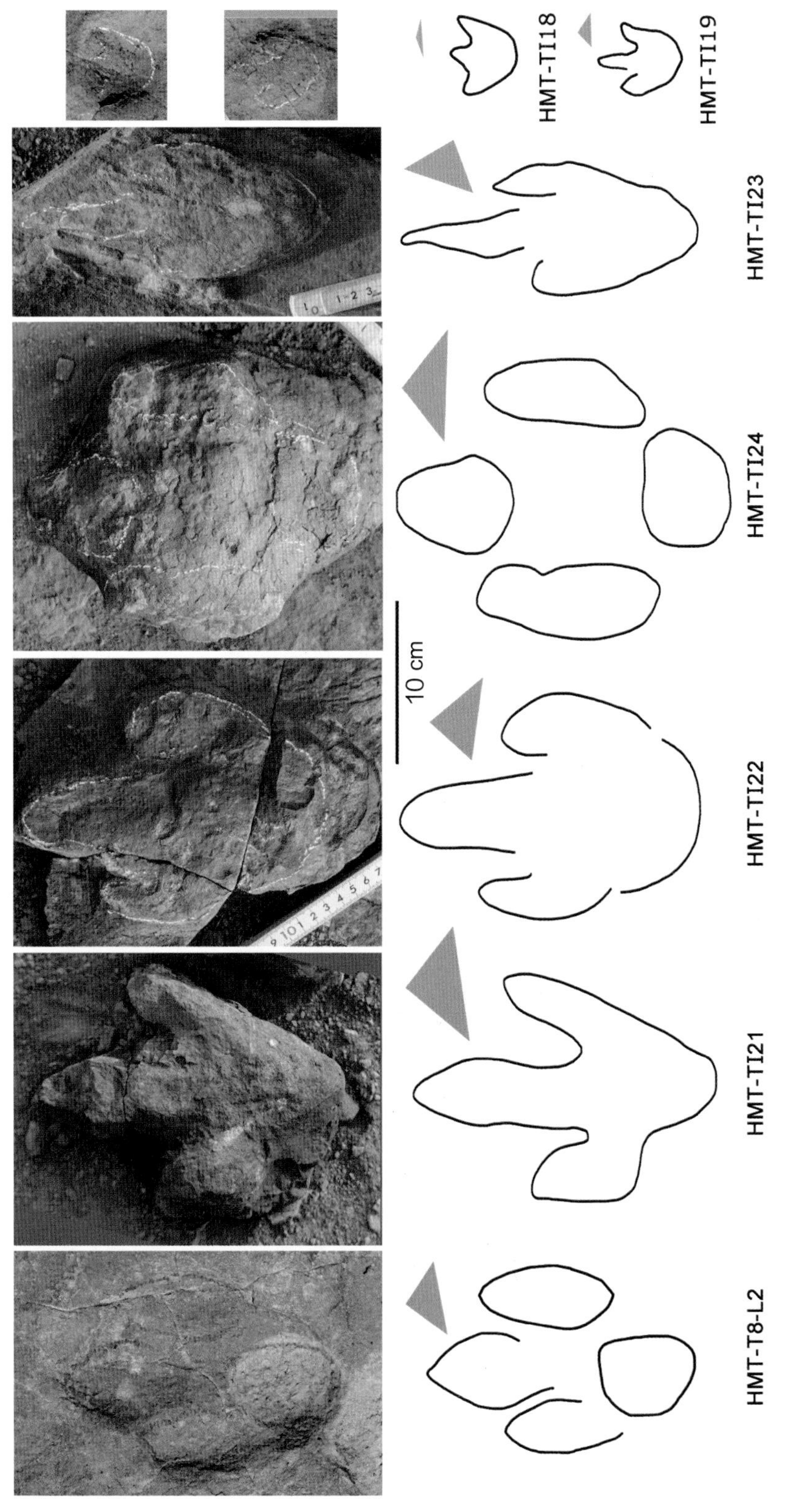

三趾型兽脚类足迹照片及轮廓图（引自 Xing et al.，2018f）

注意各足迹指尖三角（灰色三角）形态的变化。

山东郯城县李庄镇后莫疃，下白垩统大盛群田家楼组

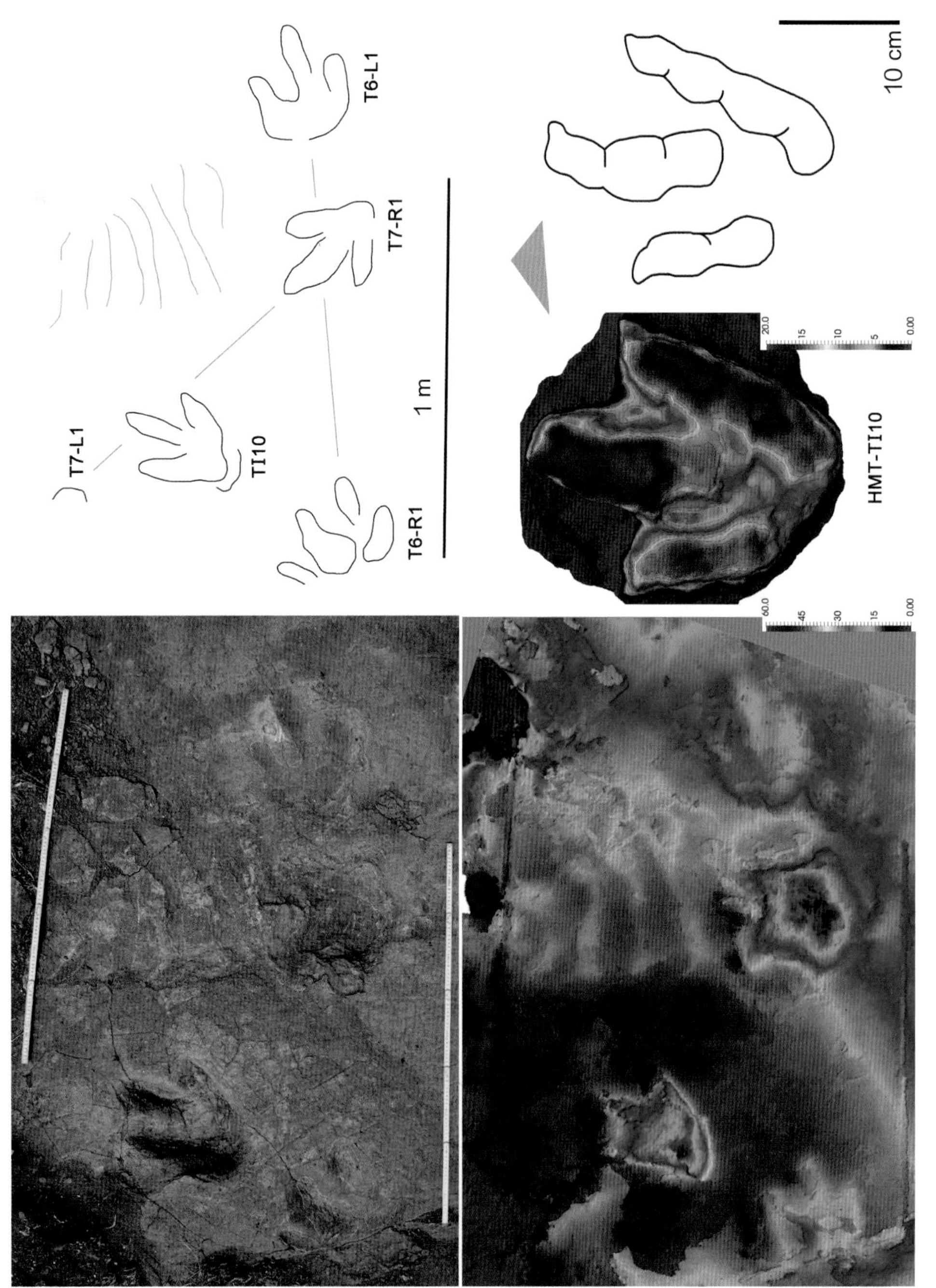

兽脚类足迹照片、3D 图像及轮廓图（引自 Xing et al.，2018f）

山东郯城县李庄镇后莫疃，下白垩统大盛群田家楼组

兽脚类足迹野外照片

图中比例尺长 1 m。

山东郯城县李庄镇后莫疃，下白垩统大盛群田家楼组

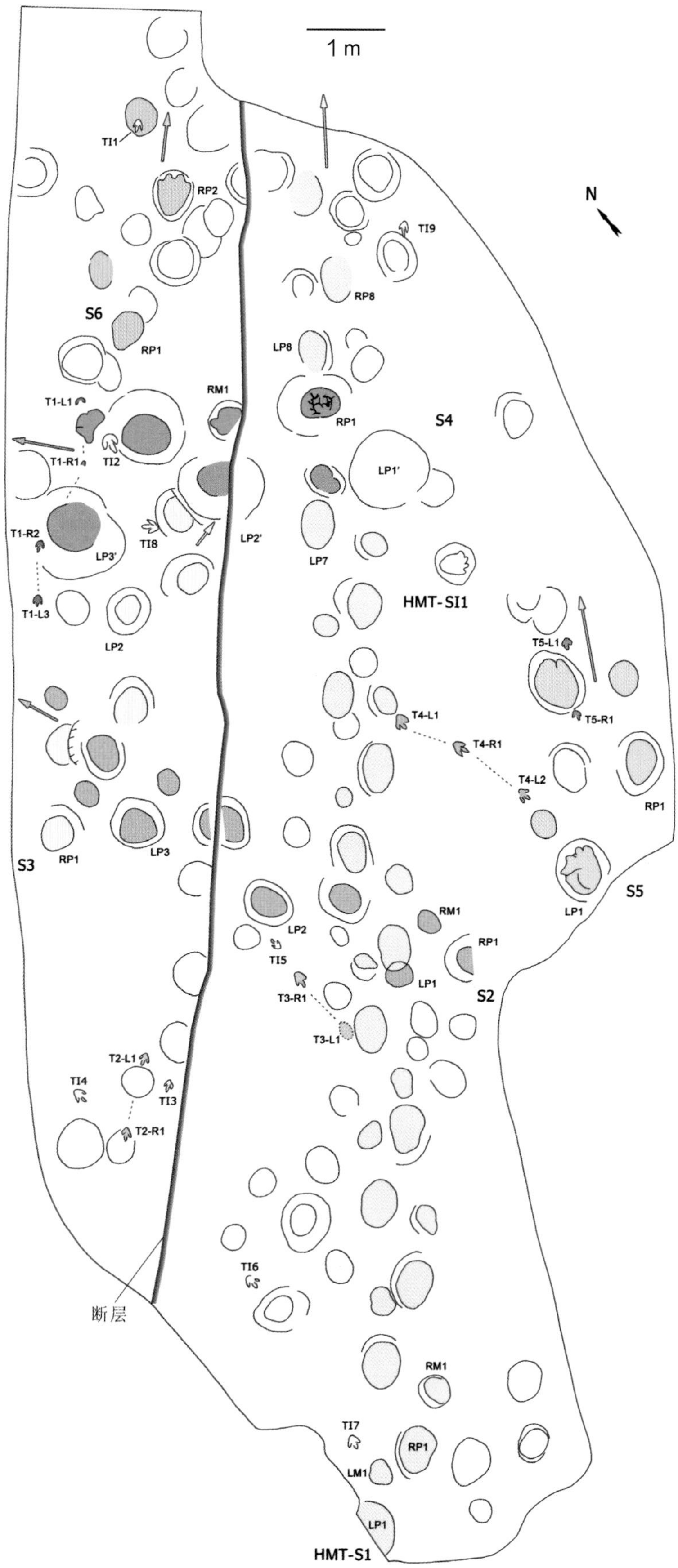

后莫疃第 5 区蜥脚类和兽脚类行迹分布图（引自 Xing et al.，2018f）

山东郯城县李庄镇后莫疃，下白垩统大盛群田家楼组

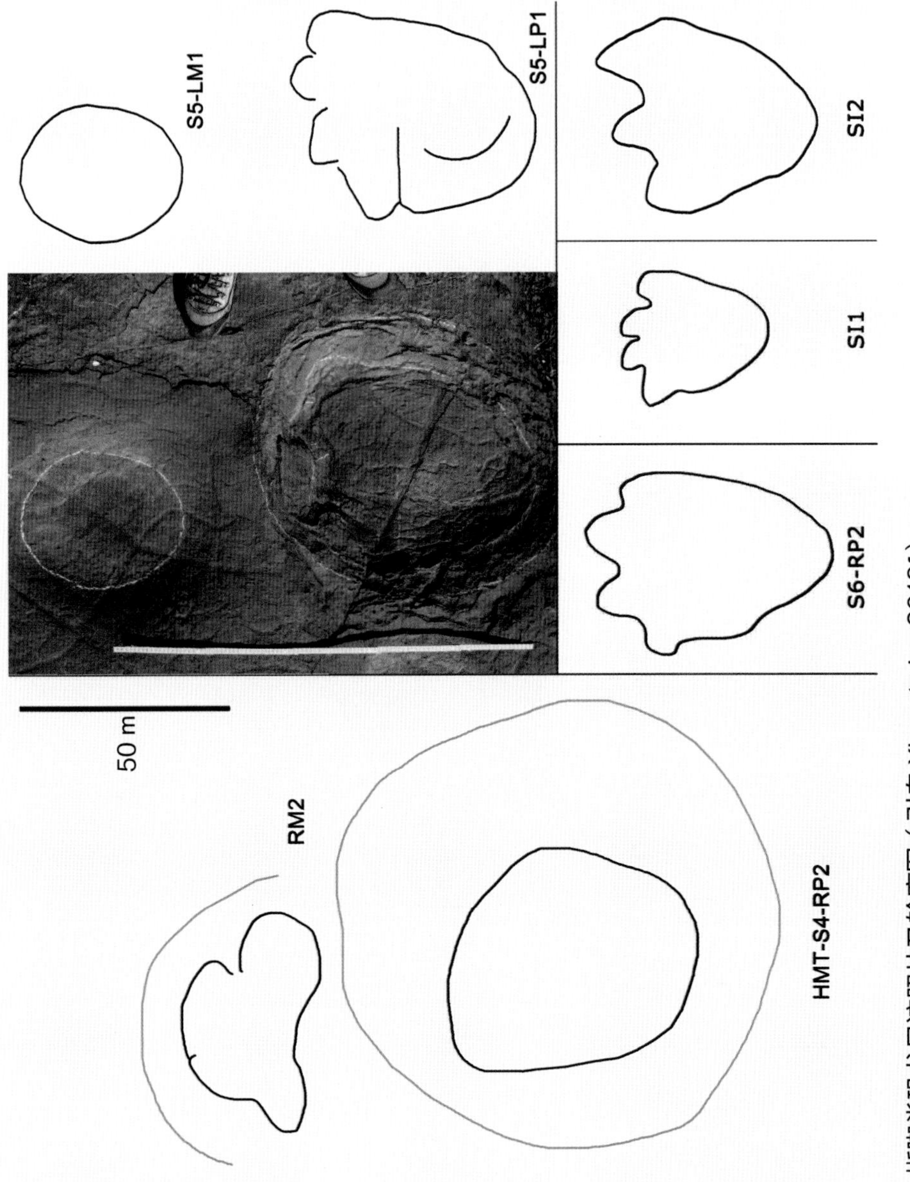

蜥脚类恐龙足迹照片及轮廓图（引自 Xing et al.，2018f）

山东郯城县李庄镇后莫疃，下白垩统大盛群田家楼组

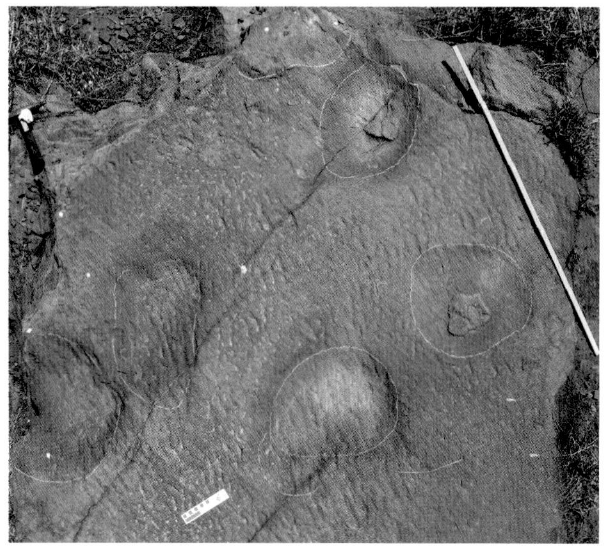

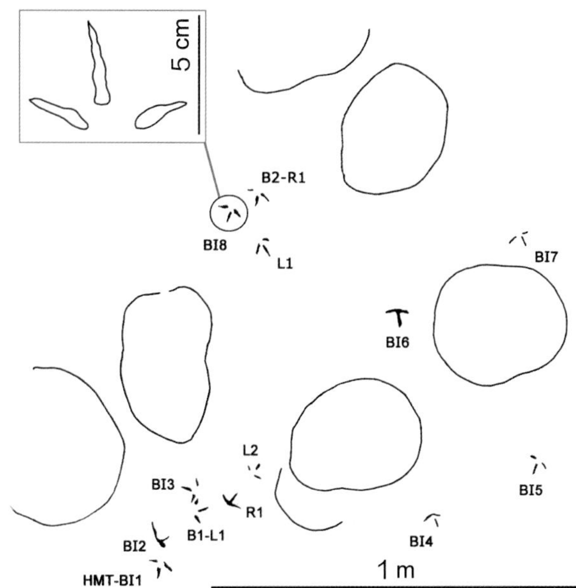

似鞑靼鸟足迹（cf. *Tatarornipes*）野外照片及轮廓图（引自 Xing et al.，2018f）

鸟类足迹与蜥脚类恐龙足迹共生。

山东郯城县李庄镇后莫疃，下白垩统大盛群田家楼组

蜥脚类恐龙足迹野外照片

图中比例尺为 1 m。

山东郯城县李庄镇后莫疃，下白垩统大盛群田家楼组

似鞑靼鸟足迹（cf. *Tatarornipes*）野外照片

足迹为三趾型，长 6.2 cm，宽 6.7 cm，宽大于长（长宽比值为 0.93）；Ⅲ趾粗而直，3 个趾的爪迹尖锐；趾间角较大（Ⅱ－Ⅳ趾趾间角为 110°）。

山东郯城县李庄镇后莫疃，下白垩统大盛群田家楼组

2.5.8 海阳

海阳市的恐龙足迹由李日辉等（2019）发现于凤城镇凤翔路附近。足迹产于中层灰绿色、灰紫色粉砂岩、细砂岩层面上，层位为下白垩统莱阳群杨家庄组，为河湖相沉积。该组与莱阳地区产出杨氏跷脚龙足迹（*Grallator yangi*）的龙旺庄组及下覆的水南组时代相当。

该足迹点共发现较清晰的恐龙足迹化石26枚。其中，15枚足迹产于层面上，呈层面下凹型，未能采集；7枚足迹呈层底上凸型，已被采集。化石均为小型三趾型足迹，最大的足迹长10 cm，宽5.3 cm；最小的足迹长5 cm，宽4 cm。因为足长大于足宽，足迹较窄且爪迹明显，故应为小型兽脚类恐龙的足迹。根据足迹大小、足迹长宽比值以及Ⅱ、Ⅳ趾趾间角的大小，可将这些足迹分为A、B、C等3个形态类型。

类型A：足迹长略大于足迹宽，足长和足宽平均值分别为6 cm和4.7 cm；

类型B：足长远大于足宽，足长和足宽平均值分别为7.3 cm和3.6 cm；

类型C：只有1枚足迹，足长10 cm，足宽5.3 cm。

研究认为，类型A类似于山东诸城黄龙沟同时期的兽脚类肥壮足迹（*Corpuluntapus*），但后者个体更大，几乎是其两倍。类型B与山东莒南后左山早白垩世田家楼组的甄朔南小龙足迹（*Minisauripus zhenshuonani*）大小相似，但后者的长宽比值较小，特别是类型B的Ⅲ趾更长直、粗壮，这点又与后左山的跷脚龙足迹（*Grallator* isp.）相似，因此其应为二者之间的过渡类型。类型C则可归入跷脚龙足迹未定种（*Grallator* isp.）。根据有关的经验公式推算，这批足迹的造迹恐龙体长为70~80 cm，高约30 cm（李日辉等，2019b）。

海阳地区下白垩统莱阳群中没有发现恐龙骨骼化石。凤城镇恐龙足迹的发现表明，在早白垩世，胶莱盆地东南部的海阳为河湖相环境，其间生活着群居的小型肉食性兽脚类恐龙群。

凤城恐龙足迹点位置图（野外照片）

山东海阳市凤城镇凤翔路东头，下白垩统莱阳群杨家庄组

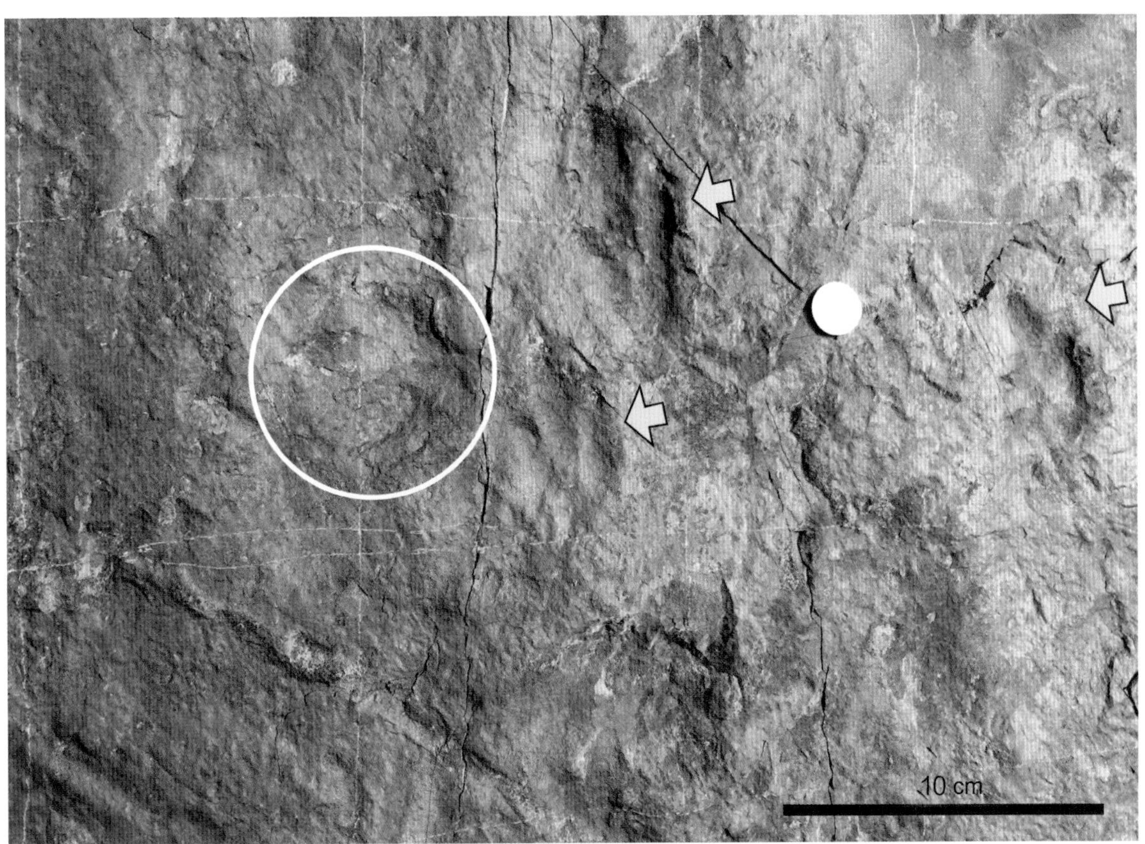

凤城足迹点两种兽脚类足迹类型（野外照片）

图中可见 4 枚层面上保存的上凹足迹。足迹分为两种类型，均为小型兽脚类足迹。白色圆圈所示为一种类型，足长 6 cm，足宽 5.5 cm，长宽比值为 1.09，类似 *Corpulentapus*，但尺寸较小；黄色箭头所指 3 枚足迹为另一种类型，平均足长为 7.43 cm，平均足宽为 3.67 cm，长宽比值为 2.02，类似跷脚龙足迹（cf. *Grallator*）。

山东海阳市凤城镇凤翔路东头，下白垩统莱阳群杨家庄组

凤城足迹点两种兽脚类足迹标本照片（引自李日辉等，2019b）

图中可见两枚上凸的小型兽脚类足迹。A 足迹宽肥，长 5.6 cm，宽 4.9 cm，长宽比值为 1.14，类似于肥壮足迹（cf.*Corpulentapus*）；B 足迹窄长，Ⅲ趾强壮，中趾凸度大，类似跷脚龙足迹（cf. *Grallator*）

凤城足迹点足迹标本照片

图中可见 8 枚下层面保存的上凸足迹，均为小型兽脚类足迹。

足迹均窄长，Ⅲ趾强壮，中趾凸度大，类似跷脚龙足迹（cf. *Grallator*）。

红色比例尺长 18.5 cm。

山东海阳市凤城镇凤翔路东头，下白垩统莱阳群杨家庄组

2.6 吉林

吉林省的恐龙足迹点发现较少，目前仅有辉南县松杉岗煤矿和延吉铜佛寺两个化石点。著名的张北足迹（*Changpeipus*）就是根据辉南县松杉岗煤矿中下侏罗统砂岩石板上的一批三趾型足迹建立的兽脚类恐龙足迹属。

2.6.1 辉南

1960年，杨钟健研究了吉林省辉南县松杉岗煤矿顶板砂岩（中下侏罗统）底部的恐龙足迹化石，建立新足迹属种——石炭张北足迹（*Changpeipus carbonicus*）。正模标本为1块保存有3枚足迹的砂岩石板，现保存于中国科学院古脊椎动物与古人类研究所，编号为IVPP V 2472。

石炭张北足迹（*Changpeipus carbonicus*）具有以下特征：足迹为两足行走、三趾型、半蹠行式，无拇趾印迹，足长29.2~38.3 cm，宽9.3~23.4 cm，趾间角为Ⅱ 26° Ⅲ 36° Ⅳ；足迹外形呈三角形，趾垫印迹清晰，趾垫式为2-3-3，趾端具爪，中趾爪迹较弱，Ⅳ趾长于Ⅱ趾，且位置靠前。

石炭张北足迹（*Changpeipus carbonicus*）是保存完好的兽脚类恐龙足迹，特征明显，趾垫清晰。Olsen（1980）认为*Changpeipus carbonicus*属于*Grallator-Eubrontes*系列，Gierliński（1994）甚至认为，从广义上来说，*Changpeipus carbonicus*属于足迹属跷脚龙足迹（*Grallator*）。Lockley 等（2013）认为该足迹属于实雷龙足迹（*Eubrontes*），而Xing 等（2009a）则认为*Changpeipus carbonicus*更相似于卡岩塔足迹*Kayentapus* Welles（1971）。李

建军（2015）认为，如果*Changpeipus*确实是*Kayentapus*的同物异名，那么*Changpeipus carbonicus*（Young, 1960）具有优先权。不仅如此，*Changpeipus*在形态上也区别于上述提到的侏罗纪常见的兽脚类足迹。其最大的特点就是蹠趾垫较小，趾垫向远端变大。因此，石炭张北足迹（*Changpeipus carbonicus*）应作为有效种保留。Lockley 等（2013）也认为*Changpeipus*还有待进一步研究。

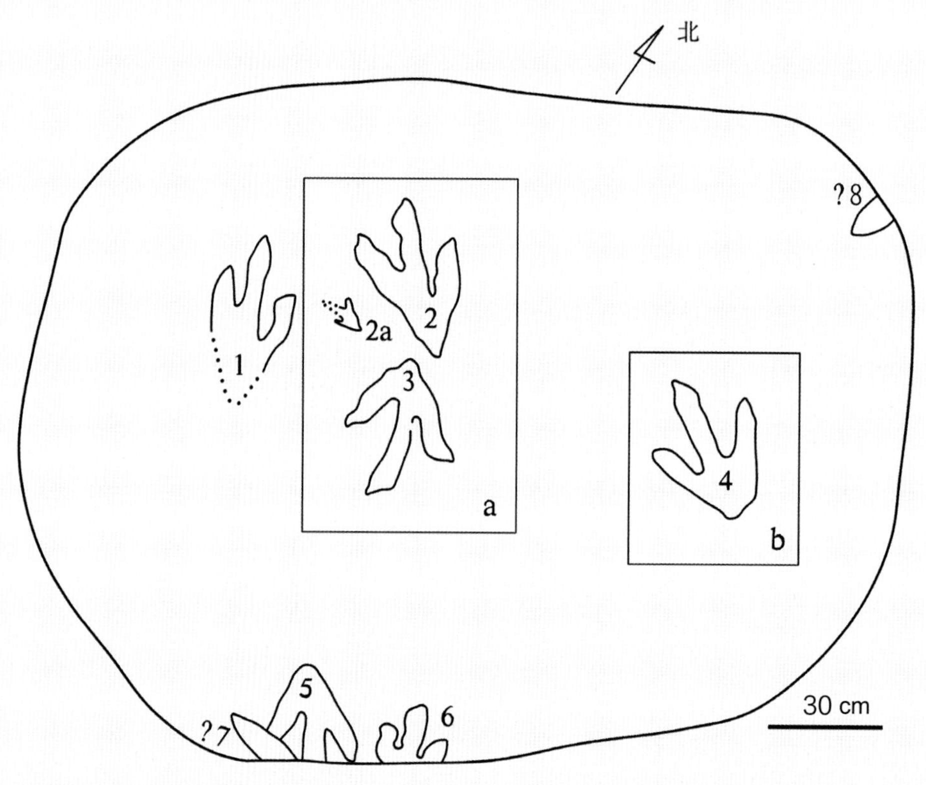

保存张北足迹（*Changpeipus*）正模标本的石板及足迹分布图（引自 Young，1960）

石板上保存了 5 枚完整的足迹和 4 枚不完整的足迹，其中 a 被采集并作为正模标本；b 也被采集，但下落不明。需要指出，杨钟健认为 2、3 足迹之间的小型三趾足迹（2a）为前足足迹，但邢立达等在仔细观察研究后认为，该小足迹是另外的小型恐龙的后足足迹，因此认为张北足迹属于两足行走的恐龙足迹。此外，图中编号为 7 和 8 的两个足迹，根据其长度、宽度和形态推测，也应为不完整保存的张北足迹趾迹的一部分。

吉林辉南县松杉岗煤矿，中下侏罗统

张北足迹（*Changpeipus carbonicus*）正模标本（编号为 IVPP V 2472）照片（引自李建军，2015）

由于拍摄角度的问题，足迹方向与前面的“足迹分布图”中模式标本 a 相差 180°。

吉林省辉南县松杉岗煤矿，中下侏罗统

2.6.2 延吉

延吉市的恐龙足迹化石主要被发现于铜佛寺地区。

Matsukawa 等（1995）描述了铜佛寺地区早白垩世铜佛寺组的兽脚类及鸟脚类足迹化石。其中的中型鸟脚类足迹（其中1枚被采集，编号为NIGPAS 121568）是我国发现较早的几批鸟脚类足迹之一。足迹为三趾型，长24~34 cm，宽24~30 cm，趾迹宽阔，末端变窄但圆钝，足跟印迹较大。这些鸟脚类足迹的造迹恐龙被认为是禽龙类。研究者还认为铜佛寺的兽脚类足迹与韩国下白垩统庆尚超群（Gyeongsang Supergroup）、日本下白垩统手取群（Tetori Group）的足迹很相似，造迹恐龙可能为肉食龙类或虚骨龙类。由此可以推论，在白垩纪早期，中国东北、朝鲜半岛及日本处在一个共同的生物地理省内，日本是亚洲大陆的一部分；而禽龙类和纤细的三趾型兽脚类恐龙足迹的共同出现表明，上述恐龙很显然生活在潮湿的海岸平原硅质碎屑沉积环境中。

2017年，邢立达等对延吉市铜佛寺地区的恐龙足迹进行重新研究，肯定了Matsukawa等的上述结论，并又发现一些小的足迹点和化石层位。他们认为延吉铜佛寺的恐龙足迹与韩国下白垩统庆尚超群的恐龙足迹有相同之处，但也有一定区别。两者区别具体表现在，韩国的足迹群组合中有鸟脚类足迹、蜥脚类足迹、兽脚类足迹，甚至还有大量鸟类足迹和翼龙足迹；兽脚类足迹中既有两趾型的恐爪龙类足迹（如驰龙足迹*Dromaeopodus*和奔驰龙足迹*Dromaeosauripus*等），也有极小型（足长1~2 cm）的小龙足迹（*Minisauripus*）；而铜佛寺地区则无后面的几种足迹类型。因此，中国东北与韩国的恐龙足迹其差异显著，这种差异具体反映了环境控制或保存条件的差别。铜佛寺组的沉积环境为扇三角洲相－湖相，产出恐龙足迹的第1段岩性为灰黑色砂岩、硅质粉砂岩、灰色砂岩、灰绿色砂砾岩、砾岩等。此外，铜佛寺组的时代为早白垩世晚期－晚白垩世早期（阿尔比－赛诺曼期）（Xing et al., 2017d）。

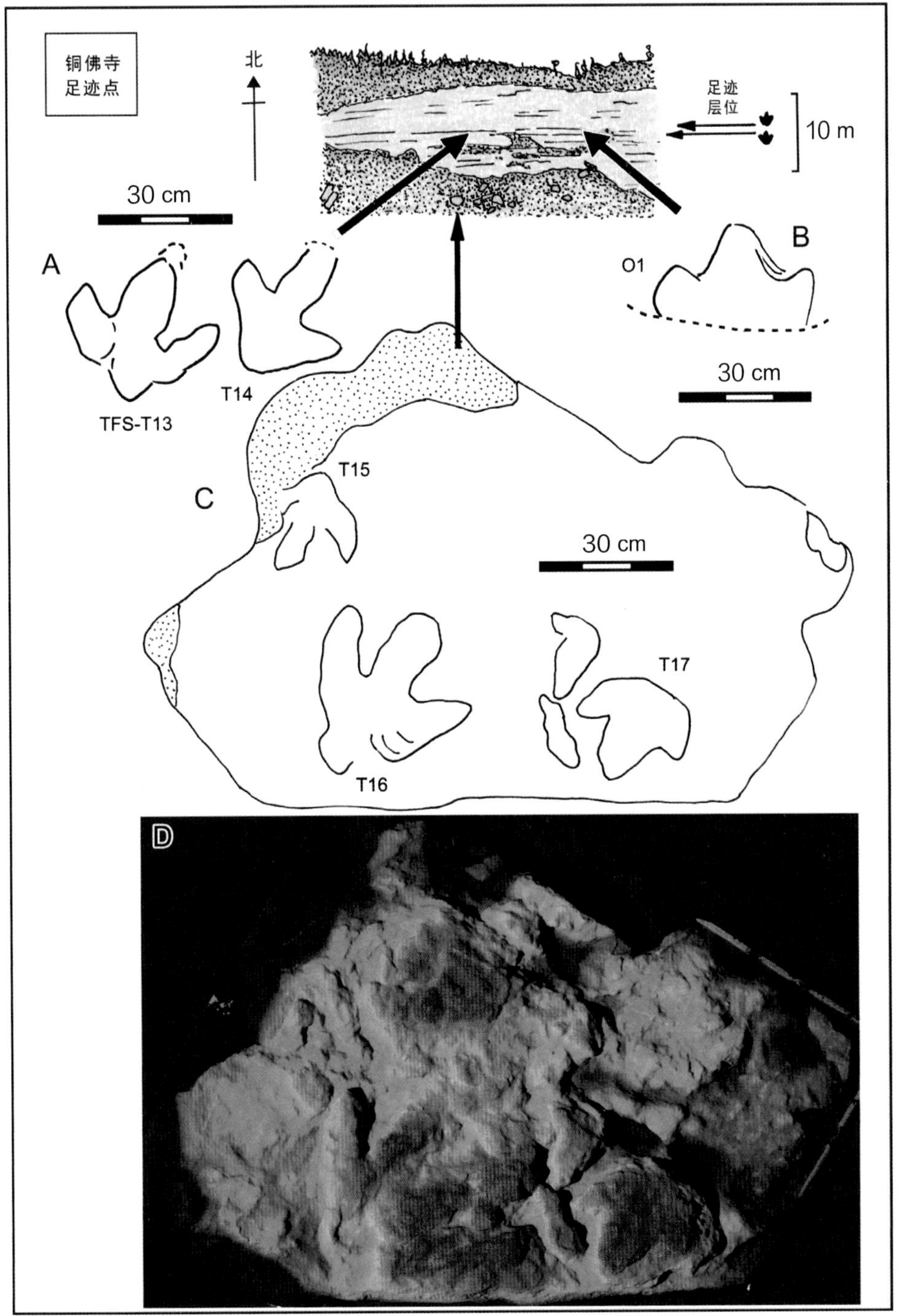

铜佛寺足迹点露头、代表性恐龙足迹及其产出位置图（引自 Xing et al.，2017d）

顶部彩图为足迹点露头草图，A 为两块保存在原地的三趾型足迹化石，B 为从上部层位滚落的鸟脚类足迹，C 为滚石上的三趾型足迹，D 为 C 的 3D 图像（暖色表示高度高，冷色表示高度低）。

吉林延吉市铜佛寺，白垩系铜佛寺组

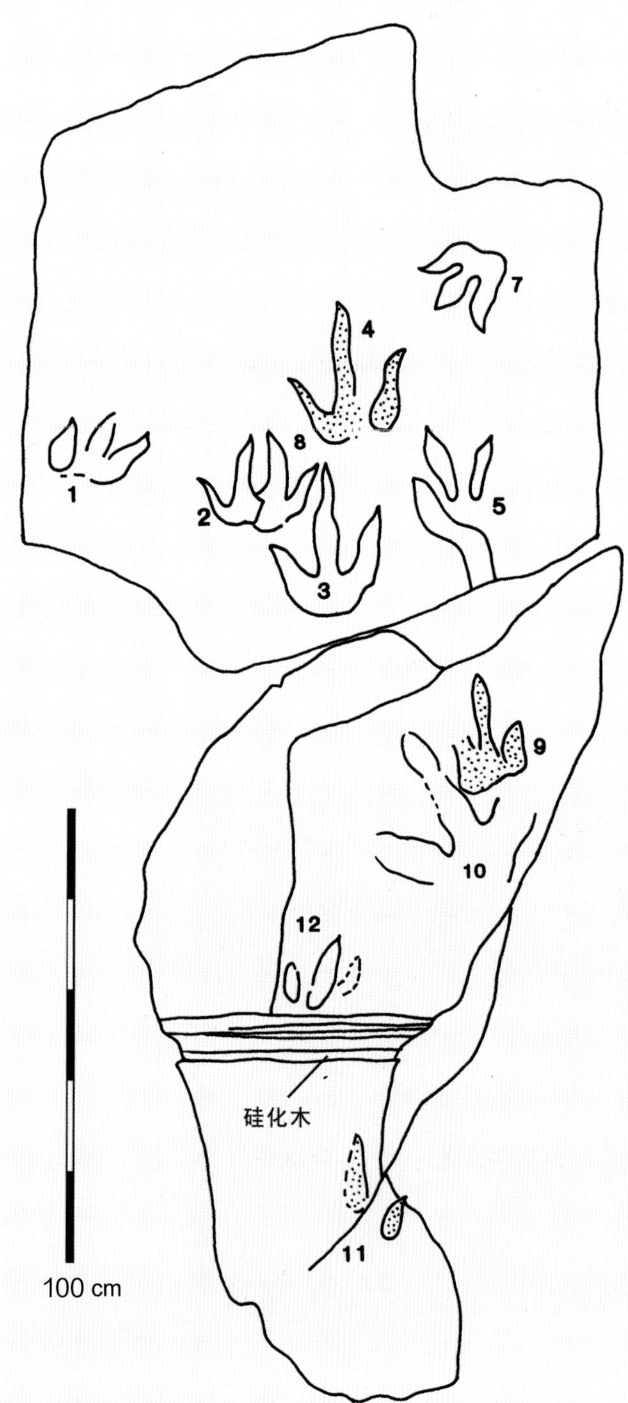

1块石板上保存的兽脚类恐龙足迹轮廓图（引自 Matsukawa et al.，1995）

石板上共保存至少 13 枚上凸足迹，但图中只表示了 11 枚。

10 号足迹最大，长 43.5 cm，宽约 40 cm（保存不完全）；8 号足迹最小，长约 20.5 cm，宽约 20 cm。

11 号、9 号和 4 号足迹（阴影足迹）可能组成 1 条行迹，单步长分别为 86 cm 和 106 cm，复步长为 186 cm。

吉林延吉市铜佛寺，白垩系铜佛寺组

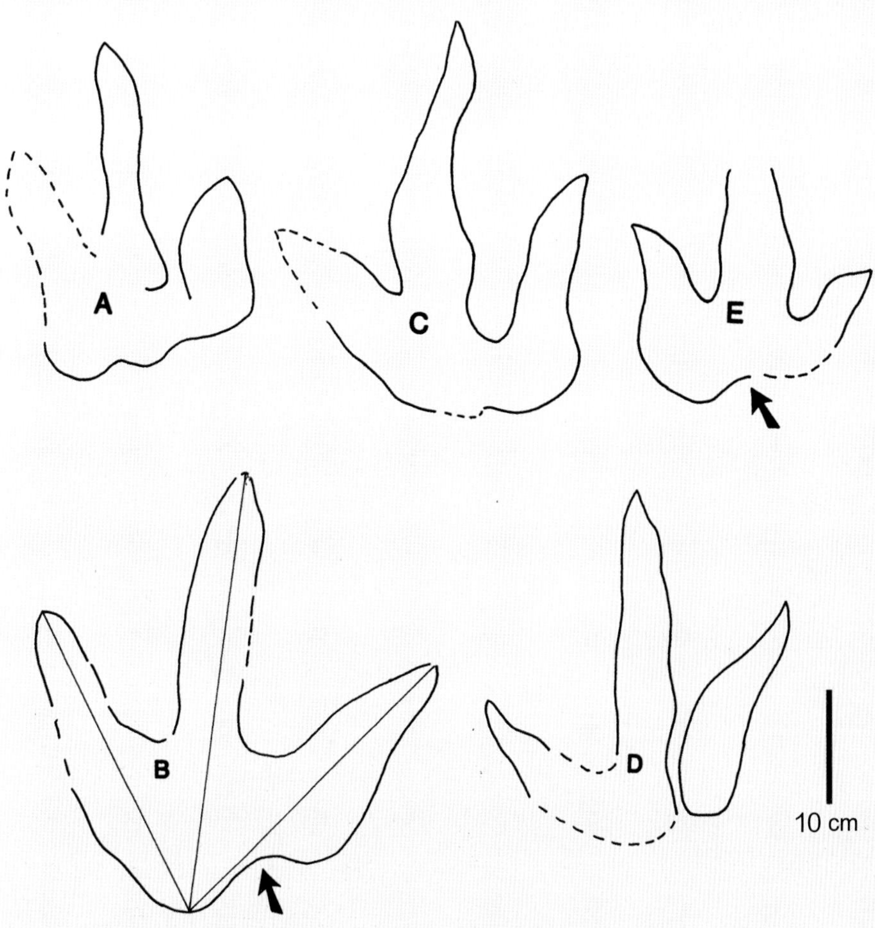

铜佛寺足迹点代表性兽脚类恐龙足迹轮廓图（引自 Matsukawa et al.，1995）

足迹 A、C、D、E 分别对应石板上 13 枚足迹（上一图）中的 9 号、3 号、4 号和 7 号，足迹长分别约为 28.8 cm、34.8 cm、31 cm 和 31.2 cm，长宽比值分别为 1.4、1.2、1.1 和 1.4。箭头标示 II 趾后端存在的凹缺，这是兽脚类足迹的典型特征之一。

吉林延吉市铜佛寺，白垩系铜佛寺组

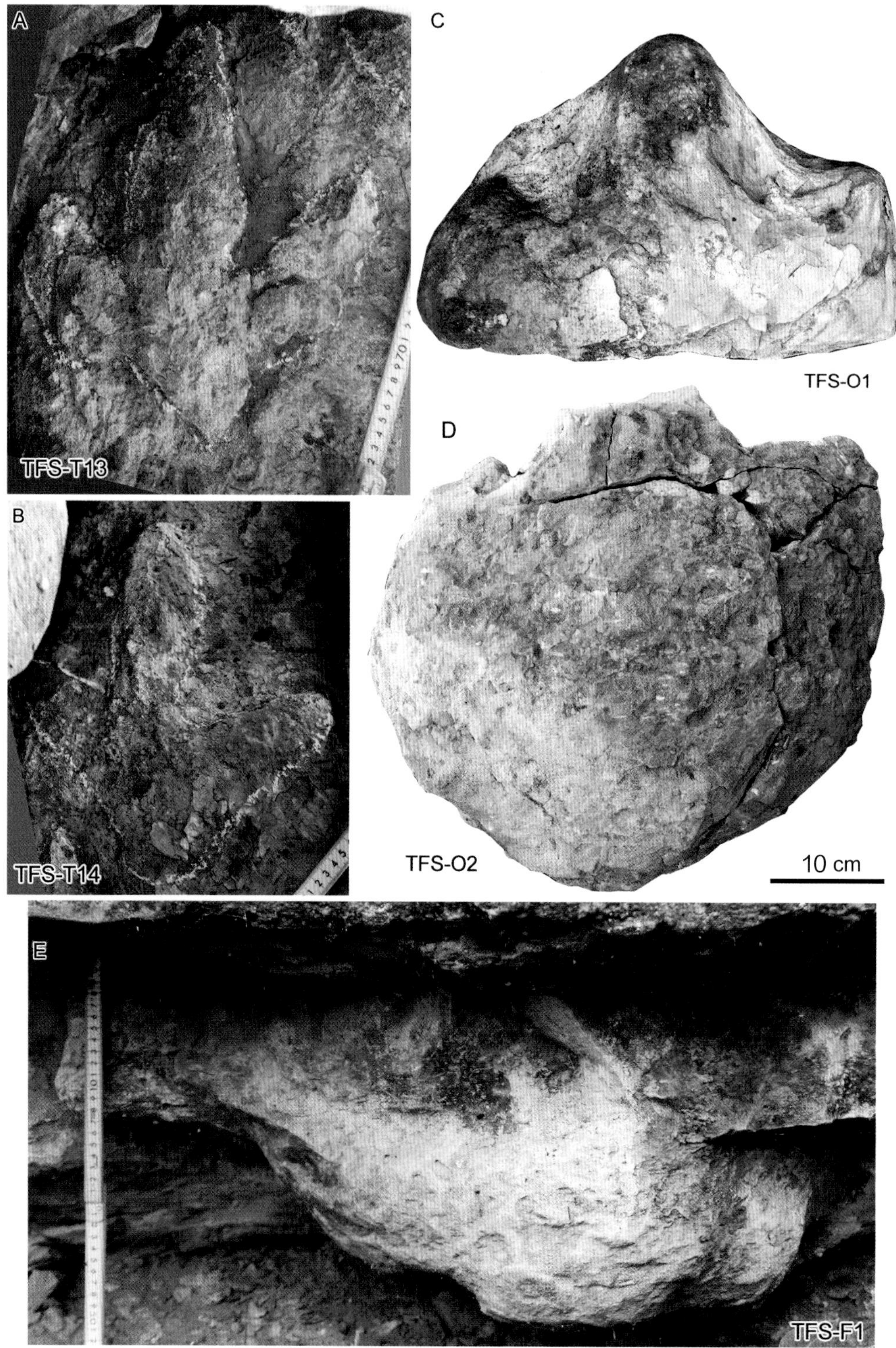

铜佛寺地区代表性恐龙足迹照片（引自 Xing et al.，2017d）

A–B 为兽脚类恐龙足迹；C–E 为鸟脚类恐龙足迹，其中足迹 TFS–F1 为下层面上凸型，长 45 cm。吉林延吉市铜佛寺，白垩系铜佛寺组

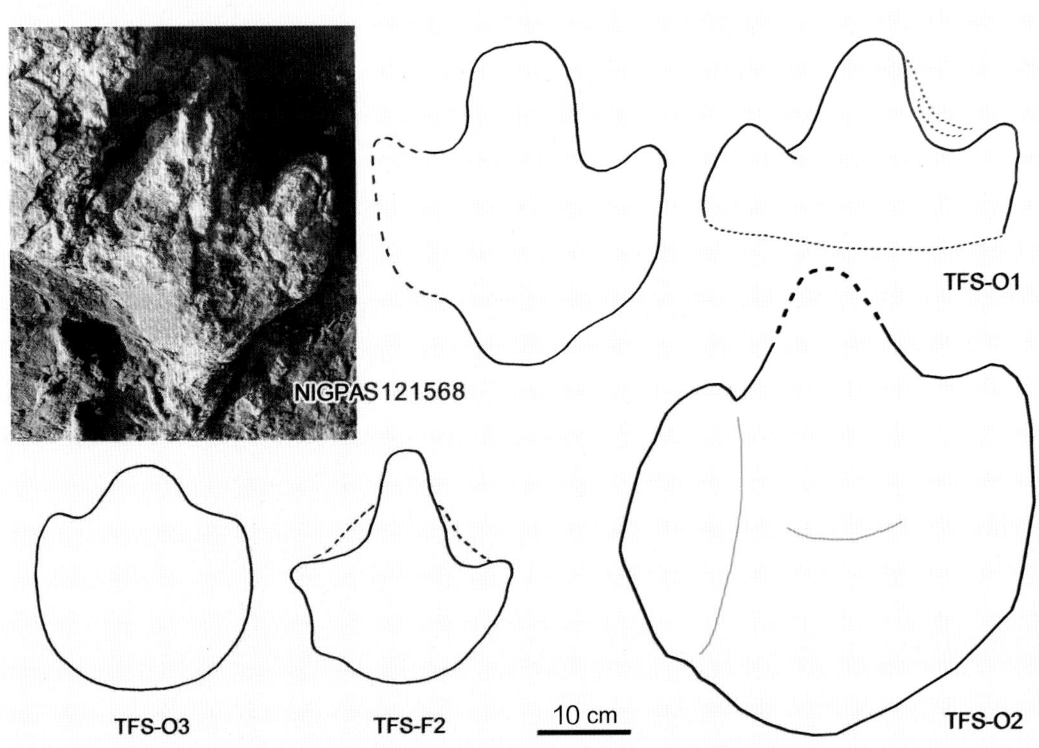

铜佛寺地区疑似鸟脚类恐龙足迹照片及解释轮廓图（引自 Xing et al.，2017d）

轮廓图 NIGPAS121568、TFS-O3 和 TFS-F2 根据 Matsukawa 等（1995，图 6）修改。

标本 NIGPAS121568 已被采集，目前保存于中国科学院南京地质古生物研究所。

铜佛寺足迹点最大鸟脚类足迹为 TFS-O2，足迹长 50 cm，宽 45.7 cm，长宽比值为 1.1，Ⅱ－Ⅳ趾趾间角为 50°，中趾凸度为 0.33；足迹 TFS-O1 后部保存不完整，仅宽完整，宽 46 cm；足迹 TFS-O3 长宽相等，均为 24.4 cm，Ⅱ－Ⅳ趾趾间角为 60°，中趾凸度为 0.3。

吉林延吉市铜佛寺，白垩系铜佛寺组

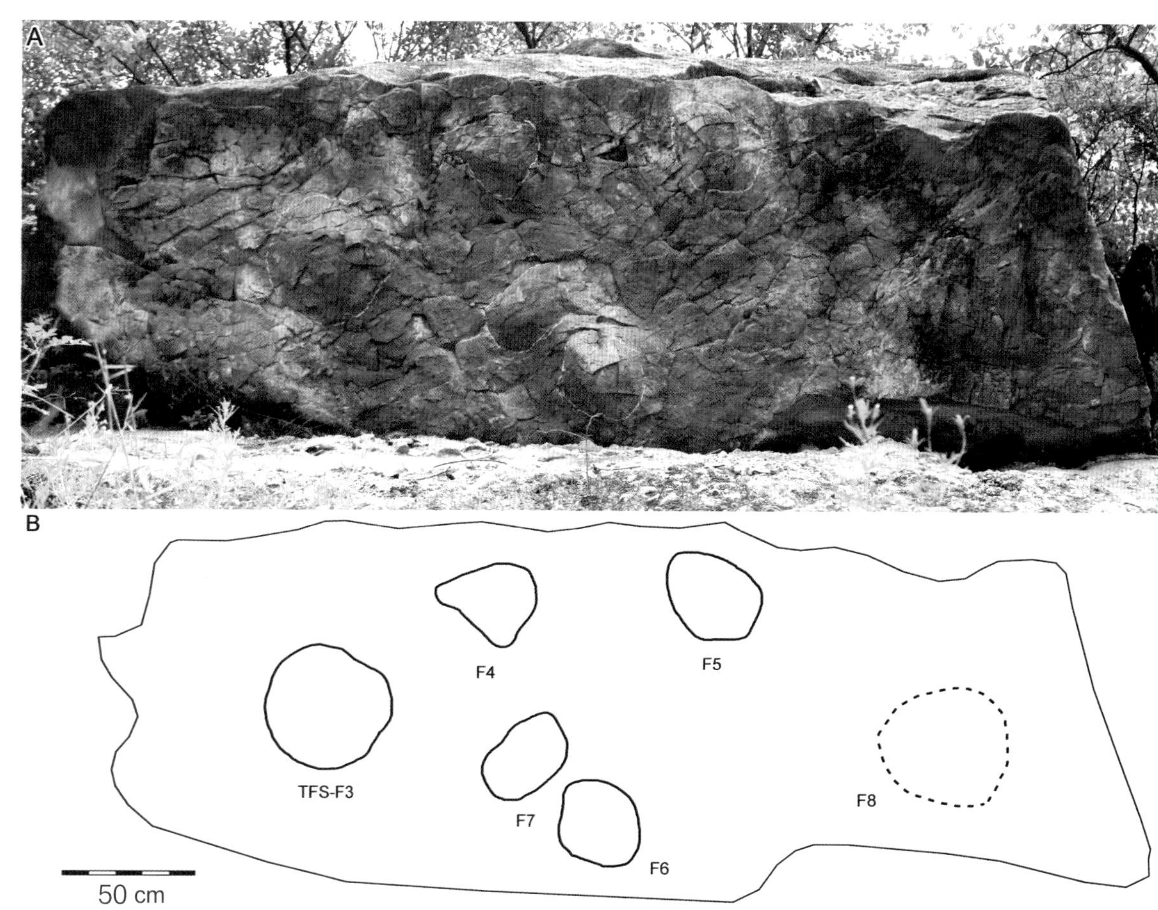

铜佛寺地区疑似四足行走的恐龙足迹照片及轮廓图（引自 Xing et al.，2017d）

足迹保存于厚层砂岩上，共有 8 枚，可能为上凸型（因非原始保存状态，难以判断上、下层面），也有可能是幻迹。足迹保存状态差，未见趾的印迹；足迹 TFS–F3 和 F8 大小相似（长约 49 cm），长宽比值相近（约 1.1 和 1.2），长轴方向一致，因此可能是同一造迹者所形成；足迹 TFS–F4、F5 和 F6 尽管大小相近（长 36.5~39.4 cm），但长轴方向不同，应为同类型的不同造迹者所留。造迹恐龙疑似四足行走，类型不明，可能为蜥脚类，也可能为覆盾甲龙类或其他类型。

吉林延吉市铜佛寺，白垩系铜佛寺组

2.7 河北

河北的恐龙足迹研究工作开展较早，最早者当属杨钟健对承德六沟的骆驼山沟足迹的研究报道（Young，1960），以及其后对滦平兽脚类足迹的研究（杨钟健，1979）。尤海鲁与东洋一（You and Azuma，1995）在对滦平大荞麦沟门的足迹化石进行研究时，最先识别出鸟脚类前、后足足迹，这是我国四足行走的鸟脚类足迹的首次发现。2000年以来，河北的恐龙足迹研究成果丰硕。Sullivan（2009）报道了承德新杖子南双庙上侏罗统后城组（土城子组）的兽脚类足迹；邢立达等则对赤城县样田乡倪家沟和落凤坡土城子组的兽脚类足迹进行研究，建立了恐爪龙类的一个新足迹属——猛龙足迹（*Monglongipus*），这是功能两趾型恐龙足迹的最早记录（Xing et al.，2009b）。此后他们又发现疑似兽脚类恐龙的游泳迹和蹲伏迹（Xing et al.，2011b，2012a）。近年来，在河北尚义（柳永清等，2012；Xing et al.，2014f）和承德避暑山庄附近的景点区也发现较为丰富的恐龙足迹。

2.7.1 承德

杨钟健（1960）在文献中提到的承德六沟应为现在的承德县六沟镇，文中描述的6枚足印被保存在一块钙质粗粒砂岩上，大致呈两列分布，左排两个足迹较为清晰；右排4枚足迹中只有两枚较为清晰。足迹趾垫印迹显著，足跟印迹缺如或模糊，造迹恐龙处于奔跑状态。他认为这批足迹其地层层位与辽宁羊山上侏罗统土城子组的热河足迹（*Jeholosauripus*）相同。但甄朔南等认为*Jeholosauripus*是跷脚龙足迹（*Grallator*）的同物异名，并将*Jeholosauripus s-satoi*更名为佐藤跷脚龙足迹（*Grallator ssatoi*）（Zhen et al., 1989）。

Sullivan 等（2009）研究了新杖子南双庙上侏罗统后城组10多枚兽脚类恐龙的安琪龙足迹（*Anchisauripus*）。此外，他还描述了一件编号为IVPP V 15186的标本，其足迹长为28.8 cm，远超出*Anchisauripus*足迹属的长度范围。李建军（2015）认为该足迹应归入大型兽脚类足迹的实雷龙足迹科Eubrontidae中。

此外，邢立达等2018年在著名的承德避暑山庄及周围寺庙景区的路面石板上发现了散落分布的恐龙足迹化石250多枚。这些含化石石板的原产地位于承德县六沟镇和孟家院乡一带，化石层位为上侏罗统土城子组。其实据有关报道，早在1992年，美国哈佛大学福尔曼教授和北京大学地理系的黄润华教授在避暑山庄考察时，福尔曼就识别出石板路上的恐龙足迹化石。相信随着调查工作的深入开展，避暑山庄及周边景区内会有更多的恐龙足迹被识别出来，它们将会形成景区内另一道靓丽的风景。

佐藤跷脚龙足迹（*Grallator ssatoi*）照片及轮廓图（照片引自 Young, 1960）

标本上至少保存了6枚三趾型足迹，较清晰者有5个，而圆圈内的足迹保存状态最好。

足迹长10.3~11.5 cm，宽6.4~8 cm；Ⅱ－Ⅳ趾趾间角范围为22°~34°。

照片中标尺为4 cm。

河北承德县六沟镇骆驼山沟，上侏罗统土城子组

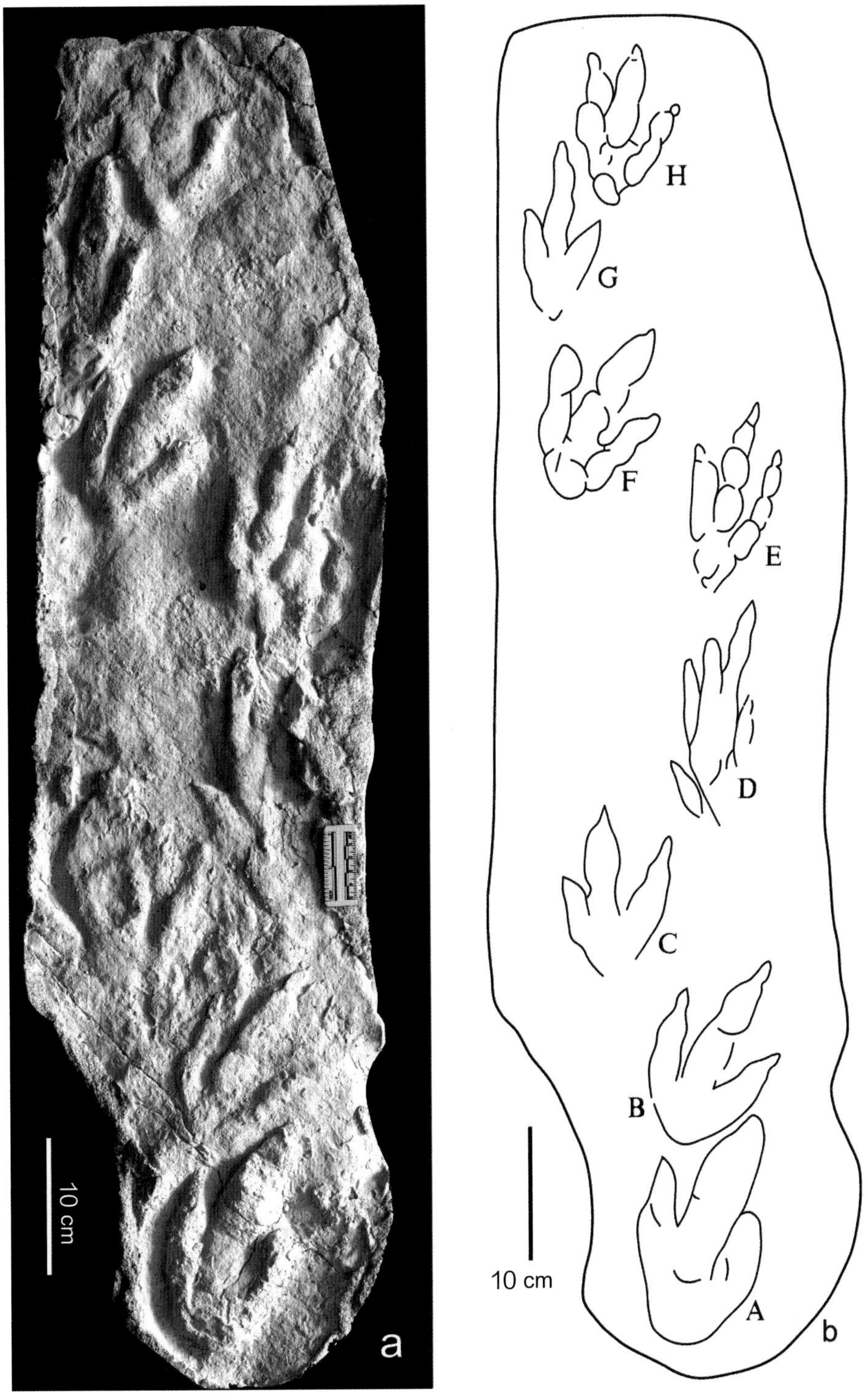

南双庙化石点含安琪龙足迹（*Anchisauripus*）的石板模型照片及轮廓图

（照片引自李建军，2015，轮廓图引自 Sullivan et al.，2009 ）

河北承德县新杖子乡南双庙，上侏罗统后城组下部

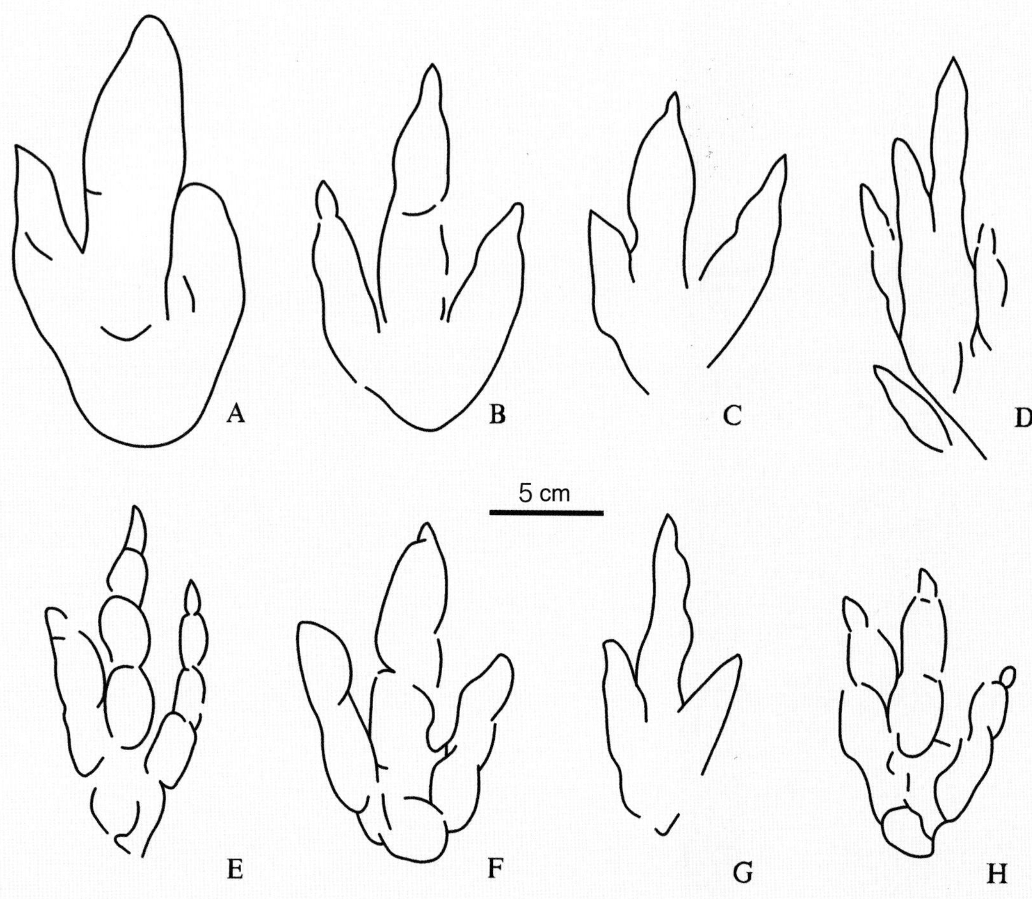

南双庙安琪龙足迹轮廓图（引自 Sullivan et al.，2009）

这批足迹产于路边一个陡倾的露头泥岩层的下层面，呈自然铸型。足迹中部分趾的趾垫及爪迹明显，表明其为真正的足迹或很浅的幻迹。足迹为三趾型，无拇指印迹，趾粗大；足迹平均长 14.9 cm（范围为 12.3~18.5 cm），平均宽 8.3 cm（范围为 6~10.2 cm），长宽为值为 1.8，Ⅱ－Ⅳ趾趾间角为 30.5°。其形态与美国下侏罗统经典的 bontozoid 足迹（*Grallator*，*Anchisauripus* 和 *Eubrontes*）相符。与辽宁羊山等地同一层位（土城子组）小型的跷脚龙足迹（*Grallator*）相比，这批足迹尺寸较大，因此被归入安琪龙足迹属（*Anchisauripus*）。8 枚足迹大小不一，加之排列方向不一，因此造迹恐龙不是 1 只，而是一群小型兽脚类恐龙。研究者推测这类足迹的造迹者为小型窃蛋龙类尾羽龙（*Caudipteryx*）。

河北承德县新杖子乡南双庙，上侏罗统后城组下部

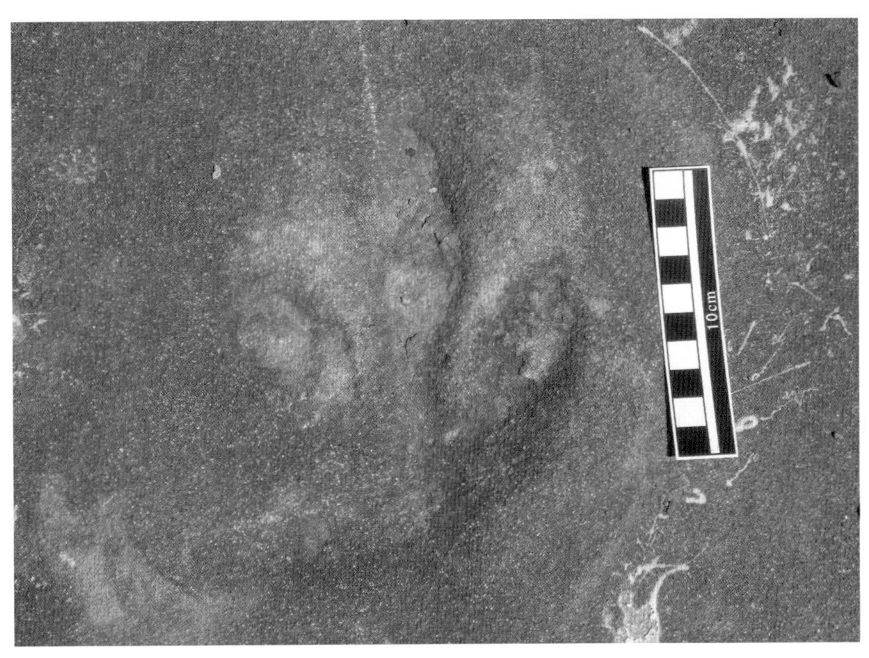

孟家院地区小型兽脚类恐龙足迹照片

足迹为三趾型，长约 11.3 cm，宽约 8.8 cm，长宽比值为 1.28，Ⅱ－Ⅳ趾趾间角约为 60°。

河北承德县孟家院乡麻地沟村，上侏罗统后城组（土城子组）

承德避暑山庄景区的路面及房屋石板上产出众多恐龙足迹

承德避暑山庄景区路面石板上的恐龙足迹照片

足迹为三趾型，长约 13 cm，宽约 11 cm，中趾细长，应为小型兽脚类恐龙足迹

承德避暑山庄景区路面石板上的恐龙足迹照片

足迹为三趾型，长约 12 cm，宽约 14 cm

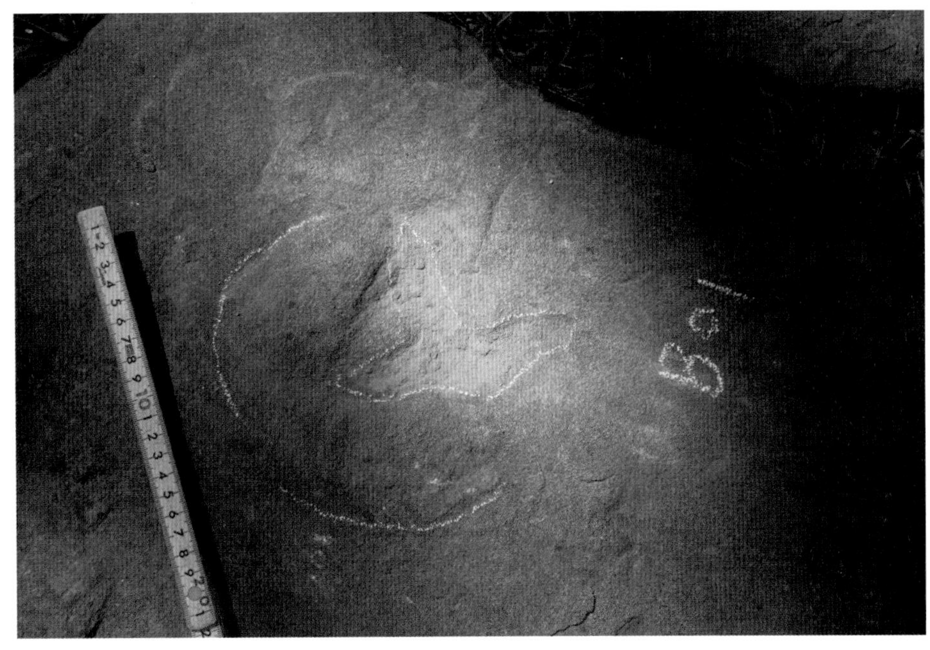

承德避暑山庄景区路面石板上的足迹照片

足迹为三趾型，长约 10 cm，宽约 12.5 cm，宽大于长；Ⅱ－Ⅳ趾间角大，约为 90°；形态与鸟类足迹相似，但趾迹过于粗壮，应为小型兽脚类恐龙足迹

承德避暑山庄景区路面石板上的足迹照片

足迹为三趾型，尺寸较小，长约 3.9 cm，宽约 4.8 cm，宽大于长，趾粗壮，推测是鸟足迹化石

承德避暑山庄景区路面石板上的恐龙足迹照片

足迹纤细，为三趾型，长约 9.5 cm，宽约 9.3 cm，长与宽近等；Ⅲ趾中端较粗，末端尖细，应为小型兽脚类恐龙足迹

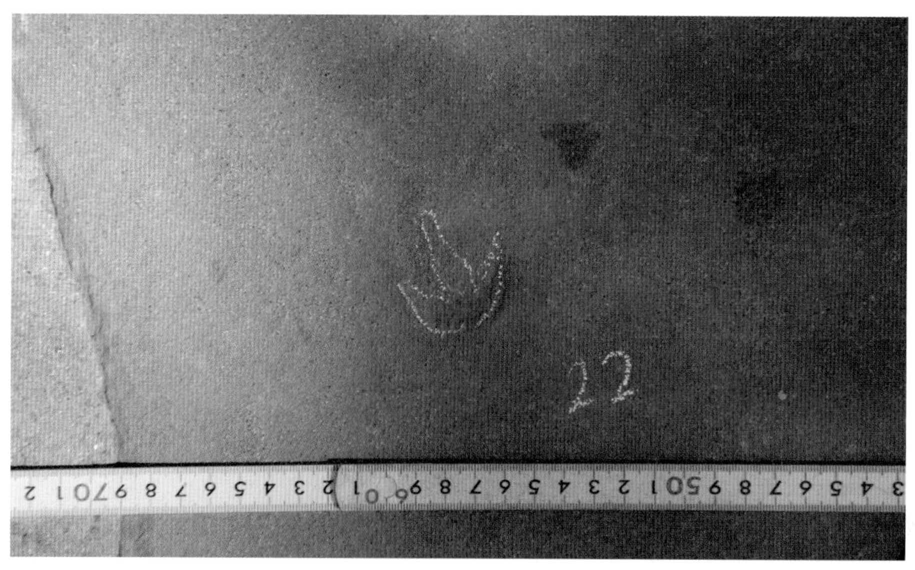

承德避暑山庄景区路面石板上的恐龙足迹照片

足迹纤细，为三趾型，个体较小，长约 4.1 cm，宽约 3.4 cm，长宽比值为 1.2，趾末端尖细，应为小型兽脚类恐龙足迹

承德避暑山庄景区路面石板上的足迹照片

足迹为三趾型，保存为层面下凹型；足迹个体较小，长约 6.9 cm，宽约 6.7 cm，长略大于宽，长宽比值为 1.02；趾较粗壮，末端尖细，Ⅱ－Ⅳ趾趾间角较大，约为 105°。化石可能为小型兽脚类恐龙的足迹。

图中比例尺为 10 cm

2.7.2 滦平

滦平县的恐龙足迹主要分布在平坊乡大荞麦沟门铁路旁、安纯沟门乡等地。

1979年，杨钟健记述了采自滦平的一块石板上的两个不完全的足迹，并建立了新足迹种滦平张北足迹（*Changpeipus luanpingeris* Young., 1979）（杨钟健，1979a）。化石层位为上侏罗统，但采集地点不详。

尤海鲁和日本学者东洋一（You and Azuma, 1995）对滦平县平坊乡大荞麦沟门铁路旁恐龙足迹化石点进行研究，共识别出5条恐龙行迹，分别编号为A、B、C、D、E，层位为下白垩统的西瓜园组。他们认为行迹A和行迹B为兽脚类足迹，行迹A中足迹较小（平均长19.8 cm，平均宽13.4 cm），可能是虚骨龙类足迹；行迹B中足迹尺寸较大（平均长32.8 cm，平均宽26.8 cm），可能是异龙（*Allosaur*）的足迹；D和E为四足行走的足迹，后足迹为三趾型，前足迹为月牙形，其后足迹长分别为47.2 cm和50 cm。研究者认为D和E可能是鸟脚类恐龙的足迹，考虑到足迹尺寸很大，造迹恐龙可能为禽龙类。需要指出，在D和E两条行迹中还识别出前足足迹，因此，这两条行迹是中国首次发现的四足行走鸟脚类足迹。行迹C中足迹很大（平均长49.2 cm，平均宽37.7 cm），为三趾型。根据足迹大小及形状推断，行迹C应与D和E类似，造迹恐龙同为鸟脚类恐龙。

Matsukawa等（2006）认为滦平大荞麦沟门足迹点的行迹A属于兽脚类的亚洲足迹（*Asianopodus*），并将行迹B归入张北足迹未定种（*Changpeipus* isp.）。此外，鸟脚类足迹D和E应被归入卡利尔足迹（*Caririchnium*）（Kim et al.，2009）。需要指出，该化石点的化石一直暴露于野外，足迹风化严重，而且有些足迹已被人为切割取走，去向不明。

纪有亮等（2008）报道了滦平县城以西约15 km的杨树沟剖面（在安纯沟门乡桑园村附近）中的恐龙足迹，其共有三四十枚足迹。足迹按大小分成两类，较大者为椭圆形，长轴、短轴分别为40 cm和30 cm；较小者为三趾型，长度范围为8 ~20 cm，宽为6 ~12 cm。他们推测足迹分别为蜥脚类及兽脚类恐龙足迹。

大荞麦沟门恐龙足迹点露头照片（引自李建军，2015）

图中清晰可见 1 条由 6 枚大型三趾型足迹组成的行迹（行迹 B，图中人所面对的行迹）。层面上还有很多恐龙足迹，但大多风化严重，并有被人为切割的痕迹（图中右上方的方框）。

河北滦平县平坊乡大荞麦沟门铁路东侧，下白垩统西瓜园组

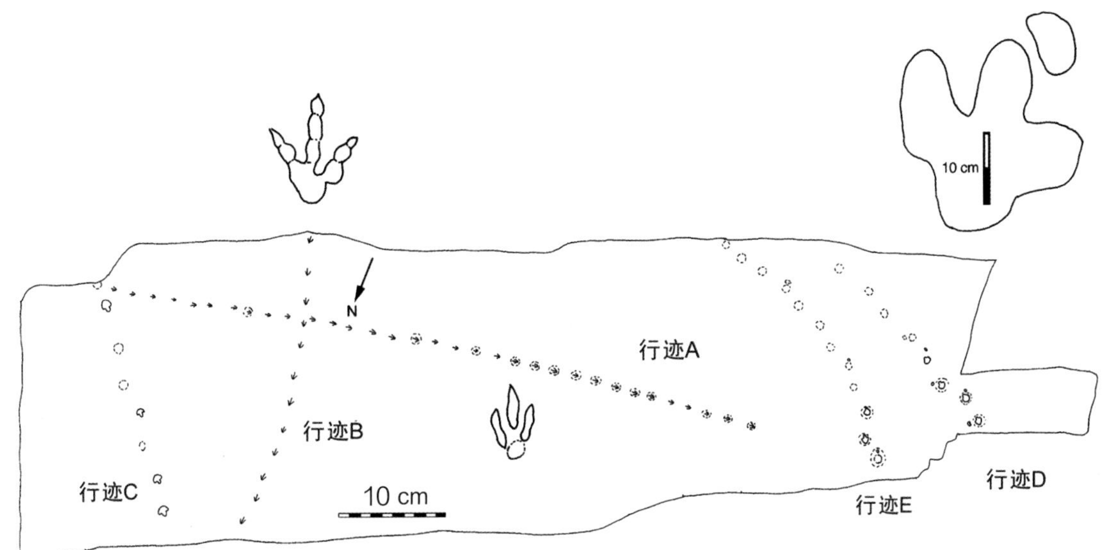

大荞麦沟门恐龙足迹层面分布及解释轮廓图（引自 Matsukawa et al.，2006）

层面风化严重，但仍可识别出 5 条行迹（A–E）。A 为三趾型兽脚类亚洲足迹（*Asianopodus*）；B 为张北足迹未定种（*Changpeipus* isp.），D 和 E 为中国首次发现的，偶尔用四足行走的鸟脚类卡利尔足迹（*Caririchnium*）。

河北滦平县平坊乡大荞麦沟门铁路东侧，下白垩统西瓜园组

大荞麦沟门 5 条恐龙行迹轮廓图（引自 You and Azuma，1995）

行迹 A 步长平均为 95 cm，复步长为 189 cm，步幅角为 171°，运动速度为 9.32 km/h；
行迹 B 步长平均为 117 cm，复步长为 232cm，步幅角为 169°，运动速度为 6.59 km/h；
行迹 C 步长平均为 159 cm，复步长为 314 cm，步幅角为 162°，运动速度为 5.47 km/h；
行迹 D 步长平均为 135 cm，复步长为 266 cm，步幅角为 166°，运动速度为 4.36 km/h；
行迹 E 步长平均为 116 cm，复步长为 230 cm，步幅角为 149°，运动速度为 3.21 km/h。
图中比例尺均为 20 cm。

河北滦平县平坊乡大荞麦沟门铁路东侧，下白垩统西瓜园组

大荞麦沟门兽脚类恐龙行迹照片

图片中央两个兽脚类足迹构成1段行迹。足迹长约12 cm，单步长约85 cm，行迹为直线型。

此外，图片左侧边缘也有两个三趾型足迹，但尺寸较小，欠清晰。

图中比例尺为1 m。

河北滦平县平坊乡大荞麦沟门铁路东侧，下白垩统西瓜园组

大荞麦沟门兽脚类恐龙足迹照片

圆坑是较大型足迹被人为切割后所遗留的痕迹，其下层面露出 1 个三趾型的小型兽脚类足迹（cf. *Grallator*），后部特征不甚清晰；足迹长约 10 cm，宽约 6.5 cm，长宽比值为 1.54，中趾爪迹尖锐。

河北滦平县平坊乡大荞麦沟门铁路东侧，下白垩统西瓜园组

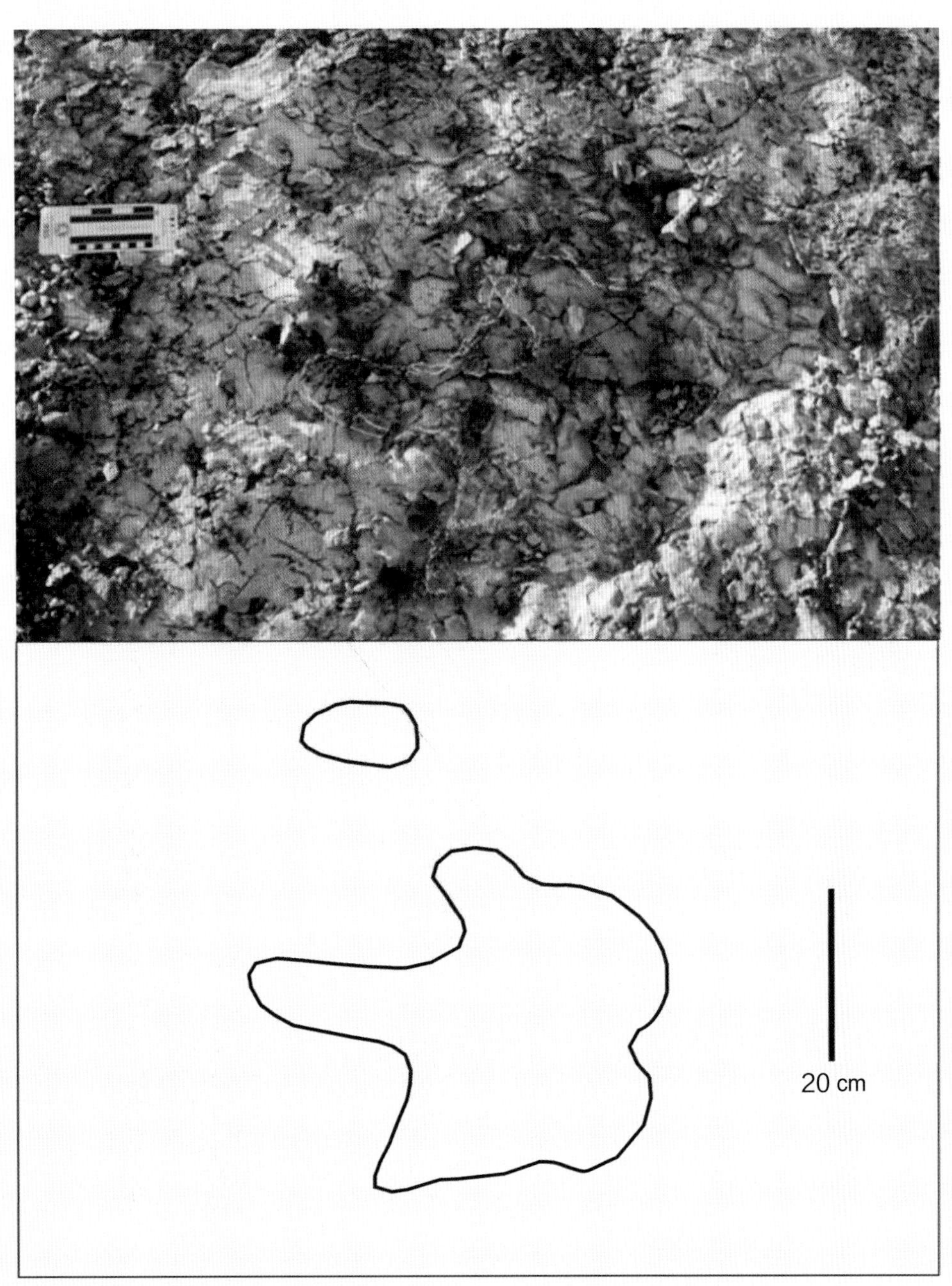

保存有前、后足迹的卡利尔足迹未定种（*Caririchnium* isp.）照片及轮廓图

河北滦平县平坊乡大荞麦沟门铁路东侧，下白垩统西瓜园组

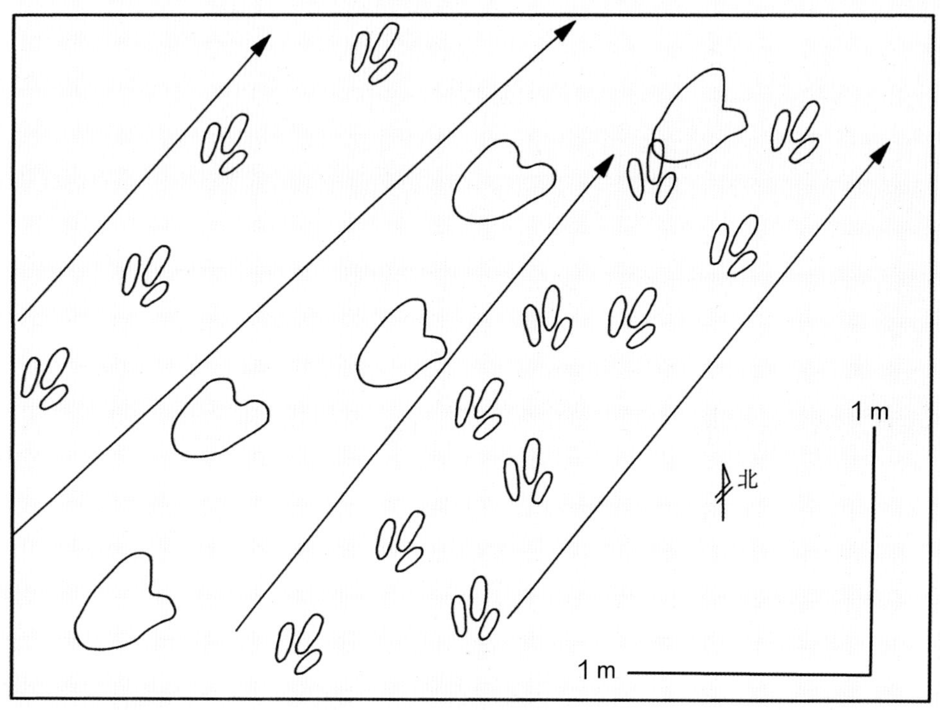

杨树沟剖面中恐龙足迹化石轮廓图（引自纪友亮等，2008）

如图所示，足迹按大小和形态分为两类。一类是较大的椭圆形足迹（图中共4枚），足迹长和足迹宽分别约为40 cm和30 cm；另一类为小型的三趾型足迹，长7.5~20 cm，宽7.5~12 cm。纪友亮等推测，较大的椭圆形者可能为蜥脚类足迹，而小型的三趾型者为兽脚类足迹。根据附近的平坊乡大荞麦沟门足迹点产出大型鸟脚类足迹的事实，研究者认为大型的椭圆形足迹也有可能是鸟脚类恐龙所形成。但因为足迹风化侵蚀严重，足迹细节遭到严重损坏，准确鉴定的难度很大。

河北滦平县杨树沟剖面，下白垩统西瓜园组

桑园足迹点足迹露头照片

该足迹点恰位于铁路边（手指的位置），应为修铁路时开山劈石所形成。足迹点出露面积很小，足迹化石也不丰富，仅发现小中型兽脚类恐龙足迹 10 多枚，且保存状态不佳。

河北滦平县安纯沟门乡桑园村南铁路桥旁，下白垩统西瓜园组

桑园足迹点足迹露头照片

箭头所指处为恐龙足迹，层面波痕比较发育。比例尺为 1 m。

河北滦平县安纯沟门乡桑园村南铁路桥旁，下白垩统西瓜园组

2.7.3 赤城

赤城县的恐龙足迹主要分布在样田乡倪家沟和张浩村落凤坡等地。

倪家沟足迹点位于赤城县城东南直线距离为15 km的寺梁山南坡，恐龙足迹化石等均产在上侏罗统土城子组灰紫色砾质砂岩层面上，呈下凹型。

落凤坡位于赤城县城东南7.5 km，112国道西侧300 m处一小山洼的坡面上，因为遗存着类似鸡爪的足迹，当地人称此地为“落凤坡”。足迹化石保存在上侏罗统土城子组灰紫色砾质砂岩层面上，呈下凹型，总数不少于200枚。该恐龙足迹化石群的形成年代为侏罗纪晚期，距今大约1.45亿年。化石群印迹清晰，规模较宏大，种类较丰富，保存完好，在华北地区十分罕见。2001年，该足迹点由赤城县的化石猎人孙登海发现。同年，中国科学院古脊椎动物与古人类研究所董枝明研究员等考察该化石点，确认其为恐龙足迹化石，并分析造迹恐龙身高约2 m，身长约5 m，体重约10 t，是一种食肉性恐龙。

邢立达等对赤城的恐龙足迹进行详细研究，在倪家沟命名了新足迹属种——中国猛龙足迹（*Menglongipus sinensis*）和疑似兽脚类的蹲伏迹（Xing et al.，2009b，2012a）；在落凤坡识别出163枚较清晰的窄足龙足迹（*Therangospodus* isp.）和1个巨齿龙足迹（*Megalosauripus* isp.），甚至发现1条疑似兽脚类恐龙的游泳迹（Xing et al.，2011b）。中国猛龙足迹（*Menglongipus sinensis*）的发现具有重要意义，因为相邻的辽西地区下白垩统义县组曾发现最古老的恐爪龙类骨骼化石，而该足迹的发现表明，恐爪龙类早在义县组之前便出现在该地区。中国猛龙足迹的造迹恐龙体长约65 cm，非常接近基干的近鸟类恐龙（Xing et al.，2009b）。

倪家沟恐龙足迹点露头野外照片

该足迹点是中国猛龙足迹（*Menglongipus sinensis*）和中国第一例疑似兽脚类恐龙蹲伏迹的发现地（下方人站立的露头处），此外还产出兽脚类窄足龙足迹（*Therangospodus* isp.）等。

在上方的几个露头层面上也有恐龙足迹产出，但均风化严重。

河北赤城县样田乡倪家沟，上侏罗统土城子组

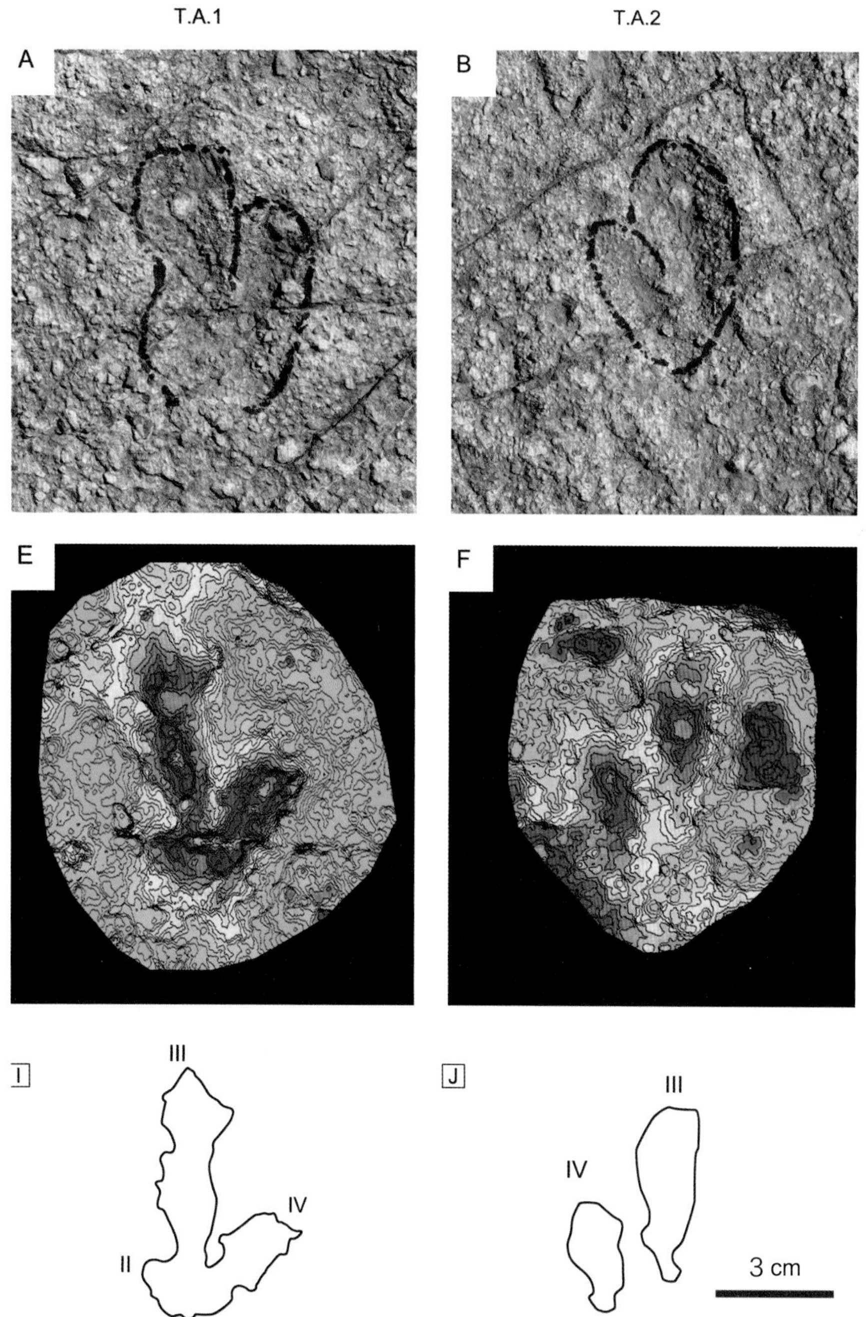

中国猛龙足迹（*Menglongipus sinensis*）照片、3D 图像及轮廓图（引自 Xing et al.，2009b）

A 为正模足迹（编号为 T.A.1），其为 1 条由 4 枚足迹组成的行迹中的 1 枚足迹；足迹为两趾型，长 6.7 cm，宽 4 cm，长宽比值为 1.67，Ⅲ－Ⅳ趾趾间角为 25°。B 为副模足迹（编号为 T.A.2）。

河北赤城县样田乡倪家沟村，上侏罗统土城子组

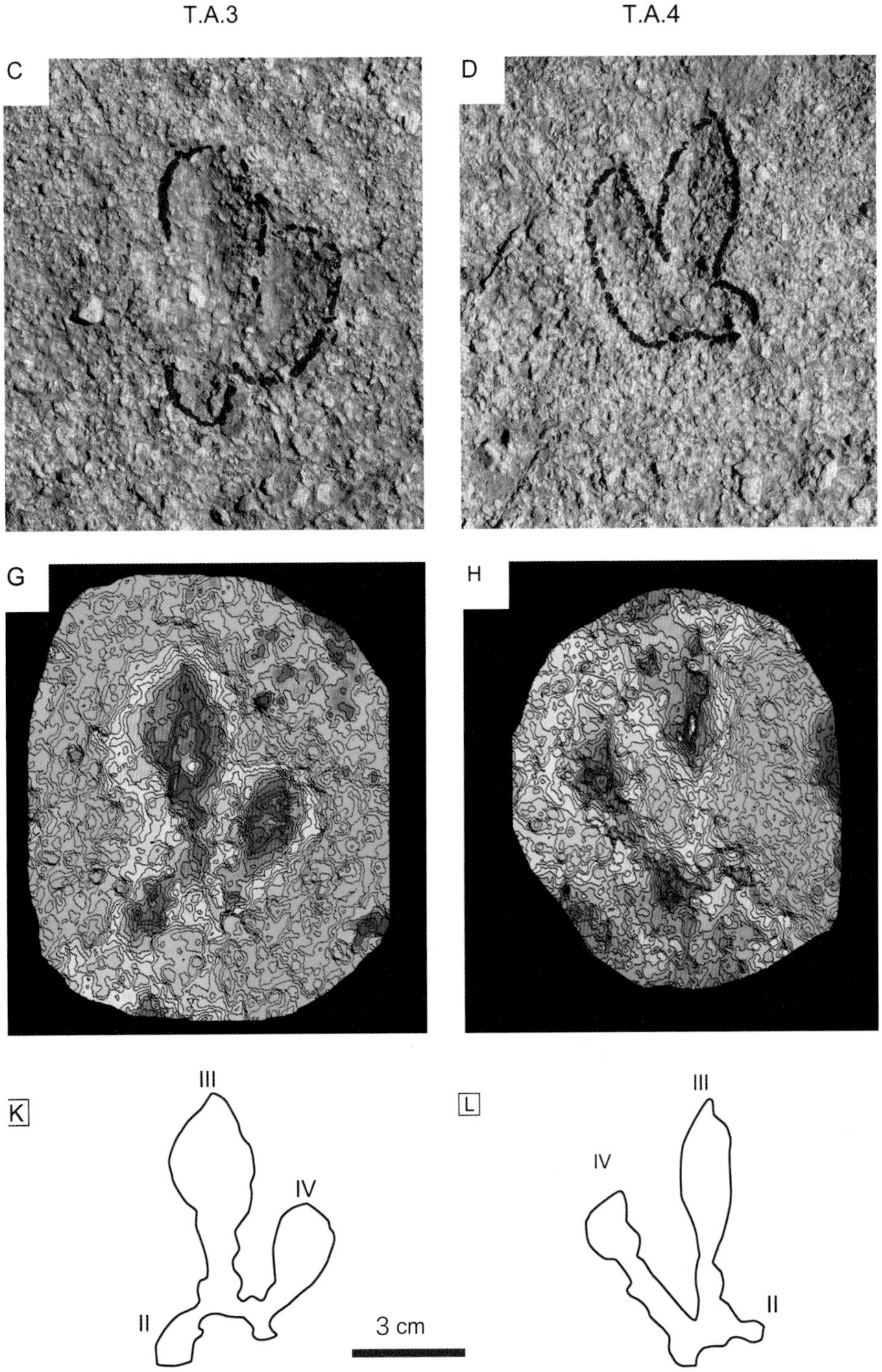

T.A.3　T.A.4

C　D

G　H

K　III　IV　II　3 cm

L　III　IV　II

中国猛龙足迹（*Menglongipus sinensis*）照片、3D 图像及轮廓图（引自 Xing et al.，2009b）

C、G、K 和 D、H、L 分别为副模足迹 T.A.3 和 T.A.4 的照片、3D 影像和足迹轮廓图。

河北赤城县样田乡倪家沟村，上侏罗统土城子组

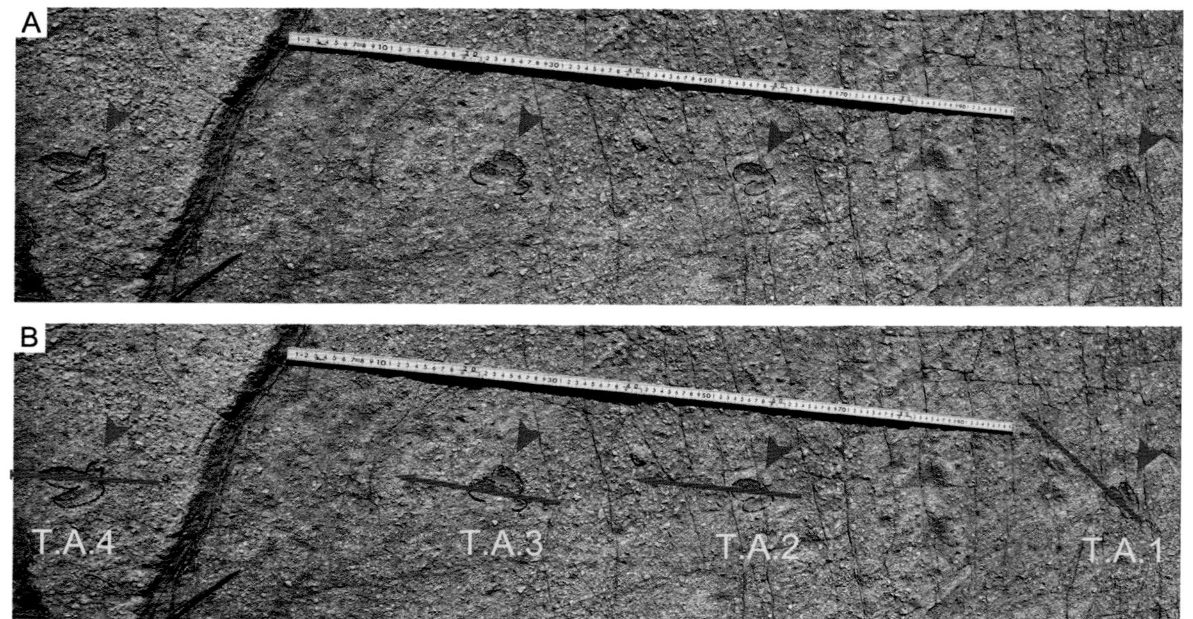

中国猛龙足迹（*Menglongipus sinensis*）行迹野外照片（引自 Xing et al.，2009b）

A 为行迹野外照片；B 为经过解释的野外照片，T.A.1–4 分别为 4 枚足迹的编号；蓝色箭头为每个足迹的方向；红色箭头指示足迹的位置。

中国猛龙足迹特征：足迹为小型两足行走、两趾型，无拇趾印迹及尾迹；Ⅲ趾与Ⅳ趾长度之比的均值为 1.8（正模足迹为 2.36），而驰龙足迹科（Dromaeopodidae）内其他足迹属的Ⅲ趾与Ⅳ趾长度却近等；如Ⅱ趾印迹存在，则表现为Ⅲ趾近端的 1 个小圆圈，Ⅲ、Ⅳ趾趾间角为 40°~44°。

河北赤城县样田乡倪家沟村，上侏罗统土城子组

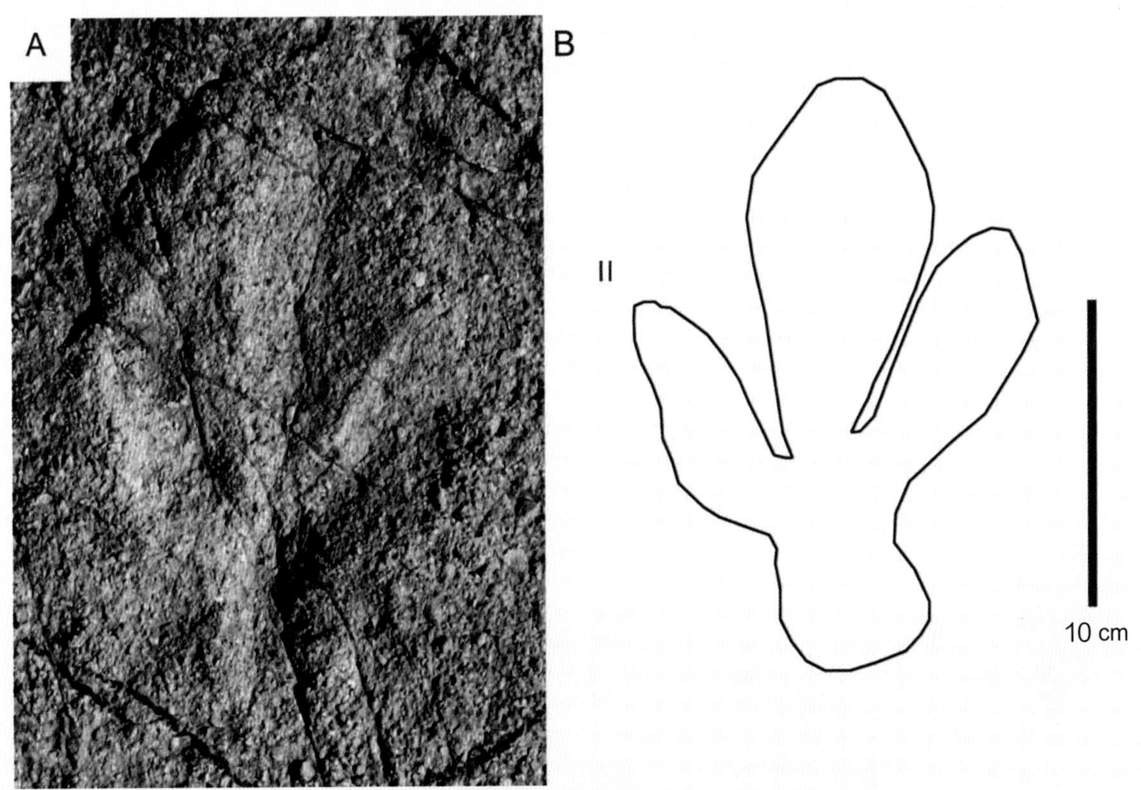

窄足龙足迹（*Therangospodus*）（编号为 T.B.6）照片及轮廓图

（照片引自 Xing et al.，2009b；轮廓图引自 Xing et al.，2012a）

除了中国猛龙足迹（*Menglongipus sinensis*），该足迹点也产出较多的窄足龙足迹（*Therangospodus*）。T.B.6 是 1 条由 12 枚足迹组成的行迹中的 1 枚，足迹长 19.7 cm，长宽比值为 1.7，Ⅱ－Ⅲ趾和Ⅲ－Ⅳ趾趾间角分别为 25° 和 22° 。需要指出，该足迹之前曾被归入跷脚龙足迹（*Grallator*）。

河北赤城县样田乡倪家沟村，上侏罗统土城子组

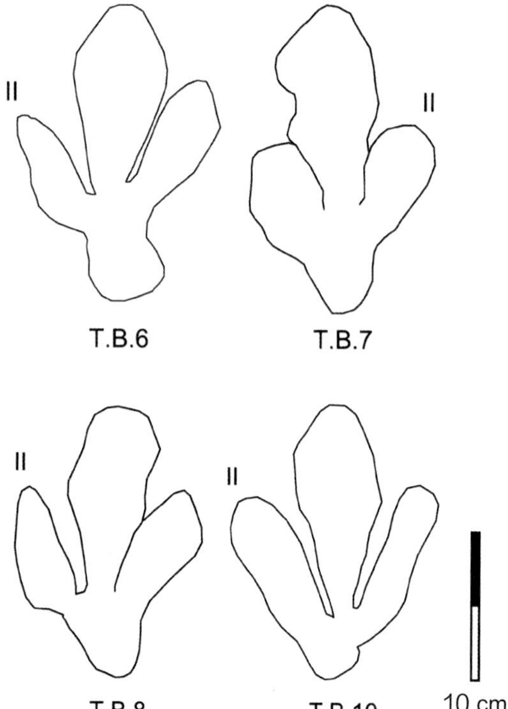

倪家沟窄足龙行迹 T.B 的典型足迹轮廓图（引自 Xing et al.，2012a）

此为 1 条行迹（编号为 T.B.）中保存最好的 4 枚窄足龙足迹（*Therangospodus*）。

河北赤城县样田乡倪家沟村，上侏罗统土城子组

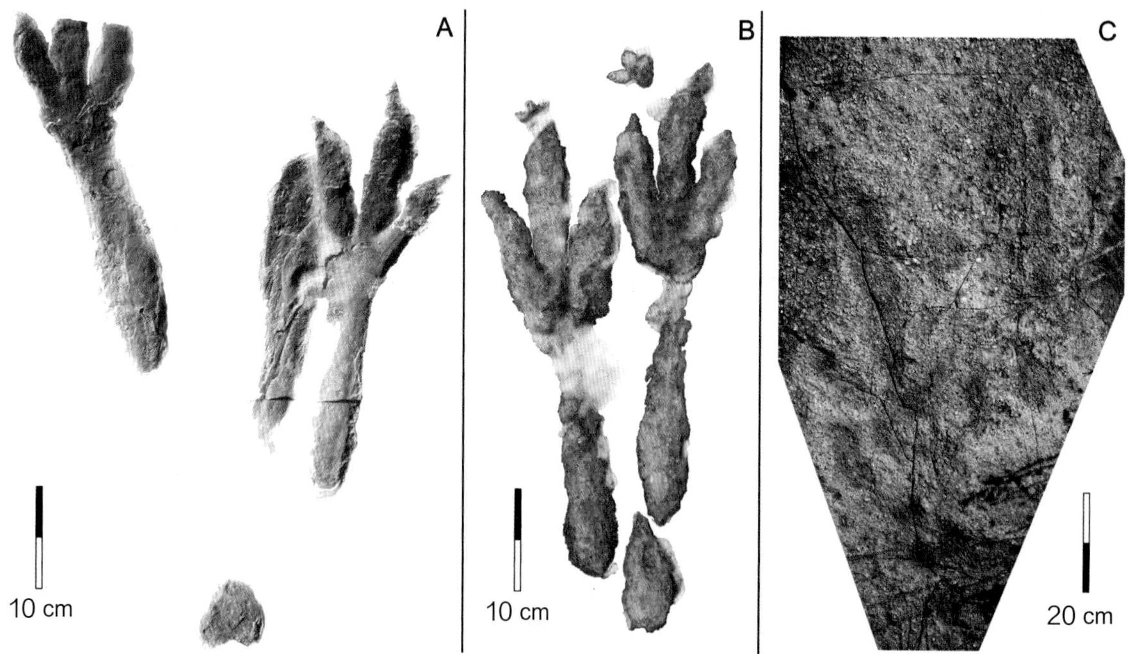

倪家沟疑似兽脚类恐龙蹲伏迹照片（C）及其与国外的对比（A，B）（引自 Xing et al.，2012a）

A 为美国马萨诸塞州下侏罗统的蹲伏迹，标本编号为 AC 1/7；B 为波兰下侏罗统的蹲伏迹；C 为中国河北省赤城县样田乡倪家沟上侏罗统土城子组的蹲伏迹，标本编号为 T.C.1

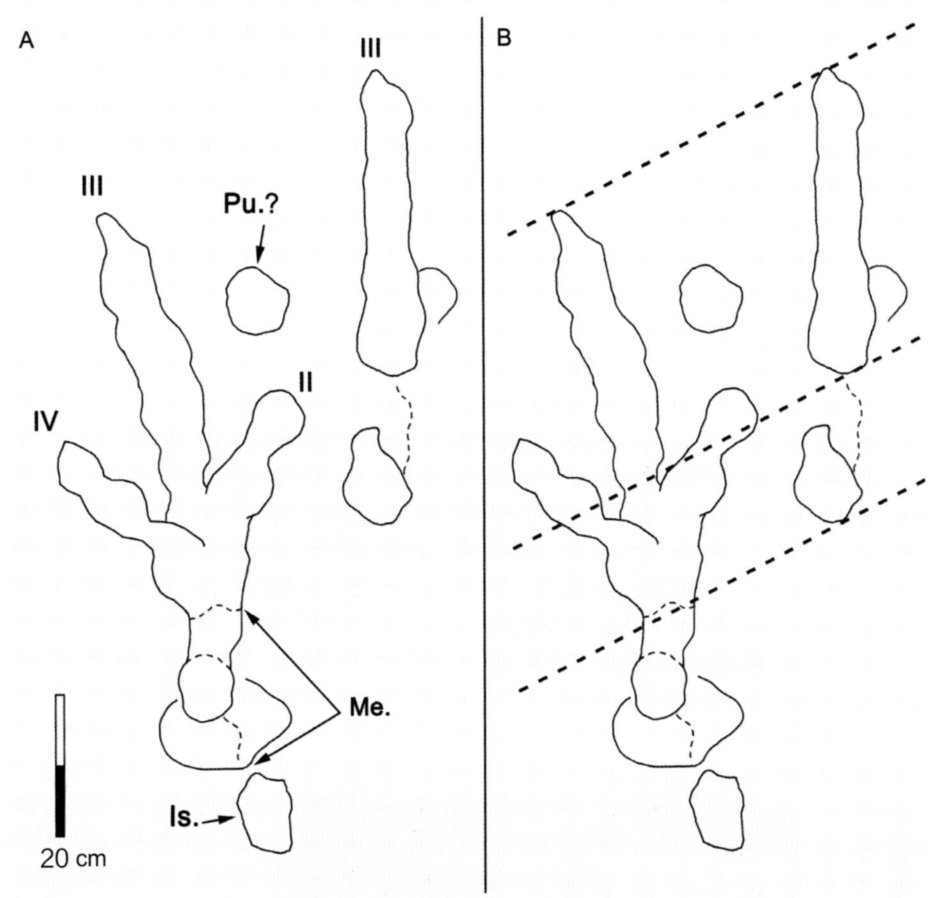

倪家沟疑似兽脚类恐龙蹲伏迹（休息迹）轮廓图（引自 Xing et al.，2012a）

图 A 中 Me. 为蹠骨印迹，Is. 为坐骨印迹，Pu. 为耻骨印迹，罗马数字为趾的编号；图 B 中虚线显示左、右两组足迹的Ⅲ趾远端印迹、Ⅲ趾近端印迹以及近端蹠趾区的距离均保持不变。

该蹲伏迹包括左右两个后足足迹，足迹后面有类似的蹠骨印迹，与Ⅲ趾在同一方向上。前后还分别发现两个圆形凹坑，前面的凹坑尺寸为 10 cm × 9.2 cm，被解释为耻骨远端印迹；后面的凹坑尺寸为 12 cm × 7.4 cm，为坐骨远端。足迹个体较大，不包括蹠骨印迹，左足迹长 58.7 cm，宽 33.6 cm，趾间角为Ⅱ 31° Ⅲ 32° Ⅳ；右足足迹不完整，足迹长 63.6 cm，Ⅲ趾长 43.4 cm。这两个足迹的最大特点是Ⅲ趾趾迹很长，占整个足迹长的 73%，很难在已知兽脚类足迹中找到与其相似的足迹种类。这是中国境内首次报道的恐龙蹲伏迹。

河北赤城县样田乡倪家沟村，上侏罗统土城子组

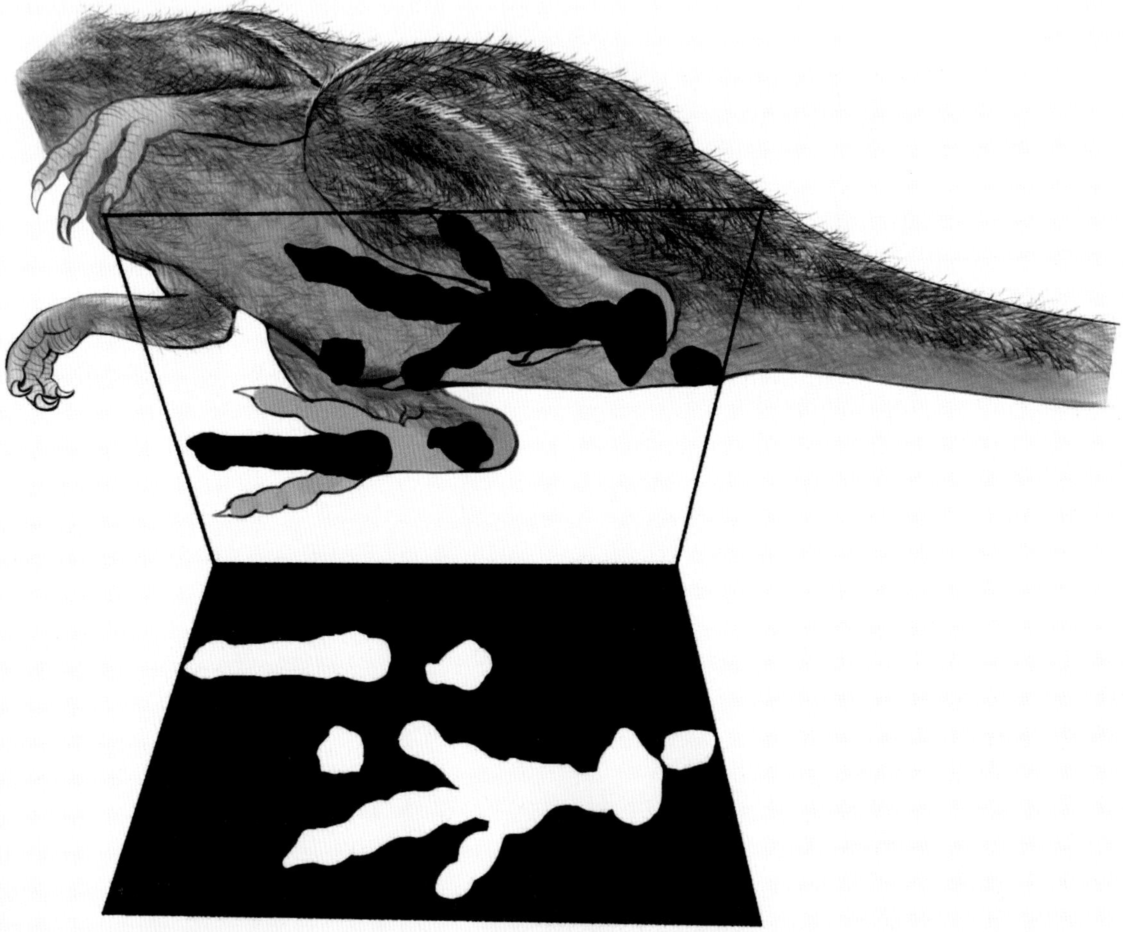

倪家沟疑似兽脚类恐龙蹲伏迹（休息迹）形成复原图（引自 Xing et al.，2012a）

该足迹被解释为1只兽脚类恐龙在休息时，其蹠骨、坐骨与耻骨区与地面接触留下的遗迹。

河北赤城县样田乡倪家沟村，上侏罗统土城子组

落凤坡恐龙足迹点露头照片

河北赤城县样田乡张浩村，上侏罗统土城子组

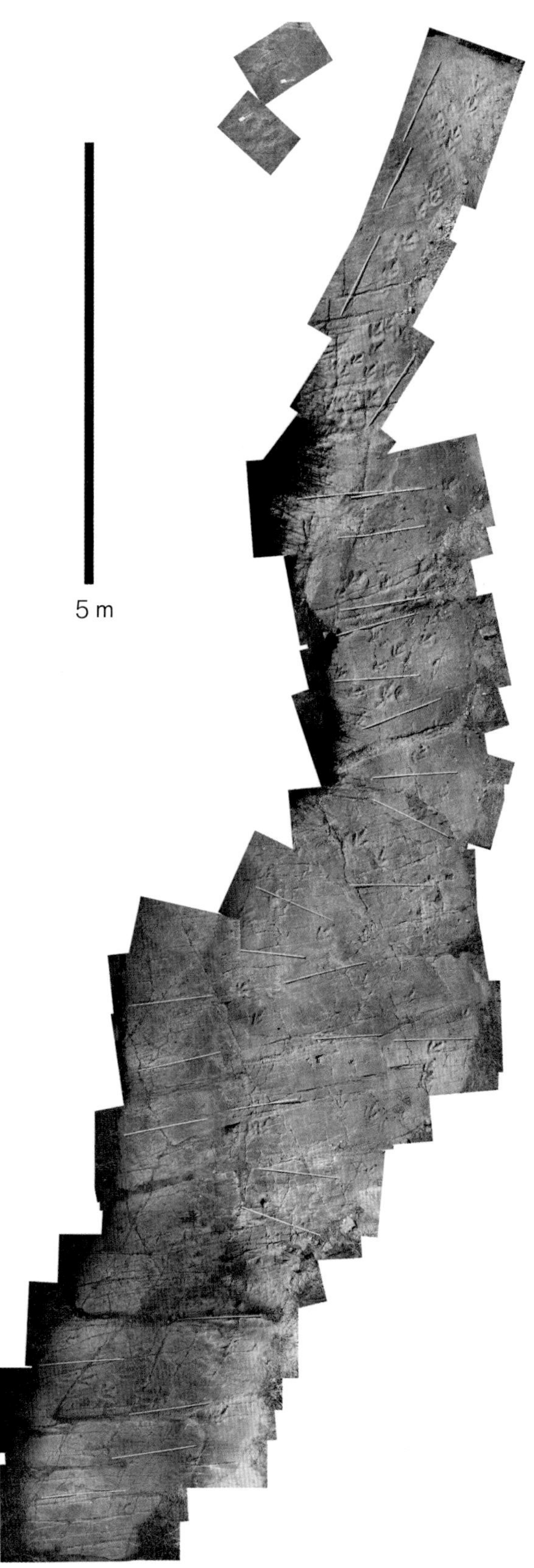

落凤坡恐龙足迹露头分布照片（全貌）（引自 Xing et al.，2011b）

河北赤城县样田乡张浩村，上侏罗统土城子组

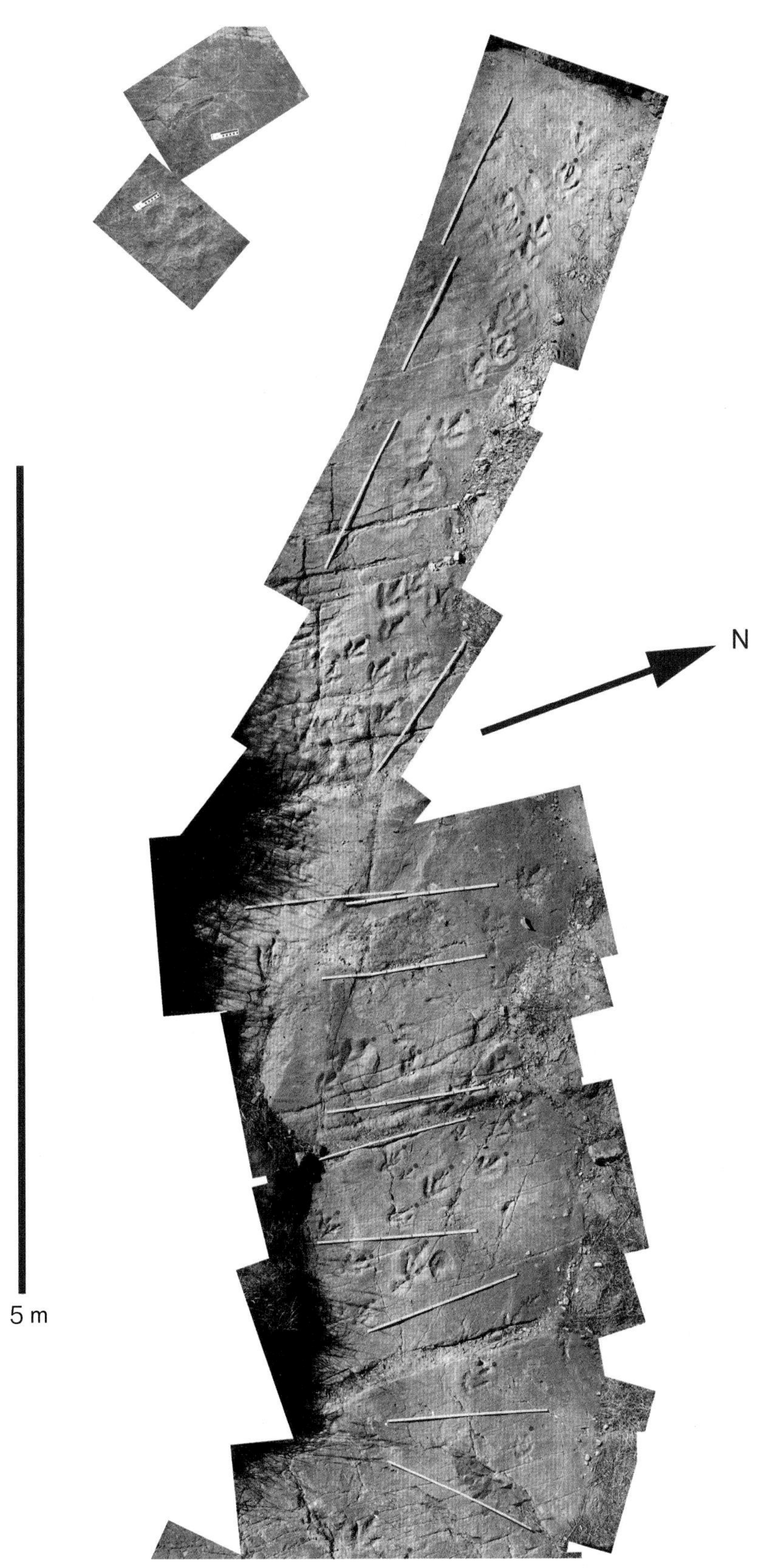

落凤坡恐龙足迹露头分布照片（上部）（引自 Xing et al.，2011b）

左上方的两张照片分别为兽脚类恐龙游泳迹和巨齿龙足迹（*Megalosauripus*）。图中红点示恐龙足迹的位置（Ⅲ趾趾尖）。

河北赤城县样田乡张浩村，上侏罗统土城子组

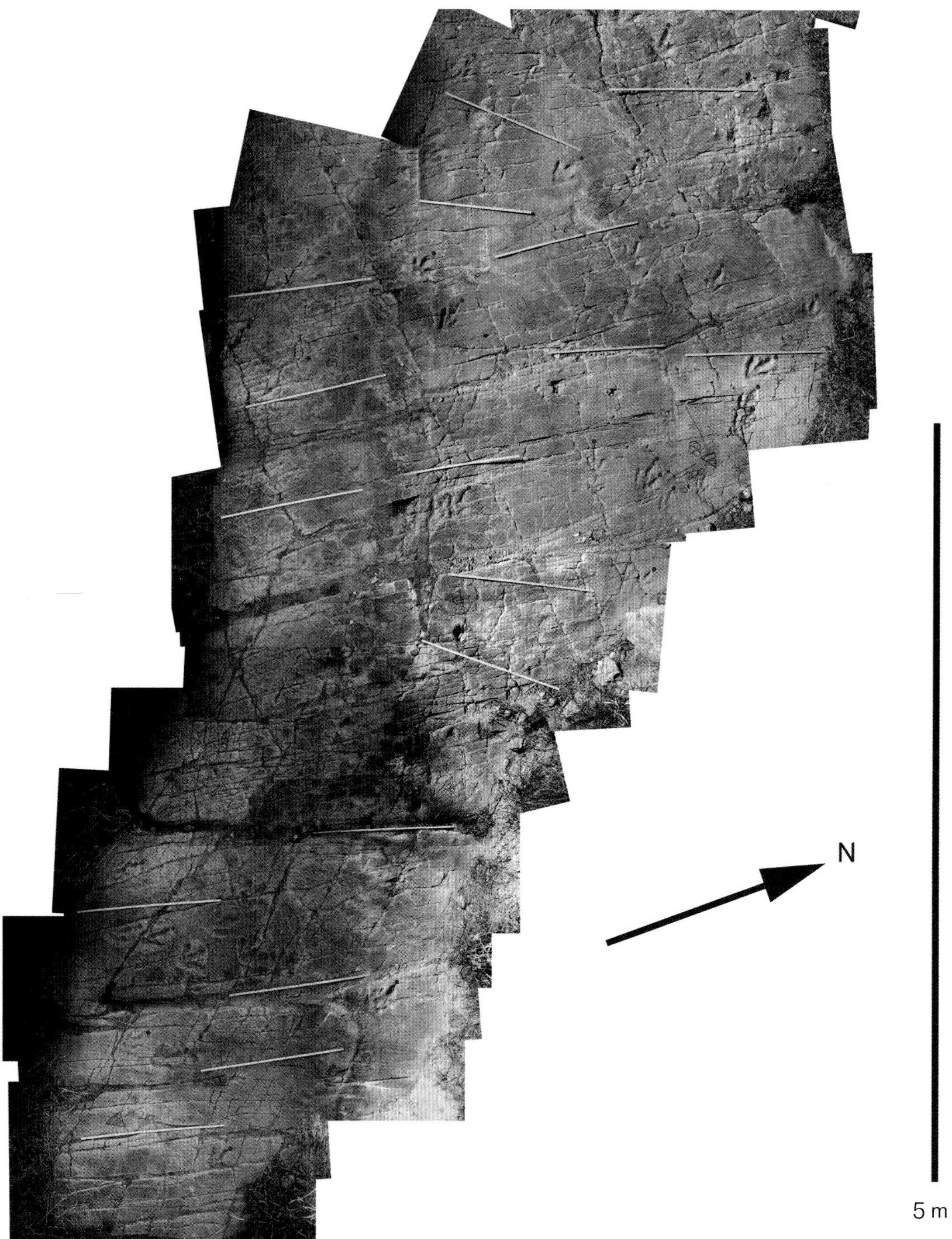

落凤坡恐龙足迹露头分布照片（下部）（引自 Xing et al.，2011b）

图中红点示恐龙足迹的位置（Ⅲ趾趾尖）。

河北赤城县样田乡张浩村，上侏罗统土城子组

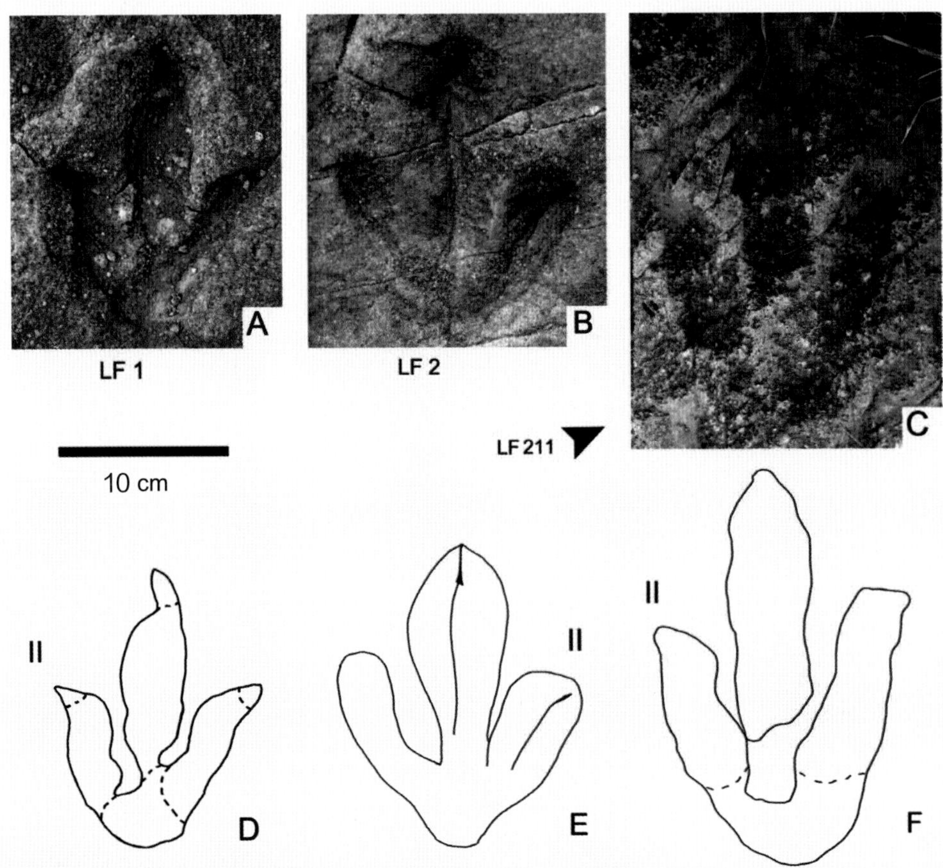

落凤坡典型的窄足龙足迹（*Therangospodus*）照片及轮廓图（引自 Xing et al.，2011b）

LF1 足迹长 16 cm，宽 12.2 cm，长宽比值为 1.31，Ⅱ－Ⅳ趾趾间角为 70°；

LF2 足迹长 17.7 cm，宽 13.5 cm，长宽比值为 1.31，Ⅱ－Ⅳ趾趾间角为 66°；

LF211 足迹长 22.9 cm，宽 15.3 cm，长宽比值为 1.5，Ⅱ－Ⅳ趾趾间角为 56°。

河北赤城县样田乡张浩村，上侏罗统土城子组

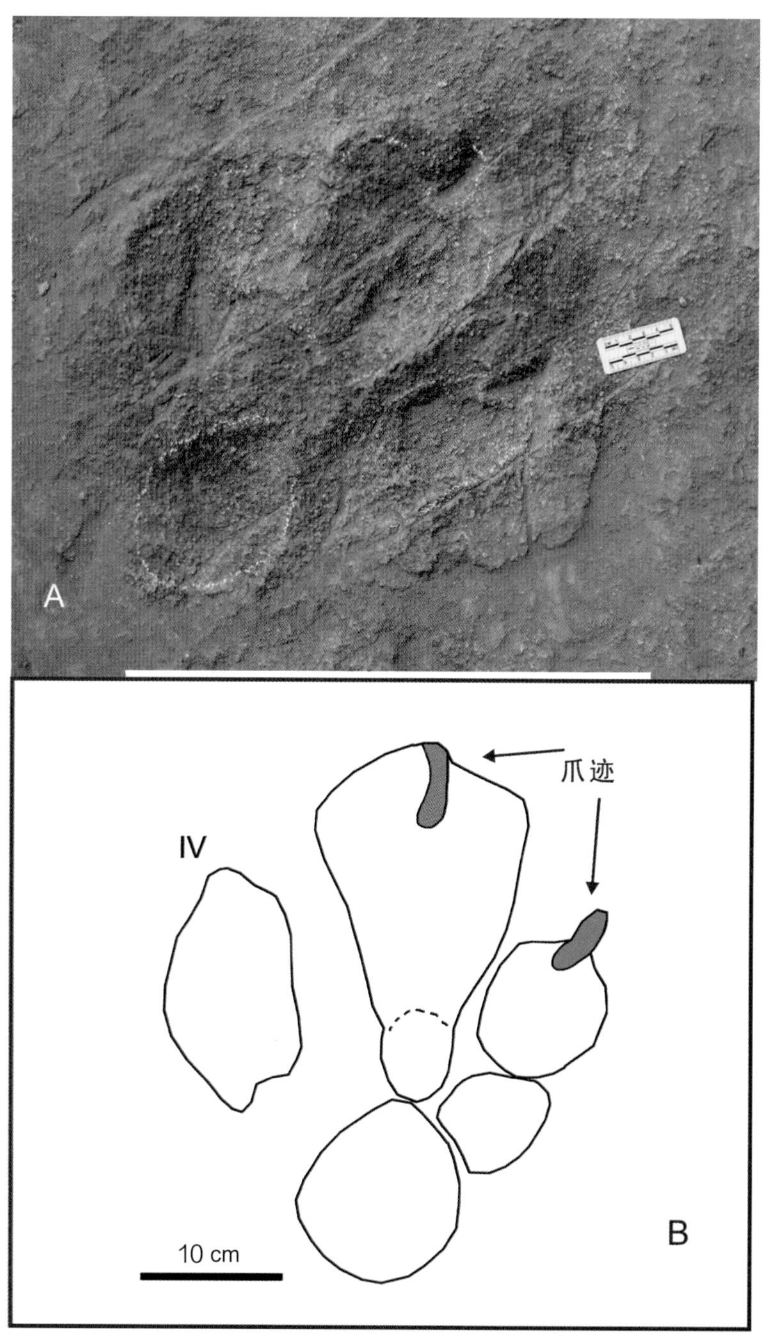

落凤坡巨齿龙足迹（*Megalosauripus*）照片及轮廓图（轮廓图引自 Xing et al.，2011b）

仅在落凤坡下部发现 1 枚完整的足迹（编号为 LF126），保存为下凹型。

足迹长 38.3 cm，宽 27.5 cm，长宽比值为 1.39，Ⅱ－Ⅳ趾趾间角为 53°。

河北赤城县样田乡张浩村，上侏罗统土城子组

落凤坡窄足龙足迹（*Therangospodus*）野外照片

河北赤城县样田乡张浩村，上侏罗统土城子组

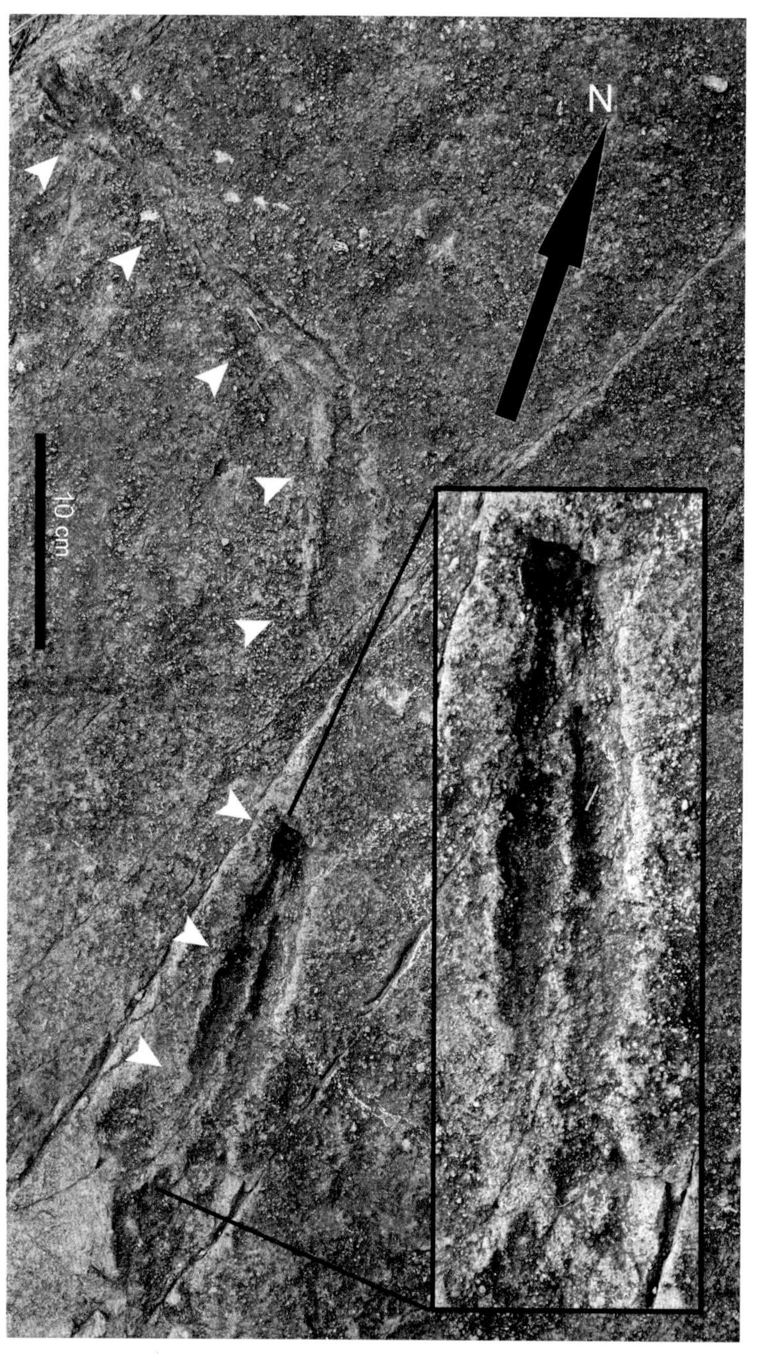

落凤坡疑似恐龙尾迹照片（引自 Xing et al.，2011b）

该尾迹可分为前、后两部分。前端较窄，长约 33 cm；后端较宽，长约 22 cm。前、后两部分之间呈长约 10 cm 的不连续状。后部分短而深，由 1 对等宽的纵向浅沟组成；浅长的前部分则不具有这样的沟槽构造，但两部分在 10 cm 的不连续形态后仍呈线状连接。右下方的方框为左侧（即后端较宽部分）的放大照片。

河北赤城县样田乡张浩村，上侏罗统土城子组

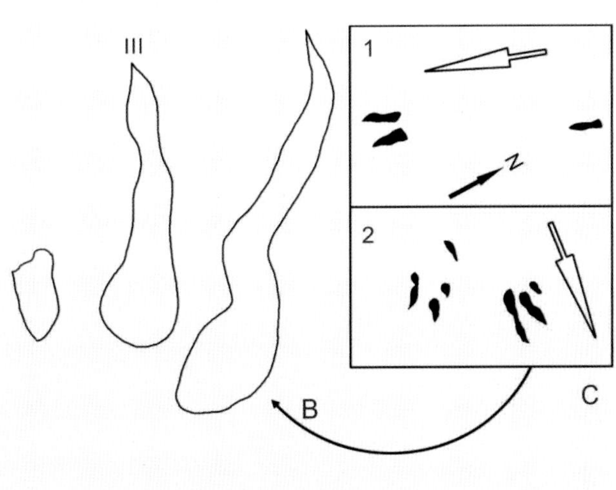

落凤坡疑似恐龙游泳迹（编号为 LF127）照片及轮廓解释图（引自 Xing et al.，2011b）

A 为游泳迹（LF127）照片；B 为游泳迹（LF127）轮廓图；C 为落凤坡 5 个游泳迹的形态，C1 为产在足迹点中部的两个遗迹，C2 为产在足迹点下部的 3 个遗迹（LF127 为其中之一）。

这批恐龙的游泳迹产于落凤坡中、下部，由 5 条弯曲的凹沟组成，编号为 LF127–131。它们与正常的恐龙足迹不同：形状纤细，趾迹一端变尖，具爪迹，但无蹠趾垫印迹。LF127 足迹为其中的典型代表，Ⅲ趾长 13.9 cm，左趾（是否为Ⅱ趾尚不确定）长 4.5 cm，右趾长 19.6 cm 且弯曲。一般认为，游泳的兽脚类恐龙其一个显著特征是不保留蹠趾垫印迹。这批遗迹的另一个特点是前端下陷深而后端浅，这表明恐龙足部在下踩沉积物时力量最大，之后抬起并向后方移动，从而可推断造迹恐龙正向前运动。另外可推测中部的遗迹（C1）由 1 只造迹恐龙形成，下部的遗迹（C2）由 1 只或两只造迹恐龙形成。

河北赤城县样田乡张浩村，上侏罗统土城子组

2.7.4 尚义

柳永清等（2012）简要报道了在尚义县后城组顶部发现的恐龙足迹化石。化石点位于尚义县城城东20 km小蒜沟镇以北7 km处。调查发现足迹至少有85枚，其中70多枚兽脚类足迹构成数条行迹；15枚蜥脚类足迹构成1条行迹。

2014年，邢立达等对小蒜沟镇足迹点的恐龙足迹进行深入研究，由于风化剥蚀等因素的破坏，仅发现54枚较清晰的恐龙足迹。这些恐龙足迹以兽脚类窄足龙足迹（*Therangospodus*）为主。同时识别出19枚疑似鸟脚类恐龙足迹，它们个体很小（平均长21.1~15.1 cm），组成两条行迹。其中一条行迹很完整，由15枚足迹组成；另一条不完整，由4枚足迹组成（Xing et al.，2014f）。这些鸟脚类足迹普遍保存不佳，难以进行属种划分。因此，上述柳永清等报道的所谓蜥脚类足迹应为鸟脚类足迹。这些小型鸟脚类足迹的发现表明，在侏罗纪－白垩纪之交的土城子组沉积期，河北尚义地区曾生活有小型鸟脚类恐龙或基干的角足亚目恐龙。

此外，2011年6月，李日辉等在尚义县的上乌拉哈达村附近也发现了孤单的兽脚类恐龙足迹。

尚义足迹化石点野外露头照片（引自 Xing et al.，2014f）

A和B为鸟脚类恐龙行迹，C和D为兽脚类恐龙行迹，E为波痕发育区。

河北尚义县小蒜沟镇，上侏罗统－下白垩统后城组顶部

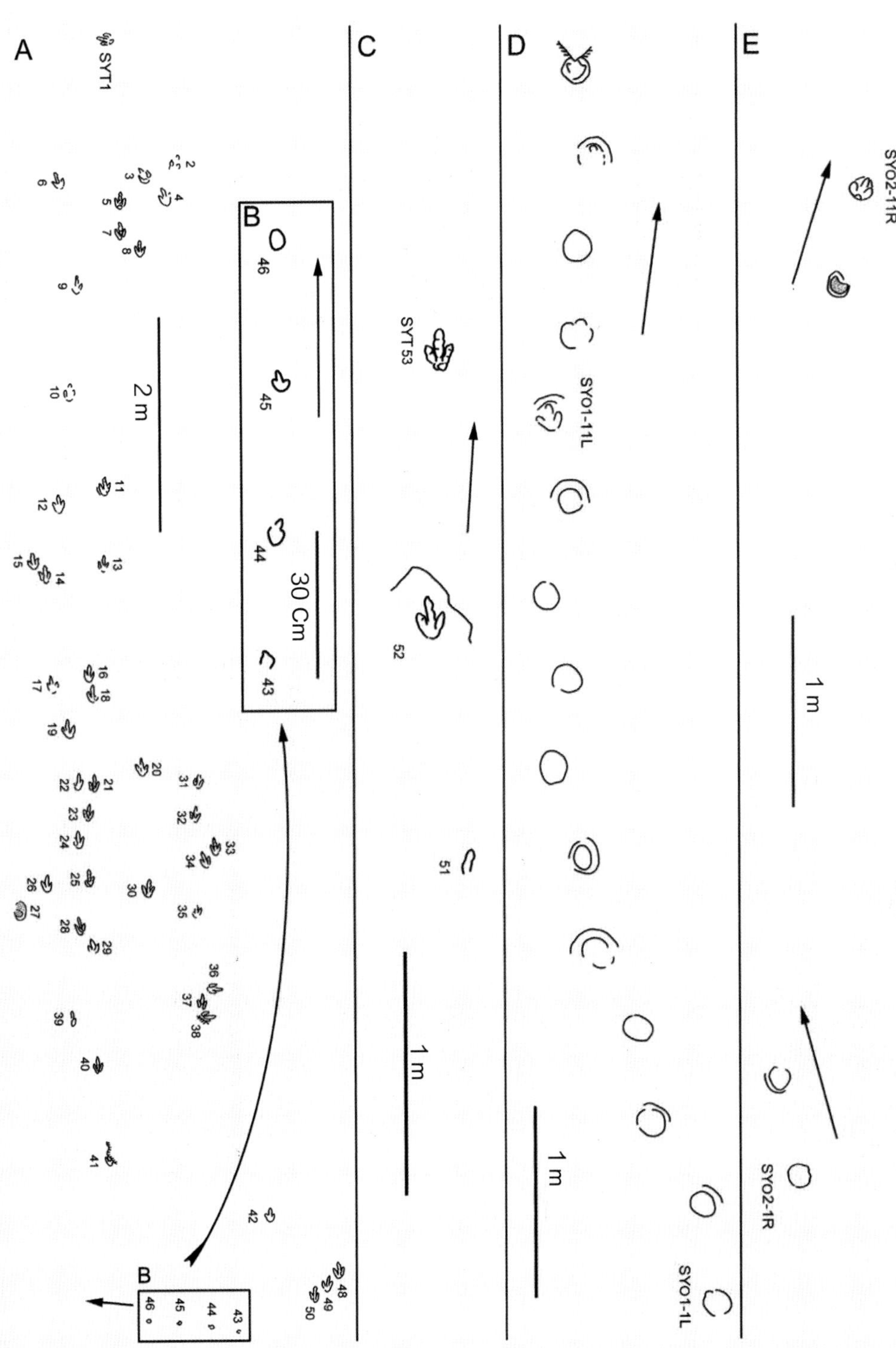

尚义足迹点恐龙足迹露头分布示意图（引自 Xing et al.，2014f）

A–C 为兽脚类行迹，D–E 为鸟脚类行迹。

河北尚义县小蒜沟镇，上侏罗统 – 下白垩统后城组顶部

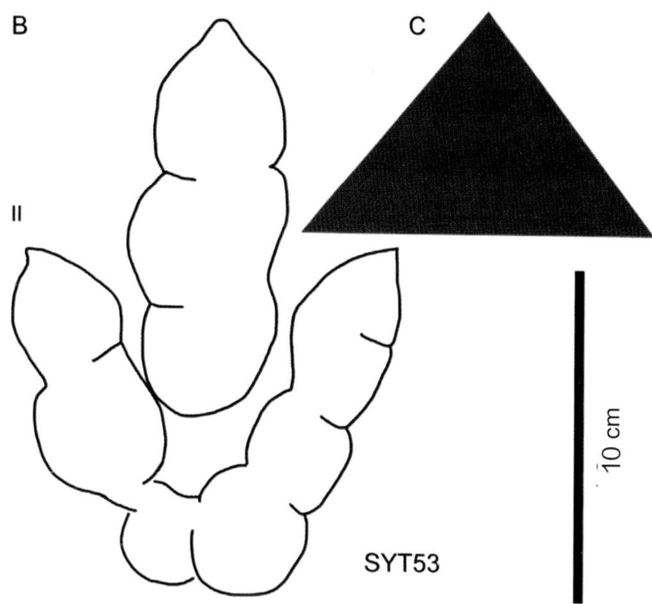

尚义足迹点典型兽脚类足迹（编号为 SYT53）照片及轮廓图（引自 Xing et al.，2014f）

C 为足迹趾尖三角形，标示中趾（Ⅲ趾）凸出于两侧趾的程度。SYT53 为该点保存最好的兽脚类足迹，足迹长 17.3 cm，宽 11.6 cm，长宽比值为 1.5；Ⅲ趾趾迹最长且直，有 3 个趾垫；Ⅱ趾趾迹最短，有两个趾垫。足迹爪迹清晰，蹠趾垫区恰位于Ⅲ趾后端，有两个清晰的圆形蹠趾垫印迹，大者为Ⅳ趾的，小者为Ⅱ趾的。Ⅱ－Ⅲ趾与Ⅲ－Ⅳ趾趾间角近似相等（分别为 30° 和 28° ）；趾尖三角形的长宽比值为 0.69。3 个足迹（编号为 SYT51－53）构成 1 条行迹，平均步长为 108 cm，步幅角为 166° 。

河北尚义县小蒜沟镇，上侏罗统－下白垩统后城组顶部

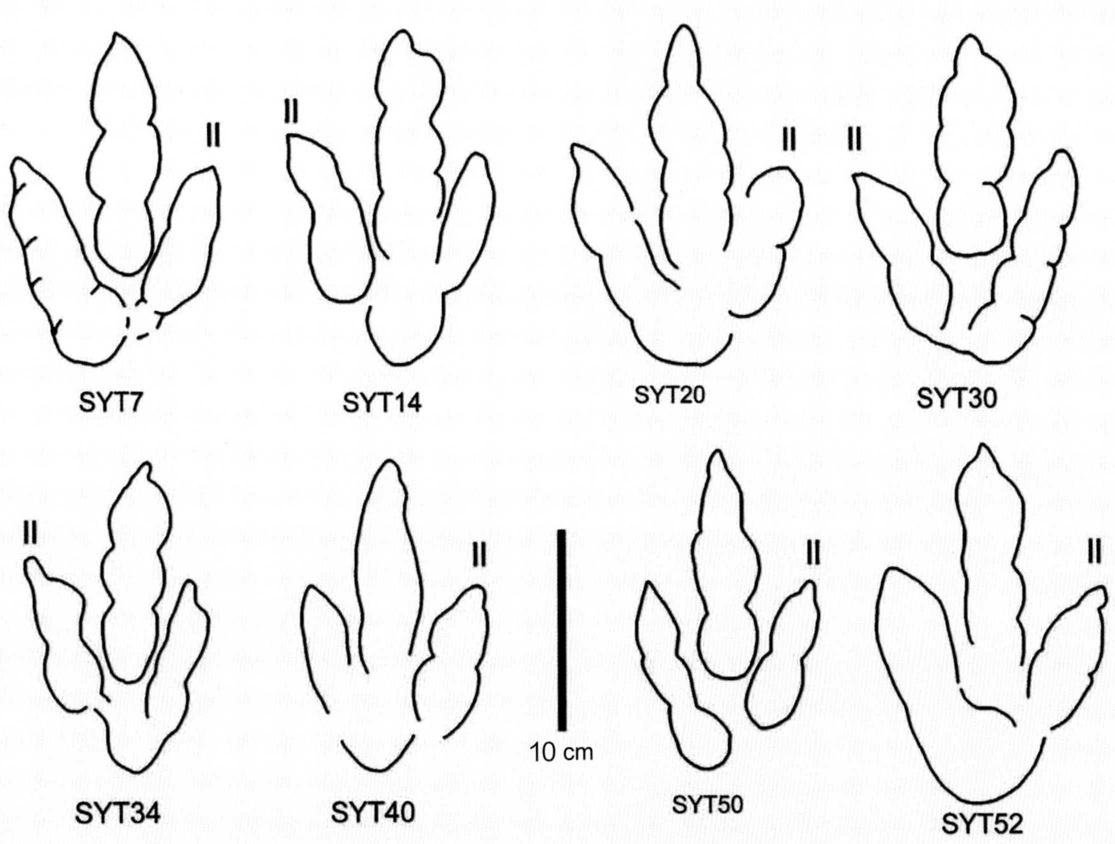

尚义足迹点保存较好的兽脚类足迹轮廓图（引自 Xing et al.，2014f）

河北尚义县小蒜沟镇，上侏罗统－下白垩统后城组顶部

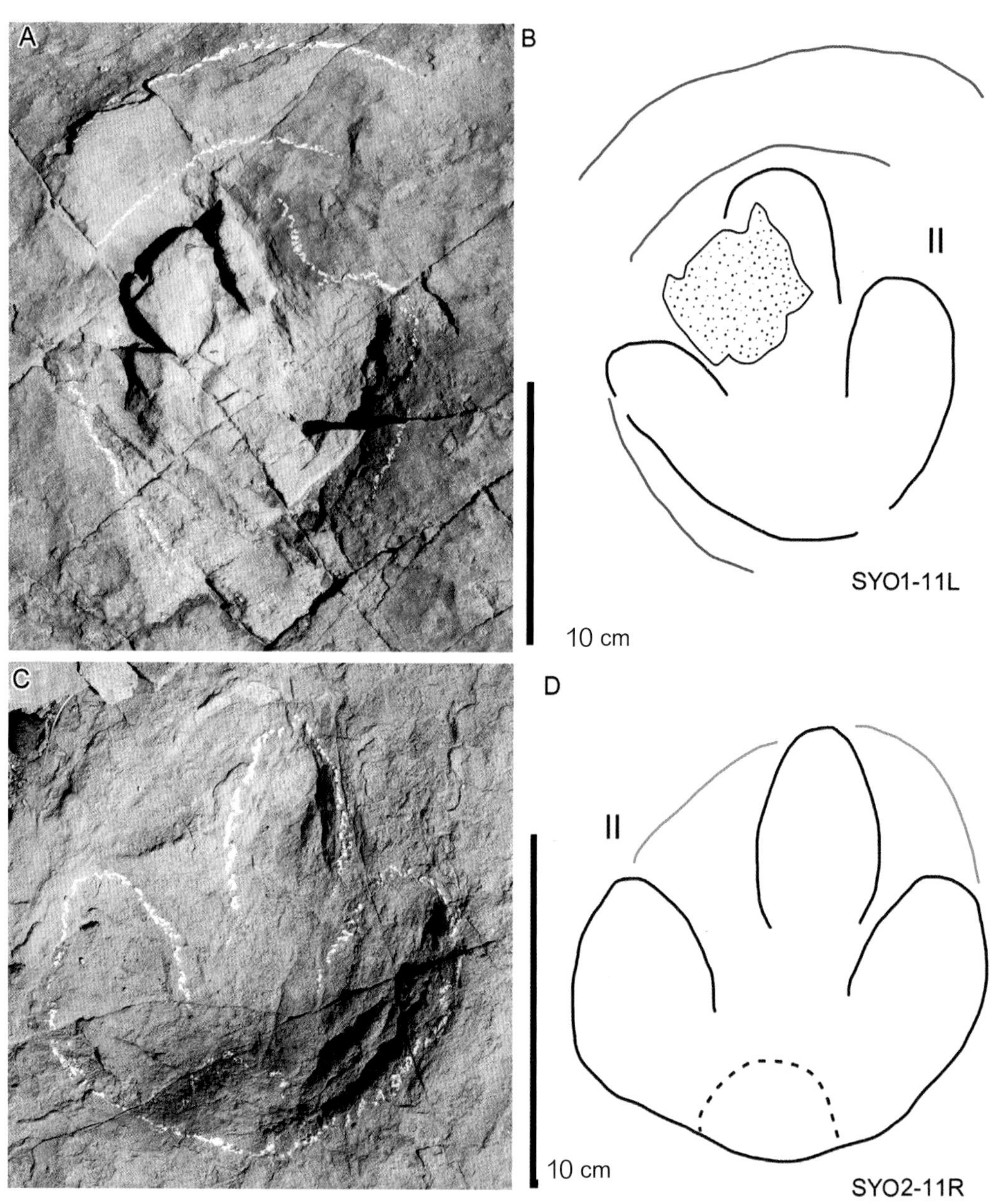

尚义足迹点疑似小型鸟脚类足迹照片及轮廓图（引自 Xing et al., 2014f）

多数足迹保存不佳，有些仅为圆坑，无趾的印迹。行迹 SYO1 曾被柳永清等（2012）解释为蜥脚类足迹。行迹 SYO1 中的足迹平均长 15.1 cm（N=15），平均步长为 48.2 cm，平均步幅角为 151°；行迹 SYO2 中的足迹平均长 12.1（N=4），平均步长为 52.3 cm。

河北尚义县小蒜沟镇，上侏罗统 – 下白垩统后城组顶部

上乌拉哈达足迹点野外露头照片

该足迹点位于上乌拉哈达村附近，规模很小，只发现1枚较完整的三趾型足迹和1枚不完整的足迹，应为兽脚类恐龙足迹。

河北尚义县上乌拉哈达村，上侏罗统－下白垩统后城组顶部

上乌拉哈达足迹点兽脚类足迹照片

层面上除保存较好的足迹B（实线圆圈内）外，还有1枚保存较差的足迹A（虚线圆圈内，由于风化原因，仅Ⅲ趾趾迹较清晰），二者可能构成1段行迹，行迹走向呈230°。

河北尚义县上乌拉哈达村，上侏罗统－下白垩统后城组顶部

上乌拉哈达足迹点兽脚类足迹照片

该足迹为三趾型，层面下凹状保存，长约 15 cm，宽约 11 cm，长宽比值为 1.36；Ⅱ－Ⅳ趾趾间角约为 50°。

该足迹与小蒜沟镇足迹点大部分的兽脚类足迹在大小和形态等方面类似。

河北尚义县上乌拉哈达村，上侏罗统－下白垩统后城组顶部

2.8 河南

河南的恐龙足迹点目前发现不多，主要集中在内乡和义马地区，足迹数量也很少，有待加大考察研究力度。1979年，赵资奎报道了在内乡夏馆镇附近白垩系发现的踩在恐龙蛋上的恐龙足迹。吕君昌等（2007）研究了义马北露天煤矿中侏罗统的大型兽脚类恐龙足迹，并建立了新足迹种——徐氏张北足迹（*Changpeipus xuiana*）；邢立达等则研究了其中发现的小型鸟脚类的异样龙足迹（*Anomoepus*）（Xing et al.，2017a）。

2.8.1 内乡

赵资奎（1979）报道了在河南内乡白垩系发现的一件非常有趣的足迹化石标本。一窝恐龙蛋（16枚）边缘的4枚蛋（图A中方框部分）被一只恐龙踩了一脚，其中1枚破碎，周边3枚也有一定程度的变形。该恐龙足迹保存为下凹型，外形呈卵圆形，有一定程度变形，为四分形，无尾迹和前足迹；足长14.14 cm，足宽10.17 cm，长宽比值为1.39。他认为这个特殊足迹的造迹恐龙应是成年鸭嘴龙类，该化石是在恐龙产卵后匆忙掩埋过程中偶然被踩踏所形成。推断依据有两方面，首先，如果该足迹是在孵化过程中先孵化的小恐龙所留，那么其周围应该有很多破碎的蛋壳；其次，足迹很大，也不可能是小恐龙所为。邢立达等认为该足迹可归入类似于鸟脚类的禽龙足迹（*Iguanodontipus*）（Xing et al.，2017a）。此外，据王德有等（2013）研究，内乡地区产出恐龙蛋的地层为夏馆组，时代应为晚白垩世早期（土伦中–晚期至坎潘早期）。

踩在恐龙蛋上的恐龙足迹照片及示意图（引自 Xing et al.，2017e）

A 为保存恐龙蛋和恐龙足迹的标本（IVPP V 5783）照片；B 为 A 中方框部分的放大图，标示恐龙足迹和踩碎的恐龙蛋；C 为足迹解释轮廓图，其中编号Ⅲ为可能的恐龙Ⅲ趾趾迹，箭头为推测的恐龙运动方向。

河南内乡市夏馆镇栗园村后庄，上白垩统夏馆组

2.8.2 义马

义马市北部露天煤矿中侏罗统是目前河南恐龙足迹的主要发现地之一。吕君昌等（2007）根据在此地发现的1块足迹标本（1枚完整足迹和1枚足迹的前半部），建立了新足迹种——徐氏张北足迹（*Changpeipus xuiana*），其为大型兽脚类恐龙的足迹。化石被发现于煤矸石堆中，岩性为薄层粉砂质泥岩，保存为上凸型。足迹为三趾型，长34 cm，宽18 cm，长宽比值为1.9，Ⅱ－Ⅲ趾和Ⅲ－Ⅳ趾趾间角分别为25° 和32°，Ⅱ－Ⅳ趾趾间角为57°；趾垫明显，Ⅱ趾和Ⅲ趾分别有2个和3个趾垫印迹；Ⅲ趾爪迹明显且指向内侧，据此推测其为左足迹。需要指出，邢立达等认为徐氏张北足迹标本后端的蹠趾区发育且很厚实，但并没有蹠垫印迹，因此怀疑其为恐龙在上部地层留下的幻迹。此外，他们还认为张北足迹是单种足迹属，即石炭张北足迹（*Changpeipus carbonicus*），而张北足迹其实与实雷龙足迹（*Eubrontes*）很相似（Xing et al.，2017a）。

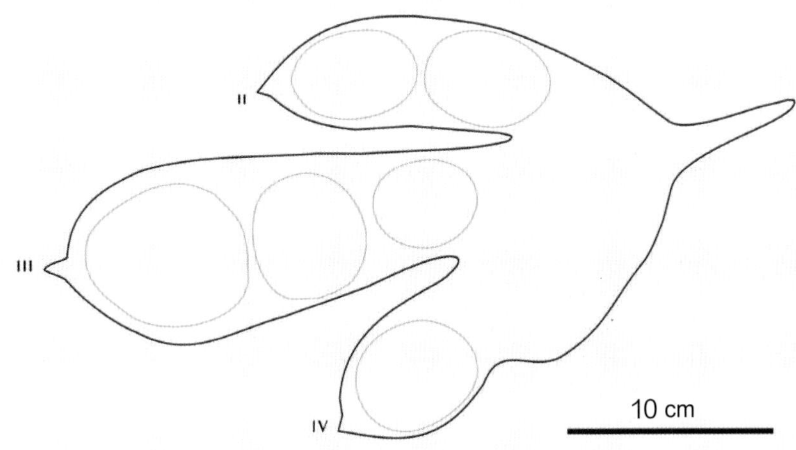

徐氏张北足迹（*Changpeipus xuiana*）轮廓图（引自吕君昌等，2007）
河南义马市北部露天煤矿，中侏罗统义马组

邢立达等研究了在该煤矿中发现的3块足迹化石标本，标本上的足迹数量至少有20多枚，较清晰而形态完整的足迹共10枚。化石发现于河南义马中侏罗统义马组。足迹多为三趾型，偶有四趾型。足迹较为纤细，趾最长为10.9 cm，最短为4.5 cm，趾平均长7.8 cm（n=10）；趾宽的最大值为13 cm，最小值为7 cm，平均趾宽为10.4 cm（n=8）；趾间角大，平均为112.4°（n=9）。从形态分析，这批足迹与铜川陕西足迹（*Shensipus tungchuanensis* Young, 1966）类似，具有鸟类足迹的部分特征。邢立达等认为其为小型鸟脚类的异样龙足迹（*Anomoepus*）。这是河南地区首次发现该足迹属（Xing et al., 2017a）。此外，在义马中侏罗统还发现有卡岩塔足迹未定种（*Kayentapus* isp.）。

河南首次发现的异样龙足迹（*Anomoepus*）产出位置（引自Xing et al., 2017a）
河南义马市北部露天煤矿，中侏罗统义马组

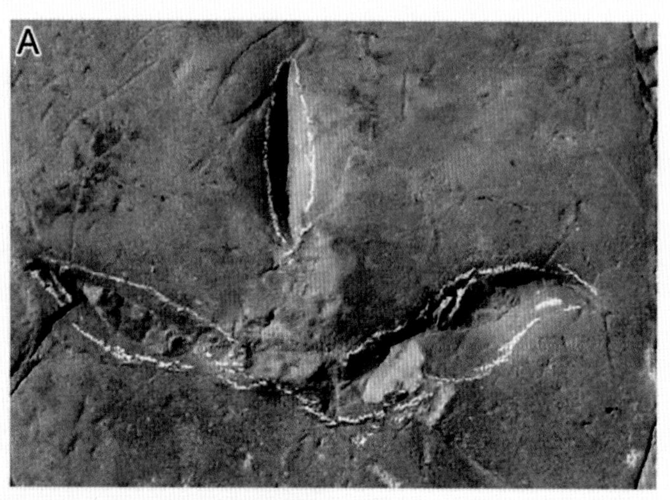

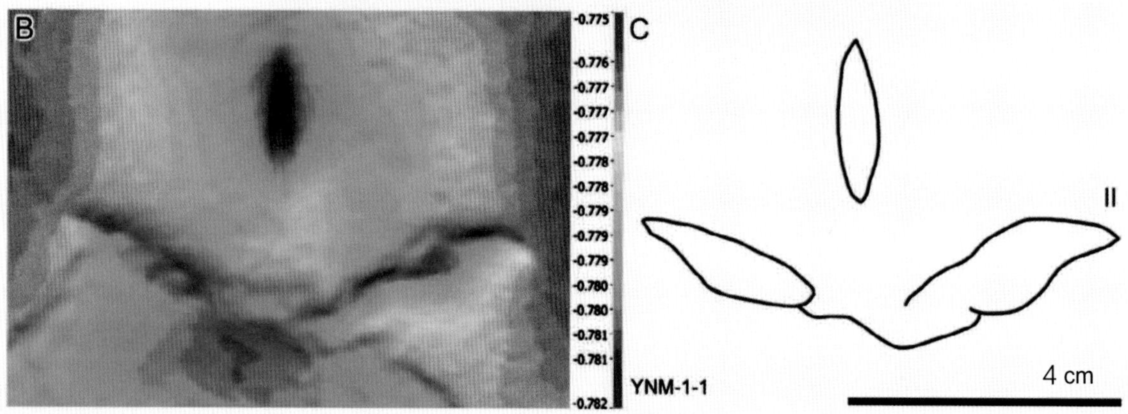

异样龙足迹（编号为 YNM-1-1）标本照片、3D 图像及轮廓图（引自 Xing et al., 2017a）

A 为标本照片，B 为足迹 3D 图像，C 为足迹轮廓图。

足迹 YNM1-1 在所有足迹中最小，长仅为 4.5 cm，宽为 7 cm，长宽比值为 0.6；足迹为三趾型，Ⅱ－Ⅳ趾趾间角为 128°，趾尖三角的长宽比值为 0.6。足迹被归入异样龙足迹未定种（*Anomoepus* isp.）。

河南义马市北部露天煤矿，中侏罗统义马组

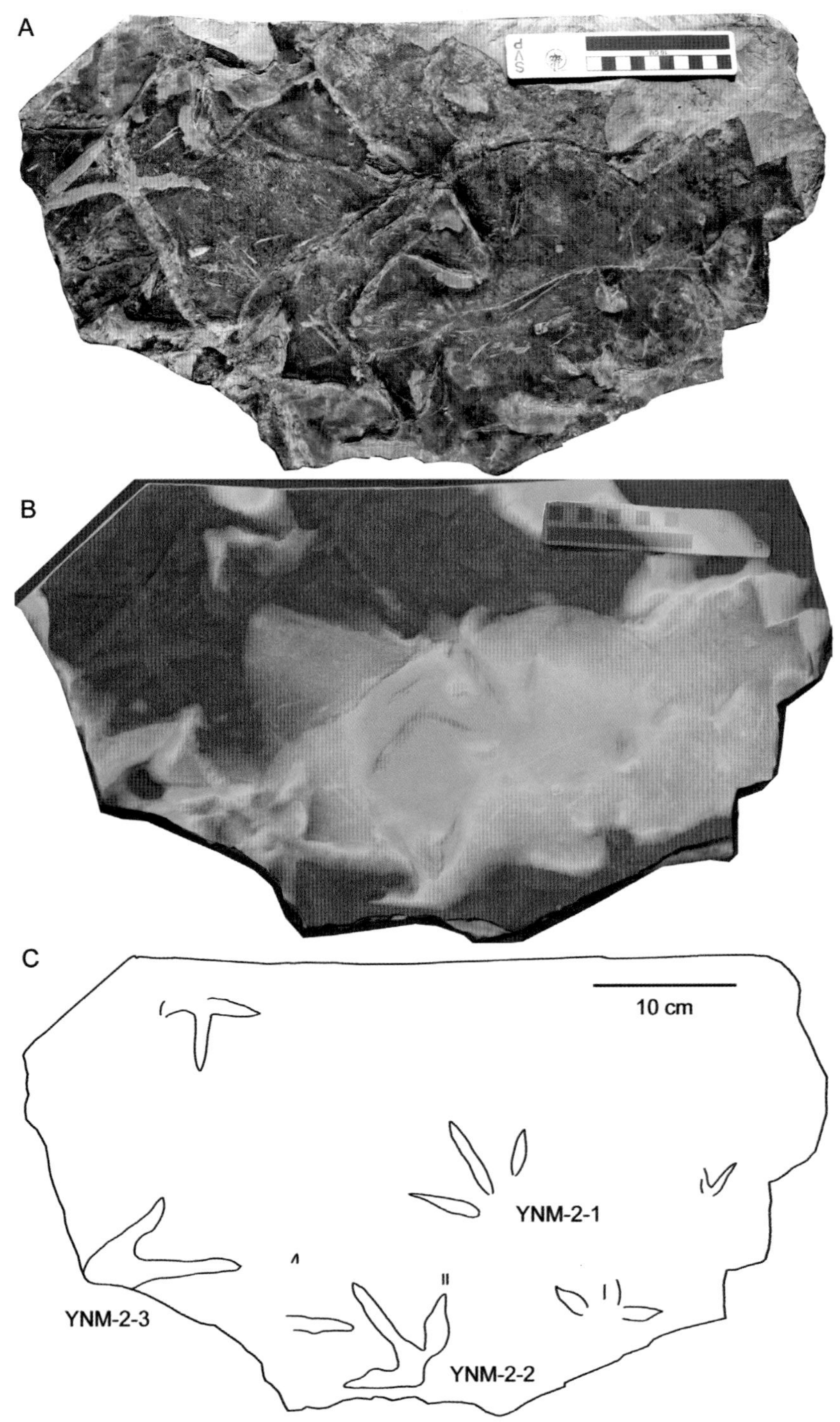

标本 YNM-2 照片（A）、3D 图像（B）及轮廓图（C）（引自 Xing et al.，2017a）

该标本保存有 7 枚异样龙足迹未定种（*Anomoepus* isp.）足迹，其中足迹 YNM-2-1 未保存蹠垫印迹；足迹 YNM-2-2 的Ⅱ趾后端有明显的凹缺；足迹 YNM-2-3 最大，足迹长 1.9 cm，但其保存不完整。

河南义马市北部露天煤矿，中侏罗统义马组

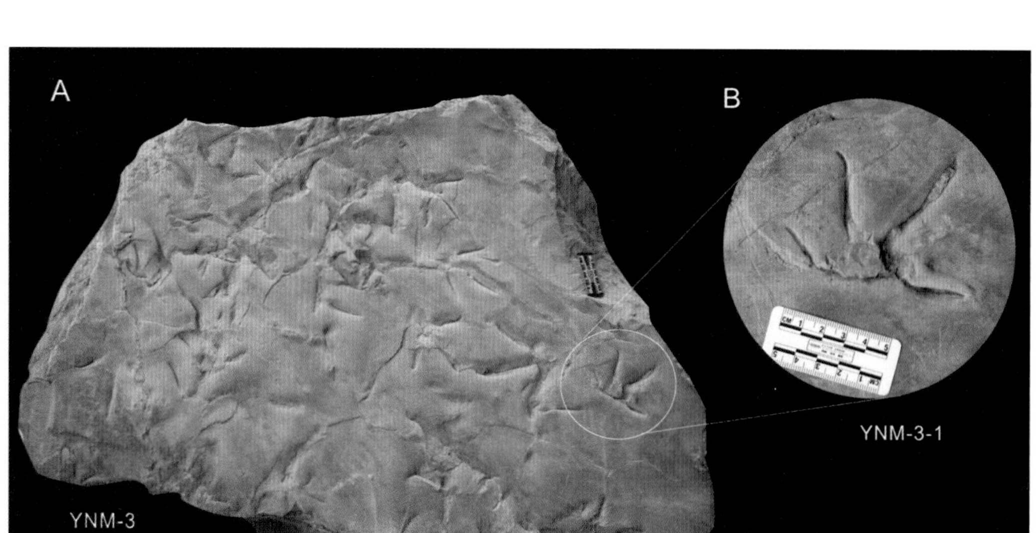

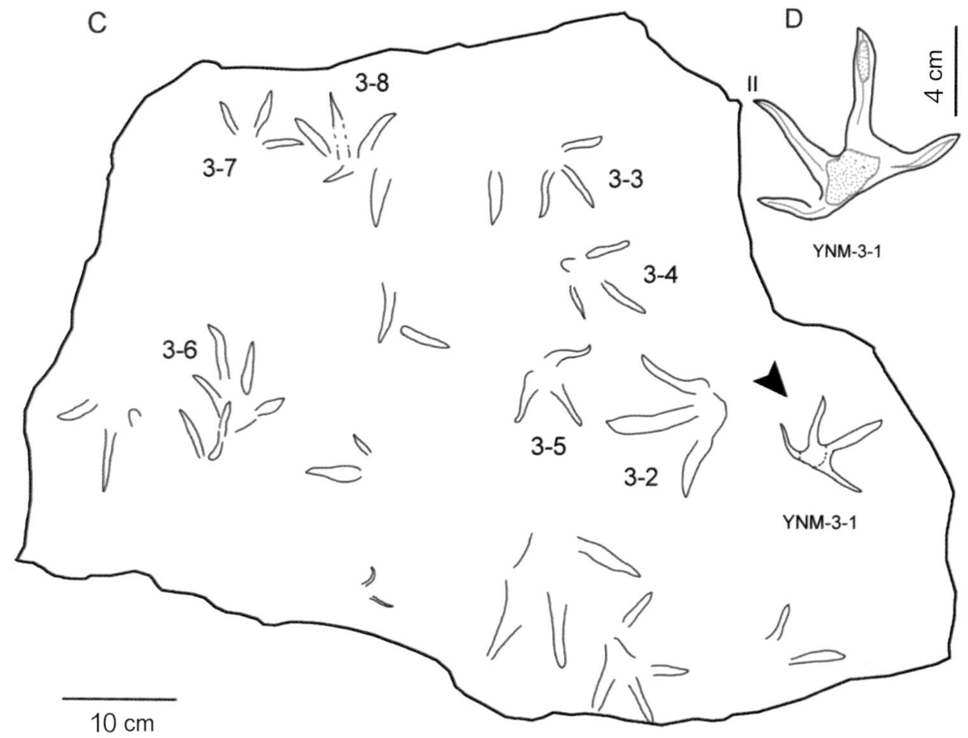

标本 YNM–3 照片及足迹轮廓图（照片及轮廓图分别引自李建军，2015；Xing et al., 2017a）

该标本至少保存有 19 枚异样龙足迹未定种（*Anomoepus* isp.）足迹，但难以识别出行迹；其中足迹 YNM–3–1 为四趾型，长宽比值为 0.8，拇趾（Ⅰ趾）较长，明显指向内侧。

河南义马市北部露天煤矿，中侏罗统义马组

在义马发现的卡岩塔足迹未定种（*Kayentapus* isp.）足迹照片（下图为足迹放大照片）

河南义马市，中侏罗统义马组

2.9 云南

2.9.1 景洪

1979年，杨钟健报道了云南西双版纳景洪县大勐龙（现勐龙镇）火山岩系中9枚足印化石的研究成果，建立了新足迹属种——傣族西双版纳足印（*Xishuangbannaia daieuensis*）。这批足迹尺寸较小，为前、后足迹，前足迹长7.5 mm，后足迹长15 mm。杨钟健认为这批足迹化石的造迹者为蜥蜴类，它们是中国乃至世界的首次发现。

Lockley 和Matsukawa（2009）指出，傣族西双版纳足印（*Xishuangbannaia daieuensis*）应为节肢动物鲎类的足迹，其名称也应归入*Kouphichnium*足迹属。

2012年，邢立达等对西双版纳的这批化石进行了再研究。足迹化石产于中缅边境，位于景洪县东北约40 km处勐龙镇的漫勐村附近。足迹化石产于细粒泥岩层面上，岩性为新生代喜山运动火山岩系中的海相沉积岩夹层，时代为古新世。研究发现，这批足迹并非杨钟健（1979）所述全部为三趾型，有些为四趾型，两趾的足迹趾迹有分叉现象。刑立达等支持Lockley 和Matsukawa（2009）的观点，认为傣族西双版纳足印（*Xishuangbannaia daieuensis*）是节肢动物鲎类的足迹，应归入*Kouphichnium*足迹属，并认为它是中国迄今最早发现的鲎类的足迹化石（Xing et al.，2012d）。

鲎类属于节肢动物门肢口纲（Merostomata）剑尾目（Xiphosaura），是一类水生底栖生物。鲎的祖先起源于泥盆纪，现存的鲎类有3个属，均生活于海洋环境。

由于西双版纳漫勐足迹的造迹者是节肢动物的鲎类，而不是恐龙或其他四足动物，理论上该化石点不应列入本书中。但考虑到其历史较为久远，在国内外有一定影响，且在讨论化石点时涉及，故仍将其收录。

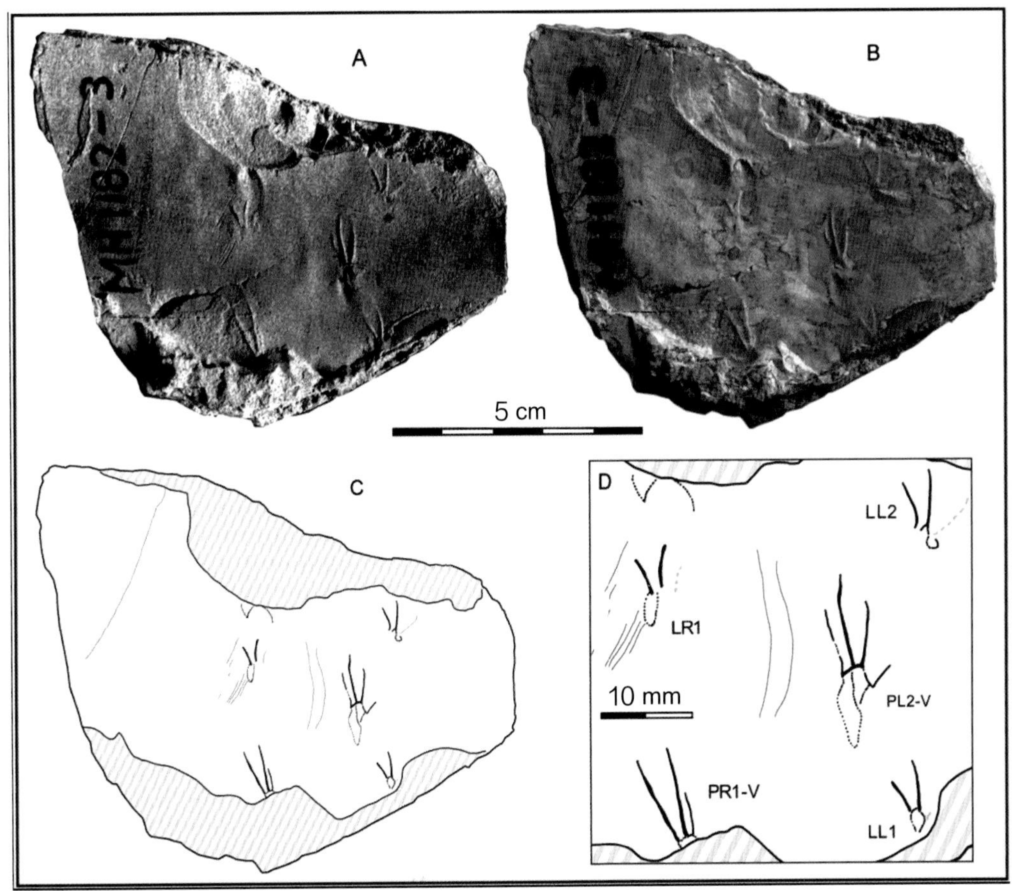

漫勐足迹点的鸳类足迹照片及解释轮廓图（引自 Xing et al.，2012d）

A 为杨钟健（1979）所述之正模标本（MH.1182–3）照片，B 为重新拍摄的标本照片，C 为标本的足迹轮廓图，D 为图 C 的局部放大图（增加了足迹编号）。

正模标本有左、右两条行迹，其中分别包括两个足迹（PR1–V 和 LR1）和 3 个足迹（LL1，PL2–V 和 LL2）。

注意：PL2–V 不是三趾而是四趾，LL2 印迹有二分叉现象。

比例尺：A–C 均为 5 cm，D 为 10 cm。

云南景洪县勐龙镇漫勐村，古近系下古新统

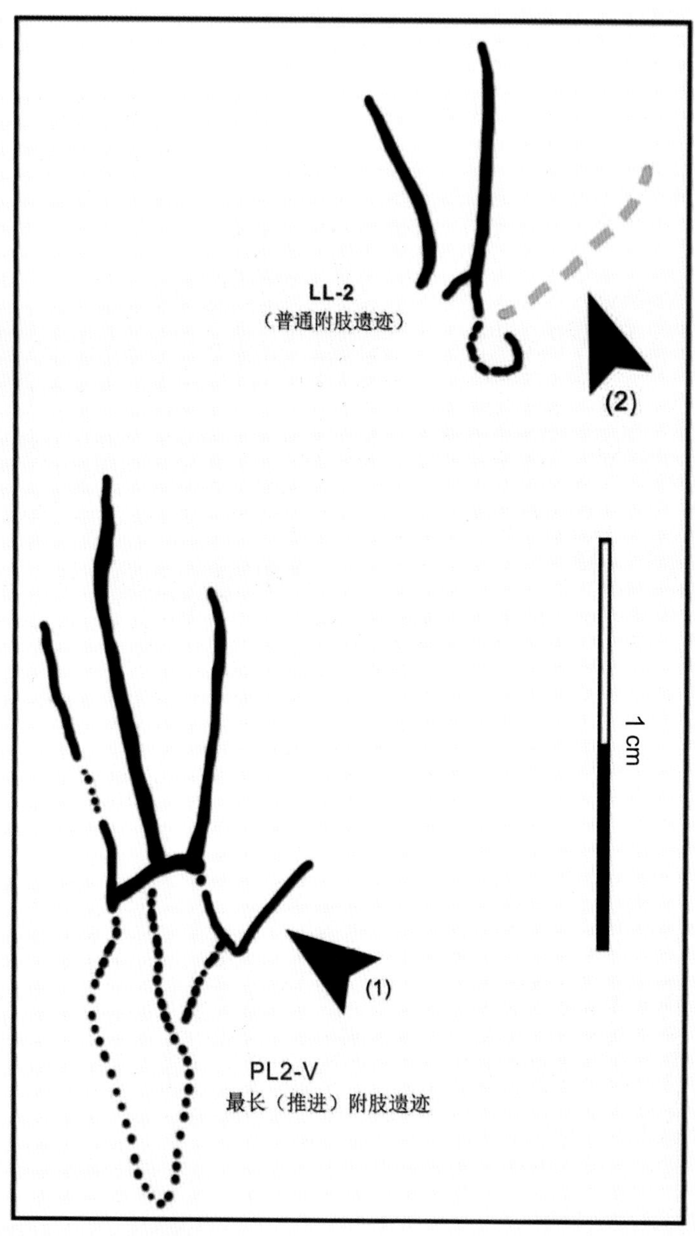

漫勐足迹点鲎类足迹（IVPP MH.1182-3 PL2-V 和 LL-2）轮廓图（引自 Xing et al.，2012d）

箭头所指为外侧肢（external digit）印迹，短而不清晰。

云南景洪县勐龙镇漫勐村，古近系下古新统

2.9.2 晋宁

晋宁县的恐龙足迹化石产自夕阳乡小夕阳村和大夕阳村附近，含化石地层为下侏罗统冯家河组。甄朔南等（1986）对这批足迹化石进行考查研究，发现14个化石点，至少3个含足迹层，200多枚恐龙足迹。足迹分布在冯家河组下部泥岩、钙质泥岩及泥灰岩的层面上。他们建立了4个新足迹属（杨氏足迹*Youngichnus*、似虚骨龙足迹*Paracoelurosuarichnus*、分叉跷脚龙足迹*Schizograllator*和郑氏足迹*Zhengichnus*）和1个新足迹种（泥泞跷脚龙足迹*Grallator limnosus*），并描述了扁平实雷龙足迹（*Eubrontes platypus*）。除郑氏足迹（*Zhengichnus*）因保存状态不佳而分类位置未定外，其余均为兽脚类恐龙足迹。

Lockley等（2013）对这批足迹化石进行研究和评述，认为夕阳杨氏足迹（*Youngichnus xiyangensis*）应该归入实雷龙足迹属（*Eubrontes*），但保留种名为夕阳实雷龙足迹（*Eubrontes xiyangensis*）；孤独似虚骨龙足迹（*Paracoelurosuarichnus monax*）保留种名而归入实雷龙足迹，名称变为孤独实雷龙足迹（*Eubrontes monax*）；小河坝分叉跷脚龙足迹（*Schizograllator xiaohebaensis*）修订为*Kayentapus*的小河坝卡岩塔足迹（*Kayentapus xiaohebaensis*）；晋宁郑氏足迹（*Zhengichnus jiningensis*）为可疑学名，因为保存状态不佳。

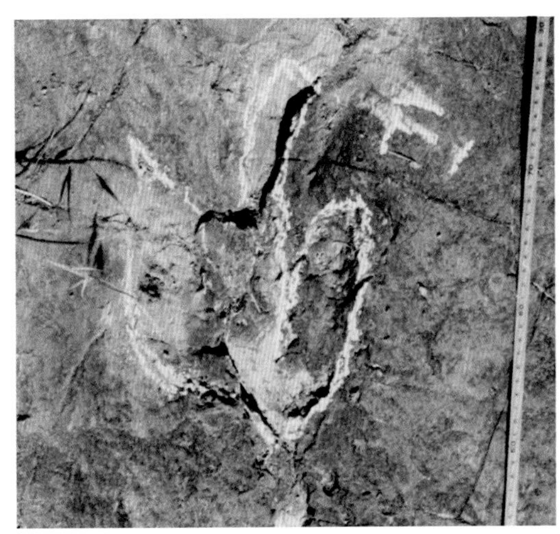

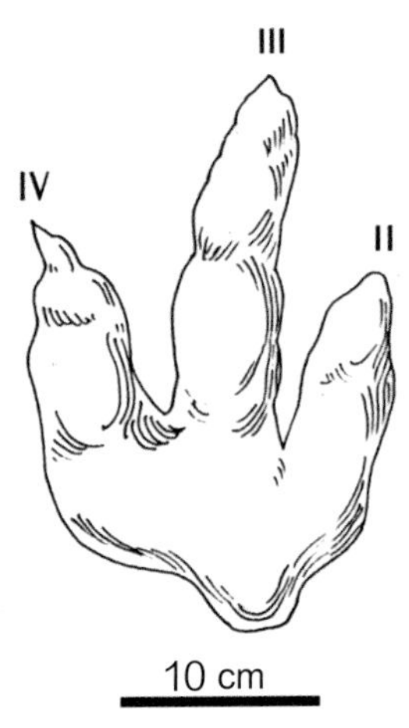

夕阳实雷龙足迹（*Eubrontes xiyangensis*）正模标本照片及轮廓图（引自甄朔南等，1986）

连续的3枚足迹组成较深的1条行迹。足迹为三趾型、趾行式，趾端具爪，中趾印迹较深。足迹长约26 cm，宽17 cm（长宽比值为1.53），两侧趾间角为21°。

云南晋宁县（现昆明市晋宁区）夕阳地区，下侏罗统冯家河组底部

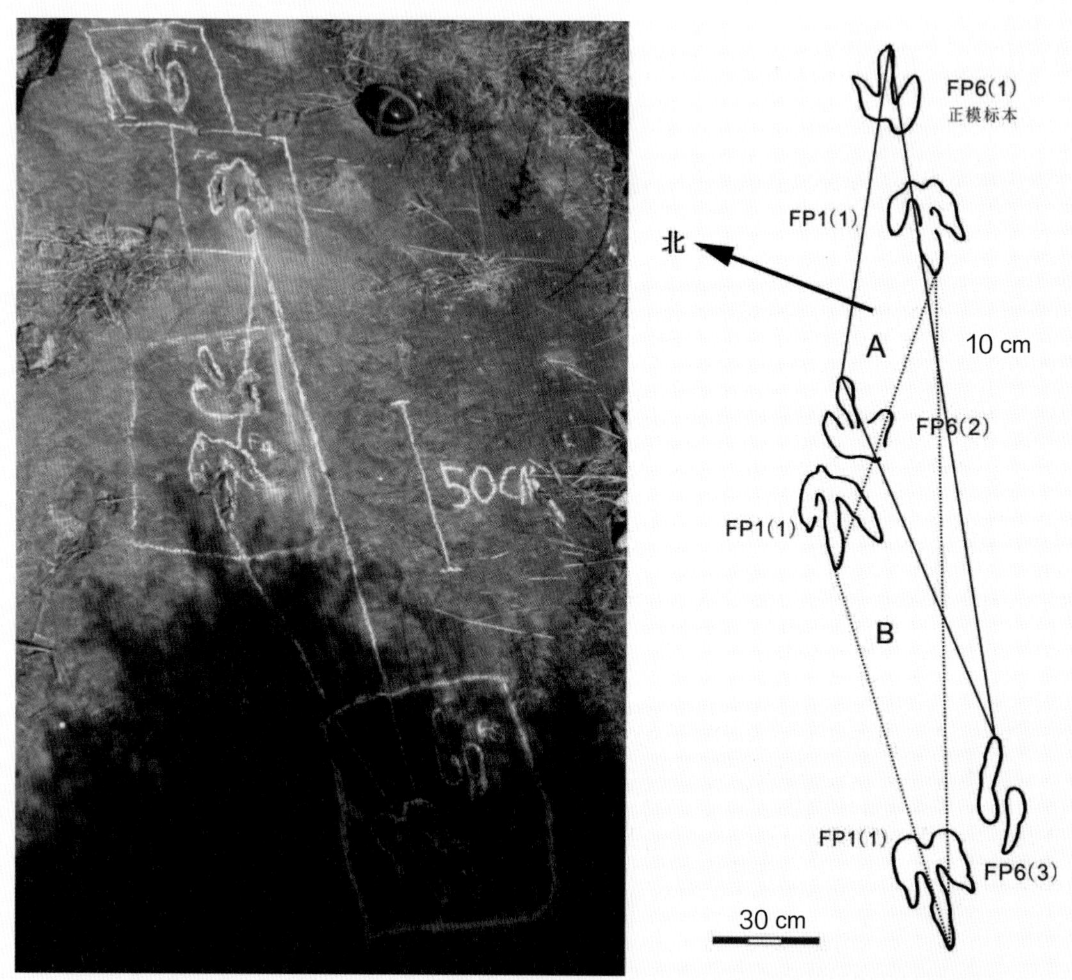

夕阳实雷龙足迹（*Eubrontes xiyangensis*）行迹照片及轮廓图（轮廓图引自甄朔南等，1986）

6 枚足迹构成两条方向相反的行迹（行迹 A 和 B）。正模足迹 BPV−FP6 位于行迹 A 中。

足迹的单步长平均为 111 cm，单步与足长之比为 4.3∶1，复步长 219 cm，复步角平均为 156°。

云南晋宁县夕阳地区，下侏罗统冯家河组底部

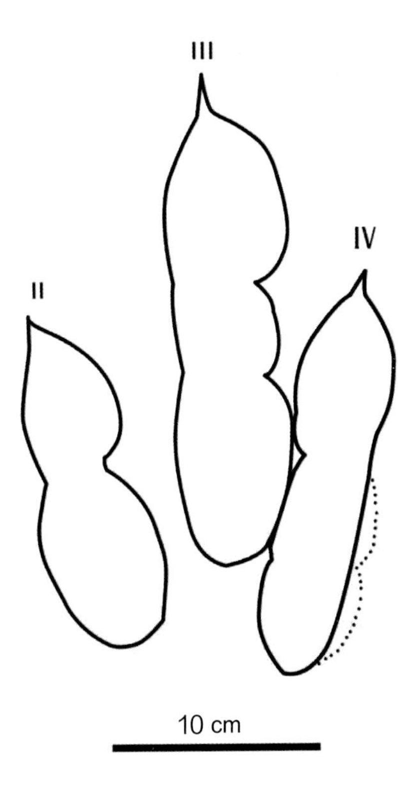

孤独实雷龙足迹（*Eubrontes monax*）正模标本照片及轮廓图（引自李建军，2015）

正模标本编号为 BPV-FP2。足迹为两足行走、三趾型，趾端具爪，中趾最长。

整个足迹不对称，Ⅲ、Ⅳ趾间角较小（小于 10°），Ⅱ、Ⅲ趾间角为 30°。

足迹全长为 23.5 cm，宽 19 cm 左右，长宽比值为 1.24；趾垫印迹不清晰，无蹠趾垫，无尾迹。

云南晋宁县夕阳地区，下侏罗统冯家河组下部

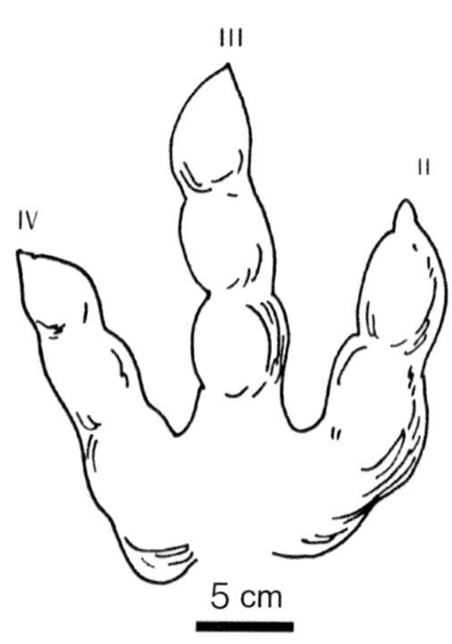

扁平实雷龙足迹（*Eubrontes platypus*）照片及轮廓图（引自甄朔南等，1986）

由 9 个足迹组成 1 条行迹，该足迹为其中 1 枚。足迹为两足行走、三趾型，趾迹较粗；足迹长 27 cm，宽 24 cm（长宽比值为 1.13）；Ⅱ、Ⅲ、Ⅳ趾长分别为 14 cm、17 cm、20 cm；趾间角为Ⅱ 17° Ⅲ 20° Ⅳ，单步长平均为 105 cm。

云南晋宁县夕阳地区，下侏罗统冯家河组底部

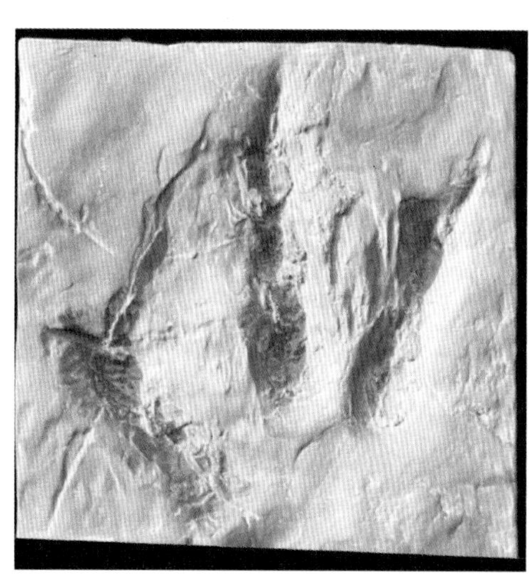

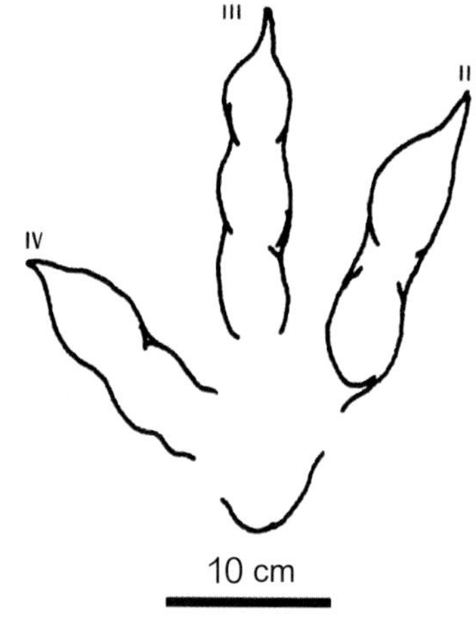

小河坝卡岩塔足迹（*Kayentapus xiaohebaensis*）正模标本照片及轮廓图（引自甄朔南等，1986）

该足迹原名小河坝分叉跷脚龙足迹（*S. xiaohebaensis*），系 11 个连续足迹组成的 1 条行迹中的 1 枚。足迹为两足行走、趾行式、三趾型，趾端具爪，无拇趾及尾迹印痕；趾间角大，Ⅱ、Ⅲ、Ⅳ趾间角分别为 30° 和 45° ，Ⅲ、Ⅳ趾间角大于Ⅱ、Ⅲ趾间角；趾垫为长卵圆形，垫间缝较大，Ⅲ趾突出于两侧趾；足迹长 28 cm，宽约 23.5 cm（长宽比值为 1.19）；行迹呈直线形，单步长为 120 cm。

经计算，造迹恐龙的运动速度约为 12 km/h。

云南晋宁县夕阳地区，下侏罗统冯家河组顶部

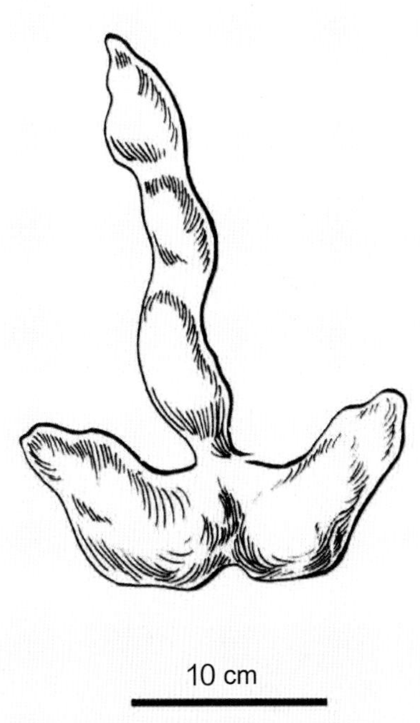

兽脚类足迹（属种未定）照片及轮廓图（轮廓图引自甄朔南等，1986）

该足迹曾被命名为晋宁郑氏足迹（*Zhengichnus jinningensis*），因纪念晋宁县伟大航海家郑和而得名。足迹产在钙质泥岩层面上，风化严重。足迹全长 28 cm，最大宽度为 19 cm（长宽比值为 1.47）；趾间角为 II50° III53° IV，II 趾长 10 cm，III 趾长 20 cm，IV 趾长 9 cm。

照片中比例尺为 5 cm。

云南晋宁县夕阳地区，下侏罗统冯家河组下部

2.9.3 楚雄

云南楚雄的恐龙足迹化石首先由陈述云和黄晓钟（1993）考察研究。之后，又有国内外专家学者对此化石点陆续开展研究（Lockley et al.，2002b，2013；李建军，2015；Xing et al.，2019）。

该足迹化石点分布范围北起刘思坎，南到元吉屯上村，东至盆地边缘，西至方家河西坡，面积约为0.8 km^2。其共有9个化石点，累计发现足印化石510余枚，自下而上有4层，地层层位为上白垩统江底河组（陈述云和黄晓钟，1993）。

陈述云和黄晓钟（1993）根据元吉屯村为中心所产的蜥脚类足迹（小型足迹，后足长约26 cm），建立了苍岭楚雄足迹（*Chuxiongpus changlingensis*）和甄氏楚雄足迹（*Chuxiongpus zheni*）两个新足迹属种，并为黄草办事处方家河西坡的三趾型足迹命名了新足迹属种——黄草云南足迹*Yunnanpus huancaoensis*。

Lockley等（2002b）认为，首先，楚雄足迹属（*Chuxiongpus*）的两个种C. *changlingensis*和C. *changlinggensis zheni*之间的差别不大，只是后足与前足叠加的程度稍有不同，故甄氏楚雄足迹（*Chuxiongpus zheni*）应属于无效名称。其次，楚雄足迹属（*Chuxiongpus*）的行迹内宽较大，且前足与后足的大小差别较大（平均为1∶2.5），因此将其归入雷龙足迹属（*Brontopodus*），但仍然保持苍岭楚雄足迹（*Chuxiongpus changlingensis*）种本名*changlingensis*，因此形成组合足迹种——苍岭雷龙足迹（*Brontopodus changlingensis*）。

陈述云和黄晓钟（1993）命名的黄草云南足迹（*Yunnanpus huangcaoensis*）位于苍岭镇方家河西坡砂岩层面上，共识别出14个足迹，组成1条行迹。他们认为这批足迹与陕西神木的中国足迹（*Sinoichnites*）相似，属于禽龙类足迹。Lockley等（2002b）认为黄草云南足迹属于兽脚类，后来又认为其为可疑学名（*nomen dubium*）（Lockley et al.，2013；Xing et al.，2019j）。但李建军（2015）指出，*Yunnanpus huangcaoensis* Ⅱ趾与Ⅲ趾的趾间角为35°～40°，Ⅳ趾与Ⅲ趾的趾间角为40°~50°。而且趾迹很宽，其中Ⅱ趾长19 cm，宽11 cm；Ⅳ趾长19~21cm，宽9 cm；足印长40 cm，宽39 cm，呈倒三角状，趾端无爪迹，完全符合鸟脚类足迹特征，故认为*Yunnanpus huangcaoensis*为有效足迹属种。

元吉屯蜥脚类恐龙足迹点野外露头照片（局部）

元吉屯是苍岭地区最大的足迹化石点，以产小型蜥脚类恐龙足迹为特色，所产足迹化石归入苍岭雷龙足迹（*Brontopodus changlingensis*）。

图中可见8组前足、后足足迹组成1条行迹，行进方向由右向左。

云南楚雄市苍岭镇，上白垩统江底河组

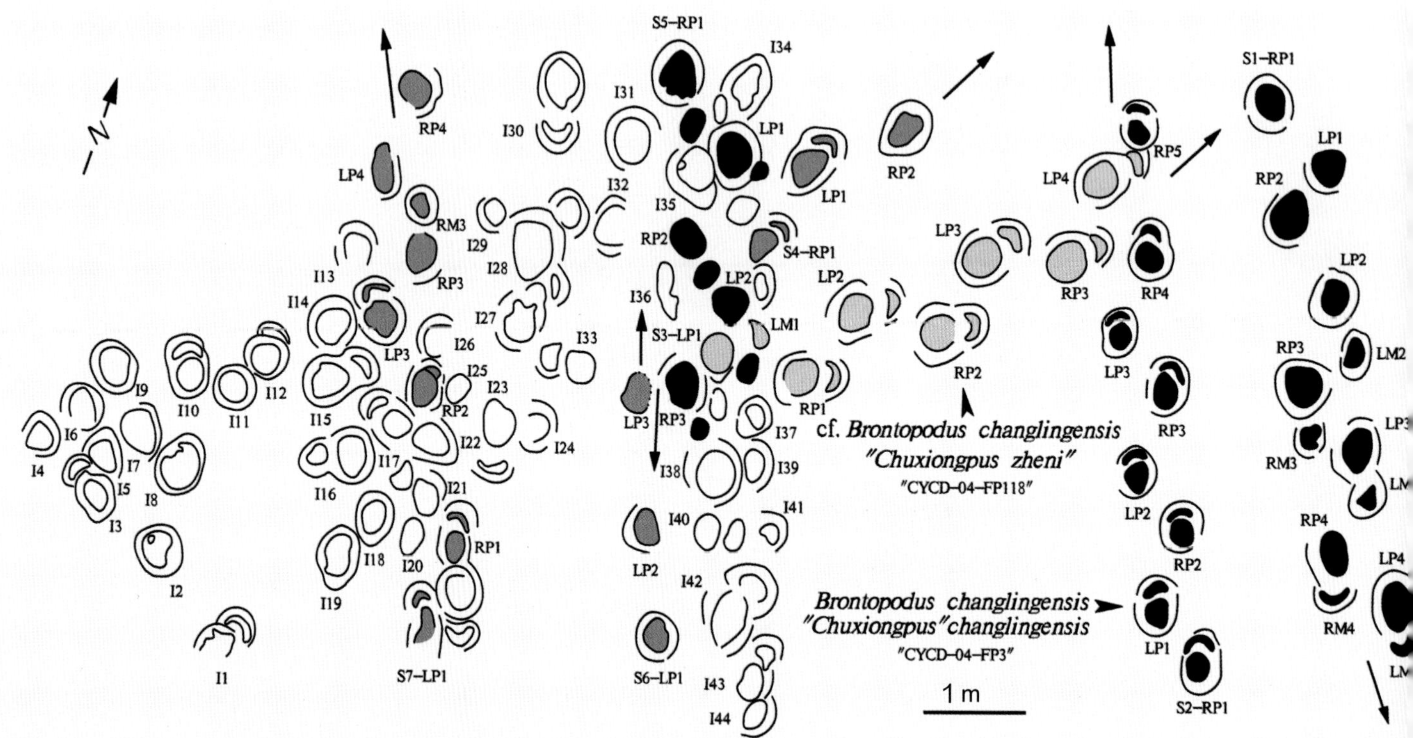

元吉屯蜥脚类恐龙足迹露头分布图（引自 Xing et al., 2019j）

图中可识别出至少 7 条行迹（编号为 S1–S7），足迹共 81 枚，另有孤单的足迹 61 枚。

所产足迹化石归入苍岭雷龙足迹（*Brontopodus changlingensis*）。S2 是含有苍岭雷龙足迹（*B.changlingensis*，原名苍岭楚雄足迹 *Chuxiongpus changlingensis*）正模标本（编号为 CYCD–04–FP3，箭头所示）的 1 条行迹。该行迹长 8 m，由 8 对连续的前、后足迹构成；后足迹长平均为 26 cm，长宽比值为 1.2；后足迹长平均为 10 cm，长宽比值为 0.4；后足迹呈卵圆形，前足迹为新月形，恰位于后足迹前方。

行迹 CYCD–04–FP118（箭头所示）原名称为甄氏楚雄足迹（*Chuxiongpus zheni*），也归入苍岭雷龙足迹（*Brontopodus changlingensis*）。

LM 和 LP 分别为左前、左后足迹；RM 和 RP 为右前、右后足迹；编号为 I 者为孤单的足迹。

长箭头方向为行迹方向。

云南楚雄市苍岭镇，上白垩统江底河组

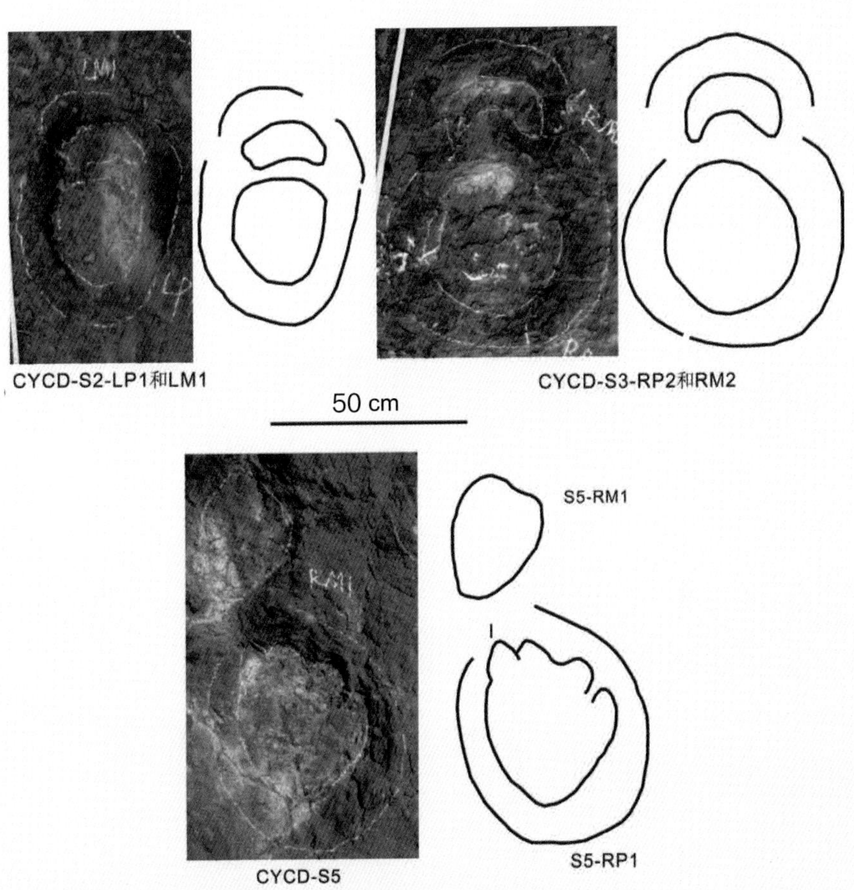

苍岭雷龙足迹（*Brontopodus changlingensis*）照片及轮廓图（引自 Xing et al., 2019j）

CYCD-S2-LP1 和 LM1 为正模标本，注意前足迹为新月形，恰位于后足迹前方。

罗马字母为趾编号。

云南楚雄市苍岭镇元吉屯，上白垩统江底河组

苍岭雷龙足迹（*Brontopodus changlingensis*）行迹（CYCD-S2）野外照片

图中可见行迹由 8 对前足、后足足迹组成，行进方向为左下至左上。

比例尺为 1 m。

云南楚雄市苍岭镇元吉屯，上白垩统江底河组

苍岭雷龙足迹（*B. changlingensis*）显示前、后足的叠覆现象（引自李建军，2015）
右侧的后足迹踩在前足迹上，使前足迹呈现半月形。比例尺为 5 cm。
云南楚雄市苍岭镇元吉屯，上白垩统江底河组

黄草云南足迹（*Yunnanpus huangcaoensis*）行迹（CYCD–T1）照片
行迹（CYCD–T1）长 19 m，由 14 枚足迹组成。足迹长约 40 cm，宽约 39 cm。由于足迹风化严重，足迹的细节特征无法辨识。但是，该行迹现有数据表明，在晚白垩世江底河组沉积期，楚雄地区曾生活着大型的鸟脚类恐龙。
云南楚雄市苍岭镇黄草方家河，上白垩统江底河组

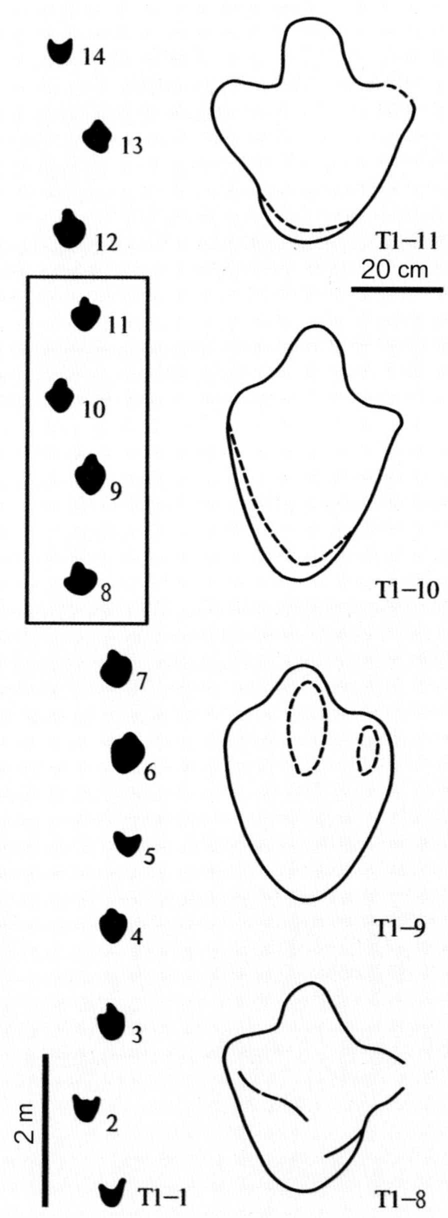

黄草云南足迹（*Y. huangcaoensis*）行迹及典型足迹轮廓图（陈述云和黄晓钟，1993，有改动）

造迹鸟脚类恐龙步长为足长的 4.2 倍，平均步幅角为 155°。

云南楚雄市苍岭镇黄草方家河，上白垩统江底河组

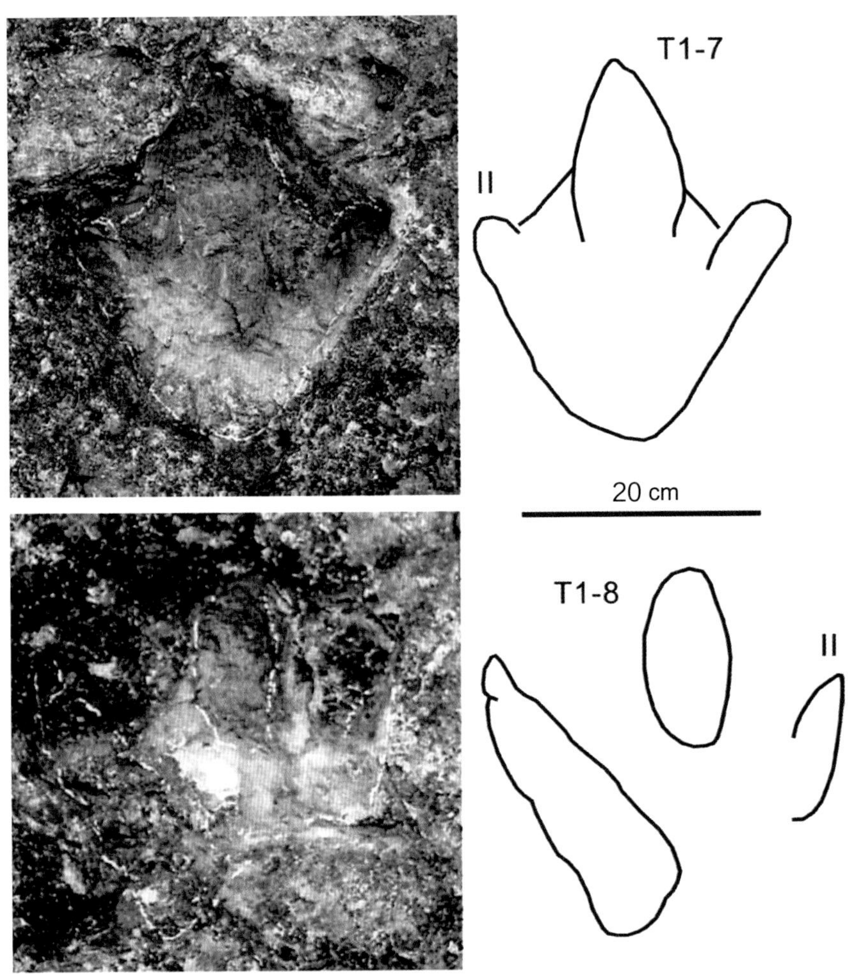

CYCD–T1 行迹中保存最好的两个足迹照片及轮廓图（引自 Xing et al.，2019j，有改动）

T1–7 和 T1–8 是行迹 CYCD–T1 中保存最好的两个足迹。T1–8 为黄草云南足迹（*Y. huangcaoensis*）正模标本，足迹长 41.7 cm，长宽比值为 1，中趾凸度小（0.34），IV 趾有 3 个弱的趾垫印迹，II–IV 趾趾间角为 66°；T1–7 中Ⅲ趾最长，蹠趾垫印迹发育，恰位于 III 趾后方。

云南楚雄市苍岭镇黄草方家河，上白垩统江底河组

2.9.4 禄丰

禄丰县的恐龙足迹化石点较多，主要分布于川街（现恐龙山镇）一带。尽管规模均较小，大多只产有几个足迹化石，但足迹类型较丰富，兽脚类、蜥脚类、鸟脚类足迹均有，甚至还有多种类型的兽脚类恐龙游泳遗迹。

禄丰川街（现恐龙山镇）世界恐龙谷公园附近是恐龙足迹的一个集中产地。2006年，吕君昌等首先考察了贝壳山的恐龙足迹，其地层层位是中侏罗统上禄丰组（现为川街组）。他们根据发现的两枚足迹化石，命名了兽脚类足迹的1个新属——禄丰足迹（*Lufengopus*）。2014年，邢立达等又考察了在贝壳山附近发现的4枚恐龙足迹化石，其中有3枚为大型兽脚类恐龙足迹，归入实雷龙足迹（*Eubrontes*），1枚为蜥脚类足迹，归入雷龙足迹（*Brontopodus*）（Xing et al., 2014）。

2009年，邢立达等还研究了在云南禄丰竹箐口水库附近发现的两枚兽脚类恐龙足迹，命名了张北足迹的1个新种——棋盘张北足迹（*Changpeipus pareschequir*e）。地层为下侏罗统禄丰组（Xing et al.，2009a）。Lockley等（2013）重新研究了棋盘张北足迹（*C. pareschequire*），将其保留种名，归入实雷龙足迹（*Eubrontes pareschequier*）。

恐龙山镇大栗树村是禄丰重要的足迹化石点，位于禄丰国家地质公园内，在世界恐龙谷公园西南7.5 km处。2015年，王涛报道了在该地发现的侏罗纪早期鸟脚类的异样龙足迹（*Anomoepus*）。之后，邢立达等对该足迹点进行了深入研究，建立了大型鸟臀类恐龙神木足迹的1个新足迹种——王氏神木足迹（*Shenmuichnus wangi*）（Xing et al.，2016r）。

2016年，邢立达考察了恐龙山镇甘冲足迹点的小型游泳兽脚类恐龙的遗迹化石。化石产于安宁组（晚侏罗世-早白垩世）下段顶部。这批足迹为三趾型，具有中轴对称性特点，因此推测具有兽脚类足迹特征。其形态类型多样，被暂归入*Characichnos*、*Wintonopus*和*Hatcherichnus*等几个遗迹属（只是形态类型，不具有分类学多样性意义）。造迹者为一类借助浮力主动游泳的小型兽脚类恐龙，在游泳过程中其脚的末端触划下部水体的底部沉积物，在沉积物表面留下形态多样的游泳迹（Xing et al.，2016i）。

2019年，邢立达等发现了恐龙山镇李家村足迹点的大型鸟臀类足迹，化石层位为中侏罗统川街组，认为其可能是覆盾甲龙类的足迹，暂归入似剑龙足迹（cf. *Stegopodus*）（Xing et al.，2019b）。

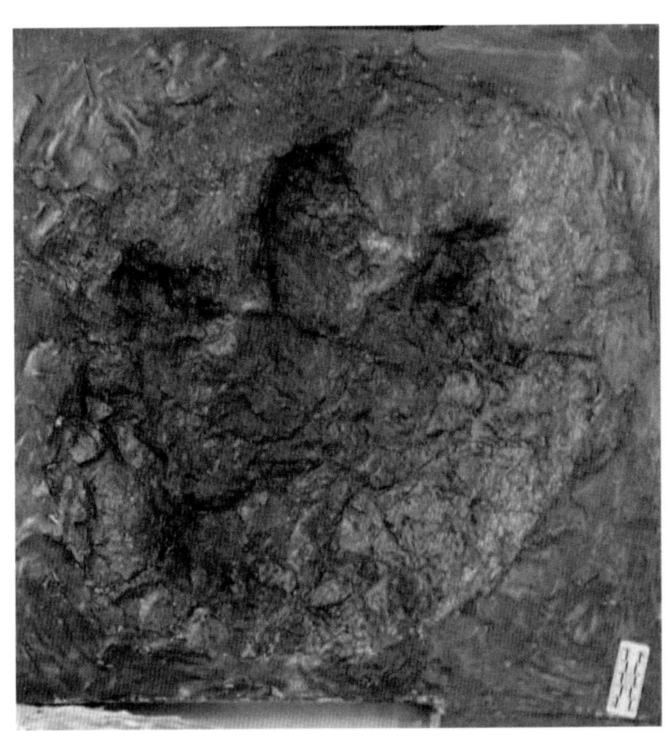

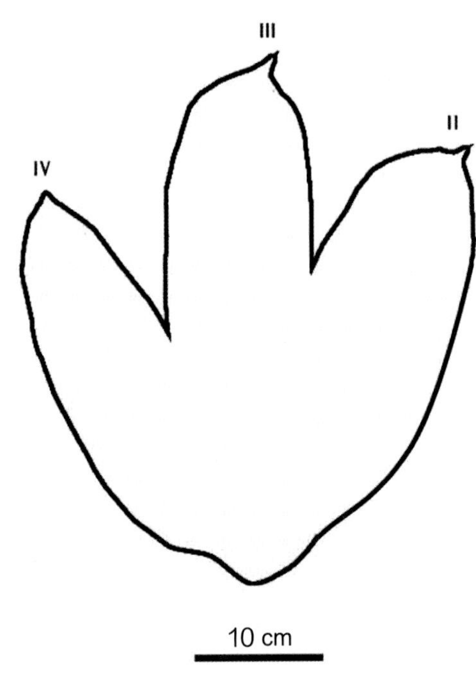

董氏禄丰足迹（*Lufengopus dongi*）模型照片及轮廓图（轮廓图引自吕君昌等，2006）

董氏禄丰足迹是吕君昌等建立的兽脚类恐龙的 1 个新足迹属种。

模型标本保存在广东河源博物馆内，编号为 HYMVC-1。足迹为两足行走、三趾型、半蹠行式；Ⅱ、Ⅲ、Ⅳ趾的趾垫式为 2-3-3，趾迹向远端变细，趾端具爪；足迹长 40 cm，宽 35 cm；趾间角为Ⅱ 29° Ⅲ 35° Ⅳ，趾短，跟部较大。

Lockley 等（2013）认为董氏禄丰足迹与实雷龙足迹相似（cf. *Eubrontes*）。

云南禄丰县恐龙山镇贝壳山，中侏罗统川街组

棋盘实雷龙足迹（*Eubrontes pareschequier*）化石点位置照片（引自 Xing et al.，2009a）

红色箭头指向为化石点位置。

云南禄丰县竹箐口水库附近，下侏罗统禄丰组

棋盘实雷龙足迹（*Eubrontes pareschequier*）标本照片（引自 Xing et al.，2009a）

该足迹原名为棋盘张北足迹（*Changpeipus pareschequier*），由邢立达等（Xing et al.，2009a）建立。A 和 B 为正模标本（编号为 ZLJ–ZQK2）照片，其中 B 为低角度光线下的照片，比例尺均为 10 cm；C 为保存正模标本（下方的足迹）的石板，比例尺为 20 cm。

云南禄丰竹箐口水库附近，下侏罗统禄丰组

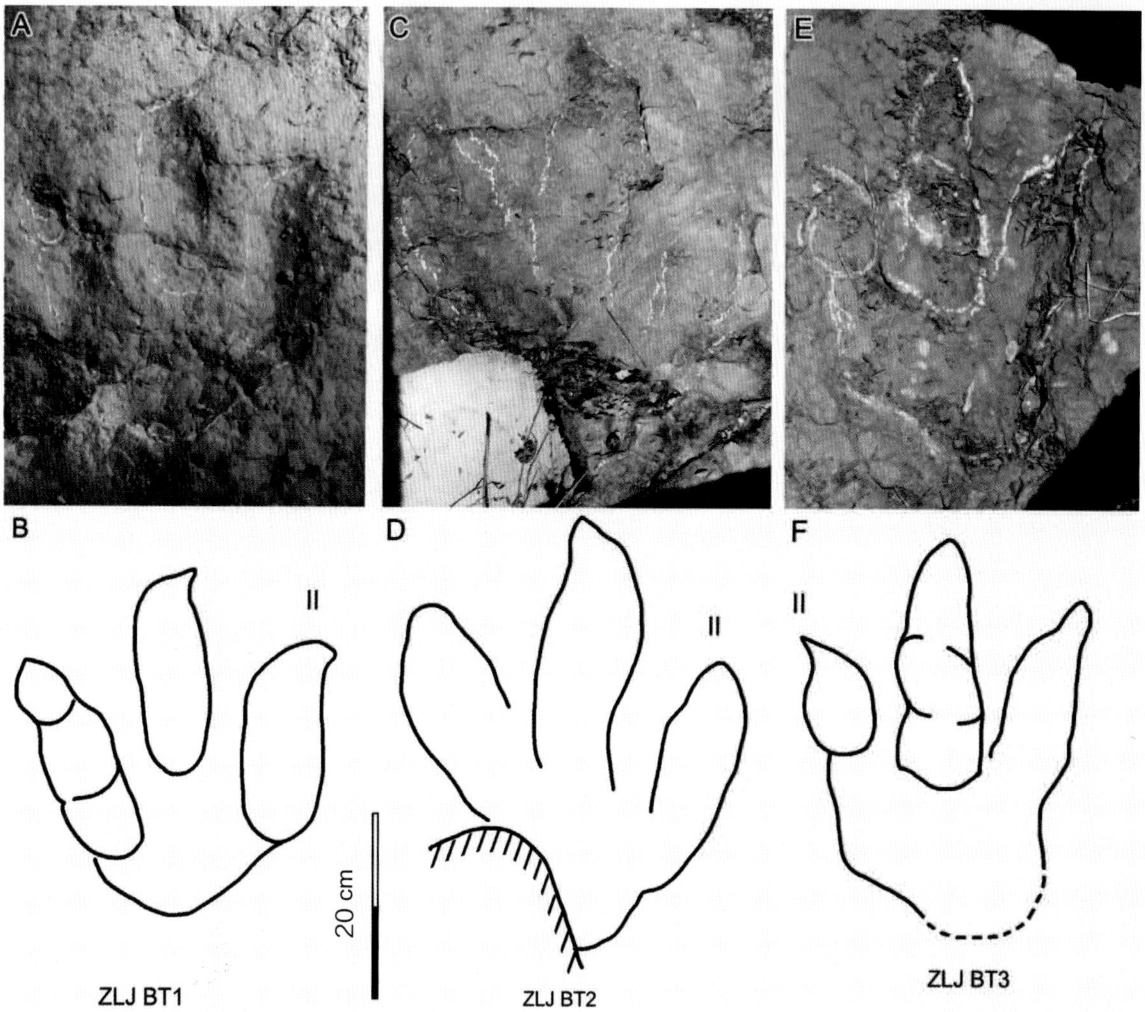

A C E
B D F
II II II
20 cm
ZLJ BT1 ZLJ BT2 ZLJ BT3

贝壳山足迹点兽脚类恐龙之实雷龙足迹（*Eubrontes*）照片及轮廓图（引自 Xing et al.，2014i）

3 枚足迹平均长 71.5 cm，平均宽 54.5 cm，其造迹恐龙可能是兽脚恐龙中的坚尾龙类时代龙（*Shidaisaurus*）。

云南禄丰县恐龙山镇贝壳山，中侏罗统川街组

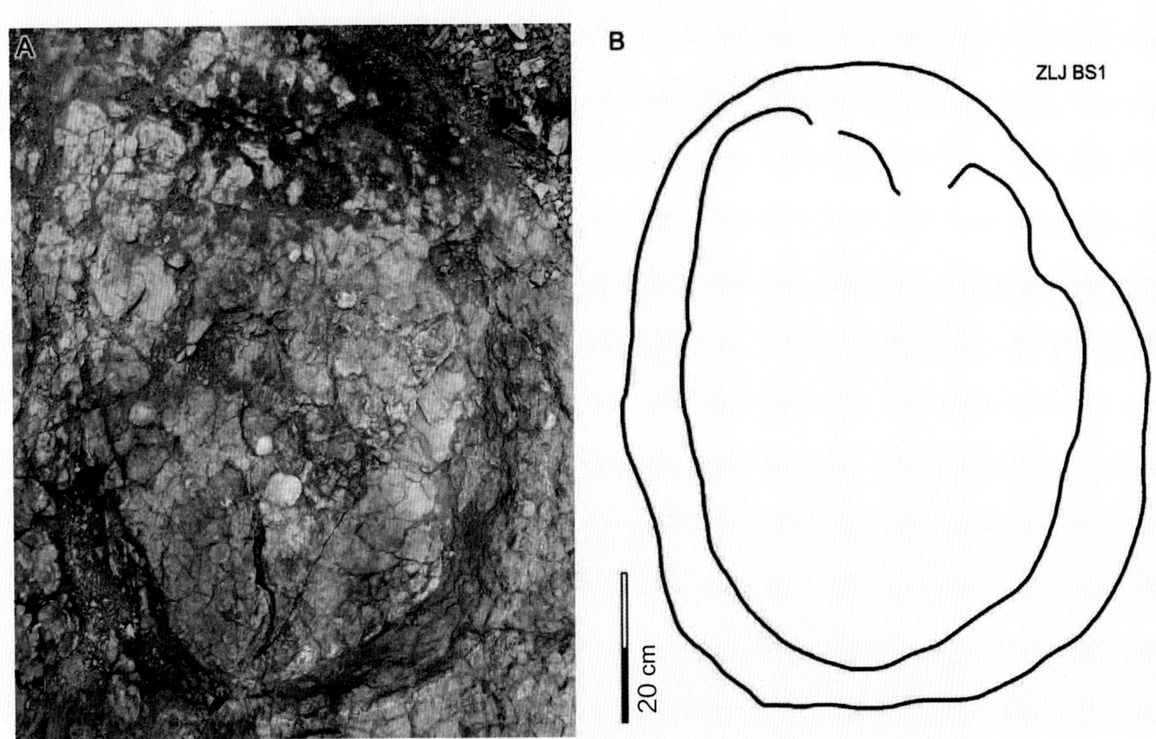

贝壳山足迹点蜥脚类恐龙足迹照片及轮廓图（引自 Xing et al.，2014i）

该足迹（ZLJ BS1）最大外径为 86 cm（包含挤压脊），宽 70 cm；内径长 71.5 cm，宽 54.5 cm。

后足迹前部边缘处有三四个边界不甚清晰的凹缺（indentation），推测为 I–III/IV 趾的印迹，因此该足迹可能是 1 个右足足迹。蹠趾垫印痕不完整，后部边缘圆滑。

该足迹暂时被归入雷龙足迹（*Brongtopodus*），其造迹恐龙可能为马门溪龙类蜥脚类，因中侏罗世此类恐龙在中国很普遍，在该套地层中也发现过其骨骼化石。

云南禄丰县恐龙山镇贝壳山，中侏罗统川街组

异样龙足迹未定种（*Anomoepus* isp.）照片（引自王涛，2015）

足迹为三趾型，趾较纤细；足迹长 9.2 cm，宽 10.7 cm，长宽比值为 0.86。

云南禄丰县恐龙山镇大栗树村，下侏罗统禄丰组张家坳段

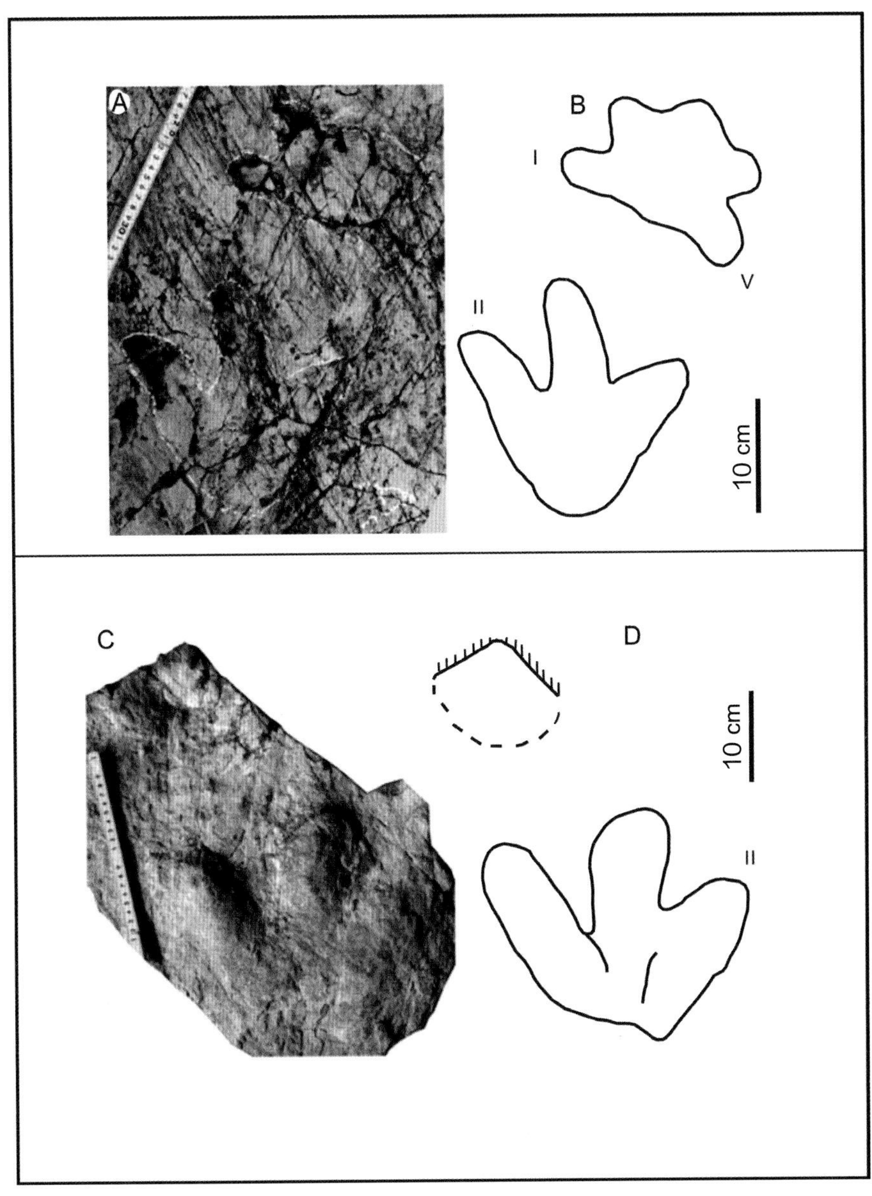

王氏神木足迹（*Shenmuichnus wangi*）模式标本照片及轮廓图（引自 Xing et al.，2016r）

该足迹是邢立达等在大栗树足迹点建立的新足迹种。

A 为正模照片，B 为正模轮廓图，C 为副模照片，D 为副模轮廓图。

正模标本为正模行迹 DLS1 中的 1 对右侧前、后足迹（DLS1-RP3-RM3）。RP3-RM3 是正模行迹 DLS1 中 5 对前、后足迹中保存最好者，RP3 为后足迹，RM3 为前足迹。RP3 为三趾型，足长略大于足宽（长宽比值为 1.05）；III 趾最长，各趾末端圆钝，趾末端下陷最深。RM3 尺寸较大，为五趾型，足宽大于足长（长宽比值为 0.6）；各趾宽角度展开呈扇形，V 趾指向后方；I 趾和 V 趾最发育，趾长近似相等、末端钝，无趾甲印迹。RM3 相对行迹轴线外撇，角度为 23°；RP3 外撇，角度为 13°。少量前足迹也有外撇现象（所有后足迹均外撇）。

云南禄丰县恐龙山镇大栗树村，下侏罗统禄丰组张家坳段

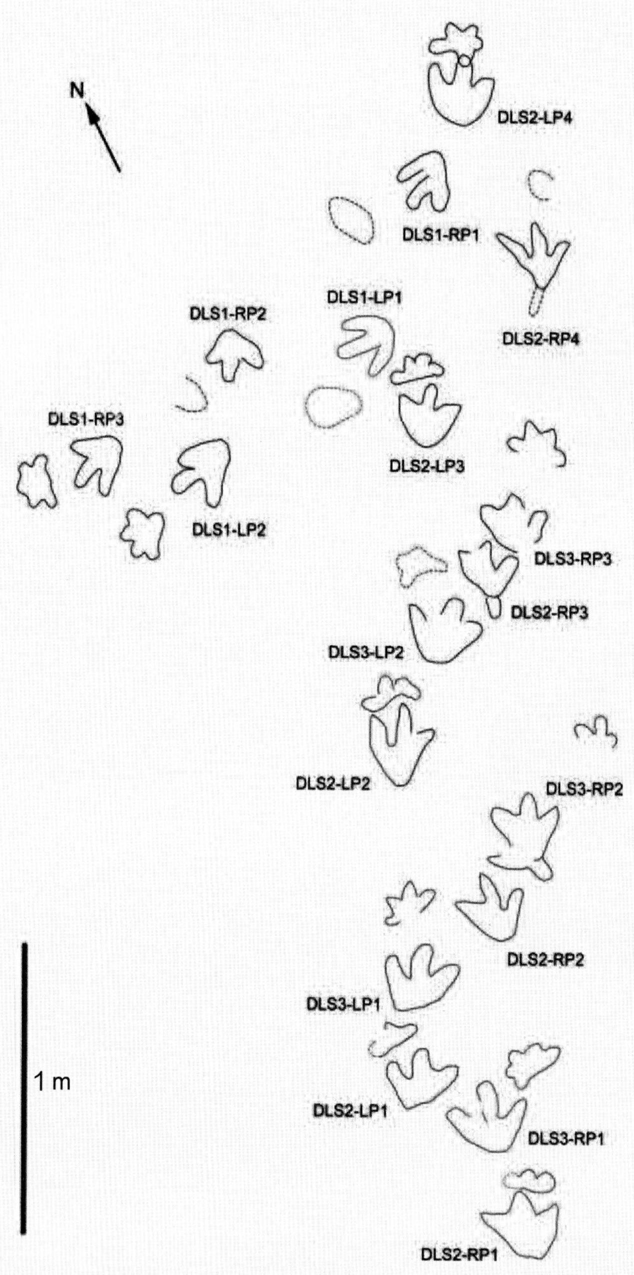

王氏神木足迹（*Shenmuichnus wangi*）行迹层面分布图（引自 Xing et al.，2016r）

在大栗树足迹点发现的王氏神木足迹为一种四足行走的鸟臀类恐龙足迹。

该行迹有3条，编号为DLS1－DLS3；其中DLS1为正模行迹，DLS2和DLS3为副模行迹。

云南禄丰县恐龙山镇大栗树村，下侏罗统禄丰组张家坳段

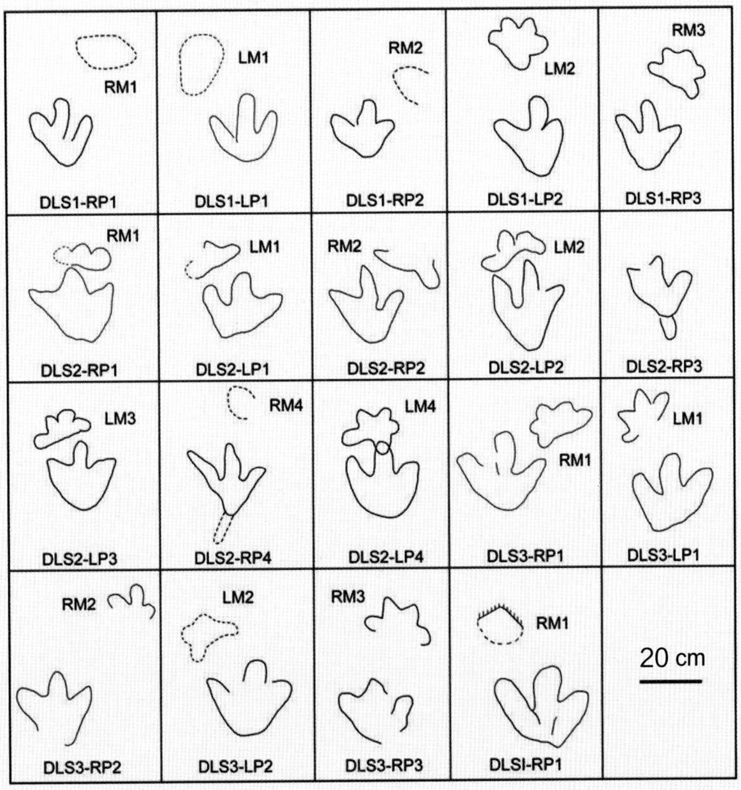

大栗树足迹点王氏神木足迹（*Shenmuichnus wangi*）轮廓图（引自 Xing et al.，2016r）

最上排的 DLS1 为正模足迹。

云南禄丰县恐龙山镇大栗树村，下侏罗统禄丰组张家坳段

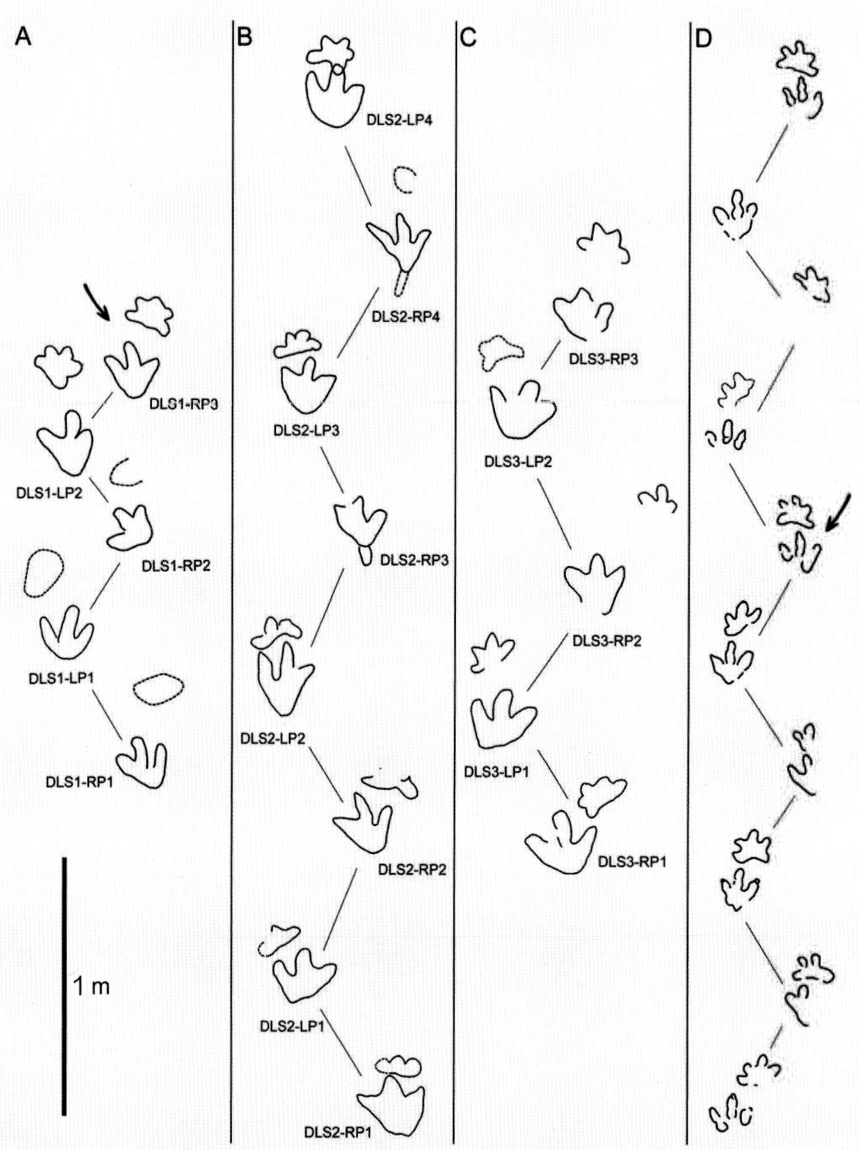

王氏神木足迹（*S. wangi*）与杨德氏神木足迹（*S. youngteilhardorum*）的形态对比（引自 Xing et al., 2016r）

A、B、C 为王氏神木足迹（*Shenmuichnus wangi*），产出于云南禄丰大栗树；

D 为杨德氏神木足迹（*Shenmuichnus youngteilhardorum*），产出于陕西神木。

箭头所指为各足迹的正模标本

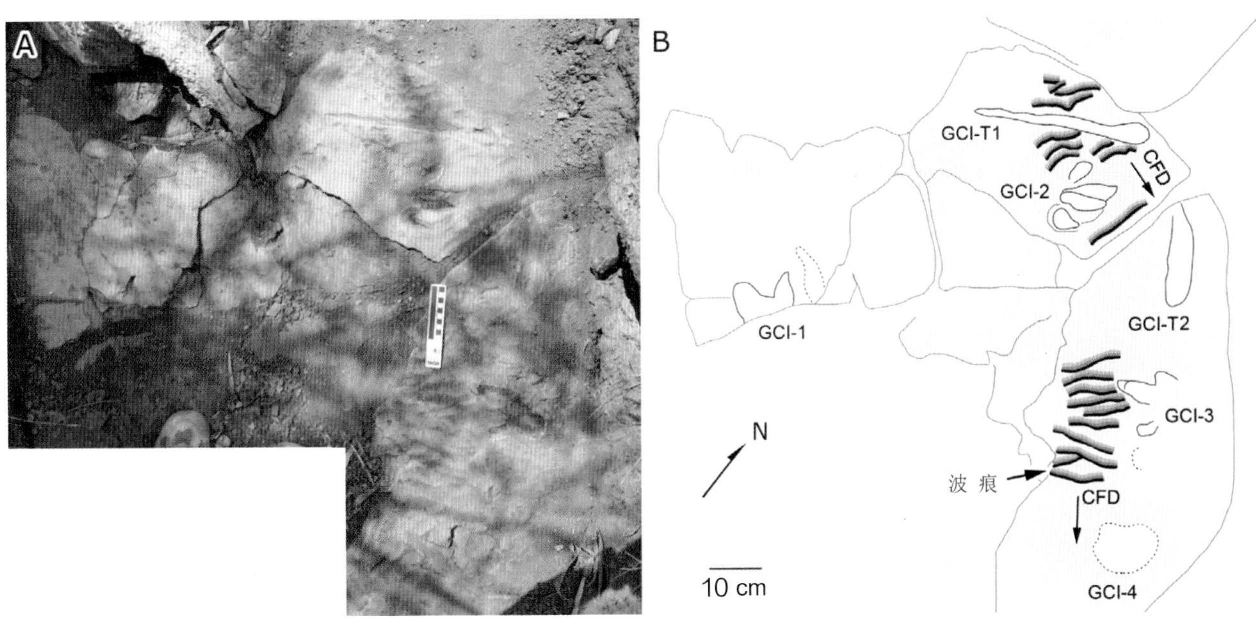

疑似兽脚类恐龙游泳迹露头照片及平面分布图（引自 Xing et al.，2016i）

纵长的遗迹（GCI−T1 和 GCI−T2）被解释为可能的恐龙尾迹；恐龙行进的方向与古水流方向（CFD）有一定角度。

从形态上看，GCI−2 与抓迹（*Hatcherichnus*）类似，GCI−3 与 *Wintonopus* 类似。

云南禄丰县恐龙山镇甘冲村，上侏罗统 − 下白垩统安宁组

甘冲足迹点疑似游泳迹 GCI−1 放大照片（引自 Xing et al.，2016i）

云南禄丰县恐龙山镇甘冲村，上侏罗统 − 下白垩统安宁组

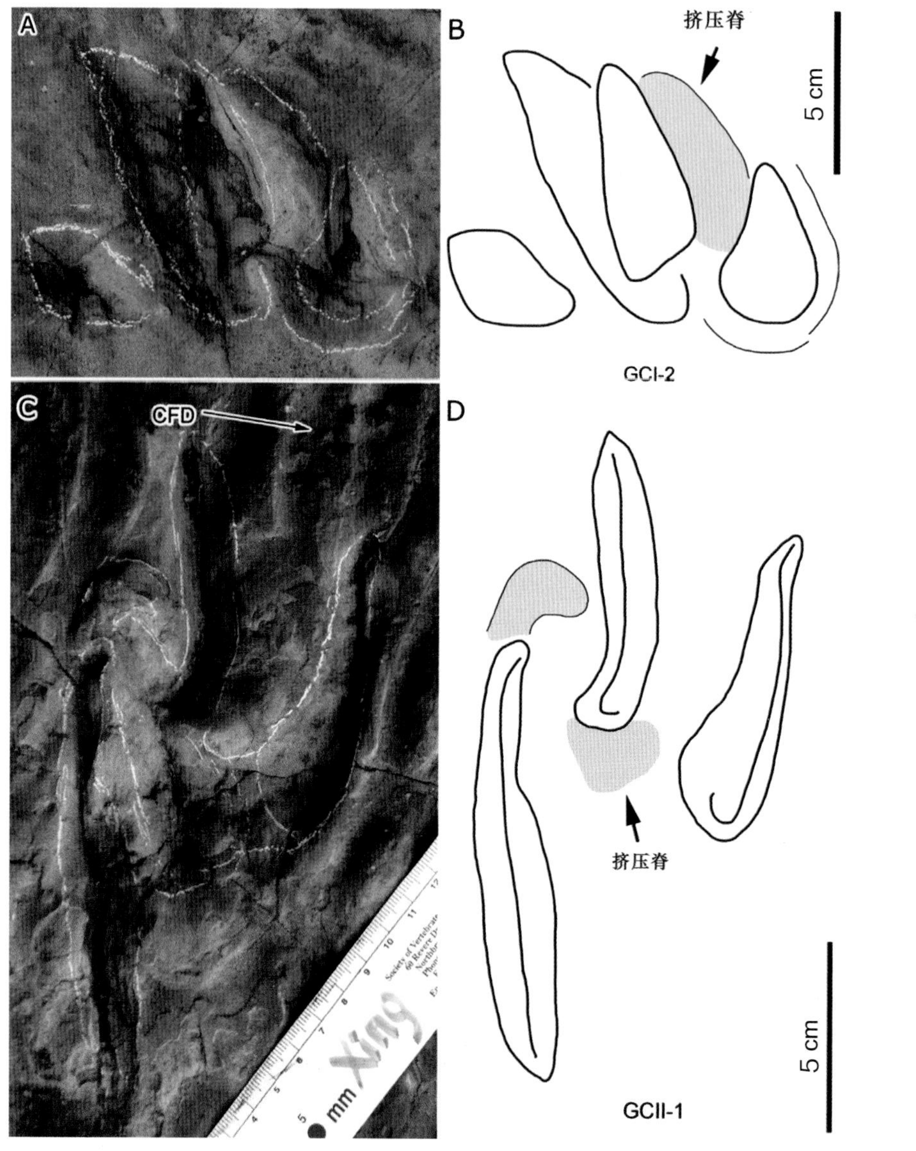

甘冲足迹点疑似游泳迹照片及示意图（引自 Xing et al.，2016i）

由于脚趾与水底沉积物存在一定程度的触碰，因此与正常行走的情况相比，足迹发生变形。

A 和 B 分别为照片及示意图，表明仅趾的末端陷入沉积物中，形态类型与 *Hatcherichnus* 相似；

C 和 D（GCII–1）为纵长的趾迹（抓划迹），类似于抓迹属（cf. *Characichnos*）。

CFD 为古水流方向。

云南禄丰县恐龙山镇甘冲村，上侏罗统 – 下白垩统安宁组

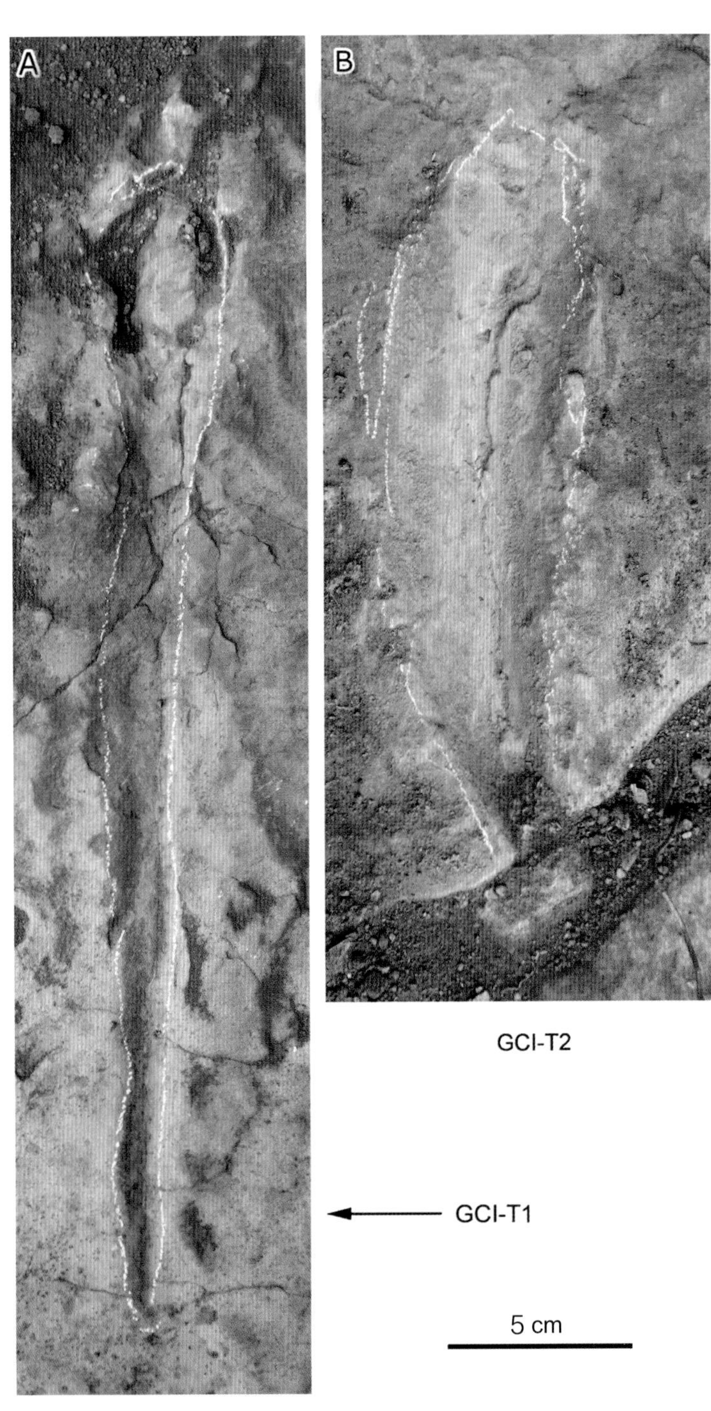

纵长沟槽（疑似恐龙尾迹）放大照片（引自 Xing et al., 2016i）

GCI-T1 和 GCI-T2 为两条纵长的沟槽，其长分别为 31 cm 和 20 cm，可能是恐龙的尾迹。

云南禄丰恐龙山镇甘冲村，上侏罗统－下白垩统安宁组

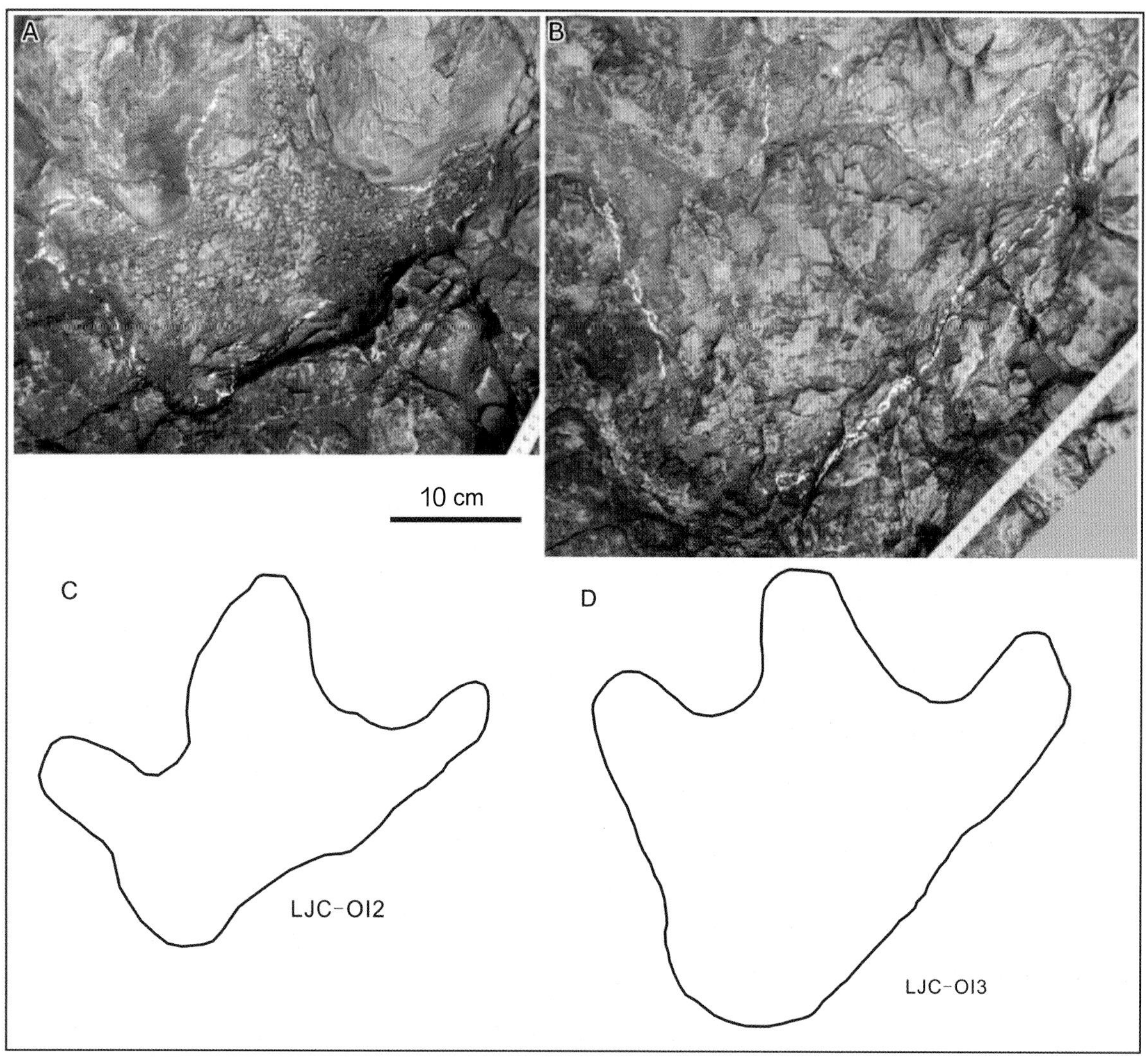

大型鸟臀类恐龙（可能为覆盾甲龙类）足迹照片及轮廓图（Xing et al.，2019b）

足迹 OI2 长 28.5 cm，宽 34.7 cm（长宽比值为 0.8），II–IV 趾趾间角为 90°；

OI3 长 34 cm，宽 35.2 cm（长宽比值为 1），II–IV 趾趾间角为 64°。这两个足迹被暂定为似剑龙足迹（cf. *Stegopodus*）。

云南禄丰县恐龙山镇李家村，中侏罗统川街组

2.9.5 双柏

双柏县的恐龙足迹化石产于河门口地区，足迹位于一块倾角为50°的灰紫色中–细粒长石石英砂岩层面上，露头长约20 m，宽约6m。Fujita等（2008）首先考察了河门口恐龙足迹点，描述了27枚兽脚类、蜥脚类恐龙足迹，认为这是云南省下白垩统足迹化石的首次发现。邢立达等对该足迹点进行深入调查研究，在Fujita等（2008）的研究基础上，新发现和识别出30多枚新的恐龙足迹。由于岩层陡倾、湿滑，在调查过程中联合中国登山队及四川登山协会专业人士，共同完成了对整个层面足迹化石的测量、描摹等工作（Xing et al., 2016q）。

河门口足迹点共发现49枚恐龙足迹。其中，兽脚类足迹共24枚，蜥脚类足迹共35枚。19枚兽脚类足迹组成3条行迹，编号为HMK–T1–T3，分别由7枚、4枚和8枚足迹组成。两条蜥脚类行迹（编号为HMK–S1PR1–PR2和S2PR1–PR2）分别包含4对和两对前、后足迹。其他皆为孤单的足迹（Xing et al., 2016q）。

河门口足迹点的兽脚类足迹分为A、B、C等3种形态类型。类型A为小至中型的三趾型足迹，足迹长14~17 cm，长宽比值为1.2。此外，足迹相对较宽，中轴性（中趾凸度）较弱，趾垫印迹不清晰。类型B大小与类型A相似，但形态特征与跷脚龙足迹（*Grallator*）更为类似。类型C个体较大，足迹平均长43.9 cm，中趾凸度弱（平均为0.56），符合实雷龙足迹科（Eubrontidae）特征。蜥脚类足迹均为卵圆形。行迹HMK–S1中的后足迹平均长61.4 cm，宽42.5 cm，长宽比值为1.4。行迹HMK–S2中的足迹大小中等，足迹长和足迹宽的平均值分别为46 cm和31 cm，长宽比值为1.5。研究表明，行迹HMK–S1中的足迹可归入雷龙足迹属（*Brontopodus*）（Xing et al., 2016q）。

邢立达等的研究表明，双柏县河门口足迹点的地层层位应为中上侏罗统的蛇店组，而非下白垩统。此外，由于大、中、小型蜥脚类恐龙足迹和中、小型兽脚类恐龙足迹均在该层面共同出现，这表明在中晚侏罗世时期，双柏地区的恐龙具有丰富的多样性。同时，恐龙足迹化石面貌与该地区恐龙骨骼化石的发现也吻合较好。

云南双柏县河门口足迹点露头照片

登山队员在塑料薄膜上完成全部恐龙足迹的描摹

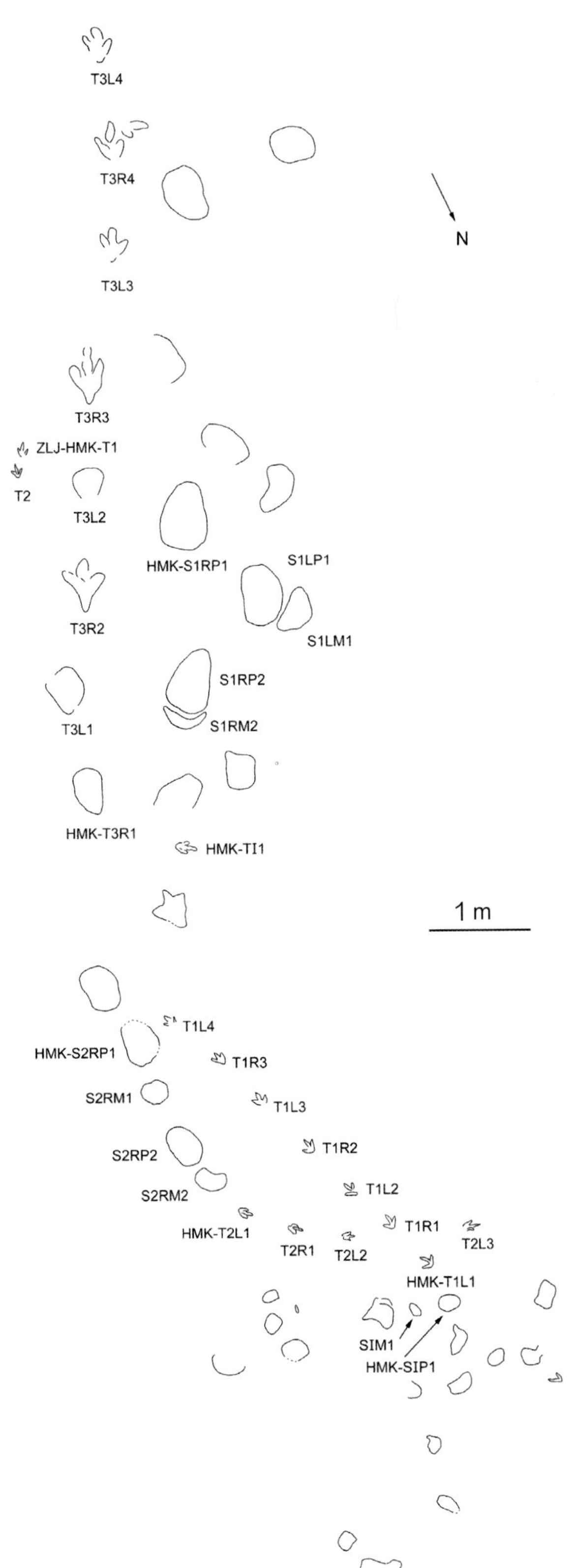

恐龙足迹化石层面分布轮廓图（引自 Xing et al., 2016q）

云南双柏县河门口足迹点，中上侏罗统蛇店组

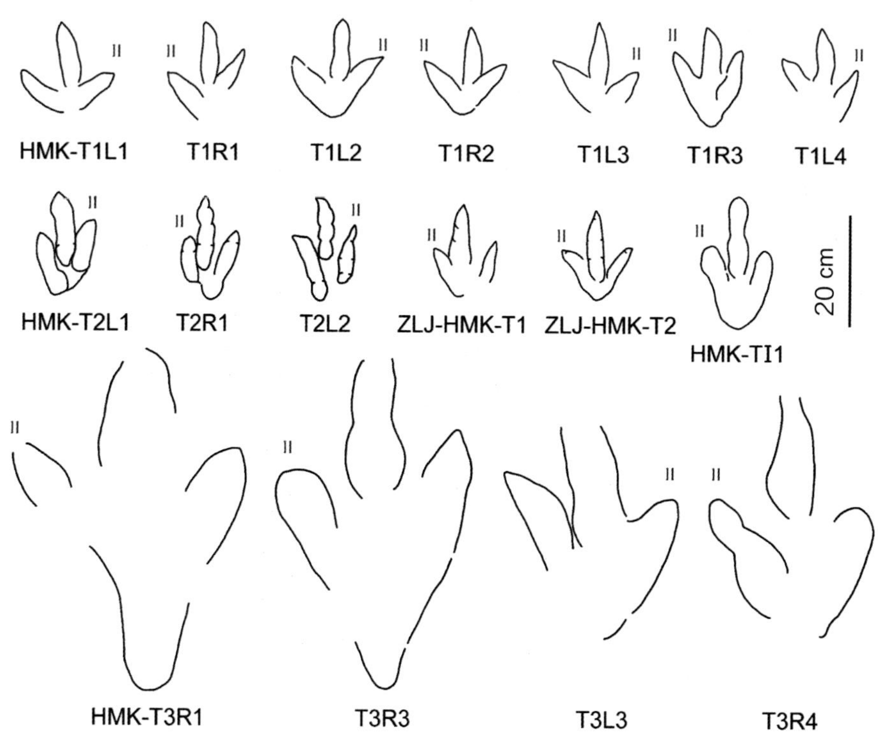

河门口足迹点不同类型的兽脚类恐龙足迹轮廓图（引自 Xing et al., 2016q）

足迹化石 ZLJ–HMK–T1 和 ZLJ–HMK–T2 存放于禄丰县恐龙足迹博物馆。

云南双柏县河门口，中上侏罗统蛇店组

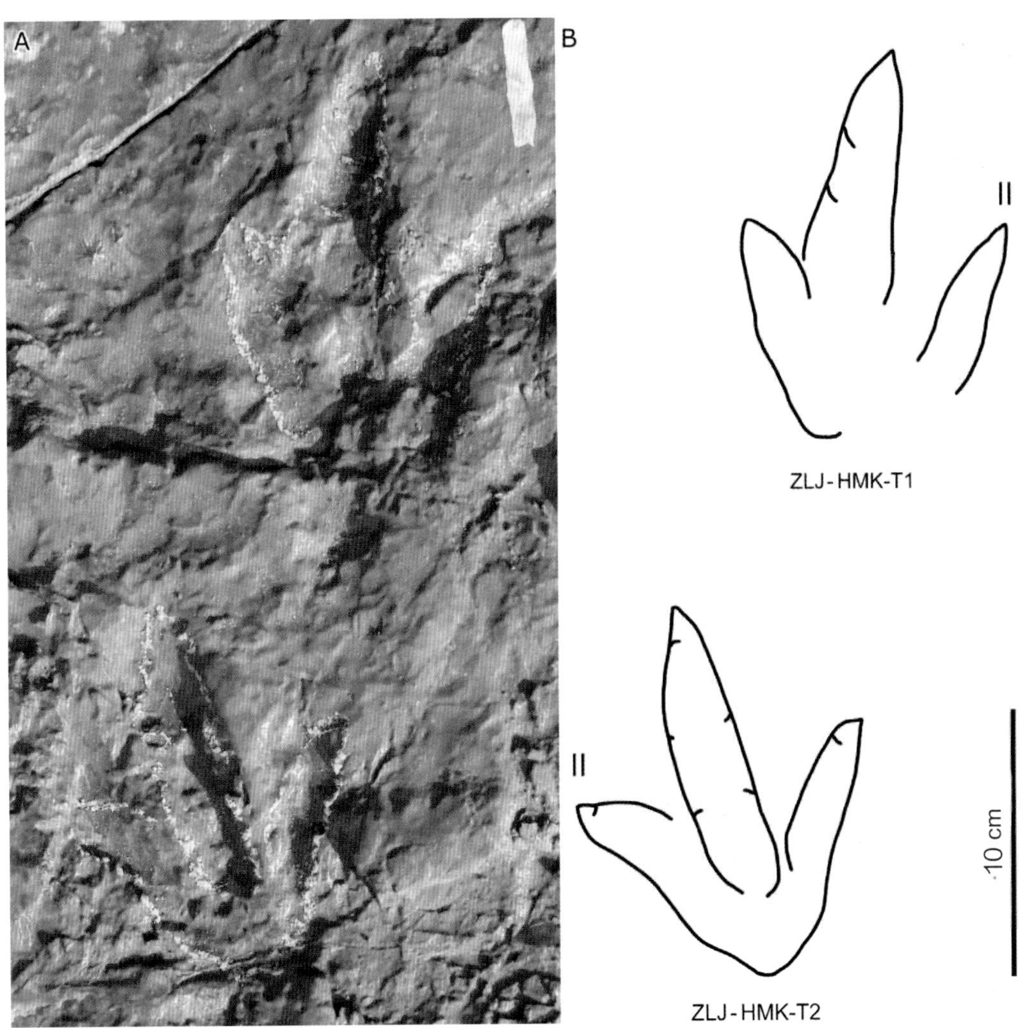

河门口足迹点典型兽脚类足迹照片及轮廓图（引自 Xing et al., 2016q）

足迹化石 ZLJ–HMK–T1 和 ZLJ–HMK–T2 存放于禄丰县恐龙足迹博物馆。

云南双柏县河门口，中上侏罗统蛇店组

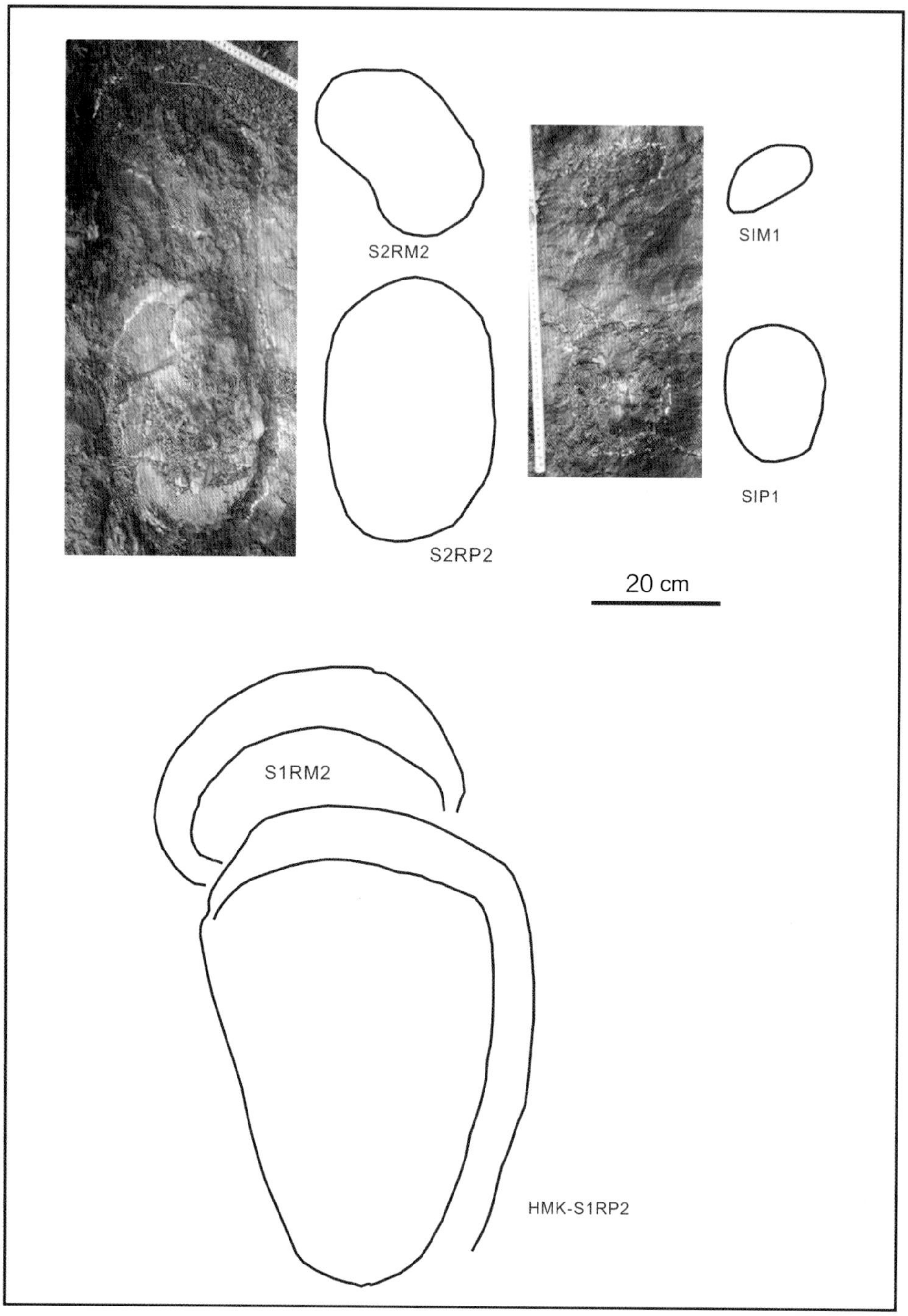

3 对蜥脚类恐龙前、后足迹照片及轮廓图（引自 Xing et al., 2016q，有修改）

云南双柏县河门口足迹点，中上侏罗统蛇店组

双柏地区恐龙足迹化石的可能造迹恐龙类型图（引自 Xing et al.，2016q）

如图所示，造迹恐龙主要为蜥脚类和兽脚类。

其中，蜥脚类大、中、小型均有；兽脚类则主要为小型和中型。

恐龙足迹记录表明，双柏地区中晚侏罗世恐龙动物群具有丰富的多样性

2.10 江苏

江苏省的恐龙足迹点发现不多，主要见于与山东郯城县接壤的东海县和新沂市一带的大盛群孟疃组地层中，以恐龙足迹为主，尚有少量古鸟类足迹，地层时代为早白垩世。而最新研究表明，沂沭断裂带地区的孟疃组应为田家楼组（李日辉等，2019a）。

2.10.1 东海

东海县是江苏恐龙足迹的主要产地，化石被发现于山左口乡南古寨村南下白垩统田家楼组，该化石点由张传藻于1980年在《博物》上最先报道。2010年，邢立达等对南古寨的恐龙足迹化石进行研究，发现该足迹点由4个层位相同的小足迹点组成。其中，Ⅰ号点最先被发现，以蜥脚类恐龙足迹为主，20多枚足迹组成1条行迹，仅残留有1枚近完整的后足迹和1枚不完整的前足迹。Ⅱ号点位于Ⅰ号点西南46 m处，仅保留前、后足迹各1枚；Ⅲ号点出露最好，规模也较大，以蜥脚类足迹为主；足迹共40多枚，可识别出6条行迹，其中1条为兽脚类行迹，另外5条为蜥脚类行迹。南古寨的化石类型为兽脚类和蜥脚类足迹，兽脚类足迹又可分成3种形态类型；蜥脚类系未成年–成年的足迹类型，定为副雷龙足迹未定种（*Parabrontopodus* isp.）。Ⅳ号点与Ⅲ号点被一条小河所分割，仅发现9枚足迹。

2018年，邢立达等又研究报道了在山左口乡南古寨地区发现的带脚蹼鸟类的足迹化石，认为其类似于固城鸟足迹（*Goseongornipes*）。足迹化石被保存在一块大石板上，为上凸型，共29枚足迹，其中4枚足迹组成1条连续的行迹。足迹为四趾型、半蹼状，宽大于长（长宽比值为0.8）的小中型鸟足迹。足迹最大长度（含拇趾）为3.8 cm（范围为2.9~34.8 cm），最

大宽度为3.5 cm（范围为3.1~3.7 cm）。需要指出，邢立达等（Xing et al., 2011c）曾在新疆乌尔禾黄羊泉地区发现过1条由5个足迹组成的行迹，足迹长3.8~4.4 cm，将其归入固城鸟足迹未定种（*Goseongornipes* isp.）。但由于足迹数量少且特征保存不甚清晰，因此他们认为南古寨的固城鸟足迹（*Goseongornipes*）应为该足迹属在中国的首次发现（Xing et al.，2018a）。

南古寨Ⅲ号点以蜥脚类足迹为主的化石点全貌

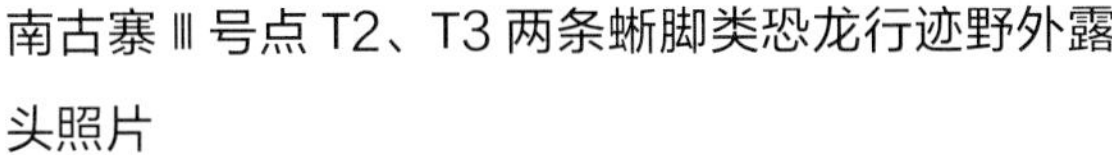

南古寨Ⅲ号点 T2、T3 两条蜥脚类恐龙行迹野外露头照片

左边的行迹为 T2，右边的行迹为 T3。

江苏东海县山左口乡南古寨村，下白垩统大盛群田家楼组

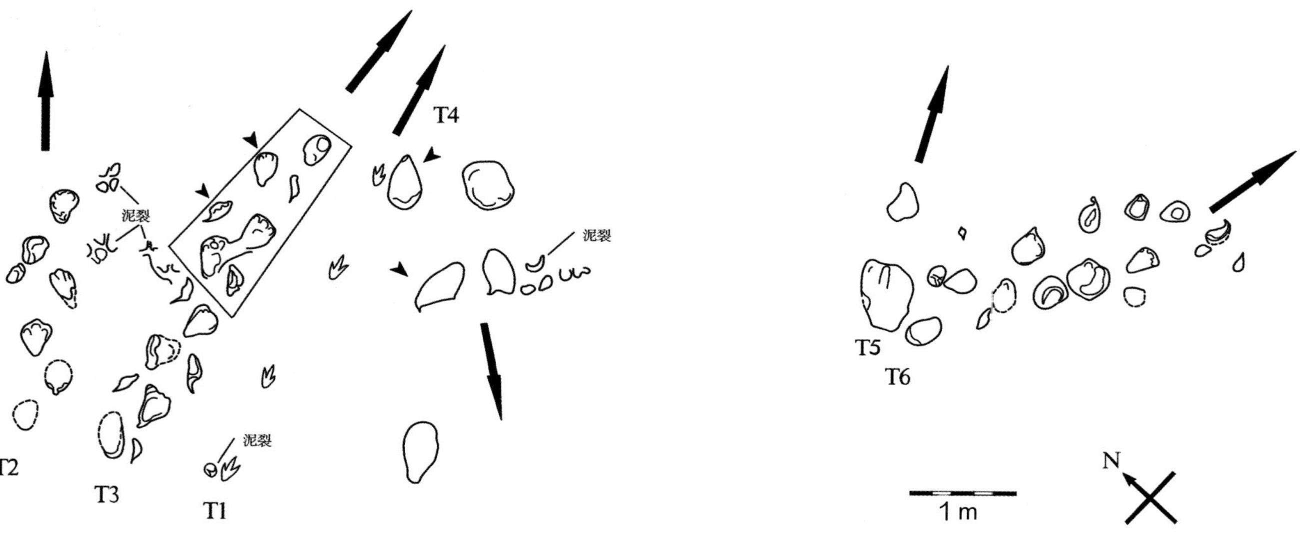

南古寨Ⅲ号点恐龙足迹平面分布示意图（引自 Xing et al.，2010a）

层面上至少分布 42 枚足迹，以蜥脚类恐龙足迹为主；可识别出 6 条行迹（T1~T6），其中 T1 为兽脚类行迹，其余均为蜥脚类行迹。行迹 T2、T3、T4、T5 和 T6 分别由 7、15、5、2 和 13 枚足迹构成。T4 和 T5 中足迹较大，T2、T3 和 T6 中的足迹较小，可能是未成年个体的足迹。T2 很特别，7 个足迹中有 6 个后足迹，只有 1 个前足迹。

Ⅲ号点的蜥脚类足迹普遍偏小，最大的足迹长 50 cm（T4.1b），宽 68.6 cm（T4.1a）。

江苏东海县山左口乡南古寨村，下白垩统大盛群田家楼组

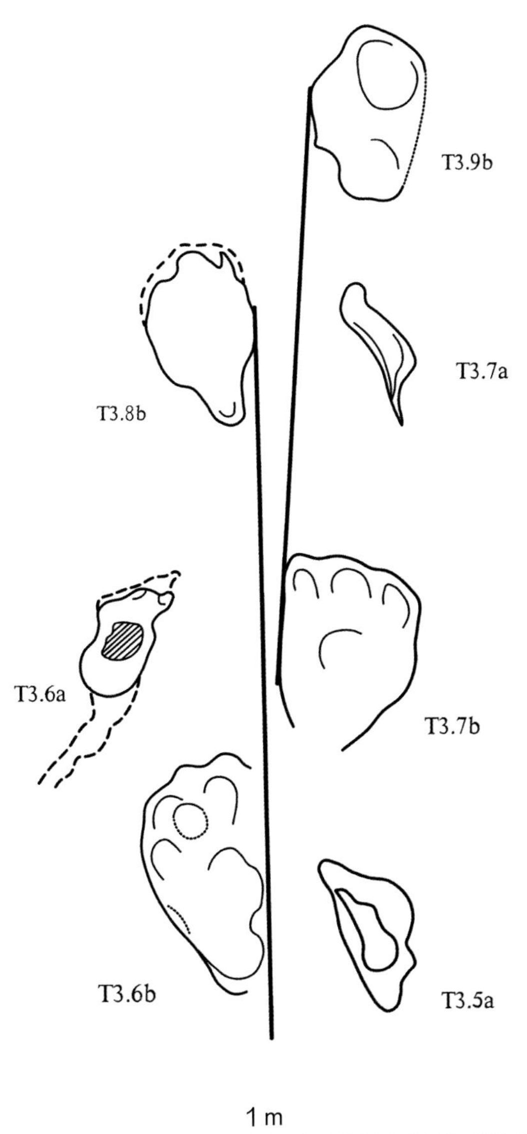

南古寨Ⅲ号点蜥脚类恐龙行迹（T3 上部）轮廓图（引自 Xing et al., 2010a）

同一条行迹其内宽有时也发生变化。如图所示，左后足迹 T3.6b 和右后足迹 T3.7b 间的行迹内宽（内跨距）几乎为零；

而从 T3.7a 开始，行迹又远离行迹中线，行迹内宽变宽。

江苏东海县山左口乡南古寨村，下白垩统大盛群田家楼组

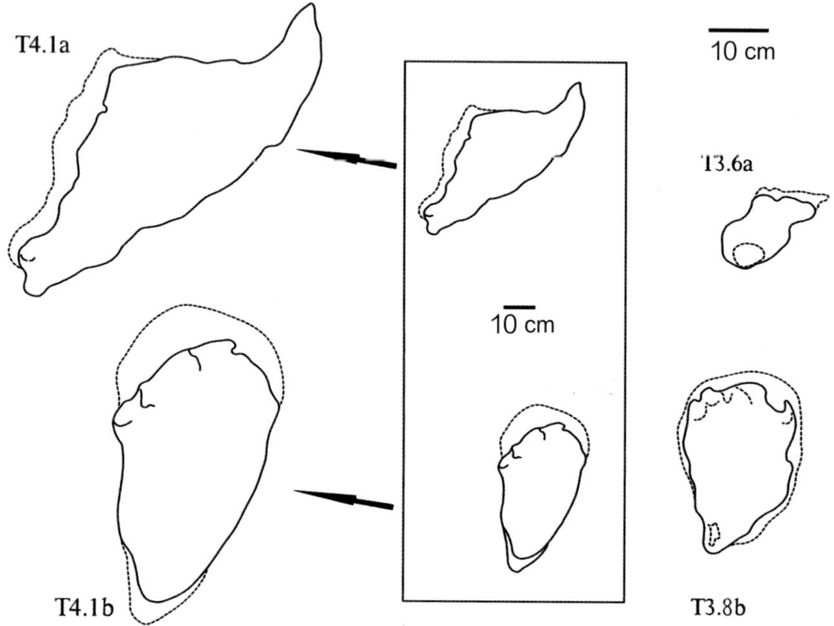

南古寨Ⅲ号点典型蜥脚类恐龙足迹轮廓图（引自 Xing et al., 2010a）

虚线指示推测的足迹边界，以及足迹踩踏引起的最大沉积物的变形。T3.6a 中的箭头指示泥质回填的方向。

罗马数字为趾的编号。

江苏东海县山左口乡南古寨村，下白垩统大盛群田家楼组

南古寨Ⅲ号点蜥脚类恐龙行迹（T5）野外露头照片

江苏东海县山左口乡南古寨村，下白垩统大盛群田家楼组

南古寨Ⅲ号点兽脚类恐龙行迹（T1）照片

行迹由4枚三趾型足迹组成。远端的第4枚足迹不甚清晰，单步长约1 m，复步长约2.2 m；行迹几乎呈1条线（步幅角约为170°），表明造迹恐龙呈奔跑状态。

江苏东海县山左口乡南古寨村，下白垩统大盛群田家楼组

南古寨 Ⅱ 号点兽脚类恐龙行迹 T1 中的 1 个足迹（T1.2）

如图所示，足迹长（22.7 cm）大于宽，趾尖爪迹尖锐，为左足足迹

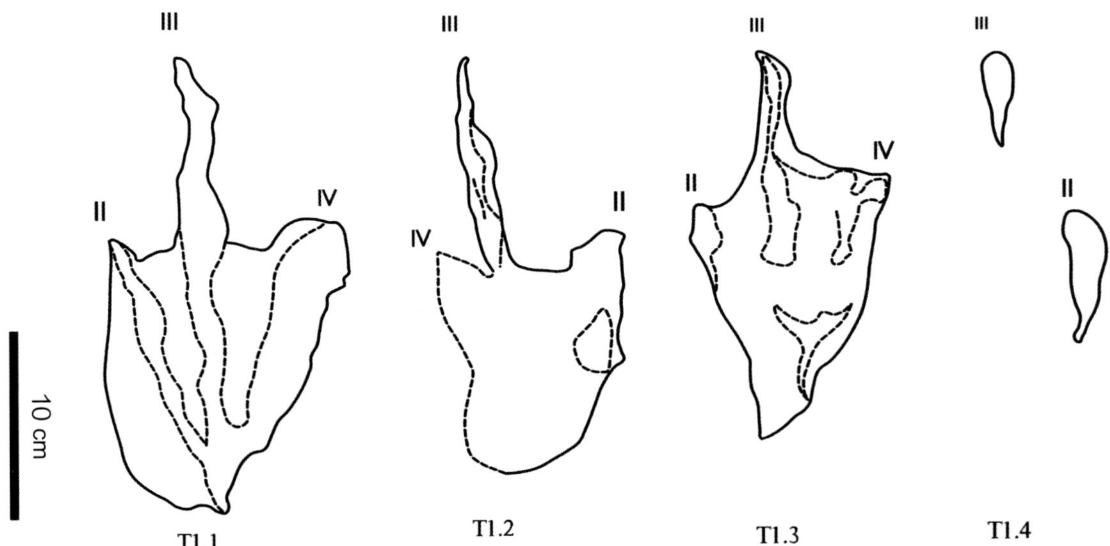

南古寨Ⅲ号点兽脚类恐龙行迹 T1 足迹轮廓图（引自 Xing et al.，2010a）

足迹内的虚线表示凹陷处，足迹外边缘的虚线表示推测的边界。罗马数字为趾的编号。

足迹 T1.1–3 长分别为 24.7 cm、22.7 cm 和 21.1 cm，长宽比值分别为 1.93、2.27 和 1.91。

江苏东海县山左口乡南古寨村，下白垩统大盛群田家楼组

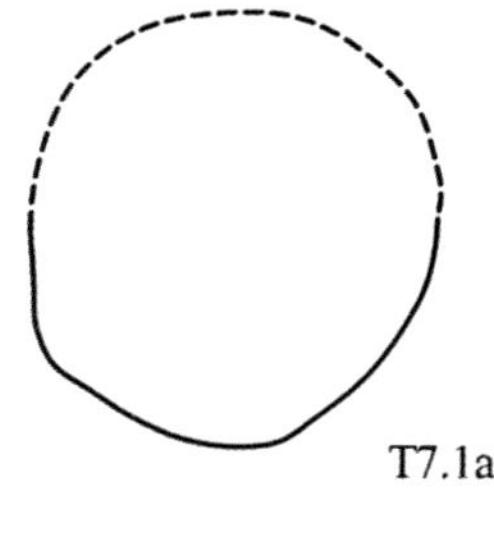

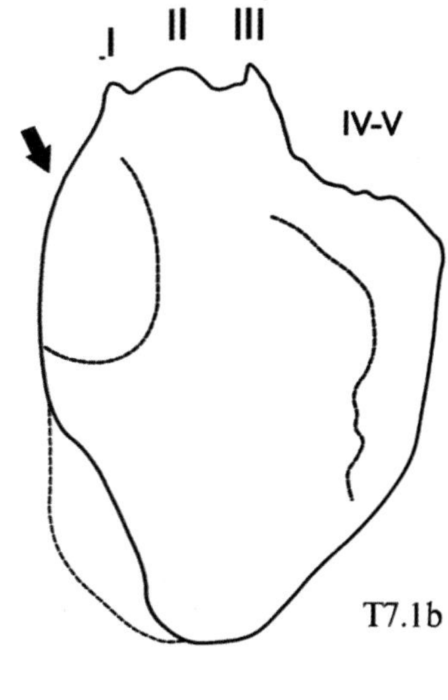

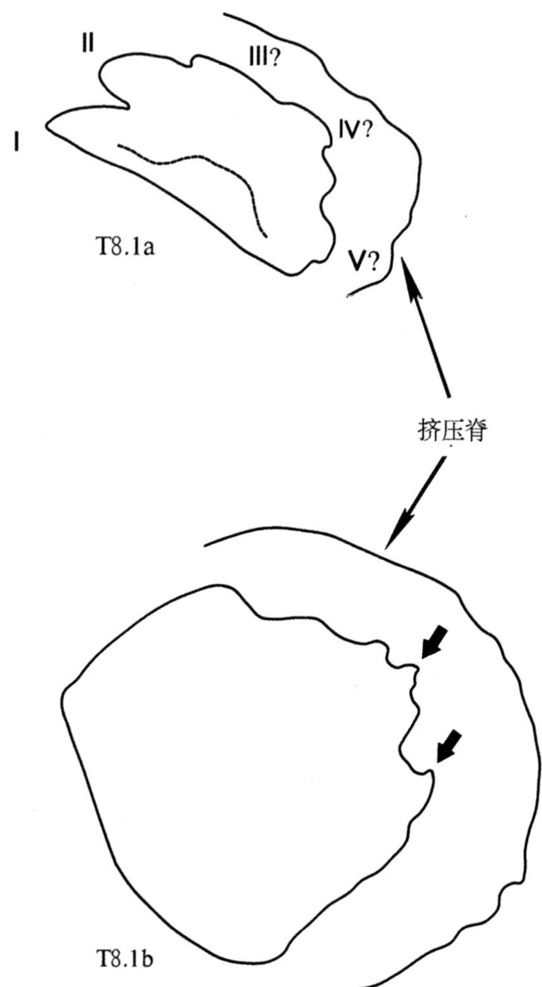

1 m

南古寨典型蜥脚类恐龙足迹轮廓图（引自 Xing et al.，2010a）

足迹 T7.1a 和 T7.1b 来自南古寨 I 号点，足迹 T8.1a 和 T8.1b 来自南古寨 II 点。

足迹内的虚线表示凹陷部分，足迹虚线表示不清晰的足迹边界。

足迹 T7.1b 中的箭头指向 I 趾上 1 个钝垫或茧瘤印迹，足迹 T8.1b 中的箭头所指为可能的爪迹。

江苏东海县山左口乡南古寨村，下白垩统大盛群田家楼组

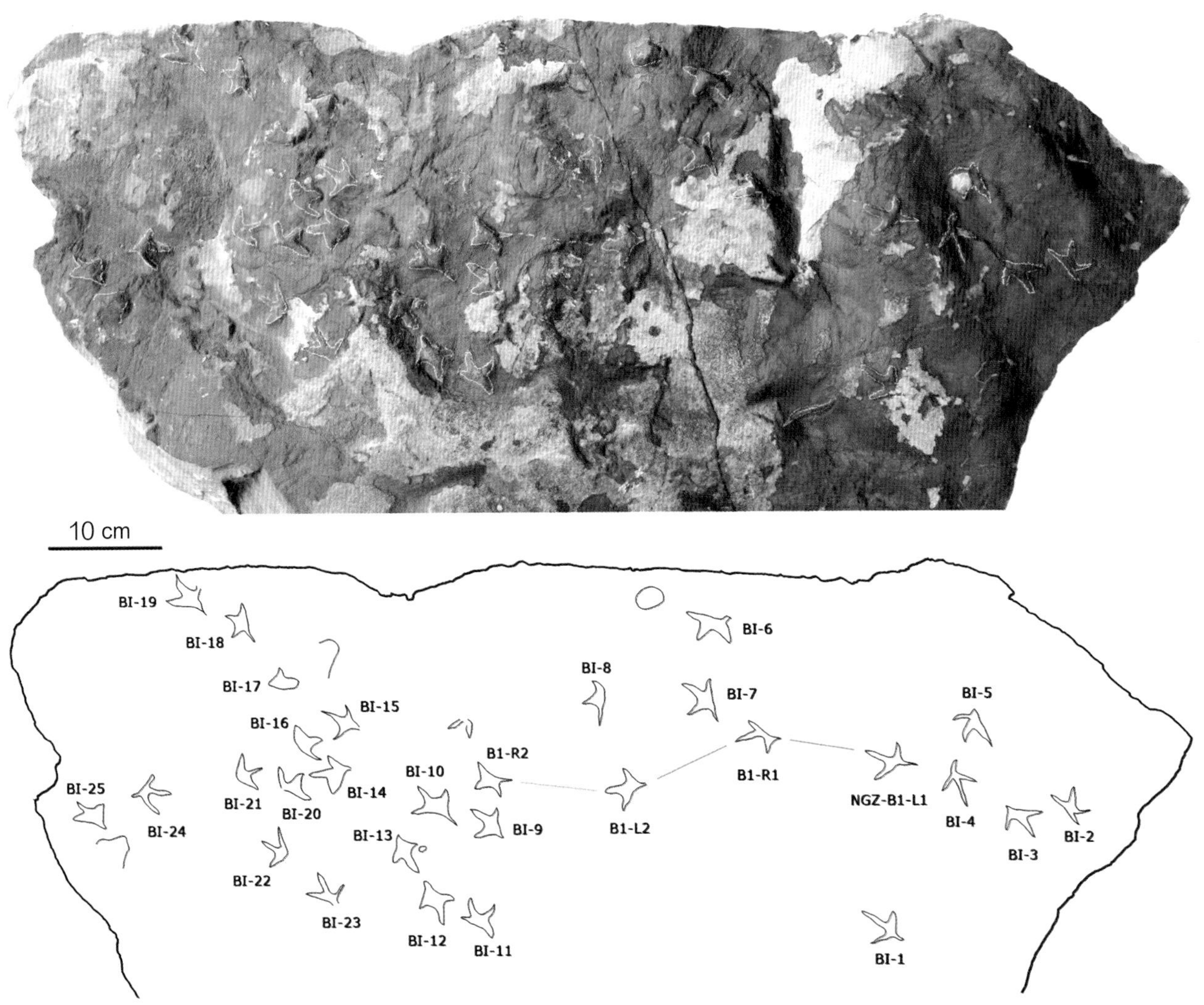

固城鸟足迹（*Goseongornipes*）标本照片及解释轮廓图（引自 Xing et al., 2018）

大石板（编号为 NGZ-B）上共保存 29 枚上凸型鸟足迹，其中 B1-L1，B1-R1，B1-L2 和 B1-R2 共 4 枚足迹组成 1 条行迹。足迹为小中型、四趾型（79% 的足迹有 1 个伸向后方的拇趾印迹）；Ⅱ－Ⅳ趾趾间角较大，Ⅱ－Ⅲ趾趾间角（平均为 62°）大于Ⅲ－Ⅳ趾趾间角（平均为 53°）；足迹长（不含拇趾）大于足迹宽，长宽比值为 0.8；包含拇趾印迹的最大足长为 4.75 cm，最小足长为 2.92 cm；单步长是复步长的 1 半，平均步幅角为 157°，足迹相对于行迹中线微内撇（内偏）。

江苏东海县山左口乡南古寨村，下白垩统大盛群田家楼组

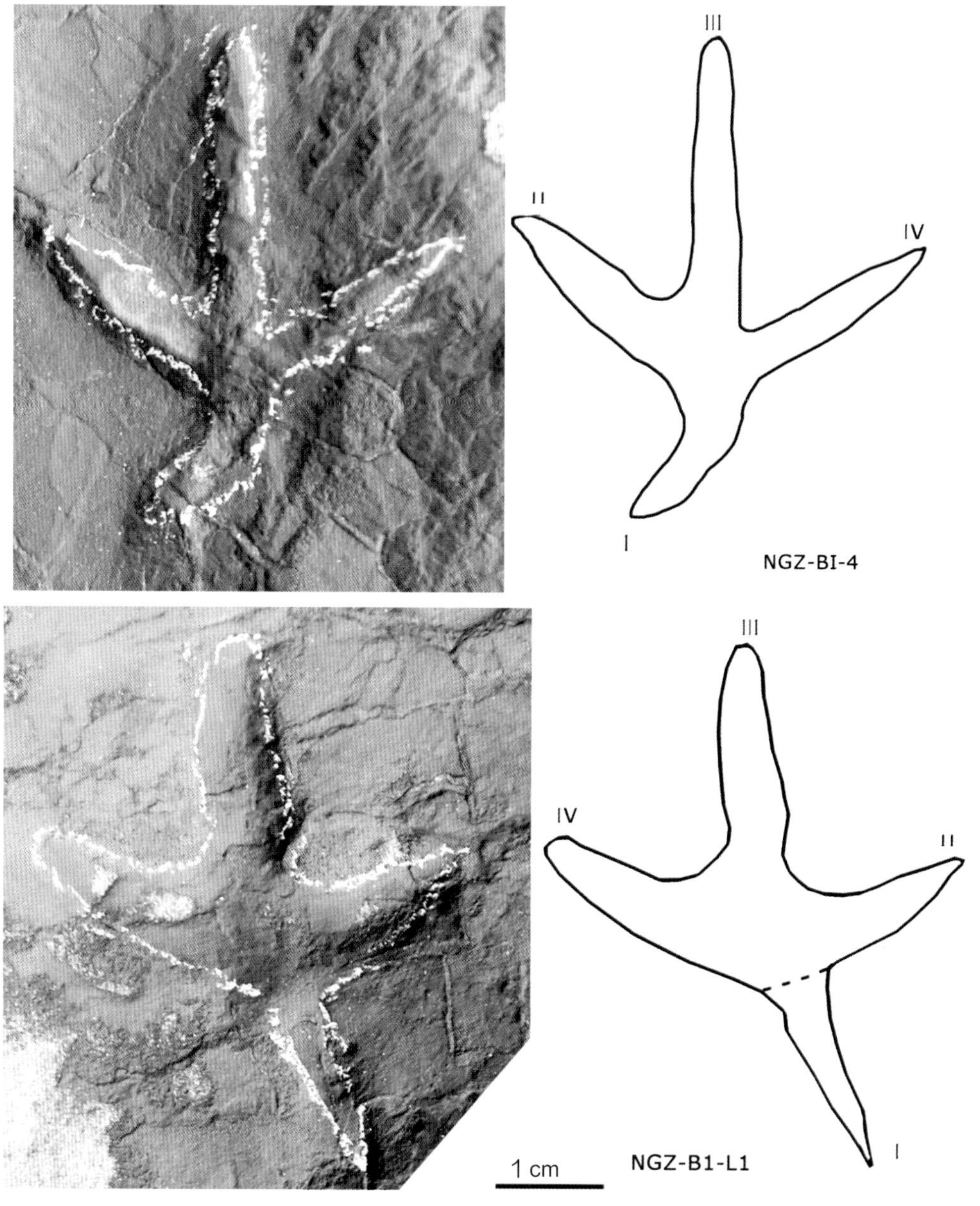

III II IV I NGZ-BI-4

III IV II I 1 cm NGZ-B1-L1

固城鸟足迹（*Goseongornipes*）典型足迹及轮廓图（引自 Xing et al., 2018）

NGZ-BI-4 足迹长 3.03 cm（含拇趾长 4.05 cm），足迹宽 3.09 cm；NGZ-B1-L1 足迹长 3.12 cm（含拇趾长 4.75 cm），足迹宽 3.72 cm。两个足迹均发育清晰的拇趾印迹。

江苏东海县山左口乡南古寨村，下白垩统大盛群田家楼组

2.10.2 新沂

2019年，邢立达等研究了江苏省新沂市马陵山地区一个小露头砖红色砂岩层面上保存的4个神秘的印迹，当地人传言这是与西楚霸王项羽齐名的唐末著名猛将李存孝打虎处的虎爪印和人脚印。

足迹化石露头范围很小，长约3 m，宽约2 m，化石地层为早白垩世大盛群田家楼组。层面上共发现4枚足迹，保存为下凹型。其中的3枚足迹（编号为MLS–T1a–d）组成了可能的1条行迹。行迹中的足迹MLS–T1a保存最好，T1b和T1d很浅，仅保留足跟印迹；MLS–T2为1枚孤立的足迹，为另外1只造迹恐龙所留。足迹MLS–T1a长16.5 cm，宽12.5 cm，长宽比值为1.3。足迹末端具有3个清晰的爪迹，分别对应Ⅱ、Ⅲ、Ⅳ趾。行迹单步长58 cm，复步长100 cm，行迹几乎呈直线形（行迹很窄）。上述特征表明，MLS–T1a应该是兽脚类的恐龙足迹。而MLS–T1a右侧短的趾迹可能是拇趾（I趾）印迹，因为这个足迹下陷很深。通常I趾趾位较高，在松软的沉积物环境中，当恐龙足印下陷深时，I趾印迹便会被保存下来。

因此，邢立达等将这4个神秘的印迹重新解释为兽脚类恐龙足迹化石。这些足迹中只有1枚最深的虎爪印保存了可识别的趾印，这表明它是一个有着后内侧拇趾印迹的兽脚类恐龙的左足迹，这是1条单步约50 cm的直线行迹的一部分。另一种可能的解释为，该足迹为小型蜥脚类恐龙的右后足迹，形成行迹的右侧部分，其左侧部分没有保存。即足迹MLS–T1a前端最左侧的突出为I趾爪迹，中间的爪迹为Ⅱ趾，右侧的爪迹为Ⅲ趾，而足迹右侧的小圆突则可能是Ⅳ趾或Ⅴ趾的印迹（Xing et al.，2019e）。无论如何可以肯定，这4个神秘足迹为白垩纪早期（约1.1亿年前）的恐龙类足迹化石。马陵山足迹点提供了恐龙足迹如何影响中国民间传说的另一个案例。

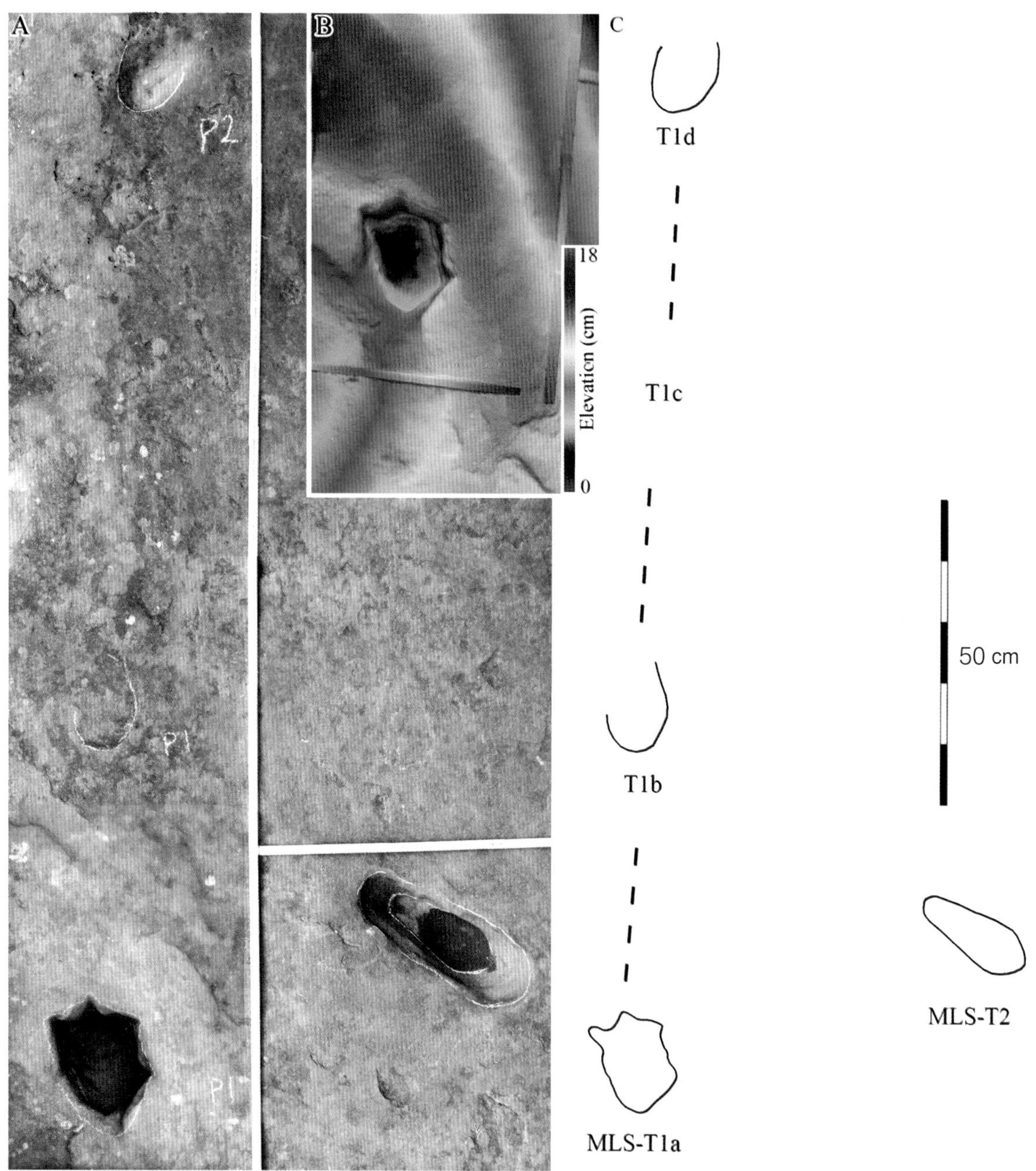

马陵山化石点足迹野外照片、3D 图像及轮廓图（引自 Xing et al.，2019e）

A 为足迹野外露头照片；B 为足迹 MLS-T1a 的 3D 图像（暖色表示相对高度高，冷色表示相对高度低；单位为 cm）。MLS-T1a 即所谓的“虎爪印”，右下方的足迹即所谓的“人脚印”。

江苏新沂市马陵山镇，下白垩统大盛群田家楼组

2.11 内蒙古

内蒙古自治区盛产恐龙足迹化石，化石主要产自鄂托克旗和乌拉特中旗两地，其中鄂托克旗的查布是我国排名第3、世界排名第6的大型恐龙足迹产地。高尚玉等于1981年首先研究报道了鄂托克旗查布的恐龙足迹化石。之后，北京自然博物馆李建军领导的考察队与英国、美国、日本等国际科学家长期在鄂托克旗的查布（查布苏木）和乌拉特中旗地区进行足迹的调查研究，获得许多重要发现。主要的研究成果包括：

在查布地区下白垩统泾川组发现许多新类型的足迹化石。李建军等（2006）建立了兽脚类恐龙的1个新足迹属和两个新足迹种。其中新足迹属种洛克里查布足迹（*Chapus Lockleyi*）的造迹者为大型兽脚类恐龙，其最大足迹长58.2 cm，是目前我国发现的最大的兽脚类恐龙足迹；粗壮亚洲足迹（*Asianopodus robustus*）是一种中大型兽脚类恐龙足迹。Lockley等（2012a）建立的鞑靼鸟足迹（*Tatarornipes*）则是与现生金斑鸻鸟（*Pluvialis fulva*）足迹十分类似的鸟足迹属。

在查布地区下白垩统泾川组发现世界上跑得最快的恐龙的足迹，其奔跑速度约为43.85 km/h（李建军等，2011）。

李建军等（2010）研究乌拉特中旗海流图的恐龙足迹化石，建立了兽脚类恐龙卡岩塔足迹的1个新种——海流图卡岩塔足迹（*Kayentapus hailiutuensis*）。

王宝鹏等（2017）在鄂托克旗查布的8号点附近，发现恐爪龙类的二趾型足迹——奔驰龙足迹（*Dromaeosauripus*），这是该类足迹在内蒙古的首次发现。

2008年，Lockley等在查布地区（8④点）又命名1个四趾型大型兽脚类足迹属种——张笠夫鄂尔多斯奇异龙足迹（*Ordexallopus zhanglifui*），并在该点发现确切的龟鳖类行迹（Lockley et al.，2018），而龟鳖类足迹在我国系第3次发现。

2.11.1 鄂托克旗

鄂托克旗的恐龙足迹散布在查布苏木的马新呼都格、都思图河以及哈达图至阿如布拉格一带，面积约为500 km^2。足迹露头点多，共发现可靠的足迹化石点16个。最北部的化石点为6号点，最南部者为4号点，二者相距约30 km。足迹化石分布于多个地层层位，发现的恐龙足迹超过2 000枚，其中约有1 700枚足迹集中在查布以西10~20 km的范围内。除大量兽脚类、蜥脚类恐龙足迹外，还有较丰富的鸟类足迹化石。

查布地区含足迹化石的层位主要是早白垩世晚期的泾川组。最东部的9号点层位最低，属于罗汉洞组。但其时代均为巴列姆期（Barremian）晚期至阿普特期（Aptian）早期。足迹化石形成于湖滨或河漫滩环境。

查布地区兽脚类恐龙足迹最为发育，有三趾型的中大型洛克里查布足迹（*Chapus lockleyi*）、亚洲足迹（*Asianopodus*），小型跷脚龙足迹（*Grallator*），还有四趾的大型鄂尔多斯奇异龙足迹（*Ordexallopus*）；蜥脚类足迹则主要是伯德雷龙足迹（*Brontopodus birdi*），其中以小型的足迹类型发育完美而闻名。此外，还有鞑靼鸟足迹（*Tatarornipes*）和龟鳖类足迹化石。

在已发现的16个足迹点中，4号、5号、6号、8号和15号点的足迹化石保存更佳，以下根据各足迹点的重要性排序，分别对其进行介绍。

（1）查布8号点

8号足迹点由李建军等发现于2002年。当时该处共发现恐龙足迹91枚，包括兽脚类足迹20枚，蜥脚类足迹71枚。新足迹属种洛克里查布足迹（*Chapus lockleyi*）即被发现于该点。2006年，当地政府决定对8号足迹点进行保护，在现场建立内蒙古鄂托克旗野外地质遗迹博物馆（1号馆），将恐龙足迹作为野外博物馆的主要展品。展馆建设过程中，在其北侧250 m处又发现一串兽脚类足迹，当地政府也对其建立了保护展厅，并命名为内蒙古鄂托克旗野外地质遗迹博物馆2号馆。2号馆内原地保存有1条19枚兽脚类足迹组成的行迹，同时发现兽脚类恐龙的尾迹拖痕，长2.71 m。此外，还有1个小型兽脚类足迹点，被称为8C点。

2018年，Lockley等又报道在1号馆东北方向45.96 m处发现1个足迹点，并将其命名为8D点。该点足迹类型丰富，有蜥脚类、兽脚类恐龙足迹，还有鸟类和龟鳖类足迹。该点也是新足迹属鄂尔多斯奇异龙足迹（*Ordexallopus*）的发现地。

为论述方便，本书将8号点的1号馆、2号馆、C点和D点分别称为8①号点、8②号点、8③号点和8④号点。

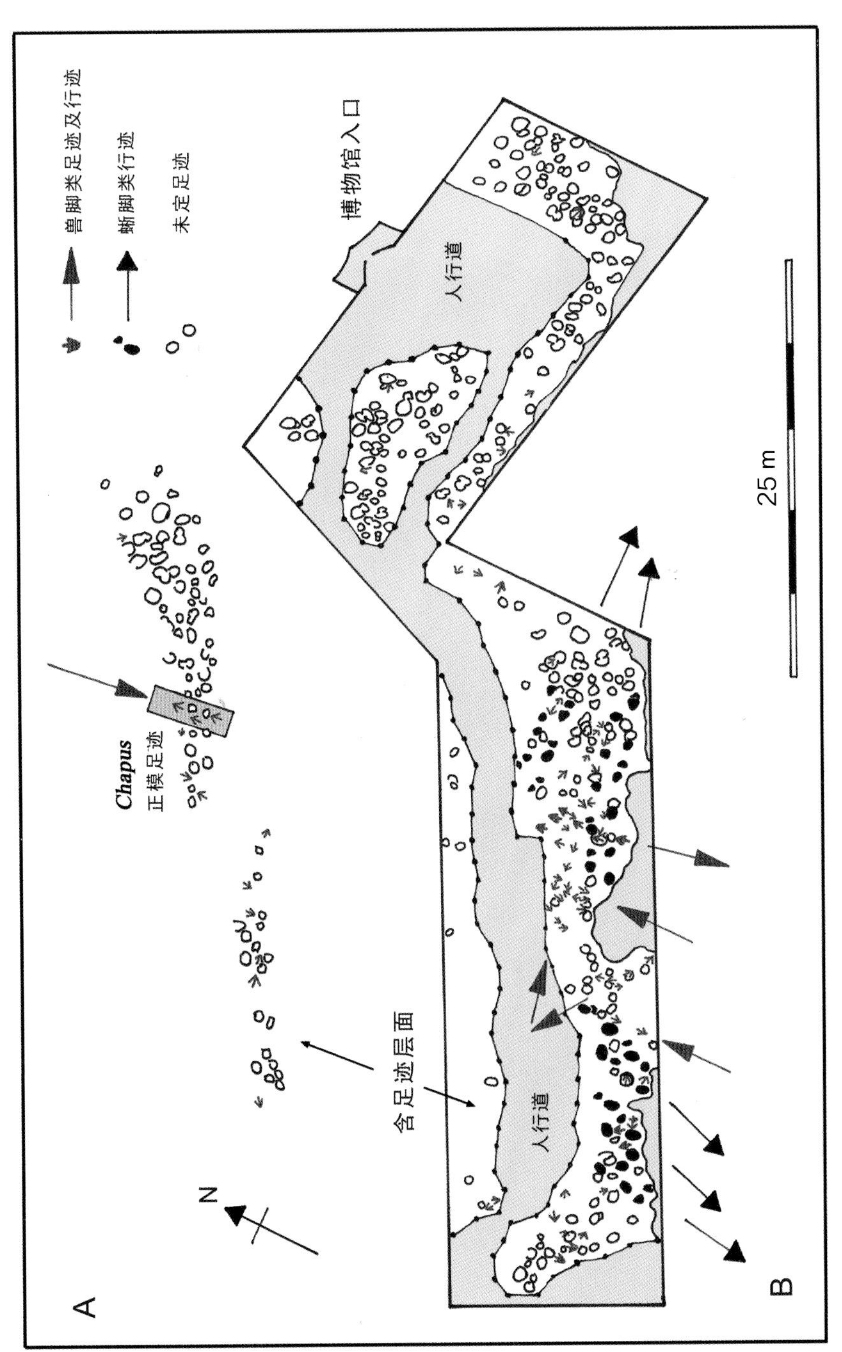

8①号点足迹化石平面分布图（引自 Lockley et al.，2018）

A 为李建军等（2006）绘图部分；B 为李建军等（2011）绘图部分，系野外恐龙博物馆规划图。红色为兽脚类足迹，黑色为蜥脚类足迹，箭头为行迹方向。

内蒙古鄂托克旗查布苏木，下白垩统泾川组

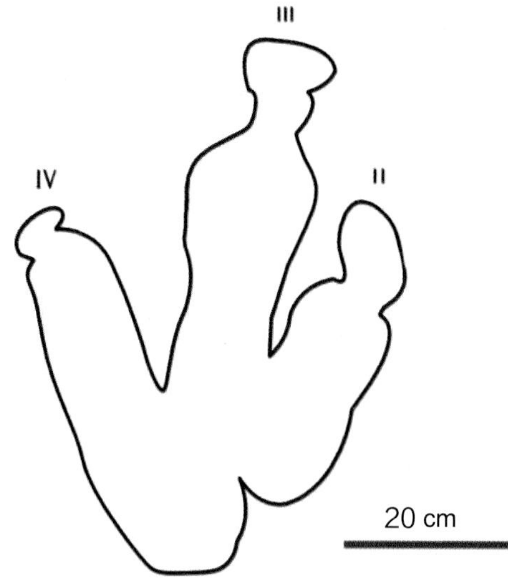

洛克里查布足迹正模足迹（CHABU-8-42）照片及轮廓图（引自李建军，2015）

该新足迹属种由李建军等（2006）建立，为我国目前最大的兽脚类恐龙足迹。

该足迹为三趾型、趾行式，长 58.2 cm，宽 42.6 cm，长宽比值为 1.37；趾粗壮，趾端具爪，趾间角为Ⅱ 13° Ⅲ 35° Ⅳ。

洛克里查布足迹（*Chapus Lockleyi*）为实雷龙足迹科（Eurobrontidae）分子。

内蒙古鄂托克旗查布苏木 8 ①号点，下白垩统泾川组

洛克里查布足迹（*Chapus Lockleyi*）正模标本发现时的野外照片（引自李建军等，2011）

正模标本为 1 条行迹，其中的 3 枚足迹（由近到远分别编号为 CHABU-8-42、CHABU-8-39 和 CHABU-8-41）为正模足迹。

内蒙古鄂托克旗查布苏木 8 ①号点，下白垩统泾川组

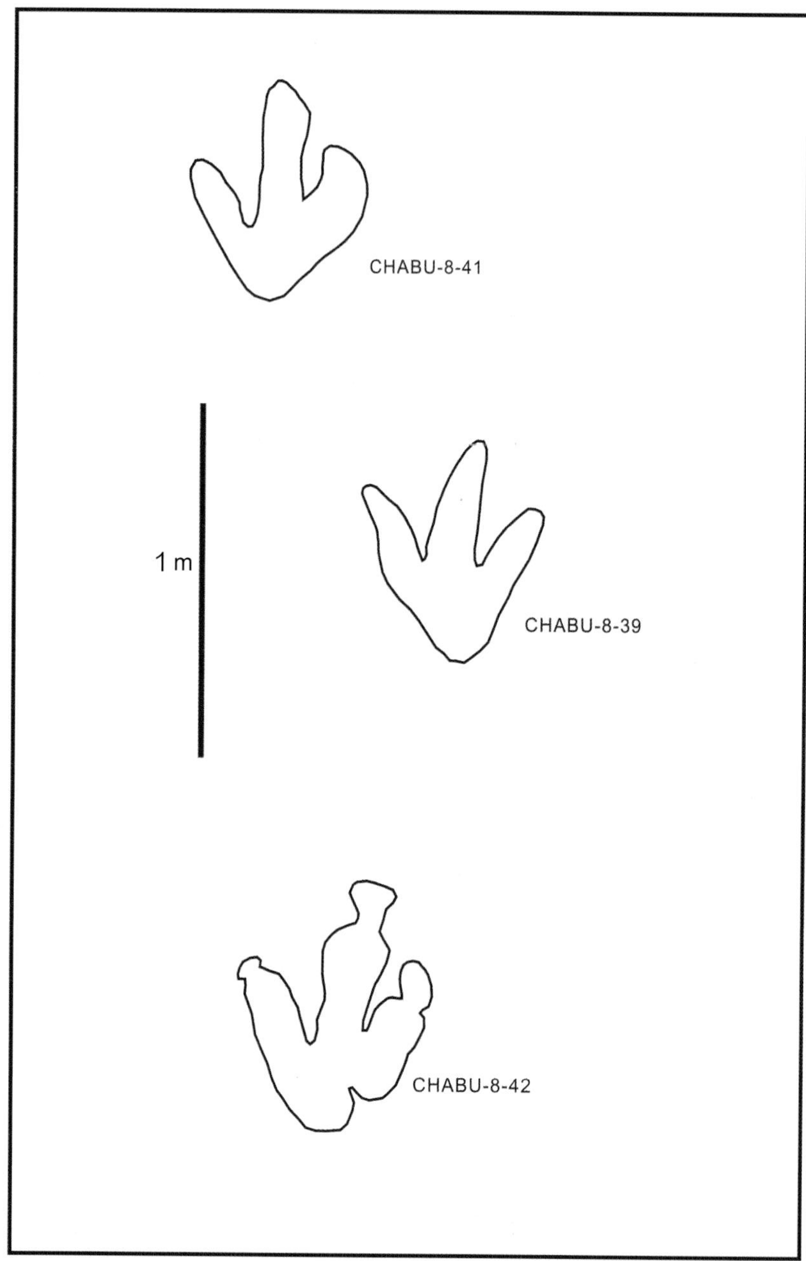

洛克里查布足迹（*Chapus Lockleyi*）正模标本行迹轮廓图（引自李建军等，2006）

3 个足迹构成的两个单步长分别为 137.5 cm（CHABU–8–42 与 39 的单步）和 115.7 cm（CHABU–8–39 与 41 的单步），复步长为 233 cm，步幅角为 133°。

内蒙古鄂托克旗查布苏木 8 ①号点，下白垩统泾川组

洛克里查布足迹（*Chapus Lockleyi*）正模标本照片（博物馆内）

连线示洛克里查布足迹3个正模足迹（由近到远分别编号为CHABU-8-42、CHABU-8-39和CHABU-8-41）与行迹中另外1个足迹构成的两个行迹三角形（CHABU-8-42和CHABU-8-39足迹后端顶点之间缺1条线）。

内蒙古鄂托克旗野外地质遗迹博物馆，下白垩统泾川组

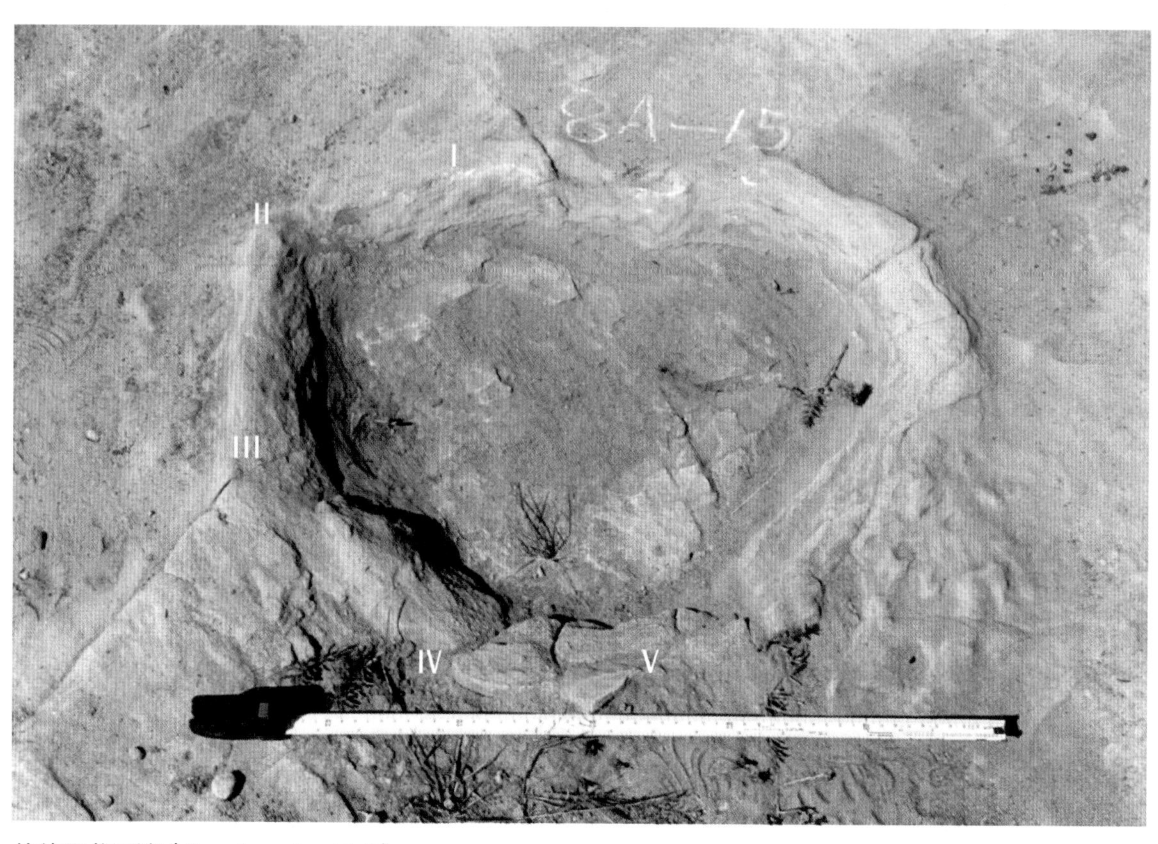

伯德雷龙足迹（*Brontopodus birdi*）

成年个体左前足足迹照片

足迹长约 43 cm，宽约 29 cm，为卵圆形；5 个趾迹（罗马数字）较为清晰，挤压脊发育。

内蒙古鄂托克旗查布苏木 8 ①号点，下白垩统泾川组

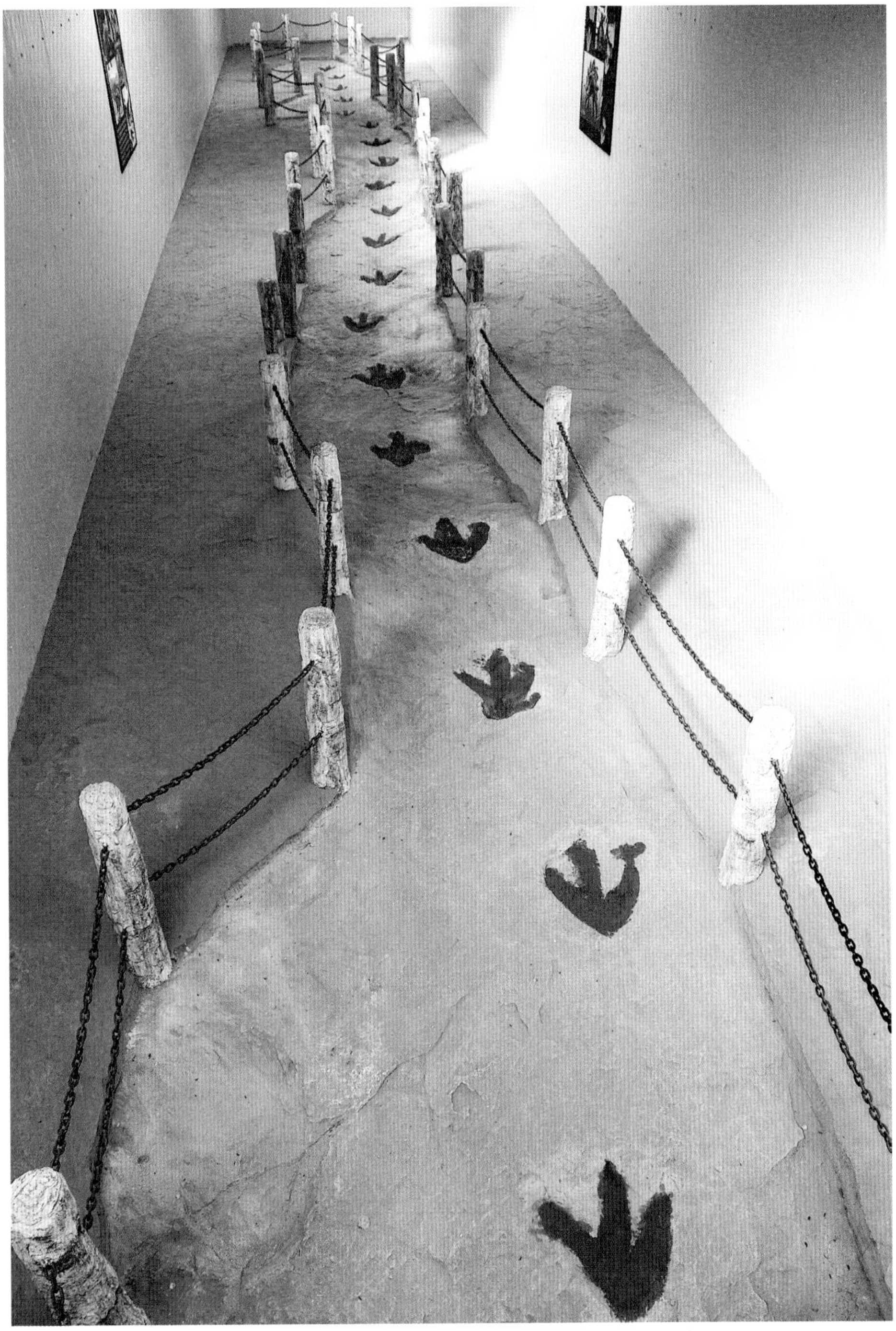

1 条由 19 个洛克里查布足迹（*Chapus Lockleyi*）构成的行迹照片

内蒙古鄂托克旗查布苏木 8 ②号点，鄂托克旗野外地质遗迹博物馆

具有尾迹的洛克里查布足迹（*Chapus lockleyi*）行迹照片及轮廓图

A 为行迹照片（引自李建军等，2011），B 为行迹轮廓图（引自 Lockley et al.，2018）。

内蒙古鄂托克旗查布苏木 8 ②号点，下白垩统泾川组

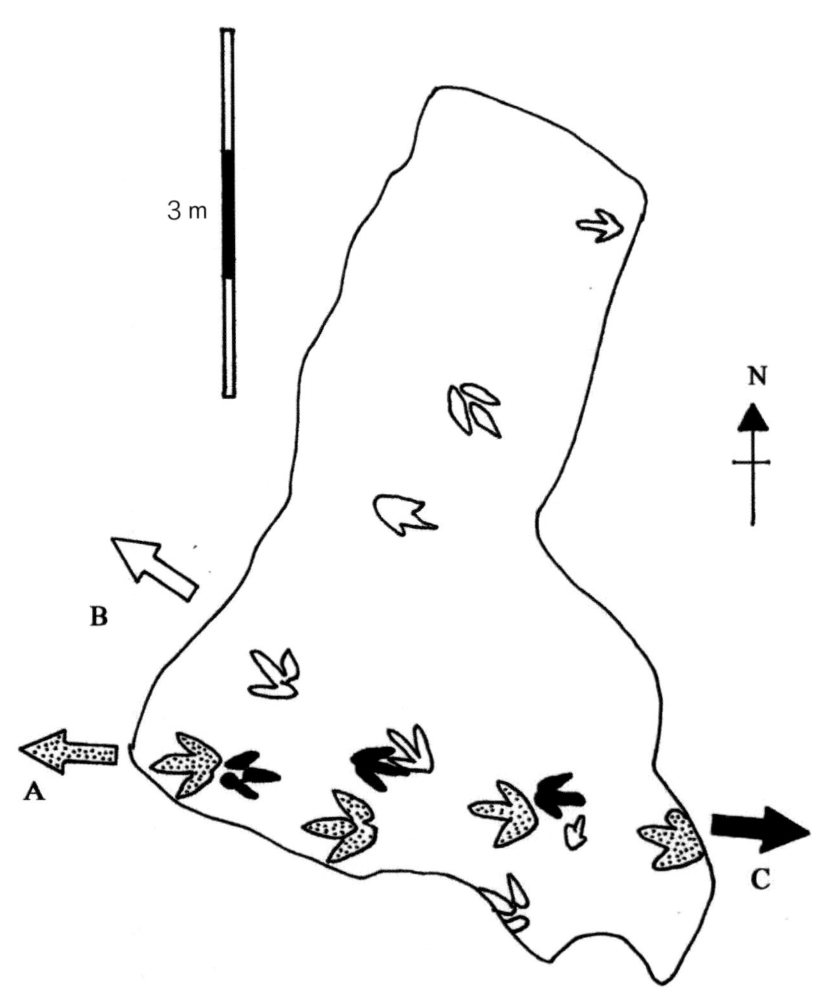

8 ③号点不同方向的兽脚类恐龙足迹行迹（Lockley et al.，2018 引自李建军）

图中共有 14 枚不同大小、方向的足迹，均为兽脚类足迹。

其中 10 枚足迹组成 A、B、C 共 3 条行迹，A 由 4 枚足迹构成，B 和 C 由 3 枚足迹构成。另有 4 枚孤单的足迹。

内蒙古鄂托克旗查布苏木，下白垩统泾川组

8 ④号点足迹化石露头照片（引自 Lockley et al.，2018）

右后方建筑是在 8 ②号点基础上建立的恐龙足迹野外博物馆 2 号馆，8 ②号点和 8 ④号点相距 129 m。内蒙古鄂托克旗查布苏木，下白垩统泾川组

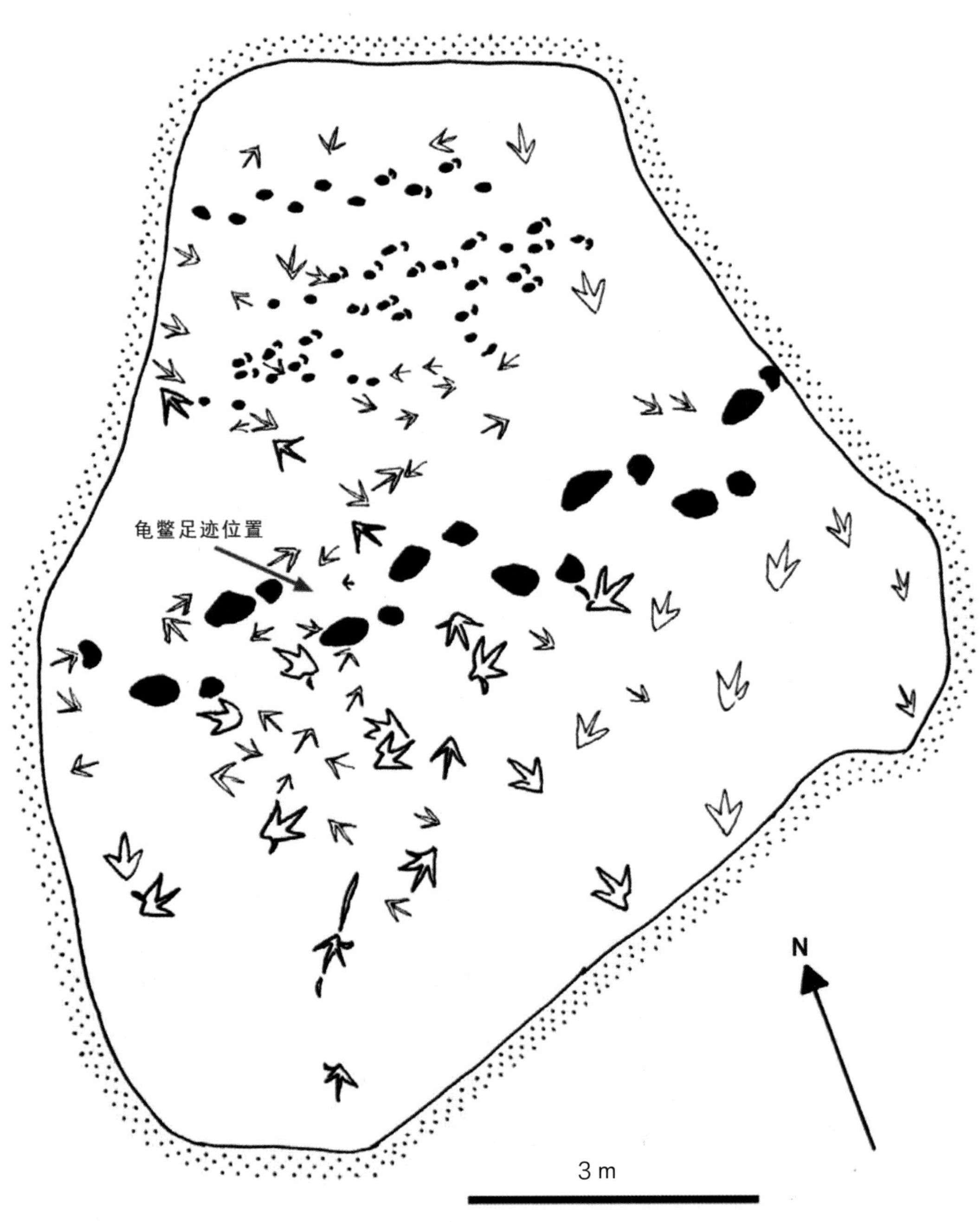

8 ④号点足迹分布示意图（引自 Lockley et al.，2018）

黑色充填的卵圆形为蜥脚类恐龙足迹，三趾型、四趾型足迹为兽脚类恐龙足迹，龟鳖类遗迹位置如红色箭头所示。

内蒙古鄂托克旗查布苏木，下白垩统泾川组

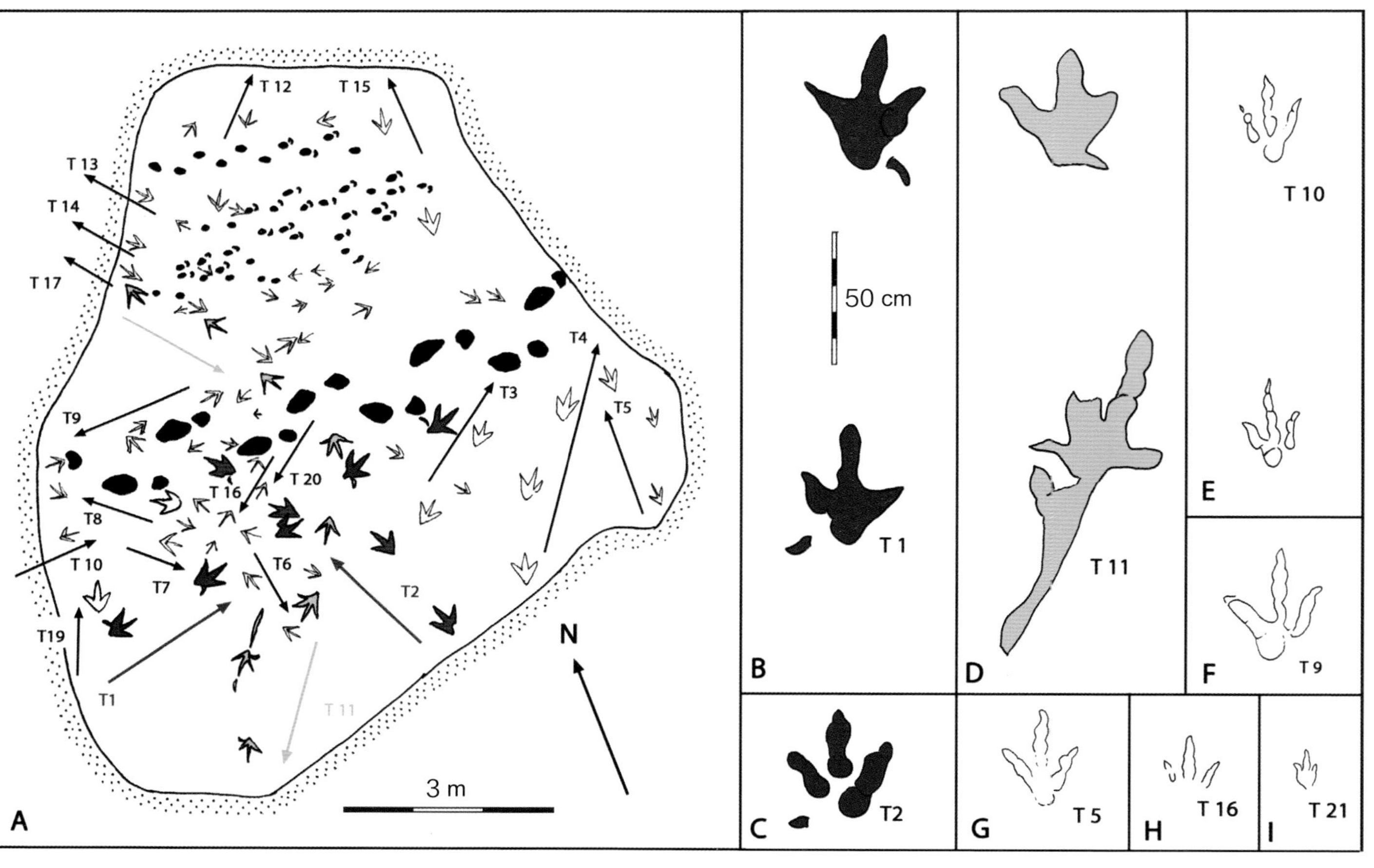

8 ④号点兽脚类足迹分布图（A）及轮廓图（B–I）（引自 Lockley et al.，2018）

B–D 为大型四趾型兽脚类张笠夫鄂尔多斯奇异龙足迹（*Ordexallopus zhanglifui*）；

E–I 为三趾型兽脚类足迹，图 A 中黑色充填的卵圆形足迹为蜥脚类足迹。

内蒙古鄂托克旗查布苏木，下白垩统泾川组

新足迹属鄂尔多斯奇异龙足迹（*Ordexallopus*）照片（引自 Lockley et al.，2018）

A 为行迹 T11（副模标本），B 为行迹 T1（正模标本）。

鄂尔多斯奇异龙足迹（*Ordexallopus*）为 Lockley 等（2018）根据查布 8④号点发现的大型（三趾部分长 42.8 cm，宽 37 cm，长宽比值为 1.12）四趾型兽脚类足迹而建立的新足迹属，模式种为张笠夫鄂尔多斯奇异龙足迹（*Ordexallopus zhanglifui*）。

鄂尔多斯奇异龙足迹（*Ordexallopus*）鉴定特征为：四趾型兽脚类足迹，拇指印迹长并指向后内侧，一般为足迹宽的 1/2 ~ 1/3（从Ⅳ趾蹠趾垫中心起算）。足迹三趾部分长宽近等，Ⅱ－Ⅳ趾趾间角为 80° ~ 90° 。

比例尺长度为 1 m。

内蒙古鄂托克旗查布苏木 8④号点，下白垩统泾川组

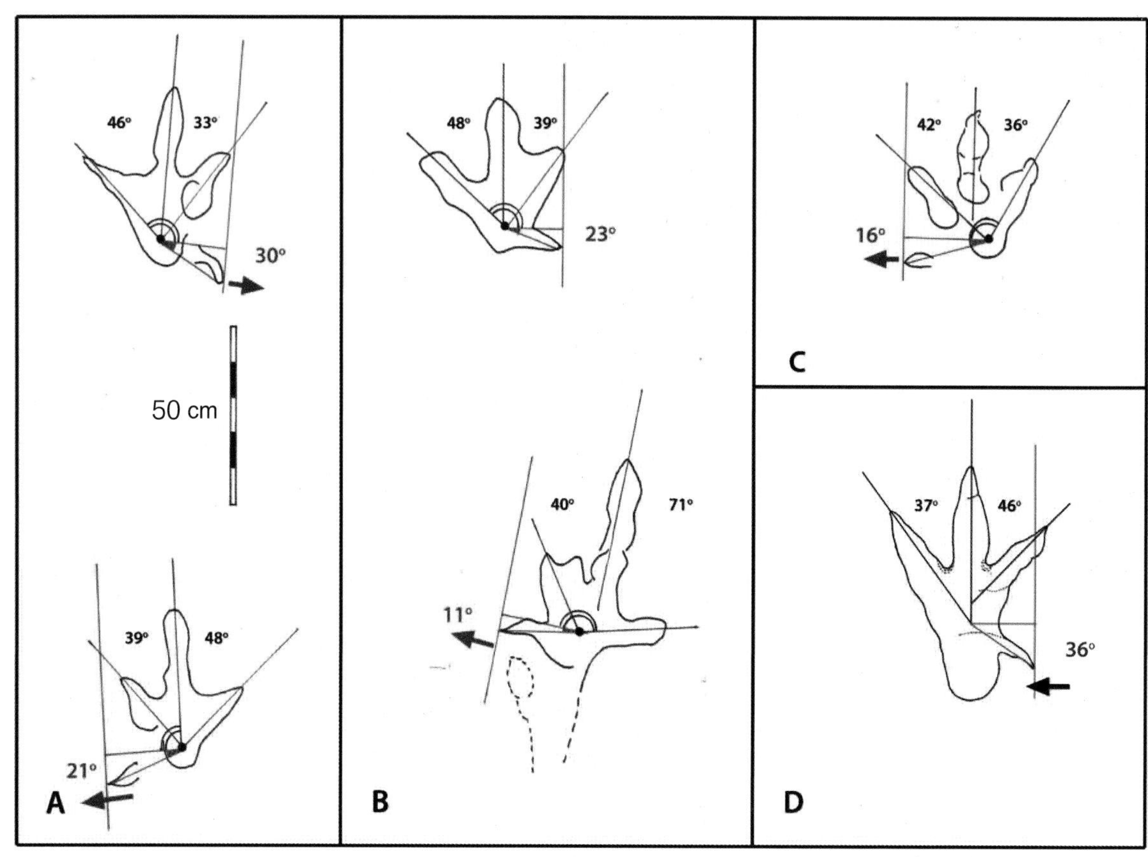

鄂尔多斯奇异龙足迹（*Ordexallopus*）与 *Bueckeburgichnus maximus* 拇趾印迹对比图

（引自 Lockley et al.，2018）

A–C 为张笠夫鄂尔多斯奇异龙足迹（*Ordexallopus zhanglifui*）；D 为 *Bueckeburgichnus maximus*；A 为 8 ④号点行迹 T1 中连续的右、左足迹；B 为 8 ④号点行迹 T11 中连续的右、左足迹；C 为 8 ④号点行迹 T2 中 1 个右足迹; D 为 *Bueckeburgichnus maximus*，Ⅱ－Ⅲ趾和Ⅲ－Ⅳ趾趾间角用黑色字表示。后内侧伸出的拇趾用红线表示，有两个参数，一是沿足迹横轴的侧伸距离（= 足迹宽的 1/2）；二是足迹横轴与拇趾印迹远端尖部之间的夹角。

内蒙古鄂托克旗查布苏木 8 ④号点，下白垩统泾川组

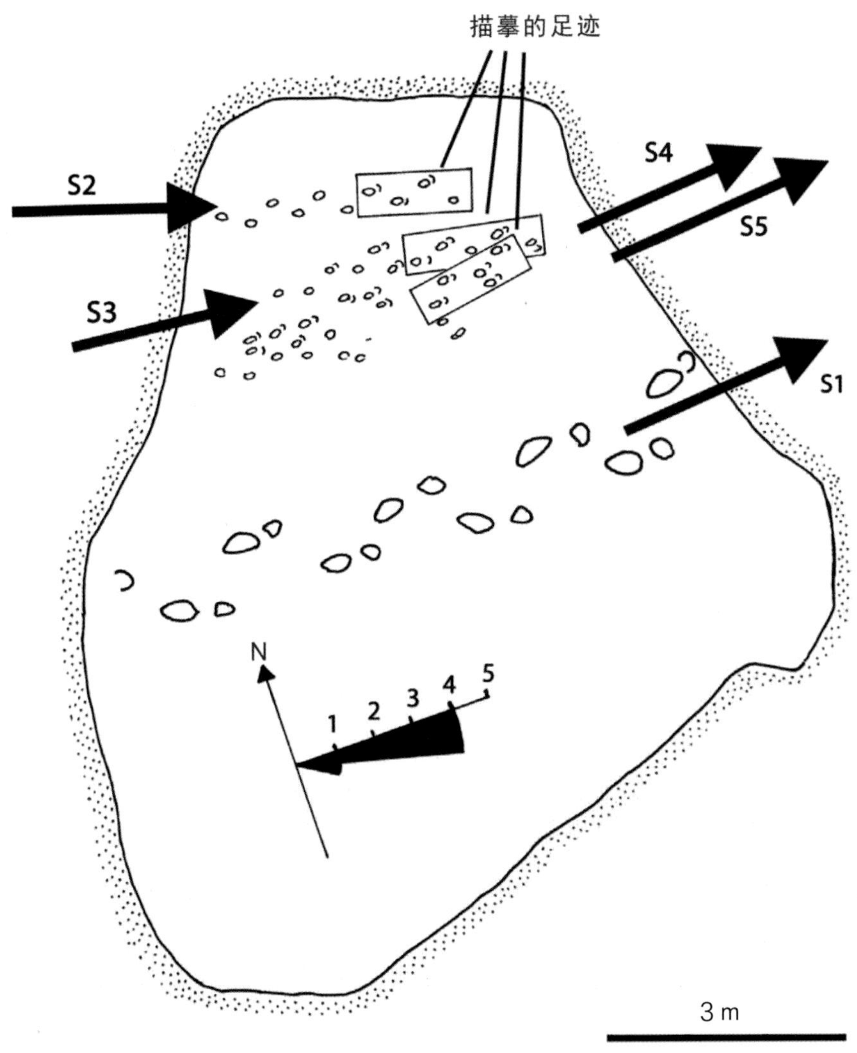

8 ④号点蜥脚类足迹平面分布图（引自 Lockley et al.，2018）

该点共发现 5 条蜥脚类行迹，编号为 S1–S5。S1 足迹最大（后足平均长 42.3 cm）；S2–S5 为小型个体（可能是未成年个体）行迹，足迹大小相似，后足平均长 12.3 cm（范围为 11.5~13 cm），单步和复步长也接近，表明造迹者在以相同的速度和方向行进。因此，可推断这是一个恐龙群体，1 只成年恐龙带领 4 只未成年恐龙在运动、迁徙。

内蒙古鄂托克旗查布苏木，下白垩统泾川组

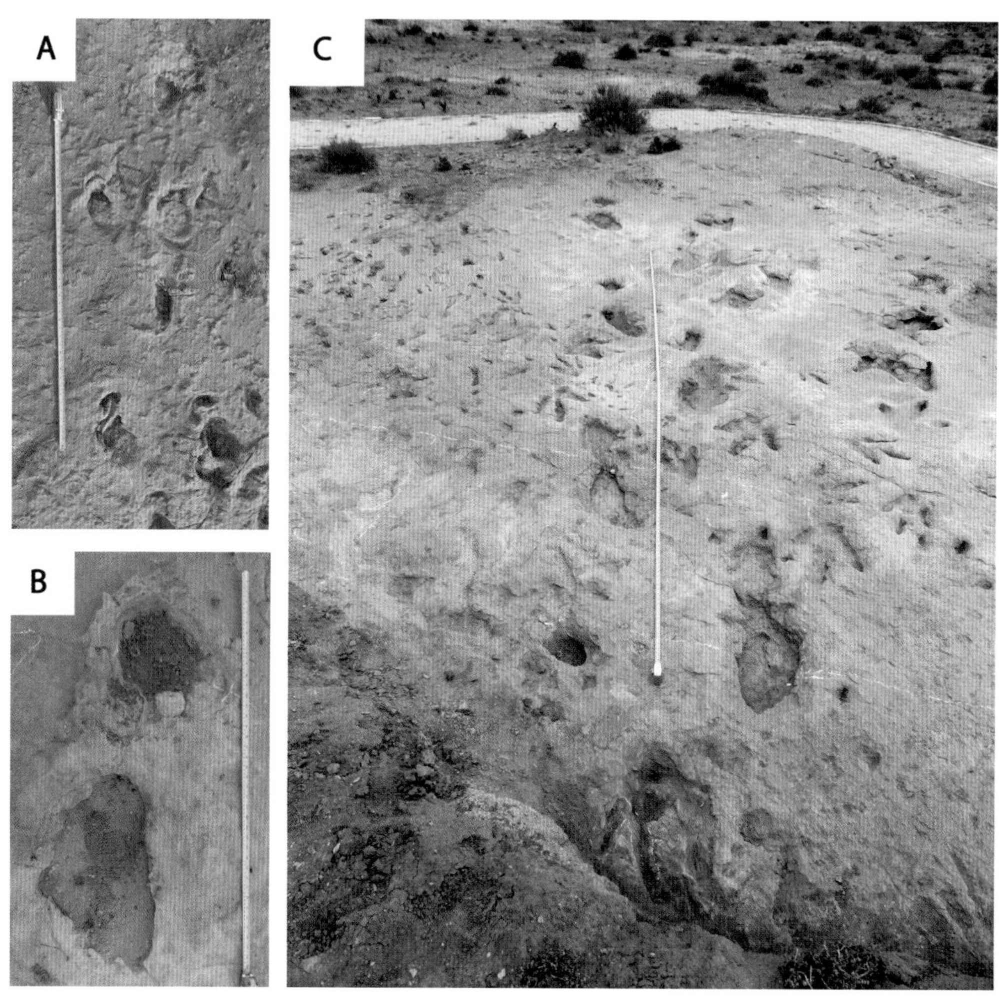

查布 8 ④号点蜥脚类恐龙行迹野外照片（引自 Lockley et al.，2018）

A 为小型蜥脚类恐龙行迹 S4 和 S5 片段；B 为行迹 S1 中 1 对左前、左后足迹；C 为 S1 行迹全图，尺子位于行迹中线上。

内蒙古鄂托克旗查布苏木，下白垩统泾川组

查布 8 ④号点小型蜥脚类恐龙行迹 S3、S4 野外照片

比例尺长 1 m。

内蒙古鄂托克旗查布苏木，下白垩统泾川组

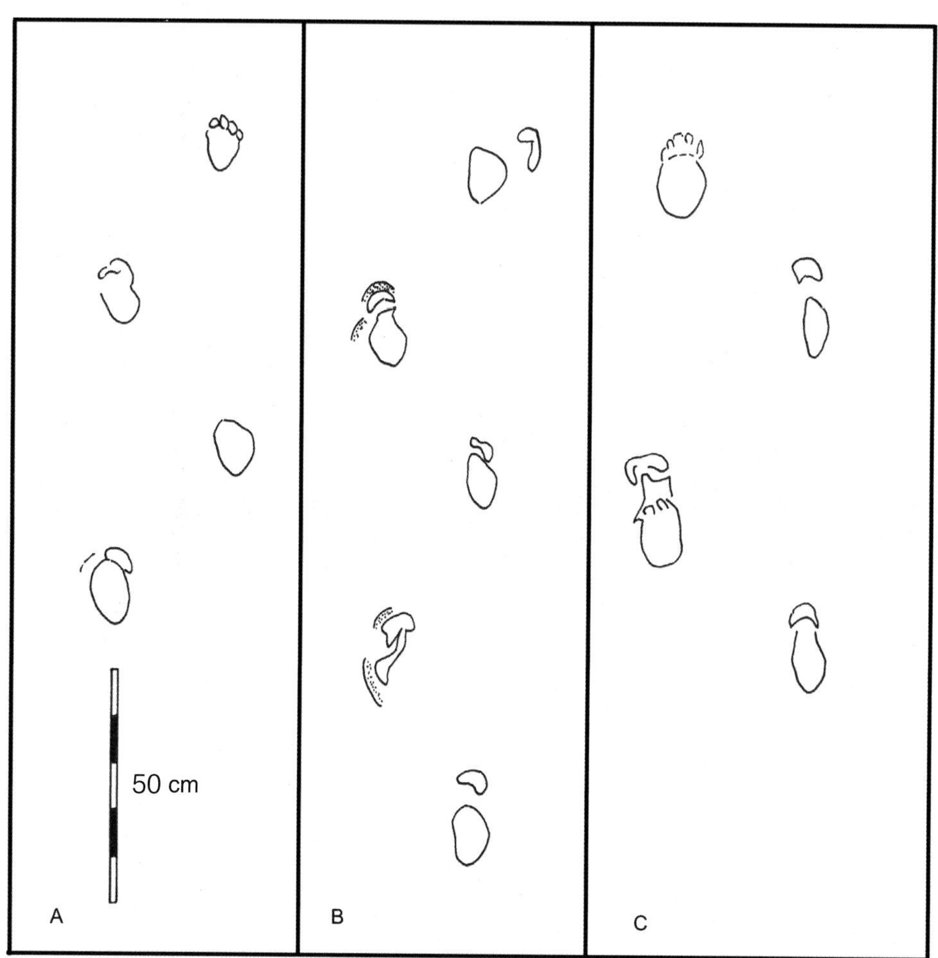

8 ④号点小型蜥脚类恐龙行迹 S2–S4 轮廓图

A 为行迹 S2，B 为行迹 S3，C 为行迹 S4。

S2–S4 这 3 条行迹中后足迹长和宽平均值分别为 12.3 cm 和 8.2 cm，前足迹长和宽平均值分别为 8.25 cm 和 6.5 cm；

单步长和复步长分别为 40.7 cm 和 67.3 cm；步幅角平均长为 104.7°，行迹平均宽 17 cm，走向呈 101°。

内蒙古鄂托克旗查布苏木，下白垩统泾川组

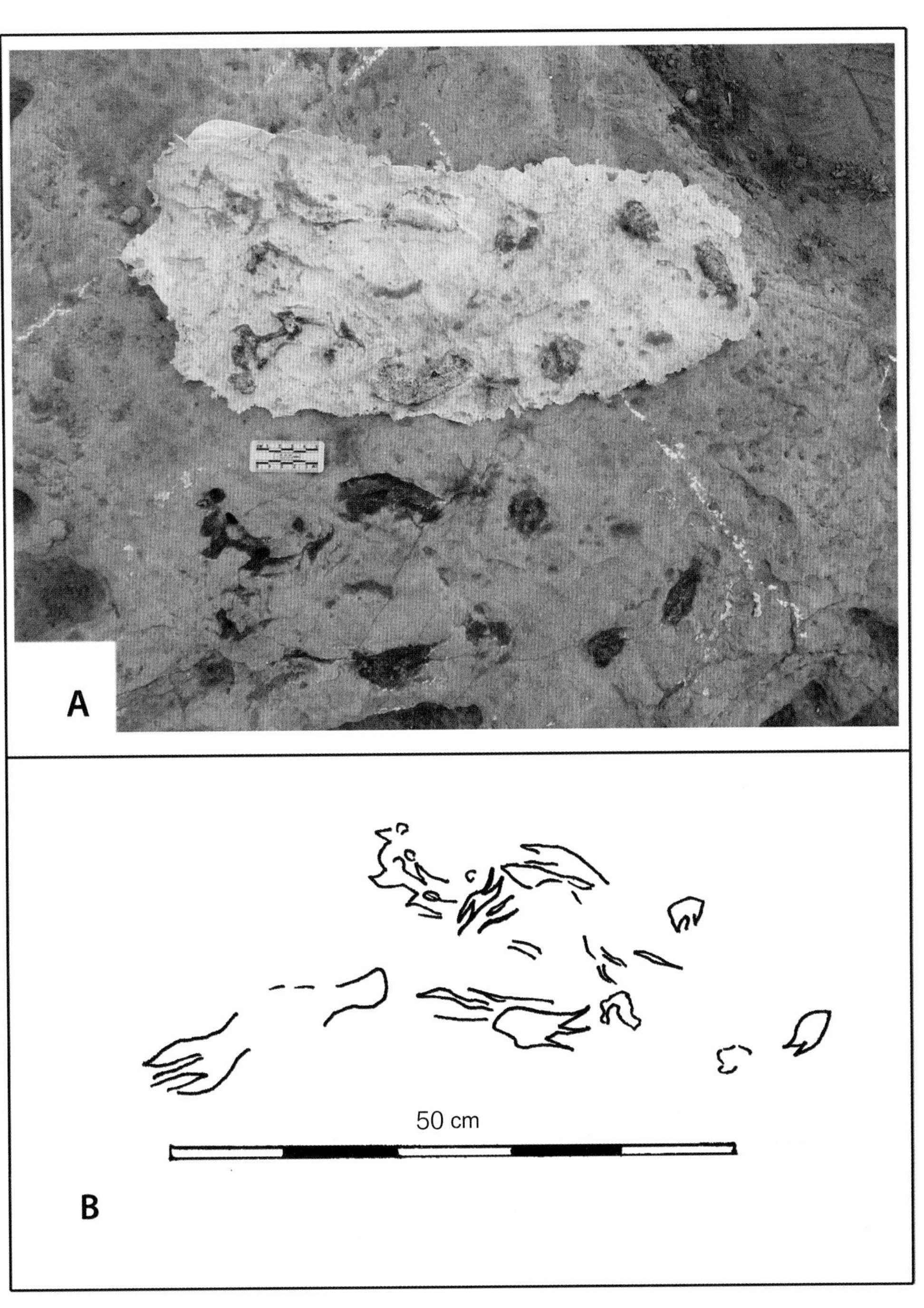

8 ④号点龟鳖类遗迹照片及轮廓图（引自 Lockley et al.，2018）

A 为 1 个小型龟鳖类足迹组合及胶模照片，B 为主要足迹描摹轮廓图。

6 条足迹（片段）或后足抓痕方向相同，行迹宽约 20 cm。单个足迹由三四条长宽不一（5~10 cm）的趾迹组成。这是我国继山东、新疆之后第 3 次发现龟鳖类遗迹。山东和新疆的龟鳖类遗迹多孤单出现、无特定方向，而该足迹点的遗迹则可能是行走的行迹。

内蒙古鄂托克旗查布苏木，下白垩统泾川组

（2）查布6号点

查布6号点是中国境内发现保存最好的蜥脚类足迹点之一（Lockley et al.，2002b），共发现168个恐龙足迹。足迹保存完美，都为下凹足迹。其中，蜥脚类足迹共158个，组成4条行迹。兽脚类足迹共10个，穿插于排列整齐的蜥脚类足迹之间。蜥脚类足迹被归入伯德雷龙足迹（*Brontopodus birdi*）。其中后足迹足长只有21~34 cm，按足迹推断其后腿长度为1.2~1.5 m，身长仅约6 m，应属于小个体蜥脚类恐龙。除了个体较小外，这些伯德雷龙足迹拥有卵圆形后足迹、马蹄形前足迹，无尖锐的爪迹，表现出典型的蜥脚类足迹特征。6号点的4条蜥脚类行迹保存良好，行走方向一致，有的地方有交叉，有的地方则相互平行，且所有行迹都在同一个地点拐弯。从行迹同时拐弯的现象判断，这些恐龙止在群体迁徙。蜥脚类恐龙行迹中还穿插许多兽脚类足迹，它们没有明显的运动方向；而且在兽脚类足迹出现的地方，蜥脚类足迹有些凌乱。这向我们展示出白垩纪早期的一个弱肉强食的撕杀场景：饥饿的大型兽脚类恐龙看到弱小的蜥脚类恐龙群体，便贪婪地前来进行攻击。6号点的足迹化石清晰地记录下这个惊心动魄的瞬间。所有的足迹印迹较深，达3 ~ 4.5 cm, 有些足迹保存了精美的细部形态特征（李建军等，2011）。

李建军等（2006）根据在6号点发现的1种大型足迹建立了兽脚类恐龙的1个新足迹种——粗壮亚洲足迹（*Asianopodus robustus*）。该足迹的特征为：两足行走、三趾型，具有清晰的蹠趾垫印迹，足趾印迹粗壮；足迹全长34.1 cm，宽26.4 cm，足迹不对称，趾间角为Ⅱ 18° Ⅲ 30° Ⅳ，中趾印迹不与蹠趾垫相连。粗壮亚洲足迹是中国境内发现的亚洲足迹第2个足迹种。

查布 6 号点蜥脚类恐龙足迹化石原始露头照片

6 号点位于都思图河边，照片为发现时的原始状态。当地政府采取了整体切割、抬升地面和修建护棚等措施（详见上篇图 1–11~26），使这些珍贵的化石得到及时、妥善地保护。

该足迹点的蜥脚类足迹被归入伯德雷龙足迹（*Brontopodus birdi*）。

内蒙古鄂托克旗查布苏木，下白垩统泾川组

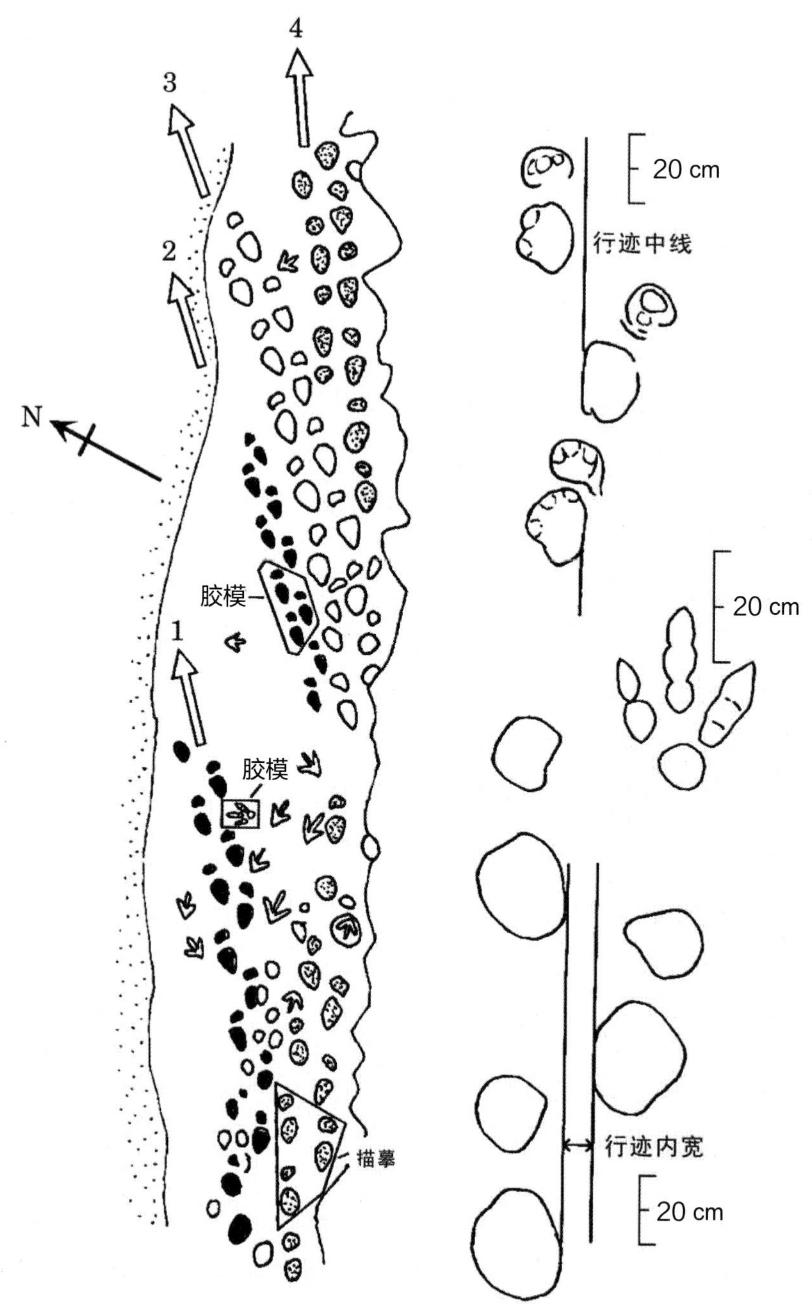

查布 6 号点恐龙足迹平面分布图（引自 Lockley et al.，2002b）

4 条行进方向相同的行迹（编号为 1–4，运动方向如箭头所示），为群体迁徙的小型蜥脚类恐龙（身长不超过 6 m）所留。

穿插于行迹中间的三趾型足迹为大型兽脚类足迹，它们没有明显的运动方向；另外在其出现的地方，蜥脚类足迹有些凌乱，可能是大型兽脚类恐龙正在袭击小型蜥脚类恐龙。因此，这些足迹的造迹恐龙应该是未成年个体。这种小个体蜥脚类恐龙成群活动，没有成年个体陪同的现象十分罕见。

内蒙古鄂托克旗查布苏木，下白垩统泾川组

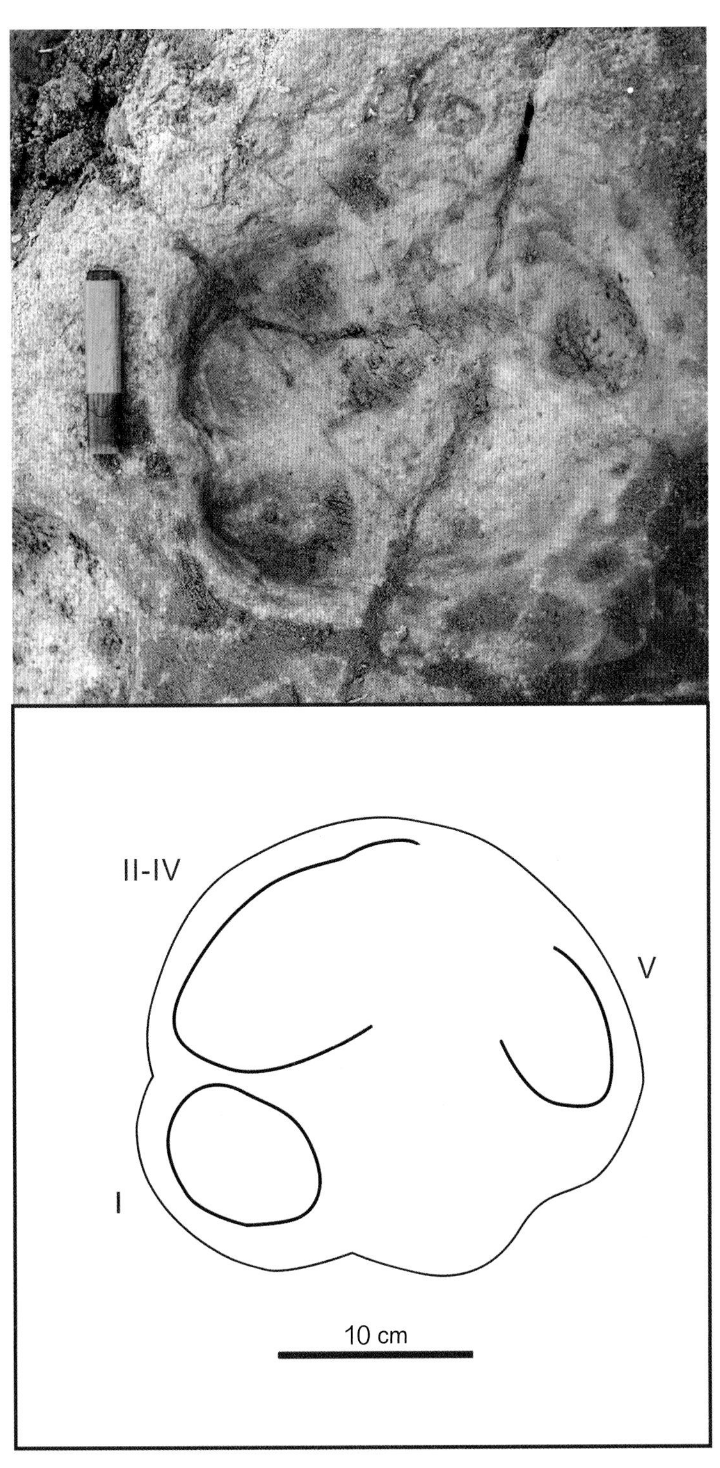

伯德雷龙足迹（*Brontopodus birdi*）幼年个体的右前足足迹照片及轮廓图（引自李建军，2015）

罗马数字为趾的编号。

内蒙古鄂托克旗查布苏木查布6号点，下白垩统泾川组

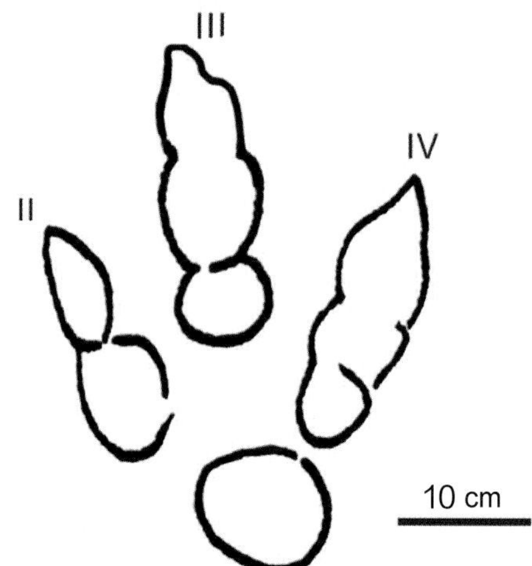

粗壮亚洲足迹（*Asianopodus robustus*）正模足迹照片及轮廓图（引自李建军等，2006）

该足迹是李建军等（2006）在6号点命名的新足迹种，其特征为：小中型足迹，趾行式，三趾型；足迹形态接近轴对称图形，具有清晰的蹠趾垫印迹，足迹长大于宽，趾间角窄小；脚趾印迹粗壮宽大。后跟印迹的比例大于模式种（跟垫亚洲足迹 *A. pulvinicalx*），且趾间角稍大。另外，整个足迹轮廓也不如模式种紧凑，模式种的足迹长宽比值为 1.5，粗壮亚洲足迹的长宽比值为 1.3（长 34.1 cm，宽 26.4 cm）。罗马数字为趾的编号。

内蒙古鄂托克旗查布苏木6号点，下白垩统泾川组

（3）查布4号点

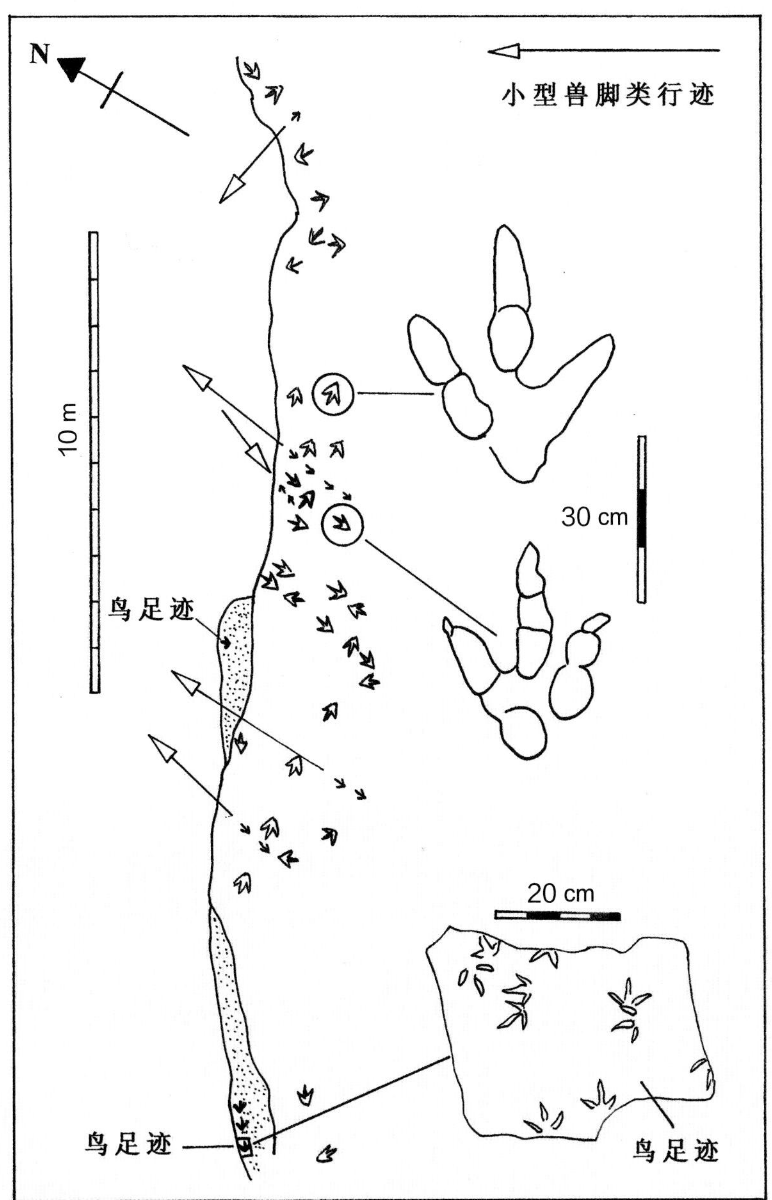

4号点足迹化石层面分布轮廓图（引自Li et al.，2009）

该点发现两类兽脚类恐龙足迹，并在恐龙足迹层位下方12 cm的层位发现精美的鸟足迹化石。鸟足迹以铸模的行式（上凸）保存在上面岩层的底层面，其上面的钙质砂岩层正面保存着下凹的恐龙足迹。

大型和小型的恐龙足迹分别属于查布足迹（*Chapus*）和跷脚龙足迹（*Grallator*），鸟类足迹则归入鞑靼鸟足迹（*Tatarornipes*）。

内蒙古鄂托克旗查布苏木，下白垩统泾川组

4 号点的洛克里查布足迹（*Chapus lockleyi*）野外照片

这是 1 枚左足迹，足迹长约 37 cm，宽 24.4 cm，长宽比值为 1.51，Ⅱ趾爪迹尖锐内弯。内蒙古鄂托克旗查布苏木，下白垩统泾川组

4 号点洛克里查布足迹及跷脚龙足迹层面分布照片

大型三趾型者为洛克里查布足迹（*Chapus lockleyi*），小型三趾型者为跷脚龙足迹未定种（*Grallator* isp.）（圆圈内示足迹，箭头示行迹方向）。

内蒙古鄂托克旗查布苏木，下白垩统泾川组

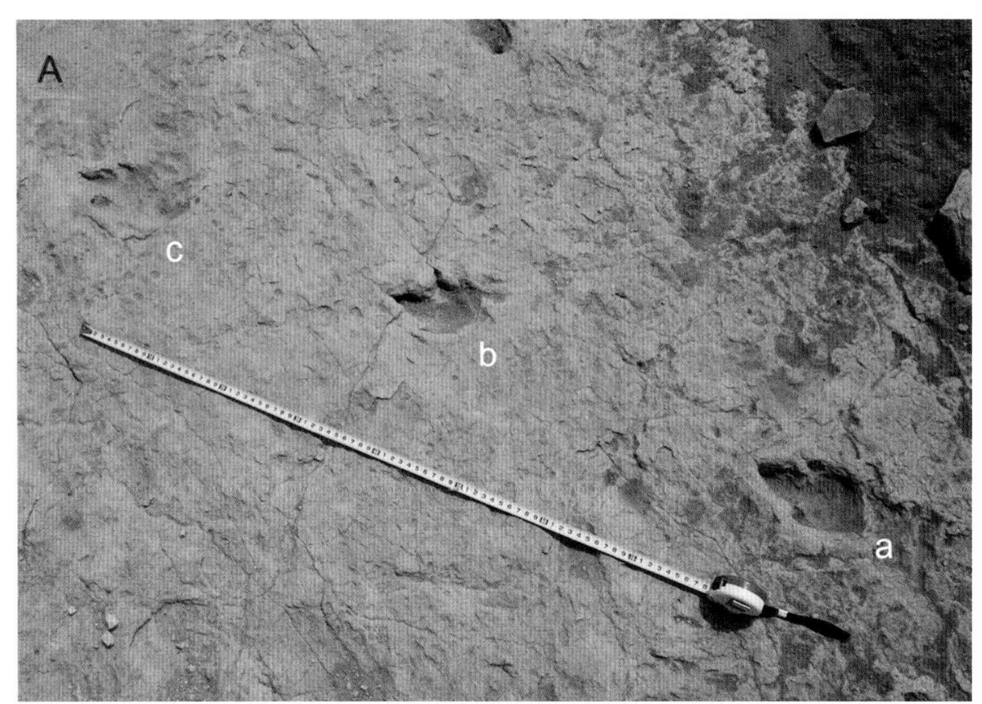

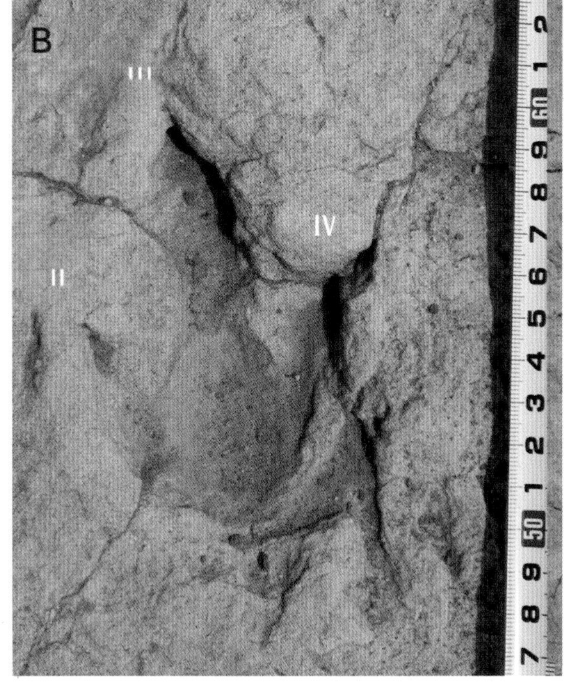

兽脚类恐龙跷脚龙足迹未定种（*Grallator* isp.）行迹及放大照片

A 为由 a、b、c 共 3 枚足迹构成的 1 条行迹，运动方向为右下至左上方；

B 为行迹中足迹 b 的放大照片，足迹为三趾型，长 9.5 cm，宽 6.8 cm，

长宽比值为 1.4，爪迹尖锐。罗马数字示趾编号。

内蒙古鄂托克旗查布苏木 4 号点，下白垩统泾川组

鞑靼鸟足迹属（*Tatarornipes*）模式标本及正模足迹（圆圈内足迹）照片（引自李建军，2015）

模式标本编号为 OCGMBT001。

查布鞑靼鸟足迹（*Tatarornipes chabuensis*）是 Lockley 等（2012a）为描述在内蒙古鄂托克旗查布地区发现的鸟足迹化石而建立的足迹属种名称。查布地区是世界上著名的下白垩统恐龙足迹和鸟类足迹化石产地。在约 300 km^2 范围内已发现的 16 个足迹点中，有 4 个足迹点产出丰富的鸟类足迹化石，数量超过 200 枚。这些鸟类足迹化石形态一致，特征相同，为同一个足迹属种。足迹主要鉴定特征为：三趾型，呈亚对称图形，Ⅲ－Ⅳ趾间缝略比Ⅱ－Ⅲ趾间缝靠前，趾垫式为 2-3-4（对应于Ⅱ、Ⅲ、Ⅳ趾）。趾迹宽而粗壮，近端宽，向远端渐细，有时有爪迹。足迹宽大于长；Ⅱ－Ⅳ趾趾间角平均为 110.3°，Ⅱ、Ⅲ趾趾间角平均为 51.4°，小于Ⅲ、Ⅳ趾之间的夹角；Ⅱ、Ⅲ、Ⅳ趾的趾迹总是相连。行迹窄，单步长平均为 20.5 cm，复步长平均为 41 cm，中趾略向内偏转。其中最明显的特点是趾迹粗壮，每个趾迹的形状由近端向远端渐细，整个趾迹呈长锥形（子弹形）。

内蒙古鄂托克旗查布苏木 4 号点，下白垩统泾川组

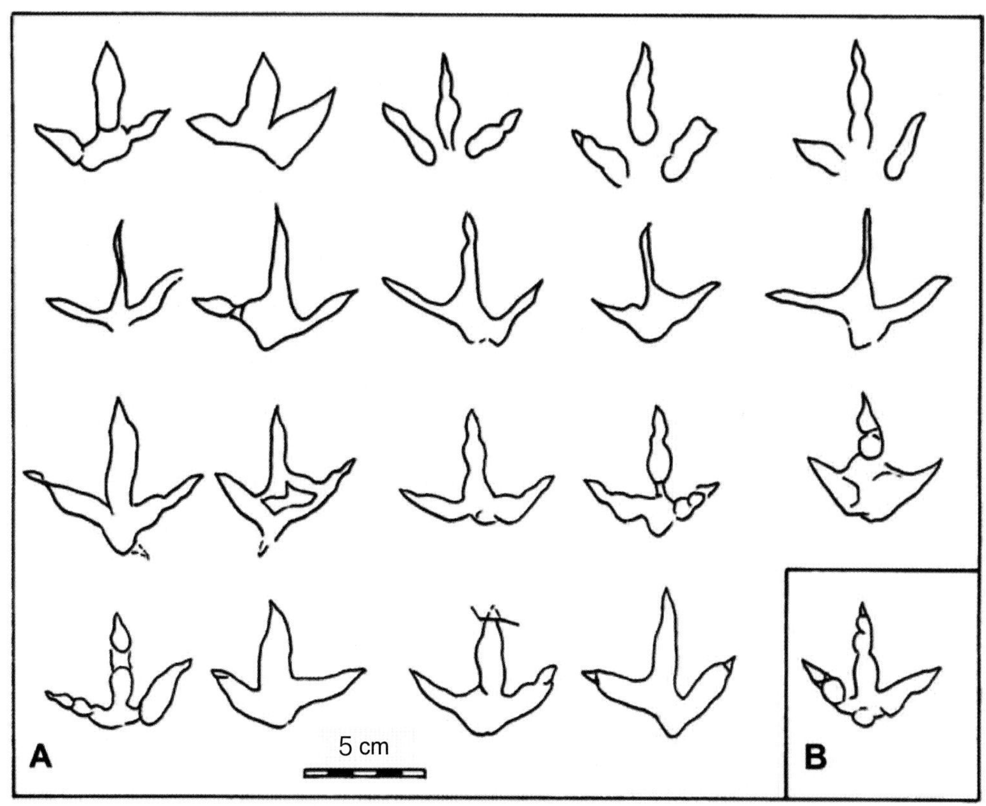

查布鞑靼鸟足迹（*Tatarornipes chabuensis*）地模轮廓图（引自 Lockley et al.，2012a）

A 为地模足迹，B 为正模足迹（EG BT001）。

内蒙古鄂托克旗查布苏木 4 号点，下白垩统泾川组

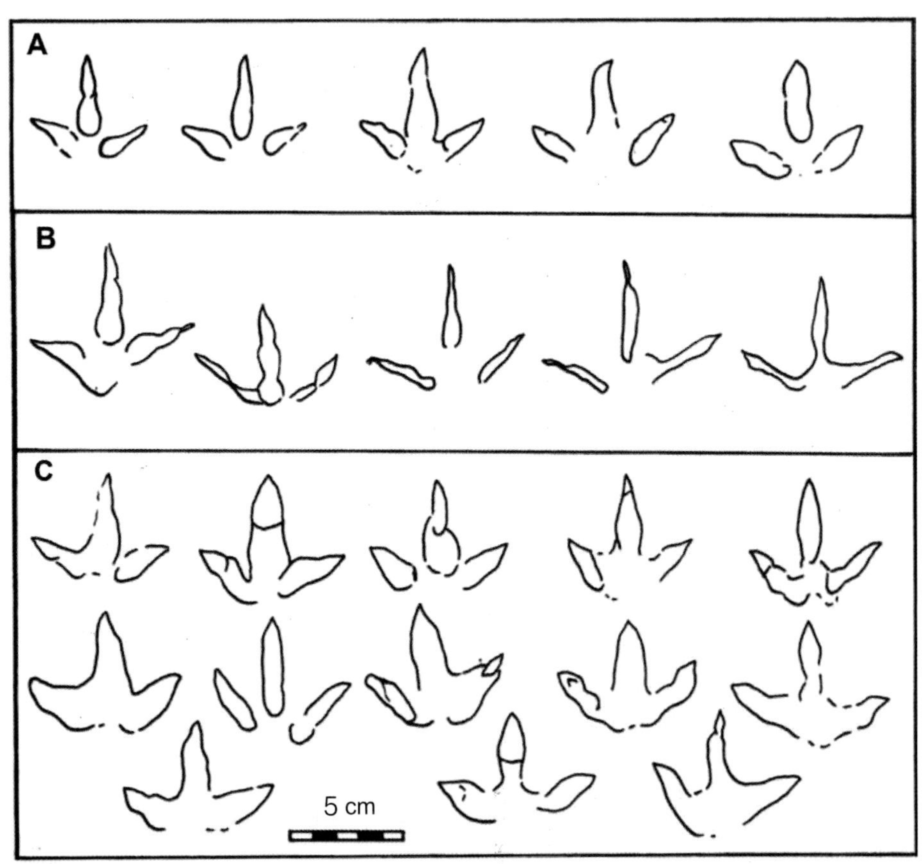

查布鞑靼鸟足迹（*Tatarornipes chabuensis*）副模轮廓图（引自 Lockley et al.，2012a）

A 为 1 号点足迹，B 为 5 号点足迹，C 为 15 号点足迹。其中 5 号点的足迹比较纤细。A、B、C 的比例尺相同。

内蒙古鄂托克旗查布苏木，下白垩统泾川组

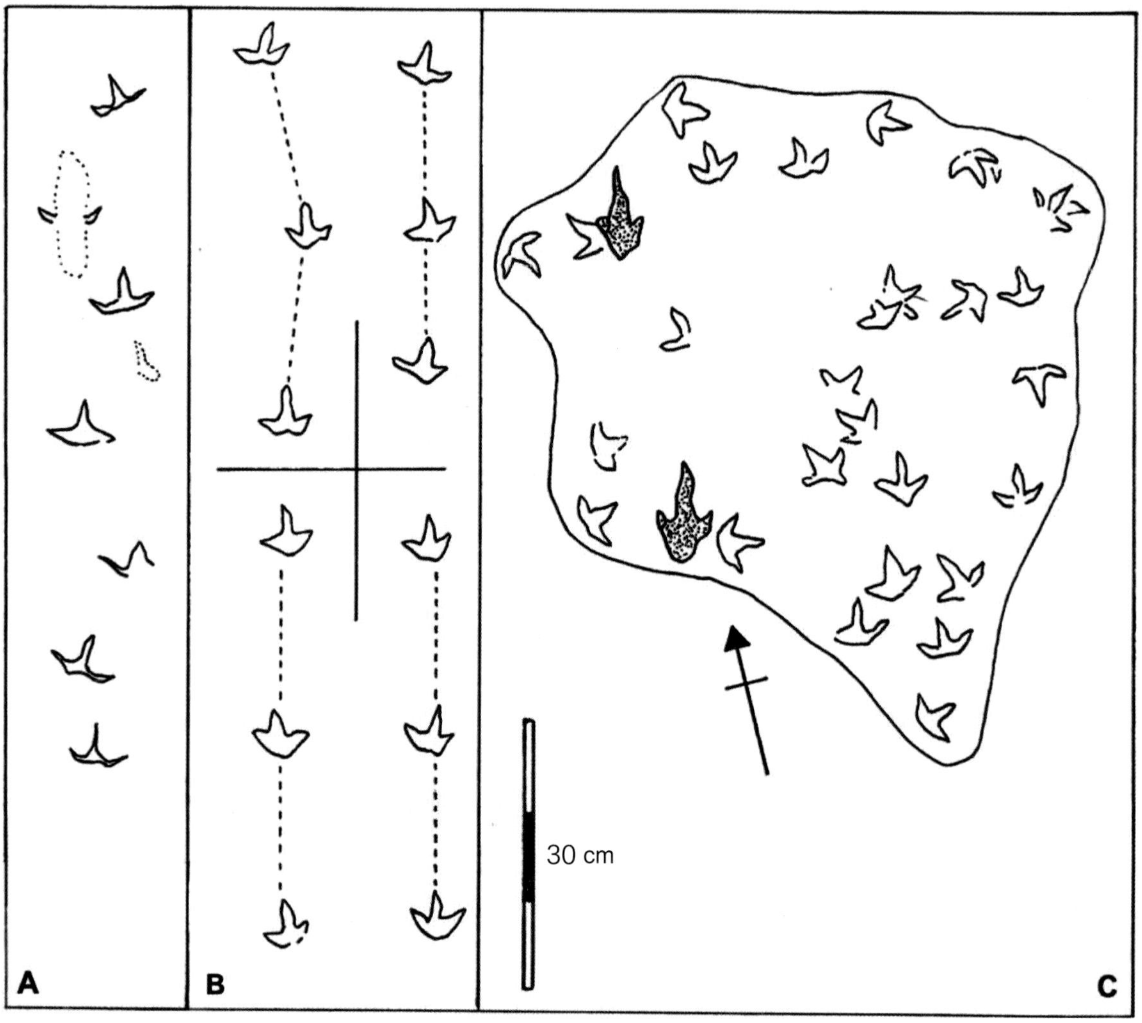

查布鞑靼鸟足迹（*Tatarornipes chabuensis*）行迹及组合图（引自 Li et al.，2009）

A 为由 7 枚足迹构成的 1 条行迹，第 6 枚足迹（虚线部分）被凹坑部分破坏（查布 5 号点）；B 为由 3 枚足迹构成的 4 条行迹，连步用虚线连接（查布 15 号点）；C 为 15 号点的足迹组合——查布鞑靼鸟足迹（*Tatarornipes chabuensis*）和兽脚类跷脚龙足迹（*Grallator*）（两个大的带阴影的三趾型足迹）。A、B、C 的比例尺相同。

内蒙古鄂托克旗查布苏木，下白垩统泾川组

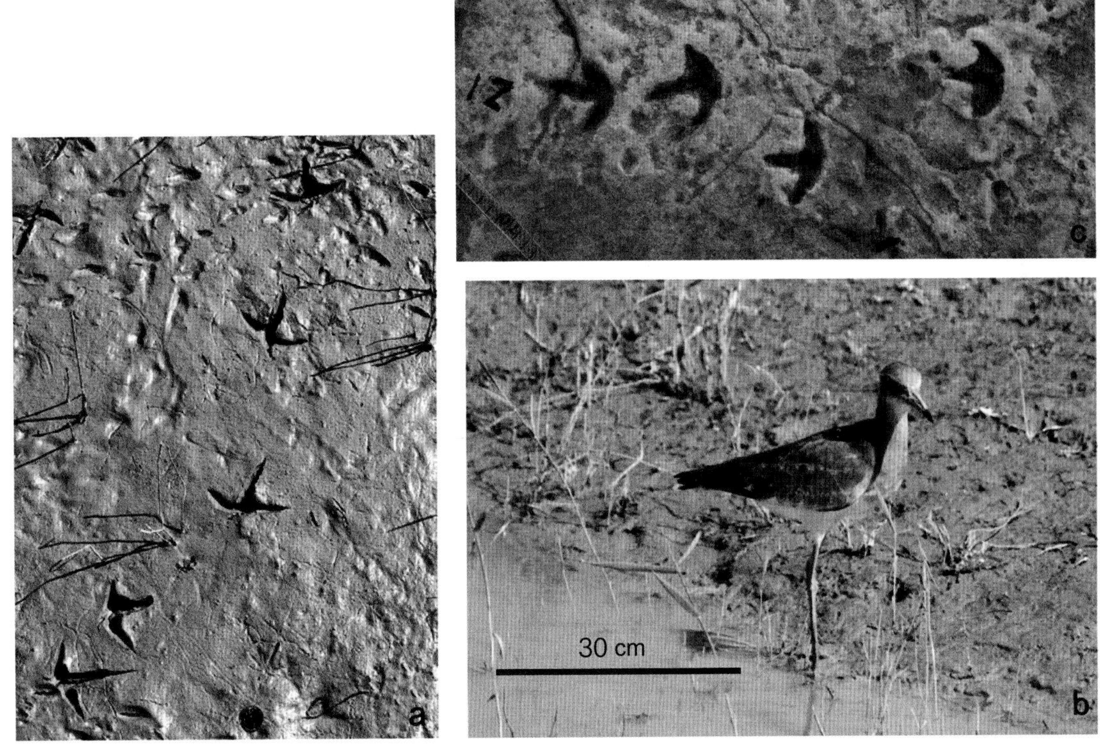

鞑靼鸟足迹（*Tatarornipes*）与现生金斑鸻鸟足迹对比图（引自李建军等，2011）

a 为现生灰头麦鸡的足迹，b 为图 a 中足迹的造迹者灰头麦鸡，c 为查布地区早白垩世的鞑靼鸟足迹（*Tatarornipes*）。

李建军等（2011）认为，鞑靼鸟足迹（*Tatarornipes*）与现生金斑鸻鸟（*Pluvialis fulva*）的足迹十分类似。灰头麦鸡（学名 *Vanellus cinereus*）是鸻科麦鸡属下的中型水鸟，与金斑鸻鸟很相似。图 a 和图 b 为研究者在查布地区拍摄的照片，当时 1 只灰头麦鸡正在水塘边的泥地上行走，研究者先用望远镜头拍摄下了这只鸟的形态，然后至现场拍摄了鸟脚印

现生灰头麦鸡（学名 *Vanellus cinereus*）足迹照片

内蒙古鄂托克旗查布地区

（4）查布5号点

5号点是查布地区恐龙足迹最丰富之地，足迹分布区域很广，该区域纵向长约1 km。该点进一步分出6个次一级化石点，分别被命名为5①、5②、5③、5④、5⑤和5⑥号点。其中5①、5②、5③、5⑤号点位于同1条季节性河流的河床底部，每年雨季之后都有大量新的足迹被冲刷出来。由于暴露时间较短，所以5号点的足迹化石都比较清晰而完整。

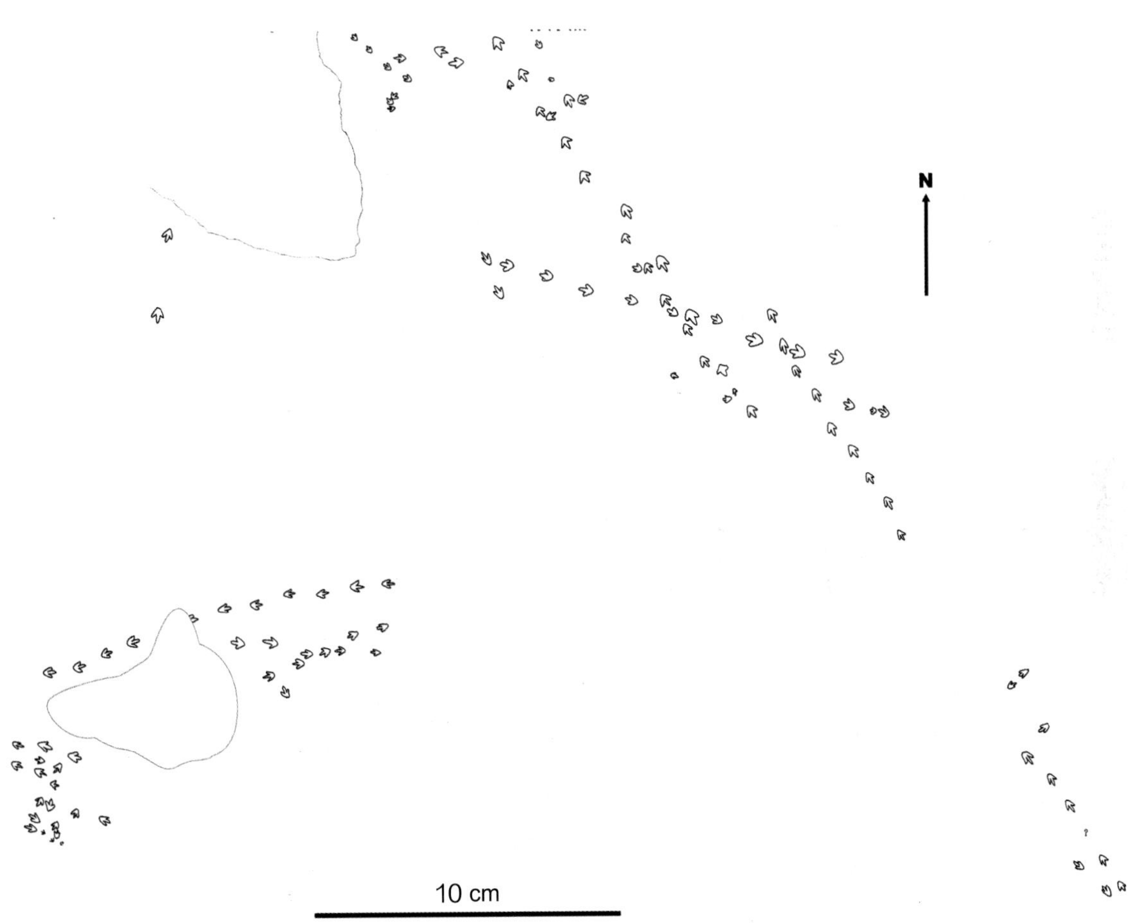

查布5①号点足迹露头分布图（引自李建军等，2011）

该点发现111枚恐龙足迹，皆为兽脚类足迹。足迹按大小可分为两种类型，并显示两条主要行进路线。其中，西北至东南方向147°为主导性行迹方向。

内蒙古鄂托克旗查布苏木，下白垩统泾川组

跟垫亚洲足迹（*Asianopodus pulvinicalx*）行迹照片

足迹长 27~33 cm，宽 17~21 cm，两侧趾间角为 42°~59°。

内蒙古鄂托克旗查布苏木 5 ①号点，下白垩统泾川组

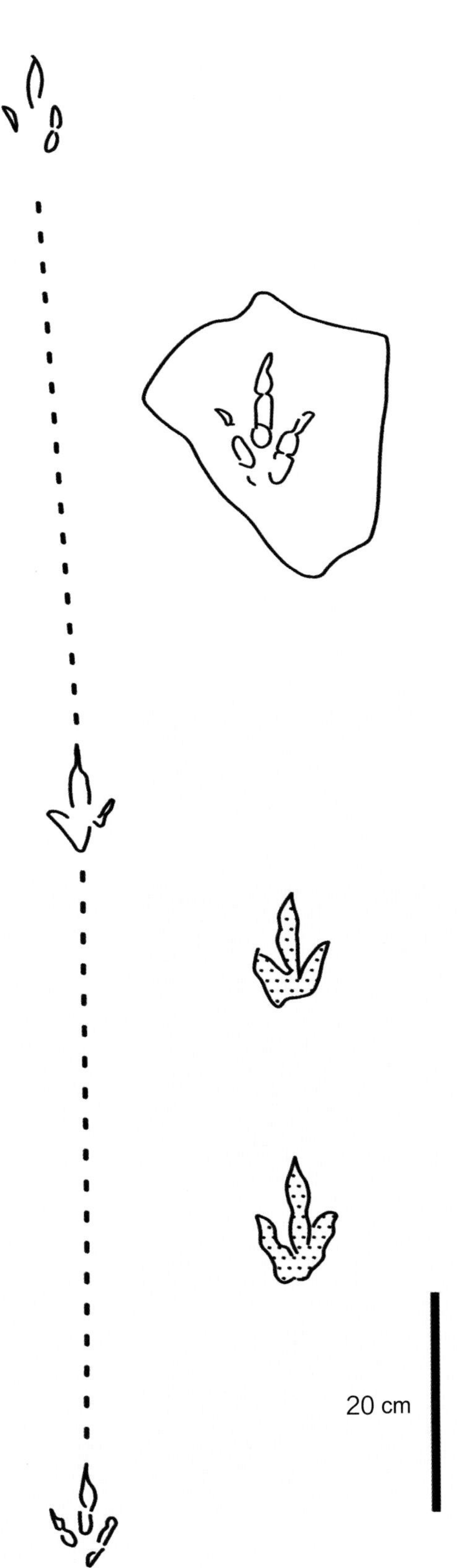

跷脚龙足迹（*Grallator*）行迹照片（引自 Li et al.，2009）

内蒙古鄂托克旗查布苏木5①号点，下白垩统泾川组

跟垫亚洲足迹（*Asianopodus pulvinicalx*）行迹照片

内蒙古鄂托克旗查布苏木 5 ②号点，下白垩统泾川组

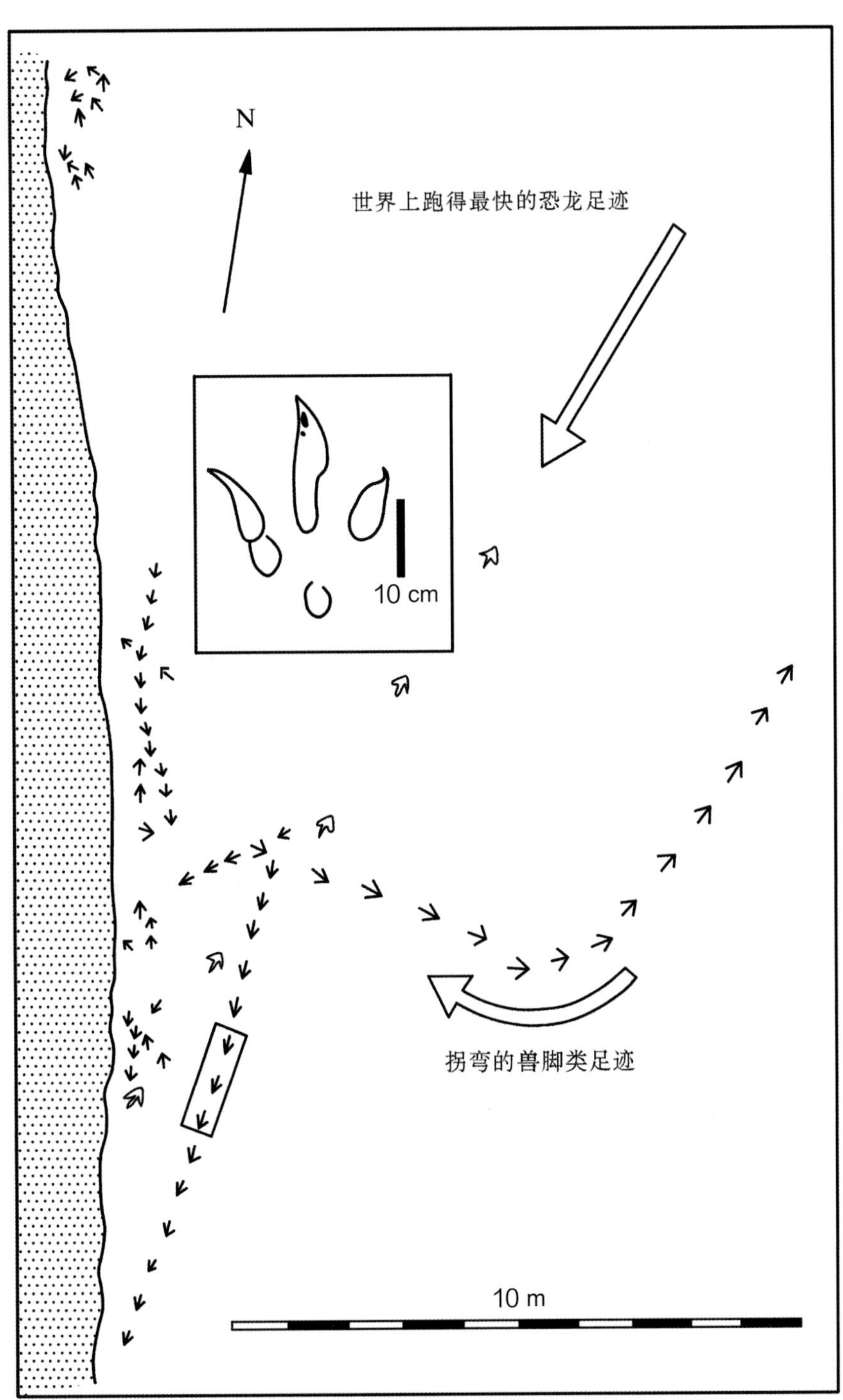

5 ③号点恐龙足迹露头分布图（引自 Li et.，2009）

世界上跑得最快的恐龙的足迹即发现于该点。

内蒙古鄂托克旗查布苏木，下白垩统泾川组

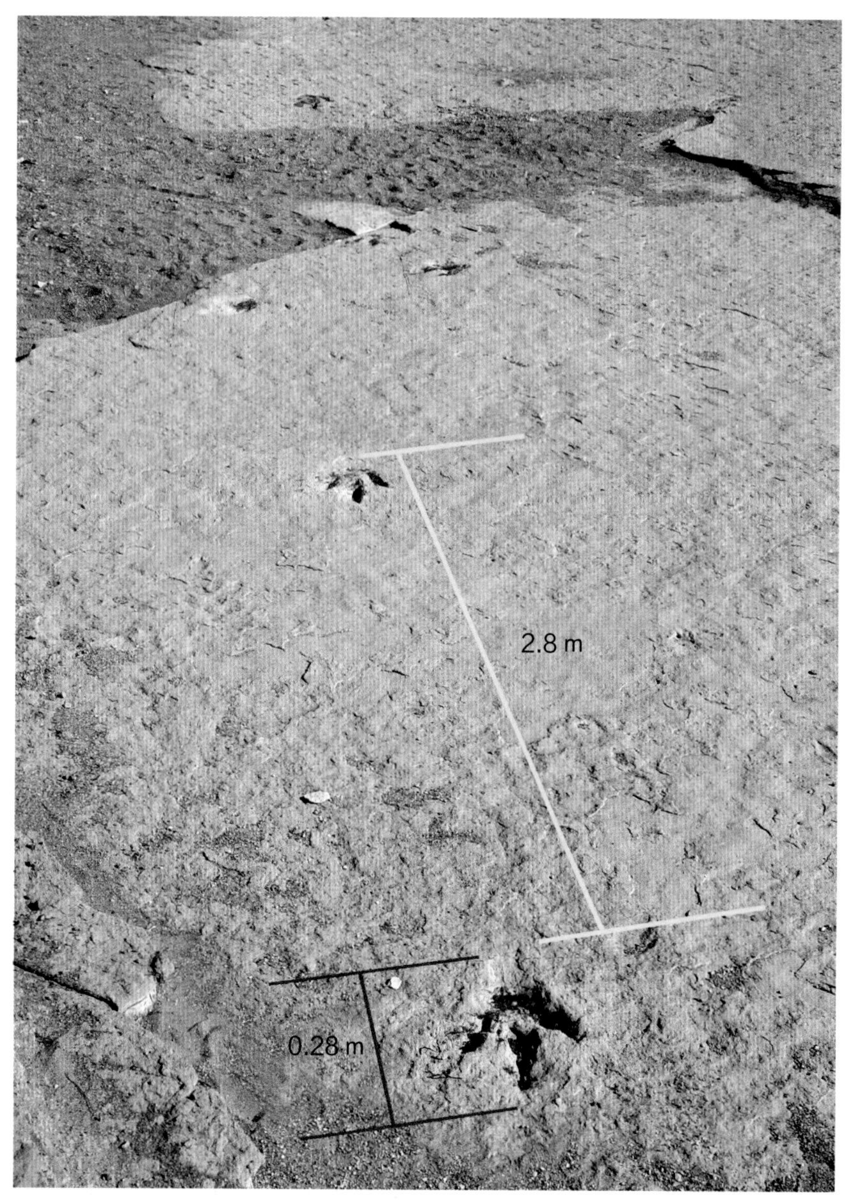

世界上跑得最快的恐龙的足迹（引自李建军等，2011）

足迹名称为跟垫亚洲足迹(*Asianopodus pulvinicalx*)，足长 28 cm，臀高(h)为 1.12 m(按 4 倍足长推算)。该行迹单步长为 2.8 m，足迹基本在 1 条直线上，因此复步长（SL）为 5.6 m（按照两倍单步长计算），相对复步长（SL/h）为 5，说明该恐龙在快速奔跑。

经过计算，这条恐龙的奔跑速度为 43.85 km/h，为目前世界上发现的跑得最快的恐龙。

内蒙古鄂托克旗查布苏木 5 ③号点，下白垩统泾川组

快速奔跑的恐龙的足迹（跟垫亚洲足迹 *Asianopodus pulvinicalx*）照片

正常行走的跟垫亚洲足迹在后端通常有发育完美的蹠趾垫（大致相当于脚跟印迹），但照片中的足迹前部较深，而后端的蹠趾垫印迹几乎不见，这是恐龙奔跑时前足用力蹬地，而后部几乎不着地造成的。

内蒙古鄂托克旗查布苏木 5 ③号点，下白垩统泾川组

飞奔的兽脚类恐龙示意图（左笑然绘制）

恐龙类型：兽脚类恐龙，肉食龙类中的中等个体者

最快速度：时速 43.85 km

李建军等（2011）根据查布地区众多兽脚类恐龙行迹的运动速度统计数据，认为足长约 30 cm 的中型恐龙可以达到很快的奔跑速度，而大型足迹的造迹恐龙其运动速度都在 20 km/h 以下。这说明大型恐龙可能由于体重的原因，难以用很快的速度奔跑。当然，恐龙的运动速度还受其他因素影响。从足迹化石分析，中等大小的亚洲足迹（*Asianopodus*）的造迹恐龙能以很快的速度奔跑，所以其活动范围很大。目前，在中国、日本、韩国等地都发现大量的亚洲足迹，说明它们所代表的恐龙群有着广阔的生存空间和地理分布。

内蒙古鄂托克旗查布苏木 5 ③号点，下白垩统泾川组

拐弯的兽脚类恐龙行迹照片

15 个跟垫亚洲足迹（*Asianopodus pulvinicalx*）组成 1 条行迹，足迹在行进途中出现拐弯。如图所示，在两个拐弯点 a 和 b 处，拐弯的曲线并不圆滑。

内蒙古鄂托克旗查布苏木 5③号点，下白垩统泾川组

拐弯的兽脚类恐龙行迹照片（左笑然绘制）

相对于体形庞大的蜥脚类恐龙，兽脚类恐龙因为个体较小，身手敏捷，运动速度较快，因此转弯也较为灵活。从这个角度分析，兽脚类恐龙的拐弯类足迹也不应该罕见。关于行迹拐弯的原因，与动物行为学相关，主要包括追踪猎物、地形影响（如河流、高山的阻碍），以及群体内个体间的打闹嬉戏等。图中给出的只是其中1种可能的情形，其示意兽脚类恐龙正在围攻蜥脚类恐龙，从而遗留下很长的拐弯行迹

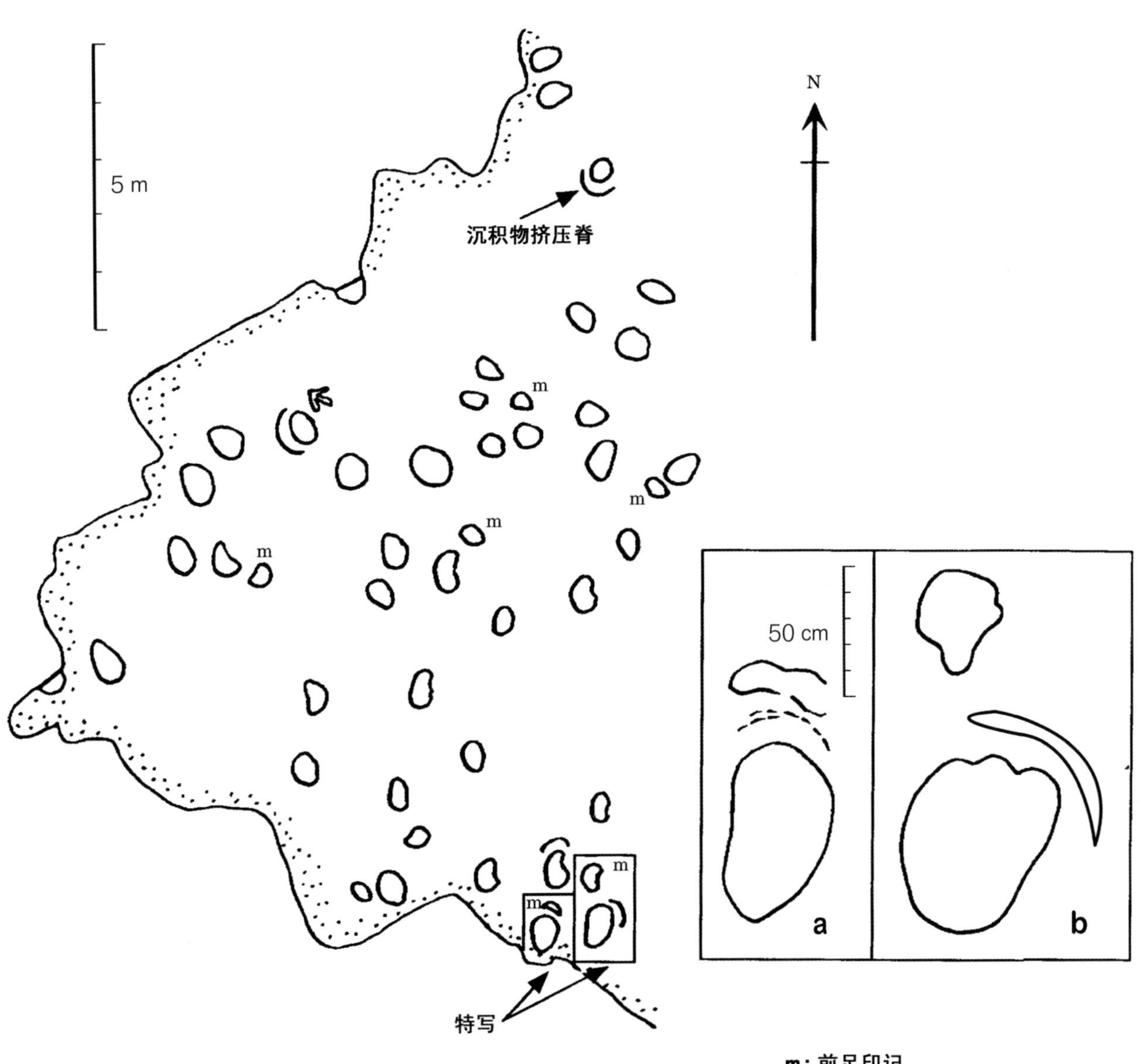

5 ④号点恐龙足迹露头分布图（引自 Lockley et al.，2002b）

a 为 1 对右前、后足足迹，b 为 1 对左前、后足足迹（月牙形者为后足迹的挤压脊）。

图中阴影区为足迹露头边界。

内蒙古鄂托克旗查布苏木，下白垩统泾川组

伯德雷龙足迹（*Brontopodus birdi*）铸模地点全景图（上）和局部俯视图（下）（引自李建军等，2011，有修改）

巨型蜥脚类足迹铸模的产出位置恰好出现于被河流冲刷形成的地层断面上，而三趾型兽脚类恐龙足迹和卵圆形蜥脚类足迹则分布在层面上。

内蒙古鄂托克旗查布苏木 5 ⑤号点，下白垩统泾川组

伯德雷龙足迹（*Brontopodus birdi*）之后足足迹铸模照片

5⑤号足迹点海拔较低，季节性河流对其冲刷严重，使得层面上的足迹大多被冲刷，保存下的足迹也比较零散，形态特征不清晰。如图所示，河流的冲刷使大型蜥脚类恐龙足迹的铸模在河岸的垂直剖面上暴露出来。其中最右侧的A1深达70 cm，顶部直径约为75 cm。这些巨大铸模与上部岩层岩性相同，均为黄白色砂岩，为上部层位的沉积物对恐龙的踩坑进行充填而成。该足迹点有1条至少由12个这种铸模构成的伯德雷龙足迹（*Brontopodus birdi*）行迹，现存行迹的累计长度（中间被河流冲断为两截）为22 m。以如此大规模的铸模形式保存的恐龙足迹在世界上目前尚属首例（李建军等，2011）。

内蒙古鄂托克旗查布苏木5⑤号点，下白垩统泾川组

伯德雷龙足迹（*Brontopodus birdi*）之后足足迹铸模特写照片

铸模深约 70 cm，上部直径约为 75 cm。

李建军等（2011）对这种巨大足迹铸模的成因进行了解释：在看似坚硬的地表下有充足的水分，由于恐龙很重，在湖边行走时脚陷得很深，脚拔出之后，在地面上留下 1 个深达 70 cm（或更深）的坑。后来泥沙充满了足迹坑，成岩后就变成自然铸模。图中铸模足迹的行迹方向由右向左，因此该足迹的造迹恐龙其脚的踏入方向为右上，而脚拔出方向为左上。恐龙踩踏地面时，地面以下的泥土被踩至坑内；在脚拔出的过程中，则向后挤压被踩入足迹坑的地表泥土层。因此，仔细观察地层断面上足迹铸模及其周边地层层理等沉积构造的变化特征，就可以揭示这些巨型足迹铸模的形成过程。

内蒙古鄂托克旗查布苏木 5 ⑤号点，下白垩统泾川组

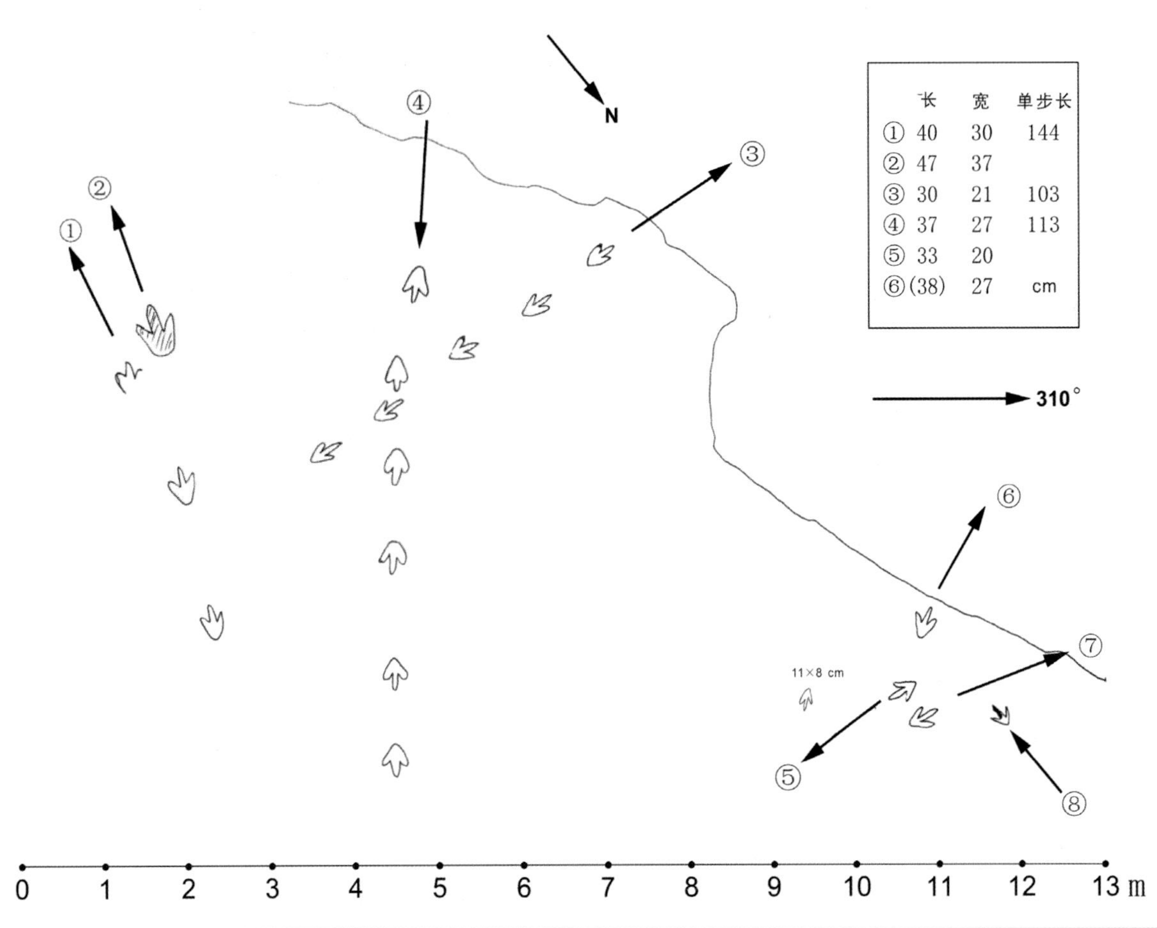

兽脚类足迹分布图（引自李建军等，2011）

该层面保存有20多枚大型兽脚类足迹，组成4条行迹（A、B、C、D）。行迹A由3枚足迹组成，足迹平均长40 cm，宽20 cm，单步长144 cm；行迹C由5枚足迹构成，足迹平均长30 cm，宽21 cm，单步长103 cm；行迹D由6枚足迹组成，足迹平均长37 cm，宽27 cm，单步长113 cm。这批足迹中最大者是②号，为1枚孤单足迹，长47 cm，宽37 cm，长宽比值为1.27；最小足迹长11 cm，宽8 cm。

内蒙古鄂托克旗查布苏木5⑥号点最顶层，下白垩统泾川组

4条伯德雷龙足迹（*Brontopodus birdi*）行迹照片（引自李建军等，2011）

照片中4条行迹并不在同一层面上，行迹4的层面是当时恐龙直接踩踏的层面，为“真正”的足迹；其他3条均为“幻迹”，即恐龙行走时对下部沉积物挤压形成的间接的凹坑。尽管如此，仍然可利用幻迹来判断恐龙当时的运动方向。4条行迹的方向相同，表明蜥脚类恐龙当时正成群结队地在此地行走。作为比例尺的地质锤长度为28 cm。

内蒙古鄂托克旗查布苏木5⑥号点最顶层，下白垩统泾川组

查布鞑靼鸟足迹（*Tatarornipes chabuensis*）照片（引自李建军等，2011）

足迹保存在钙质粉砂质砂岩层面上，为上凹保存。

内蒙古鄂托克旗查布苏木5⑥号点，下白垩统泾川组

（5）查布15号点

据李建军等（2011）研究，15号化石点位于8号化石点西南方向500 m处，层位在8号点之上6 m，是查布地区层位最高的足迹点，足迹暴露面积达200 m^2。保存足迹的岩层为灰绿色钙质粉砂岩。15号点的足迹都很小，以兽脚类足迹为主（138枚），也保存有丰富而精美的鸟类足迹化石（70多枚），但未见蜥脚类足迹。恐龙足迹中有5条兽脚类行迹（编号为S、T、U、R、H）向同一方向行进，个体大小相同，反映出集体行动的特点。15号点的鸟类足迹分布凌乱，很难识别出超过3枚连续足迹的行迹。鸟足迹为三趾型，无拇趾印迹，足迹宽6~7 cm，长约5 cm，宽大于长；单步长约为15.5 cm，复步长为30 cm；足迹比较粗壮，无脚蹼印迹，也无拇趾印迹。在15号点，小型兽脚类恐龙足迹穿插在鸟类足迹之间，李建军等（2011）根据足迹的以上特征，大胆推测这些小型的兽脚类恐龙当时可能正在捕捉鸟类，由于白垩纪早期的鸟类已具有很强的飞行能力，所以当成群的恐龙突然冲入鸟群时，鸟群受到惊吓而飞散，从而留下分布凌乱的足迹。

王宝鹏等（2017）在 15号化石点附近又发现1个小型足迹点，将其命名为15B号足迹点，其层位在15号化石点层位之上1.9 m。在15B点新发现两个两趾型的恐爪龙类足迹化石（编号为Chabu15-1和Chabu15-2），以及两枚大型兽脚类足迹和1枚跷脚龙足迹（*Grallator*）类的小型足迹。两趾型的恐爪龙类足迹被归入奔驰龙足迹属未定种（*Dromaeosauripus* isp.）。查布15B足迹点的两趾型恐爪龙类足迹，是内蒙古地区该类足迹的首次发现。

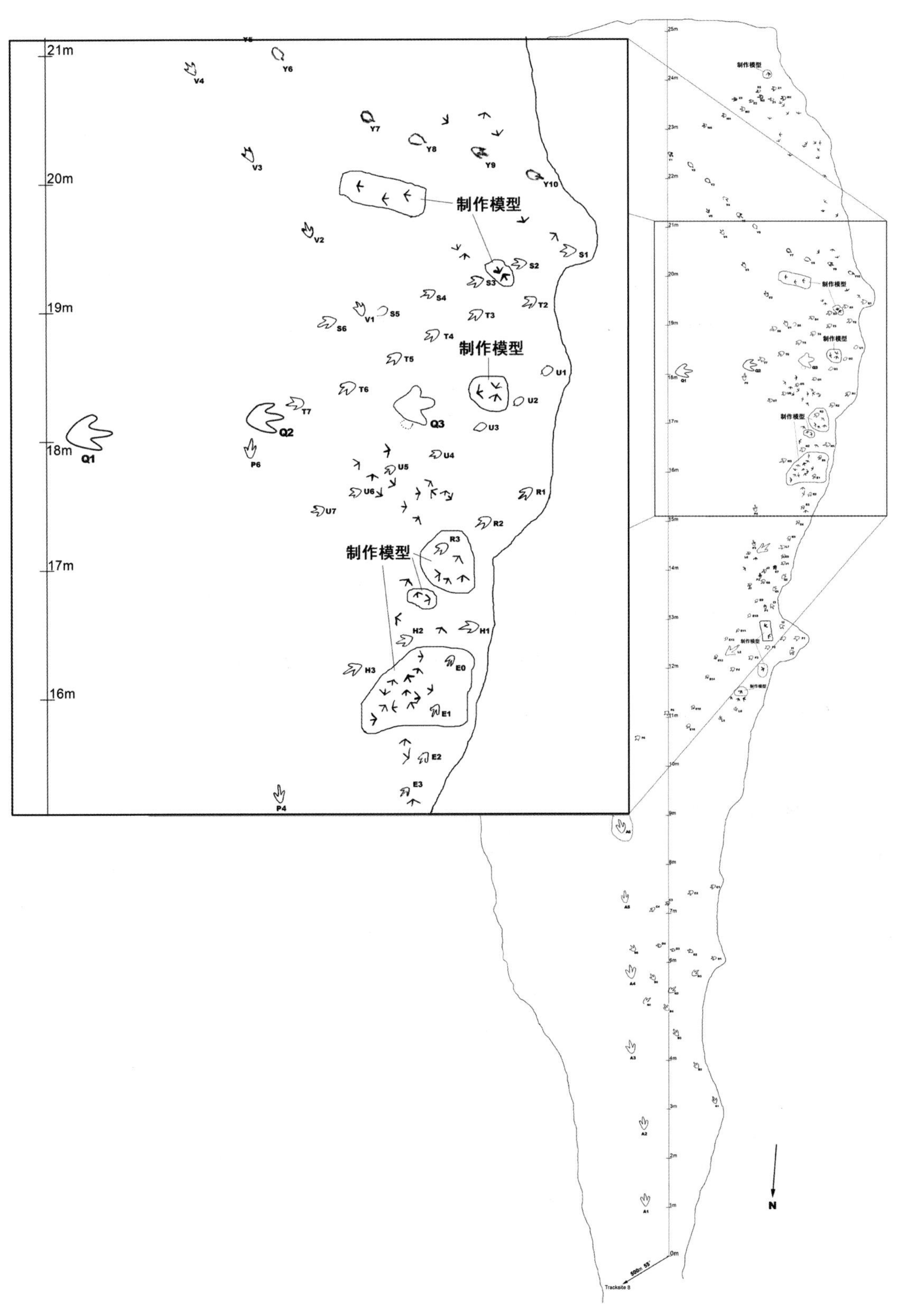

查布 15 号点恐龙足迹分布图（引自 Li et al.，2009）

左方上部为全图中部方框部分的放大图。

内蒙古鄂托克旗查布苏木，下白垩统泾川组

查布鞑靼鸟足迹（*Tatarornipes chabuensis*）及跷脚龙足迹（*Grallator*）照片（引自李建军等，2011）

同一层面上密集分布着查布鞑靼鸟足迹和 10 多枚较大的三趾型兽脚类跷脚龙足迹。鸟类足迹方向凌乱，恐龙足迹则有一定的方向性；至少有 4 条恐龙行迹，其中 1 条较长，至少由 8 枚足迹构成。

内蒙古鄂托克旗查布苏木 15 号点，下白垩统泾川组

小型兽脚类恐龙捕捉鸟类的想象图（引自李建军等，2011）

查布 15 号点发现的小型兽脚类恐龙足迹穿插在鸟类足迹之间，鸟类足迹则凌乱而无方向性。这些小型的兽脚类恐龙当时可能正在捕捉鸟类

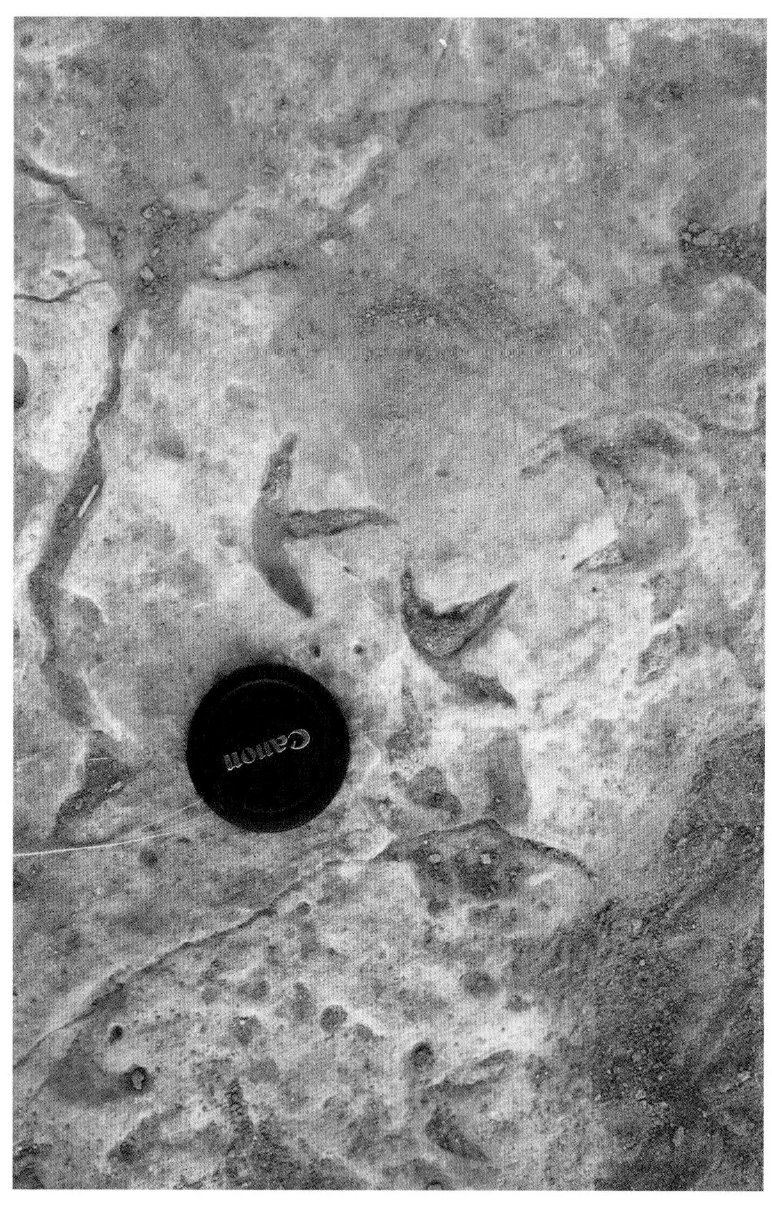

查布鞑靼鸟足迹（*Tatarornipes chabuensis*）层面分布照片

内蒙古鄂托克旗查布苏木 15 号点，下白垩统泾川组

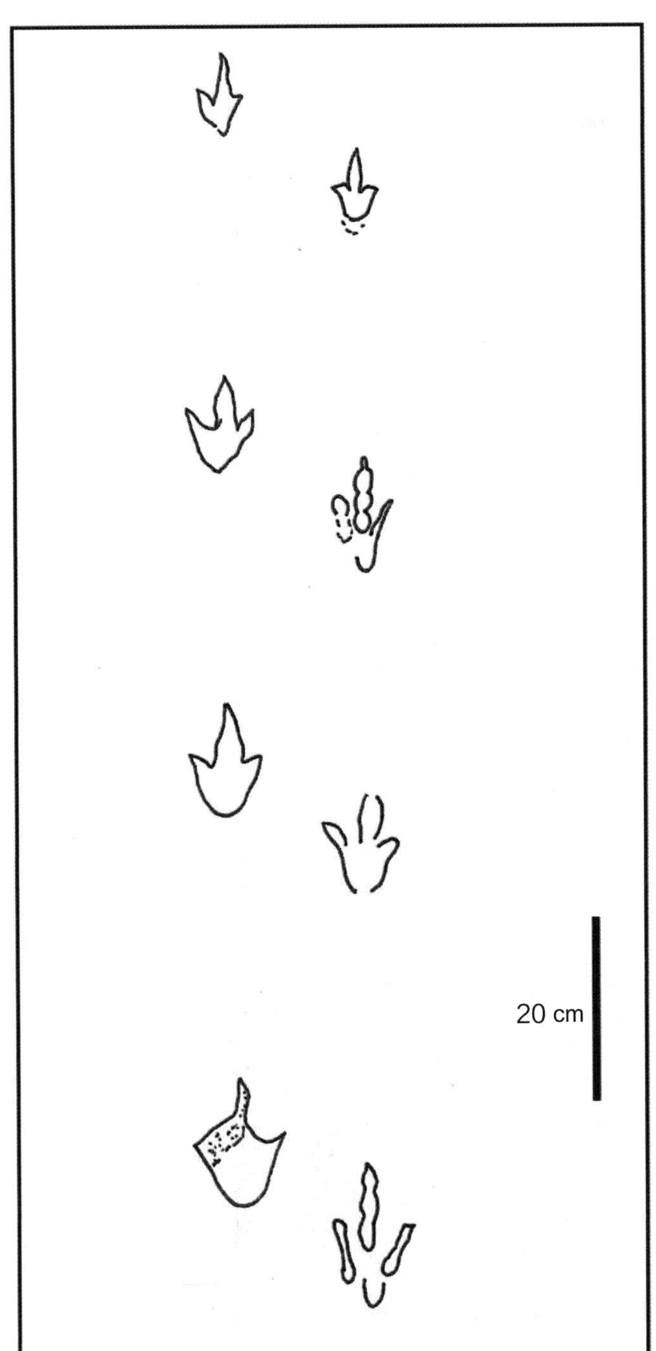

查布15号点恐龙足迹分布轮廓图（引自 Li et al.，2009）

这些足迹均为跷脚龙足迹（*Grallator*）类的兽脚类恐龙足迹。

内蒙古鄂托克旗查布苏木，下白垩统泾川组

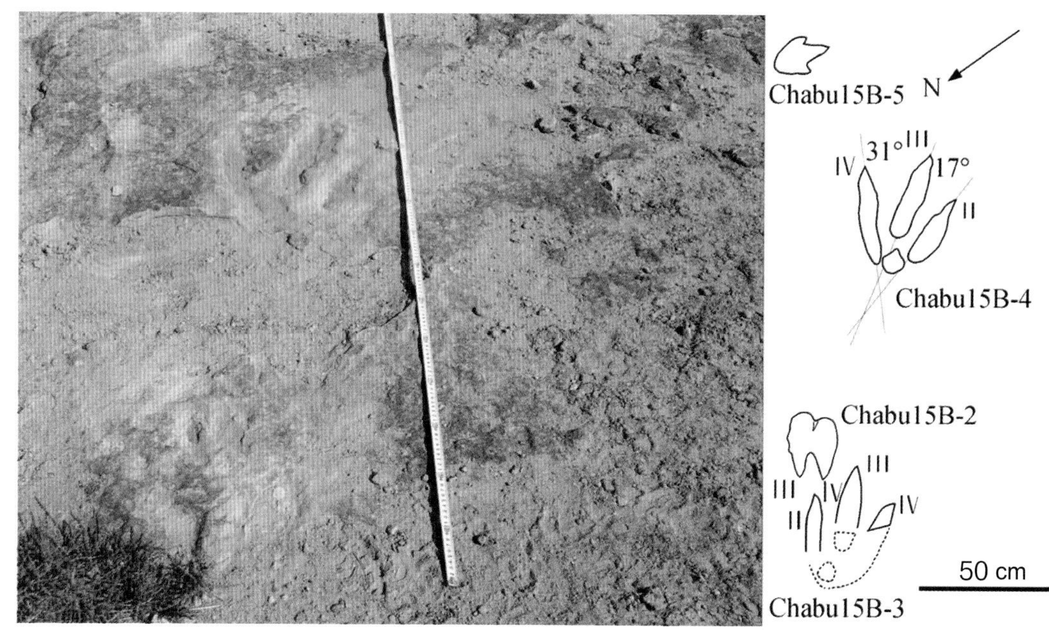

两趾型足迹（Chabu15B-2）露头照片及轮廓图（引自王宝鹏等，2017）

两趾型足迹（Chabu15B-2）与另外 3 枚兽脚类足迹（编号为 chabu15B3-5）共生，足迹长 14 cm，宽 11 cm。1 个脚趾印迹的最深处有 1 个明显的小坑，深 3.5 cm，推测是后期风化的结果。足迹中可明显地看到两个趾的外部轮廓和趾尖，两趾印迹连在一起。两趾趾尖相距 6.5 cm，趾叉（hypex）位于中部，距后边缘 8.5 cm，到两个趾尖的距离分别为 5.3 cm 和 4.6 cm。右侧趾的右侧边缘向外凸出，由于恐爪龙类的后足Ⅱ趾各有 1 个硕大的爪子，行走时不着地，因此判断这个外凸的边缘是Ⅱ趾的近端留下的印迹，足迹 Chabu15B-2 应为左足迹。足迹 Chabu15B-3 与 habu15B-4 的形态、大小及行走方向一致，可判断二者为同一只大型兽脚类恐龙的足印，其形成 1 个单步。足迹 Chabu15B-3 只保留前半部分的 3 趾。足迹 Chabu15B-4 保存较完整，长 41.5 cm，宽 31 cm，长宽比值为 1.34。足迹 Chabu15B-5 为小型三趾型足迹，长 14.3 cm，宽 7 cm；两侧趾间角较小，没有清晰的趾垫印迹。整个足迹呈细长的菱形，应属跷脚龙足迹（*Grallator*）类。罗马数字为趾的编号。

内蒙古鄂托克旗查布苏木 15 ②号点，下白垩统泾川组

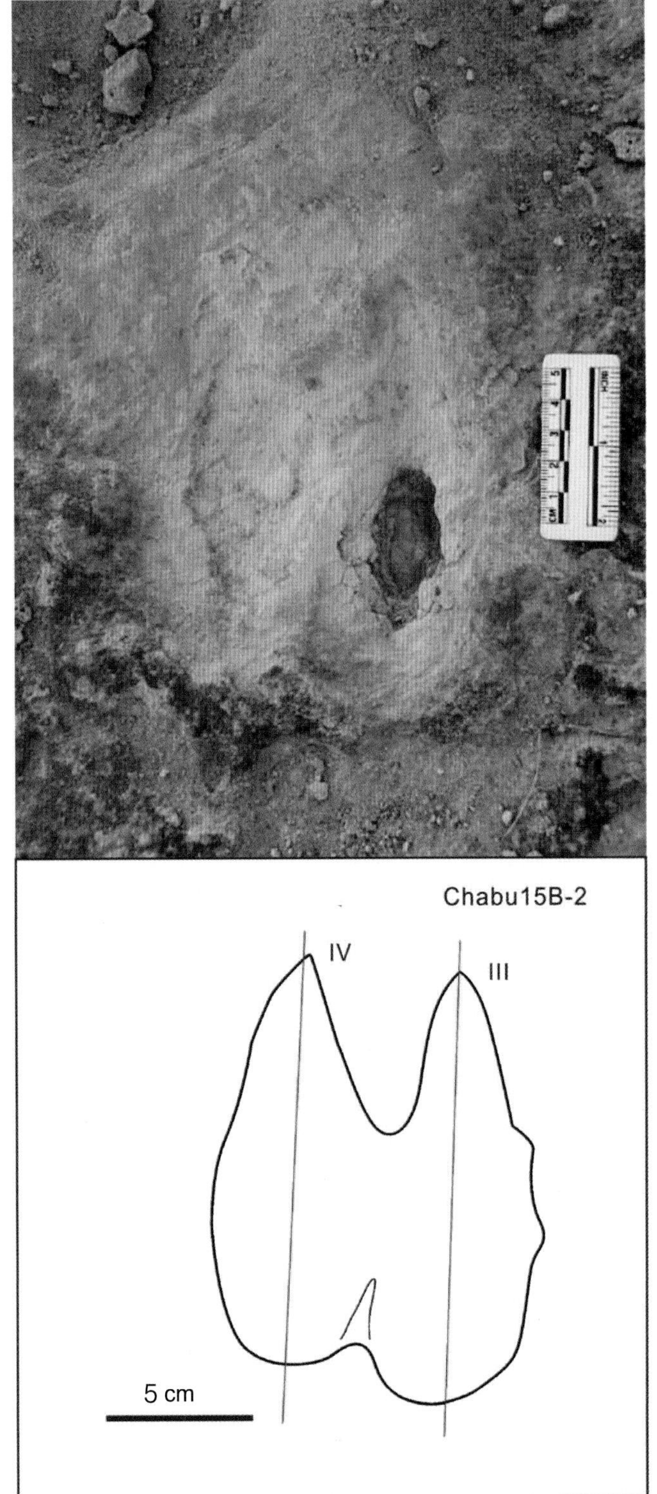

两趾型足迹（Chabu15B-2）照片及轮廓图（引自王宝鹏等，2017）

该足迹被归入奔驰龙足迹属（*Dromaeosauripus*），为 1 枚左足足迹。足迹长 14 cm，宽 11 cm，长宽比值为 1.3。罗马数字为趾的编号。

内蒙古鄂托克旗查布苏木 15 ②号点，下白垩统泾川组

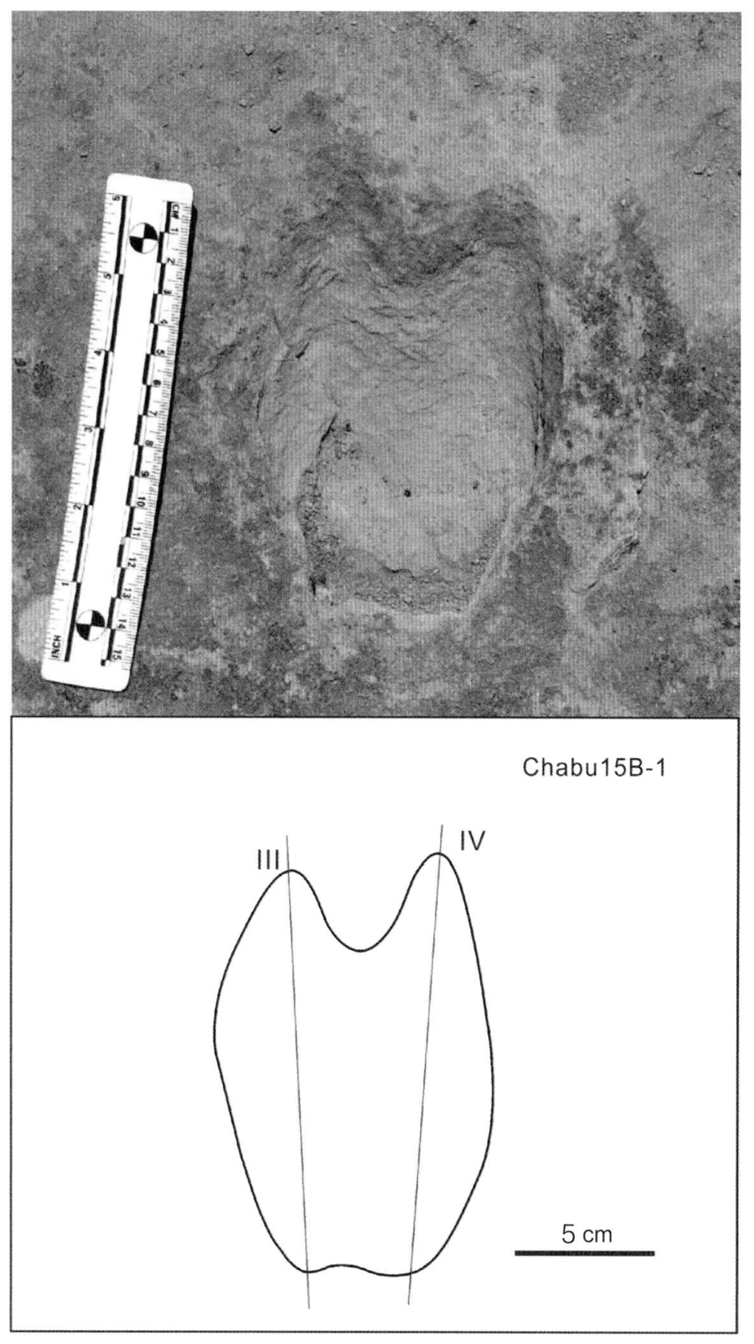

两趾型足迹（Chabu15B-1）照片及轮廓图（引自王宝鹏等，2017）

该足迹为二趾型，长 15 cm，宽 10 cm，长宽比值为 1.5。该足迹与 Chabu15B-2 相距 20 m，同为两趾型足迹，因足迹方向不同，不能确定是否为同一只恐龙的足迹。从足迹尺寸及保存特征看，二者应为同一类恐龙的足迹，同被归入奔驰龙足迹属（*Dromaeosauripus*）。

罗马数字为趾的编号。

内蒙古鄂托克旗查布苏木 15 ②号点，下白垩统泾川组

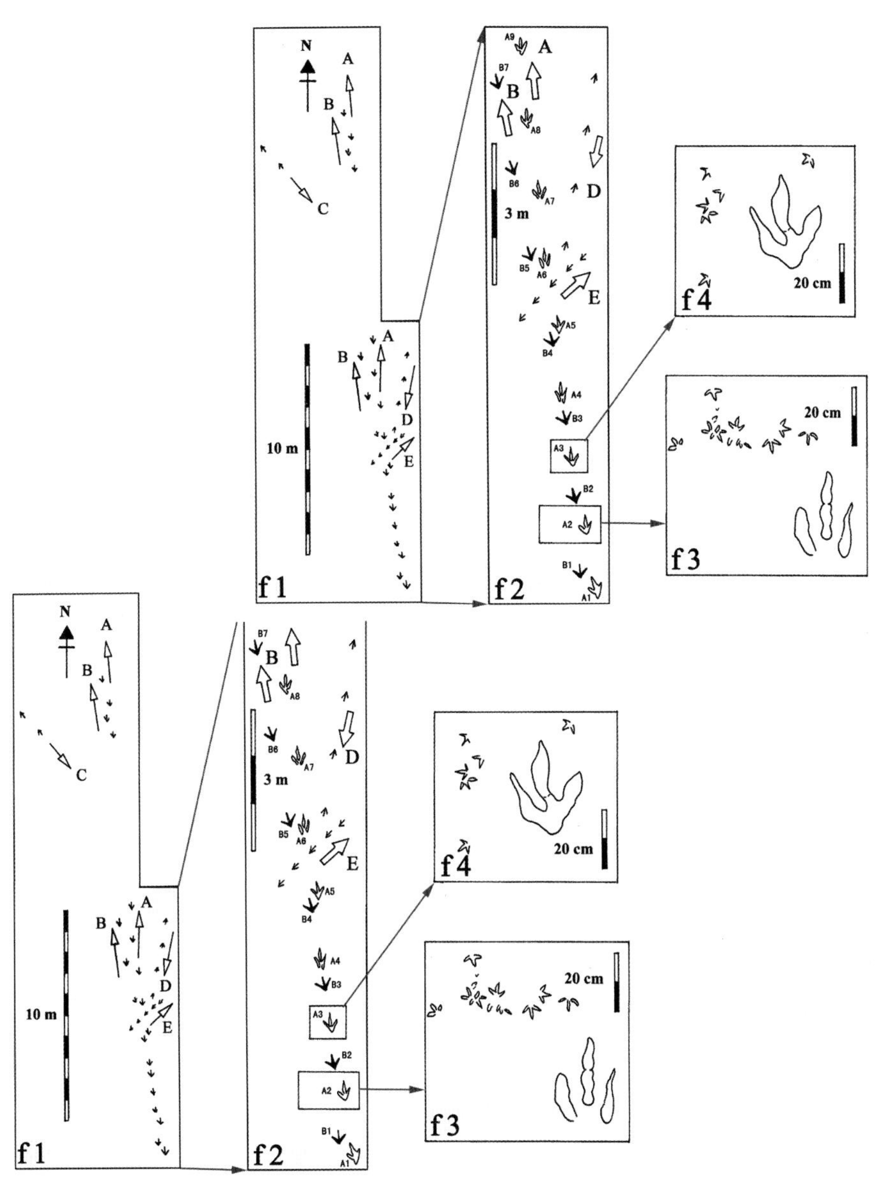

查布1号点足迹分布图（引自 Li et al.，2009）

在1号点共发现5条行迹，其包含31枚兽脚类恐龙足迹，未见蜥脚类足迹。

在行迹A的A2和A3两枚足迹附近还发现一些凌乱的鸟类足迹。

f 1为5条行迹（行迹A–E）层面分布图；f 2为行迹A、B、D、E放大图；f 3为足迹A2放大图及周边的鸟类足迹，显示为无蹠趾垫印迹；f 4为足迹A3放大图及周边的鸟类足迹，显示蹠趾垫印迹发育。

行迹A、B、C分别由9枚、7枚和两枚足迹构成，足迹较大，为跟垫亚洲足迹（*Asianopodus pulvinicalx*），造迹恐龙可能为肉食龙类中的巨齿龙类；行迹C、D、E个体较小，属于跷脚龙足迹（*Grallator*），造迹恐龙可能为美领龙类（Compsognathids）。值得注意的是，在辽西地区下白垩统中发现的许多长羽毛的恐龙都属于驰龙类（Dromaeosaurids）或美颌龙类。

内蒙古鄂托克旗查布苏木1号点，下白垩统泾川组

中外科考队员在查布1号点跟垫亚洲足迹（*Asianopodus pulvinicalx*）行迹前留影

亚洲足迹的行迹方向正朝向左边第4人。

这串行迹其实包括两条交织在一起的行迹A和行迹B。其中行迹A由9枚连续足迹构成。足迹为三趾型、两足行走，蹠趾垫大而明显；整个足迹中趾对称，轮廓呈V字形；9枚足迹平均长33 cm，平均宽22 cm，7个单步的平均长为147 cm。需要指出，足迹A2、A4、A6和A7中的蹠趾垫不十分清晰，可能是由行走姿态以及底质性质局部差异造成的。此外，1号点行迹A的足迹尺寸略大于跟垫亚洲足迹的正模标本的上限，李建军等（2011）对足迹鉴定特征进行了修订，将足迹尺寸扩大为长27~33 cm，宽17~22 cm；单步长91~147 cm。

内蒙古鄂托克旗查布苏木1号点，下白垩统泾川组

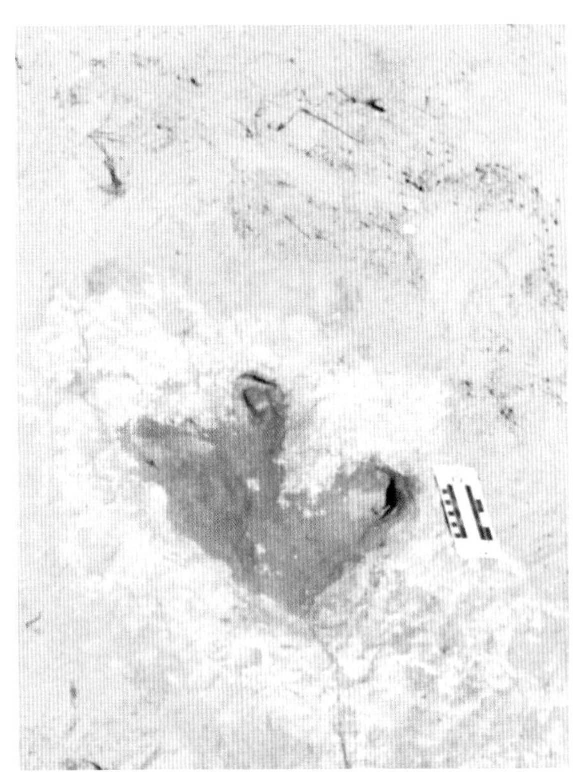

2 号点的洛克里查布足迹（*Chapus Lockleyi*）行迹野外照片（引自李建军等，2011）

右图为左图最下方足迹的放大。

内蒙古鄂托克旗查布苏木，下白垩统泾川组

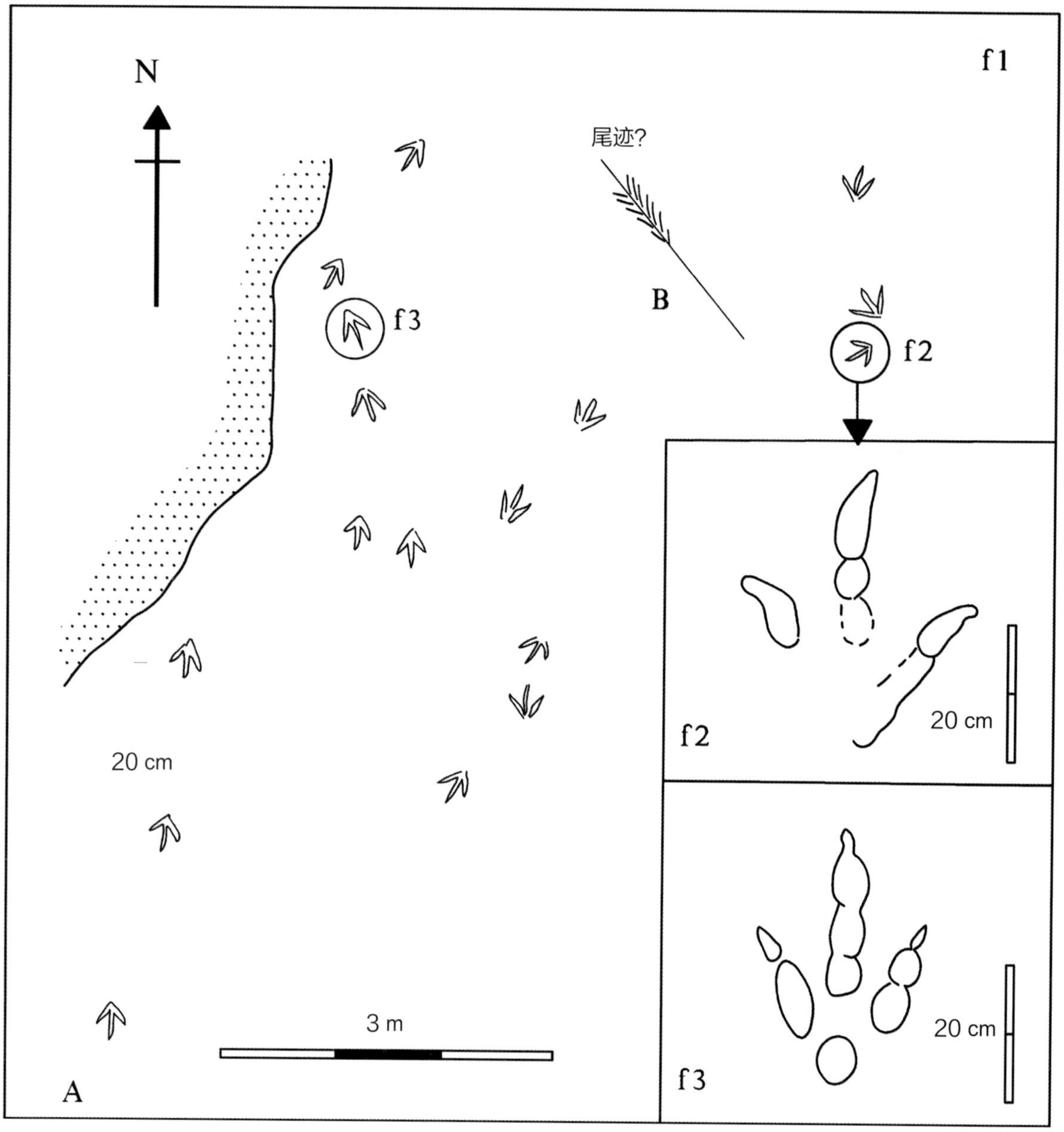

查布 3 号点恐龙足迹层面分布图（引自李建军等，2011）

f1 为足迹分布图，f2 和 f3 为两个保存较好的足迹放大轮廓图。

在 3 号点共发现 16 枚足迹，均为三趾型兽脚类足迹，并发育类似尾迹的痕迹。

该点足迹比较凌乱，仅识别出两条行迹（A 和 B），所有足迹均为同一类型，足迹长为 37~40 cm，为跟垫亚洲足迹（*Asianopodus pulvinicalx*）。

足迹分布虽然凌乱，但足迹印迹清晰，可见明显的趾垫印迹。

内蒙古鄂托克旗查布苏木，下白垩统泾川组

查布 3 号点跟垫亚洲足迹（*Asianopodus pulvinicalx*）平面分布图

图中跟垫亚洲足迹长为 37~40 cm，足迹方向较为凌乱。

内蒙古鄂托克旗查布苏木，下白垩统泾川组

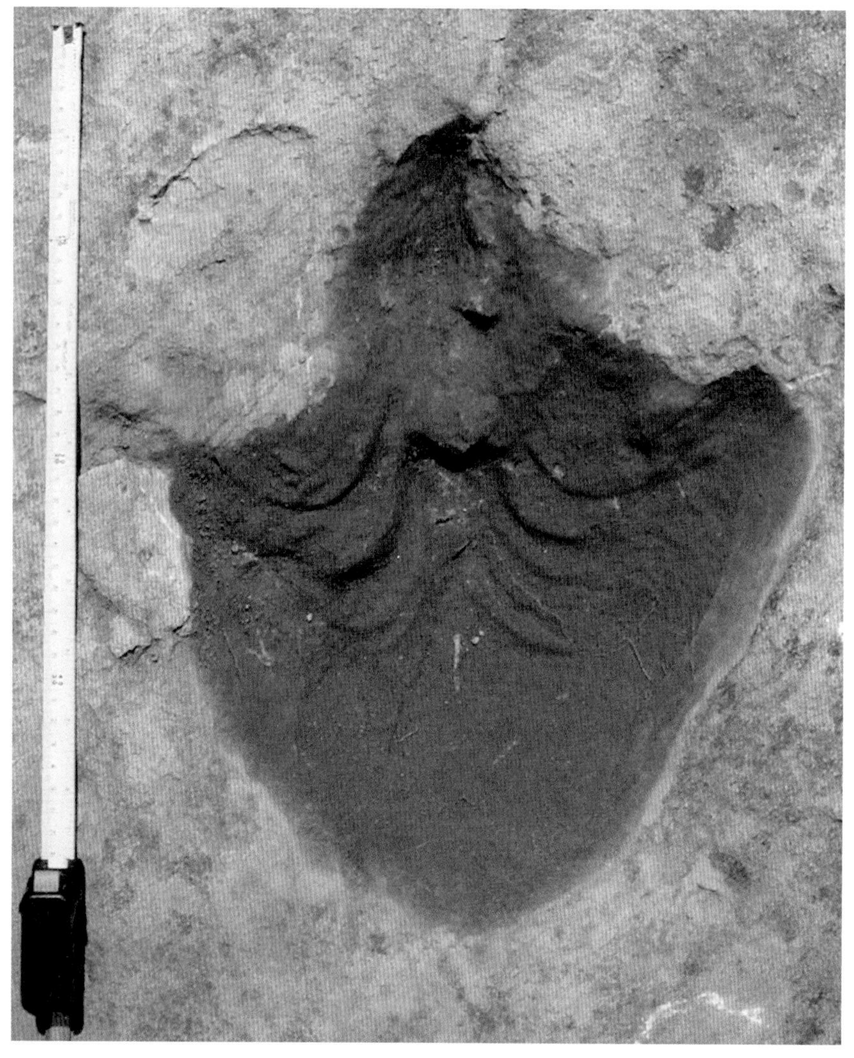

疑似带蹼的恐龙足迹化石（引自李建军等，2011）

7 号点共保存有 400 多枚恐龙足迹，绝大多数为兽脚类足迹，还有少量鸟类足迹。由于该点位置较高，足迹长期遭受风化。20 世纪 80 年代，相关单位曾在此点采集大量恐龙足迹，现在足迹现场仍遗留下许多规则排列的方形的采坑。根据仔细观察和研究，李建军等认为该足迹点绝大部分足迹为上层足迹的幻迹。值得注意的是，在 7 号点还发现一些疑似带趾间蹼的恐龙足迹。图中的足迹长约 34 cm，宽约 22 cm，Ⅱ－Ⅲ趾和Ⅲ－Ⅳ趾间的蹼状构造很清晰。其一种可能是造迹恐龙像某些鸟一样，趾间具有脚蹼，行走时在合适的地面上形成带蹼状构造的足迹；另一种可能是造迹恐龙趾间并无脚蹼，行走时由于脚的扭动而形成类似具蹼的构造。总之，关于这种蹼的成因还有待深入研究。

内蒙古鄂托克旗查布苏木 7 号点，下白垩统泾川组

特殊产状的巨型蜥脚类恐龙足迹照片（1）

地表暴露的砖红色粉砂岩、砂岩层表面分布着一排排巨大的卵圆形涟漪状凸起，其为蜥脚类恐龙的足迹化石。恐龙行走时将地表踩实，因为踩过的地表密度较周围沉积物大，所以形成岩石后不易风化，常凸起并暴露出来。

内蒙古鄂托克旗查布苏木 9 号点，下白垩统罗汉洞组

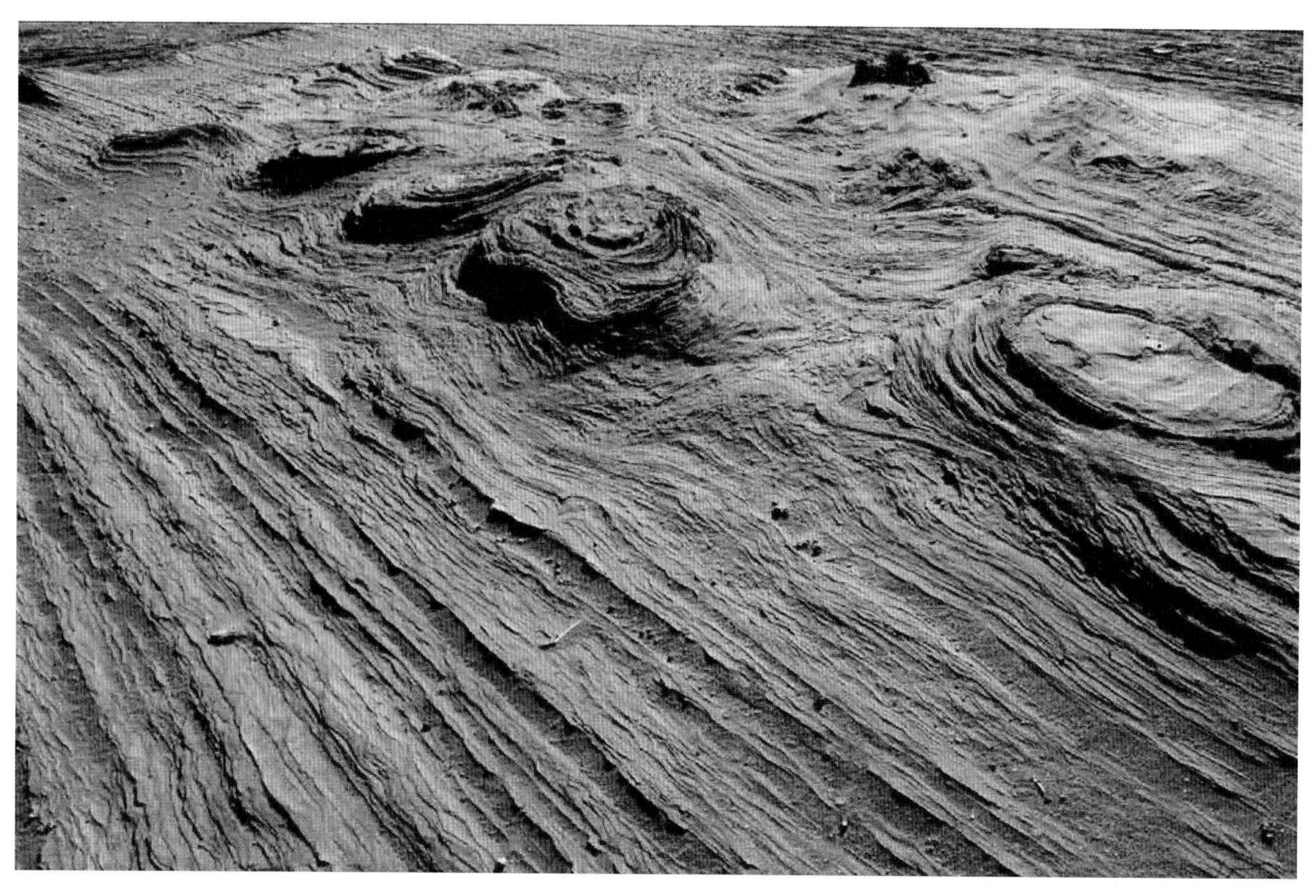

特殊产状的巨型蜥脚类恐龙足迹照片（2）

仔细观察可以发现，这些巨大卵圆形足迹周边岩石中的层理在踩踏过程中遭到了破坏。

内蒙古鄂托克旗查布苏木9号点，下白垩统罗汉洞组

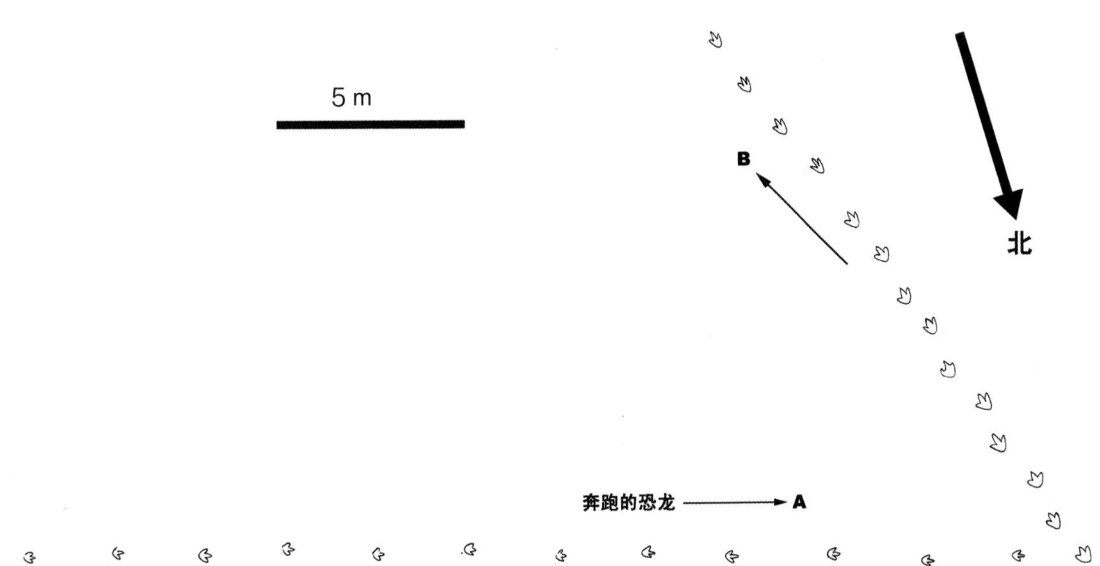

查布10号点足迹平面分布图（引自李建军等，2011）

10号点足迹比较简单，包括两条清晰的行迹，共26枚足迹。其中，行迹A和行迹B分别有12枚和14枚足迹。

行迹A的单步和复步均很大（分别为2.46 m和5 m），显示出恐龙奔跑的行为。根据相关速度公式计算，得出恐龙的运动速度约为30 km/h。相比而言，行迹B的运动速度慢，一方面恐龙个体变大（因为足迹变大），另一方面复步长变小（平均复步长为2.4 m），计算出恐龙的运动速度约为6.5~10.8 km/h，这是兽脚类恐龙行走的正常速度。

10号点的地理位置比较高，位于高地的顶部，环境比较干燥，适于行迹的原地保存。当地政府也对该点进行了保护。

内蒙古鄂托克旗查布苏木，下白垩统泾川组

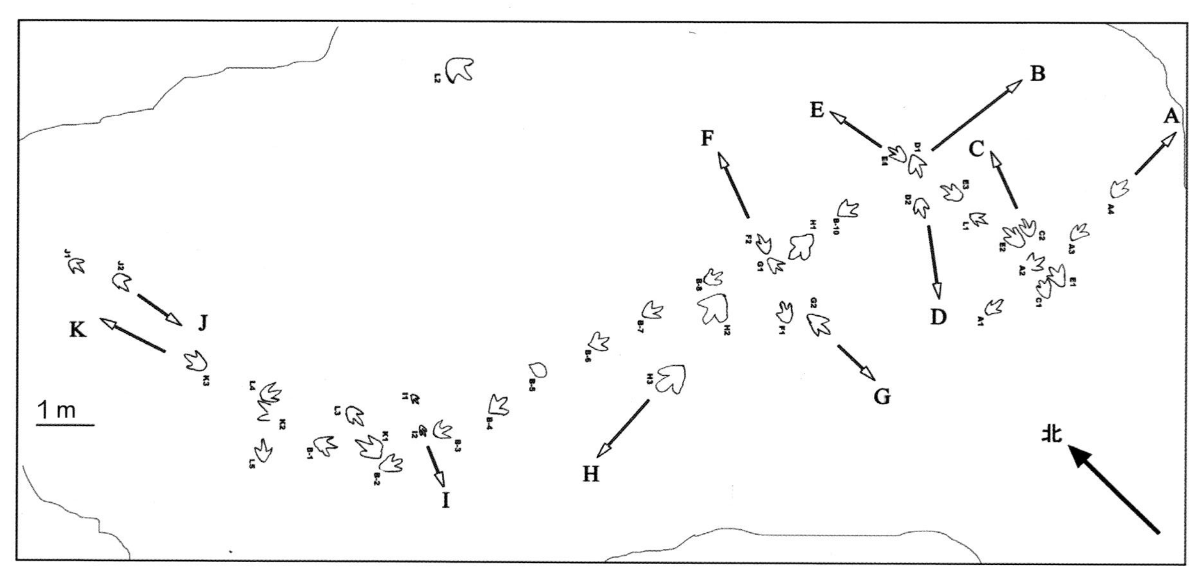

查布 11 号点足迹平面分布图（引自李建军等，2011）

11 号点位于 1 条冲沟内的河床底部，含足迹的岩层为灰绿色砂岩，上面直接覆盖着厚 1 m 的第四纪黄土。该点共保存有 38 枚兽脚类足迹，足迹尺寸均较大，绝大多数足迹长度为 35~40 cm。

内蒙古鄂托克旗查布苏木，下白垩统泾川组

跟垫亚洲足迹（*Asianopodus pulvinicalx*）露头照片

层面上分布着至少 12 枚大型的三趾跟垫亚洲足迹，足迹大小相近，长度均大于 28 cm。

这些足迹组成 4 条行迹，行迹行进方向各不相同，有的甚至相反。

图中地质锤长 28 cm。

内蒙古鄂托克旗查布苏木 11 号点，下白垩统泾川组

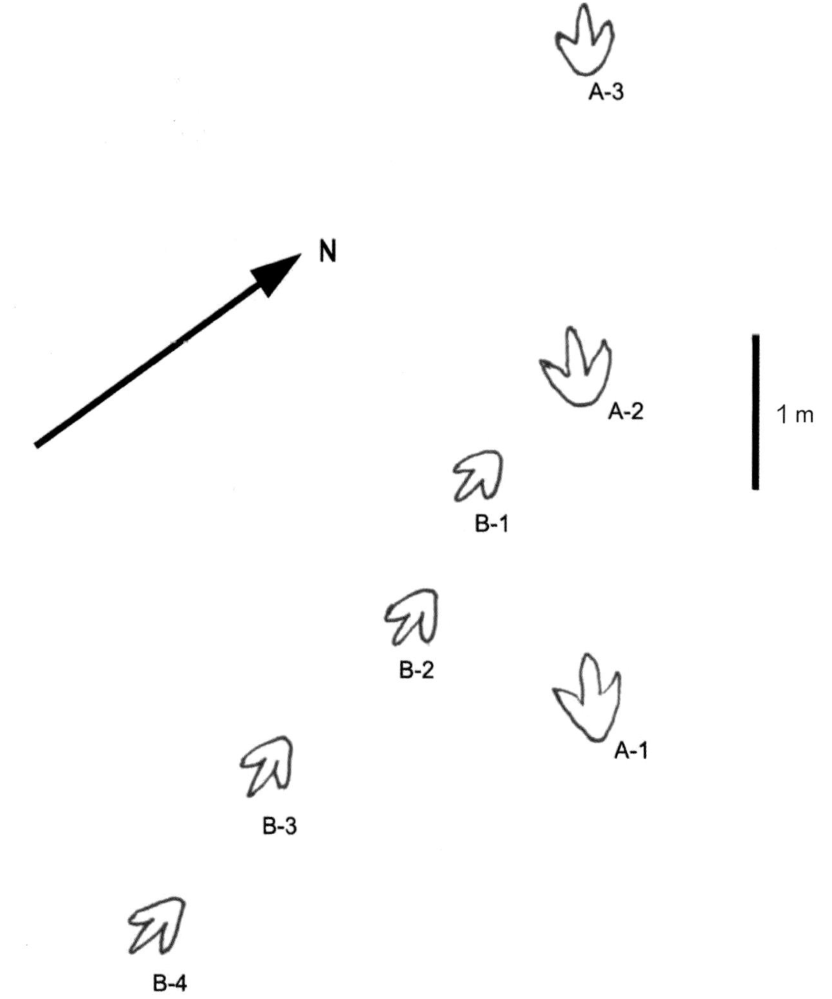

查布 16 号点足迹分布图（引自李建军等，2011）

该点只保存 7 枚大型兽脚类足迹，它们形成两条行迹。1 条行迹的运动方向为北西向（305°），另 1 条为南偏东向（160°）。足迹类型相同，个体较大，均可归入洛克里查布足迹（*Chapus lockleyi*）。

内蒙古鄂托克旗查布苏木，下白垩统泾川组

两条洛克里查布足迹（*Chapus Lockleyi*）照片（引自李建军等，2011）

行迹 A 平均足长为 43 cm，复步长为 455 cm；行迹 B 平均足长为 40 cm，复步长为 260 cm。

行迹 A 的单步和复步都很长，显示出恐龙奔跑的特征。

经计算，行迹 A 的造迹恐龙其奔跑速度为 18~23 km/h；行迹 B 的运动速度为 8~12 km/h，为正常行走状态。

内蒙古鄂托克旗查布苏木 16 号点，下白垩统泾川组

16 号点洛克里查布足迹（*Chapus lockleyi*）照片及造迹恐龙示意图

该足迹点的洛克里查布足迹较为典型，个体大，足长均大于 40 cm，其造迹恐龙应为大型肉食龙类（Carnosaurs），足迹应归入实雷龙足迹科（Eurobrontidae）。

内蒙古鄂托克旗查布苏木，下白垩统泾川组

层面上成因未明的圆形大坑照片

层面上遍布圆形大坑，其分布规律性不强，直径一般为 2~2.5 m，最大者直径可达 3.6 m。如果圆坑是恐龙足迹，尺寸未免太大，但极有可能为构造 – 沉积成因，其成因尚待继续研究。内蒙古鄂托克旗查布苏木 17 号点，下白垩统泾川组

成因未明的圆形大坑断面照片

内蒙古鄂托克旗查布苏木 17 号点，下白垩统泾川组

2.11.2 乌拉特中旗

2006年，内蒙古地质环境监测院在乌拉特中旗发现一处恐龙足迹化石点，位置在海流图镇西10 km处，当地地名为哈利劳，海拔为1 400 m。保存足迹化石的岩层比较坚硬，为含砾砂岩，足迹露头出露良好。化石分布于宽10 m、长40 m，面积约为400 m^2的区域内，周围被黄沙覆盖。

海流图化石点是内蒙古自治区目前发现的第2处恐龙足迹点，各种恐龙遗迹基本上为原始保存状态，足迹保存完好，行迹清晰，呈现极为良好的自然属性和可保护性。

李建军等（2010）对海流图的这批足迹化石进行深入研究，共发现各类恐龙遗迹化石119枚，其中大部分为恐龙足迹，包括兽脚类的玫瑰谷实雷龙足迹（*Eubrontes glenrosensis*）、海流图卡岩塔足迹（*Kayentapus hailiutuensis*）和鸟脚类的中型异样龙足迹（*Anomoepus intermedius*），以及鳄类的蛙步足迹。其中，海流图卡岩塔足迹（*Kayentapus hailiutuensis*）为在该足迹点发现并建立的新种。

根据足迹形态的对比研究，推断造迹恐龙分别为兽脚类恐龙中的巨齿龙类（*Megalosurus*）和双脊龙类（*Dilophosaurus*），以及鸟脚类恐龙棱齿龙类（Hypsilophodonts）。

海流图产出恐龙足迹的这套地层被称为石拐群，因产地及周边地区未发现有价值的生物化石，因此一直没有找到可靠的地质年代证据。在区域地质调查资料中，科研人员根据岩性等对比，将其定为中下侏罗统。李建军等（2010）经过对恐龙足迹的深入研究，以及区域对比，将乌拉特中旗海流图含足迹地层的年代归入侏罗纪早期。因此，乌拉特中旗海流图足迹化石点的恐龙足迹形成于约2亿年前的早侏罗世，而前述的鄂托克旗查布地区的恐龙足迹则形成于约1.25亿年前的早白垩世。

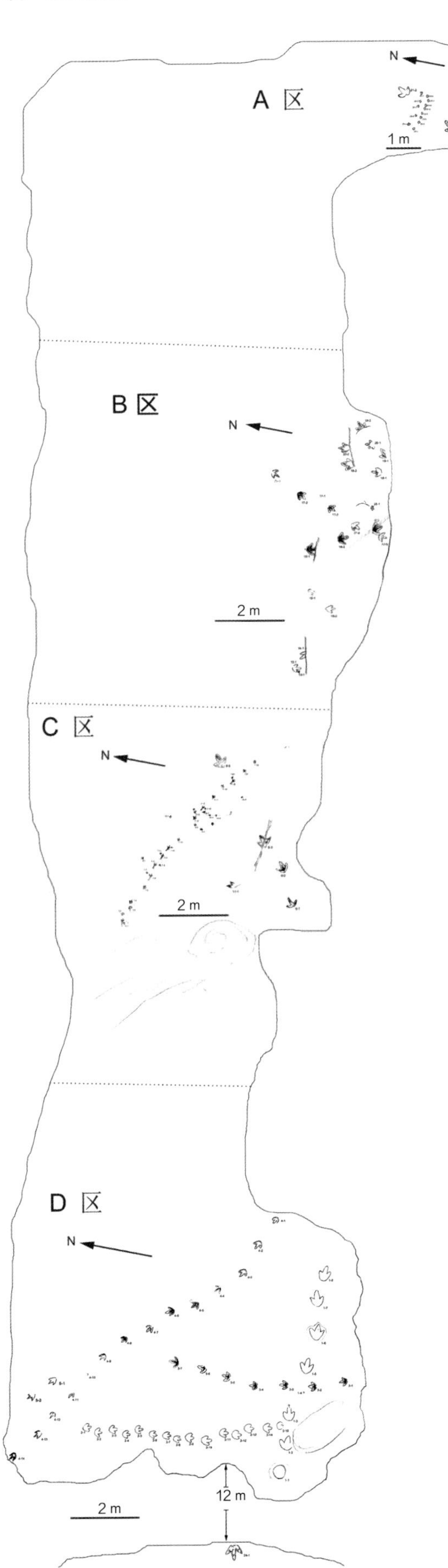

海流图足迹点足迹化石层面分布图（引自李建军等，2010）

足迹分布在长 40 m、宽 10 m、近东西向的区域内。根据足迹分布情况，划分出 A、B、C、D 等 4 个区。

内蒙古乌拉特中旗海流图镇，下侏罗统石拐群

海流图足迹点 A 区恐龙足迹层面分布图（引自李建军等，2010）

该区位于海流图足迹点最东部，足迹规模较小，仅发现 3 条行迹，共 15 枚足迹。其中行迹 21 为玫瑰谷实雷龙足迹（*Eubrontes glenrosensis*），足迹 21–1 长 31 cm，宽 43 cm；足迹 21–2 长 34 cm，宽 35 cm。其他两条行迹尺寸较小，足长范围为 6~8 cm，曾被解释为鳄类足迹的蛙步足迹，但极有可能为龟鳖类的行迹。

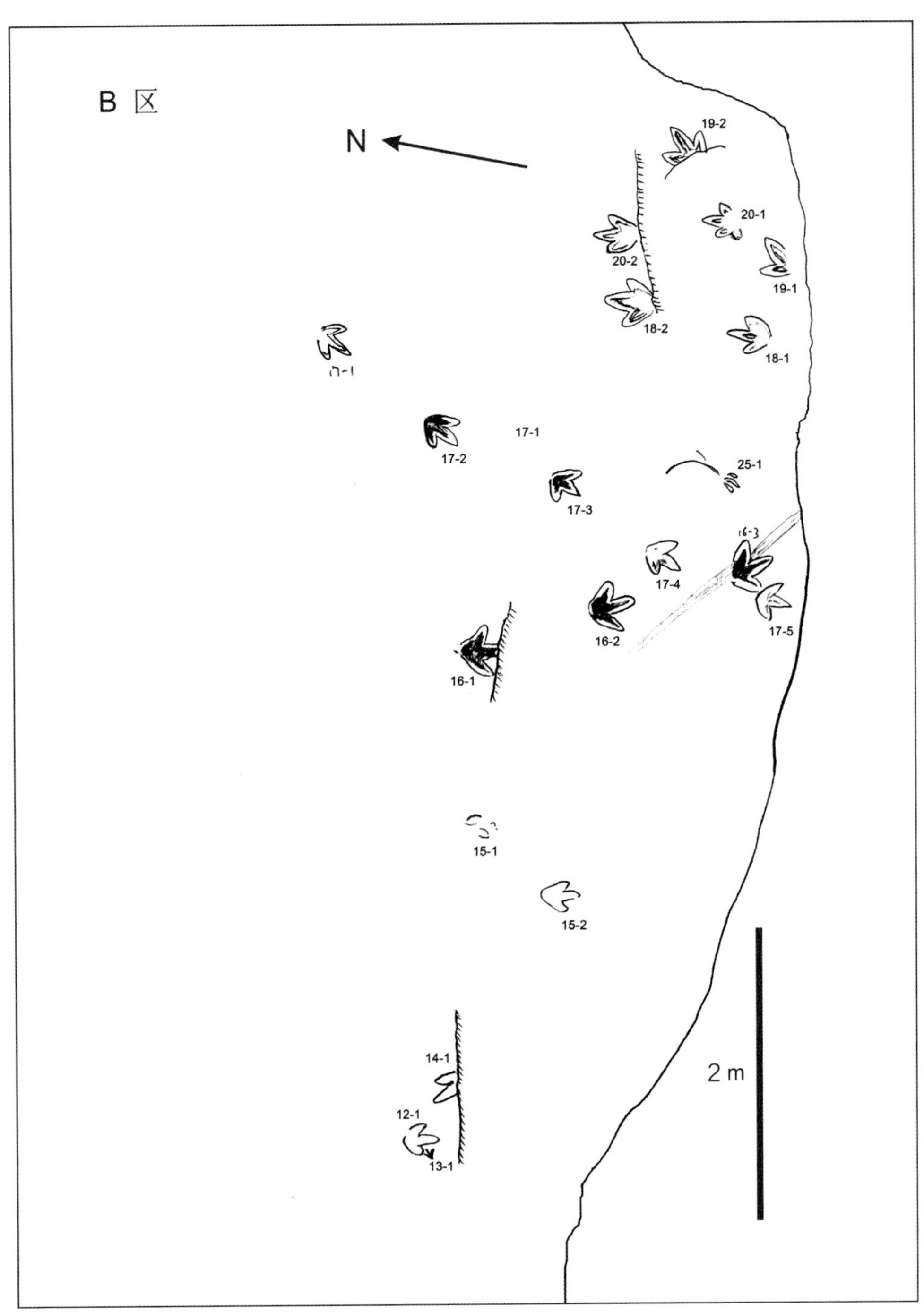

海流图足迹点 B 区恐龙足迹层面分布轮廓解释图（引自李建军等，2010）

该区足迹以中型三趾型兽脚类海流图卡岩塔足迹（*Kayentapus hailiutuensis*）为主，同时保存有恐龙脚趾的拖拽痕（足迹编号为 25–1），以及与恐龙足迹共同保存的水流中滚石的滚动痕迹（编号为 16–3）。

行迹 16 由海流图足迹点最大的卡岩塔足迹组成，最大的足迹 16–3 长 33 cm，宽 32 cm

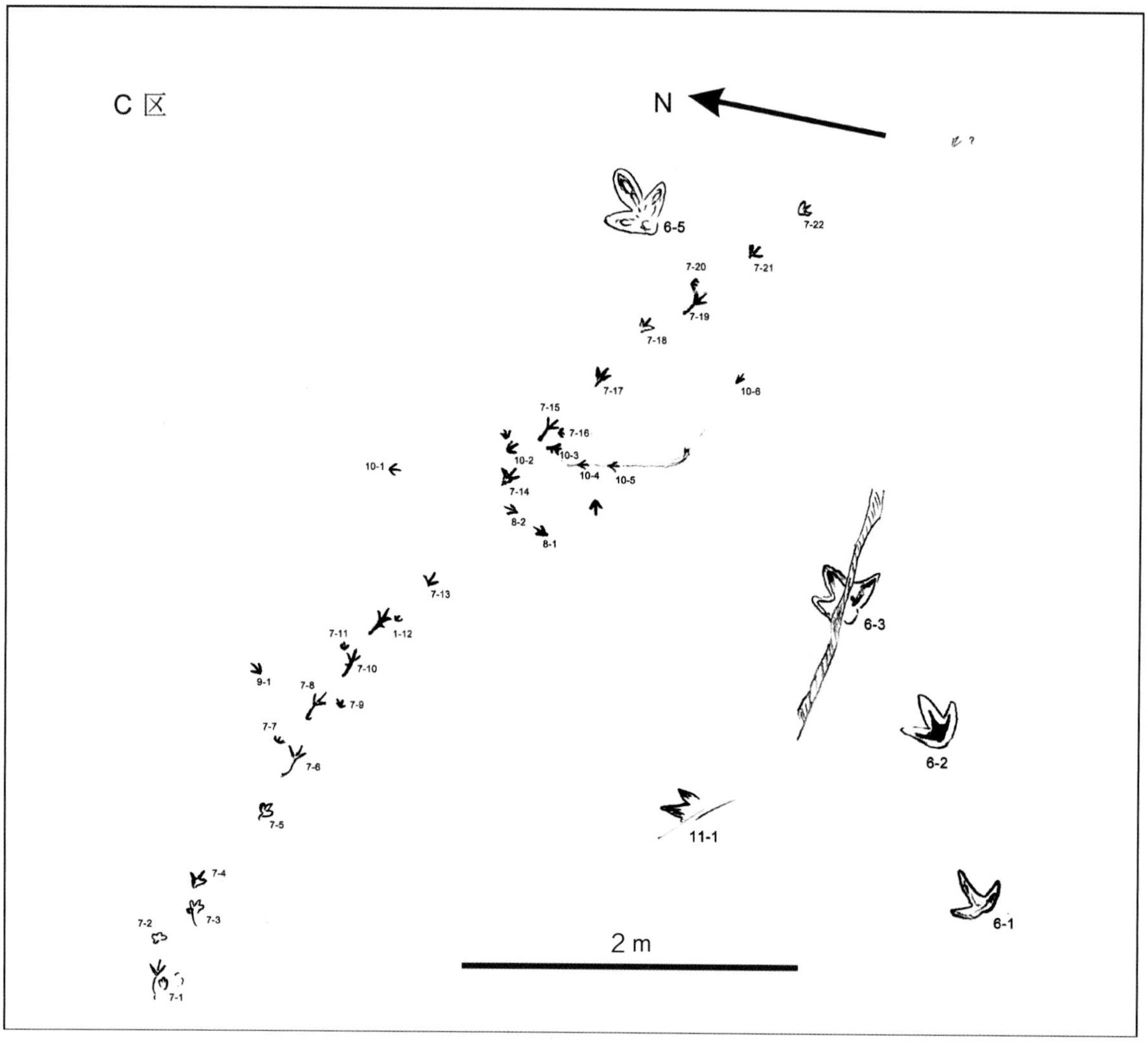

海流图足迹点 C 区恐龙足迹层面分布轮廓解释图（引自李建军等，2010）

该区足迹以大型玫瑰谷实雷龙足迹（*Eubrontes glenrosensis*）（行迹 6），以及小型鸟脚类中型异样龙足迹(*Anomoepus intermedius*)(行迹 7–10)为主。此外，还有 1 枚孤单的海流图卡岩塔足迹(*Kayentapus hailiutuensis*)（编号为 11–1）。行迹 7 很长，至少由 22 个中型异样龙足迹（包括前、后足迹）组成

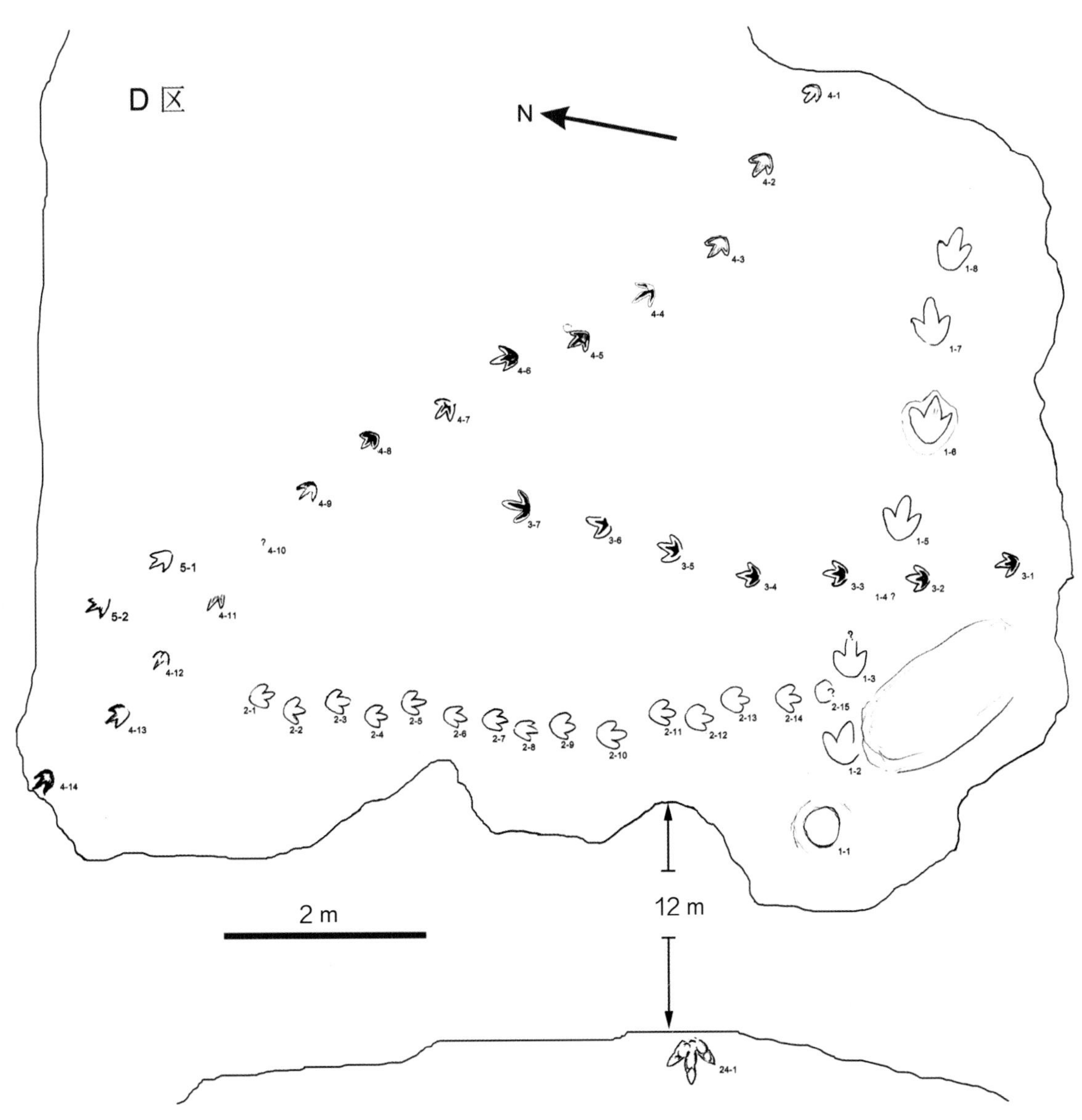

海流图足迹点 D 区恐龙足迹层面分布轮廓解释图（引自李建军等，2010）

该区足迹主要由大型玫瑰谷实雷龙足迹（*Eubrontes glenrosensis*）和中型海流图卡岩塔足迹（*Kayentapus hailiutuensis*）组成，共 5 条行迹。行迹 1 为玫瑰谷实雷龙足迹的行迹，行迹 2、行迹 3、行迹 4、行迹 5 为海流图卡岩塔足迹的行迹。其中，在行迹 2 中共识别出 15 枚足迹，这些足迹排列密集，单步和复步都很小，复步长度最大不过 100 cm，而且变化很大。与 28 cm 左右的足迹长度相比，其步伐很小。因为该行迹的行进方向为水流方向，因此可以解释为造迹的兽脚类恐龙正在小心翼翼地走下坡路。需要指出，行迹 2 特征较为模糊，可能是上层足迹形成的幻迹

海流图恐龙足迹露头照片（局部，拍摄于 2018 年）

该足迹点以兽脚类和鸟脚类恐龙足迹为主，还产出少量龟鳖类足迹化石及较丰富的无脊椎动物遗迹化石。足迹出露在一个平缓的小山坡上，保存极好。目前，国土资源部门正对该化石点进行规划设计，计划将其建设成为集科普、观光旅游为一体的恐龙遗迹公园

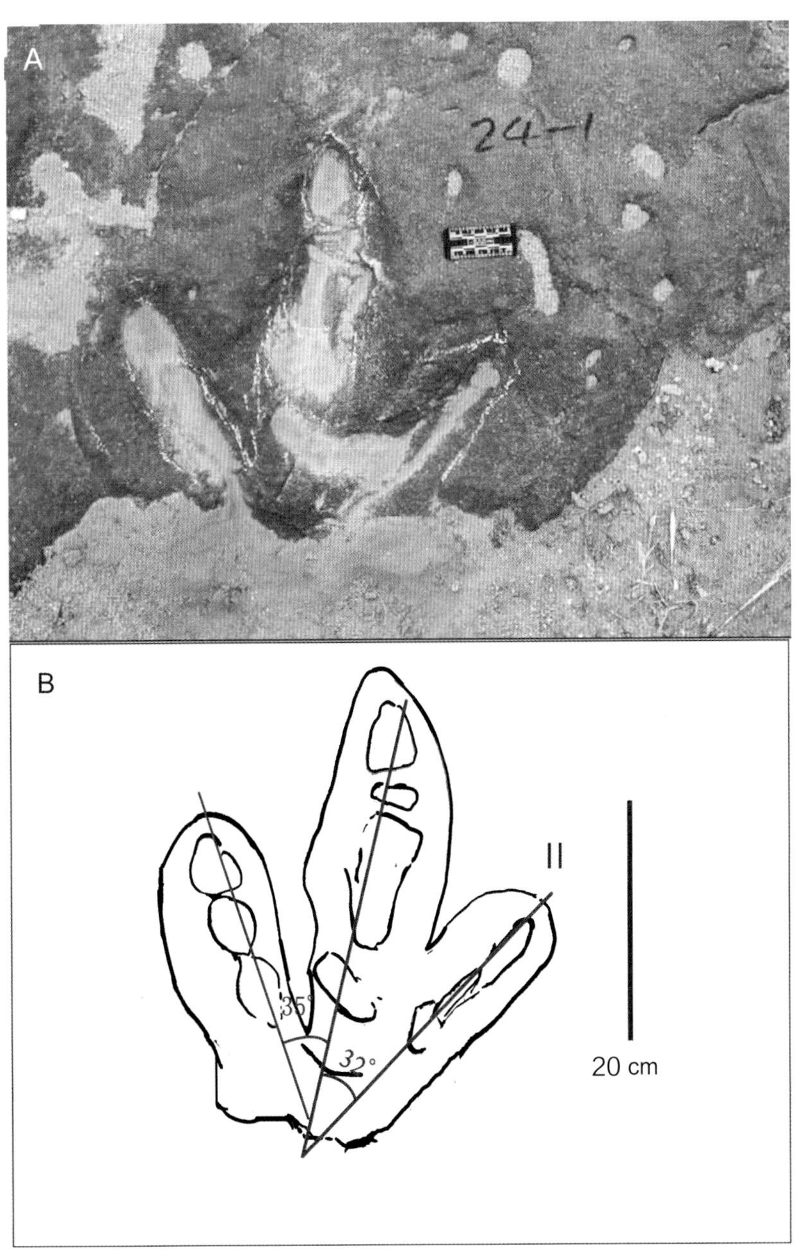

玫瑰谷实雷龙足迹（*Eubrontes glenrosensis*）照片及轮廓图（引自李建军，2010）

玫瑰谷实雷龙足迹（*Eubrontes glenrosensis*）得名于美国堪萨斯州玫瑰谷地区，为大型兽脚类足迹。海流图的该足迹种特征为：两足行走，足迹个体较大，近似对称形，趾垫清晰或不清晰；两侧趾与中趾的夹角近等，趾间角为Ⅱ 26°～33° Ⅲ 27°～34° Ⅳ，各趾宽度较大；足迹全长 35~39.9 cm，两外侧趾间距离为 34~43.2 cm。

图中的玫瑰谷实雷龙足迹（编号为 24−1）为 1 枚孤单足迹，是海流图足迹点中保存最好者，足迹长 40 cm，宽 36 cm，长宽比值为 1.1。照片中比例尺为 5 cm。

内蒙古乌拉特中旗海流图镇，下侏罗统石拐群

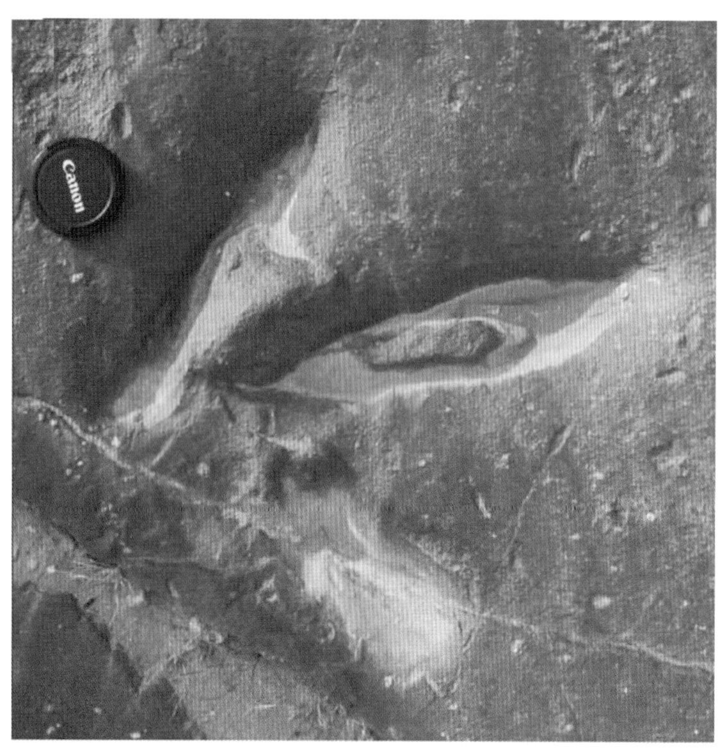

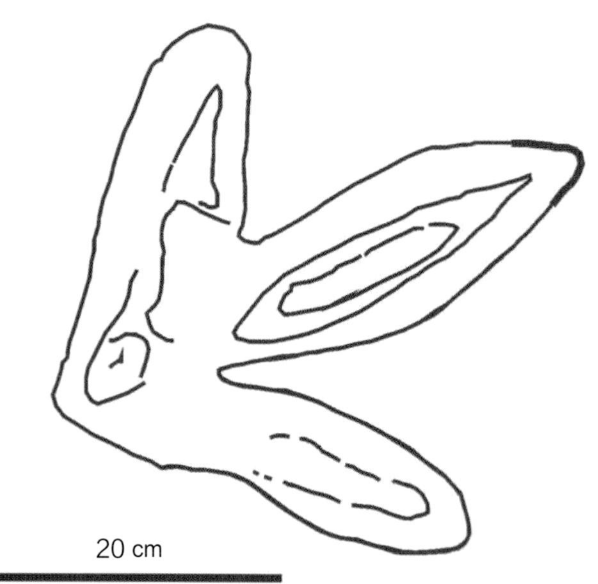

玫瑰谷实雷龙足迹（*Eubrontes glenrosensis*）（编号为 6-5）照片及轮廓图（引自李建军，2010）

该足迹是行迹 6 中保存最好、最大的 1 个足迹，足迹长 39.9 cm，宽 38.5 cm，长宽比值为 1.01。玫瑰谷实雷龙足迹为大型兽脚类足迹，步长值和复步长值均较大。在行迹 6 中，步长平均为 98 cm，复步长平均为 221.5 cm。

内蒙古乌拉特中旗海流图镇，下侏罗统石拐群

玫瑰谷实雷龙足迹（*Eubrontes glenrosensis*）野外照片

该足迹是 1 枚孤单的足迹，在层面上呈下凹型产出，足迹边界不甚清晰，但基本轮廓尚能辨识；足迹长和宽分别约为 34 cm 和 31 cm，长宽比值为 1.1。

内蒙古乌拉特中旗海流图镇，下侏罗统石拐群

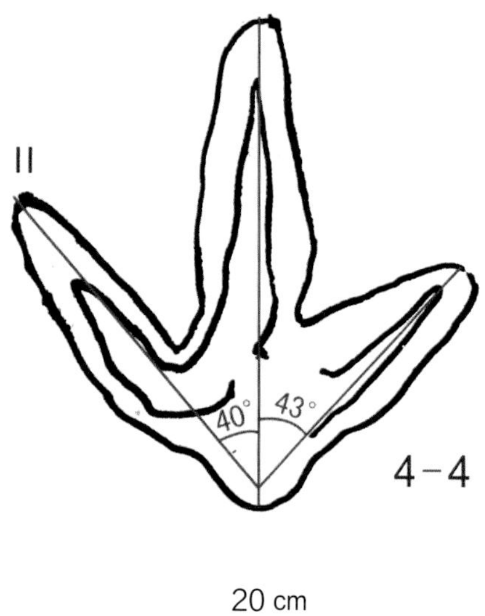

海流图卡岩塔足迹（*Kayentapus hailiutuensis*）正模照片及轮廓图（引自李建军等，2010）

该足迹为李建军等（2010）建立的卡岩塔足迹属（*Kayentapus*）新种，其鉴别特征为：中等大小，两足行走，三趾型，中趾最长；趾间角大，为Ⅱ 40° Ⅲ 43° Ⅳ，无尾迹及前足印迹；足长范围一般为 25 ~30 cm，宽为 24 ~28 cm。新种与卡岩塔足迹属其他种的区别是新种两侧趾间角大，足宽略大于足长。

一般认为，卡岩塔足迹的造迹恐龙是与双嵴龙（*Dilophosaurus*）相似的恐龙，该恐龙生活在侏罗纪早期，我国云南等地下侏罗统曾发现过该类恐龙的骨骼化石。照片中比例尺为 5 cm。罗马数字为趾的编号。

内蒙古乌拉特中旗海流图镇，下侏罗统石拐群

海流图卡岩塔足迹（*Kayentapus hailiutuensis*）行迹照片

该照片摄于 B 区。图中可见两条相交的海流图卡岩塔足迹的行迹（行迹 16 和行迹 17），其中行迹 16 由 3 枚足迹构成，行迹 17 包含 5 枚足迹。此外，还保存有恐龙脚趾的拖拽痕迹。

图中方框的尺寸为 50 cm × 50 cm。

内蒙古乌拉特中旗海流图镇，下侏罗统石拐群

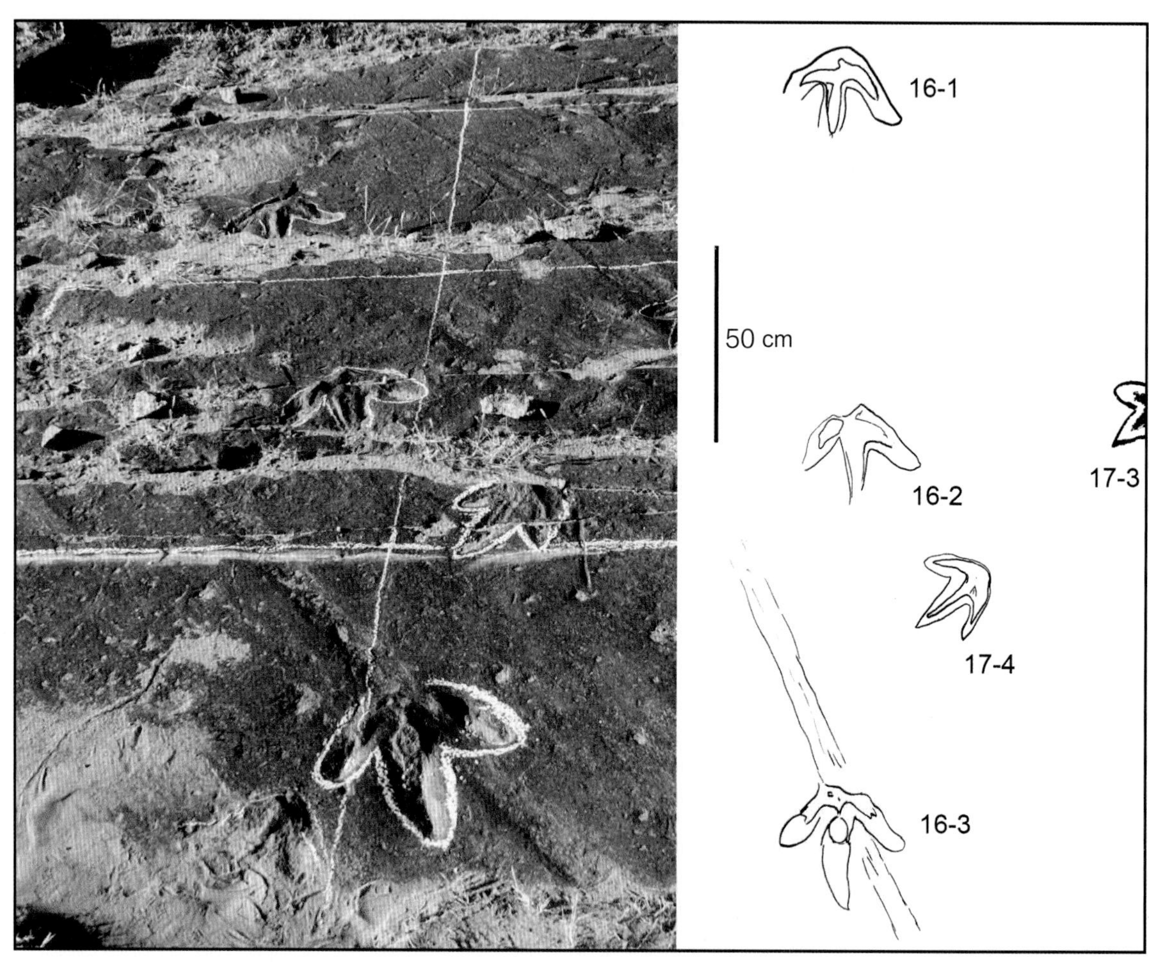

海流图卡岩塔足迹（*Kayentapus hailiutuensis*）行迹 16 照片及轮廓图（引自李建军等，2010）

该行迹由 3 枚足迹组成（编号为 16–1、13–2 和 16–3），其中最大的足迹 16–3 长 33 cm，宽 32 cm。足迹单步长平均为 93 cm，复步长为 189 cm。

内蒙古乌拉特中旗海流图镇，下侏罗统石拐群

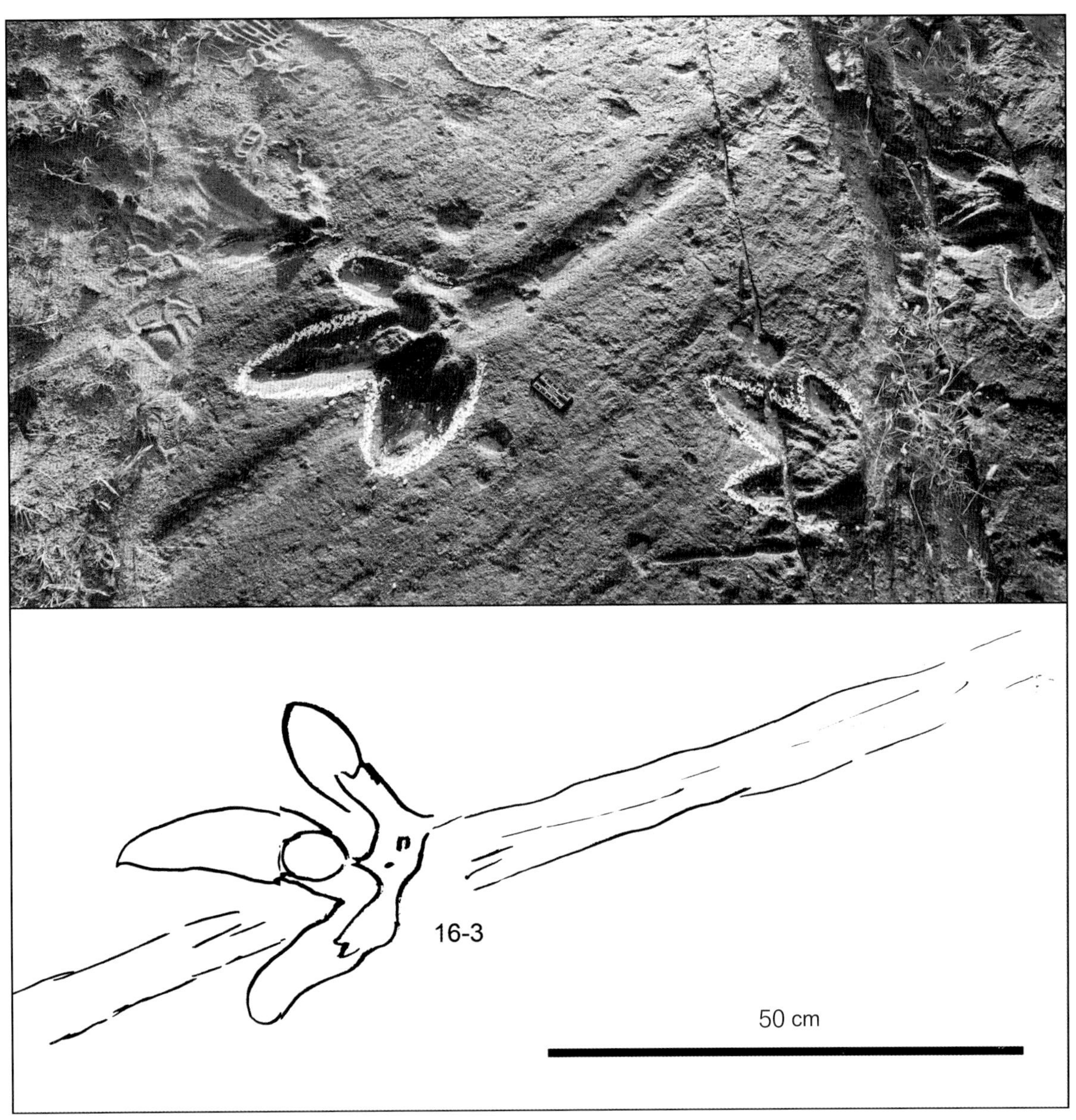

海流图卡岩塔足迹（*Kayentapus hailiutuensis*）与冲刷痕之照片及轮廓图

照片左下角的海流图卡岩塔足迹（编号为 16–3）为行迹 16 中的 1 枚，足迹长 33 cm，宽 32 cm。足迹下有1条长而笔直的凹痕。这条凹痕看似恐龙的尾迹，但应该是水流中滚石滚动形成的工具痕（tool mark，水流推动石头在河床滚动而留下痕迹）。因为如图所示，足迹是在凹槽形成后踩上去的。如果凹痕是恐龙的尾迹，则应该在足迹形成后划过地面，并可能对足迹产生一定的破坏。另外，该划痕的方向与层面上其他水流方向相同。因此，其形成与恐龙无关，应是一种沉积构造。

照片中比例尺长 5 cm。

内蒙古乌拉特中旗海流图镇，下侏罗统石拐群

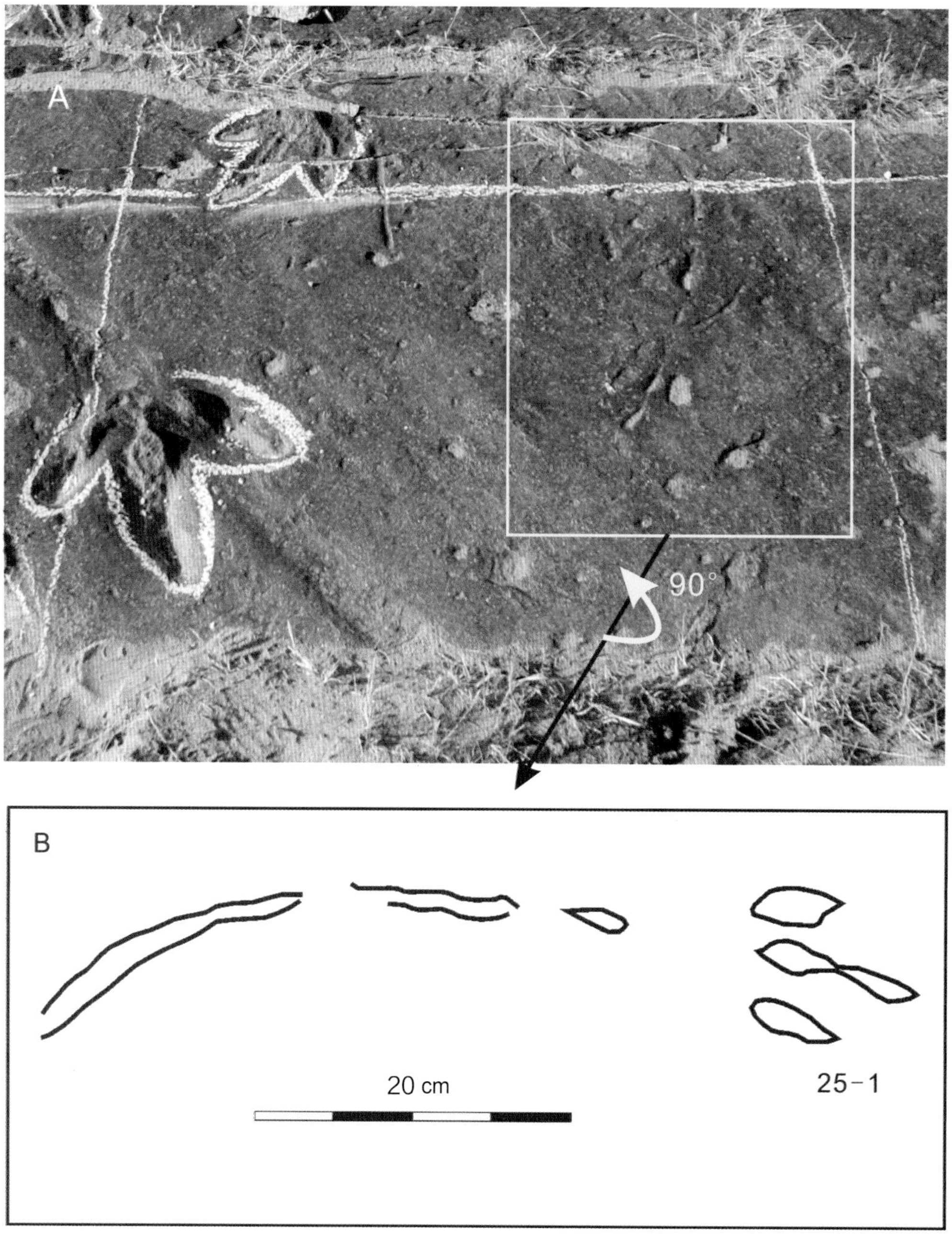

A

90°

B

20 cm

25-1

恐龙的脚趾拖拽痕照片及轮廓图（轮廓图引自李建军等，2010）

足迹 25-1 的 3 趾近乎平行，保存不完整。足迹长 12 cm，宽 10 cm。足迹后方有 1 条断续的痕迹，其长约 40 cm。李建军等（2010）认为它可能是恐龙脚趾的拖拽痕迹。恐龙在行走时，腿抬得不高，在向前迈腿时，脚趾擦到地面，形成长长的拖拽痕。根据痕迹位置判断，应该是中趾所留。如图所示，该拖拽痕与海流图卡岩塔足迹共生。

说明：轮廓图系将照片中的方框部分左转 90° 而绘制。照片中白色粉笔绘制的方框长为 50 cm。

内蒙古乌拉特中旗海流图镇，下侏罗统石拐群

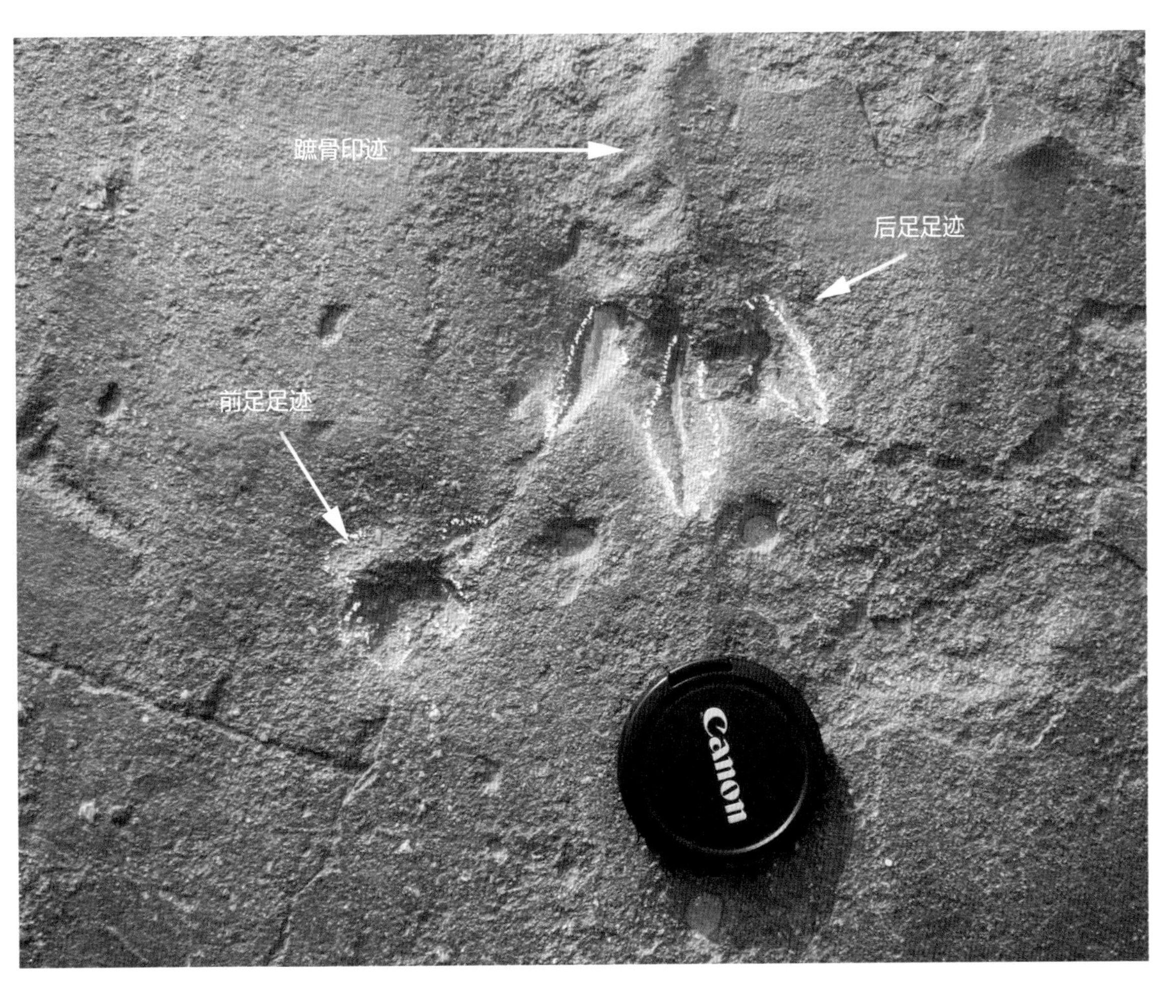

中型异样龙足迹（*Anomoepus intermedius*）之前、后足足迹及蹠骨印迹照片（引自李建军，2015）

异样龙足迹属（*Anomoepus*）有以下鉴别特征：两足或四足行走，后足具4趾，其中有3个功能趾（行走时II、III、IV趾着地），蹠行式或趾行式；前足具5指，分开角度很大，前足向外半偏转，偶见爪迹；后肢较长，行走速度慢时尾迹出现，有时可见腹部印迹。

照片中的中型异样龙足迹具前、后足足迹，前足足迹保存较好，显示5个指的印迹，呈扇状分布，Ⅰ指和Ⅴ指之间的夹角达180°。足迹长约6 cm，5个指的长度平均约为2 cm，指垫印迹不甚清晰，掌部有1个脊状凸起。整个前足印迹位于后足Ⅱ趾趾尖所指的方向，与后足Ⅱ趾的距离为4 cm。一般认为，异样龙足迹的造迹恐龙为鸟脚类中的棱齿龙类。

内蒙古乌拉特中旗海流图，下侏罗统石拐群

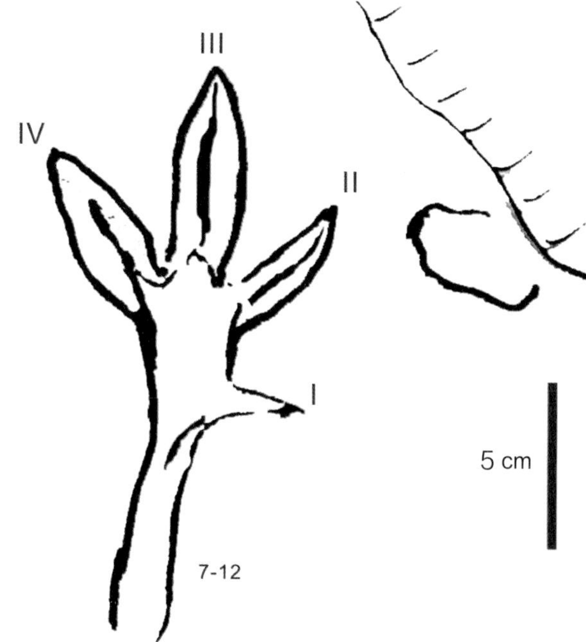

中型异样龙足迹（*Anomoepus intermedius*）后足迹照片及轮廓图（引自李建军等，2010）

中型异样龙足迹区别于模式标本（*A. scanbus*）的主要特征为：长宽比值略小，跟部较小，后足两侧趾趾间角更开阔。

海流图的中型异样龙足迹保存完美。比较罕见的是，在有的后足足迹中保留有清晰的蹠骨印迹。图中罗马数字为趾的编号。

内蒙古乌拉特中旗海流图，下侏罗统石拐群

中型异样龙足迹（*Anomoepus intermedius*）行迹照片及行迹轮廓图（引自李建军等，2010）

海流图足迹点保存有4条中型异样龙行迹。从行迹可以看出，造迹的小型鸟脚类恐龙有时四足行走，有时两足行走。四足行走时，如图中行迹7所示，前足足迹总是出现在后足足迹前方内侧的位置，与后足Ⅱ趾的距离为6~7 cm。

照片中比例尺长5 cm。

内蒙古乌拉特中旗海流图，下侏罗统石拐群

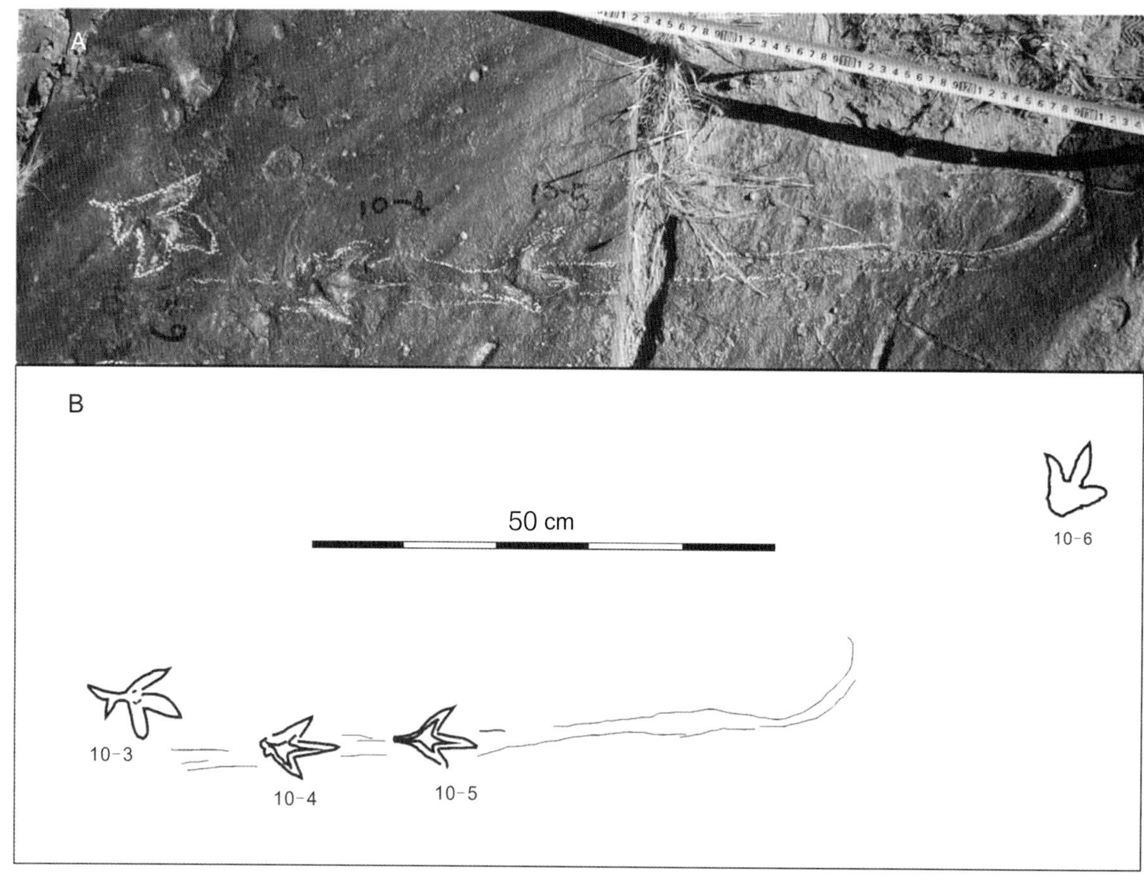

中型异样龙足迹（*Anomoepus intermedius*）带尾迹照片及轮廓图（引自李建军等，2010）

行迹 10 由 6 个足迹构成，保存不连续（有缺失），本图只是行迹的一段。足迹 10–1 和 10–2 距离 70 cm，中间至少缺失两个足迹；足迹 10–5 和 10–6 的直线距离为 90 cm，之间也有足迹缺失；只有 10–3、10–4 和 10–5 共 3 个足迹相连续（足迹平均长 9 cm，平均宽 7.7 cm），形成 1 个复步，复步长 33 cm。足迹 10–3 保存 4 个趾及蹠骨印迹；足迹 10–4 和 10–5 只有 3 个趾，无蹠骨印迹。足迹 10–3、10–5 和 10–6 间出现 1 条长约 1 m 的凹痕，应该是中型异样龙足迹之造迹恐龙的尾迹化石。该尾迹在足迹 10–5 前方 60 cm 处向左前方弯曲，在沿尾迹弯曲的方向上 55 cm 处保存着足迹 10–6。这表明，异样龙在此处拐弯后继续向左前方行进。

内蒙古乌拉特中旗海流图，下侏罗统石拐群

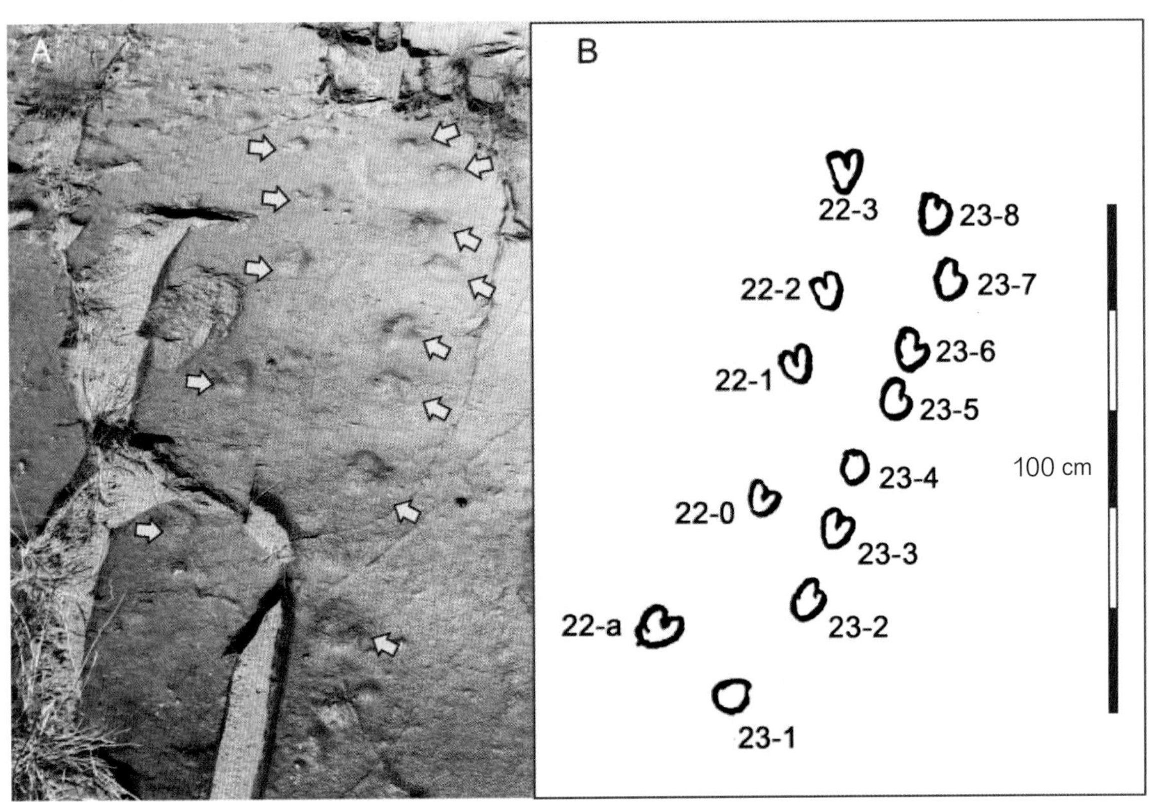

海流图足迹点疑似龟鳖类足迹照片（A）及轮廓图（B）（轮廓图引自李建军等，2010）

足迹由两排卵圆形凹坑组成，编号分别为行迹 22 和 23。行迹 22 可识别出至少 5 枚较清晰的足迹，其间有缺失；行迹 23 可识别出 8 枚足迹。足长为 6~8 cm，宽为 6~7 cm。足迹 23–2 至 23–7 应为连续、无缺失的行迹，6 个连续的足迹单步长平均为 12.5 cm，5 个复步长平均为 25 cm。行迹的内跨距（行迹内宽）约为 20 cm。在行迹的尽头，行迹似有向左拐弯的趋势，但足迹杂乱，难以判断。根据以上特征，推测该遗迹是 1 只龟鳖行走而形成的足迹化石。

内蒙古乌拉特中旗海流图，下侏罗统石拐群

与恐龙足迹共生的无脊椎动物遗迹化石照片

海流图足迹点产出恐龙足迹的层面上发育丰富的无脊椎动物遗迹化石，图中所示即为其中的螺丝迹（*Cochlichnus*）。螺丝迹是蠕虫类或小型节肢动物在松软的底质上觅食爬行而遗留下的爬迹（trail），因其形弯曲如螺丝而得名。其造迹者可能成为小型恐龙（如异样龙足迹造迹恐龙）的食物。

内蒙古乌拉特中旗海流图镇，下侏罗统石拐群

2.12 湖南

湖南省的恐龙足迹化石目前主要发现于湘西地区辰溪县九湾铜矿附近，由湖南省区域地质调查队蔡和气在1979年首次发现并采集。化石产在1块长3 m、宽1 m的石板上（编号为HV003），岩性为砖红色含钙泥质细砂岩，共含有8枚三趾型的恐龙足迹，均为下凹型。化石产出层位为上白垩统小洞组顶部。

曾祥渊（1982）对这批足迹化石进行研究，建立了湘西足迹（*Xiangxipus*）和湖南足迹（*Hunanpus*）两个新足迹属，以及辰溪湘西足迹（*X. chenxiensis*）、杨氏湘西足迹（*X. youngi*）和九曲湾湖南足迹（*Hunanpus jiuquwanensis*）3个新足迹种。湘西足迹属的特征为：足迹为两足行走、三趾型、趾行式，中等大小，足长略大于足宽，Ⅱ趾与Ⅳ趾等长；趾间角大，Ⅱ、Ⅳ趾间角超过90°；爪强壮而弯曲，呈镰刀形，足迹跟部粗大。辰溪湘西足迹（*X. chenxiensis*）长22 cm，宽21.5 cm，趾间角为Ⅱ 60° Ⅲ 36° Ⅳ；中趾较两侧趾粗壮，趾宽为3~4 cm，Ⅲ趾和Ⅳ趾具有强壮爪迹且向外弯曲。杨氏湘西足迹（*X. youngi*）为两足行走、三趾型的小型足迹，足迹长12 cm，宽12.5 cm；各趾较粗，Ⅱ趾长于Ⅳ趾，趾间角大（Ⅱ 58° Ⅲ 44° Ⅳ）。趾末端爪迹不清晰，跟部窄小。湖南足迹属（*Hunanpus*）的特征为：足迹个体较大，为三趾型；各趾近端粗壮，远端尖细，呈三叉形；足长大于足宽，具蹠骨或蹠骨远端的印迹，印迹较大，前宽后窄；趾末端具有弯曲的爪迹，Ⅱ–Ⅳ趾间角约为60°。

从保存状况看，模式标本明显经历过水流侵蚀，导致足迹细节模糊；但仍能看出湘西足迹模式种*Xiangxipus chenxiensis*与*Xiangxipus youngi*有明显区别。Lockely 等（2013）认为，九曲湾湖南足迹（*Hunanpus jiuquwanensis*）的形态属于跷脚龙足迹类型。李建军（2015）认为足迹尺寸极大（足长达32 cm），应归入实雷龙足迹（*Eubrontes*）类型。此外，从足迹形态分析，其趾间角较小，具弯曲爪迹，Ⅱ趾发生弯曲，并且保存了疑似蹠骨远端的印迹，因此湖南足迹（*Hunanpus*）自成一属的理论依据较为充分。

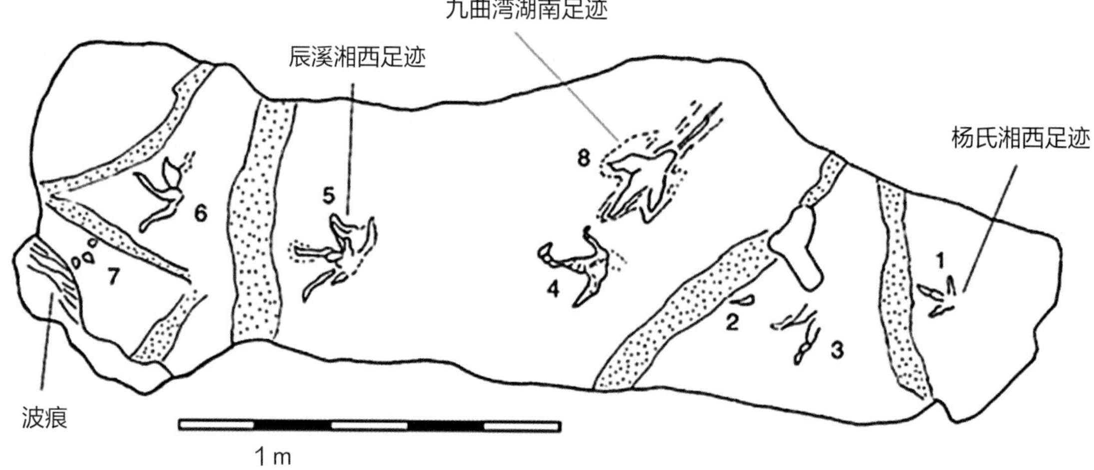

保存湘西足迹（*Xiangxipus*）和湖南足迹（*Hunanpus*）的石板照片及足迹轮廓图（照片由胡柏林拍摄，引自李建军，2015；轮廓图引自 Matsukawa et al.，2006）

轮廓图中 1 为杨氏湘西足迹（*X. youngi*），5 为辰溪湘西足迹（*X. chenxiensis*），8 为九曲湾湖南足迹（*Hunanpus jiuquwanensis*）。如图所示，波痕和泥裂十分发育。

湖南辰溪县九湾铜矿，上白垩统小洞组

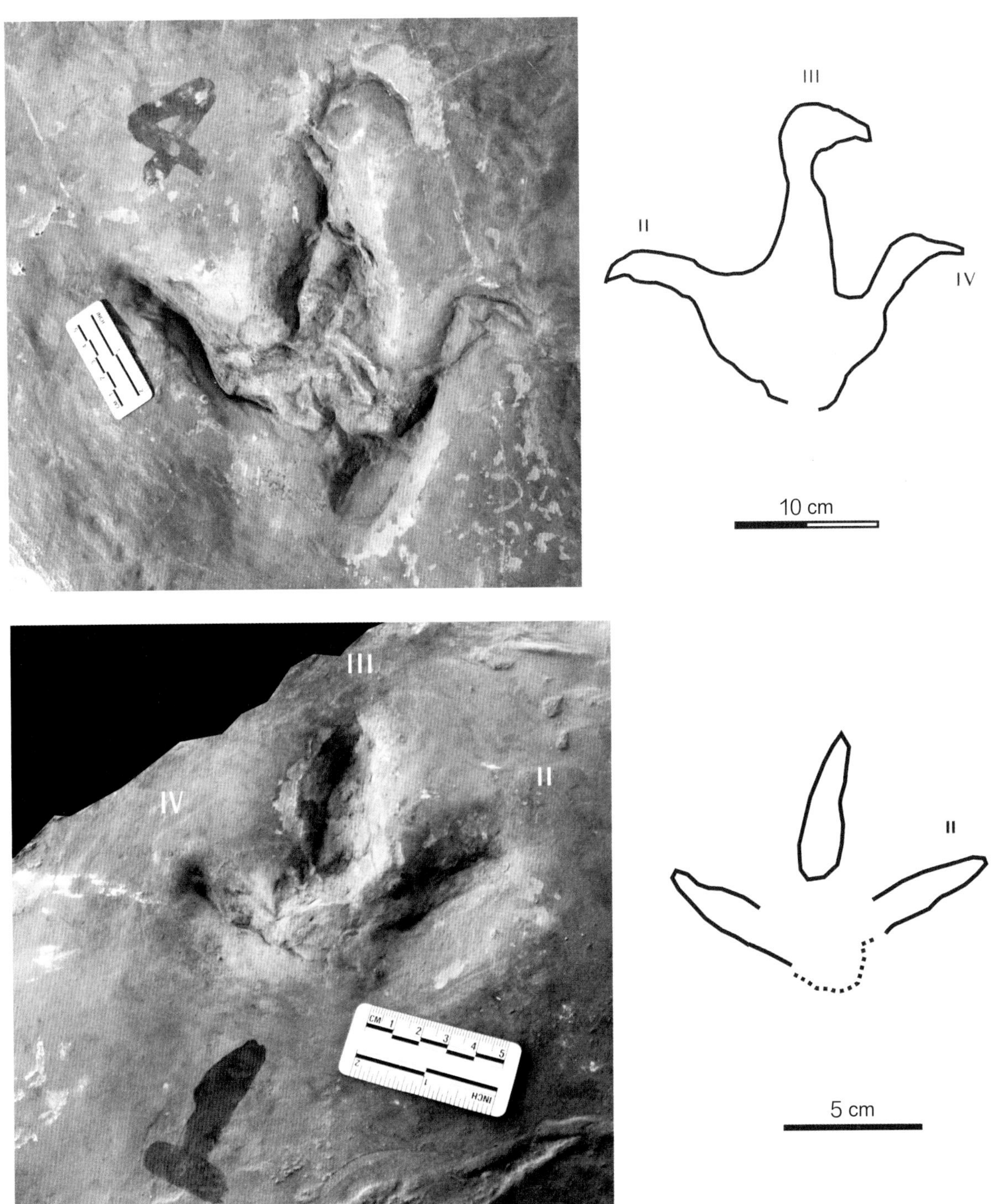

辰溪湘西足迹（*X. chenxiensis*）（上图）和杨氏湘西足迹（*X. youngi*）（下图）照片及轮廓图

（照片由胡柏林拍摄，轮廓图引自甄朔南等，1996）

杨氏湘西足迹与辰溪湘西足迹的区别在于杨氏湘西足迹个体较小，趾迹较粗，无大型弯曲的爪迹。

湖南辰溪县九湾铜矿，上白垩统小洞组

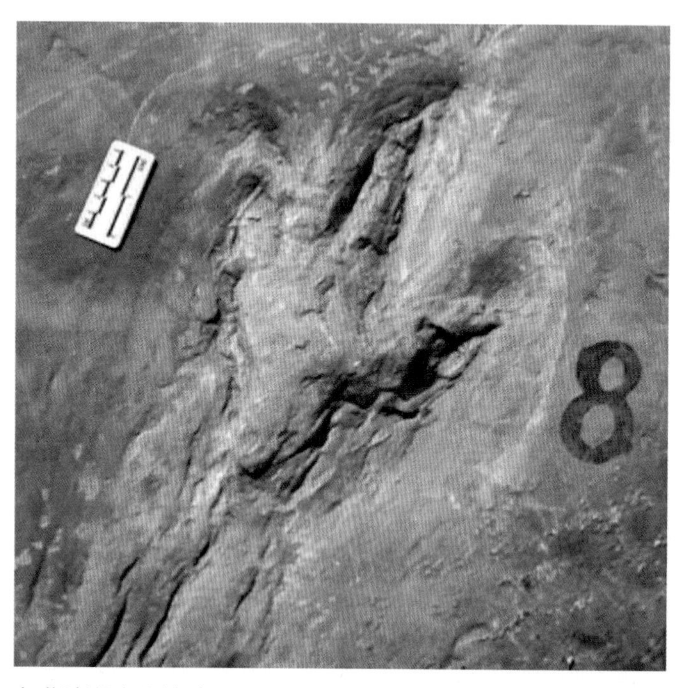

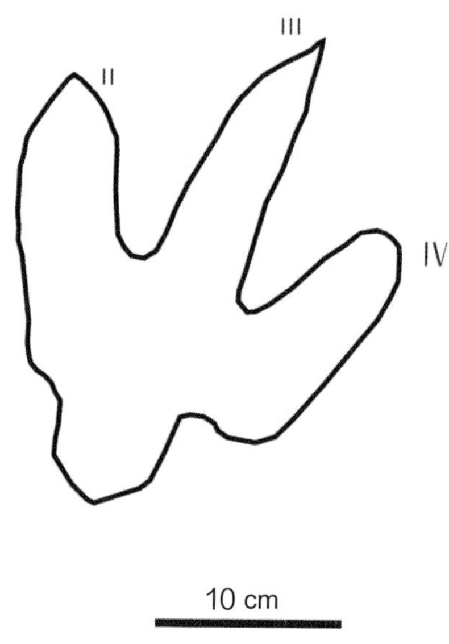

九曲湾湖南足迹（*Hunanpus jiuquwanensis*）照片及轮廓图（引自李建军，2015）

足迹个体较大（长 32 cm，宽 19.2 cm），为三趾型，保存为下凹型；各趾近端粗壮，远端尖细，末端具有弯曲爪迹；具蹠骨或蹠骨远端的印迹；Ⅱ－Ⅳ趾趾间角约为 60°。

九曲湾湖南足迹（*H. jiuquwanensis*）由于产出在上白垩统小洞组顶部，因此为实雷龙足迹科（Enbrontidae）中最年轻的足迹种，时代为晚白垩世。

罗马字母为趾的编号，照片中比例尺为 5 cm。

湖南辰溪县九湾铜矿，上白垩统小洞组

2.13 重庆

重庆恐龙足迹的发现和研究比较早，自杨兴隆和杨代环从1987年开始。足迹化石主要分布在南岸区野苗溪、大足区邮亭乡、綦江区莲花堡寨及永川区黄瓜山等地。

2.13.1 南岸区

重庆市南岸区的野庙溪足迹点是南岸重庆足迹（*Chongqingpus nananensis*）模式标本的所在地，由于其位于重庆市中心，如今已消失于城市化进程中。幸运的是，这些标本被保存于重庆自然博物馆。这批恐龙足迹化石被发现于1983年，共有39枚足迹，地层层位为中侏罗统下沙溪庙组（叶勇等，2012）；同时，该地层又被认为属于上侏罗统上沙溪庙组（Xing et al.，2013h）。

杨兴隆和杨代环（1987）最早研究了在重庆南岸区野苗溪中侏罗统下沙溪庙组发现的恐龙足迹化石，建立重庆足迹属（*Chongqingpus*）和3个足迹种，即南岸重庆足迹（*Chongqingpus nananensis*）、小重庆足迹（*Chongqingpus microiscus*）和野庙溪重庆足迹（*Chongqingpus yemiaoxiensi*s）。

Lockley等（2013）认为南岸重庆足迹（*C. nananensis*）可能被卡岩塔足迹（*Kayentapus*）所囊括，因为这批标本中有一些保存着边界不清的拇趾印迹。邢立达等也同意这种观点，并将该化石点的其他足迹归于似异样龙足迹（cf. *Anomoepus*）（Xing et al.，2013h）。

李建军（2015）对该足迹属种进行修订，保留重庆足迹属（*Chongqingpus*）并将其归入安琪龙足迹科Anchisauripodidae中，仅保留南岸重庆足迹（*C. nananensis*）一种，*C. yemiaoxiensis*与*C.nananensis*为同物异名。

重庆南岸足迹（*Chongqingpus nananensis*）的主要特征是：中型足迹，两足行走，三个功能趾，拇趾印迹小，仅存趾尖印迹，指向侧前方；Ⅱ－Ⅳ趾具爪，爪迹尖锐，略有弯曲；趾垫较清晰，趾迹近端较粗，远端渐细，模式标本Ⅱ、Ⅲ趾趾间角为15°，Ⅲ、Ⅳ趾趾间角为24°，足迹长29.5 ~30 cm，足迹宽20 ~22 cm，单步长为90 ~100 cm，行迹窄，无前足印迹及尾迹。

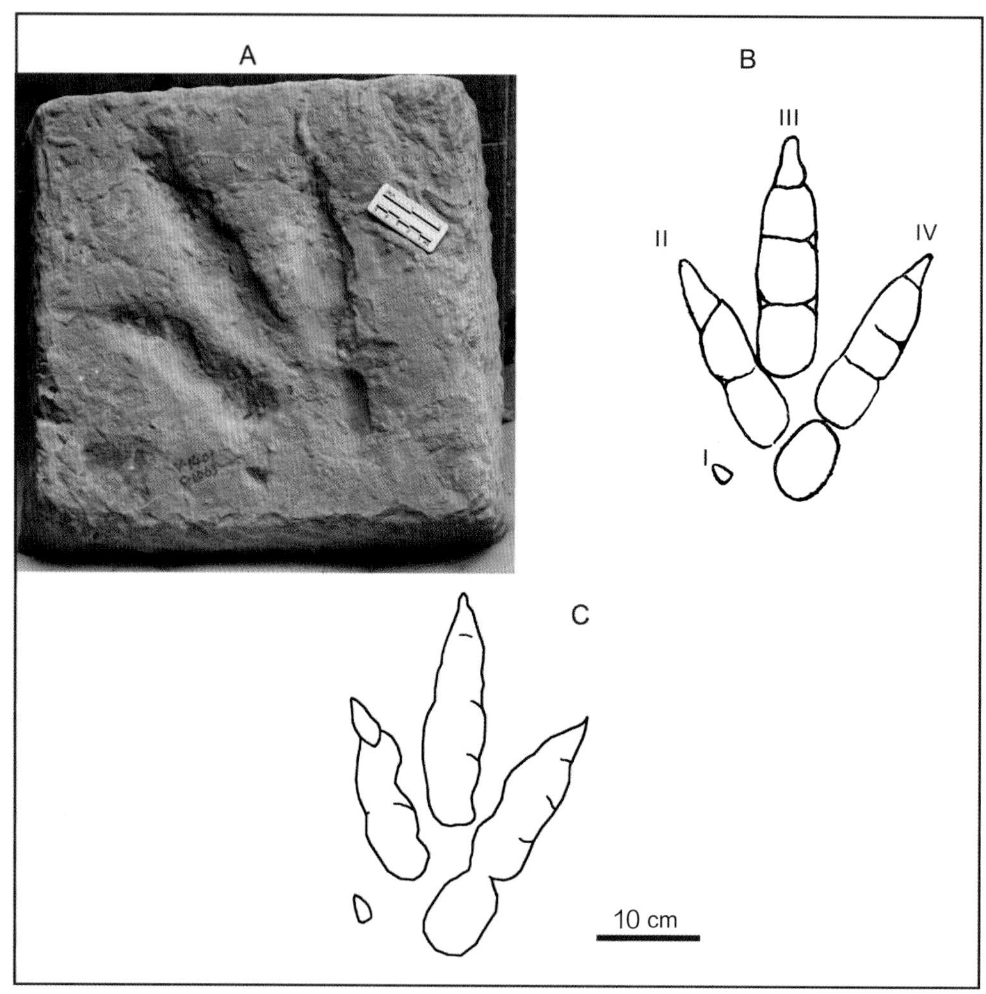

南岸重庆足迹（*Chongqingpus nananensis*）模式标本照片（A）及轮廓图（B和C）

（B图引自杨兴隆和杨代环，1987；C为重新绘制的轮廓图，引自Xing et al., 2013h）

罗马数字为趾的编号。

重庆南岸区野庙溪，上侏罗统上沙溪庙组

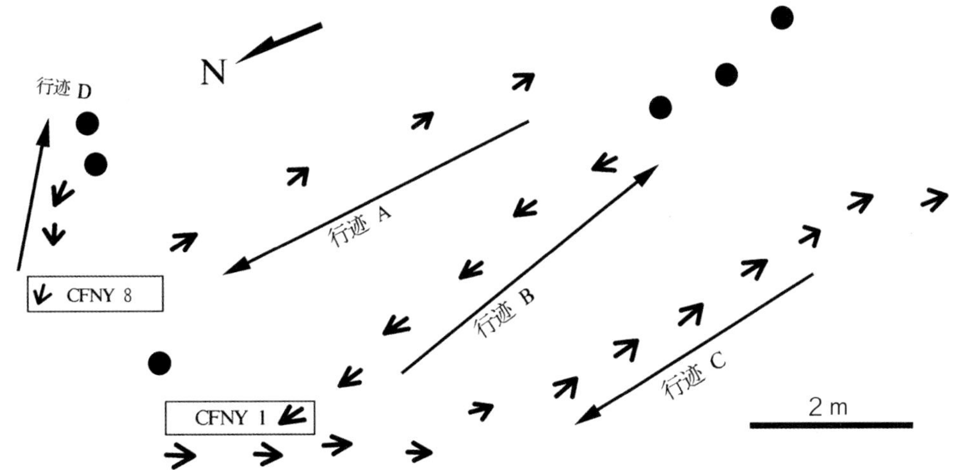

四条南岸重庆足迹（*C. nananensis*）行迹分布示意图（引自 Xing et al.，2013h）

黑圆点表示不清晰的足迹。行迹 A–C 中足迹的形态和大小相似，行迹 D 的足迹偏小。

重庆南岸区野庙溪，上侏罗统上沙溪庙组

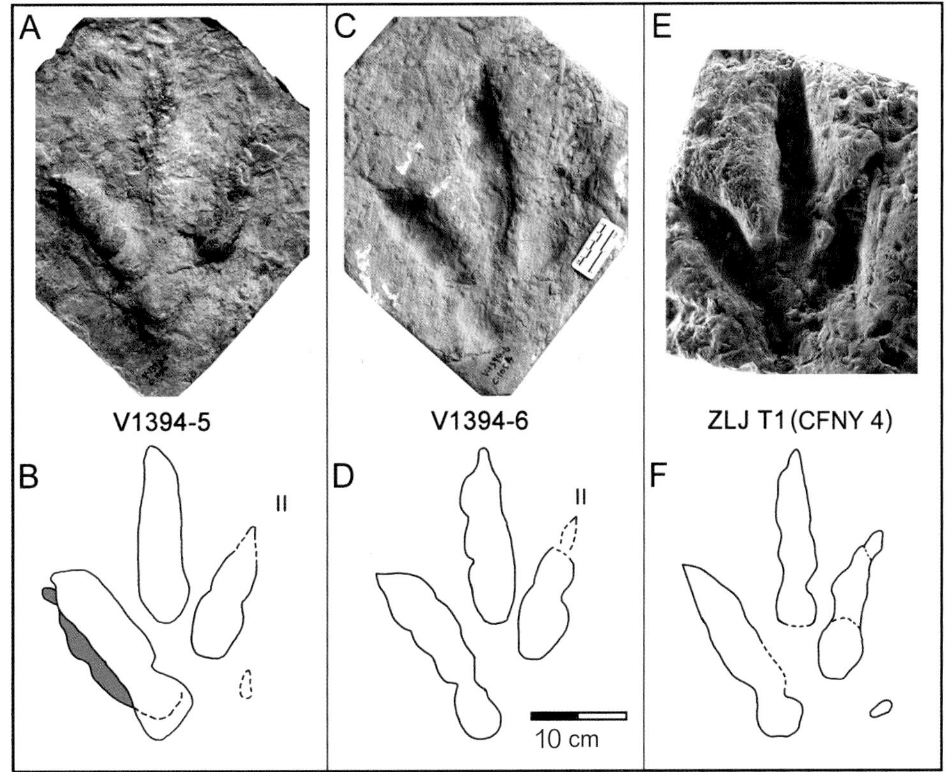

南岸重庆足迹（*C. nananensis*）的其他标本照片及轮廓图（引自 Xing et al.，2013h）

重庆南岸区野庙溪，上侏罗统上沙溪庙组

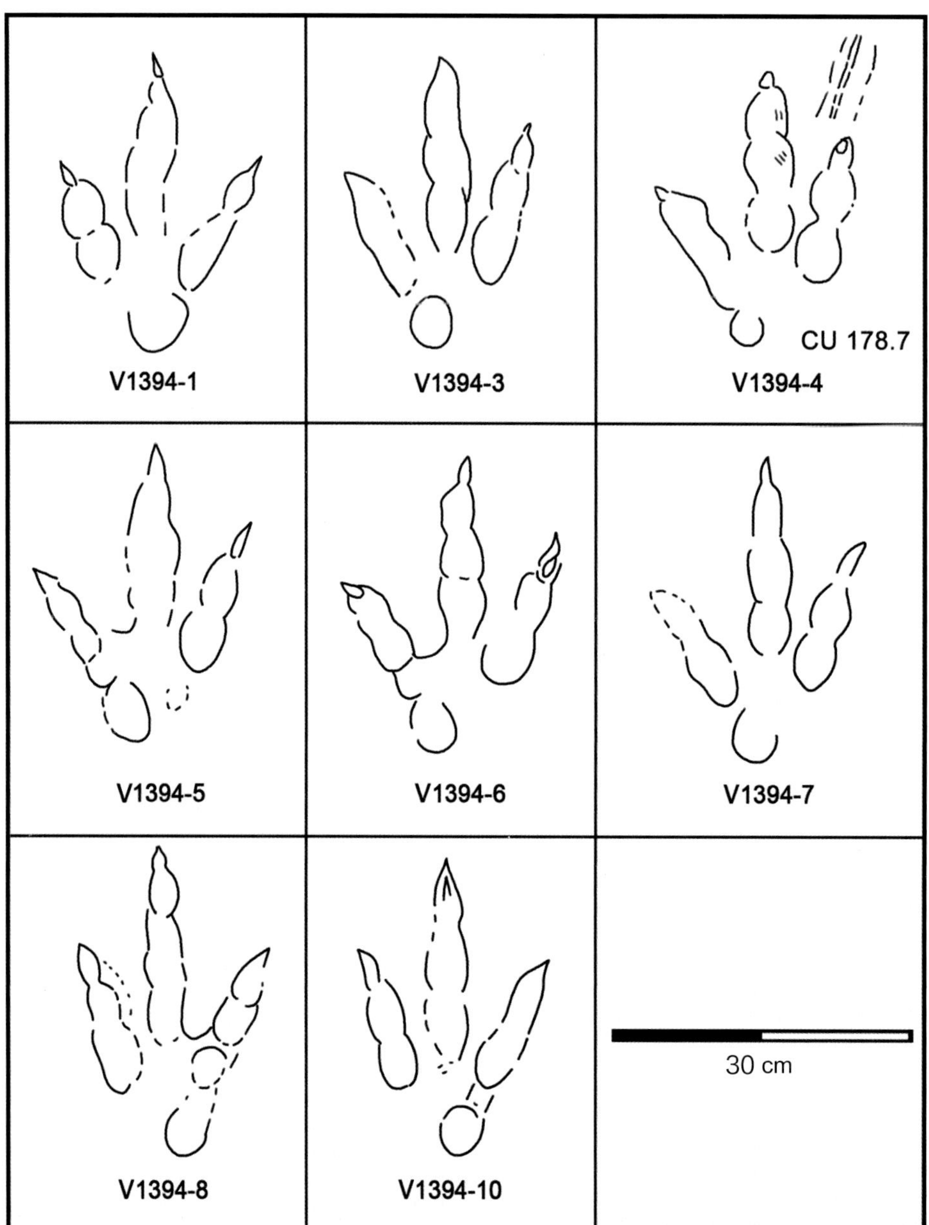

野庙溪足迹点 8 个南岸重庆足迹（*C. nananensis*）轮廓图（引自 Xing et al., 2013h）

其均为三趾型兽脚类恐龙足迹，II、III 趾和 IV 趾的趾式分别为 2-3-4。

重庆南岸区野庙溪，上侏罗统上沙溪庙组

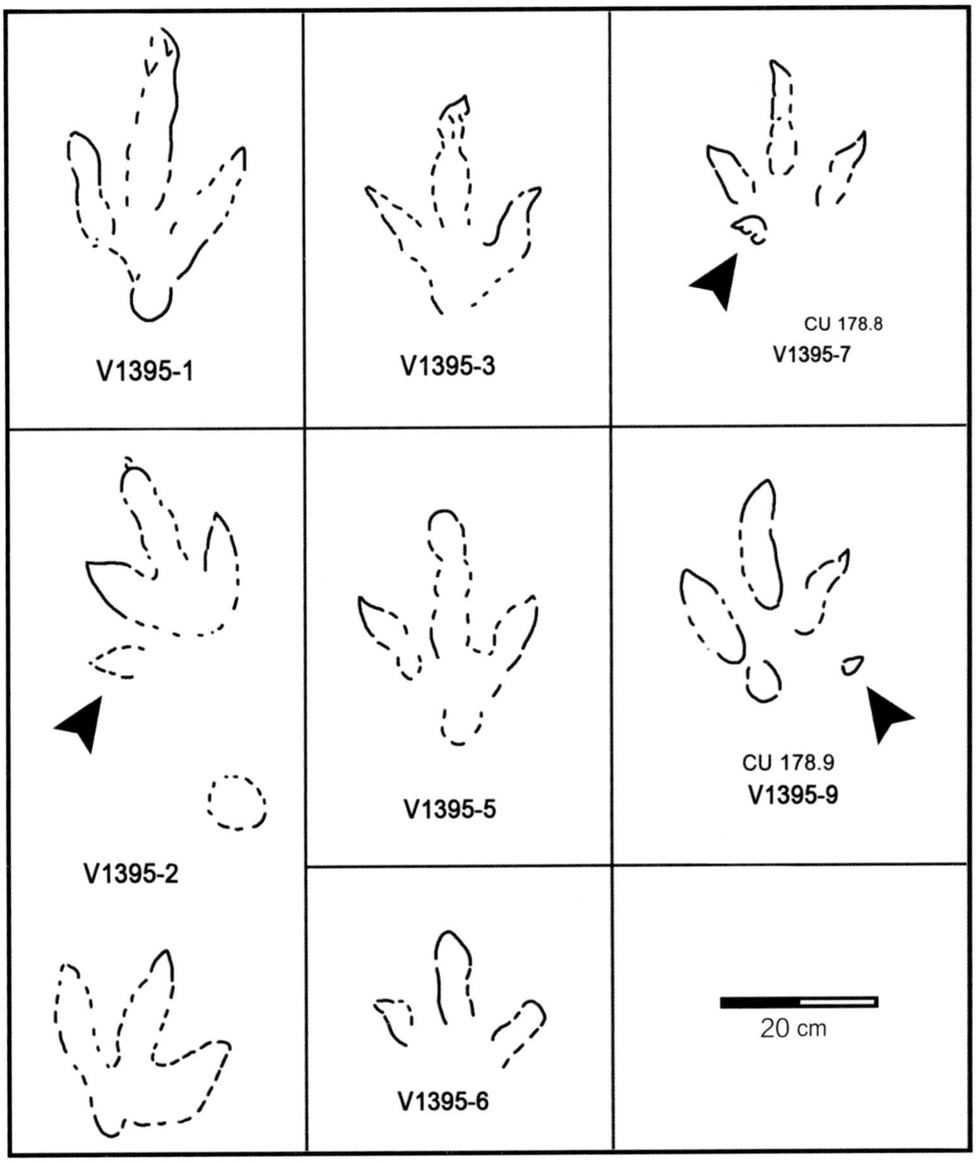

V1395-1

V1395-3

CU 178.8
V1395-7

V1395-2

V1395-5

CU 178.9
V1395-9

V1395-6

20 cm

野庙溪足迹点的 7 个似异样龙足迹（cf. *Anomoepus*）轮廓图（引自 Xing et al.，2013h）

足迹 V1395–1 外形似兽脚类恐龙足迹，另外 6 个足迹暂归入鸟脚类恐龙的异样龙足迹（*Anomoepus*）。

箭头指向为 I 趾印迹。

重庆南岸区野庙溪，上侏罗统上沙溪庙组

2.13.2 大足区

1985年，在大足县（现重庆市大足区）邮亭镇一处倾角约60°的岩壁上，发现100多枚恐龙足迹，足迹地层为下侏罗统珍珠冲组。这是迄今为止中国乃至亚洲最古老的一批蜥脚类恐龙足迹，其中1条行迹同时是亚洲第一条窄转弯的蜥脚类恐龙足迹，该发现由杨兴隆和杨代环（1987）首次考察报道。Lockley和Matsukawa（2009）对该足迹点进行再研究。由于产足迹的层面位于陡壁，受技术条件所限，研究工作仅限于远距离观察和描摹。2015年，邢立达等组织联合调查队，利用SRT（单绳升降）技术对该处恐龙足迹进行详细调查，开展足迹翻模和描摹，并发表了新的研究成果（Xing et al.，2016j）。

大足的这批足迹为蜥脚类恐龙所遗留，共包括3条行迹。这批蜥脚类足迹兼具雷龙足迹（*Brontopodus*）宽跨距以及副雷龙足迹（*Parabrontopodus*）异足性的双重特点，显示其一定程度的原始性。

在大足发现的这条行迹（编号为CHB-S2）是中国乃至亚洲第一条能够窄转弯的蜥脚类恐龙行迹。但在其被发现后的30多年来，我国各地陆续有多条窄转弯（角度为90°~180°）的蜥脚类行迹被发现，产出层位从侏罗系延展至白垩系。例如，在山东诸城下白垩统田家楼组中发现了半圆形的蜥脚类行迹（王宝红等，2013；Xing et al.，2015k），在四川昭觉下白垩统飞天山组也有类似发现（Xing et al.，2015e）。这说明能够转弯的恐龙足迹比以前所估计的要多得多。这也进一步表明，尽管蜥脚类恐龙个体庞大、体重超常，但并非人们想象的那样笨拙不堪，它们能够较容易和迅速地转变运动方向。因此，能够转弯恐龙遗迹对于蜥脚类恐龙的运动行为学研究具有重要意义。

邮亭足迹点野外露头照片（引自 Xing et al.，2016j）

该层面上包含 3 条蜥脚类恐龙行迹，编号为 CHB−S1、CHB−S2 和 CHB−S3。

S1 和 S2 较长（分别长 15 m 和 13.5 m）且转弯，S3 较短（长 3.5 m）。

行迹为四足行走的足迹，前足小，呈半圆形或新月形；后足个体较大，多呈椭圆形和圆形。

S1 前足平均长 10.5 cm，宽 20.3 cm；后足平均长 33.9 cm，宽 24.9 cm。

S2 前足平均长 12.5 cm，宽 24.4 cm，后足平均长 35.9 cm，宽 27.7 cm。

趾垫不清晰，足迹较深。前、后足足迹的单步长平均为 1 m。

层面中间被 1 条小型正断层所错开。

重庆大足区邮亭镇，下侏罗统珍珠冲组底部

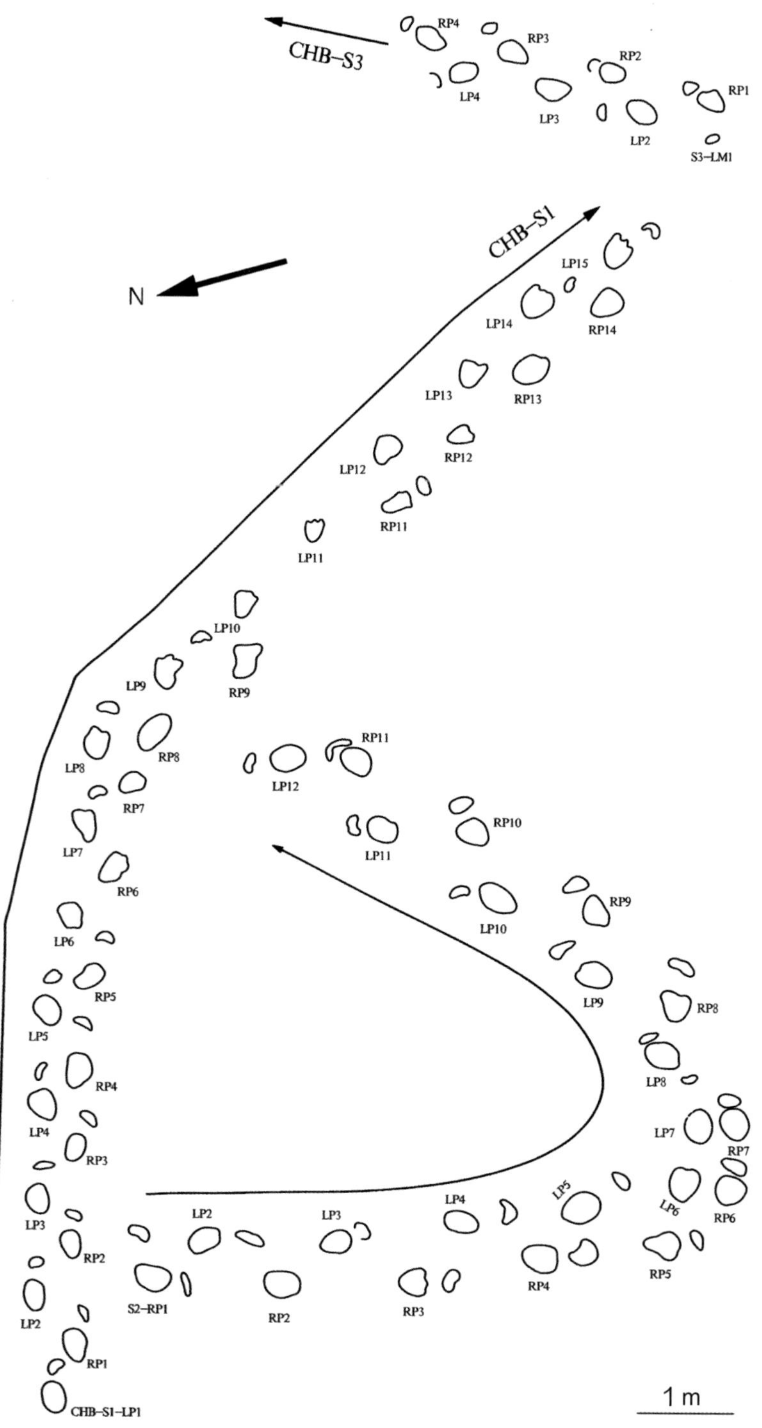

3 条蜥脚类行迹（编号为 CHB–S1、CHB–S2 和 CHB–S3）平面分布图（引自 Xing et al.，2016j，有修改）

重庆大足区邮亭镇，下侏罗统珍珠冲组底部

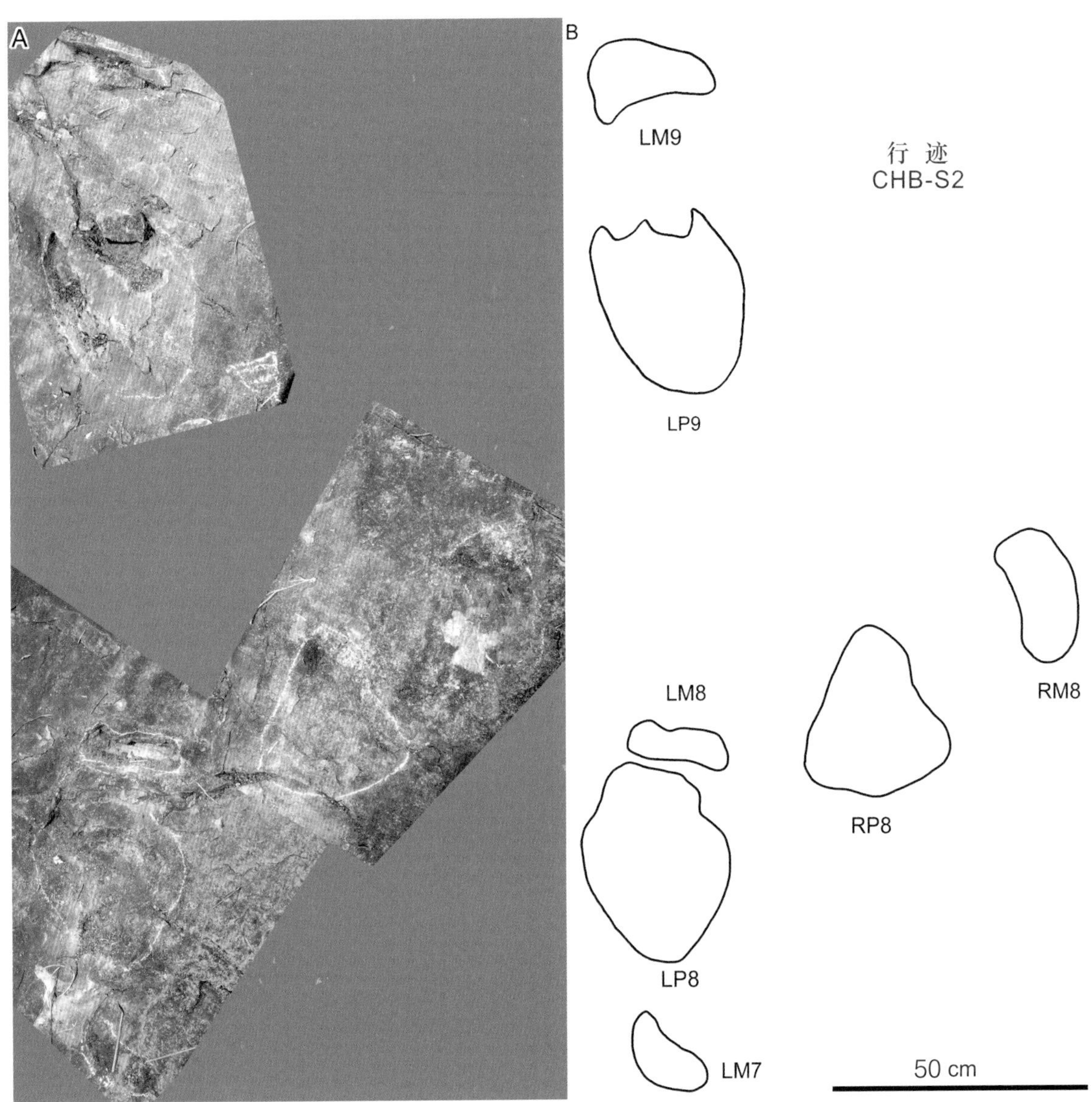

行迹 CHB-S2 窄转弯处足迹照片及轮廓图（引自 Xing et al.，2016j）

右前足迹（RM8）特别靠外，左前足迹（LM7）与左后足迹（LP8）异常靠近，其都与造迹恐龙的转弯行为密切相关。

重庆大足区邮亭镇，下侏罗统珍珠冲组底部

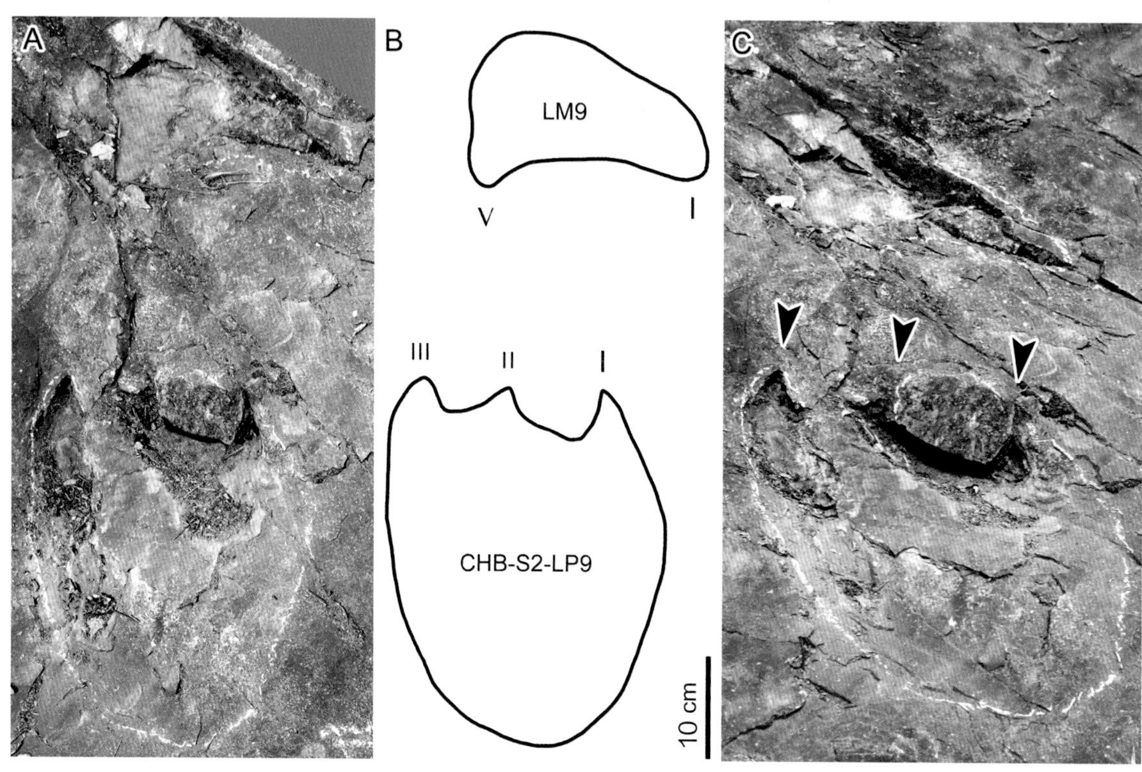

行迹 CHB−S2 中典型足迹照片及轮廓图（引自 Xing et al.，2016j）

LP9−LM9 为行迹 CHB−S2 中 1 对前、后足迹。左后足迹 LP9 的前部有 3 个保存良好并指向前方的趾迹，应为 I−III 趾趾迹；左前足迹 LM9 保存有 I 趾和可能的 V 趾趾迹。

重庆大足区邮亭镇，下侏罗统珍珠冲组底部

2.13.3 綦江区

重庆綦江区莲花堡寨白垩系夹关组是重要的足迹点，暗紫红色石英砂岩中产有大量恐龙足迹化石，已发现的足迹数量共400多枚。2009年，綦江国家地质公园被批准建立，莲花堡寨足迹点即为其中的一部分。如上篇所述，恐龙足迹在堡寨区分布广泛，以莲花状之莲花卡利尔足迹（*Caririchnium lotus*）为主，其形态、保存方式多样。因此，具有700多年历史的莲花堡寨是古人与恐龙足迹和谐共存的直接例证。

邢立达等（2007）首先对莲花堡寨的恐龙足迹进行研究，命名了甲龙类的中国綦江足迹（*Qijiangpus sinensis*）、兽脚类的敏捷舞足迹（*Wupus agilis*）、鸟脚亚目的炎热老瀛山足迹（*Laoyingshanpus torridus*）和莲花卡利尔足迹（*Caririchnium lotus*）等新足迹属种。其中，他们认为綦江足迹是中国首次发现的甲龙类足迹，而莲花卡利尔足迹则提供了鸭嘴龙类在各发育阶段所留下的不同足迹。之后，邢立达等又发现了翼龙足迹（Xing et al., 2013a）。

但后来的研究表明，中国綦江足迹（*Qijiangpus sinensis*）和炎热老瀛山足迹（*Laoyingshanpus torridus*）可能是莲花卡利尔足迹（*Caririchnium lotus*）的幻迹，系保存原因导致的形态差异，因此为可疑学名（Xing et al.，2015f）。而敏捷舞足迹（*Wupus agilis*）其造迹者应为较大型的鸟类，而并非兽脚类恐龙（Xing et al.，2015b）。此外，莲花堡寨还产蜥脚类恐龙足迹和少量的非鸟兽脚类恐龙足迹（Xing et al.，2015f）。

关于莲花堡寨恐龙足迹产出地层夹关组的时代，早期被认为是中白垩世（邢立达等，2007），但根据孢粉的最新研究结果，现将其定为早白垩世晚期（Barremian－Albian期）（Xing et al.，2015f）。

总之，綦江莲花堡寨恐龙足迹以鸭嘴龙足迹（莲花卡利尔足迹*Caririchnium lotus*）为主，同时含少量蜥脚类、兽脚类恐龙足迹，以及较丰富的鸟类足迹和翼龙足迹，是西南地区白垩系最大的恐龙足迹点之一。

莲花保寨外观照片（引自 Xing et al., 2015f）

恐龙等足迹化石主要分布于图片中央凹槽处的砂岩层面上。

重庆綦江区三角镇老瀛山莲花保寨，下白垩统夹关组

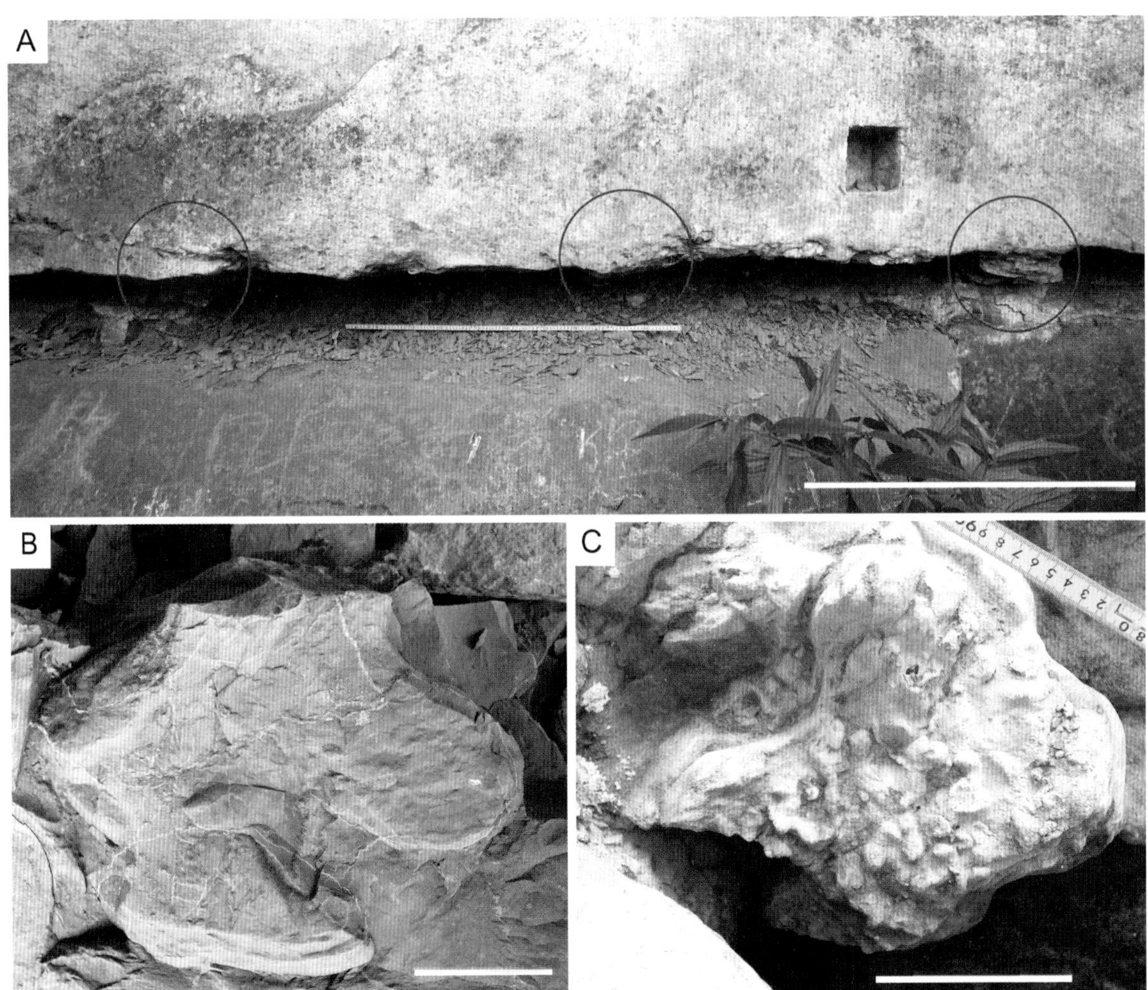

以多种方式保存的鸭嘴龙足迹——莲花卡利尔足迹（*Caririchnium lotus*）照片（引自 Xing et al., 2015f）

A 为寨民住所石条下的 1 条卡利尔足迹行迹，其包括 3 个足迹（红圈内），比例尺为 1 m；

B 为下凹保存的 1 个缺失外侧趾的卡利尔足迹；C 为风化严重的卡利尔足迹。

B 和 C 中比例尺均为 10 cm。

重庆綦江区三角镇老瀛山莲花保寨，下白垩统夹关组

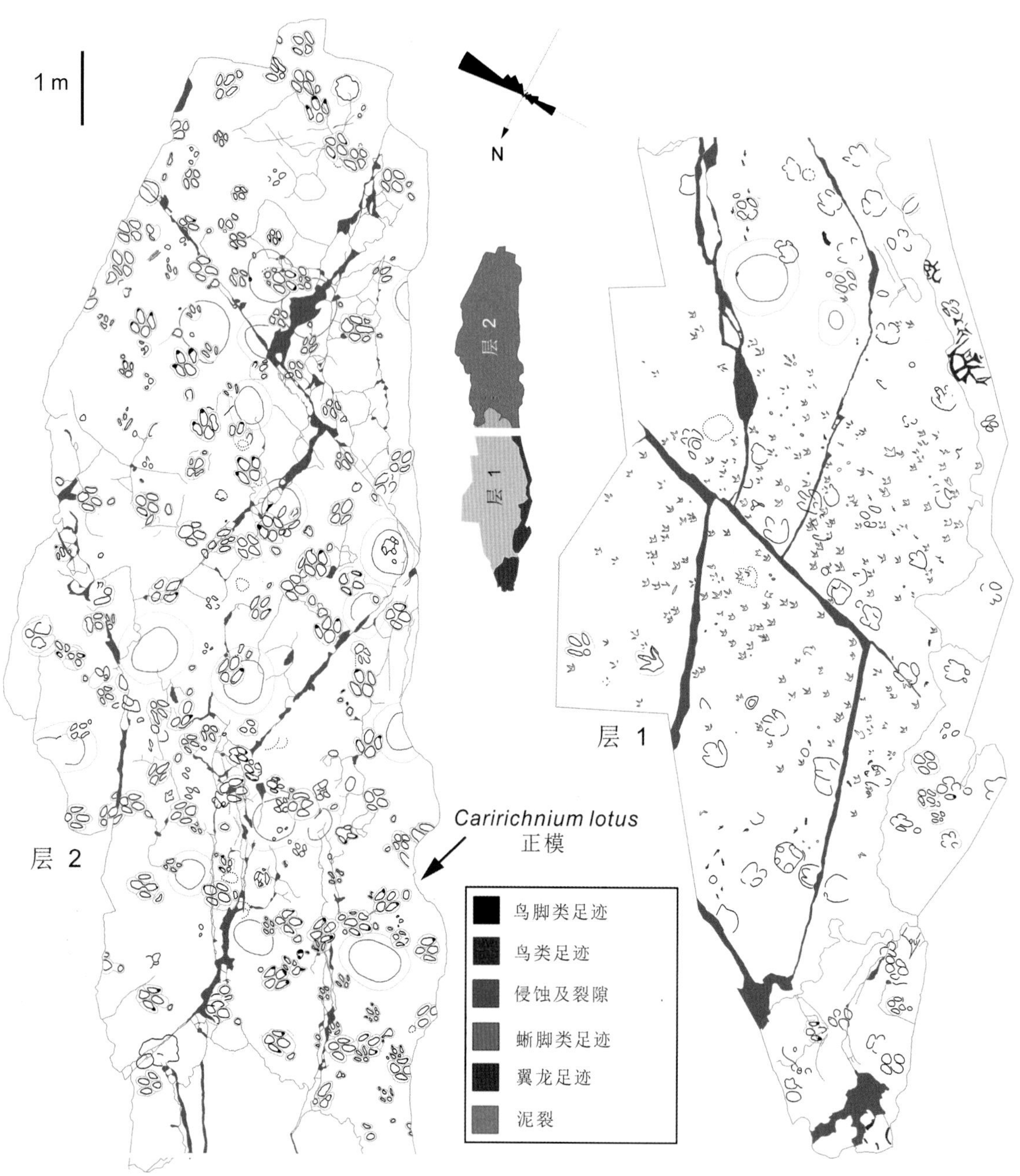

莲花堡寨恐龙足迹化石分布图（引自 Xing et al., 2015f）

恐龙足迹主要分布在层 1 和层 2。

该足迹群以莲花卡利尔足迹（*Caririchnium lotus*）为主，数量最多；其次为鸟类足迹；再次为蜥脚类足迹（主要分布在层 2 中）和翼龙足迹（主要分布在层 1 中）。

重庆綦江区三角镇老瀛山莲花保寨，下白垩统夹关组

莲花卡利尔足迹（*Caririchnium lotus*）正模行迹照片

圆圈内为正模标本，为1对前、后足迹。

重庆綦江区三角镇老瀛山莲花保寨II号足迹点，下白垩统夹关组

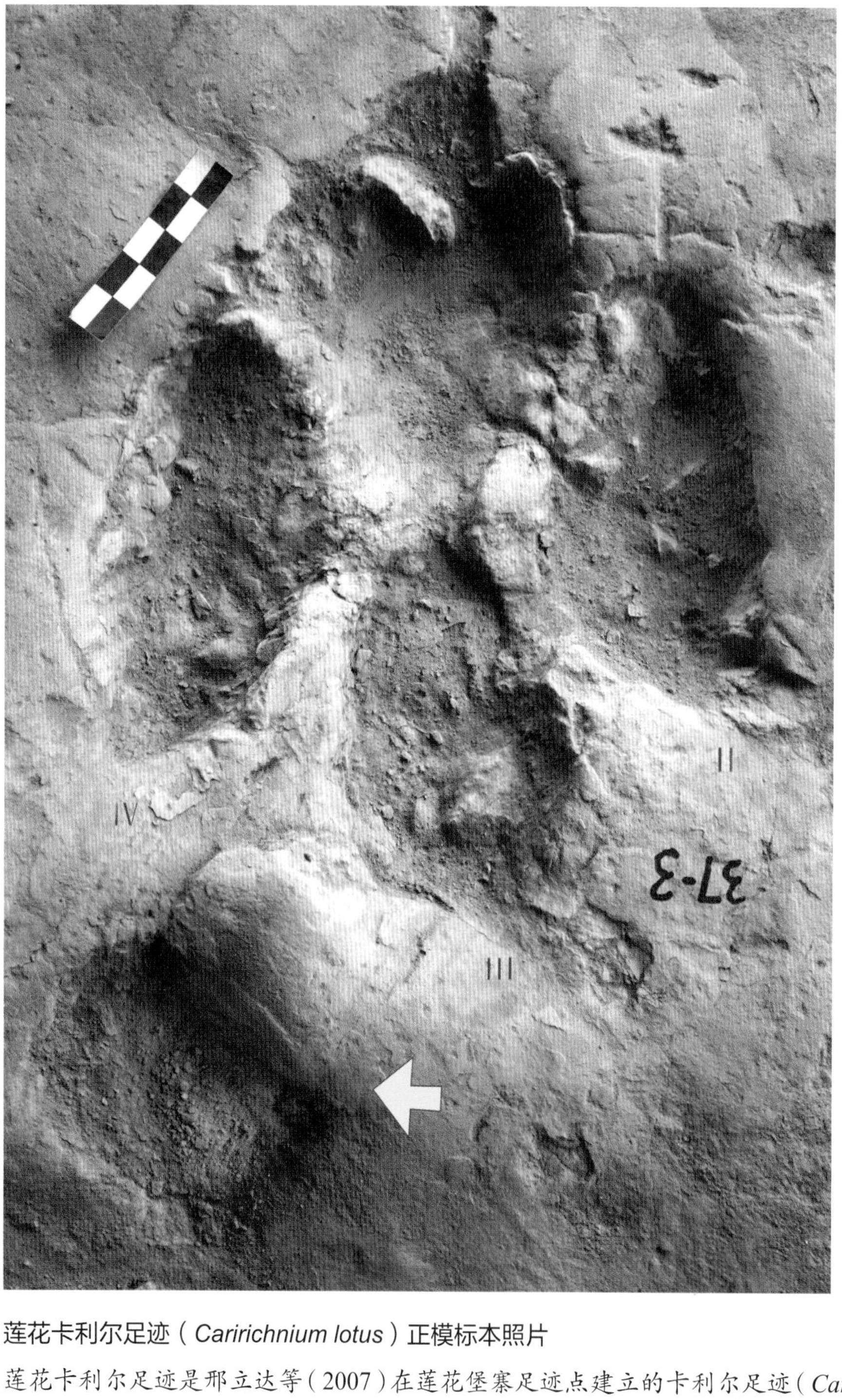

莲花卡利尔足迹（*Caririchnium lotus*）正模标本照片

莲花卡利尔足迹是邢立达等（2007）在莲花堡寨足迹点建立的卡利尔足迹（*Caririchnium*）的新足迹种。正模足迹为1对前、后足迹（编号为QII-O20-RP2和RM2）。

足迹为大型的、四足行走的鸟脚类足迹，足长约35 cm；后足迹中轴对称，具功能性三趾，为四分形，由3个趾迹和后部的趾垫印迹构成，长宽比值为1.1；前足迹（箭头所指）近似圆形，位于后足迹前方。罗马字母代表脚趾编号。

重庆綦江区三角镇老瀛山莲花保寨II号足迹点，下白垩统夹关组

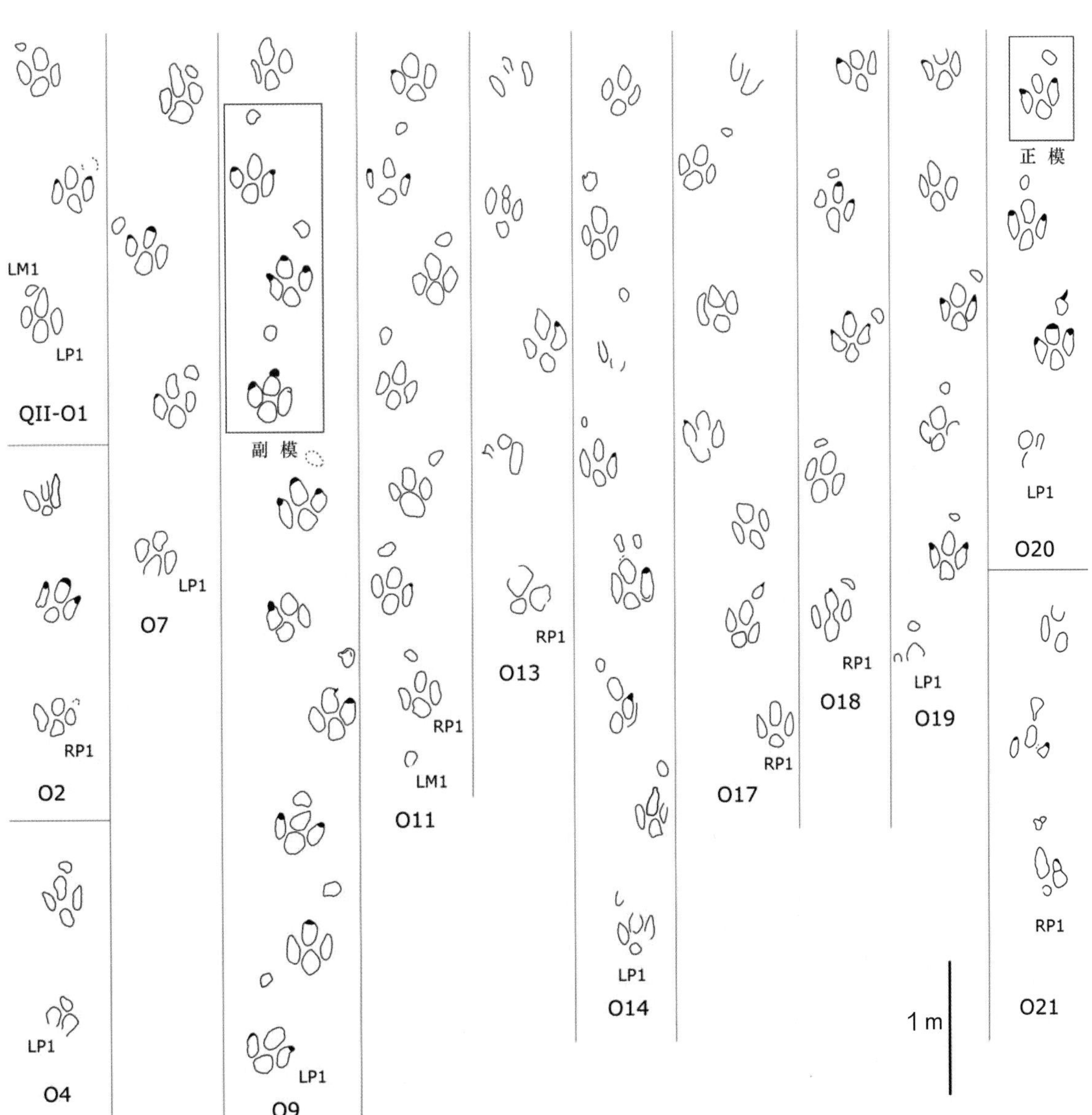

莲花堡寨的大型莲花卡利尔足迹（*Caririchnium lotus*）轮廓图（引自 Xing et al., 2015f）

最右栏上部方框中的 1 对前、后足迹即为正模标本；第 3 栏上部方框中的足迹为副模标本，LP1 为左后足迹，RP1 为右后足迹。

重庆綦江区三角镇老瀛山莲花保寨，下白垩统夹关组

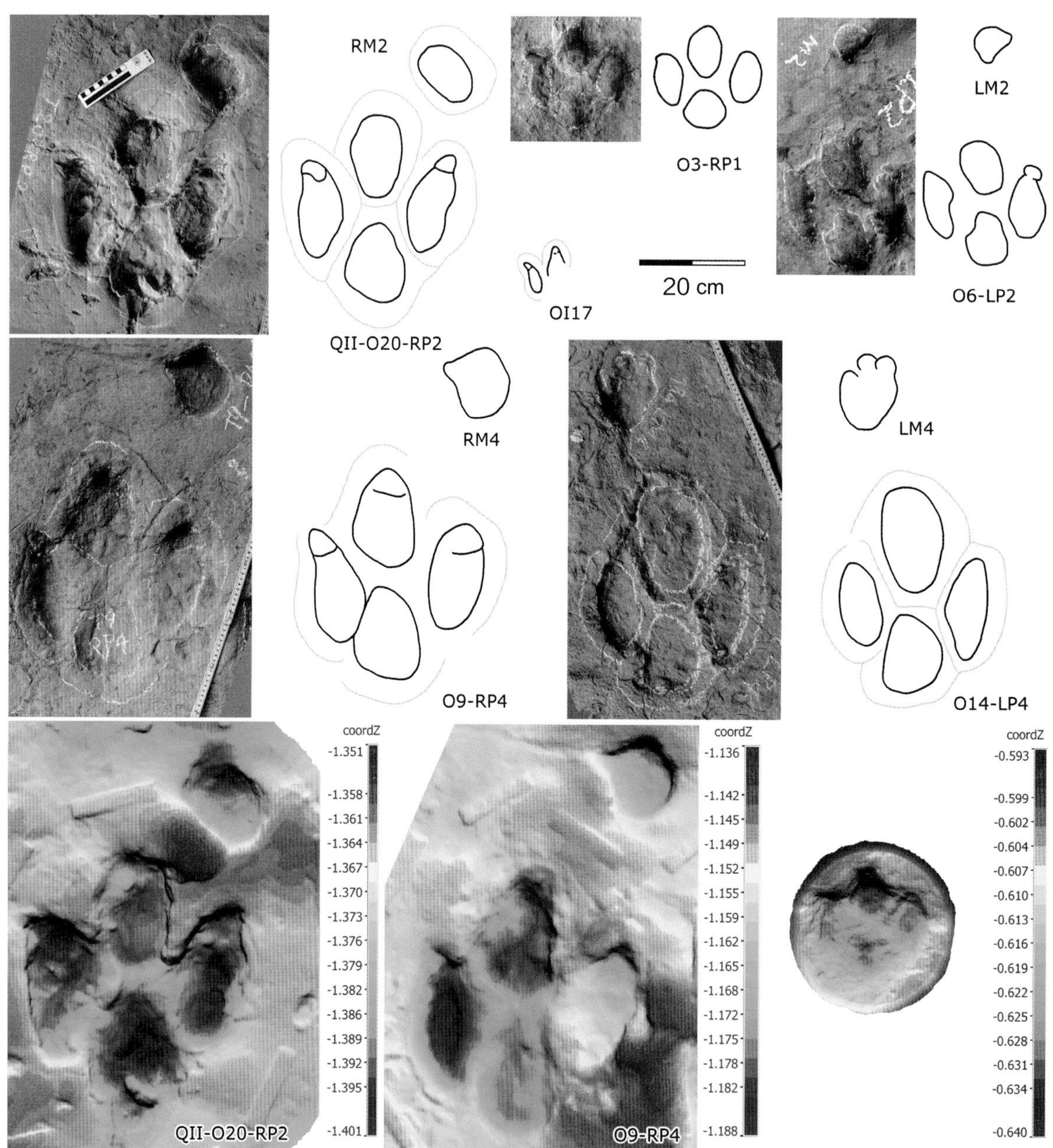

完美保存的大型莲花卡利尔足迹（*C. lotus*）照片、轮廓图及 3D 图像（引自 Xing et al., 2015f）

左栏中的足迹 QII–O20–RP2 和 RM2 为正模标本。LP 为左后足迹，RP 为右后足迹。

3D 图中冷色表示高度低，暖色表示高度高。

重庆綦江区三角镇老瀛山莲花保寨 II 号足迹点，下白垩统夹关组

小型莲花卡利尔足迹（*Caririchnium lotus*）轮廓图（引自 Xing et al., 2015f）

LP 为左后足迹，RP 为右后足迹。

重庆綦江区三角镇老瀛山莲花保寨，下白垩统夹关组

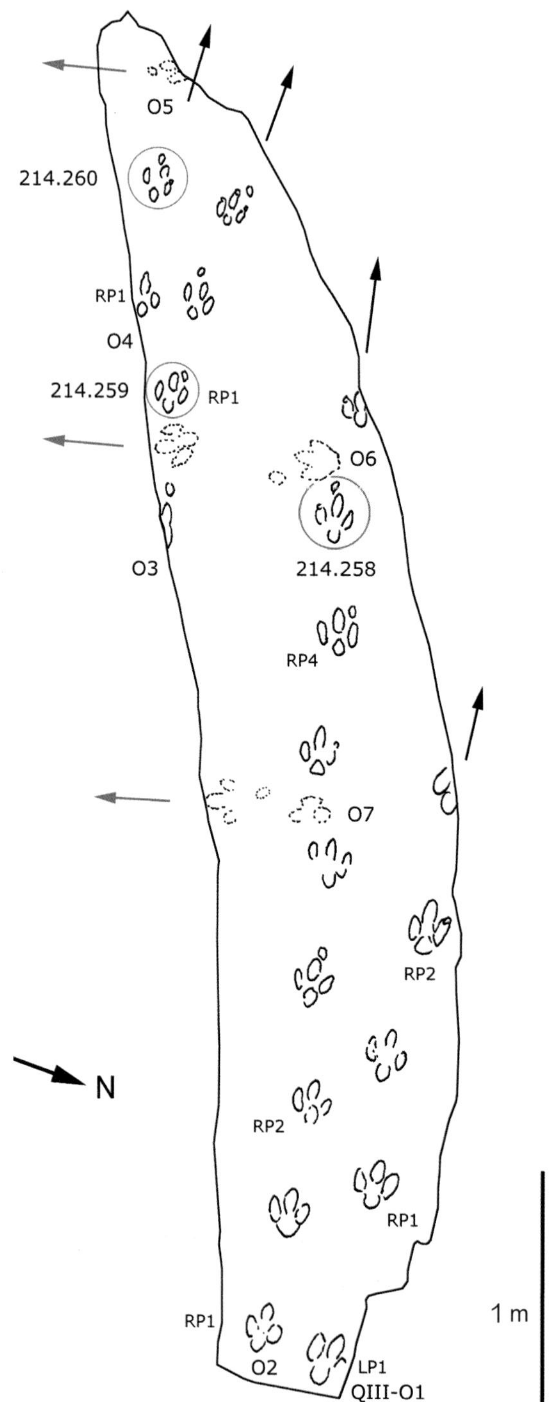

Ⅲ号足迹点小型鸟脚类行迹解释图（引自 Xing et al., 2015f）

箭头标示行迹方向，圆圈内的足迹已制作模型。LP 为左后足迹，RP 为右后足迹。

重庆綦江区三角镇老瀛山莲花保寨，下白垩统夹关组

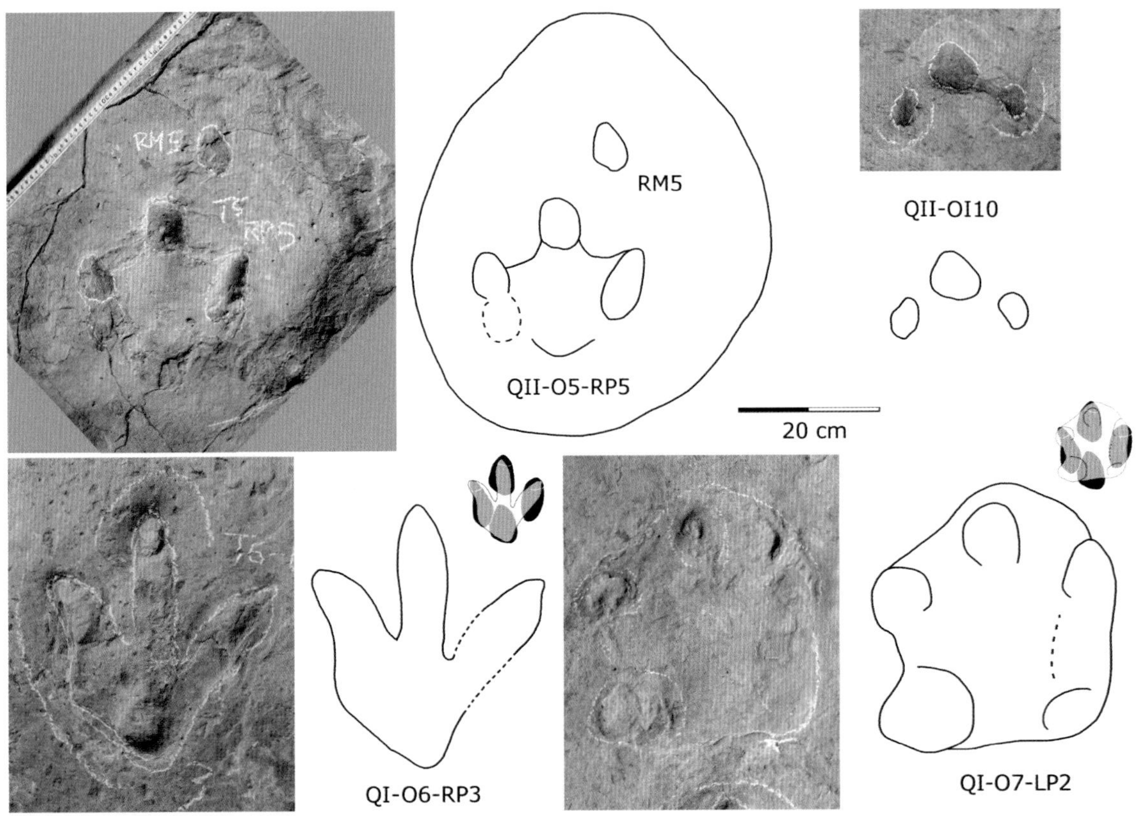

莲花堡寨鸟脚类足迹、幻迹照片及解释轮廓图（引自 Xing et al., 2015f）

QⅡ-05-RP5 为莲花卡利尔足迹，受到蜥脚类幻迹的叠压而变形，浅的部分变平，只有趾部因下陷较深而保留下来。QⅡ-OI10 则是因踩踏时地面较为固结，趾迹下陷深而保存下来。

莲花卡利尔足迹（*Caririchnium lotus*）保存方式多样，形态多变，在足迹鉴定过程中易造成误判。

图中足迹 QI-07-LP2 曾被命名为中国綦江足迹（*Qijiangpus sinensis*），并被解释为甲龙类足迹；

足迹 QI-06-RP3 外形像兽脚类足迹，曾被命名为炎热老瀛山足迹（*Laoyingshanpus torridus*），并被解释为鸟脚类足迹。

后来的研究表明，中国綦江足迹和炎热老瀛山足迹均为鸟脚类足迹的幻迹，特征不清晰，因此为无效学名（Lockley et al.，2014a）。

重庆綦江区三角镇老瀛山莲花保寨，下白垩统夹关组

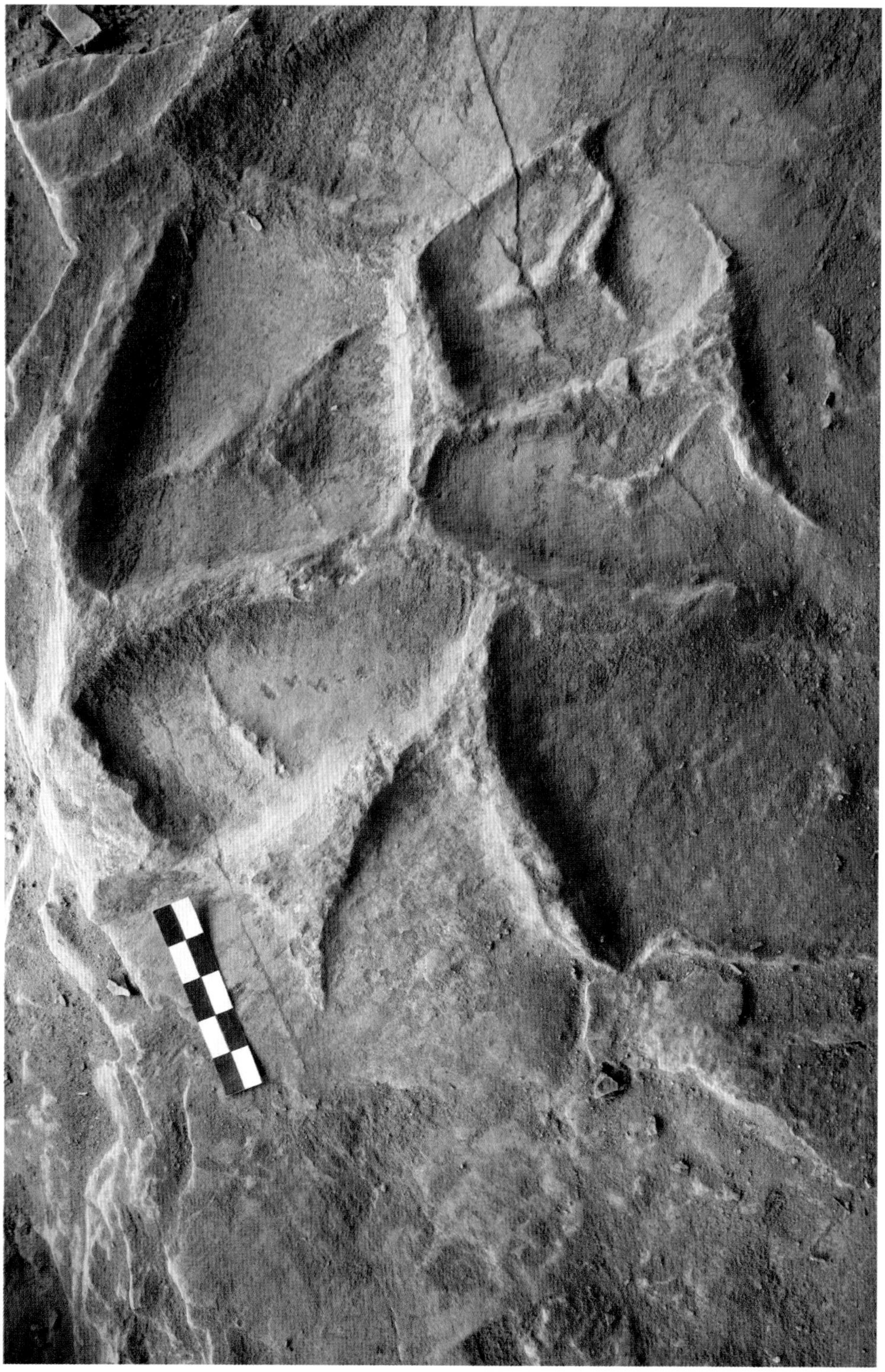

莲花卡利尔足迹（*Caririchnium lotus*）产出层面的泥裂照片

莲花堡寨泥裂十分发育，不仅影响足迹的保存，有时也容易与足迹相混淆。

重庆綦江区三角镇老瀛山莲花保寨，下白垩统夹关组

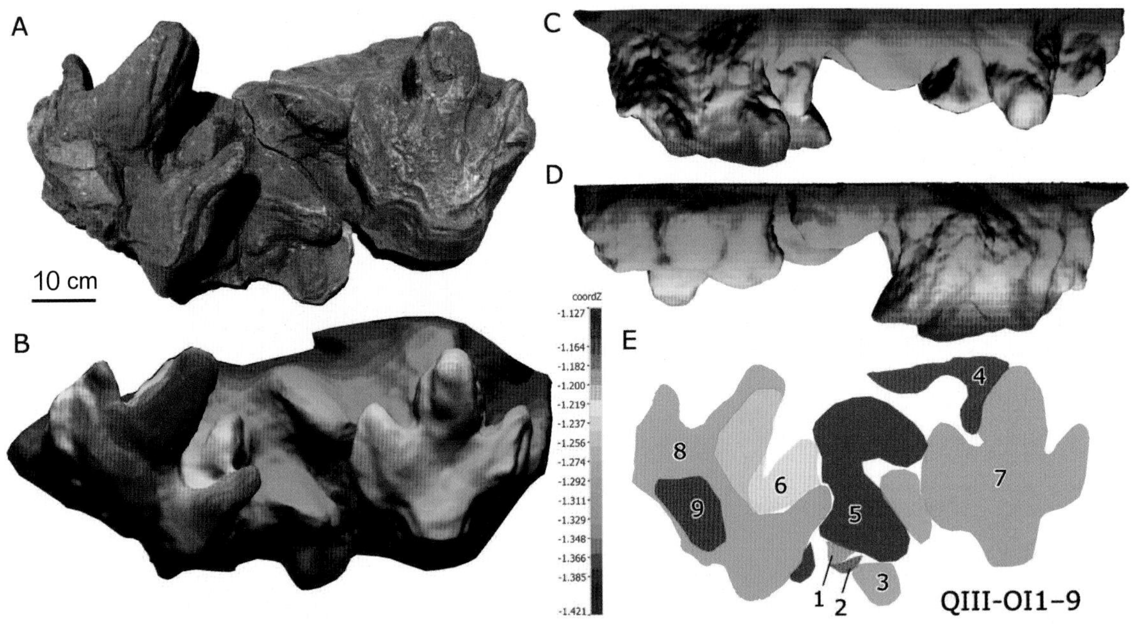

叠置保存的鸟脚类足迹（编号为 QIII-OI1-09）照片、3D 图及解释图（引自 Xing et al., 2015f）

A 为照片；B、C、D 为 3D 图像，蓝色表示高度低，红色表示高度高；E 为多个鸟脚类足迹叠置保存的解释图。

如 E 中所示，这一系列叠置保存的足迹最少由 9 枚完整及部分的足迹（1–9）多角度叠置构成。这一方面显示了莲花堡寨足迹点足迹保存的复杂性，另一方面也提示这里可能是大量鸟脚类恐龙长期活动的场所，这也是大量鸟脚类恐龙足迹得以保存的原因。足迹均为上凸保存。

重庆綦江区三角镇老瀛山莲花保寨Ⅲ号足迹点，下白垩统夹关组

呈自然铸模保存的莲花卡利尔足迹（*Caririchnium lotus*）照片

重庆綦江区三角镇老瀛山莲花保寨，下白垩统夹关组

莲花卡利尔足迹（*Caririchnium lotus*）可能的滑迹照片

重庆綦江区三角镇老瀛山莲花保寨，下白垩统夹关组

I 和 VI 号点蜥脚类足迹（cf. *Brontopodus*）照片及轮廓图（引自 Xing et al., 2015f）

A 为 I 号点蜥脚类行迹照片；B 为 I 号点孤单的蜥脚类足迹；C、D、G 为 VI 号点蜥脚类恐龙足迹铸模；E、F、H 为放大照片，其中 E 和 F 显示 SI2 底面的条纹痕（striation marks），H 显示 G 中底面的条纹痕；点线表示幻迹的轮廓。

这些蜥脚类足迹后足长范围为 27~66 cm。

3 条行迹各参数的平均值分别为：长 60.3 cm，宽 54 cm，长宽比值为 1.2，外撇 22°，步长 154.5 cm，复步长 256 cm，步幅角为 116°，跨距中等宽，QII-SI1 的异足度（前、后足大小之比）为 1∶2.6，这些特征与伯德雷龙足迹（*Brontopodus birdi*）相似，但蜥脚类足迹的跨距仍相对较窄。

箭头指示足迹运动方向。

重庆綦江区三角镇老瀛山莲花保寨，下白垩统夹关组

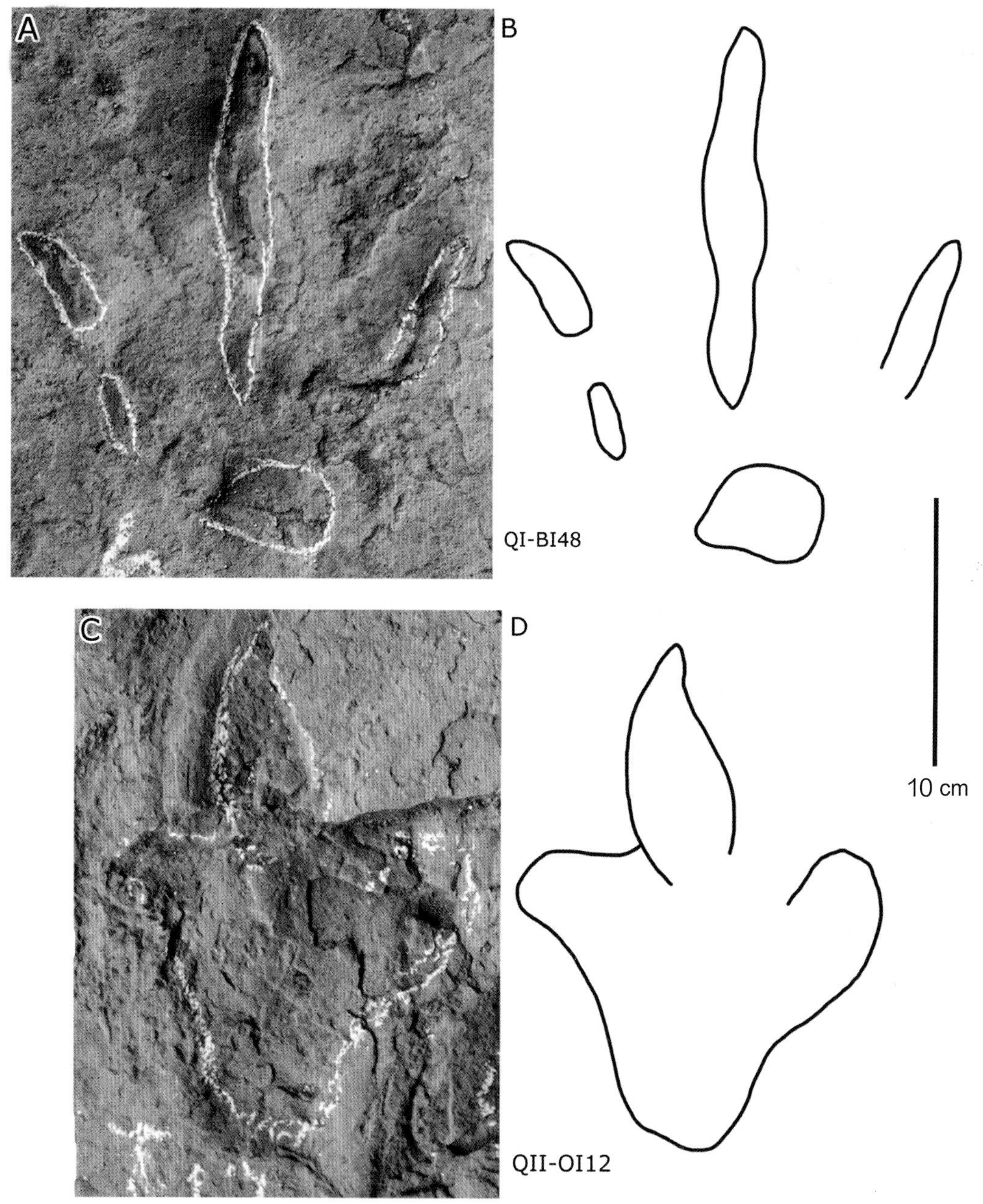

疑似兽脚类恐龙足迹照片及轮廓图（引自 Xing et al., 2015f，有改动）
重庆綦江区三角镇老瀛山莲花保寨 I 号和 II 号足迹点，下白垩统夹关组

大型鸟类足迹——敏捷舞足迹（*Wupus agilis*）标本照片

邢立达等（2007）在莲花堡寨足迹点建立了新足迹属种——敏捷舞足迹（*Wupus agilis*）。

足迹平均长 10.2 cm（范围为 7~13.7 cm），其造迹者曾被认为是小型兽脚类恐龙。现推测该足迹的造迹者是与现生的鹭类似的大型鸟类。

重庆綦江区三角镇老瀛山莲花保寨 1 号足迹点（第 1 层），下白垩统夹关组

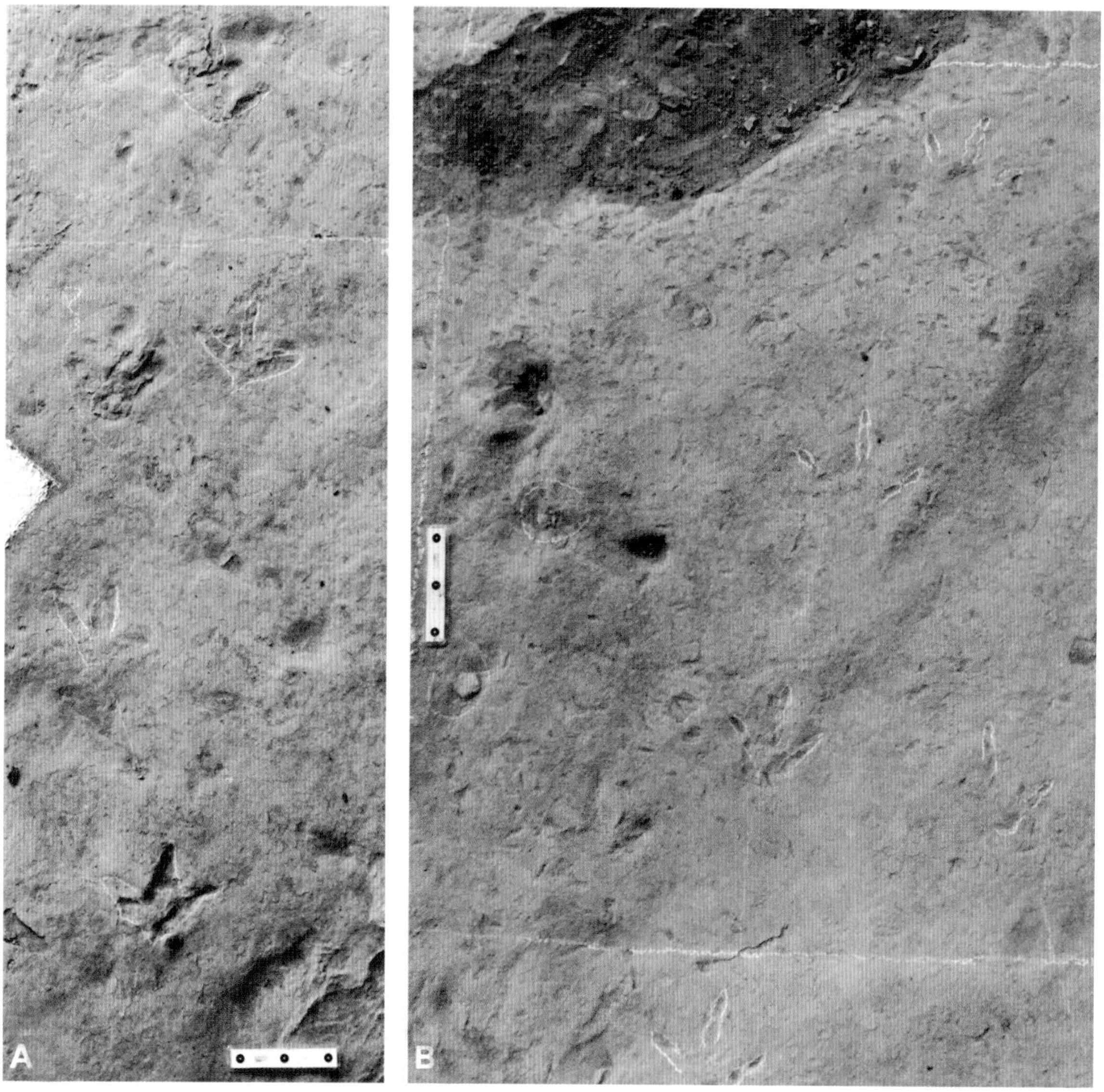

大型鸟类足迹——敏捷舞足迹（*Wupus agilis*）的两段行迹（A 和 B）（引自 Xing et al., 2015b）

相对于足迹长，单步和复步长均较短。比例尺为 10 cm。

重庆綦江区三角镇老瀛山莲花保寨，下白垩统夹关组

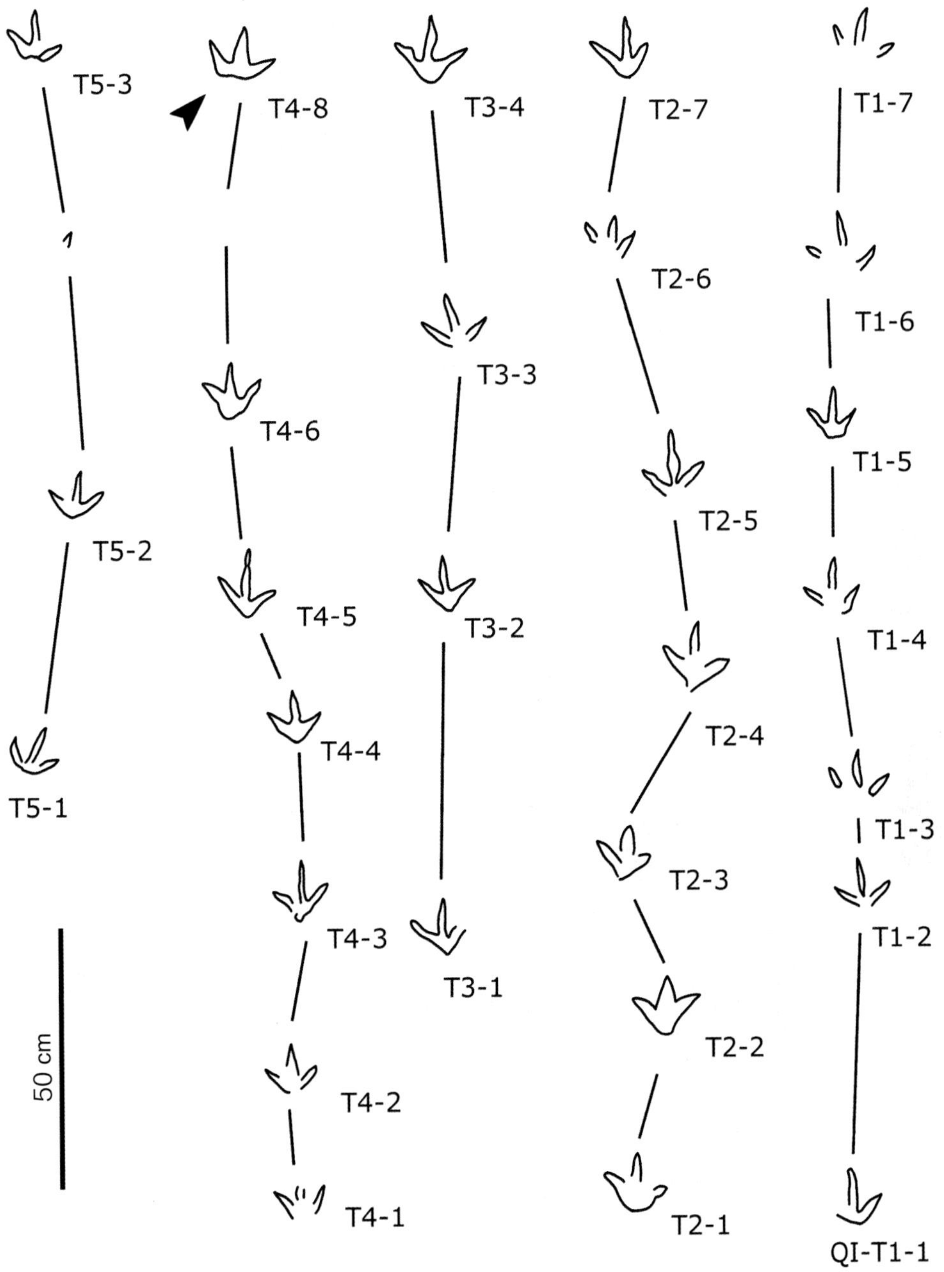

鸟类足迹（敏捷舞足迹 *Wupus agilis*）行迹图（引自 Xing et al., 2015f）

于Ⅰ号足迹点发现的这些鸟类行迹的方向均指向东。

重庆綦江区三角镇老瀛山莲花保寨Ⅰ号点，下白垩统夹关组

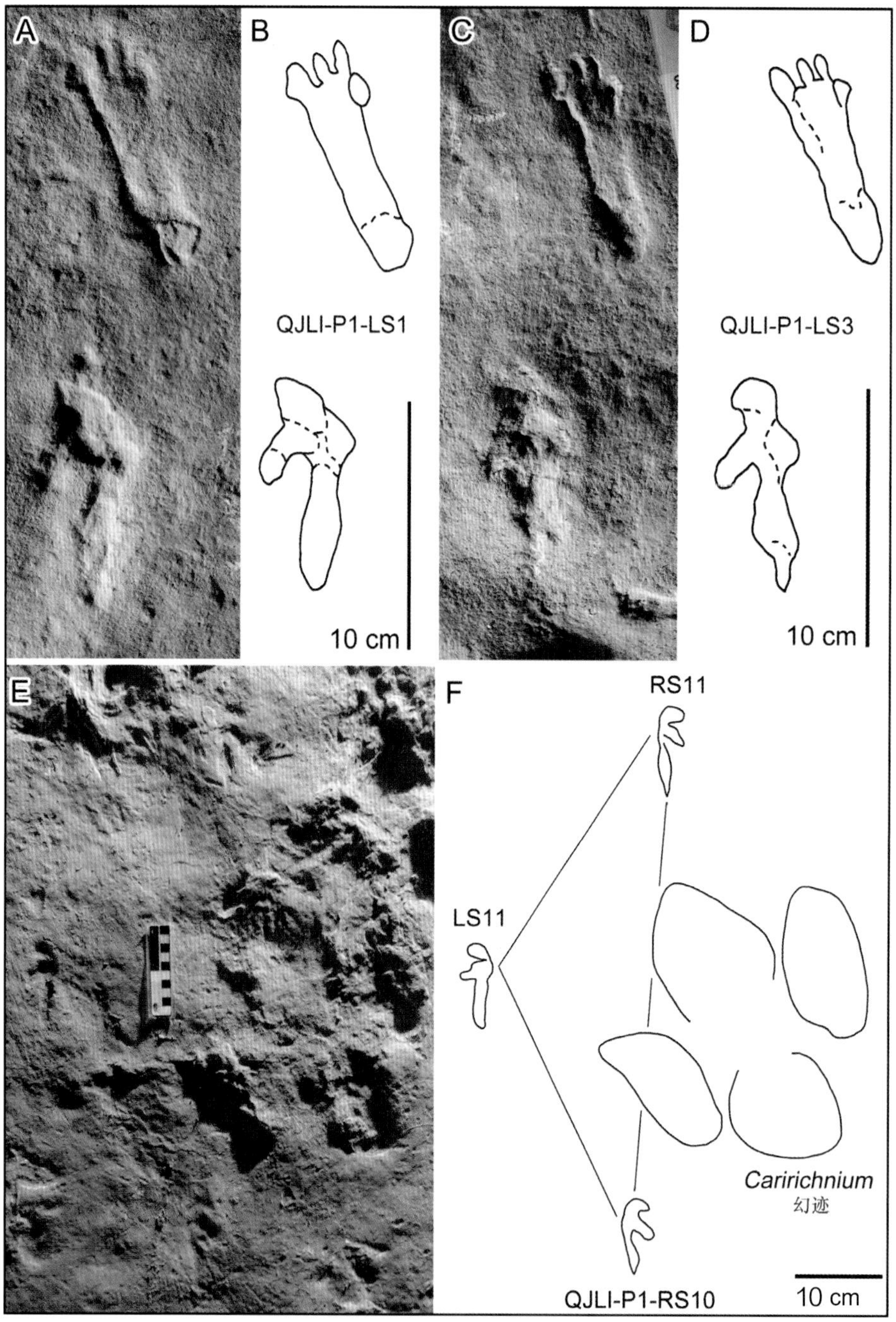

翼龙行迹 1 的照片及足迹轮廓图（引自 Xing et al.，2013a）

翼龙足迹产于莲花堡寨 1 号足迹点第 I 层，共发现 30 多枚翼龙足迹；识别出 5 条行迹，其中行迹 1 最长，保存也最好。

LS1（图 A 和 B）以及 LS3（图 C 和 D）分别为 1 对前、后足迹；

E 和 F 中的 RS10、LS11 和 RS11 均为前足迹。

重庆綦江区三角镇老瀛山莲花保寨 I 号足迹点，下白垩统夹关组

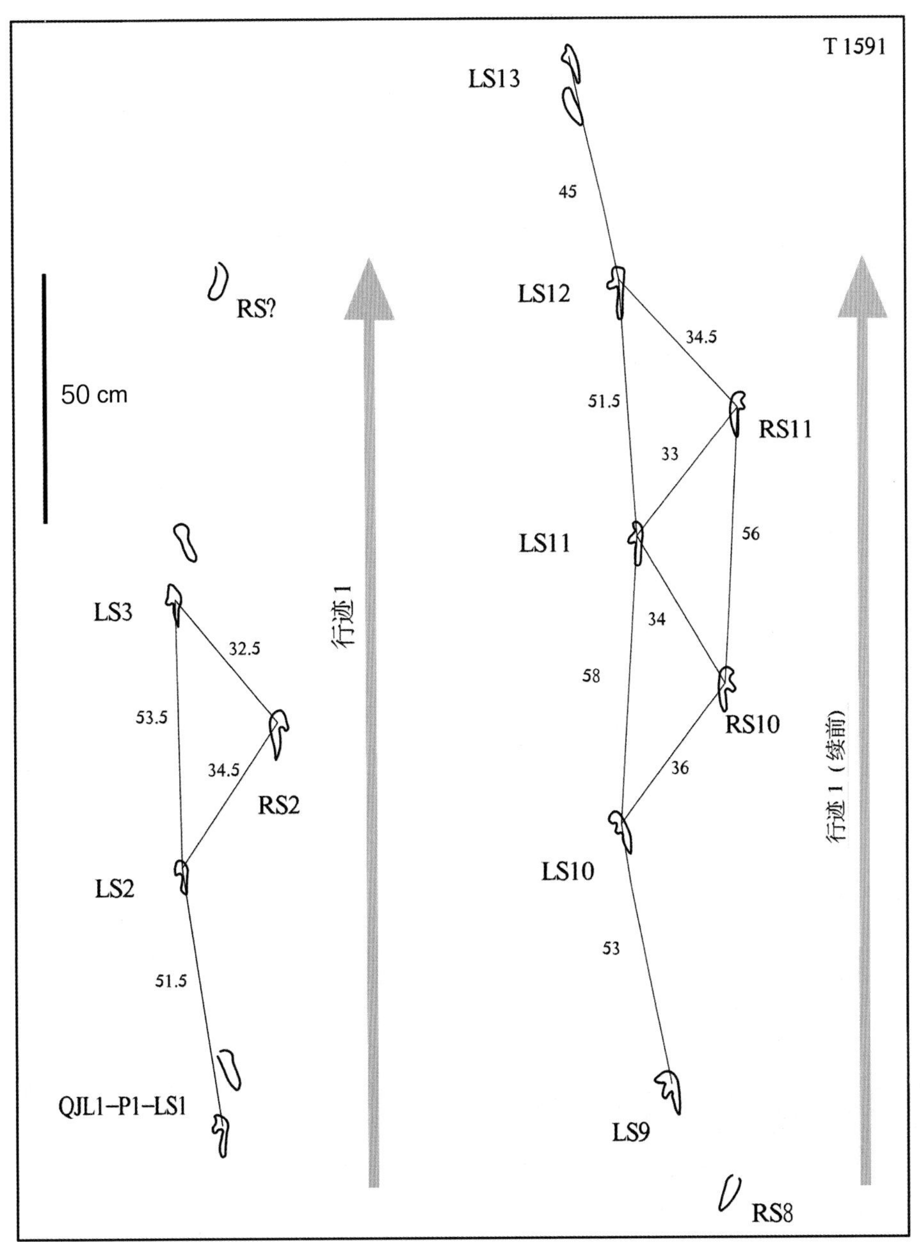

翼龙行迹 1 的轮廓图（引自 Xing et al.，2013a）

行迹 1 分为两段。第一段（左栏）由左前足迹开始，其中 LS3 保存了 1 对左前、左后足迹；第二段（右栏）从足迹 RS8 开始，两段行迹之间有约 3 m 的间隔。前足迹长平均为 9 cm，宽平均为 3.3 cm；后足迹长平均为 8.5 cm，宽平均为 2.8 cm；步长平均为 34.1 cm，复步长平均为 52.5 cm，足迹外宽为 24 cm。

箭头标示行迹方向。

重庆綦江区三角镇老瀛山莲花保寨 I 号足迹点，下白垩统夹关组

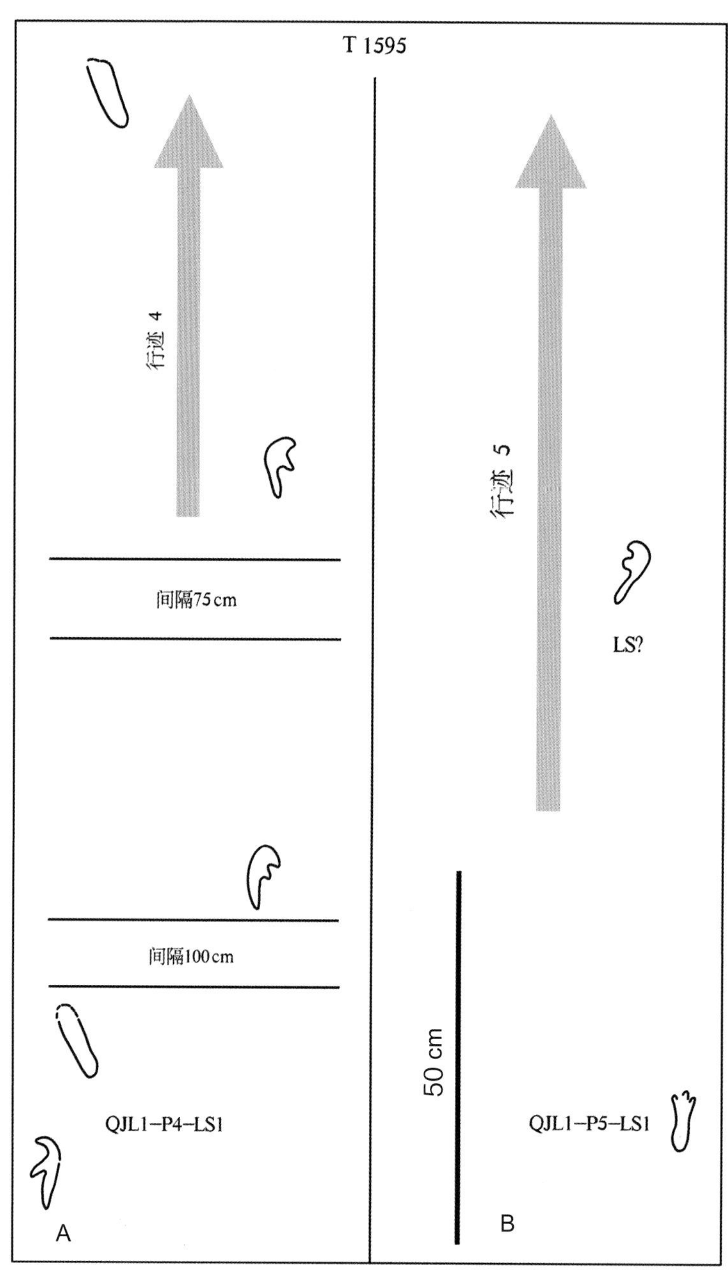

翼龙行迹 4（A）与行迹 5（B）轮廓图（引自 Xing et al.，2013a）

行迹 4 由 5 个足迹组成，开始的 LS1 是 1 对左前、左后足迹，前、后足迹长和宽的平均值分别为 8.8 cm、4.1 cm 和 10.3 cm、3.1 cm。行迹 5 仅保存有两个孤单的足迹，即 1 个右后足迹和 1 个左前足迹，二者之间间隔 67 cm；前、后足迹长与宽分别为 8.5 cm、3.2 cm 和 9 cm、3.5 cm。

箭头标示行迹方向。

重庆綦江区三角镇老瀛山莲花保寨 I 号足迹点，下白垩统夹关组

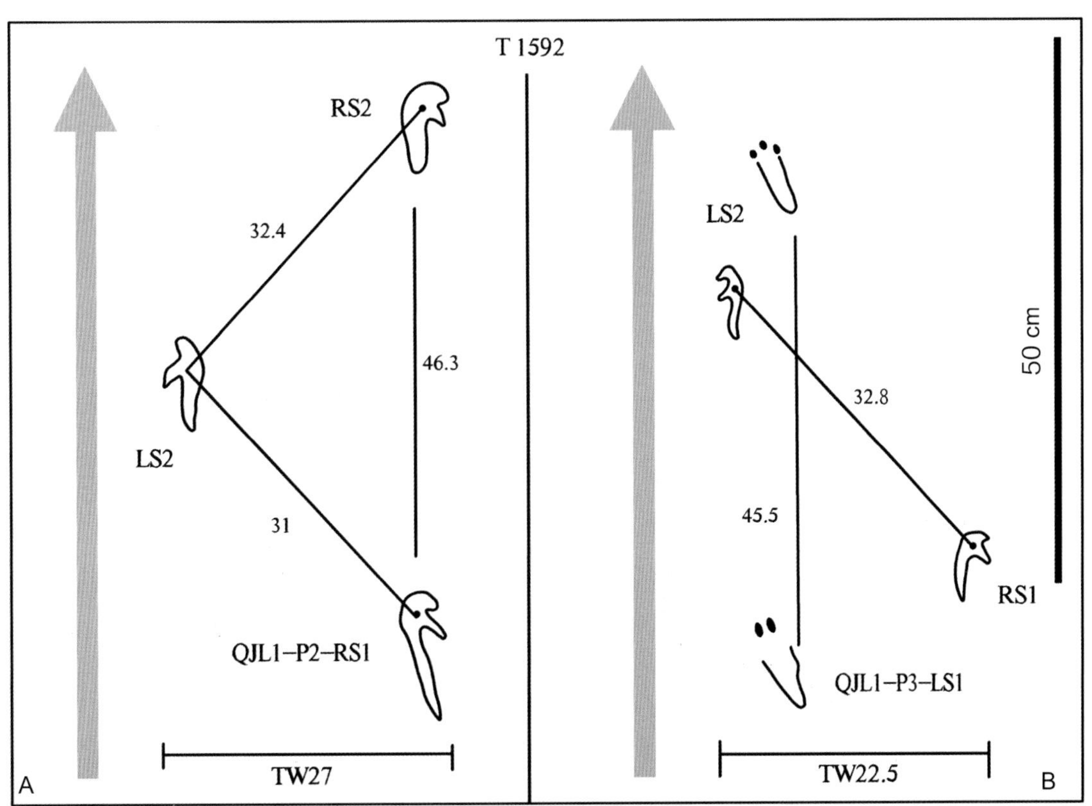

翼龙行迹 2（A）与行迹 3（B）轮廓图（引自 Xing et al.，2013a）

行迹 2 只保留了 3 个前足迹（RS1、LS2 和 RS2），形成 1 个复步，无后足迹；足迹长平均为 9.8 cm，宽平均为 4.6 cm；两个单步长分别为 31 cm 和 32.4 cm，复步长 46.3 cm，行迹外宽（TW）为 27 cm。

行迹 3 由 4 个足迹组成，即两个左后足迹（LS1 和 LS2），以及 1 个左前足迹（LS1）和 1 个右前足迹（RS）；

前足迹平均长为 7 cm，平均宽为 3.1 cm；后足迹平均长为 8.3 cm，平均宽为 3.1 cm；左、右两个前足迹形成的单步长 32.8 cm，两个左后足迹形成的复步长 45.5 cm。行迹外宽为 22.5 cm。

箭头标示行迹方向。

重庆綦江区三角镇老瀛山莲花保寨 I 号足迹点，下白垩统夹关组

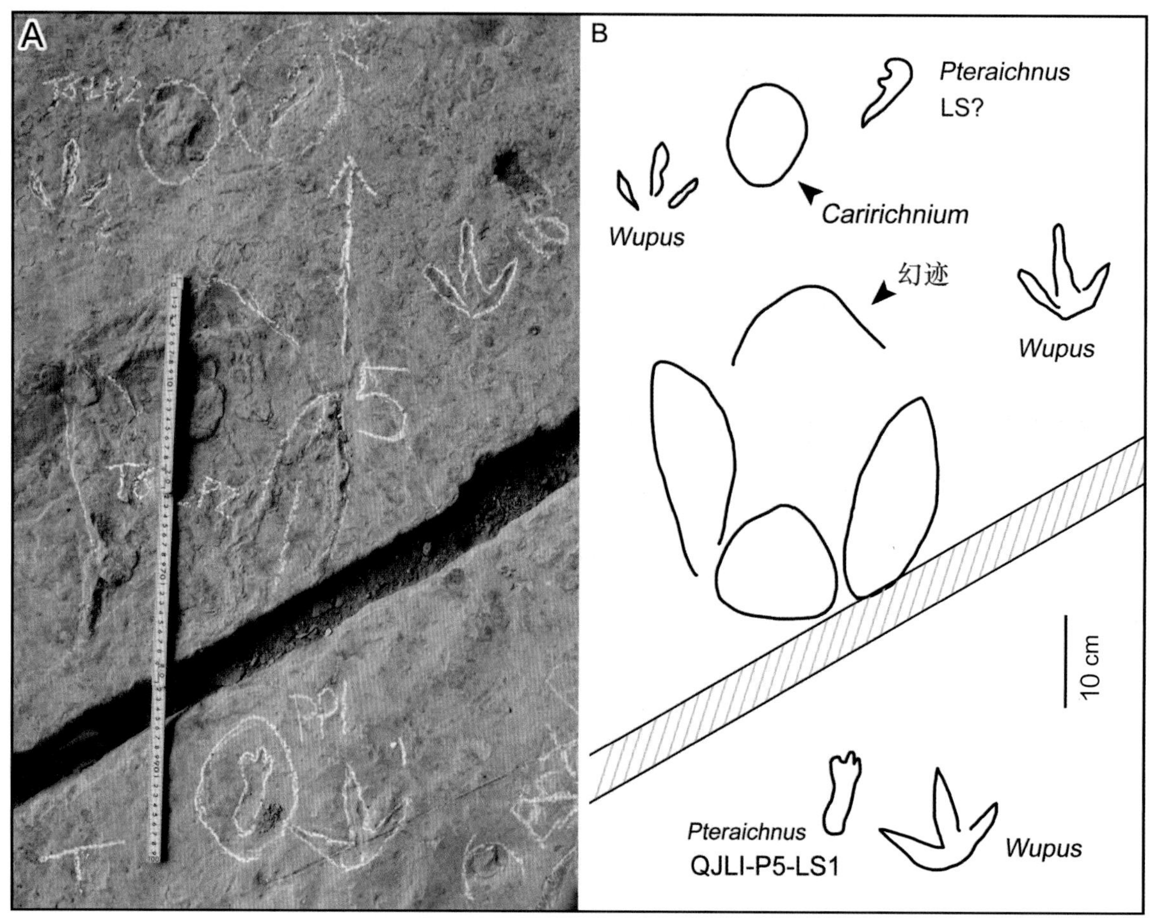

翼龙行迹 5 足迹照片及轮廓图（引自 Xing et al.，2013a）

与翼龙足迹共生的还有鸟类足迹（舞足迹 *Wupus*）和鸟脚类足迹（卡利尔足迹 *Caririchnium* 的幻迹）。重庆綦江区三角镇老瀛山莲花保寨 I 号足迹点，下白垩统夹关组

2.13.4 永川区

2013年，邢立达等研究了重庆永川区金鸡地区上侏罗统上沙溪庙组发现的9枚完整的兽脚类后足足迹。9枚足迹形成1条长7.9 m的行迹。足迹具3个功能趾，个别足迹疑似有拇趾印迹，为两足行走。足迹平均长为25.3 cm，平均宽为20.3 cm，趾迹为长雪茄形，垫间缝（crease）不清晰，两侧趾间角为57°~65°；无前足足迹，无尾迹；复步角为166°，平均单步长96 cm（Xing et al.，2013h）。根据上述特征，他们认为金鸡地区的这批兽脚类足迹与窄足龙足迹（*Therangospodus*）相似，但也有一些差别，比如金鸡足迹的复步角为166°，略小于窄足龙足迹（170°）；金鸡足迹行迹宽31.9 cm，窄足龙足迹的行迹宽34 cm；最重要的是金鸡足迹发现了疑似拇趾印迹。因此，永川金鸡地区发现的这批兽脚类足迹被列为窄足龙足迹的相似属（cf. *Therangospodus*）。

李建军（2015）指出，永川金鸡足迹的右足足迹比左足足迹印迹深且清晰，右足迹均显示了清晰的蹠趾垫，左足迹的蹠趾垫则不清晰。此现象是由于沉积或保存的原因，还是当时金鸡足迹的造迹恐龙行走时总是把重心放在右脚，类似问题还有待于进一步研究。

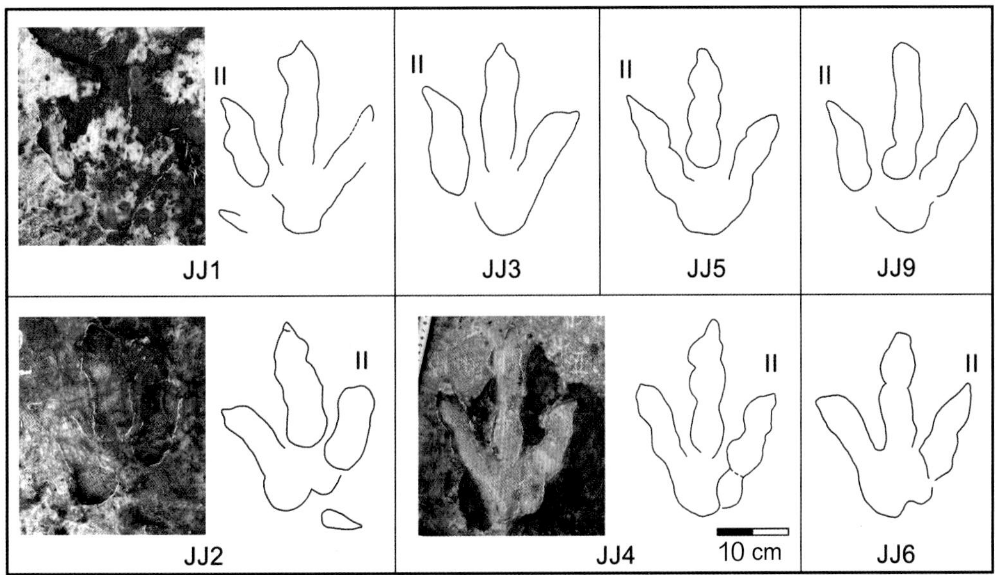

似窄足龙足迹（cf. *Therangospodus*）照片和轮廓图（引自 Xing et al.，2013h）

罗马数字为趾的编号。

重庆永川区金鸡地区，上侏罗统上沙溪庙组

1 条似窄足龙足迹（cf. *Therangospodus*）行迹的野外照片

黑色箭头标示行迹方向，红色箭头标示足迹位置。

重庆永川金鸡地区，上侏罗统上沙溪庙组

2.14 贵州

贵州的足迹化石主要产于贞丰、大方、仁怀和赤水等地。除贞丰的手兽足迹发现较早外，其余足迹均为近几年的新发现。贵州的恐龙足迹有其特色。贞丰中三叠统的手兽足迹（*Chirotherium*）被发现于1988年，贞丰一直是手兽足迹在我国的唯一发现地；大方和仁怀均是我国最古老的蜥脚类恐龙足迹产地；赤水产出兽脚类极大龙足迹的1个新种——查皮极大龙足迹（*Gigandipus chiappei*）。

2.14.1 贞丰

贵州贞丰县的手兽足迹化石全国闻名，其主要有牛场和龙场两个产地，均产在中三叠统关岭组下段的泥质白云岩层面上。

贵州贞丰的手兽足迹由王雪华和马骥首次发现。1988年5月，他们在黔西南地区进行地质考察时，于贞丰牛场上坝村中三叠统关岭组泥质白云岩层面上发现1条长10余米的行迹，共包括10组前、后足足迹，并确定其属于*Chirotherium*（王雪华和马骥，1989）。1996年，甄朔南等将此类足迹化石翻译为“手兽足迹”。吕洪波等（2004）又在距离牛场足迹化石点约10 km的龙场镇发现相同类型的手兽足迹。Lockley和Matsukawa（2009）进一步确定了贵州贞丰与欧洲各地所发现的手兽足迹形态的相似性。邢立达等认为其造迹动物为初龙类主干类群，可能属于鸟蹠类（*Avemetatarsalia*），证据是其Ⅰ趾和Ⅴ趾已经开始退化（Xing et al., 2013b）。李建军（2015）认为，手兽具有向外侧生长的第Ⅴ趾，这一特征是很多其他初龙类主干类群所不具备的；同时，这种奇特的足迹在三叠纪时期于全世界广泛分布，但之后就再未出现过，因此其应该是一个灭绝类群，属于进化旁枝。

一般研究认为，恐龙最早出现在晚三叠世，而手兽足迹（*Chirotherium*）主要分布在中、晚三叠世，从地质时代分布分析，恐龙与手兽动物具有一定的继承性。但由于缺乏相关的骨骼化石证据，手兽与恐龙的出现是否具有关联性，有待于更为深入的探讨。同时，是何原因造成手兽动物在晚三叠世后消失，至今仍是个谜（杨超等，2008）。

牛场足迹点位于牛场区（现为北盘江镇）上坝村，共有3条行迹。足迹为四足行走，前后足均为五趾型、半蹠行式；足迹长22 ~25 cm，宽14 ~17 cm；趾（指）迹常相互离开，趾端具爪迹；后足Ⅰ–Ⅳ趾趾间角很小，第Ⅴ趾向外侧横向伸出并向后弯曲，类似人类的拇指，复步长为86 ~109 cm（Xing et al，2013b）。

吕洪波等（2004）研究认为，龙场也至少有3组不同个体留下的足迹，但多数凌乱且保存不完整。最清晰的1条行迹包含6组足迹，但也多数不完整，前足迹偶见，位于后足迹前方，且为半趾型。行迹窄并几乎呈直线型，单步长70.2 cm，复步长140 cm。一个完整的后足迹长16 cm，宽14 cm，足迹深约1 cm。邢立达等（Xing et al，2013b）进一步研究发现，该行迹包含7个后足迹和1个前足迹，足迹形态与牛场足迹的后足足迹相似，只是个体较小，足迹平均长15 cm。

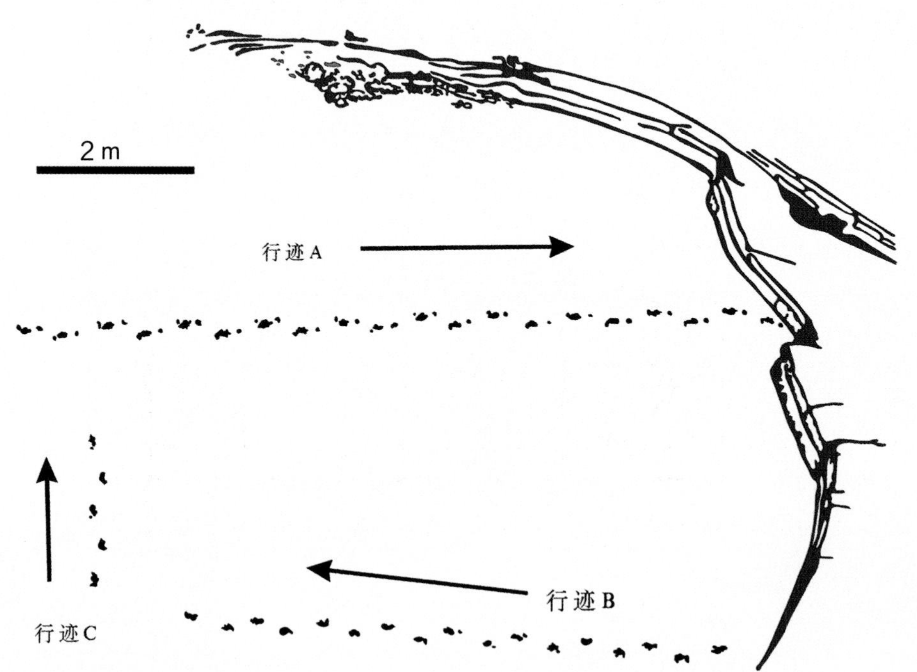

牛场手兽足迹（*Chirotherium*）3条行迹的空间位置图（引自Xing et al.，2013b）

行迹A长10 m，有20枚后足迹和18枚前足迹；行迹B长9 m，有17枚后足迹；行迹C长2 m，有5枚后足迹。3条行迹（A、B和C）中仅行迹A有前足迹。

造迹动物为中大型手兽，足迹为五趾型、半趾行式，足长22~25 cm。

箭头标示行迹方向。

贵州贞丰县北盘江镇牛场，中三叠统关岭组

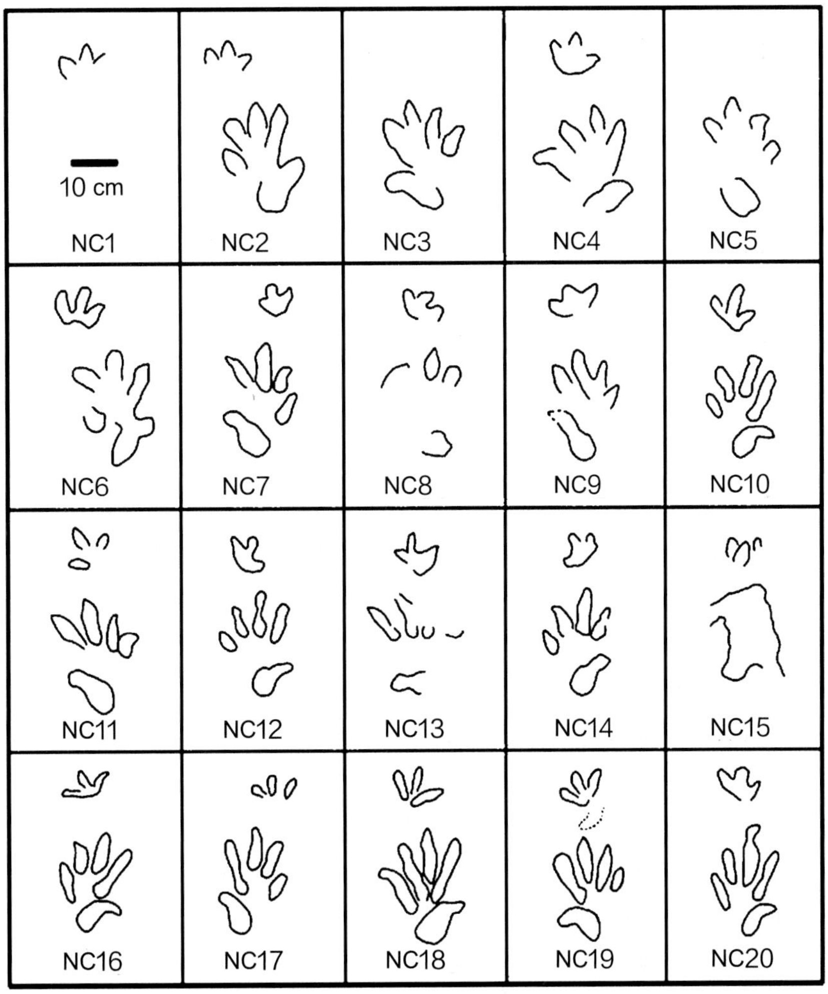

牛场手兽足迹（*Chirotherium*）行迹 A （编号为 NC1–20）前、后足迹轮廓图（引自 Xing et al.，2013b）

贵州贞丰县北盘江镇牛场，中三叠统关岭组

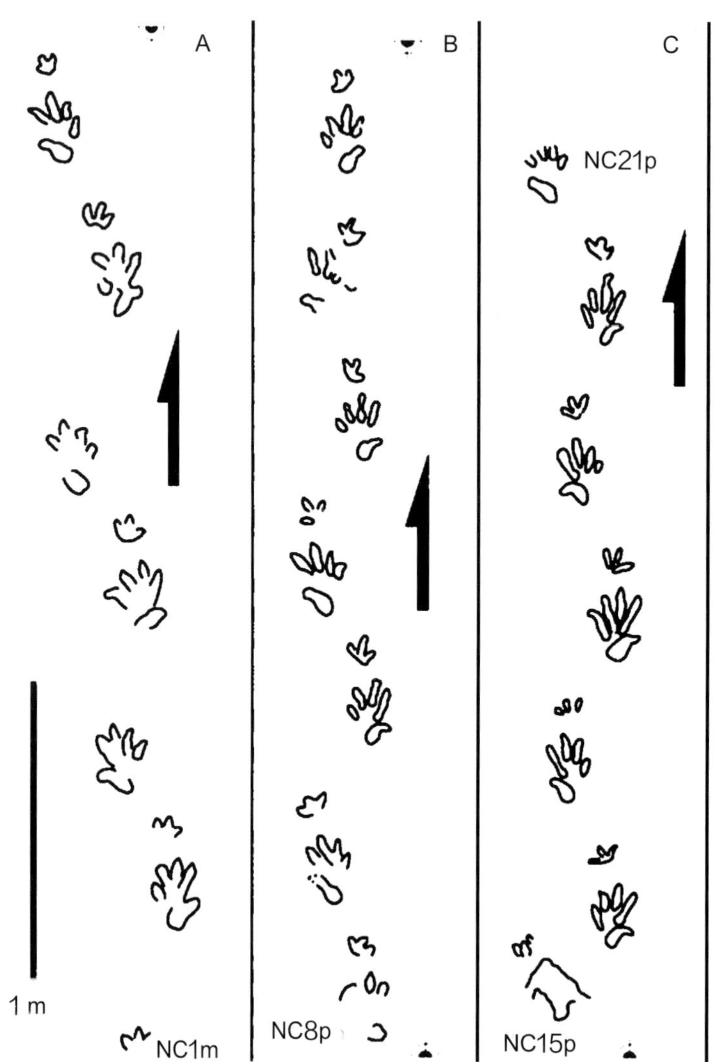

牛场手兽足迹（*Chirotherium*）最长行迹轮廓图（引自 Xing et al.，2013b）

上图为牛场最长的 1 条行迹 A（NC1–21）的细节轮廓图。为显示清晰，行迹分为 3 段（A、B、C）。

箭头标示行迹方向。

贵州贞丰县北盘江镇牛场，中三叠统关岭组

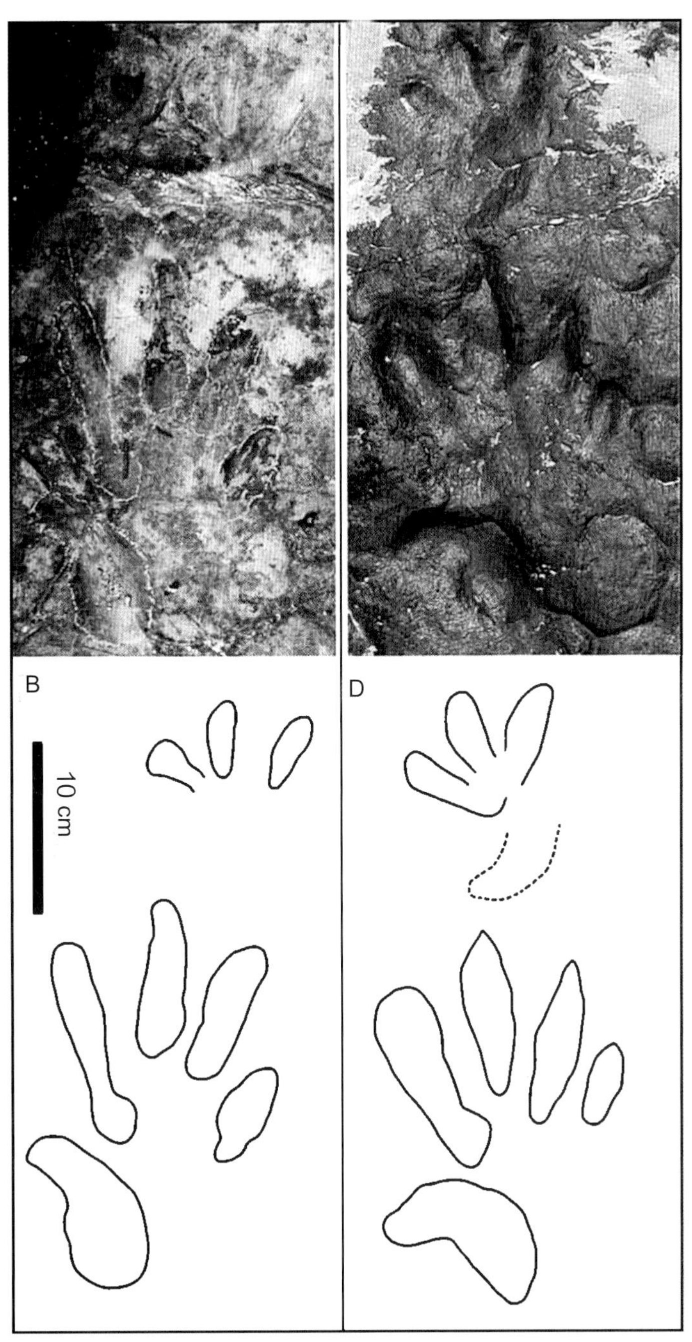

牛场行迹A（NC1–21）中两对前、后足迹照片及轮廓图（引自 Xing et al.，2013b）

A–B 为足迹 NC17，C–D 为足迹 NC19。

贵州贞丰县北盘江镇牛场，中三叠统关岭组

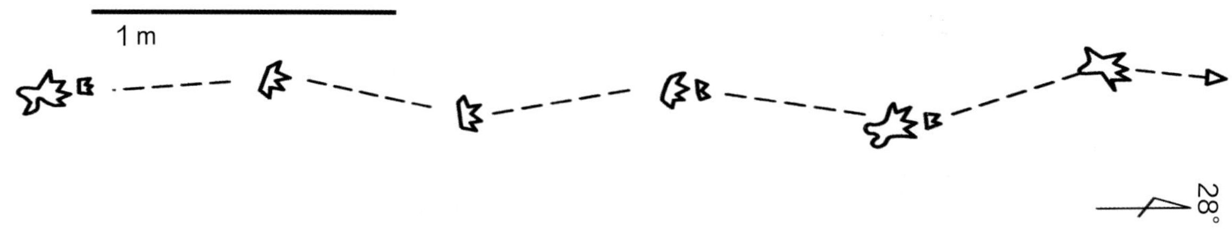

龙场手兽足迹（*Chirotherium*）行迹轮廓图（引自吕洪波等，2004）

贵州贞丰县龙场镇，中三叠统关岭组

LC1p LC1p LC1p LC1p
LC5m
LC1p LC1p LC1p
10 cm

龙场手兽足迹（*Chirotherium*）行迹（LC1p–7p）轮廓细节图（引自 Xing et al.，2013b）

龙场手兽足迹的趾比牛场足迹宽阔，只有 LC5p 共生有前足迹，其他均为后足足迹。

贵州贞丰县龙场镇，中三叠统关岭组

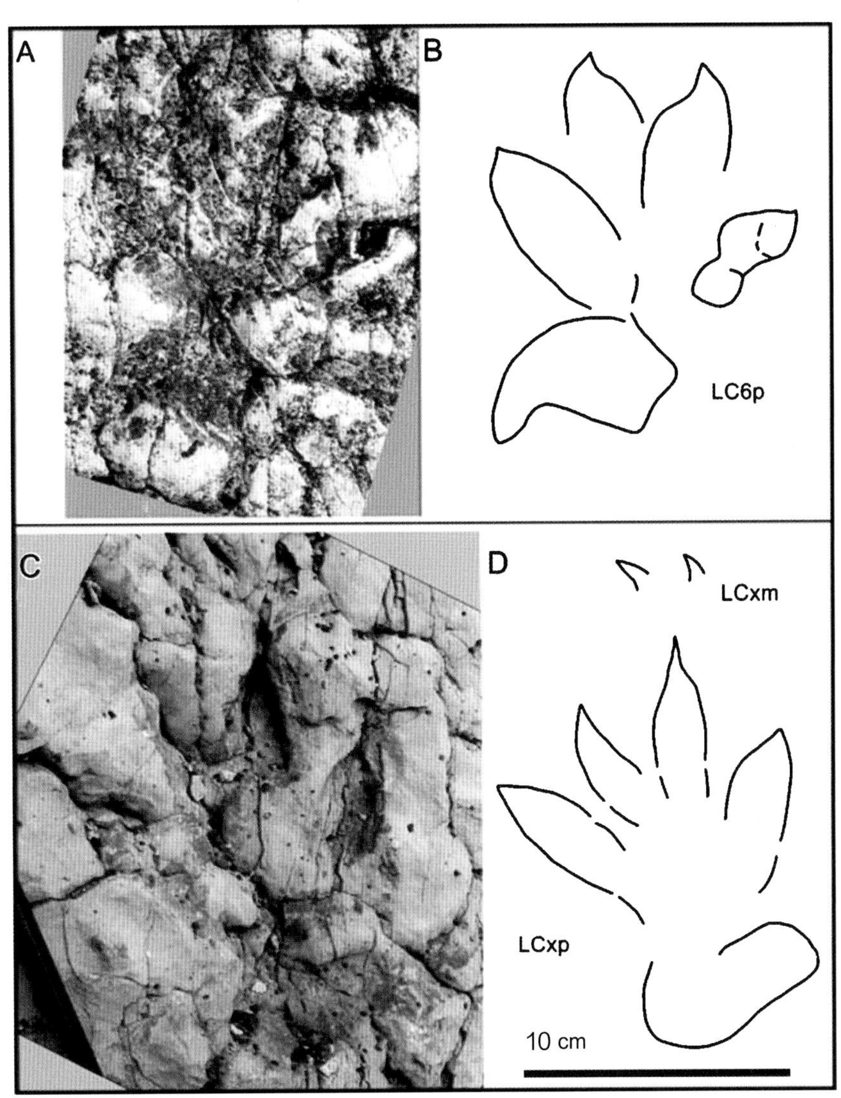

龙场手兽足迹（*Chirotherium*）行迹（LC1p–7p）的典型足迹照片及轮廓图（引自 Xing et al.，2013b）

A–B 为 LC6p（后足迹），C–D 为 LC7（后足迹 LCxp 及前足迹 LCxm）。

LC7 是该行迹（LC1p–7p）的足迹之一，但因为该行迹被部分掩埋，所以 LC7 的具体位置不明。

前足迹（LCxm）仅为两个趾的前部趾迹。

贵州贞丰县龙场镇，中三叠统关岭组

龙场手兽足迹（*Chirotherium*）行迹（左图）及制作的胶模（右图）照片（引自 Lockley et Matsukawa., 2009）

罗马字母为趾的编号，比例尺为 50 cm。

贵州贞丰县龙场镇，中三叠统关岭组

2.14.2 赤水

2011年，邢立达等研究了赤水市宝源足迹点7条非鸟兽脚类行迹（Xing et al.，2011），足迹化石的产出层位为中白垩统窝头山组。因为窝头山组与夹关组相当，而后者一般为早白垩世，故本书暂按早白垩世处理。

这批足迹被归入似和平河足迹（cf. *Irenesauripus*），大多数足迹的蹠趾垫区域保存了不同大小的蹠骨垫。一些延长的趾痕则可能暗示其造迹者的第2趾拥有1个超过其他趾的长爪。足迹化石显示窝头山组以兽脚类和鸟脚类足迹为主，而缺乏蜥脚类恐龙足迹。

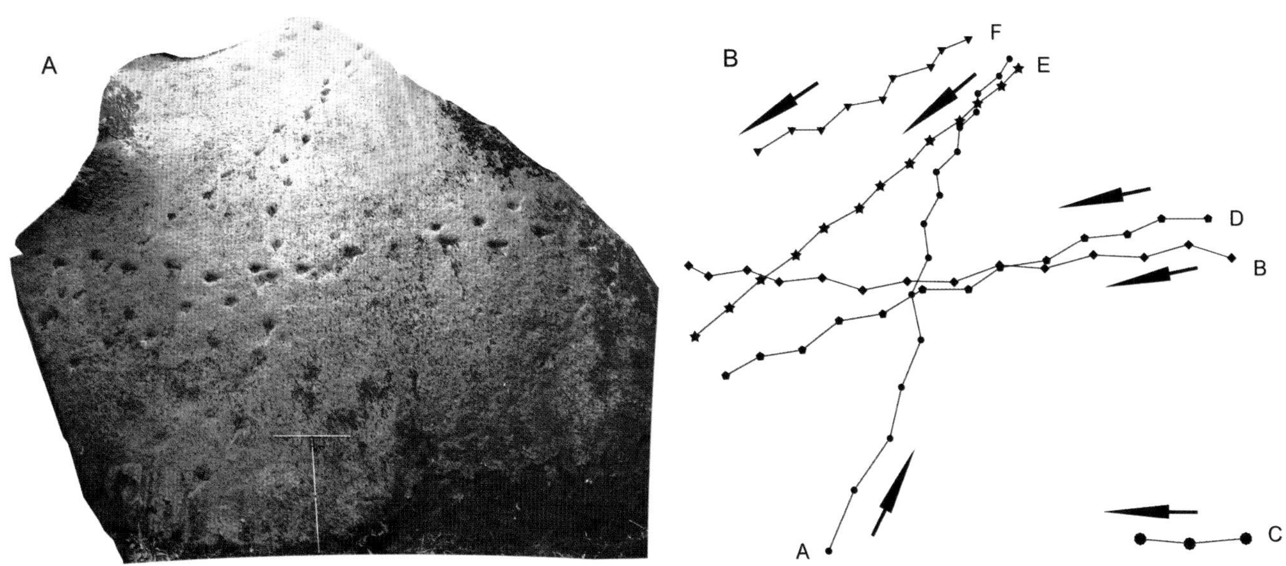

宝源足迹点恐龙行迹照片（A）及空间分布示意图（B）（Xing et al.，2011）
此图只表示足迹的总体分布，足迹间的距离并非实际距离。
照片中比例尺为1 m。
贵州赤水市宝源乡，下白垩统窝头山组

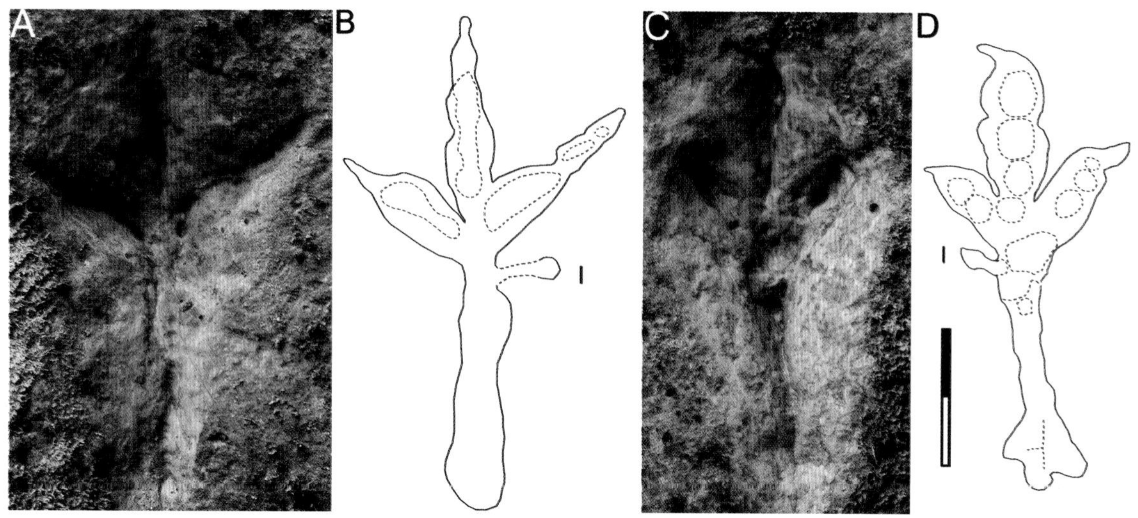

宝源足迹点足迹照片（BYA2 和 BYA3）及轮廓图

比例尺为 10 cm。

贵州赤水市宝源乡，下白垩统窝头山组

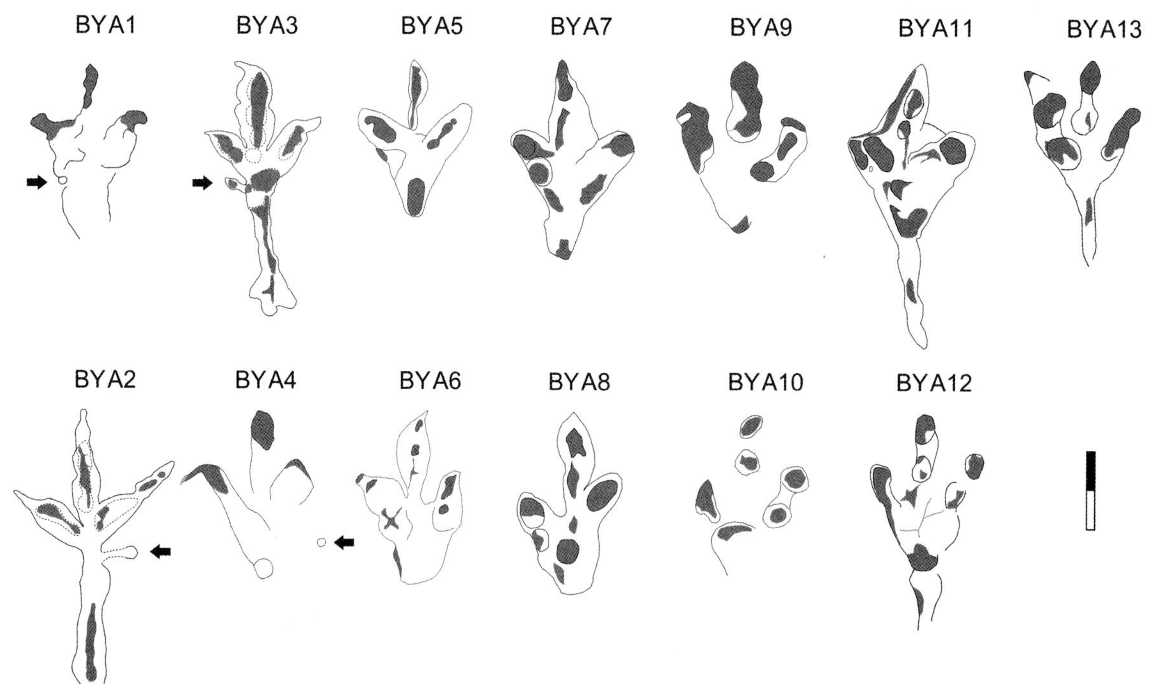

宝源足迹点行迹 BYA 中 A1–A13 足迹及轮廓图

箭头所指为 I 趾，深色阴影处标示足迹下陷较深部位。

比例尺为 10 cm。

贵州赤水市宝源乡，下白垩统窝头山组

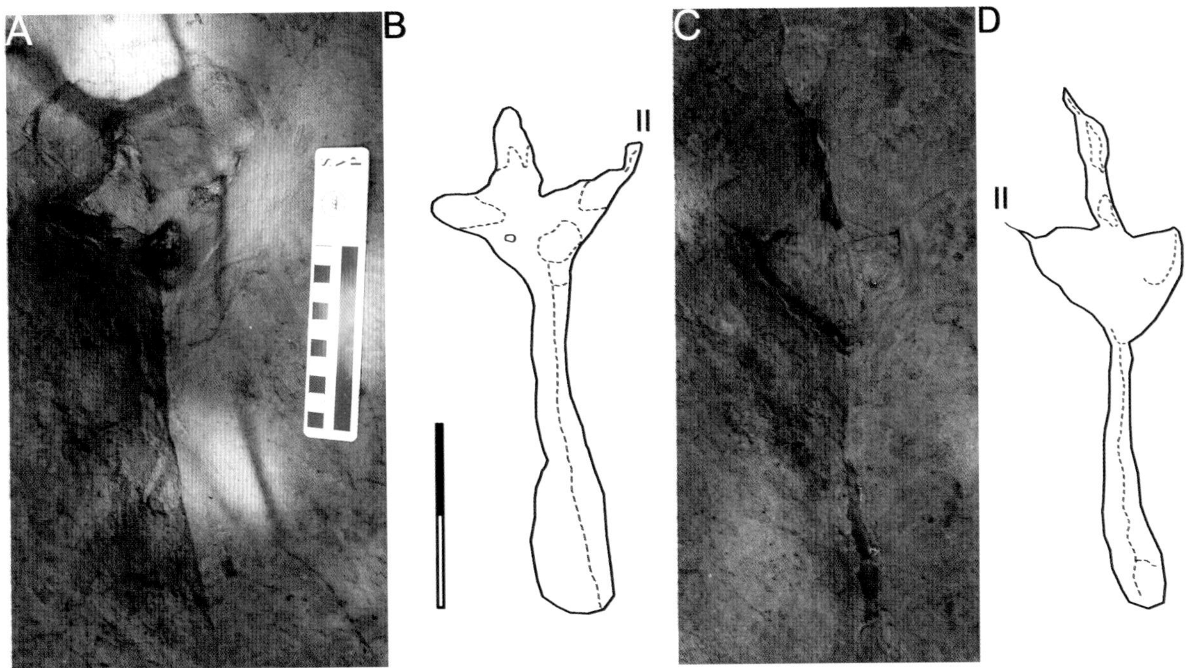

宝源足迹点足迹照片（BYG2 和 BYG3）及轮廓图

比例尺为 10 cm

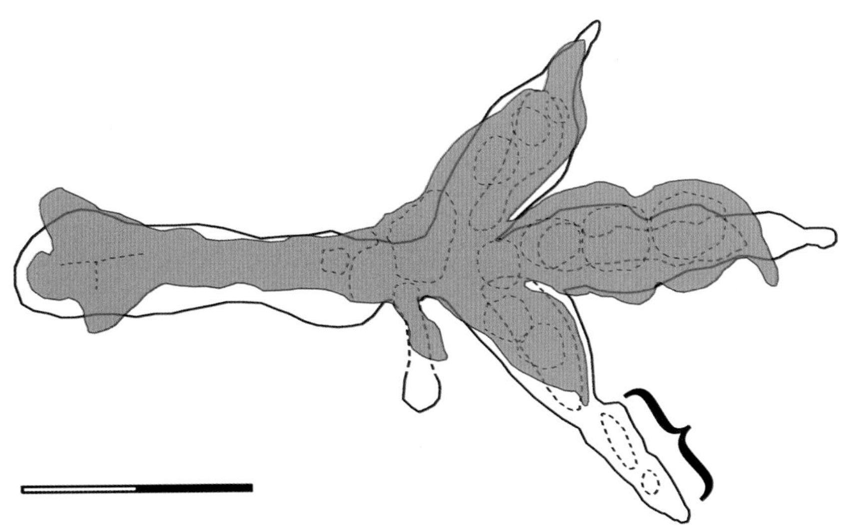

宝源足迹点 BYA3（灰色足迹）和 BYA2（白色足迹）叠加图

大括号部分标示两个足迹差异所在，比例尺为 10 cm。

贵州赤水市宝源乡，下白垩统窝头山组

2.14.3 大方

张晓诗等（2016）研究了在大方县响水乡大转弯发现的贵州第一例，也是国内最早的一批早侏罗世蜥脚类恐龙足迹化石，地层层位为下侏罗统自流井组。之后，邢立达等对该化石点做了进一步研究，将张晓诗等（2016）发现的足迹点命名为Ⅰ号点，并在该点约300 m处发现另一个足迹点（Ⅱ号点）（Xing et al., 2017h）。

大转弯的足迹化石以蜥脚类为主。足迹较小，长约35 cm，行迹较窄，与雷龙足迹类似（cf. *Brontopodus*）。根据足迹大小及足迹的产出时代分析，其造迹者有可能是与通安龙（*Tonganosaurus*）或珙县龙（*Gongxianosaurus*）相类似的蜥脚类恐龙（Xing et al., 2017h）。大转弯足迹点蜥脚类恐龙足迹的发现再一次证明，在早侏罗世时期，中国西南地区的蜥脚类足迹分异度较高，既有窄跨距的副雷龙足迹（*Parabrontopodus*，如四川自贡下侏罗统自流井组马鞍山段），也有宽跨距的雷龙足迹（*Brontopodus*）类，甚至还有基干蜥脚形类的刘建足迹（*Liujianpus*，四川古蔺下侏罗统大安寨段）（Xing et al., 2017h）。

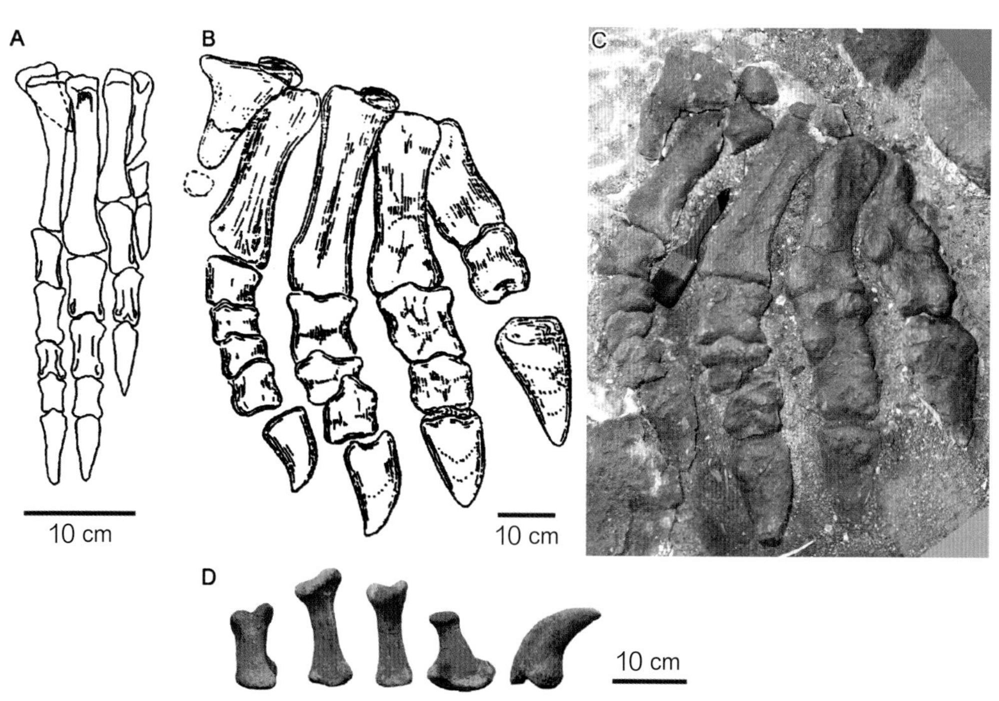

大转弯足迹可能的造迹者其后足蹠趾骨形态（引自 Xing et al., 2017h）

A 为基干蜥脚形类细坡龙（*Xixiposaurus*）右趾骨及蹠骨，B 和 C 为珙县龙（*Gongxianosaurus*），D 为通安龙（*Tonganosaurus*）右蹠骨及爪

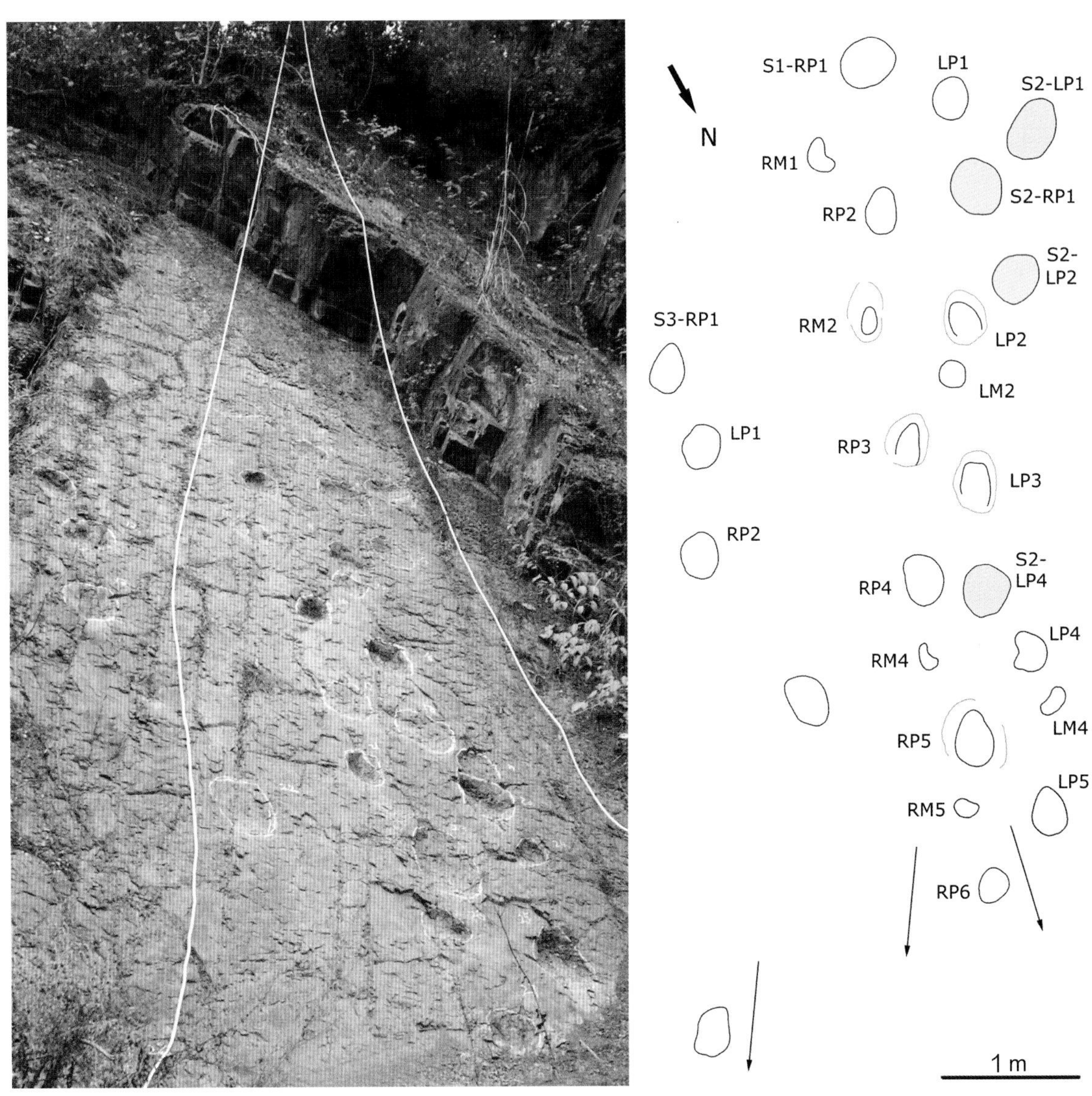

Ⅰ号点的似雷龙足迹（cf. *Brontopodus*）行迹照片及轮廓图（引自 Xing et al.，2017h）

这是贵州省第 1 个侏罗纪恐龙足迹化石点，恐龙足迹以蜥脚类为主。

该化石点有 3 条行迹，编号分别为 DZWI –S1、DZWI –S2 和 DZWI –S3。

其中，行迹 S1 最长，前足迹平均长 15.2 cm，平均宽 22 cm；后足迹平均长 35.2 cm，平均宽 26.9 cm。

箭头标示行迹方向。

贵州大方县响水乡大转弯，下侏罗统自流井组

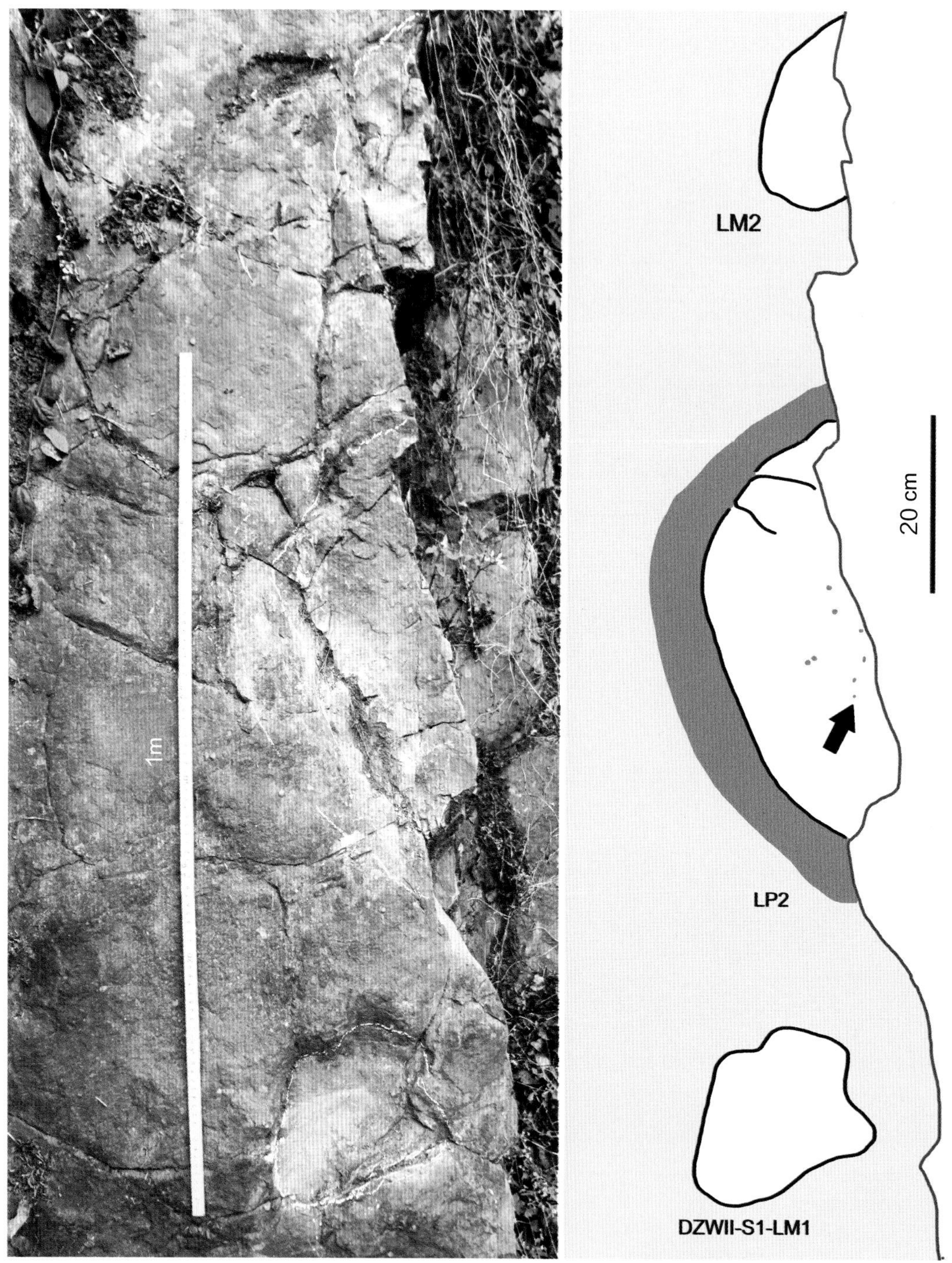

似雷龙足迹（cf. *Brontopodus*）行迹照片及轮廓图（引自 Xing et al.,2017h）

行迹 S1 仅有 3 枚足迹，LM1 保存较好，可见爪迹；LP2 和 LM2 均不完整。

LM 为左前足迹，RM 为右前足迹，LP 为左后足迹。

粗黑箭头所指为无脊椎动物的遗迹化石。

贵州大方县响水乡大转弯，下侏罗统自流井组

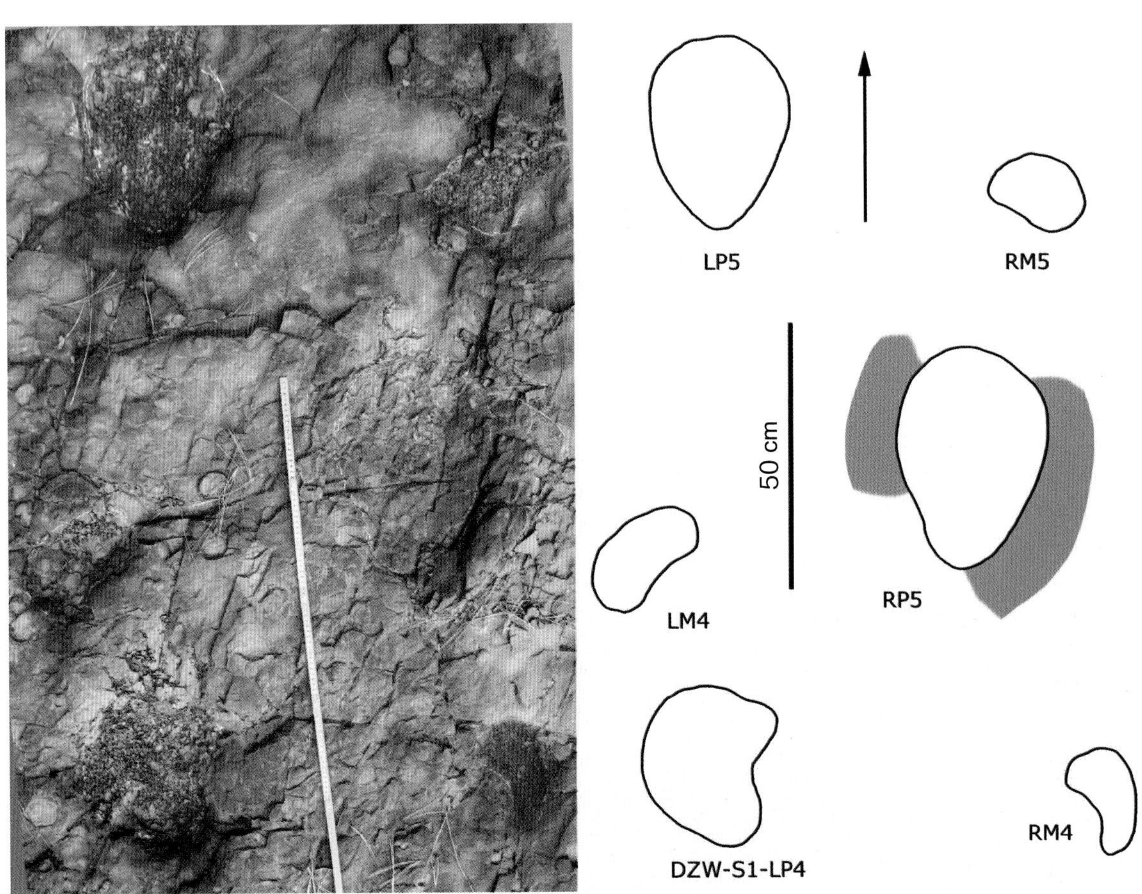

Ⅱ号点的似雷龙足迹（cf. *Brontopodus*）照片及轮廓图（引自 Xing et al.，2017h）

这批足迹整体保存状况不佳。这组足迹为其中较好者，是行迹 DZWI–S1 的后半部分。LM 为左前足迹，RM 为右前足迹，LP 为左后足迹，RP 为右后足迹。

箭头标示行迹方向。照片中比例尺为 1 m。

贵州大方县响水乡大转弯，下侏罗统自流井组

2.14.4 习水

习水市的恐龙足迹化石产在同民镇的临江边。据邢立达等研究，该足迹点至少有36枚足迹，包括6条行迹。足迹长10~25 cm，以兽脚类恐龙（含鸟类）足迹为主，足迹产自下白垩统夹关组。1个新足迹种查皮极大龙足迹（*Gigandipus chiappei*）被命名。此外，该足迹点还产出鸟类的舞足迹（*Wupus*）（Xing et al.，2018g）。

贵州习水市同民镇临江边恐龙足迹化石点露头照片（引自 Xing et al., 2018g）

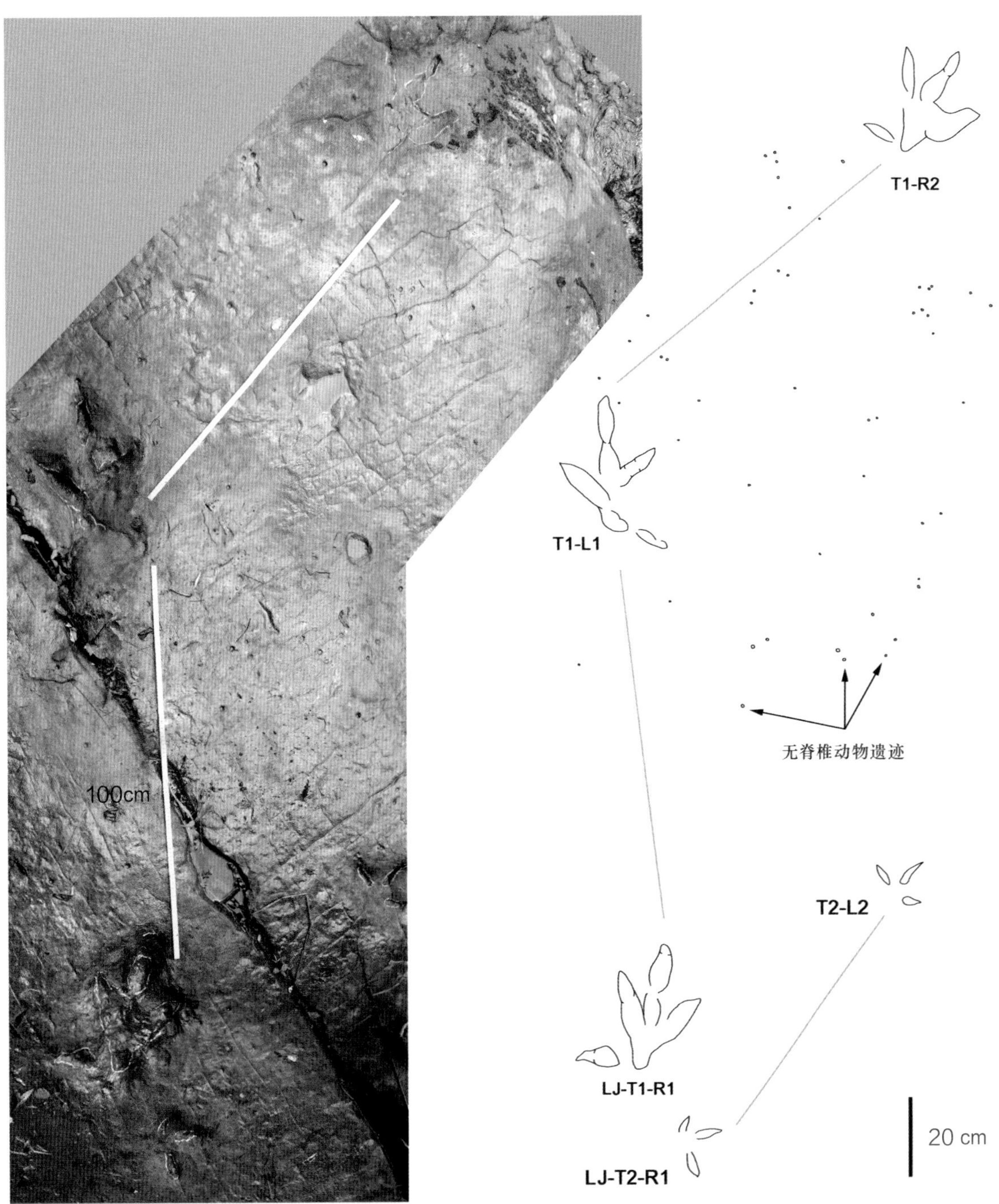

临江足迹点兽脚类恐龙（含鸟类）两条行迹照片及轮廓图（引自 Xing et al.，2018g）

行迹 T1 为邢立达等命名的新足迹种——查皮极大龙足迹（*Gigandipus chiappei*）。R1 为正模足迹，足迹长约 32 cm，足迹长宽比值为 1.3，步幅角为 127°；行迹 T2 为鸟类足迹——舞足迹（*Wupus*），足迹长约 11.2 cm，长宽比值为 0.7，行迹较窄，步幅角为 134°。

贵州习水市同民镇临江边，下白垩统夹关组

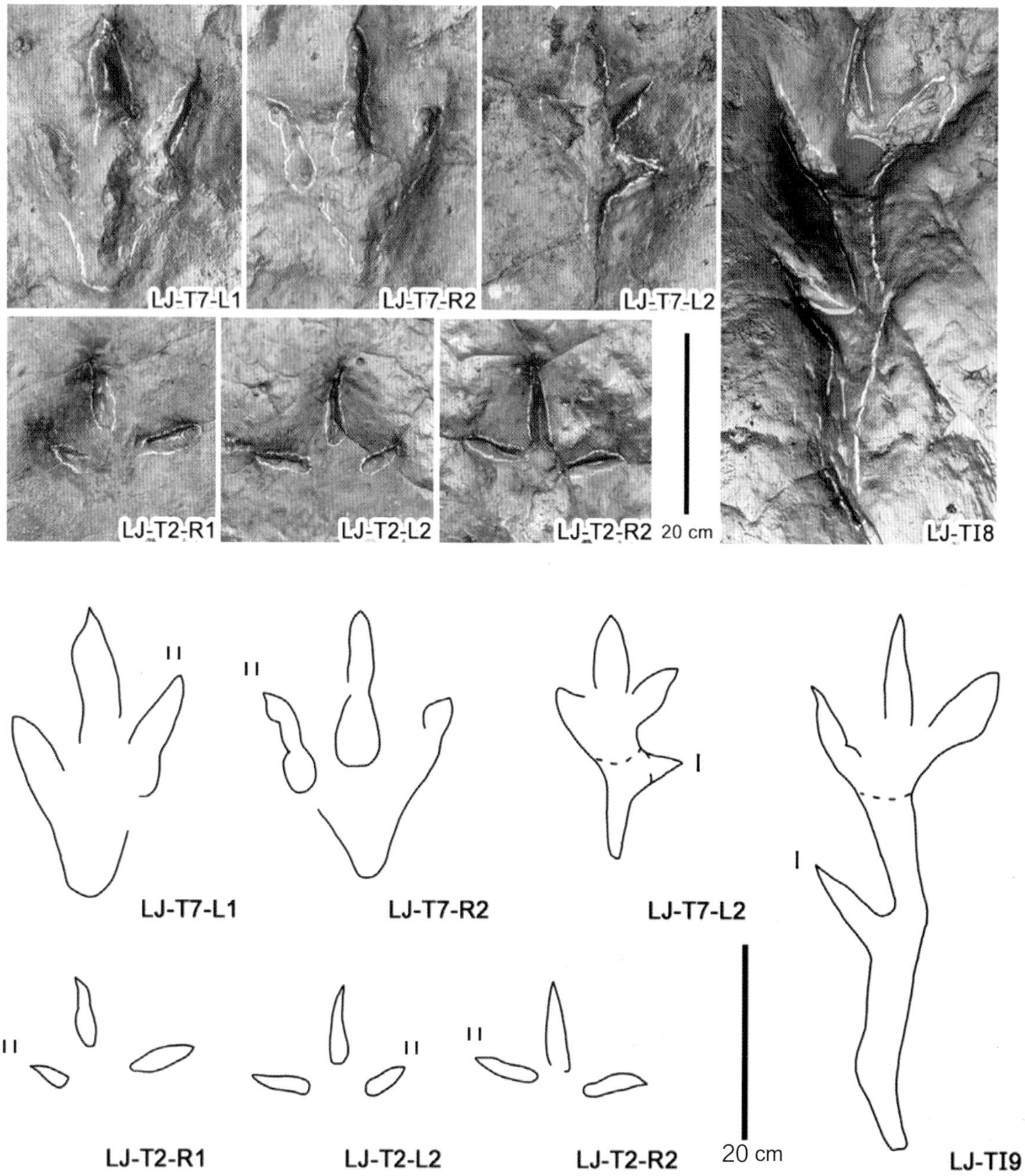

临江足迹点兽脚类恐龙（含鸟类）足迹照片及轮廓图（引自 Xing et al.，2018g）

LJ–T7 为兽脚类足迹，T7–L2 和孤单的兽脚类足迹 LJ–TI9 具蹠垫迹。

T2 为鸟类足迹——舞足迹（*Wupus*），足迹长宽比值为 0.6 ~ 0.7，Ⅱ趾最短，Ⅲ趾最长，爪迹尖锐，Ⅱ – Ⅳ趾趾间角为 130° ~147° 。

贵州习水市同民镇临江边，下白垩统夹关组

2.14.5 仁怀

2019年，在贵州省仁怀市茅台镇岩滩村的一个酒厂区，发现大规模的以蜥脚类恐龙为主的足迹化石。据邢立达等研究，该恐龙足迹群为一群蜥脚类恐龙在不同时段所遗留，是我国目前规模最大和较古老的蜥脚类恐龙足迹群之一，其时代为侏罗纪早期（距今1.8~1.9亿年）。该足迹点面积约为350 m^2，蜥脚类恐龙足迹至少有250枚，其中97枚足迹组成可辨认的行迹，但另外还发现1枚孤单的兽脚类恐龙足迹（Xing et al., 2019c）。

恐龙足迹化石主要分布于3个层位，最低的砂岩层面分布有10枚足迹，足迹仅有卵圆形外形，无清晰的行迹，推测它们可能是幻迹；中间的砂岩层至少包含250枚足迹；上部的砂岩层仅产出1枚孤单的后足足迹。足迹深度变化较大，深度多为10~20 cm，有些足迹深度仅约为1 cm，有些足迹甚至凸出层面1~2 cm。

岩滩足迹点这些蜥脚类足迹多数可归入原蜥脚类的蜀南刘建足迹（*Liujianpus shunan*），其为四足行走，足略外撇。因为这些行迹方向一致，且近于平行，所以可以推断造迹恐龙具有群体行为特点。但其中有两条行迹（编号为YT-S1、YT-S8）仅具后足迹而无前足迹，足迹内撇，且伴随发育纵长的后足划痕。研究表明这两条“异常”行迹可能有3种成因：首先，其可能是造迹恐龙从四足行走转向二足行走的转换迹，反之亦然。其次，这可能是造迹恐龙在不同水层中的游泳遗迹；再次，其可能是恐龙行走时因趾尖陷入沉积物较深，而在下部地层中留下的所谓“幻迹”。

岩滩恐龙足迹点的沉积环境可能为浅湖到湖滩微相环境。因为从岩性分析，剖面上黏土质粉砂岩、黏土质砂岩和砾岩频繁变化，交错层理、舌状波痕大量出现。

另外，岩滩含足迹地层中发育特征的微生物成因皱痕，指示半干旱的环境不利于多样性的生物结构。这种推测与早侏罗世蜥脚形类足迹通常与半干旱古环境共生的其他证据相吻合（Xing et al., 2019c）。

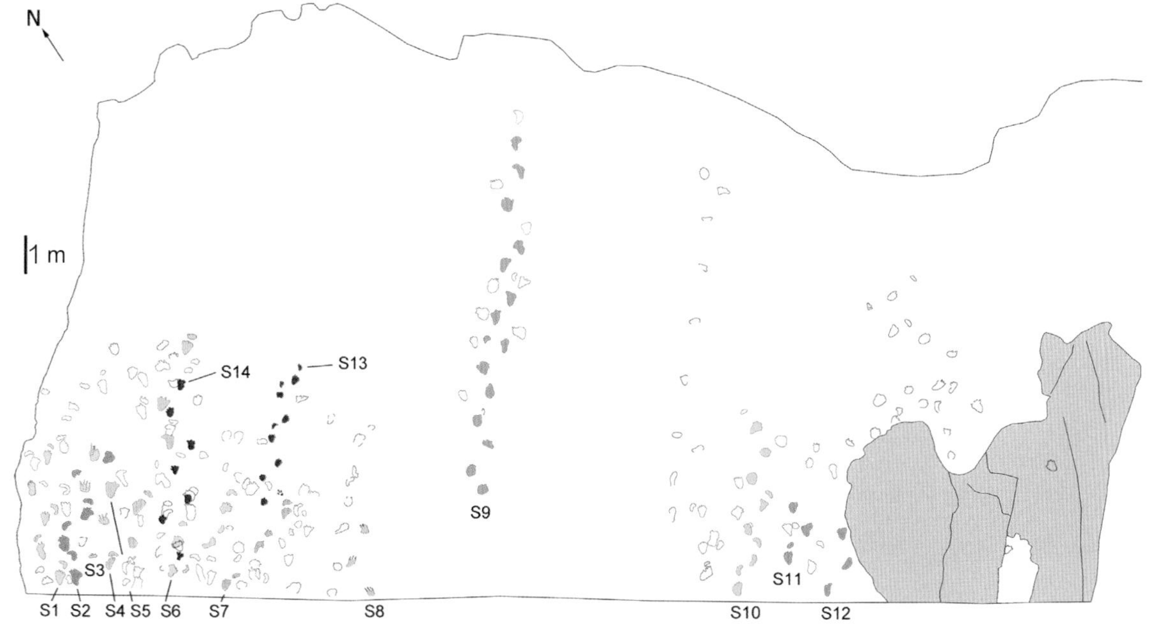

岩滩足迹点露头照片及足迹平面分布轮廓图（引自 Xing et al.，2019c）

层面上至少有 14 条行迹（编号为 YT-S1-S14），归入 A 和 B 两种类型。

大部分行迹为类型 A，绝大多数具前、后足迹；

类型 B（行迹 YT-S1、S8）仅具后足迹而无前足迹，且足迹内撇。

贵州仁怀市茅台镇岩滩村，下侏罗统自流井组

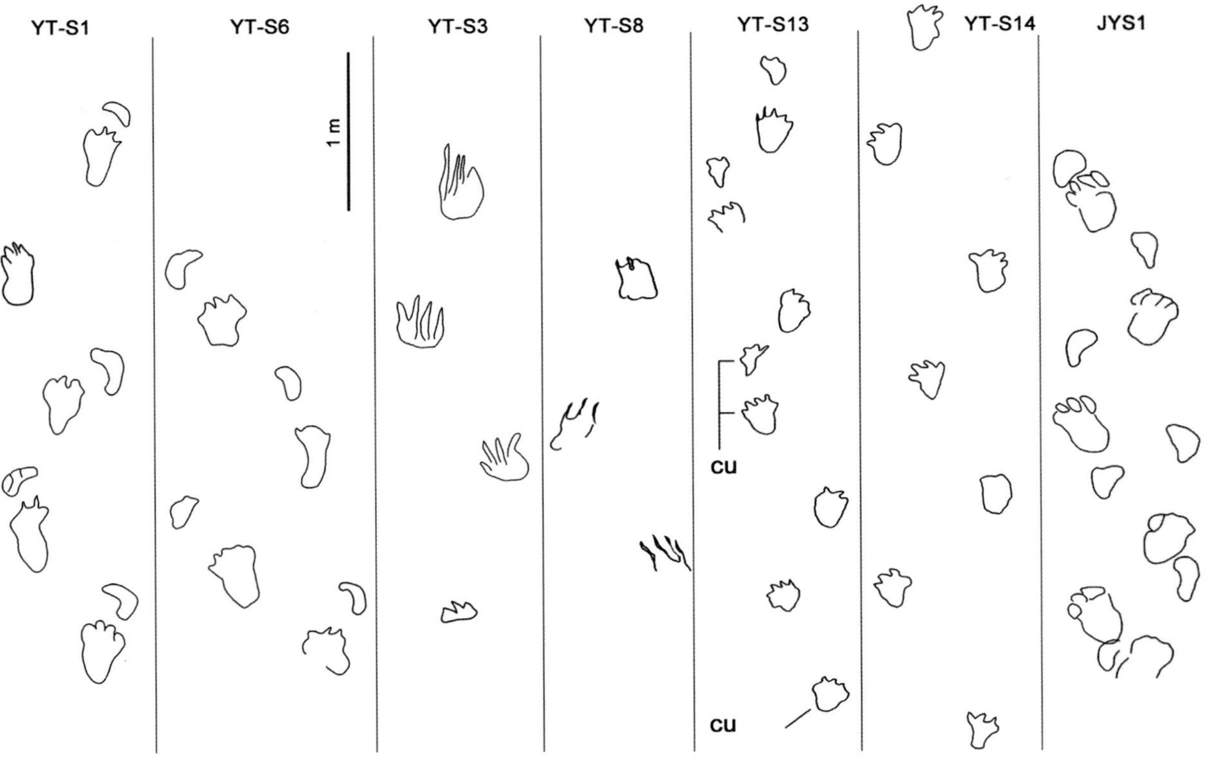

岩滩足迹点典型蜥脚类行迹轮廓图（引自 Xing et al.，2019c）

JYS1 为用以对比的蜀南刘建足迹（*Liujianpus shunan*，四川古蔺）

行迹 YT-S1、S6、S13、S14 为类型 A；行迹 YT-S3、S8 为类型 B。

类型 B 保存有抓迹，后足迹内撇且无前足迹；类型 A 中的行迹 YT-S14 也无前足迹。

贵州仁怀市茅台镇岩滩村，下侏罗统自流井组

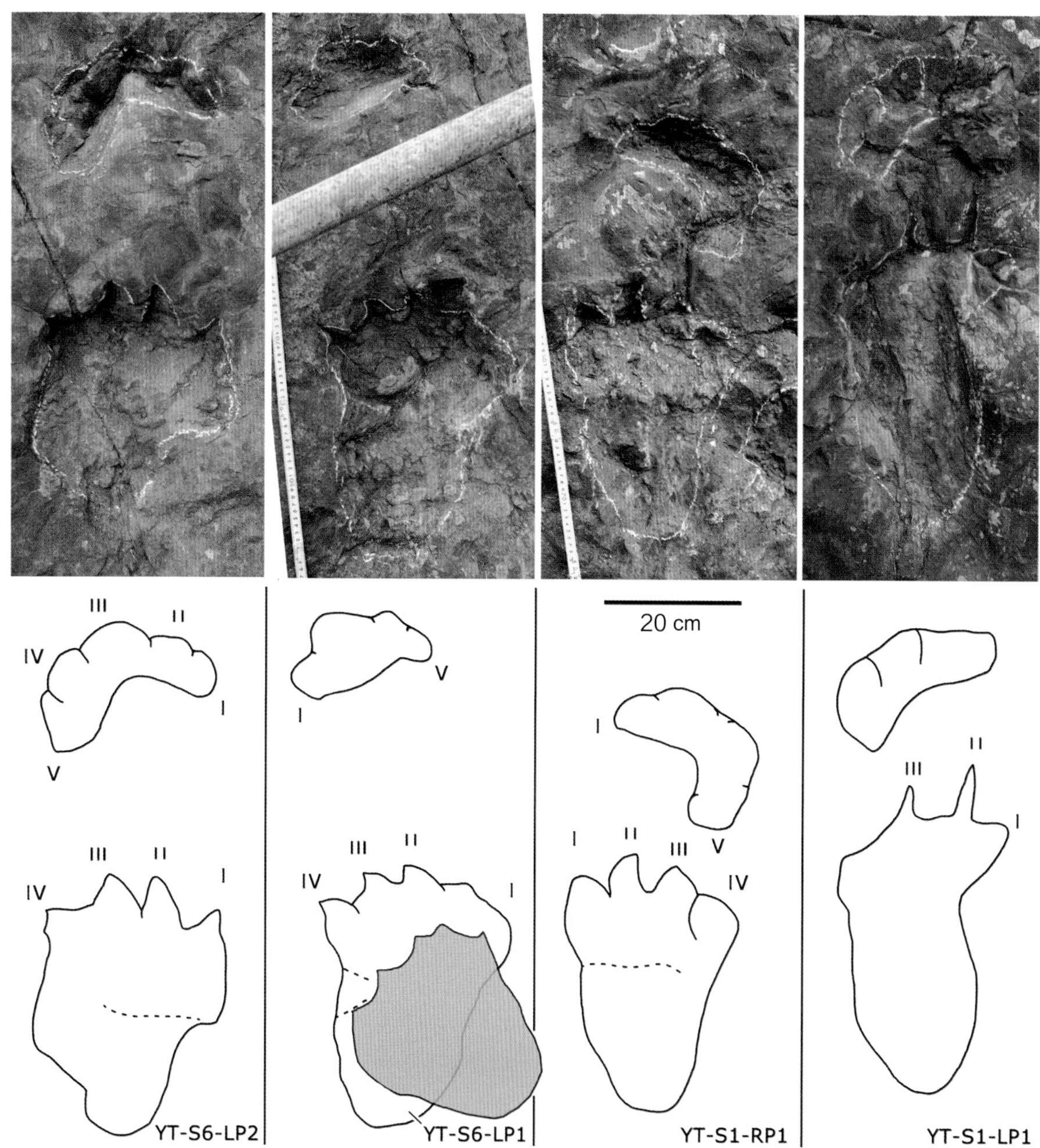

岩滩足迹点保存最好的蜥脚类前、后足迹照片及轮廓图（引自 Xing et al.，2019c）

LP 为左后足迹，RP 为右后足迹。罗马数字为趾的编号。

贵州仁怀市茅台镇岩滩村，下侏罗统自流井组

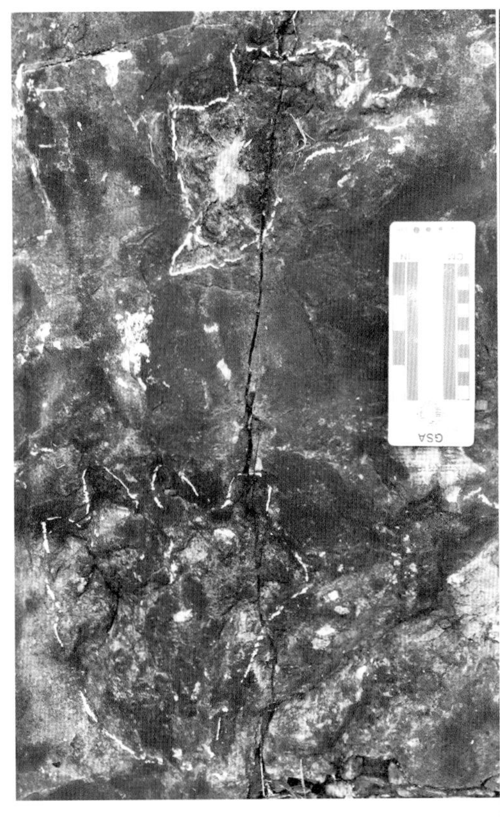

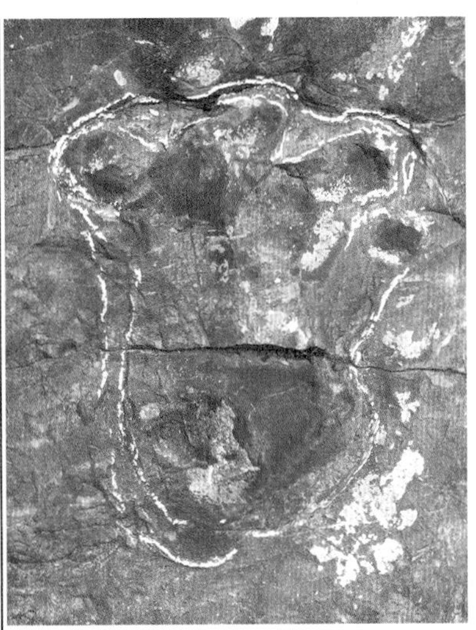

YT-S14-RP3

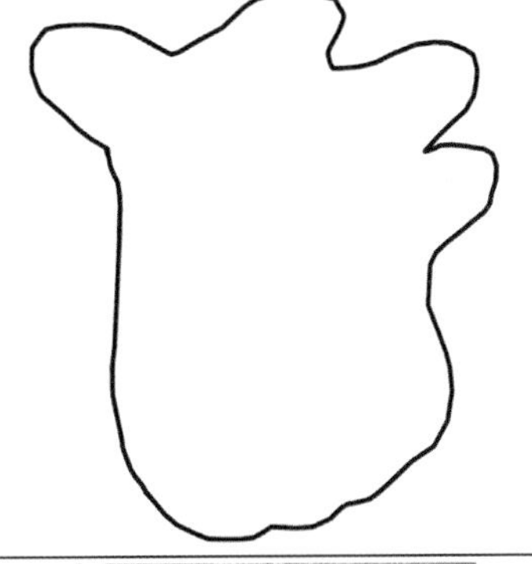

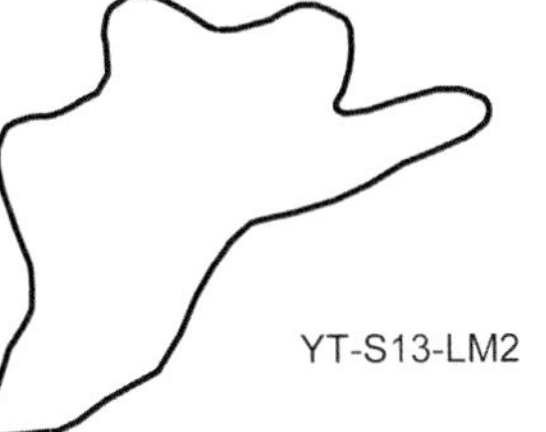

YT-S13-LM2

YT-S13-LP2

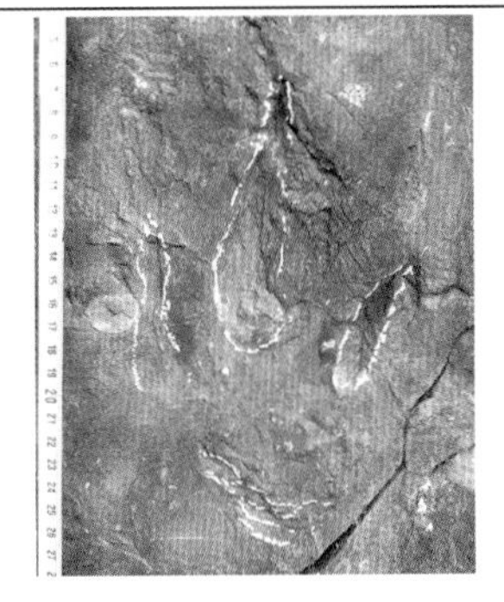

YT-TI1

小型蜥脚类足迹及孤单的兽脚类足迹照片及轮廓图（引自 Xing et al.，2019c）

仅发现 1 个兽脚类足迹（编号为 YT–TI1），足迹长 20 cm，宽 12 cm，长宽比值为 1.67；LP 为左后足迹，LM 为左前足迹，RP 为右后足迹。

贵州仁怀市茅台镇岩滩村，下侏罗统自流井组

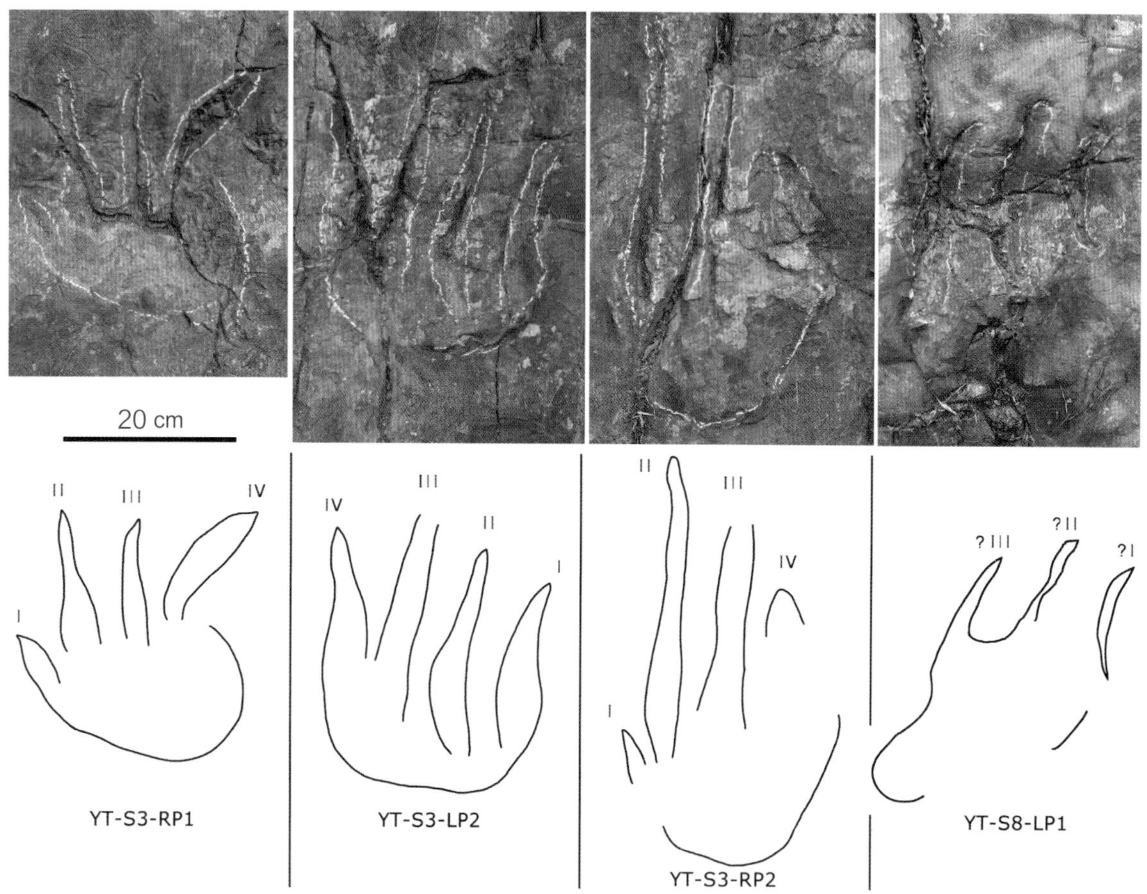

蜥脚类（类型 B）典型足迹照片及轮廓图（引自 Xing et al.，2019c）

类似抓迹的遗迹其成因可能有 3 种：①游泳迹，②四足行走向二足行走的转换迹，③幻迹。

LP 为左后足迹，RP 为右后足迹。罗马数字为趾的编号。

贵州仁怀市茅台镇岩滩村，下侏罗统自流井组

2.15 安徽

安徽的恐龙等足迹化石主要分布在黄山地区及明光市（原嘉山县）等地，主要类型为兽脚类恐龙足迹和古鸟类足迹，化石层位为下白垩统的徽州组和上白垩统的小岩组。

据余心起（1998）报道，早在1970年，侯连海等在黄山市徽州区岩寺镇择树下村曾发现不明显的足印化石；1992 年，吕君昌等在休宁县齐云山小壶天景点处发现恐龙足迹化石。其后，余心起等又在休宁县渠口乡上山根村以及齐云山雨君洞等地发现恐龙足迹化石，并对这些化石进行初步研究，建立了休宁龙属（*Xiuningpus*）、齐云山足迹属（*Qiyunshanpus*）两个新足迹属（余心起，1998；余心起等，1999）。邢立达等对上述恐龙足迹点进行重新研究，建立新足迹属——副肥壮足迹（*Paracorpulentapus*），发现小型的韩国鸟足迹（*Koreanaorni*s）；同时其认为休宁龙属（*Xiuningpus*）和齐云山足迹属（*Qiyunshanpus*）这两个足迹属为无效的裸名，原因是二者既没有编号，也无具体的说明和化石形态描述，因此无法确定它们所具体对应的足迹。另外需要说明，侯连海等在择树下村足迹点上白垩统小岩组上部发现的恐龙足迹，至今未见图片和详细描述，余心起（1998）指出该处的足迹化石不明显。

此外，明光市古沛地区以鸟足迹化石闻名，金福全和颜怀学（1984）在该地发现的安徽中国鸟足迹（*Koreanornis anhuiensis*）是我国最早发现的白垩纪鸟足迹化石。

2.15.1 休宁

休宁县的恐龙足迹主要分布在齐云山小壶天、雨君洞和渠口乡上山根村等地。

齐云山小壶天　该足迹点位于道教圣地齐云山小壶天上白垩统小岩组下部。足迹化石分布在石室洞顶一大块砂岩层的下层面，呈上凸型保存，共有34枚足迹（余心起，1998），后来足迹数量又增加至50多枚（Matsukawa et al.，2006）。足迹形态类型包括A、B、C等3种，新足迹属副肥壮足迹（*Paracorpulentapus*）即产出于该点（Xing et al.，2014k）。由于此地是道教信徒的朝圣圣地，这里的恐龙足迹化石得到很好的保护，因而也最为有名。

雨君洞　距离小壶天足迹点仅200 m，出露局限，仅在雨君洞内壁小块悬面上发现4枚足迹化石，种属与小壶天基本相同（余心起，1998）。含化石地层为上白垩统小岩组上部的钙质砂岩。化石露头难以观察和测量，其中YJD-1和YJD-2为小型足迹，足迹长约13 cm和16 cm，与小壶天之类型C相似（Xing et al.，2014k）。

上山根村　位于休宁县渠口乡上山根村附近，地层为下白垩统徽州组上部。一块砂岩层面上约保存有18枚下凹的恐龙足迹，清晰者有5~7枚，均为三趾型；足迹长10~17 cm，宽6~12 cm，方向性不明显。渠口休宁龙（足迹种）（*Xiuningpus qukouensis*）即根据该点的足迹所命名（余心起，1988；余心起等，1999）。邢立达等对美国科罗拉多大学恐龙足迹博物馆保存的足迹描摹图及足迹胶模进行研究，又识别出至少3枚小型鸟类的足迹化石，足迹宽约3 cm，趾间角较大，其中两个Ⅱ－Ⅳ趾趾间角为120°~140°，认为其属于韩国鸟足迹（*Koreanaornis*）（Xing et al.，2014k）。

齐云山小壶天的恐龙足迹及历史遗存（引自 Xing et al., 2014k）

齐云山是中国道教四大名山之一，因其“一石插天，与云并齐”得名。齐云山海拔为 585 m，是一个以丹霞地貌为特色的山体。齐云山道教起源于唐朝乾元年间，相传道士龚栖霞隐居天门岩下，在此开辟了齐云山道教。齐云山小壶天的兽脚类恐龙足迹因为部分重叠保存，被误认为是具有超能力的道教太极拳宗师张三丰掌击岩石而留下的印迹，进而被信徒加以膜拜。齐云天化石点是恐龙足迹对民间传说及信仰形成产生重要影响的又一个范例。

A 为齐云山小壶天足迹点的道教洞窟；B 为道教太极宗师张三丰的牌位，箭头指向恐龙足迹；C 为太极拳招式（亮掌）示意图；D 和 E 为小壶天兽脚类恐龙足迹 XHT-13~14 及 XHT-53 的照片及轮廓图，这些足迹被人们误认为是张三丰的掌迹。

安徽休宁县齐云山小壶天，上白垩统小岩组下部

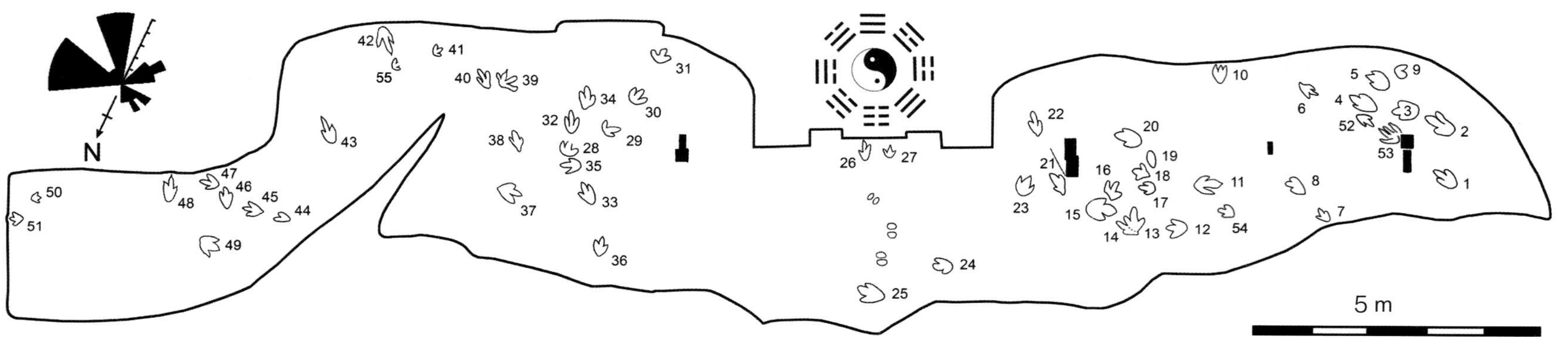

齐云山小壶天恐龙足迹分布示意图（引自 Xing et al., 2014k）

该足迹点至少产出兽脚类恐龙足迹 51 枚，均为三趾型、下层面上凸型足迹，方向杂乱。根据形态和大小，足迹大部分可归入 A、B、C 等 3 种类型。类型 A 为小中型（长 13~24 cm）足迹，长宽比值为 1.3，与传统的晚侏罗世 – 早白垩世的实雷龙足迹（*Eubrontes*）、安琪龙足迹（*Anchisauripus*）、跷脚龙足迹（*Grallator*）相似，但 II–IV 趾趾间角较大（平均为 56°，后者多为 10° ~40° ），且爪迹尖锐。类型 B 为中型足迹（长 18~21 cm），中趾（Ⅲ趾）很长，中趾凸度中等或大（平均为 0.76，范围为 0.73~0.81）。类型 C 为中型足迹(长 16 cm),中趾凸度小(平均为 0.37,范围为 0.28~0.44),被认为是新足迹类型,被命名为副肥壮足迹(*Paracorpulentapus*)。此外，还有一些保存很差、风化严重的足迹类型。

安徽休宁县齐云山小壶天，上白垩统小岩组下部

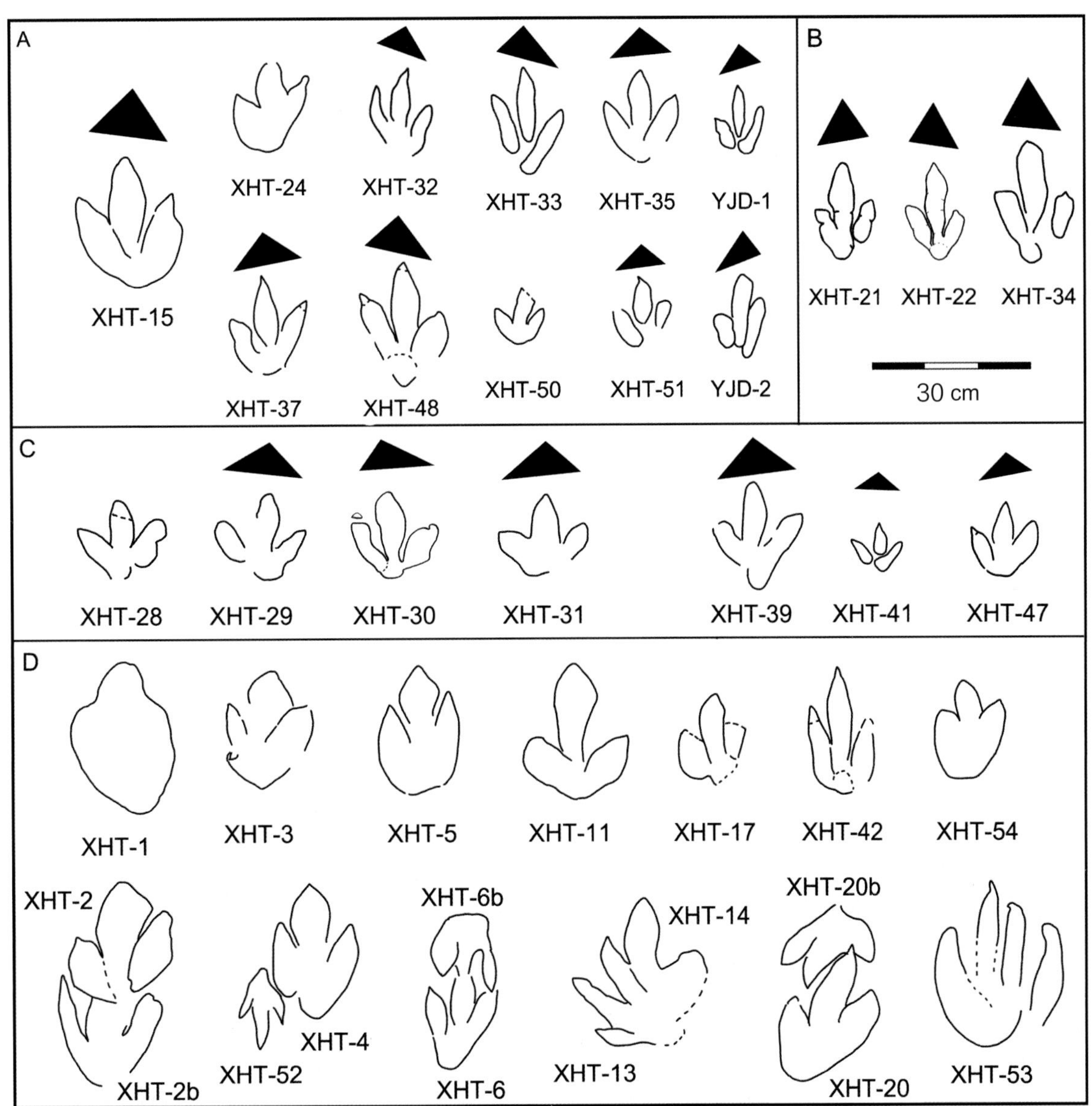

小壶天和雨君洞足迹点的兽脚类足迹轮廓图（引自 Xing et al., 2014k）

A、B、C 分别为足迹类型 A、B、C；D 为保存不佳、风化严重，或叠加保存的足迹类型。

黑色三角形为恐龙足迹的指尖三角形，C 为张三丰副肥壮足迹（*Paracorpulentapus zhangsanfengi*）。

安徽休宁县齐云山小壶天，上白垩统小岩组下部

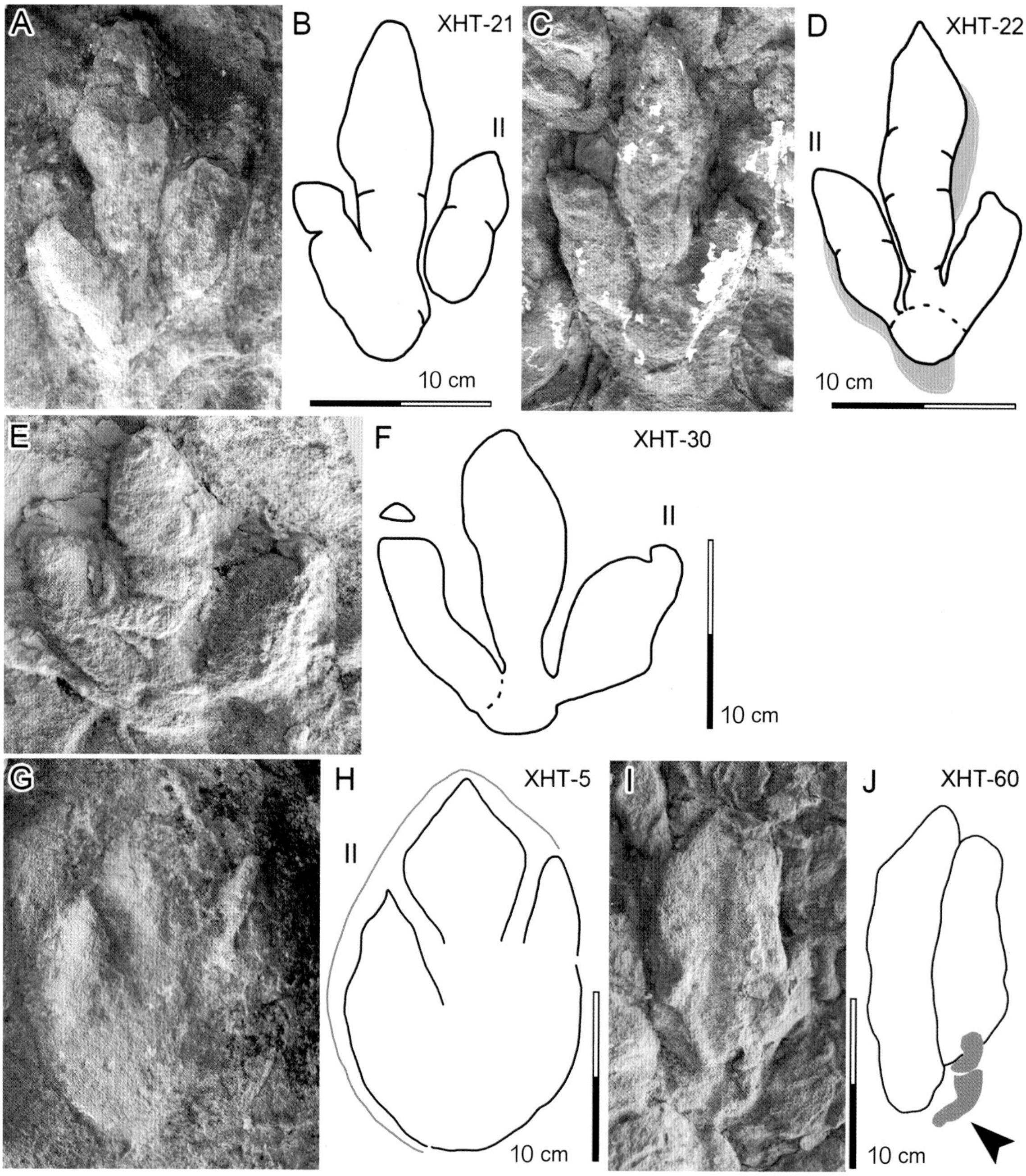

小壶天足迹点典型兽脚类足迹照片及轮廓图（引自 Xing et al., 2014k）

邢立达等在该点建立了新足迹属副肥壮足迹（*Paracorpulentapus*）。

E 和 F 为张三丰副肥壮足迹（*Paracorpulentapus zhangsanfengi*）的正模标本；J 为两趾型足迹，二趾紧密排列，可能是滑迹，另一趾迹未能保存，箭头所指为无脊椎动物的遗迹化石。需要指出，小壶天足迹点的副肥壮足迹曾被认为是鸟脚类的足迹（余心起等，1999；Matsukawa et al.，2006）。

安徽休宁县齐云山小壶天，上白垩统小岩组下部

小壶天足迹点下层面上凸保存的兽脚类足迹照片

圈内足迹 XHT–41 为张三丰副肥壮足迹（*Paracorpulentapus zhangsanfengi*）的副模标本之一，足迹长 9.1 cm，宽 9.9 cm。

安徽休宁县齐云山小壶天，上白垩统小岩组下部

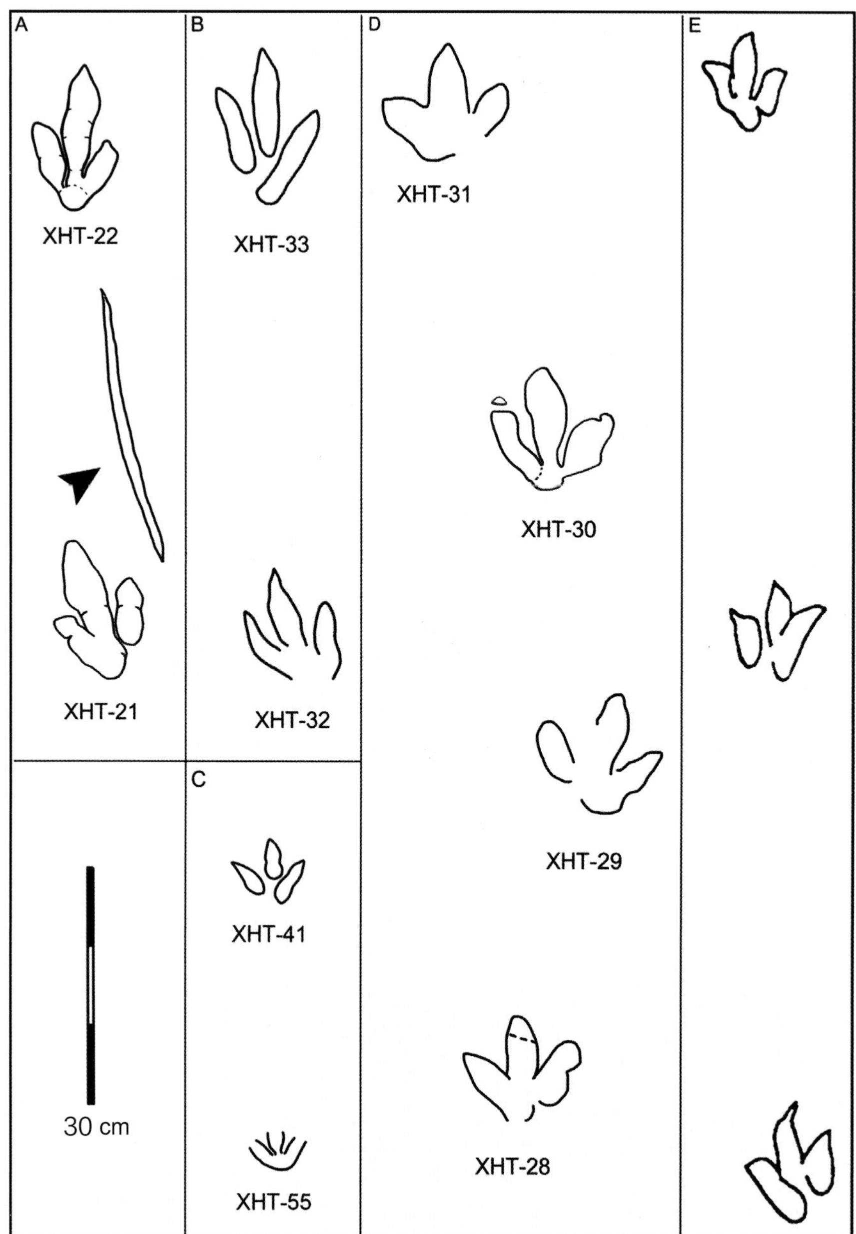

小壶天足迹点代表性兽脚类足迹轮廓图（引自 Xing et al.,2014k）

A、B、C 为小壶天兽脚类恐龙行迹，A 中箭头所指为趾的拖拽印迹（drag mark）；D 为张三丰副肥壮足迹（*Paracorpulentapus zhangsanfengi*）；E 为山东诸城下白垩统的肥壮足迹（*Corpulentapus*）。副肥壮足迹与肥壮足迹的区别在于，前者尺寸较大（16 cm），后者尺寸较小（11.8 cm）；前者趾间角较大（74°），后者趾间角较小（65°）；前者行迹较宽，后者行迹近似直线；前者步长较短，单步长是足长的 2.7 倍，而后者单步长是足长的 5.6 倍。

安徽休宁县齐云山小壶天，上白垩统小岩组下部

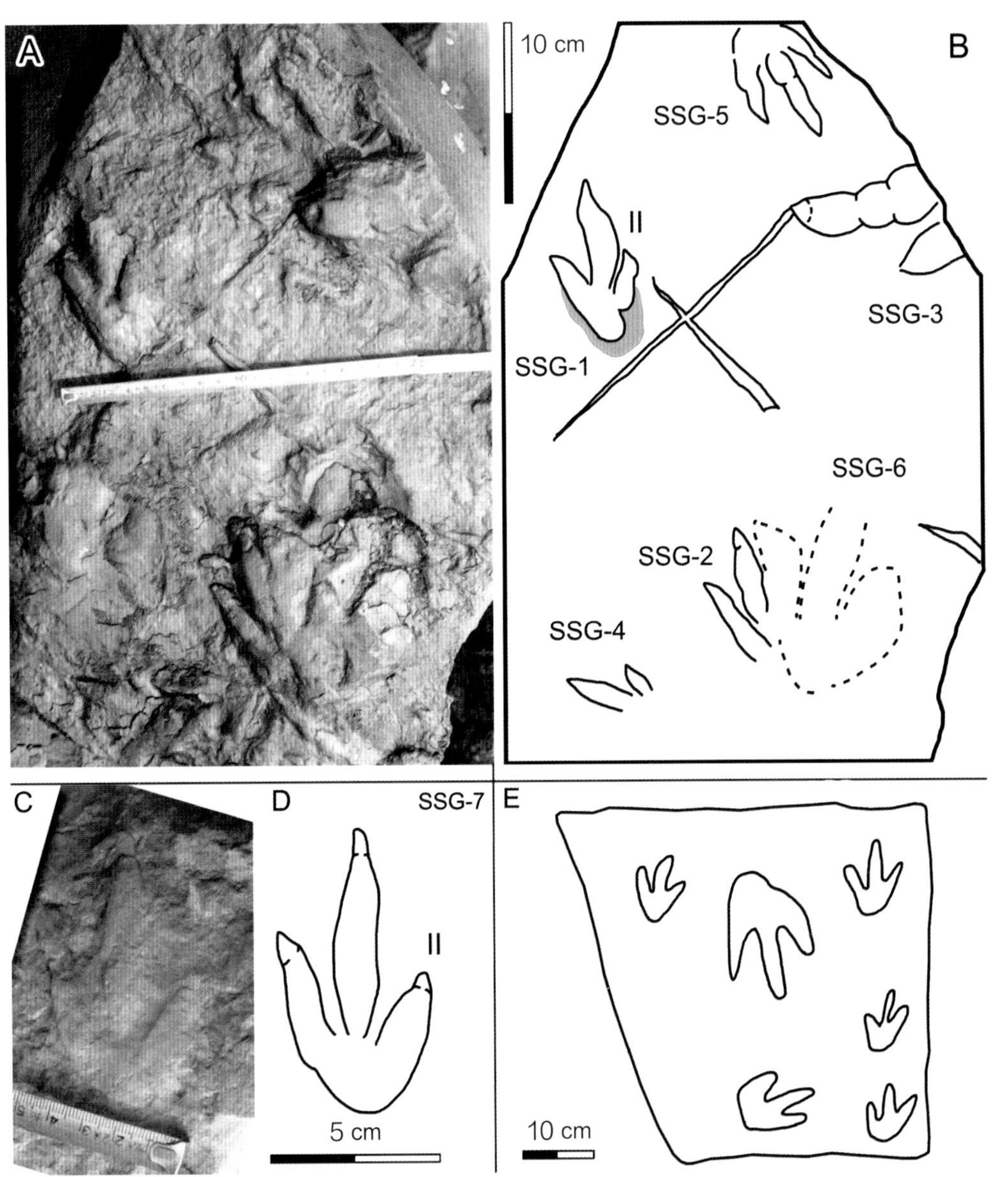

上山根足迹点兽脚类恐龙足迹照片及轮廓图（引自 Xing et al.,2014k）

足迹 SSG-1 和 SSG-7 与小壶天足迹点的类型 B 相似，足迹长宽比值为 2；其他足迹则与类型 C 相似。

安徽休宁县渠口乡上山根村，下白垩统徽州组上部

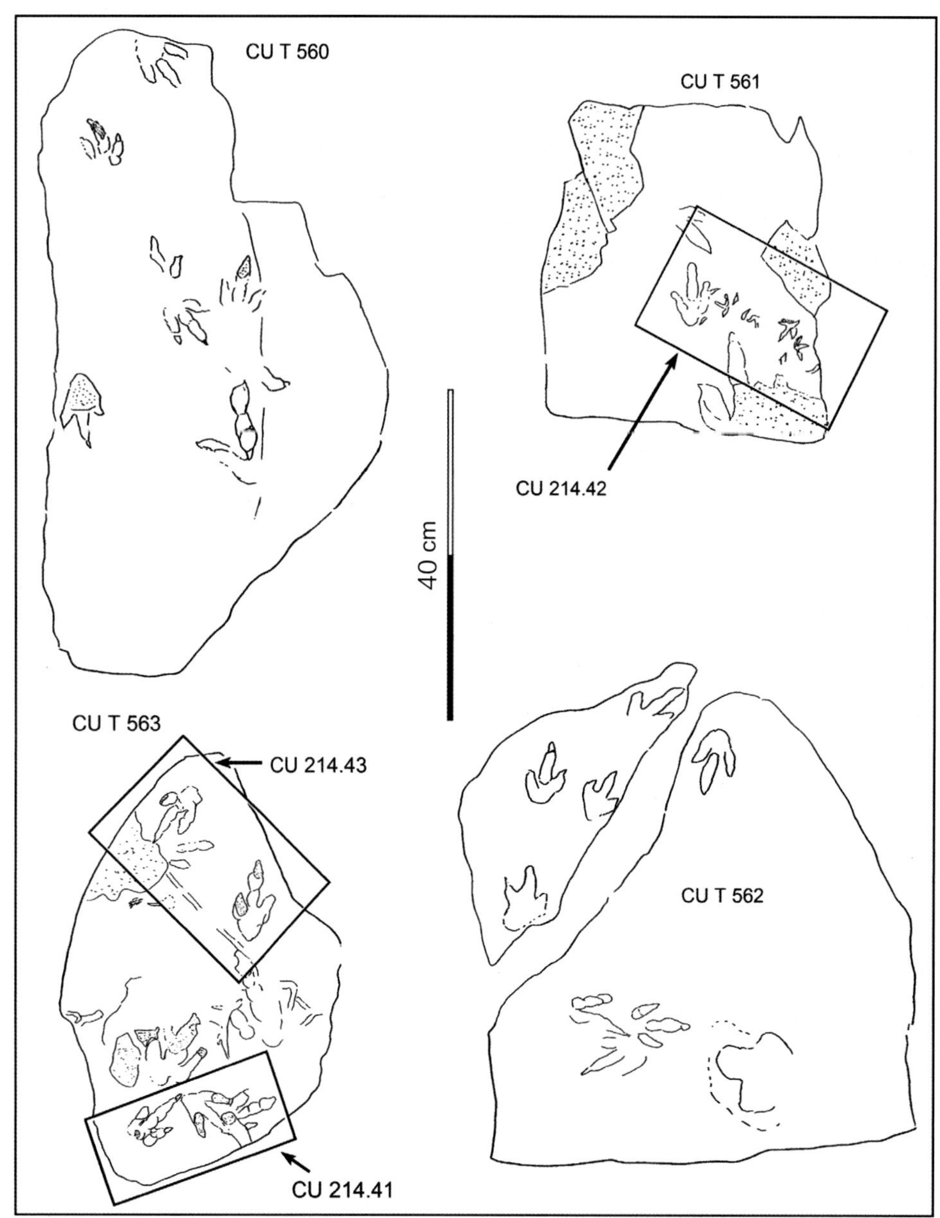

上山根足迹点兽脚类和鸟类足迹轮廓图（引自 Xing et al.,2014k）

图为上山跟足迹点的足迹描摹图（足迹 CUT560–563 的方框部分）及胶模（编号为 CU214.41–43），现保存于美国科罗拉多大学恐龙足迹博物馆。CU214.42 胶模型中至少包含 3 个较清晰的韩国鸟足迹（*Koreanaornis*）。

安徽休宁县渠口乡上山根村，下白垩统徽州组上部

2.15.2 明光

明光市（原嘉山县）出产了我国目前最早发现的白垩纪鸟足迹化石——安徽韩国鸟足迹（*Koreanornis anhuiensis*），化石产于古沛镇附近下白垩统邱庄组。

1988年，金福全等在嘉山县（现明光市）古沛一带古沛盆地邱庄组中发现我国第1件中生代鸟足迹化石，后将其归入水生鸟足迹属*Aquatilavipes* Currie（1981），并建立新种——安徽水生鸟足迹*Aquatilavipes anhuiensis*（金福全和颜怀学，1994）。但是，Currie（1981）和Lockley（1992）均明确指出*Aquatilavipes*不具有拇趾印迹，而古沛发现的5个足迹中有4个具有明显的后方的拇趾印迹，因此并不符合*Aquatilavipes*的特征。Lockley等（2013）将*Aquatilavipes anhuiensis*组合至韩国鸟足迹属（*Koreanaornis*），因前者足迹宽大于后者，加之其他一些特征，建议保留其种本名。这样，安徽水生鸟足迹（*Aquatilavipes anhuiensis*）便更名为安徽韩国鸟足迹（*Koreanaornis anhuiensis*）。邢立达等（Xing et al.，2018e）对古沛的这批鸟足迹化石进行重新研究，详细描述正模标本，修订鉴定特征，并指出产出鸟足迹化石的邱庄组的地层层位为下白垩统（阿尔布时期沉积），而不是原来认为的上白垩统。

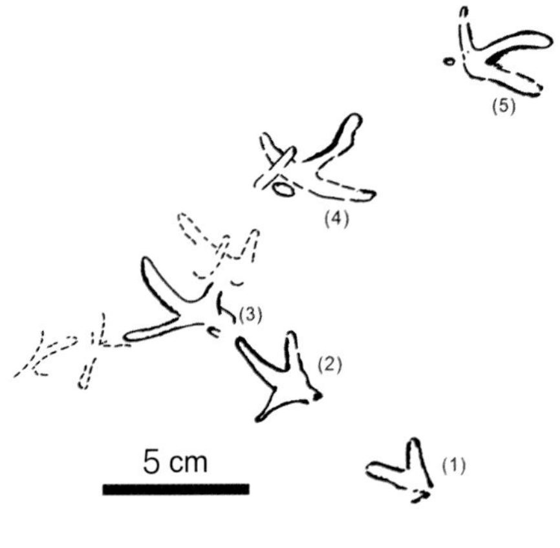

安徽韩国鸟足迹（*K. anhuiensis*）标本照片及足迹轮廓图（轮廓图引自金福全和颜怀学，1994）
安徽明光市古沛镇，下白垩统邱庄组

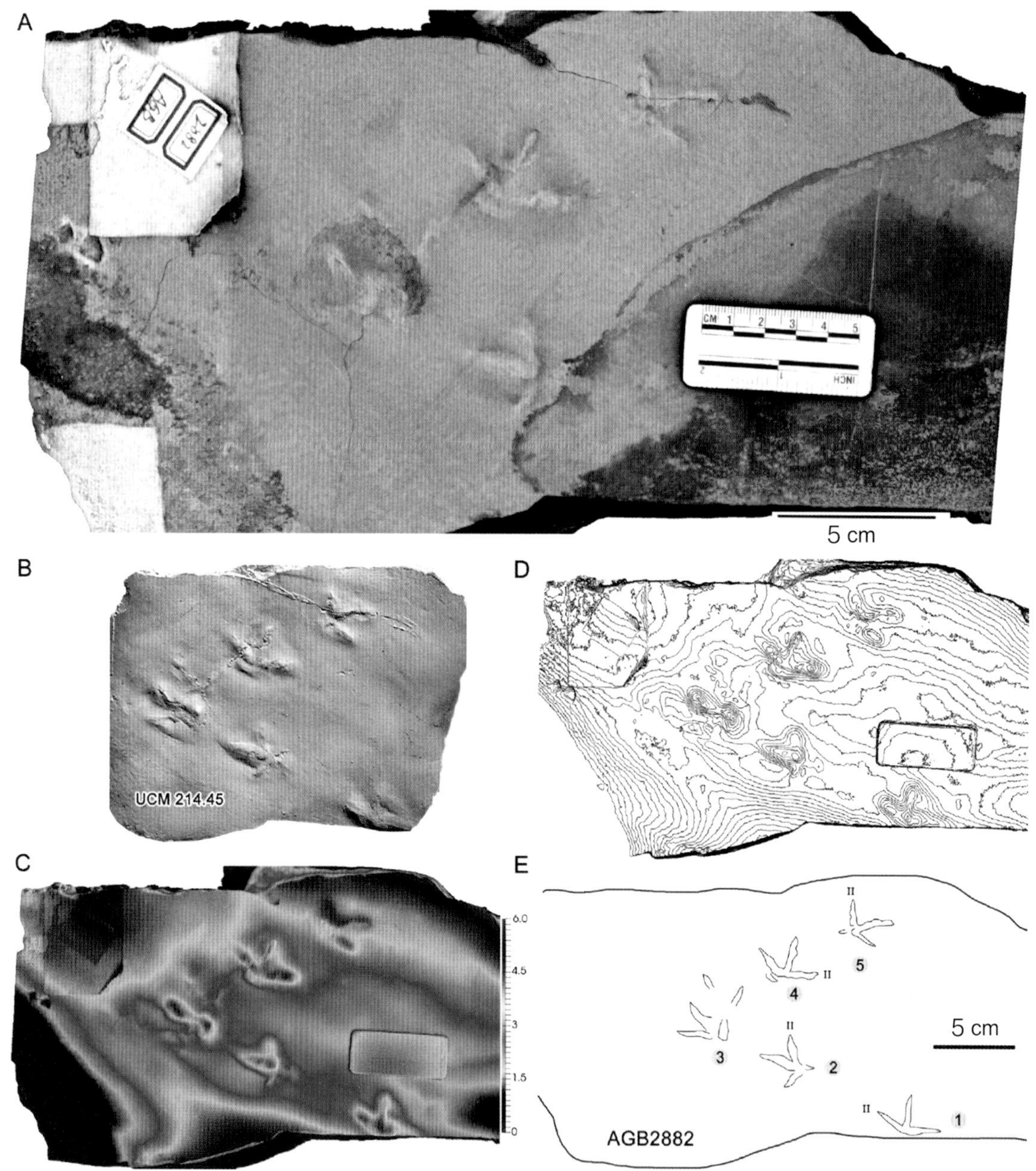

安徽韩国鸟足迹（*K. anhuiensis*）标本照片、3D 图像及足迹轮廓图（引自 Xing et al.，2018e）

正型标本编号为 AGB2882，正模为 E 中的第 5 枚足迹。A 为标本照片，B 为干净的铸模，C 为 3D 图像（暖色表示相对位置高，冷色表示相对位置低），E 为解释性轮廓图。D 中方框为图 A 中的标尺。

鉴定特征为：足迹长约 3.3 cm，宽约 3.6 cm，亚对称，具功能性四趾；小的拇指中线与Ⅲ趾印迹在 1 条线上，Ⅱ－Ⅳ趾趾间角大（112°~138°），Ⅰ－Ⅱ趾趾间角为 101°~105°。

安徽明光市古沛镇，下白垩统邱庄组

2.16 甘肃

甘肃是我国恐龙足迹大省，除恐龙足迹外，还产许多鸟类和翼龙类足迹化石。甘肃化石点众多，主要分布在兰州周边的红古区和七里河区、永靖县、临洮县、玉门市和白银市平川区等地，地层层位主要为下白垩统河口群和中侏罗统王家山组。其中，最著名的化石点是永靖县盐锅峡及周边地区，这里恐龙足迹等化石数量众多、类型丰富、保存完好。刘家峡恐龙国家地质公园以盐锅峡恐龙足迹化石点为核心，为世界第8大恐龙足迹产地。总体而言，甘肃的足迹化石有以下特点：

刘家峡恐龙公园是国内外罕见的产出丰富的脊椎动物足迹的化石点。恐龙足迹有蜥脚类、兽脚类、鸟脚类，还有鸟类（韩国鸟足迹*Koreanaornis*）、翼龙类和龟鳖类足迹。兽脚类恐龙中有极具特色的两趾型的永靖奔驰龙足迹（*Dromaeosauripus yongjingensis*）；蜥脚类中除了正常类型外，还有仅保存趾迹的大型行迹（Li et al.，2006；Zhang et al.，2006；Xing et al.，2013d，2016b）。

永靖盐锅峡足迹点产出中国最大的恐龙足迹化石，足迹长150 cm，宽142 cm，为蜥脚类恐龙足迹（李大庆等，2001）。

永靖盐锅峡发现中国首例翼龙足迹化石。彭冰霞等（2004）研究并建立新足迹种——盐锅峡翼龙足迹（*Pteraichnus yanguoxiaensis*）。

盐锅峡Ⅰ号和Ⅱ号点的两趾型兽脚类足迹有鲜明特色。邢立达等研究并建立了新足迹种——永靖奔驰龙足迹（*Dromaeosauripus yongjingensis*）（Xing et al.，2013d）。

永靖关山地区下白垩统河口群的鸟足迹化石特征显著。邢立达等研究并建立了韩国鸟足迹的新足迹种——李氏韩国鸟足迹（*Koreanaornis lii*）（Xing et al.，2016a）。

白银市平川区宝积镇足迹点发现了十分罕见的四足行走的兽脚类足迹。李大庆等研究并命名了1个新足迹种——平川跷脚龙足迹（*Grallator pingchuanensis*）（Li et al.，2019）。

研究者在甘肃地区发现并命名新足迹种4个，分别是盐锅峡翼龙足迹*Dromaeosauripus yanguoxiaensis*（彭冰霞等，2004）、永靖奔驰龙足迹*Dromaeosauripus yongjingensis*（Xing et al.，2013d）、李氏韩国鸟足迹*Koreanaornis lii*（Xing et al.，2016a）和平川跷脚龙足迹*Grallator pingchuanensis*（Li et al.,2019）。

2.16.1 兰州红古

红古区的花庄足迹点是甘肃省恐龙足迹化石的最早发现地，由中国地质大学（武汉）蔡雄飞等发现于1998年。足迹点规模较小，位于下白垩统花庄组中部的灰绿色、灰色厚层具板状交错层理的细砂岩层面上。足迹共8枚，为三趾型，足迹长约25 cm（蔡雄飞等，1999，2005；其和日格和于庆文，1999），应为兽脚类恐龙足迹。邢立达等对花庄足迹点其中一块标本上的4枚三趾型足迹进行重新研究，将其定为亚洲足迹未定种（*Asianopodus* isp.），认为其应属于实雷龙足迹（*Eubrontes*）形态类型（Xing et al.，2014m），为大型兽脚类恐龙足迹。

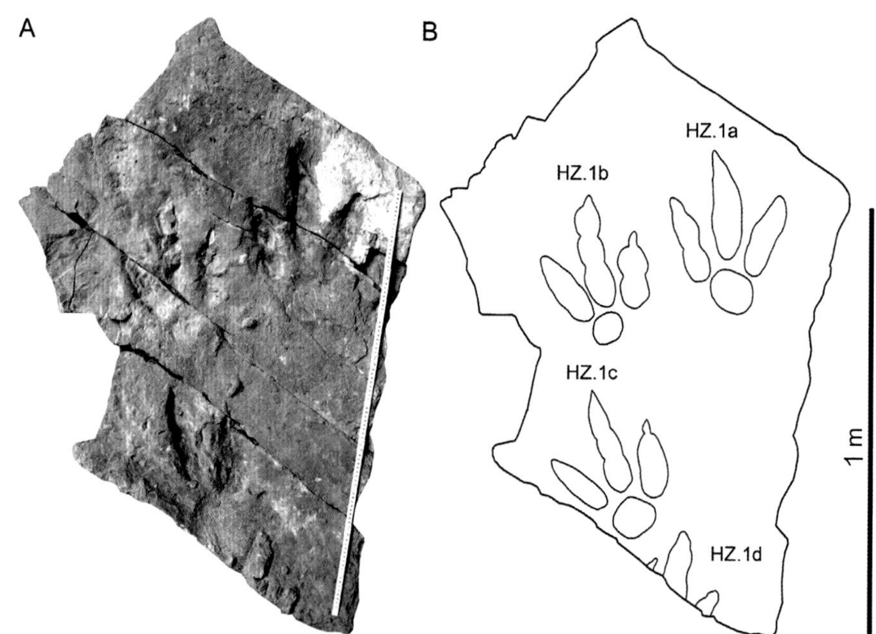

大型兽脚类亚洲足迹未定种（*Asianopodus* isp.）照片及轮廓图（引自 Xing et al.，2014m）

甘肃兰州市红古区花庄镇花庄足迹点，下白垩统河口群

2.16.2 永靖

永靖县的恐龙等脊椎动物足迹化石十分丰富，据李大庆等多年的调查研究，该地区足迹点有10多个（Li et al.，2006），主要分布在盐锅峡及周边地区，最著名的是刘家峡恐龙国家地质公园内的盐锅峡Ⅰ号点和Ⅱ号点，二者又以蜥脚类足迹最为丰富和壮观。

盐锅峡Ⅰ号点　位于永靖县恐龙湾（旧名为老虎口）。该化石点被发现于2000年，是永靖地区发现最早、规模最大的足迹点，产出大量蜥脚类、鸟脚类、兽脚类恐龙足迹，还产出少量翼龙及鸟类足迹化石。蜥脚类的行迹可以归入雷龙足迹（*Brontopodus*），最大者为1对前、后足迹，其长和宽分别是69 cm、112 cm和150 cm、142 cm，是中国目前发现的最大蜥脚类足迹（李大庆等，2001；杜远生等，2002，Li et al.，2006; Zhang et al.，2006）；李大庆等在该点发现4枚鸟类足迹化石，可归入中国韩国鸟足迹（*Koreanaornis sinensis*）（Li et al.，2002）；彭冰霞等（2004）报道了永靖的翼龙足迹，并建立新足迹种盐锅峡翼龙足迹（*Pteraichnus yanguoxiaensis*），这是中国首例翼龙足迹的研究报道。张建平等对Ⅰ号点进行综合研究，特别指出其鸟脚类行迹成群出现的特点（Zhang et al.，2006）。

盐锅峡Ⅱ号点　位于盐锅峡Ⅰ号点西北120 m处，也是一处著名的足迹点。该点产出大量蜥脚类足迹，267枚足迹组成6条行迹（Li et al.，2006）；还有9条仅保存后足趾迹的蜥脚类行迹，被解释为恐龙的幻迹，而不是游泳迹（Xing，2016b）；此外，还产出丰富的两趾型的永靖奔驰龙足迹（*Dromaeosauripus yongjingensis*），它们构成6条行迹，其中至少2条有拐弯（Xing et al.，2013d）。Ⅱ号点还产出一定数量的三趾型兽脚类和鸟脚类足迹。

翼龙足迹点　位于盐锅峡Ⅰ号点以北300 m，Ⅰ号点主层面之上20 m以泥岩为主的一薄砂岩夹层中，以产出翼龙足迹闻名。足迹为下凹印痕，构成以前足迹为主的翼龙足迹群（至少有20枚前足迹铸模），足迹方向散乱，可归入翼龙足迹属（*Pteraichnus*）。李大庆等认为，此足迹点仅有翼龙前足迹保存的原因是前足迹往往比后足迹踩得深，而更易保存（Li et al.，2015）。

盐锅峡SS1点　位于永靖县恐龙湾一个山沟边缘处，距盐锅峡Ⅰ号点250 m，仅发现少量鸟脚类恐龙足迹。

电厂足迹点　位于永靖县盐锅峡镇电厂南一条小河沟内，仅发现两枚蜥脚类足迹和1枚可能的兽脚类足迹（Xing et al., 2015a）。

里滩足迹点 位于永靖县黄河南岸（Xing et al., 2015a），仅发现1块中等大小的蜥脚类恐龙的后足迹印模标本。

关山足迹点 主要位于下蒲家和上蒲家村等地，产出较为丰富的李氏韩国鸟足迹（*Koreanaornis lii*）（Xing et al.，2016a）。

2019年，邢立达等还考察报道了在刘家峡地质公园内1块标本上发现的龟鳖类足迹化石，其中7枚足迹组成1条行迹的一部分，另有几个孤单的足迹。在盐锅峡镇方台村附近1块标本上也发现7枚龟鳖类的游泳迹（Xing et al.，2019a）。

甘肃永靖县刘家峡恐龙国家地质公园中心区照片

甘肃永靖刘家峡恐龙国家地质公园外观照片

该建筑内为盐锅峡Ⅰ号点，为永靖地区最早发现恐龙足迹的位置

盐锅峡I号点主层面的恐龙足迹化石露头照片

层面上密布形态和大小各异的各类足迹化石，包括大型蜥脚类和三趾型兽脚类恐龙足迹，以及翼龙足迹等，而以大型蜥脚类足迹为主。其中，124枚足迹组成5条完整的行迹。

图中研究人员站立处的足迹为蜥脚类恐龙的重叠迹（同侧后足迹踩在前足迹之上）。

甘肃永靖县刘家峡恐龙国家地质公园，下白垩统河口群

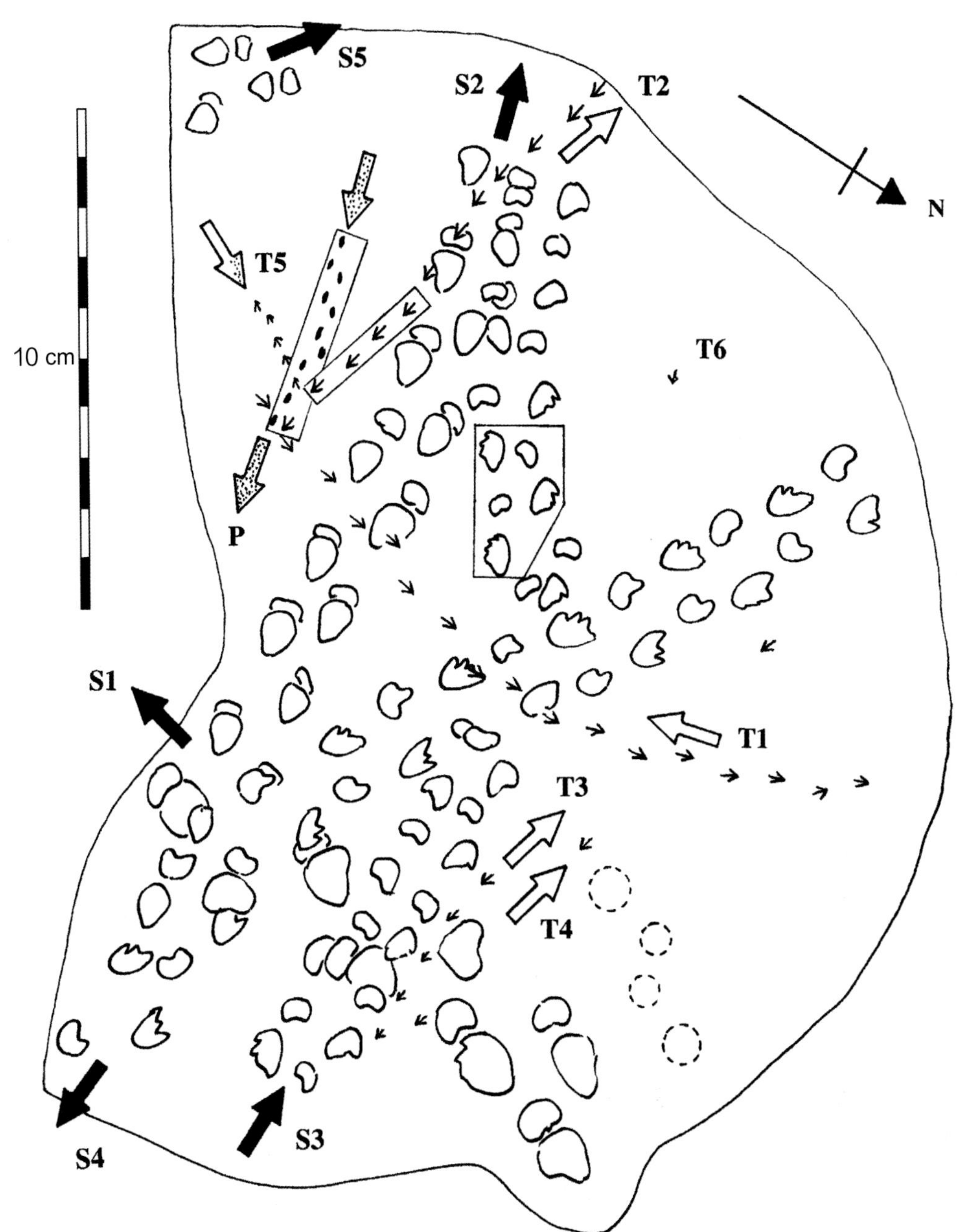

盐锅峡 I 号点恐龙足迹化石平面分布轮廓图（引自 Zhang et al.，2006）

S1–5 为蜥脚类行迹，足迹较大，黑色箭头标示恐龙行进方向；T1–6 为兽脚类行迹，白色箭头标示行进方向；

P 为翼龙足迹，点线箭头标示行进方向；虚线圆圈内的足迹不清晰；框内的足迹已描摹。

甘肃永靖县刘家峡恐龙国家地质公园，下白垩统河口群

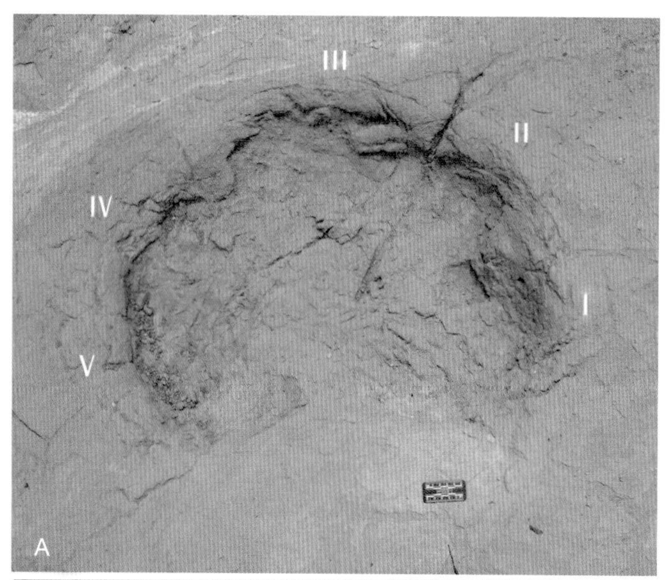

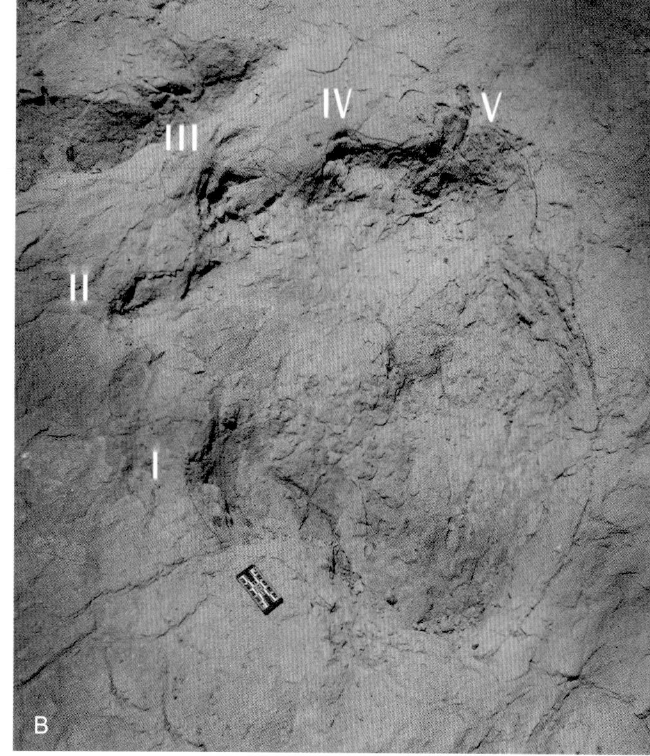

盐锅峡Ⅰ号点蜥脚类恐龙的典型前、后足迹照片

A 为前足迹，B 为后足迹。罗马数字为趾编号，图中比例尺为 5 cm。

甘肃永靖县刘家峡恐龙国家地质公园，下白垩统河口群

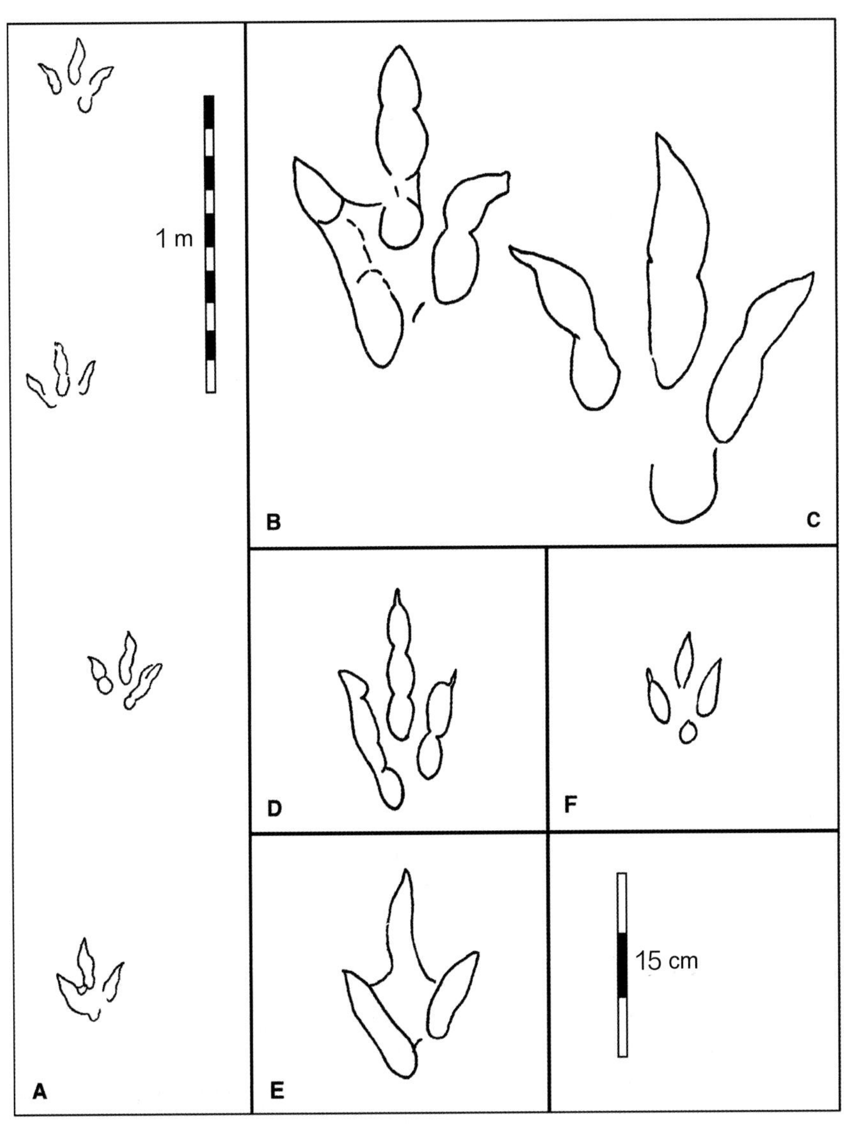

不同大小的兽脚类恐龙足迹轮廓图（引自 Zhang et al.，2006）

A 为大型足迹的行迹，其典型足迹见 C（长 32 cm，宽 26 cm）；B 为次大型足迹（长 27 cm，宽 18 cm）；D 和 E 为中型足迹，其中 E 的趾间角很小；F 为小型足迹（长 8 cm，宽 6 cm）。

甘肃永靖县刘家峡恐龙国家地质公园盐锅峡 I 号点，下白垩统河口群

盐锅峡 I 号点 4 条鸟脚类恐龙行迹照片（李大庆提供）

第 3、4 条行迹中下部还有许多不甚清晰的卵圆形蜥脚类足迹，层面上波痕十分发育。箭头标示行迹方向。甘肃永靖县刘家峡恐龙国家地质公园，下白垩统河口群

盐锅峡 I 号点蜥脚类行迹 S2（中远端部分）露头照片

近景为蜥脚类恐龙骨骼模型，注意其足部的形态。甘肃永靖县刘家峡恐龙国家地质公园，下白垩统河口群

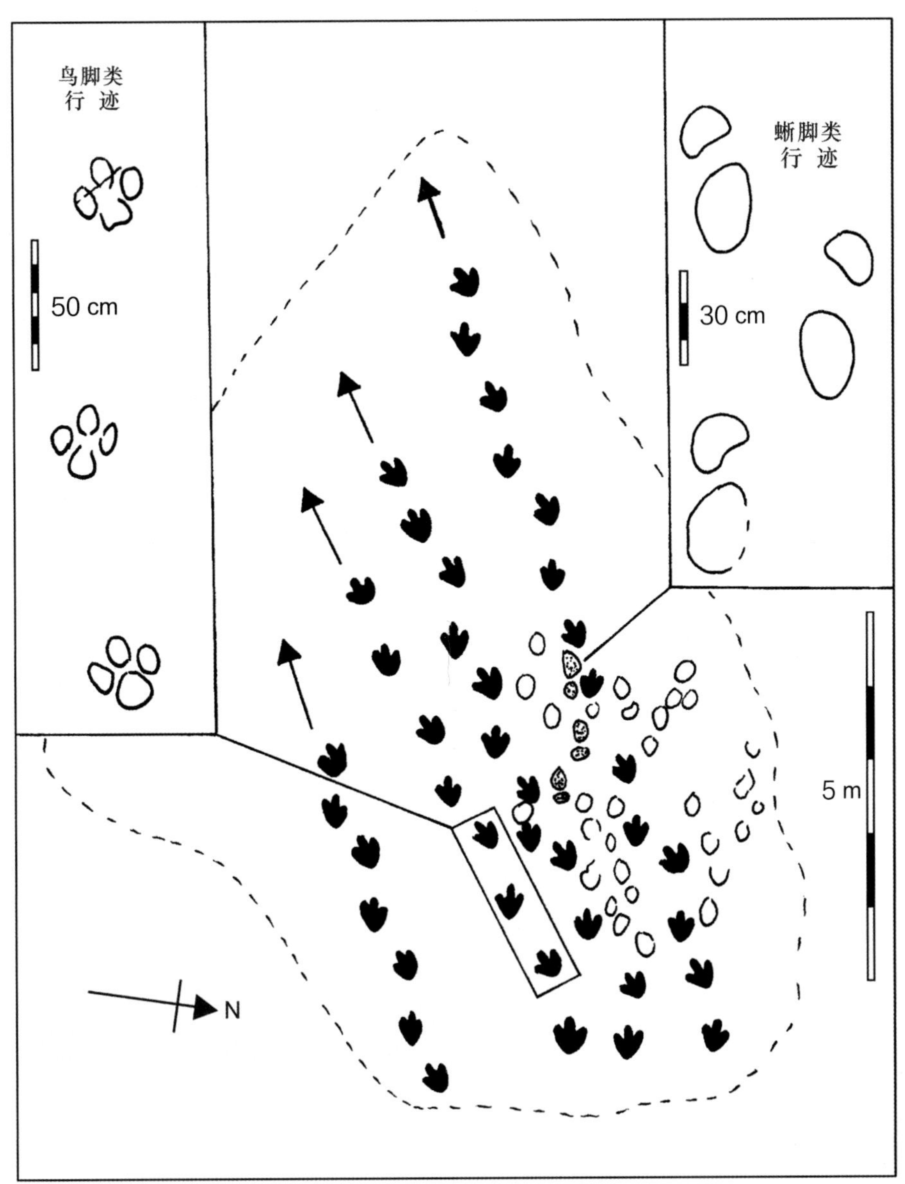

盐锅峡Ⅰ号点鸟脚类和蜥脚类恐龙行迹轮廓图（引自 Zhang et al.，2006）

鸟脚类行迹至少有4条；足迹为两足行走、三趾型、四分形；足迹长与宽近等（均约为 28 cm），与卡利尔足迹（*Caririchnium*）类似，行进方向如箭头所示。蜥脚类足迹较小（白色圆圈所示，长和宽分别约为 22 cm 和 16 cm），保存欠佳，仅有1段行迹较好（点线圆圈所示）。

甘肃永靖县刘家峡恐龙国家地质公园，下白垩统河口群

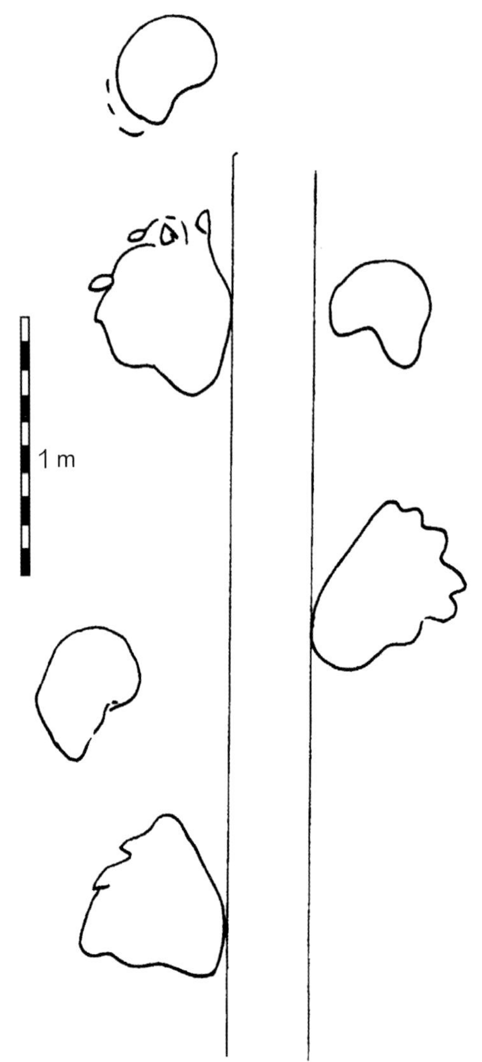

盐锅峡 I 号点蜥脚类行迹 S3 的解释轮廓图（引自 Zhang et al.，2006）

此为S3的1段行迹，由3对前、后足迹组成，为蜥脚类雷龙足迹（*Brontopodus*）。后足迹长、宽平均值分别为 64 cm 和 52 cm；前足迹长、宽平均值为 34 cm 和 43 cm。行迹跨距较宽，外、内跨距分别为 150 cm 和 33 cm。

甘肃永靖县刘家峡恐龙国家地质公园，下白垩统河口群

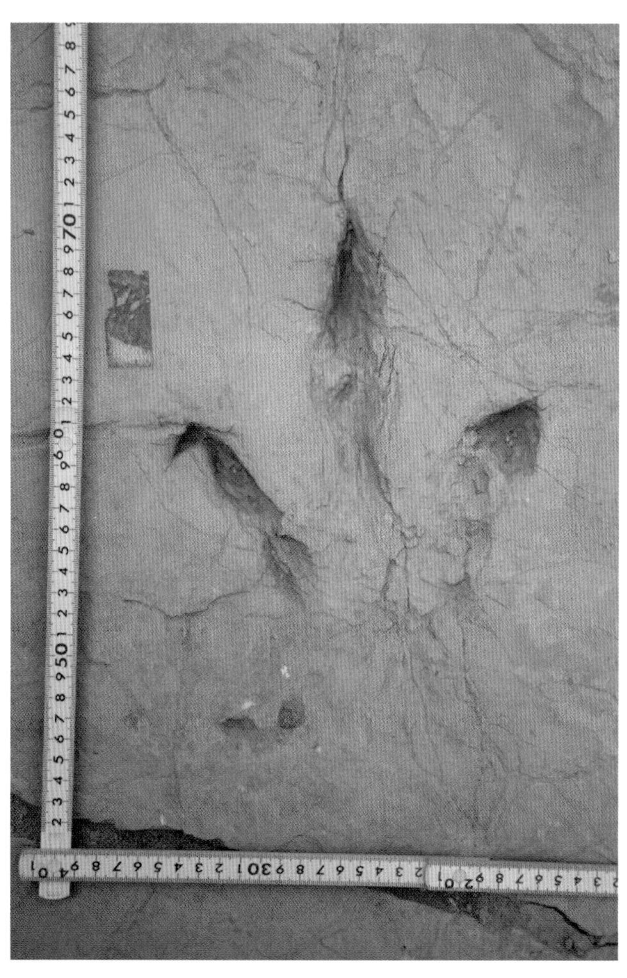

盐锅峡 I 号点的大型兽脚类恐龙足迹

该足迹为三趾型，是行迹 TB 中的 1 个左足迹。该足迹前半部分长 21 cm，后半部分似有蹠趾区印迹，但欠清晰，长约 10 cm。

甘肃永靖县刘家峡恐龙国家地质公园，下白垩统河口群

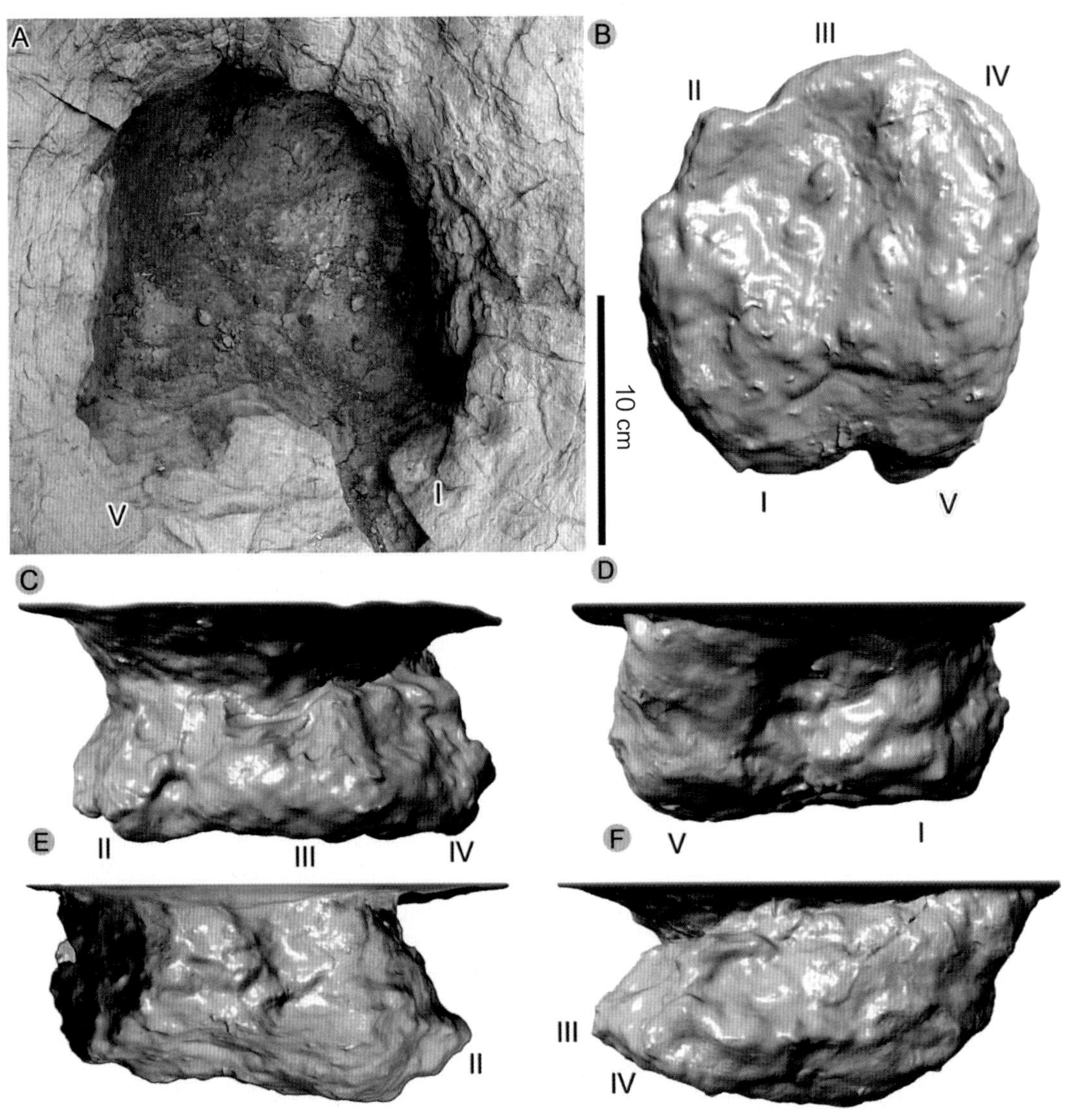

盐锅峡 I 号点蜥脚类前足迹（编号为 YSI-S3-LM12A）照片及 3D 模型（引自 Xing et al.，2015a）

A 为足迹的平面图，B 为 3D 树脂模型（即足迹的铸模），C 为模型的前视图，D 为模型的后视图，E 为中视图，F 为侧视图。

足迹具 5 趾。

甘肃永靖县刘家峡恐龙国家地质公园，下白垩统河口群

盐锅峡 I 号点鸟脚类似卡利尔足迹（cf. *Caririchnium*）照片

该足迹呈四分形（quadripartite），长 28.8 cm，宽 25.9 cm，长宽比值为 1.11。

甘肃永靖县刘家峡恐龙国家地质公园，下白垩统河口群

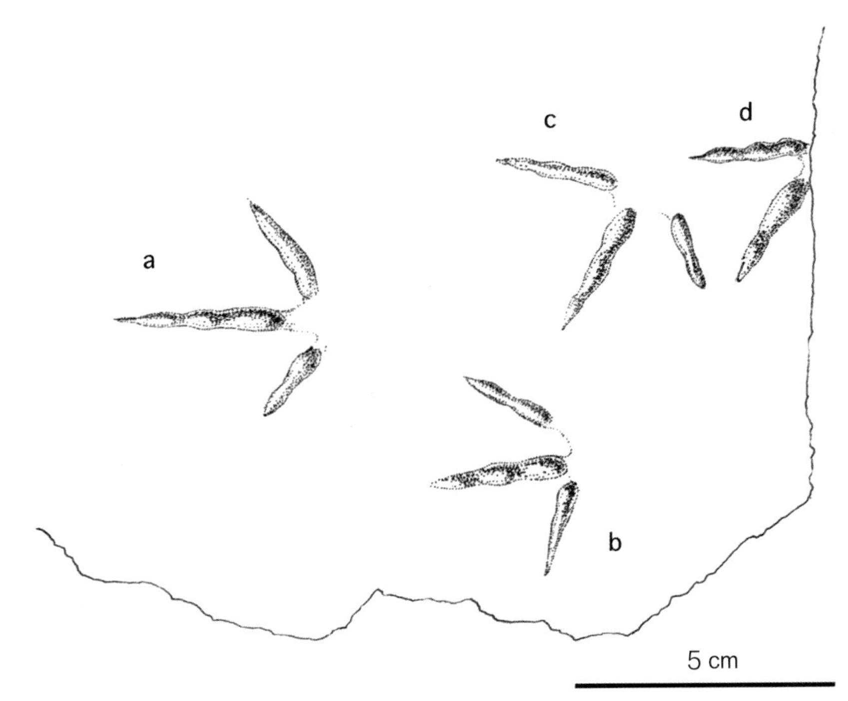

盐锅峡 I 号点韩国鸟足迹（*Koreanaornis*）照片及轮廓图（引自 Li et al.，2002）
甘肃永靖县刘家峡恐龙国家地质公园，下白垩统河口群

盐锅峡Ⅰ号点典型翼龙足迹野外照片（引自 Li et al.，2015）

图为 1 对前、后足足迹，RP3 为后足足迹，RM3 为前足足迹。

甘肃永靖县刘家峡恐龙国家地质公园，下白垩统河口群

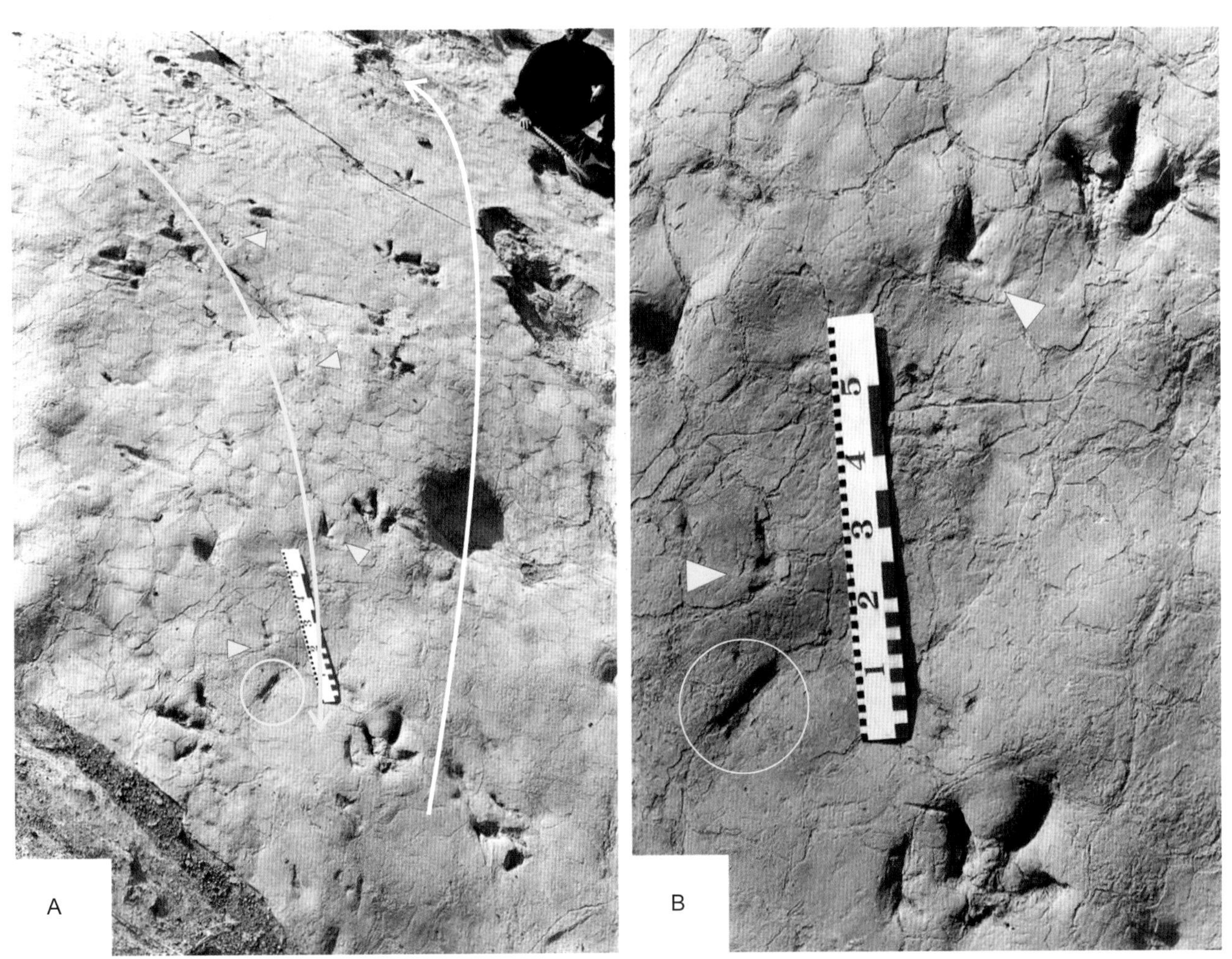

盐锅峡 I 号点翼龙行迹野外露头照片及解释示意图（根据 Zhang et al.，2006 改绘）

A 为野外露头照片，其中黄色线标示翼龙行迹方向，白色线标示大型兽脚类恐龙的运动方向；

B 为 A 图中标尺部分的放大照片。黄色三角箭头所指为翼龙前足迹，圆圈内为翼龙后足迹。

甘肃永靖县刘家峡恐龙国家地质公园，下白垩统河口群

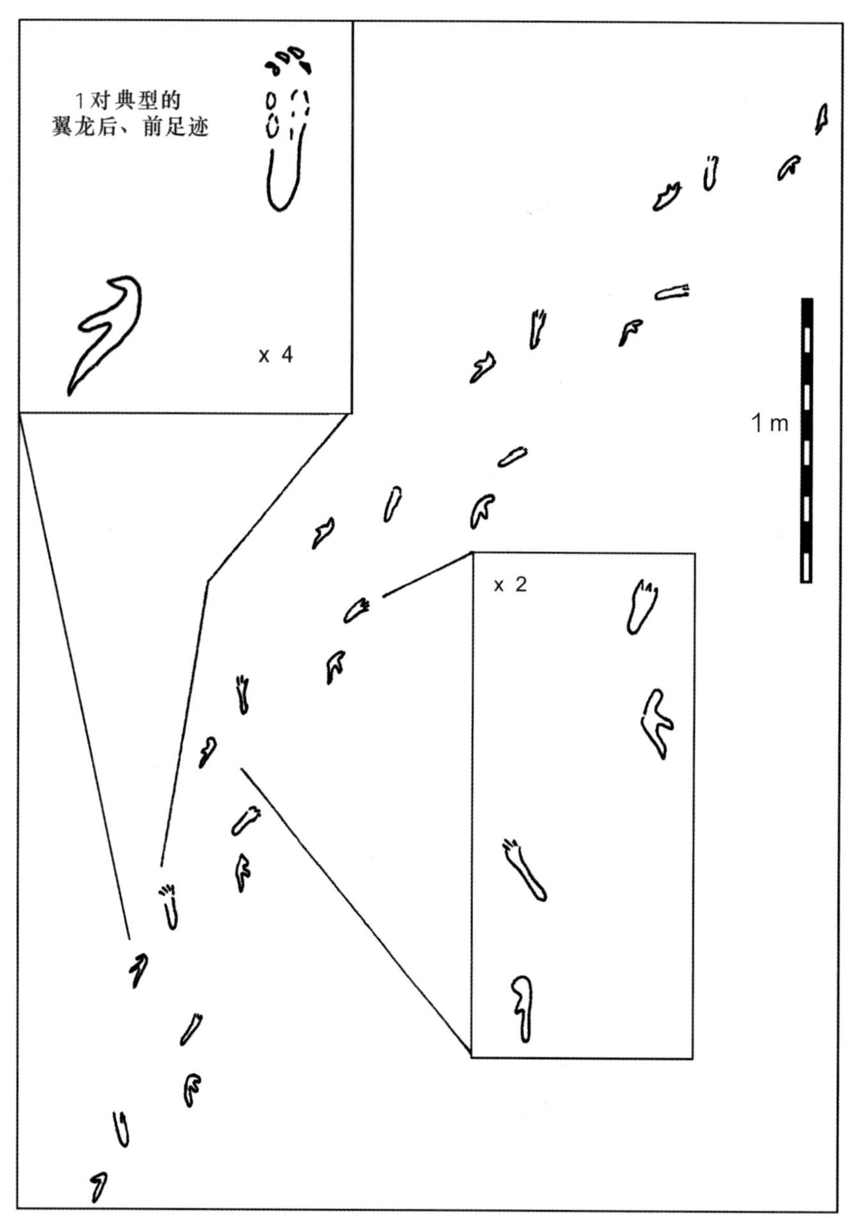

盐锅峡 I 号点翼龙行迹示意图（引自 Zhang et al.，2006）

方框内为行迹中 3 对前、后足迹（左上框 1 对，右下框两对），造迹翼龙的运动方向为左下至右上。

甘肃永靖县刘家峡恐龙国家地质公园，下白垩统河口群

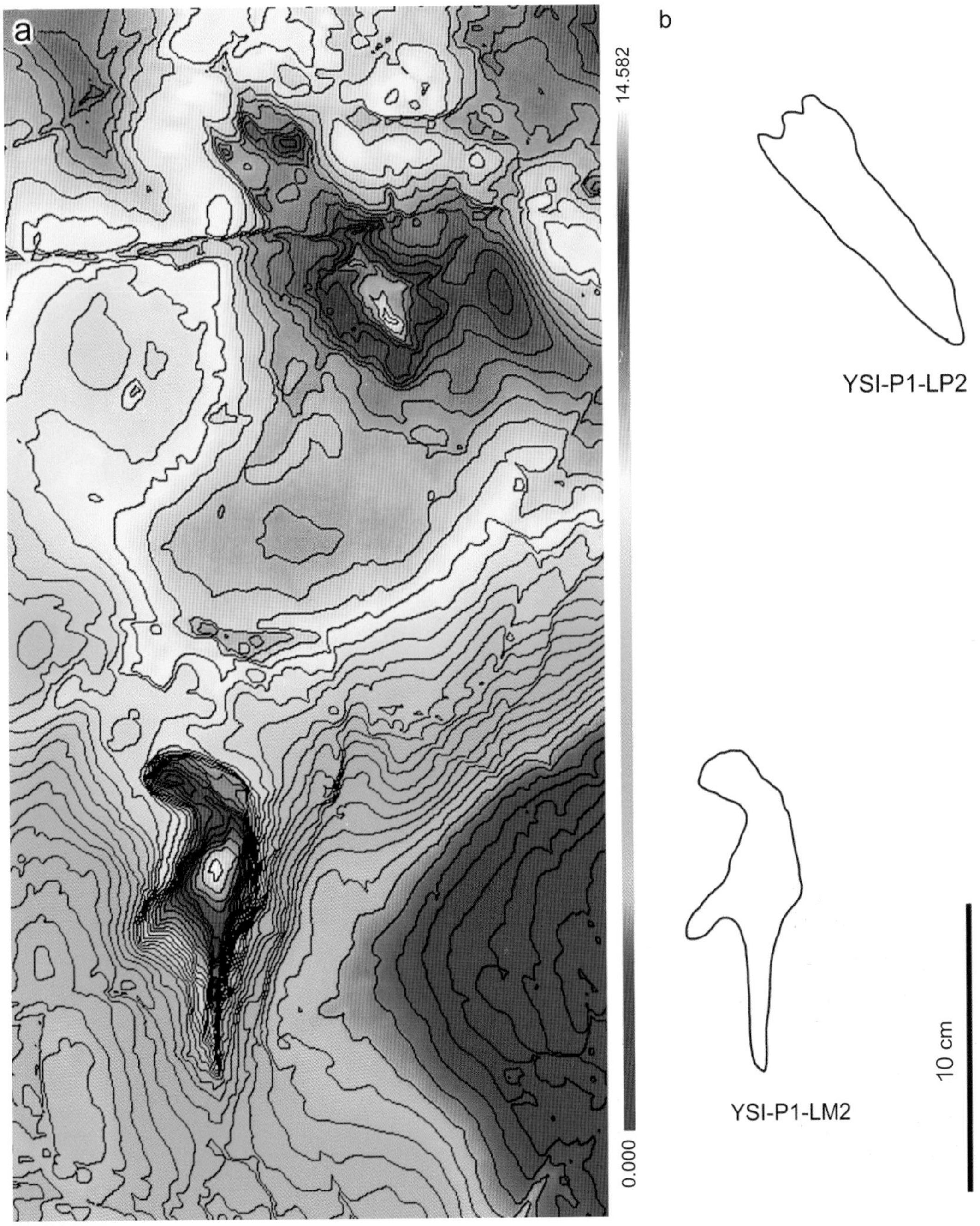

a

14.582

0.000

b

YSI-P1-LP2

YSI-P1-LM2

10 cm

盐锅峡Ⅰ号点翼龙足迹 3D 图像及轮廓图（引自 Li et al.，2015）

足迹保存为层面下凹型，编号为 YSI-P1-LM2、LP2。

3D 图（左图）中等高线为 0.4 mm；色带表示相对高度，绿 – 蓝色高度最高，红 – 白色高度最低。

甘肃永靖县刘家峡恐龙国家地质公园，下白垩统河口群

盐锅峡 II 号点足迹露头照片（引自 Li et al.，2006）

甘肃永靖县刘家峡恐龙国家地质公园，下白垩统河口群

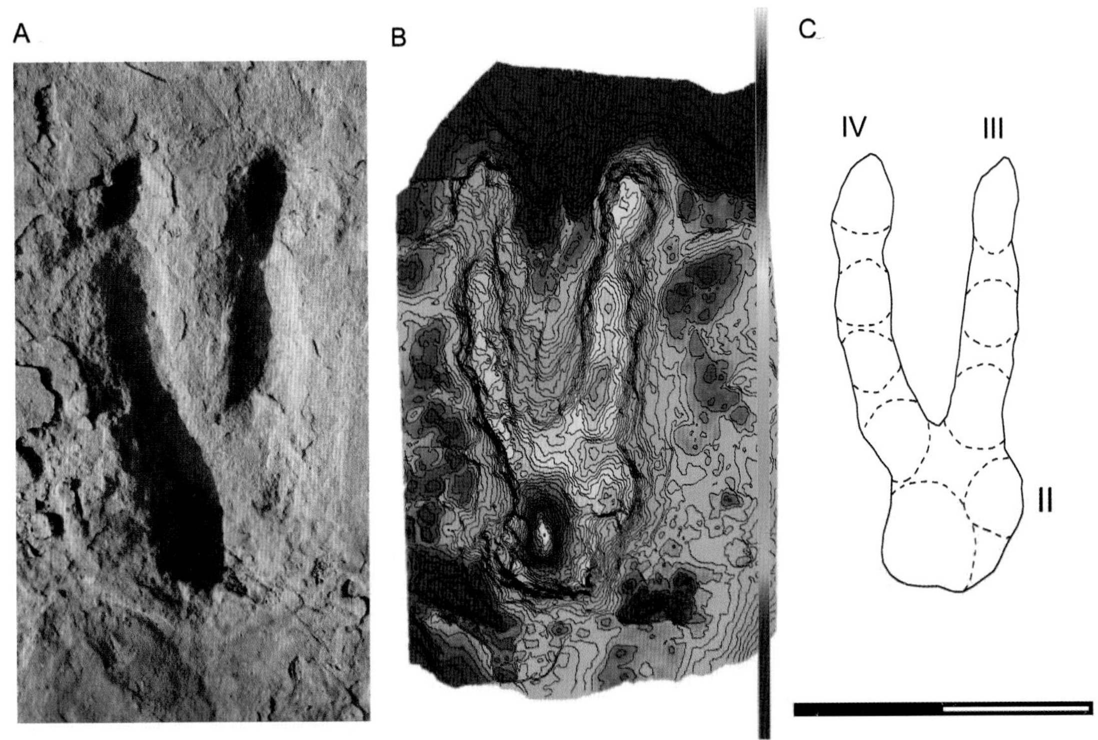

永靖奔驰龙足迹（*Dromaeosauripus yongjingensis*）正模足迹（TE4L）照片、3D 图像及轮廓图（引自 Xing et at.，2013d）

3D 图中等高线为 0.2 mm；色带表示相对高度，绿 – 蓝色高，红 – 白色低。

足迹为中等大小（长约 14.8 cm，宽约 6.4 cm）的二趾型（两个功能趾）足迹，趾垫发育，趾式为 x–1–3–4–x；未见尖利的爪迹，II 趾末端与大而圆的蹠趾垫印迹相连；Ⅲ – Ⅳ趾趾间角为 19°，Ⅳ趾最长（10 cm），Ⅲ趾长 9 cm。

甘肃永靖县刘家峡恐龙国家地质公园盐锅峡Ⅱ号点，下白垩统河口群

永靖奔驰龙足迹（*Dromaeosauripus yongjingensis*）标本（TA4L）照片（照片引自 Li et al.，2006；轮廓图引自 Xing et at.，2013d）

足迹长 15.47 cm，宽 7.74 cm，Ⅲ趾长 9.27 cm，Ⅳ趾长 9.57 cm；Ⅲ－Ⅳ趾趾间角为 22°。罗马数字为趾的编号。

甘肃永靖县刘家峡恐龙国家地质公园盐锅峡Ⅱ号点，下白垩统河口群

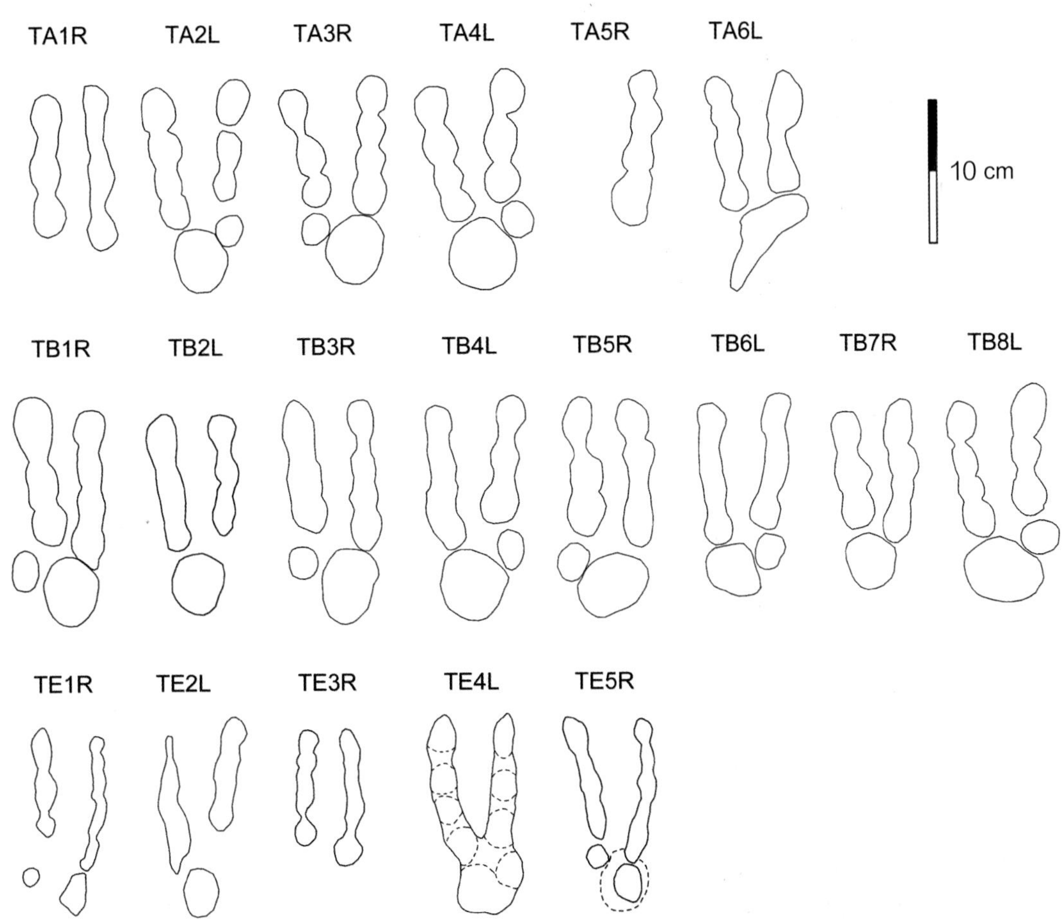

永靖奔驰龙足迹（*Dromaeosauripus yongjingensis*）轮廓图（引自 Xing et at.，2013d）

盐锅峡Ⅱ号点共发现67枚足迹，图中19枚足迹保存最好。其中TE4L为正模标本，TA1–8为副模标本。

甘肃永靖县刘家峡恐龙国家地质公园盐锅峡Ⅱ号点，下白垩统河口群

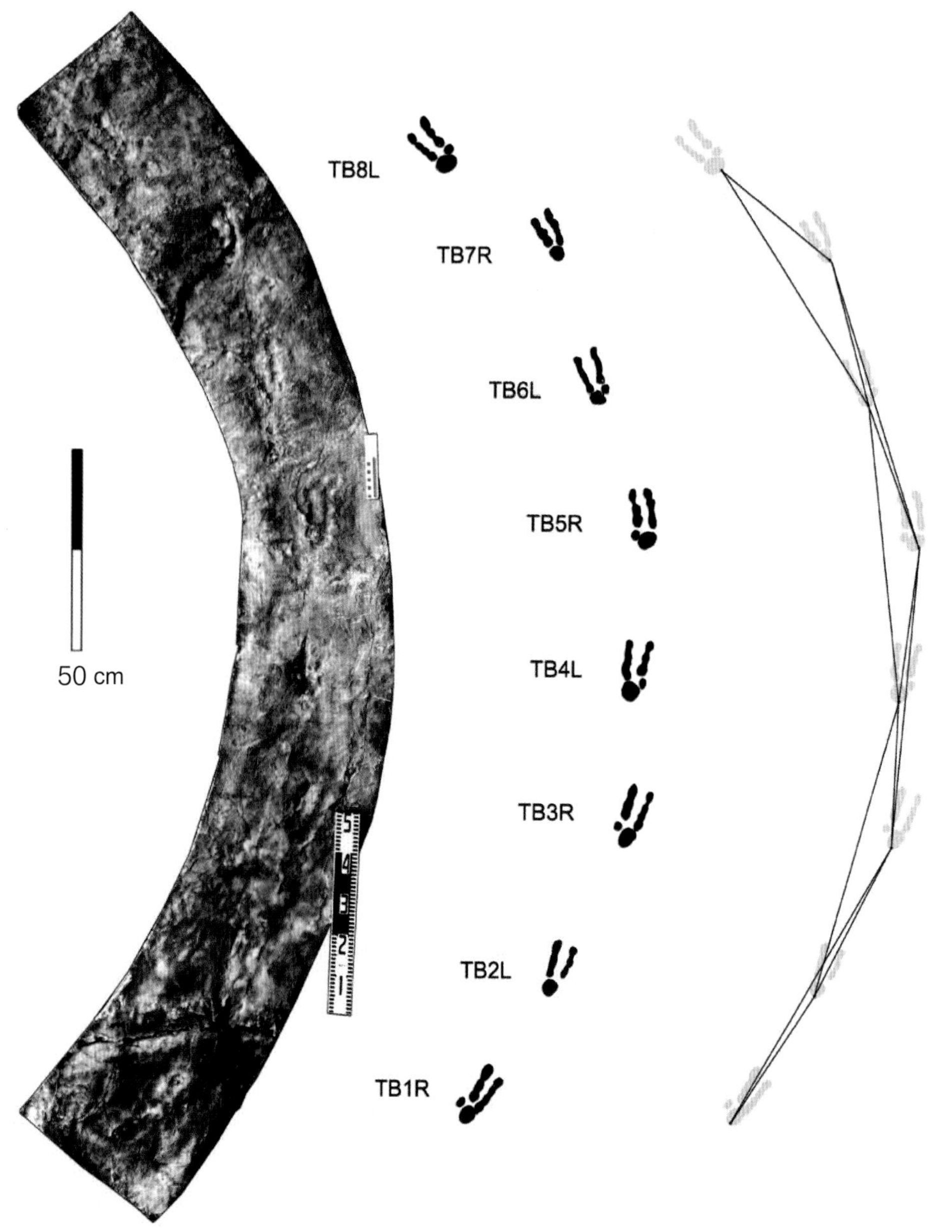

盐锅峡Ⅱ号点奔驰龙足迹（*Dromaeosauripus*）拐弯行迹照片及轮廓图（引自 Xing et at.，2013d）

L 为左足迹，R 为右足迹。

甘肃永靖县刘家峡恐龙国家地质公园盐锅峡Ⅱ号点，下白垩统河口群

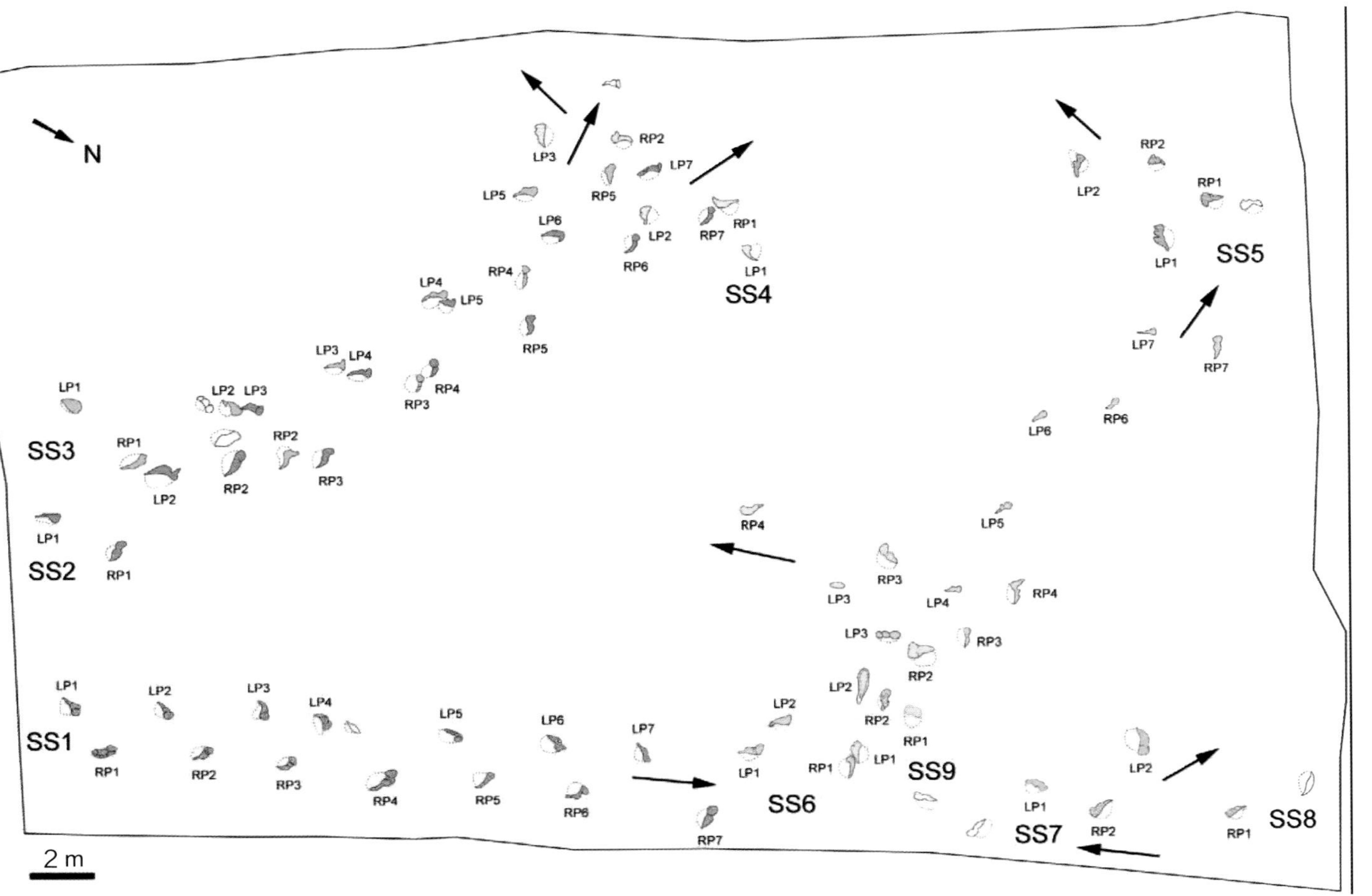

盐锅峡 II 号点蜥脚类恐龙“特殊”行迹层面分布轮廓图（引自 Xing et at.，2016b）

SS1−SS9 为“特殊”行迹编号，分别以不同颜色保存。如图所示，至少有 9 条只保留了后足趾迹的“特殊”行迹，足迹合计约 71 个；足长范围为 16.5 ~ 48 cm，足迹平均长 27.4 cm；LP 为左足迹，RP 为右足迹。箭头标示行迹方向。需要指出，与这种“特殊”足迹共生在一个层面上的，还有正常的蜥脚类足迹，它们具有前、后足迹，且足迹轮廓清晰（此图中并未标示）。

甘肃永靖县刘家峡恐龙国家地质公园，下白垩统河口群

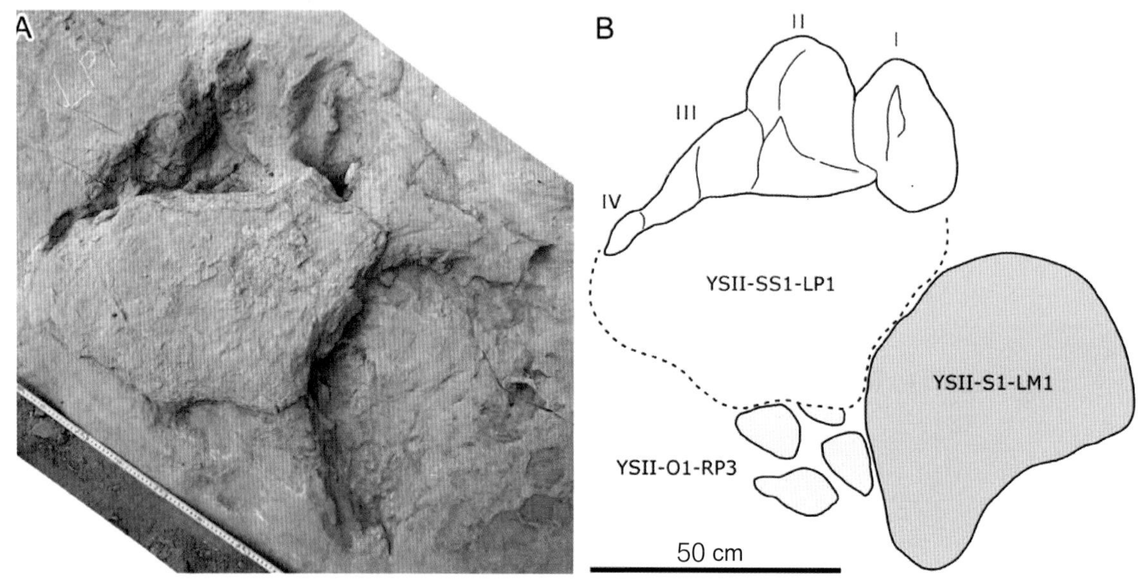

盐锅峡 II 号点保存最好的蜥脚类“特殊”足迹照片及轮廓图（引自 Xing et at.，2016b）

足迹 YSII-SS1-LP1 是只保留了后足趾迹的“特殊”行迹中的 1 个左后足迹。该足迹保存最好，共有 4 个趾迹（Ⅰ、Ⅱ、Ⅲ、Ⅳ）；与之共生者为另一个蜥脚类的左前足迹（编号为 YSII-S1-LM1）和 1 个鸟脚类足迹（编号为 YSII-O1-RP3）。

在这种“特殊”足迹中，深陷的趾迹后端往往出现 1 个舌形沙丘（ligulate sand mounds），这是爪子深插入沉积物中并将其向后推动的产物。需要指出，这种舌形沙丘并非只保留了后足趾迹的蜥脚类恐龙所独有，非正常行走的造迹者均可能形成，如兽脚类恐龙的游泳迹和龟鳖类的足迹等。

甘肃永靖县刘家峡恐龙国家地质公园，下白垩统河口群

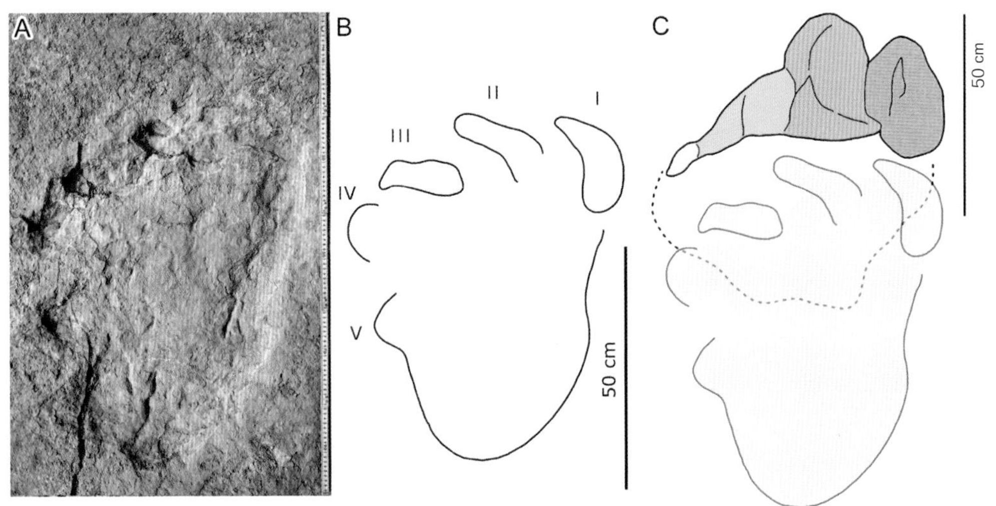

盐锅峡 II 号点保存最好的蜥脚类正常后足迹照片及轮廓图（引自 Xing et at.，2016b）

足迹 YSII-S3-LP7 为保存最好的 1 个左后足迹，A 和 B 分别是其足迹照片和轮廓图；C 是 YSII-S3-LP7 和特殊足迹 YSII-SS1-LP1 的叠加对比图，图中示其后足迹趾端部分的差异。罗马数字为趾的编号。

甘肃永靖县刘家峡恐龙国家地质公园，下白垩统河口群

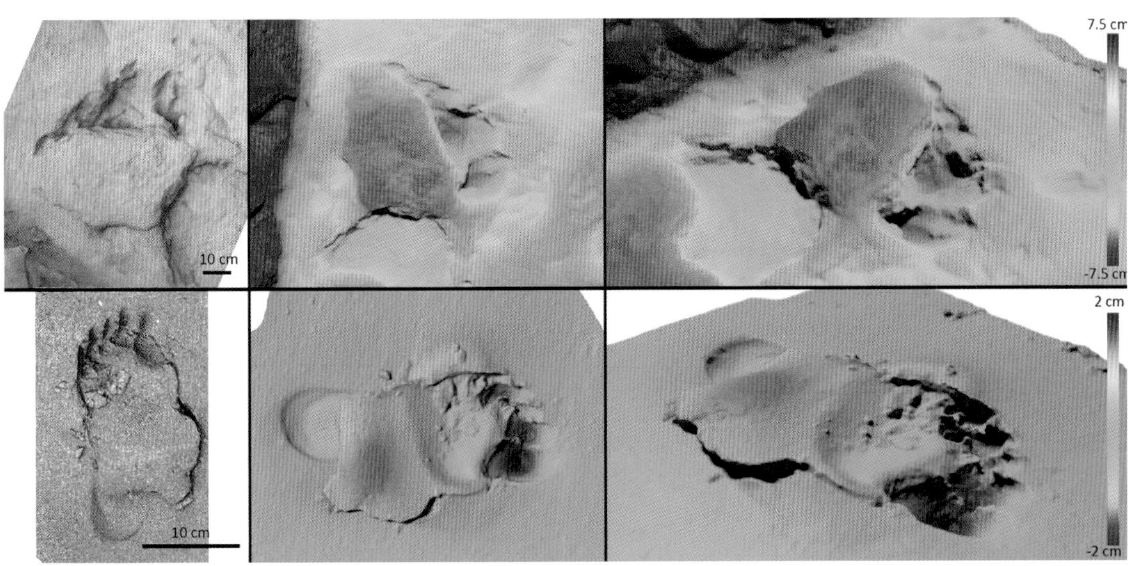

蜥脚类恐龙“特殊”足迹和人足迹的照片及 3D 图像（引自 Xing et at.，2016b）

蜥脚类恐龙足迹（上图）和人足迹（下图）均具有脚趾向后挖土形成的结构。上图左 1 为盐锅峡 II 号点的蜥脚类足迹照片，后两幅为 3D 图像。下图左 1 为一成年女性在潮湿的沙滩上行走的足迹照片，后两幅为 3D 图像。行走时，趾头深陷入沉积物中，而后把沉积物迅速向后向上推动；足跟印迹清晰，但相对于足前半部则较浅；3D 图像中足底中间的红色部分即所谓的“舌状沙丘”。研究者推测，人足迹的这一形成机制与盐锅峡 II 号点只保留了后足趾迹的特殊恐龙足迹的形成过程相似

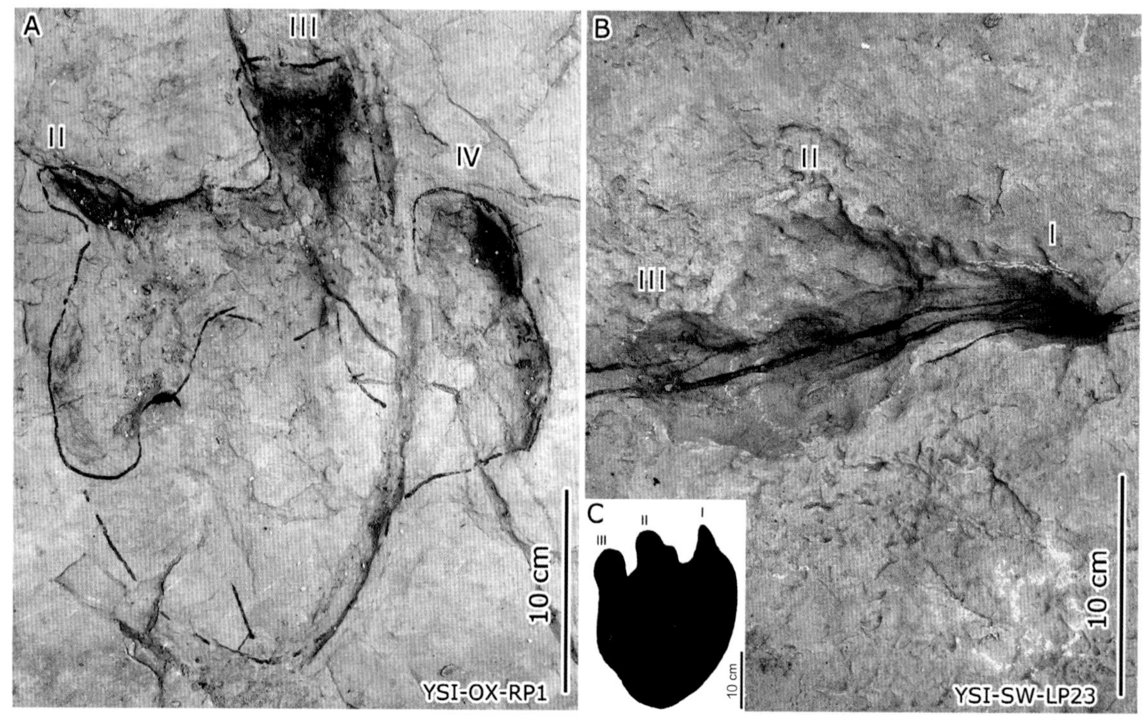

只保留趾迹的鸟脚类足迹（A）与小型蜥脚类足迹（B和C）对比图（引自 Xing et at.，2016b）

A 为盐锅峡 I 号点只保留了趾迹的鸟脚类足迹（编号为 YSII-S3-LP7），为三趾型足迹；

B 为盐锅峡 I 号点小型蜥脚类足迹（编号为 YSI-SW-LP23），足迹保存了Ⅰ、Ⅱ、Ⅲ趾；

C 为永靖里滩足迹点小型蜥脚类足迹，也保存了Ⅰ、Ⅱ、Ⅲ趾的 3 个趾迹。罗马数字为趾的编号

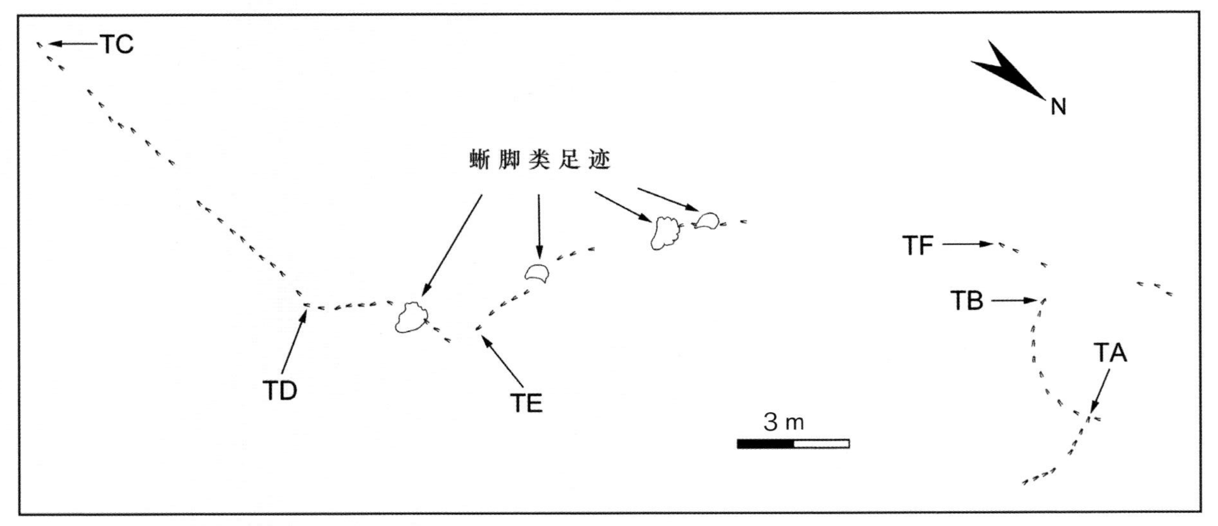

盐锅峡 II 号点永靖奔驰龙足迹（*Dromaeosauripus yongjingensis*）行迹分布图（引自 Xing et at.，2013d）

盐锅峡Ⅱ号点有 6 条奔驰龙行迹（TA–TF），它们与蜥脚类恐龙足迹共生。其中，拐弯的行迹至少有 TA（拐弯角度为 29°）和 TB（拐弯角度为 88°）两条；如果 TC–TF 是同一造迹恐龙的行迹，则该行迹至少也有 3 段拐弯。

甘肃永靖县刘家峡恐龙国家地质公园，下白垩统河口群

盐锅峡Ⅱ号点1对鸟脚类恐龙前、后足迹照片（引自 Li et al.，2006）

前足迹为1个卵圆形印迹（手形图标指示处），足迹长 6.1 cm，宽 9.1 cm；后足迹为三趾型，长 36 cm，宽 28.7 cm，蹠趾垫印迹清晰。

该鸟脚类足迹可归入卡利尔足迹（*Caririchnium*），图中比例尺为 10 cm。

甘肃永靖县刘家峡恐龙国家地质公园，下白垩统河口群

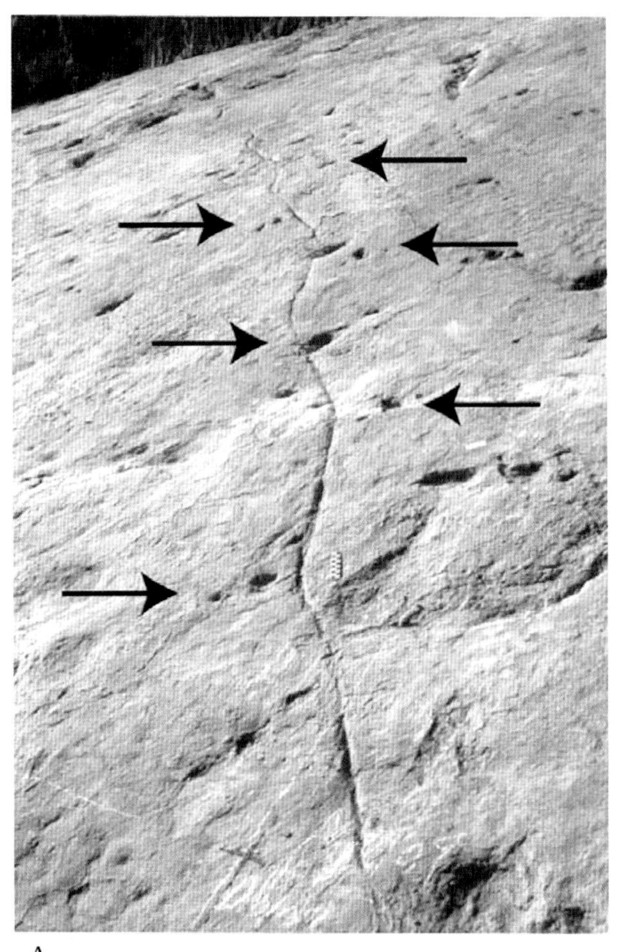

A

盐锅峡Ⅱ号点1条鸟脚类恐龙行迹（STF）及尾迹照片（引自 Li et al.，2006）

A 为行迹及尾迹照片，尾迹呈蛇曲形；B 为放大的足迹照片（编号为 STF4），3 个趾尖分得很开。

图中比例尺为 10 cm。

甘肃永靖县刘家峡恐龙国家地质公园，下白垩统河口群

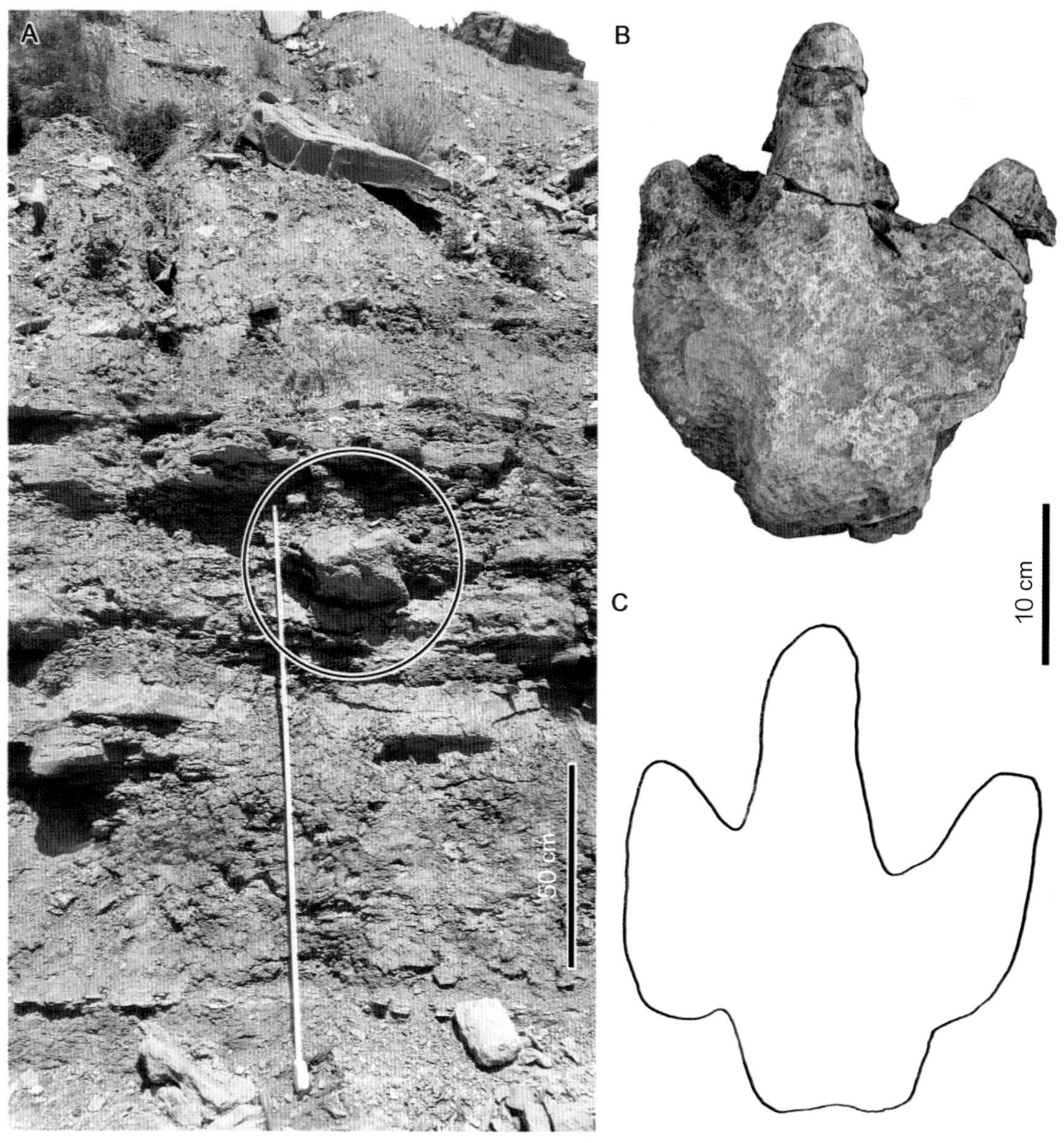

永靖 SS1 点鸟脚类恐龙足迹照片及轮廓图（引自 Xing et al.，2015a）

A 为足迹野外露头照片，圈内为足迹化石的产出状态，保存为自然铸模（下层面保存的上凸足迹）；B 为放大的足迹照片；C 为足迹轮廓图。

足迹为四分形（3 个趾迹和跟垫迹），足迹长 28 cm，宽 22 cm，长宽比值为 1.3；3 趾均具钝爪印迹，跟垫印迹为三角形，这些均是典型的鸟脚类恐龙足迹的特征。

甘肃永靖县恐龙湾，下白垩统河口群

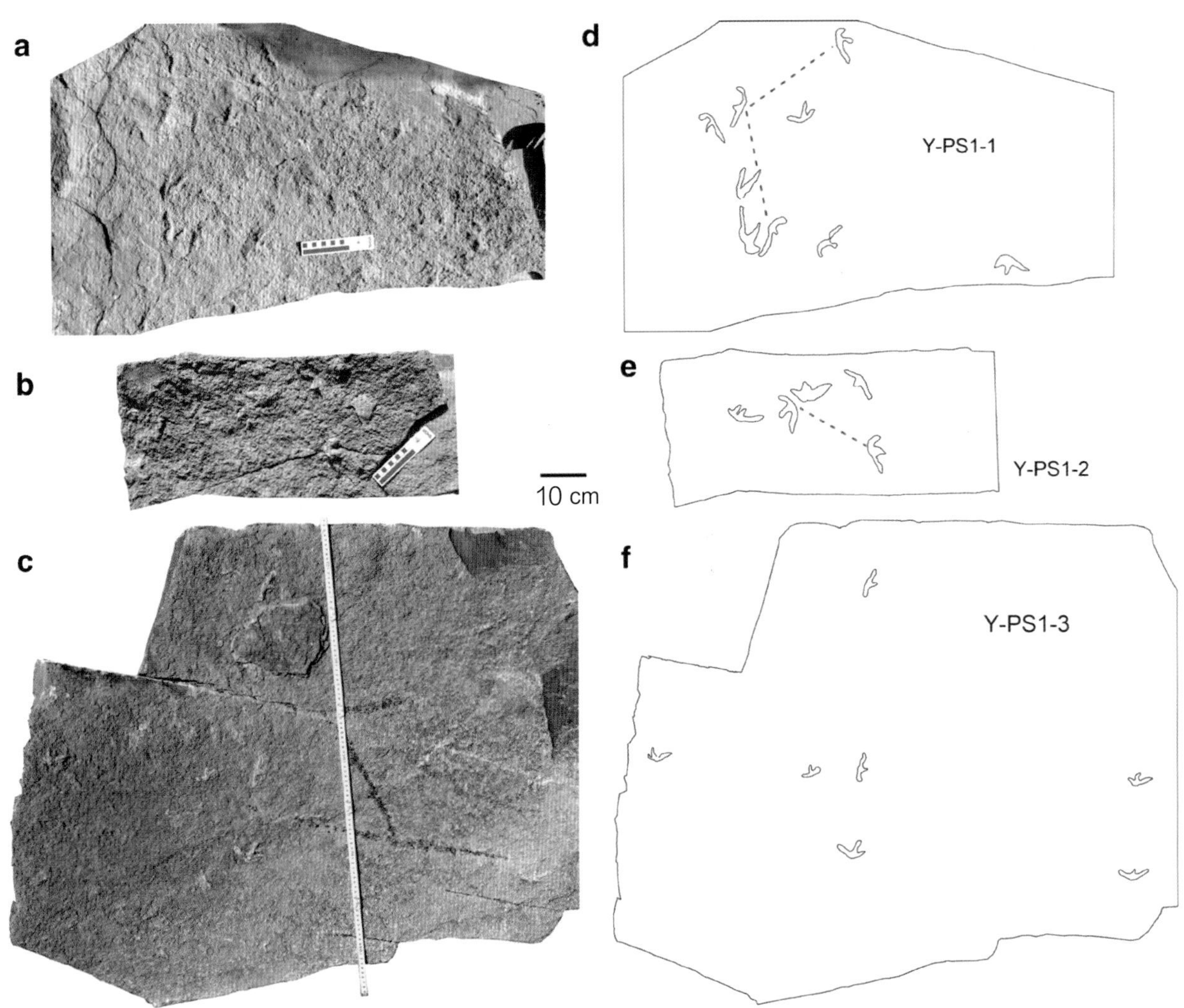

翼龙足迹照片及解释轮廓图（引自 Li et al.，2015）

足迹点发现 21 枚翼龙前足足迹，分布于 3 块标本（编号为 Y-PS1、Y-PS2 和 Y-PS3）之上，均保存为下层面上凸型。标本 Y-PS1-1 中的 3 枚三趾型足迹可能构成 1 条行迹（a 和 d）；而标本 YPS1-2 中的两枚足迹可能仅构成行迹的 1 段；标本 YPS1-3 中则为 7 个孤单的足迹（b 和 e）。c 中比例尺为 1 m。

甘肃永靖县盐锅峡翼龙足迹点，下白垩统河口群

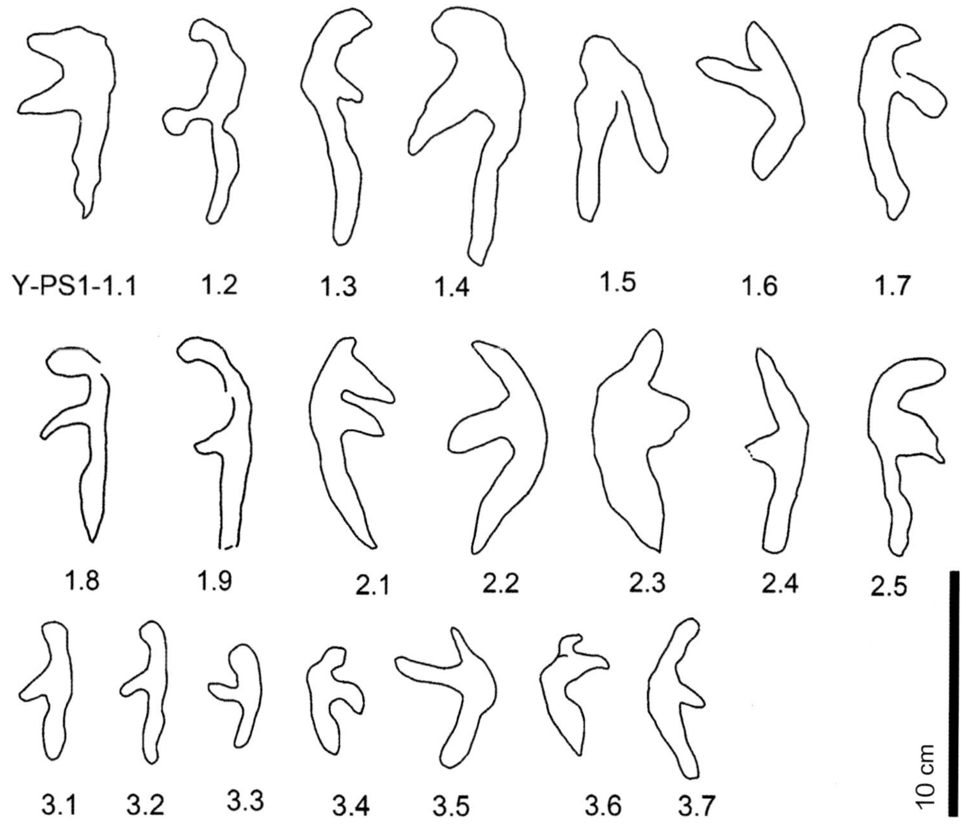

翼龙足迹点 21 枚翼龙前足足迹轮廓图（引自 Li et al.，2015）

21 枚翼龙前足足迹分布于 3 块标本之上。

标本 Y–PS1 的 9 枚足迹（1.1–1.9），长和宽的平均值分别为 8.3 cm（范围为 6.5~10.1 cm）和 3.8 cm（范围为 3.1~4.9 cm），长宽比值为 2.3；

标本 Y–PS2 的 5 枚足迹（2.1–2.5），长和宽的平均值分别为 8.5 cm（范围为 8.2~9 cm）和 3.5 cm（范围为 2.7~4.1 cm），长宽比值为 2.5；

标本 Y–PS3 的 7 枚足迹（1.1–1.9），长和宽的平均值分别为 5.4 cm（范围为 4.3~6.6 cm）和 2.7 cm（范围为 2~4.4 cm），长宽比值为 2.1。

甘肃永靖县盐锅峡翼龙足迹点，下白垩统河口群

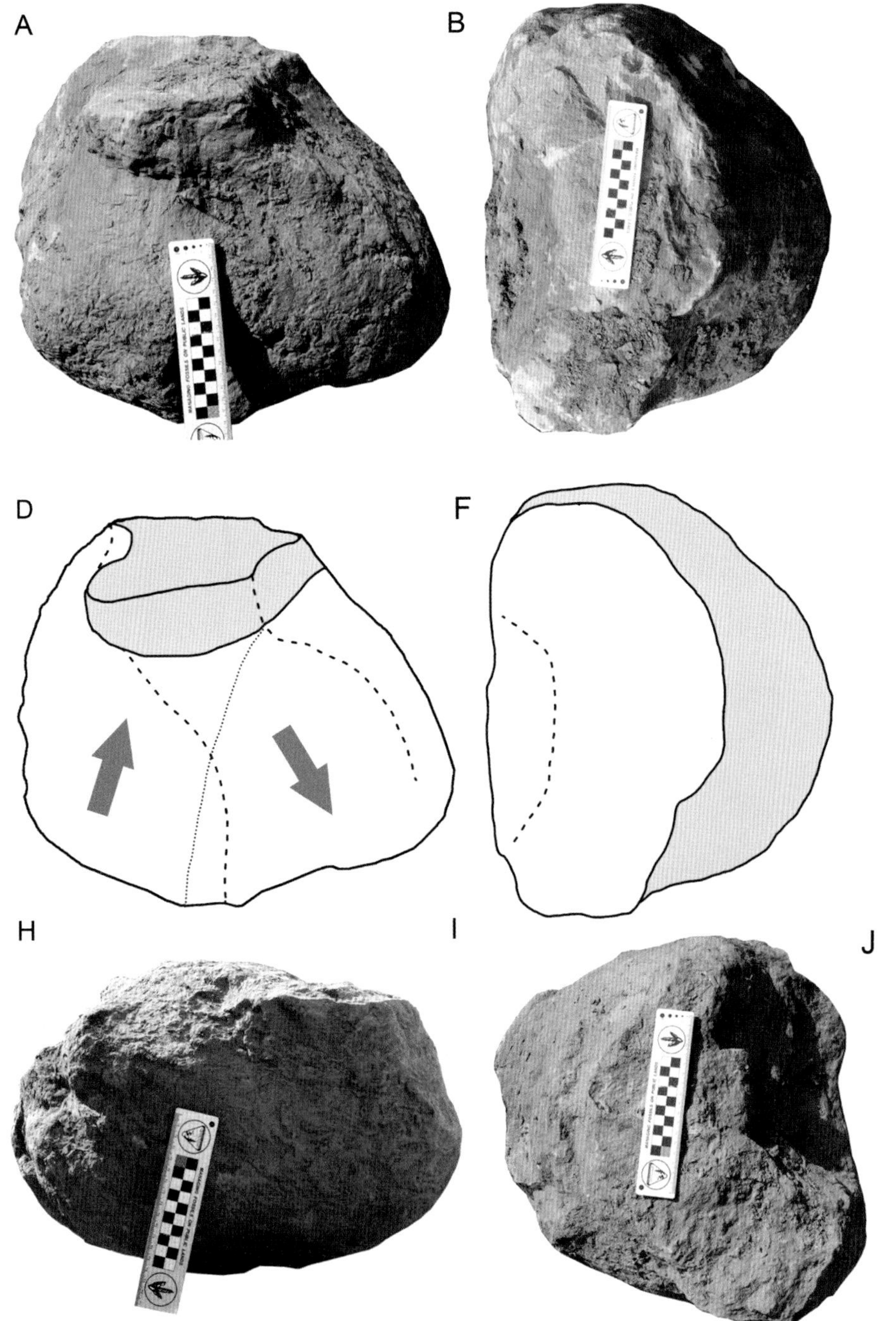

电厂足迹点蜥脚类恐龙前足迹铸模照片及轮廓图（引自 Xing et al.，2015a）

A–C 分别为足迹 GDM–DC–1 的侧视图、顶视图和底视图，D–G 为相应的轮廓图。

H–J 分别是足迹 GDM–DC–2 的侧视图、顶视图和底视图。

箭头指示造迹恐龙足的可能运动方向。

甘肃永靖县电厂足迹点，下白垩统河口群

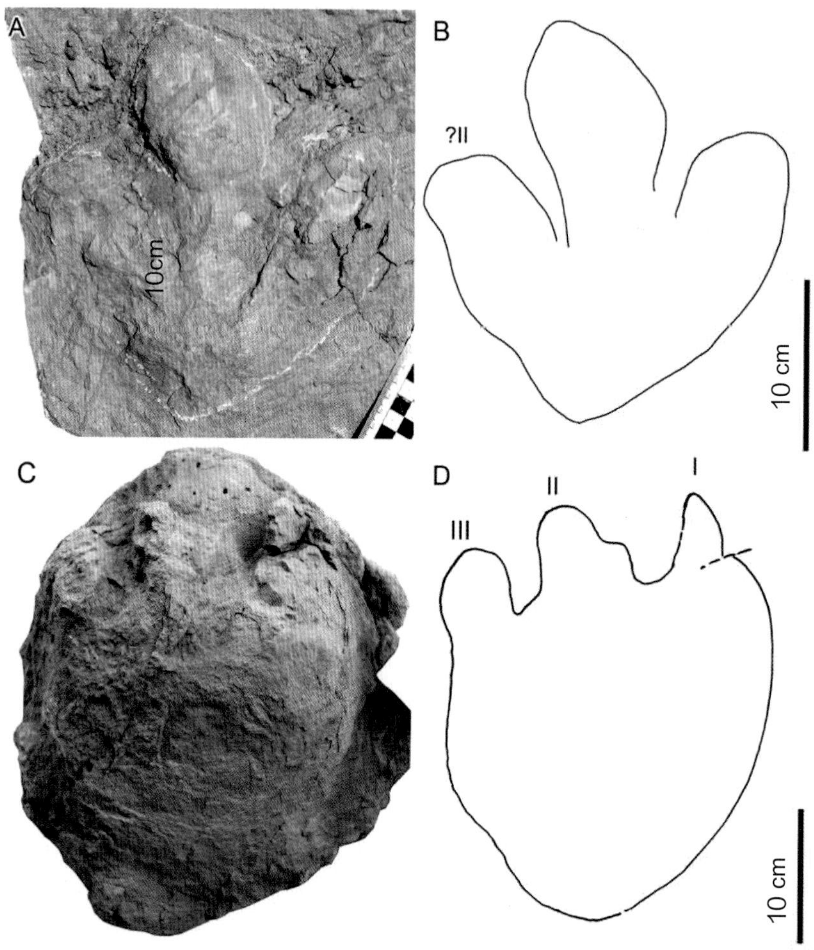

电厂和里滩足迹点的恐龙足迹照片及轮廓图（引自 Xing et al.，2015a）

A 和 B 分别是电厂足迹点 1 枚三趾型兽脚类足迹（编号为 DC–3）的照片和轮廓图，注意其肉质脚趾。

C 和 D 分别为里滩足迹点中等大小的蜥脚类足迹（上凸型）照片及轮廓图。

罗马数字为趾的编号。

甘肃永靖县电厂足迹点和里滩足迹点，下白垩统河口群

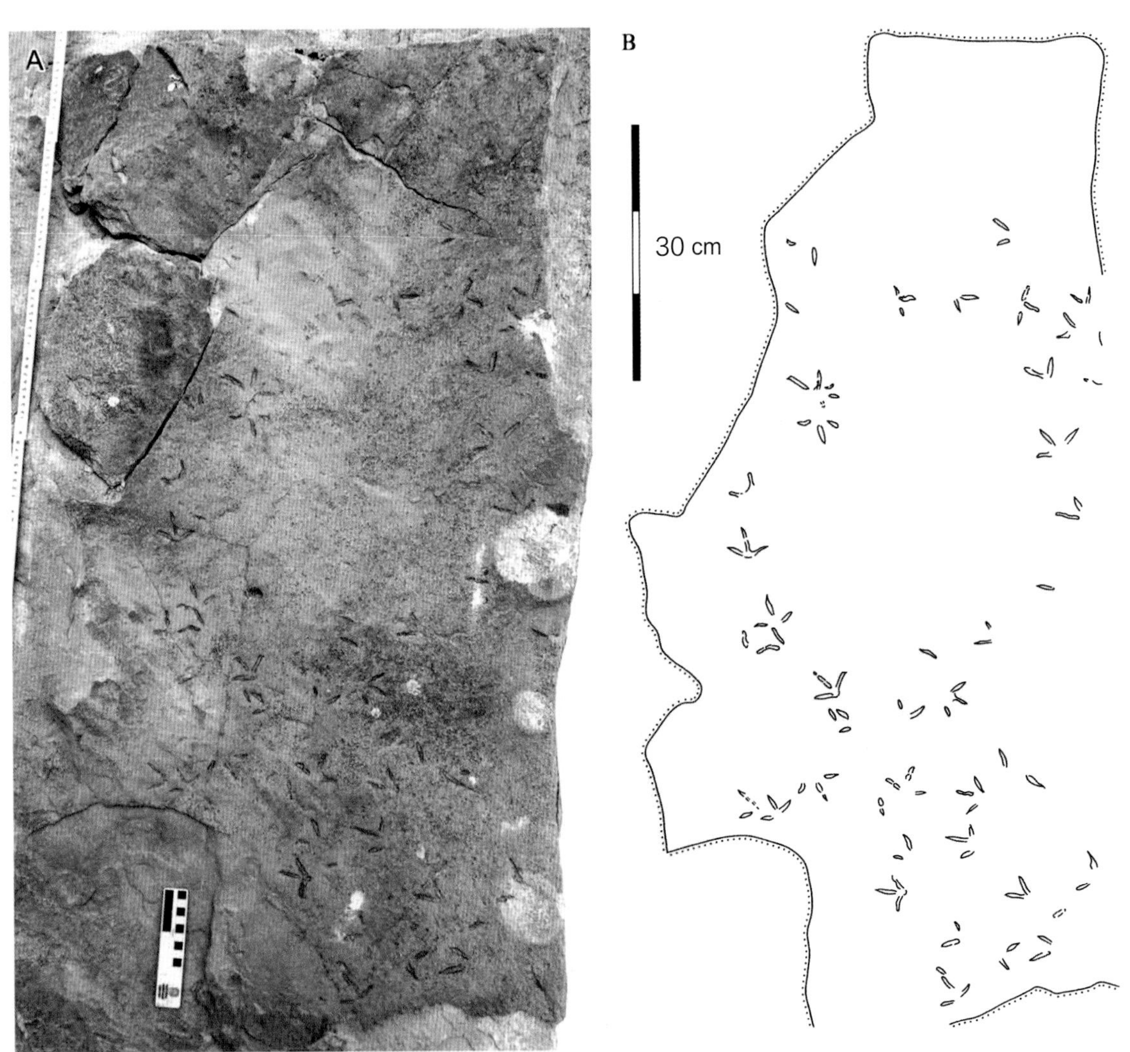

李氏韩国鸟足迹（*Koreanaornis lii*）正模标本照片及层面分布轮廓图（引自 Xing et al.，2016a）

A 为保存正模标本的石块照片，B 为鸟足迹层面分布轮廓图。

甘肃永靖县关山乡下蒲家，下白垩统河口群中下部（阿普特－阿尔布期沉积）

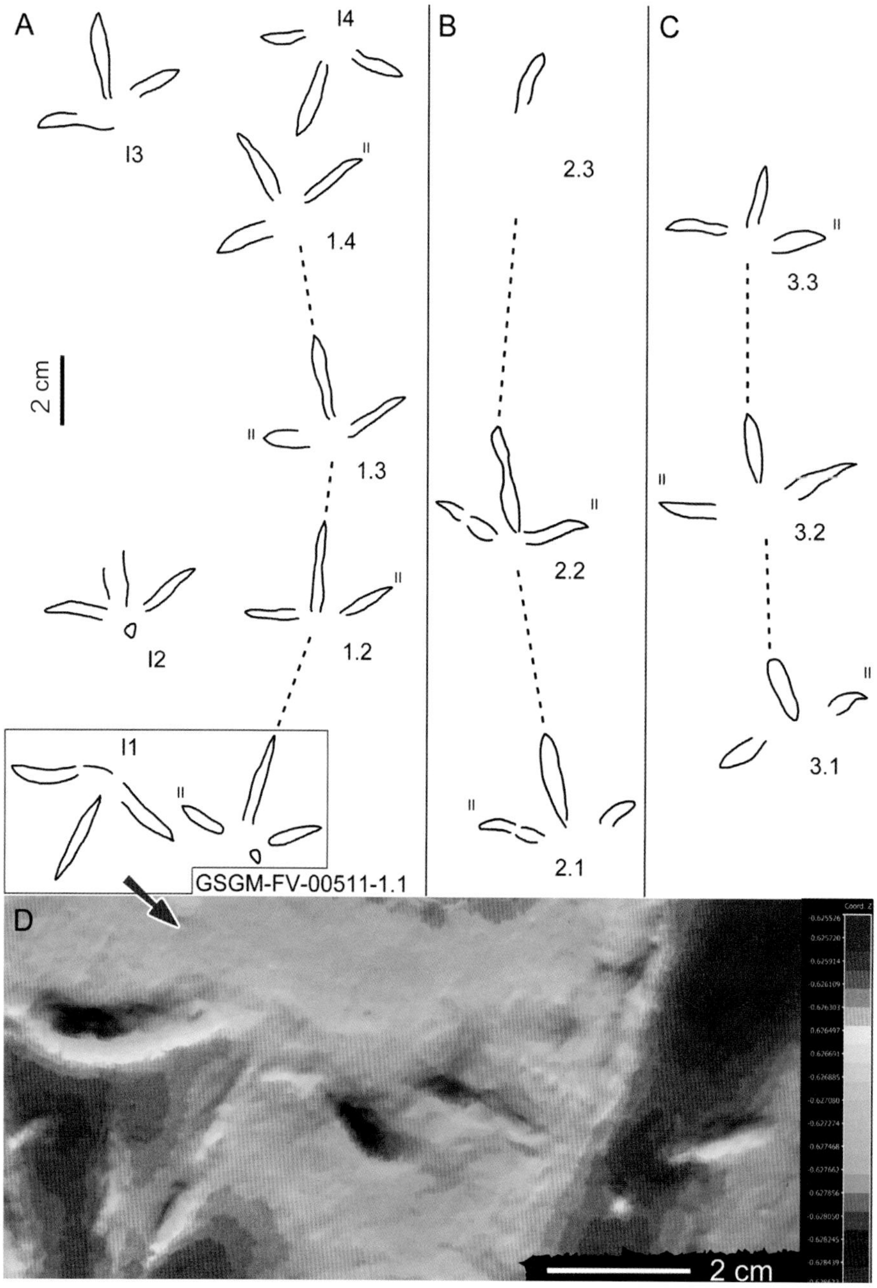

李氏韩国鸟足迹（*Koreanaornis lii*）正模行迹轮廓图及 3D 图像（引自 Xing et al.，2016a）

李氏韩国鸟足迹是邢立达等（2016）建立的韩国鸟足迹的 1 个新足迹种。

A 为正模行迹，其中 GSGM-FV-00511-1.1 为正模足迹；B 和 C 为副模行迹；D 为正模足迹的 3D 图像。

正模足迹为四趾型，但多保存为三趾型；足迹小（长和宽平均值分别为 3.2 cm 和 4.6 cm）而纤细；拇趾印迹短小（长 0.4~1.07 cm），指向后内侧，偶有保存；足迹近端宽阔。其最主要的特征是 II、IV 趾强烈弯曲，远离 III 趾。

甘肃永靖县关山乡下蒲家，下白垩统河口群中下部（阿普特－阿尔布期沉积）

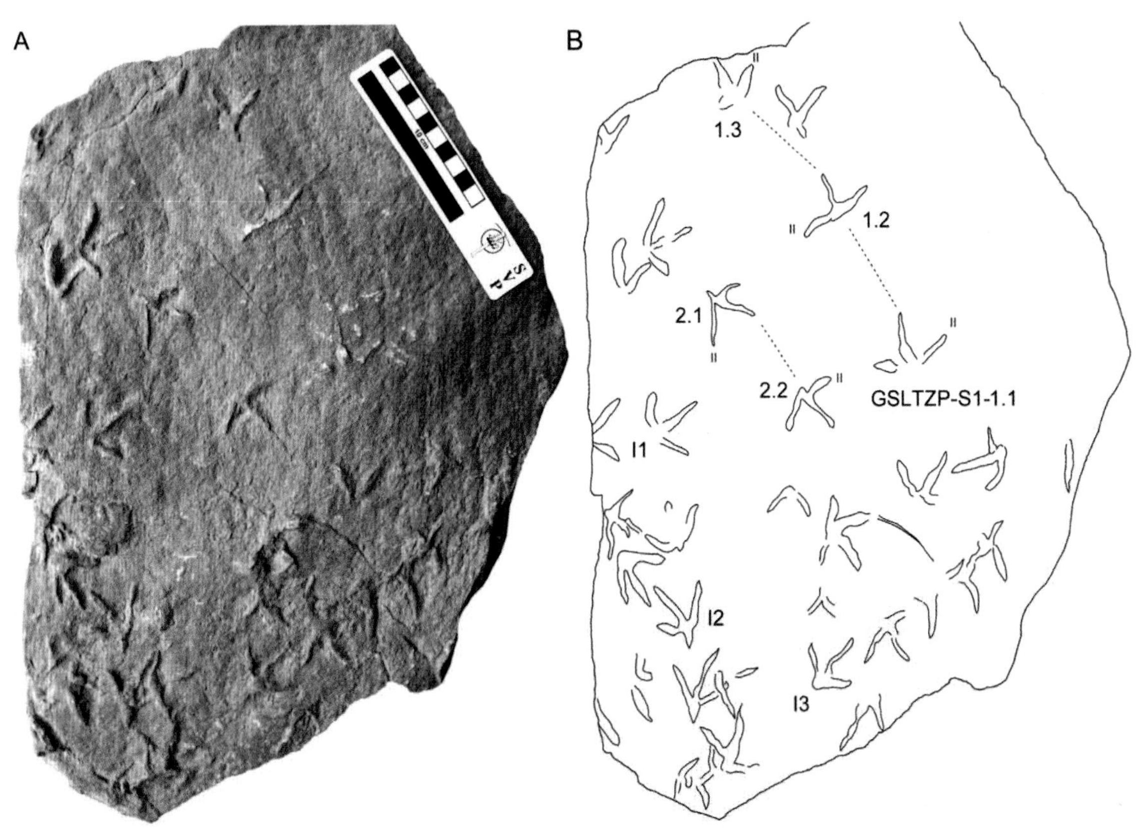

李氏韩国鸟足迹（*Koreanaornis lii*）副模标本照片及足迹分布轮廓图（引自 Xing et al.，2016a）

A 为副模标本（GSLTZP-S1），B 为足迹分布轮廓图。

这块标本含有 20 多枚足迹，但有的足迹保存不完整，这些足迹相对于波痕没有特定方向；虚线相连的足迹构成行迹，足迹近端边缘很宽（如 1.2）。

罗马数字为趾的编号。

甘肃永靖县关山乡上蒲家，下白垩统河口群中下部（阿普特－阿尔布期沉积）

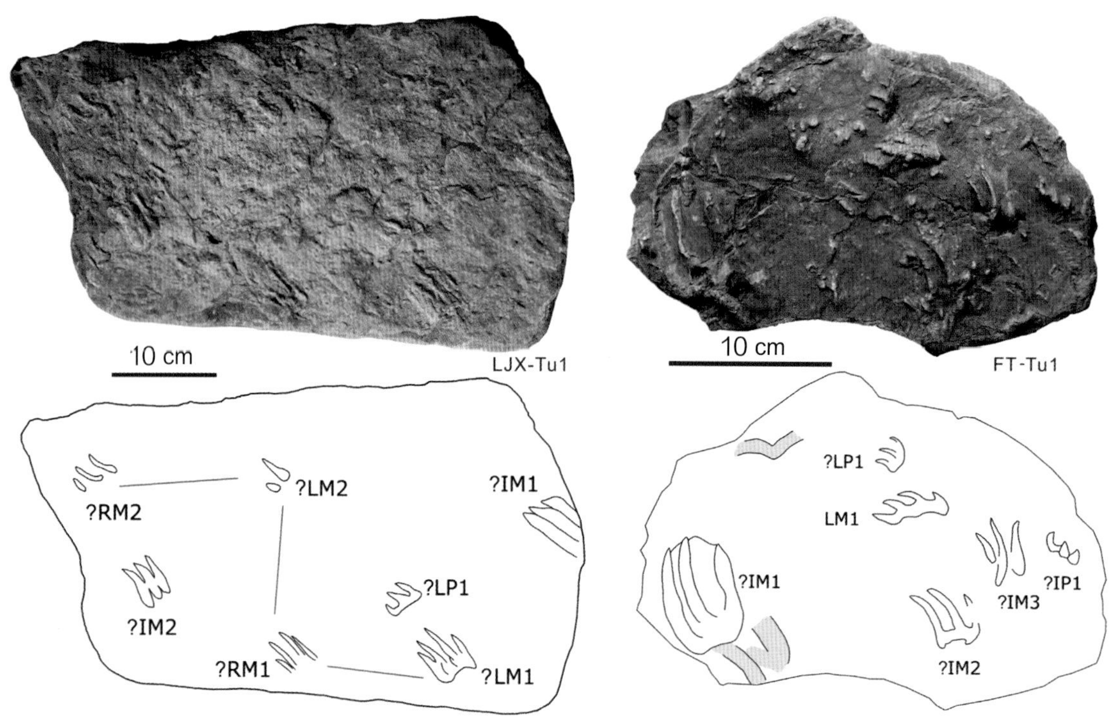

永靖龟鳖类遗迹化石照片及轮廓图（引自 Xing et al.，2019a）

上图、下图分别为刘家峡恐龙公园内的标本（编号为 LJX–Tu1）及方台村的标本（编号为 FT–Tu1）照片及足迹轮廓图。

LJX–Tu1 标本保存有 7 个较清晰的足迹，其中，可能的前足迹有 6 个，后足迹有 1 个，足迹具 2~4 趾；连线的足迹可能为 1 条行迹（由 ?LM1–?LP1、?RM1、?LM2、?RM2 组成）；前足迹平均长 4.78 cm，平均宽 3.53 cm；后足迹长 1.7 cm，宽 3.7 cm。

FT–Tu1 标本保存有 6 个足迹，其中，可能有 4 个前足迹和两个后足迹。前足迹平均长 3.7 cm，平均宽 3.95 cm；后足迹平均长 1.5 cm，平均宽 2.45 cm。推测这些足迹可能是游泳迹。弯曲的灰色条带为无脊椎动物的潜穴。

甘肃永靖县盐锅峡镇，下白垩统河口群

2.16.3 临洮

临洮县的恐龙足迹化石主要分布在中铺镇附近，其化石层位与相邻的永靖地区相似，为下白垩统河口群。总体而言，足迹化石分布零散，数量少，保存差，多保存为砂岩层的下层面凸型。因为出露状态不佳，足迹特征不清晰，对研究足迹分类和造迹恐龙的种类带来一定困难和不确定性。从目前的研究结果看，中铺地区的恐龙足迹化石仍以蜥脚类和兽脚类恐龙为主。

邢立达等（Xing et al.，2014e）研究了中铺大夏和李家沟足迹点的恐龙足迹。其中蜥脚类与兽脚类足迹组合相对丰富，但大多数标本保存较差。大夏足迹点发现两个保存较好的小型三趾型兽脚类恐龙足迹，足迹长11.8~13.7 cm，中趾弱前凸（weak mesaxony）。从足迹大小判断（足长小于15 cm），应为跷脚龙足迹（*Grallator*），但Ⅲ趾正后方有1个圆形的蹠趾垫印迹，这点与亚洲足迹（*Asianopodus*）相似。因此大夏点的足迹为与亚洲足迹（*Asianopodus*）相类似的跷脚龙足迹（*Grallator*）（grallatorid tracks）。李家沟Ⅰ号点的足迹组合包括较大的兽脚类足迹和大型非三趾型的四足类足迹，后者可能是蜥脚类足迹。李家沟Ⅱ号点的足迹为多层的蜥脚类足迹，这表明早白垩世这类恐龙在该地区的活跃性。

邢立达等还在中铺镇的关沟门和张家沟门村附近发现少量恐龙足迹化石。关沟门足迹点紧邻关沟门第4恐龙化石点，该化石点产巨龙类的蜥脚恐龙永靖龙（*Yongjinglong*）和甲龙类的洮河龙（*Taohelong*）。关沟门仅发现1枚足迹化石，为下层面上凸型，孤单分布，未显示出趾迹特征，因此要确定造迹恐龙的种类十分困难（Xing et al.，2015a）。张家沟门足迹点位于212国道张家沟门村附近，保存6个蜥脚类足迹的自然铸模。化石保存状态不佳，但有两枚足迹显示出足的外部形态，可能代表蜥脚类恐龙的1对前、后足（ZJGM-1为前足迹，ZJGM-2为后足迹）。

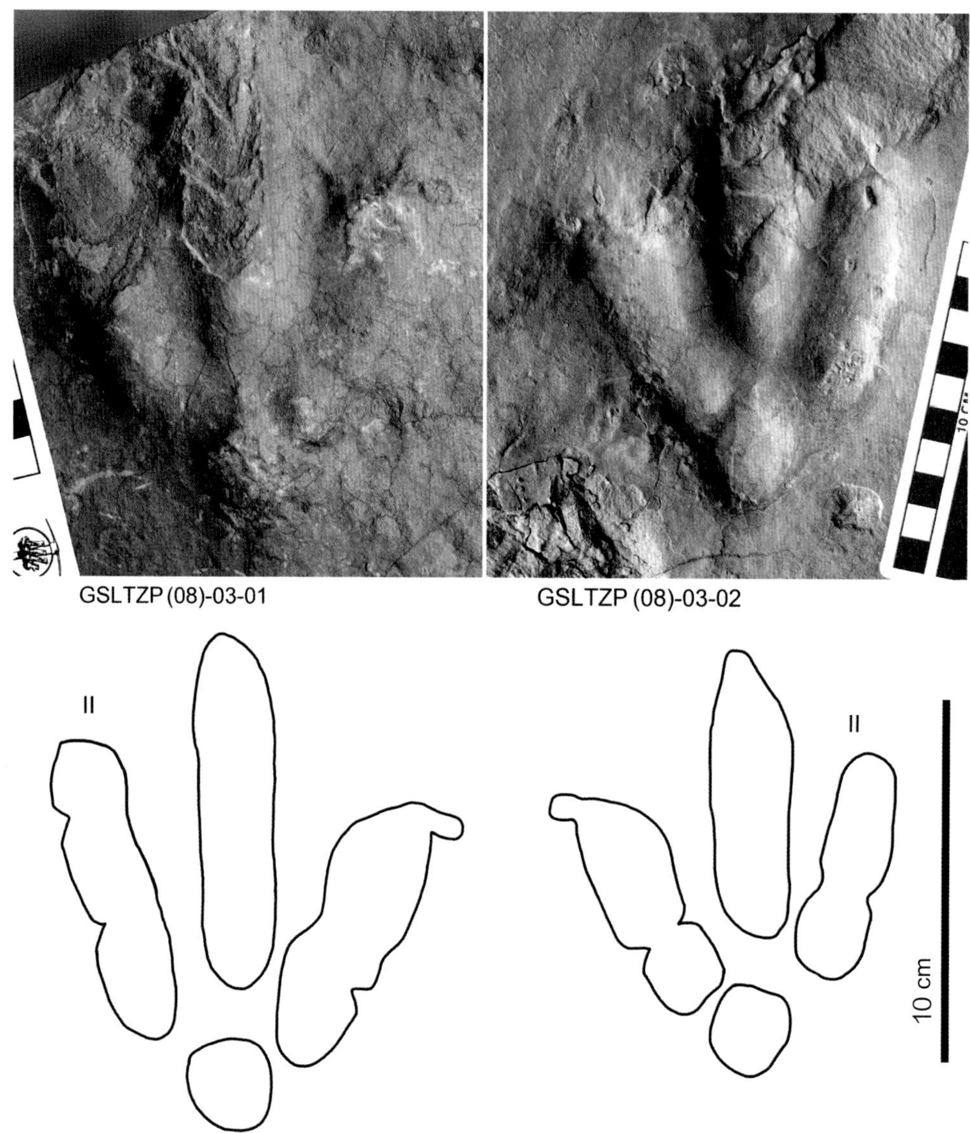

大夏足迹点兽脚类恐龙足迹照片及轮廓图（引自 Xing et al.，2014e）

GSLTZP（08）-03-01 和 GSLTZP（08）-03-02 均为小型三趾型兽脚类足迹，长和宽分别为 13.7 cm、10.2 cm 和 11.8 cm、8.5 cm，长宽比值为 1.3 和 1.4，Ⅱ－Ⅳ趾趾间角均为 54°。

甘肃临洮县中铺镇，下白垩统河口群

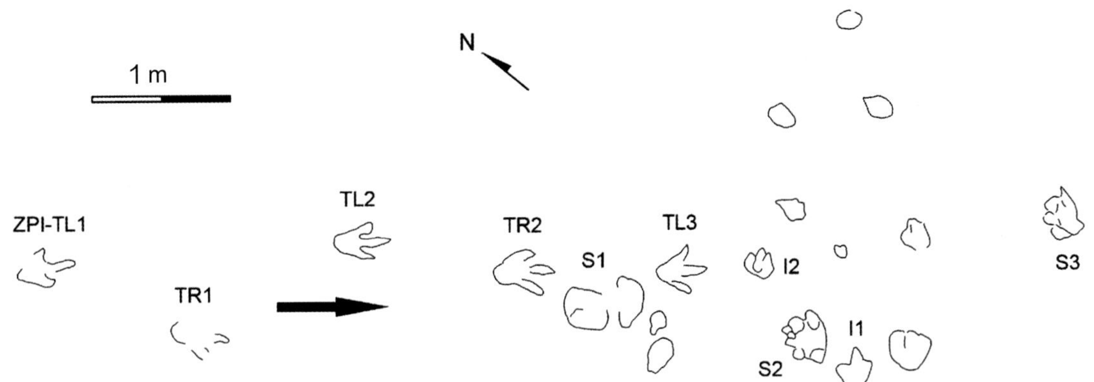

李家沟 I 号点恐龙足迹层面分布示意图（引自 Xing et al.，2014e）

ZPI–TL1–TL3 为兽脚类恐龙的 1 段行迹，箭头标示运动方向。I1 和 I2 可能为兽脚类足迹。S2 和 S3 并非三趾型，足迹平均长 31.6 cm，长宽比值为 1.2，保存状态欠佳，未形成清晰的行迹，可能为中型四足行走的蜥脚类恐龙足迹。

甘肃临洮县中铺镇李家沟，下白垩统河口群

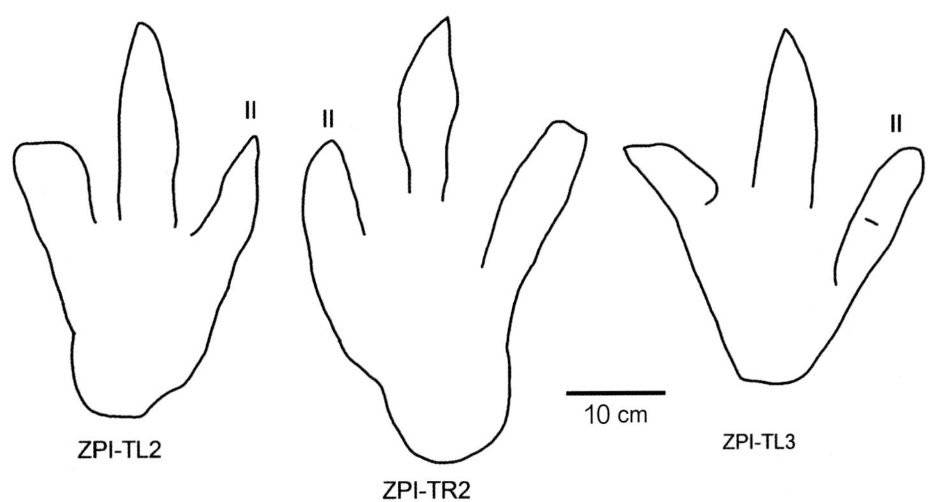

李家沟 I 号点典型兽脚类恐龙足迹轮廓图（引自 Xing et al.，2014e）

足迹 ZPI–TL2 保存最好，为三趾型，Ⅲ趾最长，Ⅱ、Ⅲ趾爪尖锐，蹠趾垫区发育；足迹长 38.4 cm，宽 22.5 cm，长宽比值为 1.7。

甘肃临洮县中铺镇李家沟，下白垩统河口群

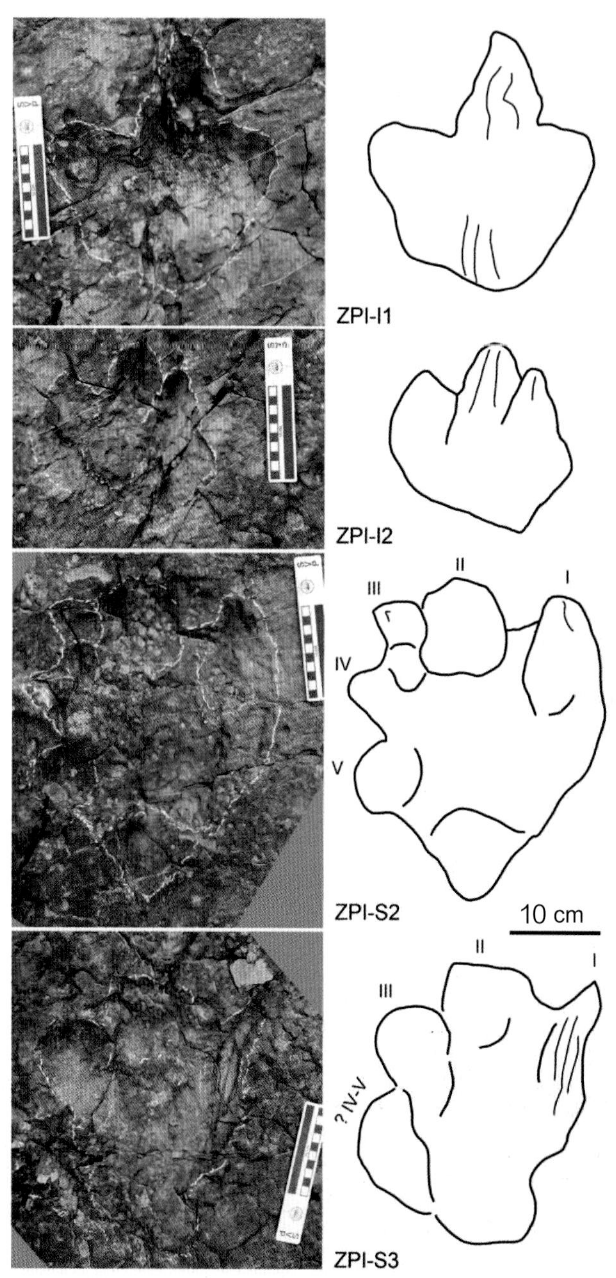

李家沟 I 号点恐龙足迹照片及轮廓图（引自 Xing et al.，2014e）

ZPI–I1 和 ZPI–I2 为可能的兽脚类足迹，ZPI–S2 和 ZPI–S3 可能为蜥脚类恐龙足迹。

甘肃临洮县中铺镇李家沟，下白垩统河口群

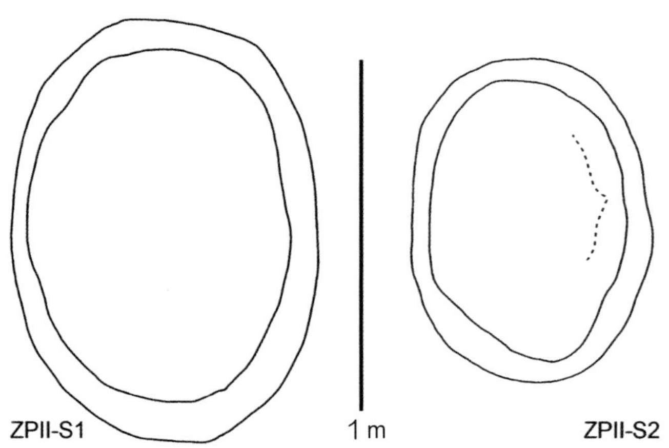

李家沟 II 号点蜥脚类足迹轮廓图（引自 Xing et al.，2014e）

足迹被保存为上凹型，足迹为椭圆形。足迹 ZPII-S1 长 106 cm，宽 79 cm，长宽比值为 1.3；足迹 ZPII-S2 长 72 cm，宽 58 cm；长宽比均值为 1.2。足迹严重风化，仅内、外直径依稀可辨，应为大型蜥脚类足迹，但难以鉴定其遗迹属。

甘肃临洮县中铺镇李家沟，下白垩统河口群

李家沟 II 号点蜥脚类足迹照片及轮廓图（引自 Xing et al.，2014e）

S3–5 为 3 枚孤立的足迹，层位位于 S1–2 之下。足迹风化严重，唯 S5 保存较好，足迹长 51 cm，宽 46 cm，长宽比值为 1.4；在足迹前内侧边缘有两个突出，可能分别是 II、III 趾趾迹。

由于保存不佳，难以鉴定其足迹属。

甘肃临洮县中铺镇李家沟，下白垩统河口群

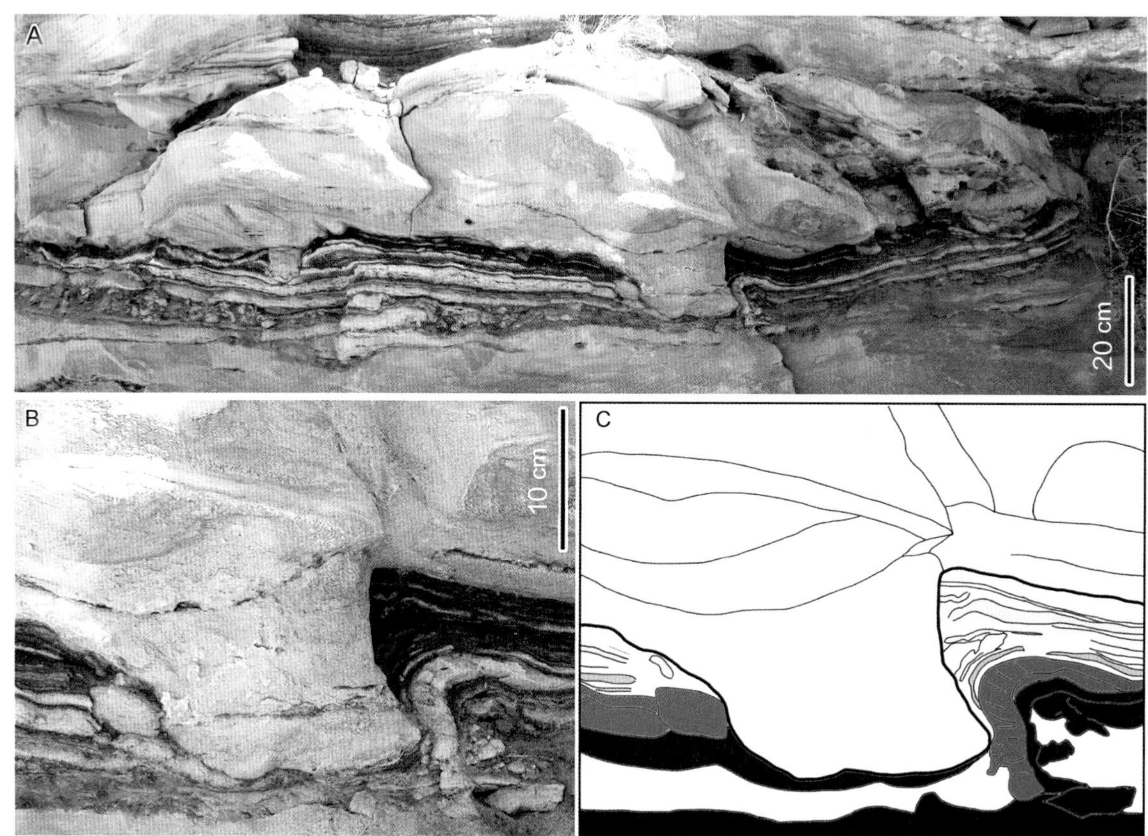

关沟门足迹点恐龙足迹照片及轮廓图（Xing et al.，2015a）

A 为足迹野外露头照片，B 为足迹放大照片，C 为足迹产出状态图。

如图所示，足迹（编号为 GGM-1）位于砂岩层底面，并下陷进入下伏的粉砂－泥岩互层，形成 1 个近圆柱形铸模；恐龙足部的踩踏使下伏的较细粒的粉砂岩层强烈弯曲，平行的层理变为近垂直状。足迹深 13 cm，长 17 cm。

甘肃临洮县中铺镇关沟门村，下白垩统河口群

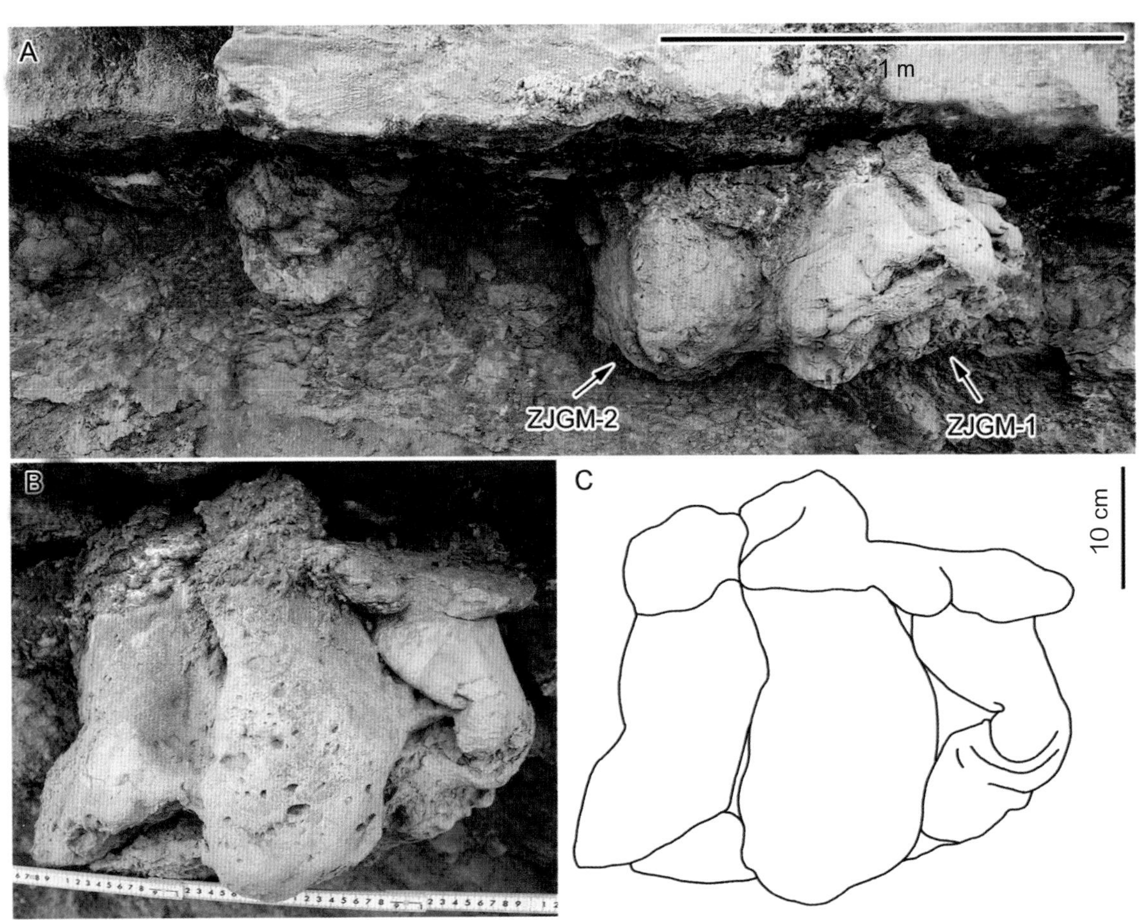

张家沟门的蜥脚类足迹野外露头照片及轮廓图（Xing et al.，2015a）

A 为足迹野外露头照片；B 为足迹（ZJGM-1）前视图的放大照片；C 为 B 的轮廓图，显示 3 个清晰的趾迹。

足迹 ZJGM-1 深 42 cm，长宽比值为 1.2，有 3 个亚垂直、不对称的趾迹，趾迹底部呈圆形，趾的深度和宽度分别为 33 cm × 20 cm、38 cm × 21 cm 和 24 cm × 20 cm，无爪迹。ZJGM-2 与 ZJGM-1 在中部相接，保存状态差，并未完全出露，深 42 cm。

因为蜥脚类恐龙前足迹形态一般为半圆形，且一边凸一边凹，因此 ZJGM-1 应为蜥脚类的 1 个前足迹，具有清晰的Ⅱ、Ⅲ、Ⅳ趾趾迹，但缺乏爪迹。足迹 ZJGM-2 出露不完全，特征不清晰，但因其与 ZJGM-1（前足迹）保存在一起，推测可能是蜥脚类的 1 个后足迹。

甘肃临洮县中铺镇张家沟门村，下白垩统河口群

2.16.4 兰州七里河

据邢立达等报道，兰州市七里河区的恐龙足迹位于湖滩乡西北309国道边，共发现3个下层面上凸的自然铸模，其中HT-1和HT-2的保存相对较好。它们被解释为蜥脚类恐龙的足迹化石（Xing et al.，2015a）。

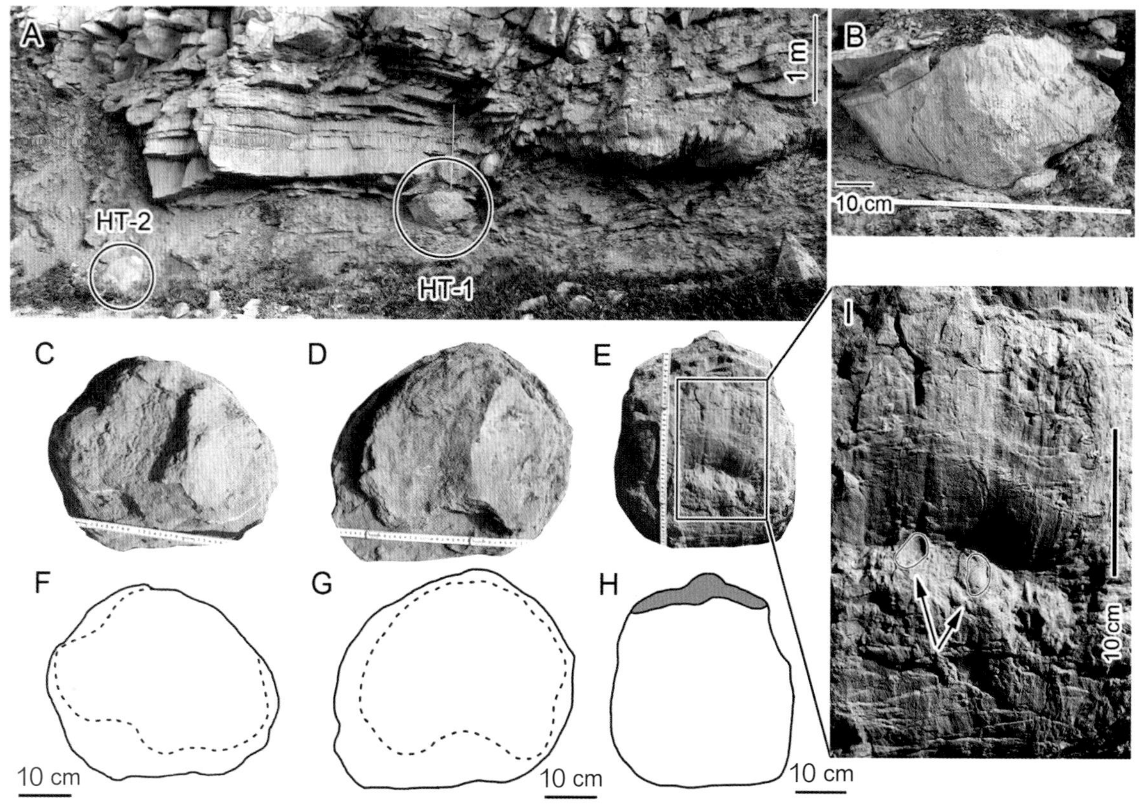

湖滩足迹点蜥脚类恐龙足迹照片及轮廓图（引自 Xing et al.，2015a）

A 为足迹的野外露头；B 为足迹 HT-1 的放大照片；C 为蜥脚类前足迹铸模（HT-2）顶视照片；D 和 E 分别为 HT-2 的底视图和后视图；F、G、H 分别为 C、D、E 的轮廓图；I 为 HT-2 的后视图的放大照片，箭头所指为两枚小型双壳动物的内模化石；足迹上纵长而平行的条痕应为造迹恐龙凸起的粗糙皮肤的划迹。

足迹 HT-1 深 43 cm，长 48 cm，为卵圆形；足迹 HT-2 并非原始产出，但岩性与 HT-1 相同，推测二者产于同一层位。虽然趾迹不清晰，但根据足迹轮廓及大小等，推测其应为与雷龙足迹（*Brontopodus*）类似的蜥脚类足迹。

甘肃兰州市七里河区湖滩镇，下白垩统河口群

2.16.5 玉门

玉门市所在的酒泉地区是我国恐龙和古鸟类骨骼化石的重要产地，下白垩统中曾发现丰富的非鸟类恐龙及鸟化石，如暴龙类、似鸟龙、伤齿龙、禽龙类、鹦鹉嘴龙等，以及甘肃鸟、玉门鸟、昌马鸟和酒泉鸟等。

2017年，邢立达等考察报道了甘肃玉门市昌马镇附近的几个小型足迹点的恐龙足迹化石，主要包括昌马I号点、Ⅱ号点，以及昌马水库点和土杂山点。昌马地区的恐龙足迹尺寸较大，多保存为砂岩下层面的自然铸模，有的铸模侧面发育沟、脊或条痕，它们为恢复造迹恐龙足在沉积物中的运动途径提供了良好素材。研究表明，这些恐龙足迹的造迹者为巨龙形蜥脚类恐龙和大型鸟脚类恐龙（禽龙类）（Xing et al.，2017i）。

昌马I号点　该足迹点位于一个陡倾的（倾角为60°）灰黄色细砂岩层面上，化石层位为下白垩统下沟组，仅发现两个孤立的鸟脚类足迹化石。

昌马II号点　该足迹点位于昌马镇附近，足迹产于1个砂岩–泥岩互层的灰黄色细砂岩中，指示分支河道或分支河道间湾沉积环境。至少发现8个蜥脚类和鸟脚类恐龙足迹的深铸模，最深的铸模深达72 cm，它们记录了造迹恐龙足的形态及运动特点。

昌马水库点　该足迹点位于昌马水库附近的一个山坡上，坡度为45°。共发现两条保存不佳的鸟脚类恐龙的行迹。足迹保存在粒灰黄色细砂岩层中，其中保存较好的1条行迹编号为CMR–O1，另一个孤单的足迹编号为CMR–OI1。

土杂山点　该足迹点位于土杂山附近，仅发现1枚孤单的鸟脚类足迹（编号为TZS–OI1），化石产于下白垩统中沟组厚层灰色钙质粉砂岩中（Xing et al.，2017i）。

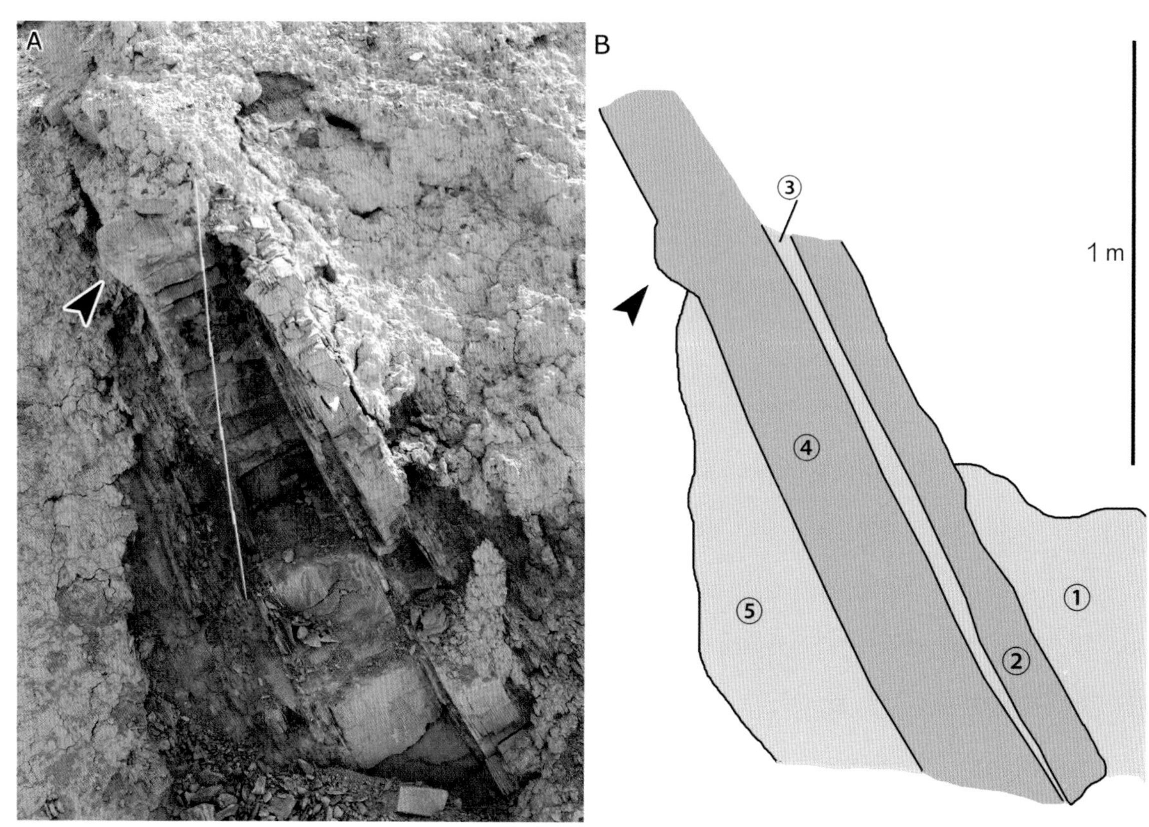

昌马 I 号足迹点露头照片和地层层位示意图（引自 Xing et al.，2017i）

图 A 中箭头标示 1 个不完整的恐龙足迹的自然铸模（可能为鸟脚类足迹），比例尺为 1 m。

图 B 中① ③ ⑤层为泥岩，② ④层为细粒砂岩。

甘肃玉门市昌马镇，下白垩统下沟组

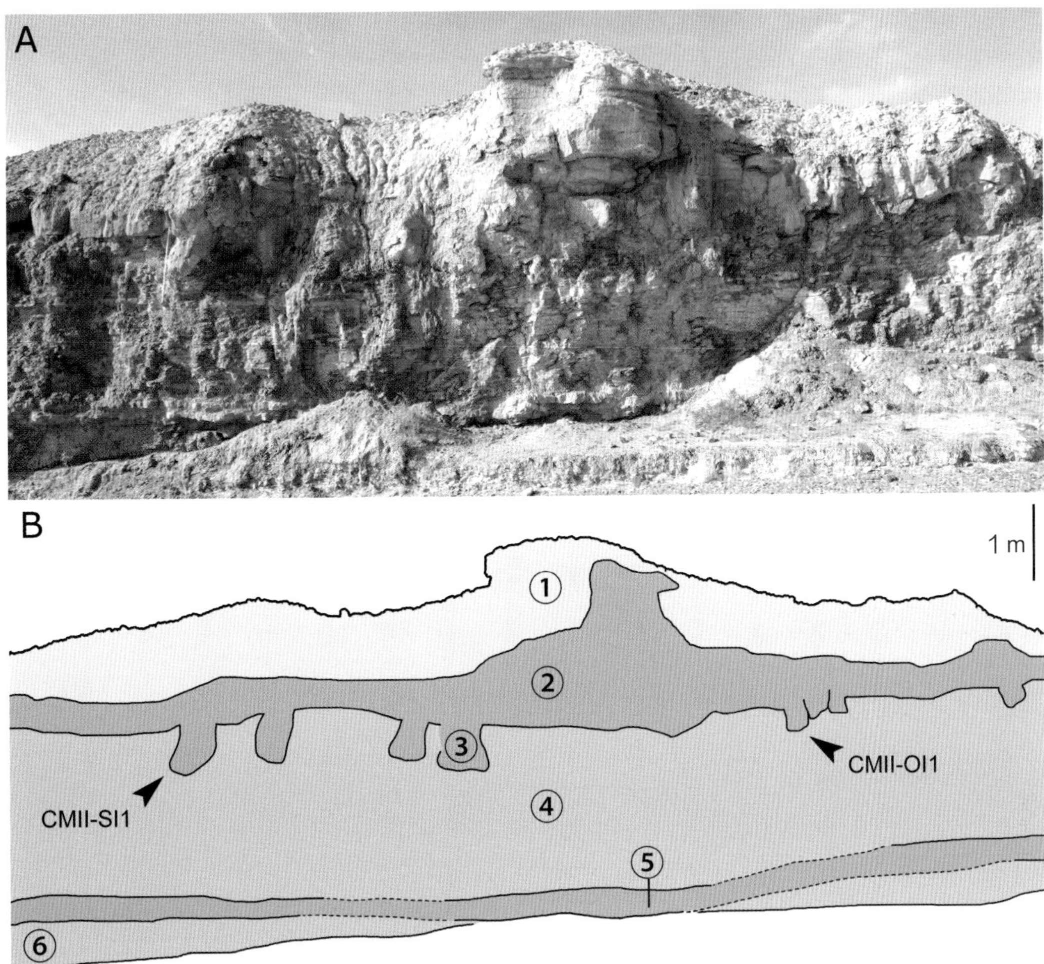

昌马 II 号足迹点露头照片（A）和地层层位示意图（B）（引自 Xing et al.，2017i）

CMII-SI1 是 1 个很深的蜥脚类足迹的自然铸模（深 70 cm），CMII-OI1 是 1 个鸟脚类足迹的自然铸模（深 57 cm）。

图 B 中①为第四系堆积物，②和⑤为细粒砂岩，③为可能的蜥脚类恐龙足迹的自然铸模（下陷很深），④和⑥为泥岩。

甘肃玉门市昌马镇，下白垩统下沟组

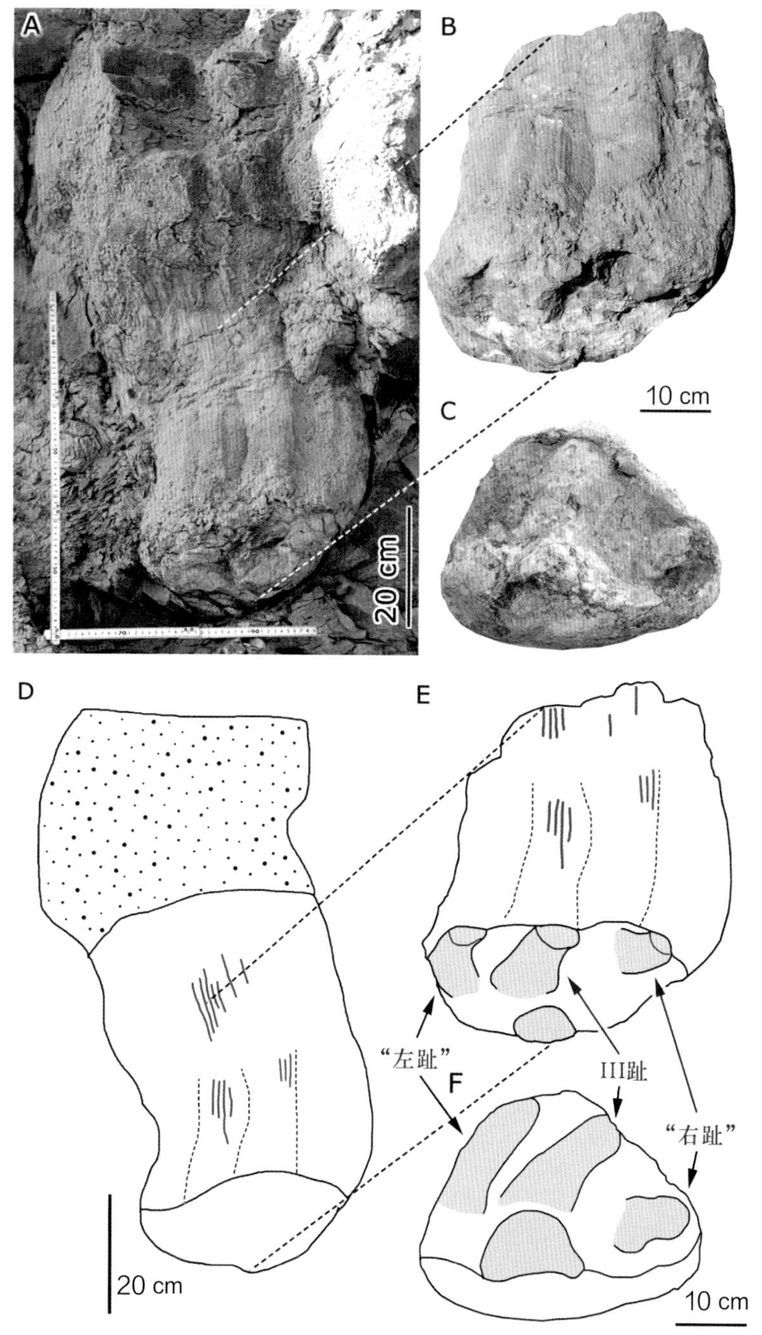

昌马 II 号足迹点鸟脚类足迹深铸模照片及轮廓图（引自 Xing et al.，2017i）

CMII-OI1 是 1 个鸟脚类足迹的深自然铸模，铸模深 57 cm，足迹长 22 cm，宽 22.5 cm。

A 为铸模的自然产出状态照片；B 为采集的足迹标本，除掉足迹底面的泥岩，露出趾迹；C 中足迹下部的 3 个趾及足跟印迹清晰可见；D–F 分别为 A–C 的解释性轮廓图。

铸模略微弯曲，表明造迹恐龙的足在落下和（或）抬起时有一定程度的水平移动。

甘肃玉门市昌马镇，下白垩统下沟组

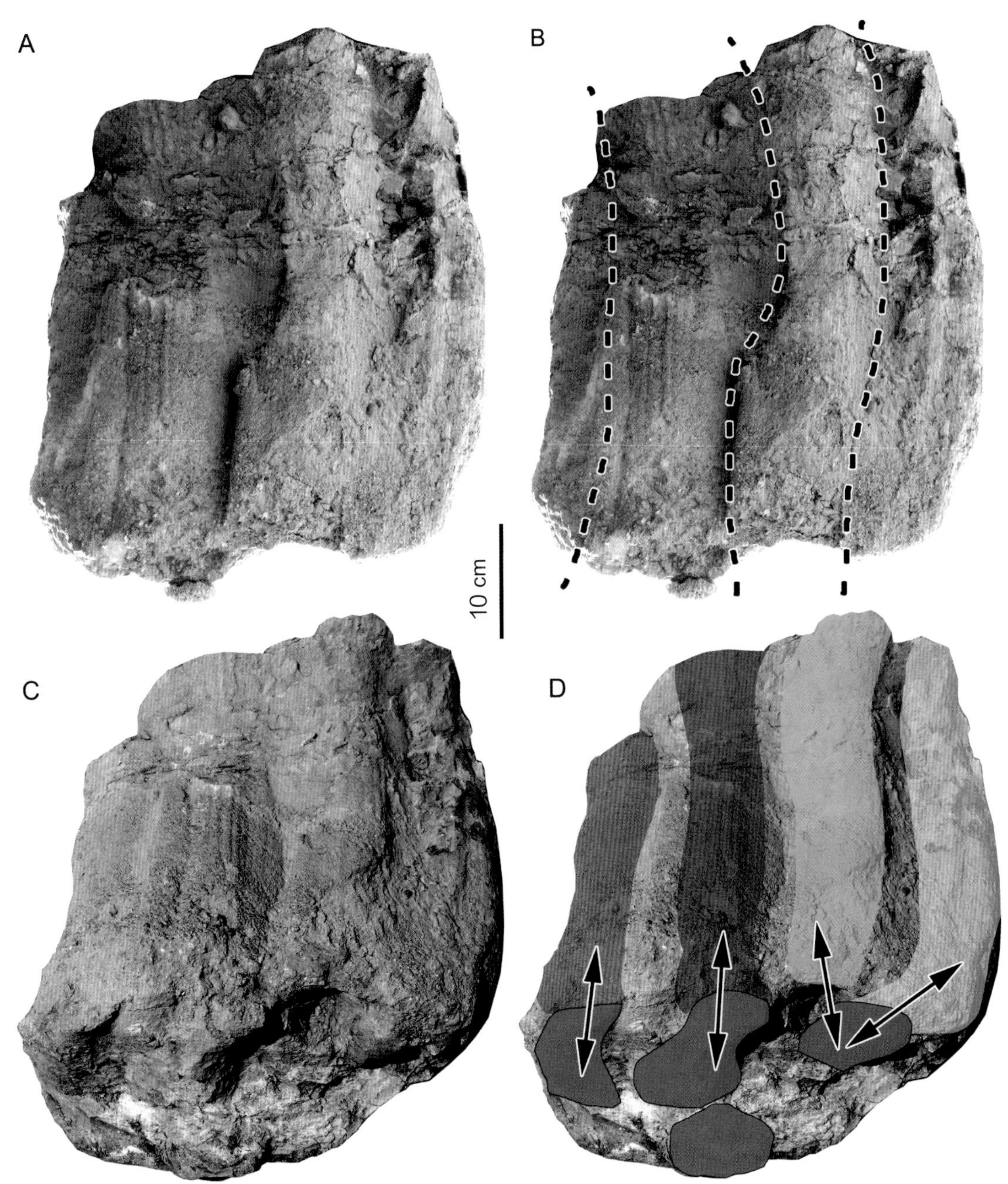

昌马 II 号足迹点鸟脚类足迹深铸模（CMII-OI1）照片（引自 Xing et al.，2017i）

A 为前视照片；B 中点线表示分割 3 条明显凸脊（D 中以彩色标记）的槽的最深部分；C 为足前视照片；D 为左侧脊与“左”趾相连，左边第 2 条脊与中趾Ⅲ相连，左边第 3 条脊和右边的脊则均与“右”趾相连。红色和蓝色脊被解释为离去迹（exit traces），而绿色和黄色脊分别为“右”趾的进入迹（entry traces）和离去迹。

所有的脊均向右旋。

甘肃玉门市昌马镇，下白垩统下沟组

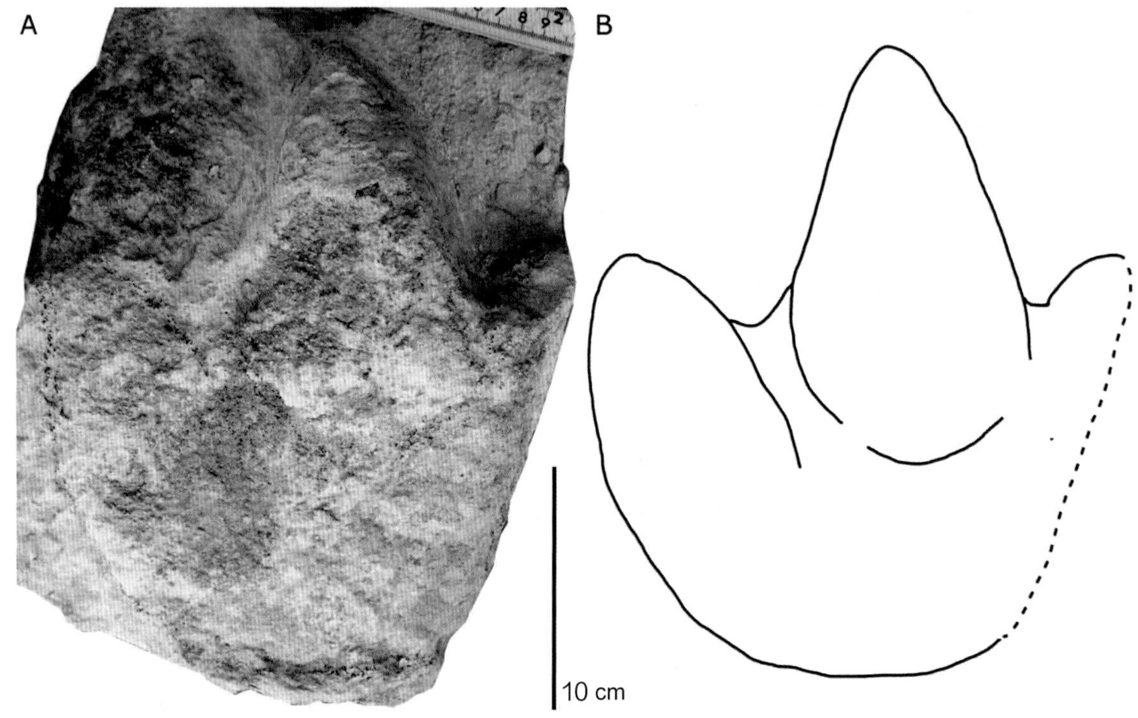

鸟脚类足迹浅铸模（IVPP V20274）照片及轮廓图（引自 Xing et al.，2017i）

足迹保存为浅的自然铸模（铸模深 5 cm），为三趾型，一侧趾的外侧部分被损坏（图中虚线位置）。足迹长 26 cm，宽 21.5 cm，长宽比值为 1.2；Ⅱ－Ⅳ趾趾间角为 64°，中趾凸度为 0.41，中趾前伸，发育良好。

甘肃玉门市昌马镇Ⅰ号点，下白垩统下沟组

大型三趾型足迹照片及轮廓图（引自 Xing et al.，2017i）

1 条三趾型行迹（CMR–O1）和 1 枚孤单的足迹（CMI–OI1），分别为图 B 中连线的 3 枚足迹和 1 枚三趾型足迹。

足迹保存为层面下凹型，足迹长约 35 cm，宽约 30 cm，长宽比值为 1.2；行迹步幅角为 160°，可能为鸟脚类恐龙足迹。

甘肃玉门市昌马镇水库足迹点，下白垩统下沟组

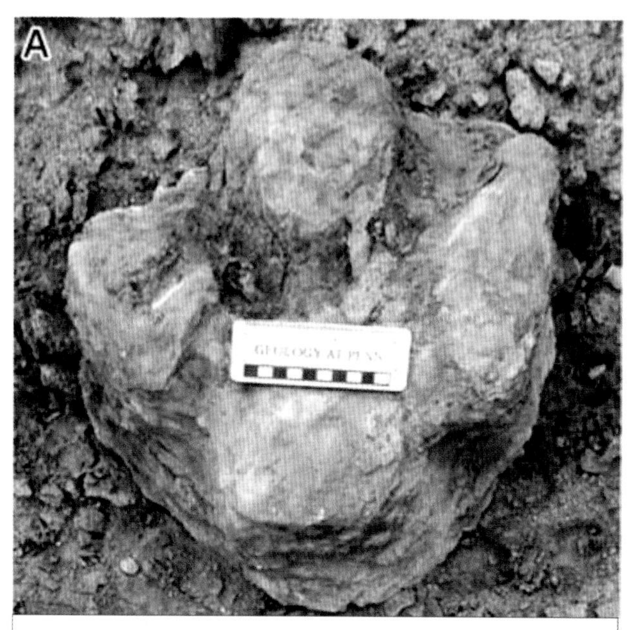

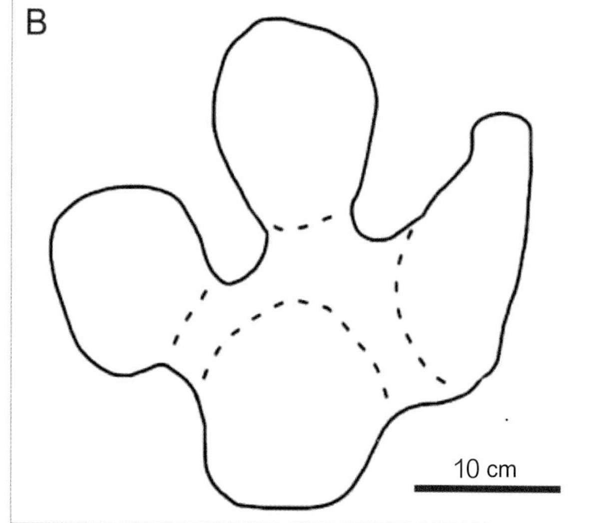

鸟脚类足迹浅铸模（编号为 TZS-OI1）照片及轮廓图（引自 Xing et al.，2017i）

足迹保存为下层面上凸型（深 5 cm），为三趾型，四分形。足迹长 31.8 cm，宽 31 cm，长与宽近等，指尖三角形的长宽比值为 0.3，Ⅱ－Ⅳ趾趾间角为 67°。

该足迹与重庆綦江下白垩统夹关组的莲花卡利尔足迹（*Caririchnium lotus*）很相似，其造迹者是大型鸟脚类的禽龙类。

甘肃玉门市昌马镇土杂山足迹点，下白垩统上沟组

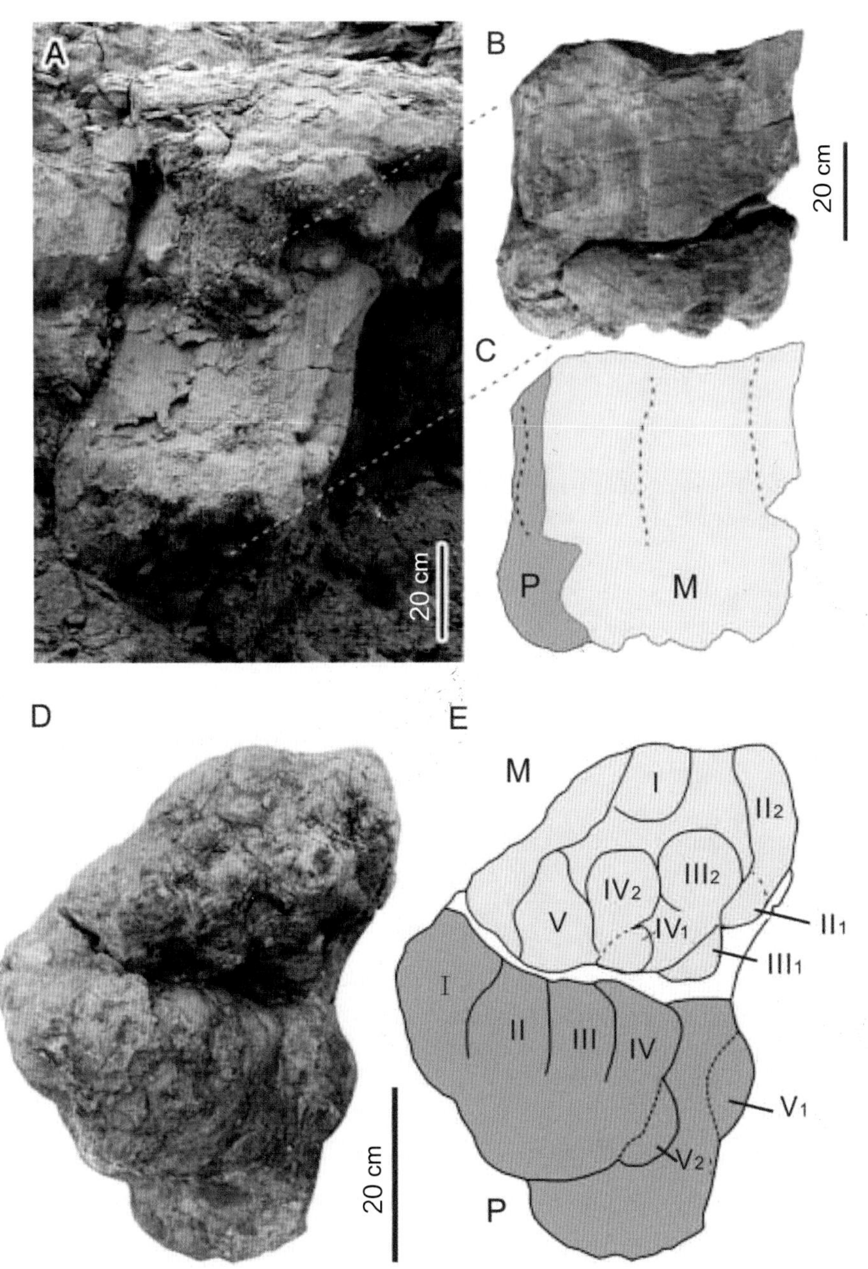

蜥脚类足迹深铸模（编号为 CMII-SI1）照片及解释轮廓图（引自 Xing et al.，2017i）

足迹保存为深的铸模，呈下层面上凸型，深约 70 cm；前、后足迹长分别为 19.5 cm 和 40 cm。A 为足迹的野外露头照片；B 为采集的足迹照片，底部的泥岩已去除，并露出趾迹；C 为 B 的足迹轮廓图；D 为铸模的底部照片；E 为 D 的解释轮廓图，M 和 P 分别代表前、后足迹。甘肃玉门市昌马镇Ⅱ号足迹点，下白垩统下沟组

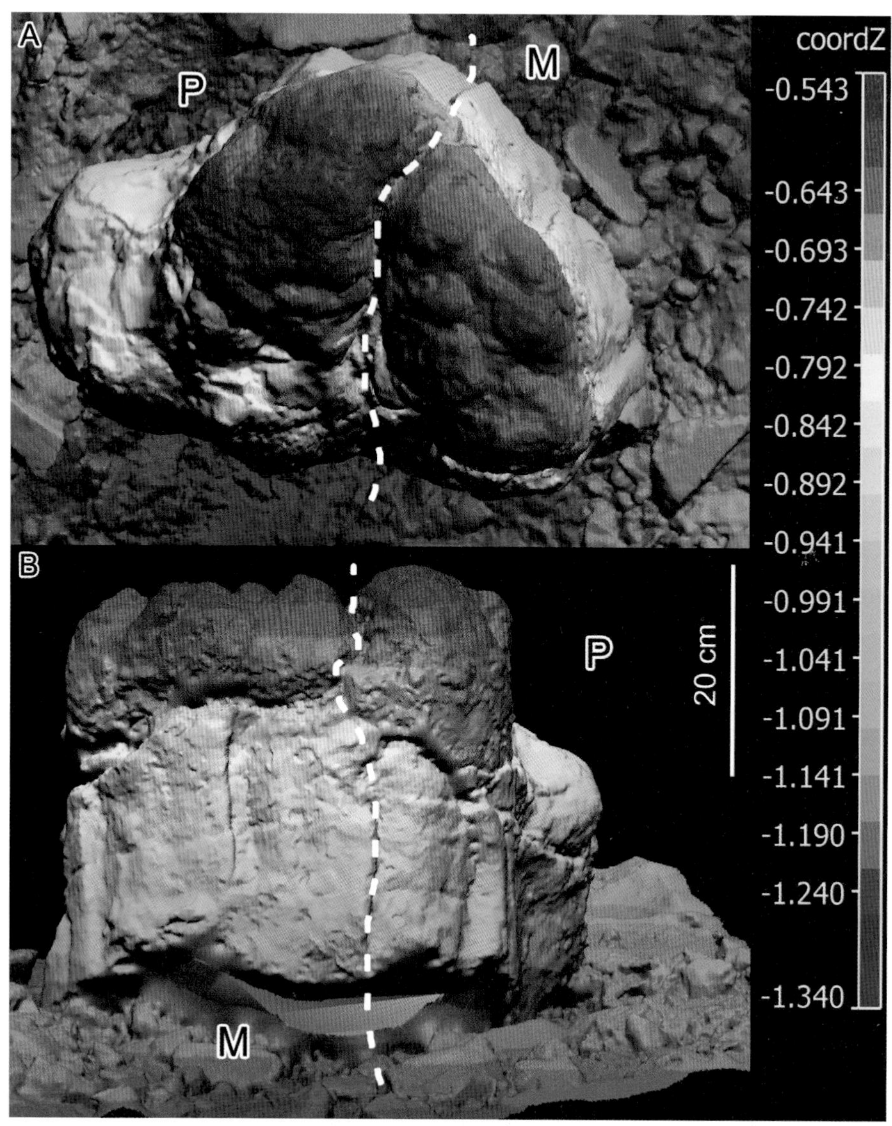

蜥脚类足迹深铸模（编号为 CMII-SI）3D 图像（引自 Xing et al.，2017i）

足迹为深的铸模，呈下层面上凸型，深约 70 cm。

A 为铸模的底面，B 为铸模的侧视图，M 和 P 分别代表前足迹和后足迹，点线代表前、后足迹的分界线。

右侧数字为地形剖面刻度（m）。

甘肃玉门市昌马镇Ⅱ号足迹点，下白垩统下沟组

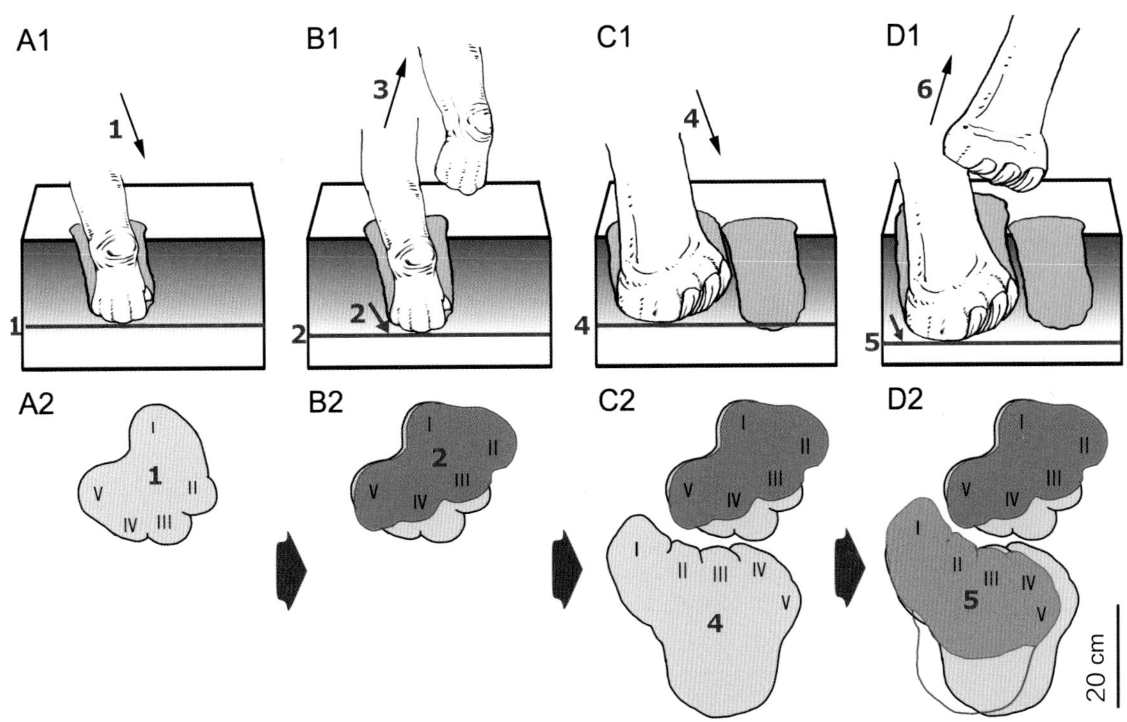

蜥脚类前、后足迹深铸模（编号为 CMII-SI）可能的形成过程示意图（引自 Xing et al.，2017i）

如图 A1 所示，前足踩进厚层松软沉积物中，直到沉积物的挤压能够提供足够的稳定性；

如图 B1 所示，由于底质不稳定，前足进一步下滑，最后抽出深部的足，最终在足迹的前端部分形成垂直的条痕；

如图 C1 所示，后足紧挨着前足踩进沉积物中，直到沉积物的挤压能够提供足够的稳定性；

如图 D1 所示，由于底质不稳定，后足进一步下滑并向内撇（内转），最后抽出后足，在足迹前端部分形成垂直的条痕；

如图 E 所示，前、后足迹均为细粒砂所充填，后来经过成岩作用而形成深的足迹铸模。

图中的梯度灰色从深到浅，表示由于足的挤压，松软的沉积物变硬。

A2、B2、C2 和 D2 表示足迹的形成（底视图），分别对应 A1、B1、C1、D1。

罗马数字为趾的编号

2.16.6 白银平川

一般认为兽脚类恐龙为两足行走，在大多数情况下仅保留后足足迹。尽管兽脚类恐龙偶尔也有前足迹保存，但往往是在俯卧状态时留存。然而，李大庆等在甘肃白银市平川区宝积镇附近首次发现四足行走的兽脚类恐龙足迹，并命名1个新遗迹种——平川跷脚龙足迹 *Grallator pingchuanensis*（Li et al., 2019），这也是甘肃地区中侏罗世小型兽脚类恐龙的首次化石记录。此外，宝积足迹点还产出40多枚兽脚类足迹，它们均可归入跷脚龙足迹属（*Grallator*）。足迹保存在中侏罗统王家山组下段顶部的砂岩层中，为下层面上凸型（convex hyporeliefs）。

宝积化石点恐龙足迹野外露头照片（李大庆提供）

共有3个小足迹点，层位自上而下分别为A、B、C，分别至少产出足迹化石37枚、4枚和12枚，均为兽脚类足迹。

甘肃白银市平川区宝积镇，中侏罗统王家山组

宝积 A 点恐龙足迹野外露头照片（李大庆提供）

足迹均呈下层面上凸型保存，四足行走的兽脚类足迹新种平川跷脚龙足迹（*Grallator pingchuanensis*）产出于该点（圆圈内的 4 个前、后足迹）。此外，还有较多的方向杂乱的三趾型足迹，多数趾垫发育，为传统的跷脚龙足迹（*Grallator*）；小型足迹则多为前足足迹。

甘肃白银市平川区宝积镇，中侏罗统王家山组

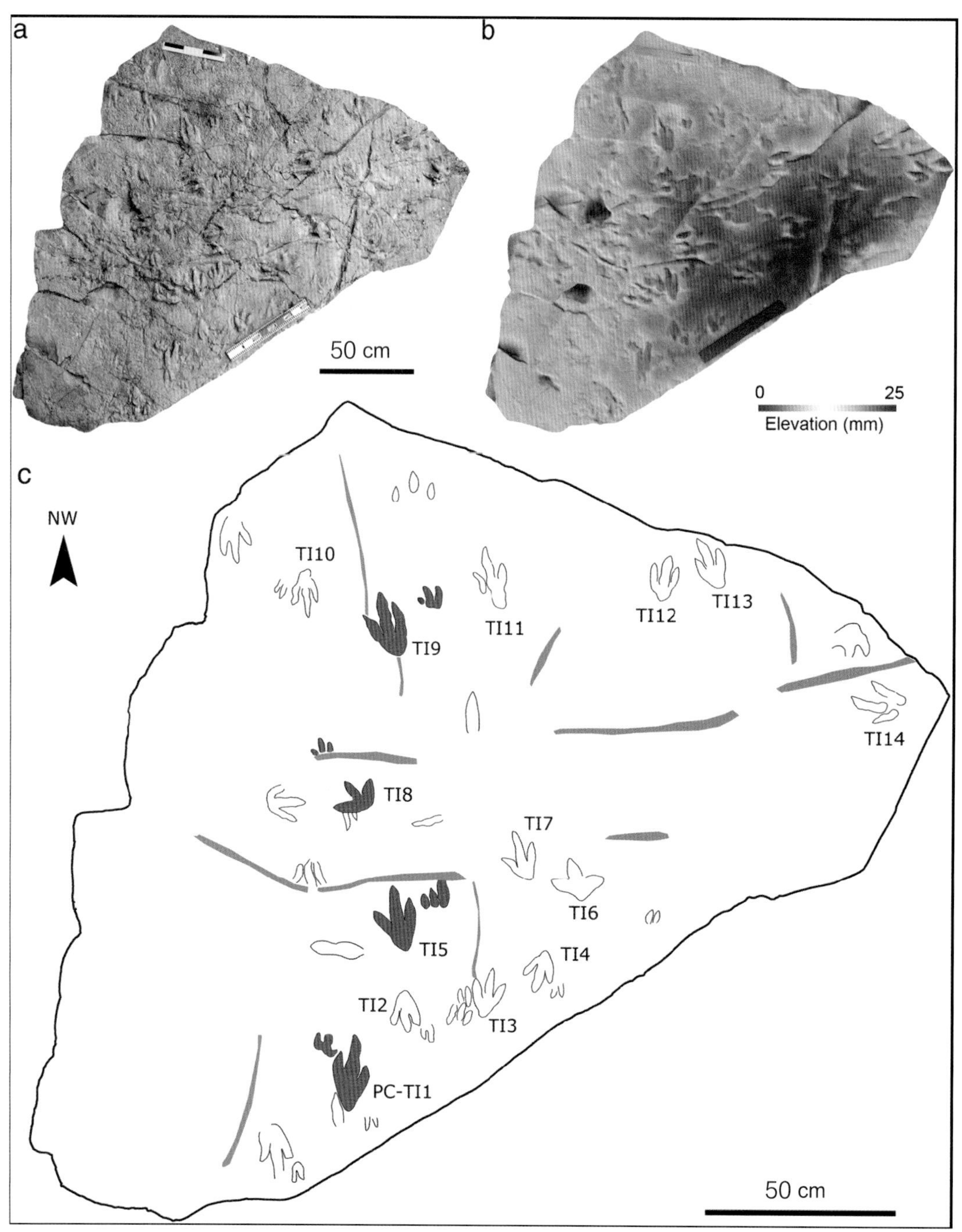

宝积 A 点恐龙足迹标本照片、3D 图像及轮廓图（引自 Li et al., 2019）

李大庆等（Li et al., 2019）根据此标本上的 4 对前、后足迹建立了跷脚龙足迹的 1 个新足迹种——平川跷脚龙足迹（*Grallator pingchuanensis*）。

标本上至少有 37 枚中小型三趾型足迹，均为兽脚类足迹。其中 4 对前、后足迹（红色足迹）即为新遗迹种平川跷脚龙足迹的正模，其是首次发现报道的四足行走的兽脚类足迹。前、后足迹均为三趾型，长和宽的平均值分别为 5.5 cm 和 6.5 cm，以及 17.9 cm 和 8.9 cm，长宽比值约为 2.01。

甘肃白银市平川区宝积镇，中侏罗统王家山组

平川跷脚龙足迹（Grallator pingchuanensis）正模行迹放大照片（李大庆提供）

圈内4对前、后足迹为平川跷脚龙足迹（*Grallator pingchuanensis*）的正模。

箭头所指的PC–TI3是该足迹点保存最好、最有代表性的跷脚龙足迹（*Grallator*）。

甘肃白银市平川区宝积镇，中侏罗统王家山组

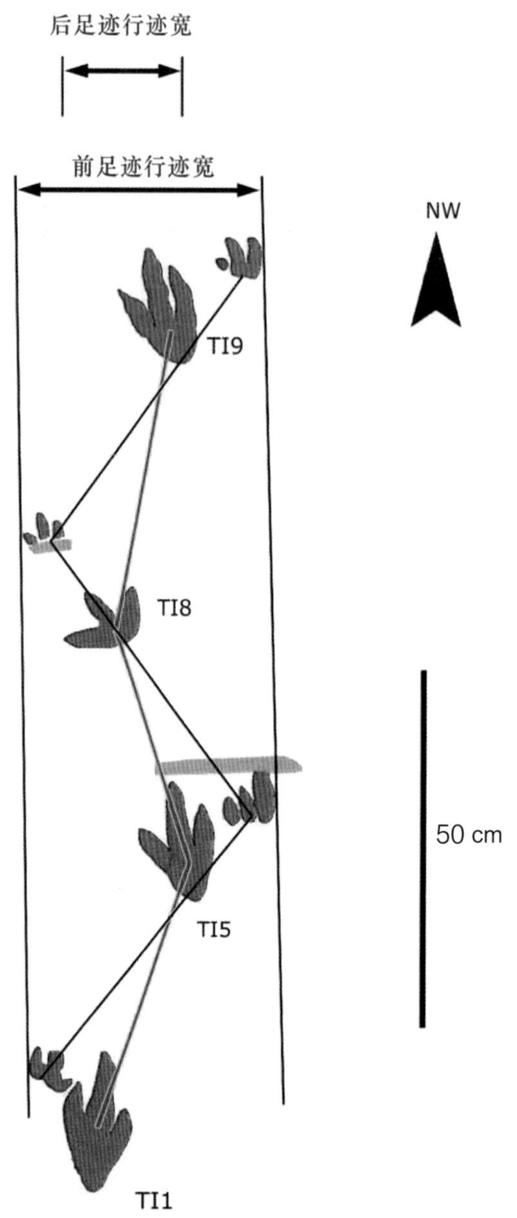

平川跷脚龙足迹（*Grallator pingchuanensis*）正模行迹及测量参数示意图（引自 Li et al., 2019）

后足行迹宽约 18.4 cm，步幅角为 140° ~150° ；前足行迹宽 36.7 cm，步幅角为 104° ~106°；前、后足行迹的平均步长分别为 49 cm 和 40 cm，平均复步长分别为 76 cm 和 70 cm。

后足迹成中轴型（mesaxonic），相对行迹中线略微内撇（10°）；前足迹成外侧轴型（ectaxonic）（Ⅲ > Ⅱ > Ⅰ），宽大于长，也微内撇。兽脚类恐龙后足迹内撇者比较少见，可能与其四足行走有关。

甘肃白银市平川区宝积镇，中侏罗统王家山组

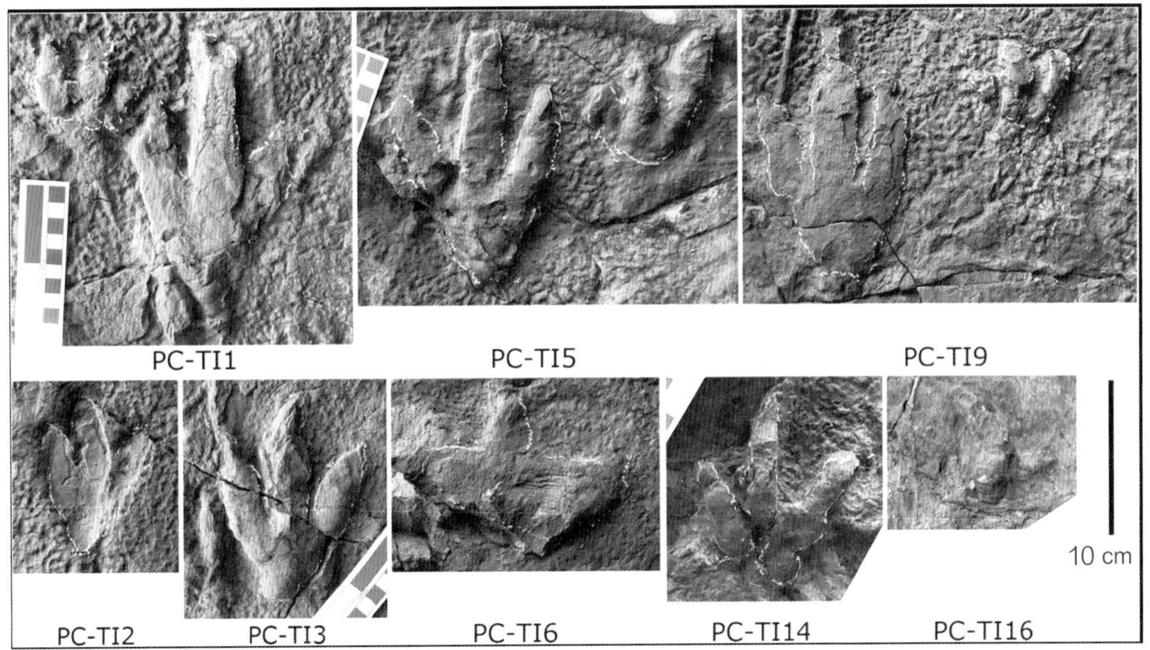

宝积足迹点部分兽脚类恐龙足迹照片（引自 Li et al., 2019）

PC−TI1、PC−TI5、PC−TI9 为平川跷脚龙足迹（*Grallator pingchuanensis*）正模标本；PC−TI2、PC−TI3、PC−TI6、PC−TI14、PC−TI16 为跷脚龙足迹未定种（*Grallator* isp.）。除了 PC−TI16 产自 C 点外，其余足迹均产自 A 点。

甘肃白银市平川区宝积镇，中侏罗统王家山组

平川跷脚龙足迹（*Grallator pingchuanensis*）的造迹恐龙与人的尺寸比较（引自 Li et al., 2019）

推测造迹的兽脚类恐龙体长约 2.6 m，高约 70 cm。它在行走时采用坐跨姿势，后足和短的前足均着地，行走速度缓慢（速度约为 2.3 km/h）

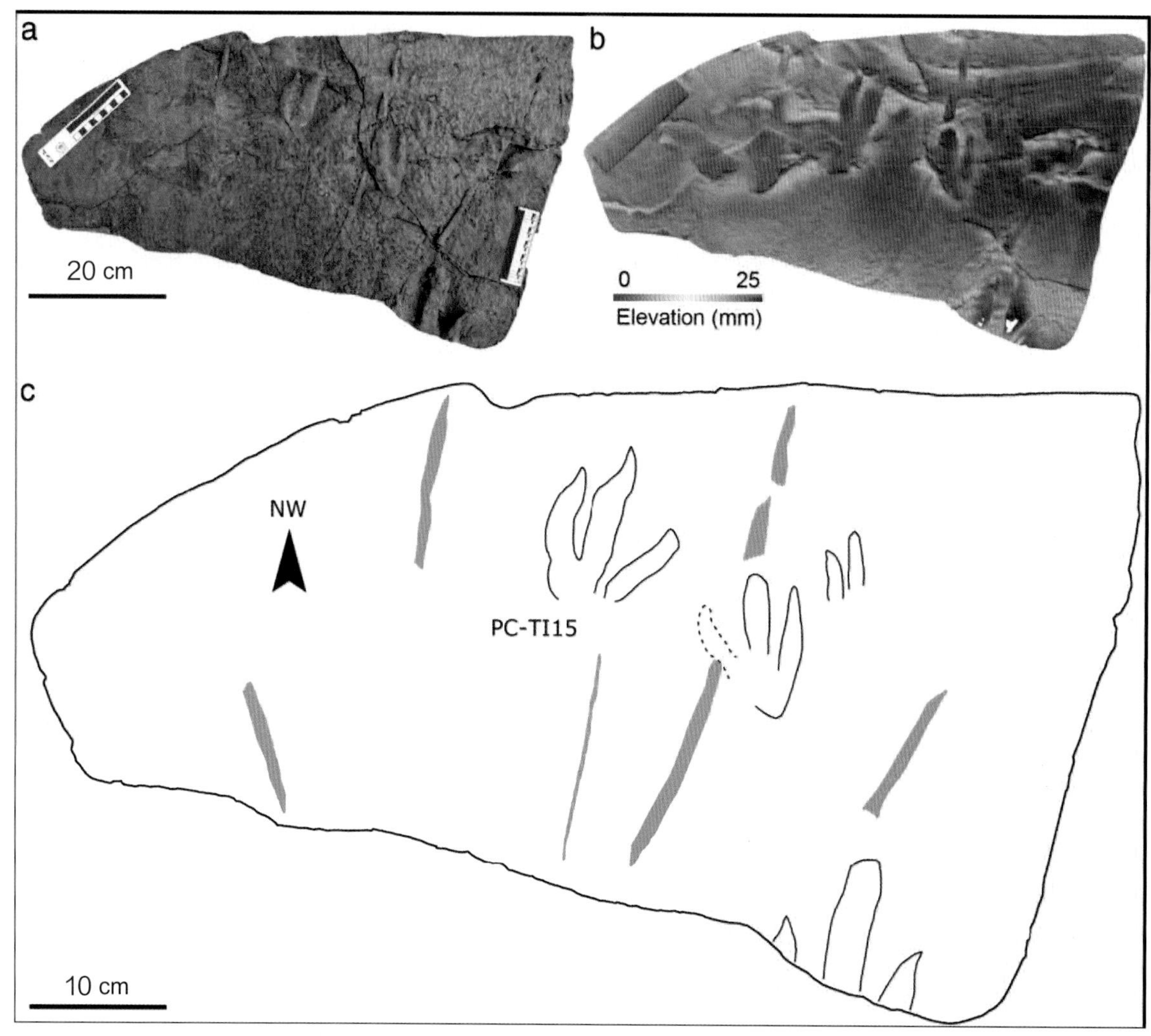

宝积 B 点足迹标本照片、3D 图像及轮廓图（引自 Li et al., 2019）

该标本保存 4 枚足迹，其中 PC−TI15 保存完整，为三趾型，其与 A 点的 PC−TI3 形态相似；足迹长 12 cm，宽 8.5 cm，Ⅱ－Ⅳ趾趾间角为 53°，长宽比值为 1.4 cm，指尖三角形的长宽比值为 0.42。该足迹应归入跷脚龙足迹属（*Grallator*）。

甘肃白银市平川区宝积镇，中侏罗统王家山组

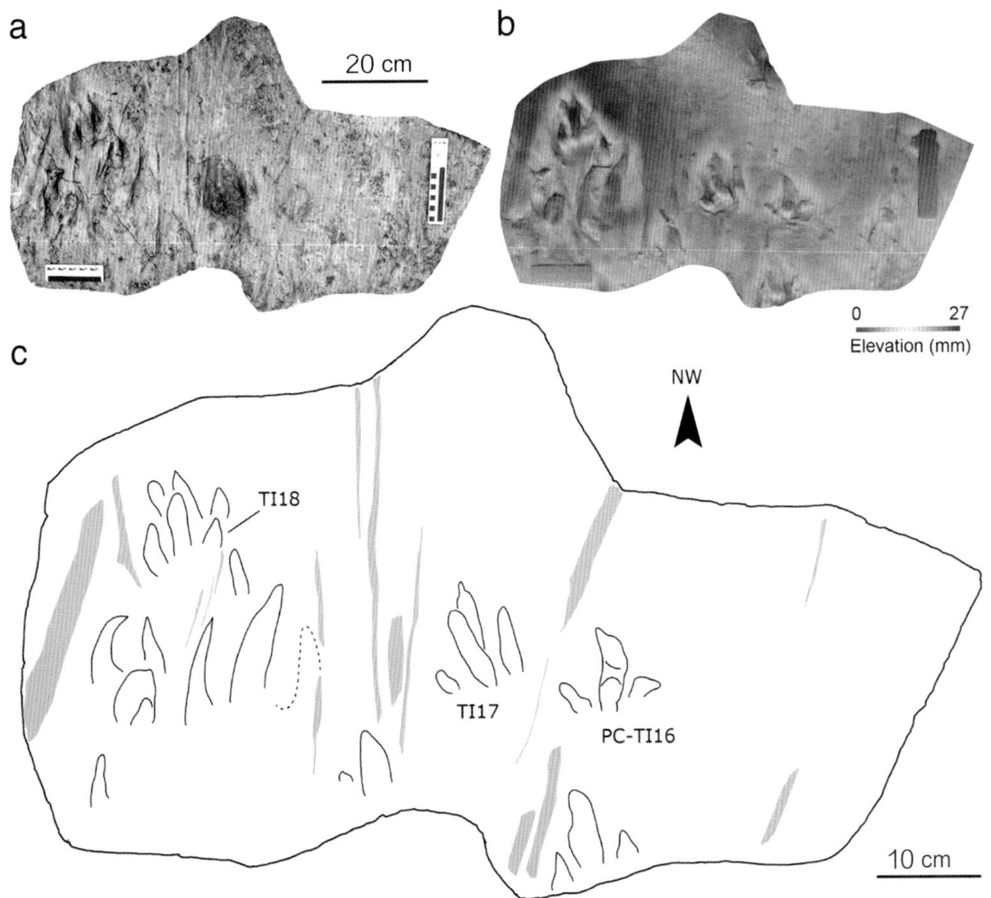

宝积 C 点足迹标本照片、3D 图像及轮廓图（引自 Li et al.， 2019）

该标本至少保存 12 枚三趾型足迹。足迹不完整，有的足迹有重叠（如 PC–TI17 和 PC–TI18 与其他足迹均有叠置）。PC–TI16~18 保存较完整，但均未保留蹠趾垫印迹，仅保存了 II–IV 趾的大部及末端印迹，足长范围为 6.2~8.8 cm。Ⅲ趾趾迹最长且下陷最深，Ⅱ、Ⅳ趾较Ⅲ趾短很多，且下陷很浅。C 点的这些足迹也应归入跷脚龙足迹属（*Grallator*）。

甘肃白银市平川区宝积镇，中侏罗统王家山组

2.17 黑龙江

黑龙江省嘉荫县的恐龙足迹化石，是目前该省发现的恐龙足迹唯一的正式报道。董枝明等（2003）根据在嘉荫县永安村东南1.2 km，黑龙江岸边的一块滚石上发现的上凸足迹，建立新足迹属种——姜氏嘉荫龙足迹（*Jiayinosauropus johnsoni*）。产出足迹的地层为上白垩统嘉荫群永安村组。

嘉荫龙足迹（*Jiayinosauropus*）是大型三趾型鸟脚类足迹，足迹长 40 cm，宽45 cm；趾厚实粗壮，趾尖有扁型爪，趾间有蹼，中趾呈U形，略向Ⅳ趾偏斜，足印的宽大于长。

嘉荫龙足迹（*Jiayinosauropus*）是世界上正式命名的第1个确切的鸭嘴龙类足迹化石（李建军，2015）。但Lockley等（2013）指出其与鸭嘴龙足迹（*Hadrosauropodus*）有相似之处，后者模式标本比*Jiayinosauropus*模式标本的特征清晰得多，认为*Jiayinosauropus*今后有可能被修订。但李建军（2015）认为，两个足迹属具有明显差别，*Hadrosauropodus*和*Jiayinosauropus*为互相独立的两个有效足迹属。

邢立达等（2009）对姜氏嘉荫龙足迹（*J. johnsoni*）模式标本重新进行了描述：其为三趾型鸟脚类足迹，无前足足迹和尾迹，足迹长宽比值为0.84；Ⅲ趾最短，Ⅳ趾最长，所有趾迹为卵圆形，Ⅲ、Ⅳ趾趾端具爪迹，趾间角为Ⅱ 46° Ⅲ 31° Ⅳ，蹠趾垫区域后部缺失。上述这些数据与董枝明等（2003）的研究数据存在一些差别。李建军（2015）对标本重新进行测量，得出趾间角的值为Ⅱ 32.4° Ⅲ 38° Ⅳ。尽管角度差别不大，但是Ⅱ、Ⅲ趾之间的角度小于Ⅲ、Ⅳ趾之间的角度，与上述两个测量结果相反。关于脚趾长度的测量，他认为在趾垫不清晰的足迹中，趾长的起点应该是趾两边的趾叉（hypex）连线的中点。因此，姜氏嘉荫龙足迹（*Jiayinosauropus johnsoni*）Ⅱ趾长16.7 cm，Ⅲ趾长20 cm，Ⅳ趾长18.8 cm；测量长度略大于董枝明等（2003）的测量长度，但与Xing等（2009）“Ⅲ趾最短，Ⅳ趾最长”的结论大相径庭。除了模式标本以外，黑龙江省嘉荫县恐龙地质公园神州恐龙博物馆又发现了JF2标本，也将其归入足迹种*Jiayinosauropus johnsoni*。JF2是一个不完整的足迹，以上凸形式保存，个体明显大于模式标本，保存下来的两个趾也大于模式标本，爪迹清晰。但Xing 等（2009）认为JF2的爪迹与兽脚类恐龙足迹相似，有待进一步研究确定。

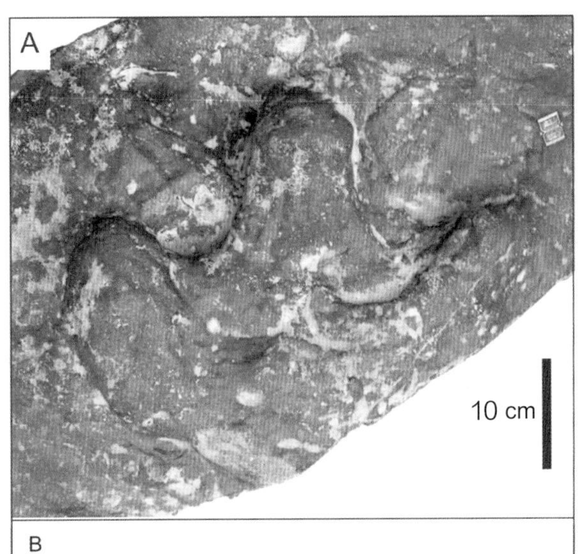

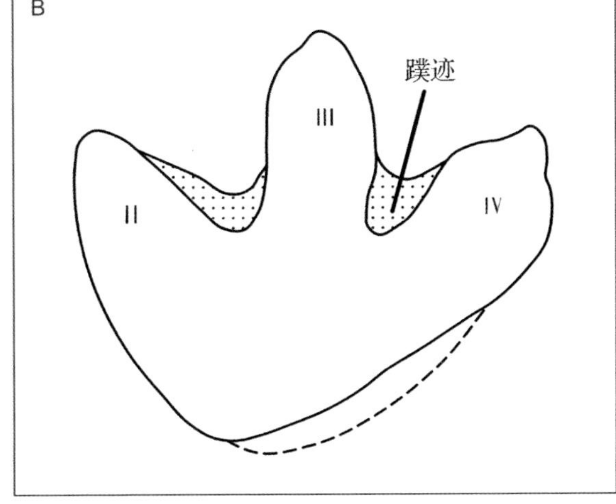

嘉荫龙足迹（*Jiayinosauropus*）——世界上正式命名的第 1 个确切的鸭嘴龙类足迹化石

A 为模式标本模型照片（引自 Xing et al., 2009c），B 为轮廓图（引自董枝明等，2003）。A 为根据姜氏嘉荫龙足迹模式标本翻制的下凹模型照片，B 为根据上凸足迹化石绘制的轮廓图（左足足迹）。

黑龙江嘉荫县朝阳镇永安村，上白垩统嘉荫群永安村组

2.18 西藏

西藏自治区的恐龙足迹化石点发现较少。Matsukawa（2006）曾记录日喀则上白垩统发现过纤细的三趾型兽脚类恐龙足迹，但没有给出照片和详细描述。西藏最著名的恐龙足迹点是位于昌都的所谓“大脚印”。最近几年，在昌都地区丁青县又新发现了晚白垩世的鸟类足迹化石。

2.18.1 昌都卡若

赫赫有名的昌都“大脚印”位于昌都县（现昌都市卡若区）东南20 km处国道沿线的路边悬崖上，可见至少8对“脚印”由上往下而行，脚印最长达1.7 m，近观犹如巨人踩出的足印。此处遗迹被发现于1999年初，当时工程队正在修筑昌都邦达机场至昌都镇的公路，施工放炮时“炸”出了这些足迹。当地民众认为这一举动惊吓了山神，这是山神一怒之下远走他乡而留下的脚印，也有人认为它们是格萨尔王留下的足迹。格萨尔王在藏族传说里是莲花生大士的化身，他宏扬佛法，扬善抑恶，传播文化，造福百姓，是藏族同胞引以为豪的旷世英雄，世界上最长的英雄史诗《格萨尔王传》就是颂扬他的赞歌。

此后，当地信徒将“大脚印”奉为神迹。而昌都地区政府为了保护这处古迹，也在“大脚印”周围布置铁围栏，并在脚印上涂抹了保护剂。由此一来，“大脚印”更是声名远扬，每年吸引成千上万的游人。不少信徒都要在此地敬上一条哈达，所以“大脚印”周围摆放着数不清的洁白哈达。由此可见，昌都“大脚印”是藏族同胞对恐龙足迹顶礼膜拜的又一鲜活范例。

邢立达等（Xing et al.，2011a）对昌都“大脚印”开展科学研究。该足迹点位于昌都县埃西乡的莫荣村附近，海拔为3 214 m，地层为下－中侏罗统察雅群，共包括3条行迹和8对（前足、后足）足迹。研究表明，这些“大脚印”是早－中侏罗世（距今1.6亿~2亿年前）蜥脚类恐龙的足迹化石，被归入雷龙足迹属（*Brontopodus*）。足迹特征为行迹宽或较宽，以及前、后足迹的大小差别较大（前足迹小，后足迹大）。宽大的行迹特征表明，早－中侏罗世的昌都地区可能生活有大型的巨龙形蜥脚类恐龙（Xing et al.，2011a）。前小后大的足迹有时靠近甚至重叠，这时候容易呈现出类似人脚的形状，这也是“大脚印”被认为是巨人足迹的原因。

昌都莫荣“大脚印”野外露头照片

该“大脚印”实为蜥脚类恐龙的足迹化石，被归入雷龙足迹属（*Brontopodus*）。

哈达上方两个“大脚印”的长分别为1.18 m和1.24 m，它们是恐龙前足迹与后足迹的重叠迹（前足迹小，位于下方；后足迹大，位于上方）。

图中标尺长1 m（位于梯子顶端左侧）。

西藏昌都市卡若区埃西乡莫荣村，下－中侏罗统查雅群

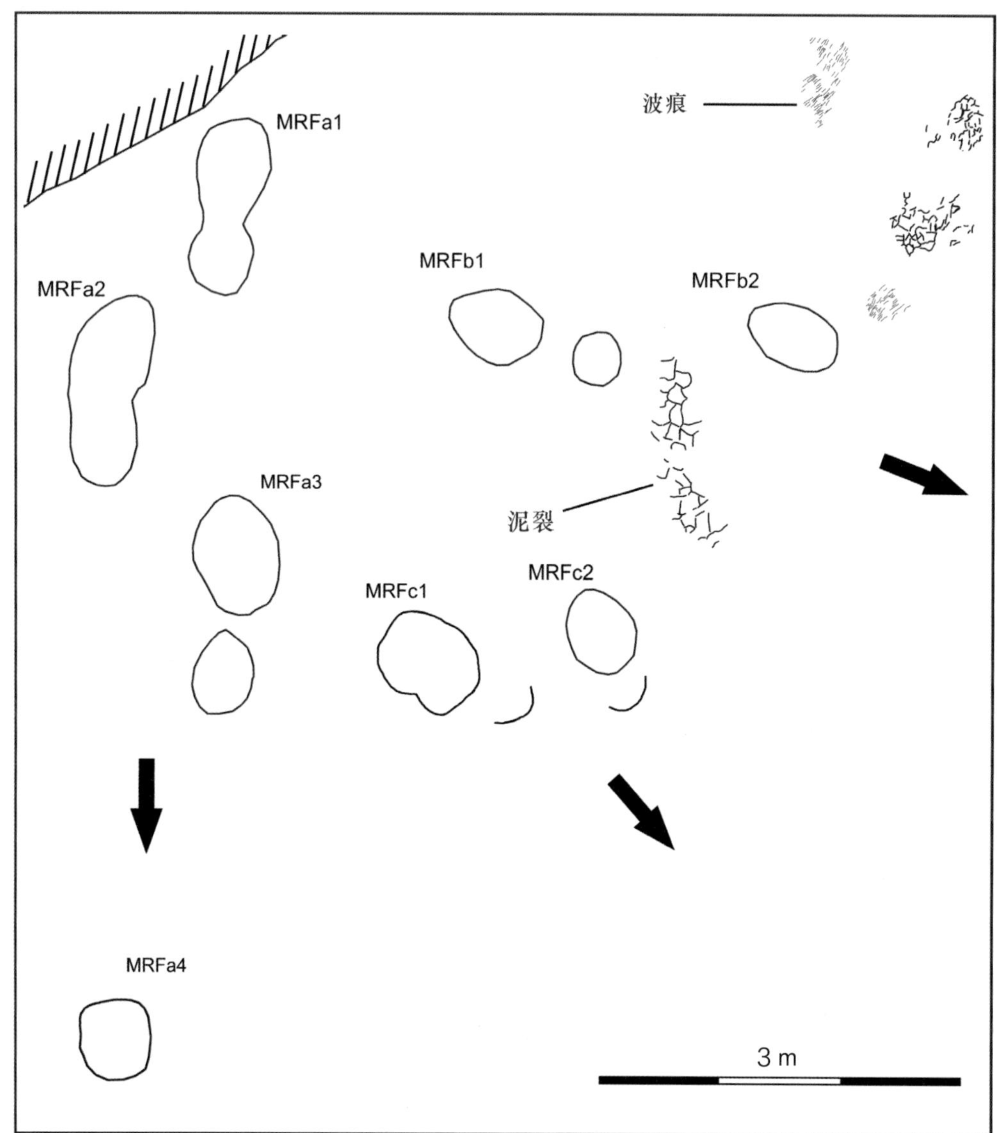

昌都莫荣足迹点蜥脚类恐龙足迹层面分布图（引自 Xing et al.，2011a）

层面上分布有 8 对前、后足蜥脚类恐龙足迹（MRFb2 和 MRFa4 仅分别保存了前、后足迹），可组成 3 条行迹（黑色箭头所示）。MRFa2 前足迹长 36 cm，宽 36 cm；后足迹长 82 cm，宽 57 cm。MRFa3 前足迹长 44 cm，宽 40 cm；后足迹长 80 cm，宽 60 cm。MRFa2 和 MRFa3 的前、后足迹重叠或靠近，形成貌似人的“大脚印”。这批足迹的前、后足迹大小差别较大，行迹宽度也较大，这些都是雷龙足迹（*Brontopodus*）的特点。根据相关公式推算，MRFa1–3 造迹恐龙长 12~18 m，为大型巨龙类恐龙。

西藏昌都市卡若区埃西乡莫荣村，下 – 中侏罗统查雅群

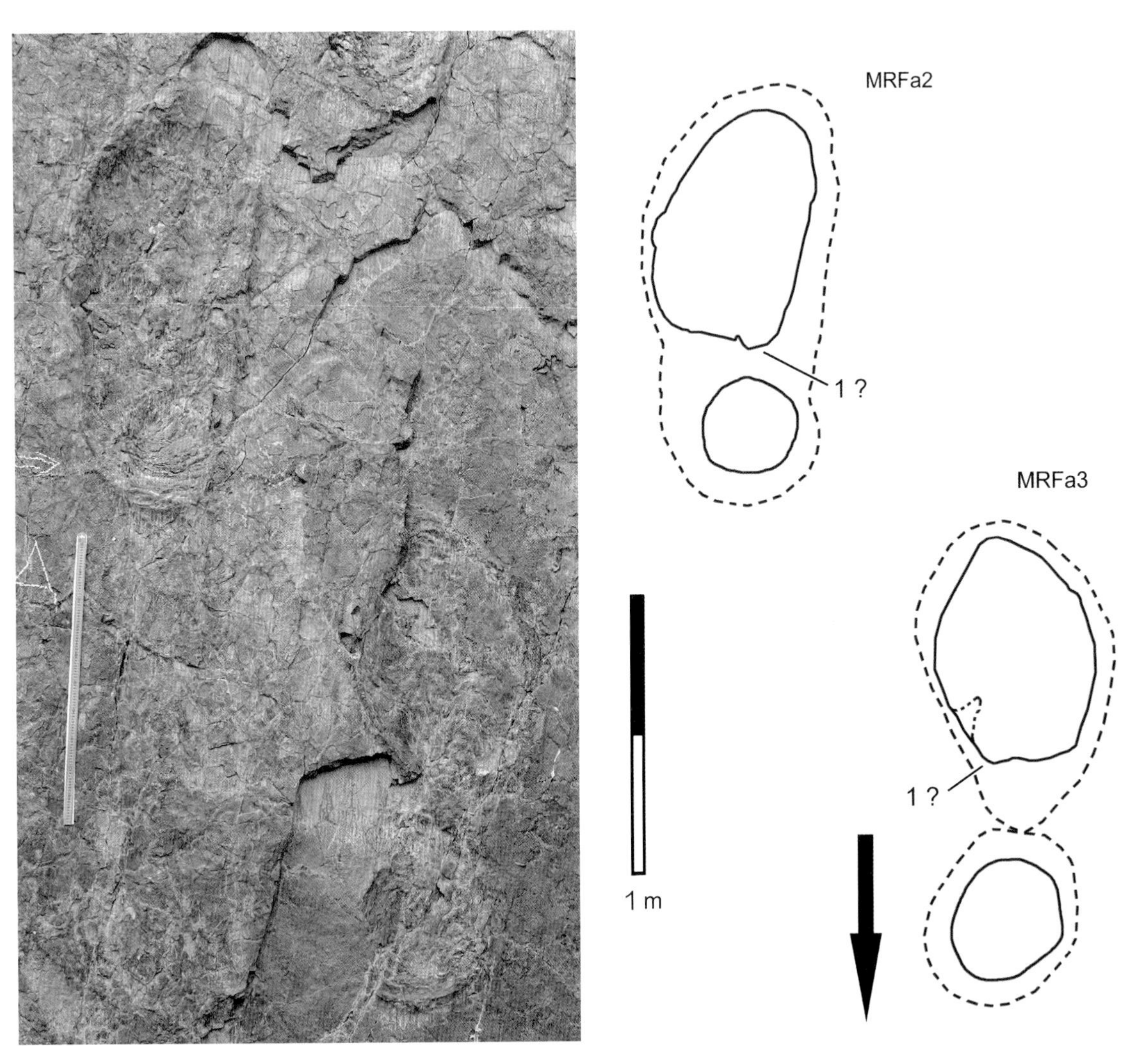

莫荣足迹点两个“大脚印”照片及轮廓图（引自 Xing et al.，2011a）

MRFa2 和 MRFa3 为莫荣足迹点保存最好的也是最有名的两个足迹，但 MRFa3 左下部有部分剥落。轮廓图中虚线为足迹的外边缘线，图中编号 1 疑似 I 趾的印迹。照片中标尺长 1 m。

西藏昌都市卡若区埃西乡莫荣村，下－中侏罗统查雅群

2.18.2 丁青

西藏地区的鸟足迹化石发现很少。1972年，西藏地质局曾在东嘎煤矿晚白垩地层中发现疑似的恐龙足迹化石，后经研究其实为新生代的大型鸟足迹化石（Xing et al., 2017b）。2017年，邢立达等研究报道了在西藏丁青县发现的鸟足迹化石（Xing et al., 2017b），这是中生代鸟足迹化石在西藏地区的首次发现，对探索白垩纪时期鸟类的区域分布及早期演化具有重要意义。

丁青的足迹化石发现于觉恩乡东面的一座山上，地层层位为上白垩统班达组。足迹产在紫红色岩屑石英砂岩层面上，为两枚下层面上凸保存的化石，编号分别为JE-B1-1L和JE-B1-1R。

觉恩足迹为小型的三趾型足迹，无拇趾印迹。足迹JE-B1-1L未保存Ⅳ趾趾迹，足迹JE-B1-1R则保存较好。Ⅲ趾印迹最长，Ⅱ趾趾迹最宽，Ⅳ趾仅保存了末端的部分趾迹，未见趾垫印迹。足迹JE-B1-1L长2.7 cm，最大宽度为2.7 m，长宽比值为1。Ⅱ-Ⅳ趾趾间角平均为92°，Ⅱ-Ⅲ趾间角（56°）大于Ⅲ-Ⅳ趾间角（36°）。复步长为11.8 cm，足迹相对于行迹中线略微内撇（invard rotaion）。足迹JE-B1-1R最大长度为2.9 cm。JE-B1-1L的Ⅲ趾以及JE-B1-1R的Ⅲ趾和Ⅳ趾均下陷不深，且明显浅于Ⅱ趾。这可能是保存条件的差异所致，也可能是造迹鸟类在行走时重心放在足的内侧所致。由于这两个足迹尺寸小，足迹较宽且亚对称，为功能性三趾型，趾迹纤细，Ⅱ-Ⅳ趾趾间角较大，足迹内撇，故应为鸟类而非恐龙类的足迹。

觉恩足迹的上述特点类似于韩国鸟足迹科（Koreanaornipodidae）的特征（Lockley et al., 2006），故将其归入韩国鸟足迹属（*Koreanaornis*）。但是，觉恩的鸟足迹其Ⅱ-Ⅳ趾趾间角为92°，该值较之韩国鸟足迹模式标本*Koreanaornis hamanensis*（120°）还是小很多，因此将其暂归韩国鸟足迹未定种（*Koreanaornis* isp.）（Xing et al., 2017b）。

需要指出，由于白垩纪时期西藏地区大多为海相沉积环境，目前还没有恐龙的发现报道，因此丁青觉恩的上白垩统鸟足迹化石也是西藏地区白垩纪脊椎动物的唯一记录（Xing et al., 2017b）。

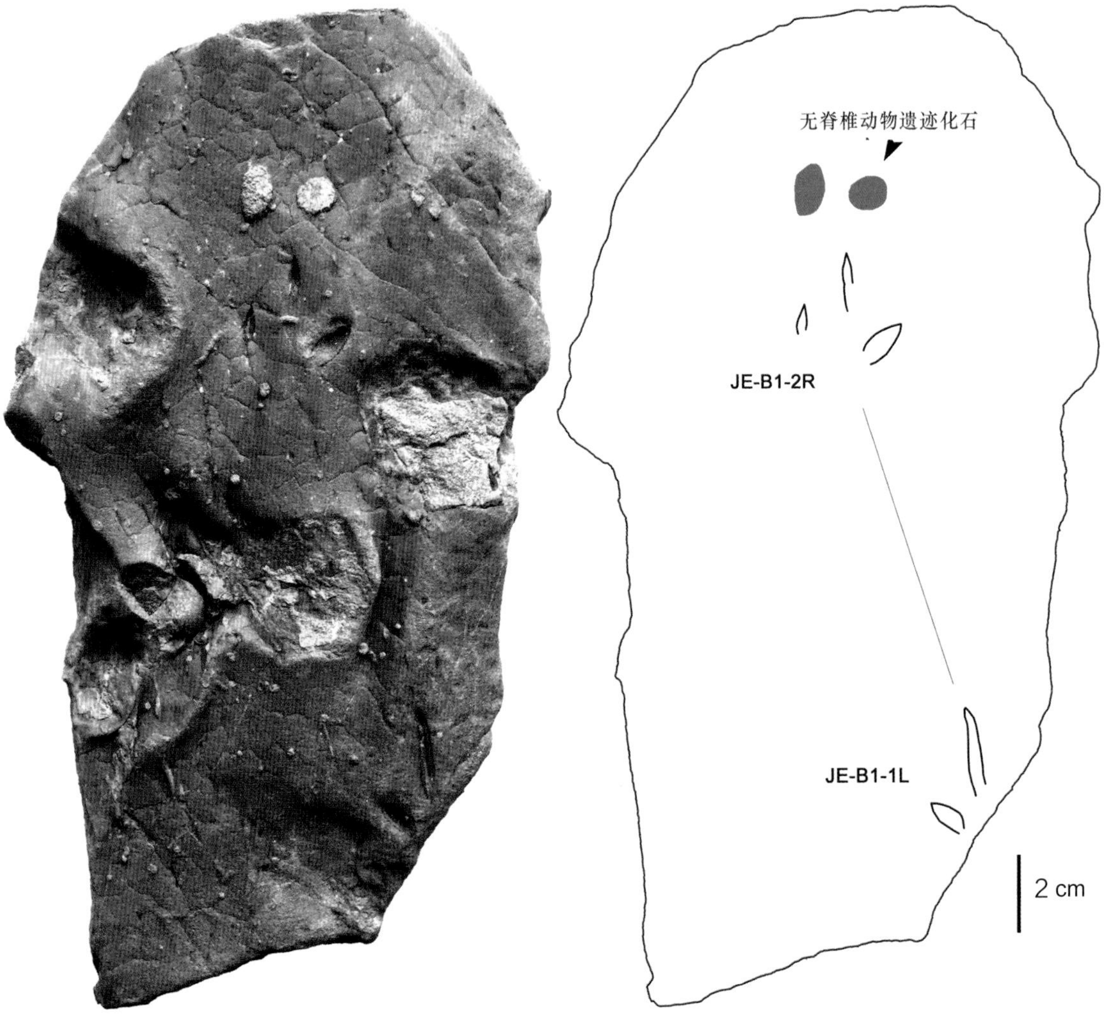

无脊椎动物遗迹化石

JE-B1-2R

JE-B1-1L

2 cm

觉恩足迹点韩国鸟足迹未定种（*Koreanaornis* isp.）照片及轮廓图（引自 Xing et al.，2017b）

觉恩的韩国鸟足迹（*Koreanaornis*）是西藏地区中生代鸟足迹化石的首次发现。

西藏丁青县觉恩乡，上白垩统班达组

2.19 广东

广东的恐龙足迹化石目前只发现于南雄市一带，其类型较丰富，主要为晚白垩世鸭嘴龙足迹。此外，在佛山市狮山镇附近还产大量的鸟足迹化石，这是中国乃至东亚早古新世鸟类足迹的首次发现。尽管这些鸟足迹从地质时代上已经进入新生代，但考虑到其与白垩纪的继承性以及足迹类型的多样性，也将其收入本书中。

2.19.1 南雄

南雄的恐龙足迹发现也较早。20世纪80年代初，地质工作者曾在南雄群中发现过小型兽脚类恐龙足迹。1984年，中-德科学考察队在油山镇附近杨梅坑足迹点发现20多枚恐龙足迹，其中包括两枚可能的蜥脚类足迹。2004年，方晓思和张显球在南雄古市镇附近发现14枚鸭嘴龙足迹，这是该足迹属在广东省的首次发现。邢立达（2009c）等对南雄的恐龙足迹进行初步研究，根据3条行迹（共12枚足迹）建立新足迹种南雄鸭嘴龙足迹（*Hadrosauropodus nanxiongensis*）。*Hadrosauropodus nanxiongensis*乃中等大小的鸭嘴龙足迹，为三趾型，足迹长大于宽，无前足迹及尾迹；Ⅱ－Ⅳ趾趾间角为51°~95°，在Ⅱ趾后侧部边缘有圆突，Ⅳ趾趾迹宽是Ⅱ趾的两倍。

2017年，邢立达等又研究报道了在南雄杨梅坑新足迹点发现的30多枚脊椎动物的足迹，以及在杨梅坑东南约9 km的蜡树园发现的至少6枚鸭嘴龙足迹（*Hadrosauropodus*）。杨梅坑新足迹点主要为鸟脚类足迹，分为大型（长42~63 cm）、中型（长约29 cm）和小型（长13~19 cm）等3类。大型者归入南雄鸭嘴龙足迹（*Hadrosauropodus nanxiongensis*）和鸭嘴龙足迹未定种（*Hadrosauropodus* isp.），小型者仅保存后足前部的趾迹，未发现足跟及前足迹，可能是上部层位鸟脚类后足迹形成的幻迹（Xing et al.，2017e）。除鸟脚类足迹外，还发现1枚三趾型兽脚类足迹，足迹长8.3 cm，宽8.6 cm，形态与敏捷舞足迹（*Wupus agilis*）类似（但*Wupus*已被归入鸟类足迹）。此外，还发现1个可能的翼龙足迹（长17.7 cm，长宽比值为2）和两枚大型两趾型足迹（长和宽分别为39 cm、19 cm和28 cm、14.5 cm）。大型两趾型足迹被解释为三趾型兽脚类足迹因保存原因的产物。

南雄是我国著名的恐龙蛋和恐龙骨骼化石产地。研究表明，这里的恐龙足迹化石也同样极为丰富。因此，南雄为我国南方晚白垩世恐龙和其他脊椎动物多样性最显著的地区之一。

南雄鸭嘴龙足迹（*Hadrosauropodus nanxiongensis*）野外露头照片

广东南雄市杨梅坑，上白垩统主田组

南雄鸭嘴龙足迹（*Hadrosauropodus nanxiongensis*）行迹照片（引自 Xing et al.，2009c）

行迹 A 为南雄鸭嘴龙足迹的 3 条正模行迹之一。箭头为恐龙行进方向。

广东南雄市杨梅坑，上白垩统主田组

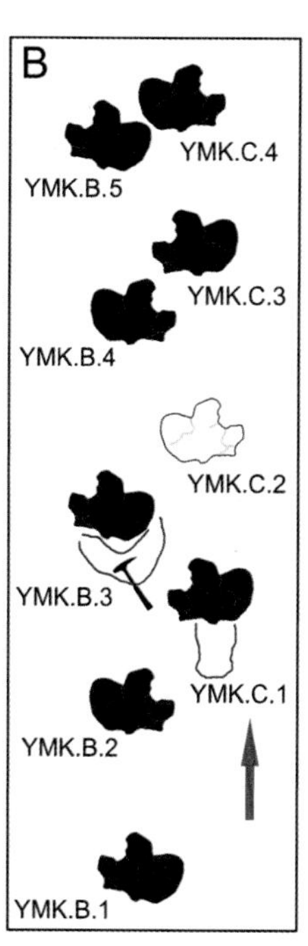

南雄鸭嘴龙足迹（*Hadrosauropodus nanxiongensis*）行迹照片及轮廓图（引自 Xing et al., 2009c）

行迹 B 和 C 也是 *H. nanxiongensis* 正模行迹，图中箭头指示恐龙行进方向。

广东南雄市杨梅坑，上白垩统主田组

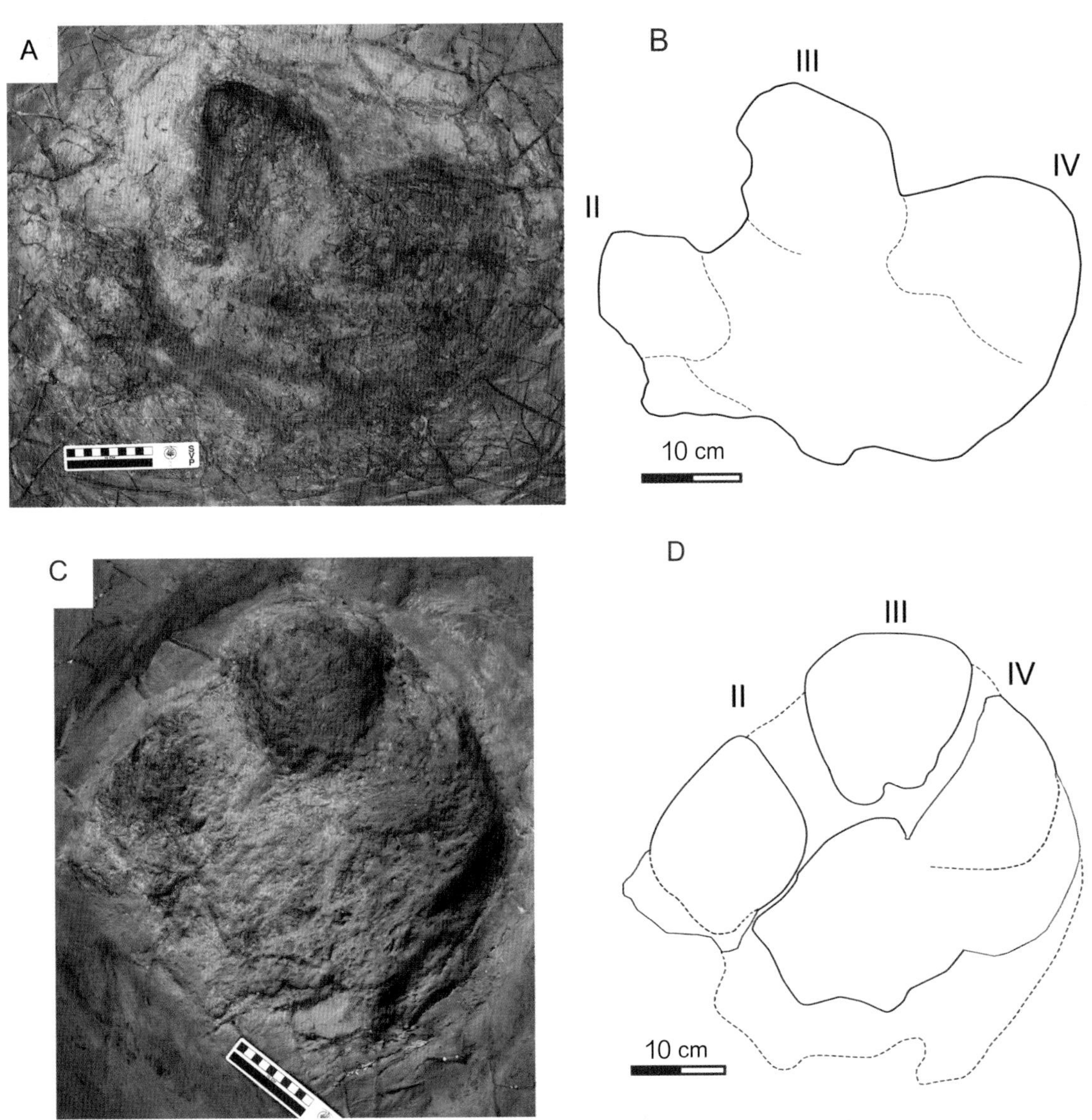

南雄鸭嘴龙足迹（*H. nanxiongensis*）正模足迹照片及轮廓图（引自 Xing et al., 2009c）

A 为行迹 A 中的第 2 个足迹（编号为 YMK.A.2），为正模足迹，最大长和宽分别为 40.38 cm 和 51.32 cm；Ⅱ－Ⅲ趾、Ⅲ－Ⅳ趾、Ⅱ－Ⅳ趾趾间角分别为 45°、50° 和 95°。B 为正模足迹之一，长和宽分别为 37.86 cm 和 27.38 cm；Ⅱ－Ⅲ趾、Ⅲ－Ⅳ趾、Ⅱ－Ⅳ趾趾间角分别为 21°、30° 和 51°。罗马数字为趾编号，照片中比例尺为 10 cm。

广东南雄市杨梅坑，上白垩统主田组

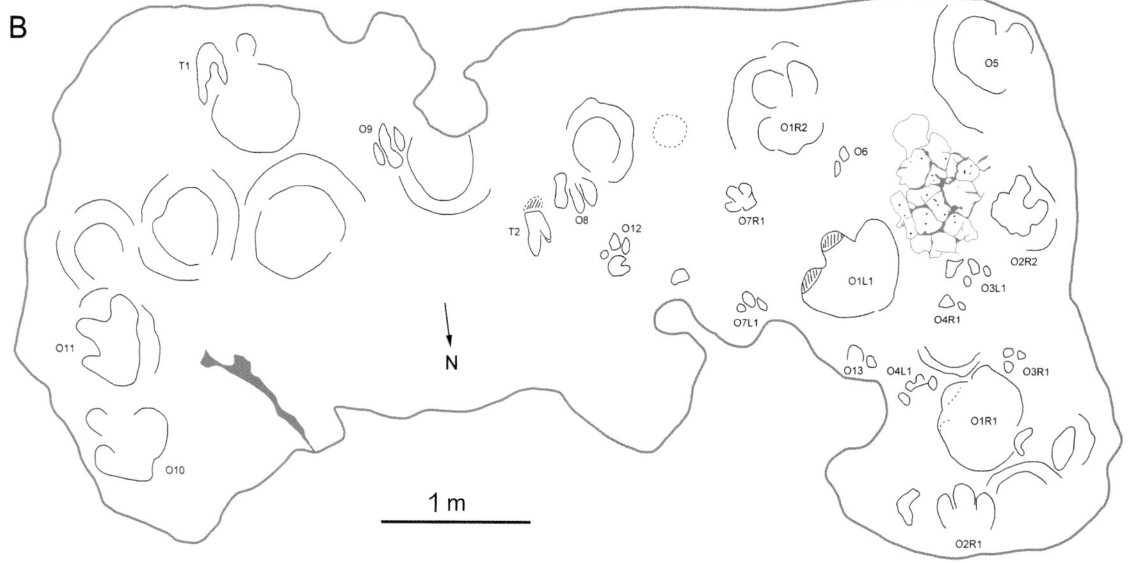

1个小型露头3D图像（A）及足迹平面分布轮廓图（B）（引自 Xing et al., 2017e）

开头字母编号为O的足迹均为鸟脚类足迹，如图所示，其有大、中、小3种类型，大型、中型者可分别归入南雄鸭嘴龙足迹（*Hadrosauropodus nanxiongensis*）和鸭嘴龙足迹未定种（*Hadrosauropodus* isp.）。图中3个大型足迹O1R1、O1L1和O1R2组成1条行迹；在左上角和中部有两个两趾型的足迹，编号分别为T1和T2，它们应该是兽脚类恐龙足迹。

注意，鸟脚类足迹O1L1和O5之间的区域泥裂构造及无脊椎动物遗迹化石特别发育。

广东南雄市杨梅坑，上白垩统主田组

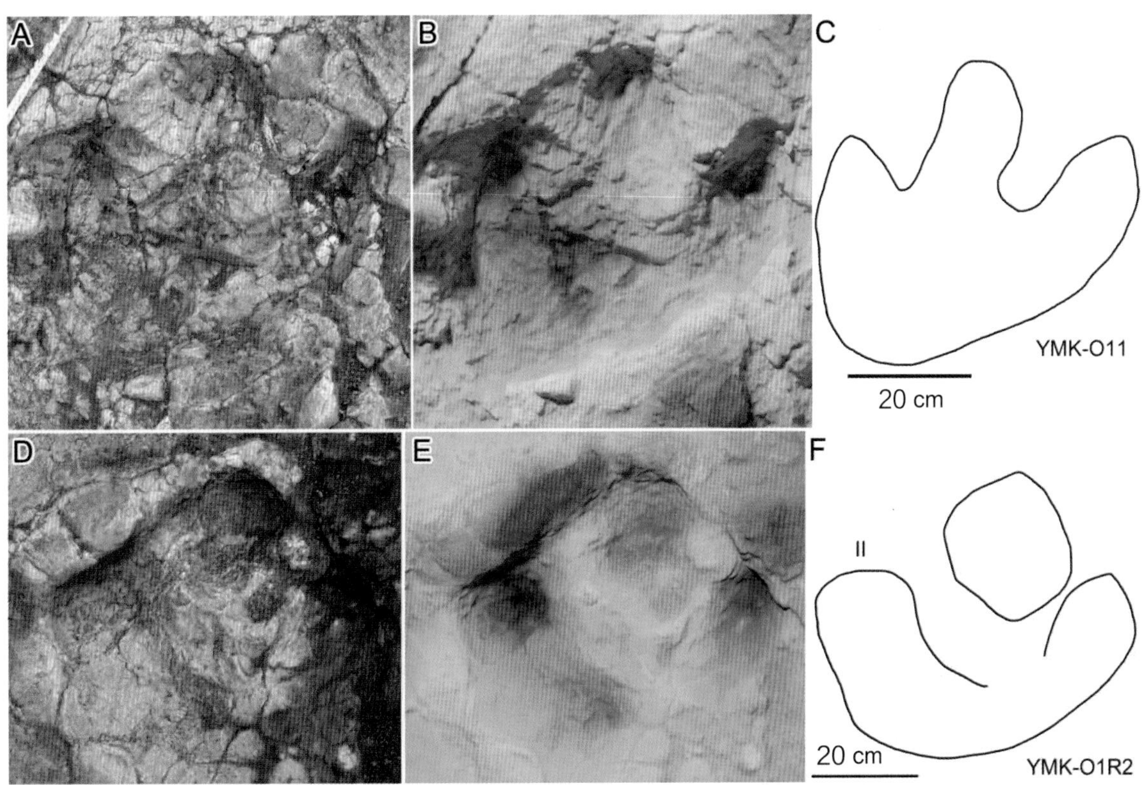

杨梅坑大型鸟脚类恐龙足迹照片、3D 图像及轮廓图（引自 Xing et al.，2017e）

杨梅坑的大型鸟脚类足迹被归入南雄鸭嘴龙足迹（*Hadrosauropodus nanxiongensis*），图为其中有代表性的两个足迹（编号为 YMK-O11 和 YMK-O1R2）。

广东南雄市杨梅坑，上白垩统主田组

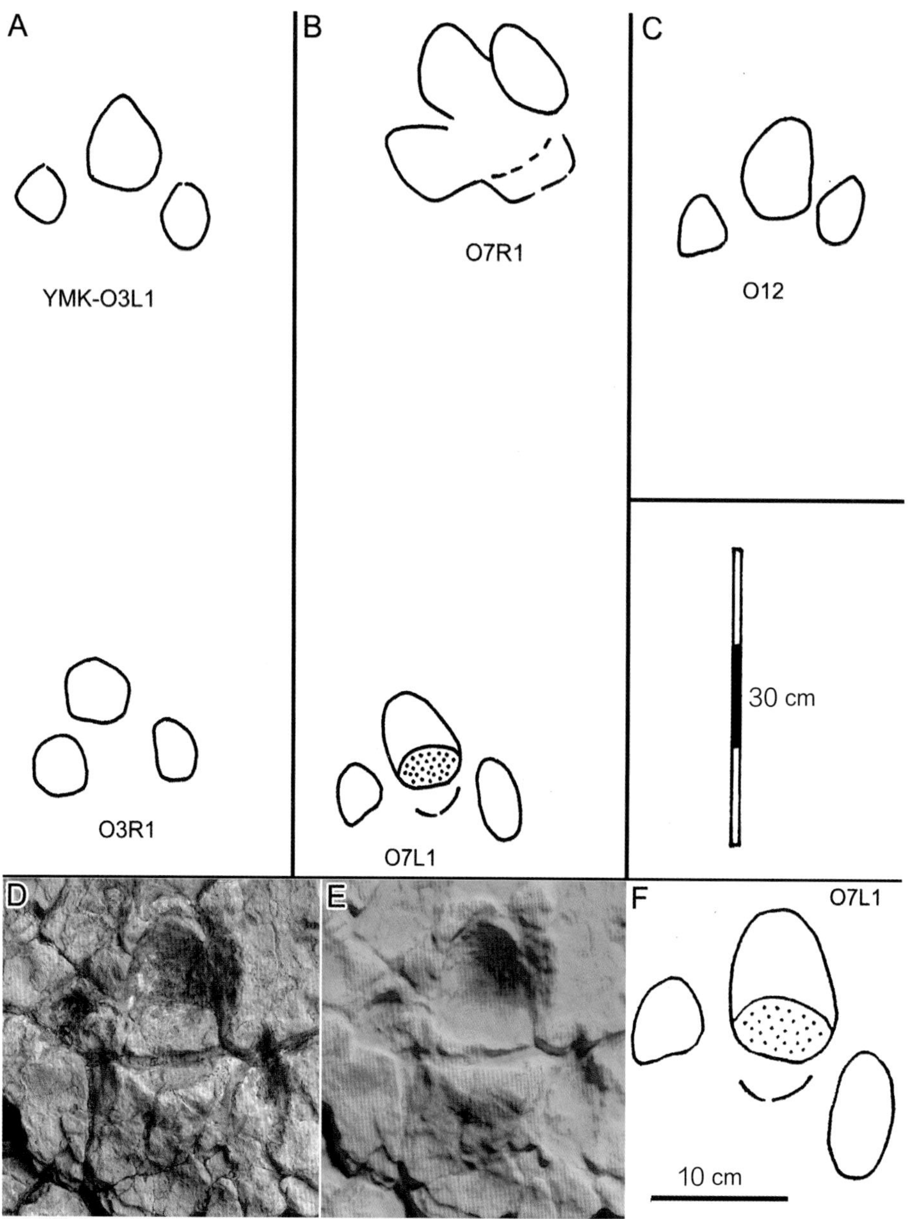

杨梅坑足迹点小型鸟脚类足迹照片、3D 图像及轮廓图（引自 Xing et al.，2017e）

A 中 O3R1 和 O3L1 可能为 1 个单步，B 中 O7L1 和 O7R1 可能组成 1 个单步，C 为孤单足迹 O12 的轮廓图，D、E 和 F 为孤单足迹 O7L 的照片、3D 图像及足迹轮廓图。广东南雄市杨梅坑，上白垩统主田组

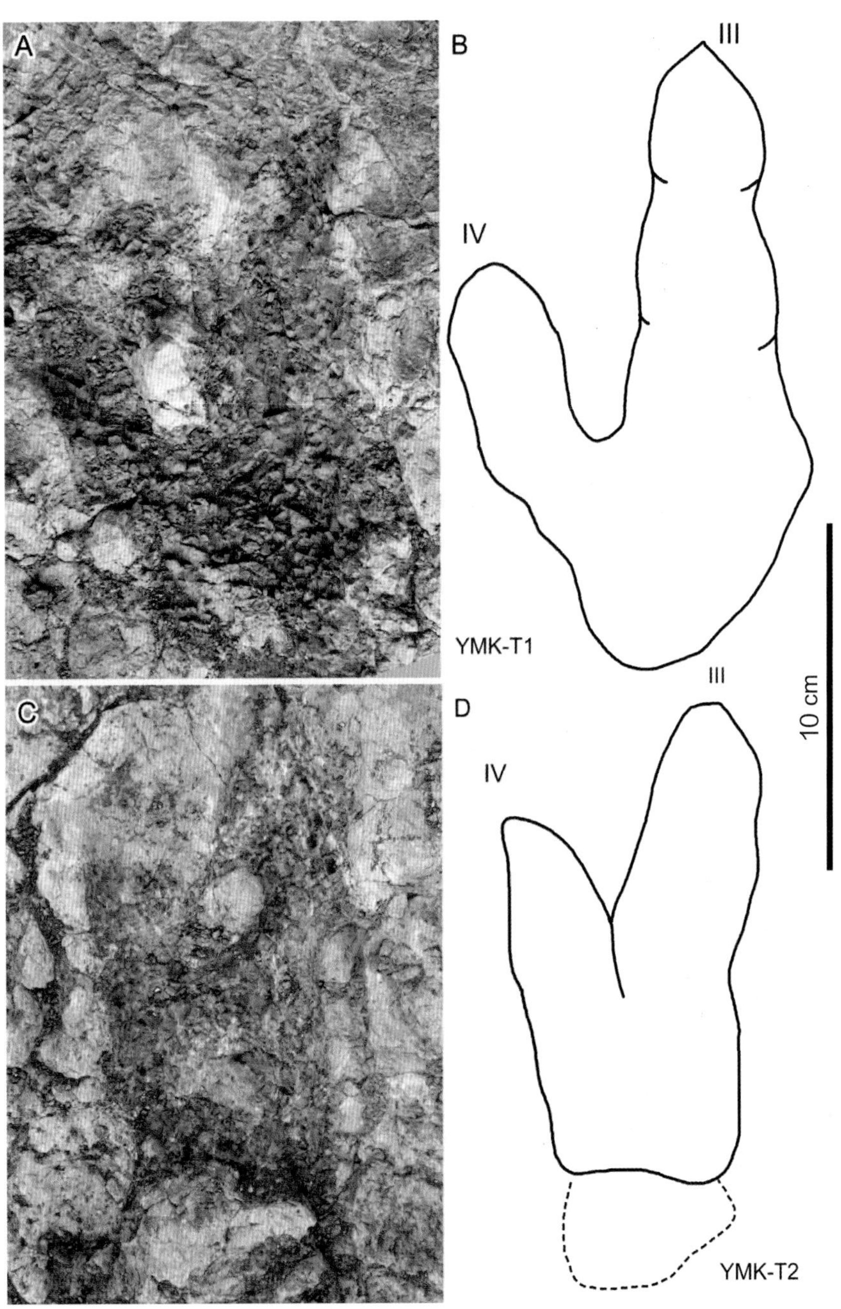

杨梅坑足迹点两趾型足迹照片及轮廓图（引自 Xing et al.，2017e）

两个大型两趾型足迹 T1 和 T2 的长和宽分别为 39 cm、19 cm 和 28 cm、14.5 cm。

这两枚足迹暂定为恐爪类的足迹，也可能是三趾型兽脚类足迹保存不佳而形成的两趾，而不是恐爪龙类的功能性两趾。

广东南雄市杨梅坑，上白垩统主田组

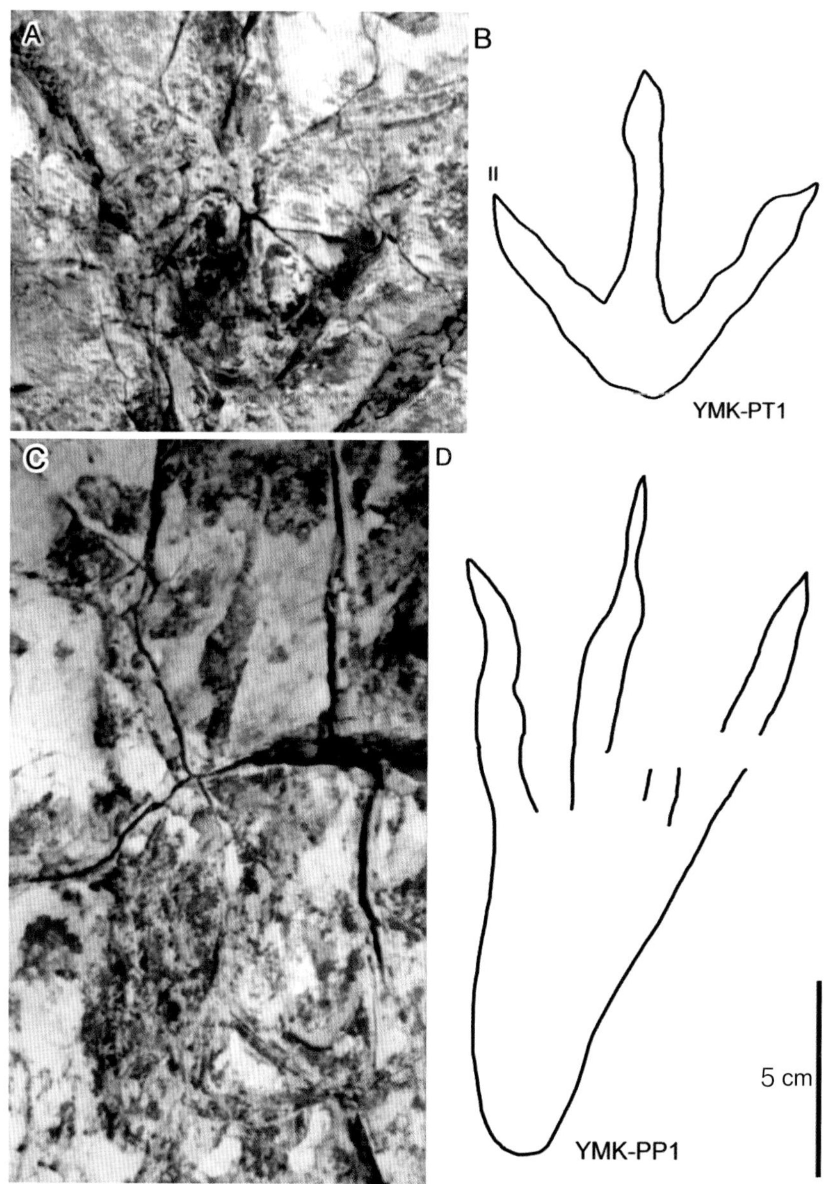

杨梅坑兽脚类和翼龙足迹照片及轮廓图（引自 Xing et al.，2017e）

A 和 B 为与鸟足迹属舞足迹（*Wupus*）类似的兽脚类恐龙足迹照片及轮廓图，C 和 D 为可能的翼龙后足迹照片及轮廓图。

兽脚类足迹的长和宽分别为 8.3 cm 和 8.6 cm；翼龙足迹长 17.7 cm，长宽比值为 2。

广东南雄市杨梅坑，上白垩统主田组

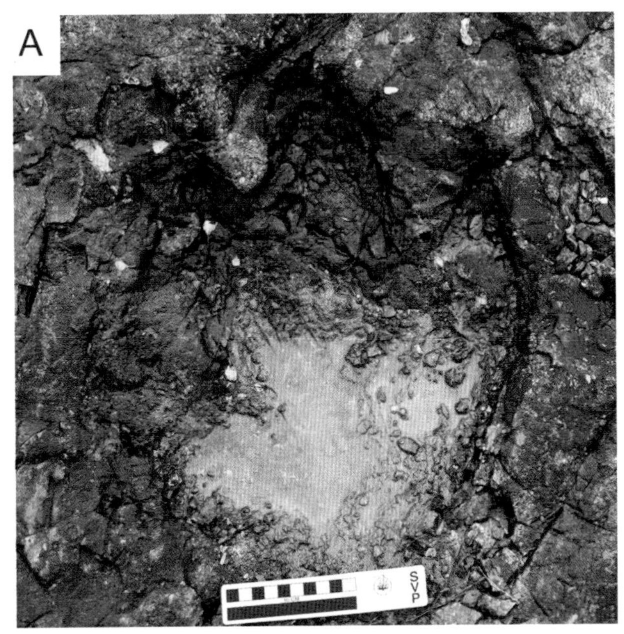

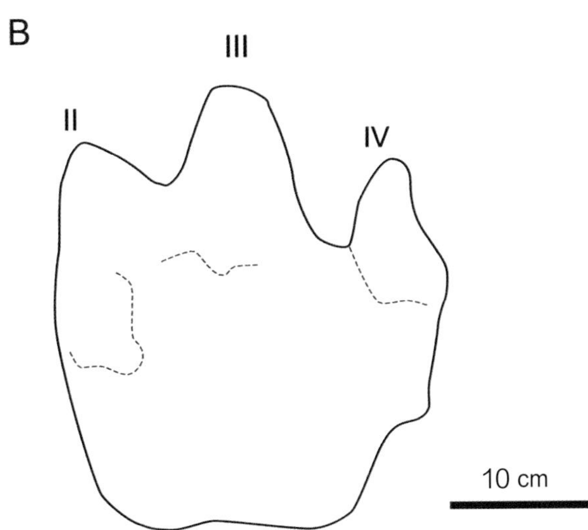

古市足迹点鸭嘴龙足迹未定种（*Hadrosauropodu* isp.）照片及轮廓图（引自 Xing et al., 2009c）

足迹长和足迹宽分别为 36.22 cm 和 25.95 cm，Ⅱ－Ⅲ趾、Ⅲ－Ⅳ趾、Ⅱ－Ⅳ趾趾间角分别为 22°、25° 和 45°。

广东南雄市古市镇，上白垩统主田组

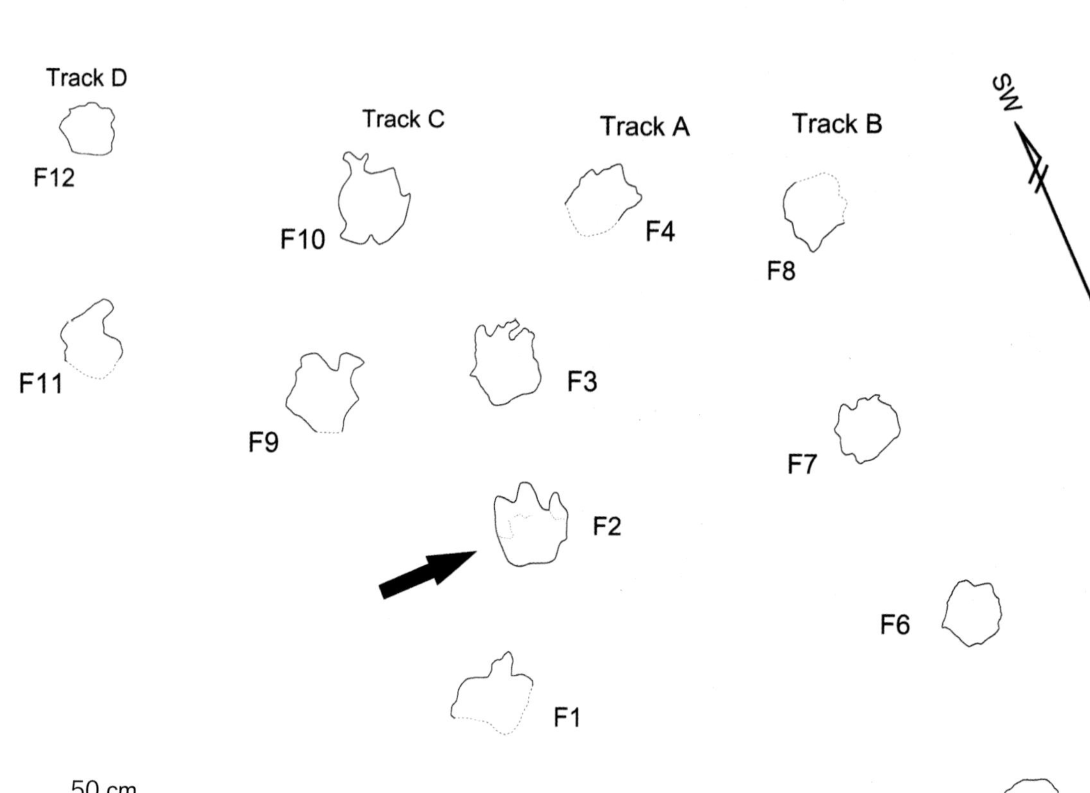

古市足迹点鸭嘴龙足迹（*Hadrosauropodus*）分布轮廓图（引自 Xing et al., 2009c）

该足迹点共有 14 枚足迹，较清晰的足迹有 12 枚，其中 F2 保存最好（如箭头所示）。

足迹为三趾型，无尾迹和前足迹，足迹长宽比值为 1.4；Ⅱ趾迹最短，呈等腰三角形，Ⅲ趾迹最长；所有爪迹（尤其是Ⅲ趾）均呈抛物线状；Ⅱ－Ⅲ趾趾间角略小于Ⅲ－Ⅳ趾趾间角（25°）。

广东南雄市古市镇，上白垩统主田组

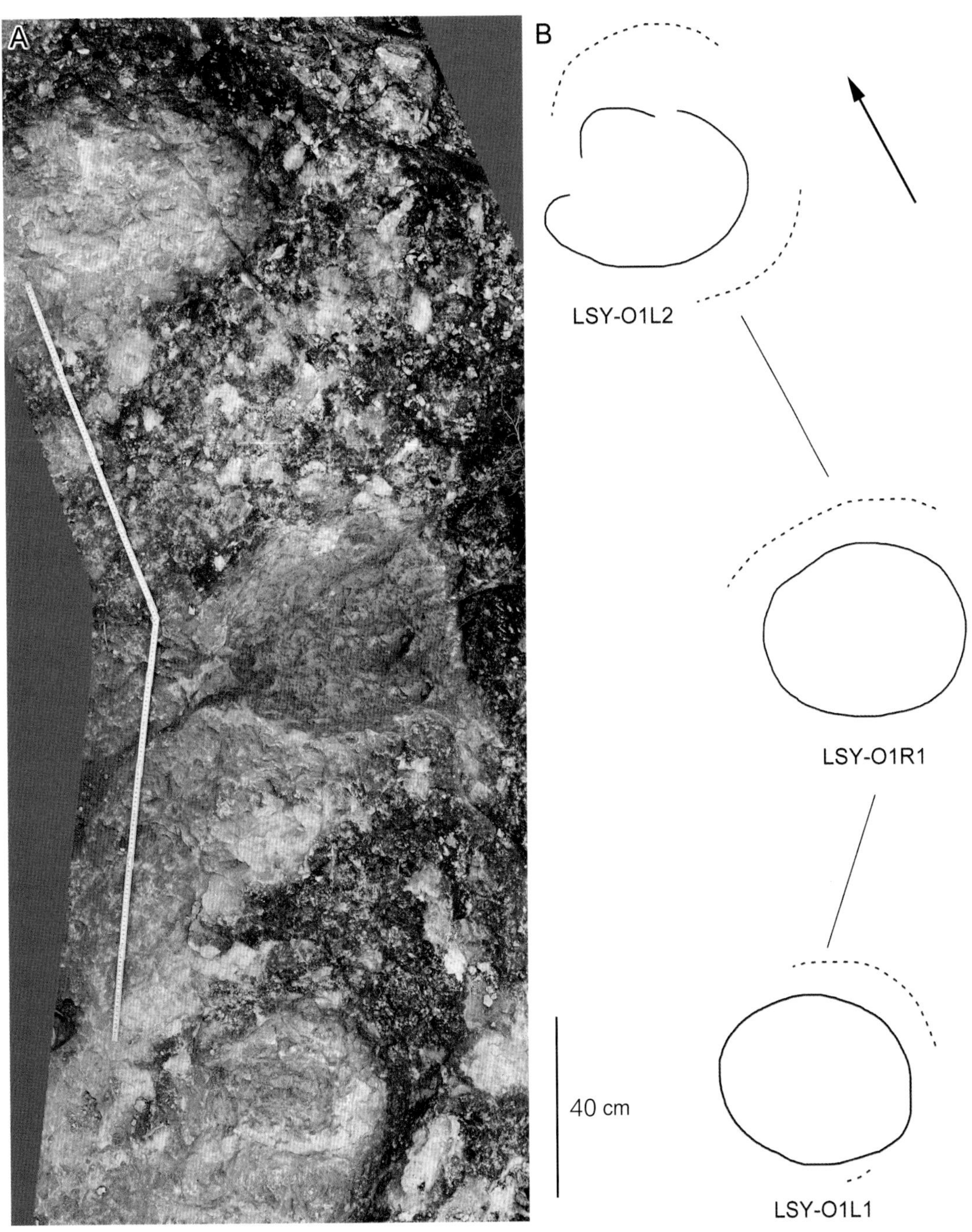

腊树园足迹点 1 条鸟脚类行迹照片及轮廓图（引自 Xing et al.，2017e）

腊树园足迹点发现至少 6 枚足迹，为双足行走，平均足长 34.3 cm，被归入鸭嘴龙足迹属（*Hadrosauropodus*）。

图中 3 枚足迹构成 1 条行迹，LSY–O1L1、LSY–O1R1 和 LSY–O1L2 分别为左 – 右 – 左足迹，箭头为行迹方向。

广东南雄市腊树园村，上白垩统主田组

2.19.2 佛山南海

足迹化石点位于佛山市南海区狮山镇华涌村附近，含化石地层为古近系古新统下部华涌组。

根据邢立达等（Xing et al.，2014b）研究，共发现3块石板，其中两块石板上保存了340多枚鸟足迹化石，另一块石板上有21枚足迹。足迹主要为三趾型，也有四趾型，还有少量趾间带蹼的类型。根据形态和大小又分为5种类型。

类型1为大型（平均长和宽分别为4.7 cm、6.3 cm）对称的（Ⅱ－Ⅲ趾和Ⅲ－Ⅳ趾趾间角均约59°）非等趾鸟足迹，Ⅲ趾最长；Ⅰ趾时有保存，指向内侧和后内侧，Ⅰ－Ⅱ趾趾间角大（平均为121°）；行迹窄，Ⅲ趾几乎位于行迹中线之上，步长为足长的3倍。

类型2为小至中型（平均长和宽分别为2 cm、2.4 cm）微不对称（Ⅱ－Ⅲ趾间角 < Ⅲ－Ⅳ趾间角）的非等趾鸟足迹，Ⅱ－Ⅳ趾趾间角不等，平均为105°；趾末端变尖，具爪迹；Ⅱ、Ⅲ趾在近端聚合，而Ⅳ趾长而分开；足迹相对于行迹中线内撇，步长约为足长的5倍。

类型3为大型（平均长和宽分别为6.7 cm、9.5 cm）微对称的（Ⅱ－Ⅲ趾间角 < Ⅲ－Ⅳ趾间角）的非等趾鸟足迹，Ⅱ－Ⅳ趾趾间角大（129°）；趾迹纤细而纵长，Ⅲ趾最长，Ⅰ趾迹偶尔出现，长度最短，位于Ⅲ趾迹长轴的后部；行迹窄，步长是足长的2~3倍。

类型4为小型（平均长和宽分别为1.9 cm、2.9 cm）非等趾鸟足迹，Ⅱ－Ⅳ趾趾间角很大（平均为121°），Ⅱ－Ⅲ趾间角（60°）< Ⅲ－Ⅳ趾间角（62°）；趾迹较粗，末端变尖，具爪迹；可能在有些足迹中偶见不对称脚蹼印迹。

类型5为中大型（平均长和宽分别为5.7 cm和7.7 cm）非等趾鸟足迹，宽大于长，趾间角一般较大（137°），微不对称（Ⅱ－Ⅲ趾间角 > Ⅲ－Ⅳ趾间角）；趾纤细且末端变尖，Ⅲ、Ⅳ趾长于Ⅱ趾；未见趾垫印迹，趾近端不聚合；有脚蹼印迹，其在Ⅲ－Ⅳ趾间发育优于Ⅱ－Ⅲ趾，显示出现生半蹼滨鸟的足迹特点。

研究者将前4种类型分别归入*Gruipeda*（鹤足迹）、cf. *Aviadactyla*（鸟趾足迹）、*Fuscinapeda*（叉状足迹）和cf. *Avipeda*（鸟足迹）4个足迹属；类型5与*Fuscinapeda*（叉状足迹）有类似处，但也有不同，其归属暂时未定。根据足迹化石分析，造迹鸟类有小中型的滨鸟、大型的雉鸡类和类鹤鸟，以及鹭类鸟等。总之，在新生代伊始的早古新世，佛山地区的鸟类多样性很突出，种群丰富。

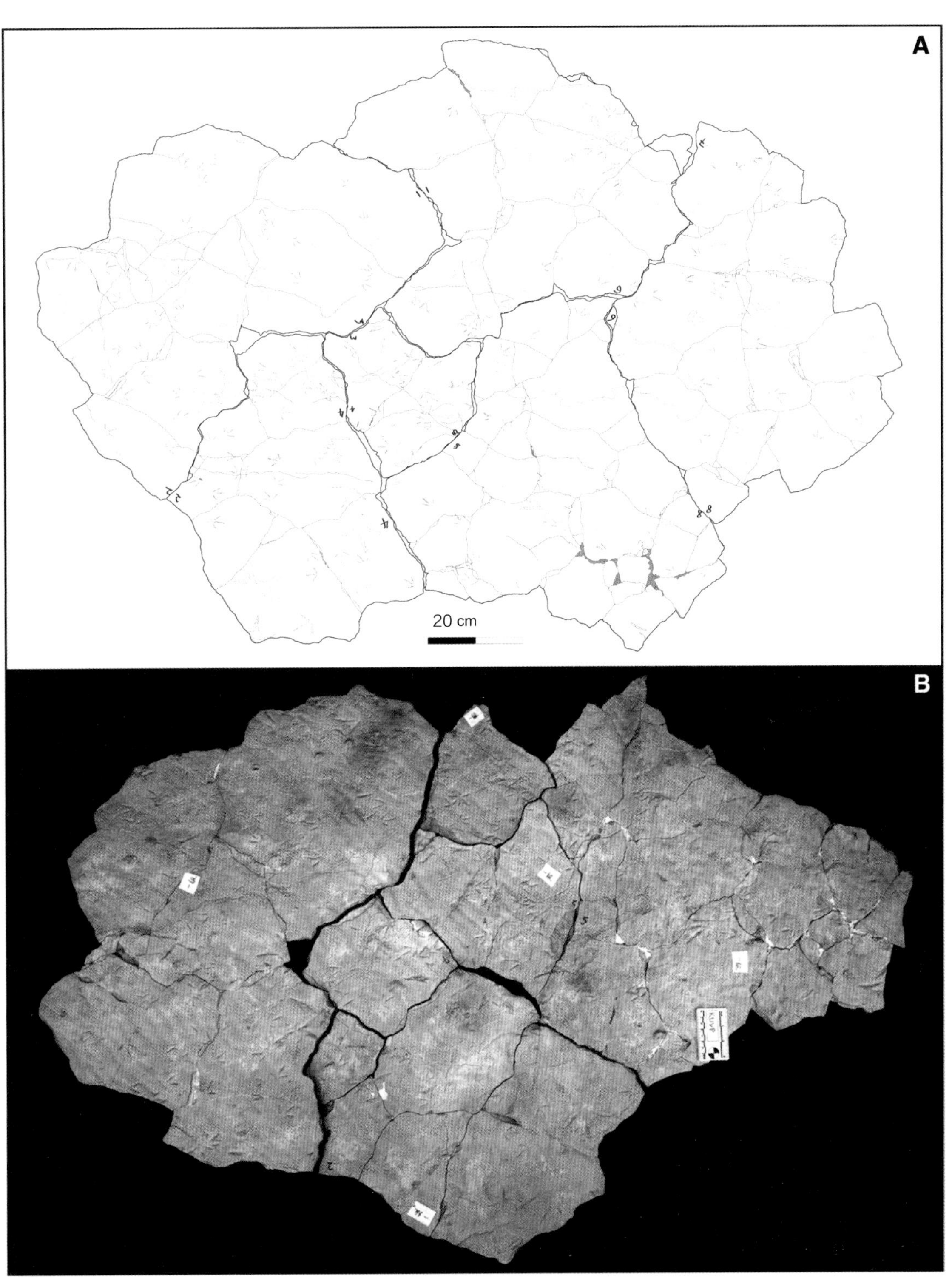

石板 1 上保存的鸟足迹化石轮廓图 (A) 及照片 (B)（引自 Xing et al.，2014b）

标本编号为 IVPP V 18341-1，照片中比例尺为 8 cm。

广东佛山市南海区狮山镇华涌村，古近系古新统下部华涌组

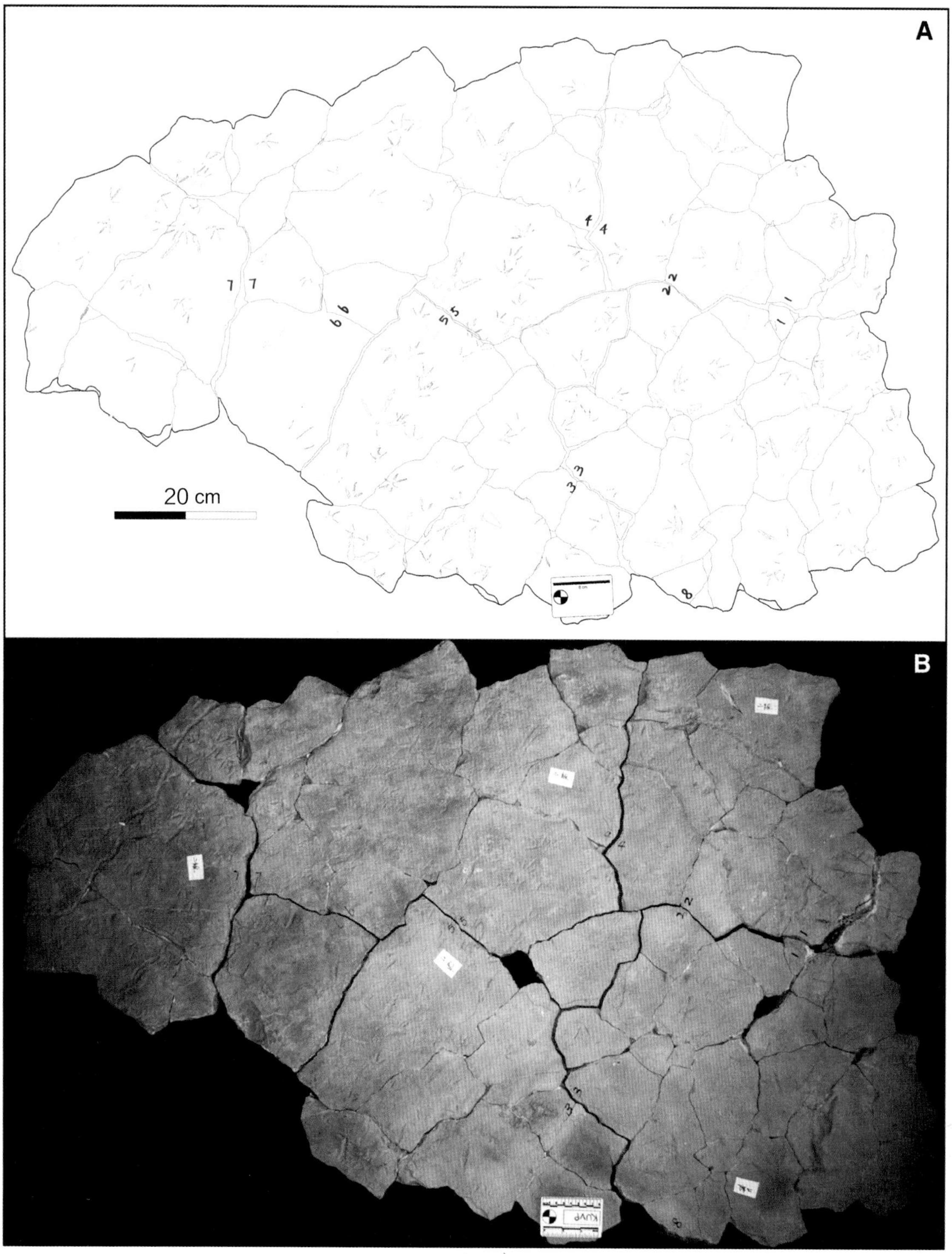

石板 2 上保存的鸟足迹化石轮廓图 (A) 及照片 (B)（引自 Xing et al.，2014b）

标本编号为 IVPP V 18341-2，照片中比例尺为 8 cm。

广东佛山市南海区狮山镇华涌村，古近系古新统下部华涌组

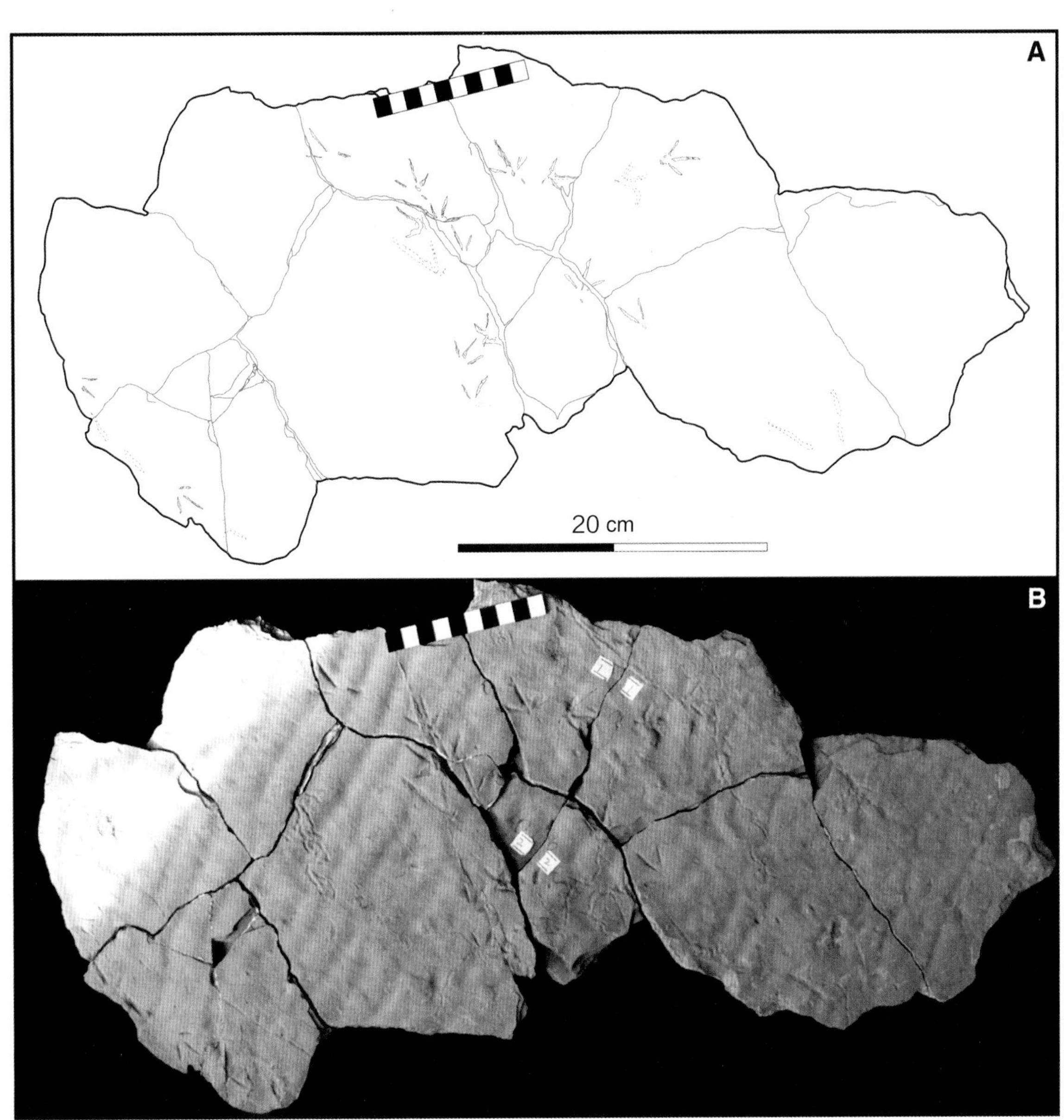

石板 3 上保存的鸟足迹化石轮廓图 (A) 及照片 (B)（引自 Xing et al.，2014b）

标本编号为 LUGP3-002，照片中比例尺为 10 cm。

广东佛山市南海区狮山镇华涌村，古近系古新统下部华涌组

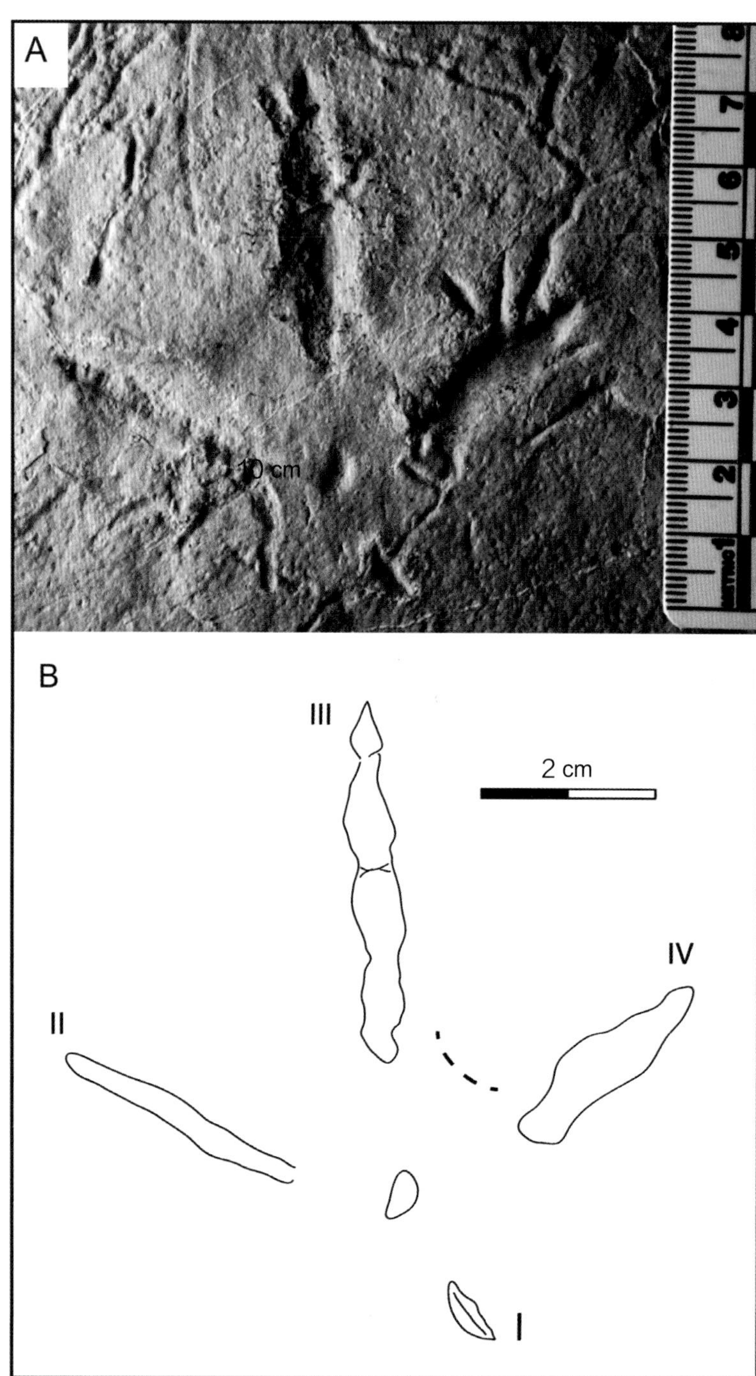

鸟足迹（类型1）照片（A）及轮廓图（B）（引自 Xing et al., 2014b）

鸟足迹（e.43）产自石板2（IVPP V 18341–2）。照片中比例尺刻度为 cm。

广东佛山市南海区狮山镇华涌村，古近系古新统下部华涌组

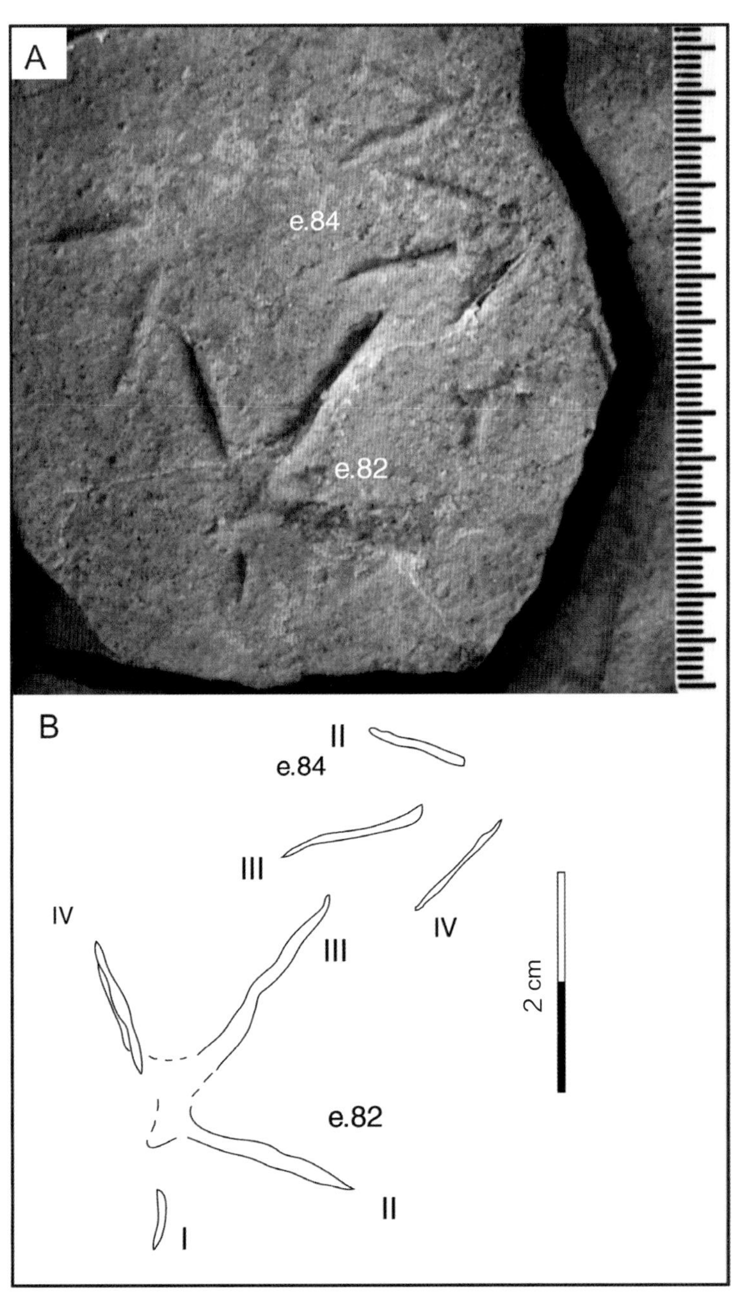

乌足迹（类型 2 和类型 1）照片（A）及轮廓图（B）（引自 Xing et al.，2014b）

鸟足迹（e.84 和 e.82）产自石板 2（IVPP V18341–2）。足迹 e.84 为类型 2 的代表，足迹 e.82 则为类型 1 的变种。

照片中的比例尺刻度为 cm。

广东佛山市南海区狮山镇华涌村，古近系古新统下部华涌组

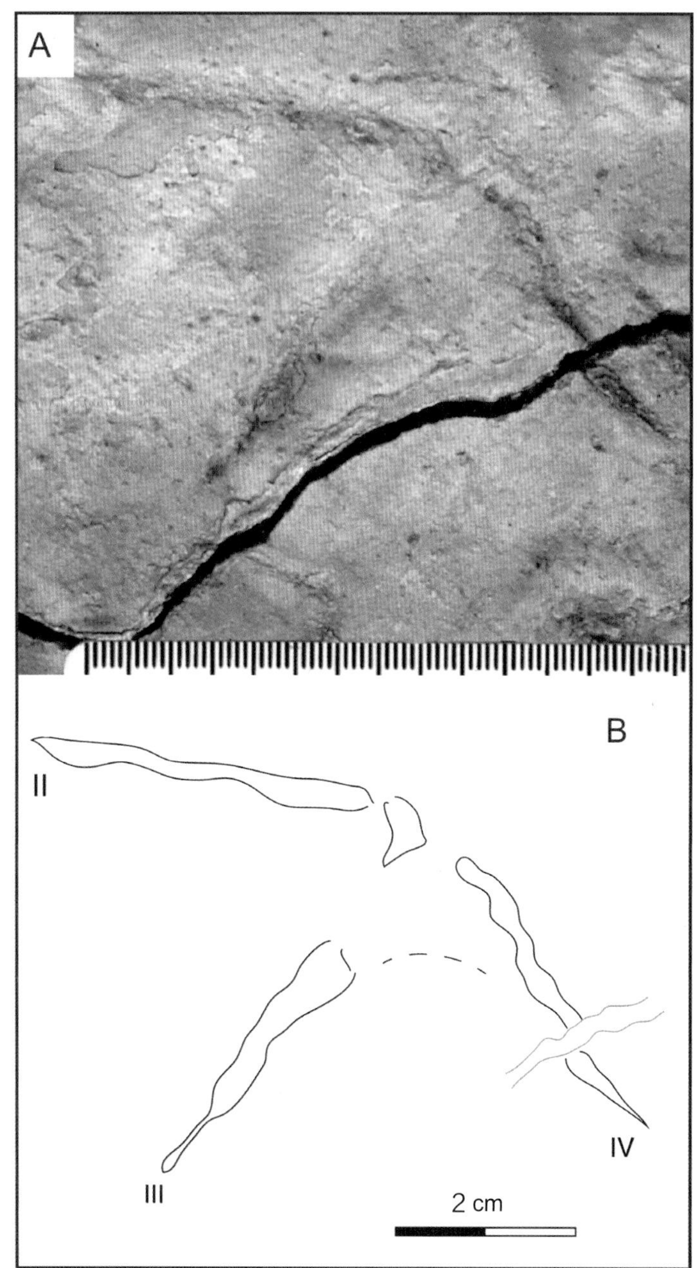

乌足迹（类型 3）照片（A）及轮廓图（B）（引自 Xing et al.，2014b）

鸟足迹（y.180）产自石板 1（IVPP V 18341–1），注意Ⅱ、Ⅳ趾近端细小的蹠趾垫印迹。

照片中的比例尺刻度为 cm。

广东佛山市南海区狮山镇华涌村，古近系古新统下部华涌组

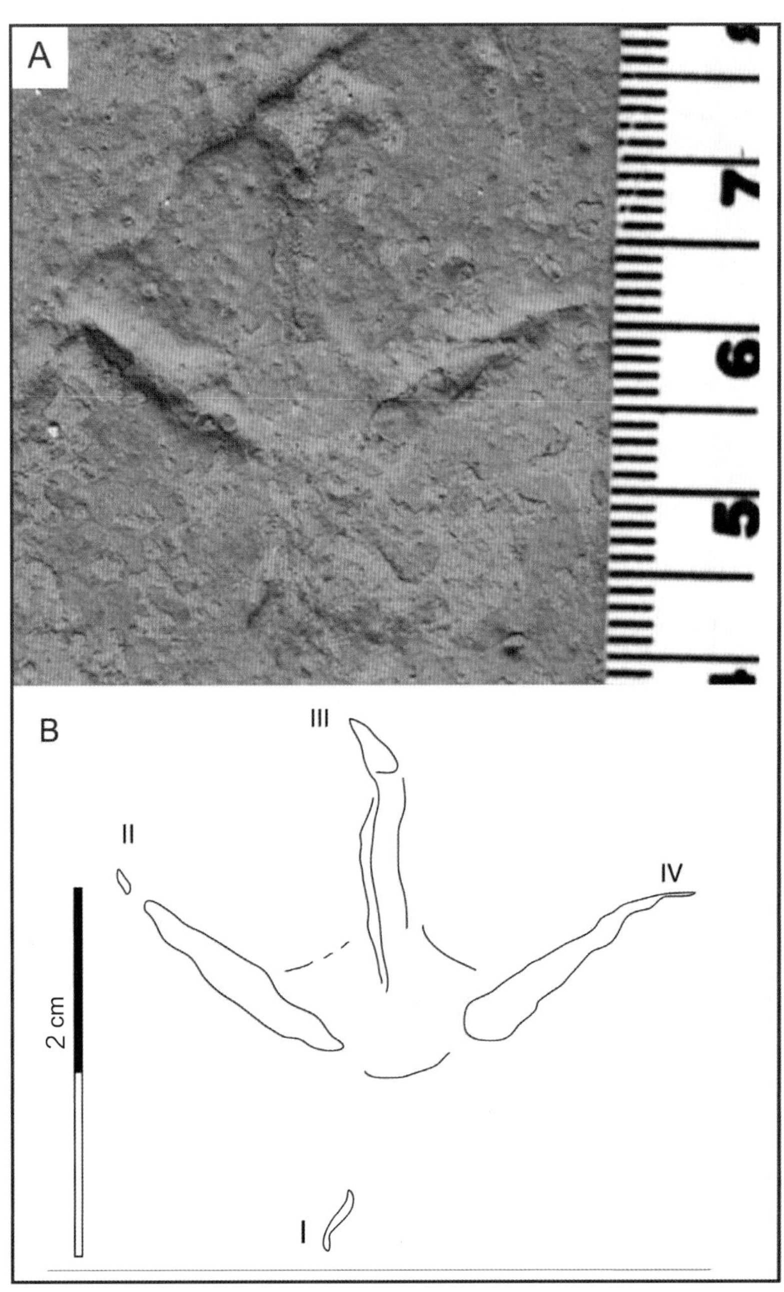

鸟足迹（类型 4）照片（A）及轮廓图（B）（引自 Xing et al.，2014b）

鸟足迹（e.74）产自石板 2（IVPP V 18341-2），照片中的比例尺刻度为 cm。

广东佛山市南海区狮山镇华涌村，古近系古新统下部华涌组

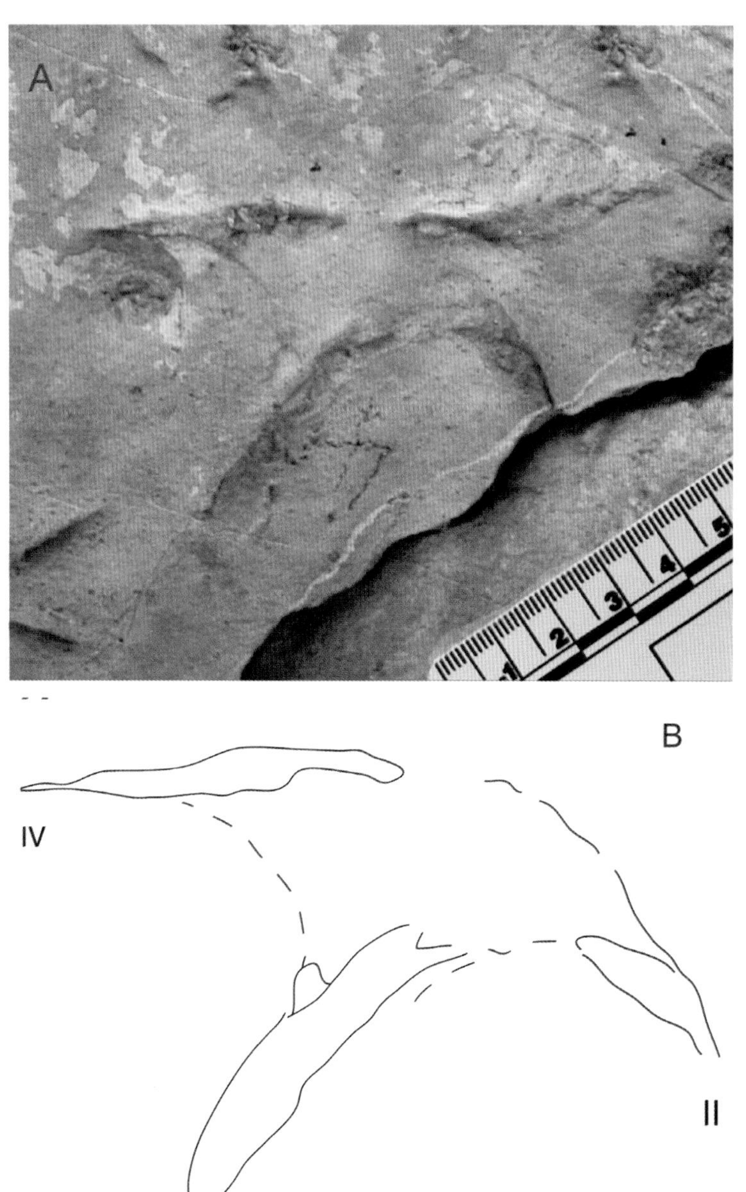

鸟足迹（类型 5）照片（A）及轮廓图（B）（引自 Xing et al.，2014b）

鸟足迹（y.140）产自石板 1（IVPP V 18341-1），注意Ⅲ、Ⅳ两趾间发育的半蹼状构造。

照片中比例尺刻度为 cm。

广东佛山市南海区狮山镇华涌村，古近系古新统下部华涌组

2.20 浙江

浙江的恐龙足迹化石比较丰富，主要分布于丽水（Matsukawa et al.，2006，2009；Xing et al.，2018d）、东阳（Lü et al.，2010；Atsuma et al.，2013；Chen et al., 2013）等地。近几年来，据报道在义乌观音堂村（杜天明等，2015）、建德等地又发现了几个新的足迹点，但多数研究成果未见公开发表。

2.20.1 丽水莲都

丽水市的足迹化石位于莲都区下桥村，地层层位为下白垩统建德组，足迹可归入雷龙足迹属（*Brontopodus*），造迹恐龙可能为巨龙类蜥脚类恐龙。Matsukawa 等（2009）对下桥村化石点进行初步研究，识别出18个蜥脚类恐龙足迹。2018年，邢立达等利用3D图像技术等对下桥足迹点进行重新研究。但由于河水冲刷、风化等原因，仅识别出13个足迹，其中5个为孤单型，另外8个组成3条行迹。根据行迹跨距较宽等特点，将这批化石归入雷龙足迹（*Brontopodus*），造迹恐龙为巨龙类蜥脚类。这与浙江东部地区上白垩统金华组出产巨龙类礼贤江山龙（*Jiangshanosaurus lixianensis*）骨骼化石相吻合。

下桥村雷龙足迹（*Brontopodus*）野外露头照片（引自 Matsukawa et al.，2009）

照片中央的比例尺为 10 cm。

浙江丽水市莲都区老竹镇下桥村，下白垩统建德组

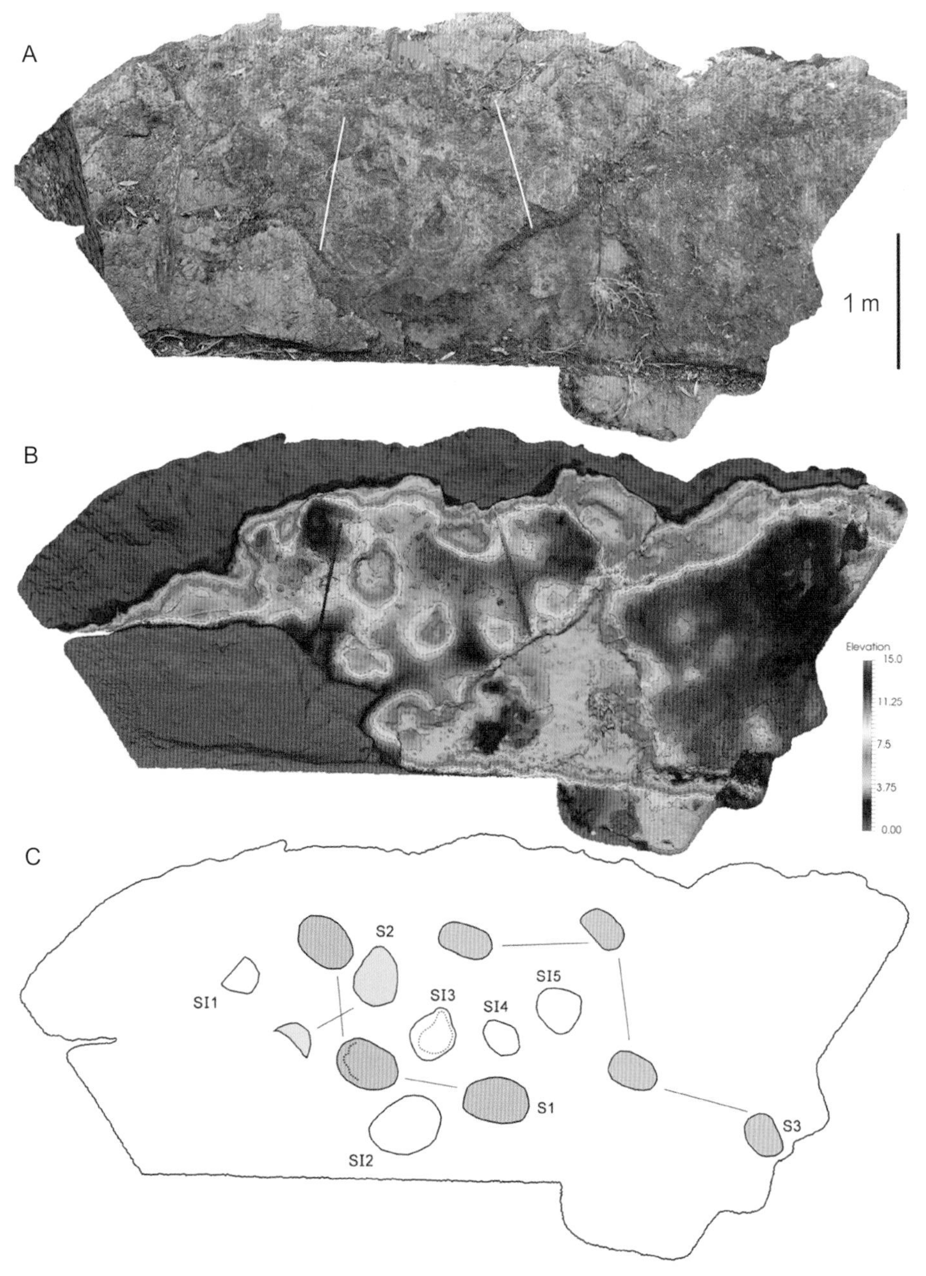

下桥足迹点野外照片（A）、3D 图像（B）及足迹平面分布图（引自 Xing et al.，2018d）

S1（紫色）、S2（绿色）和 S3（红色）为 3 条可能的行迹；足迹 SI2 长 53.5 cm，为这批足迹中最大者；足迹 SI4 仅长 30.4 cm，造迹恐龙可能为小型蜥脚类恐龙。

浙江丽水市莲都区老竹镇下桥村，下白垩统建德组

2.20.2 东阳

东阳市的足迹点较多，但多数规模较小，有的仅保留几枚足迹。2010年，吕君昌等考察报道了东阳风车口足迹点上白垩统方岩组（现为金华组）的足迹化石。该化石点的足迹类型较为丰富，包括1枚小型鸟脚类足迹，1枚较大的蜥脚类足迹，4枚翼龙足迹，以及许多鸟足迹。鸟足迹数量较多，1块石板上包含22枚足迹，其中8枚完整，并组成3条行迹。鸟足迹附近还有许多圆形的疑似鸟喙痕迹（Lü et al.，2010）。足迹点位于一个建设工地上，由于足迹露头很小，除鸟类足迹外，恐龙类足迹均呈孤单状，未形成行迹。

2013年，陈荣军根据在东阳上白垩统金华组发现的4枚翼龙足迹（1枚右后足迹和3枚前足迹），建立新足迹种——东阳翼龙足迹（*Pteraichnus dongyangensis*）。前足迹（手迹）Ⅱ－Ⅲ趾间角为29°，Ⅰ－Ⅱ趾间角为52°；后足迹长宽比值为0.17。前足迹长6.5 cm，宽4 cm；后足迹长9 cm，宽1.5 cm（Chen et al.，2013）。需要指出，邢立达等认为东阳的翼龙足迹与甘肃永靖下白垩统河口群的翼龙足迹差别不大，因此东阳翼龙足迹（*Pteraichnus dongyangensis*）是可疑学名（*momen dubium*）（Xing et al.，2018d）。

Azuma等（2013）则研究了在风车口足迹点发现的鸟足迹化石，根据3枚具蹼状构造的足迹建立新足迹属种——中国东阳鸟足迹（*Dongyangornipes sinensis*），还根据3块标本上的至少20枚三趾型足迹，识别出似咸安韩国鸟足迹（*Koreanaornis* cf.*hamanensis*）。中国东阳鸟足迹*Dongyangornipes sinensis*为具蹼状构造的三趾型足迹，长约3.5 cm，宽约4 cm，长宽比值为0.87，无拇趾印迹；Ⅱ－Ⅲ趾间的脚蹼较发育，从Ⅱ趾趾叉一直至Ⅲ趾外侧，而Ⅲ－Ⅳ趾间的脚蹼从Ⅳ趾趾叉至Ⅲ趾中部。似咸安韩国鸟足迹（*Koreanaornis* cf. *hamanensis*）则无脚蹼构造，足迹也较小，ZMNH-M5010标本上的3枚足迹平均长2.6 cm，平均宽3.6 cm，Ⅱ－Ⅳ趾趾间角为127.8°。

但Buckley等（2016）认为中国东阳鸟足迹（*Dongyangornipes sinensis*）是*Uhangrichnus chuni*的次异名。后者是韩国上白垩统Uhangari组（Campanian期）河湖相硅质碎屑岩中发现的一种具蹼的鸟足迹化石。但无论其归属如何，中国东阳鸟足迹（*Dongyangornipes sinensis*）是中国发现的第1例无争议的具有脚蹼构造的白垩纪鸟足迹化石。

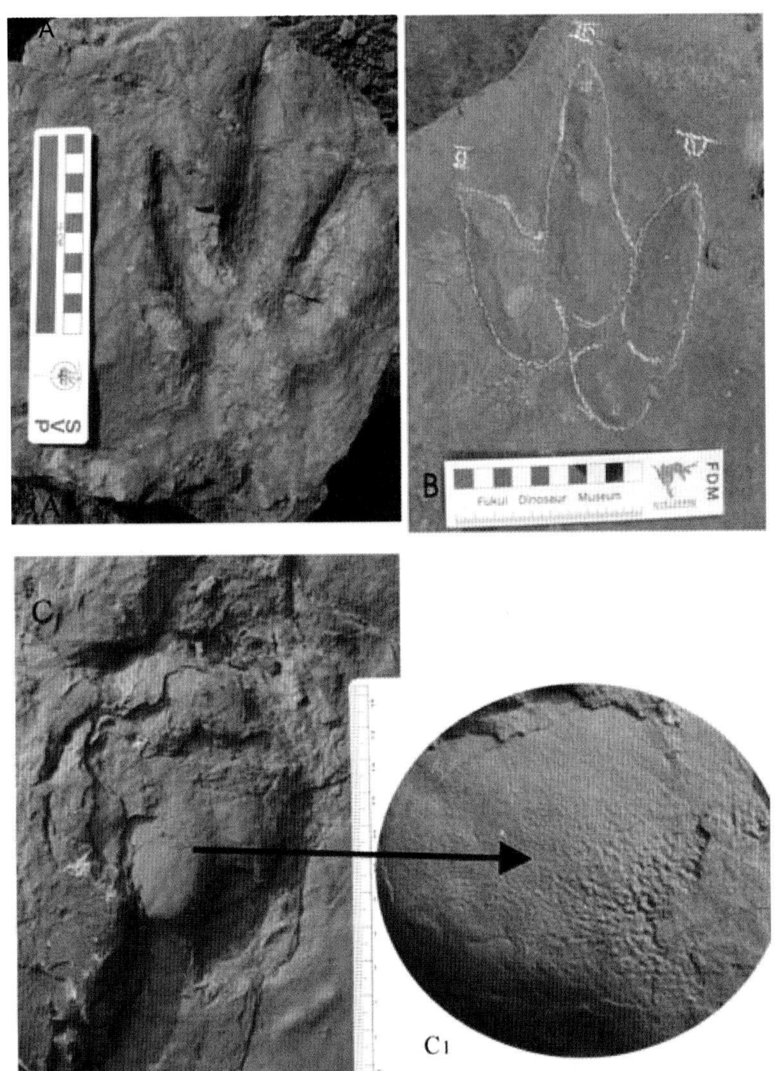

风车口足迹点恐龙足迹化石照片（引自 Lü et al.，2010）

A 和 B 为兽脚类恐龙足迹，C 为疑似鸟脚类恐龙足迹；C_1 为 C 中Ⅲ趾部位的放大照片，标示疑似皮肤印痕。

浙江东阳市吴山村风车口山，上白垩统金华组

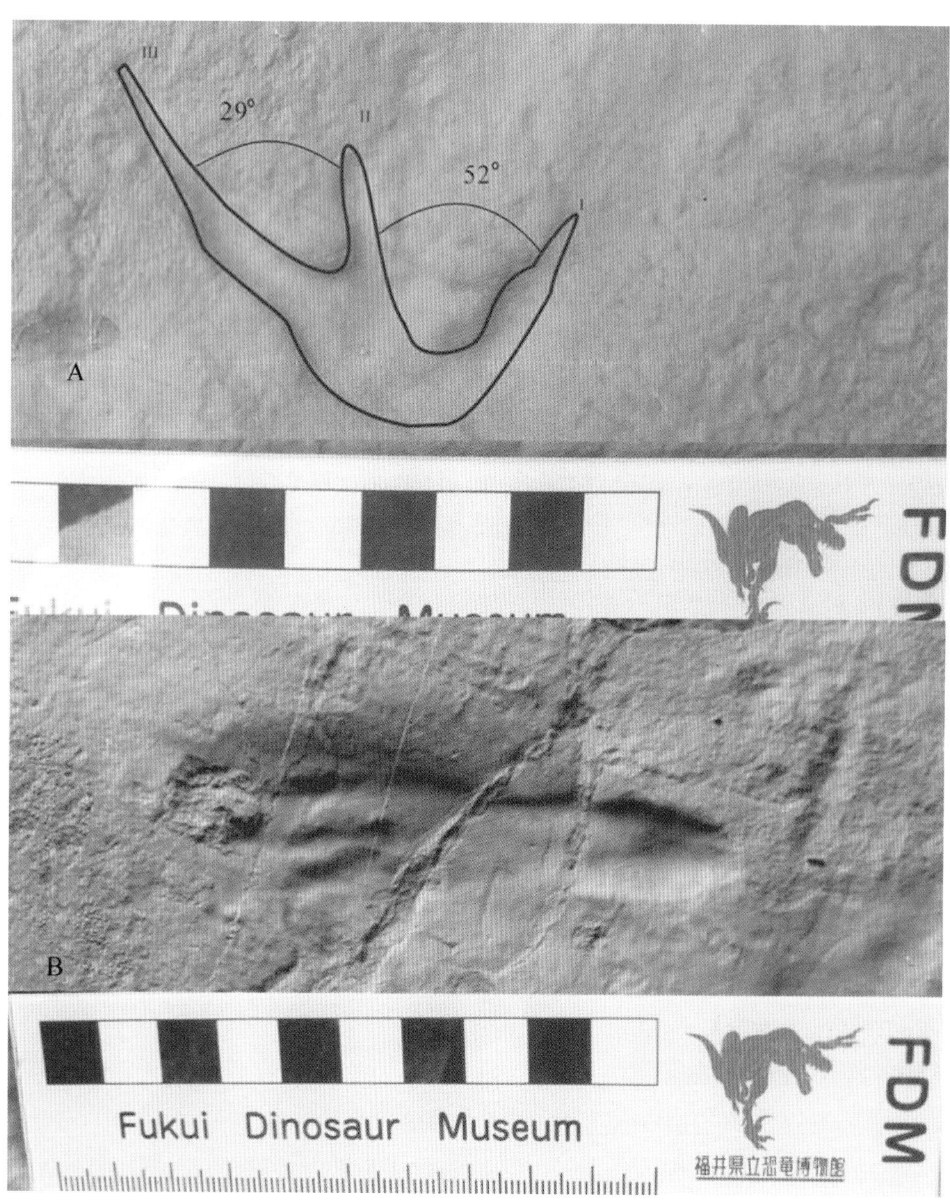

风车口足迹点翼龙足迹化石照片（引自 Chen et al.，2013）

A 为前足足迹（编号为 DYM-04666-1），罗马数字为趾编号；B 为后足足迹（编号为 DYM-04666-2）。发现的翼龙足迹共 4 枚，1 枚后足迹和 3 枚前足迹分别被保存在不同的石板上，未形成行迹。

浙江东阳市吴山村风车口山，上白垩统金华组

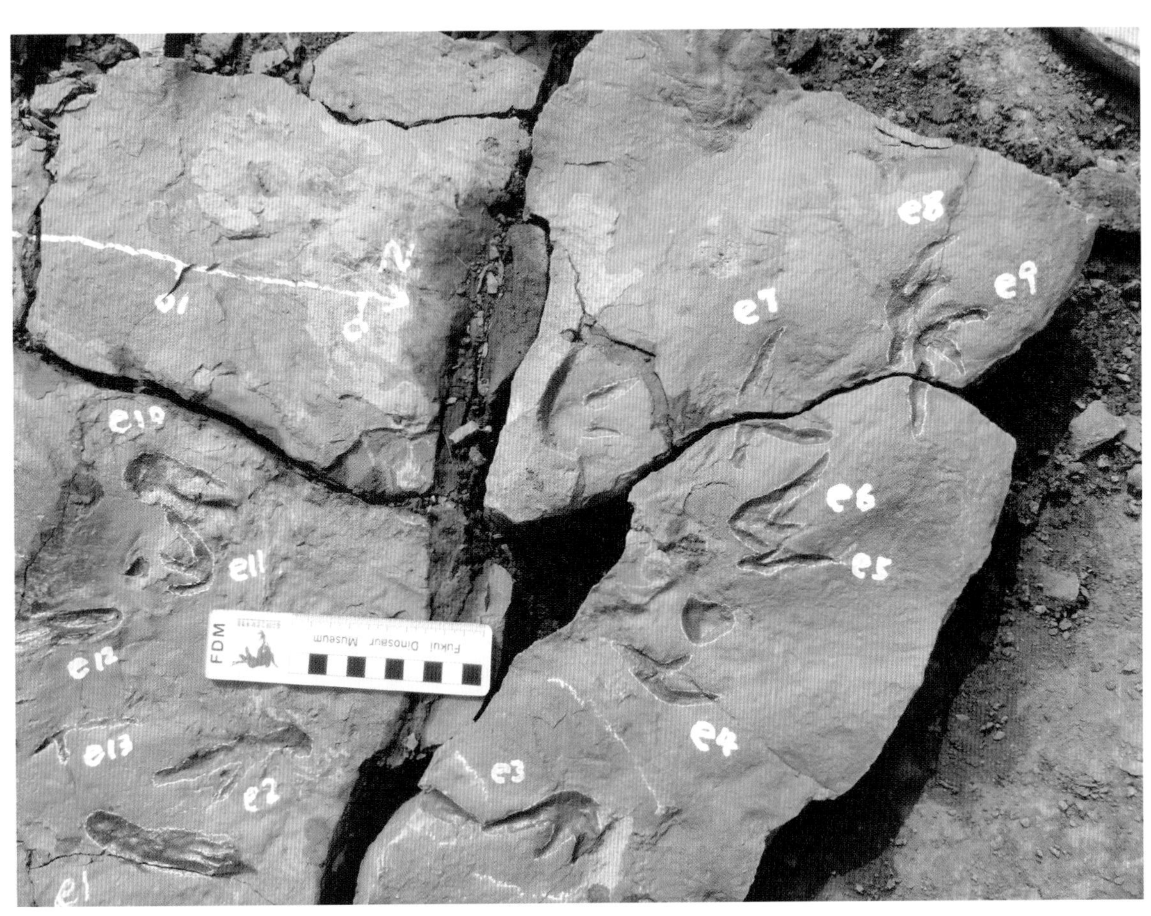

风车口足迹点产出翼龙足迹的石板照片（引自 Chen et al.，2013）

该石板（编号为 DYM-04666-4）上保存的翼龙足迹不少于 12 枚，其中绝大多数为前足足迹（如 e2–13）；后足足迹只有 1 枚（e1）。图中比例尺为 10 cm。

浙江东阳市吴山村风车口山，上白垩统金华组

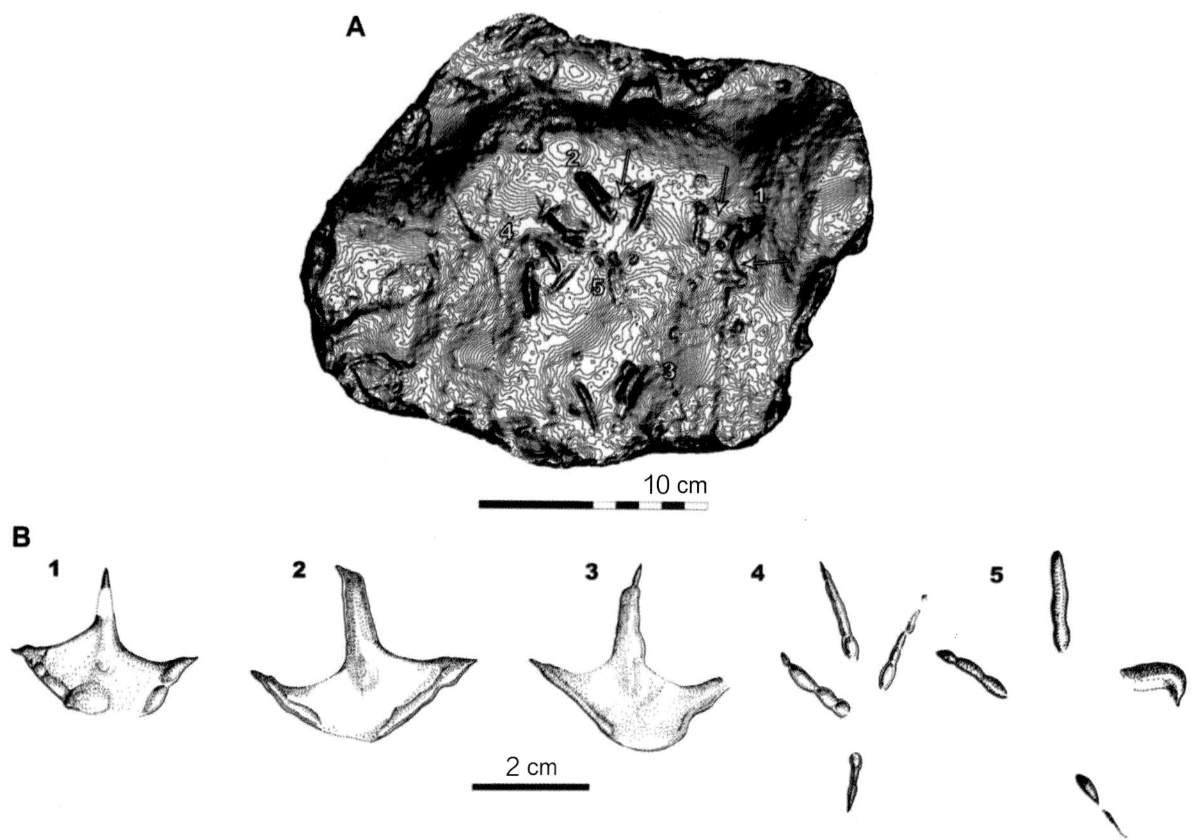

风车口足迹点鸟足迹化石标本（ZMNH-M8774）3D 图像及足迹轮廓图（引自 Azuma et al.，2013）

A 为中国东阳鸟足迹（*Dongyangornipes sinensis*）正模标本 3D 图，图中等高线间距为 0.1 mm，箭头标示脚蹼的前边缘；B1 为中国东阳鸟足迹（*Dongyangornipes sinensis*）正模足迹的轮廓图，足迹为三趾型，具脚蹼构造，保存为下层面上凸型，足迹长 3.64 cm，宽 3.96 cm，长宽比值为 0.87，Ⅱ－Ⅳ趾趾间角为 89°，趾末端有细的爪迹；B2–3 为 *Dongyangornipes sinensis* 的副模轮廓图，足迹保存为层面下凹型；B4–5 为似咸宁韩国鸟足迹（*Koreanaornis* cf. *hamanensis*）（编号为 ZMNH–M8774）轮廓图。

浙江东阳市吴山村风车口山，上白垩统金华组

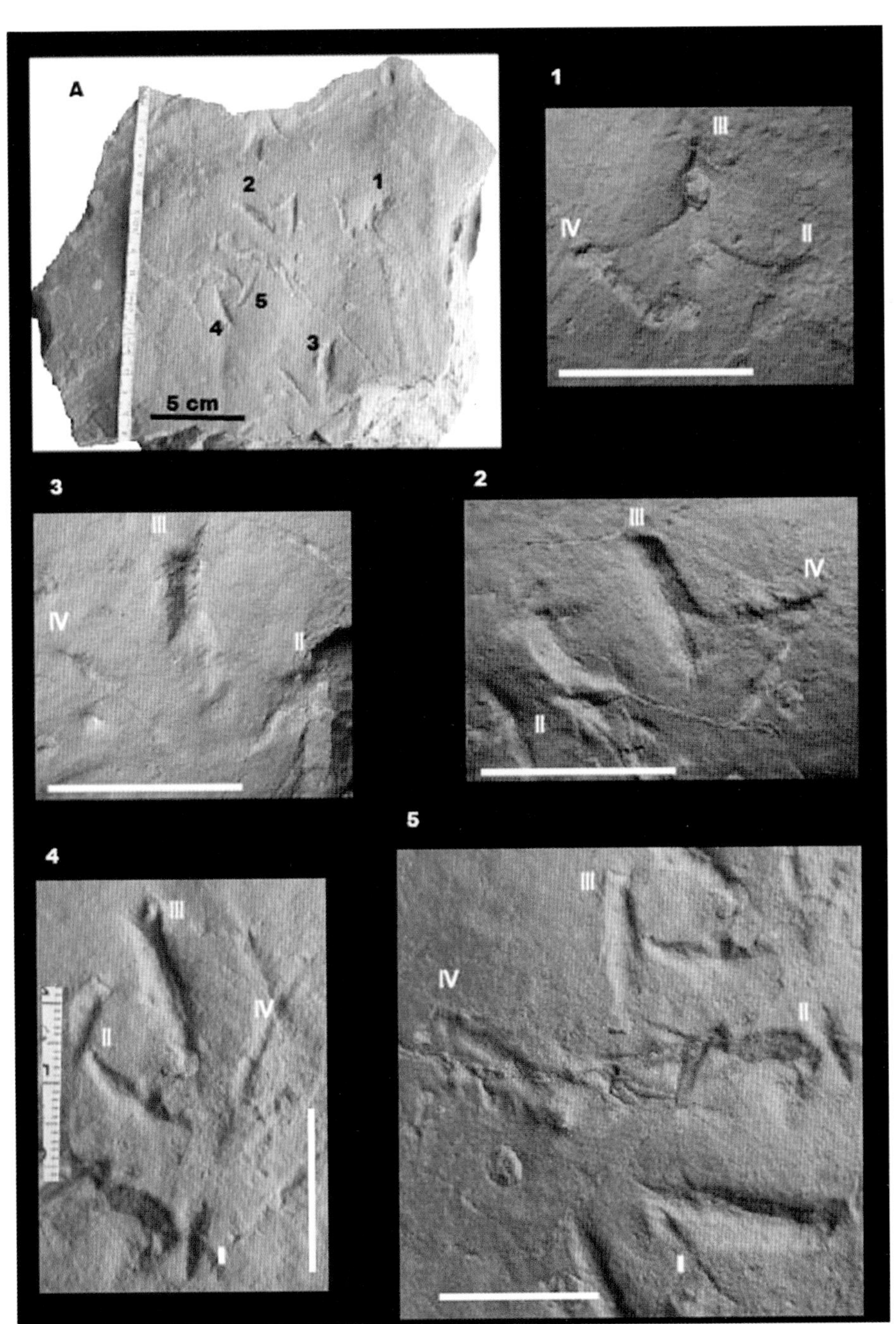

标本 ZMNH-M8774 上保存的鸟足迹照片（引自 Azuma et al.，2013）

A 为保存鸟足迹化石的标本照片，其上有 5 枚鸟足迹，编号为 1–5；1 为中国东阳鸟足迹（*Dongyangornipes sinensis*）正模标本，2–3 为副模标本；4–5 为似咸宁韩国鸟足迹（*Koreanaornis* cf. *hamanensis*）。

比例尺均为 5 cm。

浙江东阳市吴山村风车口山，上白垩统金华组

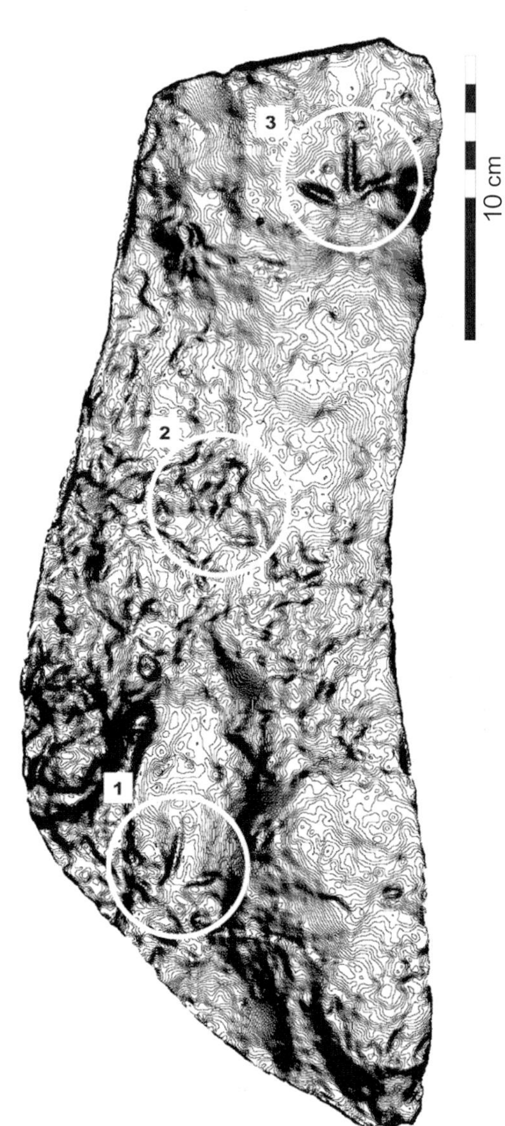

似咸宁韩国鸟足迹（*Koreanaornis* cf. *hamanensis*）标本 3D 图像及足迹照片（引自 Azuma et al., 2013）

标本编号为 ZMNH–M5010，等高线间距为 0.1 mm，比例尺均为 10 cm。

砂岩石板上保存了 3 枚下凹型鸟足迹，组成 1 条行迹。

浙江东阳市吴山村风车口山，上白垩统金华组

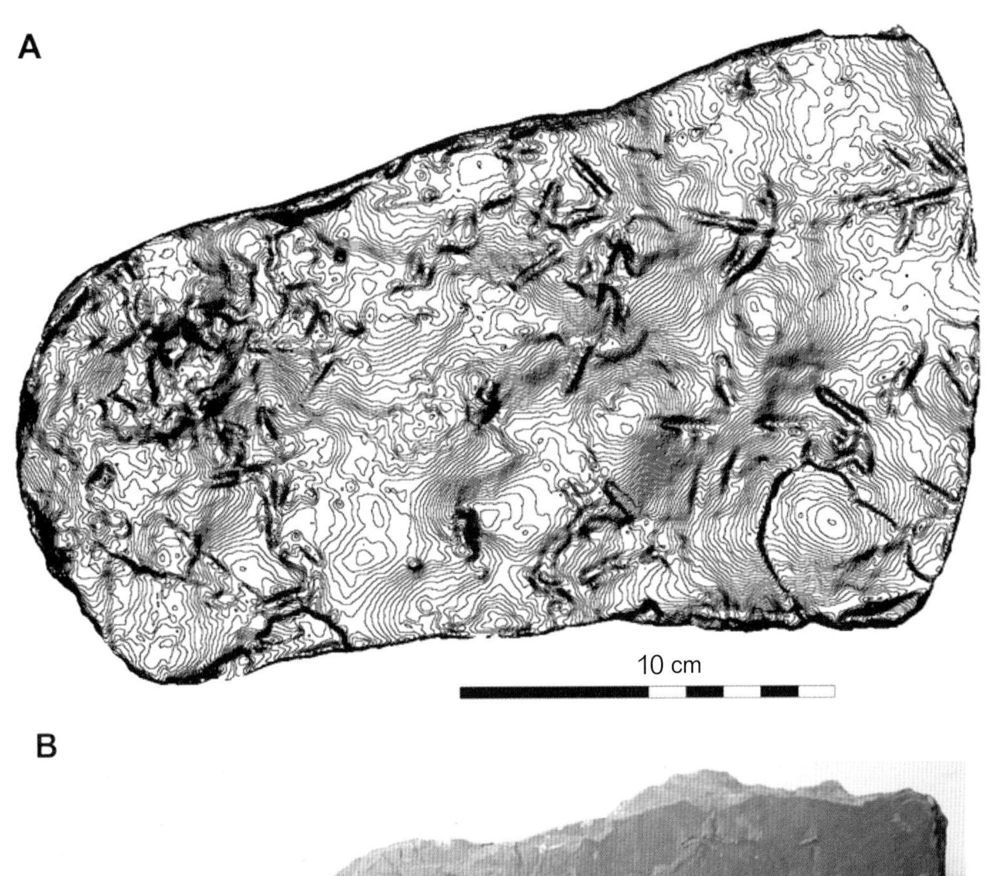

似咸宁韩国鸟足迹（*Koreanaornis* cf. *hamanensis*）3D 图像及足迹照片（引自 Azuma et al.，2013）

标本编号为 ZMNH-M8772，3D 图中等高线间距为 0.1 mm。该标本上保存了至少 17 枚上凸型的足迹化石。

浙江东阳市吴山村风车口山，上白垩统金华组

2.21 北京

延庆千家店足迹点是北京地区迄今为止恐龙足迹化石的唯一发现地，位于延庆硅化木国家地质公园核心区内，足迹化石产于上侏罗统土城子组，为一套河湖相的砂泥岩沉积。

张建平等（2012）首先对千家店1号点下部层位（简称为QJDILL，ILL）的恐龙足迹进行研究。之后，邢立达等又对1号点上部层位（简称为QJDIUL，IU），及其周边新发现的6个化石点的足迹进行综合研究。千家店2号点（QJDII）在1号点以东约100 m，是一些风化的蜥脚类足迹，未识别出行迹。3号点（QJDIII）位于1号点以西约260 m，主要由幻迹组成，其中蜥脚类足迹的幻迹约有70枚，另有1枚兽脚类幻迹。4号点（QJDIV）位于1号点以西约106 m，产有10多枚蜥脚类足迹的幻迹。5号和6号点在1号点以西约400 m，也产出10多枚蜥脚类幻迹。7号点（QJDVII）位于1号点以东约180 m，产出4枚蜥脚类幻迹化石。另有石槽沟足迹点，位于1号点西南，直线距离2 km处，产出几枚蜥脚类和兽脚类足迹，波痕发育，无脊椎动物遗迹化石丰富。长寿岭足迹点在1号点东北，直线距离约1.5 km处，只产有几枚兽脚类和蜥脚类足迹（Xing et al.，2015q）。

千家店1号点是其中最大的一个足迹点。已发现较清晰的兽脚类恐龙足迹至少有90多枚，可分为A、B两种形态类型。类型A至少有35枚下凹足迹，构成7条行迹。类型A根据大小又分为小型（足长5.5 cm）、中型（足长11~20 cm）和大型（足长26~30 cm）3种类型，平均长宽比值为1.5，弱中趾凸度（0.51）；类型B按大小可分为中型（足长12~20 cm）和大型（足长约28.5 cm）两类。足迹为三趾型，平均长宽比值为1.7，Ⅱ－Ⅳ趾趾间角较类型A小（平均为49°），平均步幅角为177°，但中趾凸度较大（平均为0.69）。

千家店的蜥脚类足迹也很丰富，数量为170多枚。千家店1号点（ILL）产出两条行迹和11枚足迹，外加16枚孤单的足迹；IUL产出3条行迹和62枚足迹，外加27枚孤单足迹。千家店3号点产出至少70枚孤单的足迹。根据足迹大小、形态及前足迹的转动角度，又可分为3种形态类型。类型A的后足长22.7~53.5 cm；类型B的后足平均长37.3 cm，前足外撇（平均值为86°）；类型C的后足平均长11.9 cm，是千家店地区蜥脚类恐龙足迹中尺寸最小者，前足外撇39°。

千家店1号点（QJDILL）还发现3枚疑似的兽脚类恐龙足迹，由两个造迹者所留，皆为后足迹，其中YQS1D-D1~2构成1个单步（张建平等，2012）。

需要指出，张建平等（2012）在对1号点下部层位的研究中，认为存在覆盾甲龙类的足迹（如编号YQSID-B3p和YQSID-B3m等），但后来确认其为蜥脚类足迹（Xing et al., 2015q）。

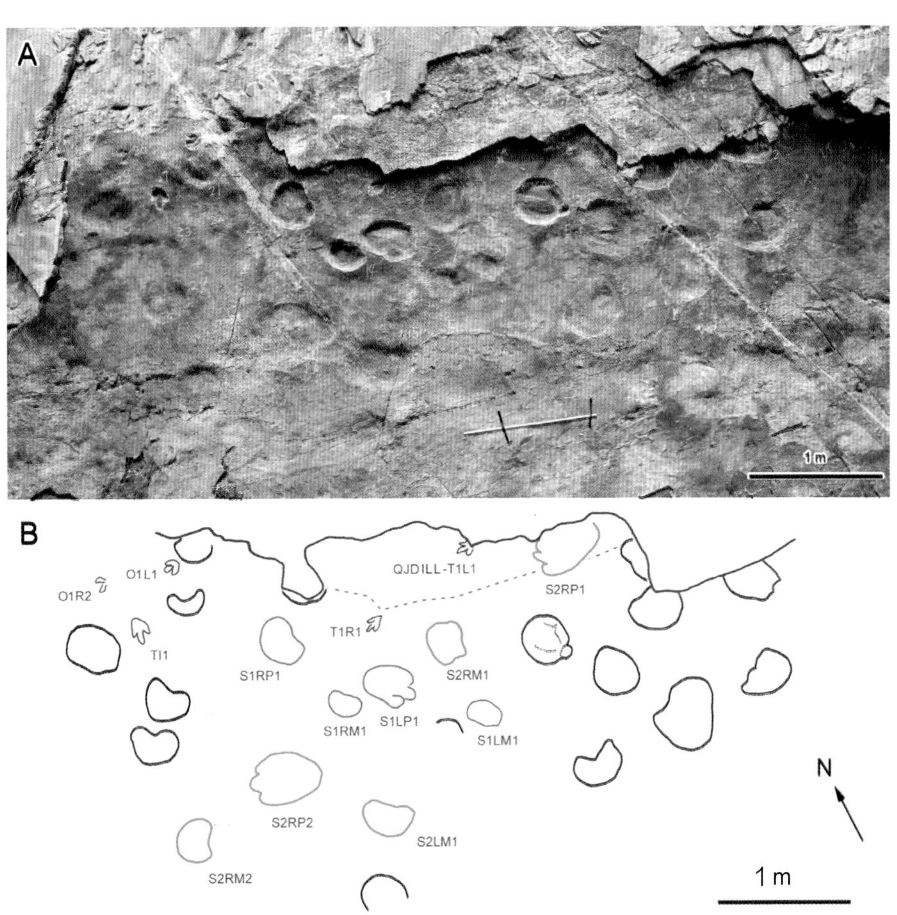

千家店1号点（下部）露头照片及恐龙足迹平面分布图（引自 Xing et al., 2015q）

足迹编号开头字母所示：S 为蜥脚类，T 为兽脚类（TI1、T1R1 和 T1R2），O 为鸟脚类（O1L1、O1R2）。

北京延庆硅化木国家地质公园，上侏罗统土城子组第3段

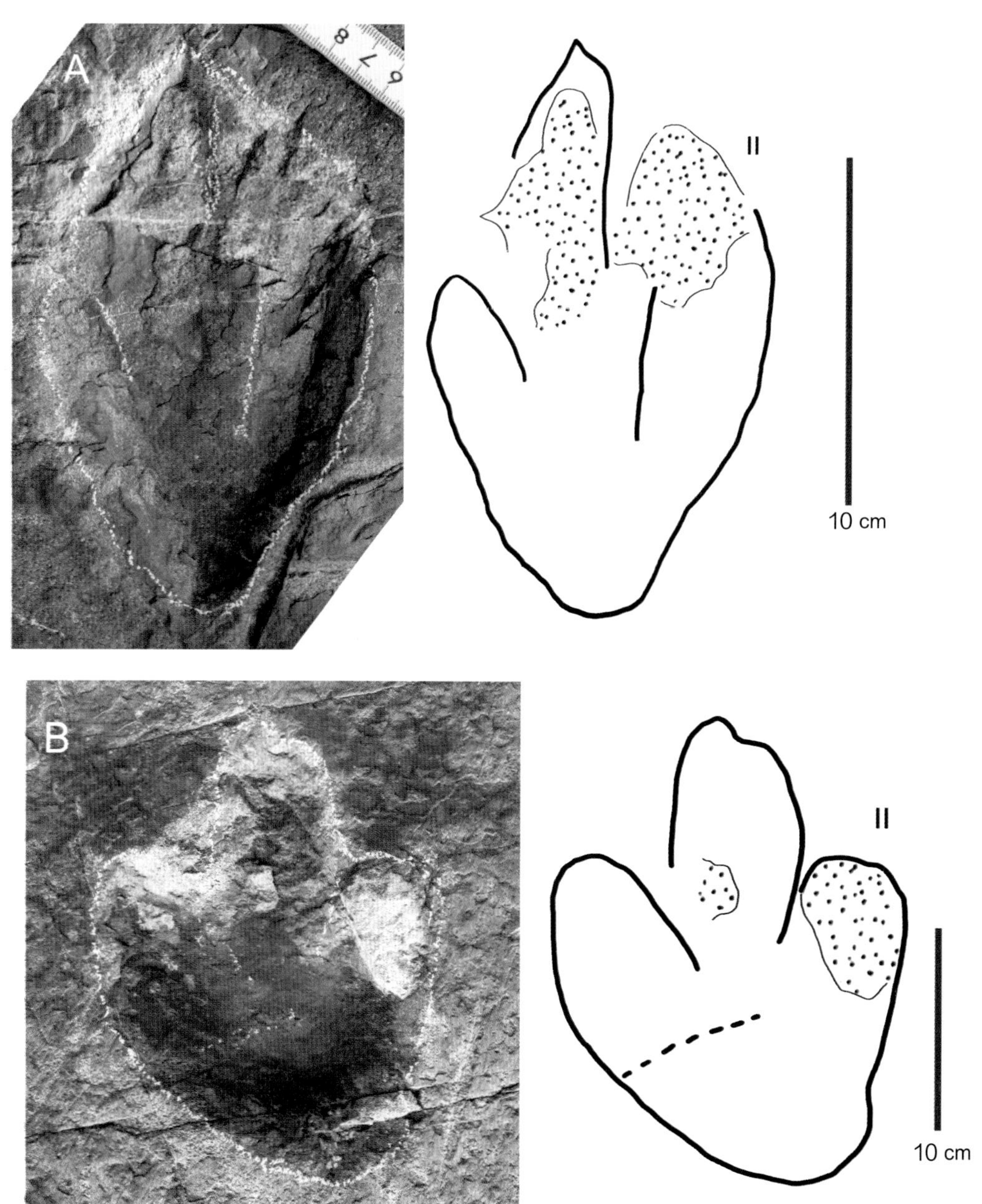

千家店 1 号点（下部）典型兽脚类足迹照片及轮廓图（引自张建平等，2012）

北京延庆硅化木国家地质公园，上侏罗统土城子组第 3 段

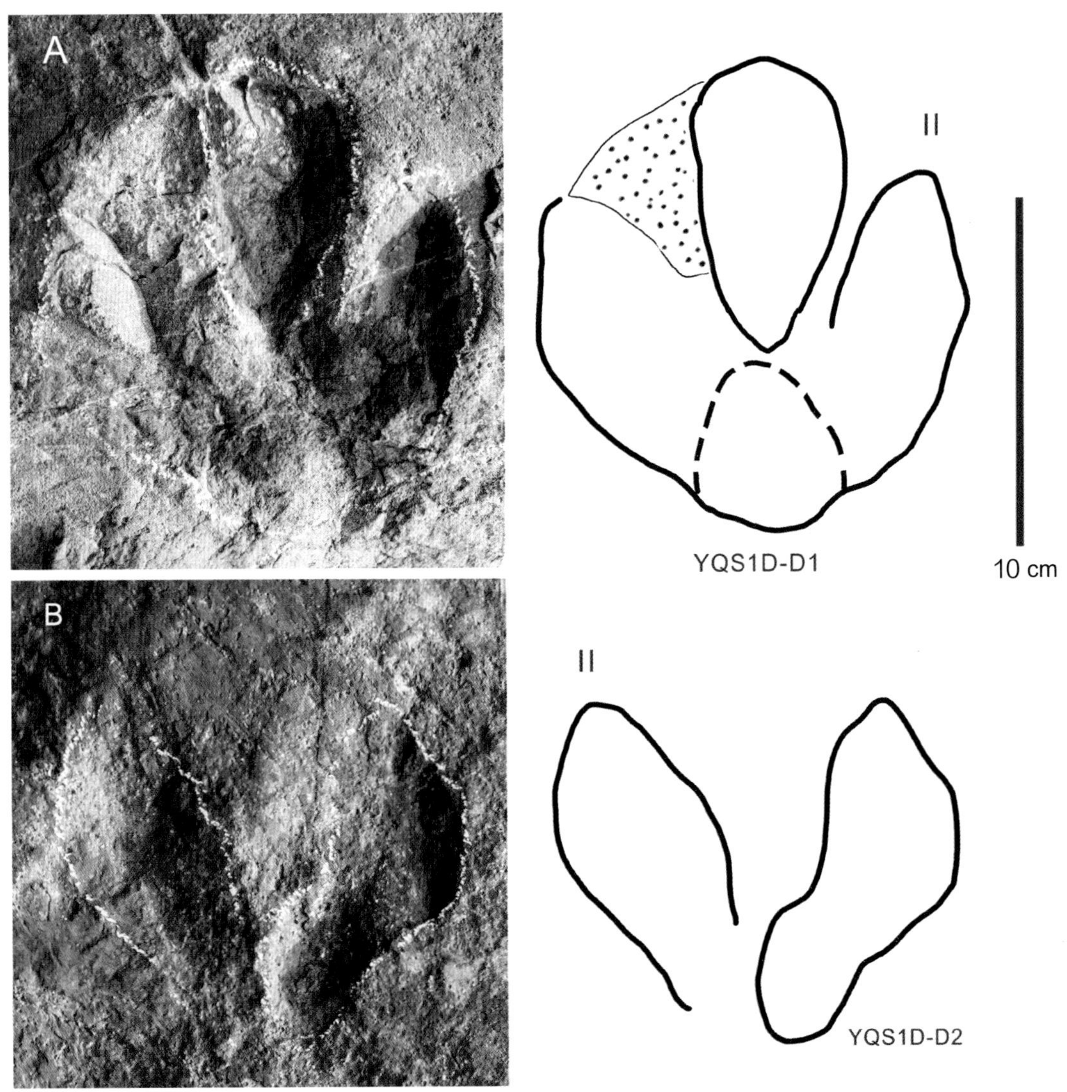

千家店1号点（下部）疑似鸟脚类足迹照片及轮廓图（引自张建平等，2012）

YQS1D-D1(A)保存完好，足迹长13.8 cm，宽11 cm，长宽比值为1.25，趾间角为Ⅱ 26 Ⅲ 35 Ⅳ；第Ⅲ趾略大于两个外侧趾。趾末端圆钝，呈三叶形；两个外侧趾末端较尖，蹠趾垫印迹较大，呈丘状。

YQS1D-D2（B）缺失第Ⅲ趾，其他各趾形态与足迹YQS1D-D1无异。

北京延庆硅化木国家地质公园，上侏罗统土城子组第3段

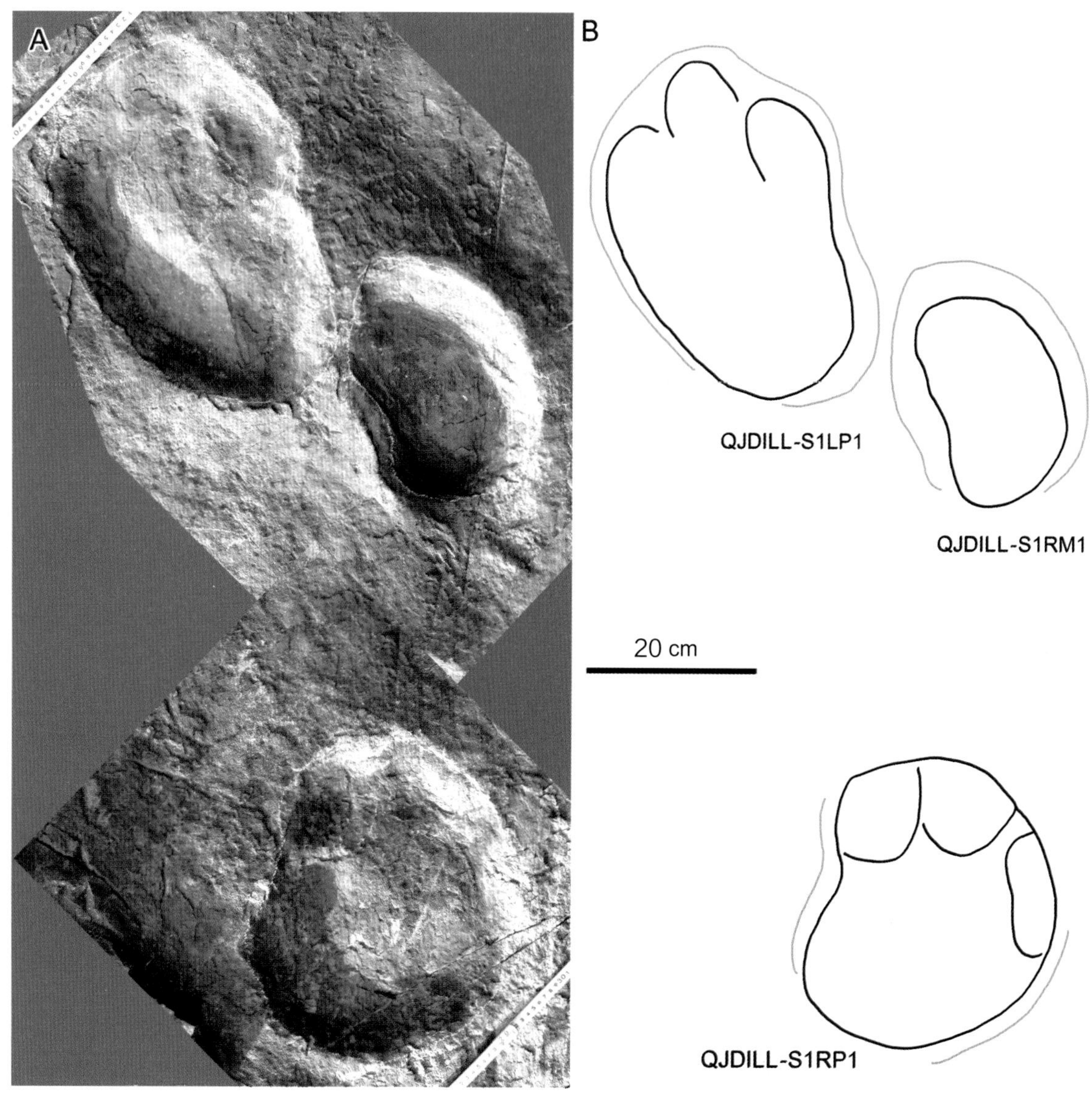

千家店1号点（下部）1段蜥脚类行迹照片及轮廓图（引自 Xing et al.，2015q）

RP1为右后足迹，RM1为右前足迹，LP1为左后足迹。前足迹为卵圆形，蹠趾垫区凹进。

保存较好的后足迹均有3个宽阔而清晰的趾迹；在后足迹RP1和LP1中，后足中趾比两侧趾的印迹长；I趾通常比另外两趾更宽阔而粗壮，蹠趾垫区光滑而弯曲。

该行迹曾被解释为覆盾甲龙的足迹。

北京延庆硅化木国家地质公园，上侏罗统土城子组第3段

千家店 1 号点（上部）恐龙足迹化石野外露头照片（引自 Xing et al., 2015q）

北京延庆硅化木国家地质公园，上侏罗统土城子组第 3 段

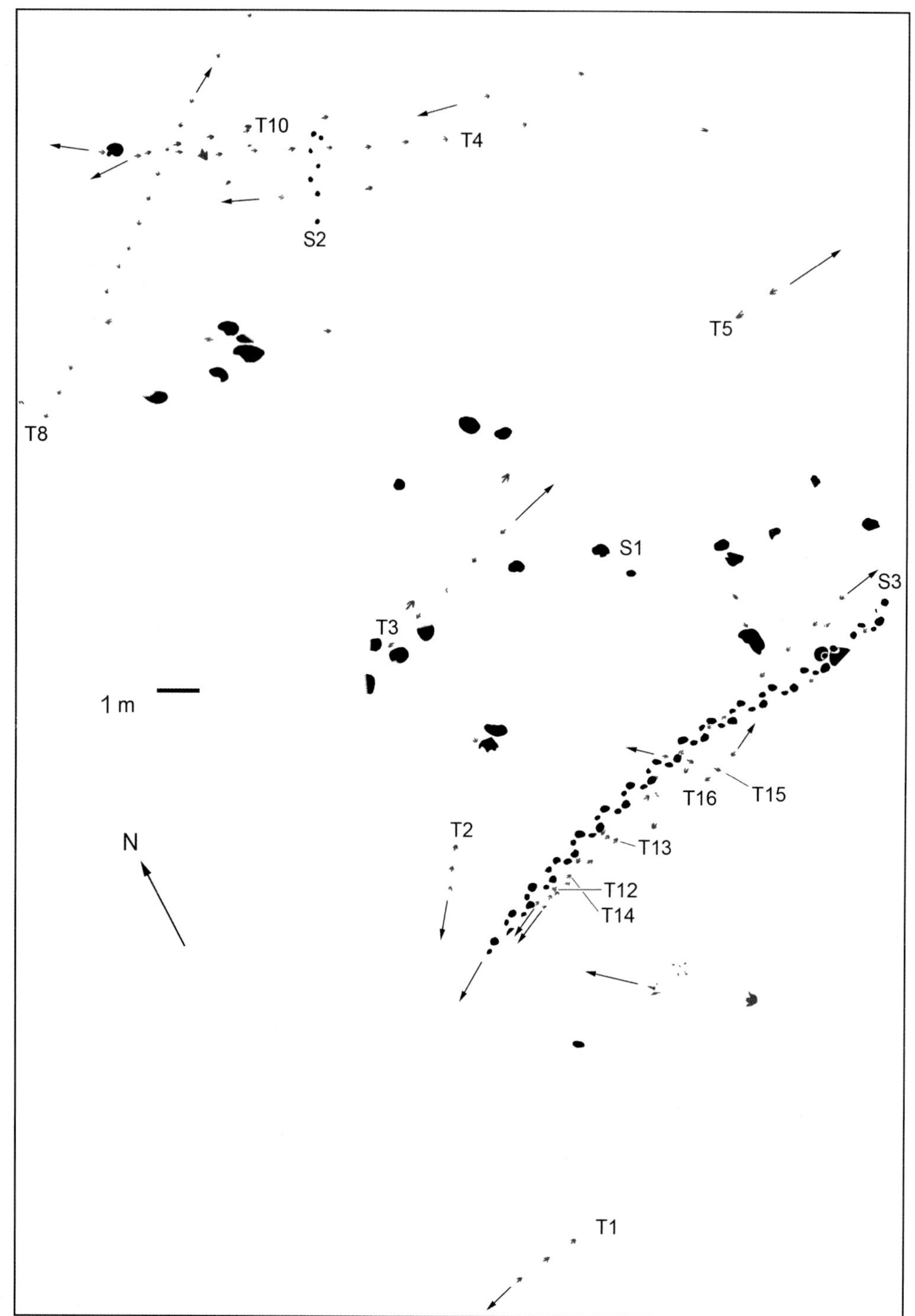

千家店 1 号点（上部）恐龙足迹化石野外露头照片（引自 Xing et al.,2015q）

S1–3 为蜥脚类行迹，T1–16 为兽脚类行迹，未编号者为孤单的蜥脚类及兽脚类足迹。箭头为行迹运动方向。

北京延庆硅化木国家地质公园，上侏罗统土城子组第 3 段

千家店 1 号点（上部）1 条兽脚类行迹照片及轮廓图（引自张建平等，2012）

该行迹长约 3 m，由 5 枚三趾型足迹组成；行迹中 YQS1U-A4-A5 足迹长约 13.4 cm；行迹复步长为 2.4 m，按臀高为足长之 4 倍计，根据 Alexander 的恐龙运动速度公式，可以计算出造迹恐龙奔跑速度为 7.01 m/s（时速约 25.2 km）；相对复步长为 4.48，该值≥ 2.9 即可判断恐龙在奔跑，因此表明该造迹恐龙当时具有相当快的奔跑速度。

北京延庆硅化木国家地质公园，上侏罗统土城子组第 3 段

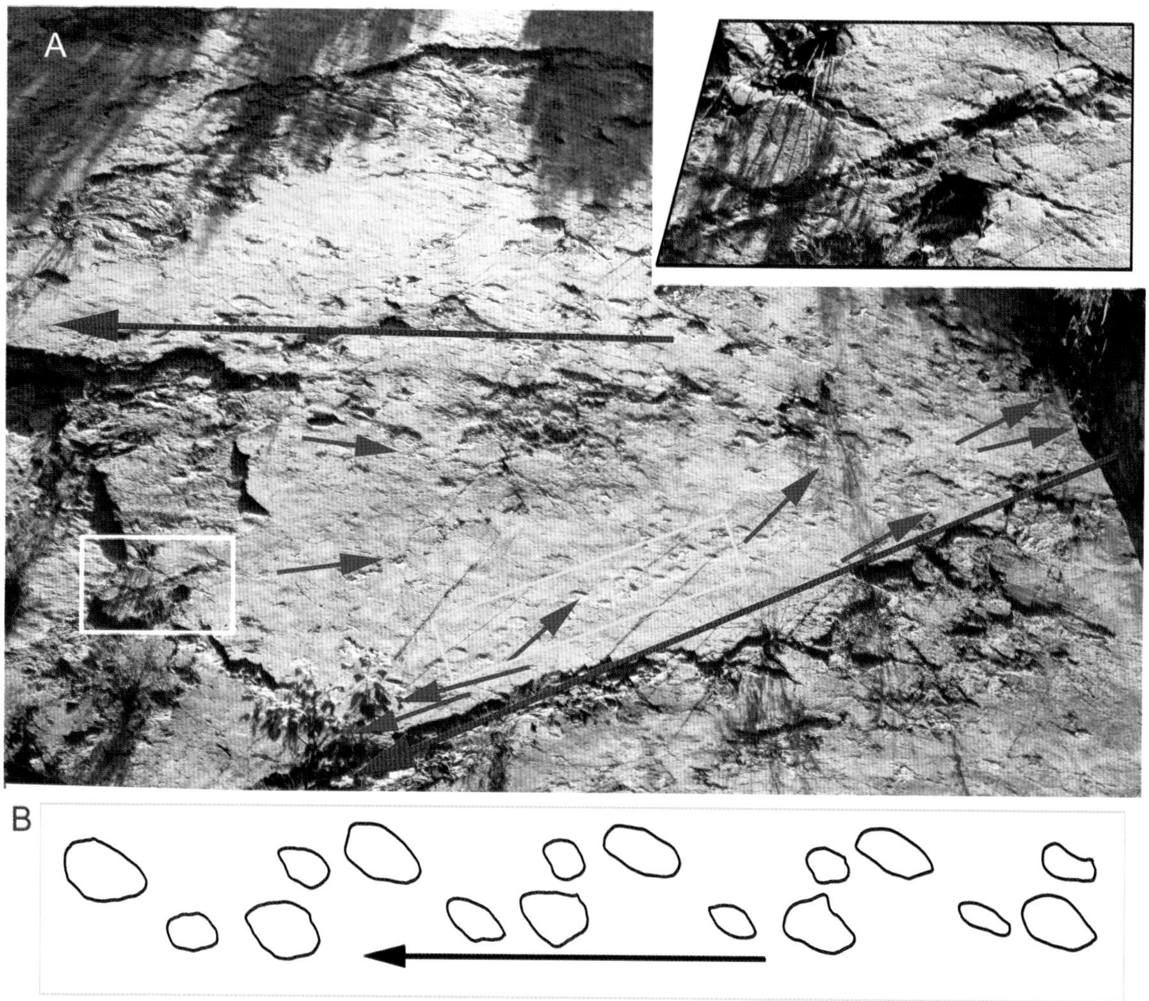

A

B

千家店1号点（上部）足迹化石露头照片及部分足迹解释轮廓图（引自张建平等，2012）

A为露头照片及足迹解释，红色和蓝色箭头分别为蜥脚类和兽脚类行迹方向；黄色框内足迹为蜥脚类行迹S3中的一段。B为方框内S3行迹的足迹轮廓图，黑色箭头为足迹方向。

北京延庆硅化木国家地质公园，上侏罗统土城子组第3段

千家店1号点（上部）蜥脚类行迹 S3 全景照片

北京延庆硅化木国家地质公园，上侏罗统土城子组第 3 段

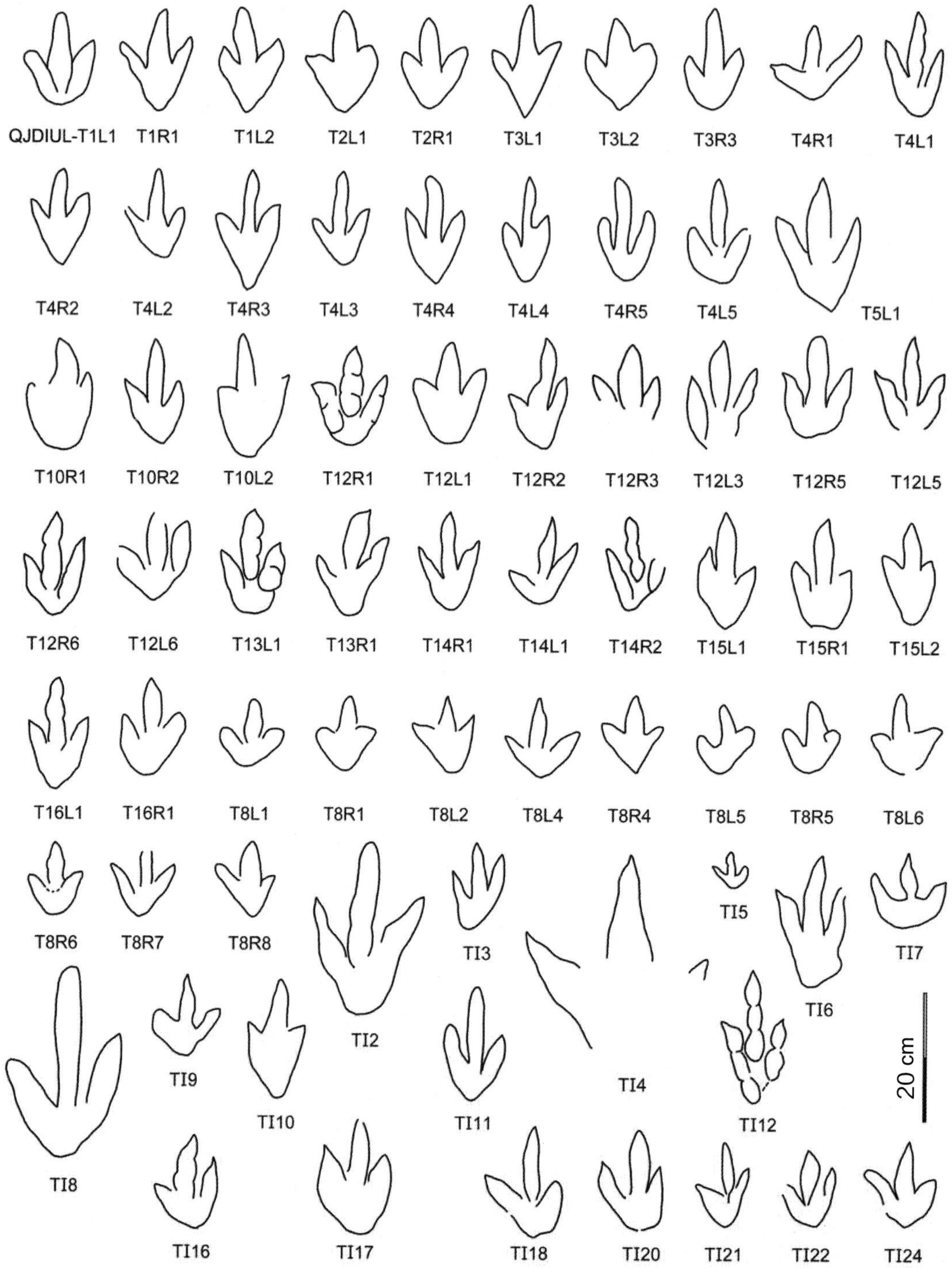

QJDIUL-T1L1 T1R1 T1L2 T2L1 T2R1 T3L1 T3L2 T3R3 T4R1 T4L1

T4R2 T4L2 T4R3 T4L3 T4R4 T4L4 T4R5 T4L5 T5L1

T10R1 T10R2 T10L2 T12R1 T12L1 T12R2 T12R3 T12L3 T12R5 T12L5

T12R6 T12L6 T13L1 T13R1 T14R1 T14L1 T14R2 T15L1 T15R1 T15L2

T16L1 T16R1 T8L1 T8R1 T8L2 T8L4 T8R4 T8L5 T8R5 T8L6

T8R6 T8R7 T8R8 TI5 TI3 TI7 TI2 TI6

TI9 TI10 TI11 TI4 TI12 20 cm

TI8 TI16 TI17 TI18 TI20 TI21 TI22 TI24

千家店 1 号点（上部）代表性兽脚类足迹轮廓图（引自 Xing et al., 2015q）

该点最大的兽脚类足迹为 TI4，保存欠佳，后部缺失，长度大于 30 cm；

最小的兽脚类足迹为 TI5，仅长 5.5 cm，Ⅱ－Ⅳ趾趾间角为 73°。

北京延庆硅化木国家地质公园，上侏罗统土城子组第 3 段

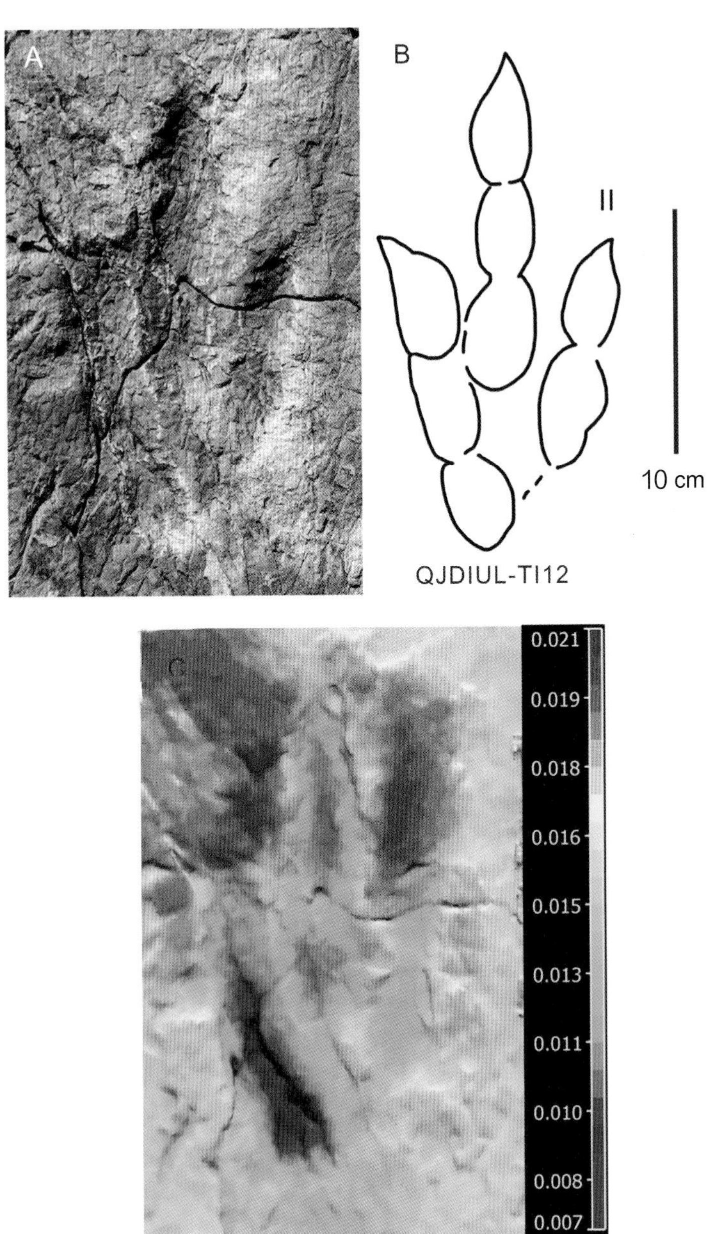

典型兽脚类足迹照片（A）、轮廓图（B）及 3D 图像（C）（引自 Xing et al.，2015q）

足迹 QJDIUL-TI12 长 20 cm，宽 10 cm；Ⅱ－Ⅳ趾趾间角为 42°，长宽比值为 2。

北京延庆硅化木国家地质公园千家店 1 号点（上部及下部），上侏罗统土城子组第 3 段

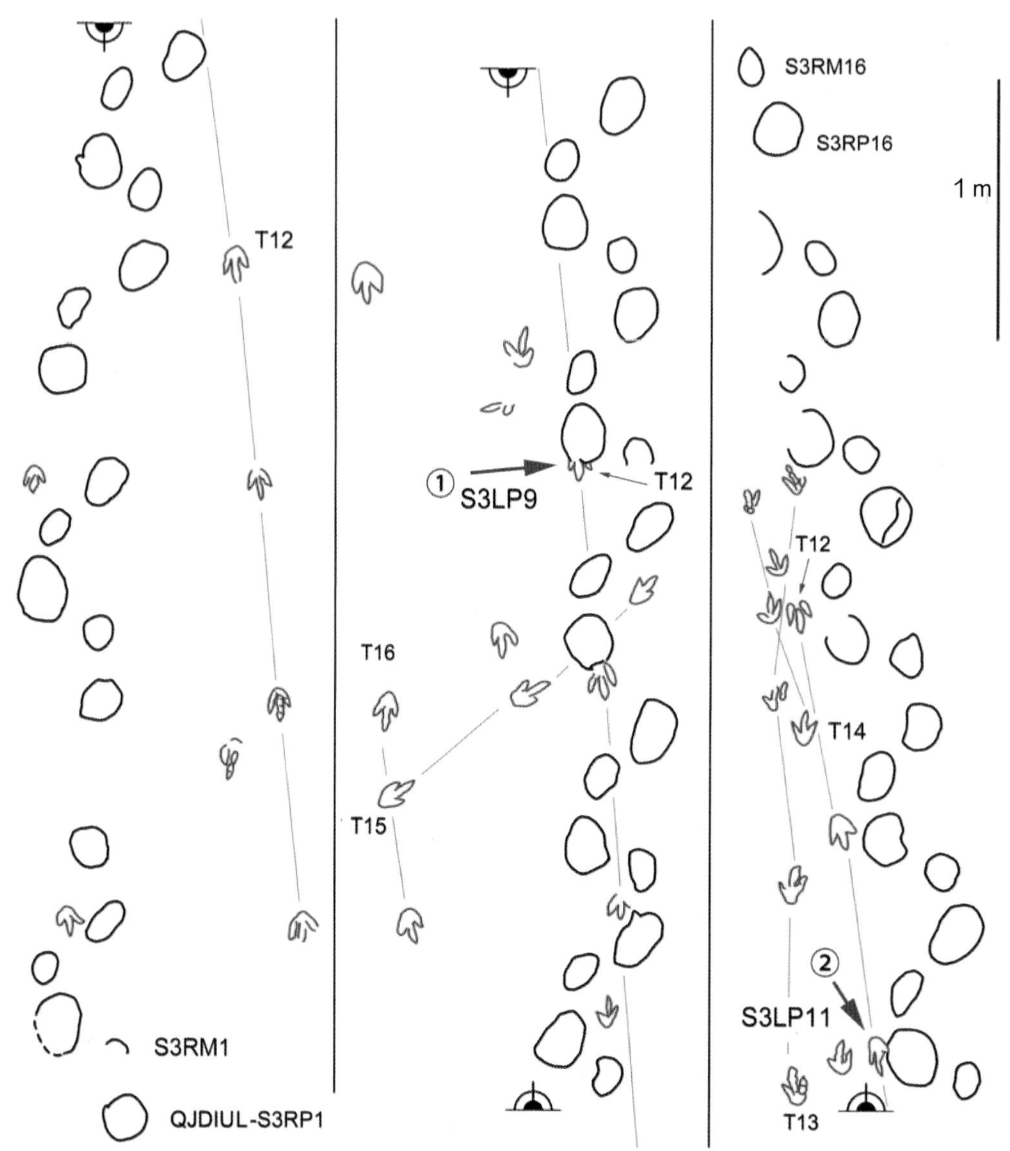

千家店 1 号点（上部）蜥脚类和兽脚类恐龙行迹解释性轮廓图（引自 Xing et al., 2015q）

兽脚类足迹（红色）为小型的三趾型足迹，蜥脚类足迹（墨色）为卵圆形。

箭头标示蜥脚类与兽脚类足迹的叠覆关系，其中①为蜥脚类足迹叠覆兽脚类足迹，②为兽脚类足迹叠覆蜥脚类足迹。

北京延庆硅化木国家地质公园，上侏罗统土城子组第 3 段

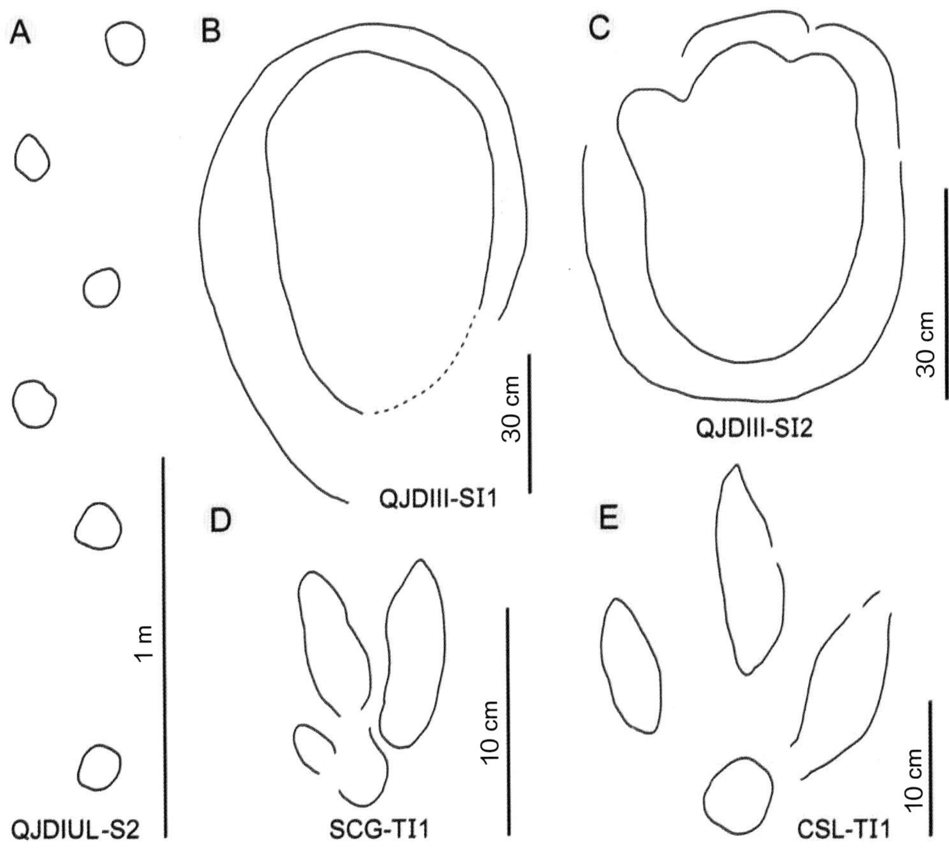

蜥脚类和兽脚类恐龙足迹解释性轮廓图（引自 Xing et al.，2015q）

A 为 1 条蜥脚类行迹，位于千家店 1 号点（上部）；B 和 C 为蜥脚类足迹，位于千家店 3 号点；D 为兽脚类足迹，位于石槽沟足迹点；E 为兽脚类足迹，位于长寿岭足迹点。

北京延庆硅化木国家地质公园千家店 1 号点，上侏罗统土城子组第 3 段

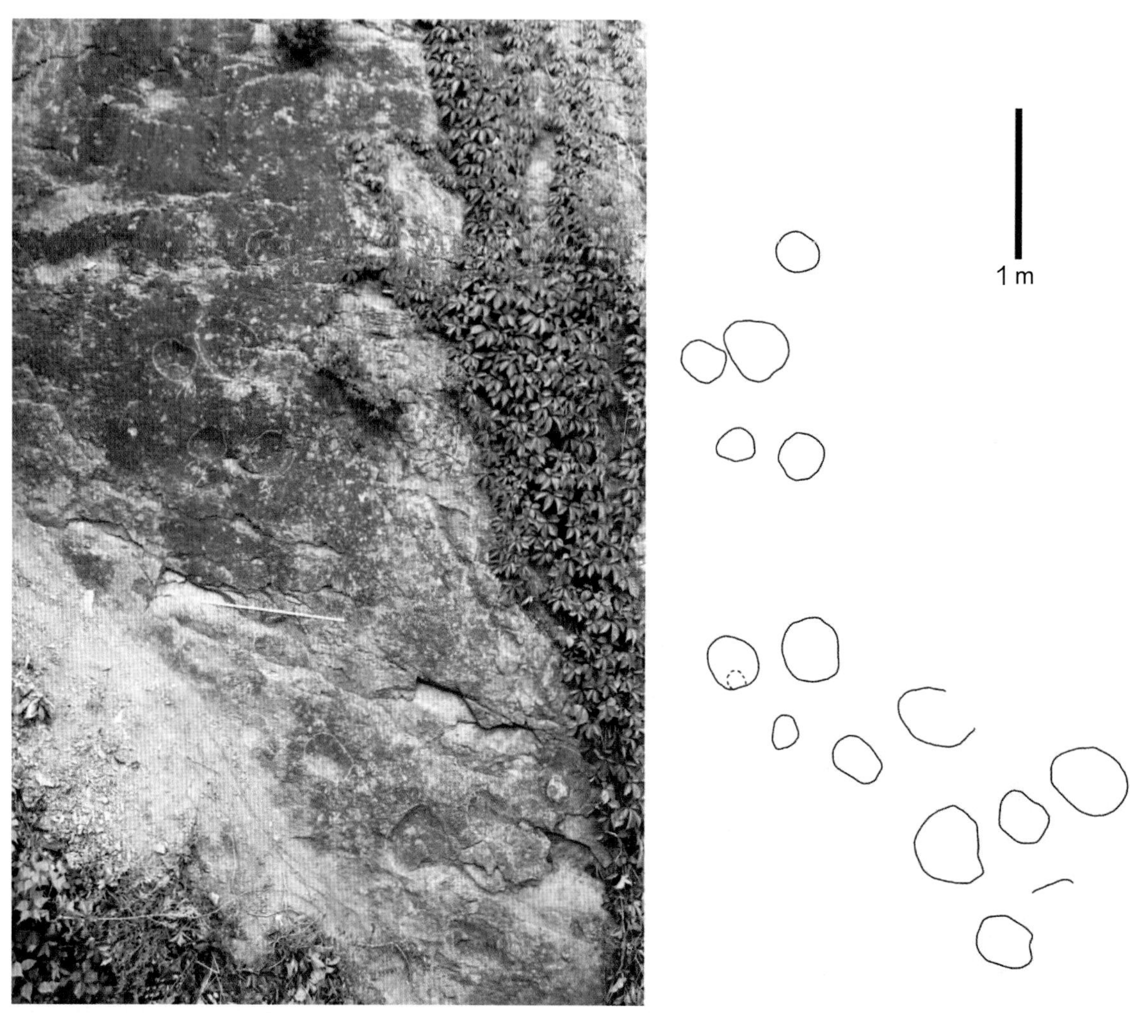

千家店 2 号点散乱的蜥脚类足迹照片及解释性轮廓图（引自张建平等，2012）

照片中比例尺为 1 m。

北京延庆硅化木国家地质公园，上侏罗统土城子组第 3 段

2.22 宁夏

宁夏回族自治区的恐龙足迹发现较晚，化石点和化石数量不多。宗立一等（2013）首次报道宁夏的恐龙足迹，化石点位于固原市隆德县和泾源县。足迹化石由宁夏地质博物馆与中国地质科学院地质研究所在测制地质剖面时发现于泾–隆公路旁。含化石地层为早白垩世李洼峡组。他们认为隆德县山河乡的1块上凹和下凸保存的标本应为鸟脚类足迹，泾源县香水镇的十几个近圆形、椭圆形凹坑为蜥脚类恐龙足迹；并将其中的鸟脚类足迹命名为六盘山宁夏足印（*Ningxiapus liupanshanensis*）。六盘山宁夏足印长与宽之比为1.22；第I趾纤细，且短于第IV趾；第II趾与第III趾之间夹角为35°，第III趾与第IV趾之间夹角为45°。他们还认为，足迹形态类似于禽龙的脚印*Iguanodontipus burreyi*。需要指出，关于六盘山宁夏足印的归属存在争议。李建军（2015）根据Ⅱ趾尖细、指尖尖锐等特征认为其应属兽脚类足迹。但在长宽比值较小的方面，其确实具有鸟脚类足迹的特征。

杨卿等（2019）报道研究了宁夏地质博物馆在隆德县新发现的3个蜥脚类恐龙足迹点，其分别位于隆德县高阳村、罗家峡和北联池。到目前为止，六盘山地区共发现4个蜥脚类、1个鸟脚类恐龙足迹化石点，产出层位均为下白垩统六盘山群。恐龙足迹保存的地层岩性主要为粉砂质泥岩、细砂岩，发育水平层理、波痕、泥裂、雨雹痕等沉积构造，含植物碎片化石，并发育有大量的无脊椎动物潜穴化石。他们根据岩性及沉积构造判断，造迹恐龙活动环境为离湖岸较近的浅水地带。

六盘山宁夏足迹（*Ningxiapus liupanshanensis*）
产出位置（引自宗立一等，2013）
宁夏隆德县山河乡，下白垩统李洼峡组

六盘山宁夏足迹（*Ningxiapus liupanshanensis*）
正模标本（引自宗立一等，2013）
正模标本为同一足迹的下凹和上凸印迹。足迹为三趾型，长约 10 cm，宽约 8.2 cm，长宽比值为 1.22。
宁夏隆德县山河乡，下白垩统李洼峡组

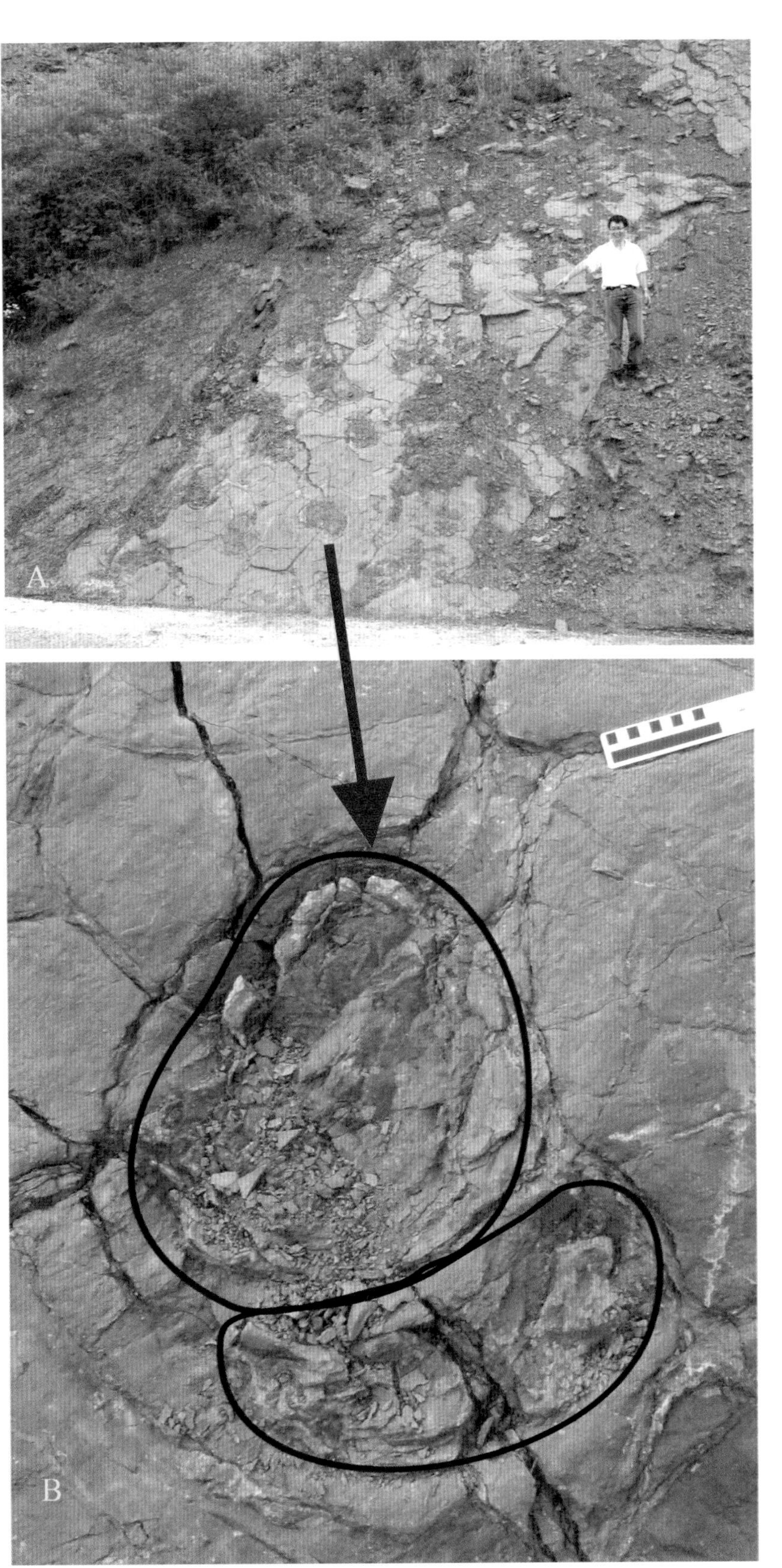

香水镇蜥脚类恐龙足迹化石野外照片（引自宗立一等，2013）

A为香水镇恐龙足迹露头照片，显示可能有多条蜥脚类行迹；B为1对前、后足足迹，足迹有叠覆，其中后足迹大，长约36 cm，呈卵圆形；前足迹呈新月形，宽约35 cm。造迹者应为中等大小的蜥脚类恐龙，体长小于10 m（宗立一等，2013）。

宁夏泾源县香水镇，下白垩统李洼峡组

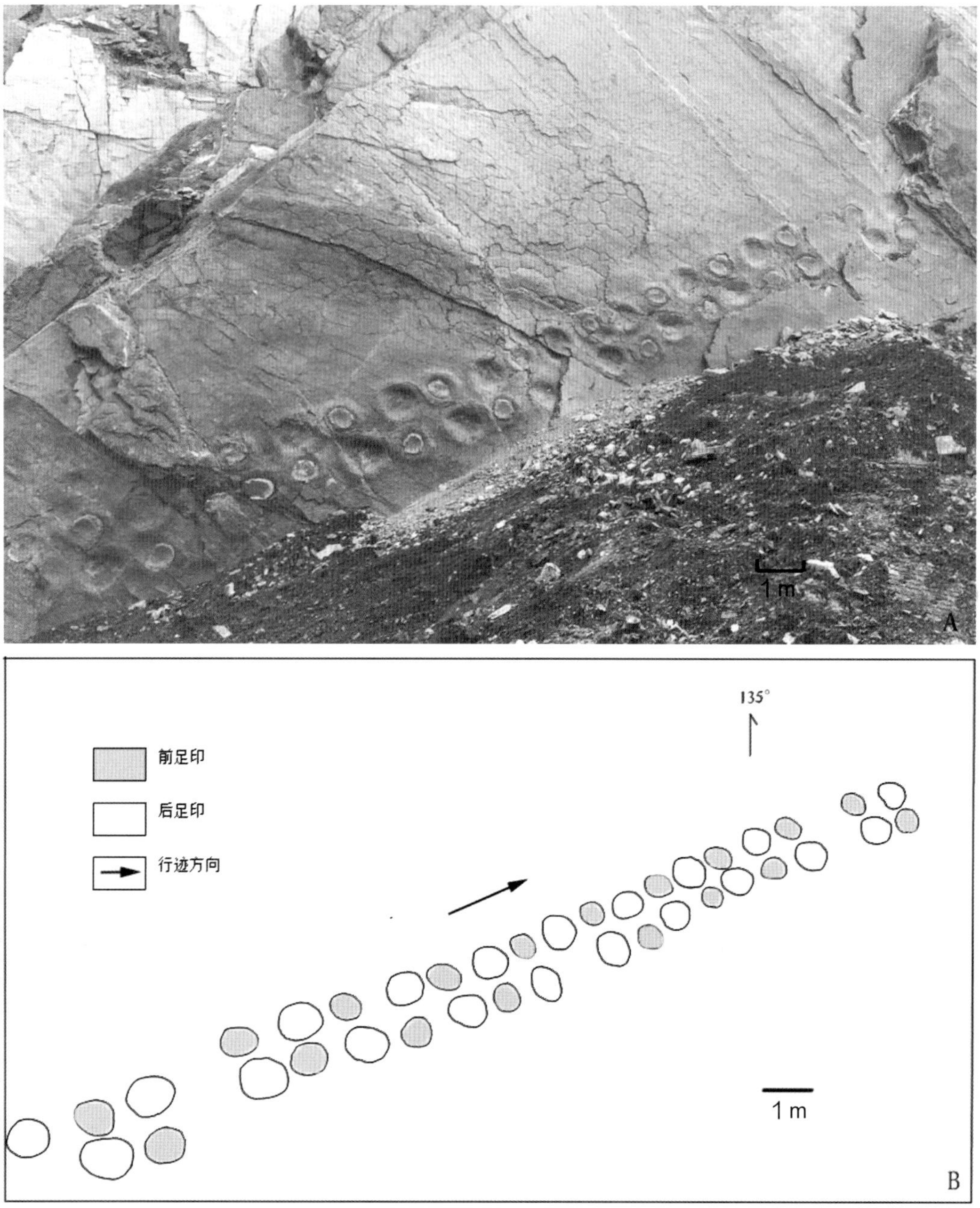

1 m

A

135°

前足印

后足印

行迹方向

1 m

B

高阳村蜥脚类恐龙足迹照片及轮廓解释图（引自杨卿等，2019）

其为 1 组蜥脚类行迹，共包含 34 枚足迹，行迹平直，总长 26 m。后足迹为卵圆形，长 80~85 cm，宽 70~80 cm，长略大于宽，单步长 135~160 cm，复步长 210~240 cm，步幅角为 90.3° ~97.2° ；前足迹为半圆形，长 54~60 cm，宽 52~56 cm，单步长 157~172 cm，复步长 235~238 cm，步幅角为 89° ~92.3° 。前、后足迹周围均具凸起的挤压脊，未见趾迹。前足足迹较后足足迹浅。左、右足有规律地分布于行迹中线两侧，后足紧跟在前足之后，未重叠。

宁夏隆德县陈靳乡高阳村采石场，下白垩统马东山组

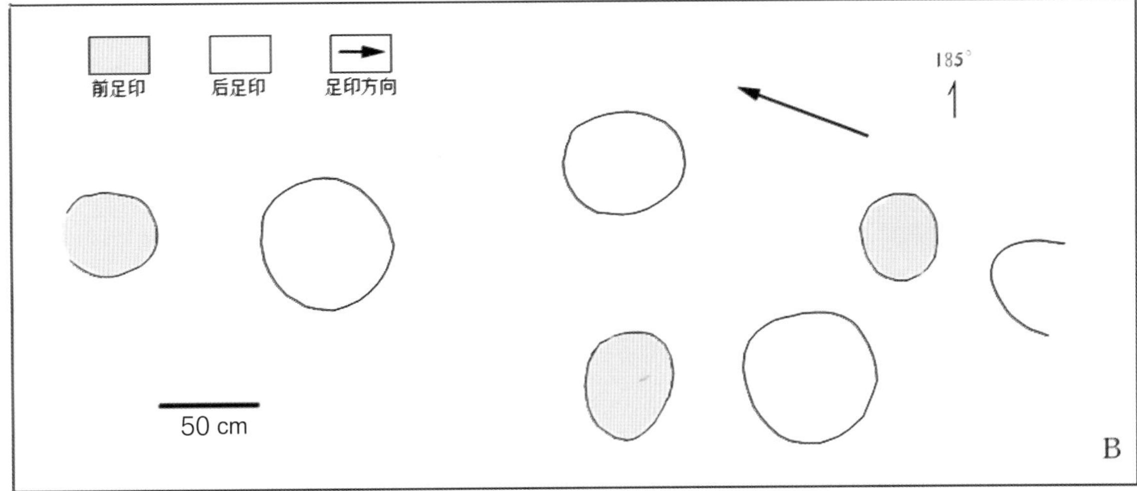

罗家峡蜥脚类足迹野外照片及轮廓解释图（引自杨卿等，2019）

层面上约有10枚恐龙足迹，形成1条行迹，行迹外宽为130 cm。后足迹近似圆形，长36 cm，宽35 cm。前足为半圆形，长约1 cm，宽约35 cm，复步长115 cm。足迹边缘见挤压脊，未见趾迹。

宁夏隆德县陈靳乡罗家峡，下白垩统和尚铺组

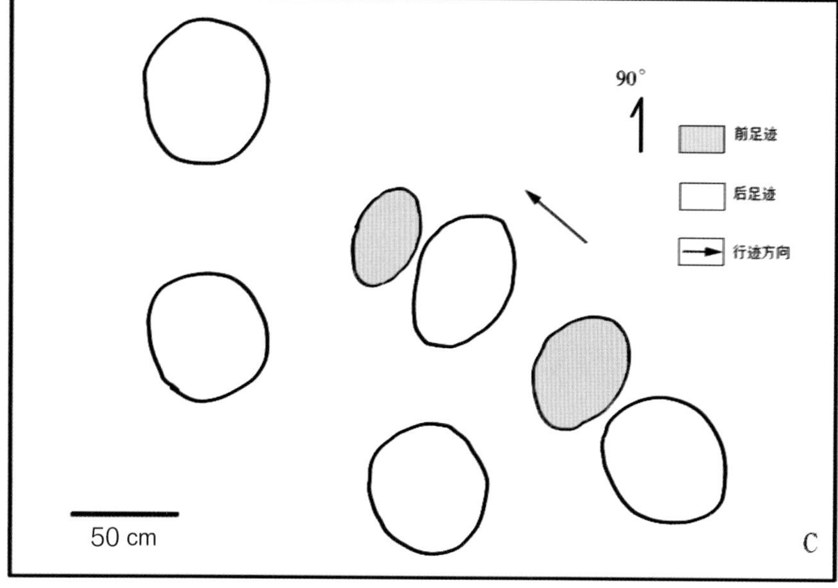

北联池蜥脚类恐龙足迹照片及轮廓图（引自杨卿等，2019）

宁夏隆德县北联池，下白垩统马东山组第三岩段。

2.23 山西

山西的恐龙足迹化石多年未见报道。近年来，山西地质博物馆等单位在山西古县上侏罗统天池河组首次发现蜥脚类恐龙足迹化石，填补了山西省恐龙足迹发现的空白。据续世朝等(2017)研究，古县足迹点共发现37个足迹，组成5条行迹。行迹S1–S4仅保存有后足，局部可见被叠盖的不完整的前足。后足长40.5~55 cm，宽38~45.7 cm，其中S1–S3为小型足迹，S4为中型足迹。行迹S5由四足足迹组成，足长65.5 cm，足宽47 cm，为中型足迹。所估算的蜥脚类造迹者运动速度为0.55~1.62 km/h，为慢走运动状态。行迹S1、S3、S4和S5均属于中–宽型行迹。根据行迹较宽、步幅角较小以及前、后足迹的相对大小、外部轮廓等特征，将古县蜥脚类行迹归入雷龙足迹(*Brontopodus*)类型。在晚侏罗世广泛分布于中国云南、四川、甘肃、新疆以及东南亚等地的马门溪龙类可能是古县蜥脚类足迹*Brontopodus*的潜在造迹者。初步计算，古县足迹点的蜥脚类恐龙体长为9.47~14.3m，为亚成年个体。

山西古县上侏罗统天池河组蜥脚类恐龙足迹野外照片(引自续世朝等，2017)

2.24 江西

江西是我国恐龙研究的重要地区，如赣州出土的大量恐龙蛋及恐龙骨骼等化石标本在全国享有盛名，但江西的恐龙足迹长期以来未见正式报道。2019年，邢立达等报道在赣县上白垩统河口群地层中发现1个疑似霸王龙类的恐龙足迹（cf. *Tyrannosauripus*）。该足迹为当地施工队在修路时，于1块巨大的红色砂岩上所发现。足迹为三趾型，足迹宽阔，但长大于宽，长为58 cm。3个足趾（Ⅱ、Ⅲ、Ⅳ趾）中Ⅱ、Ⅳ趾格外粗壮，爪迹尖锐，蹠趾垫发达。暴龙类的足迹目前主要分布在美国的新墨西哥州、科罗拉多州、怀俄明州、蒙大拿州和加拿大不列颠哥伦比亚。此次报道的赣县足迹为中国乃至亚洲首次发现的可能的霸王龙足迹（Xing et al.，2019f）。

霸王龙又名暴龙，是一种超大型肉食性恐龙，属于兽脚类。典型的霸王龙体长12.8 m，高5.5 m，重约6.8 t，颈椎粗壮，前肢弱小，后肢和尾巴非常发达。它们生活在距今6 850万~6 550万年前的晚白垩纪的最后300万年。随后，霸王龙在白垩纪–古近纪大灭绝事件中销声匿迹。

此次赣县霸王龙足迹的发现证明，霸王龙类在晚白垩世时曾在赣县地区生存过。结合当地盛产精美的兽脚类恐龙蛋的事实可以断定，赣县地区兽脚类恐龙尽管很多，但霸王龙类是当时恐龙界的霸主。

赣县以上凸方式保存的似霸王龙足迹（cf. *Tyrannosauripus*）照片（引自 Xing et al.，2019f）。

足迹为三趾型，长 58 ㎝，宽 47 ㎝，Ⅱ－Ⅳ趾趾间角为 61°；Ⅱ、Ⅲ趾末端爪迹尖锐、弯曲。

江西赣州市赣县区，上白垩统河口群

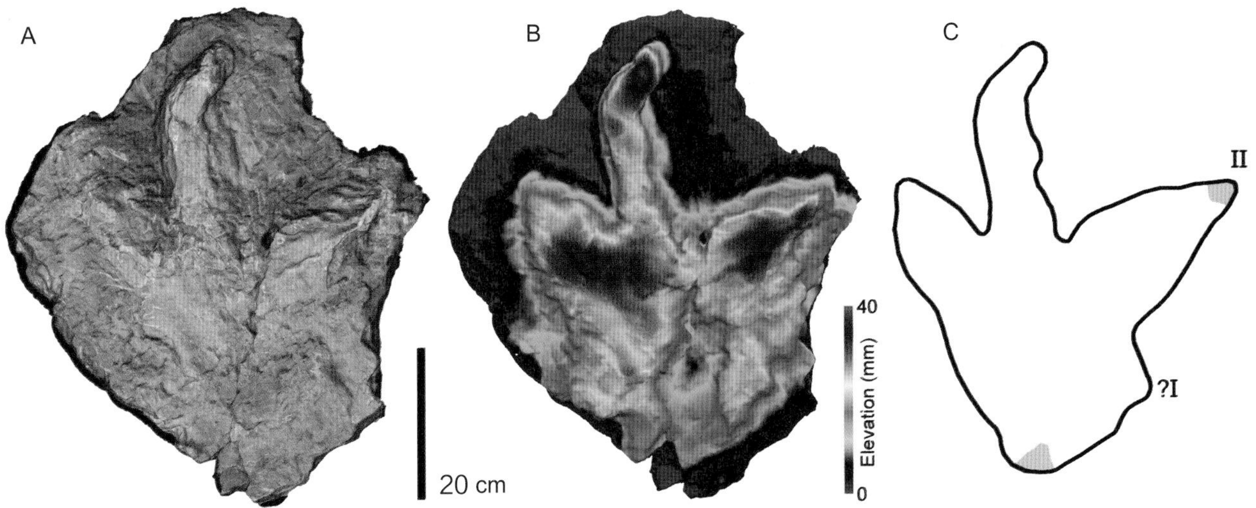

赣县似霸王龙足迹（cf. *Tyrannosauripus*）照片、3D 图像及轮廓图（引自 Xing et al.，2019f）。

3D 图像中的颜色表示凸起的高度，蓝色表示最低，红色表示最高。

江西赣州市赣县区，上白垩统河口群

霸王龙及其足迹（*Tyrannosauripus*）、生活环境复原图（引自 Xing et al.，2019f）

参考文献

蔡雄飞，李长安，顾延生，1999. 兰州——民和盆地首次发现恐龙足印化石. 地球科学，24（2）:216.

蔡雄飞，李长安，顾延生，张凡，2005. 兰州——民和盆地恐龙足印化石形成的地质特征. 地层学杂志，29（3）:306-308.

曹俊，邢立达，杨更，等，2016. 基于恐龙足迹重建攀西地区白垩纪恐龙动物群. 地质通报，35（12）:1961-1966.

陈述云，黄晓钟. 1993. 楚雄苍岭恐龙足迹初步研究. 云南地质，1993，12（3）:267-276.

陈伟，2000. 中国恐龙足迹类群. 重庆师范学院学报(自然科学版)，17（4）:56-62.

丁山，1961. 中国古代宗教与神话考. 上海: 龙门书局，1-602.

董枝明，周忠立，伍少远，2003. 记黑龙江畔一鸭嘴龙足印化石. 古脊椎动物学报，41（4）:324-326.

杜天明，吴灏，金幸生，等，2015. 浙江义乌观音塘村足迹化石特征及保护利用建议. 自然博物，2:54-60.

杜远生，李大庆，彭冰霞，等，2002. 甘肃省永靖县盐锅峡发现大型蜥脚类恐龙足迹. 地球科学，27（4）:376-373.

高尚玉，李保生，董光荣. 1981. 内蒙古查布地区足迹化石. 古脊椎动物学报，19（2）:193.

高玉辉，2007. 四川威远恐龙足迹一新属. 古脊椎动物学报，45（4）:342-345.

胡松梅，邢立达，王昌富，等，2011. 陕西商洛地区下白垩统大型兽脚类恐龙足迹. 地质通报，30（11）:1697-1700.

金福全，颜怀学，1994. 安徽省古沛盆地白垩纪红层中发现的鸟类足迹. 安徽地质，4(3):57-61.

李大庆，杜远生，龚淑云，2000. 甘肃永靖盐锅峡早白垩世恐龙足迹的新发现. 地球科学—中国地质大学学报，25（5）: 498.

李大庆，杜远生，彭冰霞，等，2001. 甘肃永靖县盐锅峡早白垩世恐龙足迹1号点的最新发现. 地球科学，26（5）:512-528.

李建军，巴特尔，张维虹，等，2006. 内蒙古查布地区下白垩统的巨齿龙足印化石. 古生物学报，45(2):221-234.

李建军，白志强，Lockley M.，等，2010. 内蒙古乌拉特中旗恐龙足迹研究. 地质学报，84（5）:723-742.

李建军，白志强，魏青云，2011. 内蒙古鄂托克旗下白垩统恐龙足迹. 北京:地质出版社，1-226.

李建军，甄朔南，1994. 南极乔治王岛早第三纪鸟类足迹新材料及其古地理意义. 沈炎彬主编《南极乔治王岛菲尔德斯半岛地层及古生物研究论文集》. 北京:科学出版社，239-249.

李建军，2015. 中生代爬行类和鸟类足迹. 中国古脊椎动物志第2卷，第8册。北京：科学出版社，1-273.

李奎，蒋兴奎，柳伟波，等，2011. 四川资中金李井镇肉食龙足迹化石研究[C]//中国古生物学会第26届学术年会论文摘要集. 贵州关岭: 中国古生物学会，169.

李日辉，张光威，2000. 莱阳盆地莱阳群恐龙足迹化石的新发现. 地质论评，46(6):605-611.

李日辉，张光威，2001. 山东莱阳盆地早白垩世莱阳群的遗迹化石. 古生物学报，40(2):252–261.

李日辉，刘明渭，松川正树，2002. 山东发现侏罗纪恐龙足迹化石. 地质通报，21(8–9):596–597.

李日辉，刘明渭，Lockley，M.G.，2005a. 山东莒南后左山恐龙公园早白垩世恐龙足迹化石初步研究. 地质通报，24(3):277–280.

李日辉，Lockley，M.G.，刘明渭，2005b. 山东莒南早白垩世新类型鸟类足迹化石. 科学通报，50(8):783–787.

李日辉，Lockley，M.G.，Matsukawa，M.，等，2008. 山东莒南地质公园发现小型兽脚类恐龙足迹化石 *Minisauripus*. 地质通报，27(1): 121–125.

李日辉，刘明渭，杜圣贤. 山东蒙阴盆地中晚侏罗世三台组恐龙足迹化石新材料新认识. 山东国土资源，2015, 31（7）:1–3.

李日辉，陈晓辉，李建军，等，2019a. 山东郯城以蜥脚类恐龙为主的足迹化石群：古生态及地层学意义. 山东科技大学学报（自然科学版），38（1）:40–48.

李日辉，孟元库，陈晓辉，2019b. 山东海阳发现早白垩世小型兽脚类恐龙足迹化石. 中国地质，46(1):211–212.

刘建，李奎，杨春燕，江涛，2009. 四川昭觉恐龙足迹化石的研究及其意义. 中国古生物学会第十次全国会员代表大会暨第25届学术年会论文摘要集:195–196.

吕洪波，章雨旭，肖家飞，2004. 贵州贞丰中三叠统关岭组中*Chirotherium*——原始爬行类足迹研究. 地质学报，78（4）:468–475.

吕君昌，张兴辽，贾松海，等，2007. 河南省义马县中侏罗统义马组兽脚类恐龙足印化石的发现及其意义. 地质学报，81（4）:439–445.

彭冰霞，杜远生，李大庆，等，2004. 甘肃永靖盐锅峡早白垩世翼龙足迹的发现及意义. 地球科学，29（1）:21–24.

彭光照，1997. 四川自贡发现大量恐龙足迹化石. 古脊椎动物学报，35(1):17.

彭光照，叶勇，高玉辉，2005. 自贡地区侏罗纪恐龙动物群. 成都：四川人民出版社，1–236.

其和日格，于庆文，1999. 兰州—民和盆地首次发现白垩纪恐龙足印化石. 中国区域地质，18（2）:223.

商平，1986. 辽宁阜新发现足印化石. 古脊椎动物学报，24（1）:77.

唐永忠，邢立达，徐涛，等. 陕西中鸡发现白垩纪恐龙足迹群. 地质通报，2018，37（7）：1193–1196.

田兆元，1998. 神话与中国社会. 上海：上海人民出版社，1–456.

童馗，邢立达，姜巽，等，2018. 四川西昌盆地白垩纪恐龙足迹群的新发现. 地质通报，37（10）：1771–1776.

王宝红，柳永清，旷红伟，等，2013. 山东诸城棠棣戈庄早白垩世晚期恐龙足迹化石新发现及其意义. 古地理学报，15（4）:454–466.

王全伟，阚泽忠，梁斌，等，2005. 四川天全地区晚三叠世地层中发现恐龙足迹化石. 地质通报，24（12）:1179–1180.

王涛，2015. 禄丰发现侏罗纪早期异样龙足迹（*Anomoepus*）. 化石，4:54.

王雪华，马骥，1989. 贵州贞丰发现中三叠世早期恐龙足迹. 中国区域地质，2:186–189.

邢立达，2010. 四川古蔺地区下侏罗统自流井组恐龙足迹简报（中文快报）.地质通报，29（11）:1730–1732.

邢立达，王丰平，潘世刚，等，2007. 重庆綦江中白垩统夹关组恐龙足迹群的发现及其意义. 地质学报，81(11):1591–1604.

续世朝，许欢，王锁柱，等，2017. 山西省首次发现侏罗纪恐龙足迹. 中国地质，44（1）：192–193.

鄢圣武，巴金，邢立达，金灿海，毛胜军，2017. 四川美姑发现侏罗纪恐龙足迹化石。地质通报，36（6）：925–927.

杨 超，吕洪波，陈清华，等，2008. 贵州贞丰三叠纪原始爬行类足迹（*Chirotherium*）的研究. 古生物学报，

47(2)：240-247.

杨春燕，蒋兴奎，李奎，等,2012. 四川资中中侏罗统虚骨龙足迹化石研究. 成都理工大学学报(自然科学版)，39（4）:379-387.

杨春燕，李奎，蒋兴奎，等，2013. 四川资中金李井镇肉食龙足迹化石再研究. 古生物学报，52（2）:223-233.

杨 卿，吕君昌，王金敏，等，2019. 宁夏六盘山地区早白垩世恐龙足迹研究. 地球学报，40（3）：483-491.

杨式溥，1990. 古遗迹学. 北京：地质出版社，1-179.

杨兴隆，杨代环，1987. 四川盆地恐龙足迹化石. 成都：四川科技出版社，1-30.

杨钟健，1966. 陕西铜川的足印化石. 古脊椎动物与古人类，10 (1):68-71.

杨钟健，1979 a. 河北滦平县足印化石. 古脊椎动物与古人类，17（2）:116-117.

杨钟健，1979b. 云南西双版纳傣族自治州的足印化石. 古脊椎动物与古人类，17（2）:114-115.

叶勇，彭光照，江山，2012. 四川盆地恐龙足迹化石研究综述. 地质学刊，36（2）:129-133.

余心起，1999. 皖南休宁地区恐龙脚印等化石的产出特征. 安徽地质，9（2）:94-101.

余心起，小林快次，吕君昌，1999. 安徽省黄山地区恐龙（足迹）脚印化石的初步研究. 古脊椎动物学报，37（4）:285-290.

曾祥渊，1982. 湘西北沅麻盆地红层中发现的恐龙足印化石. 湖南地质，1:57-58.

张传藻. 1980. 马陵山上的恐龙脚印. 博物，84(3):22.

张建平，邢立达，Gierlinski G. D., 等，2012. 中国北京恐龙足迹的首次记录. 科学通报，57（2-3）:144-152.

张永忠，张建平，吴平，等，2004. 辽西北票地区中—晚侏罗世土城子组恐龙足迹化石的发现. 地质论评，50（6）:561-566.

赵资奎，1979. 河南内乡新的恐龙蛋类型和恐龙脚印化石的发现及其意义. 《古脊椎动物与古人类》，17（4）:304-309.

甄朔南，李建军，韩兆宽，等，1996. 中国恐龙足迹研究. 成都：四川科技出版社，1-110.

甄朔南，李建军，饶成刚，等，1986. 云南晋宁的恐龙足迹研究. 北京自然博物馆研究报告，33:1-19.

甄朔南，李建军，甄百鸣，1983. 四川岳池的恐龙足迹研究. 北京自然博物馆研究报告，25:1-21.

宗立一，吕君昌，温万成，等，2013. 宁夏恐龙足迹的发现及其意义. 世界地质，42（3）：427 -436.

Abel, O. 1912. Grundzuge der Palaobiologie der Wirbeltiere. Schweizerbart, Stuttgart.

Alexangder，1976. Estimates of speeds of dinosaurs. Nature , 261 :129 -130.

Azuma, Y., Li R., Currie, P. J. et al., 2006. Dinosaur footprints from the Lower Cretaceous of Inner Mongolia, China. Memoir of the Fukui Prefectural Dinosaur Museum, 5: 1-14.

Baird, D, 1957. Triassic reptile faunules from Milford, New Jersey. Mus. Comp. Zool. Harvard. Bull., 117:449-520.

Bird, R.T., 1944. Did Brontosaurus ever walk on land? Natural History, 53:63-67.

Bird, R. T., 1954. We captured a "live" brontosaur. Tat. Geogr. fagazine, 105:707-722.

Buckley, L.G., McCrea, R.T., Xing, L.D., 2018. First report of Ignotornidae (Aves) from the Lower Cretaceous Gates Formation (Albian) of western Canada, with description of a new ichnospecies of *Ignotornis, Ignotornis canadensis* ichnosp. nov.. Cretaceous Research, 84:209-222.

Cao, J., Xing, L.D., Yang, G., et al., 2016. The reconstruction of the Cretaceous dinosaur fauna in Panxi region based on dinosaur tracks. Geological Bulletin of China, 35(12): 1961-1966.

Carrano M. T., Wilson, J. A., 2001. Taxon distributions a[nd] the tetrapod track record. Paleobiology, 27(3):564-582.

Chen, P.J., Li, J.J., Matsukawa,M., et al., 2006. Geological ages of dinosaur-track bearing formations in China. Cretaceous Research, 27: 22-32.

Cope, E. D., 1867. Account of extinct reptiles which approach birds. Proceeding of the Academy of Natural Sciences, Philadelphia, 1867:234-235.

Currie, P. J., 1981. Bird footprints from the Gething Formation (Aptian, Lower Cretaceous) of northeastern British

Columbia, Canada. Journal of Vertebrate Paleontology , 1: 257–264.

Currie, P.J., 1983. Hadrosaur trackways from the Lower Cretaceous of Canada. Acta Paleontological Polanica, 28:63–73.

Dodson, P., Berensmeyer, A. K., Bakker, R. T. et al., 1980. Taphonomy of the dinosaur beds of the Jurassic Morrison Formation. Paleobiology , 6: 208–232.

Dodson, P., Forster, C.A., Sampson, S.D., 2004. Ceratopsidae. In: Weishampel D.B., Dodson, P., Osmoska, H. eds. The Dinosauria. 2nd ed. Berkeley: University of California Press. 494–513.

Dutuit, J.M., and Ouazzou, A., 1980. Decouverte d' une piste de Dinosaure sauropode sur le site d' empreintes de Demnat (Haut–Atlas marocain). Memoires de la Societe Geologique de France, Nouvelle Serie, 139:95–102.

Ellenberger, P., 1972. Contribution à la classification des pites de Vertébrés du Trias: les types du Stormberg d'Afrique du sud (I). Paleovertebrata, Mémoire Extrordinaire:1–152.

Ellenberger, P., Mosmann, D.L., Mossman, A., et al., 2005. Bushmen cave paintings of ornithopod dinosaurs: Paleolithic trackers interpret Early Jurassic footprints. Ichnos , 12: 223–226.

Farlow, J.O., Pittman, J.G. & Hawthorne, J. M., 1989. *Brontopodus birdii*, Lower Cretaceous sauropod footprints from the U. S. Gulf Coastal plain. In Dinosaur tracks and traces (eds Gillette, D. D. & Lockley, M. G.), Cambridge: Cambridge University Press: 371–394 .

Frey, R.W., 1975. The realm of Ichnology, its strengths and limitations. In R.W. Frey (ed) *The Study of Trace Fossils*. Berlin and New York:Springer–Verlag, 13–38.

Fujita, M., Azuma, Y., Lee, Y.N., et al., 2007. New theropod track site from the Upper Jurassic Tuchengzi Formation of Liaoning province, Northeastern China. Memoir of the Fukui Prefectural Dinosaur Museum, 6: 17–25.

Fujita, M., Wang, Z.Q., Azuma, Y., et al., 2008. First dinosaur track site from the Lower Cretaceous of Yunnan Province, China. Memoirof the Fukui Prefectural Dinosaur Museum 7, 33–43.

Galton, P. M. & Upchurch, P., 2004. Prosauropoda. In: Weishampel D.B., Dodson, P., Osmoska, H. eds. The Dinosauria. 2nd ed. Berkeley: University of California Press, 232–258.

Gatesy, S.M., Middleton, K.M., Jenkin,s Jr F.A. et al., 1999. Three dimensional preservation of foot movements in Triassic theropod dinosaurs. Nature, 399:103–104.

Gierlinski, G., 1991. New dinosaur ichnotaxa from the Early Jurassic of the Holy Cross Mountains, Poland. Palaeogeography, Palaeoclimatology, Palaeoecology, 85:137–148.

Harris, J.D., Johnson, K.R., Hicks, J., et al., 1996. Four–toed theropod footprints and a paleomagnetic age from the whetstone falls member of the harebell formation (upper cretaceous: maastrichtian), northwestern wyoming. Cretaceous Research, 17(4):381–401.

Haubold, H.,1971. Ichnia amphibiorum et reptiliorum fossilium. In O. Kuhn (ed) Handbuch der Paläoherpetologie, 121 p.

Hay, O. P., 1902. Bibliography and catalogue of the fossil vertebrate of North America, U. S. Geological Survey Bulletin, 179: 1–868.

Heilmann, G., 1927. The Origin of Birds. Appleton, New York , reprinted 1972 by Dover Publication, New York.

Hitchcock, E., 1836. Ornithichnology. Description of the footmarks of birds (Ornithoidichnites) on New Red Sandstone in Massachusetts. American Journal of Science, 1836（29）: 307–340.

Hitchcock, E., 1841. Final report on the Geology of Massachusetts (2 vol.). J.H. Butler, Northampton, Massachusetts.

Hitchcock, E., 1858. Ichnology of New England. A report on the sanstone of the Connecticut valley, especially its fossil footmarks, made to the government of the Commonwealth of Masachusetts. Boston: 220pp., 60 pls.

Hunt, A.P, and Lucas, S.G., 2006. Tetrapod ichnofacies of the Cretaceous. In: Lucas, S.G. & Sullivan, R.M. (eds.), Late Cretaceous vertebrates from the Western Interior, New Mexico Museum of Natural History and Science Bulletin, 35:

61–68.

Hunt, A.P., and Lucas, S.G., 2007. Tetrapod ichnofacies: a new paradigm. Ichnos, 14: 59–68.

Huxley, T.H., 1868. On the animals which are most nearly intermediate between reptiles and birds. Quarterly Journal of the Geological Society of London, 26:12–31.

Kaup, J.J., 1835. Their-Fährten von Hildburghausen; Chirotherium oder Chirosaurus. Neues Jahrbuch für Mineralogie, Geognosie, Geologie und Petrefaktenkunde, 1835:327–328.

Kim, B.K., 1969. A study on several sole marks in the Haman Formation. Journal of the Geological Society of Korea, 5(4): 243–258.

Kim, J.Y., Kim, K.S., and Lockley, M.G., 2008. New didactyl dinosaur footprints (*Dromaeosauripus hamanensis* ichnogen. et ichnosp. nov.) from the Early Cretaceous Haman Formation, south coast of Korea. Palaeogeography, Palaeoclimatology, Palaeoecology, 262: 72–78.

Kim, J.Y., Kim, S.H., Kim, K.S., et al., 2006. The oldest record of webbed bird and pterosaur tracks from South Korea (Cretaceous Haman Formation, Changseon and Sinsu Islands): more evidence of high avian diversity in East Asia. Cretaceous Research 27, (1): 56–69.

Kim, J.Y., Lockley, M.G., Kim, H.M., et al., 2009. New Dinosaur Tracks from Korea, *Ornithopodichnus masanensis* ichnogen. et ichnosp. nov. (Jindong Formation, Lower Cretaceous): implications for polarities in ornithopod foot morphology. Cretaceous Research, 30, 1387–1397.

Kim, J.Y., Lockley, M.G., Seo, S.J., et al., 2012. A paradise of Mesozoic birds: the world's richest and most diverse Cretaceous bird track assemblage from the Early Cretaceous Haman Formation of the Gajin tracksite, Jinju, Korea. Ichnos , 19:28–42.

King, M.J., Sarjeant, W.A.S., Thompson, D.B. et al., 2005. A revised systematic ichnotaxonomy and review of the vertebrate footprint ichnofamily Chirotheriidae from the British Triassic. Ichnos, 12, 241–299.

Kuhn, O., 1958. Die Fährten der vorzeitlichen Amphibien und Reptilien. Bamberg Meisenbach: 1–64.

Lee, Y.N., 1997. Bird and dinosaur footprints in the Woodbine Formation (Cenomanian), Texas. Cretaceous Research, 18: 849–864.

Leidy, J., 1856. Notice of remains of extinct reptiles and fishes, discovered by Dr. F.V. Hayden in the Bad Lands of the Judith River, Nebraska Territory. Proceeding of the Academy of Natural Sciences, Philadelphia, 8:72–73.

Li, D.Q., Azuma, Y., and Arakawa, Y., 2002. A new Mesozoic bird track site from Gansu Province, China. Memoir of the Fukui Prefectural Dinosaur Museum, 1:92–95.

Li, D.Q., Azuma, Y., Fujita, M., et al., 2006. A preliminary report on two new vertebrate track site including dinosaurs from the Early Cretaceous Hekou Group, Gansu, China. J. Paleont. Soc. Korea, 22(1): 29–49.

Li, D.Q., Xing, L.D., Lockley, M.G., et al., 2015. A manus dominated pterosaur track assemblage from Gansu, China: implications for behavior. Science Bulletin, 60(2): 264–272.

Li, D.Q., Xing, L.D., Lockley, M.G., et al., 2019. The first theropod tracks from the Middle Jurassic of Gansu, Northwest China: new and rare evidence of quadrupedal progression in theropod dinosaurs. Journal of Palaeogeography, https://doi.org/10.1186/s42501-019-0028-4.

Li, J.J., Lockley, M.G., Bai, et al., 2009. New bird and small theropod tracks from the Lower Cretaceous of Otog Qi, Inner Mongolia, P. R.China. Memoirs of Beijing Museum of Natural History. 61:51–79.

Li, J.J., Lockley, M.G., Zhang, Y.G., et al., 2012. An important ornithischian tracksite in the Early Mesozoic of the Shenmu Region Shaanxi, China. Acta Geologica Sinica, 86(1):1–10.

Li, R.H., Lockley, M.G., 2005. Dromaeosaurid trackways from Shandong Province, China. Journal of Vertebrate Paleontology, 7 September, Volume 25, Supplement to Number 3:83 A .

Li, R.H., Lockley, M.G., Makovicky, P.J., et al., 2008. Behavioral and faunal implications of Early Cretaceous deinonychosaur trackways from China. Naturwissenschaft 95:185–191.

Li, R.H., Lockley, M.G., Matsukawa, M., et al., 2011. An unusual theropod track assemblage from the Cretaceous of the Zhucheng area, Shandong Province, China. Cretaceous Research, 32:422–432.

Li, R.H., Lockley, M.G., Matsukawa, M., et al., 2015. Important Dinosaur-dominated footprint assemblages from the Lower Cretaceous Tianjialou Formation at the Houzuoshan Dinosaur Park,Junan County, Shandong Province, China[J]. Cretaceous Research, (52), Part A :83–100.

Li, Y.X., Zhang, Y.X., 2017. Early Middle Jurassic dinosaur footprints from Zizhou County, Shaanxi, China. Vertebratea PALAsiatica, 2017, 55(3):276–288.

Lim, S. K., 1989. Large dinosaur footprint assemblages from the Cretaceous Jindong Formation of Southen Korea. In: Gillette D.D., Lockley, M.G., eds. Dinosaur Tracks and Traces, Cambrage: Cambrige University Press, 222–226.

Lockley, M.G., 1987. Dinosaur footprints from the Dakota Group of Eastern Colorado. The Mountain Geologist, 24(4): 107–122.

Lockley, M. and Gillette, D., 1989a. Dinosaur Tracks and Traces: An Overview. In Dinosaur Tracks and Traces (eds D.D. Gillette and M.G. Lockley) .Cambridge: Cambridge University Press, 27–32.

Lockley, M.G., and Conrad, K., 1989b. The paleoenvironmental context and preservation of dinosaur tracksites in the Western United States. In: Gillette, D.D., and Lockley, M.G. (eds.), Dinosaur Tracks and Traces. Cambridge :Cambridge University Press, 121–134.

Lockley, M., 1991. Tracing dinosaurs, a new look at an ancient world. Cambridge: Cambridge University press, 1–238.

Lockley, M.G., Yang, S.Y., Matsukawa, et al., 1992. The track record of Mesozoic birds: Evidence and implications. Philosophical Transactions of the Royal Society of London: Biological Sciences. 336(1277):113–134.

Lockley, M. G., Farlow, J. O., Meyer, C. A., 1994a. *Brontopodus* and *Parabrontopodus* ichnogen. nov. and the significance of wide- and narrow-gauge sauropod trackways. Gaia: Revista de Geociencias, Museu Nacional de Historia Natural (Lisbon). 10:135–146.

Lockley, M.G., Hunt, A.P. et al., 1994b. Vertebrate tracks and the ichnofacies concept: implications for paleoecology and palichnostratigraphy. In *The palaeobiology of trace fossils* (ed. Donovan, S.), pp. 241–268 (Wiley, Chichester).

Lockley, M.G. and Hunt, A.P., 1995a. Dinosaur tracks and other fossil footprints of the Western United States.New York:Columbia University Press, 338 pp.

Lockley, M.G., Logue, T. J., Moratalla, J. J., et al., 1995b. The fossil trackway *pteraichnus* is pterosaurian, not crocodilian: Implications for the global distribution of pterosaur tracks. Ichnos, 4: 7–20.

Lockley, M.G., 1998a. The vertebrate track record. Nature, 396:429–432.

Lockley, M.G., and Hunt, A.P., 1998b. A probable stegosaur track from the Morrison Formation of Utah. Modern Geology, 23:331–342.

Lockley, M.G., Foster, J. & Hunt, A.P., 1998c. A short summary of dinosaur tracks and other fossil footprints from the Morrison Formation. In *The Upper Jurassic Morrison Formation: an interdisciplinary study* (eds Carpenter, K., Chure, D. & Kirkland, J.). Modern Geology, 23:277–290.

Lockley, M.G., Meyer, C.A. and Santos V.F., 1998d. *Megalosauripus* and the problematic concept of megalosaur footprints. Gaia, 15: 313–337.

Lockley, M.G., Meyer, C.A. and Moratalla, J.J. 1998e. *Therangospodus*: trackway evidence for the widespread distribution of a Late Jurassic theropod with well-padded feet. Gaia, 15: 339–353.

Lockley, M.G., Hunt, A., Paquette, M., et al., 1998f. Dinosaur tracks from the Carmel Formation, Northeastern Utah: Implications for Middle Jurassic Paleoecology. Ichnos, 5:255–267.

Lockley, M.G., Meyer, C.A., dos Santos, V.F., 2000. *Megalosauripus*, and the problematic concept of megalosaur footprints. Gaia:Revista de Geociencias 15, 313–337. Museumnacional de Historia Natural, Lisbon, Portugal (for 1998) .

Lockley, M.G., Wright, J.L., Matsukawa, M., 2001. A new look at *Magnoavipes* and so–called "Big Bird" tracks from Dinosaur Ridge (Cretaceous, Colorado). Mountain Geologist, 38:137:146.

Lockley, M.G., 2002a. A guide to the fossil footprints of the world. A Lockley–Peterson publication, produced and distributed in conjunction with the University of Colorado at Denver, Dinosaur Trackers and the Froends of Dinosaur Ridge, Moeeison, Colorado, Denver:1–124.

Lockley, M.G., Wright, D., White, D., et al., 2002b. The First Sauropod Trackways from China. Cretaceous Research, 23(3): 363–381.

Lockley, M. G., Matsukawa, M., and Li, J., 2003. Crouching theropods in taxonomic jungles: ichnological and ichnotaxonomic investigations of footprints with metatarsal and ischial impressions. Ichnos, 10: 169–177.

Lockley, M.G., Yang, S.Y., Matsukawa, M., 2005. *Minisauripus*– the track of a diminutive dinosaur from the Cretaceous of Korea: implications for correlation in east Asia. Journal of Vertebrate Paleontology 25, 84A.

Lockley, M.G., Matsukawa, M., Ohita, H., et al., 2006a. Bird tracks from Liaoning Province China: New insights into avian evolution during the Jurassic–Cretaceous transition. Cretaceous Research, 27: 33–43.

Lockley, M.G., Gierlinksi, G.D., 2006b. Diverse vertebrate ichnofaunas containing *Anomoepus* and other unusual trace fossils from the Lower Jurassic of the western United States: Implicaitons for paleoecology and paleoecology and Palichnostratigraphy. In: Harris et al., eds. The Triassic–Jurassic Terrestrial Transition. New Mexico Museum of Natural History and Science Bulletin 37, 176–190.

Lockley, M.G., Houck, K., Yang, S.Y., et al., 2006c. Dinosaur–dominated footprint assemblages from the Cretaceous Jindong Formation, Hallyo Haesang National Park area, Goseong County, South Korea: evidence and implications. Cretaceous Research, 27 (1), 70–101.

Lockley, M.G., Gierlinski, G. D., Titus, A., et al, 2006d. An introduction to thunderbird footprints at the Flag Point pictograph–track site—preliminary observations on Lower Jurassic theropod tracks from the Vermillion Cliffs area, southwestern Utah. New Mexico Museum of Natural History and Science Bulletin, 37: 310–314.

Lockley, M.G., Li, R.H., Harris, J., et al., 2007. Earliest zygodactyl bird feet: evidence from Early Cretaceous Road Runner–like traces. Naturwissenschaft, 94: 657–665.

Lockley, M.G., Kim, S.H., Kim, J.Y., et al., 2008. *Minisauripus*——the track of a diminutive dinosaur from the Cretaceous of China and South Korea: implications for stratigraphic correlation and theropod foot morphodynamics. Cretaceous Research, 29(1): 115–130.

Lockley, M., and Matsukawa, M., 2009. A review of vertebrate track distributions in East and Southeast Asia. J. Paleont. Soc. Korea. 25(1): 17–42.

Lockley, M.G., Li., R.H., Matsukawa, M., et al., 2010. Tracking Chinese crocodylians: *Kuangyuanpus, Laiyangpus*, and implications for naming crocodilian and crocodilian–like tracks and associated ichnofacies. *In* Milàn, J., Lucas, S.G., Lockley, M.G. and Spielmann, J.A., eds., Crocodyle Tracks and Traces. New Mexico Museum of Natural History and Science Bulletin, 51:99–108.

Lockley, M.G., Cart, K., Martin, J., et al., 2011. New theropod tracksites from the Upper Cretaceous "Mesaverde" Group, western Colorado: implications for ornithomimosaur track morphology. New Mexico Museum of Natural History Bulletin, 53:321–329.

Lockley, M.G., Li, J.J., Matsukawa, M., et al., 2012a. A new avian ichnotaxon from the Cretaceous of Nei Mongol, China. Cretaceous Research, 34:84–93.

Lockley, M.G., Li, R.H, Matsukawa, M., et al., 2012b. The importance of the Huanglonggou or "Yellow Dragon Valley" dinosaur tracksite (Early Creatceous) of the Zhucheng area, Shandong Province China. In: Huh, M.,Kim, H.–J.,

Park, J.Y. (Eds.), The 11th Mesozoic Terrestrial Ecosystems Abstracts Volume (August 15–18), Korea Dinosaur Research Center, ChonnamNational University, pp. 315–317 (461 p.).

Lockley, M.G., Xing, L.D., Li, J.J., et al., 2012c. First records of turtle tracks in the Cretaceous of China. In: Huh, M., Kim, H.-J., Park, J.Y. (Eds.).The 11th Mesozoic Terrestrial Ecosystems Abstracts Volume (August 15–18), Korea Dinosaur Research Center, Chonnam National University, pp. 311–313 (461 p.).

Lockley, M.G., Li, J.J., Li., R.H., et al., 2013. A review of the theropod track record in China, with special reference to type ichnospecies: implications for ichnotaxonomy and paleobiology. Acta Geologica Sinica, 87(1):1–20.

Lockley, M.G., Xing, L.D., Lockwood, J.A.F., et al., 2014a. A review of large Cretaceous ornithopod tracks, with special reference to their ichnotaxonomy. Biological Journal of the Linnean Society, 113:721–736.

Lockley, M.G., Gierlinski, G.D., Houck, K., et al., 2014b. New excavations at the Mill Canyon dinosaur track site(Cedar Mountain Formation, Lower cretaceous) of eastern Utah. in Lockley, M.G. & Lucas, S.G.,eds. Fossil footprints of western North America.NMMNHS Bulletin, 62:287–300.

Lockley, M.G., Li, R.H., Matsukawa, M., et al., 2015.Tracking the yellow dragons: Implications of China' s largest dinosaur tracksite (Cretaceous of the Zhucheng area, Shandong Province, China). Palaeogeography, Palaeoclimatology, Palaeoecology, 423: 62–79.

Lockley, M.G., Harris, J.D., Li, R., et al., 2016. Two-toed tracks through time: on the trail of "raptors" and their allies., In Falkingham, P.L., Marty, D., and Richter, A. (eds) Dinosaur Tracks, The next steps. Bloomington: Indiana University Press, 183–200.

Lockley, M.G., Li, J.J., Xing, L.D., et al., 2018. Large theropod and small sauropod trackmakers from the Lower Cretaceous Jingchuan Formation, Inner Mongolia, China. Cretaceous Research, 92:150–167.

Lockley, M.G., Xing, L.D., Xu, X., 2019. The "lost" holotype of Laiyangpus liui Young (1960) (Lower Cretaceous, Shandong Province, China) is found: Implications for trackmaker identification, ichnotaxonomy and interpretation of turtle tracks. Cretaceous Research, 95: 260–267.

Look, A.l., 1981. Hopi Snake Dance. Grand Junction. Colorado: Crown Point Inc, 1–64.

Lü, J., Azuma, Y., Wang, T., et al., 2006. The first discovery of dinosaur footprint from Lufeng of Yunnan Province, China. Memoir of the Fukui Prefectural Dinosaur Museum, 5: 35–39.

Lü, J., Chen, R., Azuma, Y., et al., 2010. New Pterosaur Tracks from the Early Late Cretaceous of Dongyang City, Zhejiang Province, China. Acta Geoscientica Sinica. 31(1): 46–48.

Lucas, A.M. and Stettenheim, P.R., 1972. Avian anatomy, Integument (United States Department of Agriculture, Handbook 362). Washington :United States Government Printing Office.

Lull, R.S., 1904. Fossil footprints of the Jura-Trias of North America, Boston Society of Natural History, Memoirs, 5: 461–557.

Lull, R.S., 1915. Triassic life of the Connecticut Valley. Connecticut Geological Natural History Servey, Bulletin, 24: 1–285.

Lull, R.S., 1917. The Triassic flora and fauna of the Connecticut Valley. Bulletin of the United States Geological Survey, 597:105–127.

Lull, R.S., 1953. Triassic life of the Connecticut Valley, Connecticut Geological Natural History Servey, Bulletin. 81: 1–336.

Matsukawa, M., Futakami, M., Lockley, M.G., et al., 1995. Dinosaur footprints from the Lower Cretaceous of eastern Manchuria, northeast China: evidence and implications. Palaios, 10:3–15.

Matsukawa, M., Shibata, K., Kukihara, et al., 2005. Review of Japanese dinosaur track localities: implications for ichnotaxonomy, paleogeography and stratigraphic correlation. Ichnos. 12, 201–222.

Matsukawa, M., Lockley, M.G., Li, J.J., 2006. Cretaceous terrestrial biotas of East Asia, with special reference to dinosaur–dominated ichnofaunas: towards a synthesis. Cretaceous Research, 27: 3–21.

Matsukawa, M., Hayashi, K., Zhang, H.C., et al., 2009. Early Cretaceous sauropod tracks from Zhejian Province, China. Bulletin of Tokyo Gakugei University, Division of Natural Science, 61: 89–96.

Matsukawa, M., Lockley, M.G., Hayashi, K., et al., 2014.First report of the ichnogenus *Magnoavipes* from China: New discovery from the Lower Cretaceous inter–mountain basin of Shangzhou, Shaanxi Province, central China. Cretaceous Research, 47:131–139.

McCrea, R.T., Lockley, M.G., Meyer, C.A., 2001a. Global distribution of purported ankylosaur track occurrences. In: Carpenter, K. (Ed.). The Armored Dinosaurs. Bloomington: Indiana University Press, 413–454.

Moratalla, J.J., Sanz, J.L., and Jemenez, S., 1988. Multivariate analysis on Lower Cretaceous dinosuar footprints : Discrimination between ornithopods and theropods.Geobios., 21（4）: 395–408.

Padian, K. And Olsen, E., 1984. The fossil trackway Pteraichnus not *pterosaurian*, but crocodilian. Journal of Paleontology, 58: 178–184.

Padian, K.,1999. Dinosaur tracks in the computer age. Nature, 399: 103–104.

Peabody, F.E., 1948. Reptile and amphibian trackways from the Lower Triassic Moenkopi Formation of Arizona and Utah. Bulletin of the Department of Geological Sciences, University of California, 27: 295–468.

Peng, G.Z., Xing, L.D., Ye, Y., et al., 2012. Report on small–sized theropod tracks from the Early Jurassic Ziliujing Formation of Zigong City, Sichuan, China. In Xing, L.D. and Lockley, M.G. (eds.) Abstract Book of Qijiang International Dinosaur Tracks Symposium, Chongqing Municipality, China, November 29–30.

Platt, N.H., Meyer, C.A., 1991. Dinosaur footprints from the Lower Cretaceous of northern Spain: their sedimentological and palaeoecological context. Palaeogeography, Palaeoclimatology, Palaeoecology, 85(3–4): 321–333.

Sarjeant, W.A.S., 1975. Fossil tracks and impressions of vertebrates. In R.W. Frey (ed) . Berlin and New York:Springer–Verlag, 283–324.

Senter, P., 2007. A new look at the phylogeny of coelurosauria (Dlnosauria: Theropoda). Journal of Systematic Palaeontology 5(4): 426–463.

Shikama, T., 1942. Footprints from Chinchou, Manchoukuo, of Jeholosauripus, the Eo–Mesozoic Dinosaur. The Bulletin of the Central National Museum of Manchoukuo, 3: 21–31.

Soergel, W. ,1925. Die Fährten der Chirotheria. Eine paläobiologische Studie, Gustav Fischer, Jane: 1–92.

Sollas, W.J., 1879. On some three–toe footprints from the Triassic conglomerate of South Wales. Quarterly Journal of the Geological Society of London, 35:511–516.

Steinbock, R.T., 1989. Ichnology of the Connecticut Valley: a vignette of American science in the early nineteenth centry. In *Dinosaur Tracks and Traces* (eds D.D. Gillette and M.G. Lockley). Cambridge:Cambridge University Press, 27–32.

Sternberg, C.M., 1932. Dinosaur tracks from Peace River, British Columbia. National Museum of Canada Bulletin, 68:59–85.

Stokes, W.M.L., 1957. Pterodactyl tracks from the morrision formation. Journal of Paleontology, 31(5) : 952– 954.

Sullivan, C., Hone, D.W.E., Cope, T.D., Liu, Y. et Liu, J., 2009. A new occurrence of small theropod tracks in the Houcheng (Tuchengzi) Fomation of Hebei Province, China. Vertevrata PalAsiatica, 47(1):35–52.

Teilhard de Chardin, P., Young, C.C., 1929. On some traces of vertebrate life in the Jurassic and Triassic beds of Shansi and Shensi. Bulletin of the Geological Society of China, 8:131–133.

Thulborn, T., 1990. Dinosaur tracks. London:Chapman and Hall, 1–410.

Wang, B.P., Li, J.J., Bai, Z.Q., et al., 2016. Research on Dinosaur foot prints in Zizhou, Shaanxi Province, China. Acta Geolocica Sinica(English Edition), 90:(1):1–18.

Weishampel, D.B., Dodson, P. and Osmólska, H., 1990. The Dinosauria. Berkeley:University of California Press,

1–733p.

Wings, O., Schellhor, R., Mallison, H., Thuy, B., Wu, W., Sun, G., 2007. The first dinosaur tracksite from Xinjiang, NW China (Middle Jurassic Sanjianfang Formation , Turpan Basin)—a preliminary report. Global Geology, 10 (2) : 113–129.

Xing, L.D., Harris, J.D., Toru, S., et al., 2009a. Discovery of dinosaur footprints from the Lower Jurassic Lufeng Formation of Yunnan Province, China and the new observations on *Changpeipus* (with Chinese abstract) . Geological Bulletin of China, 28(1): 16–29.

Xing, L.D., Harris, J.D. Sun, D.H., et al., 2009b. The Earliest known deinonychosaur tracks from the Jurassic–Cretaceous boundary in Hebei Province, China. Acta Palaeontologica Sinica, 48(4): 662–671.

Xing, L.D., Harris, J.D., Dong, Z.M., et al., 2009c .Ornithopod (Dinosauria Ornithischian) tracks from the Upper Cretaceous Zhutian Formation in the Nanxiong Basin, Guangdong, China and general observations on large Chinese ornithopod footprints. Geological Bulletin of China, 28(7): 829–843.

Xing, L.D., Harris, J.D., Feng, X.Y., et al., 2009d.Theropod (Dinosauria: Saurischia) tracks from Lower Cretaceous Yixian Formation at Sihetun Village, Liaoning Province, China and possible track makers. Geological Bulletin of China, 28(6):705–712.

Xing, L.D., Harris, J.D., Jia, C.K., 2010a. Dinosaur tracks from the Lower Cretaceous Mengtuan Formation in Jiangsu, China and Morphological diversity of local sauropod tracks. Acta Palaeontologica Sinica, 49(4): 448–460.

Xing, L.D., Harris, J.D., Wang, K.B., et al., 2010b. An early Cretaceous non–avian dinosaur and bird footprint assemblage from the Laiyang Group in the Zhucheng Basin, Shandong Province, China. Geological Bulletin of China, 29(8):1105–1112.

Xing, L.D., Harris, J. D., Currie, P.J., 2011a. First record of dinosaur trackway from Tibet, China. Geological Bulletin of China, 30(1):173–178.

Xing, L.D., Harris, J.D. and Gierliński, G.D., 2011b. *Therangospodus* and *Megalosauripus* track assemblage from the Upper Jurassic–Lower Cretaceous Tuchengzi Formation of Chicheng County, Hebei Province, China and their paleoecological implications. Vertebrata PalAsiatica, 49(4): 423–434.

Xing, L.D., Harris, J.D., Jia, C.K., et al., 2011c. Early Cretaceous bird–dominated and dinosaur footprint assemblage from the northwestern border of the Junggar Basin, Xinjiang, China. Palaeoworld , 20(4): 308–321.

Xing, L.D., Harris, J.D., Gierliński, G.D., et al., 2011d. Mid–Cretaceous Non–Avain theropod trackways from Southern Margin of the Sichuan Basin, China. Acta Palaeontologica Sinica, 50(4):470–480.

Xing, L.D., Gierlinski, G.D., Harris, J.D., et al., 2012a. A probable crouching theropod dinosaur trace from the Tuchengzi Formation in Chicheng area, Hebei Province, China. Geological Bulletin of China, 31(1):20–25.

Xing, L.D., Harris, J.D., Gierlinski, G.D., et al., 2012b. Early Cretaceous pterosaur tracks from a "buries" dinosaur tracksite in Shandong Province, China. Palaeoworld. 21:50–58.

Xing, L.D., Bell, P.R., Harris,J.D., et al., 2012c. An Unusual, three–dimensionally preserved, large hadrosaurifor pes track from "Mid" –Cretaceous Jiaguan Formation of Chongqing, China. Acta Geological Sinica, 86(2):304–312.

Xing, L.D., Lockley, M.G., He, Q., et al., 2012d. Forgotten Paleogene limulid tracks: *Xishuangbanania* from Yunnan, China. Palaeoworld, 21:217–221.

Xing, L.D, Lockley, M.G., Piñuela, L., et al., 2013a. Pterosaur trackways from the Lower Cretaceous Jiaguan Formation (Barremian–Albian) of Qijiang, Southwest China. Palaeogeography, Palaeoclimatology, Palaeoecology, 392:177–185.

Xing, L.D., Klein, H., Lockley, M.G., et al., 2013b. *Chirotherium* Trackways from the Middle Triassic of Guizhou, China. Ichnos, 22:99–107.

Xing, L.D., Klein, H., Lockley,M.G., et al., 2013c. Earliest records of theropod and mammal–like tetrapod footprints in the Upper Triassic of Sichuan Basin, China. Vertebrata PalAsiatica, 51(3):184–198.

Xing, L.D., Li, D.Q, Harris, J.D., et al., 2013d. A new deinonychosaurian track from the Lower Cretaceous Hekou Group, Gansu Province, China. Acta Palaeontologica Polonica，58（4）：723–730.

Xing, L.D., Lockley, G.M., Klein, H., et al., 2013e. Dinosaur, bird and pterosaur footprints from the Lower Cretaceous of Wuerhe asphaltite area, Xinjiang, China, with notes on overlapping track relationships. Palaeoworld. 22:42–51.

Xing, L.D., Lockley, G.M., Li, Z., et al., 2013f. Middle Jurassic theropod trackways from the Panxi region, South west China and a consideration of their geologic age. Palaeoworld. 22:36–41.

Xing, L.D., Lockley, G.M., McCrea, R.T., et al., 2013g. First record of *Deltapodus* tracks from the Early Cretaceous of China. Cretaceous Reaearch, 42(2013):55–65.

Xing, L.D., Lockley, G.M., Chen, W., et al., 2013h. Two theropod track assemblages from the Jurassic of Chongqing, China, and the Jurassic Stratigraphy of Sichuan Basin. Vertebrata PalAsiatica, 51(2):107–130.

Xing, L.D., Lockley, M.G., Marty, D., et al., 2013i. Diverse dinosaur ichnoassemblages from the lower cretaceous Dasheng group in the Yishu fault zone, Shandong Province, China. Cretaceous Research, 45:114–134.

Xing, L.D., Lockley, M.G., Zhang, J.P.， et al., 2013j. A new Early Cretaceous dinosaur track assemblage and the first definite non–avian theropod swim trackway from China. Chinese Science Bulletin，58（19）：237–2378.

Xing, L.D., Avanzini, M., Lockley, M.G., et al., 2014a. Early Cretaceous turtle tracks and skeletons from the Junggar Basin, Xinjiang, China. Palaios, 29, 137–144.

Xing, L.D., Belvedere, M., Buckley, L., et al., 2014b. First Record of Bird Tracks from Paleogene of China (Guangdong Province). Palaeogeography, Palaeoclimatology, Palaeoecology, 414: 415–425.

Xing, L.D., Klein, H., Lockley, M.G., et al., 2014c. First chirothere and possible grallatorid footprint assemblage from the Upper Triassic Baoding Formation of Sichuan Province, southwestern China. Palaeogeography, Palaeoclimatology, Palaeoecology, 412: 169–176.

Xing, L.D., Klein, H., Lockley, M.G., et al., 2014d. *Changpeipus* (theropod) tracks from the Middle Jurassic of the Turpan Basin, Xinjiang, Northwest China: review, new discoveries, ichnotaxonomy, preservation and paleoecology. Vertebrata PalasiAtica, 52(2): 233–259.

Xing, L.D., Li, D.Q., Lockley, M.G.,et al., 2014e. Theropod and sauropod track assemblages from the Lower Cretaceous Hekou Group at Zhongpu, Gansu Province, China. Acta Palaeontologica Sinica, 53(3): 381–391.

Xing, L.D., Liu, Y.Q., Kuang, H.W., et al., 2014f. Theropod and possible ornithopod track assemblages from the Jurassic–Cretaceous boundary Houcheng Formation, Shangyi, northern Hebei, China. Palaeoworld, 23, 200–208.

Xing, L.D., Lockley, M.G., 2014g. First Report of Small *Ornithopodichnus* Trackways from the Lower Cretaceous of Sichuan, China. Ichnos, 21(4): 213–222.

Xing, L.D., Lockley, M.G., Klein, H., et al., 2014h. The non–avian theropod track *Jialingpus* from the Cretaceous of the Ordos Basin, China, with a revision of the type material: implications for ichnotaxonomy and trackmaker morphology. Palaeoworld, 23:187–199.

Xing, L.D., Lockley, M.G., Miyashita, T., et al., 2014i. Large sauropod and theropod tracks from the Middle Jurassic Chuanjie Formation of Lufeng County, Yunnan Province and palaeobiogeography of the Middle Jurassic sauropod tracks from southwestern China. Palaeoworld，23: 294–303.

Xing, L.D., Lockley, M.G., Wang, Q.F., et al., 2014j. Earliest records of dinosaur footprints in Xinjiang, China. Vertebrata PalasiAtica, 52(3): 340–348.

Xing, L.D., Lockley, M.G., Zhang, J.P., et al., 2014k. Upper Cretaceous dinosaur track assemblages and a new theropod ichnotaxon from Anhui Province, eastern China. Cretaceous Research, 49: 190–204.

Xing, L.D., Lockley, M.G., Zhang, J.P., et al., 2014l. Diverse sauropod–, theropod–, and ornithopod–track assemblages and a new ichnotaxon *Siamopodus xui* ichnosp. nov. from the Feitianshan Formation, Lower Cretaceous of Sichuan Province, southwest China. Palaeogeography, Palaeoclimatology, Palaeoecology, 414: 79–97.

Xing, L.D., Niedźwiedzki G, Lockley, M.G., et al., 2014m. *Asianopodus*–type footprints from the Hekou Group of Honggu District, Lanzhou City, Gansu, China and the "heel" of large theropod tracks. Palaeoworld 23: 304–313.

Xing, L.D., Peng, G.Z., Marty, D., et al., 2014n. An unusual trackway of a possibly bipedal archosaur from the Late Triassic of the Sichuan Basin, China. Acta Palaeontologica Polonica, 59 (4): 863–871.

Xing, L.D., Peng, G.Z., Ye, Y., et al., 2014o. Sauropod and small theropod tracks from the Lower Jurassic Ziliujing Formation of Zigong City, Sichuan, China with an overview of Triassic–Jurassic dinosaur fossils and footprints of the Sichuan Basin. Ichnos, 21, 119–130.

Xing, L.D., Peng, G.Z., Ye, Y., et al., 2014p. Large theropod trackway from the Lower Jurassic Zhenzhuchong Formation of Weiyuan County, Sichuan Province, China: Review, new observations and special preservation. Palaeoworld, 23: 285–293.

Xing, L.D., Li, D.Q., Lockley, M.G., et al., 2015a. Dinosaur natural track casts from the Lower Cretaceous Hekou Group in the Lanzhou–Minhe Basin, Gansu, Northwest China: Ichnology track formation, and distribution. Cretaceous Research, 52: 194–205.

Xing, L.D., Buckley, L.G., McCrea, R.T., et al., 2015b. Reanalysis of *Wupus agilis* (Early Cretaceous) of Chongqing, China as a large avian trace: differentiating between large bird and small non–avian theropod tracks.Plos One, 10(5): e0124039.

Xing, L.D., Lockley, M.G., Bonnan, M.F., et al., 2015d. Late Jurassic–Early Cretaceous trackways of small–sized sauropods from China: New discoveries, ichnotaxonomy and sauropod manus morphology. Cretaceous Research, 56: 470–481.

Xing, L.D., Lockley, M.G., Marty, D., et al., 2015e. Re–description of the partially collapsed Early Cretaceous Zhaojue dinosaur tracksite (Sichuan Province, China) by using previously registered video coverage. Cretaceous Research, 52: 138–152.

Xing, L.D., Lockley, M.G., Marty, D., et al., 2015f. An ornithopod–dominated tracksite from the Lower Cretaceous Jiaguan Formation (Barremian–Albian) of Qijiang, South–Central China: new discoveries, ichnotaxonomy, preservation and palaeoecology.Plos One, 10(10): e0141059.

Xing, L.D., Lockley, M.G., Tang, Y.G., et al., 2015g. Theropod and Ornithischian Footprints from the Middle Jurassic Yanan Formation of Zizhou County, Shaanxi, China. Ichnos, 22(1): 1–11.

Xing, L.D., Lockley, M.G., Wang, F.P., et al., 2015h. Stone flowers explained as dinosaur undertracks: unusual ichnites from the Lower Cretaceous Jiaguan Formation, Qijiang District, Chongqing, China. Geological Bulletin of China, 34(5): 885–890.

Xing, L.D., Lockley, M.G., Yang, G., et al., 2015i. Unusual deinonychosaurian track morphology (*Velociraptorichnus zhangi* n. ichnosp.) from the Lower Cretaceous Xiaoba Formation, Sichuan Province, China. Palaeoworld , 24: 283–292.

Xing, L.D., Lockley, M.G., Zhang, J.P., et al., 2015j. The longest theropod trackway from East Asia, and a diverse sauropod–, theropod–, and ornithopod–track assemblage from the Lower Cretaceous Jiaguan Formation, southwest China. Cretaceous Research, 56: 345–362.

Xing, L.D., Marty, D., Wang, K.B., et al., 2015k. An unusual sauropod turning trackway from the Early Cretaceous of Shandong Province, China. Palaeogeography, Palaeoclimatology, Palaeoecology, 437: 74–84.

Xing, L.D., Peng, G.Z., Lockley, M.G., et al., 2015l. Early Cretaceous sauropod and ornithopod trackways from a stream course in Sichuan Basin, Southwest China. New Mexico Museum of Natural History and Science Bulletin, 68: 319–325.

Xing, L.D., Rothschild, B.M., Ran, H., et al., 2015m. Vertebral fusion in two Early Jurassic sauropodomorph dinosaurs from the Lufeng Formation of Yunnan, China. Acta Palaeontologica Polonica, 60 (3): 643–649.

Xing, L.D., Rothschild, B.M., Ran, H., et al., 2015n. Vertebral fusion in two Early Jurassic sauropodomorph dinosaurs from the Lufeng Formation of Yunnan, China. Acta Palaeontologica Polonica , 60 (3): 643–649.

Xing, L.D., Yang, G., Cao, J., et al., 2015o. Cretaceous saurischian tracksites from southwest Sichuan Province and overview of Late Cretaceous dinosaur track assemblages of China. Cretaceous Research, 56: 458–469.

Xing, L.D., Zhang, J.P., Klein, H., et al., 2015p. Dinosaur tracks, myths and buildings: The Jin Ji (Golden Chicken) stones from Zizhou area, northern Shaanxi, China. Ichnos, 22(3–4):227–234.

Xing, L.D., Zhang, J.P., Lockley, M.G., et al., 2015q. Hints of the early Jehol Biota: important dinosaur footprint assemblages from the Jurassic–Cretaceous Boundary Tuchengzi Formation in Beijing, China. Plos One, 10(4): e0122715.

Xing, L.D., Lockley, M.G., Yang, G., et al., 2015r. Tracking a legend: An Early Cretaceous sauropod trackway from Zhaojue County, Sichuan Province, southwestern China. Ichnos, 22(1): 22–28.

Xing, L.D., Buckley, L.G., Lockley, M.G., et al., 2016a. A new bird track, *Koreanaornis lii* ichnosp. nov., from the Lower Cretaceous Hekou Group in the Lanzhou–Minhe Basin, Gansu, Northwest China, and implications for Early Cretaceous avian diversity. Cretaceous Research, 66: 141–154.

Xing, L.D., Li, D.Q., Falkingham, P.L., et al., 2016b. Digit–only sauropod pes trackways from China——evidence of swimming or a preservational phenomenon? Scientific Reports 6：21138.

Xing, L.D., Lockley, M.G., 2016c. Early Cretaceous dinosaur and other tetrapod tracks of southwestern China. Science Bulletin, 61(13): 1044–1051.

Xing, L.D., Lockley, M.G., Hu, N.Y., et al., 2016d. Saurischian track assemblages from the Lower Cretaceous Shenhuangshan Formation in the Yuanma Basin, Southern China. Cretaceous Research, 65: 1–9.

Xing, L.D., Lockley, M.G., Hu, S.J., et al., 2016e. Early Jurassic *Anomoepus* track from the Fengjiahe Formation of Northern Central Yunnan, China. New Mexico Museum of Natural History and Science Bulletin, 74: 327–330.

Xing, L.D., Lockley, M.G., Klein, H., et al, 2016f. First Early Jurassic small ornithischian tracks from Yunnan Province, southwestern China. Palaios, 31 (11): 516–524.

Xing, L.D., Lockley, M.G., Klein, H., et al., 2016g. A theropod track assemblage including large deinonychosaur tracks from the Lower Cretaceous of Asia. Cretaceous Research, 65: 213–222.

Xing, L.D., Lockley, M.G., Klein, H., et al., 2016h. A new ornithischian–dominated and theropod footprint assemblage from the Lower Jurassic Lufeng Formation of China. New Mexico Museum of Natural History and Science Bulletin，74: 331–338.

Xing, L.D., Lockley, M.G., Klein, H., et al., 2016i. A tetrapod footprint assemblage with possible swim traces from the Jurassic–Cretaceous boundary, Anning Formation, Konglongshan, Yunnan, China. Palaeoworld, 25: 444–452.

Xing, L.D., Lockley, M.G., Marty, D., et al., 2016j. Wide–gauge sauropod trackways from the Early Jurassic of Sichuan, China: the oldest sauropod trackways from Asia. Swiss Journal of Geosciences, 109(3), 415–428.

Xing, L.D., Lockley, M.G., Marty, D., et al., 2016k. A diverse saurischian (theropod–sauropod) dominated footprint assemblage from the Lower Cretaceous Jiaguan Formation in the Sichuan Basin, southwestern China: A new ornithischian ichnotaxon, pterosaur tracks and an unusual sauropod walking pattern. Cretaceous Research，60: 176–193.

Xing, L.D., Lockley, M.G., Peng, G.Z., et al., 2016l. *Eubrontes* and *Anomoepus* track assemblages from the Middle Jurassic Xiashaximiao Formation of Zizhong County, Sichuan, China: review, ichnotaxonomy and notes on preserved tail traces. New Mexico Museum of Natural History and Science Bulletin, 74: 345–352.

Xing, L.D., Lockley, M.G., Yang, G., et al., 2016m. A new *Minisauripus* site from the Lower Cretaceous of China: Tracks of small adults or juveniles? Palaeogeography, Palaeoclimatology, Palaeoecology, 452: 28–39.

Xing, L.D., Lockley, M.G., Yang, G., et al., 2016n. A diversified vertebrate ichnite fauna from the Feitianshan Formation (Lower Cretaceous) of southwestern Sichuan, China. Cretaceous Research, 57: 79–89.

Xing, L.D., Lockley, M.G., You, H.L., et al., 2016o. Early Jurassic sauropod tracks from the Yimen Formation of Panxi region, Southwest China: ichnotaxonomy and potential trackmaker. Geological Bulletin of China, 35(6): 851–855.

Xing, L.D., Lockley, M.G., Zhang, J.P., et al., 2016p. A new sauropodomorph ichnogenus from the Lower Jurassic of Sichuan, China fills a gap in the track record. Historical Biology, 28(7): 881–895.

Xing, L.D., Lockley, M.G., Zhang, J.P., et al., 2016q. A theropod–sauropod track assemblage from the ?Middle–Upper Jurassic Shedian Formation at Shuangbai, Yunnan Province, China, reflecting different sizes of trackmakers: Review and new observations. Palaeoworld, 25: 84–94.

Xing, L.D., Lockley, M.G., Zhang, J.P., et al., 2016r. First Early Jurassic Ornithischian and theropod footprint assemblage and a New Ichnotaxon Shenmuichnus wangi ichnosp. nov. from Yunnan Province, Southwestern China. Historical Biology, 28(6): 721–733.

Xing, L.D., McCrea, R.T., Lockley, M.G., et al., 2016s. A possible ankylosaurian (Thyreophora) trackway from the Lower Cretaceous Jiaguan Formation of Emei, southwest China: paleoecological implications. New Mexico Museum of Natural History and Science Bulletin, 74: 339–343.

Xing, L.D., Peng, G.Z., Lockley, M.G., et al., 2016t. Saurischian (theropod–sauropod) track assemblages from the Jiaguan Formation in the Sichuan Basin, Southwest China: Ichnology and indications to differential track preservation. Historical Biology, 28(8): 1003–1013.

Xing, L.D., Abbassi, N., Lockley, M.G., et al., 2017a. The First Record of *Anomoepus* tracks from the Middle Jurassic of Henan Province, Central China. Historical Biology, 29(2): 223–229.

Xing, L.D., Chou, C.Y., Lockley, M.G., et al., 2017b. First report of avian tracks from the Cretaceous of Tibet, China. Acta Geologica Sinica (English edition)， 91(6): 2312–2313.

Xing, L.D., Liu, Y.Q., Marty, D., et al., 2017c. Sauropod trackway reflecting an unusual walking pattern from the Early Cretaceous of Shandong Province, China. Ichnos, 24(1): 27–36.

Xing, L.D., Lockley, M.G., Kim, K.S., et al., 2017d. Mid–Cretaceous dinosaur track assemblage from the Tongfosi Formation of China: comparison with the track assemblage of South Korea. Cretaceous Research, 74: 155–164.

Xing, L.D., Lockley, M.G., Li, D.L., et al., 2017e. Late Cretaceous Ornithopod–dominated, theropod, and pterosaur track assemblages from the Nanxiong Basin, China: new discoveries, ichnotaxonomy, and palaeoecology. Palaeogeography, Palaeoclimatology, Palaeoecology, 466: 303–313.

Xing, L.D., Lockley, M.G., Wang, Y.D., et al., 2017f. New Middle Jurassic dinosaur track record from northeastern Sichuan Province, China. Swiss Journal of Palaeontology, 136(2), 359–364.

Xing, L.D., Lockley, M.G., Zhang, J.P., et al., 2017g. Theropod tracks from the Lower Jurassic of Gulin area, Sichuan Province, China. Palaeoworld, 26(1): 115–123.

Xing, L.D., Lockley, M.G., Zhang, L.Z., et al., 2017h. First Jurassic dinosaur tracksite from Guizhou Province, China: morphology, trackmaker and paleoecology. Historical Biology. DOI: 10.1080/08912963.2017.1326485.

Xing, L.D., Marty, D., You, H.L., et al., 2017i. Complex in–substrate dinosaur (Sauropoda, Ornithopoda) foot pathways revealed by deep natural track casts from the Lower Cretaceous Xiagou and Zhonggou formations, Gansu Province, China. Ichnos, 24(3): 163–178.

Xing, L.D., Peng, G.Z., Klein, H., et al., 2017j. Middle Jurassic tetrapod burrows preserved in association with the large sauropod Omeisaurus jiaoi from Sichuan Basin, China. Historical Biology, 29(7): 931–936.

Xing, L.D, Buckley, L.G., Lockley, M.G., et al., 2018a. Lower Cretaceous avian tracks from Jiangsu Province, China: A first Chinese report for ichnogenus Goseongornipes (Ingotornidae). Cretaceous Research, 84:571–577.

Xing, L.D., Ba, J., Lockley, M.G., et al., 2018b. Late Triassic sauropodomorph and Middle Jurassic theropod tracks from the Xichang Basin, southwestern China: a first Chinese report for ichnogenus Carmelopodus. Journal of Palaeogeography ,7(1): 1–13.

Xing, L.D., Chou, C.Y., Lockley, M.G., et al., 2018d. Lower Cretaceous sauropod trackways from Lishui City and an overview of dinosaur dominated track assemblage from Zhejiang Province, China. Journal of Palaeogeography, 7:9 DOI: 10.1186/s42501-018-0011-5.

Xing, L.D., Hu, Y.C., Huang, J.D., et al., 2018e. A redescription of the ichnospecies Koreanaornis anhuiensis (Aves) from the Lower Cretaceous Qiuzhuang Formation at Mingguan City, Anhui Province, China. Journal of Palaeogeography, 7(1): 58–65.

Xing, L.D., Lockley, M.G., Guo, Y., et al., 2018f. Multiple parallel deinonychosaurian trackways from a diverse dinosaur track assemblage of the Lower Cretaceous Dasheng Group of Shandong Province, China. Cretaceous Research, 90: 40–55.

Xing, L.D., Lockley, M.G., Klein, H., et al., 2018g. Theropod assemblages and a new ichnotaxon Gigandipus chiappei ichnosp. nov. from the Jiaguan Formation, Lower Cretaceous of Guizhou Province, China. Geoscience Frontiers, 9: 1745–1754 .

Xing, L.D., Lockley, M.G., Romilio, A., et al., 2018i. Diverse sauropod–theropod–dominated track assemblage from the Lower Cretaceous Dasheng Group of Eastern China: Testing the use of drones in footprint documentation. Cretaceous Research, 84: 588–599.

Xing, L.D., Lockley, M.G., Tang, Y.Z., et al., 2018j. Tetrapod track assemblages from Lower Cretaceous desert facies in the Ordos Basin, Shaanxi Province, China, and their implications for Mesozoic paleoecology. Palaeogeography, Palaeoclimatology, Palaeoecology, 507: 1–14.

Xing, L.D., Li，D.Q., Klein, H., et al., 2019a. Lower Cretaceous turtle tracks from Hekou Group of Northwest China. Cretaceous Research, 99:269–274.

Xing, L.D., Lockley, M.G., Klein, H., et al., 2019b. First thyreophoran type tracks from the Middle Jurassic Chuanjie Formation of Yunnan Province, China. Ichnos, 26(1):8–15.

Xing, L.D., Lockley, M.G., Tang, D.J., et al., 2019c. Early Jurassic basal sauropodomorpha dominated tracks from Guizhou, China: morphology, ethology, and paleoenvironment. Geoscience Frontiers, 10: 229–0240.

Xing, L.D., Lockley, M.G., Zhang, J.Q., et al., 2019d. A diversified vertebrate ichnite fauna from the Dasheng Group (Lower Cretaceous) of southeast Shandong Province, China. Historical Biology, 31:3, 353–362.

Xing, L.D., Niu, K.C., Lockley, M.G., et al., 2019e. Cretaceous dinosaur tracks from Maling Mountain of Xinyi City, Jiangsu Province: From tiger to carnivorous dinosaur and from folklore to paleontology. Geological Bulletin of China, 38(6):905–910.

Xing, L.D., Niu, K.C., Lockley, M.G., et al., 2019f. A probable tyrannosaurid track from the Upper Cretaceous of Southern China. Science Bulletin, 2019, 64(16):1136–1139.

Xing, L.D., Xing, L.D., Lockley, M G., et al., 2019g. A diversified dinosaur track assemblage from the Lower Cretaceous Xiaoba Formation of Sichuan Province, China: implications for ichnological database and census studies. Cretaceous Research, 96:126–130.

Xing, L.D., Lockley, M.G., Zhang, J.Q., et al.，2019h. A diversified vertebrate ichnite fauna from the Dasheng Group (Lower Cretaceous) of southeast Shandong Province, China. Historical Biology，31（3）：353–362.

Xing, L.D., Lockley, M.G., Matsukawa, M., et al., 2019i. Review and detailed description of sauropod–dominated trackways from the Upper Cretaceous Jiangdihe Formation of Yunnan, China. Ichnos, 26:2, 108–118.

Xu，X., Zhou，Z., Wang，X., 2000. The smallest known non–avian theropod dinosaur. Nature, 408 (6813) : 705–708.

Xu, X., Norell, M.A., 2004. A new troodontid dinosaur from China with avian-like sleeping posture. Nature 431, 838-841.

Xu, X., Zhao, Q., Norell, M., et al., 2009. A new feathered maniraptoran dinosaur fossil that fills a morphological gap in avian origin. Chin. Sci. Bull. 54, 430-435.

Yabe, H., Inai, Y., Shikama, T., 1940. Discovery of dinosarian footprints from the Cretaceous (?) of Yangshan, Chinchou. Preliminary note. Proceedings of the Imperial Academy of Japan. 16(10):560-563.

Yang, S.Y, Lockley, M.G., Greben, R., et al., Flaminggo and duck-like bird tracks from the Late Cretaceous and Early Tertiary: Evidence and implications. Ichnos, 1995, 4: 21-34.

You, H.L., and Azuma, Y., 1995. Early Cretaceous dinosaur footprints from Luanping, Hebei province, China. In the Sixth Symposium on MesozoicTerrestrial Ecosystems and Biota, Edited by Ailing Sun and YuanqingWang. Beijing:China Ocean Press, 151-156.

You, H.L., Dodson, P., 2004. Basal Ceratopsia. In: Weishampel D.B., Dodson, P., Osmolska, H. eds. The Dinosauria. 2nd ed. Berkeley: University of California Press. 478-493.

Young, C.C., 1943. Note on some fossil footprints in China. Bulletin of the Geological Society of China. XIII (3-4): 151-154.

Young, C.C., 1960. Fossil footprints in China. Vert. palas., 4(2): 53-67.

Zhang, J., Li, D., Li, M., et al., 2006. Diverse dinosaur- pterosaur- bird track assemblages from the Hekou Formation, Lower Cretaceous of Gansu Province, Northwest China. Cretaceous Research, 27: 44-55.

Zhen, S., Li, J., Zhang, B., et al., 1994. Dinosnur and Bird Footprints from the Lower Cretaceous of Emei County, Sichuan, China. Memoirs of Beijing Museum of Natural History, 54:105-120, pl. Ⅰ-Ⅵ.

Zhen, S., Li, J., Rao, C., et al., 1989. A Review of Dinosaur Footprints in China. In: D.D. Gillette and M.G. Lockley (eds), Dinosaur Tracks and Traces. Cambridge: Cambridge University Press, 187-197.

图书在版编目（CIP）数据

中国恐龙足迹化石图谱 / 李日辉，李建军，邢立达著. — 青岛：青岛出版社，2019.12

ISBN 978-7-5552-8330-0

Ⅰ. ①中… Ⅱ. ①李… ②李… ③邢… Ⅲ. ①恐龙化石—痕迹化石—中国—图谱 Ⅳ. ① Q915.2-64

中国版本图书馆 CIP 数据核字 (2019) 第 289636 号

书　　名　中国恐龙足迹化石图谱
著　　者　李日辉　李建军　邢立达
出版发行　青岛出版社
社　　址　青岛市海尔路 182 号（266061）
本社网址　http://www.qdpub.com
邮购电话　0532-68068091
责任编辑　徐　瑛
特约审稿　王中波
装帧设计　祝玉华
照　　排　光合时代
印　　刷　青岛国彩印刷股份有限公司
出版日期　2019 年 12 月第 1 版　2020 年 8 月第 2 次印刷
开　　本　16 开（787mm × 1092mm）
印　　张　58.625
字　　数　1050 千字
图　　数　1800 幅
书　　号　ISBN 978-7-5552-8330-0
审 图 号　GS(2019)4610 号
定　　价　890.00 元

编校印装质量、盗版监督服务电话：4006532017　0532-68068638